주기율표

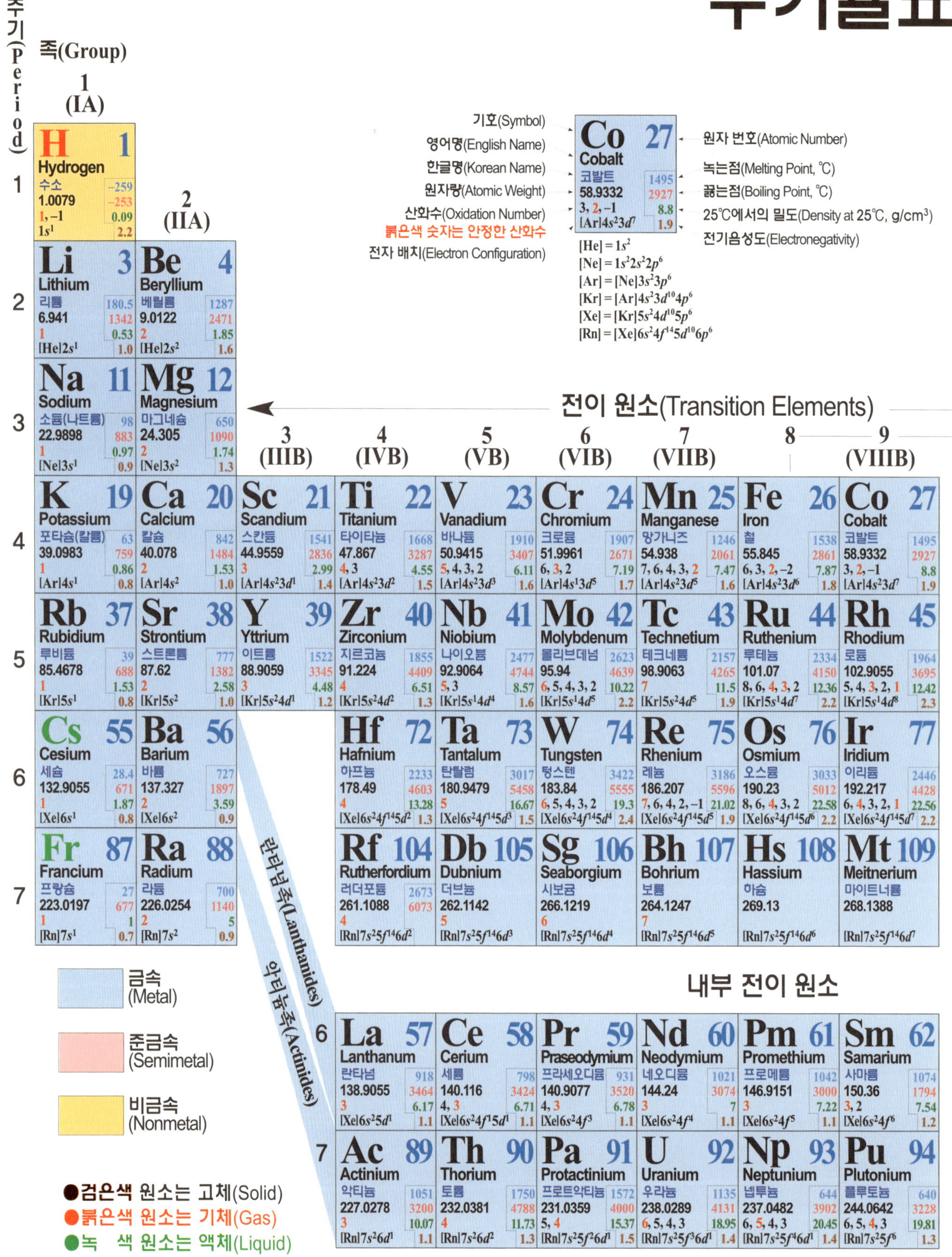

주기(Period)
족(Group)
1 (IA)
2 (IIA)
3 (IIIB)
4 (IVB)
5 (VB)
6 (VIB)
7 (VIIB)
8
9 (VIIIB)
기호(Symbol)
영어명(English Name)
한글명(Korean Name)
원자량(Atomic Weight)
산화수(Oxidation Number)
붉은색 숫자는 안정한 산화수
전자 배치(Electron Configuration)
원자 번호(Atomic Number)
녹는점(Melting Point, ℃)
끓는점(Boiling Point, ℃)
25℃에서의 밀도(Density at 25℃, g/cm³)
전기음성도(Electronegativity)
Co 27 Cobalt 코발트 58.9332 3, 2, −1 [Ar]4s²3d⁷ 1495 2927 8.8 1.9
[He] = 1s²
[Ne] = 1s²2s²2p⁶
[Ar] = [Ne]3s²3p⁶
[Kr] = [Ar]4s²3d¹⁰4p⁶
[Xe] = [Kr]5s²4d¹⁰5p⁶
[Rn] = [Xe]6s²4f¹⁴5d¹⁰6p⁶
전이 원소(Transition Elements)
H 1 Hydrogen 수소 1.0079
Li 3 Lithium 리튬 6.941
Be 4 Beryllium 베릴륨 9.0122
Na 11 Sodium 소듐(나트륨) 22.9898
Mg 12 Magnesium 마그네슘 24.305
K 19 Potassium 포타슘(칼륨) 39.0983
Ca 20 Calcium 칼슘 40.078
Sc 21 Scandium 스칸듐 44.9559
Ti 22 Titanium 타이타늄 47.867
V 23 Vanadium 바나듐 50.9415
Cr 24 Chromium 크로뮴 51.9961
Mn 25 Manganese 망가니즈 54.938
Fe 26 Iron 철 55.845
Co 27 Cobalt 코발트 58.9332
Rb 37 Rubidium 루비듐 85.4678
Sr 38 Strontium 스트론튬 87.62
Y 39 Yttrium 이트륨 88.9059
Zr 40 Zirconium 지르코늄 91.224
Nb 41 Niobium 나이오븀 92.9064
Mo 42 Molybdenum 몰리브데넘 95.94
Tc 43 Technetium 테크네튬 98.9063
Ru 44 Ruthenium 루테늄 101.07
Rh 45 Rhodium 로듐 102.9055
Cs 55 Cesium 세슘 132.9055
Ba 56 Barium 바륨 137.327
Hf 72 Hafnium 하프늄 178.49
Ta 73 Tantalum 탄탈럼 180.9479
W 74 Tungsten 텅스텐 183.84
Re 75 Rhenium 레늄 186.207
Os 76 Osmium 오스뮴 190.23
Ir 77 Iridium 이리듐 192.217
Fr 87 Francium 프랑슘 223.0197
Ra 88 Radium 라듐 226.0254
Rf 104 Rutherfordium 러더포듐 261.1088
Db 105 Dubnium 더브늄 262.1142
Sg 106 Seaborgium 시보귬 266.1219
Bh 107 Bohrium 보륨 264.1247
Hs 108 Hassium 하슘 269.13
Mt 109 Meitnerium 마이트너륨 268.1388
란타넘족(Lanthanides)
악티늄족(Actinides)
내부 전이 원소
La 57 Lanthanum 란타넘 138.9055
Ce 58 Cerium 세륨 140.116
Pr 59 Praseodymium 프라세오디뮴 140.9077
Nd 60 Neodymium 네오디뮴 144.24
Pm 61 Promethium 프로메튬 146.9151
Sm 62 Samarium 사마륨 150.36
Ac 89 Actinium 악티늄 227.0278
Th 90 Thorium 토륨 232.0381
Pa 91 Protactinium 프로트악티늄 231.0359
U 92 Uranium 우라늄 238.0289
Np 93 Neptunium 넵투늄 237.0482
Pu 94 Plutonium 플루토늄 244.0642
금속 (Metal)
준금속 (Semimetal)
비금속 (Nonmetal)
●검은색 원소는 고체(Solid)
●붉은색 원소는 기체(Gas)
●녹 색 원소는 액체(Liquid)

Periodic Table of the Elements

10	11 (IB)	12 (IIB)	13 (IIIA)	14 (IVA)	15 (VA)	16 (VIA)	17 (VIIA)	18 (VIIIA)
								He 2 Helium 헬륨 −272 4.0026 −269 0.18 $1s^2$
			B 5 Boron 붕소 2075 10.811 4000 3 2.47 $[He]2s^22p^1$ 2.0	**C** 6 Carbon 탄소 3825 12.011 4, 2, −4 2.27 $[He]2s^22p^2$ 2.6	**N** 7 Nitrogen 질소 −210 14.0067 −196 5, 4, 3, 2, −3 1.25 $[He]2s^22p^3$ 3.0	**O** 8 Oxygen 산소 −218 15.9994 −183 −2, −1 1.43 $[He]2s^22p^4$ 3.4	**F** 9 Fluorine 플루오린 −220 18.9984 −188 −1 1.7 $[He]2s^22p^5$ 4.0	**Ne** 10 Neon 네온 −249 20.1797 −246 0.9 $[He]2s^22p^6$
			Al 13 Aluminium 알루미늄 660 26.9815 2519 3 2.7 $[Ne]3s^23p^1$ 1.6	**Si** 14 Silicon 규소 1414 28.0855 3265 4, −4 2.33 $[Ne]3s^23p^2$ 1.9	**P** 15 Phosphorus 인 44 30.9738 281 5, 4, 3, −3 1.82 $[Ne]3s^23p^3$ 2.2	**S** 16 Sulfur 황 115 32.0650 445 6, 4, 2, −2 2.09 $[Ne]3s^23p^4$ 2.6	**Cl** 17 Chlorine 염소 −101 35.4533 −34 7, 5, 3, 1, −1 3.21 $[Ne]3s^23p^5$ 3.2	**Ar** 18 Argon 아르곤 −189 39.948 −186 1.78 $[Ne]3s^23p^6$
Ni 28 Nickel 니켈 1455 58.6934 2913 3, 2 8.91 $[Ar]4s^23d^8$ 1.9	**Cu** 29 Copper 구리 1084 63.546 2562 2, 1 8.93 $[Ar]4s^13d^{10}$ 1.9	**Zn** 30 Zinc 아연 420 65.409 907 2 7.14 $[Ar]4s^23d^{10}$ 1.7	**Ga** 31 Gallium 갈륨 30 69.723 2204 3 5.91 $[Ar]4s^23d^{10}4p^1$ 1.8	**Ge** 32 Germanium 저마늄 938 72.64 2833 4 5.32 $[Ar]4s^23d^{10}4p^2$ 2.0	**As** 33 Arsenic 비소 613 74.9216 5, 3, −3 5.78 $[Ar]4s^23d^{10}4p^3$ 2.2	**Se** 34 Selenium 셀레늄 221 78.96 685 6, 4, −2 4.81 $[Ar]4s^23d^{10}4p^4$ 2.6	**Br** 35 Bromine 브로민 −7 79.904 59 7, 5, 3, 1, −1 3.12 $[Ar]4s^23d^{10}4p^5$ 3.0	**Kr** 36 Krypton 크립톤 −157 83.798 −153 2 3.73 $[Ar]4s^23d^{10}4p^6$
Pd 46 Palladium 팔라듐 1555 106.42 2963 4, 2 12 $[Kr]4d^{10}$ 2.2	**Ag** 47 Silver 은 962 107.8682 2162 2, 1 10.5 $[Kr]5s^14d^{10}$ 1.9	**Cd** 48 Cadmium 카드뮴 321 112.411 767 2 8.65 $[Kr]5s^24d^{10}$ 1.7	**In** 49 Indium 인듐 157 114.818 2072 3 7.29 $[Kr]5s^24d^{10}5p^1$ 1.8	**Sn** 50 Tin 주석 232 118.71 2602 4, 2 729 $[Kr]5s^24d^{10}5p^2$ 2.0	**Sb** 51 Antimony 안티모니 631 121.76 1587 5, 3, −3 6.69 $[Kr]5s^24d^{10}5p^3$ 2.1	**Te** 52 Tellurium 텔루륨 450 127.6 988 6, 4, −2 6.25 $[Kr]5s^24d^{10}5p^4$ 2.1	**I** 53 Iodine 아이오딘 114 126.9045 184 7, 5, 1, −1 4.95 $[Kr]5s^24d^{10}5p^5$ 2.7	**Xe** 54 Xenon 제논 −112 131.293 −108 8, 6, 4, 2 5.9 $[Kr]5s^24d^{10}5p^6$
Pt 78 Platinum 백금 1768 195.078 3825 4, 2 21.45 $[Xe]6s^14f^{14}5d^9$ 2.3	**Au** 79 Gold 금 1064 196.9666 2856 3, 1 19.28 $[Xe]6s^14f^{14}5d^{10}$ 2.5	**Hg** 80 Mercury 수은 −39 200.59 357 2, 1 13.55 $[Xe]6s^24f^{14}5d^{10}$ 2.0	**Tl** 81 Thallium 탈륨 304 204.3833 1473 3, 1 11.87 $[Xe]6s^24f^{14}5d^{10}6p^1$ 2.0	**Pb** 82 Lead 납 327.5 207.2 1749 4, 2 11.34 $[Xe]6s^24f^{14}5d^{10}6p^2$ 2.3	**Bi** 83 Bismuth 비스무트 271 208.9804 1564 5, 3 8.9 $[Xe]6s^24f^{14}5d^{10}6p^3$ 2.0	**Po** 84 Polonium 폴로늄 254 208.9824 962 6, 4, 2 9.4 $[Xe]6s^24f^{14}5d^{10}6p^4$ 2.0	**At** 85 Astatine 아스타틴 302 209.9871 337 7, 5, 3, 1, −1 $[Xe]6s^24f^{14}5d^{10}6p^5$ 2.2	**Rn** 86 Radon 라돈 −71 222.0176 −62 2 9.73 $[Xe]6s^24f^{14}5d^{10}6p^6$
Ds 110 Darmstadtium 다름슈타튬 271.15 $[Rn]7s^25f^{14}6d^8$	**Rg** 111 Roentgenuim 뢴트게늄 272.1535 $[Rn]7s^25f^{14}6d^9$	**Cn** 112 Copernicium 코페르니슘 (277) $[Rn]7s^25f^{14}6d^{10}$	**Uut** 113 Ununtrium 우눈트륨 (284)	**Uuq** 114 Ununquadium 우눈쿼듐 (289)	**Uup** 115 Ununpentium 우눈펜튬 (288)	**Uuh** 116 Ununhexium 우눈헥슘 (292)	**Uus** 117 Ununseptium 우눈셉튬	**Uuo** 118 Ununoctium 우눈옥튬 (294)

(Inner Transition Elements)

Eu 63 Europium 유로퓸 822 151.964 1529 3, 2 5.25 $[Xe]6s^24f^7$ 1.2	**Gd** 64 Gadolinium 가돌리늄 1313 157.25 3273 3 7.87 $[Xe]6s^24f^75d^1$ 1.2	**Tb** 65 Terbium 터븀 1356 22.9898 3230 4, 3 8.27 $[Xe]6s^24f^9$ 1.2	**Dy** 66 Dysprosium 디스프로슘 1412 162.5 2567 3 8.53 $[Xe]6s^24f^{10}$ 1.2	**Ho** 67 Holmium 홀뮴 1474 164.93 2700 3 8.8 $[Xe]6s^24f^{11}$ 1.2	**Er** 68 Erbium 어븀 1529 167.259 2868 3 9.04 $[Xe]6s^24f^{12}$ 1.2	**Tm** 69 Thulium 툴륨 1545 168.9342 1950 3, 2 9.33 $[Xe]6s^24f^{13}$ 1.3	**Yb** 70 Ytterbium 이터븀 819 173.04 1196 3, 2 6.97 $[Xe]6s^24f^{14}$ 1.1	**Lu** 71 Lutetium 루테튬 1663 174.967 3402 3 9.84 $[Xe]6s^24f^{14}5d^1$ 1.3
Am 95 Americium 아메리슘 1176 243.0614 2011 6, 5, 4, 3 13.67 $[Rn]7s^25f^7$ 1.3	**Cm** 96 Curium 퀴륨 1345 247.0703 4, 3 13.3 $[Rn]7s^25f^76d^1$ 1.3	**Bk** 97 Berkelium 버클륨 1050 247.0703 4, 3 14.79 $[Rn]7s^25f^9$ 1.3	**Cf** 98 Californium 캘리포늄 900 251.0796 4, 3 $[Rn]7s^25f^{10}$ 1.3	**Es** 99 Einsteinium 아인슈타이늄 860 252.083 3 $[Rn]7s^25f^{11}$ 1.3	**Fm** 100 Fermium 페르뮴 1527 257.0951 3 $[Rn]7s^25f^{12}$ 1.3	**Md** 101 Mendelevium 멘델레븀 827 258.0984 3 $[Rn]7s^25f^{13}$ 1.3	**No** 102 Nobelium 노벨륨 −259 259.101 −253 3, 2 0.09 $[Rn]7s^25f^{14}$ 1.3	**Lr** 103 Lawrencium 로렌슘 262.1097 3 $[Rn]7s^25f^{14}6d^1$

이공학도를 위한
Yoon's
핵심유기화학
윤용진 지음
자유아카데미

머리말

오늘날 유기 화학은 화학뿐만 아니라 의학, 약학, 재료과학, 생명과학, 식품 및 농학 등 여러 관련 분야에서 그 중요성이 더욱 강조되고 있다. 유기 화학은 공유 결합으로 이루어진 유기 화합물의 구조 및 성질과 반응을 이해하고 다루어야 하는 다양성과 복잡성이 큰 학문이다. 이뿐만 아니라 유기 화학의 놀라운 발전으로 배워야 하는 분량이 크게 증가하면서, 유기 화학 교재의 분량도 점차 늘어나고 있어 대부분의 학생들이 유기 화학을 어렵고 부담스러운 학문으로 여긴다. 그러나 학부 과정의 유기 화학을 이해하고 학습하는 데 필요한 기초 이론은 많지 않으므로, 기초 이론을 토대로 한 논리적이고 체계적인 학습 방법으로 유기 화학의 다양성과 복잡성을 어느 정도 해결할 수 있다.

지금까지 발간된 대부분의 교재들은 너무 많은 분량의 범위와 지식을 담고 있어서 가르치는 사람이나 배우는 사람 모두에게 부담이었다.

이 책을 쓴 목적은 두 학기 동안에 보다 체계적이고 편리하게 유기 화학 지식을 학습할 수 있도록 하기 위한 것이다. 따라서 편집 방향에 대한 학생 100여 명의 설문 결과와 저자가 그동안 사용했던 강의 노트를 바탕으로 화학을 전공하는 학생들이 두 학기 동안 배울 수 있는 분량으로 편찬하였다.

이 교재는 다음과 같은 철학과 편집 방향에 중점을 두고 집필하였다.

- **개조식 서술**: 본 교재는 분량을 최소화하고, 많은 내용을 체계적으로 학습할 수 있도록 하기 위해 가능한 한 간략하게 정리하여 서술하였다.
- **체계적 배열**: 다소 복잡하고 다양한 유기 화학을 논리적이고도 체계적인 반복 학습이 가능하도록 각 장을 배열하였다. 기초 이론, 명명법 및 분광학은 교재 앞부분에서 다루고 각 계열 화합물 화학과 생체분자 화학은 뒷부분에서 다룬다.
- **반복 학습**: 명명법과 분광학을 이용한 구조 분석의 학습 효과를 올리기 위해서는 반복 학습이 요구된다. 5장부터 12장까지는 명명법 복습과 해당하는 화합물들의 분광학을 삽입하여 반복 학습하도록 하였다.
- **메커니즘**: 중요 반응의 메커니즘을 충분히 제시하여 반응의 이해에 도움을 주고자 하였다.
- **수행 학습**: 구조식 그리기, 명명법, 이성질체 구조 결정, 미지 물질의 구조 결정 및 합성 경로 결정하기 등과 같은 수행 연습이 필요한 부분은 수행 단계별로 표시하여 학습에 도움을 주고자 하였다.

예

■ **반응 자리 찾는 방법**

- **1단계**: 어떤 작용기가 존재하는지를 확인한다.
- **2단계**: 작용기 원자들을 친핵성 자리와 친전자성 자리로 구분한다.
  - ▸ 파이 결합은 친핵성 자리이고, 시그마 결합보다 쉽게 끊어진다.
  - ▸ N, O, X(할로젠)는 C보다 전기 음성도가 커서 C를 친전자성(δ^+)이 되게 한다(유발 효과).
  - ▸ 비공유 전자쌍을 가지는 헤테로 원자는 친핵성 자리이다.
  - ▸ 비어 있는 *p* 오비탈은 친전자성 자리이다.
- **3단계**: 하나 이상의 작용기가 있으면, 그 중에서 가장 반응성이 큰 작용기를 선택한다.

- **주요 용어**: 각 장 마지막 부분에 주요한 용어를 영어와 함께 표시하여 영어로 된 책과 논문을 보는 데 도움을 주고자 하였다.
- **연습 문제**: 각 장의 문제는 개념 문제와 실전 문제로 구성하였다. 이론에 대한 개념의 이해도와 비판적 사고 학습 능력의 향상을 위해 개념 문제를 도입하였다. 또한 학습자의 부담을 줄이기 위해 본문 중간의 연습 문제는 도입하지 않았고, 전체 문항 수는 20개 이내로 하였다. 실전 문제는 책 뒤에 해답을 제시하였다.

아울러 각 장의 첫 페이지에 중요 개념, 작용기 결합 분석 및 주요 반응 이름을 표시하여 시각적 학습 효과를 높이고자 하였다.

- **중심 문장**: 각 장의 첫 페이지에는 각 장의 중요한 개념을 중심 문장으로 강조하였다.
- **결합 분석 및 중요 반응**: 본문 내용을 대표할 수 있는 그림 및 분자(1~4장, 16~20장)를 도식화하고, 중요 반응 이름(5~13장)도 나타내었다.

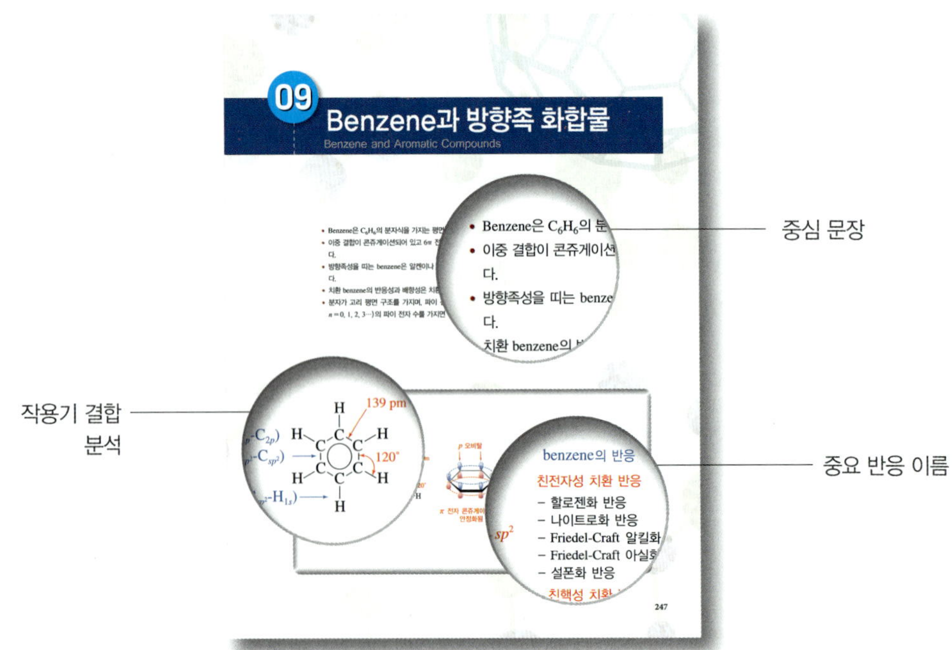

각 장 본문의 마지막에는 학습 내용과 관련이 있는 화학 이야기를 삽입하여 일상생활과 유기 화학의 연관성을 이해하도록 하였다.

이 교재는 모두 20장으로 구성되었고, 전반부인 1~4장에서는 기초 이론과 명명법 및 유기 화합물의 구조 분석 등을 다루었다. 중반부인 5~14장에서는 각 계열 화합물과 헤테로 고리 화합물의 구조 및 성질, 반응과 유기 합성을 다루었다. 후반부인 15~19장에서는 생체분자 화학과 대사화학을 취급하고 있다. 마지막 20장에서는 중합체 화학과 의약 화학을 다루었다.

이 교재에 사용된 화합물 이름은 IUPAC명과 IUPAC에서 허용하는 관용명을 사용하였다. 화합물 이름은 영어로 표기하고, 계열 이름은 우리말과 영어를 병기하였다. 교재에 사용된 전문 용어는 대한화학회 화학술어(2014년 9월 수정)에 따라 표기하였다. 인명이나 이름 반응(name reaction)의 인명은 원어로 표기하였다. 우리말 유기 화학 화합물 명명법은 대한화학회 자료를 참조하기 바란다.

좋은 교재를 만들기 위해 많은 시간 동안 노력하였음에도 일부 오류가 있을 것이다. 이 교재의 부족한 점이나 오류를 발견하면 자유아카데미 편집부(editor@freeaca.com)로 알려주길 바라며, 출간 후 수정 사항이 있을 경우에는 자유아카데미 홈페이지(www.freeaca.com) 자료실에 제공할 예정이다.

끝으로, 이 교재가 가르치는 분들과 배우는 이들에게 많은 도움이 되길 바라며, 이 교재를 출간할 수 있도록 지원해 준 자유아카데미와 설문에 참여해 준 학생들에게 깊은 감사를 드린다.

2015년 11월

윤용진

차 례

1장
유기 화학 기초 이론
(Basic Theory for Organic Chemistry) 1

2장
유기 분자 구조의 표현과 명명법
(Organic Molecular Representation and Nomenclature) 41

3장
유기 화합물의 구조 분석

4장
입체 화학: 입체 이성질체 및 거울상 이성질체

5장
포화 탄화수소: 알케인과 사이클로알케인

6장
할로젠화 알킬: 친핵성 치환 반응 및 제거 반응

13장
카보닐 화합물의 α-탄소 화학
(α-Carbon Chemistry of Carbonyl compounds) 343

14장
헤테로 고리 화합물 및 유기 합성
(Heterocyclic Compounds and Organic Synthesis) 363

15장
탄수화물(Carbohydrates) 385

16장
아미노산 화학: 펩타이드 및 단백질 (Amino acid Chemistry: Peptides and Proteins) 411

17장
지질(Lipids) 447

18장
핵산화학(Nucleic acid Chemistry) 467

19장
대사화학(Metabolism) 487

20장
합성 중합체(화학) 및 의약 화학 (Polymer and Medicinal Chemistry) 517

들어가기 전에: 유기 화학은 어떤 학문인가?

유기 화학은 어떤 학문인가?

화학의 초기에 유기 화학(organic chemistry)은 생명체로부터 얻어지는 화합물을 다루는 화학이라고 여겼다. 그러나 Friedrich Wöhler(1800~1882)가 무기 화합물인 ammonium cyanate를 가열하여 유기 물질로 여기던 urea를 합성하고 Adolph Wilhelm Hermann Kolbe(1818~1884)가 acetic acid를 합성하고 Grignard 시약(RMgX)과 같은 유기금속 화합물(organometallic compound)들이 등장하면서, 오늘날에는 유기 화학을 '**탄소 화합물 화학**(carbon compound chemistry)'으로 묘사한다.

왜 많은 원소들 중에 유독 탄소 하나만을 다루는 별도의 학문이 존재하는가?

탄소(C)는 주기율표의 중간에 있으면서 같은 원소끼리 뿐만 아니라 다른 원소들과 강하고 다양한 결합을 형성한다. 그로 인해서 탄소 화합물의 수가 다른 원소들로 구성된 화합물을 합한 수보다 더 많다. 따라서 우리가 사는 세상의 대부분의 물질(의약품, 식품, 의류, 연료, 냉매, 비누, 플라스틱 등)이 유기 화학과 관련이 있고 모든 자연과학의 중심에 놓여 있다.

다행스럽게도 유기 화합물은 분자가 포함하고 있는 작용기에 따라 물리적 화학적 성질이 좌우된다. 매년 엄청난 수의 유기 화합물이 천연에서 분리되고, 또 실험실에서 만들어지지만 작용기별로 다룰 수 있어 유기 화학을 보다 논리적이고 간편하게 한다.

이런 이유로 대부분의 유기 화학 교재는 기초 이론과 명명법을 다루고 작용기에 따라 구별하는 계열별 화학을 학습하도록 편집하고 있다.

유기 화학 공부는 어떻게 하면 좋은가?

- **첫째, 유기 화학은 체계적이고 쉽고 재미있다고 생각하라: 암기 위주의 학습을 피하라.**

자세히 들여다 보면 사실 유기 화학은 매우 체계적이고 논리성이 있어 쉽고 재미있다. 학습을 시작하기 전에 유기 화학은 쉽고 재미있다고 생각하라. 적극적인 학습 태도를 가지면 유기 화학을 정복할 수 있게 된다. **암기 위주의 학습을 피하고 이해하고 적절한 이론으로 설명하려고 노력하라.** 수학 공부처럼 습관적으로 명명하고 메커니즘을 그려보라.

- **둘째, 기초 이론에 충실하라: 기초 이론으로 분자와 대화하라.**

모든 화학이 마찬가지이겠지만 유기 화학을 잘 하려면 기초 이론을 잘 알아야 한다. 원자 구조와 혼성, 전기 음성도와 유발 효과, 산-염기 개념, 공명 이론, 열역학, 반응 속도론 등의 기초 이론이 유기 화학을 이해하는 데 필수적이기 때문이다. 화학의 기초 이론은 분자와 대화하는 데 필요한 언어이다. **"기초가 충실하면 모든 것이 완벽해지고 분자와의 대화 내용이 풍부해진다."**

- **셋째, 유기 화학은 작용기 화학이다: 작용기 화학을 습득하라.**

분자의 반응과 성질은 포함하고 있는 주작용기의 영향을 받는다. 작용기 화학을 이해하면 분자의 대부분을 이해할 수 있다.

- **넷째, 반응 메커니즘의 이해에 주력하라: 전자 이동 화살표를 이용하라.**

반응은 결합의 분해와 생성이다. **결합의 분해와 생성을 전자 이동으로 해결하라.** 화살표를 이용한 전자 이동은 메커니즘 이해를 위한 주요 도구이다. 전자 이동을 잘 하면 메커니즘을 이해하기 쉽다. 아울러 반응 과정을 알면 반응 결과도 쉽게 알 수 있다.

- **다섯째, 연습 문제 풀이에 충실하라.**

쉬운 문제부터 풀어보라(이 교재에서는 양적인 이유로 문제를 최소화하였다). 특히 개념 문제에 충실하라. 아울러 유사한 많은 분량의 문제를 풀어 봄으로써 새로운 문제에 대한 두려움을 없앨 수 있다.

01 유기 화학 기초 이론

Basic Theory for Organic Chemistry

- 유기 화학은 탄소 화합물 화학이며, 작용기 화학이다.
- 주양자수, 각운동량 양자수, 자기 양자수 및 스핀 양자수는 전자의 상태를 나타낸다.
- 원자가 결합 이론과 분자 오비탈 이론으로 공유 결합을 설명한다.
- 탄소는 $2sp^3$, $2sp^2$, $2sp$ 혼성을 하고, C—C, C=C, C≡C 결합을 형성할 수 있다.
- 불포화 결합이 콘쥬게이션되면 화합물이 안정화된다.
- 반응 에너지 도표는 반응에 대한 많은 정보를 제공한다.

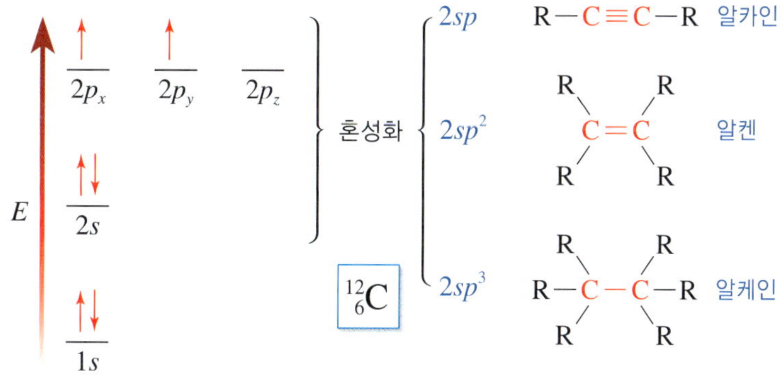

E
$2p_x$ $2p_y$ $2p_z$
$2s$
$1s$
혼성화
$^{12}_{6}C$
$2sp$ R—C≡C—R 알카인
$2sp^2$ $R_2C=CR_2$ 알켄
$2sp^3$ $R_3C—CR_3$ 알케인

유기 화학은 탄소 화합물 화학(chemistry of carbon compounds)이라고 정의한다. 화학이 발달하기 이전에는 역사적인 이유로 **유기 화학**(organic chemistry)이라고 불렀다. 당시로서는 유기체로부터 나오는 물질들에 생명의 본질이 있다고 믿었기 때문이다.

현대 주기율표에 알려진 100여 개가 넘는 원소 중에 생명체에서 발견되는 원소는 불과 20여 개 미만이지만 그 중에서 생명체의 중심에는 항상 유기 화합물(organic compound)이 있고, 그 중심에 있는 원소가 **탄소**(carbon)이다.

오늘날에는 탄소를 포함한 화합물을 유기 화합물이라고 한다.

유기 화합물을 이루고 있는 결합은 공유 결합이다. 유기 화합물은 포함하고 있는 결합과 작용기(functional group)의 종류에 따라 삼차원 구조와 물리적, 화학적 성질도 크게 다르다. 그런 이유로 **유기 화학을 작용기 화학**(functional group chemistry)이라고도 한다. 따라서 유기 화합물을 이해하려면 탄소 원자와 공유 결합을 이해해야 한다.

- 수많은 원소 중에 왜 탄소가 생명체의 중심에 있을까?
- 공유 결합은 어떻게 형성되고 어떻게 거동하는가?

이 질문의 답을 얻으려면 먼저 원자의 구조와 원자에 포함된 전자들의 에너지 준위와 이들의 반응성을 이해하는 것이 도움이 된다.

- **원자는 핵과 전자로 구성되어 있으나, 유기 화학 반응은 전자의 과학이다.**
  - 원소나 화합물들은 열역학적으로 더 안정한 상태로 변하려는 속성이 있다. 이것이 화합물의 반응성의 근원이며, 불안정한 물질일수록 더 많은 에너지를 방출하고 보다 더 안정한 물질로 변한다. 그런 과정을 **반응**(reaction)이라고 한다.
  - 반응을 간단히 표현하면, 기존의 결합이 분해되고 새로운 결합이 형성되는 것이다.
  - 반응 과정을 이해하는 데는 우리가 알고 있는 열역학적인 지식과 반응 과정에서 일어나는 결합의 분해와 형성에 대한 에너지 도표를 이용할 수 있다.

1.1 원자 구조와 오비탈

원자(atom)는 핵과 전자로 구성되어 있고, 핵은 작고 밀도가 높아 원자 질량의 절대량을 차지한다.

- **핵**(nucleus)**은 전기적으로 양전하를 띠고 있는 양성자**(proton)**와 전기를 띠지 않는 중성자**(neutron)**로 되어 있다.** 원소의 **질량수**(mass number)는 양성자 수와 중성자 수의 합으로 나타낸다.

양성자의 전하량은 $+1.60217733 \times 10^{-19}$ C이다.

- **전자는 음전하를 띠며 양성자와 같은 양의 전하량을 가진다.** 전기적으로 중성인 원자는 같은 수의 전자와 양성자를 가진다.

- **핵의 양성자 수를 원자 번호**(atomic number)**라고 하며, 이는 곧 전자 수에 해당한다.**
  - 원자 번호는 같고 질량수가 다른 원소를 **동위 원소**(isotope)라고 한다.
  - 질량수와 원자 번호를 원소 기호의 왼편에 위 첨자(질량수)와 아래 첨자(원자 번호)로 표시한다.

$$\text{원자 번호} = \text{전자 수} = \text{양성자 수}$$
$$\text{질량수} = \text{양성자 수} + \text{중성자 수}$$

질량수 → $^{14}_{6}\mathrm{C}$ $^{13}_{6}\mathrm{C}$ $^{12}_{6}\mathrm{C}$
원자 번호 →

탄소의 동위 원소

- **원자량은 원소의 동위 원소를 포함한 평균 질량**(average mass)**이지만, 편의상 탄소 원자량을 12로 한 상대적인 질량을 각 원소의 원자량**(atomic weight)**으로 사용한다.**

- **전자**(electron)**는 원자핵의 주변에 비교적 넓은 공간에 분포되어 있다.**

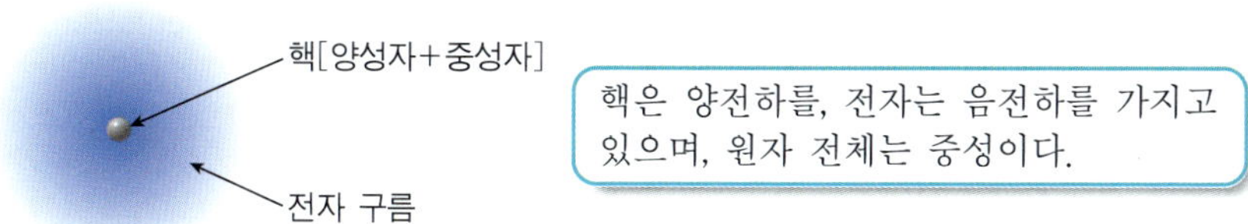

전자는 세 가지 방식으로 표현한다. 전자를 편의상 하나의 점(•)이나 화살표(↑ 또는 ↓)로 표현하거나 전자 구름으로 표현하기도 한다. 필요에 따라 이들 모두를 사용한다.

그렇다면 원자에서 **전자들은 핵 주변의 어느 공간에 어떻게 분포**되어 있는가? 1926년 Erwin Shrödinger는 전자가 입자성과 파동성을 가진다는 전자의 이중성을 받아들여 전자의 운동을 **파동함수**(wave function)로 나타냈다. 파동함수는 Ψ로 표시하며, psi라고 읽는다.

파동역학에 의하면 공간 내 어떤 점에서 전자를 발견할 수 있는 확률은 Ψ^2으로 나타내는데, 주어진 순간에 전자의 정확한 위치를 알 수는 없지만 물리적 의미를 갖는 전자 밀도가 높은 영역을 구할 수는 있다. 수학적인 방법으로 전자 발견 확률이 90%인 영역을 구하여 그 영역을 **오비탈**(orbital)이라고 하며, **등밀도 표시**(contour representation)법으로 나타낸다. 이 표시법으로 s, p 및 d 오비탈의 모양을 나타내면 그림 1.1과 같다.

Erwin Shrödinger(1887~1961)는 오스트리아 물리학자로, 노벨 물리학상을 수상(1933년) 하였다.

물리적 의미를 갖는 전자 밀도는 원자핵과 거리 r인 점에서 전자를 발견할 수 있는 확률 Ψ^2에 원자핵과의 거리가 r인 지점의 상대적인 빈도인 $4\pi r^2$을 곱한 함수인 $4\pi r^2\Psi^2$을 사용하여 얻을 수 있다.

***s* 오비탈**(*s* orbital)**은 공 모양의 전자 밀도를 가지고, *p* 오비탈**(*p* orbital)**은 아령 모양이고 중앙에는 전자 밀도가 없는 전자 마디**(node of electron; '마디'라고도 함)**를 하나 가지고 있다. *d* 오비탈**(*d* orbital)**에도 전자 마디가 있다.**

화합물의 구조는 전자가 점유된 오비탈의 모양에 따라 결정되므로 오비탈의 모양은 공유 결합 화합물인 유기 분자를 이해하는 데 더욱 중요하다.

부껍질을 나타내는 s, p, d 및 f 기호는 **s**harp, **p**rincipal, **d**iffuse 및 **f**undamental의 첫 자를 이용하여 나타내었나. 이는 양자역학이 소개되기 전에 스펙트럼의 형태를 설명하는 데 사용되었다.

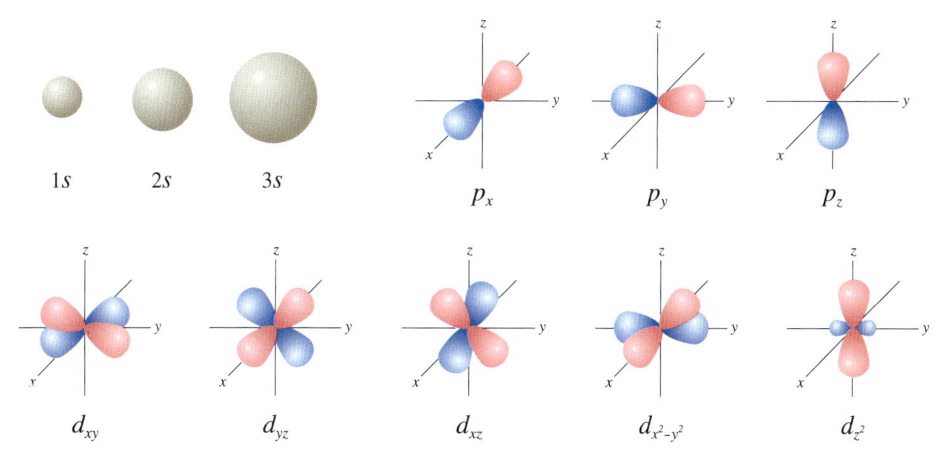

그림 1.1 s, p, d 오비탈의 등밀도 표시 그림

양자역학에서 원자의 정상 상태를 규정짓는 양자화에 허용된 값을 양자수라고 한다.

전자 껍질의 주양자수에 따라, K 껍질 ($n = 1$), L 껍질($n = 2$), M 껍질($n = 3$), N 껍질($n = 4$), … 등으로 표시하기도 한다. 이 문자들에 특별한 의미는 없다.

■ **핵 주위에 있는 전자의 상태는 4가지의 양자수(quantum number)로 표현한다.**

- **주양자수(n; principal quantum number)**는 전자의 에너지와 전자가 발견될 수 있는 범위를 나타낸다. 핵에서 가까운 쪽에서부터 $n = 1, 2, 3, 4, \cdots$로 표현한다. n 값이 작을수록 핵에 더 가깝고 에너지도 낮다.
- **각운동량 양자수(l, angular momentum quantum number)**는 오비탈의 모양을 나타낸다.
  - ▸ 각운동량 양자수는 주양자수에 따라 0부터 $n - 1$ 사이의 자연수를 가진다.
  - ▸ 각운동량 양자수에 따라 l 값이 0, 1, 2, 3인 경우를 각각 s 오비탈, p 오비탈, d 오비탈, f 오비탈로 부른다.
- **자기 양자수(m_l, magnetic quantum number)**는 오비탈의 배향(orientation)을 나타낸다.

각운동량 양자수를 방위 양자수(azimuthal quantum mumber), 오비탈-모양 양자수(orbital-shape quantum number) 또는 부양자수 등으로 부르기도 한다.

자기 양자수가 취할 수 있는 값은 각운동량 양자수(l)값에 따라 $-l$부터 l 사이의 정수가 된다. 자기 양자수는 $(2l + 1)$종류의 값을 가질 수 있다.

각운동량 양자수(l) = 0, 1, 2, 3, 4, …, $n - 1$ (n개)
부껍질 부호 = $s, p, d, f, g, \cdots$
부껍질 내 오비탈의 개수 = 1, 3, 5, 7, 9

예를 들면 n 값과 상관없이 s 오비탈은 모두 $l = 0$이므로 m_l이 가질 수 있는 값은 0 하나뿐이다. 따라서 s 오비탈이 가질 수 있는 배향은 한 가지뿐이고, p, d, f 오비탈이 가질 수 있는 배향은 아래와 같다.

부껍질 부호	자기 양자수	부껍질 내 오비탈 개수
s	0	1
p	−1, 0, 1	3
d	−2, −1, 0, 1, 2	5
f	−3, −2, −1, 0, 1, 2, 3	7
g	−4, −3, −2, −1, 0, 1, 2, 3, 4	9

앞에서 보는 것처럼 위 3가지 양자수는 서로 연관되어 있다.

- 주양자수(n): 오비탈의 에너지 준위(크기)를 결정한다.
- 각운동량 양자수(l): 오비탈의 모양을 결정한다.
- 자기 양자수(m_l): 오비탈의 배향을 결정한다.
- 스핀 양자수(m_s): 전자의 회전 방향을 결정한다.

주양자수 n 값이 동일한 오비탈들의 묶음을 껍질(shell)이라고 하고, 주양자수 n 값과 각운동량 양자수 l 값이 똑같은 오비탈들의 묶음을 부껍질(subshell)이라고 부른다. 따라서 각 부껍질은 주양자수 n을 나타내는 숫자와 각운동량 양자수를 나타내는 문자 부호($s, p, d, f, \cdots$)를 조합하여 나타낸다.

예를 들어 $n = 2$, $l = 1$인 오비탈은 $2p$로 표시한다. 각 부껍질에 속한 오비탈들은 외부 자기장이 없으면 같은 에너지를 갖는다. 이때 이 오비탈들은 **동일-에너지에 있다**고 하고, 이 오비탈들을 **중복된 오비탈**(degenerate orbital)이라고 한다.

'degenerate'라는 용어는 '축퇴되어 있다.'로 쓰기도 한다.

- **스핀 양자수(m_s, spin quantum number)**로 전자의 스핀 상태를 나타낸다. 전자는 두 가지 스핀을 가지므로 $m_s = \pm\frac{1}{2}$ 값을 가진다.

1.2 여러 개 전자를 갖는 원자의 전자 배치

지금까지 설명한 오비탈과 양자수는 수소처럼 전자가 하나만 있는 원자에 대한 Shrödinger 방정식으로부터 얻은 것이다. 수소 원자를 제외한 다른 원소들은 하나 이상의 전자를 가지고 있어, 전자들 간의 정전기적 반발 효과를 위치 에너지의 결정에 고려해야 한다.

수소 같은 단일 전자 원자에서는 주양자수가 오비탈 에너지를 결정하지만, 여러 개의 전자를 가지는 원자에서는 주양자수뿐만 아니라 각운동량 양자수도 오비탈 에너지에 영향을 준다. 따라서 여러 개 전자를 가지는 원자의 경우에 동일한 주양자수를 가지는 오비탈이라 하더라도 에너지가 다르다. 즉, **각운동량 양자수가 커지면 에너지가 조금씩 더 높아진다.** 이와 같은 에너지 차이는 **유효 핵전하**(effective nuclear charge)에 기인한다. 이와 같은 **오비탈들의 에너지 차이** 때문에 여러 개 전자를 가지는 원자에서의 **바닥 상태의 전자 배치를 할 때 주양자수(n) 값과 각운동량 양자수(l) 값 모두를 고려해야 한다.**

여러 개 전자를 가지는 원자에서 특정한 전자에 대해 핵의 양전하가 미치는 실제적인 양을 **유효 핵전하**(effective nuclear charge)라고 하며, 이는 다른 전자들이 특정 전자에 미치는 핵전하를 가려 막는 **가림 효과**(shielding effect) 때문이다.

원자에 있는 전자들은 껍질(shell)을 기준으로 구분한다. 주양자수가 가장 큰 껍질의 전자를 **원자가 전자**(valence electron)라고 하며, 나머지를 **내부 전자**(internal electron 혹은 **핵심부 전자**: core electron)라고 한다.

화학 반응은 전자의 반응이고 원자가 전자의 배치가 중요하므로 원자가 전자의 배치를 아는 것은 반응성과 반응 과정을 이해하는 데 매우 중요하다. 그러기 위해서는 원자의 가장 안정한 상태(바닥 상태라고 한다)의 전자 배치를 아는 것이 중요하다.

- **원자의 바닥 상태 전자 배치는 쌓음 원리(aufbau principle)에 따라 빈 전자 껍질에 채워 나간다. 이 쌓음 원리는 전자들은 원자의 에너지가 최소가 되도록 오비탈을 차지한다는 것이다.**
  - 한 원자에 전자가 여러 개 있을 경우에는 에너지가 가장 낮은 오비탈부터 차례로 전자가 채워진다.
  - 오비탈의 에너지 준위는 주양자수(n)와 각운동량 양자수(l)의 합으로 편리하게 예측할 수 있다.
  - $(n + l)$ 값이 적으면 오비탈의 에너지는 낮으므로, $1s \rightarrow 2s \rightarrow 2p \rightarrow 3s \rightarrow 3p \rightarrow 4s \rightarrow 3d \rightarrow \cdots$ 순으로 전자를 채운다.
- **하나의 원자 내에서 두 개의 전자가 모두 같은 네 개의 양자수를 가질 수 없다(Pauli 배타 원리(Pauli exculsion principle)).**
  - 하나의 오비탈에 두 개의 전자만 들어 갈 수 있으므로 주양자수, 각운동량 양자수 및 자기 양자수가 동일한 원자 오비탈이라도 두 전자의 스핀 양자수는 +1/2과 −1/2로 달라야 한다.
- **바닥 상태에서 전자는 빈 오비탈에 짝을 이루지 않은 홀전자(unpaired electron)를 다 채우고 나서 짝을 이루도록 전자를 채운다(Hund 규칙(Hund's rule)).**
  - 이 원리는 동일-에너지 오비탈에 전자를 채울 때 중요하다.
  - 동일 에너지 오비탈에서 가장 낮은 에너지를 가지는 전자 배치는 같은 스핀을 가지는 전자의 수가 가장 많을 때의 전자 배치이다.
  - 탄소의 경우를 보자. 탄소의 6개 전자는 $1s^2 2s^2 2p^2$로 배치되어 있으며, 3개의 p 오비탈

전자 배치는 탄소의 경우처럼 $1s^2 2s^2 2p_x^{\ 1} 2p_y^{\ 1}$으로 나타낸다. 여기서 위 첨자로 나타낸 수는 각 오비탈에 있는 전자 수를 나타낸다. 문자는 원자 오비탈의 모양(즉 각운동량 양자수로부터)을 나타내고, 문자 앞에 있는 숫자는 주양자수로 오비탈이 속한 껍질을 나타낸다.

중에 두 개의 p 오비탈에 하나씩의 전자만을 가지고 있다.

$$_6\mathrm{C}: \quad (\uparrow\downarrow)_{1s^2} \quad (\uparrow\downarrow)_{2s^2} \quad (\uparrow)_{2p_x} \quad (\uparrow)_{2p_y} \quad (\ )_{2p_z}$$

원자 오비탈을 He나 Ne처럼 전자로 모두 채운 원자는 닫힌 전자 껍질 배치(closed shell configuration)를 가진다고 하고, C나 N처럼 완전히 채워지지 않은 원자는 열린 전자 껍질 배치(open shell configuration)을 가진다고 한다.

원자의 바닥 상태 전자 배치하는 방법

- **1단계**: 총 전자 수를 파악한다.
  예 N(질소): 총 전자 수 7개
- **2단계**: 에너지가 낮은($n + l$ 값이 적은 것부터) 오비탈부터 전자를 채운다. N의 오비탈 에너지 증가 순서는 다음과 같다.

$$1s \rightarrow 2s \rightarrow 2p$$

- **3단계**: 에너지 준위가 가장 낮은 오비탈부터 Hund 규칙과 Pauli 배타 원리에 따라 전자를 채운다.

$$1s^2\ 2s^2\ 2p^3 \equiv 1s^2\ 2s^2\ 2p_x{}^1\ 2p_y{}^1\ 2p_z{}^1$$

표 1.1 몇 가지 작은 원자들의 바닥 상태 전자 배치

원자 번호	원소 기호	원소 이름	전자 배치	원자가 전자
1	H	수소(hydrogen)	$1s^1$	1
2	He	헬륨(helium)	$1s^2$	2
3	Li	리튬(lithium)	$1s^2\ 2s^1$	1
4	Be	베릴륨(beryllium)	$1s^2\ 2s^2$	2
5	B	붕소(boron)	$1s^2\ 2s^2\ 2p^1$	3
6	C	탄소(carbon)	$1s^2\ 2s^2\ 2p^2$	4
7	N	질소(nitrogen)	$1s^2\ 2s^2\ 2p^3$	5
8	O	산소(oxygen)	$1s^2\ 2s^2\ 2p^4$	6
9	F	플루오린(fluorine)	$1s^2\ 2s^2\ 2p^5$	7
10	Ne	네온(neon)	$1s^2\ 2s^2\ 2p^6$	8
11	Na	소듐(sodium)	$1s^2\ 2s^2\ 2p^6\ 3s^1$	1
12	Mg	마그네슘(magnesium)	$1s^2\ 2s^2\ 2p^6\ 3s^2$	2
13	Al	알루미늄(aluminum)	$1s2\ 2s^2\ 2p^6\ 3s^2\ 3p^1$	3
14	Si	규소(silicon)	$1s^2\ 2s^2\ 2p^6\ 3s^2\ 3p^2$	4
15	P	인(phosphorus)	$1s^2\ 2s^2\ 2p^6\ 3s^2\ 3p^3$	5
16	S	황(sulfur)	$1s^2\ 2s^2\ 2p^6\ 3s^2\ 3p^4$	6
17	Cl	염소(chlorine)	$1s^2\ 2s^2\ 2p^6\ 3s^2\ 3p^5$	7
18	Ar	아르곤(argon)	$1s^2\ 2s^2\ 2p^6\ 3s^2\ 3p^6$	8

1.3 이온 결합과 공유 결합

원자가 결합을 형성하는 이유는 최외각 껍질의 전자 수가 8개의 전자로 되려는 **팔전자 규칙**(octet rule) 때문이다.

팔전자 규칙은 원자는 최외각 껍질이 완전히 채워지거나 8개의 전자를 가질 때 가장 안정하다는 이론으로, 미국의 물리 화학자 G. N. Lewis (1875~1945) 에 의해 제안되었다.

최외각 전자가 부족한 원자들은 최외각 껍질이 8개로 채워지도록 다른 원자의 전자를 서로 공유하거나 제공받아 안정하게 되려는 경향성을 가진다. 이 경향성을 **반응성**(reactivity)이라고 한다. 원자들이 최외각 껍질에 전자를 제공받는 방법은 다른 원자로부터 일방적으로 공급받는 **이온 결합**(ionic bond)과 두 원자가 전자를 서로 공유하는 **공유 결합**(covalent bond)이 있다. 유기 화합물은 공유 결합으로 형성되어 있고 경우에 따라 이온 결합을 포함하기도 한다. 따라서 유기 화합물을 이해하기 위해서는 공유 결합에 대한 충분한 이해가 필요하다.

- **중성 원자가 전자를 잃으면 양이온(cation)이 되고, 전자를 얻으면 음이온(anion)이 된다.**
  - 2주기 원소인 리튬(Li)의 전자 배치는 $1s^22s^1$이다.
  - 최외각 껍질인 $2s$ 오비탈에서 전자 한 개를 잃으면, $1s^2$가 최외각 껍질이 되고 전자가 완전히 채워진 양이온(Li^+) 상태로 된다.
  - 소듐(Na; $1s^22s^22p^63s^1$)도 유사한 바닥 상태 전자 배치를 하고 있어, 최외각 전자($3s^1$) 하나를 쉽게 잃어 Na^+ 양이온을 형성한다.
  - 2주기 원소인 플루오린(F)은 $1s^22s^22p^5$의 전자 배치를 하고 있고, 최외각 껍질에 7개의 전자를 가지고 있다. 따라서 F는 전자 하나를 얻어 팔전자 규칙을 만족시키는 편이 더 유리하다. F가 전자 하나를 얻으면 F^- 음이온이 형성된다.
  - 3주기 원소인 염소(Cl; $1s^22s^22p^63s^23p^5$)도 최외각 껍질에 7개의 전자를 가지고 있어 F와 유사한 반응성을 나타낸다.

$$\text{Li}\cdot \longrightarrow \text{Li}^+ + \text{e}^- \text{ (양이온 형성)}$$
$$\text{F}\cdot + \text{e}^- \longrightarrow \text{F}^- \text{ (음이온 형성)}$$

- **리튬(Li)이나 소듐(Na) 같이 최외각 전자가 아주 적은 원자들은 전자를 잃어 양이온을 만들기가 쉽고, 플루오린이나 염소 같이 최외각 전지가 많은 원자들은 전자를 얻어 음이온을 형성하기 쉽다.**
  - 소듐 금속과 염소 기체가 섞이면 소듐 원자는 전자를 염소 원자에 주고 양이온이 되고 염소는 음이온이 되어 소금(염화 소듐, NaCl, sodium chloride)으로 된다.
  - 이 과정으로 생성된 소금은 Na^+와 Cl^-가 띠는 반대 전하의 상호 작용에 의해 **이온 결합**(ionic bond)을 형성한다.

결합(bonding)은 두 이온이나 원자 사이에서 이들을 끌어당기는 힘이다. 이온 결합은 반대 전하를 띠는 화학종 사이의 인력으로 형성된 결합이다.

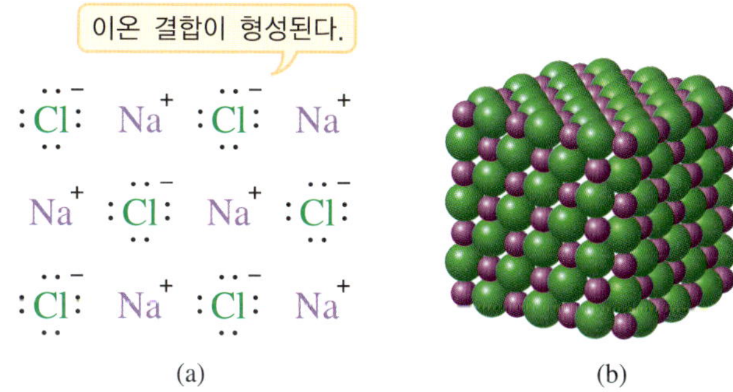

NaCl 구조에서 각 Cl^- 이온은 6개의 Na^+ 이온에 의해 둘러싸이고, 각 Na^+ 이온은 6개의 Cl^- 이온으로 둘러싸여 있다.

그림 1.2 (a) NaCl의 원자 평면 배열의 일부와 (b) NaCl 삼차원 구조, 보라색은 Na^+이고 녹색은 Cl^-이다.

■ **두 원자들이 최외각 껍질의 전자를 채워 보다 더 안정한 상태로 만들기 위해 두 개의 전자를 서로 공유함으로써 형성되는 결합을 공유 결합(covalent bond)이라고 한다.**

할로젠(halogen)은 17족을 통칭하는 이름이다.

예를 들어 전자가 하나뿐인 두 수소 원자가 두 개의 전자를 서로 공유함으로써 H:H 공유 결합을 형성하며, 최외각 전자가 7개인 할로젠 원소(F, Cl, Br, I, At)는 짝지어지지 않은 전자를 서로 공유함으로써 공유 결합을 형성한다.

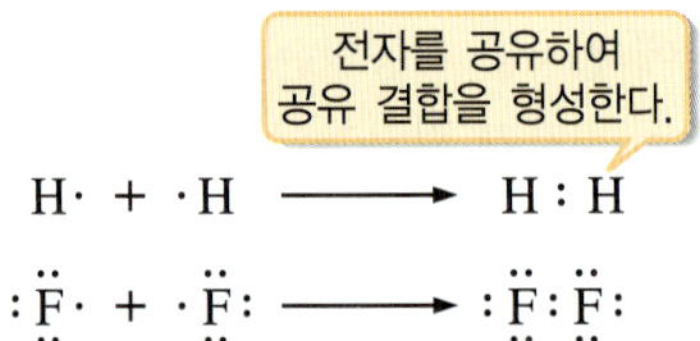

■ **물(H_2O, water), ammonia(NH_3) 및 methane(CH_4)도 같은 방식의 공유 결합으로 이루어진 화합물들이다.**

- 물의 중심 원자인 산소는 6개의 원자가 전자를 가지고 있어 최외각 껍질을 채우려면 2개의 수소가 필요하다.
- 5개의 원자가 전자를 가지는 암모니아의 질소는 3개의 수소가 필요하다.
- 4개의 원자가 전자를 가지는 메테인의 탄소는 4개의 수소가 필요하다.

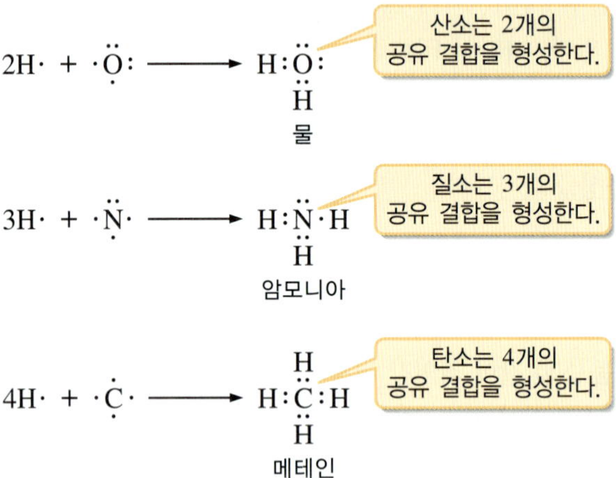

H—H와 F—F 같은 **분자의 공유 결합은 동일한 원자가 결합 전자를 공유하므로 두 원자 사이의 전자 구름이 동일하게 분포된다.** 이 결합을 **비극성 공유 결합**(nonpolar covalent bond)이라고 한다.

공유 결합하고 있는 두 원자의 종류가 다른 H—Cl이나 H—O—H **같은 분자에서는 결합 전자 밀도의 분포가 균일하지 않고 어느 한 원자 쪽으로 더 많이 치우치게 된다.** 이 결합을 **극성 공유 결합**(polar covalent bond)이라고 한다.

■ **극성 공유 결합을 가지는 분자의 물리적, 화학적 성질은 대부분이 극성 공유 결합에 의존한다.**

- **극성 공유 결합은 결합하고 있는 두 원자의 전기 음성도 차이 때문**이다.
- 극성 공유 결합은 결합의 한쪽은 부분적으로 양전하를 띠고(δ^+로 표시함), 다른 한쪽은 부분적으로 음전하(δ^-로 표시함)를 띤다.

■ **전기 음성도**(electronegativity)**는 원자나 원자단이 결합 전자를 자기 쪽으로 끌어당기려는**

능력의 척도이고, 상대적인 값이므로 단위가 없다.** 원자들의 전기 음성도 차이가 **유발 효과**(inductive effect)의 근원이 된다.

전기 음성도를 나타내는 척도는 여러 가지가 있다. 대부분 Linus Pauling의 전기 음성도를 사용한다.

- **원소의 전기 음성도는 주기율표의 같은 주기에서는 원자 번호가 클수록 크다.**
- **주기율표의 같은 족에서는 아래에서 위로 갈수록 전기 음성도가 증가하는 경향성을 보인다.**

Linus Pauling(1901~1994)은 미국의 양자 화학자, 생화학자로, 노벨 화학상(1954)과 노벨 평화상(1962)을 수상하였다.

표 1.2 일부 원소들의 전기 음성도

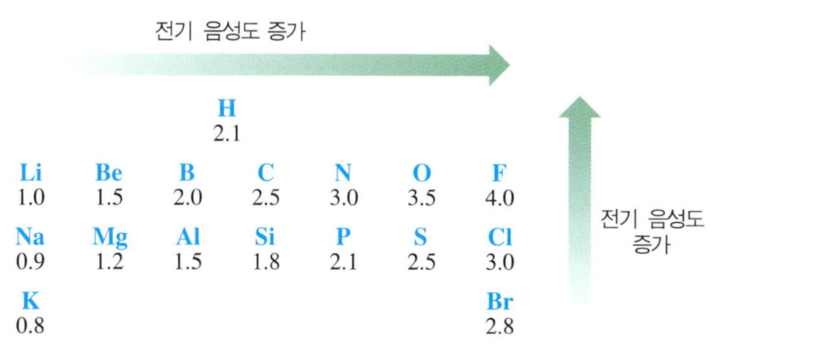

전기 음성도 증가 (→) / 전기 음성도 증가 (↑)

		H 2.1				
Li 1.0	Be 1.5	B 2.0	C 2.5	N 3.0	O 3.5	F 4.0
Na 0.9	Mg 1.2	Al 1.5	Si 1.8	P 2.1	S 2.5	Cl 3.0
K 0.8						Br 2.8

1.4 공유 결합의 형성과 이론: VBT, MOT

분자가 형성되기 위해 공유 결합은 어떻게 만들어지며 또 이들을 어떻게 설명할 수 있는지를 이해하는 것은 유기 화학에서 중요하다.

화학자들은 공유 결합을 이해하고 설명하는 데 원자가 결합 이론(valence bond theory; VBT)**과 분자 오비탈 이론**(molecular orbital theory; MOT)**을 이용한다. 원자가 결합 이론**에 의하면, 수소 분자(H_2)의 공유 결합은 한 수소 원자의 1*s* 오비탈과 다른 수소 원자의 1*s* 오비탈이 겹쳐져 **분자 오비탈**(molecular orbital)을 형성한다. 이처럼 두 개의 원자 오비탈이 겹쳐져 생기는 공유 결합을 **시그마 결합**(sigma(σ), bond)이라고 한다. 시그마 결합의 오비탈 단면은 원형이다.

공유 결합 전자들이 하나의 특정 원자가 아니라 분자 전체에 속해 있기 때문에 분자 오비탈이라고 부른다.

원자 상태의 수소들은 에너지를 방출하여 보다 안정한 수소 분자를 형성한다. 왜 원자 상태로 있을 때보다 분자 상태로 될 때가 더 안정한가?

분자에서는 전자가 각 원자 자신의 핵에서뿐만 아니라 다른 핵에 의해서도 끌리기 때문에 원자 상태에서보다 더 안정하다. 공유 결합을 하고 있는 원자들이 원자 상태의 개별 원자들보다 더 안정하므로 공유 결합을 형성한다. 공유 결합의 근원은 **음전하를 띠는 전자가 양전하를 띠는 핵에 의해 끌리는 힘**이다.

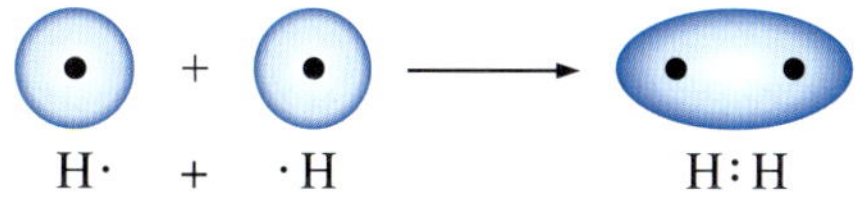

수소 분자(H_2)의 공유 결합을 살펴보자. 두 수소 원자의 1*s* 오비탈이 서로 선형으로 겹쳐져

수소 분자(H_2)를 형성한다. 이때 수소 원자들의 최외각 전자 오비탈은 핵 사이의 반발을 극복할 수 있는 최소 거리까지 가까이 겹쳐진다. **오비탈들이 더 많이 겹쳐질수록 에너지를 더 많이 방출하고, 이 현상은 양전하를 띤 핵이 서로 반발할 때까지 진행된다.**

1 kcal = 4,184 kJ이다.

핵 사이의 반발을 극복하고 두 원자가 공유 결합을 하게 되는 원자 간의 거리를 결합 길이(bond length)라고 한다. 수소-수소 간의 결합 길이는 0.74 Å이다. H—H 결합이 생성될 때 450 kJ/mol(105 kcal/mol)의 에너지가 방출된다. 물론 이 결합이 끊어질 때도 정확히 같은 양의 에너지가 소요된다. 이 에너지를 **결합 해리 에너지**(bond dissociation energy)라고 한다.

모든 공유 결합은 특징적인 결합 길이, 결합 세기(bond strength) 및 결합 해리 에너지(bond dissociation energy)를 가진다.

■ **분자 오비탈 이론은 두 단계로 구성된다.**

- **1단계**: 원자 오비탈들이 상호 작용하여 분자 오비탈을 형성한다.
- **2단계**: 원자들이 가지고 있던 전자들이 새로 형성된 분자 오비탈들을 점유한다.

분자 오비탈 이론으로 만들어진 분자의 안정성을 설명할 수 있다. MO에서 전자들의 전체 에너지와 결합 이전 원자들의 원자 오비탈 전자가 가지고 있던 총 에너지를 비교하면 만들어진 분자의 안정성을 설명할 수 있다.

형성된 분자 오비탈에 전자들이 어떻게 채워지는가를 이해하면 분자의 **화학적 성질**(반응성)과 **물리적 성질**(자기적 성질)을 이해하는 데 필요한 근거를 찾을 수 있다.

원자 오비탈들이 겹쳐져 분자 오비탈을 형성할 때 몇 가지 규칙이 적용된다.

분자 오비탈 이론에 적용되는 규칙

- 원자의 원자가 전자 오비탈만이 분자 오비탈 형성에 참여한다.
- 원자 오비탈들의 1차 결합으로 분자 오비탈이 형성된다.
- 형성된 분자 오비탈의 수와 형성에 참여하는 원자 오비탈의 수가 동일해야 한다.
- 분자 오비탈의 절반은 **결합성 분자 오비탈**(bonding MO)이고, 나머지 절반은 **반결합성 분자 오비탈**(antibonding MO)로 된다.
- **결합 차수**(bond order)는 결합성 분자 오비탈에 있는 전자 수에서 반결합성 분자 오비탈의 전자 수를 뺀 것에 1/2을 곱한 것으로 정의한다.

$$\text{결합 차수} = \frac{1}{2}(\text{결합성 전자 수} - \text{반결합성 전자 수})$$

■ **분자 오비탈의 형성에는 원자의 원자가 전자 오비탈만이 참여하고, 원자 오비탈들의 1차 결합으로 분자 오비탈이 형성된다.** 서로 다른 원자의 원자 오비탈들은 대칭성이 서로 일치하면 결합을 이룰 수 있으며 에너지가 비슷할 때 더 효과적이다. 오비탈 간의 상호 작용이 커서 결합을 이루어 에너지 준위가 낮아 안정하게 되는 오비탈을 **결합성 분자 오비탈**이라고 한다. 에너지 준위가 더 높은 나머지 절반은 **반결합성 분자 오비탈**이라고 한다.

- 결합성 MO에는 전자가 점유되고, 반결합성 MO는 비어 있다.

- 결합성 MO는 원자 오비탈보다 에너지가 더 낮고, 반결합성 MO는 원자 오비탈보다 에너지가 더 높다.
  - ▸ 결합성 분자 오비탈: σ MO(시그마 결합), π MO(파이 결합)
  - ▸ 반결합성 분자 오비탈: σ* MO(시그마 결합), π* MO(파이 결합)

반결합성 MO는 '*'를 위 첨자로 붙여 구분하고, '스타'로 읽는다.

오비탈들의 에너지 증가 순서

σ MO, π MO, 원자 오비탈 π* MO, σ* MO

형성된 결합성 분자 오비탈의 에너지는 결합하기 전 원자 오비탈의 에너지보다 낮아 안정한 분자를 형성하고, 반결합성 분자 오비탈의 에너지는 결합 전 원자 오비탈의 에너지보다 더 높은 에너지 준위에 있게 된다.

형성된 분자 오비탈 수와 형성에 참여한 원자 오비탈의 수는 항상 동일하다. 1*s* 원자 오비탈에 전자 하나씩을 가지는 H 두 원자가 만드는 H_2의 분자 오비탈은 σ와 σ* 두 개이다. 결합 전자쌍은 σ를 점유하고, σ*는 비어 있다.

▪ **분자 오비탈 이론에서 공유 결합의 안정성은 결합 차수**(bond order)**로 나타낼 수 있다.**

- 결합 차수가 1이면 단일 결합, 2이면 이중 결합, 3이면 삼중 결합을 뜻한다.
- 결합 차수가 0이면 결합을 형성하지 않는다는 것이다.

수소(H_2) 분자를 이용하여 분자 오비탈 이론을 설명해 보자. 그림 1.3에서 보는 것처럼 두 개의 수소 원자 오비탈이 겹쳐지면, 반드시 두 개의 분자 오비탈이 생긴다.

▪ **오비탈의 조합 과정은 보강 조합과 상쇄 조합 두 가지가 있다.**

- 파동함수의 부호가 같은 오비탈 간의 겹침은 **보강 조합**(constructive combination)을 하여 **결합성 분자 오비탈**을 형성한다.
- 부호가 다른 파동함수 간의 겹침인 **상쇄 조합**(destructive combination)을 통해 **반결합성 분자 오비탈**을 형성한다.

H_2 분자의 결합성 분자 오비탈과 반결합성 분자 오비탈의 전자 밀도는 모두 두 핵을 지나는 축의 공임에 있음을 주목하라.

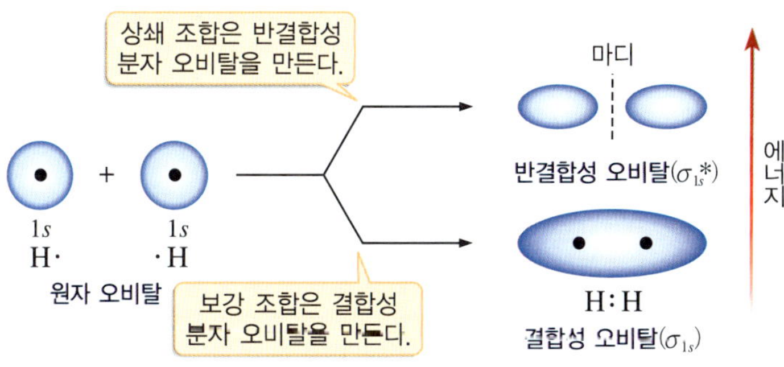

그림 1.3 H_2의 두 개 분자 오비탈의 형성

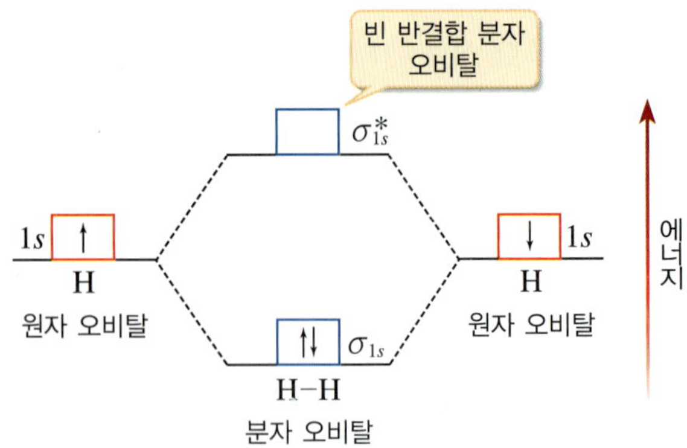

그림 1.4 수소 분자의 에너지 준위 도표

에너지 준위 도표를 **분자 오비탈 도표**(molecular orbital diagram)라고도 한다.

두 개의 수소 원자 오비탈과 이들로부터 생성되는 분자 오비탈의 상대적 에너지를 그림 1.4처럼 **에너지 준위 도표**(energy level diagram)로 나타낼 수 있다.

그림 1.4에 나타낸 것처럼, 각각의 수소 원자는 분자에 하나의 전자를 제공하여 수소 분자에는 두 개의 전자가 있게 되며, 이 두 개의 전자는 에너지가 낮은 결합성 분자 오비탈에 들어가고, 전자의 스핀은 쌍을 이룬다.

결합성 분자 오비탈에 들어 있는 전자들을 결합 전자(bonding electron)라고 한다. 원자가 전자 배치와 같이 분자에서의 전자 배치도 위 첨자로 표시하여 나타낸다. 따라서 수소 분자(H_2)의 전자 배치는 σ^2_{1s}로 표기한다.

C(탄소)나 F(플루오린)와 같은 2주기 원자는 2*s*와 2*p* 원자가 오비탈을 가지므로 이 오비탈들이 어떻게 MO를 형성하는지를 이해하는 것은 중요하다.

2*s* 원자 오비탈들이 형성하는 MO는 앞에서 두 개의 수소 원자 1*s* 오비탈이 하나의 σ_{1s}와 σ^*_{1s} MO를 형성하는 것과 동일하게 두 개의 σ_{2s}와 σ^*_{2s} MO를 형성한다. 2*p* 오비탈이 형성할 수 있는 MO로는 그림 1.5에서처럼 하나의 2*s* 오비탈과 하나의 2*p* 오비탈이 만드는 시그마(sigma) 결합 MO(σ_{2s2p}) 및 시그마 반결합 MO(σ^*_{2s2p})가 있다. 두 개의 2*p* 오비탈이 형성하는 시그마 결합 MO(σ_{2p}) 및 반결합 MO(σ^*_{2p})도 있다. 다르게는 두 개의 2*p* 오비탈이 측면으로 겹쳐져 만들어지는 파이(π, pi) 결합 MO(π_{2p}) 및 파이 반결합 MO(π^*_{2p})가 있다(그림 1.6).

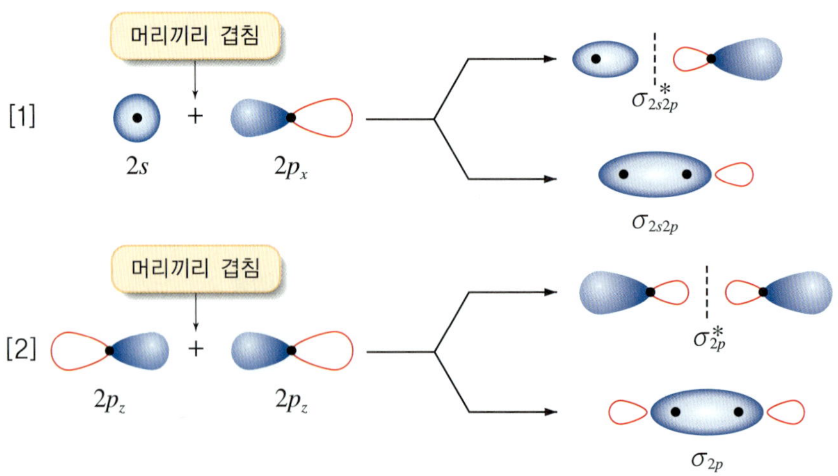

그림 1.5 [1] 2*s*와 $2p_x$ 간의 머리-머리 겹침과 [2] 두 개 $2p_z$의 머리-머리 겹침에 의해 형성되는 시그마 결합 MO 및 시그마 반결합 MO

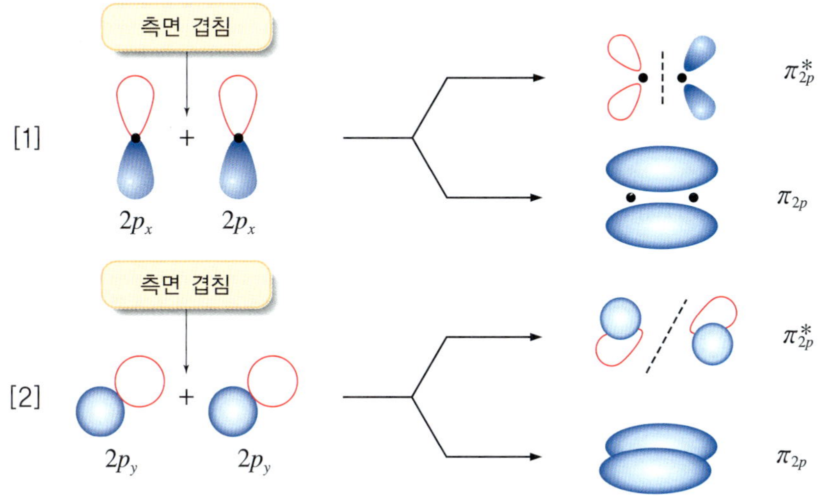

그림 1.6 [1] 두 개 $2p_x$와 [2] 두 개 $2p_y$의 측면 겹침으로 형성되는 파이 결합 MO($\pi_{2p_x2p_x}$, $\pi_{2p_y2p_y}$)와 파이 반결합 MO($\pi^*_{2p_x2p_x}$, $\pi^*_{2p_y2p_y}$).

1.5 탄소의 공유 결합의 종류와 혼성 오비탈

유기 화합물에서 관찰할 수 있는 공유 결합에는 시그마 결합과 파이 결합이 있고, 결합의 수에 따라서는 단일 결합(single bond), 이중 결합(double bond), 삼중 결합(triple bond)이 있다. 탄소 화합물의 결합 종류는 탄소의 혼성 상태에 따라 결정된다.

> 단일 결합은 하나의 시그마 결합으로 구성되고, 이중 결합은 하나의 시그마 결합과 하나의 파이 결합으로 구성되며, 삼중 결합은 하나의 시그마 결합과 두 개의 파이 결합으로 구성되어 있다.

sp^3 혼성	sp^2 혼성	sp 혼성
C—C	C=C	C≡C
단일 결합	이중 결합	삼중 결합

이중 결합 및 삼중 결합을 **다중 결합**(multiple bond) 또는 **불포화 결합**(unsaturated bond)이라고도 한다.

> 불포화 결합이란 탄소가 4개보다 작은 수의 다른 원자와 결합을 형성하는 것을 의미하며, 포화 결합은 하나의 탄소 원자가 최대 4개의 다른 원자와 결합하고 있다. 탄소는 탄소-탄소(C=C, C≡C), 탄소-산소(C=O) 및 탄소-질소(C=N 또는 C≡N) 간에 안정한 다중 결합을 형성한다.

탄소의 바닥 상태 전자 배치를 보면 $1s^22s^22p^2$로 $2p$ 오비탈에 쌍을 이루지 않은 전자는 두 개뿐이다. 원자들은 서로 각기 쌍을 이루지 않은 전자들을 이용하여 결합을 형성한다. 따라서 탄소는 두 개의 쌍을 이루지 않은 전자를 가지고 있으므로, 두 개의 결합만을 형성할 것으로 예상된다. 그러나 **탄소는 4개의 결합을 형성한다!** 뿐만 아니라 이런 결합을 하고 있는 탄소 화합물의 결합각은 109.5°이며, 탄소는 하나 또는 두 개의 파이 결합도 형성한다. 왜 그런가? 이는 **혼성화**(hybridization) 개념으로 그 답을 얻을 수 있다.

혼성화는 하나의 탄소 원자가 결합을 형성하여 분자로 될 때 탄소 원자의 주양자수가 같은 원자가 껍질(n=2)에 있는 $2s$와 $2p$ 오비탈이 "혼합되어 동일한 에너지 준위에 놓이는 새로운 오비탈을 형성"하는 것이다. 탄소가 혼성화되면 우리가 실제 관찰하는 것처럼 탄소는 4개의 결합을 형성할 수 있다. 이러한 오비탈의 혼성화 방식은 3가지가 있다.

- **$2sp^3$ 혼성화**: $2s$ 오비탈과 3개의 모든 $2p$ 오비탈이 혼성화된다.
- **$2sp^2$ 혼성화**: $2s$ 오비탈과 2개의 $2p$ 오비탈이 혼성화된다.
- **$2sp$ 혼성화**: $2s$ 오비탈과 1개의 $2p$ 오비탈이 혼성화된다.

1.5.1 $2sp^3$ 혼성화

- **$2sp^3$ 혼성화에서는 $2s$ 오비탈과 3개의 모든 $2p$ 오비탈이 혼합되어 4개의 sp^3 혼성 오비탈들을 형성한다.**
    - **혼성 오비탈의 수는 혼합에 사용되는 본래의 원자 오비탈의 수와 동일하다.**
    - 각 혼성 오비탈의 에너지는 본래의 s 오비탈 에너지보다는 높고 본래의 p 오비탈 에너지보다는 낮다(그림 1.7).
    - 혼성화 이전의 원자 오비탈 에너지와는 다르지만, 4개의 sp^3 혼성 오비탈은 각각 동일한 에너지를 갖는다. 이런 에너지 차이가 각 원자 오비탈의 혼성화를 가능하게 한다.
- **혼성화 과정에서 탄소의 원자가 전자는 $2sp^3$ 혼성 오비탈에 들어갈 수 있다(그림 1.7).**
    - 혼성화되기 전에 탄소 원자는 $2s$와 $2p$ 오비탈에 모두 4개의 전자가 있다.
    - $2s$ 오비탈은 채워져 있고, 두 개의 $2p$ 오비탈은 반씩만 채워져 있지만, 혼성 후에는 모두 에너지가 동일한 4개의 $2sp^3$ 오비탈에 하나씩의 전자를 가지게 된다.
    - $2sp^3$ 혼성화된 탄소는 4개의 시그마 결합이 가능하다.

> Hund 규칙에 의해 모두 4개의 쌍을 이루지 않은 채로 반씩만 채워지게 된다.

- **$2sp^3$ 혼성 오비탈 각각은 동일한 변형된 아령 모양을 갖는다.** 이것은 혼성 과정에서 p 오비탈을 더 많이 포함하므로, s 오비탈보다는 p 오비탈 모양처럼 보이는 것이다.
- **각 $2sp^3$ 오비탈은 삼차원 공간에서 각각 가능한 한 가장 멀리 떨어져 있도록 배열되며, 결국 정사면체의 각 꼭짓점을 향하도록 배향한다(그림 1.8).** 이들 각 로브(lobe) 간의 각은 109.5°이다. 따라서 $2sp^3$ 혼성 탄소를 **정사면체 탄소**(tetrahedron carbon)라고 한다. 정사면체 탄소의 삼차원 모양은 입체감을 살려서 그릴 수 있는데 이런 구조식을 **투시식**(perspective formular) 또는 점선-쐐기 구조식(2.6절 참조)이라고 한다(그림 1.8c).
- **같은 2주기 원소인 질소(N)와 산소(O)도 또한 유기 화합물에서 $2sp^3$ 혼성을 할 수 있다.**
    - 질소는 두 번째 껍질에 5개의 원자가 전자를 가진다. 혼성 후에는 반만 채워진 3개의

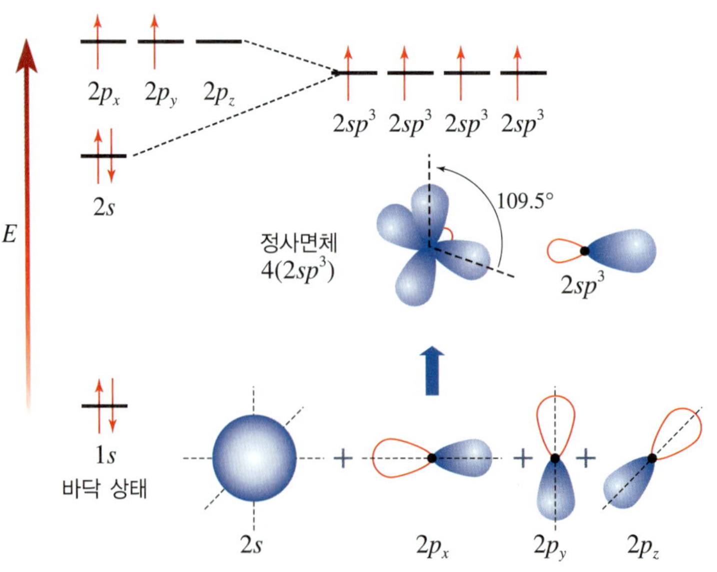

그림 1.7 탄소의 $2sp^3$ 혼성화

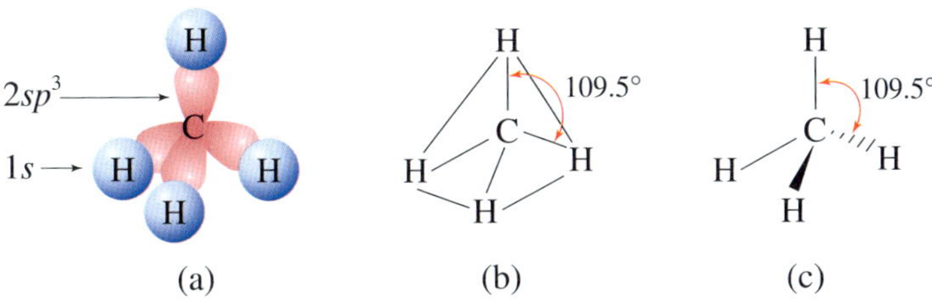

그림 1.8 CH_4(methane) 분자로 나타낸 $2sp^3$ 혼성 탄소의 정사면체 구조. (a) 오비탈로 나타낸 CH_4 분자. (b) 골격 구조로 나타낸 CH_4 분자. (c) CH_4의 투시식, 종이면 결합은 실선으로, 종이면에서 관찰자 앞으로 튀어나온 결합은 쐐기선(▬)으로, 그리고 종이면 뒤로 배열된 결합은 점선(ıııııı)으로 나타낸다.

$2sp^3$ 오비탈을 가지며 이들이 3개의 시그마 결합을 형성할 수 있다. 나머지 두 개의 전자는 $2sp^3$ 혼성 오비탈을 점유한다.

- 산소는 6개의 원자가 전자를 가지며, 혼성 후에는 반만 채워진 두 개의 $2sp^3$ 오비탈을 가지고, 이들이 두 개의 시그마 결합을 형성할 수 있다. 나머지 네 개의 전자는 $2sp^3$ 혼성 오비탈 두 개를 점유한다.

이들 N과 O 원자들의 경우 4개 $2sp^3$ 오비탈 중 하나 또는 두 개의 오비탈이 고립 전자쌍에 의해 점유된 정사면체 배열을 한다. 질소(N)는 109.5(약 107.3°, 그림 1.9)보다 다소 작은 결합각을 가지는 삼각뿔 모양을 형성한다. 산소는 두 개의 고립 전자쌍이 109.5°로부터 약 104.5°로 결합각을 축소시키므로 굽은 모양을 형성한다(그림 1.9). 이처럼 결합각이 축소되는 것은 고립 전자쌍을 가지고 있는 오비탈 때문이다. 고립 전자쌍을 갖고 있는 오비탈은 결합하고 있는 오비탈보다 더 큰 공간을 점유한다.

알코올(alcohol), 아민(amine) 및 에터(ether)는 모두 N과 O가 포함되는 시그마 결합을 가지고 있다. 이 화합물의 N—C 및 O—C 결합은 전자가 반만 채워진 각 원자들의 $2sp^3$ 오비탈들이 겹쳐져 만들어진다. 또 O—H와 N—H 결합은 O와 N의 $2sp^3$와 H의 $1s$ 오비탈이 겹쳐져 만들어진다.

1.5.2 $2sp^2$ 혼성화

- **$2sp^2$ 혼성화는 $2s$ 오비탈이 두 개의 $2p$ 오비탈(예를 들면 $2p_x$와 $2p_y$)과 혼성화되어 3개의 $2sp^2$ 혼성 오비탈이 만들어진다.**
  - 3개의 $2sp^2$ 혼성 오비탈은 동일한 에너지 준위를 갖는다.
  - 혼성에 참여하지 않고 남아 있는 $2p_z$ 오비탈은 본래의 에너지 준위에 머물러 있고 파이 결합 형성에 이용된다.
  - 각 $2sp^2$ 혼성 오비탈의 에너지는 $2s$ 오비탈보다는 더 높고, $2p$ 오비탈보다는 낮다.

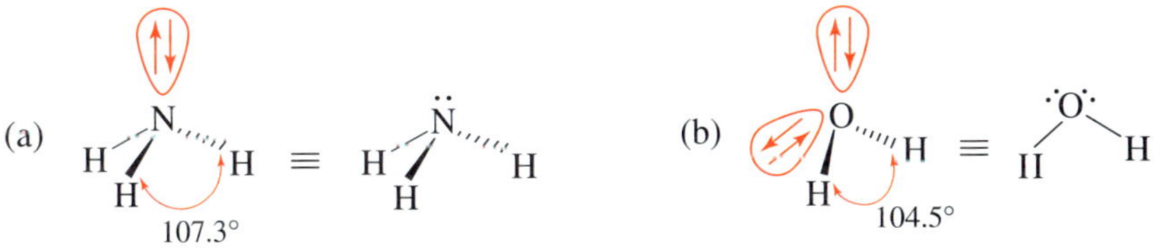

그림 1.9 (a) Ammonia(암모니아)의 $2sp^3$ 혼성화된 질소의 기하 구조, (b) 물의 $2sp^3$ 혼성화된 산소의 기하 구조

- $2sp^2$ 혼성 후 탄소의 4개의 원자가 전자는 세 개의 $2sp^2$ 혼성 오비탈과 남아 있는 한 개의 $2p$ 오비탈에 각각 하나씩 채워진다.
- Hund 규칙에 따라 처음 3개 전자는 각 $2sp^2$ 혼성 오비탈을 반만 채우고, 남아 있는 하나의 전자는 $2p$ 오비탈에 배치된다.
- $2p_z$ 오비탈은 균형 잡힌 아령 모양이지만, 각 $2sp^2$ 혼성 오비탈은 $2sp^3$ 혼성 오비탈과 유사한 일그러진 아령 모양이다.

$2sp^2$ 혼성 오비탈과 $2p_z$ 간의 에너지가 다르지만, 여기서는 오비탈 간의 에너지 차이가 작아서, 3개의 $2sp^2$ 오비탈과 $2p_z$ 오비탈에 전자를 채우는 것이 쉽다.

- **$2sp^2$ 혼성 탄소는 3개의 시그마 결합과 하나의 파이 결합을 형성할 수 있고, 이 결합들이 분자 모양을 결정한다(그림 1.10).**
  - 각 $2sp^2$ 혼성 오비탈은 삼각형의 각 꼭짓점을 향하고 있다. 각 로브 간의 각이 120°이다.
  - 3개의 $2sp^2$ 혼성 오비탈이 결합에 사용된다는 것으로 알켄의 분자 모양을 설명할 수 있다.

Ethene($CH_2{=}CH_2$)이 그 예이다. Ethene에서 C—H 결합은 전자 한 개를 가진 탄소의 $2sp^2$ 혼성 오비탈과 수소 원자의 전자 한 개를 가진 $1s$ 오비탈로 형성된다(그림 1.10a). 또한 두 개 탄소의 $2sp^2$ 혼성 오비탈들이 겹쳐져, 탄소—탄소에 하나의 강한 시그마 결합을 형성할 수 있다(그림 1.10b). 이 시그마 결합을 형성하고 나면, 각 탄소에 전자를 하나만 가진 $2p_z$ 오비탈이 각 탄소에 남아 있다. 이들이 서로 가까이 있어 옆으로 겹쳐져 또 다른 결합, 즉 **파이(π)** 결합을 형성할 수 있다. 로브 하나는 분자 평면의 위로, 다른 하나는 아래로 배열한다. 이 파이 결합이 탄소—탄소 결합 회전을 방해하며 C=C 결합이 회전하려면 파이 결합이 끊어져야 한다.

Ethene은 각 탄소가 삼각 평면에 있어 평평하고 휘어지지 않는(견고한) 분자이며, ethane(CH_3CH_3)보다 반응성이 더 좋다.

$2sp^2$ 혼성화가 어떻게 삼각 평면 탄소를 만드는가는 설명하였지만, 이런 분자가 왜 견고하고 평면 분자인지는 설명하지 않았다. 알켄이 이런 평면 분자로 있게 하는 데는 $2p_z$ 오비탈이 측면으로 겹쳐져 형성되는 파이 결합 때문이다. 파이 결합은 약하게 겹쳐져 시그마 결합보다 약하고, 전자를 쉽게 줄 수 있다. 파이 결합은 쉽게 끊어져 반응하므로 파이 결합이 존재한다는

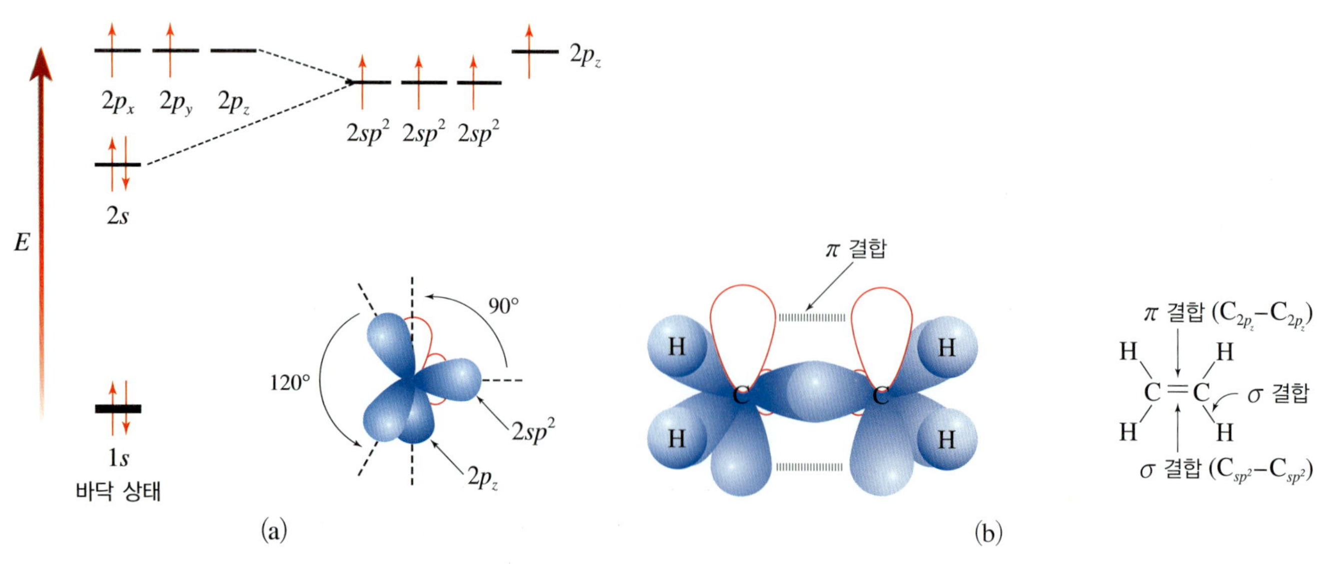

그림 1.10 (a) 탄소의 $2sp^2$ 혼성화, (b) Ethene의 결합

것으로 알켄이 왜 알케인보다 더 반응성이 큰가를 설명할 수 있다.

1.5.3 2*sp* 혼성화

- **2*sp* 혼성화에서는 2*s* 오비탈이 하나의 2*p* 오비탈(예: $2p_x$)과 혼합되어 두 개의 2*sp* 혼성 오비탈을 만든다.**
  - 에너지 준위가 동일한 두 개의 2*sp* 혼성 오비탈을 형성한다.
  - 원자가 전자 네 개는 각 2*sp* 혼성 오비탈과 두 개의 남아 있는 2*p* 오비탈에 쌍을 이루지 않은 채로 하나씩 채워진다.
  - 2*sp* 혼성 오비탈과 혼성하지 않고 남아 있는 2*p* 오비탈 간의 에너지 차이는 작지만, 전자 하나만 채워진 2*sp* 오비탈에 전자가 채워져 쌍을 이루는 것보다는 더 높은 에너지 준위의 2*p* 오비탈에 채워지는 것이 더 쉽다.
  - 2*sp* 혼성화에서는 하나의 전자만 채워진 두 개의 2*sp* 오비탈과 하나의 전자가 채워진 두 개의 2*p* 오비탈로 된다.
  - 2*sp* 혼성 오비탈은 모두 네 개의 결합(2개 시그마와 2개 파이 결합) 형성이 가능하다(그림 1.11).
  - 2*sp* 혼성 오비탈의 모양도 다른 혼성 오비탈들처럼 일그러진 아령 모양이다.
  - $2p_y$와 $2p_z$ 오비탈은 서로 직각이고, 2*sp* 혼성 오비탈들은 *x*축의 서로 반대편을 향하고 있다.
- **두 개의 2*sp* 오비탈을 사용하여 시그마 결합을 만든 분자는 선형 모양이다(그림 1.11b).**
  - 2*sp* 혼성화 결합을 가지는 알카인(alkyne) 분자는 선형 분자이다.
  - 비교적 약한 두 개의 파이 결합 때문에 반응성이 크다.
- **혼성화된 탄소-탄소 결합 세기와 길이**
  - 두 개의 탄소 원자 사이의 결합 수가 증가하면 결합 길이는 짧아지고 세기는 증가한다.

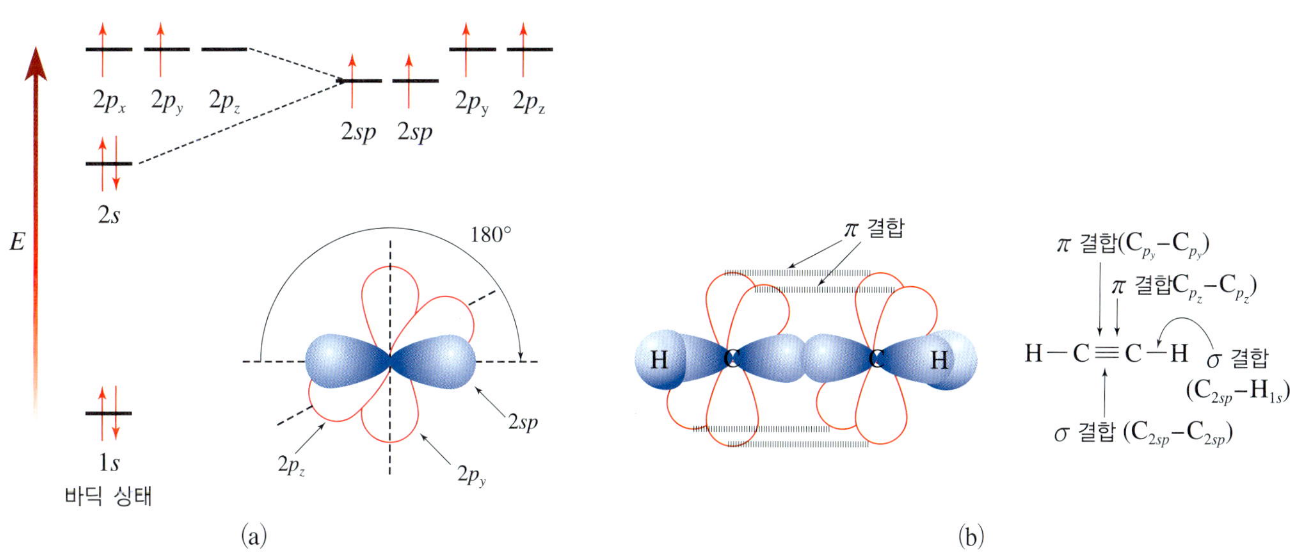

그림 1.11 (a) 탄소의 2*sp* 혼성화, (b) Ethyne의 결합

- C−C 간의 결합 수는 C의 혼성 상태에 의존한다.
- C−C 결합은 C=C 결합보다 약하고 결합 길이도 길다.
- C≡C 결합은 C=C 결합보다 더 세고 길이가 짧다.

표 1.3 Ethane, ethene, ethyne**의 혼성 상태, 결합 길이, 결합 세기**

화합물	C의 혼성 상태	C−C		C−H	
		결합 길이 (pm)	결합 세기 kJ/mol(kcal/mol)	결합 길이 (pm)	결합 세기 kJ/mol(kcal/mol)
H_3C-CH_3	sp^3	153	368(88)	111	410(98)
$H_2C=CH_2$	sp^2	134	635(152)	110	435(104)
HC≡CH	sp	121	837(200)	109	523(125)

1.6 시그마 결합과 파이 결합

유기 화합물의 골격을 이루는 공유 결합은 시그마(σ) 결합 또는 파이(π) 결합이다. 유기 화합물 구조에서 각 원자는 하나의 시그마 결합에 의해 다른 원자와 결합되어 있다. 만일 두 원자 사이에 하나 이상의 결합이 있으면 시그마 결합 이외의 결합은 파이 결합이다. **파이 결합을 포함하고 있는 작용기는 파이 결합이 시그마 결합보다 약하여 더 쉽게 분해되기 때문에 반응성이 더 크다.**

어떤 분자에서 시그마 결합과 파이 결합의 구분은 다음 규칙을 기억하고 있으면 쉽다.

- 모든 단일 결합은 시그마 결합이다.
- 모든 이중 결합은 하나의 시그마 결합과 하나의 파이 결합으로 만들어져 있다.
- 모든 삼중 결합은 하나의 시그마 결합과 두 개의 파이 결합으로 만들어져 있다.

■ **시그마 결합은 결합 축을 회전시켜도 오비탈의 대칭성에 변화가 없다.**

시그마 결합은 결합하고 있는 두 원자의 중심을 지나는 축을 회전시켜도 결합 오비탈의 대칭성이 변하지 않는다.

- *s* 오비탈끼리 결합하면 시그마 결합이다.
- *s* 오비탈과 *p* 오비탈이 결합하면 시그마 결합이다.
- sp_x 혼성 오비탈끼리 결합하면 시그마 결합이다.
- sp_x 혼성 오비탈과 *p* 오비탈이 결합하면 시그마 결합이다.

■ **파이 결합은 두 *p* 오비탈 간의 측면 겹침으로 형성된다.**

- 파이 결합은 *p* 오비탈끼리 측면 겹침하므로, 두 오비탈이 동일면에 놓여야 한다.
- 형성된 파이 결합을 결합 원자들의 중심을 지나는 축을 중심으로 회전하면 파이 결합 오비탈이 깨어진다.

1.7 유기 분자 기하 구조 예측

공유 결합을 하고 있는 유기 분자의 삼차원 기하 구조는 중심 원자(대부분 탄소)의 입체수(steric number)에 의존한다.

입체수란 중심 원자의 시그마 결합 수와 비공유 전자쌍의 수의 합이다. 입체수는 서로 반발하는 결합성 및 비결합성 전자쌍의 수이며 파이 결합은 고려하지 않는다. 이러한 반발력은 삼차원 공간에서 결합이나 오비탈이 가장 안정하게 배열되도록 하게 한다. 이 설명 방법을 **원자가 껍질 전자쌍 반발 이론**(valence shell electron pair repulsion, VSEPR)이라고 한다.

- **$2sp^3$ 혼성 원소의 입체수는 4개이므로 생성되는 기하 구조는 정사면체(tetrahedron), 삼각뿔(trigonal pyramidal) 및 굽은(bent) 결합 형태이다.**
    - CH_4에서 C는 $2sp^3$ 혼성을 하므로 전자쌍은 정사면체로 배열되고, 이로부터 형성된 분자 구조 또한 정사면체이다.
    - NH_3의 N도 $2sp^3$ 혼성을 하며 전자쌍은 정사면체로 배열하지만, 3개의 H만이 결합하고 하나의 오비탈은 전자쌍이 점유하고 있어 삼각뿔 기하 구조를 이룬다.
    - H_2O의 O도 $2sp^3$ 혼성을 하며 전자쌍은 정사면체로 배열하지만, 2개의 H만이 결합하고 나머지 두 개의 오비탈은 전자쌍들이 점유하고 있어 굽은형 기하 구조를 이룬다.

결합 오비탈보다 비결합 오비탈 부피가 더 크다. 부피가 더 큰 오비탈은 더 큰 면적을 차지해야 하므로 다른 결합 오비탈들이 더 멀리 밀리게 된다. 결국 이러한 부피의 차이가 NH_3와 H_2O의 구조를 정사면체에서 벗어나게 한다.

- **$2sp^2$ 혼성 원소의 입체수는 3개이므로 생성되는 기하 구조는 삼각 평면(trigonal planar) 형태이다.**

표 1.4 혼성 상태에 따른 유기 분자 구조

중심 원자 혼성 상태	입체수	입체수 종류	입체 구조	예
		결합 전자쌍(4)	정사면체형	CH_4, NH_4^+
sp^3	4	결합 전자쌍(3) 비결합 전자쌍(1)	삼각뿔형	NH_3
		결합 전자쌍(2) 비결합 전자쌍(2)	굽은형	H_2O
		결합 전자쌍(3)	삼각 평면형	BF_3
sp^2	3	결합 전자쌍(2) 비결합 전자쌍(1)	굽은형	Imine의 N (C=NH)
sp	2	결합 전자쌍(2)	직선형	BeH_2

BF_3(boron trifluoride)의 B는 $2sp^2$ 혼성을 하고 있고, 입체수는 3개이므로 3개의 F가 결합하면 분자 모양은 삼각 평면 구조이다.

- **$2sp$ 혼성 원소의 입체수는 2개이므로 생성되는 기하 구조는 선형(linear)이다.** BeH_2의 Be는 $2sp$ 혼성을 하므로 입체수가 2개이고 비결합 전자쌍도 없으므로 2개의 H가 결합하면 선형 분자를 이룬다.

1.8 다중 결합의 콘쥬게이션

이중 결합과 삼중 결합을 **불포화 결합**(unsaturated bond) 또는 **다중 결합**(multiple bond)이라고 한다. 분자 내에 이중 결합이나 삼중 결합이 한 개만 존재하는 경우도 있고, 두 개 또는 그 이상이 존재할 수도 있다. 불포화 결합이 하나씩만 존재할 때는 반응 결과의 예측이 쉽지만, 불포화 결합이 단일 결합과 교대로 배열된 경우에는 반응 결과의 예측은 간단하지 않다.

전자의 비편재화란 결합을 이루는 전자나 음전하, 양전하가 특정 원자에만 머무르지 않고 구성하고 있는 원자들 전체나 일부의 다른 원자에 퍼져있는 현상이다. 따라서 음이온 한 개가 3개의 원자에 비편재화되면 각 원자는 1/3씩의 음전하를 가지는 것이므로 비편재화되지 않은 경우보다 더 안정하게 된다.

- **불포화 결합(이중 결합 또는 삼중 결합)이 단일 결합과 교대로 배열되면 파이 결합 전자가 비편재화(delocalization)된다.** 전자가 비편재화되면 화합물이 안정화되며, 반응에서 하나 이상의 생성물이 생성될 수 있다.
- **불포화 결합(또는 비공유 전자쌍)과 단일 결합이 교대로 배열된 화학종을 콘쥬게이션 계(conjugation system)라고 한다.**

간단한 콘쥬게이션 계의 예로 1,3-butadiene($CH_2{=}CH{-}CH{=}CH_2$)을 들 수 있다. 1,3-Butadiene은 4개의 탄소가 모두 $2sp^2$ 혼성을 하고 있고, 각 탄소는 한 개의 전자만 채워진 *p* 오비탈들이 파이 결합을 형성한다. 이들 네 개의 탄소가 나란히 배열되고 네 개의 *p* 오비탈이 동일한 평면에 놓이면 파이 전자들이 비편재화되고 그 결과로 그림 1.12(b)에서 보는 것처럼, C2−C3 간의 단일 결합도 순수한 단일 결합과 이중 결합의 중간적인 성질을 가진다. 물론 C1−C2와 C3−C4의 결합도 이중 결합과 단일 결합의 중간적인 성질을 가진다. 따라서 콘쥬게이션된 분자는 더 안정하다.

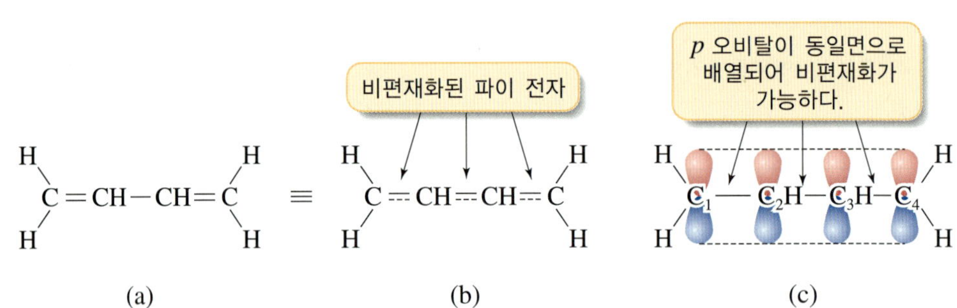

그림 1.12 (a) 1,3-Butadiene, (b) 파이 전자의 비편재화된 구조, (c) *p* 오비탈 모양

1.9 분자 간 작용하는 힘과 물리적 성질

분자성 물질인 유기 화합물은 분자 간에 작용하는 힘에 의해 끓는점, 녹는점 및 용해도와 같은 물리적 성질에 영향을 미친다. 분자 간에 작용하는 힘은 분자가 포함하고 있는 결합의 종류(순수 공유 결합, 극성 공유 결합, 시그마 결합 또는 파이 결합)에 따라 다르다.

- 분자 간 작용하는 힘이 끓는점, 녹는점 및 용해도에 영향을 준다.
- 중성 분자의 분자 간 작용하는 힘은 van der Waals 힘, 쌍극자-쌍극자 상호 작용, 수소 결합 등이 있다.
- 분자 간 작용하는 힘의 세기는 van der Waals 힘, 쌍극자-쌍극자 상호 작용, 수소 결합 순으로 증가한다.

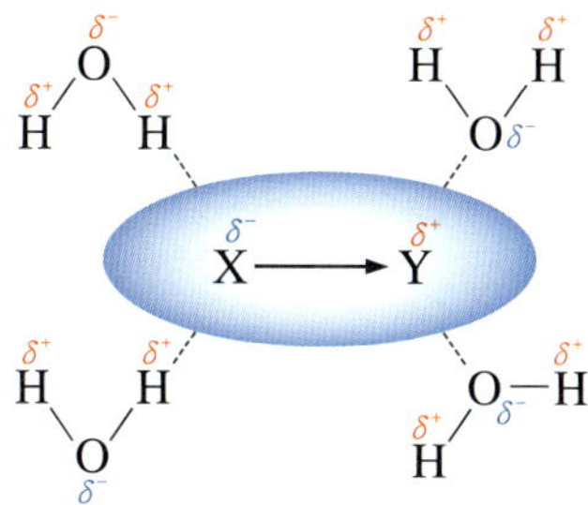

그림 1.13 극성 용질 분자($X^{\delta-}-Y^{\delta+}$)와 극성을 가지는 물 분자 간의 상호 작용

- **끓는점**(boiling point, bp)**은 화합물이 액체 상태에서 기체 상태로 되는 온도이다.** 화합물이 기체로 되려면 액체 분자 간에 잡혀 있는 힘을 극복해야 한다. 즉 끓는점은 분자 간에 서로 잡아당기는 힘(분자 간 상호 작용하는 힘)에 의존하게 된다는 것을 의미한다. 분자 간 상호 작용하는 힘이 크면 클수록 끓는점은 높아진다.

- **녹는점**(melting point, mp)**은 고체가 액체로 변하는 온도이다.** 녹는점도 예외가 있지만 분자량이 증가하면 따라서 증가하는 경향성을 보이지만, 녹는점에 영향을 미치는 **쌓음 효과**(packing effect) 때문에 끓는점보다는 규칙적이지 않다. **쌓음**(packing)**이란 결정 구조 내에서 각 분자들이 얼마나 잘 쌓이게 되는지를 결정하는 성질이며, 분자들끼리 서로 촘촘히 쌓일수록 결정에서 분자들을 녹이는 데 더 많은 에너지가 필요하기 때문이다.**

- 분자의 **용해도**(solubility)**는 분자가 가지는 작용기에 의한 성질, 즉 극성에 의해 결정된다.**

  극성 물질은 극성 용매에, 비극성 물질은 비극성 물질에 녹는다. 물에 녹는 물질은 용질의 극성 부분과 용매인 물 분자의 극성을 띠는 전하들이 상호 작용하기 때문이다. 물의 부분 음전하(δ^-)와 용질의 부분 양전하(δ^+) 부분을 둘러싸는 방식으로 용질 분자 주위를 용매 분자가 둘러싸면, 용질 분자들이 서로 분리된다. 이런 용매 분자와 용질 분자 간의 상호 작용을 **용매화**(solvation)라고 한다. 비극성 용질은 비극성 용매에 잘 녹는데 용매와 용질 사이의 van der Waals 힘이 서로 유사하기 때문이다.

"비슷한 물질은 비슷한 물질을 잘 녹인다."라는 일반 규칙이 있다.

- **순수 공유 결합만을 가지는 알케인 분자에서는** van der Waals **힘이 물리적 성질에 영향을 미친다.**
  - van der Waals 힘은 그림 1.14처럼 **유도 쌍극자-유도 쌍극자 상호 작용**(induced dipole-induced dipole interaction)에 의한 힘이다.
  - van der Waals **힘은 분자들 사이의 접촉 면적에 의존하므로 접촉 면적이 넓으면 작용하는 힘은 더 커지고 이 힘을 극복하는 데 더 많은 에너지가 요구된다.**

유도 쌍극자-유도 쌍극자 상호 작용은 순간적으로 일어나는 부분적인 극성이 이웃한 분자에 극성을 유도함으로써 일어난다. 이런 van der Waals 힘은 분자 상호 간에 작용하는 힘 중에서 가장 약한 힘이다.

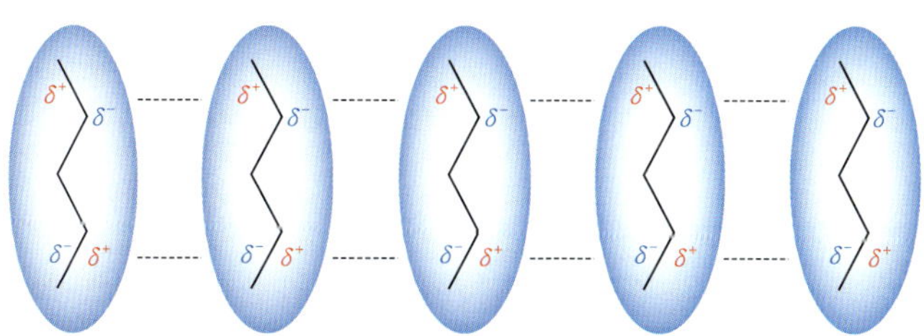

그림 1.14 van der Waasl 힘은 유도 쌍극자-유도 쌍극자 상호 작용에 의한 힘이다.

- 분자들의 크기가 커질수록 끓는점도 높아진다(표 1.4). $-CH_2-$ 단위가 증가할수록 분자 간 접촉면이 넓어지기 때문이다. van der Waals 힘은 작용하는 분자 표면적에 의존하므로 곁가지가 있는 분자는 접촉면을 감소시키므로 끓는점이 낮다. *n*-Pentane, 2-methylbutane과 2,2-dimethylpropane이 하나의 예이다.

$$H_3C{-}CH_2{-}CH_2{-}CH_2{-}CH_3 \qquad H_3C{-}CH(CH_3){-}CH_2{-}CH_3 \qquad C(CH_3)_4$$

pentane bp = 36.1℃ | 2-methylbutane bp = 27.9℃ | 2,2-dimethylpropane bp = 9.5℃

표 1.5 몇 가지 탄화수소들의 끓는점

이름	구조식	끓는점(°C)	이름	구조식	끓는점(°C)
Methane	CH_4	−164	Hexane	$CH_3(CH_2)_4CH_3$	69
Ethane	CH_3CH_3	−89	Heptane	$CH_3(CH_2)_5CH_3$	98
Propane	$CH_3CH_2CH_3$	−42	Octane	$CH_3(CH_2)_6CH_3$	126
Butane	$CH_3(CH_2)_2CH_3$	0	Nonane	$CH_3(CH_2)_7CH_3$	151
Pentane	$CH_3(CH_2)_3CH_3$	36	Decane	$CH_3(CH_2)_8CH_3$	174

- **쌍극자-쌍극자 상호 작용**(dipole-dipole interaction)**은 전하가 서로 달라서 서로 끌어당 기는 힘이다.**

원자 간의 전기 음성도 차이가 큰 두 원자 간에 형성되는 극성 공유 결합을 포함하고 있는 분자들은 분자의 양전하 부분이 다른 분자의 음전하 부분 가까이 배열하여 서로 끌어당긴다. 쌍극자-쌍극자 상호 작용에 의한 힘은 van der Waals 힘보다 강하다. 따라서 극성 공유 결합을 가지는 유기 분자는 van der Waals 힘과 쌍극자-쌍극자 상호 작용 힘이 함께 발휘되지만 주로 쌍극자-쌍극자 상호 작용의 영향을 받는다.

> 극성 공유 결합 화합물은 알짜 쌍극자 모멘트(dipole-dipole moment)를 가질 수도 있고 없을 수도 있다. H_2O (μ = 1.85 D), methanol (μ = 1.70 D) 및 ammonia (μ = 1.47 D)는 알짜 쌍극자 모멘트를 가지지만, carbon dioxide (O=C=O)와 carbon tetrachloride (CCl_4) 등은 분자의 대칭적인 구조 때문에 각 결합의 쌍극자 모멘트가 서로 상쇄되어 알짜 쌍극자 모멘트가 없다.

- **극성 공유 결합 중에서 OH 결합을 포함하고 있는 알코올(ROH)이나 NH 결합을 가지는 아민류(RNH_2)는 편극화된 O−H와 N−H 결합이 수소 결합**(hydrogen bond)**을 한다**(그림 1.16).

수소 결합의 힘은 통상적인 쌍극자-쌍극자 상호 작용의 힘보다 훨씬 강하다. 따라서 수소 결합을 하는 분자의 끓는점은 상대적으로 매우 높다. 이런 수소 결합은 물이 상온에서 기체보다

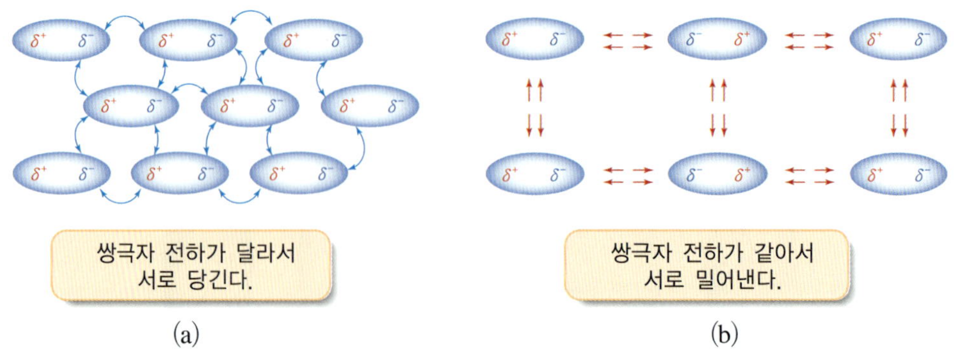

그림 1.15 쌍극자-쌍극자 상호 작용은 전하가 서로 달라서 서로 끌어당기는 힘(a)이다. 그러나 쌍극자 전하가 같은 것끼리 배열하면 서로 밀어낸다(b).

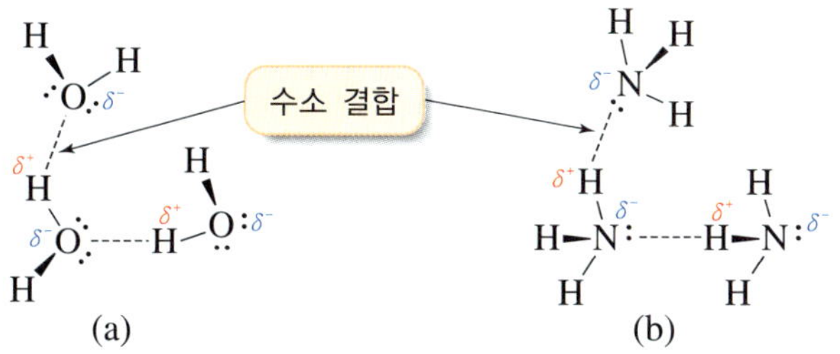

그림 1.16 물 분자의 수소 결합(a)과 암모니아 분자의 수소 결합(b)

는 액체 상태로 존재하게 하고, 얼음의 비중이 물보다 작아지게 한다.

수소 결합은 생체 물질인 효소가 촉매 작용을 할 수 있는 형태로 유지해 주고, DNA(deoxyribonucleic acid) 가닥이 이중 나선으로 되거나 유전 정보를 저장 또는 전달하는 데 중요한 수단이 된다. 수소 결합은 또한 물질의 용해도에도 영향을 미친다. 물에 잘 녹는 친수성 물질은 이온성 전하나 극성이 큰 —OH 기를 갖고 있다.

친수성(hydrophilic)이란 '물을 좋아하는'이란 의미이고 **소수성**(hydrophobic)은 '물을 싫어하는'이란 의미이다.

1.10 산과 염기

산-염기 개념을 처음 도입한 사람은 프랑스 화학자 A. Lavoisier였다. Lavoisier는 질산(HNO_3)이나 황산(H_2SO_4)과 같이 산소를 함유한 물질을 산으로 정의하였다. 그러나 H_2S와 H_2Te 같은 수소산이 알려지면서 산소를 기준으로 한 산의 개념이 Liebig에 의해 수소가 기준이 되는 산 개념으로 바뀌었다. 이 개념은 Arrhenius의 산-염기 이론을 가능하게 하였다.

Antoine Lavoisier(1743~1794, 프랑스 화학자)는 18세기 화학 혁명기에 크게 기여하였다. 따라서 화학의 아버지로 불린다.

- **Arrhenius 산 염기 개념: 수용액 산-염기 개념이며, 수용액에서 해리되어 H^+ 이온을 내면 산(acid), OH^- 이온을 내면 염기(base)라고 정의하였다.**

  Arrhenius 산-염기 개념에서 **중화 반응**(neutralization)은 산과 염기가 반응하여 염(salt)과 물이 생성되는 반응이다.

$$\text{산} + \text{염기} \longrightarrow \text{염 (salt)} + H_2O\,(l)$$

염은 양이온과 음이온으로 구성되어 있다. 양이온은 염기로부터 생성되고 음이온은 산으로부터 해리되어 나온다.

  Arrhenius 산-염기 개념은 수용액에만 적용되고, 이 이론으로 설명할 수 없는 반응들이 알려지면서 한계에 이르게 되었다.

덴마크 화학자 Brønsted와 영국 화학자 Lowry는 '산의 양성자 이탈과 염기의 양성자 첨가'에 바탕을 두고 새로운 산-염기 개념을 각기 독자적으로 발표하였다.

- **Brønsted-Lowry 산 염기 개념: 산은 양성자 주개(proton donor)이고, 염기는 양성자 받개(proton acceptor)이다.** 이 Brønsted-Lowry 산-염기 반응은 양성자 이동 반응이어서, 산에서 염기로 양성자(H^+)가 전달되어 생성되는 **짝산**(conjugated acid)과 **짝염기**(conjugated base)가 중요하다. Brønsted-Lowry 산-염기 반응은 두 화학종의 짝산-짝염기로 이루어져 있다.

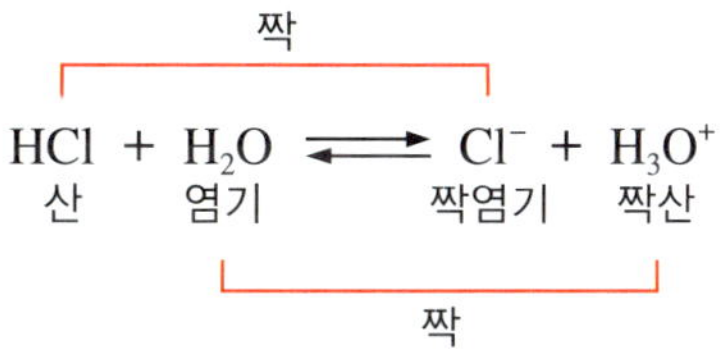

짝

$$\underset{\text{산}}{HCl} + \underset{\text{염기}}{H_2O} \rightleftharpoons \underset{\text{짝염기}}{Cl^-} + \underset{\text{짝산}}{H_3O^+}$$

짝

Brønsted-Lowry 산-염기 이론은 1926년 Johannes Nicolaus Brønsted(1879~1947)와 Thomas Martin Lowry(1874~1936)가 각각 독립적으로 발표하였다.

Brønsted-Lowry 산-염기 이론은 형식적으로는 용매와 무관하지만, Arrhenius 이론과 용매계 이론을 아우르며, 물의 자체 이온화 반응을 합리적으로 설명하고 있다.

■ **양쪽성**(amphoteric) **물질인 물은 산으로도 작용할 수 있고 염기로도 작용할 수 있다.**

$$H_2O + H_2O \rightleftharpoons H_3O^+ + OH^-$$

물 분자 한 개는 양성자를 내어 놓고 짝염기인 OH^-로 되고, 나머지 물 분자는 염기로 작용하여 양성자를 받아 짝산인 H_3O^+로 된다.

Brønsted-Lowry 산-염기 반응식을 다음과 같이 나타낼 수 있다.

$$AH + B \rightleftharpoons A^- + BH^+$$

여기서 AH는 산이고 B는 염기, A^-는 AH의 짝염기, 그리고 BH^+는 염기 B의 짝산이다.

Brønsted-Lowry 산-염기 이론은 양성자를 기준으로 하여 이전의 이론보다 일반적이긴 하지만 양성자를 포함하지 않는 반응이나 비수용액 반응에서 일어나는 산-염기 반응들을 설명할 수 없다. 이런 단점을 보완할 수 있는 이론이 전자쌍(electron pair)을 기준으로 하는 **Lewis 산-염기 이론**이다.

■ **Lewis 산-염기 이론은 '전자쌍 받개**(electron acceptor)**를 산**(acid), **전자쌍 주개**(electron donor)**를 염기**(base)**'로 정의한다.**
Lewis 산-염기 이론은 전자쌍을 기준으로 정의하므로 양성자를 포함하지 않는 화학의 넓은 영역에서 포괄적으로 활용된다.

유기 화학자들은 화학 반응을 이해하고 설명하는 데 Lewis 산-염기 대신에 친핵체(nucleophile)와 친전자체(electrophile)라는 용어를 더 흔하게 사용한다. 산과 염기라는 용어가 전자쌍을 다루는 반응에서 적절치 못하기 때문이다. '-phile'은 '~을 좋아한다.'는 의미이고, 전자를 받을 수 있는 산은 '전자를 좋아하는 물질', 친전자체라고 한다. 염기는 전자가 풍부하여 '양전하를 좋아하는 물질'이므로 친핵체라고 한다.

Aluminum chloride($AlCl_3$)는 Lewis 산이고 diethyl ether($CH_3CH_2OCH_2CH_3$)는 Lewis 염기이다.

$$AlCl_3 + CH_3CH_2\ddot{O}CH_2CH_3 \rightleftharpoons Cl_3Al^- - O^+(CH_2CH_3) - CH_2CH_3$$

Lewis 산 친전자체 / Lewis 염기 친핵체

$$FeBr_3 + Br^- \rightleftharpoons FeBr_4^-$$

Lewis 산 친전자체 / Lewis 염기 친핵체

■ **Lewis 산은 '전자를 받을 수 있어' 친전자체**(electrophile)**이고, Lewis 염기는 '전자를 줄 수 있어' 친핵체**(nucleophile)**이다.**

전자 이동은 굽은 화살표로 나타내며, 전자를 주는 원자에서 받는 원자를 향하도록 그린다. 두 개의 전자가 이동할 때는 (:⌒)식으로 나타내고, 하나의 전자만 이동할 때는 (·⌒) 식으로 표시한다.

친핵체와 친전자체 사이의 **전자 이동**(electron movement)은 **굽은 화살표**로 나타낸다. 이런 표기법은 반응 메커니즘의 이해에 도움이 된다.

다른 산-염기 이론

오늘날 유기 화학에서는 Lewis 산-염기 이론을 주로 사용한다. 그러나 다른 산-염기 이론들도 있다. 그 중 하나가 **Lux-Flood 산-염기 이론**이며, 산소 음이온 받개(oxide-ion acceptor)를 산이라고 하고, 산소 음이온 주개(oxide-ion donor)는 염기라고 한다. 이 이론은 오늘날 지구화학이나 응용 염의 전기 화학에서 여전히 사용되고 있다.

$$MgO\,(\text{염기}) + CO_2\,(\text{산}) \longrightarrow MgCO_3$$
$$CaO\,(\text{염기}) + SiO_2\,(\text{산}) \longrightarrow CaSiO_3$$

또 다른 이론으로 Lewis 이론을 더 일반화시킨 **Usanoivh 산-염기 이론**이다. 이 이론에서는 '음이온이나 전자를 받아들이거나 양이온을 제공하는 화학종은 산'으로, '양이온을 받아들이거나 음이온이나 전자를 제공하는 화학종은 염기'라고 정의한다. 이 이론은 산-염기 반응의 개념까지 확장하였으나 산-염기 정의가 너무 포괄적이어서 오늘날에는 널리 사용되지 않는다.

$$Na\,(\text{염기}) + Cl\,(\text{산}) \longrightarrow Na^+ + Cl^-\ (\text{전자 교환 반응의 예})$$
$$Na_2O\,(\text{염기}) + SO_3\,(\text{산}) \longrightarrow 2Na^+ + SO_4^{2-}\ (O^{2-}\ \text{음이온 교환 반응의 예})$$

Usanovich 산-염기 이론은 Arrhenius, Brønsted-Lowery, Lewis 및 Lux-Flood 이론이 모두 포함되었다고 볼 수 있고, 이 이론은 산화-환원 반응을 특별한 산-염기 반응으로 정의하였다.

1960년대 초에 Pearson은 유기 반응과 무기 반응을 통합하려고 굳고-무른산-염기(hard and soft acid-base; HSAB) 개념을 도입하였다.이를 Pearson의 산-염기 개념이라고도 한다. 이 이론에서의 산과 염기는 Lewis 산과 염기이다. HASB 개념은 화합물의 안정성, 반응 메커니즘, 반응 경로를 예측하거나 이해하는 데 사용된다.

이 개념에서는 화학종을 **'굳은**(*hard*) 산과 염기'와 **'무른**(*soft*) 산과 염기'로 구분한다. 즉, 크기가 작고 산화수가 높으며(주로 산에 적용됨) 약하게 편극화되는 화학종은 **'굳음'**으로 구분한다. 반대로 크기가 크고 산화수가 낮으며 강하게 편극되는 화학종은 **'무름'**이라고 구분한다.

많은 실험을 통해(주어진 Lewis 산과 염기 반응의 평형 상수를 조사하여 결정함) 무름(softness)과 굳음(hardness)을 기준으로 화학종들의 상대적인 순서가 정해져 있다. 일반적으로 **무른 산은 무른 염기와 잘 반응하고, 굳은 산은 굳은 염기와 잘 반응한다.**

1.11 산의 세기를 결정하는 요인

산도(acidity)**는 어떤 산(HA)의 양성자가 해리되는 경향성을 나타낸 것이며, 염기도**(basicity)**는 어떤 염기 물질의 양성자에 대한 친화도를 나타내는 것이다.**

산이 해리되는 정도는 **산 해리 상수**(acid dissociation constant, K_a)로 나타낸다. 식에서 대괄호는 몰농도(M, mol/L)를 나타낸다.

$$HA + H_2O \rightleftharpoons A^- + H_3O^+$$
$$K_a = \frac{[H_3O^+][A^-]}{[HA]}$$

산 해리 상수가 클수록 산도는 강하다. 산의 강도는 일반적으로 K_a보다는 더 간단한 수로 나타낼 수 있는 pK_a로 나타낸다. HCl의 pK_a는 $-7\ (K_a = 10^7)$이고, acetic acid(아세트산)의 pK_a 값은 $4.76\ (K_a = 1.74 \times 10^{-5})$이므로 HCl이 더 강산이다.

$$pK_a = -\log K_a$$

매우 강한 산은 $pK_a < 1$, 상당히 강한 산은 $pK_a = 1 \sim 3$, 약한 산은 $pK_a = 3 \sim 5$, 매우 약한 산은 $pK_a = 5 \sim 15$, 극히 약한 산은 $pK_a > 15$ 정도이다.

■ **산의 세기에 영향을 미치는 요인은 원소 효과, 유발 효과, 공명 효과 그리고 혼성화 효과가 있다.**

- **원소 효과**: 산의 세기는 짝염기의 안정도에 따라 달라지며, 이 안정도는 원자의 전기 음성도와 크기의 영향을 받는다. 이를 **원소 효과**(element effect)라고 한다. 유기 화합물에서 흔하게 관찰되는 2주기 원소들은 원소 크기는 비슷하지만 전기 음성도는 매우 다르다. C, N, O, F **원소들의 전기 음성도는** C < N < O < F**로 증가**하므로, 이들 수소화물(YH_n)의 산성도나 이들 산으로부터 생성되는 **짝염기 안정도는 같은 순서로 증가**한다.

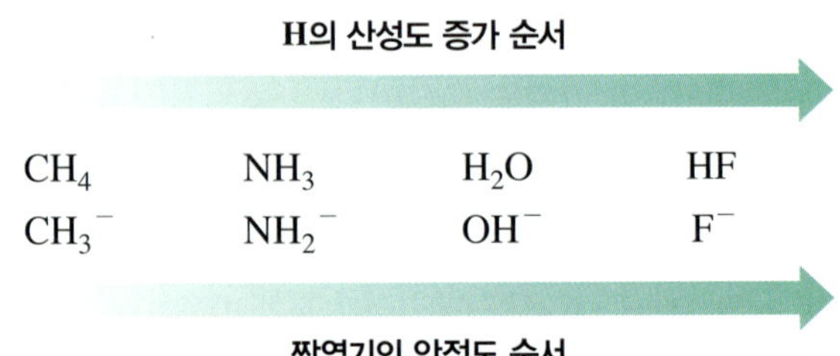

따라서 methyl alcohol은 methylamine보다 더 강산이고, 양성자가 첨가된 알코올(ROH^+)은 양성자가 첨가된 아민(RNH_3^+)보다 더 강산이다.

CH_3OH	CH_3NH_2	CH_3OH^+	$CH_3NH_3^+$
methyl alcohol	methylamine	양성자가 첨가된 methyl alcohol	양성자가 첨가된 methylamine
$pK_a = 15.5$	$pK_a = 40$	$pK_a = -2.5$	$pK_a = 10.7$

또 다른 원소 효과를 할로젠화 수소(hydrogen halide, HX, X=할로젠)에서도 관찰할 수 있다. **할로젠 원소의 전기 음성도는** F > Cl > Br > I **순이지만 할로젠화 수소**(HX)**의 산성도는 이 순서와 반대이다.** 오히려 짝염기 이온의 크기 순서와 같다. 이런 경향성은 양전하나 음전하가 더 큰 부피로 퍼져 있으면 더 안정하기 때문이다. 주기율표에서는 같은 족에서 아래로 내려갈수록 원자의 크기가 커지며 따라서 산도도 증가한다.

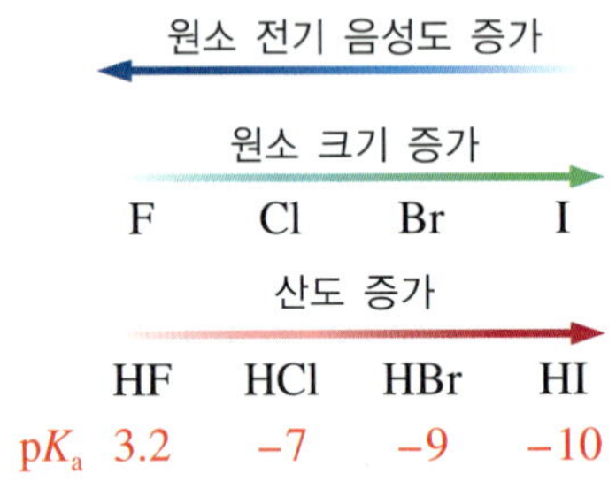

유발 효과는 시그마 결합을 통해 전자를 밀어주거나 당기는 전자 효과이다. 이 효과는 두 원자 간의 전기 음성도에 의해 일어난다. 양전하에 전자를 밀어주면 안정화되고, 음이온에서 전자를 당기면 안정화된다.

F_3C- 기는 일반적으로 강한 전자 끄는 기이다.

- **유발 효과**: **유발 효과**(inductive effect)도 산의 세기에 영향을 준다. 어떤 면에서는 원소 효과처럼 생각할 수 있으나, 원소 효과는 원소 자체의 전기 음성도에 기인하나 유발 효과는 시그마 결합을 통해 이웃한 전기 음성적인 원자나 원자단에 의한 효과이다. 전자를 끄는 기들은 짝염기의 음전하의 전자 밀도를 감소시켜 짝산의 산도를 증가시킨다. 예를 들어 2,2,2-trifluoroethanol($pK_a = 12.5$)은 ethanol($pK_a = 16$)보다 더 약산이다. $CH_3CH_2O^-$에서는 음이온을 안정화시키지 못하지만, $F_3CH_2CO^-$에서는 전기 음성도가 큰 3개의 F 원자가 결합된 F_3C- 기가 산소의 음전하를 강하게 끌어당겨 안정화 시킨다.

$$CH_3CH_2-OH \longrightarrow CH_3CH_2O^- + H^+ \qquad pK_a = 16$$
$$CF_3CH_2-OH \longrightarrow CF_3CH_2O^- + H^+ \qquad pK_a = 12.5$$

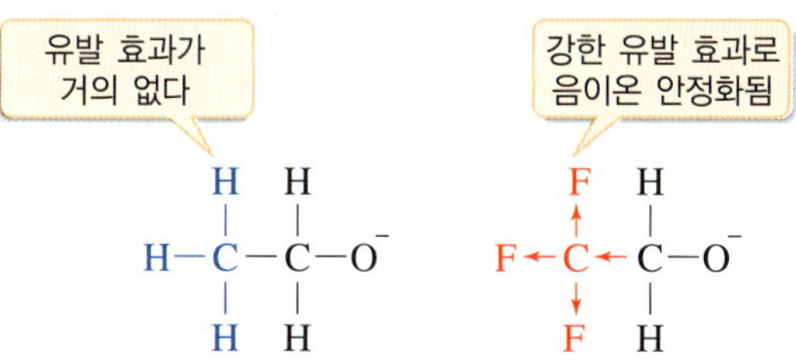

- **공명 효과**: 산이 해리되어 생성되는 짝염기가 **공명 효과**(resonance effect)에 의해 음이온이 안정화되면 짝산의 산성도가 증가한다. 공명 효과 때문에 알코올보다 유사한 크기의 카복실산이 더 강한 산이 되는 이유이다. Acetic acid (CH_3COOH)가 ethanol (CH_3CH_2OH)보다 더 강산이다.

$$H_3C-CH_2-OH \xrightarrow[pK_a = 16]{-H^+} H_3C-CH_2-O^- \longleftrightarrow\!\!\!\!\!\!\times \;\; \text{공명 구조가 없다.}$$

ethanol

$$H_3C-C(=O)-OH \xrightarrow[pK_a = 4.8]{-H^+} H_3C-C(=O)-O^- \xleftrightarrow{\text{공명 구조}} H_3C-C(-O^-)=O \equiv \left[H_3C-C(O^{\frac{1}{2}(-)})(O^{\frac{1}{2}(-)}) \right]$$

acetic acid

- **혼성화 효과**: 탄소-수소의 결합에서는 탄소의 혼성화 정도에 따라 산성도가 다르다. 탄소 혼성 오비탈의 *s* 오비탈 성질이 많을수록 생성된 탄소 음이온을 더 안정화시키게 되며 이를 **혼성화 효과**(hybridization effect)라고 한다. 따라서 ethane (CH_3CH_3), ethene ($CH_2{=}CH_2$), ethyne ($HC{\equiv}CH$) 순으로 탄소의 *s* 오비탈 성질이 증가하고 또한 수소의 산도도 같은 순서로 증가한다.

산도 증가 →

$pK_a = 50$	$pK_a = 44$	$pK_a = 25$
H_3C-CH_3	$H_2C{=}CH_2$	$HC{\equiv}CH$
ethane	ethene	ethyne
sp^3	sp^2	sp

s% 증가 →

■ **유기 산과 유기 염기의 반응에서는 반응물과 생성물의 pK_a 값을 알면 반응의 평형 위치를 예측할 수 있다. 즉 반응이 정방향으로 진행될지의 여부를 예측할 수 있다.**

- 예를 들어 acetic acid ($pK_a = 4.8$)와 ammonia의 반응은 생성물인 ammonium 이온(NH_4^+)의 pK_a 값이 9.4로 acetic acid의 pK_a 값보다 커서 반응은 정방향으로 진행될 것이다. 그러나 약산인 ethanol ($pK_a = 16$)을 methylamine과 반응시키면 반응이 잘 진행되지 않는다. 이유는 생성될 $CH_3NH_3^+$의 pK_a 값이 10.7로 ethanol보다 더 강한 산성을 띠기 때문이다.

$$\underset{\substack{\text{강산}\\ pK_a = 4.8}}{H_3C-\overset{\overset{\displaystyle O}{\|}}{C}-OH} + \underset{\text{강염기}}{NH_3} \rightleftharpoons \underset{\text{약염기}}{H_3C-\overset{\overset{\displaystyle O}{\|}}{C}-O^-} + \underset{\substack{\text{약산}\\ pK_a = 9.4}}{NH_4^+}$$

$$\underset{\substack{\text{약산}\\ pK_a = 16}}{H_3C-CH_2-OH} + \underset{\text{약염기}}{CH_3NH_2} \rightleftharpoons \underset{\text{강염기}}{H_3C-CH_2-O^-} + \underset{\substack{\text{강산}\\ pK_a = 10.7}}{CH_3NH_3^+}$$

- **양성자 이동 반응은 평형 반응이고, 평형의 위치는 산과 염기의 상대적인 세기에 따라 달라진다.**
  - **산-염기 반응의 평형은 언제나 약산과 약염기가 생성되는 쪽으로 이동한다.**

표 1.6 몇 가지 산의 pK_a 값

산	pK_a	짝염기
$H-Cl$	−7	Cl^-
$CH_3C(=O)O-H$	4.8	$CH_3C(=O)O^-$
$HO-H$	15.7	HO^-
CH_3CH_2O-H	16	$CH_3CH_2O^-$
$HC{\equiv}C-H$	25	$HC{\equiv}C^-$
$H-H$	35	H^-
H_2N-H	38	H_2N^-
$CH_2{=}CH-H$	44	$CH_2{=}CH^-$
CH_3-H	50	CH_3^-

- **산-염기 반응 결과 예측하기**

다음 반응을 예로 들어 예측해 보자.

$$CH_3CH_2OH + {}^-C{\equiv}CH \rightleftharpoons CH_3CH_2O^- + HC{\equiv}CH$$

- **1단계**: 반응 물질을 산과 염기로 구분한다.
  CH_3CH_2OH은 산이고 $HC{\equiv}C^-$는 염기이다.
- **2단계**: 양성자 이동 후의 생성물을 그리고 짝산과 짝염기로 구분한다.
  생성물 $CH_3CH_2O^-$는 짝염기이고, $HC{\equiv}CH$는 짝산이다.
- **3단계**: 산과 짝산의 pK_a 값을 비교한다. 평형은 약산(pK_a 값이 크다) 쪽으로 이동한다.
  CH_3CH_2OH의 $pK_a = 16$, $HC{\equiv}CH$의 $pK_a = 25$이다. 평형은 생성물에 유리하다.

$$\underset{pK_a = 16}{CH_3CH_2OH} + {}^-C{\equiv}CH \rightleftharpoons CH_3CH_2O^- + \underset{pK_a = 25}{HC{\equiv}CH}$$

1.12 산화-환원

■ **산화**(oxidation)는 전자를 잃는 것이고, **환원**(reduction)은 전자를 얻는 것이다.

- 산화와 환원은 서로 반대 과정이므로, 한쪽이 산화되면 다른 쪽은 환원된다.
- 유기 화합물에서 산화-환원은 C—H 결합과 C—Y (Y는 탄소보다 전기 음성도가 큰 원소) 결합의 수를 비교하여 결정한다.
- 유기 화합물에서 C—H 결합 수가 증가하면 환원되는 것이고, C—H 결합 수가 감소하고 C—Y 결합이 증가하면 산화되는 것이다.
- C—H 결합보다 더 많은 수의 C—Y 결합을 갖고 있는 화합물은 더 산화되었다고 하고, C—Y 결합 수가 C—H 결합 수보다 더 적으면 더 환원되었다고 한다.
- 산화는 C—Y 결합의 수를 증가시키거나, C—H 결합의 수를 감소시킨다.
- 환원은 C—Y 결합의 수를 감소시키거나, C—H 결합의 수를 증가시킨다.
- CH_4는 C—H 결합밖에 없으므로 최대로 환원된 상태이고, CO_2는 C—O 결합밖에 없으므로 최대로 산화된 상태이다.

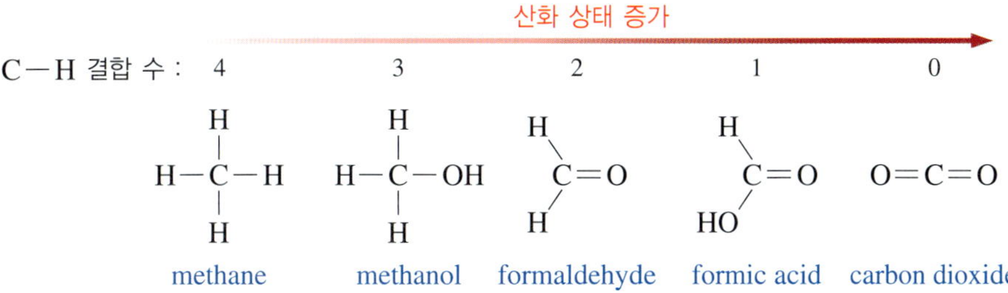

■ **알케인은 알켄보다 더 환원 상태가 높고, 알켄은 알카인보다 환원 상태가 높다.**

- Ethane (H_3CCH_3)은 ethene ($H_2C{=}CH_2$)보다 환원 상태가 더 높고, ethyne ($HC{\equiv}CH$)은 산화 상태가 가장 높다.

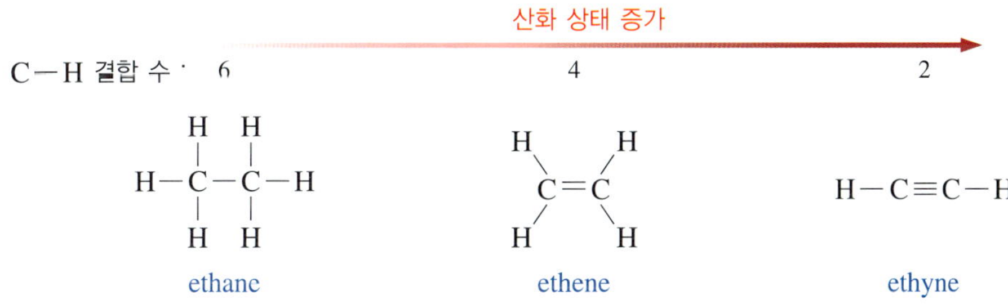

■ **환원제**(reducing agent)는 반응 물질을 환원시켜 C—H 결합을 더 증가시킨다.

- 가장 간단한 환원제는 H_2이다. H_2를 사용하는 환원은 일반적으로 **금속 촉매**(metal catalyst) 존재 하에 수행된다. 이러한 반응을 **촉매 수소화**(catalytic hydrogenation)라고 한다.
- Na 금속/NH_3 (*l*) 계도 좋은 환원제이다. Na/NH_3 (*l*)는 출발 물질에 두 개의 양성자와 두 개의 전자를 첨가한다. 즉 $2H^+ + 2e^- \rightleftarrows H_2$로 전체적으로는 수소 분자를 첨가시킨 다. 이런 환원을 **용해성 금속 환원**(dissolving metal reduction)이라고 한다.

$$2\,Na \longrightarrow 2\,Na^+ + 2\,e^-$$
$$2\,NH_3 \longrightarrow 2\,NH_2^- + 2\,H^+$$

수소화에 사용되는 촉매는 보통 용매에 녹지 않으므로 불균일 반응 혼합물이 되게 한다. 그러나 이처럼 용매에 녹지 않으면 반응 후에 금속 촉매를 여과시켜 쉽게 분리할 수 있어 실용적이기도 하다.

- 가장 흔한 환원제는 $NaBH_4$ (sodium borohydride)와 $LiAlH_4$ (lithium aluminum hydride)이다. 이러한 금속 수소화물 환원제는 금속-수소 극성 결합을 가지므로 H^- (hydride)의 공급원으로 작용한다.

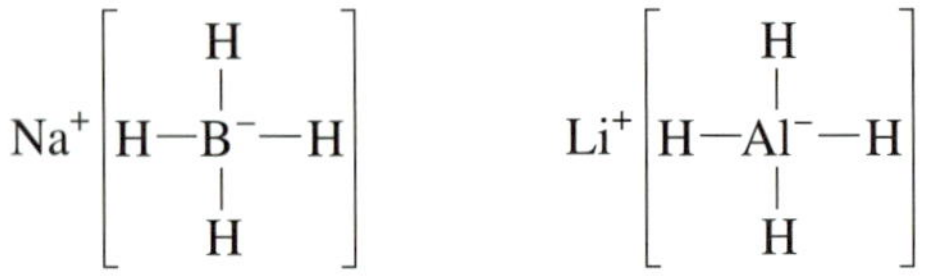

sodium borohydride

lithum aluminumhydride

■ **산화제**(oxidizing agent)**는 C—O 결합을 증가시킨다.**

- 대부분의 산화제는 산소-산소 결합이나 금속-산소 결합을 포함한다. O_2 (oxygen), O_3 (ozone), H_2O_2 (hydrogen peroxide), $(CH_3)_3COOH$ (*tert*-butyl hydroperoxide) 및 과산화산(peroxyacid, RCO_3H) 등이 그 예이다.
- 산화제로 흔히 사용되는 과산화산은 peroxyacetic acid, mCPBA 및 MMPP 등이 있다.

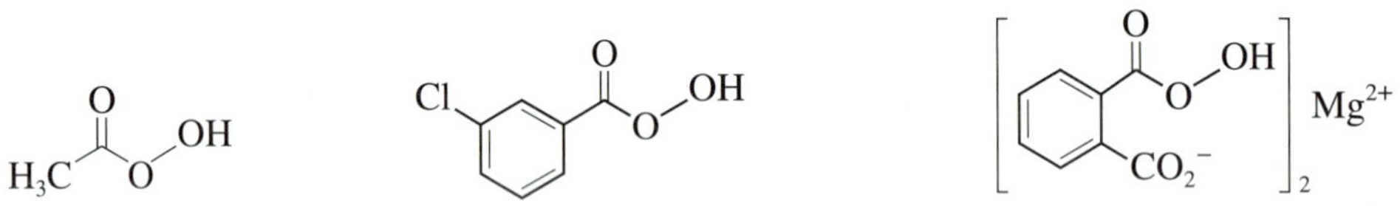

peroxyacetic acid

meta-chloroperoxybenzoic acid (mCPBA)

magnesium monoperoxyphthalate (MMPP)

- 금속-산소 결합을 가진 산화제로 CrO_3 (chromium (VI) oxide), $Na_2Cr_2O_7$, $K_2Cr_2O_7$ 등이 있으며, 이들은 황산 수용액에서 강산화제로 사용한다.
- PCC (pyridinium chlorochromate)는 할로젠화된 유기 용매에 녹으며 강산이 없이도 사용할 수 있어 편리하고, 선택성이 더 큰 산화제이다.
- **크로뮴 산화제는 모두 Cr^{6+}을 포함하고 있다.**

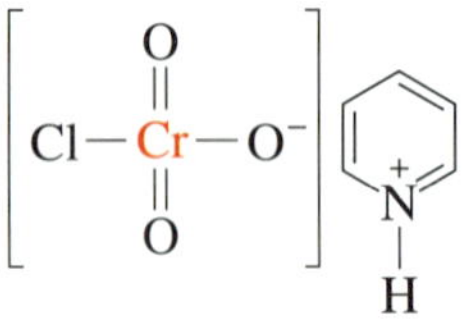

pyridinium chlorochromate (PCC)

- Mn^{7+}를 포함하는 산화제로 $KMnO_4$ (potassium permanganate)가 있고, OsO_4 (osmium tetraoxide)와 Ag_2O (silver(I) oxide)도 유용한 산화제이다.

1.13 유기 반응의 종류와 표현

유기 화합물의 반응은 공유 결합의 분해와 생성을 포함하고 있어 방법이 다양하고 복잡하다. 유기 화학을 이해하기 위해서는 유기 반응을 어떻게 표현하는가를 이해하는 것이 중요하다. 유기 반응식은 일반화학에서 배웠던 균형 반응식대로 표시할 때도 있지만, 특정한 출발 물질을 강조하기 위해 반응물 일부를 화살표 위에 표기하기도 하고, 반응이 용액 중에서 진행되지만 용매를 표기하지 않을 때도 있다. 두 개의 연속적인 반응을 중간체를 표현하지 않고 화살표 위와 아래에 반응 순서를 표기하여 나타내기도 한다. 뿐만 아니라 부산물로 생성되는 무기 화합물도 종종 생략한다.

1번이 첫 번째 반응이고, 2번이 두 번째 반응이다.

생략하기도 한다.

$$H_3CH_2C{-}C(=O){-}CH_3 \xrightarrow[2.\ H_2O]{1.\ CH_3MgBr} H_3CH_2C{-}C(OH)(CH_3){-}CH_3 \quad (HOMgBr)$$

$$\text{cyclohexene} \xrightarrow{Br_2} \text{1,2-dibromocyclohexane} \longleftarrow Br_2 + \text{cyclohexene}$$

동일한 반응을 다르게 표현할 수 있다.

유기 반응은 이온 반응(또는 극성 반응)과 라디칼 반응 및 산화-환원 반응으로 구분할 수 있다. 또한, 이온 종의 중간체를 거쳐 진행되는 이온 반응과 라디칼 중간체를 거쳐 진행되는 라디칼 반응으로 구분하기도 한다.

- **반응 메커니즘**(reaction mechanism)을 **이해하는 데 이온 반응인가 라디칼 반응인가를 아는 것은 매우 중요하며, 이것은 반응 자리 결합의 분해 형태로 알 수 있다.**
  - 결합 A—B가 균일 분해되면 홀전자를 가지는 두 종의 라디칼(A·와 B·)이 생성되고, 이로 인하여 반응은 라디칼 메커니즘으로 진행된다.
  - A—B 결합이 불균일하게 분해되면 양이온 또는 음이온이 생성되며 반응은 이온 메커니즘으로 진행된다.

반응 메커니즘은 반응물이 생성물로 변화하는 과정에서 화학 결합이 분해되고 생성되는 경로를 구체적으로 나타낸 것이다.

$$A{-}B \xrightarrow{\text{균일 분해}} A\cdot + B\cdot$$

결합이 균일 분해된 후에는 라디칼 메커니즘으로 반응이 진행된다.

$$A{-}B \xrightarrow{\text{불균일 분해}} A^+ + B^-$$

결합이 불균일 분해된 후에는 이온 메커니즘으로 반응이 진행된다. 이때 양이온 또는 음이온이 생길 수 있다.

- **유기 반응을 진행되는 단계에 따라 구분하면 한 단계로 진행되는 협동 반응**(concerted reaction)**과 둘 이상의 단계를 거쳐 진행되는 단계 반응**(stepwise reaction)**으로 구분된다.**
  - 협동 반응에는 중간체가 없이 동시에 진행되지만, 단계 반응에서는 하나 이상의 **반응 중간체**(reactive intermediate)를 거쳐 진행된다.
  - 반응 중간체는 중간 괄호([ ])로 나타낸다.

반응물 —(반응 중간체 없음)→ 생성물 ← 협동 반응

반응물 → [반응 중간체] → 생성물 ← 단계 반응

- **유기 반응도 산화-환원 반응으로 나타내기도 한다.**
  - 일반적으로 화학에서 산화-환원 반응은 전자의 획득(환원)과 상실(산화)로 표현하지만, 유기 화학에서는 반응 물질과 생성 물질의 C—H 결합과 C—Y(Y=산소, 질소, 할로젠 등이다.) 결합의 수를 비교하여 결정한다(1.12절 참조).

■ **반응을 진행 형태에 따라 구분하면 첨가 반응, 제거 반응, 치환 반응, 자리 옮김 반응, 축합 반응 및 중합 반응 등이 있다.**

- **첨가 반응**(addition)은 두 개의 화합물이 반응하여 한 개의 화합물을 형성하는 반응이다. 이 반응에서는 하나의 불포화 결합이 포화 결합으로 변환된다(그림 1.17 식(1)).
- **제거 반응**(elimination)은 하나의 화학종에서 제거 반응이 일어나 두 종류의 화합물로 되는 반응이며, 이때 하나의 **불포화 결합**(unsaturated bond)이 형성된다(그림 1.17 식(2)).
- **치환 반응**(substitution)은 반응물의 특정 원자나 원자단이 다른 화학종으로 치환되는 반응이며, 유기 화학에서 매우 흔한 반응 형태이다(그림 1.17 식(3)).
- **축합 반응**(condensation)은 두 개 이상 화학종이 반응하여 하나의 생성물을 생성하지만, 불포화 결합이 포화 결합으로 변환되는 첨가 반응과는 다르다(그림 1.17 식(4)).
- **중합 반응**(polymerization)은 통상 동일한 구조 단위의 간단한 물질이 반복적으로 반응하여 매우 큰 중합체를 생성하는 반응이다(그림 1.17 식(5)). 반응 메커니즘은 이온 또는 라디칼 메커니즘으로 진행된다.
- **자리 옮김 반응**(rearrangement)은 반응 물질의 특정 원자나 원자단이 다른 위치로 이동하여 새로운 결합을 형성하는 반응 형태이다. 그림 1.17의 식(6)은 allyloxybenzene이 자리 옮김하여 *o*-allylphenol로 되는 반응이다.

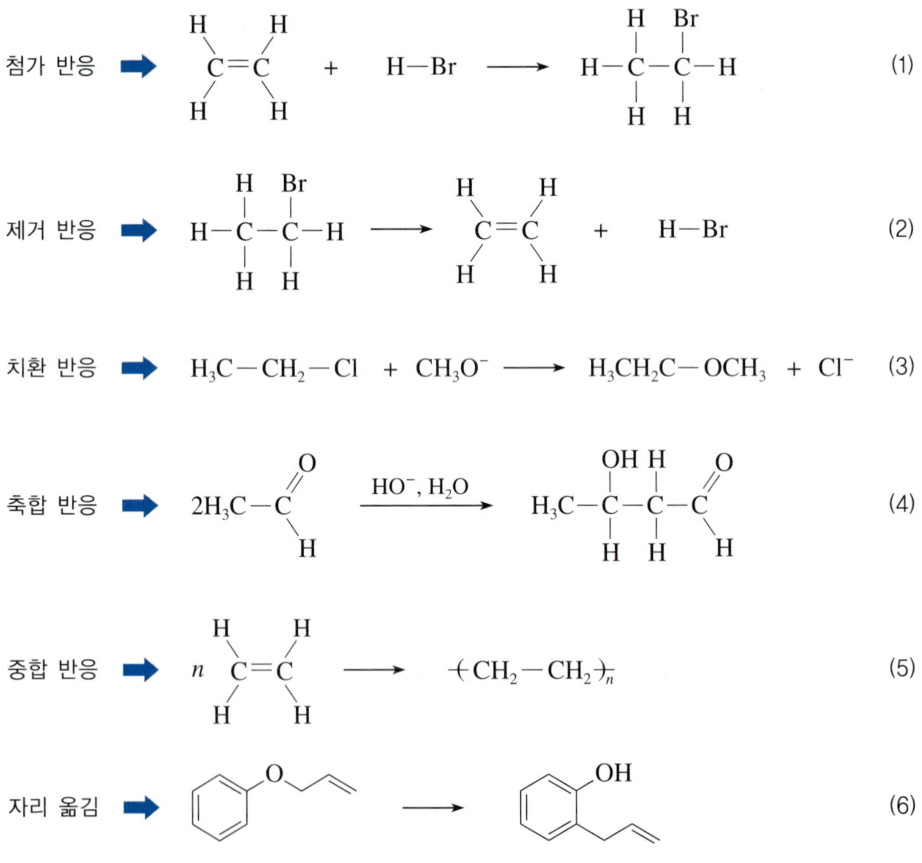

첨가 반응 ➡ $H_2C{=}CH_2 + H{-}Br \longrightarrow H{-}CH_2{-}CHBr{-}H$ (1)

제거 반응 ➡ $H{-}CH_2{-}CHBr{-}H \longrightarrow H_2C{=}CH_2 + H{-}Br$ (2)

치환 반응 ➡ $H_3C{-}CH_2{-}Cl + CH_3O^- \longrightarrow H_3CH_2C{-}OCH_3 + Cl^-$ (3)

축합 반응 ➡ $2H_3C{-}CHO \xrightarrow{HO^-,\ H_2O} H_3C{-}CH(OH){-}CH_2{-}CHO$ (4)

중합 반응 ➡ $n\ H_2C{=}CH_2 \longrightarrow {-}\!(CH_2{-}CH_2)\!{-}_n$ (5)

자리 옮김 ➡ allyloxybenzene ⟶ *o*-allylphenol (OH) (6)

그림 1.17 형태에 따른 반응의 종류

1.14 반응열, 반응 속도와 에너지 도표

어떤 반응에서 흡수 또는 방출되는 에너지를 **반응열**(heat of reaction) 또는 **엔탈피 변화량**(enthalpy change, $\Delta H°$)이라고 한다.

- **에너지를 흡수하는 흡열 반응**(endothermic reaction)**은 $\Delta H°$가 양의 값(+)을 가지며, 에너지를 방출하는 발열 반응**(exothermic reaction)**은 $\Delta H°$가 음의 값(−)을 가진다.**
  - 흡열 반응은 반응물의 결합이 분해될 때 필요한 에너지가 결합이 생성될 때보다 더 많은 에너지를 필요로 하며, 발열 반응은 그 반대의 경우이다.

    흡열 반응: 반응물의 결합 세기 > 생성물의 결합 세기 　 $\Delta H° > 0$ (에너지 흡수)
    발열 반응: 반응물의 결합 세기 < 생성물의 결합 세기 　 $\Delta H° < 0$ (에너지 방출)

반응열은 반응물의 결합의 세기와 생성물의 결합의 세기에 기인한다. 결합이 강할수록 결합 해리 에너지는 더 크다.

- **결합 해리 에너지**(bond dissociation energy)**는 공유 결합이 균일 분해하는 데 필요한 에너지이다.**
  - 결합 해리 에너지를 비교하여, 상대적인 **결합 세기**(bond strength)를 예측할 수 있다.
  - **결합 해리 에너지는 주기율표의 같은 족에서 아래쪽으로 내려갈수록 작아진다.** 이유는 결합에 사용되는 최외각 전자가 핵으로부터 멀어지기 때문이다.
  - 짧은 결합이 더 센 결합이다.
  - 예를 들어 탄소-할로젠 결합의 세기는 다음 순서대로 증가하며, 이는 **할로젠 원소의 크기 순서와 반대이다.**

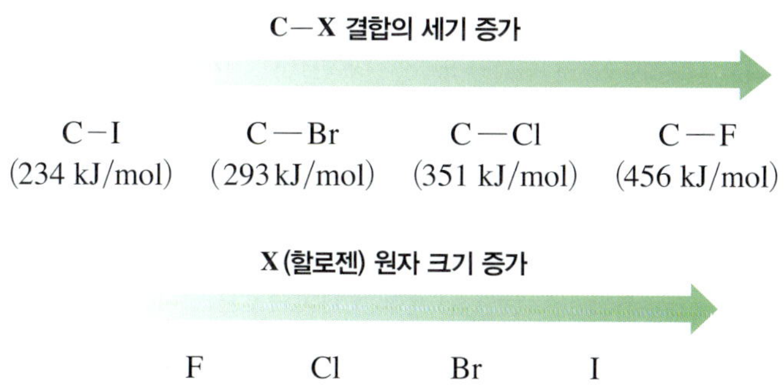

- **반응 속도**(reaction rate)**는 반응이 얼마나 빠르게 진행하는가를 나타내고, 평형 상수**(equilibrium constant, K_{eq})**는 평형 상태에서 반응물과 생성물의 상대적인 양을 나타낸 것이다.**
  - **반응 속도는 반응물의 물리적 상태, 반응물 농도, 반응 온도 그리고 촉매의 존재의 영향을 받는다.**
  - 반응 속도는 반응물의 농도나 생성물의 농도로 나타낼 수 있다.

$$aA + bB \longrightarrow cC + dD$$
$$\text{속도} = -k[A]^a[B]^b = k[C]^c[D]^d$$

  - 반응의 평형 상수는 생성물의 생성이 우세한 반응이면 $K_{eq} > 1$이 되고, 평형의 위치는 반응물과 생성물의 에너지 차이에 의해 결정된다.

표 1.7 몇 가지 결합의 해리 에너지

결합	$\Delta H°$ kJ/mol (kcal/mol)	결합	$\Delta H°$ kJ/mol (kcal/mol)
Y−Y 결합		$RC-CH_3$ 결합	
H−H	435 (104)	CH_3-CH_3	368 (88)
F−F	159 (38)	$CH_3CH_2-CH_3$	356 (85)
Cl−Cl	242 (58)	$H_2C{=}CH-CH_3$	385 (92)
Br−Br	192 (46)	$HC{\equiv}C-CH_3$	489 (117)
I−I	151 (36)	RC−X 결합	
HO−OH	213 (51)	CH_3-F	456 (109)
H−Y 결합		CH_3-Cl	351 (84)
H−F	569 (136)	CH_3-Br	293 (70)
H−Cl	431 (103)	CH_3-I	234 (56)
H−Br	368 (88)	CH_3CH_2-F	448 (107)
H−I	297 (71)	CH_3CH_2-Cl	339 (81)
H−OH	498 (119)	CH_3CH_2-Br	285 (68)
RC−H 결합		CH_3CH_2-I	222 (53)
CH_3-H	435 (104)	$(CH_3)_2CH-F$	444 (106)
CH_3CH_2-H	410 (98)	$(CH_3)_2CH-Cl$	335 (80)
$CH_3CH_2CH_2-H$	410 (98)	$(CH_3)_2CH-Br$	285 (68)
$(CH_3)_2CH-H$	397 (95)	$(CH_3)_2CH-I$	222 (53)
$(CH_3)_3C-H$	381 (91)	$(CH_3)_3C-F$	444 (106)
$H_2C{=}CH-H$	435 (104)	$(CH_3)_3C-Cl$	331 (79)
$HC{\equiv}C-H$	523 (125)	$(CH_3)_3C-Br$	272 (65)
$H_2C{=}CHCH_2-H$	364 (87)	$(CH_3)_3C-I$	209 (50)
C_6H_5-H	460 (110)	RC−OH 결합	
$C_6H_5CH_2-H$	356 (85)	CH_3-OH	389 (93)
		CH_3CH_2-OH	393 (94)
		$CH_3CH_2CH_2-OH$	385 (92)
		$(CH_3)_2CH-OH$	401 (96)
		$(CH_3)_3C-OH$	401 (96)

- **반응물과 생성물 사이의 Gibbs 자유 에너지**(Gibbs free energy) **변화**($\Delta G°$)**가 평형에서 반응물과 생성물 중 어느 것이 유리한지를 결정짓는다. 따라서 $\Delta G°$는 평형 상수와 아래와 같은 관계로 표현된다.**

$$\Delta G° = G°_{\text{생성물}} - G°_{\text{반응물}}$$
$$\Delta G° = -2.303\, RT \log K_{eq}$$

위 식에서 $R = 8.314$ J/(K·mol), 기체 상수, $T =$ K (Kelvin 온도)이다.

어떤 반응의 $\Delta G° < 0$, $K_{eq} < 1$이면 반응은 자발적으로 진행되나, $\Delta G° > 0$, $K_{eq} > 1$이면 반응은 자발적으로 진행되지 않는다.

- **자유 에너지 변화량**($\Delta G°$)**은 엔탈피 변화량**(($\Delta H°$)**과 엔트로피 변화량**(($\Delta S°$)**에 의존한다.**
  - 엔탈피 변화량($\Delta H°$)은 반응물의 결합 세기와 생성물의 결합 세기 간의 차이에 기인한다.

- 엔트로피 변화량($\Delta S°$)은 반응물과 생성물 사이의 무질서도의 변화량이다. 따라서 아래와 같이 표현된다.

$$\Delta G° = \Delta H° - T\Delta S° \ (T = \text{Kelvin 온도})$$

이 식은 반응의 전체 에너지 변화가 결합 에너지의 변화와 무질서의 변화, 즉 두 가지 요인의 영향을 받는다는 것을 의미한다.

반응물이 반응하는 동안에 생성물로 변하는 과정의 에너지 변화를 도표로 나타내면 반응을 이해하는 데 도움이 된다.

- **반응 중의 에너지 변화를 나타내는 도표를 반응 에너지 도표(reaction energy diagram)라고 한다.** 반응 에너지 도표에는 도표에 포함되는 모든 화학종의 상대적인 에너지 준위, 전이 상태, 활성화 에너지 크기, 중간체, 속도론적(속도) 정보, 열역학적 정보 및 전이 상태 구조에 대한 정보 등이 나타나 있다.
  - 반응 에너지 도표에서 에너지가 가장 높은 화학종을 **전이 상태**(transition state)라고 한다. 전이 상태는 분리할 수 없다.
  - 반응물의 에너지와 전이 상태의 에너지 차이를 **활성화 에너지**(activation energy, ΔE_a)라고 한다. 활성화 에너지는 반응이 진행되기 위해 넘어야 하는 **에너지 장벽**(energy barrier)이다.
  - 전이 상태만 있고 중간체를 거치지 않는 반응은 1단계 반응이며 **협동 반응**이라고 한다.
  - 반응 중간체가 하나 있는 반응은 2단계 반응이고, 두 개 있는 반응은 3단계 반응이며, 에너지 도표에 두 개 또는 세 개의 전이 상태가 나타난다.
  - 반응 에너지 도표에서 반응물과 생성물의 상대적인 위치는 $\Delta H°$에 의해 결정되지만, ΔE_a와는 독립적이다.
  - **속도론적**(kinetic)이란 말은 반응 속도에 대한 것이고, **열역학적**(thermodynamic)이란 말은 반응물과 생성물의 평형 농도에 대해 말하는 것이다.

전이 상태는 [ ]‡ 식으로 나타낸다.

- **반응물이 얼마나 빨리 전이 상태까지 도달하는지는 속도론적인 관점이고, 평형에서 생성물의 농도가 많은가 적은가는 열역학적 관점이다. 반응물이 두 가지(속도론적 또는 열역학**

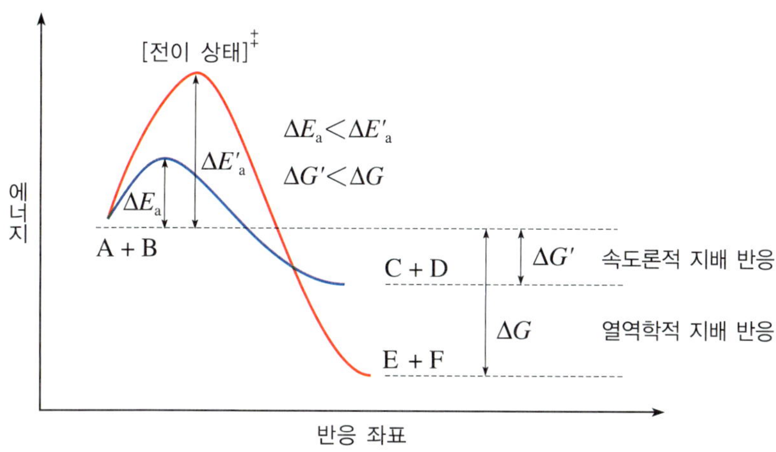

그림 1.18 에너지 도표의 예

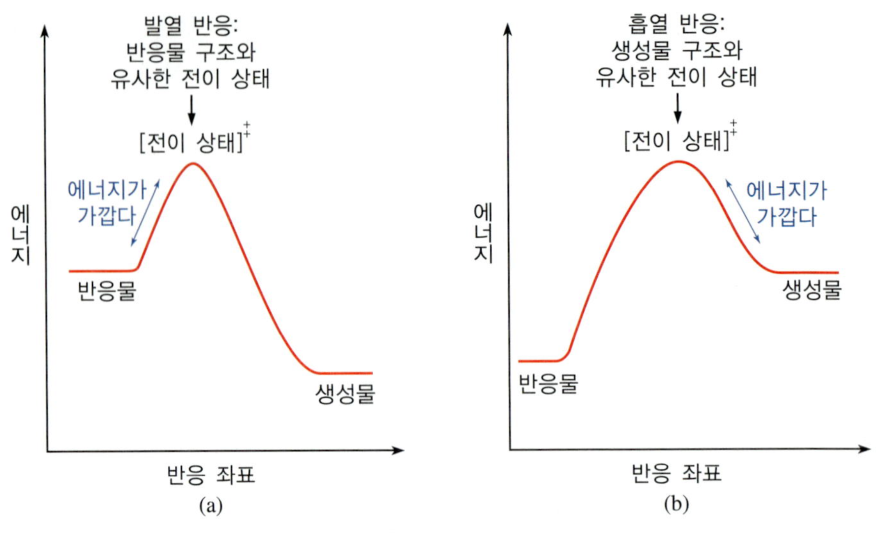

그림 1.19 Hammond 가설로 전이 상태 구조 예상하기: (a) 발열 반응, (b) 흡열 반응

적) 가능한 경로로 반응할 수 있을 때, 대부분의 경우 속도론적 경로와 열역학적 경로가 서로 반대로 작용한다.

- **반응의 전이 상태의 구조는 Hammond 가설로 예측할 수 있다.**

1955년 발표된 Hammond 가설은 Florida 대학의 J. E. Leffler가 1953년에 유사한 이론을 냈기 때문에 Hammond-Leffler 가설이라고도 한다.

- **Hammond 가설**(Hammond postulate)에 의하면, 발열 반응에서 전이 상태의 구조는 반응물의 구조에 더 가깝고, 흡열 반응에서 전이 상태 구조는 생성물의 구조에 더 가깝다.

- **2단계 반응은 두 개의 전이 상태와 하나의 중간체(intermediate)를 거친다.**

George S. Hammond(1921~2005)는 미국의 물리유기 화학자이다.

- 중간체는 에너지 도표의 골짜기에 놓여 있으나 반응물이나 생성물보다는 에너지가 높다.
- 중간체는 수명이 짧지만 반응할 수 있을 만큼의 수명을 가진다.

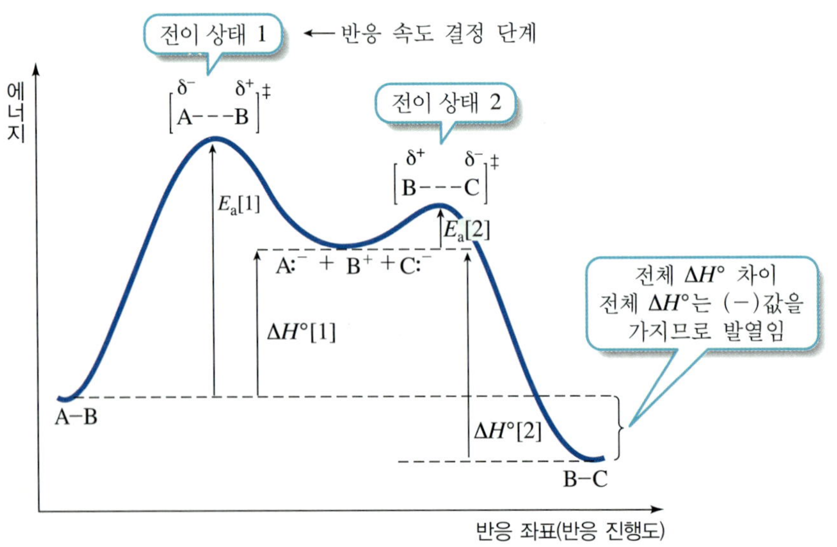

그림 1.20 두 단계 반응의 반응 에너지 도표의 예

- 두 단계 반응 중 느린 단계가 전체 반응의 속도를 결정한다. 이 단계를 **속도 결정 단계**(rate determining step)라고 한다.

첫 번째 단계 / 두 번째 단계

$$A{-}B \longrightarrow \left[\overset{\delta^-}{A}\cdots\cdots\overset{\delta^+}{B}\right]^{\ddagger} + C^- \longrightarrow \left[A{:}^- + B^+ + {:}C^-\right] \longrightarrow \left[\overset{\delta^+}{B}\cdots\cdots\overset{\delta^-}{C}\right]^{\ddagger} \longrightarrow A{:}^- + B{-}C$$

반응물 전이 상태(1) 중간체 전이 상태(2) 생성물

혼성과 결합각의 관계 이해하기

- **혼성화는 결합각과 관련이 깊다. 따라서 혼성화와 기하 구조도 연관이 있다.**

혼성화와 결합각 사이의 관련식을 통해 원자의 혼성 상태와 결합각의 관계를 살펴보자.

- 하나의 혼성 오비탈은 $(s + \lambda^2 p)$로 표현된다. λ^2 = 혼성화 지수(hybridization index), λ = 혼성 계수(mixing coefficient).
- 하나의 탄소에서 전체 s 오비탈 %는 100%이다.

$$\sum_n\left(\frac{100}{1+\lambda_n^2}\right) = 100\ (n = \text{오비탈수})$$

sp^3: $n = 4$, $\lambda = \sqrt{3}$, $s\% = 25\%$

sp^2: $n = 3$, $\lambda = \sqrt{2}$, $s\% = 33\frac{1}{3}\%$

sp: $n = 2$, $\lambda = 1$, $s\% = 50\%$

- 두 혼성 오비탈 1(λ_1)과 2(λ_2) 사이의 각이 θ_{12}일 때 다음 관계식으로 표현된다.

$$1 + \lambda_1\lambda_2\cos\theta_{12} = 0$$

sp^3: $\cos\theta = -\left(\frac{1}{3}\right)$, $\theta = 109.5°$

sp^2: $\cos\theta = -\left(\frac{1}{2}\right)$, $\theta = 120°$

sp: $\cos\theta = -1$, $\theta = 180°$

- **혼성 상태 예측하기**

어떤 분자의 $C{-}CH_2{-}C$ 부분에서 $\angle CCC = 112°$일 때 C—C 결합의 혼성화 지수, C—C 결합 $s\%$ 및 HCH의 결합각을 계산하라. $\cos 112° = -0.375$이다.

- $1 + \lambda_{CC}^2(-0.375) = 0$, $\lambda_{CC}^2 = \frac{1}{0.375} = 2.7$
- C—C 결합 $s\%$: $\frac{100}{1+2.7} = 27\%$
- $\angle HCH = 107°$: (관측값 = 106°)

λ_{CH}^2의 계산: $2\left(\frac{100}{1+\lambda_{CH}^2}\right) + 2\left(\frac{100}{1+2.7}\right) = 100 \qquad \therefore \lambda_{CH}^2 = 3.35$

C—H 결합 혼성: $sp^{3.35}$이다.

$$1 + 3.35\cos\theta_{12} = 0 \qquad \therefore \cos\theta_{12} = -\left(\frac{1}{3.35}\right) = -0.298 \qquad \therefore \angle HCH = 107°$$

주요 용어

Arrhenius 산-염기(Arrhenius acid-base)
Brønsted-Lowry 산-염기(Brønsted-Lowry acid-base)
Hammond 가설(Hammond postulate)
Hund 규칙(Hund' rule)
Lewis 산-염기(Lewis acid-base)
Pauli 배타 원리(Pauli exculsion principle)
결합 차수(bond order)
결합 해리 에너지(bond dissociation energy)
결합성 분자 오비탈(bonding MO)
공명 효과(resonance effect)
공유 결합(covalent bond)
극성 공유 결합(polar covalent bond)
단계 반응(stepwise reaction)
반결합성 분자 오비탈(antibonding MO)
발열 반응(exothermic reaction)
분자 오비탈 이론(MOT)
불포화 결합(unsaturated bond)
산화제(oxidizing agent)
소수성(hydrophobic)
속도 결정 단계(rate determining step)
속도론적 경로(kinetic process)
수소 결합(hydrogen bonding)
시그마 결합(sigma bond)
쌓음 원리(aufbau principle)
쌓음 효과(packing effect)
양자수(quantum number)
양쪽성(amphoteric)
에너지 준위 도표(energy level diagram)
열역학적 경로(thermodynamic process)
오비탈(orbital)
용매화(solvation)
원자가 결합 이론(VBT)
원소 효과 (element effect)
유발 효과(inductive effect)
유효 핵전하(effective nuclear charge)
쌍극자-쌍극자 상호 작용(dipole-dipole interaction)
자리 옮김(rearrangement)
전기 음성도(electronegativity)
전이 상태(transition state)
제거 반응(elimination)
중복된 오비탈(degenerate orbital)
중합 반응(polymerization)
첨가 반응(addition)
촉매 수소화(catalytic hydrogenation)
축합 반응(condensation)
치환 반응(substitution)
친수성(hydrophilic)
친전자체(electrophile)
친핵체(nucleophile)
콘쥬게이션(conjugation)
파이 결합(pi bond)
팔전자 규칙(octet rule)
협동 반응(concerted reaction)
혼성화(hybridization)
혼성화 효과(hybridization effect)
환원제(reducing agent)
흡열 반응(endothermic reaction)

연습 문제

개념 문제

1. 오비탈과 파동함수의 정의를 쓰시오.
2. 양자수는 무엇을 나타내는가?
3. 전자 껍질과 부껍질은 어떻게 정의하는가?
4. 쌓음 원리는 무엇인가?
5. 분자 오비탈 이론이란 무엇인가?
6. 혼성화는 무엇인가?
7. 시그마 결합과 파이 결합은 어떻게 구분되는가?
8. 불포합 결합의 콘쥬게이션은 어떤 결과를 가져오는가?
9. 산도에 영향을 주는 요인은 무엇인가?
10. 반응 에너지 도표로 알 수 있는 정보는 무엇인가?

실전 문제

11. 다음 주양자수를 갖는 껍질에 속하는 오비탈의 총 개수는?
(a) $n = 1$ (b) $n = 2$ (c) $n = 3$
12. 다음 부껍질이 가지는 오비탈의 총 개수는?
(a) $2p$ (b) $3p$ (c) $3d$ (d) $4s$ (e) $5f$
13. 다음 오비탈들 간의 유사한 점과 다른 점은 무엇인가?
(a) $1s$와 $2s$ (b) $2p_x$와 $2p_y$
14. 다음 각 원자의 바닥 상태 전자 배치를 쓰시오.
(a) B (b) C (c) O (d) Cl
15. 다음 각 원자의 원자가 전자 수는 몇 개인가?
(a) N (b) Ne (c) Li (d) Mg (e) Al
16. $(CH_3)_2C{=}NH$ (propan-2-imine)에서 C=N 이중 결합의 탄소와 질소의 입체 구조를 예상하시오.
17. 물 분자에 양성자 하나가 첨가되면 H_3O^+가 된다. 이 분자의 기하 구조를 예측하시오.
18. 왜 hydrogen(수소)은 H_2로 존재하고, helium(헬륨)은 He_2 대신 원자성인 He로 존재하는지를 분자 오비탈 이론으로 설명하시오.
19. He_2^+는 He와 He^+의 전기 방전으로 만들 수 있다. He_2^+가 만들어질 수 있음을 분자 오비탈 에너지 도표로 설명하시오.
20. 다음 분자들에서 탄소 원자의 혼성 상태를 결정하시오.
(a) $CH_3{-}C{\equiv}CH$ (b) $CH_2{=}CH{-}CH{=}CH_2$ (c) $CH_2{=}C{=}CH_2$
21. 다음 산들을 산도가 증가하는 순으로 나열하시오. 또 짝염기의 염기도가 증가하는 순으로 나열하시오.
(a) $CH{\equiv}CH$ (b) HCl (c) H_2O (d) CH_3COOH
22. 다음 반응들의 평형을 예측하시오.

(a) $HC{\equiv}CH \quad + \quad NH_2^- \rightleftharpoons \; ^-C{\equiv}CH \quad + \quad NH_3$

(b) $H_2C{=}CH_2 \quad + \quad H^- \rightleftharpoons \; ^-HC{=}CH_2 \quad + \quad H_2$

(c) $CH_3COOH + CH_3CH_2O^- \rightleftharpoons CH_3COO^- + CH_3CH_2OH$

23. 다음 반응을 산화 반응과 환원 반응으로 구분하시오.

(a) $HC \equiv CH \longrightarrow CH_3CHO$

(b) $H_2C = CH_2 \longrightarrow CH_3CH_2Br$

(c) $CH_3COOH \longrightarrow CH_3CH_2OH$

(d) HO–C₆H₄–OH (hydroquinone) ⟶ O=C₆H₄=O (p-benzoquinone)

24. 폭약은 일차 폭약과 이차 폭약으로 구분한다. 일차 폭약은 작은 열이나 충격에 의해 쉽게 폭발하지만 이차 폭약은 일차 폭약을 이용하여 폭발시킬 수 있다. 다음 에너지 도표 중 어느 것이 일차 폭약 반응이고 어느 것이 이차 폭약 반응에 해당하는가? 또 이유를 설명하시오.

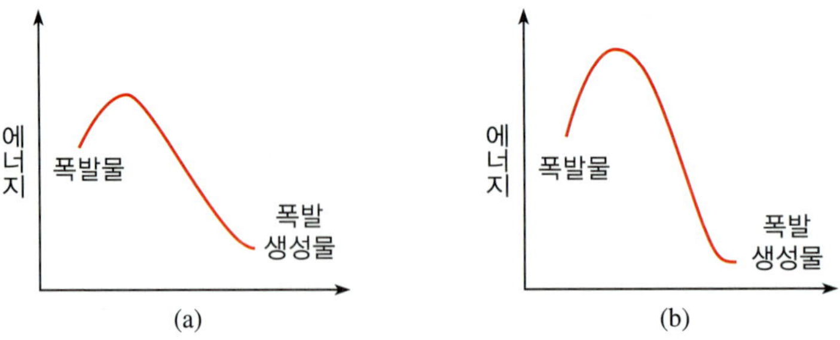

02 유기 분자 구조의 표현과 명명법

Organic Molecular Representation and Nomenclature

- Lewis 점 구조식으로 팔전자 규칙의 충족 여부와 반응에서의 전자 거동을 이해할 수 있다.
- 불포화도는 분자 내 불포화 결합이나 고리의 수에 대한 정보를 제공한다.
- Lewis 구조나 선-결합 구조식으로 그릴 수 없는 유기 분자는 공명 구조로 그린다.
- 공명 안정화에 의해 전하가 비편재화되면 화합물이 안정화된다.
- 작용기가 물리적 성질과 반응성에 영향을 준다.
- 유기 화합물은 IUPAC 규칙에 따라 명명한다.
- 고리 화합물과 이중 결합 화합물의 배열은 *cis-*/*trans-* 또는 *E*/*Z*-명명법으로 구분하여 부른다.

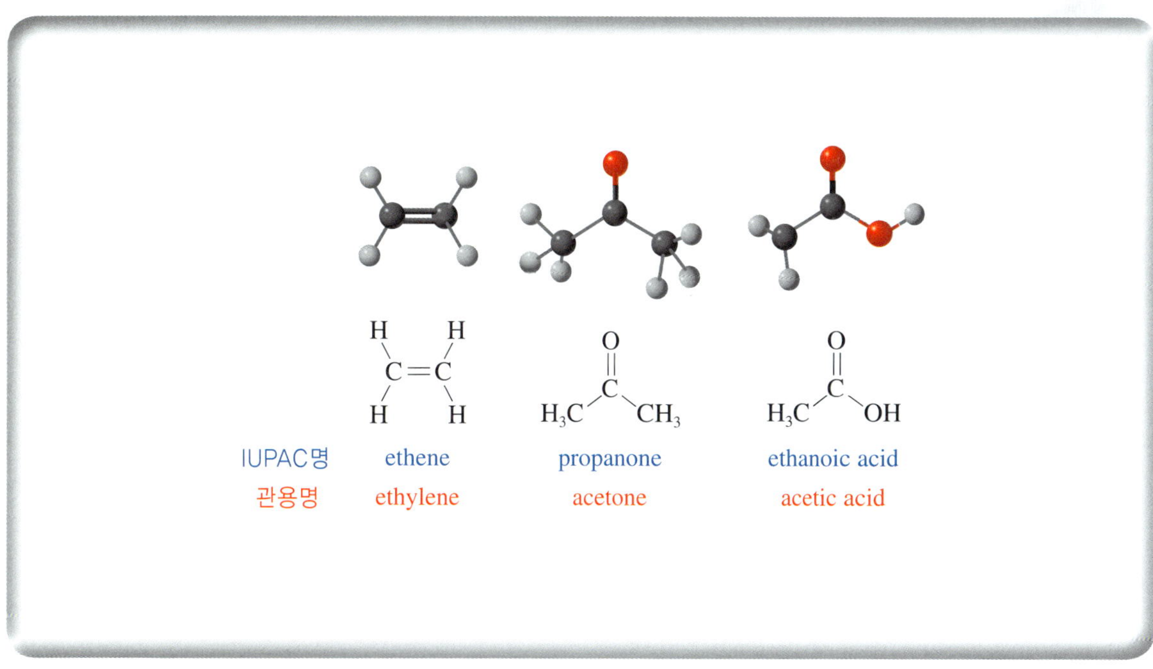

유기 분자의 구조는 매우 다양하고 복잡하며 또한 화학적, 물리적 성질도 그만큼 다양하다. 따라서 유기 화합물의 성질을 이해하고 비교하는 데 보다 효과적인 표현 방법이 필요하다.

이 장의 목표는 유기 화학자들이 가장 많이 사용하는 분자식 그리는 방법을 소개하고 이들을 숙지하도록 하는 것이다. 아울러 다양한 계열의 유기 화합물을 IUPAC(International Union Pure and Applied Chemistry) 규칙을 이용해 명명하는 방법을 배운다.

2.1 유기 분자 구조의 표현과 그리기

유기 화학에서 유기 분자 구조를 그리는 데 이용하는 방법으로 **Lewis 점 구조식**(Lewis dot structure) 또는 **전자-점 구조식**(electron-dot structure), **Kekulé 구조식**(Kekulé structure) 또는 **선-결합 구조식**(line-bond structure) 및 **점선-쐐기 구조식**(dash-wedge structure)들이 있다. 경우에 따라서는 각기 다른 구조식 표현 방법을 혼용하는 것이 도움이 된다.

■ **구조식 그리는 법**

- **Lewis 구조식**: 원자가 전자만을 점으로 나타낸다.
- **Kekulé 구조식**: 두 개 전자점(:)을 하나의 선(−)으로 나타낸다.
- **점선-쐐기 구조식**: 점선과 쐐기 선을 이용해 삼차원 입체 구조를 평면에 그린다.

2.2 Lewis 구조식 그리기

Gilbert Newton Lewis(1875~1946)는 미국의 물리화학자로, 35번이나 추천되었으나 노벨상을 수상하지 못하였다.

■ **Lewis 점 구조식** (Lewis dot structure)**은 전자 한 개를 하나의 점(•)으로 표시하며 결합하고 있는 원자들의 원자가 전자만을 나타낸다.**

- Lewis 점 구조식으로 결합하고 있는 원자들이 팔전자 규칙(octet rule)에 충족되는지를 쉽게 이해할 수 있다.
- Lewis 점 구조식은 원자가 전자들이 결합의 형성 및 분해 과정에서 어떻게 행동하는가를 이해하는 데도 편리한 표현 방법이다.

■ **Lewis 점 구조식을 그리는 데 분자의 총 결합 수, 불포화도, 원자들의 형식 전하 및 혼성 상태 등을 알면 편리하다.**

- 분자의 총 결합 수는 분자식으로부터 예측할 수 있다.

어떤 중성 분자의 전자 수가 짝수일 때 분자의 총 결합 수는 다음과 같이 계산할 수 있다.

$$\text{분자의 총 결합 수} = \frac{\begin{array}{c}(\text{분자 내 모든 원자의 결합에 필요한 전자 수의 합})\\ -(\text{분자 내 각 원자의 원자가 전자 수의 합})\end{array}}{2}$$

여기서 분자 내의 각 원자가 결합하기 위해 제공해야 하는 전자의 수는 해당 원자의 결합하기 전의 원자가 전자 수이다. 각 원자가 결합하기 위해 필요로 하는 전자의 수는 수소(H)는 2이고, 다른 모든 원자의 경우에는 8이다. 단, 13족의 B, Al 및 Ga는 6이다.

■ **분자의 총 결합 수 계산하기**

C_2H_6의 분자식을 가지는 분자를 예로 들어보자.

- **1단계**: 분자식에 있는 원자 종류와 수, 원자가 전자 수를 확인한다.

  C_2H_6에서 C 2개, H 6개이고, C의 원자가 전자 = 4, H의 원자가 전자 = 1

- **2단계**: 원자가 전자 수의 합을 계산한다.

  $$\text{원자가 전자 합계} = (2 \times 4) + (6 \times 1) = 14$$

- **3단계**: 결합에 필요한 총 전자 수를 계산한다.

  $$\text{결합에 필요한 총 전자 수} = (2 \times 8) + (6 \times 2) = 28$$

- **4단계**: 위 식을 이용해 분자의 총 결합 수를 계산한다.

  $$\frac{28 - 14}{2} = 7$$

이 분자는 모두 7개 결합이 가능하다. 따라서 구조식은 다음과 같다.

```
    H  H
    |  |
  H-C--C-H
    |  |
    H  H
```

■ **분자식으로부터 불포화 결합(또는 고리) 수를 알 수 있다.**

- **불포화도**(degree of unsaturation) 또는 **수소 결핍 지수**(index of hydrogen deficiency; IHD)는 분자식으로부터 분자 내의 불포화 결합이나 고리 수를 알 수 있는 간단한 지표 중 하나이다.
- 이 지수는 분자 내의 고리나, 다중 결합(이중 결합, 삼중 결합)의 수와 같다.
- 불포화도란 주어진 분자가 포화 탄화수소 분자일 때의 일반식(C_nH_{2n+2})과 주어진 분자의 일반식 간에 차이 나는 수소 원자 쌍의 수이다.

결국 **불포화도를 안다는 것은 곧 다중 결합이나 고리의 수를 예측할 수** 있으므로 Lewis 점 구조식을 그릴 때 편리하다. 고리가 하나 있는 분자의 불포화도는 1이고, 이중 결합은 불포화도가 2이며 삼중 결합은 불포화도가 2에 해당한다.

■ **C와 H만으로 구성된 화합물의 불포화도 계산법**

- **1단계**: 주어진 분자의 탄소 수를 확인하여, 탄소 수에 해당하는 포화 탄화수소의 일반식으로부터 총 수소 수($2n + 2$: n = 탄소 수)를 계산한다.
- **2단계**: 아래 식으로 불포화도를 계산한다.

$$\text{불포화도} = \frac{(H_{2n+2}) - (H_{\text{실제}})}{2}$$

$$n = \text{분자 내 탄소 수}$$

■ **13-규칙**(rule of 13)**도 탄화수소의 불포화도를 알아내는 방법이다.**

- 13-규칙은 탄소와 수소의 원자량의 합이 대략 13이므로 분자량을 13으로 나누어 얻은 계수(n)에서 나머지(r)를 빼고 여기에 2를 더한 다음 2로 나누는 방법이다. 즉, 탄소와 수소만으로 구성된 탄화수소의 화학식은 C_nH_{n+r}이기 때문이다.

$$\text{불포화도} = \frac{n - r + 2}{2}, \quad \frac{M}{13} = \frac{n + r}{13}$$

$$M = \text{분자량},\ n = \text{계수},\ r = \text{나머지}$$

- **13-규칙으로 불포화도 계산하는 법**
  - **1단계:** 분자량을 계산하여 13으로 나누어 계수(n)와 나머지(r)를 얻는다.
  - **2단계:** 식에 n과 r를 대입하여 불포화도를 계산한다.

이 규칙을 헤테로 원자(탄소와 수소를 제외한 원자)를 가지는 화합물에도 확장하여 이용할 수 있다.

- **유기 할로젠 화합물: 수소와 할로젠은 다같이 1가이므로 할로젠 원소 수와 수소를 합하여 화학식을 만들어 불포화도를 계산한다.**

예 $C_4H_6F_2$에서 F는 수소 하나와 동일하게 취급되므로, C_4H_8로 간주하고, C_4인 포화 탄화수소의 일반식은 C_4H_{10}이므로 $C_4H_6F_2$ 분자의 불포화도는 $(H_{10} - H_8)/2 = 1$이다.

- **유기 산소 화합물: 산소는 2가이므로 전체 탄화수소의 화학식에서 무시하여도 불포화도 계산에는 문제가 없다.**

예 C_5H_8O에서는 C_5H_8로 간주하고, C_5인 포화 탄화수소의 일반식은 C_5H_{12}이므로, C_5H_8O 분자의 불포화도는 $(H_{12} - H_8)/2 = 2$이다.

- **유기 질소 화합물: 질소는 3가이므로 유기 질소 화합물은 해당하는 탄화수소에 비해 수소 원자 한 개를 더 가진다. 따라서 분자 내 전체 수소 수에서 질소 수를 빼면 동등한 화학식이 된다.**

예 C_5H_9N에서는 질소 수(1) 만큼을 수소 수(9)에서 빼어 C_5H_8로 취급하고 C_5인 포화 탄화수소의 일반식은 C_5H_{12}이므로 C_5H_9N 분자의 불포화도는 $(H_{12} - H_8)/2 = 2$이다.

중성 분자의 원자도 형식적으로 전하를 가질 수 있다. 분자 전체로는 전기적으로 중성이지만 분자 내에 있는 각각의 원자를 살펴보면 어느 특정 원자가 전하를 띠게 되는 분자들도 있다.

'형식 전하'란 분자가 가지고 있는 '알짜 전하'가 아니라, 분자 전체 알짜 전하에는 기여하지 않지만 팔전자 규칙에 맞도록 Lewis 구조를 그릴 때 형식적으로 표시되는 전하를 뜻한다.

- **형식 전하(formal charge)란 전기적으로 중성인 분자 내의 어느 특정 원자가 가지게 되는 전하이다.**
  - 형식 전하는 해당 원자가 원자가 전자 수보다 더 많은 전자를 가지거나(음전하), 더 적은 전자를 가질 때(양전하) 나타난다. 분자 내의 형식 전하를 알면 분자의 반응 자리나 반응 중의 전자 이동을 이해하는 데 큰 도움이 된다.

- **형식 전하 정하는 법을 H_3O^+를 예로 들어 알아보자.**
  - **1단계:** 결합하고 있는 각 원자의 원자가 전자 수를 결정한다.
    - ▸ H_3O^+에 있는 H의 원자가 전자 수는 1개, O는 6개이다. 원자가 전자 수는 원소의 족(group) 수와 같다.
  - **2단계:** 분자 내에서 실제 원자가 전자 수를 결정한다. H_3O^+에서 H는 전자 한 개씩을 배당할 수 있고, O는 전자 5개를 배당받는다.

- **3단계:** 형식 전하를 지정한다. O의 원자가 전자 수는 6이고, 실제 배당된 전자 수는 5이므로 산소가 +1이어야 한다.

■ **형식 전하는 원자의 원자가를 알면 비교적 쉽게 예측할 수도 있고, 다음의 식으로 계산해 낼 수도 있다.**

$$\text{형식 전하} = (\text{원자의 원자가 전자 수}) - (\text{결합 원자에서의 원자가 전자 수})$$

$$= (\text{원자가 전자 수}) - (\text{비공유 전자 수}) - \frac{\text{결합 전자 수}}{2}$$

$$= (\text{원자가 전자 수}) - (\text{비공유 전자 수}) - (\text{공유 결합 수})$$

예 Nitropropane ($CH_3CH_2CH_2NO_2$) 에서의 질소와 산소의 형식 전하를 계산하시오.

- **질소(N)의 형식 전하 계산**

  N의 원자가 전자 수 = 5

  N의 결합 전자 수 = 8

  N의 비공유 전자 수 = 0

  $\therefore$ 형식 전하 $= 5 - \frac{8}{2} - 0 = +1$

- **단일 결합 산소의 형식 전하 계산**

  O의 원자가 전자 수 = 6

  O의 결합 전자 수 = 2

  O의 비공유 전자 수 = 6

  $\therefore$ 형식 전하 $= 6 - \frac{2}{2} - 6 = -1$

nitropropane

■ **원소들은 몇 가지 전형적인 결합 형태를 가진다.**

유기 화학에서 자주 다루게 되는 2주기 원자들의 결합 수는 1~4개이다. 이들 각 원자의 결합 수는 최외각 전자 껍질에 추가될 수 있는 전자 수와 같다. 즉 팔전자 규칙을 이루기에 필요한 수만큼의 결합이 형성된다. 이들 2주기 중성 원자들이 이룰 수 있는 결합 형태는 그림 2.1과 같다.

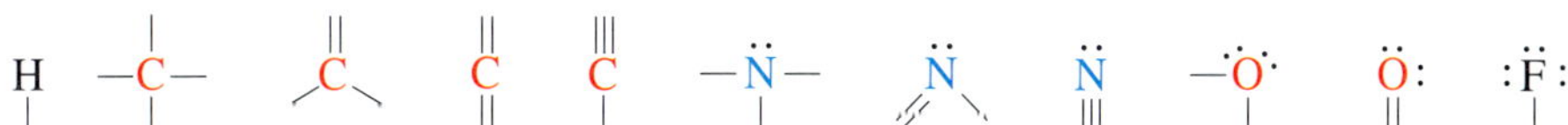

그림 2.1 2주기 중성 원자들이 이룰 수 있는 결합

표 2.1 2주기 원소들의 원자가 전자 수, 결합 수 및 비공유 전자쌍

중성 원자	원자가 전자 수	결합 수	비공유 전자쌍
H	1	1	0
C	4	4	0
N	5	3	1
O	6	2	2
F	7	1	3

그러나 이들 원자들이 전하를 띤 이온으로 되면 결합 수도 달라진다. 유기 화학에서 자주 만나게 되는 탄소(C), 질소(N) 또는 산소(O) 이온 종의 결합 형태는 다음과 같다.

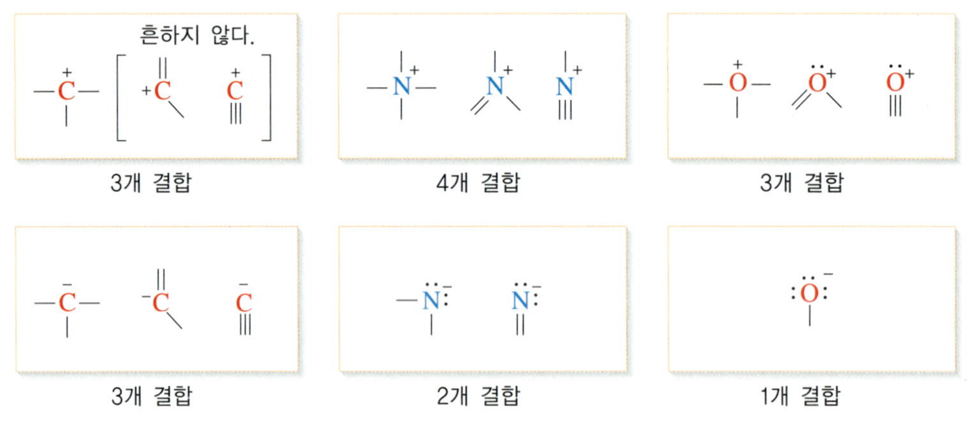

그림 2.2 2주기 원자 이온 종들이 이룰 수 있는 결합 수

Lewis 점 구조식 그리기

- **원자의 Lewis 점 구조식 그리기: 예 질소(N) 원자**
  - **1단계:** 원자가 전자 수를 확인한다.

N의 원자가 전자 수 = 5개

  - **2단계:** 각 원자 주변에 원자가 전자 한 개씩을 배당한다. 5개 중 4개를 배열하고 나면 한 개가 남는다.

$\cdot\dot{\underset{\cdot}{\mathrm{N}}}\cdot$

  - **3단계:** 4개 이상의 원자가 전자를 가지면, 남은 전자를 이미 배치된 전자에 쌍을 이루도록 배열한다.

$\cdot\ddot{\underset{\cdot}{\mathrm{N}}}\cdot$

- **Lewis 구조를 잘 그리려면 다음과 같은 규칙에 따르는 것이 편리하고 정확하다.**
  - **규칙 1:** 분자가 포함하고 있는 각 구성 원자의 원자가 전자 수와 가능한 결합 수를 결정한다.

	H	C	N	O	F
원자가 전자 수:	1	4	5	6	7
가능한 결합 수:	1	4	3	2	1

- **규칙 2**: 결합을 많이 할 수 있는 원자를 분자 내부에 배열하고(아래 그림에서 C, N, O), 수소와 할로젠처럼 결합 수가 적은 원자들을 팔전자 규칙에 적합하도록 내부 원자 주변에 배열한다.

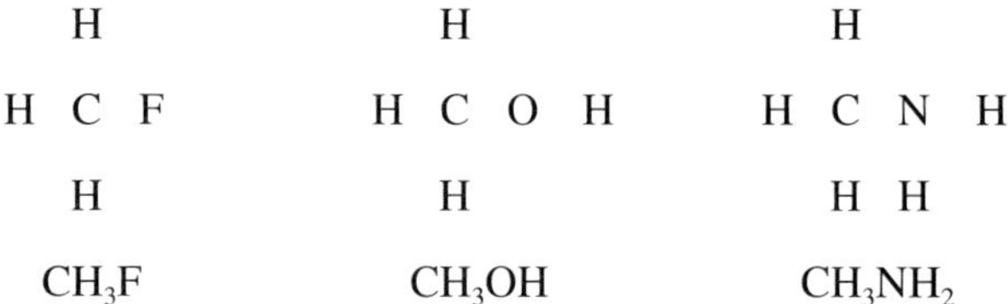

- **규칙 3**: 각 원자의 주변에 원자가 전자 한 개씩을 점으로 표시한다.
만일 원자가 전자가 4개 이상이면 우선, 각각 한 개씩을 배열한 후에 남는 원자가 전자를 추가하여 쌍을 이루도록 배열한다. 규칙 2에서 배열된 원자와 원자 사이에 두 개씩의 전자가 오도록 배열한다.

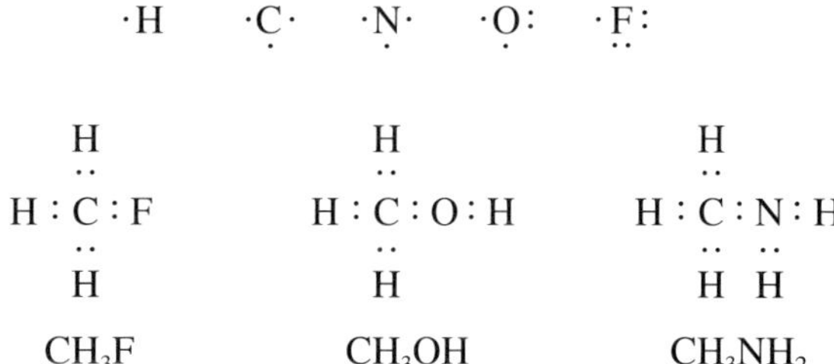

- **규칙 4**: 마지막으로 수소를 제외한 각 원자가 팔전자 규칙에 적합한지 확인하고 팔전자 규칙에 맞도록 전자를 추가로 배열한다. 규칙 3에서 예로 든 화합물 중 F, O 및 N은 팔전자 규칙에 맞지 않는다. 따라서 F에 6개, O에 4개, N에 2개의 전자를 추가하여 팔전자 규칙에 맞도록 배열한다.

```
      H              H              H
      ‥  ‥           ‥  ‥           ‥  ‥
  H : C : F :    H : C : O : H  H : C : N : H
      ‥  ‥           ‥  ‥           ‥  ‥
      H              H              H  H

    CH3F           CH3OH          CH3NH2
```

$H_2C{=}O$ (formaldehyde)의 왼편 Lewis 구조에서 C와 O에는 한 개씩의 전자만을 가지고 있다. 이는 C와 O가 이중 결합을 하는 것이므로 C::O 식으로 두 점을 두 원자 사이에 배열하여 팔전자 규칙에 맞도록 한다.

```
      ·   ·
  H : C : O:   ≡   H : C : : O:
      ‥   ‥            ‥     ‥
      H                H
           H2C=O
```

[예] Ethyl alcohol(ethanol, C_2H_6O)의 각 원자의 원자가 전자 수와 가능한 결합 수를 제시하고 뼈대 구조에 합당한 원자 배열을 나타내시오.

구성 원소 중 C의 원자가 전자 수는 4, 가능한 결합 수도 4이다. H의 원자가 전자 수는 1, 가능한 결합 수도 1이다. O의 원자가 전자 수는 6이고 가능한 결합 수는 2이다. 따라서 두 개의 C를 내부에 배열하고, H와 O를 C 주위에 적절히 배열한다. 다음의 오른쪽 배열은 2가인 O가 중앙에 위치하도록 배열되었으므로 잘못된 배열이다.

H H H H
H C C O H H C O C H
H H H H
(옳다) (틀리다)

■ **팔전자 규칙에 만족하지 않는 화합물의 Lewis 구조식 그리기**

- 화합물 중에는 팔전자 규칙을 만족시키지 못하지만 안정한 것이 많다. 이런 화합물들은 유기 화학에서 매우 중요하다. 대표적으로 $AlCl_3$ 및 BF_3 등이 있고 Al 및 B는 모두 6개의 결합 전자를 가지고 있다.

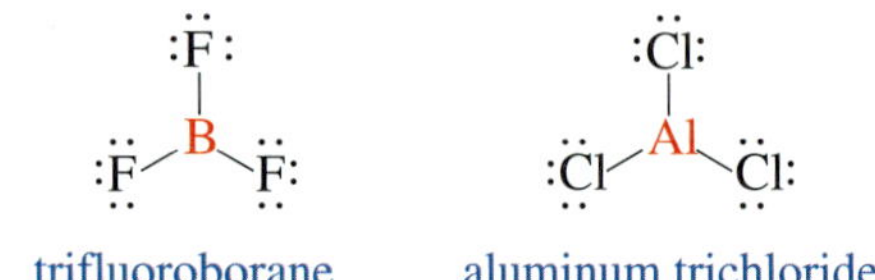

trifluoroborane aluminum trichloride

- $AlCl_3$ 및 BF_3은 8개보다 적은 전자 수를 가지므로 전자를 받아들일 수 있어 Lewis 산으로 작용할 수 있고, 염기와 반응하여 팔전자 규칙을 만족하는 형태로 쉽게 변화된다.

BF_3 + $N(CH_3)_3$ ⟶ $F_3B^{-}-N^{+}(CH_3)_3$

$AlCl_3$ + Cl^- ⟶ $AlCl_4^-$

- H_2SO_4과 DNA의 phosphate 결합은 S나 P 원자가 8개 이상의 전자를 가지는 화합물이다. S와 P는 해당 원자의 원자가 껍질이 확장되어 더 많은 전자를 수용할 수 있다. 이 화합물들의 Lewis 구조식의 일부는 아래와 같다.

> S ($1s^22s^22p^63s^23p^43d^0$)와 P ($1s^22s^22p^63s^23p^33d^0$)는 3*d* 오비탈이 비어 있어 3*s*, 3*p*, 3*d* 사이의 혼성화를 통해 오비탈이 확장될 수 있다.

핵산의 phosphate 결합

2.3 선-결합 구조식 그리기

Lewis 구조식은 원자의 원자가 전자를 표시하므로 각 원자의 원자가 전자 분포를 쉽게 이해할 수 있지만, 큰 분자를 Lewis 점 구조식으로 나타내려면 많은 시간이 소요된다. 따라서 결합 전자를 특별히 강조할 필요가 없는 경우에는 결합에 공유된 전자 두 개를 하나의 선으로 나타내는 구조 표현 방식이 편리하다. 이러한 방법을 **Kekulé 구조식**(Kekulé structure) 또는 **선-결합 구조식**(line-bond structure)이라고 한다. 아래에 *n*-butane의 Kekulé 구조식을 예로 나타내었다.

H H H H
H–C–C–C–C–H
H H H H

n-butane

2.4 축약 구조식 그리기

Kekulé 구조식이나 Lewis 구조식이 많은 장점을 가지지만, 모든 원자나 결합을 나타내야 하므로 넓은 지면이나 긴 시간이 소요된다. 따라서 그러한 불편함을 덜기 위한 방법으로 점이나 선으로 나타내는 결합을 구체적으로 나타내지 않고 간략하게 표기하는 **축약 구조식**(condensed structure)이 자주 사용된다.

예 *n*-butane의 축약 구조식

$$CH_3CH_2CH_2CH_3 \quad \text{또는} \quad CH_3(CH_2)_2CH_3$$

2.5 골격 구조식 그리기

- **골격 구조식**(skeletal structure **또는 선-각 구조식**(line-angle stucture))**은 C—H 결합을 나타내지 않고, C—C 결합만을 하나의 선으로 나타낸다.**

이 방법은 큰 분자를 빠르게 그릴 수 있을 뿐만 아니라 구조적으로 공간 개념을 살릴 수도 있어 매우 유용한 방법이다.

- 골격 구조식 그리는 방법
  - **규칙 1**: C—C 결합만 선으로 나타내고, C와 H 원소 기호는 표시하지 않는다. 두 선의 교차점이나 각 선의 끝에 하나의 C 원자가 존재하는 것으로 간주한다. 그러나 특정 탄소 원자를 강조하기 위해 탄소 원자를 표시하는 경우도 있다.
  - **규칙 2**: C와 H 원자는 표시하지 않으므로, 탄소의 원자가는 4가이므로 마음속으로 탄소의 원자가를 충족시킬 수 있는 수만큼의 수소가 결합된 것으로 간주한다.
  - **규칙 3**: 헤테로 원자(C나 H 이외의 원자)는 원소 기호로 표시하고, 헤테로 원자와 결합된 수소는 함께 원소 기호로 표시한다.

예 2-(1-Cyclohexenyl)ethenol의 Kekulé 구조식과 골격 구조식

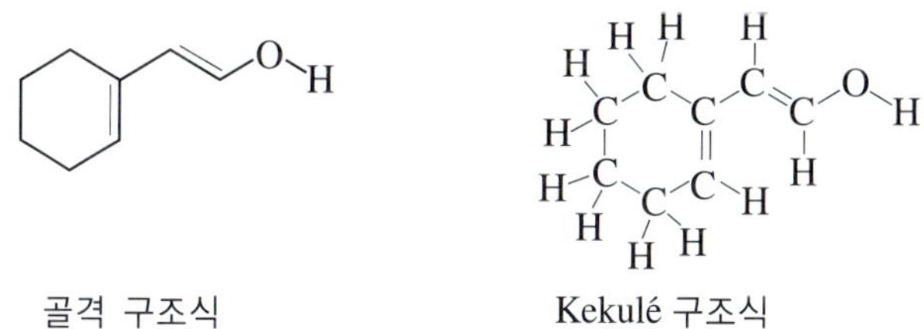

골격 구조식 Kekulé 구조식

2.6 삼차원 구조식 그리기

유기 화합물 분자는 구성하고 있는 탄소 원자의 혼성 상태에 따라 분자의 삼차원 모양이 다르다. 유기 화합물의 삼차원 모습을 알 수 있으면 입체 화학(sterochemistry)의 이해에 많은 도움이 된다. 특히 탄소가 sp^3 혼성을 하여 정사면체 구조를 가지는 분자에서 더욱 중요하다.

- **분자의 삼차원적인 모양을 종이 위에서 나타낼 수 있도록 고안된 방법이 점선-쐐기 구조식**(dash-wedge structure)**이다.**
  - 점선-쐐기 구조식에서는 실선(종이면 배열)과 점선(종이면의 뒤편)과 쐐기(종이면의 앞쪽) 모양의 선을 이용하여 표시한다.

——: (실선) 종이면 결합
IIIIII······: (점선) 종이면의 뒤쪽 결합
▶: (쐐기선) 종이면의 앞쪽 결합

종이면 결합

CH_4 ≡ (H, C, H, H, H)

뒤쪽 결합
앞쪽 결합

- 점선-쐐기 구조식은 고리가 없는 사슬 구조와 고리 구조 등에서 널리 사용된다.

(2*S*,3*R*)-2,3-dibromopentane (1*S*,3*S*)-3-chlorocyclohexanol

2.7 공명 구조 그리기

자연에 존재하는 실제 구조를 Lewis 구조나 선-결합 구조식으로 표현하지 못하는 경우 공명 구조로 나타낸다.

간단한 예로, acetate(CH_3COO^-) 이온의 실제 구조는 어떤 하나의 선-결합 구조식 (I)이나 (II)만으로 표현할 수 없다. 그러나 두 개의 선-결합 구조식을 이용하면 실제 구조와 동일하지는 않지만 유사하게는 표현할 수 있다. Acetate 이온의 실제 구조는 구조 (I)이나 (II)보다는 오히려 공명 혼성체(III)에 더 가깝다. 이들 각 구조식 (I)과 (II)를 **공명 구조**(resonance structure)라고 하며, 구조 (III)은 **공명 혼성체**(resonance hybrid)라고 한다.

- **각 공명 구조에서 모든 원자의 위치는 동일하지만 파이 결합 전자나 비결합 전자쌍의 위치는 다르다.**

(Ⅰ) ⟷ (Ⅱ) ≡ (Ⅲ)

acetate 이온의 공명 구조 공명 혼성체

- 공명 구조는 파이 결합 수가 서로 동일한 **등원자가 공명 구조**(isovalent resonance structure)와 파이 결합 수가 다른 **이종원자가 공명 구조**(heterovalent resonance structure)로 구분한다.

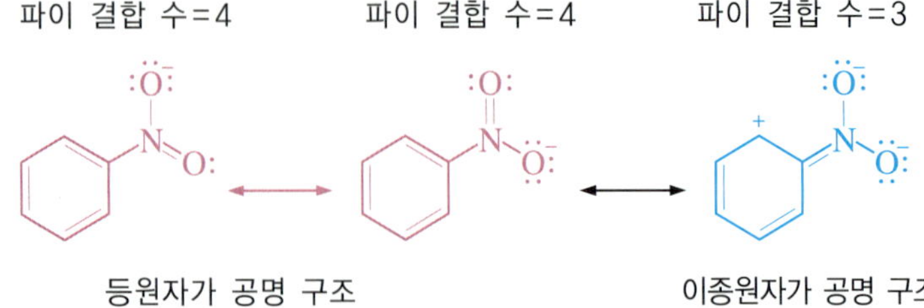

■ **공명 구조는 머리가 둘인 화살표(⟷)로 나타낸다.**

Acetate 이온의 음전하는 두 개 산소 원자에 번갈아 있다. 즉, 한 개 음전하가 두 O 원자에 분산되어 있다. 이 현상을 전하가 **비편재화**(delocalization) 되었다고 한다.

■ **전하의 비편재화는 분자를 안정화시킨다. 이를 공명 안정화(resonance stabilization) 라고 한다.**

- 공명 구조를 그릴 수 있거나, 공명 구조의 수가 많을수록 그렇지 못한 화합물에 비해 더 안정하다. 공명 안정화는 유기 화학의 많은 부분에서 이용되므로 중요하다.

■ **공명 구조를 그리는 규칙**

- **규칙 1**: 공명 구조에 포함된 원자는 일반적인 원자가 법칙에 맞아야 한다.
- **규칙 2**: 모든 공명 구조에서 전자쌍의 수는 항상 동일해야 하고, 공명 구조를 그릴 때는 전자가 쌍으로 이동하도록 그려야 한다. 이유 없이 라디칼이 생성되게 하지 마라.

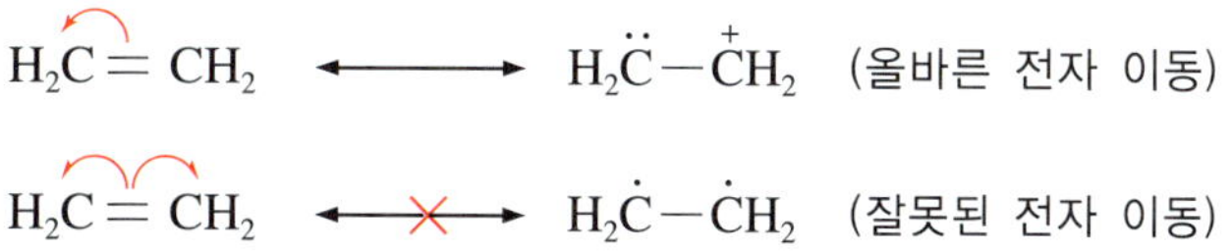

$H_2C{=}CH_2 \longleftrightarrow H_2\ddot{C}^{-}{-}\overset{+}{C}H_2$ (올바른 전자 이동)

$H_2C{=}CH_2 \not\longleftrightarrow H_2\dot{C}{-}\dot{C}H_2$ (잘못된 전자 이동)

Propanone과 2-propenol은 서로 토토머 관계에 있다(2.8절 참조).

- **규칙 3**: 공명 구조에서 원자핵은 이동하지 않는다. **파이 전자나 비결합 전자들의 배치만이 다르다.**

(서로 공명 구조가 아니고 다른 화합물이다.)

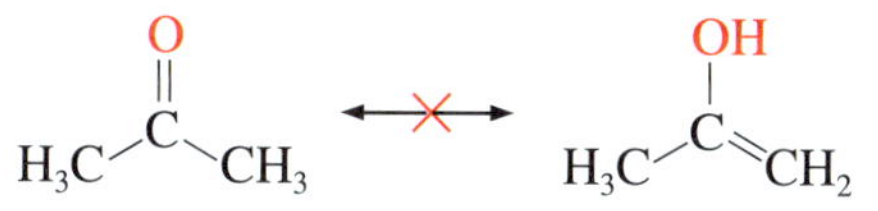

$H_3C{-}C({=}O){-}CH_3 \not\longleftrightarrow H_3C{-}C(OH){=}CH_2$

propanone　　2-propenol

- **규칙 4**: 전기 음성도가 큰 원자가 음전하를 띠도록 공명 구조를 그린다.
전기 음성도가 큰 원자(할로젠, 산소, 질소 등)가 음전하를 가지도록 그려진 공명 구조가 공명 안정화에 더 크게 기여한다.

■ **동일 화학종에서 각 공명 구조는 안정화에 기여하는 정도가 다르다.**

- 등원자가 공명 구조가 이종원자가 공명 구조보다 더 중요하며, **등원자가 공명 구조의 공명 안정화 기여도가 더 크다.**
- 공명 구조 내의 양전하와 음전하 간의 거리가 더 가까운 구조일수록 공명 안정화 기여도가 더 높다.

$H_2\overset{-}{C}{-}\overset{+}{C}H{-}CH{=}CH_2 \longleftrightarrow H_2\overset{-}{C}{-}CH{=}CH{-}\overset{+}{C}H_2$

기여도가 크다.　　기여도가 작다.

- 전하가 밀집된 공명 구조는 공명 안정화 기여도가 낮다.

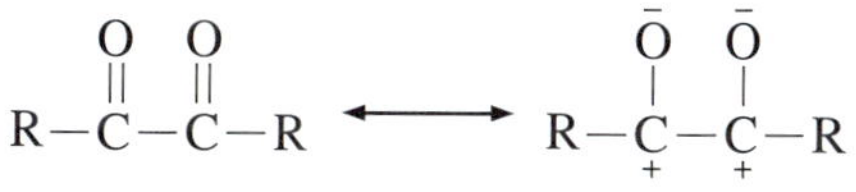

$R{-}C({=}O){-}C({=}O){-}R \longleftrightarrow R{-}\overset{+}{C}(O^-){-}\overset{+}{C}(O^-){-}R$

기여도가 크다.　　기여도가 작다.

2.8 토토머화 및 토토머 그리기

공명 구조에서는 시그마 결합 전자가 이동하지 않는다. 즉, 분자 내 원자의 이동이 없다. 그러나 유기물 분자 중에서는 이중 결합과 수소 원자의 위치가 서로 다른 이성질체가 존재하며 이들은 서로 다른 물질이다. 이런 이성질체를 **토토머**(tautomer)라고 한다.

> 엔올(enol)은 C=C를 나타내는 끝이름 -ene과 알코올의 끝이름 -ol을 조합하여 만들어졌다.

- **하나의 토토머가 다른 토토머로 변환되는 과정을 토토머화(tautomerization)라고 한다.**
  - 케토 토토머는 C=O 결합과 이웃 탄소에 C—H 결합이 있다.
  - 엔올(enol) 토토머는 C=C 결합과 이중 결합 탄소에 O—H기가 있다.
  - 두 토토머는 서로 다른 물질이다.
  - 토토머화는 α-수소가 있는 카보닐 화합물에서 관찰된다.
  - 토토머화에서는 시그마 결합 전자가 움직여 H 원자의 이동이 일어난다.
  - C=O가 C=C보다 센 결합이므로 평형에서는 케토 형이 더 우세하다.
  - 토토머화는 산이나 염기에 의해 촉진된다.

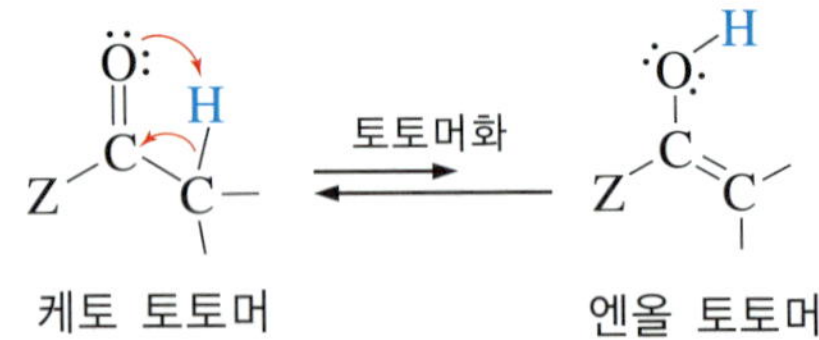

- **토토머화의 메커니즘은 산-촉매 반응인지 또는 염기-촉매 반응인지에 따라 다르다.**
  - 메커니즘은 양성자 첨가와 양성자 이탈 두 단계가 필요하다.
  - 산 촉매 토토머화에서는 양성자 첨가가 먼저 일어나고, 다음 단계에서 양성자 이탈이 일어난다.
  - 염기 촉매 토토머화에서는 양성자 이탈이 먼저 일어나고, 다음 단계에서 양성자 첨가가 일어난다.

메커니즘 2.1 산-촉매 토토머화

양성자 첨가 (H^+) → 양성자 이탈 (H_2O)

케토 토토머 → 엔올 토토머

메커니즘 2.2 염기-촉매 토토머화

양성자 이탈 (^-OH) → 양성자 첨가 (H_2O)

케토 토토머 → 엔올 토토머 + ^-OH

2.9 유기 화합물의 분류와 작용기

유기 화합물은 탄소(C)와 수소(H)만으로 이루어진 **탄화수소**(hydrocarbon)와 탄소(C), 수소(H)와 그 이외의 다른 원자(헤테로 원자)들을 포함한 화합물로 구분할 수 있다.

- **탄화수소는 지방족 탄화수소(aliphatic hydrocarbon)와 방향족 탄화수소(aromatic hydrocarbon)로 구분한다.**
  - 지방족에는 알케인(alkane), 알켄(alkene) 및 알카인(alkyne) 계열이 있다.
  - 알케인은 **포화 탄화수소**(saturated hydrocarbon)라고 하고, 알켄과 알카인은 한 개 또는 두 개의 파이 결합을 가지고 있어 **불포화 탄화수소**(unsaturated hydrocarbon)라고 한다.
  - 방향족에는 benzene 류 및 방향족 헤테로 고리 화합물들이 있다.

방향족 화합물은 고리, 평면 구조이면서 다중 결합이 단일 결합과 교대로 배열되어 있다. 이 화합물의 파이 전자 수는 $4n+2$(n은 0, 1, 2, 3, …)라는 구조적 특성을 가지고 있어 다른 불포화 화합물과는 다른 화학적, 물리적 특성을 보인다. 이런 특성을 **방향족성**(aromaticity)이라고 한다.

- **탄화수소의 분류**
  - 지방족 탄화수소
    - ▸ **포화 탄화수소**: 알케인(alkane, C_nH_{2n+2}) – 모든 원소가 단일 결합(시그마 결합)만으로 이루어져 있다.
    - ▸ **불포화 탄화수소**: 알켄(alkene, C_nH_{2n}) – 한 개 이상의 이중 결합을 가진다.
      알카인(alkyne, C_nH_{2n-2}) – 한 개 이상의 삼중 결합을 가진다.
  - **방향족 탄화수소**: Benzene 류 및 방향족 헤테로 고리가 있다.

포화 탄화수소 이외의 화합물들은 한 개 이상의 작용기를 가지고 있다. C=C 및 C≡C를 제외하고는 모든 작용기들은 한 개 이상의 헤테로 원자를 포함하고 있다.

방향족 화합물은 방향족성이라는 특성을 가지고 있어, 알켄이나 알카인과는 다른 반응성을 보인다. 탄소 또는 헤테로 원자들의 단일 결합과 다중 결합이 콘쥬게이션되어 있다.

- **작용기(functional group)는 분자의 화학적, 물리적 성질을 좌우하는 원자나 원자단을 말한다.**
  - 유기 화합물의 반응은 작용기를 중심으로 일어나므로 이들 작용기를 중심으로 다룬다. 작용기를 기준으로 계열을 분류하면 다음과 같다. 이 교재에서도 작용기를 기준으로 다룬다:

    할로젠화물(halide, C—X, X=할로젠을 포함하는 화합물, 6장), 알켄($R_2C{=}CR_2$, 7장), 알카인(RC≡CR, 7장), 방향족(10장), 알코올(alcohol, ROH, 8장), 에터(ether, ROR, 8장), 알데하이드(aldehyde, RC(=O)H, 11장), 케톤(ketone, RC(=O)R, 11장), 카복실산(carboxylic acid, RC(=O)OH, 12장), 에스터(ester, RC(=O)OR, 12장), 아마이드(amide, RC(=O)NH_2, 12장), 산 무수물(acid anhydride, RC(=O)O(O=)CR, 12장), 산 할로젠화물(acid halide, RC(=O)X, 12장)과 나이트릴(nitrile, RCN, 12장) 등이 있다.

- **작용기는 분자 내 반응 자리이다.**
  - 모든 작용기는 파이 결합, 헤테로 원자 또는 이들 둘 다를 가지고 있다.
  - 작용기에는 **전자가 풍부한 자리**(친핵성 자리)와 **전자가 부족한 자리**(친전자성 자리)가 존재하고 이들 사이에서 반응을 한다.

유기 반응에서 분자 내 반응 자리를 찾는 것은 반응 메커니즘을 이해하고 반응을 조절하는 데 매우 중요하다.

■ **반응 자리 찾는 방법**

메커니즘을 그리는 첫 단계도 반응 자리 확인 방법과 유사하게 수행한다. 반응 자리가 확인되면 반응 물질이 친핵체인지 친전자체인지를 확인하여, 전자가 풍부한(친핵성) 원자에서 전자가 부족한(친전자성) 원자로 전자가 이동하도록 화살표를 그린다.

- **1단계:** 어떤 작용기가 존재하는지를 확인한다.
- **2단계:** 작용기 원자들을 친핵성 자리와 친전자성 자리로 구분한다.
  - ▸ 파이 결합은 친핵성 자리이고, 시그마 결합보다 쉽게 끊어진다.
  - ▸ N, O, X(할로젠)는 C보다 전기 음성도가 커서 C를 친전자성(δ^+)이 되게 한다(유발 효과).
  - ▸ 비공유 전자쌍을 가지는 헤테로 원자는 친핵성 자리이다.
  - ▸ 비어 있는 *p* 오비탈은 친전자성 자리이다.
- **3단계:** 하나 이상의 작용기가 있으면, 그 중에서 가장 반응성이 큰 작용기를 선택한다.

표 2.2 일반적인 작용기(계속)

화합물 종류	일반 구조	작용기	IUPAC 끝 이름	예
알켄 (alkene)	$R_2C{=}CR_2$	C=C (이중 결합)	-ene	$CH_2{=}CH_2$ (ethene)
알카인 (alkyne)	$RC{\equiv}CR$	$C{\equiv}C$ (삼중 결합)	-yne	$HC{\equiv}CH$ (ethyne)
아렌 (arene)	(R이 치환된 벤젠 고리)	(벤젠 고리) (phenyl 기)	없음	(벤젠 고리) (benzene)
C—Y(헤테로 원자) 작용기				
할로젠화 알킬 (alkyl halide 또는 haloalkane)	$R_3C{-}X$ (X=F, Cl, Br, I)	C—X (halogen 기)	없음	$CH_3{-}Cl$ (chloromethane)
알코올(alcohol)	R—OH	—OH (hydroxy)	-ol	CH_3CH_2OH (ethanol)
에터 (ether)	R—O—R	—OR (alkoxy)	ether	CH_3OCH_3 (dimethyl ether)
아민 (amine)	RNH_2, R_2NH, R_3N	$-NH_2$ (amino)	-amine	CH_3NH_2 (methylamine) $(CH_3)_2NH$ (dimethylamine) $(CH_3)_3N$ (trimethylamine)
싸이올 (thiol)	R—SH	—SH (mercapto)	-thiol	CH_3SH (methanethiol)
황화물 (sulfide)	R—S—R	—SR (alkylthio)	-sulfide	CH_3SCH_3 (dimethyl sulfide)
이황화물 (disulfide)	R—S—S—R	—SSR —SR	-disulfide	CH_3SSCH_3 (dimethyl disulfide)
설폭사이드 (sulfoxide)	RS(=O)R	—S(=O)R	-sulfoxide	$CH_3S(=O)CH_3$ (dimethyl sulfoxide)

표 2.2 일반적인 작용기

화합물 종류	일반 구조	작용기	IUPAC 끝 이름	예
C=O(카보닐) 작용기				
알데하이드 (aldehyde)	R–C(=O)–H	C=O (carbonyl)	-al	H_3C–C(=O)–H (ethanal)
케톤 (ketone)	R–C(=O)–R	C=O (carbonyl)	-one	H_3C–C(=O)–CH_3 (propanone)
카복실산 (carboxylic acid)	R–C(=O)–OH	—C(=O)OH (carboxyl)	-oic acid	H_3C–C(=O)–OH (ethanoic acid)
에스터 (ester)	R–C(=O)–OR′	—C(=O)OR′ (alkoxycarbonyl)	-oate	H_3C–C(=O)–OCH_2CH_3 (ethyl ethanoate)
아마이드 (amide)	R–C(=O)–NR'_2	—C(=O)NH_2 —C(=O)NHR′ —C(=O)NR'_2 (carbamoyl)	-amide	H_3C–C(=O)–NH_2 (ethanamide)
산 염화물 (acid chloride)	R–C(=O)–Cl	—C(=O)Cl	-oyl chloride	H_3C–C(=O)–Cl (ethanoyl chloride)
산 무수물 (acid anhydride)	R–C(=O)–O–C(=O)–R	—C(=O)—O—C(=O)—	-oic anhydride	H_3C–C(=O)–O–C(=O)–CH_3 (ethanoic anhydride)
나이트릴 (nitrile)	R—C≡N	—C≡N (cyano)	-nitrile	H_3C—C≡N (ethanenitrile)
C—OP 작용기				
일인산염 (monophosphate)	R_3C—O—P(=O)(O^-)—O^-	—OP(=O)O^{2-}	-phosphate	CH_3OP(=O)O^{2-} (methylphosphate)
이인산염 (diphosphate)	R_3C—O—P(=O)(O^-)—O—P(=O)(O)—O^-	—$OP_2O_6^{3-}$	diphosphate	$CH_3OP_2O_6^{3-}$ (methyldiphosphate)

2.10 유기 화합물의 명명법

19세기 초반에는 유기 화합물 발견자의 생각에 따라 명명하였다. 매년 수많은 새로운 유기 화합물이 추출되거나 합성되면서, 쉽게 명명하고 기억할 수 있는 체계적인 이름이 필요하게 되었다. 1892년 유럽 화학자들(34명)이 스위스에서 'Geneva 규칙'이라는 유기 화합물 명명법 체계를 개발하였다. 이 화합물의 명명 규칙을 **IUPAC 명명법**(nomanclature of International Union Pure and Applied Chemistry) 또는 **계통명**(systematic name)이라고 한다.

계통명은 관용명(common name 또는 trivial name)에 대응되는 용어이다. 관용명은 IUPAC 명명법이 탄생하기 이전부터 사용하던 이름을 말한다.

IUPAC 명명법 체계는 1892년에 채택된 이래로 1979년과 1993년에 개정되었고, 2004년에도 다양한 가능한 이름이 추천되었다. 전체적인 큰 틀에서 변화는 없지만 부분적인 개정이 있었다. 예를 들면 1979년의 명명법 규칙에서는 $CH_2{=}CHCH_2CH_3$을 1-butene이라고 명명하였는데, 1993년에는 숫자의 위치만을 바꾸어서 but-1-ene이라고 명명하는 것을 권장하였다. 이 교재에서는 가장 널리 사용되는 IUPAC 협약을 사용할 것이다.

유기 화합물에 이름을 붙이는 것은 제약 회사들에게는 매우 중요한 문제이다. 유기 화합물의 IUPAC 이름은 때때로 길고 복잡할 수가 있으며, 화학자만이 이해할 수 있는 경우도 있다. 일반적으로 대부분의 약은 세 가지의 이름이 있다.

- **계통명**(systematic name): 체계적 이름은 명명법의 공인된 규칙을 따라 지어지며, 화합물의 화학 구조를 나타낸다. 이것이 IUPAC 이름이다.
- **일반명**(generic name): 일반명은 공식적이며 국제적으로 공인된 의약품의 이름이다.
- **상품명**(trade name): 의약품의 상품명은 그 약품의 제조사가 붙인다.

상품명은 보통 '관심을 끌 수 있고' 기억하기 좋게 고안된다. 제약 회사들은 특허가 만료되어 값싼 복제품이 나온 다음에도 소비자들이 그 약의 이름을 기억하고 계속 구매하기를 희망하며 약에 이름을 붙인다.

2.10.1 지방족 탄화수소 명명법

IUPAC 명명법에서 유기 화합물의 이름은 세 부분으로 구성된다; 즉 접두사(prefix), 모체(parent) 그리고 접미사(suffix)의 세 부분으로 되어 있다.

- **접두사**: 작용기 및 치환기의 위치를 나타낸다.
- **모 체**: 주 사슬의 탄소 원자가 몇 개인가를 나타낸다.
- **접미사**: 작용기의 계열을 나타낸다.

IUPAC 규칙에 따라 화합물을 명명하려면 먼저 곁가지가 없는 곧은 사슬 모체 포화 탄화수소(이중 결합 혹은 삼중 결합이 없는 탄화수소)의 이름을 정확히 알고 있어야 한다. 자주 다루게 되는 포화 탄화수소의 영어명을 표 2.3에 나타내었다.

2.10.2 알케인의 명명

가지 달린 알케인(branched alkane)의 명명은 다음의 규칙에 따라 명명한다.

규칙 1: 가장 긴 연속된 탄소 사슬을 찾아 모체 알케인으로 택하고 명명한다.

- 가장 긴 연속된 사슬은 그려진 방식대로만 있지 않으며, 구부러진 것일 수도 있다.
- 길이가 동일한 두 개의 서로 다른 사슬이 존재하면 곁가지 수가 많은 쪽을 모체 사슬로 선택한다.

표 2.3 몇 가지 알케인의 분자식과 이름

탄소 수	분자식	이름	탄소 수	분자식	이름
1	CH_4	methane	22	$CH_3(CH_2)_{20}CH_3$	docosane
2	CH_3CH_3	ethane	23	$CH_3(CH_2)_{21}CH_3$	tricosane
3	$CH_3CH_2CH_3$	propane	24	$CH_3(CH_2)_{22}CH_3$	tetracosane
4	$CH_3(CH_2)_2CH_3$	butane	25	$CH_3(CH_2)_{23}CH_3$	pentacosane
5	$CH_3(CH_2)_3CH_3$	pentane	26	$CH_3(CH_2)_{24}CH_3$	hexacosane
6	$CH_3(CH_2)_4CH_3$	hexane	27	$CH_3(CH_2)_{25}CH_3$	heptacosane
7	$CH_3(CH_2)_5CH_3$	heptane	28	$CH_3(CH_2)_{26}CH_3$	octacosane
8	$CH_3(CH_2)_6CH_3$	octane	29	$CH_3(CH_2)_{27}CH_3$	nonacosane
9	$CH_3(CH_2)_7CH_3$	nonane	30	$CH_3(CH_2)_{28}CH_3$	triacontane
10	$CH_3(CH_2)_8CH_3$	decane	31	$CH_3(CH_2)_{29}CH_3$	hentriacontane
11	$CH_3(CH_2)_9CH_3$	undecane	32	$CH_3(CH_2)_{30}CH_3$	dotriacontane
12	$CH_3(CH_2)_{10}CH_3$	dodecane	33	$CH_3(CH_2)_{31}CH_3$	tritriacontane
13	$CH_3(CH_2)_{11}CH_3$	tridecane	40	$CH_3(CH_2)_{38}CH_3$	tetracontane
14	$CH_3(CH_2)_{12}CH_3$	tetradecane	50	$CH_3(CH_2)_{48}CH_3$	pentacontane
15	$CH_3(CH_2)_{13}CH_3$	pentadecane	60	$CH_3(CH_2)_{58}CH_3$	hexacontane
16	$CH_3(CH_2)_{14}CH_3$	hexadecane	70	$CH_3(CH_2)_{68}CH_3$	heptacontane
17	$CH_3(CH_2)_{15}CH_3$	heptadecane	80	$CH_3(CH_2)_{78}CH_3$	octacontane
18	$CH_3(CH_2)_{16}CH_3$	octadecane	90	$CH_3(CH_2)_{88}CH_3$	nonacontane
19	$CH_3(CH_2)_{17}CH_3$	nonadecane	100	$CH_3(CH_2)_{98}CH_3$	hectane
20	$CH_3(CH_2)_{18}CH_3$	eicosane	120	$CH_3(CH_2)_{118}CH_3$	eicosahectane
21	$CH_3(CH_2)_{19}CH_3$	henicosane	130	$CH_3(CH_2)_{128}CH_3$	triacontahectane

다음 예의 구조 (I)에서 가장 긴 연속된 사슬은 C가 7개이므로 모체 이름은 heptane이다. 또, 구조 (II)에서 가장 긴 연속된 사슬은 C가 10개이므로 모체 이름은 decane이다.

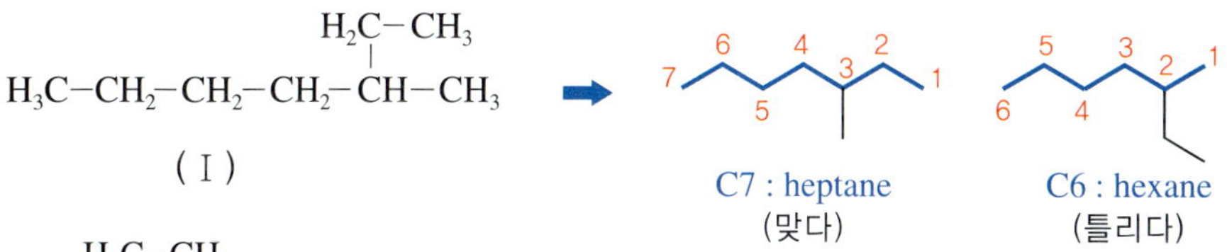

(Ⅰ)

C7 : heptane (맞다) C6 : hexane (틀리다)

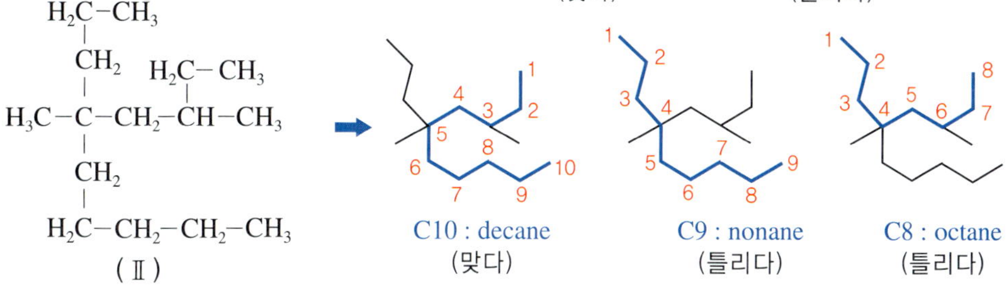

(Ⅱ)

C10 : decane (맞다) C9 : nonane (틀리다) C8 : octane (틀리다)

■ **모체 사슬을 확인하는 법**

- **1단계:** 가장 긴 연속된 사슬을 찾아라. 굽은 사슬도 펴면 곧은 사슬로 된다는 점에 유의하라.
- **2단계:** 두 사슬의 탄소 수가 동일하면 치환기가 많이 붙은 사슬을 선택하라.

규칙 2: 치환기의 위치 번호를 가능한 한 작은 숫자로 나타낼 수 있도록 모체 사슬에 번호를 매긴다.

- 만일 모체 사슬의 양쪽 끝에서부터 동일한 위치에 치환기가 결합되어 있으면 두 번째 곁가지의 위치 번호가 최소가 되도록 번호를 매긴다.

아래 구조 (IV)에서처럼 번호를 부여하면 치환기를 나타내는 숫자가 구조 (III)에서보다 크므로, 잘못된 번호 매김이다. 즉 구조 (III)에서 methyl 기는 C-3에, ethyl 기는 C-4에 있고, 구조 (IV)에서 methyl 기는 C-5에, ethyl 기는 C-4에 있다.

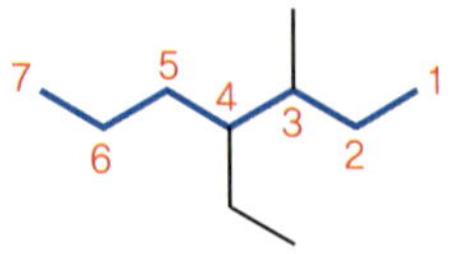

(Ⅲ) (맞다) 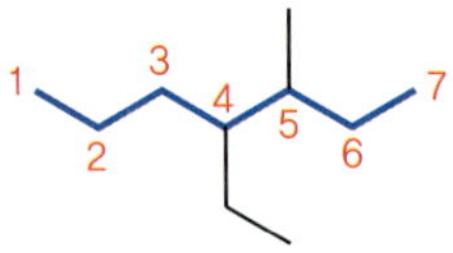 (Ⅳ) (틀리다)

첫 번째 곁가지가 끝에서부터 동일한 위치에 있으면 두 번째 곁가지 위치가 적은 번호가 되도록 번호를 부여한다.

구조 (V)에서는 두 번째 곁가지 CH_3 기가 오른쪽에서 네 번째 탄소에 결합되어 있다. 따라서 3-CH_3CH_2, 4-CH_3 및 7-CH_3로 번호를 부여한다.

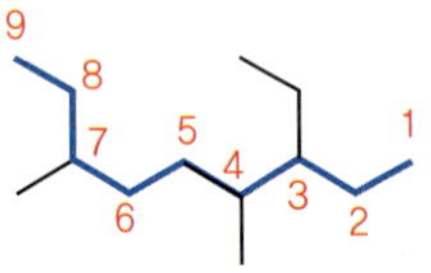

3-(CH_3CH_2–)
4-(CH_3–)
7-(CH_3–)

(Ⅴ) (맞다)

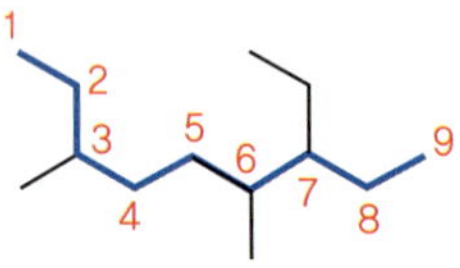

3-(CH_3–)
6-(CH_3–)
7-(CH_3CH_2–)

(Ⅵ) (틀리다)

규칙 3: 모체 사슬에 있는 치환기의 종류, 위치 번호 및 수를 확인하라.

- 치환기를 명명하고 위치 번호 숫자와 치환기 이름의 알파벳 사이에는 하이픈(-)으로 연결한다.
- 동일 치환기가 두 개, 세 개 혹은 네 개가 있으면 위치 번호를 두 개, 세 개 혹은 네 개를 겹쳐 쓰고 숫자와 숫자 사이는 쉼표(,)로 분리시킨다. 또, 치환기 이름 앞에 di-, tri- 및 tetra- 등의 수사를 사용하여 치환기 수를 나타낸다.
- di-, tri- 및 tetra- 등의 수사는 이름의 알파벳 순서를 결정할 때 포함되지 않는다.

구조 (Ⅶ)의 화합물에는 C-3에 ethyl 기, C-4와 C-7에 methyl 기가 있으므로 4,7-dimethyl로 명명한다.

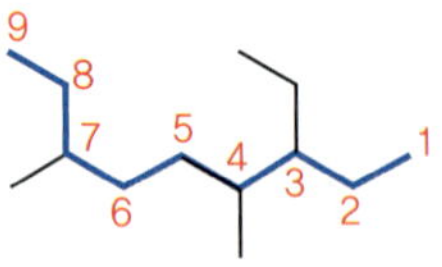

4,7-Dimethyl-을 4-dimethyl 또는 7-dimthyl 및 47-dimethyl로 명명하면 다른 화합물이 된다. 화합물 이름은 고유 명사이다.

3-ethyl
4-methyl
7-methyl

(Ⅶ)

■ **치환기 명명하는 법**

- **1단계:** 모체 사슬에 결합된 치환기를 확인한다.
  ▸ 고리와 사슬로 구성된 화합물에서는 구성 탄소 수가 많은 쪽이 모체가 된다.

- **2단계**: 치환기의 모체 사슬을 확인하고, 모체 사슬 끝 이름 -*ane*를 -*yl*로 변환한다.
  예 Ethane → Ethyl
- **3단계**: 모체 사슬에 결합된 탄소를 1-번으로 매긴다.
- **4단계**: 치환기에 곁가지가 있으면, 위 규칙 2와 3에 따라 명명하고 끝 이름 -*ane*를 -*yl*로 변환한다.
- **5단계**: 전체 치환기 이름을 하나의 단어로 표기하여 해당 탄소 번호를 붙여 표기한다.

표 2.4 몇 가지 알킬기의 치환기 이름 및 구조식

탄소 수	분자식	이름	치환기 이름(약 기호)	치환기 구조식
1	CH_4	methane	methyl (Me)	CH_3—
2	CH_3CH_3	ethane	ethyl (Et)	CH_3CH_2—
3	$CH_3CH_2CH_3$	propane	propyl (Pr)	$CH_3CH_2CH_2$—
4	$CH_3(CH_2)_2CH_3$	butane	butyl (Bu)	$CH_3(CH_2)_2CH_2$—
5	$CH_3(CH_2)_3CH_3$	pentane	pentyl	$CH_3(CH_2)_3CH_2$—
6	$CH_3(CH_2)_4CH_3$	hexane	hexyl	$CH_3(CH_2)_4CH_2$—
7	$CH_3(CH_2)_5CH_3$	heptane	heptyl	$CH_3(CH_2)_5CH_2$—
8	$CH_3(CH_2)_6CH_3$	octane	octyl	$CH_3(CH_2)_6CH_2$—
9	$CH_3(CH_2)_7CH_3$	nonane	nonyl	$CH_3(CH_2)_7CH_2$—
10	$CH_3(CH_2)_8CH_3$	decane	decyl	$CH_3(CH_2)_8CH_2$—

규칙 4: 복잡한 치환기의 명명은 치환기 자체를 하나의 화합물로 보고, 앞의 3가지 규칙을 적용하여 명명한다.

- 모체 사슬에 결합된 첫 번째 탄소가 곁가지 주 사슬에 포함되어야 하고 이 탄소 번호를 1-번으로 한다.

구조식 (Ⅷ)을 예로 나타내었다. 모체 분자에 결합된 치환기의 이름은 2-methylhexyl로 명명한다. 혼란을 피하기 위해 분자 전체의 이름을 완전히 기록할 때는 이 치환기 이름을 괄호로 묶는다. 즉 모체 분자의 2번 탄소에 이 치환기가 결합되었다면 2-(2-methylhexyl)로 기록한다.

치환기: 2-methylhexyl

1 2 3 4 5 6

분자 모체

(Ⅷ)

규칙 5: 치환기의 이름은 알파벳순으로 나열하고 이름을 한 단어로 연결하여 전체 이름을 명명한다.

IUPAC 명명법을 정리하면 알케인 명명은 4단계로 수행한다.

1단계: 모체 사슬의 확인
2단계: 치환기 확인 및 명명
3단계: 모체 사슬 탄소 번호 부여 및 치환기 위치 번호 부여
4단계: 치환기를 알파벳순으로 나열하여 명명

이 교재의 각 계열 화합물을 다룰 때 이와 같은 명명법 단계를 활용할 것이다.

여러 개의 치환기들이 역사적인 이유 때문에 **관용명**(common name)을 가지고 있고, IUPAC 규칙에서도 부분적으로 관용명 사용을 허용하고 있다.

탄소 수가 3~5개까지의 가지 달린 사슬의 관용명과 IUPAC명(괄호 안 이름)을 아래에 나타내었다.

$(CH_3)_2CH-$ ≡
isopropyl(*i*-Pr)
(1-methylethyl)

$CH_3CH_2CHCH_3$ ≡
sec-butyl(*sec*-Bu)
(1-methylpropyl)

$(CH_3)_3C-$ ≡
tert-butyl(*t*-Bu)
(1,1-dimethylethyl)

$(CH_3)_2CHCH_2-$ ≡
isobutyl(*i*-Bu)
(2-methylpropyl)

$(CH_3)_2CH_2CH_2-$ ≡
isopentyl 또는 isoamyl(*i*-Amyl)
(3-methylpentyl)

$(CH_3)_3CCH_2-$ ≡
neopentyl
(2,2-dimethylpropyl)

$CH_3CH_2(CH_3)_2C-$ ≡
tert-pentyl 또는 *tert*-Amyl(*t*-Amyl)
(1,1-dimethylpropyl)

- **명명에서 관용명을 이용할 경우 isopropyl, isopentyl 및 neopentyl 같은 경우는 'i'나 'n'을 알파벳 순서를 결정할 때 포함시켜야 하지만 하이픈으로 분리된 *sec*-, *tert*- 등은 고려하지 않는다.**

2.10.3 사이클로알케인의 명명

사이클로알케인(cycloalkane)은 고리를 형성하고 있는 탄소 수에 해당하는 알케인의 모체 이름 앞에 cyclo-를 추가하여 명명한다.

몇 가지 간단한 사이클로알케인의 구조와 이름을 아래에 나타내었다.

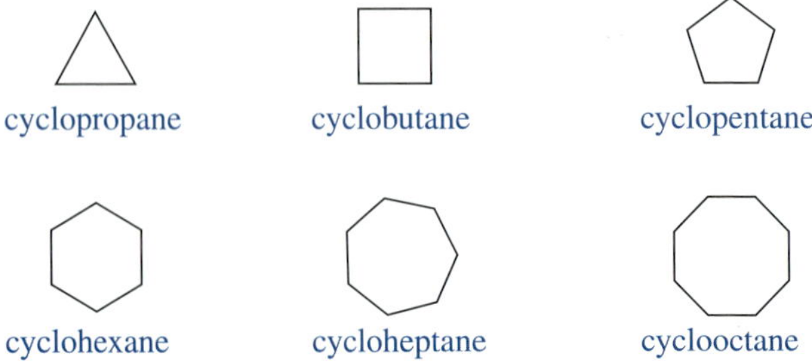

치환된 사이클로알케인의 명명은 앞에서 사용한 가지 달린 열린 사슬 알케인의 규칙과 유사한 방법으로 명명한다.

대부분의 화합물에 대해 다음의 두 규칙을 적용한다.

규칙 1: 모체를 결정한다.

- 고리나 치환기 사슬 중 탄소 수가 많은 쪽이 모체가 된다.

규칙 2: 알킬기가 치환된 사이클로알케인의 경우는 치환기 위치 번호가 가능한 한 작은 수로 표시되도록 고리 탄소에 번호를 부여한다.

다음 화합물의 이름은 1,3-dimethylcyclohexane으로 명명한다.

CH_3 1 2 3 CH_3 4 5 6 CH_3 1 6 5 CH_3 4 3 2

1,3-dimethylcyclohexane (맞다)   1,5-dimethylcyclohexane (틀리다)

규칙 3: 고리에 동일한 번호를 부여할 수 있는 두 개 이상의 서로 다른 알킬기가 존재하면, 치환기 이름의 알파벳 순서에 따라 위치 번호를 부여한다. 단 할로젠은 정확히 알킬기와 동일하게 취급한다.

아래 왼쪽 화합물은 Br이 치환된 탄소 번호를 1-번으로 매겨 1-bromo-3-methylcyclohexane으로 명명하고, 3-bromo-1-methylcyclohexane으로 명명하지 않는다.

오른쪽 화합물은 1-ethyl-2-methylcyclopentane으로 명명하고 2-ethyl-1-methylcyclopentane이라고 명명하지 않는다.

1-bromo-3-methylcyclohexane   1-ethyl-2-methylcyclopentane

규칙 4: 이치환 사이클로알케인에서 두 치환기가 모두 고리 평면의 같은 쪽에 놓여 있으면 *cis*-라는 접두사를 이름 앞에 덧붙이고, 두 치환기가 고리 평면의 서로 반대편에 놓여 있으면 *trans*-라는 접두사를 덧붙여 명명한다.

cis-는 라틴어로 'on the same side'라는 뜻이고, *trans*-는 'across'라는 뜻이다.

cis-trans 이성질체는 분자식이 동일하지만 입체 구조가 다르며, 실제로 다른 화합물이므로 이들을 명명에서도 구분해야 한다. 이와 같은 명명은 이중 결합을 가지는 알켄 화합물에서도 필요하다.

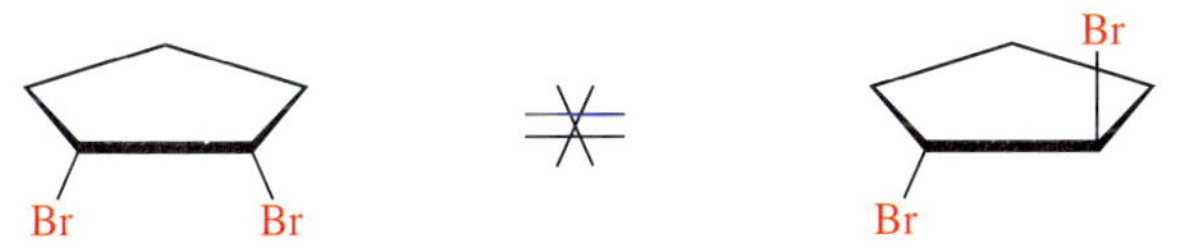

cis-1,2-dibromocyclopentane   *trans*-1,2-dibromocyclopentane

cis-trans 명명법은 C=C 결합에 두 개의 동일한 치환기가 결합되었을 때 사용하지만 두 이중 결합 탄소에 네 개의 다른 치환기가 결합되면 *cis-trans* 명명법으로 명명할 수 없다.

- ***E*/*Z*-명명법은 이중 결합 탄소에 네 개의 치환기가 모두 다를 경우의 배열을 나타내는 데 적용한다.**
  - 각각의 이중 결합 탄소에 결합된 치환기의 우선순위를 정한다.
  - 원자 번호가 더 큰 원소에 더 높은 우선순위를 부여한다. 이 순위 규칙은 4.4절의 Cahn-Ingold-Prelog 순위 규칙을 적용한다.
  - 우선순위가 높은 치환기가 서로 같은 쪽에 배열하면 *Z*-배열, 서로 반대쪽에 배열하면 *E*

'*Z*'는 '서로 같이'를 의미하는 독일어 *zusammen*의 첫 글자이고, '*E*'는 '반대로'를 의미하는 독일어의 *entgegen*의 첫 글자에서 유래하였다.

-배열로 구분한다.

- 이름 앞에 접두사로 *E*- 또는 *Z*-를 덧붙여 명명한다.

■ **이중 결합 치환기 *E*/*Z*-배열 결정법**

- **1단계:** 각 이중 결합의 두 치환기를 확인한다.

치환기 H, Cl ← (H)(Cl)C=C(Br)(CH_3) → 치환기 Br, CH_3 (Ⅰ)

치환기 Cl, H ← (Cl)(H)C=C(Br)(CH_3) → 치환기 Br, CH_3 (Ⅱ)

- **2단계:** 각 이중 결합의 두 치환기의 우선순위를 순위 규칙에 따라 결정한다.

우선순위 H(2), Cl(1) ← (H)(Cl)C=C(Br)(CH_3) → 우선순위 Br(1), CH_3(2) (Ⅰ)

우선순위 Cl(1), H(2) ← (Cl)(H)C=C(Br)(CH_3) → 우선순위 Br(1), CH_3(2) (Ⅱ)

- **3단계:** 우선순위가 높은 치환기가 반대편에 있으면 *E*-배열, 같은 편에 있으면 *Z*-배열로 구분하여 명명한다.

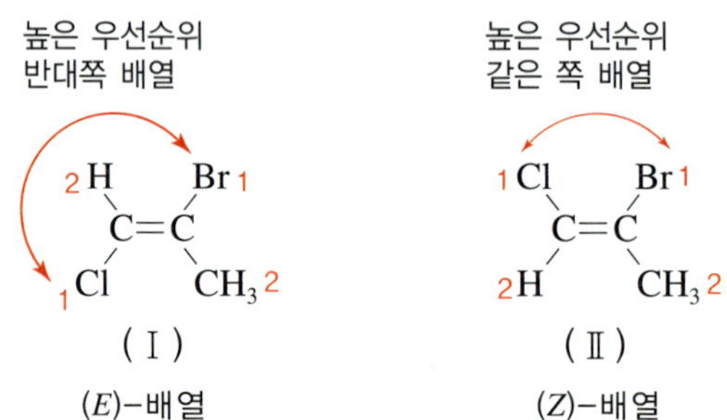

2.10.4 알켄의 명명법

■ **작용기를 가지고 있는 계열 화합물의 명명법은 일반적인 네 단계를 거쳐 명명한다.**

1단계: C=C 결합을 포함하고 있는 가장 긴 사슬을 모체로 지정하고, 모체 사슬 이름의 끝 이름 -*ane*를 -*ene*로 변환한다.
2단계: 치환기 종류와 배열을 확인하고 명명한다.
3단계: 이중 결합 탄소가 가장 작은 수로 표시되도록 모체 사슬에 위치 번호를 지정한다. 이중 결합 탄소 번호는 시작되는 탄소 원자 번호만 표기한다. 그러나 모체 사슬에는 두 탄소가 모두 포함되도록 해야 한다.
4단계: 치환기 이름을 알파벳순으로 나열하여 명명한다.

각 단계별로 자세히 살펴보자.

- **1단계: 이중 결합의 두 탄소가 포함된 가장 긴 연속된 탄소 사슬을 찾아 그 탄소 수에 해당하는 알케인의 이름을 모체로 쓰고, 이 이름의 접미사 -*ane*를 -*ene*로 바꾸어 명명한다.**

▸ 두 개의 이중 결합 탄소가 모체 사슬에 모두 포함되어야 한다.

다음 화합물에서 이중 결합 탄소 두 개를 모두 포함하는 가장 긴 사슬은 C5이므로 모체는 pentene으로 명명해야 한다. 만일 오른편 구조와 같이 연속된 사슬에 하나의 이중 결합 탄소만을 포함시켜 hexene으로 명명해서는 안 된다.

pentene (맞다) hexene (틀리다)

- **2단계: 치환기를 확인하고 명명한다. 아울러 치환기의 배열도 구분한다.**
  - ▸ 치환기 이름을 알켄에서처럼 붙이고, *cis-trans* 또는 *E*/*Z* 배열을 구분한다.
- **3단계: 이중 결합 탄소가 가장 작은 수로 표시되도록 모체 사슬에 위치 번호를 지정한다.**
  - ▸ 이중 결합 탄소 번호는 시작되는 탄소 번호 하나만 표기한다. 그러나 모체 사슬에는 두 탄소가 모두 포함되어야 한다.
  - ▸ 이중 결합이 가까운 쪽 끝에서부터 사슬 탄소에 번호를 매긴다.
  - ▸ 이중 결합으로부터 양쪽이 동일한 탄소 수로 되어 있으면 첫 번째 치환기가 가까운 끝에서부터 번호를 매긴다. 즉, 이중 결합 탄소가 가능한 한 낮은 번호가 되도록 번호를 부여한다.

아래의 첫 번째 화합물은 왼편부터 번호를 매겨 3-heptene으로 명명해야 한다. 아래 두 번째 화합물에서는 이중 결합 탄소가 양쪽 끝으로부터 동일한 거리에 있지만 왼편 2-번 탄소에 methyl 기가 있으므로 왼쪽부터 번호를 부여하여 2-methyl-3-hexene으로 명명하여야 하며 5-methyl-3-hexene으로 명명하면 잘못된 이름이다.

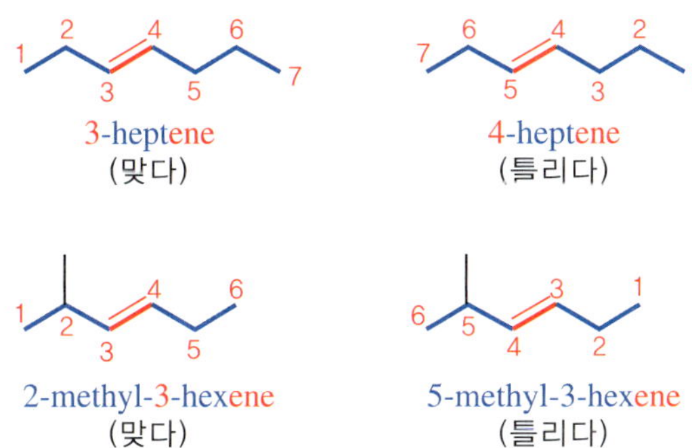

3-heptene (맞다) 4-heptene (틀리다)

2-methyl-3-hexene (맞다) 5-methyl-3-hexene (틀리다)

- **4단계: 치환기 이름을 알파벳순으로 나열하여 하나의 단어로 이름을 적는다.**
  - ▸ 이중 결합 위치는 이중 결합이 시작되는 첫 번째 탄소 번호만 표시한다.
  - ▸ 이중 결합이 하나 이상이면 각각의 위치를 번호로 나타내고 이중 결합 수에 따라 접미사 -diene, -triene 및 -tetraene 등을 사용하여 나타낸다.

■ **사이클로알켄(cycloalkene)의 명명은 열린 사슬 알켄 방법과 유사하지만 시작되는 사슬의 끝이 없으므로, 이중 결합이 C_1과 C_2 사이에 있고 가능한 첫 번째 치환기가 낮은 번호가 되도록 사이클로알켄에 번호를 매긴다.**

- 이중 결합이 항상 고리 탄소의 1-번과 2-번 탄소에 있게 되므로 이중 결합이 하나인 고리 알켄에서는 통상 이중 결합 위치 번호를 나타내지 않는다.

Diene이면, 1,2-diene처럼 이중 결합 위치 번호가 두 개, triene이면 1,3,5-triene처럼 세 개, 그리고 tetraene이면 1,3,5,7-tetraene처럼 위치 번호 네 개가 함께 표기되어야 한다. 숫자와 숫자를 '콤마(,)'로 분리함을 잊지 말라.

1-methylcyclohexene　　1,3-cyclohexadiene　　2,7-dimethylcyclohepta-1,3,5-triene

역사적 이유 때문에 몇 가지 알켄류는 관용명을 가지고 있고, IUPAC에서도 이의 사용을 인정하고 있다. 다음에서 괄호 안의 이름이 IUPAC명이다.

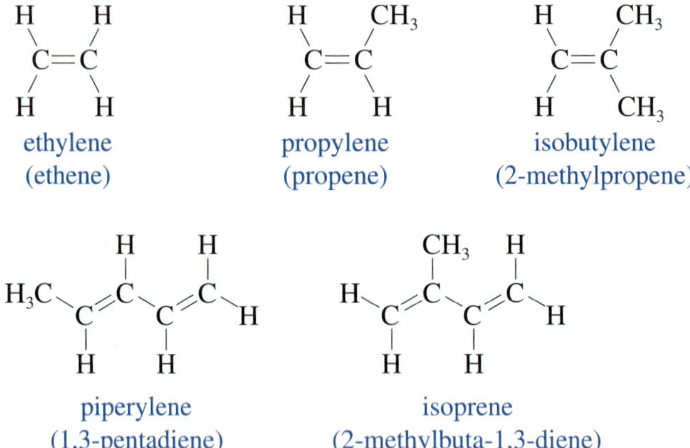
ethylene (ethene)　　propylene (propene)　　isobutylene (2-methylpropene)

piperylene (1,3-pentadiene)　　isoprene (2-methylbuta-1,3-diene)

- **이중 결합을 가지고 있는 치환기의 이름은 알킬기의 명명과 유사하며, 다만 이중 결합 접미사 -ene의 *-e*를 *-yl*로 변환시키는 것만이 다르다.**
  - 이중 결합을 포함하고 있는 치환기의 명명에서는 이중 결합의 위치 번호와 모체에 결합되는 탄소 위치 표시를 명확하게 해야 한다.
  - 모체에 결합되는 위치 번호는 cyclohexene-3-yl처럼 -*x*-yl (*x* = 위치 번호) 식으로 나타낸다.

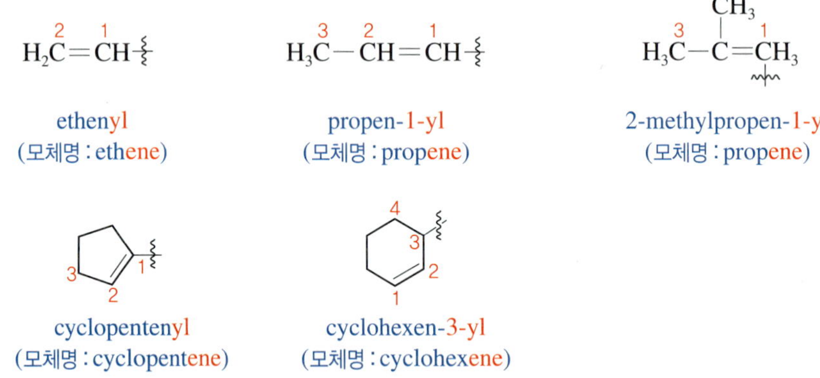
ethenyl (모체명 : ethene)　　propen-1-yl (모체명 : propene)　　2-methylpropen-1-yl (모체명 : propene)

cyclopentenyl (모체명 : cyclopentene)　　cyclohexen-3-yl (모체명 : cyclohexene)

몇 가지 이중 결합을 포함하는 치환기의 경우는 관용명을 함께 사용하도록 IUPAC에서도 인정하고 있다. 아래의 괄호 안의 이름은 IUPAC 명이다.

$H_2C=$	$H_2C=CH-$	$H_2C=CH-CH_2-$
methylene	vinyl (ethenyl)	allyl (2-propenyl)
$=CH-CH_3$	$=C=CH_2$	$=C(CH_3)_2$
ethylidene	vinylidene	isopropylidene

2.10.5 알카인의 명명법

■ **작용기를 가지고 있는 계열 화합물의 명명법은 일반적인 네 단계를 거쳐 명명한다.**

1단계: C≡C 결합을 포함하고 있는 가장 긴 사슬을 모체로 지정하고, 모체 사슬 이름의 끝 이름 *-ane*를 *-yne*로 변환한다.

2단계: 치환기 종류와 개수를 확인하고 명명한다.

3단계: 삼중 결합 탄소가 가장 작은 수로 표시되도록 모체 사슬에 위치 번호를 지정한다.

▸ 삼중 결합 탄소 번호는 삼중 결합이 시작되는 탄소 원자 번호만 표기한다. 그러나 모체 사슬에는 두 탄소가 모두 포함되도록 해야 한다.

4단계: 치환기 이름을 알파벳순으로 나열하여 명명한다.

각 단계별로 자세히 살펴보자.

알카인(alkyne)의 명명은 알켄의 명명법과 유사하며, 다만 접미사인 -yne을 알카인을 뜻하는 끝 이름으로 사용한다.

- **1단계:** 삼중 결합 탄소를 포함하는 가장 긴 연속된 사슬을 모체로 선택하고, 그 탄소 수에 해당하는 알케인의 모체 이름의 *-ane*를 *-yne*로 바꾸어 명명한다.
  ▸ 하나 이상의 삼중 결합이 존재하면 -diyne, -triyne 등으로 부르고, 삼중 결합 위치 번호를 두 번 또는 세 번씩 겹쳐 쓴다.

  아래 화합물은 모체 사슬이 C8이므로 모체는 octane이다. 삼중 결합을 두 개 가지고 있으므로 octadiyne으로 변환한다.

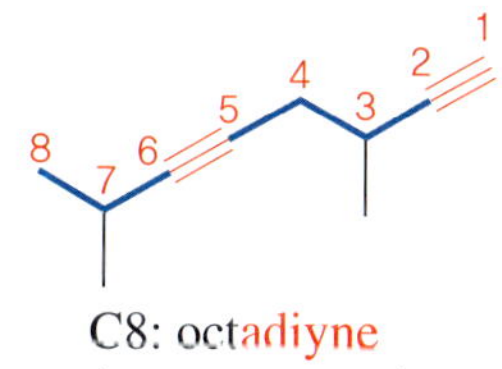

C8: octadiyne
(모체명 : octane)

- **2단계:** 치환기 종류와 개수를 확인하고 명명한다.

  아래 화합물은 두 개 methyl 기를 가지고 있어, dimethyl로 치환기를 명명한다.

➡ 2개 CH_3 ⟶ -dimethyl

- **3단계:** 삼중 결합 탄소가 가장 작은 수로 표시되도록 모체 사슬에 위치 번호를 지정한다.
  ▸ 모체 탄소의 번호는 치환기 위치가 가까운 끝에서부터 번호를 시작하여 삼중 결합이 가능한 한 낮은 번호로 표시할 수 있도록 번호를 매긴다.

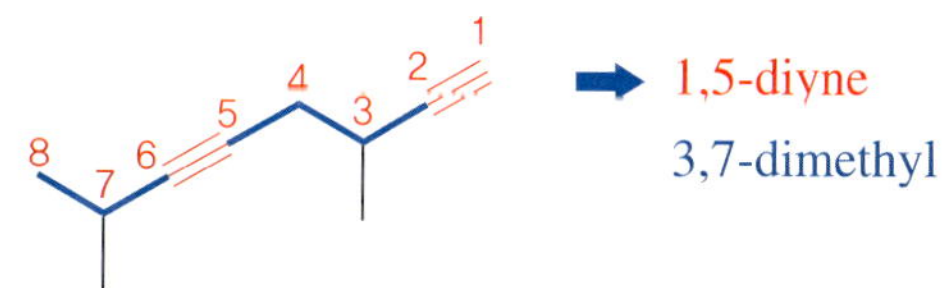

▸ 이중 결합과 삼중 결합을 함께 포함하는 화합물인 -enyne(-ynene으로 부르지 않는다) 사슬의 경우는 항상 삼중 결합이나 이중 결합에 관계없이 첫 번째 다중 결합에서 가까운 사슬 끝에서부터 번호를 부여한다.

▸ 두 다중 결합 번호가 경쟁적이면 이중 결합을 보다 낮은 수로 표시할 수 있도록 번호를 부여한다.

- **4단계:** 치환기 이름을 알파벳순으로 나열하여 명명한다.

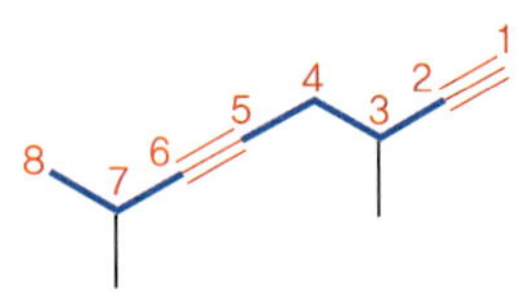

3,7-dimethyl-1,5-octadiyne

■ **삼중 결합을 포함하는 치환기의 이름은 알켄 치환기의 명명법과 유사한 방법으로 명명한다.** 이중 결합을 포함하는 치환기를 alkenyl-로 부르는 것처럼 삼중 결합을 포함하는 치환기는 alkynyl-로 부른다.

몇 가지 자주 사용되는 치환기의 예를 아래에 나타내었다.

HC≡	=CH−	HC≡C−
methylidyne	methine	ethynyl
$H_3C-C\equiv$	$H_3C-CH_2-C\equiv C-$	$HC\equiv C-CH_2-$
ethylidyne	but-1-ny-1-yl	prop-2-yn-1-yl

2.10.6 Benzene 유도체의 명명법

Benzene 유도체 화합물의 명명은 아래 규칙을 기초로 한다.

■ **Benzene 유도체는 다음 네 단계로 명명한다.**

- **1단계:** 모체를 확인하고 명명한다.
- **2단계:** 치환기를 확인하고 명명한다.
- **3단계:** 각 치환기의 위치를 표시한다.
- **4단계:** 치환기를 알파벳순으로 나열하여 명명한다.

위의 단계별로 명명하되 다음의 규칙을 적용한다.

규칙 1: Benzene 유도체는 모체 이름으로 -benzene을 사용하여 명명한다.

알킬기, 할로젠, 나이트로 등의 치환기가 있는 경우는 이들 각 치환기 이름 뒤에 -*benzene*을 붙여 명명한다.

단일 치환 benzene 유도체의 명명에서는 치환기가 하나뿐이므로 위치 번호를 생략한다.

C_6H_5Br은 (bromo + benzene), 즉 bromobenzene이라고 명명한다.

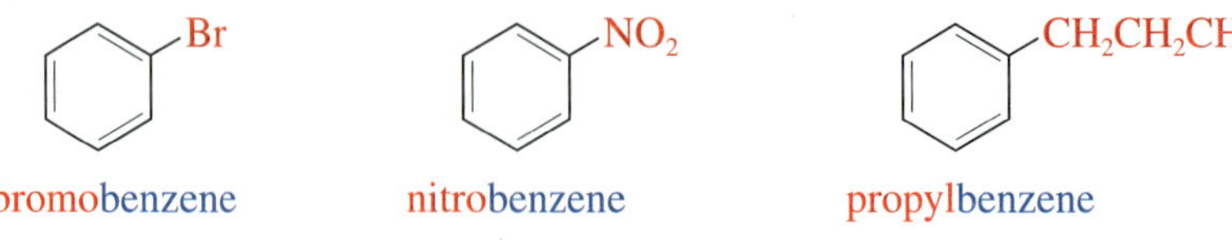

bromobenzene nitrobenzene propylbenzene

■ **Benzene 유도체 중에는 IUPAC에서 허용하는 몇 가지 관용명들을 모체 이름으로 사용하여 명명하기도 한다.** 관용명을 모체 이름으로 사용하는 화합물들은 다음과 같다. 괄호 안의 이름은 IUPAC명이다.

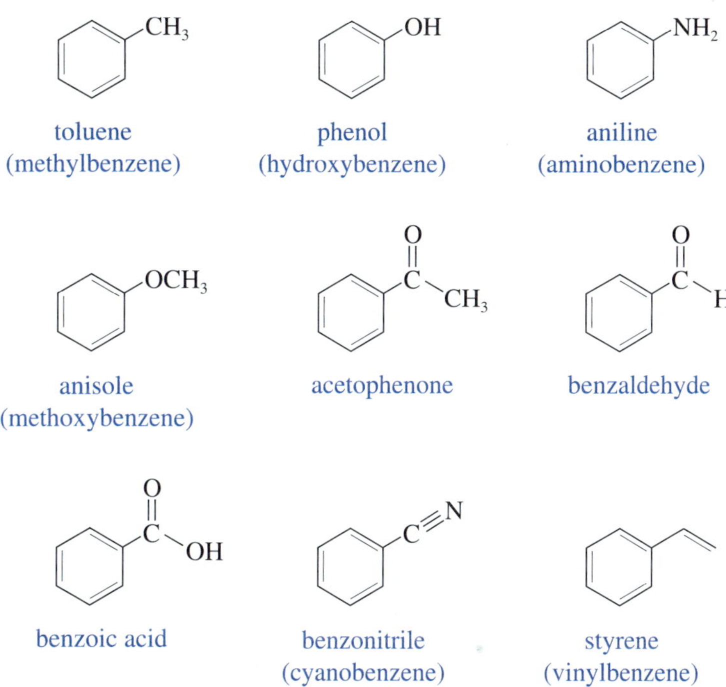

■ **알킬-치환 benzene 화합물은 알킬기의 크기에 따라 두 가지 서로 다른 방법으로 명명한다.**

- 알킬 치환기가 여섯 개 혹은 그 이하의 탄소 수를 가지면 알킬-치환 benzene으로 명명하고 알킬기의 탄소 수가 여섯 개 이상이면 알케인에 benzene 고리가 치환된 것으로 명명한다.
- Benzene 고리의 치환기 이름은 phenyl (fen-nil로 발음한다)이고, 약기호 Ph-(혹은 Φ-, C_6H_5—)로 표기한다. 또 $C_6H_5CH_2$—는 benzyl 기라고 한다.

CH_2

phenyl benzyl

예를 들어 methylbutyl 기가 benzene에 결합되면 benzene을 모체로 하여 (1-methylbutyl) benzene이라고 한다.

Heptane의 1-번 탄소에 benzene 고리가 치환되어 있으면, C7 사슬을 모체로 하고, benzene은 치환기로 하여 phenyl-이라고 명명한다. 즉, 1-phenylheptane이라고 명명한다.

모체 1 2 3 4

(1-methylbutyl)benzene

모체 1 2 3 4 5 6 7

5-methyl-1-phenylheptane

규칙 2: 이치환 화합물들은 ***ortho***-(***o***-; 1,2-위치 관계), ***meta***-(***m***-; 1,3-위치 관계) 및 ***para***-(***p***-; 1,4-위치 관계)로 나타내거나 위치 번호로 나타낸다. 기호와 숫자 표기 방식을 혼용할 수는 없다.

Cl / Cl 1,2-위치 | CH_3 / CH_3 1,3-위치 | 1,4-위치 NO_2 / O_2N

ortho-dichlorobenzene	*meta*-dimethylbenzene	*para*-dinitrobenzene
o-dichlorobenzene	*m*-dimethylbenzene	*p*-dinitrobenzene
1,2-dichlorobenzene	1,3-dimethylbenzene	1,4-dinitrobenzene

규칙 3: 두 개 이상의 치환기를 가지는 benzene 유도체는 각각의 위치 번호를 부여하여 명명한다.

- 치환기가 세 개 이상이면 *o*-, *m*- 및 *p*- 기호는 사용하지 못한다.
- 치환기 위치 번호가 가능한 낮은 번호가 되도록 부여한다.
- 치환기 이름은 알파벳순으로 나열한다.
- 관용명을 모체 이름으로 사용할 경우에는 해당 작용기의 위치를 1번으로 해야 한다.

즉, -benzene 대신 -toluene이라는 모체 이름을 사용할 경우에는 $-CH_3$ 기를 가지는 탄소가 1번이 되고, -phenol을 모체 이름으로 사용하면 $-OH$를 가지는 탄소가 1번 탄소가 된다.

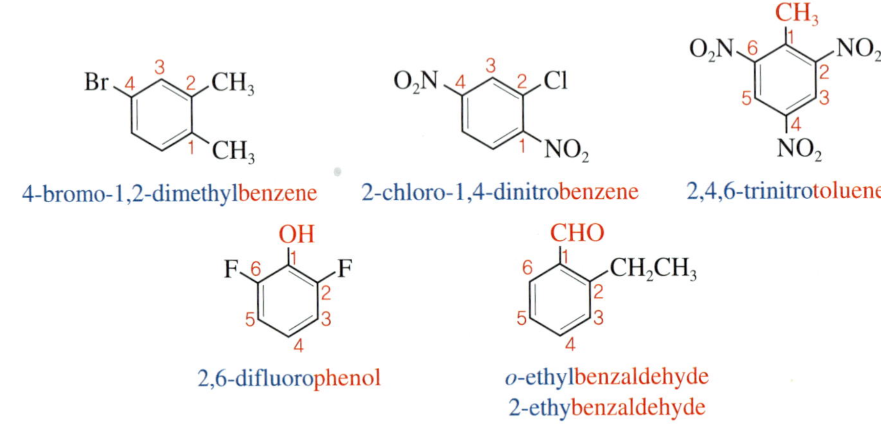

2.10.7 헤테로 원자를 가지는 작용기의 명명법

(1) 할로젠화 알킬의 명명법

IUPAC 명명법에서 할로젠은 알킬기와 동등하게 취급한다.

- **C — X (할로젠) 작용기를 가지고 있는 계열 화합물의 명명법은 일반적인 알케인의 네 단계 명명 규칙을 따라 명명한다.**

1단계: 가장 긴 사슬을 모체로 지정한다.

▸ 이중 결합 및 삼중 결합이 있으면 이들을 모체 사슬에 포함시켜야 한다.

2단계: 치환기 종류와 개수를 확인하고 명명한다.

▸ 동일한 종류의 할로젠이 한 개 이상 있으면, 각각 번호를 부여하고 접두사 di-, tri-, tetra- 등으로 표기한다.

3단계: 치환기가 가장 작은 수로 표시되도록 모체 사슬에 위치 번호를 지정한다.

▸ 할로젠은 알킬기가 치환된 것으로 간주하여 명명한다.

▸ 모체 사슬 탄소 번호는 첫 번째 치환기에서 가장 가까운 사슬 끝에서부터 부여한다.

▸ 두 치환기의 위치가 끝에서부터 같은 번호가 될 때는, 알파벳 순서에서 우선하는 치환기(알킬기이든 할로젠이든) 쪽 끝에서부터 번호를 부여한다.

4단계: 치환기 이름을 알파벳순으로 나열하여 명명한다.

다음에 몇 가지 할로젠 화합물을 예로 들어 명명하였다.

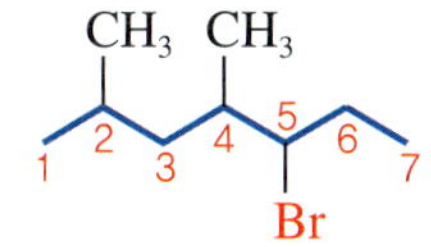

5-bromo-2,4-dimethylheptane (맞다)
3-bromo-4,6-dimethylheptane (틀리다)

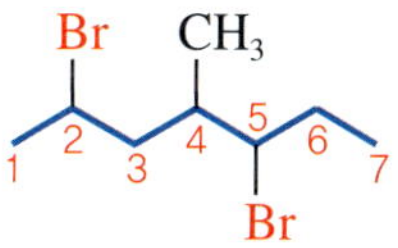

2,5-dibromo-4-methylheptane (맞다)
3,6-dibromo-4-methylheptane (틀리다)

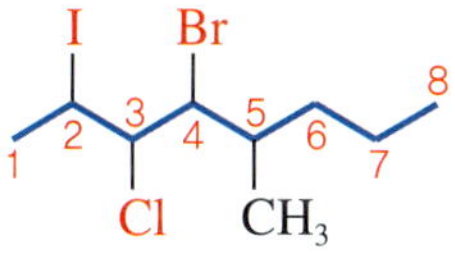

4-bromo-3-chloro-2-iodo-5-methyloctane (맞다)
2-iodo-3-chloro-4-bromo-5-methyloctane (틀리다)

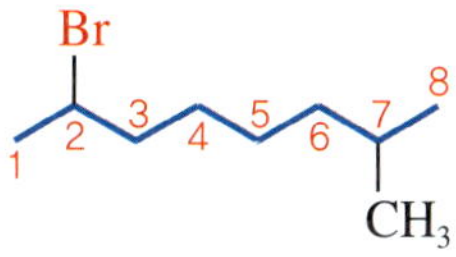

2-bromo-7-methyloctane (맞다)
7-bromo-2-methyloctane (틀리다)

체계적인 이름과 더불어 일상 생활에서는 간단한 할로젠화 알킬에 대해 알킬기 다음에 할로젠의 이름을 붙이는 관용명을 자주 사용한다.

아래에 그 예를 나타내었다. 괄호 안의 이름이 IUPAC명이다.

CH_3Cl	CH_2Cl_2	$CHCl_3$
methyl chloride	methylene chloride	chloroform
(chloromethane)	(dichloromethane)	(trichloromethane)
CCl_4	$CH_3CHClCH_3$	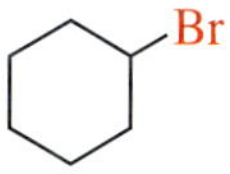
carbon tetrachloride	isopropyl chloride	cyclohexyl bromide
(tetrachloromethane)	(2-chloropropane)	(bromocyclohexane)

(2) 알코올의 명명법

IUPAC 명명 규칙에서 OH 기가 모체 사슬에 포함되어야 한다. 지방족 알코올과 phenol 유도체의 명명법이 다르다.

- **알코올은 하이드록시 (OH, hydroxy) 기를 가지는 탄소에 결합된 치환기 탄소 수에 따라 1차 (primary, 1°), 2차 (secondary, 2°) 및 3차 (tertiary, 3°) 알코올로 분류된다.**

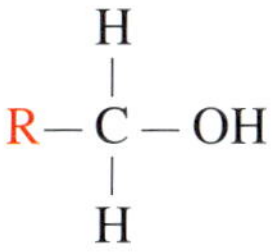

1° 알코올

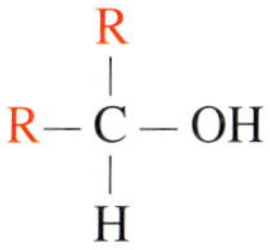

2° 알코올

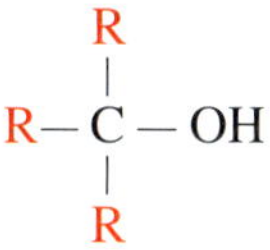

3° 알코올

알코올은 다음 단계에 따라 명명한다.

1단계: OH (hydroxy) 기가 포함된 가장 긴 연속된 사슬을 모체 사슬로 선택하고, 해당 모체 이름 말단의 -*e*를 -*ol*로 바꾸어 알코올을 명명한다.

▸ 알케인 알코올 (alkane alcohol) 은 -*anol*, 알켄 알코올 (alkene alcohol) 은 -*enol* 그리고 알카인 알코올 (alkyne alcohol) 은 -*ynol*로 명명한다.

- 알케인 OH 기보다 명명 우선순위(표 2.6)가 높은 치환기가 있으면 OH를 치환기로 보고, *hydroxy*-로 명명한다.

2단계: 치환기를 확인하고 이름을 붙인다.

3단계: 모체 사슬에 번호를 매기고, OH 기와 각 치환기의 위치 번호를 지정한다.

- OH 기가 가까이 있는 끝에서부터 시작하여 모체 사슬에 번호를 매긴다.
- OH 기가 둘, 셋씩 있을 때에는 위치 번호를 두 번 혹은 세 번씩 겹쳐 쓰고 -diol 및 -triol 식으로 부른다. 이때 모체 탄화수소 이름 끝의 -*e*를 그대로 살려둔다.

4단계: 알파벳순으로 치환기 이름을 나열하여 명명한다.

알코올 명명의 몇몇 예를 아래에 나타내었다.

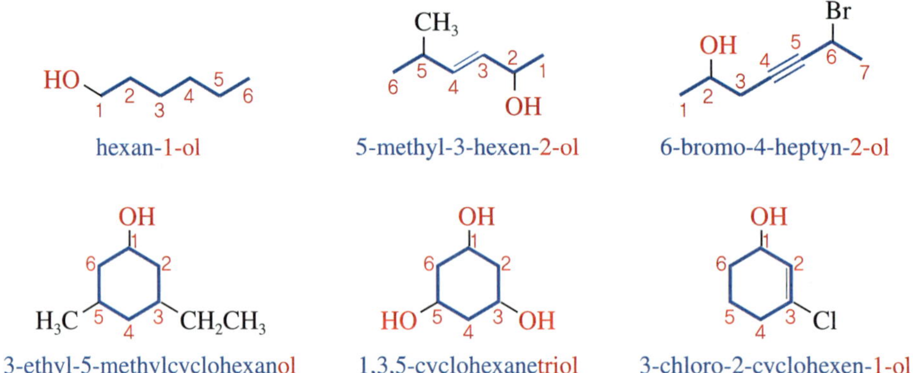

hexan-1-ol　　5-methyl-3-hexen-2-ol　　6-bromo-4-heptyn-2-ol

3-ethyl-5-methylcyclohexanol　　1,3,5-cyclohexanetriol　　3-chloro-2-cyclohexen-1-ol

간단한 알코올들은 IUPAC에서 허용하는 관용명을 가지고 있다. 아래 예에서 괄호 안의 이름은 IUPAC명이다.

$HO-CH_2CH_2-OH$	$HO-CH_2CH(OH)CH_2-OH$	$H_2C=CH-CH_2-OH$	$(CH_3)_2C(CH_3)-OH$
ethylene glycol (1,2-ethanediol)	glycerol (1,2,3-propanetriol)	allyl alcohol (2-propen-1-ol)	*tert*-butyl alcohol (2-methyl-2-propanol)

- **2°나 3° 알코올의 경우는 OH 기가 결합된 탄소가 카이랄 탄소일 수 있다. 이런 경우는 배열이 *R*-형인가 아니면 *S*-형인가를 확인하여 명명한다. *R*,*S*-명명법은 제4장에서 다룰 것이다.**

- **Phenol 유도체의 경우는 phenol을 모체로 하여 명명하되 2.10.6절에서 다룬 benzene 유도체 명명 방식으로 명명한다.**

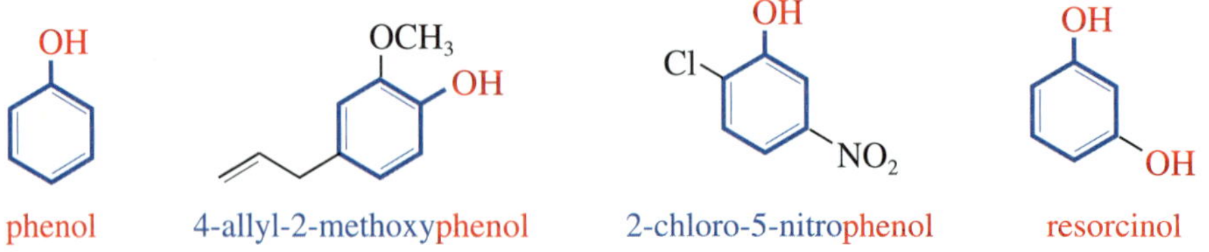

phenol　　4-allyl-2-methoxyphenol　　2-chloro-5-nitrophenol　　resorcinol

(3) 에터의 명명법

에터(ether)의 IUPAC 규칙 명명에는 두 가지 방법이 허용된다.

규칙 1: 다른 작용기가 없는 간단한 에터는 두 개의 유기 치환기 이름을 알파벳순으로 표기하고 'ether'라는 단어를 끝에 붙인다. 이때 각 치환기의 이름과 ether를 모두 띄어 쓴다.

diethyl ether　　isopropyl propyl ether　　ethyl phenyl ether

규칙 2: 명명 우선순위가 빠른 다른 작용기(표 2.6)가 있어 치환기로 부를 때는 에터 부분을 알코올 음이온인 알콕시(alkoxy, RO—) 치환기로 간주한다. 알콕시의 명명은 알코올의 모체 탄소 수에 해당하는 어간에 -oxy를 붙인다.

예를 들어 methanol의 경우는 (meth + oxy), 즉 methoxy-라 하고, ethanol의 경우는 (eth + oxy), 즉 ethoxy- 그리고 isobutanol의 경우는 (isobut + oxy), 즉 isobutoxy-로 부른다.

3-ethoxycyclohexene　　*p*-dimethoxybenzene　　2-methoxyphenol

(4) 아민의 명명법

아민의 명명법은 아민의 종류에 따라 다르다. **아민**(amine)은 ammonia의 유도체이다. 질소에 결합된 알킬(alkyl) 혹은 아릴(aryl) 치환기의 수에 따라 일차(primary, 1°), 이차(secondary, 2°), 삼차(tertiary, 3°) 아민 및 사차 암모늄염(quaternary ammonium salt)으로 구분한다.

ammonia　　1°(일차) 아민　　2°(이차) 아민　　3°(삼차) 아민　　4°(사차) 암모늄

아민의 명명법은 아민 종류에 따라 다르다.

- **1° 아민(RNH_2): IUPAC명이나 관용명으로 명명한다.**
  - **IUPAC 명명법**: 모체 화합물 이름의 마지막 *-e* 대신에 *-amine*를 붙여 명명한다. 탄소 위치나 치환기 이름은 일반적인 명명법 규칙에 따른다. 즉 cyclohexanamine 식으로 명명한다.
  - **관용명**: 알킬기가 질소에 붙은 것으로 간주하여 알킬 치환기 이름 끝에 접미사 *-amine*을 붙여 나타낸다. 즉 (alkyl + amine) → alkylamine 식으로 명명하므로, cyclohexaneamine을 cyclohexylamine으로 명명할 수 있다.
  - NH_2 기의 위치 표시가 필요하면 번호로 표기하고, NH_2 기가 한 개 이상이면 수에 따라 수사 di-, tri-, tetra- 등을 사용하여 표기한다. 아래에서 괄호 안의 이름이 관용명이다.

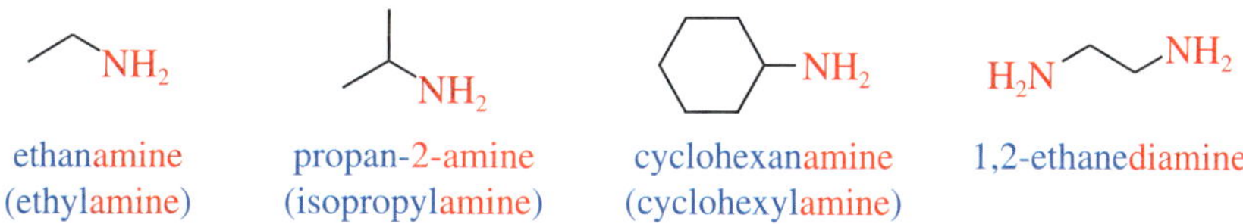

ethanamine (ethylamine)　　propan-2-amine (isopropylamine)　　cyclohexanamine (cyclohexylamine)　　1,2-ethanediamine

- **2°와 3° 아민(R_2N, R_3N): 동일한 알킬기를 갖는 아민(대칭적인 아민)은 1° 아민 이름에 접두사 *di-* 또는 *tri-* 등을 붙여 명명한다.**
  - 비대칭적으로 치환된 이차, 삼차 아민은 1차 아민의 질소에 알킬기가 치환된 것으로 간

주하여 가장 큰 알킬기를 모체 이름으로 하고 다른 알킬기는 모체 질소 원자에 치환된 것으로 명명한다.

- 질소에 있는 치환기 위치 번호는 숫자 대신 원소 기호 *N*-을 이용하여 나타낸다.
- 알킬기는 알파벳순으로 배열한다.

N-Alkylalkanamine에서 *N*-은 알킬기가 질소 원자에 결합하고 있음을 나타내며, 이처럼 원소 기호로 나타내는 것은 모체 분자의 위치 번호 대신 원소 기호를 이용하는 것이다.

■ **한 분자 내에 아민기보다 명명 우선순위가 빠른 작용기(표 2.6)가 존재하면 $-NH_2$를 치환기로 부른다.**

- $-NH_2$의 치환기 이름은 amino-이고, $-NR_2$ 기는 *N*,*N*-dialkylamino- 식으로 명명한다.

■ **방향족 아민은 아릴 아민(aryl amine)이라고 하며, 일반적으로 aniline의 유도체로 명명한다. 방향족 헤테로 고리 아민(heterocyclic amine)의 명명법은 14장에서 다룬다.**

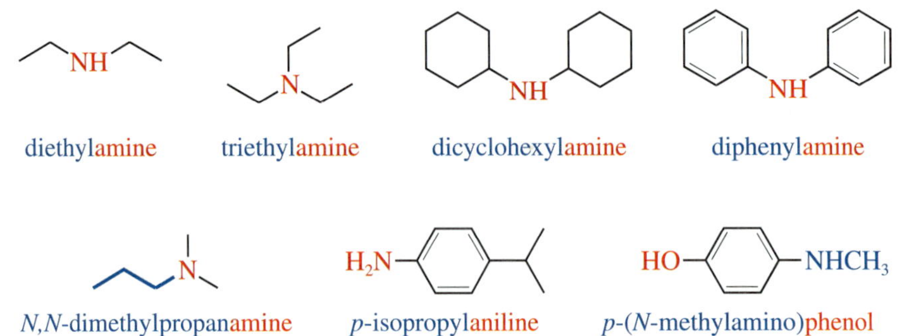

diethylamine triethylamine dicyclohexylamine diphenylamine

N,*N*-dimethylpropanamine *p*-isopropylaniline *p*-(*N*-methylamino)phenol

(5) 싸이올(RSH)과 설파이드(RSR)의 명명

알코올과 유사한 부류로 $-SH$ 기를 가지는 화합물 부류는 **thiol**(싸이올, RSH)이라고 한다.

■ **Thiol의 IUPAC 명명법은 해당하는 알케인의 이름 끝에 *-thiol*을 덧붙여 명명한다.**

- SH 기는 OH보다 명명 우선순위가 낮다.
- SH 치환기 이름은 mercapto-이다.

HS / HS, SH / HS, OH

3-methyl-1-pentanethiol 1,3-propanedithiol 2-mercaptoethanol

■ **RSR 식의 구조를 가지는 화합물을 sulfide(설파이드)라고 한다. 명명은 에테르에서처럼 알킬기 이름 뒤에 *-sulfide*를 붙이거나 '*alkyloxy-*' 대신에 '*alkylthio-*' 혹은 '*arylthio-*'식의 치환 명명 방식으로 명명한다.**

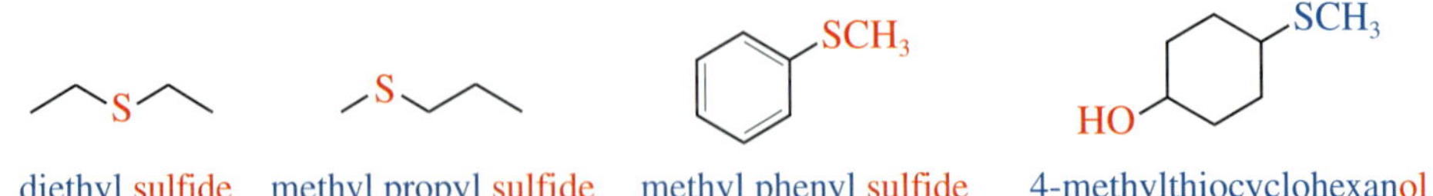

diethyl sulfide methyl propyl sulfide methyl phenyl sulfide 4-methylthiocyclohexanol

(6) 나이트로 및 나이트로소 화합물

■ **Nitro(나이트로, RNO_2) 및 nitroso(나이트로소, RNO) 화합물은 명명 우선순위가 낮으므로 치환기로만 부른다(표 2.6).**

- $-NO_2$ 및 $-NO$는 치환기로만 명명한다.

- $-NO_2$의 치환기 이름은 'nitro-'이고, $-NO$의 치환기 이름은 'nitroso-'이다.

H_3C-NO_2 nitromethane

nitrocyclohexane

nitrosobenzene

2.10.8 카보닐기를 가지는 화합물 명명법

카보닐(carbonyl)기를 가지는 화합물은 다양하고 명명법도 다르다. 카보닐기(C=O)를 가지는 화합물은 케톤(ketone), 알데하이드(aldehyde), 카복실산(carboxylic acid) 및 할로젠화 아실(acyl halide 또는 carboxylic acid halide), 에스터(ester), 아마이드(amide), 산 무수물(acid anhydride), 나이트릴(nitrile) 등과 같은 카복실산 유도체(carboxylic acid derivative) 등이 있다.

RCN(nitrile) 화합물은 C=O 결합을 가지고 있지 않지만, 가수 분해하면 RCOOH(carboxylic acid)로 변환된다. 또 카복실산으로부터 나이트릴로 변환할 수 있는 등 카보닐 화합물 등과 유사한 화학적 특성을 가지고 있어 카복실산 유도체로 분류한다.

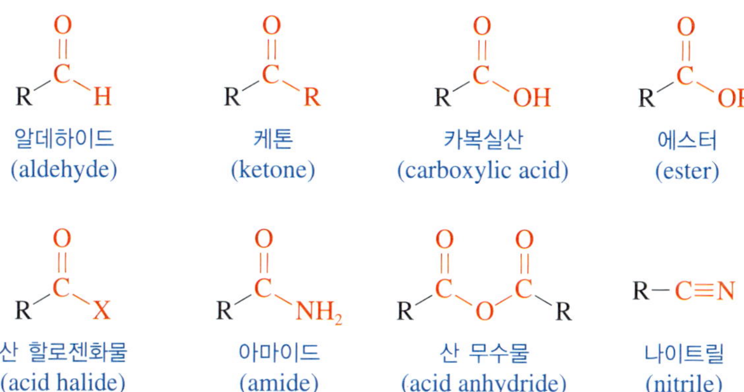

(1) 알데하이드의 명명법

알데하이드(aldehyde)는 $-CHO$라는 작용기를 가지고 있다.

알코올(CH_2OH)과 구분하기 위해 알데하이드 기는 $-CHO$ 식으로 표시한다.

- **알데하이드의 명명도 네 단계를 거쳐 명명한다.**

1단계: 모체를 확인하고 명명한다.
2단계: 치환기를 확인하고 명명한다.
3단계: 각 치환기 위치 번호를 지정한다.
4단계: 치환기 이름을 알파벳순으로 나열하여 명명한다.

단계별로 살펴보자.

- **1단계:** $-CHO$ 기를 포함하는 가장 긴 연속된 사슬이 모체이다. 알데하이드는 해당하는 모체 알케인 이름 끝에 있는 *-e* 대신 *-al*로 바꾸어 명명한다.

heptanal (맞다)

hexanal (틀리다)

butanal (틀리다)

- **2단계:** 치환기를 확인하고 명명한다.

methyl: 1개
ethyl: 1개

- **3단계**: 각 치환기들의 위치 번호를 부여한다.

2-ethyl
4-methyl

heptanal

- **4단계**: 치환기들을 알파벳순으로 모체 이름 앞에 배열하여 명명한다.

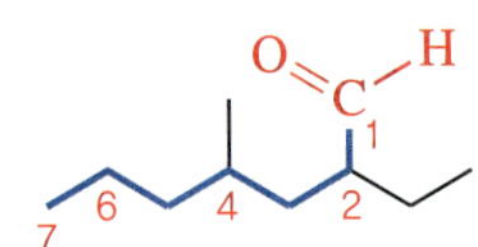

2-ethyl-4-methylheptanal

> —CHO 기는 항상 사슬의 끝에 놓이므로 항상 1번이 되며, 따라서 특별히 위치 번호를 표기하지 않는다.

■ **—CHO 기보다 명명 우선순위가 높은 작용기가 있으면, —CHO는 치환기로 부른다.**

—CHO의 치환기 이름은 formyl-이고 C=O는 oxo-로, $-CH_2CHO$는 2-oxoethyl로 부른다.

COOH CHO
2-(2-oxoethyl)cyclohexanecarboxylic acid

COOH OHC
p-formylbenzoic aicd

■ **—CHO 기가 고리에 결합된 알데하이드의 이름은 고리 이름 끝에 *-carbaldehyde*를 붙여 명명한다.**

CHO
cyclohexanecarbaldehyde

CHO
benzenecarbaldehyde
(benzaldehyde)

■ **C=C 결합을 포함하는 알데하이드는 -enal (엔알)이라고 한다.**

3-butenal

몇몇 잘 알려진 알데하이드의 관용명은 IUPAC에서도 인정하고 있다. 실험실에서는 오히려 이런 관용명이 더 자주 쓰이기도 한다. 아래 구조식에서 괄호 안에 있는 이름은 IUPAC명이다.

H–CHO	H_3C–CHO	H_3CH_2C–CHO	$H_3C(H_2C)_2$–CHO
formaldehyde (methanal)	acetaldehyde (ethanal)	propionaldehyde (propanal)	butyraldehyde (butanal)

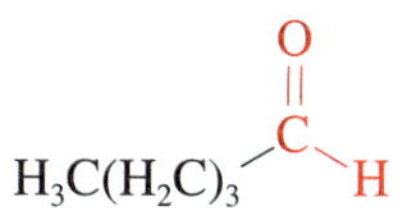

$H_3C(H_2C)_3$–CHO
valeraldehyde
(pentanal)

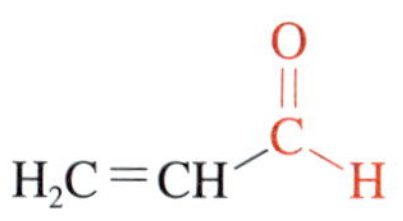

$H_2C=CH$–CHO
acrolein
(2-propenal)

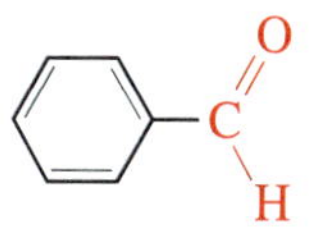

C_6H_5–CHO
benzaldehyde
(benzenecarbaldehyde)

(2) 케톤의 명명법

- **케톤은 RC(=O)R의 구조식을 가지는 화합물이며, 이들의 명명도 알데하이드처럼 네 단계를 거쳐 명명한다.**
  - **1단계:** C=O 기를 포함하는 가장 긴 사슬을 모체로 선택한다.
    - 선택한 모체 사슬 알케인 끝 이름에 있는 *-e*를 *-one*로 바꾸어 명명한다.
    - 다중 결합이 있으면 다중 결합과 C=O 기가 포함된 가장 긴 사슬을 모체로 선택한다.

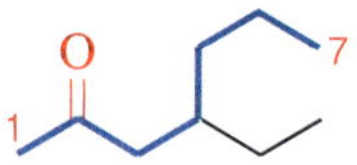

heptanone
(맞다)

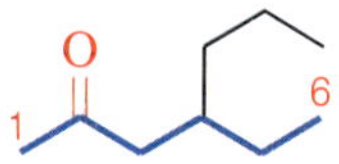

hexanone
(틀리다)

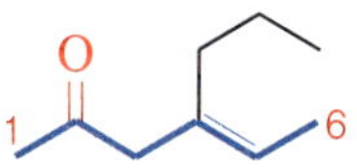

hexenone
(맞다)

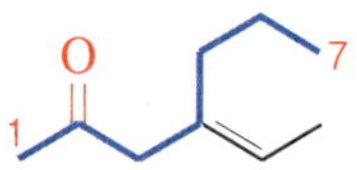

heptenone
(틀리다)

  - **2단계:** 치환기를 확인하고 명명한다.

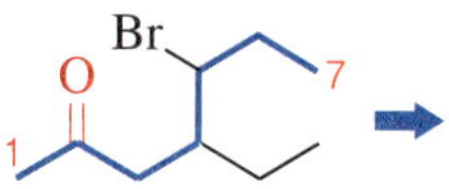

ethyl: 1개
bromo: 1개

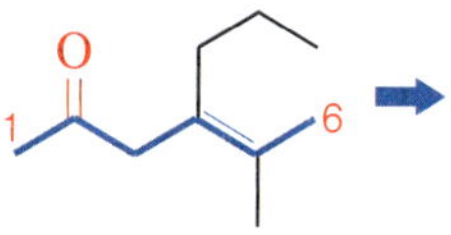

propyl: 1개
methyl: 1개

  - **3단계:** 모체에 번호를 매겨 치환기와 작용기의 위치 번호를 부여한다.

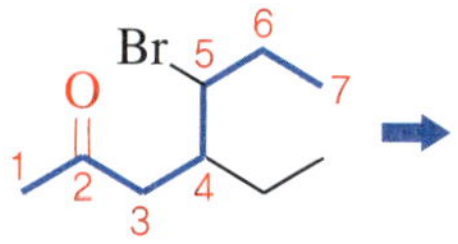

4-ethyl
5-bromo

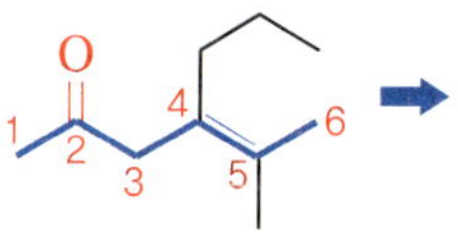

5-methyl
4-propyl
4-ene

  - **4단계:** 치환기 이름을 알파벳순으로 배열하여 명명한다.

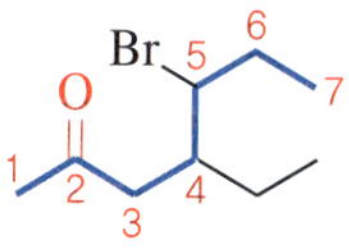

5-bromo-4-ethylheptan-2-one

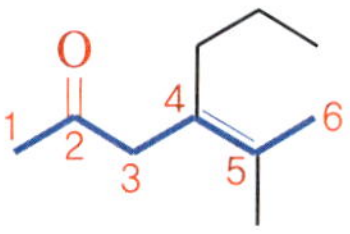

5-methyl-4-propyl-4-hexen-2-one

- **RC(=O)— (acyl: a-sil로 발음한다) 기를 치환기로 명명할 경우는 IUPAC명이나 관용명에 *-yl*이나 *−oyl*을 덧붙여 명명한다.**

acyl acetyl benzoyl

- **명명 우선순위(표 2.6 참조)가 빠른 다른 작용기가 존재하면 이중 결합 산소 원자(=O)가 치환된 것으로 간주하고, 알데하이드에서처럼 *oxo*-라는 이름을 사용하여 명명한다.**

3-oxohexanal methyl 5-oxoheptenoatel

- **C=C 결합을 포함하는 케톤은 -enone(엔온), C≡C 결합을 포함하는 케톤은 -ynone(인온)이라고 한다.**

4-penten-2-one 4-hexyn-2-one

- **케톤의 관용명은 두 알킬기의 이름을 알파벳순으로 배열하고 ketone(케톤)을 붙여 명명한다. 아래 구조식에서 괄호 안의 이름은 IUPAC명이다.**

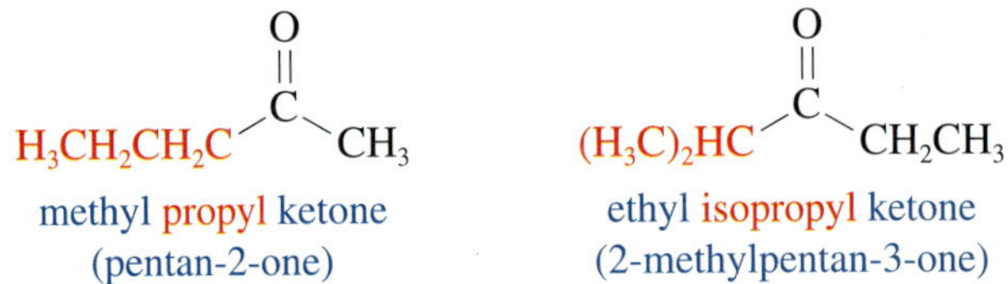

methyl propyl ketone (pentan-2-one) ethyl isopropyl ketone (2-methylpentan-3-one)

몇 가지 간단한 케톤의 관용명은 이 규칙에 따르지 않으며, IUPAC에서 인정하고 있다.

acetone acetophenone benzophenone

(3) 카복실산의 명명법

카복실산은 IUPAC 명명법으로 명명하지만 간단한 카복실산들은 관용명이 더 널리 사용된다.

- **카복실산의 IUPAC 명명은 다음 단계로 명명한다.**

1단계: –COOH기를 포함하는 가장 긴 사슬을 모체로 선택하고, 모체 알케인의 끝 이름 -*e*를 -*oic acid*로 바꾼다.
2단계: 치환기와 다른 작용기를 확인하고 명명한다.
3단계: –COOH 기의 탄소를 1번이 되게 번호를 부여하고, 치환기와 다른 작용기 위치 번호를 부여한다.
4단계: 치환기 이름을 알파벳순으로 나열하여 명명한다.

각 단계를 구체적으로 살펴보자.

- **1단계:** —COOH 기를 포함하는 가장 긴 사슬을 모체로 선택한다.
  - ▶ 선택한 모체 알케인의 끝 이름 *-e*를 *-oic acid*로 바꾼다.
  - ▶ 고리에 —COOH가 결합되어 있으면 고리 이름에 -carboxylic acid를 덧붙여 명명한다.

heptanoic acid　　cyclohexanecarboxylic acid

- **2단계:** 치환기와 다른 작용기를 확인하고 명명한다.

➡ methyl: 1개, chloro: 1개　　➡ methyl: 1개, bromo: 1개

- **3단계:** —COOH 기의 탄소를 1-번이 되게 번호를 부여하고, 치환기와 다른 작용기 위치 번호를 부여한다.

➡ 3-methyl, 5-chloro　　➡ 2-methyl, 4-bromo

- **4단계:** 치환기 이름을 알파벳순으로 나열하여 명명한다.

5-chloro-3-methylheptanoic acid　　4-bromo-2-methylcyclohexanecarboxylic acid

■ **카복실산의 관용명은 모체 이름에 접미사 -ic acid를 덧붙여 명명한다.**

- 관용명에서 탄소 위치 번호를 기호로 나타낸다.
- COOH에 결합한 첫 번째 탄소를 α(alpha)-탄소라고 한다.
- α-탄소에 결합된 탄소는 β(beta)-, 계속해서 γ(gama)-, δ(delta)-로 하고, 마지막 탄소는 ω(omega)-로 부르기도 한다.

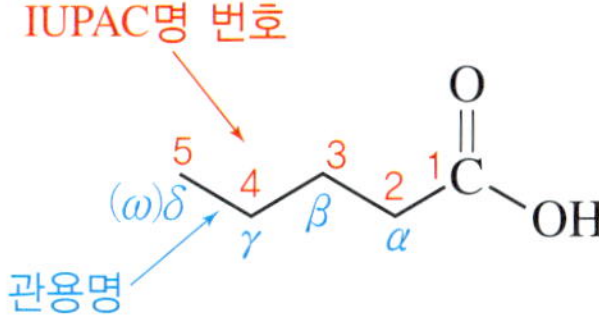

표 2.5에 몇 가지 간단한 카복실산의 관용명을 나타내었다.

표 2.5에 나타낸 관용명 모체 이름은 카보닐기(C=O)를 갖는 알데하이드, 케톤 및 카복실산 유도체 등 다른 많은 화합물들의 명명법에 사용된다.

표 2.5 몇 가지 간단한 카복실산의 관용명

탄소 수	구조	모체명	관용명
1	$HCOOH$	Form-	Formic acid
2	CH_3COOH	Acet-	Acetic acid
3	CH_3CH_2COOH	Propion-	Propionic acid
4	$CH_3(CH_2)_2COOH$	Butyr-	Butyric acid
5	$CH_3(CH_2)_3COOH$	Valer-	Valeric acid
6	$CH_3(CH_2)_4COOH$	Capro-	Caproic acid
7	C_6H_5COOH	Benzo-	Benzoic acid

- **이가 산(diacid)은 IUPAC 명명에서는 -dioic acid로 부른다. 아래의 잘 알려진 이가 산의 관용명은 널리 사용된다.**

oxalic acid (ethanedioic acid) malonic acid (propanedioic acid) succinic acid (butanedioic acid) glutaric acid (pentanedioic acid)

- **카복실산 음이온의 금속 염은 (금속 양이온 이름) + 모체명 + -ate(접미사)로 구성된다.**
  - 카복실산 음이온의 끝 이름은 -ate 또는 -oate이다. 즉, 카복실산 끝 이름 *-ic acid* 또는 *-oic acid*를 *-ate* 또는 *-oate*로 바꾼다.
  - 금속 양이온 이름과 카복실산 음이온의 이름 사이는 띄운다.

$H_3C-C(=O)-O^-Na^+$ sodium acetate $H_3CH_2CH_2C-C(=O)-O^-K^+$ potassium butanoate

(4) 카복실산 유도체 명명법

카복실산 유도체인 할로젠화 아실, 산 무수물, 에스터, 아마이드 및 나이트릴 등의 명명법을 살펴보자.

- **할로젠화 아실(acyl halide, RCOX)은 먼저 아실기를 명명하고 해당되는 할로젠을 명명한다.**
  - 아실기 이름은 카복실산 이름 어미의 *-ic acid*를 *-yl* 또는 이름 끝의 *-carboxylic acid*를 *-carbonyl*로 바꾸어 명명한다.

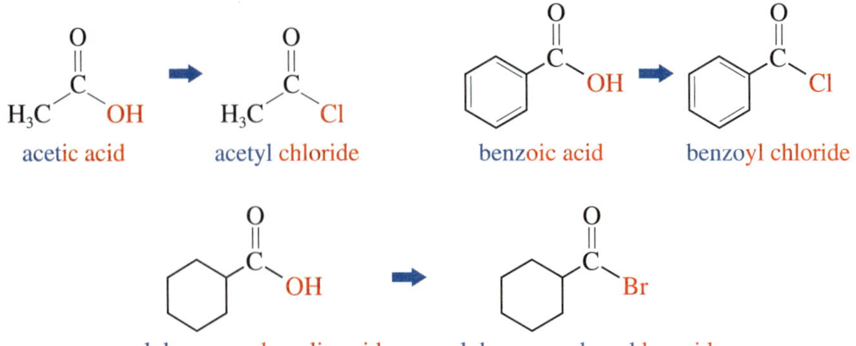

■ **산 무수물**(acid anhydride)**은 카복실산 이름의 *acid*를 *anhydride*로 바꾸어 명명한다.**

- 대칭적인 산 무수물(acid anhydride)과, 다이카복실산(dicarboxylic acid)의 고리형 무수물은 카복실산 이름의 *acid*를 *anhydride*로 바꾸어 명명한다.
- 치환기가 있는 단일 카복실산으로 만들어진 무수물이면 산 이름 앞에 접두어로 *bis*-(두 개라는 의미)를 붙여서 명명하기도 한다.

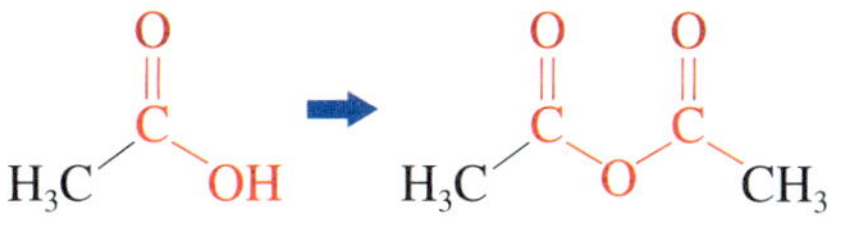

acetic acid → acetic anhydride 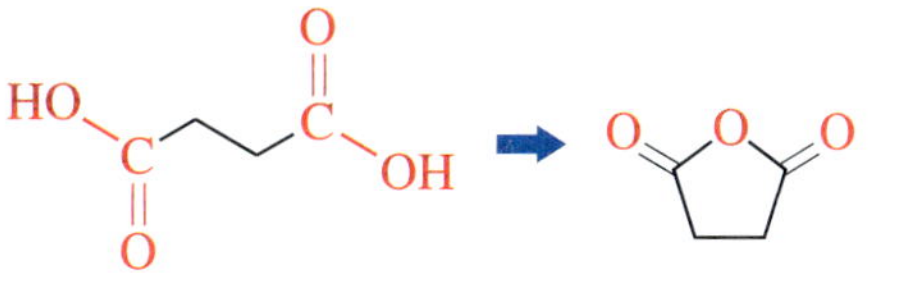　　succinic acid → succinic anhydride

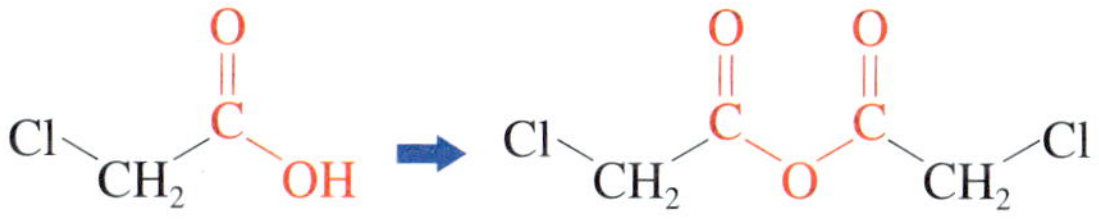

chloroacetic acid → bis(chloroacetic) anhydride

- 비대칭 무수물은 두 카복실산의 이름을 알파벳순으로 나열하고 anhydride를 덧붙여 명명한다.

예를 들어 acetic acid와 butanoic acid로부터 만들어진 무수물은 (acetic + butanoic + anhydride), 즉 acetic butanoic anhydride로 명명한다.

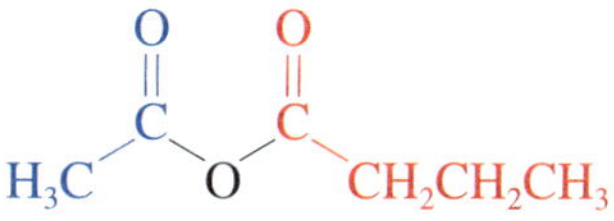

acetic butanoic anhydride 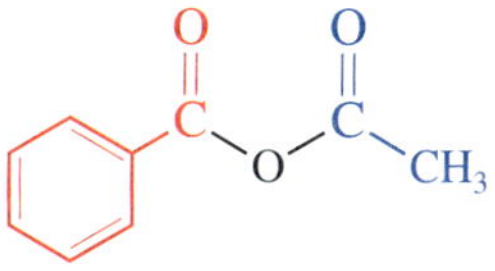　　acetic benzoic anhydride

■ **에스터**(ester, RC(=O)OR′)**는 단일 결합 산소에 결합된 알킬기 이름을 먼저 쓰고 해당되는 카복실산의 -*ic acid*를 -*ate*로, -*oic acid*는 -*oate*로 바꾸어 명명한다.**

- 에스터는 카복실산 음이온에 알킬기가 결합된 것처럼 명명한다.
- (알킬기 이름) + (카복실산 음이온 이름) 순으로 배열한다.

예를 들어 $CH_3C(=O)OCH_2CH_3$는 (ethyl + acetate), 즉 ethyl acetate로 명명한다. 이때 지금까지와는 다르게 알킬기 이름과 카복실산 음이온에 해당하는 이름 사이를 띄워 쓴다.

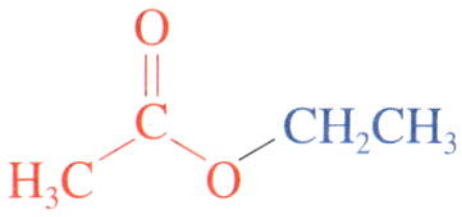

ethyl acetate 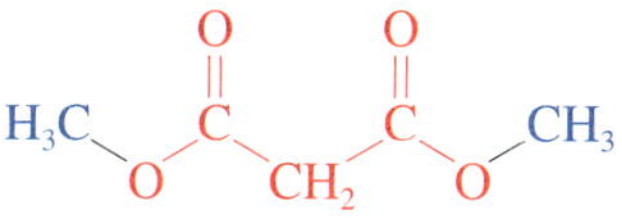　　dimethyl malonate 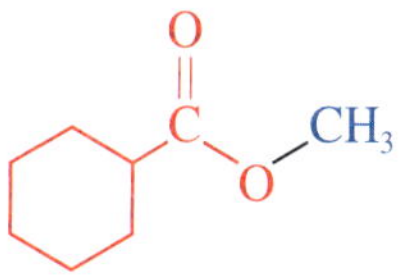　　methyl cyclohexanecarboxylate

■ **아마이드**(amide, $RCONH_2$)**는 모체 카복실산 이름의 -*oic acid* 또는 -*ic acid*를 -*amide*로 바꾸거나, 고리 카복실산의 경우는 -*carboxylic acid*를 -*carboxamide*로 바꾸어 명명한다.**

- N 원자에 치환기가 한 개 있으면 *N*-으로, 두 개가 있으면 *N,N*-으로 치환기 위치를 나타내어 명명한다.

예를 들어 propanamide의 질소 원자에 methyl 기가 하나 치환되어 있으면 (*N*-methyl +

propanamide), 즉 *N*-methylpropanamide로 명명한다.

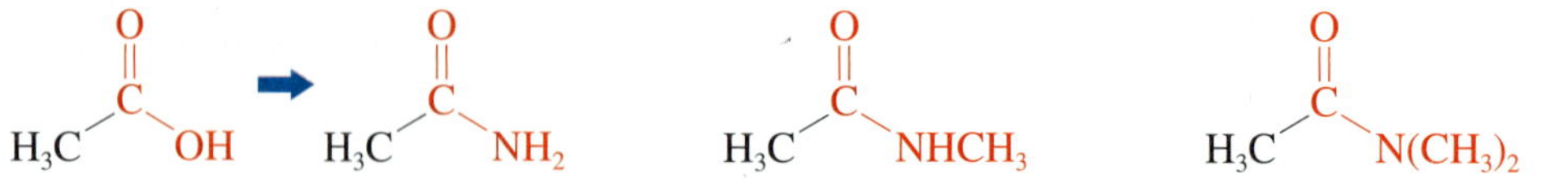

acetic acid → acetamide, *N*-methylacetamide, *N*,*N*-dimethylacetamide

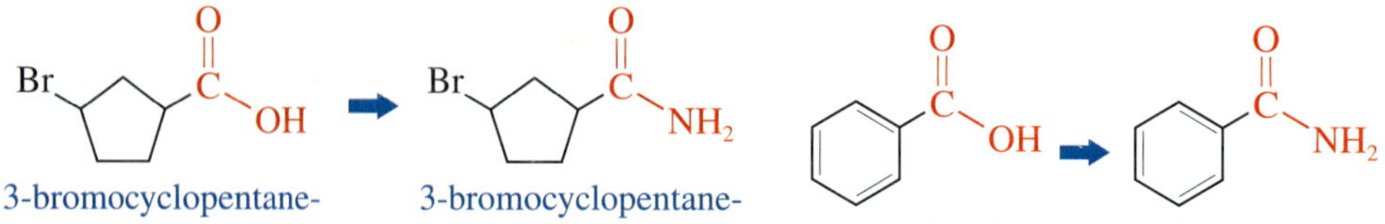

3-bromocyclopentane-carboxylic acid → 3-bromocyclopentane-carboxamide

benzoic acid → benzamide

- **나이트릴(nitrile)에서는 C≡N을 포함하고 있는 가장 긴 사슬을 모체로 하고, 모체 알케인 이름 뒤에 *-nitrile*이라는 접미사를 붙여 명명한다.**
  - 위치 번호는 나이트릴(C≡N) 탄소가 1번이 된다. 그러나 이 번호는 표기하지 않는다.
  - —CN의 치환기 이름은 cyano-(사이아노)이다.
  - 고리에 —CN이 결합된 화합물은 *-carboxylic acid*라는 이름 끝을 *-carbonitrile*로 바꾸어서 명명한다.

- **나이트릴의 관용명은 탄소 원자 수가 동일한 카복실산으로부터 유래되며, 카복실산 이름의 *-ic acid*를 *-onitrile*로 바꾸어 명명한다.**

acetic acid → acetonitrile ($H_3C-C\equiv N$)

benzoic acid → benzonitrile

3-methylpetanenitrile

2-cyanocyclohexanone

2.10.9 다작용기 화합물의 명명법

지금까지는 주로 단일 작용기만을 포함하고 있는 분자들의 명명법을 다루었다. 그러나 유기화학에서는 하나 이상의 작용기를 가지는 **다작용기 분자**(polyfunctional molecule)들을 자주 만나게 된다.

다작용기 분자들에는 여러 가지 작용기가 포함되어 있으므로 IUPAC에서는 이름을 붙이는 데 용이하도록 표 2.6처럼 작용기들에 명명 우선순위를 매기고 이 작용기를 기준으로 하여 명명하도록 하고 있다. 다작용기 분자의 명명은 다음과 같은 규칙에 따른다.

규칙 1: 분자의 주 작용기를 선택한다.

- **분자에 포함된 작용기 중에서 명명 우선순위가 가장 빠른 주 작용기를 선정한다.**
  - 작용기의 명명 우선권을 **주작용기**(principal group) 부류와 **부작용기**(subordinate group) 부류로 구분한다.

- 주작용기 부류는 접미사 이름과 치환기 이름 둘 다를 가지는 작용기이고, 부작용기 부류는 치환기 이름만을 가진다(표 2.6).

아래 두 가지 예에서 methyl 4-oxopentanoate는 케톤($R_2C{=}O$)보다 에스터(RCOOR′)가 명명 우선순위가 더 빠르므로 에스터를 모체로 하여 명명한다.

또, 5-amino-2-pentanol의 경우는 알코올이 아민보다 우선순위가 빠르다.

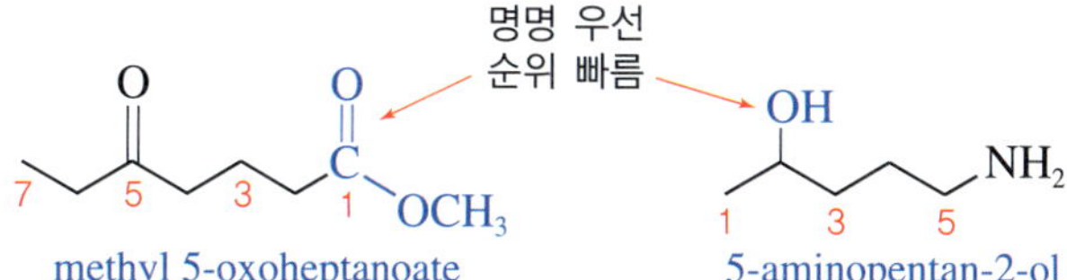

표 2.6 작용기 구분 및 명명 우선순위

작용기	접미사 이름	치환기 이름
주작용기 부류		
Carboxylic acid; RCOOH	-oic acid -carboxylic acid	carboxy
Acid anhydride; $(RCO)_2O$	-oic anhydride -carboxylic anhydride	—
Ester; RCOOR′	-oate -carboxylate	alkoxycarbonyl
Acid halide; RCOX	-oyl halide -carbonyl halide	halocarbonyl
Amide; $RCONH_2$	-amide -carboxamide	amido
Nitrile; RC≡N	-nitrile -carbonitrile	cyano
Aldehyde; RCHO	-al -carbaldehyde	oxo
Ketone; RCOR	-one	oxo
Alcohol; ROH	-ol	hydroxy
Phenol; PhOH	-ol	—
Thiol; RSH	-thiol	mercapto
Amine; RNH_2	-amine	amino
Imine; $R_2C{=}NH$	-imine	imino
Alkene; RCH=CHR	-ene	alkenyl
Alkyne; RC≡CR	-yne	alkynyl
Alkane; RCH_2R	-ane	alkyl
부작용기 부류		
Azides; RN_3		azido
Diazo; RN_2		diazo
Ether; ROR		alkyloxy
Halide; RX		halo
Nitro; RNO_2		nitro
Sulfide; RSR		alkylthio

*주작용기는 우선순위별로 나열된 것임. 위로 갈수록 우선순위가 높다.

규칙 2: 다작용기 분자의 모체 사슬이나 고리를 선택한다.

- **규칙 1에 따라 선정한 주작용기를 포함하는 가장 긴 사슬 혹은 고리를 모체로 선택하되, 다른 작용기가 포함되도록 선택한다.**
  - 고리 화합물의 경우도 주작용기의 우선순위를 고려하여 주고리나 사슬을 선정한다.

아래 5-ethyl-6-oxohexanoic acid에서는 알데하이드기와 카복실산을 함께 가지므로 알데하이드가 포함된 사슬을 주사슬로 선정한다.

5-ethyl-6-oxohexanoic acid (맞다) 5-formylheptanoic acid (틀리다)

고리 화합물인 2-acetyl-4-methylbenzonitrile에서는 benzonitrile을 모체로, (2-acetyl-4-methylphenyl)acetonitrile에서는 acetonitrile을 모체로 선택하고 phenyl은 치환기로 명명한다.

명명 우선 순위 빠름 (모체)

2-acetyl-4-methylbenzonitrile (2-acetyl-4-methylphenyl)acetonitrile

3-(Oxocyclohexyl)propanoic acid에서는 propanoic acid 부분이 모체 사슬이고, 2-(3-oxopropyl)cyclohexanecarboxylic acid에서는 cyclohexanecarboxylic acid가 모체 고리이다.

3-(2-oxocyclohexyl)propanoic acid 2-(3-oxopropyl)cyclohexanecarboxylic acid

규칙 3: 우선순위가 가장 빠른 주작용기 모체 탄소에 번호를 매긴다.
규칙 4: 치환기 이름은 알파벳순으로 나열한다.
규칙 5: 모호하거나 복잡한 치환기 이름은 괄호를 사용하여 구분한다.

Benzene 고리에 $-CH_2Cl$이 결합되어 있는 경우는 Cl이 methane에 결합되어 있으므로 chloromethyl로 명명하고 이들을 괄호로 묶는다. 또, 2-(1-methylpropyl)pentanedioic acid에서는 (1-methylpropyl)이 혼돈될 수 있으므로 괄호로 묶어 분명하게 명명한다.

1-bromo-4-(chloromethyl)benzene 2-(1-methylpropyl)pentanedioic acid

주요 용어

IUPAC 명명법(IUPAC nomenclature)
Kekulé 구조(Kekulé structure)
Lewis 점 구조식(Lewis dot structure)
계통명(systematic name)
골격 구조식(skeletal structure)
공명 구조(resonance structure)
공명 안정화(resonance stabilization)
공명 혼성체(resonance hybrid)
관용명(common name)
방향족 탄화수소(aromatic hydrocarbon)
불포화도(degree of unsaturation)
비편재화(delocalization)
사이클로알케인(cycloalkane)
상품명(trade name)
수소 결핍 지수(index of hydrogen deficiency)
알카인(alkyne)
알케인(alkane)
알켄(alkene)
일반명(generic name)
작용기(functional group)
지방족 탄화수소(aliphatic hydrocarbon)
축약 구조식(condensed structure)
탄화수소(hydrocarbon)
토토머(tautomer)
토토머화(tautomerization)
형식 전하(formal charge)

연습 문제

개념 문제

1. Lewis 구조식으로부터 얻을 수 있는 정보는 무엇인가?
2. 불포화도가 제공하는 정보는 무엇인가? 그 이유는 무엇인가?
3. 13-규칙으로 불포화도를 알 수 있다. 그 이유는 무엇인가?
4. 형식 전하는 어떤 경우에 나타날 수 있는지 설명하시오.
5. 공명 구조를 많이 그릴 수 있을수록 더 안정하다. 그 이유는 무엇인가?
6. 분자 내에 작용기가 있을 때와 없을 때 분자의 물리적 및 화학적 성질은 어떠한가?

실전 문제

7. 다음 화합물의 헤테로 원자(O, N, S 등)에 대한 형식 전하를 계산하시오.
   (a) HNO_3 (b) $H_2O^+CH_3$ (c) HN_3 (d) CH_3SO_3H (e) NO^+
8. 다음의 결합 수를 계산하고 Lewis 구조식을 그리시오.
   (a) C_2H_4O (acetaldehyde) (b) $C_2H_4O_2$ (acetic acid)
9. 다음 분자들의 가용 원자가 전자 수를 계산하고 Lewis 구조를 그리시오.
   (a) Methanethiol, CH_4S (b) Methylamine, CH_5N
   (c) Acetamide, C_2H_5NO (d) Dimethyl ether, C_2H_6O
10. 다음 화합물을 선-결합 구조식으로 나타내시오.
   (a) NH_2OH (b) $F_3CCH_2CO_2H$ (c) C_6H_5CN
   (d) $HCCCH_2NO_2$ (e) CH_2CHCH_2COCl (f) $C_6H_5CONH_2$
11. 다음 화합물들의 축약 구조식을 쓰시오.

(a) 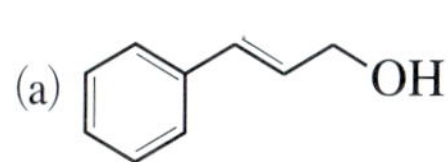

(b) 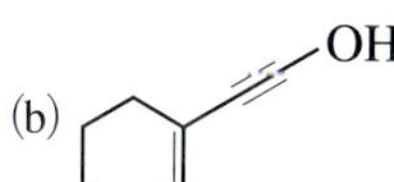

(c) 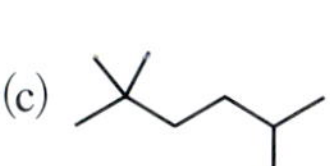
(d) 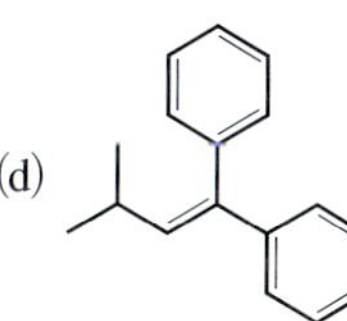

12. 다음 화합물의 Lewis 구조식을 그리고 이들의 가능한 공명 구조를 그리시오. 전자 이동도 화살표로 나타내시오.

(a) CH_3NO_2 (b) $C_6H_5N_2^+$ (c) CH_3CONH_2 (d) N_3CN

13. 다음 탄소 수에 해당하는 모체 이름을 쓰시오.

(a) $CH_3(CH_2)_8CH_3$ (b) $CH_3(CH_2)_6CH_3$ (c) $CH_3(CH_2)_9CH_3$
(d) $CH_3(CH_2)_5CH_3$ (e) $CH_3(CH_2)_4CH_3$ (f) $CH_3(CH_2)_{14}CH_3$

14. 다음 모체 이름의 탄소 수는 몇 개인가?

(a) Eicosane ( ) (b) Nonane ( ) (c) Dodecane( )
(d) Butane ( ) (e) Heptadecane ( ) (f) Pentane ( )

15. 다음 각 화합물에 대해 답하시오.

(a) 가장 긴 연속된 사슬의 모체 이름은 무엇인가?
(b) 다음 각 화합물의 주사슬에 결합된 치환기 이름과 치환기가 결합된 탄소 번호를 나타내시오.
(c) 각 화합물의 완전한 이름을 쓰시오.

(1) (2)

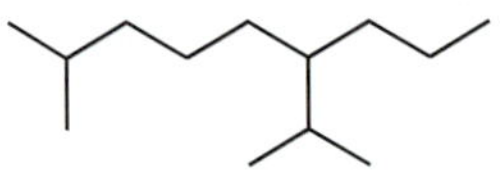

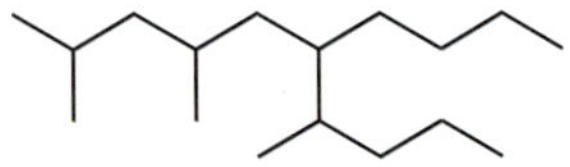

(3)

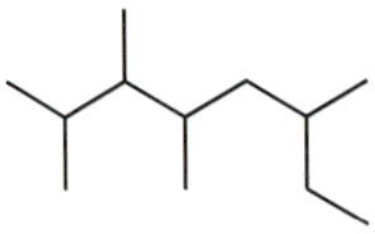

16. 다음 화합물의 구조식을 그리시오.

(a) 3-Isopropyl-2-methylhexane (b) 2,4-(1-Methylethyl)heptane
(c) 2,2,4-Trimethylpentane (d) 2,2-Dimethyl-4-propyloctane
(e) 3,4-Dimethylnonane (f) 2,3-Dimethyl-6-(2-methylpropyl)decane

17. 다음 이름은 부정확하다. 이들의 정확한 IUPAC 이름을 다시 쓰시오. (힌트: 구조식을 그려서 다시 명명하시오.)

(a) 1,1-Dimethylpentane (b) 5-Ethyl-4-methylhexane
(c) 3-Methyl-2-propylhexane (d) 2-Ethyl-3-methylpentane
(e) 4,4-Dimethyl-3-ethylpentane (f) 2,2-Diethylhexane

18. 다음 화학종의 구조식을 그리시오.

(a) 1-Propenyl (b) 2-Butenyl (c) Cyclopentanyl
(d) 1,3-Butadienyl (e) 1,2-propadienyl

19. 다음 화학종의 구조식을 그리시오.

(a) 1-Penten-4-yne (b) 4-Vinyl-1-hepten-5-yne
(c) 2-Bromo-3-methyl-1,3-butadiene (d) 2-Isopropyltoluene
(e) 3-Bromo-1,4-dinitrobenzene (f) 2-Bromo-4-methylphenol
(g) 3-Bromo-4-methylbenzoic acid (h) 4-Phenyl-2-butanone
(i) *o*-Methoxytoluene (j) 3-Phenyl-2-propenenitrile

20. 다음 화합물의 구조식을 그리시오.

(a) Allyl propyl ether (b) 1,2-Dimethoxyethane
(c) *N,N,N*-Trimethylamine (d) *N*-Allylcyclohexylamine
(e) 2-Ethyl-1-butanamine (f) Ethyl butyl sulfide
(g) 3-Isopropylthiocyclopentene

21. 다음 화합물의 IUPAC명을 쓰시오.

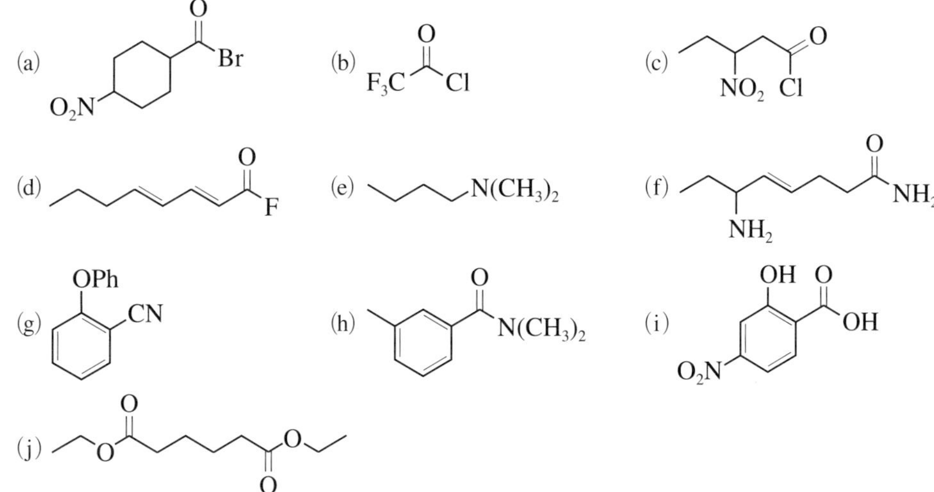

22. 다음 화합물의 IUPAC명을 쓰시오.

(a) $CH_3CH(CN)CH_2CH_2CHO$
(b) $CH_3(CH_2)_4CH(CHO)COOH$
(c) $(CH_3)_2CHC(=O)CH_2CO_2CH_3$
(d) $OHCCH_2CH_2CH_2CHO$
(e) $HOOC(CH_2)_4CH_2CHO$
(f) $HC\equiv CCH_2CH_2CHO$

23. 다음 화합물의 IUPAC명을 쓰시오.

(a) O HO
(b) OH
(c) OH H_3CS I
(d) O H O
(e) CHO EtO
(f) HO OH OH CHO OH OH
(g) NH F O

24. 다음 화합물의 IUPAC명을 쓰시오.

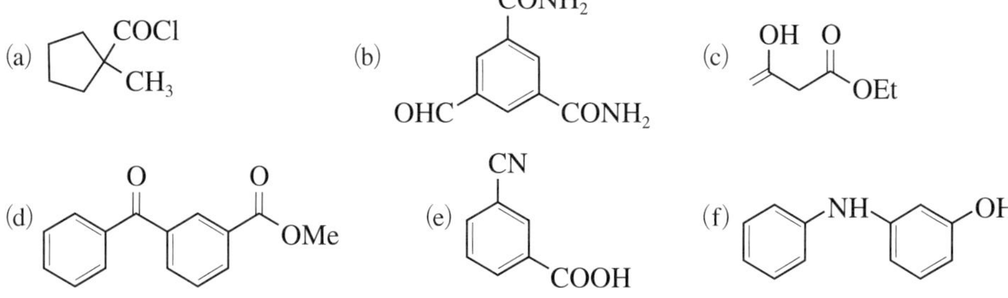

25. 다음 각 문제에 해당하는 화합물의 구조와 IUPAC명을 쓰시오.

(a) $C_8H_{12}O_2$의 분자식을 가지는 세 가지 다른 고리 에스터 화합물
(b) C_5H_7N의 분자식을 가지는 세 개의 나이트릴 화합물

03 유기 화합물의 구조 분석

Structural Analysis of Organic Compounds

- 빛과 화합물의 상호 작용 원리를 알게 되면서 분광학이 탄생되었다.
- 자외선 분광법(UV)은 콘쥬게이션 파이(π)계나 비결합 전자쌍의 유무 등에 대한 정보를 제공한다.
- 적외선 분광법(IR)으로 분자 내에 존재하는 작용기의 종류를 알 수 있다.
- 핵자기 공명 분광법(NMR)으로 분자의 탄소 골격과 수소의 배열을 알 수 있다.
- 질량 분석법(MS)으로 분자량과 동위 원소 등에 대한 정보를 얻을 수 있다.

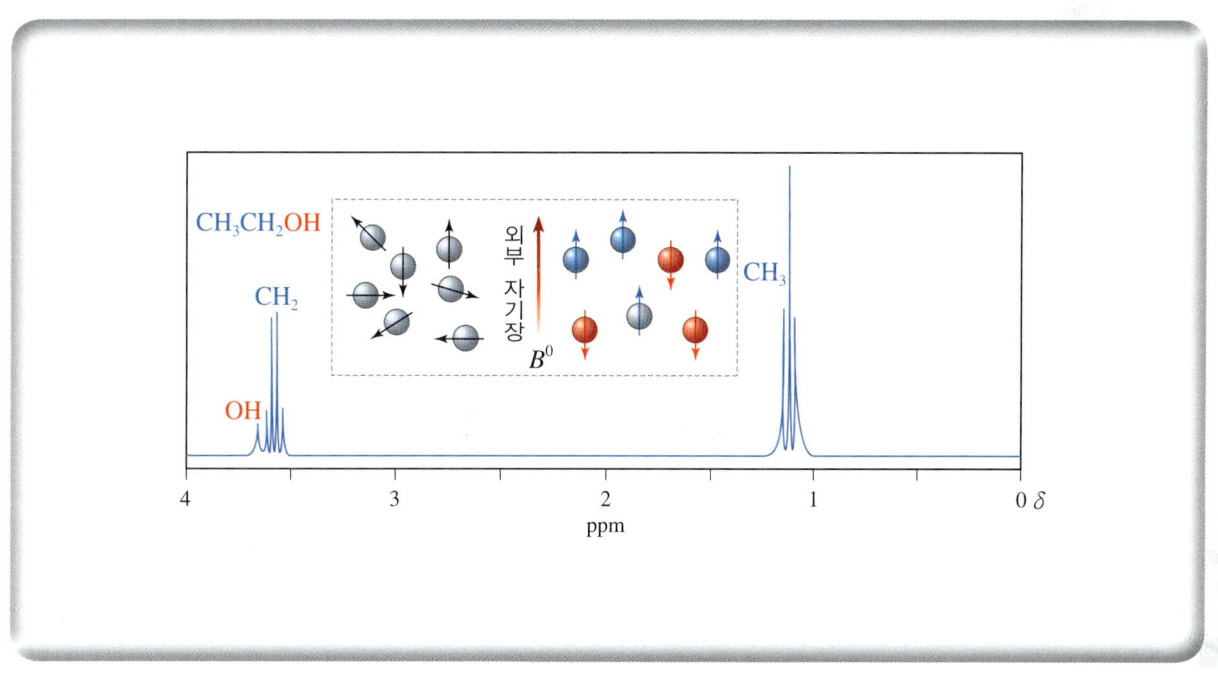

빛과 화합물의 상호 작용 원리를 알게 되면서 분광학이 탄생되었다. 빛과 물질의 상호 작용을 다루는 영역을 **분광학**(spectroscopy)이라고 한다. 이 분광학이 발전하기 전까지는 복잡한 유기 분자의 구조를 밝히는 일은 어렵고 힘든 작업이었다.

■ **빛(전자기 복사선)은 입자와 파동의 특성을 모두 나타낸다(빛의 이중성).**

- 빛의 파장(λ)과 진동수(ν)는 서로의 역수에 비례한다.
- 전자기 복사선은 **광자**(photon)라고 부르는 에너지 단위체로 되어 있다.
- 광자의 에너지는 그 진동수에 비례한다.

이들은 다음과 같은 식으로 나타낸다.

$$\text{진동수}(\nu) = \frac{c}{\lambda}$$

c = 빛의 속도($2.99792458 \times 10^{8}\ \mathrm{cm}^{-1}$), λ = 파장

$$\text{광자 에너지}(E) = h\nu$$

h = Planck 상수($6.626 \times 10^{-34}\ \mathrm{J{\cdot}s}$)

양자화(quantization)란 에너지의 불연속화를 뜻한다. **불연속화란 어떤 물리적인 양(예, 에너지)이 연속적인 값을 갖지 못하고, 특정한 값이나, 그 의 배수만을 갖는 것을 의미한다.** 특정한 값이 1 cm 높이 지우개로 생각하자. 5개의 지우개를 쌓으면 5 cm 높이가 되며 이는 1 cm 짜리의 5배에 해당한다. 원자와 같이 작은 규모의 물체에서는 에너지와 전하(charge)를 연속적으로 더할 수 없고 작은 덩어리(특정값) 단위로만 더할 수 있다는 것이다.

가능한 모든 진동수의 범위를 **전자기 스펙트럼**(electromagnetic spectrum)이라고 하고 몇 개의 영역으로 나뉜다.

■ **빛과 마찬가지로 전자도 파동의 특성과 입자의 특성을 가진다(전자의 이중성).**

■ **양자역학의 원리에 의하면 분자의 에너지는 양자화되어 있고, 분자들은 다양한 방법으로 에너지를 저장한다.**

분자는 공간 내에서 회전하며 원자 간의 결합은 용수철처럼 진동하고 전자들은 에너지가 다른 많은 수의 분자 오비탈을 점유한다. 이러한 각각의 에너지 형태는 양자화되어 있다. 즉, **분자 내의 결합은 특정한 에너지로만 진동할 수 있으며, 이런 허용된 에너지 이외의 어떤 에너지로도 진동할 수 없다.** 따라서 결합의 특성이 이들 허용된 에너지 준위 사이의 차이값(ΔE)을 결정한다.

■ **빛과 물질의 상호 작용은 어떻게 일어날까?**

가시광선과 자외선 영역의 빛을 쪼이면, 바닥 상태에 있던 전자들이 더 높은 에너지 준위로 들뜬다.

- 물질은 쪼이는 빛의 에너지(파장)에 따라 다르게 작용한다.
- **자외선 분광법**(UV-vis spectroscopy)은 전자 **들뜸**(excitation)에 필요한 파장을 알아냄으로써 화합물 내의 콘쥬게이션 파이(π)계나 비결합 전자쌍의 유무 등에 대한 정보를 알 수 있다.

그림 3.1 전자기 스펙트럼

표 3.1 유기물 구조 결정에 유용한 분광법과 분석법

분광법 종류	전자기 스펙트럼 영역	분자 운동 형태	제공하는 구조적 정보
자외선(UV−Vis) 분광법	가시광선과 자외선	전자의 들뜸	콘쥬게이션 계 및 비결합 전자쌍 존재 유무
적외선(IR) 분광법	적외선	결합의 진동	분자 내 존재하는 작용기 종류
핵자기 공명(NMR) 분광법	라디오파	핵의 스핀 운동	분자의 탄소 및 수소 배열 형태
질량 분석법(MS)	분자의 이온화를 이용	이온 조각의 질량대 전하의 비로 검출	분자량과 동위 원소 비율

- **적외선 분광법**(Infrared(IR) spectroscopy)은 적외선 영역을 빛과 분자 내에 존재하는 작용기의 진동 에너지를 이용하여 분자 내에 존재하는 작용기의 종류를 알 수 있다.
- **핵자기 공명 분광법**(nuclear magnetic resonance(NMR) spectroscopy)은 핵의 스핀이 공명(회전)하기 위해 흡수하는 전자기 스펙트럼의 파장을 이용하여 분자의 탄소 골격과 수소의 배열을 예측하는 분광법이다.
- **질량 분석법**(mass spectrometry)은 분자의 이온화를 유도하여 질량(m)/전하(z)의 비로 분자량과 동위 원소 비율 등에 대한 정보를 알 수 있다.

표 3.1에 분광법의 종류와 용도를 나타내었다.

3.1 자외선 분광법

자외선 분광법은 가장 오래된 분광법 중의 하나이지만, 최근에 개발된 분광법 기술보다는 유기 화합물의 구조 확인에서의 이용은 그리 많지 않다. 그러나 알켄, 알카인, 케톤, 알데하이드, 카복실산, 에스터 및 방향족 고리 같은 불포화 작용기가 존재하거나 이들이 다른 불포화계와 콘쥬게이션 계를 이루는 유기 분자들의 구조 분석에는 아직도 유용하게 이용된다.

- **가시광선-자외선 영역(200 nm~400 nm)에서 분자가 전자기 복사선을 흡수하면 낮은 에너지 준위의 전자가 더 높은 에너지 준위로 들뜬다.**
  - 이런 전자 들뜸을 **전자 전이**(electron transition)라고 한다.
  - 전자기 복사선을 흡수는 분자 내 원자나 원자단을 **발색단**(chromophore)이라고 한다.
  - 가장 쉬운 전자 전이는 HOMO(highest occupied molecular orbital)에 있는 전자가 LUMO(lowest unoccupied molecular orbital)로 들뜨는 것이다.

이런 이유로 가시광선과 자외선 스펙트럼을 종종 **전자 스펙트럼**(electronic spectrum)이라고 한다.

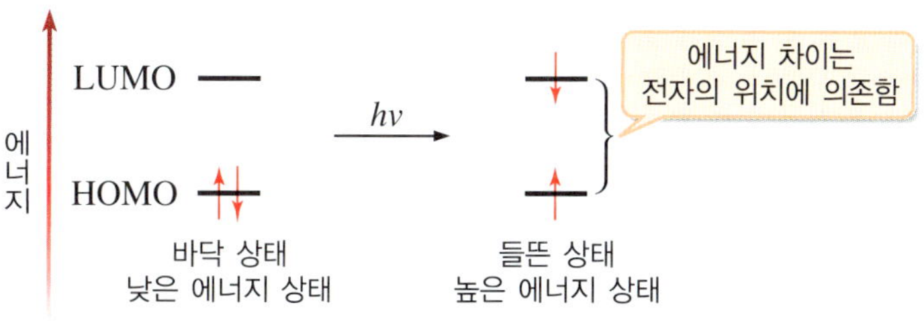

그림 3.2 빛의 흡수에 의한 전자의 들뜸

전자를 들뜨게 하는 데 필요한 에너지는 바닥 상태 HOMO와 LUMO 사이의 에너지 차이에 의존한다. 시그마 결합 전자들을 들뜨게 하기 위해 요구되는 에너지는 자외선 분광기로 측정하기에는 너무 높다. 따라서 포화 유기 분자의 구조 분석에는 자외선 분광법을 이용하지 않는다.

- **자외선 분광법은 파이 결합을 포함하는 불포화 화합물의 분석에는 유용하다.**
  - 가장 쉽고 가장 에너지가 적게 필요한 전자 전이는 π MO에서 π^* MO로의 전자 들뜸이다(그림 3.4).
  - π MO와 π^* MO 간의 에너지 차이는 σ MO와 σ^* MO의 에너지 차이보다 적다(그림 3.4).
  - 간단한 알켄의 경우에 $\pi-\pi^*$ 전이 에너지는 200 nm보다 더 짧은 파장을 가지므로, UV-Vis 스펙트럼에서 측정하기에는 너무 큰 에너지이다.

- **콘쥬게이션 계로 되면 HOMO와 LUMO 간의 에너지 차이가 크게 감소하며, 더 긴 파장의 UV-Vis 영역에서 전자 전이가 일어난다.**

예를 들어 ethene의 최대 흡수 파장(λ_{max})은 165 nm이고 반면에 1,3-butadiene의 λ_{max}는 217 nm, 1,3,5-hexatriene의 λ_{max}는 268 nm, 1,3,5,7,9,11-dodecahexaene의 λ_{max}는 364 nm로 흡수 에너지가 감소한다(파장이 크면 에너지가 작다).

$H_2C=CH_2$			
ethene	1,3-butadiene	1,3,5-hexatriene	1,3,5,7,9,11-dodecahexaene
λ_{max} = 165 nm	λ_{max} = 217 nm	λ_{max} = 268 nm	λ_{max} = 364 nm

- **콘쥬게이션이 증가하면 가시광선 영역에서도 전이가 일어나기에 충분할 정도로 HOMO와 LUMO의 에너지 차이가 감소하며 결과적으로 화합물이 색을 띠게 된다.**

예를 들어 β-carotene은 비타민 A의 전구체이고 당근에서 갈색을 나타내는 물질이다. 이 화합물은 455 nm에서 최대 흡수를 보이며 이 값은 파란색-녹색에 상응하는 파장이다. 이것이 흡수되는 빛이므로 관찰되는 색, 즉 붉은색-오렌지색이 남게 된다.

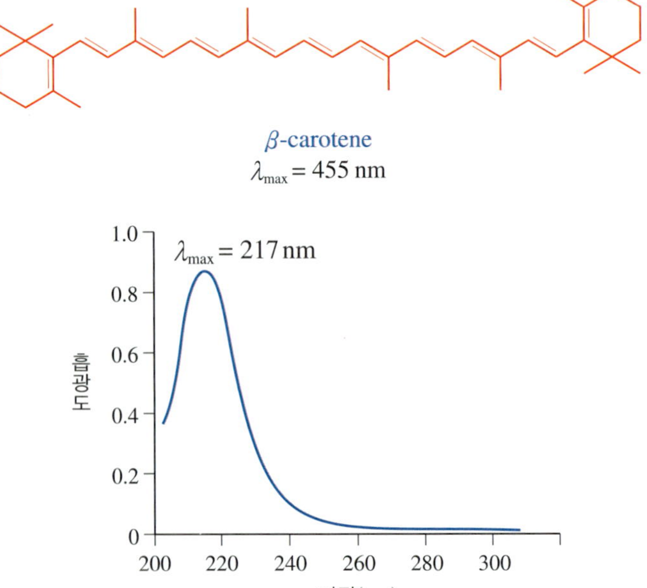

그림 3.3 1,3-Butadiene의 자외선 스펙트럼

- **콘쥬게이션 다이엔(conjugated diene)에서 일어나는 전자 전이는 $\pi-\pi^*$ 전이이다.**
  - 산소 같은 헤테로 원자가 존재하면(예 불포화 알데하이드) $\pi-\pi^*$와 $n-\pi^*$ 전이도 가능하다.
  - $n-\pi^*$ 전이는 $\pi-\pi^*$ 전이보다 더 작은 에너지가 필요하지만 스펙트럼에서 관찰되는 흡수띠의 세기는 보통 $\pi-\pi^*$ 전이보다 약하다.

$n-\pi^*$ 전이는 비결합 전자 중의 하나가(고립 전자쌍으로부터) LUMO로 들뜨는 것이다.

유기 화합물에서 일어날 수 있는 전자 전이 형태를 그림 3.4에 나타내었다. 자외선 스펙트럼은 흡광도(A)로 나타내며 아래와 같다.

$$A = \log\left(\frac{I_o}{I}\right) = \epsilon cl$$

여기서 A는 흡광도(absorbance), I_o는 시료에 쪼여 주는 초기 빛의 세기, I는 시료를 통과한 빛의 세기, c는 시료의 몰농도, l은 시료관 길이(cm), ϵ는 몰흡광 계수(molar absorptivity)이다.

- **흡광도는 사용한 빛의 파장에 따라 변하므로, 스펙트럼은 파장(nm)에 대한 흡광도로 측정하여 나타낸다. 스펙트럼은 하나 또는 여러 개의 넓은 흡수띠로 나타난다.**
  - 여러 흡수띠 중에서 최대 흡광도를 가지는 파장을 최대 흡수 파장(λ_{max})이라고 한다.
  - λ_{max}를 각 화합물에 대해 기록한다.
  - λ_{max}에서의 흡광도의 세기는 **몰흡광 계수**(molar absorptivity, ϵ)라고 한다.
  - 몰흡광 계수는 흡광도(A), 시료의 농도(C) 및 시료관의 길이(l, cm 단위)와 관련이 있고, ϵ의 단위는 $M^{-1}cm^{-1}$이다.

특정 화합물에 대한 λ_{max}와 ϵ를 알고, λ_{max}에서 용액의 흡광도를 측정할 수 있다면 시료의 농도 측정이 가능하다. 자외선 분광법은 실험실에서 단백질의 농도를 측정하거나 고성능 액체 크로마토그래피(HPLC) 농도 검출 방법으로 이용된다. 자외선 스펙트럼으로부터 얻어지는 λ_{max}는 분자에 존재하는 콘쥬게이션과 분자 내에 존재하는 치환기의 형태에 의존하므로 λ_{max}를 제안하는 구조에 대한 보충 자료로도 사용한다. 또한 두 개 또는 그 이상의 유사한 구조 중에서 시험하려는 화합물을 구별하는 데도 유용하다.

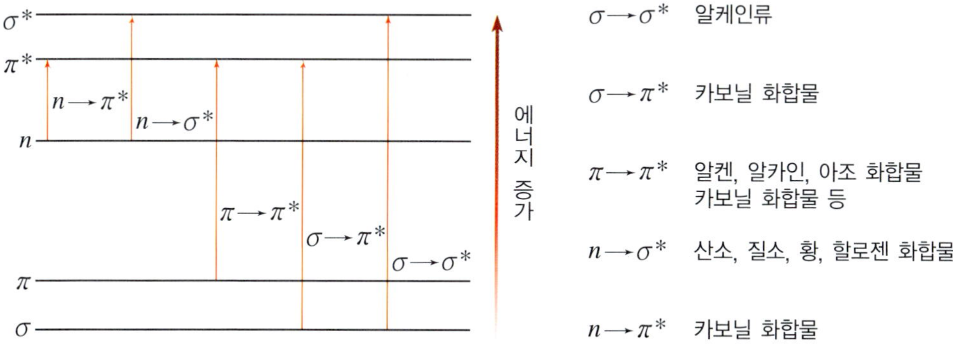

그림 3.4 UV-Vis 스펙트럼에서 일어나는 전자 전이 종류, 에너지 준위 및 해당 전자 전이가 관찰되는 화합물 부류

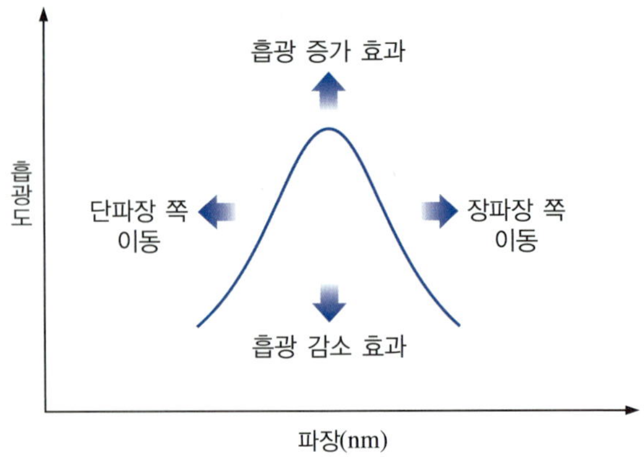

그림 3.5 자외선 스펙트럼의 치환기 효과 종류

- **모체 분자에 치환기가 도입되면 λ_{max}나 흡광도의 세기가 달라진다.**
  - 치환기에 의해 λ_{max}가 장파장 쪽으로 이동하면 **장파장쪽 이동**(red-shift, 또는 bathochromic shift)이라고 한다.
  - λ_{max}가 짧은 파장 쪽으로 이동하면 **단파장쪽 이동**(blue-shift 또는 hypsochromic shift)이라고 한다.
  - 치환기에 의해 흡광도 세기가 증가하면 **흡광 증가 효과**(hyperchromic effect)라고 한다.
  - 치환기에 의해 흡광도 세기가 감소하면 **흡광 감소 효과**(hypochromic effect)라고 한다.

3.2 적외선 분광법

분자는 전자기 스펙트럼의 적외선(infrared) 영역에서 공유 결합의 진동과 관련된 에너지를 흡수한다. 분자에 포함된 결합에 따라 특정한 진동수(또는 에너지)에서 진동이 일어난다. 이런 진동에 필요한 에너지를 설명하는 데에는, 결합을 원자와 스프링으로 생각하는 것이 유용하다. 진동의 진동수에 영향을 주는 두 가지 요인은 원자의 질량과 결합의 경직성이다. 이중 결합과 삼중 결합 같은 다중 결합은 단일 결합보다 더 강하고 경직되어 있다. 따라서 이들의 신축 진동은 보다 더 높은 진동수(에너지)에서 일어난다. 또한 결합의 신축 진동은 원자의 질량에 의존한다. 가벼운 원자를 포함하는 결합의 진동이 무거운 원자를 포함하는 결합보다 더 빠르다. 신축 진동은 굽힘 진동보다 더 많은 에너지를 필요로 한다. 결합하고 있는 두 개 원자의 질량이 각각 m_1과 m_2인 결합이 진동하기 위해 흡수하는 파수와 질량을 다음 관계식으로 나타낸다.

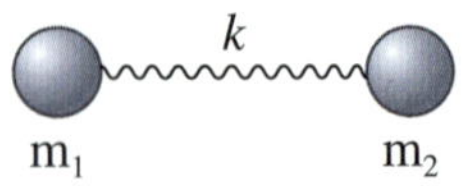

$$\nu = \frac{1}{2}\pi c\sqrt{\frac{k}{\mu}}$$

여기서 ν = 파수(wave number, cm^{-1}), c = 빛의 속도(3×10^{10} cm/sec), k = 힘의 상수(결합의 세기, dynes/cm), μ = 환산 질량(reduced mass) = $(m_1 \cdot m_2)/(m_1 + m_2)$

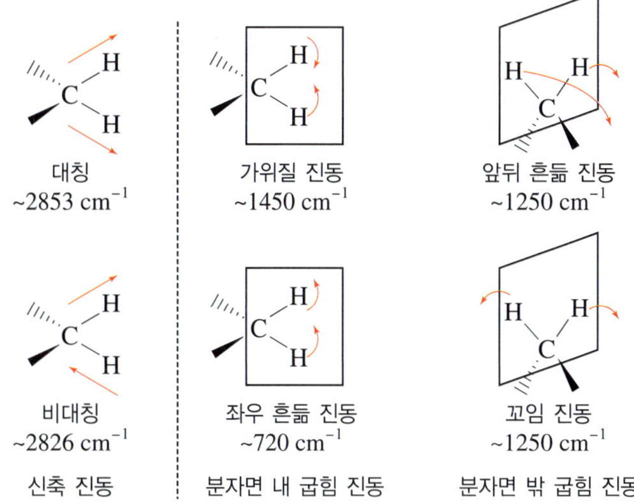

그림 3.6 CH_2의 진동 형태와 종류

■ **IR 스펙트럼은 결합의 진동 에너지와 관련이 있다.**

- IR 스펙트럼의 흡수 파수는 결합의 세기와 원자 질량의 영향을 받는다.
- 혼성화와 콘쥬게이션은 IR 흡수에도 영향을 준다.
- 수소 결합은 IR 신호의 모양에 영향을 준다.

■ **결합의 진동 형태는 크게 신축 진동(stretching vibration)과 굽힘 진동(bending vibration)이 있다(그림 3.6).**

- 신축 진동은 대칭적인 신축 진동과 비대칭적인 신축 진동이 있다.
- **좌우 흔듦**(rocking) 및 **가위질**(scissoring) **진동**은 분자면 안에서 일어나는 굽힘 진동이다.
- **꼬임**(twisting) 및 **앞뒤 흔듦**(wagging) **진동**은 분자면 밖에서 일어나는 굽힘 진동이다.
- 진동 형태에 따라 흡수 파수도 다르다.

■ **적외선(IR) 스펙트럼은 흡수 에너지에 대한 파수(wave number, ν)의 그래프이다.**

- 파수는 파장의 역수(즉 $1/\lambda$이며 cm^{-1} 단위)로 측정한다.
- 파수는 환산 질량에 반비례하고 결합의 세기에 비례한다.

이는 작은 원자일수록 큰 진동수로 진동하고, 따라서 더 높은 파수의 빛을 흡수한다는 것을 의미한다. 아래 예에서 C—H가 가장 높은 파수에서 흡수가 일어난다.

C—H (~3000 cm^{-1}) C—D (~2200 cm^{-1}) C—O (~1100 cm^{-1}) C—Cl (~700 cm^{-1})

또 결합의 세기가 셀수록 큰 진동수로 진동하고 더 높은 파수의 빛을 흡수한다. 예를 들어 탄소와 탄소 사이의 세 가지 결합 형태를 보면 삼중 결합을 하는 C≡C가 가장 큰 파수를 나타낸다.

C≡C (~2150 cm^{-1}) C=C (~1650 cm^{-1}) C—C (~1200 cm^{-1})

IR의 정상적인 범위는 4000~400 cm^{-1}이다. 적외선 스펙트럼에서 모든 진동 흡수띠를 검출할 수는 없다. IR 영역에서 결합의 진동이 분자의 쌍극자 모멘트를 변화시키는 경우에만 에

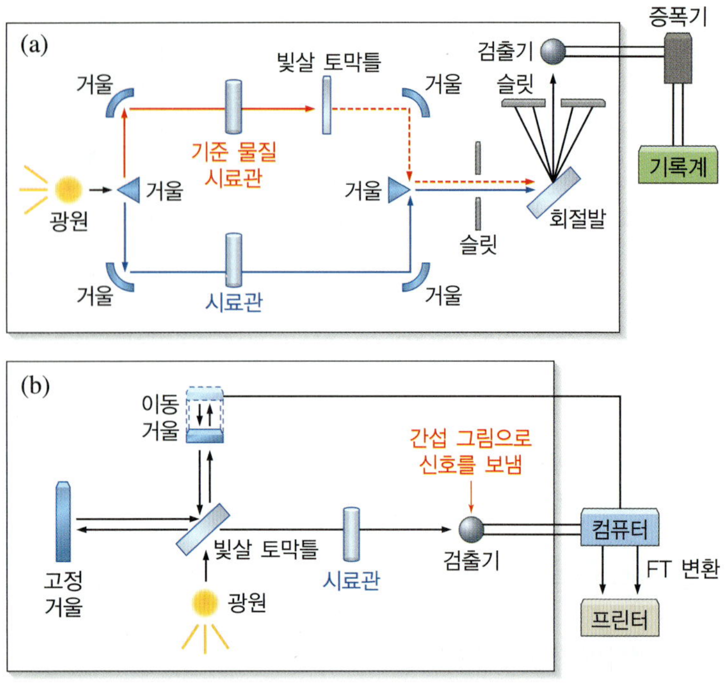

그림 3.7 보급형 IR(a)과 FT-IR (b) 기계의 모식도

너지의 흡수가 일어나고 피크(띠, peak)로 나타낼 수 있다. 대부분의 유기 분자는 가능한 많은 결합의 진동이 있을 수 있다. 복잡한 분자일수록 그 수는 더 증가한다. 결과적으로 분자마다 다른 많은 수의 IR 흡수띠가 관찰된다.

■ **자외선 분광기의 구성(그림 3.7)**

- IR 에너지 원: IR 등을 사용한다.
- 단색화 장치(monochromator)와 거울: 빛살을 단색화하고 빛을 분산시켜 보내기 위해 반사 거울을 사용한다.
- 회절발(diffracting grating): 빛의 파장을 분리한다.
- 빛살 토막틀(beam chopper): 일정한 주기로 빛을 보내는 장치이다.
- 기준 물질/시료 용기: 기준 물질이나 시료를 넣는 용기로, 액체 용기와 기체 용기 그리고 디스크 용기가 다르다. 용기나 디스크를 만드는 물질은 NaCl과 KBr이 주로 사용된다.
- 검출기/증폭기: 검출 장치에서 검출된 신호를 증폭기가 증폭시켜 기록계로 보낸다.
- 기록 장치: 기록지에 스펙트럼을 기록한다.

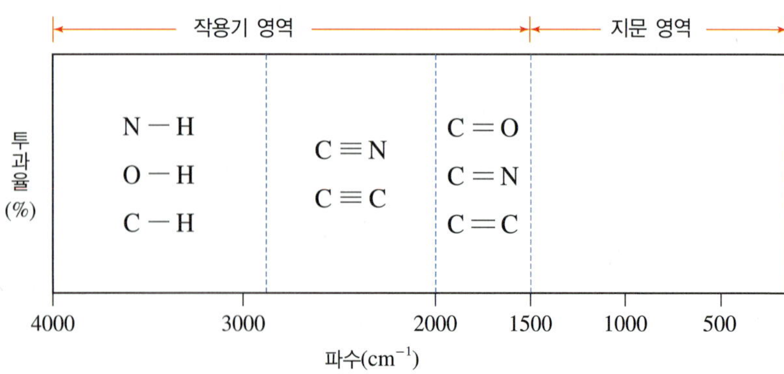

그림 3.8 IR 스펙트럼의 영역 구분

- FT-IR (Fourier Transform IR)에서는 빛살 분할기 (beam splitter)를 이용하고, 검출기 신호는 컴퓨터가 받을 수 있는 간섭그림 (interferogram)으로 보낸다.

■ **자외선 스펙트럼은 통상 두 영역으로 나눈다.**

- 1500 cm^{-1} 이상의 영역은 **작용기 영역** (functional group region) 또는 **진단 영역**(diagonostic region)이라고 한다.
- 1500 cm^{-1} 이하의 영역을 **지문 영역** (fingerprint region)이라고 한다.

작용기 영역은 일반적으로 흡수띠 수가 적지만 대부분 결합의 신축 진동 흡수띠가 나타나므로 작용기 정보를 제공한다.

지문 영역은 대부분의 단일 결합에 의한 신축 및 굽힘 진동 흡수띠가 나타나므로 복잡하여 구분이 어렵지만, 알려진 화합물과 시료 화합물의 비교 확인에서 유용한 영역이다. 만일 두 스펙트럼이 동일하면 두 화합물이 동일 물질이라는 좋은 증거가 된다.

적외선 스펙트럼의 흡수 파수는 결합의 세기와 질량의 함수로 나타내므로 질량이 동일하더라도 결합의 세기가 다르면 흡수 영역이 달라진다.

■ **적외선 스펙트럼에 영향을 미치는 요인들로 혼성화 효과** (hybridization effect), **콘쥬게이션 효과** (conjugation effect) **및 수소 결합을 들 수 있다.**

- C—H의 결합에서 탄소 혼성 오비탈에 *s* 오비탈 성질이 많을수록 결합이 더 강하므로 C_{sp}—H 결합이 C_{sp^2}—H 나 C_{sp^3}—H 보다 더 큰 파수에서 나타난다.
- 콘쥬게이션되어 있는 결합은 흡수 파수에 영향을 미친다.
- 수소 결합을 하면 흡수띠의 모양이 더 넓게 나타난다.

2-Pentanone과 3-penten-2-one은 다같이 C=O 결합을 가지고 있으나 2-pentanone의 C=O 흡수띠는 1720 cm^{-1}이고, 3-penten-2-one의 C=O 흡수띠는 1680 cm^{-1}로 나타난다.

C_{sp^3}—H (~ 2900 cm^{-1}) C_{sp^2}—H (~3100 cm^{-1}) C_{sp}—H (~3300 cm^{-1})

1720 cm^{-1} 1680 cm^{-1}

O O

pentan-2-one 3-penten-2-one

이는 3-penten-2-one의 C=C 결합과 C=O 결합의 콘쥬게이션 효과이다. 한편, 흡수띠의 모양에 영향을 주는 요인으로 **수소 결합** (hydrogen bond)을 들 수 있다. 이는 OH 결합을 가지고 있는 알코올 (ROH)과 카복실산 (RCOOH)에서 잘 나타난다. OH 기가 수소 결합을 하면 수소 결합을 하지 않을 때보다 흡수 신호가 더 넓게 나타난다. 이는 시료 중에 있는 OH 기가 수소 결합에 참여하는 정도가 각각 다르기 때문이다. 만일 **시료 알코올을 다른 용매로 묽혀서 적외선 스펙트럼을 찍으면 수소 결합을 하지 않은 OH 기가 3600 cm^{-1} 부근에서 작고 좁은 신호로 나타난다** (그림 3.9 (b) 및 (c) 참조). 카복실산의 OH 신호도 매우 넓은 영역으로 나타난다 (그림 3.9 (d) 참조).

OH 기를 포함하는 화합물의 적외선 스펙트럼에서 수소 결합을 하지 않는 OH 기의 흡수띠가 나타나면 이 화합물은 분자 간 수소 결합을 하고 있음을 알 수 있다.

■ **분자 내에 존재하는 작용기들이 특정 IR 영역에서 상응하는 흡수띠를 나타내므로 분자에 존재하는 작용기의 확인에 특히 유용하다.** 여러 가지 흡수띠나 작용기의 존재 여부를 확인하는 데 IR 스펙트럼 자료 표를 이용할 수도 있다.

예를 들어 알데하이드의 카보닐 흡수띠는 1690~1740 cm^{-1} 영역에서 나타나고, 반면에 에스터의 카보닐기 흡수띠는 1735~1750 cm^{-1} 영역에서 나타난다.

표 3.2 중요한 작용기들의 IR 흡수 영역

결합 종류		진동수 (파수, cm^{-1})	결합 종류		진동수 (파수, cm^{-1})
C−H	알케인	3000~2850	**O−H**	알코올, phenol 수소 결합	3400~3200
	알켄	3100~3000		비수소 결합	3650~3600
	알카인	~3300		카복실산	3400~2400
	방향족	3150~3050	**N−H**	1차, 2차 아민과 아마이드	3500~3100
	알데하이드	2900~2800	**C−N**	아민	1350~1000
C=C	알켄	1680~1600	**C=N**	이민, 옥심	1690~1640
	방향족	1600 및 1475	**C≡N**	나이트릴	2260~2240
C≡C	알카인	2250~2100	**X=C=Y**	알렌, 케텐, 아이소사이아네이트, 아이소싸이오사이아네이트	2270~1940
C=O	알데하이드	1740~1720	**N=O**	나이트로 (RNO_2)	1550 및 1350
	케톤	1725~1705	**S−H**	머캅탄	2550
	카복실산	1725~1700	**S=O**	설폭사이드	1050
	아마이드	1680~1630	**SO_2−Y** (Y=R, Cl, NH_2)	설폰, 설폰일클로라이드, 설폰아마이드	1375~1300 및 1350~1140
	에스터	1750~1735			
	산 무수물	1810 및 1760	**C−F**	플루오린화물	1400~1000
	산 염화물	1800	**C−Cl**	염화물	785~540
C−O	알코올, 에터, 에스터, 카복실산, 산 무수물	1340~1000	**C−Br(I)**	브로민화물, 아이오딘화물	<667

미지 시료의 IR 스펙트럼은 위와 같은 IR 자료 표를 이용하여 다음과 같은 순서로 읽으면 편리하다.

■ 미지 시료의 IR 스펙트럼 읽는 방법

- **1단계:** C=O 작용기의 강한 흡수 신호가 1820~1630 cm^{-1} 영역에 나타나는가를 확인한다.
- **2단계:** 만일 C=O 작용 신호가 있으면, 다음 신호를 확인하여 작용기 구조를 예측한다.
  ① O−H 신호가 있는가? 있으면 카복실산(RCOOH)이다.
  ② N−H 신호가 있는가? 있으면 아마이드(RCONHR)이다.
  ③ C−O 신호가 있는가? 있으면 에스터(RCOOR)이다.
  ④ 또 다른 C=O 신호가 있는가? 있으면 산 무수물(RCOOOCR)이다.
  ⑤ 알데하이드 C−H가 있는가? 있으면 알데하이드(RCHO)이다.
  ⑥ 다른 작용기 신호가 없으면 케톤(RCOR)이다.
- **3단계:** 만일 C=O 신호가 없으면 다음 신호를 확인하여 작용기 구조를 예측한다.
  ① O−H 신호가 있는가? 있으면 알코올(ROH)이다.

② N—H 신호가 있는가? 있으면 아민(RNHR)이다.
③ C—O 신호가 있는가? 있으면 에터(ROR)이다.
④ C≡X(X=N, C) 삼중 결합 신호가 있는가? 있으면 나이트릴(RCN) 또는 알카인(RC≡CR)이다.
⑤ C=C 결합 신호가 있는가? 있으면 알켄 또는 방향족 탄화수소이다.
⑥ 1600~1530 cm^{-1} 영역과 1390~1300 cm^{-1} 영역에 신호가 있는가? 있으면 나이트로(RNO_2) 화합물이다.
⑦ 특별한 다른 작용기 신호가 없으면 알케인(RH)이다.

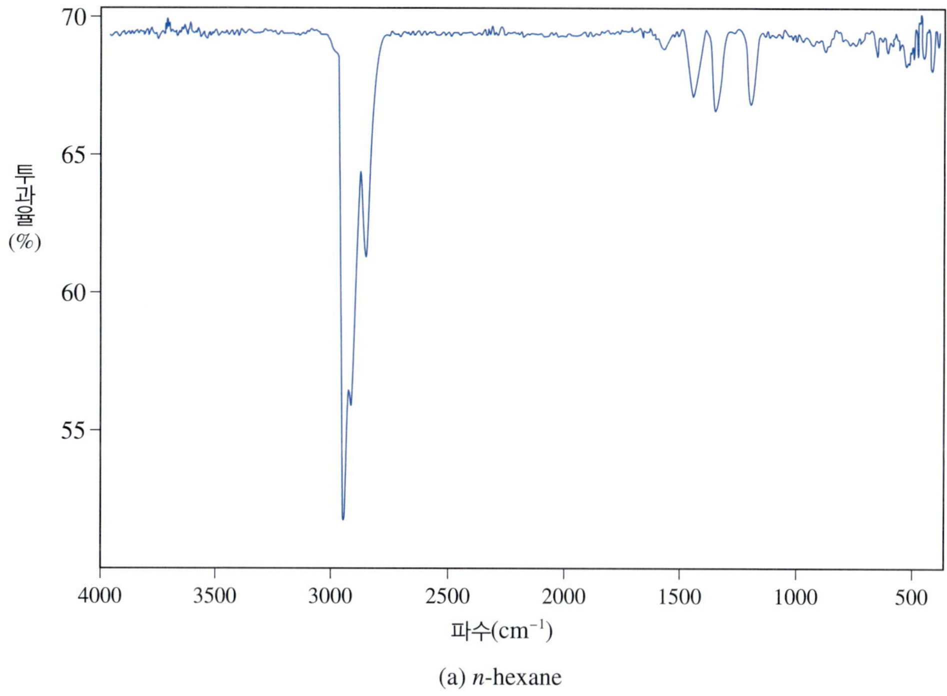

(a) *n*-hexane

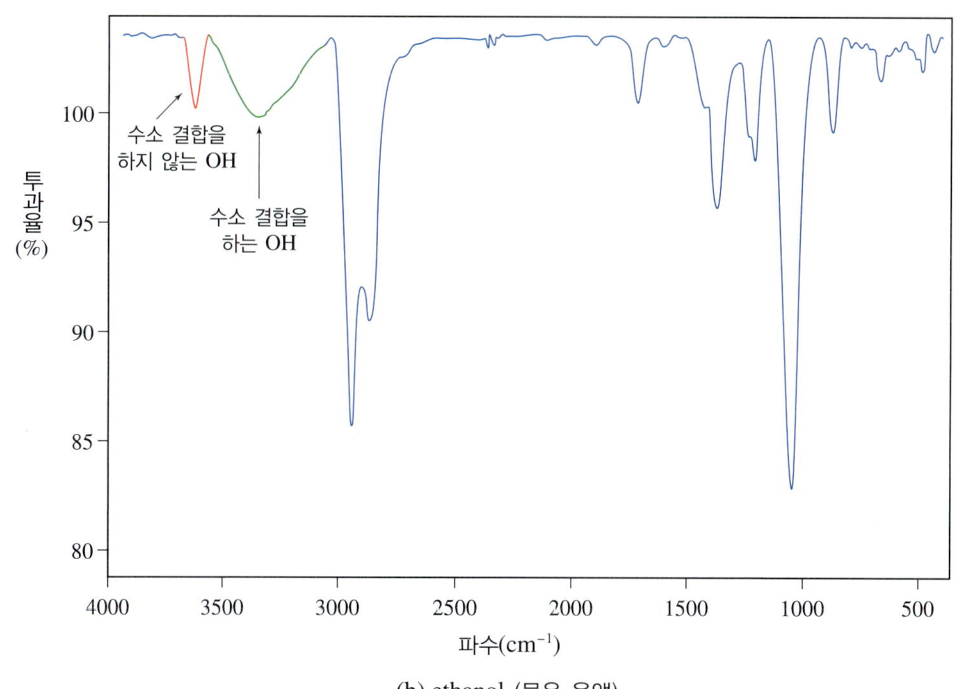

(b) ethanol (묽은 용액)

그림 3.9 몇 가지 물질의 IR 스펙트럼 (계속)

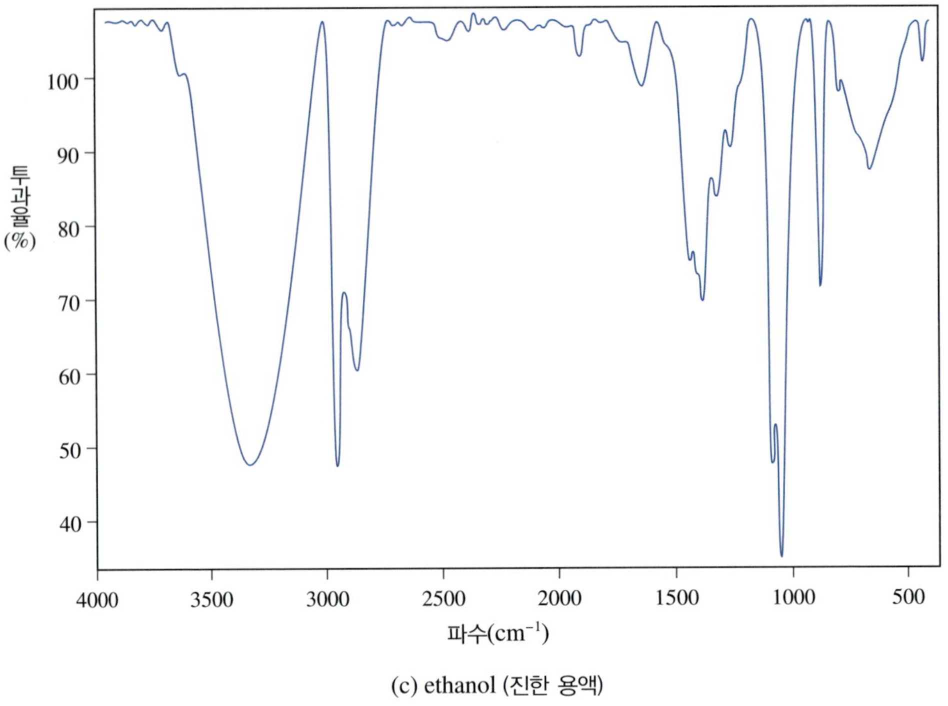

(c) ethanol (진한 용액)

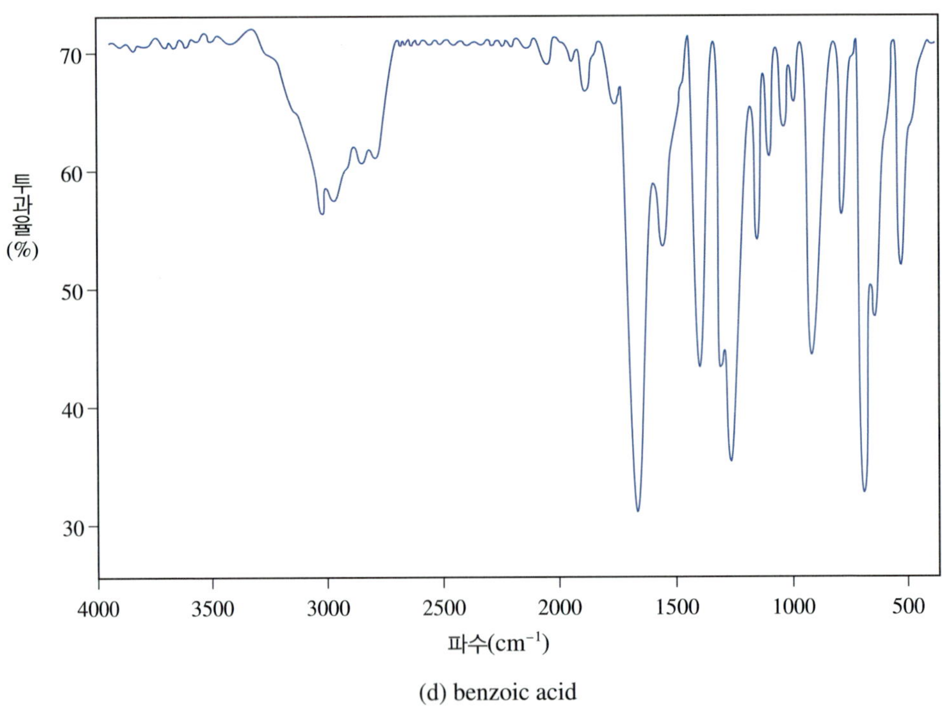

(d) benzoic acid

그림 3.9 몇 가지 물질의 IR 스펙트럼 (계속)

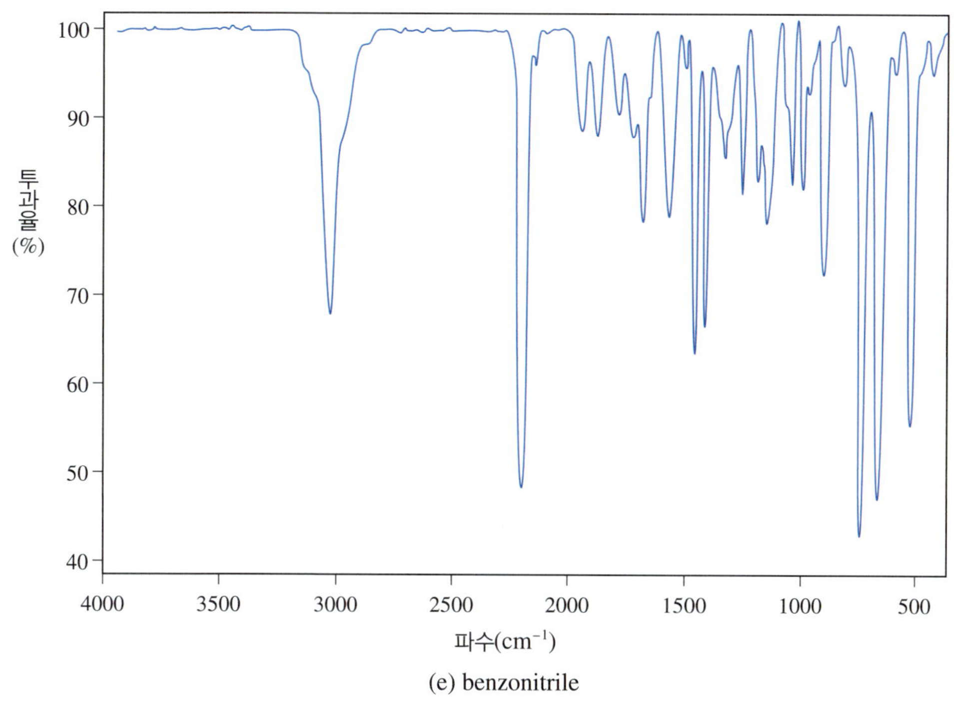

그림 3.9 몇 가지 물질의 IR 스펙트럼

3.3 핵자기 공명 분광법

오랫동안 유기 화학자들은 다양한 탄소 화합물들의 구조를 간단히 알아낼 수 있는 방법을 기대해 왔다. 1930년 후반 핵자기 공명 현상을 관찰하여 이를 바탕으로 유기 분자의 탄소 골격과 수소 배치를 알 수 있는 **핵자기 공명 분광법**(nuclear magnetic resonance spectroscopy, NMR)이 개발되었다. 모든 분광법 중에서 핵자기 공명 분광법은 구조 결정과 유기 분자의 입체 화학을 결정하고 이해하는 데 가장 많은 정보를 제공하며, 실제로 복잡한 분자 구조는 NMR과 IR 및 질량 분석기(mass spectrometer) 자료를 종합하여 확인한다.

NMR 분광법은 전자기 복사선과 원자 핵 사이의 상호 작용을 이용한다. NMR 스펙트럼에서 각 신호의 위치는 신호를 유발하는 양성자의 전자적 환경을 나타내며, 스펙트럼 신호의 면적은 신호를 유발하는 양성자의 수에 비례한다. 또한 NMR 스펙트럼 신호의 모양은 이웃한 양성자 수에 대한 정보를 제공한다.

- **NMR 분광법은 전자기 복사선과 원자 핵 사이의 상호 작용을 이용한다.**
  - 원자핵이 홀수의 양성자나 중성자를 가지고 있으면 양자화된 핵 스핀 각운동량(nuclear spin angular momentum)을 가진다.
  - 핵 스핀 양자수(nuclear spin quantum number)가 '영(0, zero)'이 아닌 핵들은 NMR 스펙트럼에서 각각에 해당하는 신호를 만들어 낸다.
  - NMR에서 ^{1}H, ^{13}C, ^{15}N, ^{19}F 및 ^{31}P 등이 활용되며 ^{1}H과 ^{13}C NMR 분광법이 유기 화학에서 가장 많이 이용된다. ^{1}H과 ^{13}C은 핵 스핀 양자수가 $\frac{1}{2}$이며 $+\frac{1}{2}$과 $-\frac{1}{2}$의 스핀 상태가 있다.
- **시료 용액에 적당한 자기장을 쪼이면 핵의 스핀이 회전(이 운동을 세차 운동(precession motion)이라고 한다)하는 데 필요한 각운동량 에너지를 흡수하여 스핀 배향이 달라진다.**

외부 자기장 없음
자석 방향이 제멋대로
배열되어 있다.

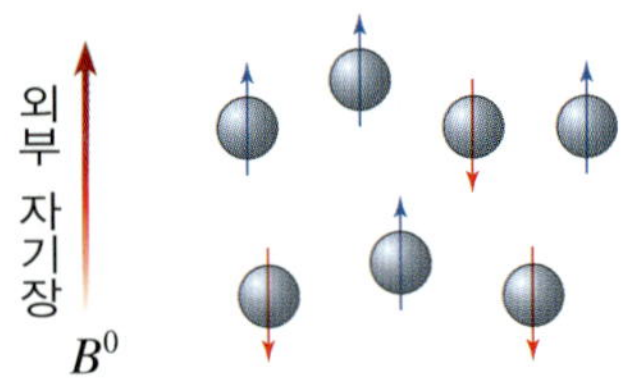

외부 자기장 있음
자석 방향이 B^0와 같은 방향 또는
반대 방향으로 재배열된다.

그림 3.10 외부 자기장에 의한 핵 스핀의 뒤집힘

- 낮은 에너지를 가진 라디오파(RF파라고 한다)가 분자와 만나면 ^{1}H과 ^{13}C를 비롯한 몇 가지 핵의 스핀 상태를 변화시킨다.
- 자기장 속에서 양성자는 두 가지 에너지 상태$\left(+\frac{1}{2}:\ -\frac{1}{2}\right)$로 존재한다.
- 핵이 외부 자기장(B^0)과 같은 방향으로 배열하면 에너지 상태가 낮다.
- 핵이 외부 자기장(B^0)과 반대 방향으로 배열하면 에너지 상태가 높다.

예를 들어 어떤 유기 분자 시료에 60 MHz의 자기장을 쪼여 주면 $+\frac{1}{2}$ 스핀의 양성자가 $-\frac{1}{2}$ 스핀으로 뒤집힌다. 즉 $+\frac{1}{2}$ 스핀을 가지는 양성자의 세차 운동에 필요한 복사선은 60 MHz이다. NMR에서는 이때 흡수하는 파장을 신호(스펙트럼)로 나타낸다.

- **세차 운동에 필요한 파장과 외부 자기장의 파장이 일치할 때만 흡수되고, 스핀이 회전하므로 이때 원자핵이 외부 자기장과 '공명(resonance)'을 일으킨다고 말한다.**
  - 외부 자기장(B^0)의 크기는 tesla(테슬라, T) 단위로 나타낸다.
  - 공명을 일으키는 데 사용된 전자기 복사선의 진동수는 ν, Hz 또는 MHz(1 MHz = 10^6 Hz)로 나타낸다.

- **공명을 일으키는 데 필요한 진동수(ν)와 외부 자기장(B^0)의 세기는 서로 비례한다.**

$$\nu \propto B^0$$

  - 외부 자기장(B^0)의 세기가 커지면 두 스핀 간의 에너지도 커지고, 그에 따라 공명을 일으키는 데 필요한 진동수(ν)도 높아진다. 이런 이유로 화학적 이동값(δ, ppm)을 도입하여 신호 세기를 표기한다.
  - 양성자의 경우 외부 자기장(B^0)이 1.4 T이면 공명을 위한 RF는 60 MHz이어야 하고, B^0가 7.05 T이면 공명을 위한 RF는 300 MHz이어야 한다.

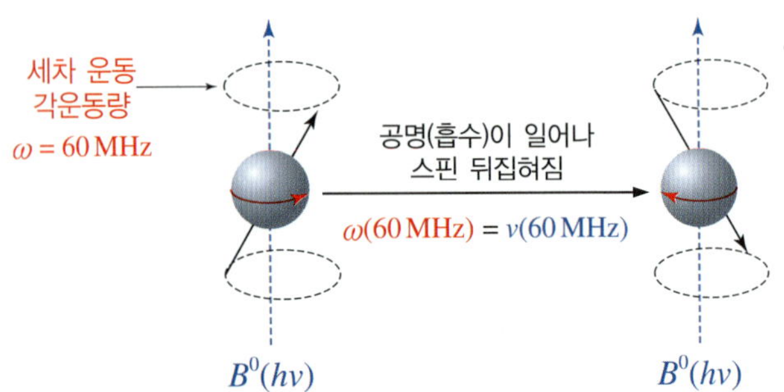

그림 3.11 핵자기 공명 과정: $\nu = \omega$일 때만 흡수가 일어난다.

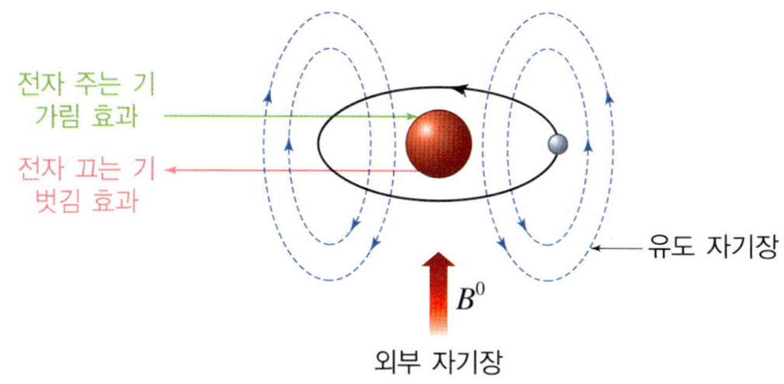

그림 3.12 유도 자기장의 가림 효과

분자 내에 있는 모든 양성자가 같은 주파수를 흡수할 것으로 예상하지만, 각 양성자의 주위에 분포된 전자 밀도가 다르고 이들로부터 유도되는 유도 자기장(induced field)이 외부 자기장이 핵에 도달하는 것을 방해하는 정도 또한 각기 다르다.

- **핵 주위 전자에 의해 생기는 유도 자기장이 외부 자기장이 핵에 도달하는 것을 방해하는 효과를 가림 효과(shielding effect)라고 한다.**
  - 가림 효과는 핵 주위의 전자 밀도의 영향을 받는다.
  - 수소가 결합된 탄소에 전자를 밀어주는 치환기가 있으면 수소 핵 주변의 전자 밀도는 증가하고, 따라서 유도 자기장도 증가하며 가림 효과도 증가한다.
  - 수소가 결합된 탄소에 전자를 당기는 치환기가 존재하면 수소 핵 주변의 전자 밀도는 감소하고, 따라서 유도 자기장의 세기도 감소하며 가림 효과도 감소한다.
  - 가림 효과의 반대 효과는 **벗김 효과**(deshielding effect)라고 한다.

분자 내의 여러 수소가 각기 다른 화학적 환경 속에 있게 되면(비동등 수소라고 한다) 가림 효과나 벗김 효과의 크기가 다르므로 각각 다른 화학적 이동값을 나타낸다.

- **자기장의 세기가 공명하는 작동 주파수를 결정하게 된다.**

NMR에서는 강한 자기장은 물론 전자기 복사선의 공급원도 필요하다. 쪼여 주는 자기장은 핵의 두 스핀 상태를 분리시켜 두 스핀 사이에 에너지 차이(ΔE)가 나게 한다. 이 에너지 간격은 가해지는 외부 자기장의 크기에 의존한다. 만일 자기장의 세기가 7.05 테슬라(tesla)인 것을 사용하면 분자 내 모든 수소들은 300 MHz 근처에서, 11.75 테슬라인 것을 사용하면 500 MHz 근처에서 공명할 것이다.

사용하는 주파수가 7.05 테슬라이면 300 MHz NMR이라고 하고, 11.75 테슬라를 이용하면 500 MHz NMR이라고 한다. 자기장의 세기는 통상 가우스(gauss)로 측정하며 1 tesla = 10,000 gauss이다.

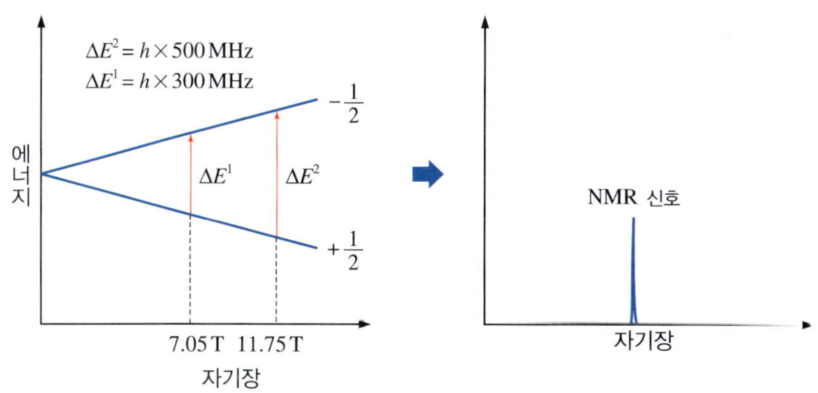

그림 3.13 자기장 세기와 스핀 상태 사이의 에너지 관계

시료관
RF(60 MHz) 발진기
RF 검출기
기록계
자석 N극
자석 S극
조절 가능한 자기장

그림 3.14 NMR 분광기의 기본 구조 모식도

- **NMR 기기의 기본 구성 (그림 3.14)**
    - 자석: 자기장 형성에 이용한다. 초기에는 천연자석을 사용하였으나 오늘날에는 전자석을 사용한다.
    - RF 발진기: RF 발생 장치이다.
    - RF 검출기: 라디오파 신호를 검출한다.
    - 시료관: 시료관은 원통형이며 기기 내에서는 회전시켜 자기장 노출을 고르게 한다.
    - 기록계: 스펙트럼을 그린다. 스펙트럼에는 화학적 이동값(δ, ppm), 피크 적분값, 신호 갈라짐 모양이 기록된다.

- **NMR의 용매는 혼란을 피하기 위해 용매 분자의 양성자(H)를 모두 중수소(D)로 바꾸어 사용한다.**

NMR 용매 분자에서 중수소(D)로 치환된 수소의 수를 화합물 이름 끝에 하이픈(-)을 긋고 d_n식으로 표기한다.
예 acetone-d_6

- 흔히 사용하는 NMR 용매

Cl_3CD	Cl_2CD_2	$N{\equiv}CCD_3$	DOD
chloroform-d	methylene chloride-d_2	acetonitrile-d_3	deuterium oxide

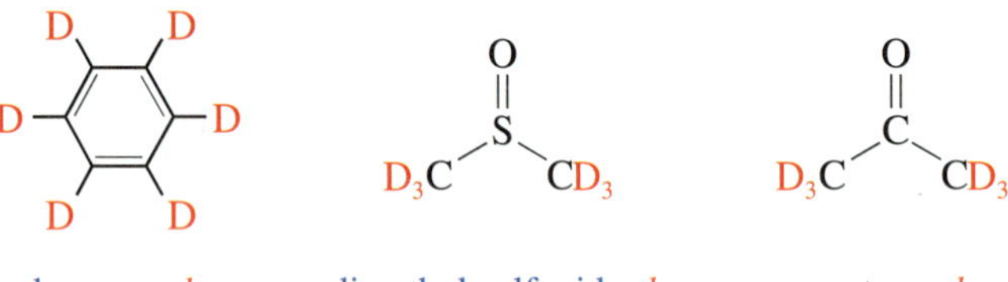

benzene-d_6 dimethyl sulfoxide-d_6 acetone-d_6

- **화학적 이동값**(chemical shift, δ, ppm)**은 표준 기준 물질 TMS와 시료의 가려막기 차이를 나타낸다.**
    - NMR에서 사용하는 가장 보편적인 **표준 기준 물질**(standard reference substance)은 tetramethylsilane($(CH_3)_4Si$, TMS)이다. 이 표준 기준 물질의 신호를 기준, 0으로 하고 TMS의 가림 효과와 시료의 가림 효과의 차이를 신호로 그려 나타낸다.
    - TMS는 시료를 녹이는 중수소화된 용매에 녹여서 사용하므로 **내부 기준 물질**(internal reference substance)이라고 한다.
    - 화학적 이동값(δ)은 오른쪽에서 왼쪽으로 가면서 증가한다.
    - 화학적 이동값(δ)의 상대적 위치는 **높은 장**(upfield; 오른쪽) 및 **낮은 장**(downfield; 왼쪽)을 의미한다.

그림 3.13과 같이 외부 자기장에 따라 공명하는 작동 주파수도 변하므로 보다 객관적인 자료로 만들 필요가 있다. 이런 문제를 해결하기 위해 가림 효과가 가장 큰 물질을 기준으로 삼아 상대적인 가림 효과 차이로 스펙트럼을 그리도록 고안하였다.

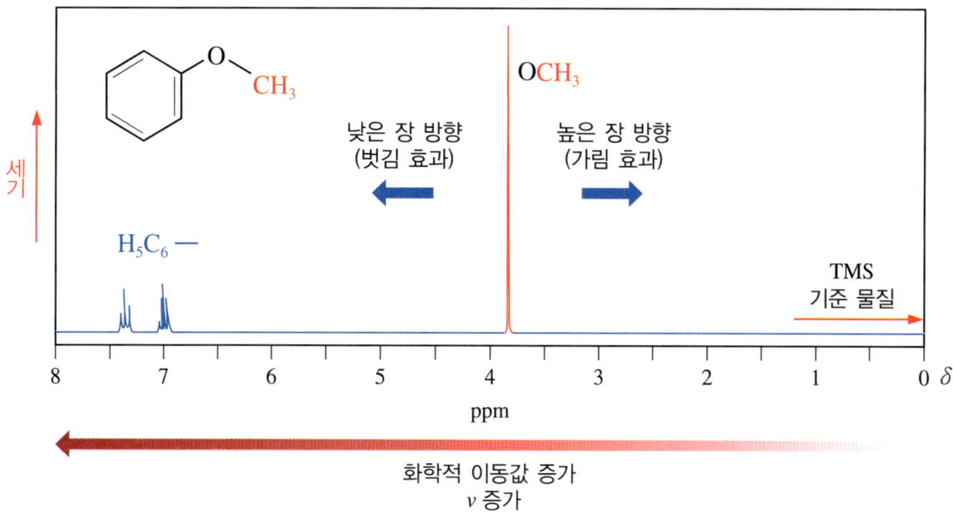

그림 3.15 Methoxybenzene의 NMR 도표. TMS 기준 물질로 가까워지는 장을 높은 장, 멀어지는 장을 낮은 장이라고 한다.

보통은 δ 값이 양(+)의 값을 가지지만, 어떤 화합물의 경우는 음(−)의 값을 나타내기도 한다.

$$\delta\,(\text{ppm}) = \frac{\text{TMS로부터의 이동값(Hz)}}{\text{분광기 진동수}(\nu)\,(\text{MHz})}$$

> TMS의 Si−C 결합에서 Si는 전자를 밀어내는 경향이 있어 전자를 methyl 기 쪽으로 밀어낸다(유발 효과). 이 효과로 methyl 기에 있는 양성자가 높은 전자 밀도를 가지게 되어 가림 효과가 크게 되며, 결국 대부분의 유기 분자의 주요한 NMR 신호보다 더 작은 화학적 이동값을 나타내므로 기준 물질로 이용한다.

> 화학적 이동값은 TMS 피크 신호를 $\delta = 0$(ppm)으로 나타내지만, TMS를 적게 사용하거나 시료관을 오래 열어두면 휘발되어 기준 피크가 스펙트럼에 나타나지 않을 때도 있다.

> 순수한 TMS만을 팔기도 하고, NMR 용매 중에 일정 양을 포함시켜 팔기도 한다.

■ **화학적 이동값 계산의 예**

CH_3Br의 양성자 신호가 60 MHz에서 TMS로부터 162 Hz 이동하였다면 δ 값은 2.70 ppm이다.

$$\delta = \frac{\text{TMS로부터 신호까지 이동한 Hz 값}}{\text{외부 자기장 MHz}}$$

$$\delta = \frac{162\ \text{Hz}}{60\ \text{MHz}} = 2.70\ \text{ppm}$$

■ **^{1}H NMR 스펙트럼의 신호는 다음과 같은 3가지 특징을 갖는다.**

- 스펙트럼 상의 신호의 위치(화학적 이동값)는 해당하는 양성자 주위의 전자적 상황을 나타낸다.
- ^{1}H NMR의 각 신호의 면적은 신호를 유발하는 양성자의 수에 비례한다.
- ^{1}H NMR에서 각 신호의 갈라짐 형태는 이웃 탄소의 양성자 수에 대한 정보를 제공한다.

■ **특정 전자 환경에 놓인 양성자의 화학적 이동값에 대한 상대적인 위치를 예측할 수 있어 유용하다.**

■ 화학적 이동값은 **유발 효과**(inductive effect), **혼성화 효과**(hybridization effect), **수소 결합**(hydrogen bond) 및 **자기적 비등방성**(magnetic anisotropy)의 영향을 받는다.

- 유발 효과가 화학적 이동값에 영향을 준다. 유발 효과는 양성자를 가진 탄소에 결합된 치환기의 전기 음성도 효과에 의해 일어난다.
  - ▸ 전자 주는 기는 가림 효과를 크게 한다(작은 δ 값).
  - ▸ 전자 끄는 기는 벗김 효과를 증가시킨다(큰 δ 값).

표 3.3 대표적인 양성자의 화학적 이동값

양성자 종류	화학적 이동값(ppm)	양성자 종류	화학적 이동값(ppm)
$C_{sp^3}-H$	0.9~2.0	$R_2C=CR-H$ (vinyl H)	4.5~6.0
RCH_3 (1°) (1° alkane)	~0.9	Ph−H (benzene)	6.5~8.0
R_2CH_2 (2°) (2° alkane)	~1.3	RC(=O)−H (aldehyde)	9.0~10.0
RC_3H (3°) (3° alkane)	~1.7	RC(=O)O−H (carboxylic acid)	10.0~12.0
(N, O, C=) CR−$(R_2)C_\alpha-H$ (N=C, O=C, C=C의 α-H)	1.5~2.5	RO−H (alcohol)	1.0 ~ 5.0
RC≡C−H (alkyne)	~2.5	R_2N-H (amine)	1.0~5.0
$R_2(N,O,X)C_{sp^3}-H$ (N, O, X 원자를 가진 C−H)	2.5~4.0		

따라서 화학적 이동값은 이웃한 치환기를 예측하는 데 유용한 정보이다.

표 3.4 몇 가지 CH_3X의 전기 음성도와 화학적 이동값

화합물	CH_3F	CH_3OH	CH_3Cl	CH_3Br	CH_3I	CH_4	$(CH_3)_4Si$
원소(X)	F	O	Cl	Br	I	H	Si
원소 X의 전기 음성도	4.0	3.5	3.1	2.8	2.5	2.1	1.8
CH_3의 화학적 이동값 (δ, ppm)	4.26	3.40	3.05	2.68	2.16	0.23	0

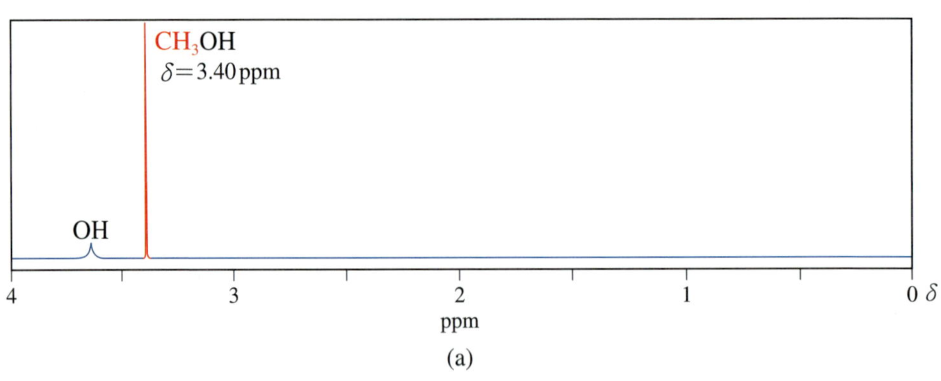

(a)

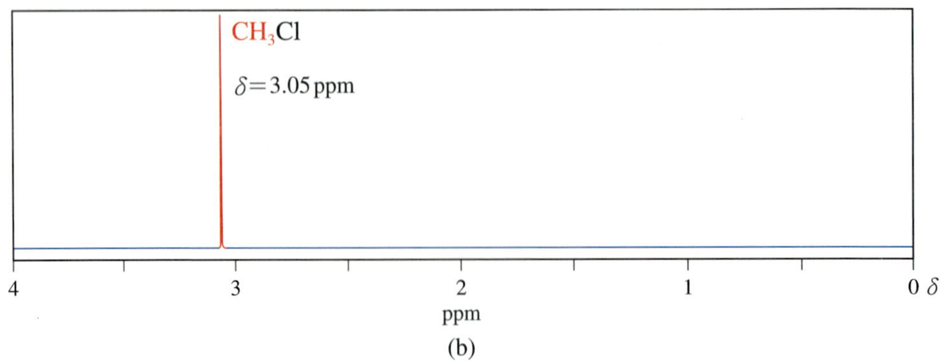

(b)

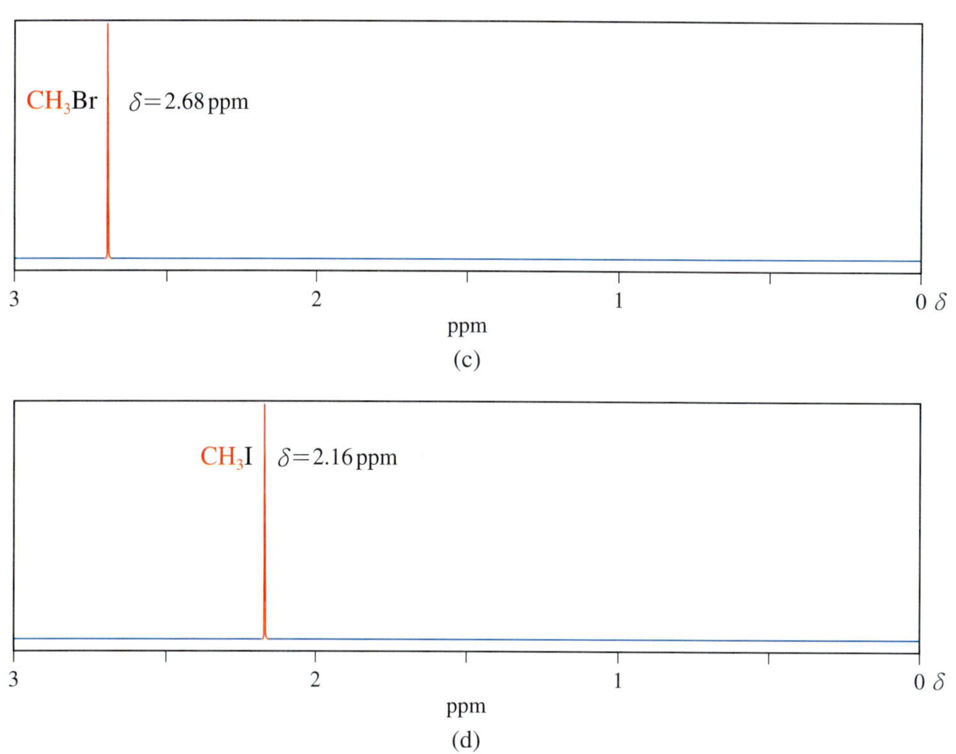

그림 3.16 (a) Methyl alcohol, (b) methyl chloride, (c) methyl bromide (d) methyl iodide NMR 스펙트럼

- 탄소 원자의 혼성화는 화학적 이동값에 영향을 준다(혼성화 효과).
- C—H 결합의 화학적 이동값은 알킬 치환기가 많을수록 커진다.

탄소의 혼성화에 따른 양성자의 화학적 이동값은 TMS로부터 C_{sp^3}—H($\delta = 0\sim2$ ppm) < C_{sp}—H ($\delta = 2\sim3$ppm) < C_{sp^2}—H ($\delta = 4.5\sim7$ ppm)의 순으로 나타난다. C_{sp}—H보다 C_{sp^2}—H의 양성자 화학적 이동값이 예상하는 값보다 더 큰 것은 **자기적 비등방성 효과** 때문이다.

- 수소 결합은 화학저 이동값에 영향을 미친다. 수소 결합을 하는 양성자와 하지 않는 양성자 주위의 전자 밀도가 달라서 가림 효과 또한 다르다.

이러한 현상은 카복실산(RCOOH), 알코올(ROH)과 아민(RNH_2) 등에서 나타나며, 카복실산은 공명 효과와 산소의 전기 음성도 효과로 보통 10~12 ppm에서 신호를 나타낸다. 알코올과 아민류의 양성자는 수소 결합에 의해 벗김 효과를 받게 되어 수소 결합을 하지 않는 ROH보다 더 큰 벗김 효과를 받으며, 양성자의 용매 분자와의 교환 성질 때문에 신호가 매우 넓은 범위에서 나타난다.

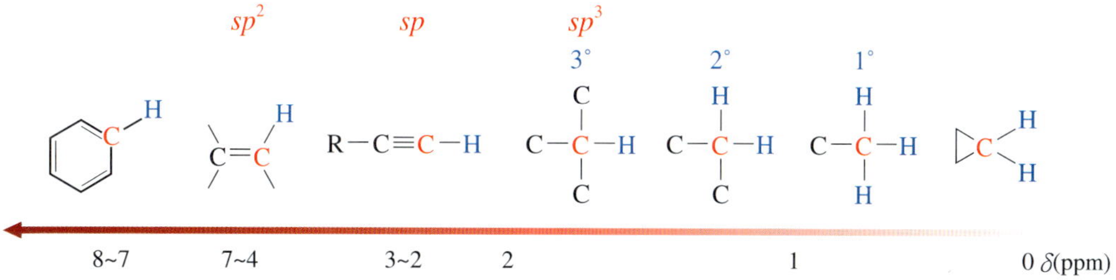

그림 3.17 탄소의 혼성화에 따른 양성자의 화학적 이동값 변화

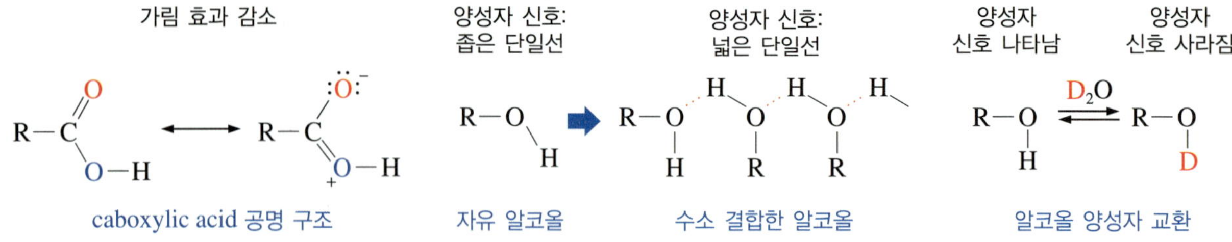

그림 3.18 카복실산의 공명 구조와 수소 결합 및 수소-중수소 교환

- **알코올 같은 산성 양성자들은 D_2O (중수)로 처리하면 H와 D (중수소)의 상호 교환이 일어난다.**
  - H가 D로 교환되면 NMR 스펙트럼에서 양성자 신호가 나타나지 않는다.
  - 중수소 교환을 이용하면 OH 또는 NH_2 양성자 신호 존재 여부를 알아볼 수 있다. 초기 시료의 NMR 스펙트럼에서 나타나던 OH, SH 및 NH_2 양성자 신호가 D_2O를 넣고 흔들어 스펙트럼을 찍으면 OH와 NH_2의 양성자는 사라지거나 작아진다.
- **자기적 비등방성 효과 (magnetic anisotropic effect) 도 화학적 이동값에 영향을 미친다.**
  - 자기적 비등방성은 인접한 파이 (π) 전자들의 운동에 의해 유발된다.
  - 자기적 비등방성은 가림 효과를 증가시킬 수도 있고, 감소시킬 수도 있다.
  - 방향족 양성자의 자기적 비등방성 효과는 유발 효과보다 훨씬 크다.

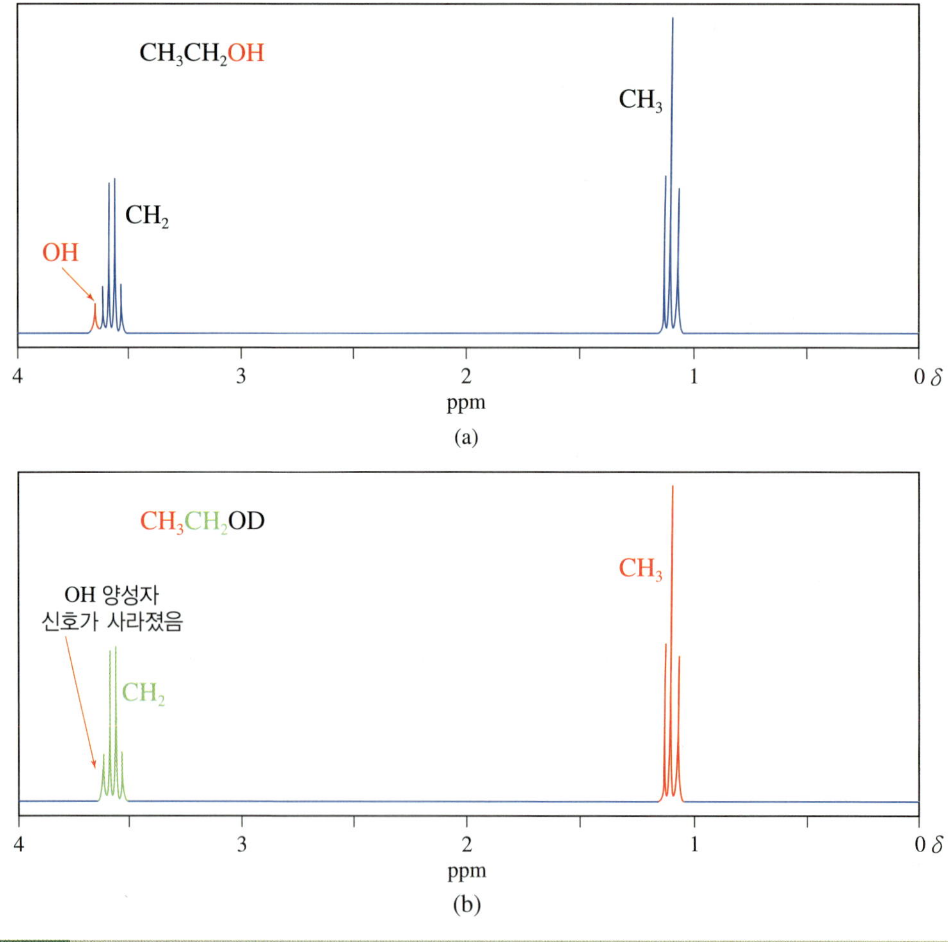

그림 3.19 (a) CH_3CH_2OH (ethanol)과 (b) CH_3CH_2OD (ethanol−*d*)의 NMR 스펙트럼

H는 B^0와 B^i의 방향이 동일한 위치에 있어 벗김 효과를 받는다.

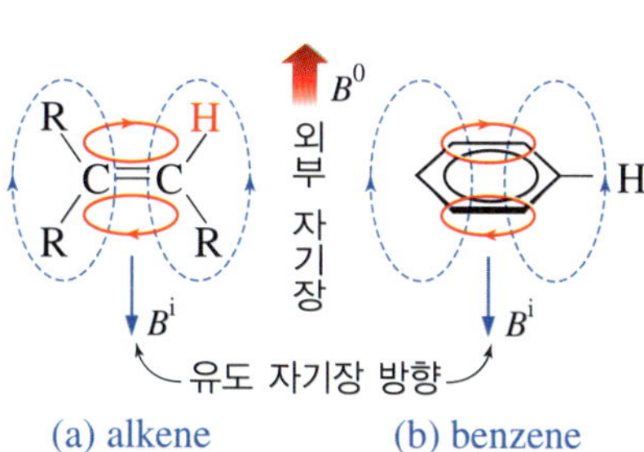

H는 B^0와 B^i의 방향이 반대 위치에 있어 가림 효과를 받는다.

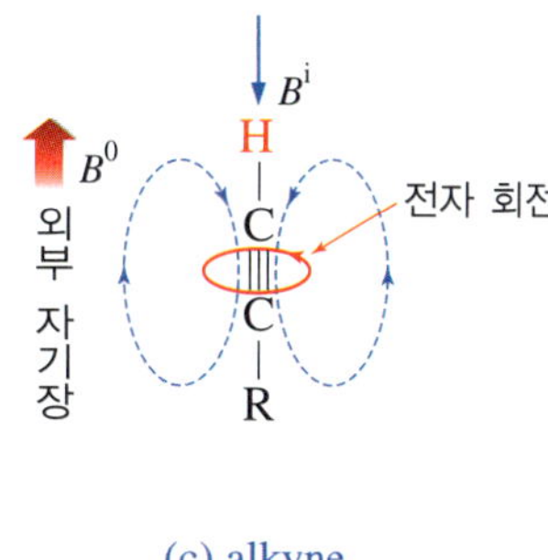

그림 3.20 (a) 알켄, (b) benzene 및 (c) 알카인의 자기적 비등방성 효과

예를 들어 그림 3.20(b)에서처럼 benzene을 강한 자기장 속에 노출시키면 benzene의 파이 전자들을 회전시키고 이러한 전자의 흐름이 새로운 유도 자기장을 발생시킨다. 이렇게 생성된 유도 자기장의 흐름은 쪼여 주는 외부 자기장과 동일 방향일 수도 있고 반대 방향일 수도 있다. 즉 일정 구역에서 자기장의 성질이 서로 다르므로 이들을 **비등방적**(anisotropic)이라고 한다.

- **자기장의 흐름 방향이 다른 유도 자기장은 외부 자기장이 양성자 핵에 도달하는 것을 방해한다.**
  - 유도 자기장의 방향이 외부 자기장 방향과 반대이면 가림 효과를 증가시킨다.
  - 유도 자기장의 흐름 방향이 외부 자기장 방향과 같으면 가림 효과가 감소된다. 즉 벗김 효과가 증가한다.

- **Benzene의 양성자들은 이 자기적 비등방성 효과에 의해 강한 벗김 효과를 받으므로 대략 $\delta = 7$ ppm 부근에서 신호를 나타낸다.**
  - **방향족 양성자의 자기적 비등방성 효과는 유발 효과보다 훨씬 크다.**
  - 이러한 자기적 비등방성 효과는 C=O 및 C≡C 같은 결합에서도 관찰되며 그 효과는 서로 다르다.

- **양성자 NMR 신호의 수는 각기 다른 전자적 환경에 놓여 있는 분자 내 양성자의 종류를 나타낸다.**
  - 동일한 전자적 환경에 있는 양성자들을 '**화학적으로 동일**(chemically equivalent)'하다고 말한다.
  - 화학적 환경이 동일하면 화학적 이동값이 동일하다.

예를 들어 propane($CH_3CH_2CH_3$)에서 두 methyl(CH_3)기의 양성자는 모두 동등하며 양성자의 화학적 환경이 동일하므로 신호 분리가 일어나지 않는다. 또한 CH_2의 양성자의 경우도 그렇다.

CH_3—R에서 CH_3의 세 개 H는 왜 화학적으로 동일한가? C—R 및 C—H 단일 결합은 매우 빠르게 회전한다. 따라서 CH_3에 있는 각각의 C—H 결합을 구분하기에는 NMR 기계 속도가 너무 느리다. 결국 NMR로부터 얻는 화학적 이동값은 세 개의 C—H의 평균값이다. 그러나 화학적 환경이 다른 양성자들의 신호는 구조를 분별하기에 충분한 차이로 나타난다.

- **화학적 환경이 다른 이웃한 탄소의 양성자가 신호를 분리시킨다.**
  - NMR 스펙트럼에서 신호들의 갈라짐 현상은 이웃한 탄소의 H 개수를 알려준다.
  - 신호의 피크 갈라짐을 **다중도**(multiplicity)라고 하며, 피크가 하나이면 **단일선**(singlet, *s*), 두 개이면 **이중선**(doublet, *d*), 셋이면 **삼중선**(triplet, *t*) 등으로 구분한다.

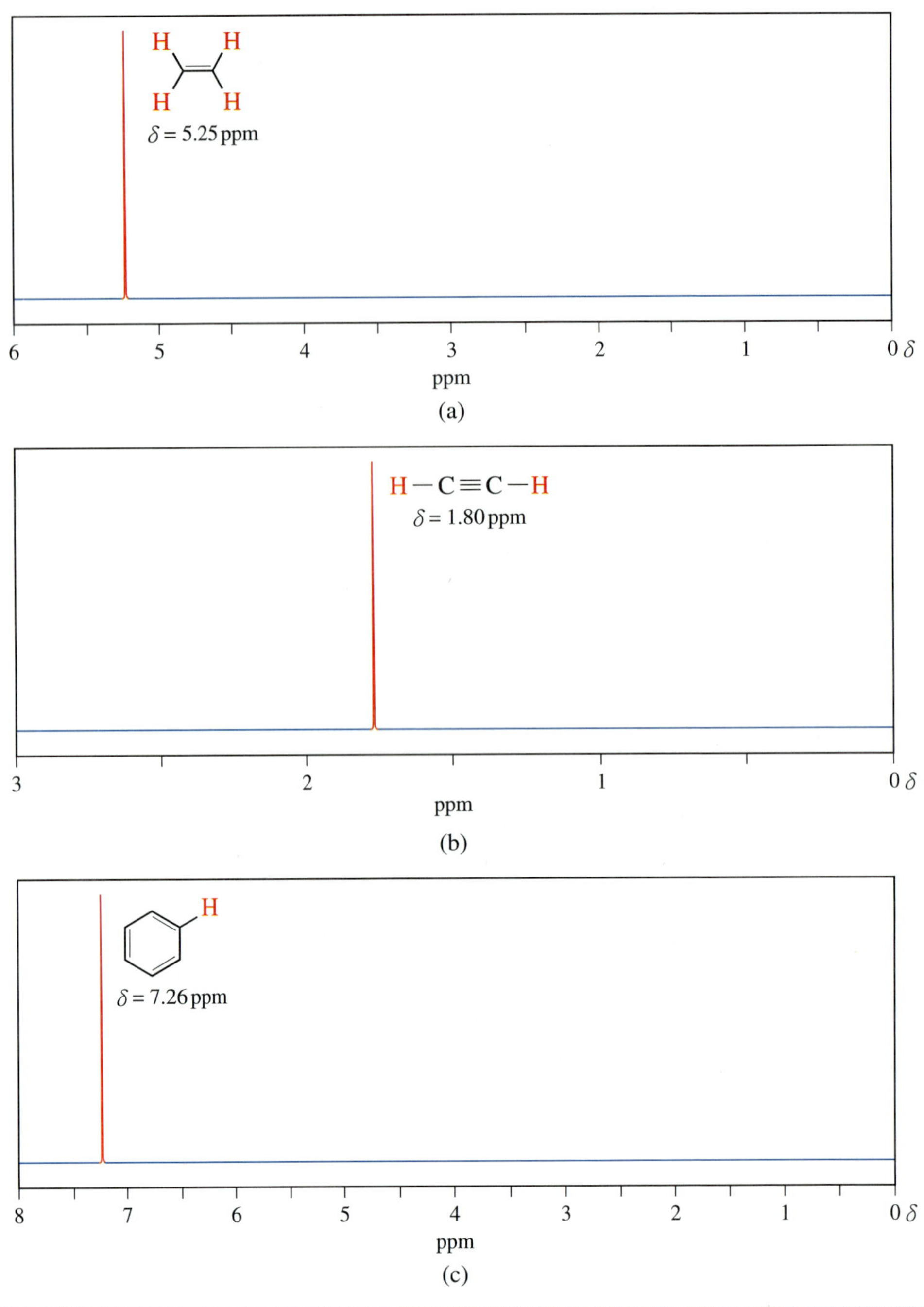

그림 3.21 (a) Ethene, (b) acetylene 및 (c) benzene의 NMR 스펙트럼

- 신호가 칠중선 이상이면 **다중선**(multiplet, *m*)으로 부른다. 그러나 편의상 사중선부터 다중선으로 표기하기도 한다.
- 신호의 다중도는 이웃한 양성자들의 자기적(핵 스핀) 영향 때문이다.
- 신호의 다중도는 $n+1$ 규칙이 적용된다. n은 이웃한 탄소의 양성자 수이다.

NMR에서 신호와 피크를 명확히 구분해야 한다. NMR에서 **신호**(signal)란 한 종류의 양성자에 의해서 일어나는 흡수 전체를 말한다. 신호는 하나의 **피크**(peak)로 나타날 수도 있고 여러 개의 피크로 나타날 수도 있다.

예를 들어 H^a 양성자 이웃 탄소에 H^b가 존재하면 H^a가 공명할 때 H^b가 처할 수 있는 전자적 환경은 스핀이 $\uparrow(+\frac{1}{2})$ 방향이거나 $\downarrow(-\frac{1}{2})$ 방향이다. 전자적 환경이 다르면 H^a에 미치는 영향이 다르다(에너지가 다르다). 그 결과로 인해 H^a의 공명 진동수가 달라지고 신호는 2개의 피크로 갈라진다(그림 3.22 (b)그림 참조).

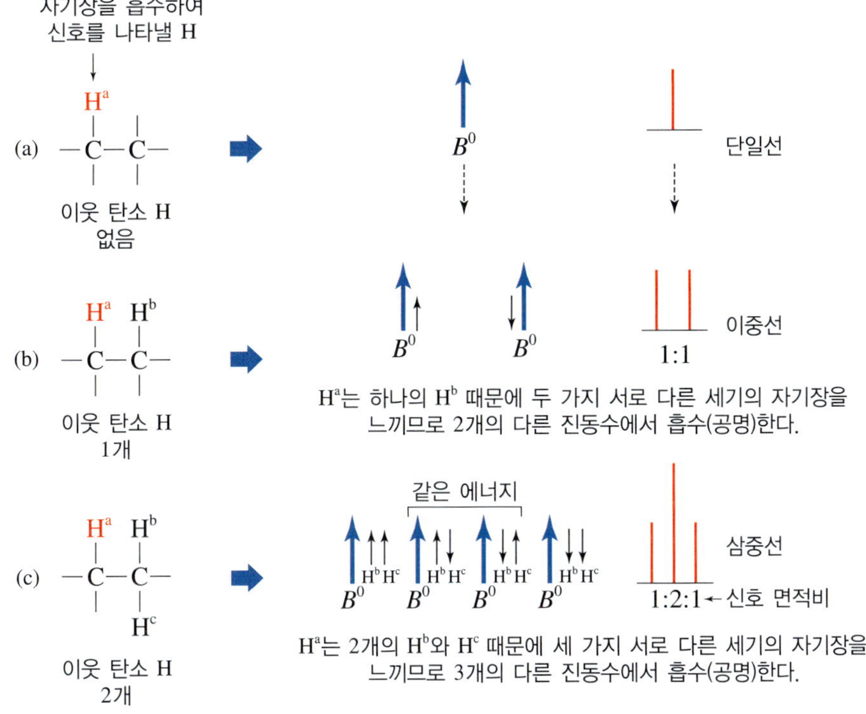

그림 3.22 (a) 이웃한 탄소에 양성자가 없는 경우 H^a의 신호. (b) 이웃한 탄소에 한 개의 양성자 H^b가 있는 경우 H^a의 신호 분리. (c) 이웃한 탄소에 양성자 H^b와 H^c가 있는 경우 H^a의 신호 분리

이러한 현상을 **스핀-스핀 갈라짐**(spin-spin splitting) 또는 **스핀-스핀 짝지음**(spin-spin coupling)이라고 한다. H^a 양성자 이웃 탄소에 H^b와 H^c가 존재하면 H^a가 공명할 때 H^b와 H^c가 처할 수 있는 전자적 환경은 H^b/H^c 스핀이 모두 ↑↑ 방향이거나 ↓↓ 방향인 경우가 각각 한 번씩이고, ↑↓이거나 ↓↑인 경우가 각각 한 번씩이다. 이 두 경우는 에너지 면에서는 동일하다. 따라서 신호는 1:2:1의 면적 비를 가지는 3개의 피크로 나타난다(그림 3.22(c) 그림 참조).

- **NMR에서 신호의 나중도는 간단히 $n+1$ 규칙으로 예측할 수 있다.**
  - 이웃한 탄소에 n개의 양성자가 있으면 기준 양성자의 신호는 $n+1$개로 갈라지는 다중도를 보인다.
  - 다중도를 Pascal의 삼각형으로 예측할 수 있다(그림 3.23).

이웃 탄소 양성자 수	상대적 신호 세기	신호 모양
0	1	단일선(singlet, *s*)
1	1 1	이중선(doublet, *d*)
2	1 2 1	삼중선(triplet, *t*)
3	1 3 3 1	사중선(quartet, *q*)
4	1 4 6 4 1	오중선(pentet)
5	1 5 10 10 5 1	육중선(sextet)
6	1 6 15 20 15 6 1	칠중선(septet)

그림 3.23 Pascal의 삼각형으로 나타낸 다중도와 표기법

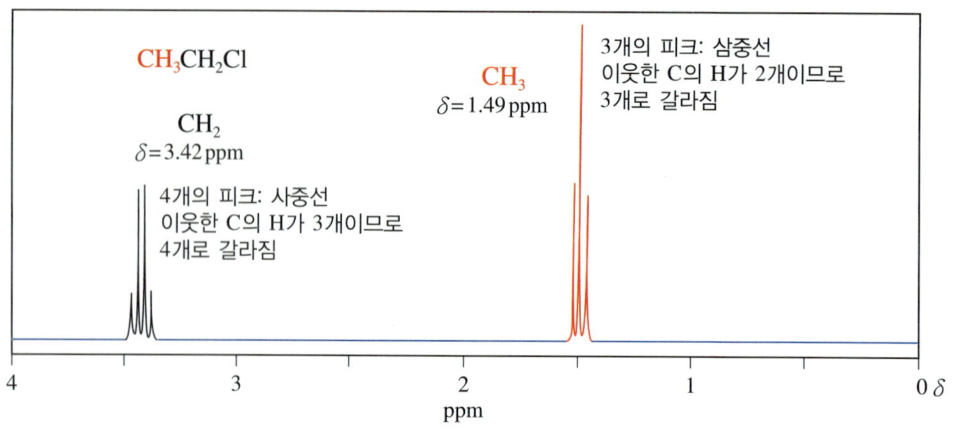

그림 3.24 Chloroethane의 ^{1}H NMR 스펙트럼

- **신호들의 갈라짐이 일어날 때, 신호의 피크와 피크 간의 거리를 짝지음 상수**(coupling constant, *J*)**라고 한다.**
  - *J*(짝지음 상수) 값은 헤르츠(Hertz) 단위로 나타낸다.
  - 동일한 화학적 환경에 있는 양성자 집단들은 동일한 영향을 미치므로 동일한 짝지음 상수 값을 나타낸다.

예를 들어 CH_3CH_2Cl에서 CH_2의 양성자 신호가 이웃한 CH_3에 의해 4개로 갈라지지만 이들의 3개 짝지음 상수는 모두 동일하다.

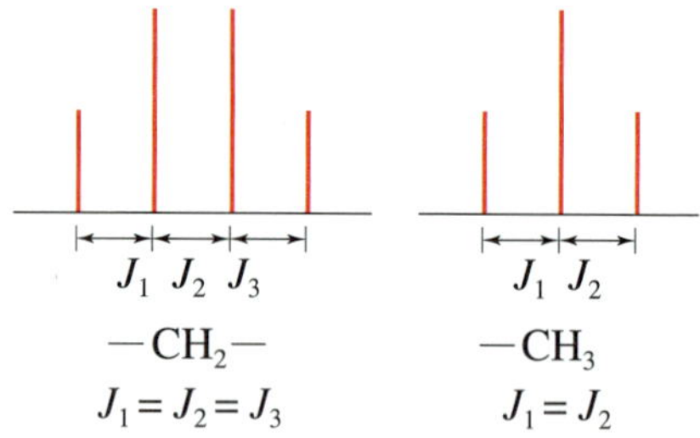

- **NMR 신호 갈라짐 규칙**
  - 오로지 같은 탄소 또는 이웃한 탄소에 결합된 화학적 환경이 동등하지 않은 양성자 사이에서만 스핀-스핀 갈라짐이 나타난다.

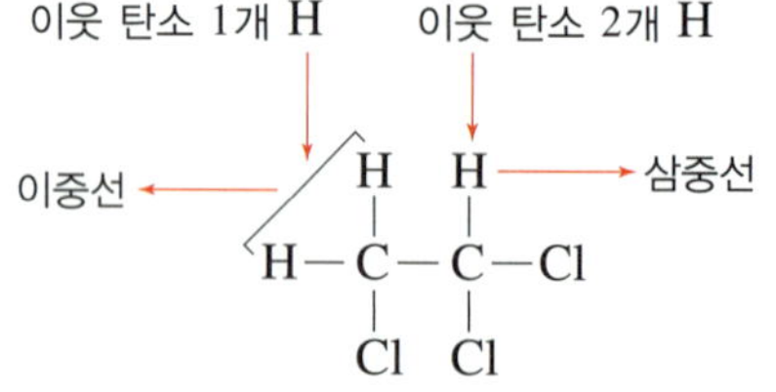

2개 양성자 집단은 화학적 환경이 동등하지 않다.

  - 화학적 환경이 동등한 양성자끼리는 서로 신호를 갈라지게 하지 않는다.
  - 화학적 환경이 동일하지 않은 양성자 수가 *n*개 있으면 신호는 $n + 1$개로 갈라진다.

NMR 신호의 스핀-스핀 갈라짐 모양(피크 수)을 보고 이웃한 탄소의 양성자 수를 예측할 수 있다는 것은 분자 구조를 밝히는 데 좋은 정보가 된다.

표 3.5 ^{1}H NMR에서 자주 보게 되는 스핀-스핀 갈라짐 양상

유형	양성자 유형	신호 갈라짐 모양	이웃한 양성자 수	
			H^a (피크 수)	H^b (피크 수)
1	—C(Hª)—C(Hᵇ)—	Hª Hᵇ	1(2)	1(2)
2	—C(Hª)—CH_2(Hᵇ)—	Hª Hᵇ	2(3)	1(2)
3	—C(Hª)—CH_3(Hᵇ)	Hª Hᵇ	3(4)	1(2)
4	—CH_2(Hª)—CH_2(Hᵇ)—	Hª Hᵇ	2(3)	2(3)
5	—CH_2(Hª)—CH_3(Hᵇ)	Hª Hᵇ	3(4)	2(3)

- **양성자 신호 면적은 해당 신호에 해당하는 양성자의 수에 비례한다.**
  - 양성자(^{1}H)의 자연 존재비가 99.98%이므로 양성자 신호로 정량 분석할 수 있다.
  - ^{13}C의 자연 존재비는 1.108%이므로 ^{13}C NMR에서는 정량 분석을 하지 않는다.
  - NMR 스펙트럼에는 적분(integration)이라고 하는 유용한 정보가 포함되어 있다.
  - 적분 기호는 각 신호의 세기로 측정하며, 신호 면적의 적분량은 해당 신호에 해당하는 양성자의 수에 비례한다. 따라서 methyl(CH_3)기의 신호는 methyne(CH) 신호의 세 배가 될 것이다.

- **양성자 NMR 자료의 표기법**

양성자 NMR 신호를 표기할 때는 다음과 같이 한다.

δ(용매): 화학적 이동값 ppm(양성자 수, 다중도, $J = xx$ Hz)

예로 δ($CDCl_3$): 2.25 ppm(2H, d, $J = 5$ Hz) 식으로 표기한다. 만일 OH나 NH 신호 확인을 위해 D_2O를 처리하여 확인하였을 때는 이 내용을 괄호 안에 추가한다. 즉 다음과 같은 식으로 표기한다.

δ($CDCl_3$): 10.55 ppm(1H, *bs*, D_2O exchangeable)

^{13}C 핵자기 공명 분광법

- **^{13}C 핵은 ^{1}H와 같이 $\frac{1}{2}$의 스핀 양자수를 가지며, NMR에서 동일한 원리가 응용된다.**
  - ^{1}H는 자연에 풍부한 반면에 ^{13}C 핵은 1.108%만이 자연에 존재한다.
  - 자연에 존재 비율이 낮아 ^{13}C NMR 스펙트럼에서는 탄소 간 짝지음이 관찰되지 않는다.

- ^{13}C와 ^{1}H 간의 짝지음은 가능하므로, ^{13}C NMR 스펙트럼은 $^{13}C-^{1}H$ 짝지음을 제거하고 그린다.

모든 양성자를 연속적으로 공명하게 함으로써 이런 짝풀림 제거를 할 수 있다. 그렇게 하면 동등하지 않은 탄소들은 각각 단일선의 신호로 나타난다. 그 결과 분자 내의 동등하지 않은 탄소 원자 수를 확인할 수 있는 아주 간단한 스펙트럼을 얻는다. 이 과정을 **양성자 짝풀림**(proton decoupling)이라고 한다. 이 기술의 한 가지 단점은 신호 세기를 변질시키므로, 각 신호에 해당하는 탄소 원자 수의 결정에 이용할 수 없다는 것이다.

- **^{13}C NMR은 분자 내의 동등하지 않은 탄소에 대해 각각 하나의 신호를 나타낸다.**
  - ^{13}C NMR 스펙트럼은 탄소 골격의 직접적인 정보가 된다.
  - ^{13}C NMR 스펙트럼에서 각 탄소의 신호는 단일선이다.
  - ^{13}C NMR 스펙트럼 신호는 갈라지지 않으므로 신호의 수가 곧 분자 내 화학적 환경이 다른 탄소 종류의 수이다.

^{1}H NMR은 탄소 골격에 대한 간접적인 정보를 주지만 카보닐(C=O)기나 사차 탄소의 정보는 주지 못한다.

CH_3OCH_3 (동일한 탄소 2개: 1개 ^{13}C NMR 신호)
$CH_3C(=O)OCH_3$ (환경이 다른 3종류 탄소: 3개 ^{13}C NMR 신호)

  - ^{13}C NMR 스펙트럼은 이웃 기에 대한 정보가 없는 것이 단점이다.

- **^{13}C NMR의 다른 장점은 화학적 이동값의 범위(0~220 ppm)가 넓다는 것이다.**
  - ^{13}C 스펙트럼의 신호는 10 ppm 정도까지 나타나는 양성자 스펙트럼에 비해 200 ppm 정도까지 넓은 범위로 퍼져서 나타난다. 이것은 신호의 겹침이 적다는 것을 의미한다.
  - sp^3 혼성화된 C는 가려져 있어 높은 장에서 나타난다.
  - C에 전기 음성도가 큰 원소(N, O, X)가 결합되면 벗김 효과를 일으켜 낮은 장에서 신호를 보인다.
  - sp^2 혼성화된 benzene이나 알켄의 탄소 신호는 낮은 장에서 신호를 보인다.
  - C=O(카보닐) 탄소는 다른 탄소들보다 더 낮은 장에서 신호를 나타낸다.

표 3.6 대표적인 ^{13}C NMR 화학적 이동값

탄소 종류 (C 혼성 상태)	화학적 이동값 (δ, ppm)	탄소 종류 (C 혼성 상태)	화학적 이동값 (δ, ppm)
R_3C-H (sp^3)	5~45	$R_2C=CR_2$ (sp^2)	100~140
$R_3C-(N,O,X)$ (sp^3)	30~80	방향족 C−R (sp^2)	120~150
$R-C\equiv C-R$ (sp)	65~100	$R_2C=O$ (sp^2)	160~210

- ^{13}C NMR**에서 각 탄소에 결합하고 있는 양성자의 수에 대한 정보는 공명 비킴 짝풀림**(off resonance decoupling)**에 의해 얻을 수 있다.**
  - **공명 비킴 짝풀림** 기술에서는 탄소에 직접 결합하고 있는 양성자를 제외한 모든 양성자를 짝풀림시켜 ^{13}C 스펙트럼을 찍는다.
  - 공명 비킴 짝풀림에서 methyl (CH_3) 기는 사중선으로 나타나고, methylene (CH_2) 기는 삼중선으로, methyne (CH) 기는 이중선으로 나타나고 사차 탄소(C)는 단일선으로 나타난다.

실제로는, 공명 비킴 짝풀림은 드물게 사용한다. 그 이유는 **DEPT** (**D**istortionless **E**nhancement by **P**olarization **T**ransfer) 라고 알려진 방법이 더 편리하고 분석하기 쉽기 때문이다. 불행하게도 여기서 이 기술의 배경 이론은 다룰 수가 없다. 그러나 DEPT 스펙트럼을 해석하는 데는 이 이론들이 필요하지 않다. 그런 스펙트럼은 오로지 한 가지 형태의 탄소를 검출할 수 있도록 찍을 수도 있다. 다른 말로, DEPT 스펙트럼은 오로지 methyl 신호만 검출하거나 또는 methylene 신호만 검출되도록 찍을 수 있다. 이 스펙트럼으로 네 가지 형태의 탄소를 구분할 수 있으며, 네 가지 다른 스펙트럼을 찍을 수 있다는 뜻이다. 두 개의 스펙트럼만을 찍어서 같은 정보를 더 빠르게 얻을 수 있는 길이 있다.

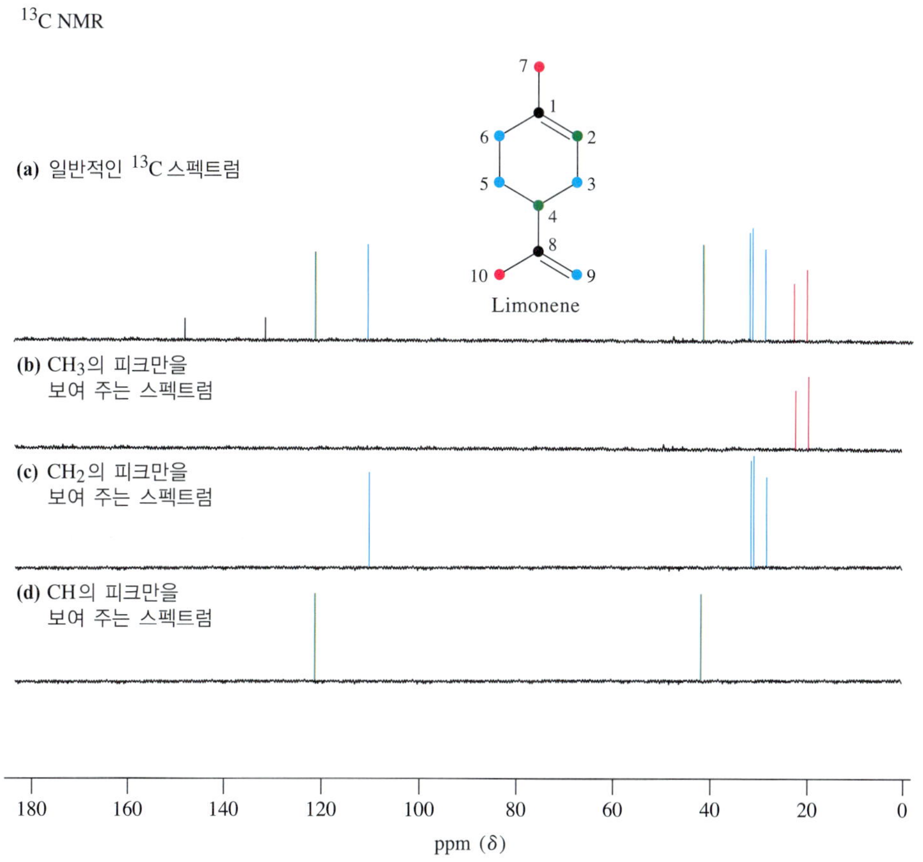

그림 3.25 Limonene에 대한 DEPT ^{13}C NMR 실험. (a) 높은 장(20~40 ppm)에서 6개의 알킬 탄소 신호와 낮은 장(108~150 ppm)에서 4개의 알케닐 탄소 신호를 나타내는 넓은 띠 짝풀림 스펙트럼. (b) C7과 C10의 두 개의 CH_3 스펙트럼. (c) C3, C5, C6, C9의 4개 CH_2 스펙트럼. (d) C2, C4의 CH 스펙트럼

표 3.7 DEPT ^{13}C 분광법에 대한 신호 패턴*

	CH_3	CH_2	CH	C (4°)
넓은 띠 짝풀림	↑	↑	↑	↑
DEPT-90	—	—	↑	—
DEPT-135	↑	↓	↑	—

* ↑은 양의 신호, ↓은 음의 신호를 나타낸다.

- **DEPT 스펙트럼은 methyl 및 methyne 탄소를 양의 신호(positive signal, ↑)로 그리고, methylene의 신호는 음의 신호(negative signal; ↓)로 그리는 방법이다.**
  - DEPT 스펙트럼에서 4° 탄소 신호는 나타나지 않는다. 따라서 하나의 스펙트럼으로 4° 탄소는 신호가 없으므로 확인할 수 있고, methylene 신호는 음(↓)의 신호이므로 확인할 수 있다.
  - DEPT 스펙트럼에서 methyl 신호와 methyne 신호를 구분할 수는 있지만, DEPT 스펙트럼 하나를 더 찍으면 methyne 탄소만을 선택할 수 있다.

그림 3.25의 스펙트럼 (a)에서 보이는 2개 남은 신호(검은색)는 C1과 C8의 4° 탄소 신호이다.

- **^1H NMR 스펙트럼으로 구조 결정하기**
  - **1단계:** 스펙트럼 상의 양성자 종류를 확인한다.
    - ▸ NMR 신호의 개수는 각기 다른 양성자 종류의 수와 같다.
  - **2단계:** 적분값을 이용하여 각 양성자 집단의 H 수를 결정한다.
    - ▸ 전체 적분값으로 H당 면적 단위를 계산한다. 즉

$$\text{H 한 개당 면적 단위} = \frac{\text{총 적분값}}{\text{분자식의 총 H 수}}$$

    - ▸ 각 신호의 H 수를 계산한다. 즉

$$\text{해당 신호의 H 수} = \frac{\text{신호 적분값}}{\text{H 한 개당 면적비}}$$

  - **3단계:** 각 양성자 집단 신호의 갈라진 피크 수를 확인하여 탄소들의 연결 순서를 정한다.
    - ▸ 스핀-스핀 갈라짐 양상으로 이웃한 탄소의 수소 수를 결정한다.
  - **4단계:** 화학적 이동값을 확인하여 구조를 결정한다.
    - ▸ 화학적 환경을 참조하여 구조식을 결정한다.

3.4 질량 분석법

앞에서 다룬 분광법들은 전자기 복사선과 화합물 간의 상호 작용을 통해 화합물의 구조적 정보를 얻는 방법들이었다. 질량 분석법으로 정확한 분자량을 알 수 있고, 동위 원소의 상대적인 존재 비율도 알 수 있다.

- **질량 분석법(mass spectrometry)은 분자에 전자 빛살을 쪼여 양이온 조각으로 만들어 단위 전하당 질량이 얼마인가를 알아내는 것이다.**

- 화합물의 분자량과 분자식을 알아내는 데 이용한다.
- 동위 원소의 상대적 존재비도 알 수 있다.
- 질량 분석법은 시료 화합물을 기화시켜 이온으로 변환시키고 분리 검출한다.

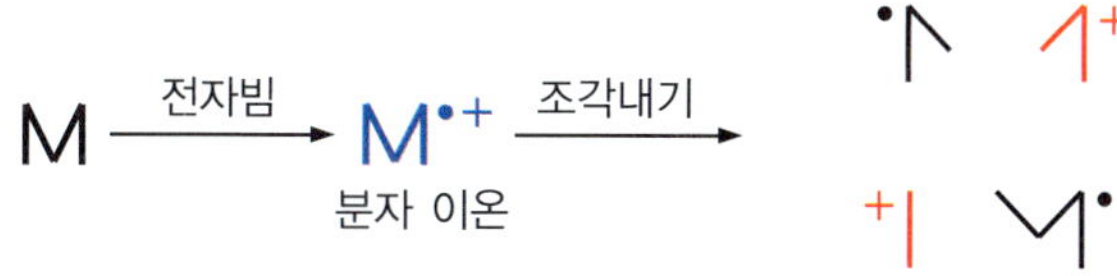

그림 3.26 질량 분석법의 조각내기

가장 일반적인 이온화 방법은 고에너지 전자로 충격을 주는 것이다. 고에너지 전자가 시료 분자(M)를 때리면 분자 중 전자 하나가 방출되어 라디칼이면서 양이온인 $(M)^{\cdot +}$를 생성한다. 이 이온을 **분자 이온**(molecular ion) 또는 **어미 이온**(parent ion)이라고 한다. 이를 **전자 충격 이온화**(electron impact ionization, EI)라고 한다.

- **분자 이온은 시료 분자로부터 전자 하나만 상실된 화학종이다.**
  - 분자 이온의 질량이 곧 분자량이다.
  - 분자 이온은 매우 불안정하여 두 개의 조각으로 분해되는 **조각내기**(fragmentation)가 쉽게 일어난다. 두 조각 중 하나는 전하를 가지지만, 다른 하나는 홀전자를 가지는 라디칼이 된다.
  - 질량 스펙트럼에서는 전하를 가지는 조각들의 신호만이 관찰되며 이때 얻어지는 그래프를 **질량 스펙트럼**(mass spectrum)이라고 한다.
  - 양이온들은 **질량 대 전하비**(mass to charge ratio, m/z)에 의해 분리된다.

- **질량 분석법의 기기 구성**(그림 3.27)
  - 이온화실: 시료 투입구, 전자빔 발생 장치, 이온화 영역, 이온 가속기로 구성되어 있다.
  - 자석: 질량 분석을 위한 자기장 발생 장치이다.
  - 검출기: 이온을 검출 계산한다.
  - 자료 수집기(컴퓨터): 자료를 수집하여 스펙트럼을 그린다.

- **질량 스펙트럼에는 항상 상대 존재비가 100%인 피크가 하나씩 있다. 이 피크를 주피크(base peak)라고 한다.**
  - 주피크는 분자 어미 이온이거나 다른 이온 조각일 수 있다.
  - 주피크는 스펙트럼을 찍을 때 분광기 내에 존재하는 이온종 중에서 가장 풍부한 이온이

주피크에 해당하는 이온 조각이 해당 조건에서 가장 안정한 이온종이다.

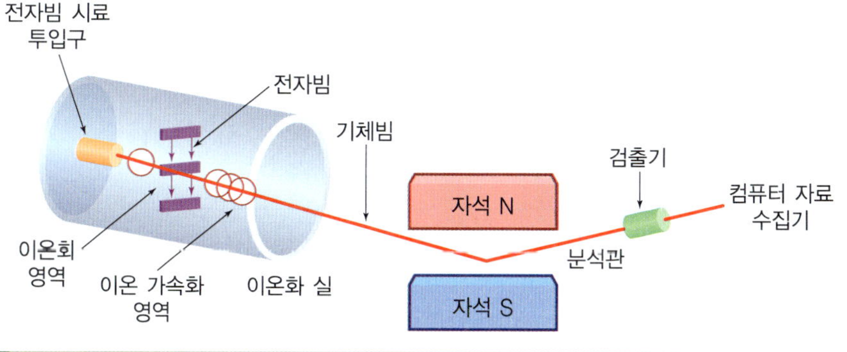

그림 3.27 질량 분석법의 모식도

며, 이 이온의 피크 크기를 100%로 하고 다른 피크들을 나타낸다.

질량 스펙트럼을 분석할 때 첫 단계는 분자량을 알 수 있는 분자 어미 이온 피크를 찾는 것이다. 분자량을 알면 화합물을 구분하는 데 용이하다.

■ **분자 어미 이온($M^{+\cdot}$) 피크 분석하기**

- 어떤 화합물에서는 $M^{+\cdot}$ 이온이 주피크이지만, 대부분은 쉽게 조각이 나서 가장 풍부한 이온이 아니다.

  예 Benzene의 $M^{+\cdot}$는 m/z=78이고 주피크이다.
  n-Pentane의 $M^{+\cdot}$는 m/z = 72이지만 주피크가 아니다.

- 매우 불안정해서 쉽게 조각이 나면 $M^{+\cdot}$가 나타나지 않는다. 이런 경우는 더 부드러운 이온화 방법(EI가 아닌)을 이용해야 한다.

- $M^{+\cdot}$를 잘 분석하면 분자량이 다른 화합물을 구별할 수 있다. 예를 들어 *n*-pentane (MW=72)과 1-pentene(MW=70)은 질량 스펙트럼에서 간단히 구별된다(그림 3.28).

분자 어미 이온의 분자량이 홀수인지 짝수인지를 알면 분자 내 질소(N) 원자가 있는지 없는지를 알 수 있다. 즉, 분자량이 홀수인 화합물에는 질소 원자가 홀수개 있고, 분자량이 짝수이면 질소가 포함되지 않았거나 질소가 짝수로 존재한다는 것을 의미한다. 이 규칙을 **질소 규칙**(nitrogen rule)이라고 한다.

예
$CH_3CH_2CH_2CH_2CH_3$(pentane, MW=72, 짝수): 질소 원자 0개
$CH_3CH_2CH_2CH_2NH_2$(butylamine, MW=73, 홀수): 질소 원자 1개
$NH_2CH_2CH_2CH_2NH_2$(propyldiamine, MW=74, 짝수): 질소 원자 2개

■ **M + 1(또는 *x*) 피크 분석하기**

- 질량 스펙트럼에서는 분자 어미 이온(M^+) 피크보다 질량이 하나 더 많은 (M + 1) 피크가 관찰된다.

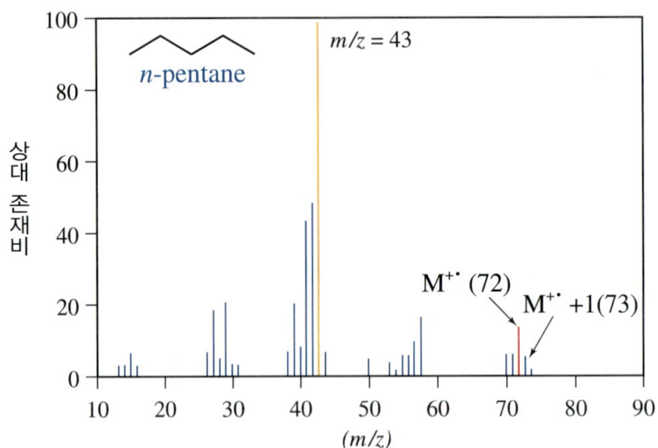

(a) *n*-pentane의 질량 스펙트럼

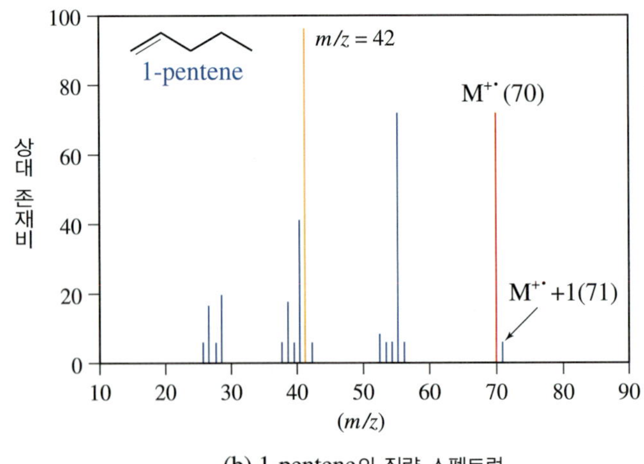

(b) 1-pentene의 질량 스펙트럼

그림 3.28 (a) *n*-Pentane과 (b) 1-pentene의 질량 스펙트럼

- (M + 1) 피크는 분자 내에 ^{13}C 원자가 존재하기 때문이다. 탄소 동위 원소 중 대부분이 ^{12}C (98.9%) 이고, ^{13}C이 1.1%로 존재하기 때문이다.
- 분자 내의 ^{13}C의 존재 비율은 분자가 클수록 크므로 스펙트럼 상에서 관찰되는 분자 어미 이온 피크에 대한 (M + 1)의 피크 크기 비는 분자 크기에 비례한다.
- Cl과 Br 등의 할로젠을 포함하는 분자에서는 (M + 2) 피크가 관찰된다.
- Cl 원자는 ^{35}Cl (75.8%) 와 ^{37}Cl (24.2%) 로 존재하고, Br은 ^{79}Br (50.7%) 와 ^{81}Br (49.3%) 로 존재한다. 따라서 이들 스펙트럼에서는 다같이 (M + 2) 피크가 나타나며,

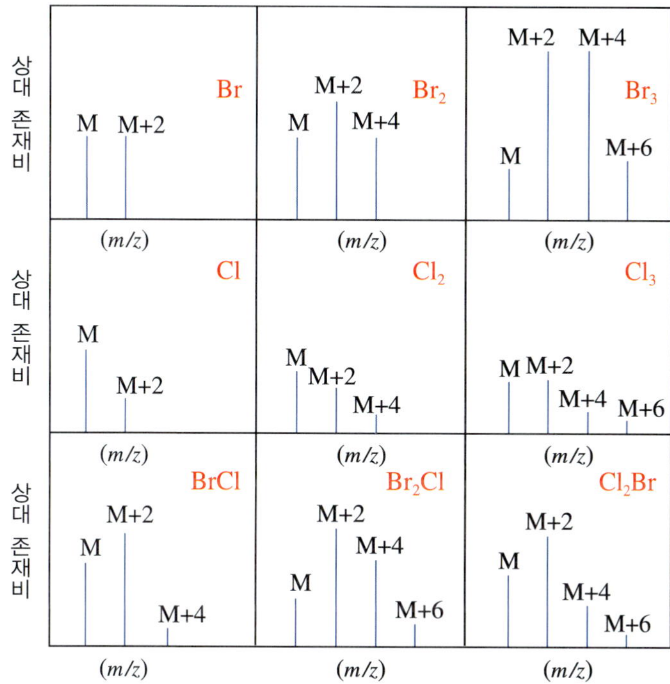

그림 3.29 Br과 Cl을 가진 화합물에서 나타날 것으로 예상할 수 있는 질량 스펙트럼의 일부

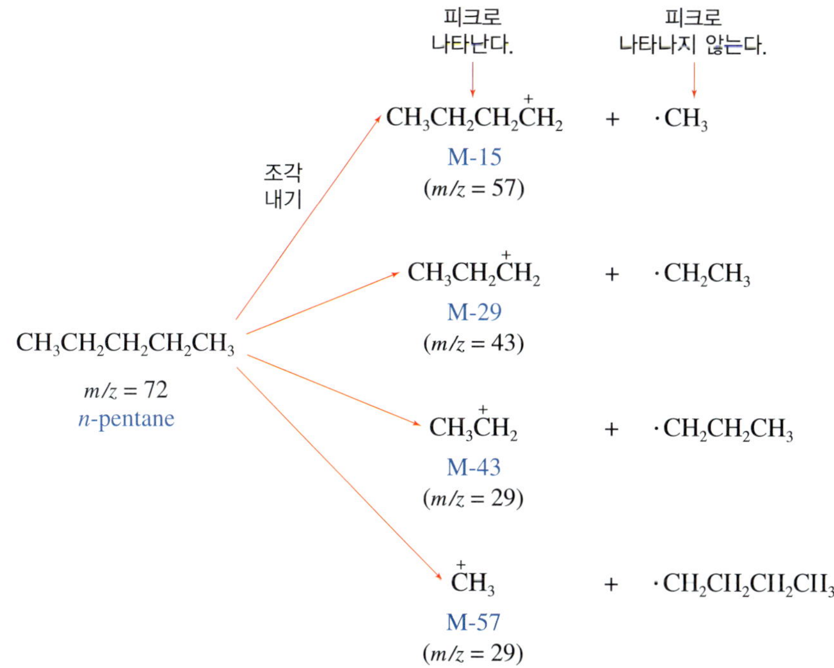

그림 3.30 *n*-Pentane의 조각내기

각 동위 원소의 존재 비율이 다르므로 피크 높이가 다르다.

- Cl과 Br의 수가 늘어나면 M +4 및 M +6 피크도 관찰된다.

■ **조각 분석**

질량 스펙트럼의 피크는 대부분 분자 어미 이온의 조각내기에 의해 생긴다. 유기 화합물들은 계열에 따라 특징적인 조각내기 양상을 보여 준다. 이러한 조각내기 양상으로 구조적 특징을 이해하는 데 도움이 되기는 하지만, 조각 분석만으로 화합물의 전체 구조를 결정하는 것은 가능하지 않다.

- 알케인은 분자 어미 이온에서 CH_3(15)를 잃으면 M-15, CH_2CH_3(29)를 잃으면 M-29, 그리고 $CH_2CH_2CH_3$(43)를 잃으면 M-43의 조각 이온이 생성된다(그림 3.30).
- 알코올의 대표적인 조각내기는 α-분해와 M-18 조각 이온의 생성이다.

α-분해

+ $H_2\dot{C}-R$

+ H_2O

M-18

- 아민의 대표적인 조각내기는 α-분해에 의한 공명 안정화된 양이온과 라디칼을 생성하는 것이다.

α-분해

+ $H_2\dot{C}-R$

공명 안정화

- 알데하이드와 케톤의 대표적인 조각내기는 **McLafferty 자리 옮김**(McLafferty rearrangement)이다.

McLafferty 자리 옮김

공명 안정화

질량 분석법에서의 조각내기는 화합물 계열에 따라 특성적인 형태를 보이므로 유용하다. 뿐만 아니라, 스펙트럼에서 분자 어미 이온으로부터 조각나서 형성된 양이온 종과 피크로 나타나지 않는 라디칼 종을 역추정하면 본래의 분자 구조를 예측할 수도 있다.

■ **고-분해능 질량 분석법**(high-resolution mass spectrometry, HRMS)**를 이용하여 소수점 네 자리 수까지 m/z를 얻을 수 있어 시료의 분자식 결정에 유용하다.**

- C-12의 질량을 12.0000으로 정의했지만 C-12를 제외한 다른 핵종들은 정수가 아닌 원자량 값을 가지므로 HRMS가 중요하다.

표 3.8 대표적인 동위 원소들의 정확한 질량

동위 원소	질량	동위 원소	질량
^{12}C	12.0000	^{35}Cl	34.9689
^{1}H	1.0078	^{37}Cl	36.9659
^{16}O	15.9949	^{79}Br	78.9183
^{14}N	14.0031	^{81}Br	80.9163

예로서 저분해능 질량 분석법으로 $m/z = 60$인 화학종은 C_3H_8O, $C_2H_4O_2$ 및 $C_2H_8N_2$ 등 세 개나 된다. 그러나 HRMS로 소수 네 자리까지의 값을 얻으면 간단히 구별할 수 있다.

오늘날에는 정확성과 신뢰도 때문에 새로운 유기 물질에 대해서는 원소 분석 자료와 함께 HRMS의 m/z 값을 요구한다.

C_3H_8O HRMS $m/z = 60.0575$
$C_2H_4O_2$ HRMS $m/z = 60.0211$
$C_2H_8N_2$ HRMS $m/z = 60.0688$

- **기체 크로마토그래피-질량 분석법**(gas chromatography-MS; GC-MS)은 **GC**와 **MS**를 **통합시켜 만든 기기이다.**
  - GC-MS를 이용하면 혼합물을 분리하여 동시에 분자량을 측정할 수 있다.
  - GC-MS에서 GC는 혼합물을 분리하는 기능을 하고, MS는 분자량을 측정할 수 있게 한다.
- **생체 분자의 질량 분석 스펙트럼**
  - 생체 분자는 분자량이 커서 기존의 전자빔(EI) 이온화 방법을 이용하지 못한다.
  - 전기장 안에서 전하를 띤 아주 작은 물방울로부터 이온을 만드는 **전기 분무 이온화법**(electrospray ionization, ESI)을 이용한다.
  - ESI 법을 이용하여 분자량 10,000 달톤(원자량 단위)에 이르는 거대 분자도 MS 방법을 적용하여 분석할 수 있다.

3.5 구조를 모르는 유기 화합물의 구조 분석

실험실에서 얻어지는 대부분의 새로운 화합물은 구조를 알지 못한다. 실험 과정에서 쉽게 구조를 밝힐 수도 있으나, 실제로 온진한 구조 결정은 간단하지 않다. 이런 미지 물질의 구조는 이 장에서 다룬 분광학을 이용한다. 그러나 온전한 구조를 제시하지 못할 때가 많다. 오늘날 미지 유기 물질의 삼차원 구조를 가장 확실하게 밝힐 수 있는 방법은 X-선 결정학이다.

- **구조를 모르는 유기물 구조 분석하기**

구조를 모르는 시료의 구조 분석을 위해서는 분석 시료의 순도가 매우 중요하다. 순수한 시료만이 정확한 구조적 정보를 제공한다.

- **1단계:** IR 스펙트럼을 찍어 어떤 작용기가 존재하는지 확인한다.
- **2단계:** ^{1}H NMR과 ^{13}C NMR 스펙트럼을 찍어 분석한다.
  - ▸ ^{1}H NMR 스펙트럼 자료를 분석하여 양성자 종류와 수 및 탄소 연결 순서에 대한 정보를 확보한다.

- ▸ ^{13}C NMR 스펙트럼으로 탄소 원자의 종류와 수를 확인한다.
- **3단계:** 분자식과 분자량을 결정한다.
  - ▸ 원소 분석을 통해 화학식을 얻는다.
  - ▸ MS를 이용하여 분자량을 측정한다.
  - ▸ 화학식과 분자량을 이용해 분자식을 결정한다.
- **4단계:** 1~2단계의 정보와 분자식을 비교 확인하여 최종 구조를 결정한다.

이렇게 구조를 결정한다고 해도 정확한 기하 구조나 입체 이성질체 구조를 제시하지 못할 수도 있다. 기하 이성질체나 입체 이성질체를 밝히려면 각각의 용도에 적합한 분광법을 이용하거나, 단결정을 만들어 X-선 결정법으로 삼차원 구조를 밝혀야 한다.

자기 공명 영상법(MRI)

자기 공명 영상(magnetic resonance imaging, MRI) 장치는 오늘날 흔하게 사용되는 진단 장비이다. 자기 공명 영상법의 원리는 화학자들이 유기물 구조에 이용하는 핵자기 공명 분광법(NMR)의 원리와 같다.

NMR 분광법과 마찬가지로 MRI는 수소와 같은 특정한 핵의 자기적 성질을 이용한다. 다른 점은 NMR의 시료는 화합물이고 MRI의 시료는 사람이라는 것이다. 이때 사용하는 라디오파의 진동수는 매우 낮기 때문에 에너지가 낮아 안전하다. 따라서 X선을 이용하는 진단 장치보다 사람에게 유리하며, 노약자나 어린이에게는 더욱 안전하다. 살아 있는 조직에는 수많은 양성자가 다양한 농도와 다른 환경 속에 놓여 있다. 인체에 라디오파를 쪼이면 높은 에너지의 스핀 상태로 들뜬 다음 다시 낮은 에너지 스핀 상태로 내려오면서 발생하는 자료를 컴퓨터로 분석하여 체내의 양성자 밀도로 나타나는 그림을 제공한다. MRI 자료는 X선 촬영 자료로 알 수 없는 연한 조직들을 볼 수 있으므로 뇌종양이나 심장 질환 진단에 사용된다. 수소뿐 아니라 ^{31}P 원자들도 MRI 영상에 응용할 수 있다.

주요 용어

α-분해(α-cleavage)
DEPT 스펙트럼(DEPT spectrum)
FT-IR (Fourier Transform IR)
McLafferty 자리 옮김(McLafferty rearrangement)
N + 1 규칙(N + 1 rule)
가림 효과(shielding effect)
고분해능 질량 분석법(high resolution mass spectrometry, HRMS)
공명 비킴 짝풀림(off resonance decoupling)
공명(resonance)
굽힘 진동(bending vibration)
기체 크로마토그래피-질량 분석법(gas chromatography-MS)
낮은 장(downfield)
내부 기준 물질(internal reference substance)
높은 장(upfield)
다중도(multiplicity)
단파장쪽 이동(blue shift, hypsochromic shift)
몰흡광 계수(molar absorptivity)
발색단(chromophore)
벗김 효과(deshielding effect)
분광학(spectroscopy)
분자 이온(molecular ion)
스핀-스핀 갈라짐(spin-spin splitting)
스핀-스핀 짝지음(spin-spin coupling)
신축 진동(stretching vibration)
양성자 짝풀림(proton decoupling)
양자화(quantized)
어미 이온(parent ion)
자기적 비등방성 효과(magnetic anisotropic effect)

자외선 분광법(UV-Vis spectroscopy)
작용기 영역(functional group region)
장파장쪽 이동(red shift, bathochromic shift)
적외선 분광법(Infrared(IR) spectroscopy)
전기 분무 이온화법(electrospray ionization, ESI)
전자 전이(electron transition)
전자기 스펙트럼(electromagnetic spectrum)
조각내기(fragmentation)
주피크(base peak)
지문 영역(fingerprint region)
질량 분석법(mass spectrometry, MS)
질소 규칙(nitrogen rule)
짝지음 상수(coupling constant)
표준 기준 물질(standard reference substance)
핵자기 공명 분광법(nuclear magnetic resonance(NMR) spectroscopy)
화학적 이동값(chemical shift)
흡광 감소 효과(hypochromic effect)
흡광 증가 효과(hyperchromic effect)
흡광도(absorbance)

연습 문제

개념 문제

1. 화합물은 왜, 어떻게 빛을 흡수하는가?
2. 들뜬 전자의 운명은 어떠한가?
3. 전자가 양자화되었다는 증거는 무엇인가?
4. UV-Vis 분광법, IR 분광법 및 NMR 분광법에서는 사용한 시료를 회수할 수 있으나, MS에서 사용한 시료는 본래대로 회수할 수 없다. 그 이유는 무엇인가?
5. NMR 스펙트럼에서는 왜 기준 물질을 사용하는가?
6. C=C(또는 N, O), C≡C 및 benzene 등이 자기적 비등방성 효과를 받는 이유는 무엇인가?
7. 탄소의 혼성화 효과는 IR과 NMR에서 다 같이 나타나지만, 영향을 주는 요인은 차이가 있다. 설명하시오.
8. 질량 스펙트럼에서 M + 1, M + 2, M + 4, …의 신호가 나타나는 이유는 무엇인가? 왜 M + X로 표시하는지 설명하시오.

실전 문제

9. β-Carotene은 e = 138,000 L/(mol·cm) 값을 가진다. 1.0 cm 시료관에 시료를 넣고 UV를 찍어 흡수도 0.37을 얻었다. 이 β-carotene 시료의 농도를 계산하시오.
10. 진동수가 1.015×10^8 Hz와 5×10^{14} Hz인 복사선 중 어느 것이 더 높은 에너지를 가지는가?
11. 두 개의 시료 병에 acetone(CH_3COCH_3)과 2-propen-1-ol($H_2C=CHCH_2OH$)이 들어 있으나 라벨이 A와 B로 표기되어 있다. 이들을 구별하기 위해 IR을 찍어 다음 자료를 얻었다. 각 시료를 구별하시오.

    시약병 A의 IR 자료: 2980, 1715 cm^{-1}, 시약병 B의 IR 자료: 3500, 3020, 1660 cm^{-1}
12. 다음 화합물은 어떤 부분에서 IR 흡수띠를 보이는가?

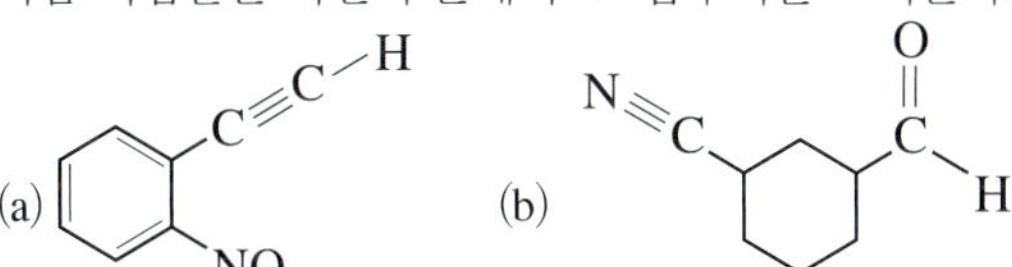

13. 300 MHz NMR에서 TMS 기준 물질로부터 3150 Hz 이동한 낮은 장에서 신호를 얻었다. 이 신호의 화학적 이동값은 얼마인가?

14. 다음 화합물에는 각각 몇 종류의 양성자 NMR 신호가 나타나는가? 또 각 신호는 몇 개의 피크로 갈라지는가?

(a) $Cl-CH_2-CH_2-NO_2$ (b) $NC-CH_2-CH_2-CH_2-Br$

(c) CH_3-CH_2-OH (d) 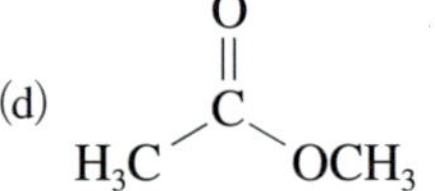

15. 다음 화합물의 밑줄 친 methyl 양성자들의 화학적 이동값이 증가하는 순서대로 나열하고 이유를 설명하시오.

(a) $CH_3CH_2C\underline{H}_3$ (b) $CH_3CH_2OC\underline{H}_3$ (c) $CH_3CH_2NHC\underline{H}_3$ (d) $CH_3CH_2SC\underline{H}_3$

16. $C_9H_{10}O_2$의 분자식을 가지는 화합물의 NMR에서 $\delta = 2.2$ ppm (면적비 33), 5.2 ppm (면적비 23) 및 7.4 ppm (면적비 54)의 신호를 얻었다. 각각의 양성자 신호에 해당하는 H의 수를 계산하시오.

17. 주어진 분광학 자료로 다음 화합물들의 구조를 제시하시오.

(a) 분자식 $C_5H_{12}O$

IR = 3450, 2980, 1320 cm^{-1}

^{1}H NMR (δ) = 0.92 (3H, *t*, δ = 7 Hz), 1.20 (6H, *s*), 1.50 (2H, *q*, *J* = 7 Hz), 1.64 ppm (1H, *bs* (넓은 단일선, D_2O exchangeable)

(b) 분자식 $C_9H_{10}O$

IR = 3060, 2985, 2820, 1715, 1650 cm^{-1}

^{1}H NMR (δ) = 2.73 (2H, *t*, *J* = 6 Hz), 2.85 (2H, *t*, *J* = 6 Hz), 7.30 (5H, *m*), 9.72 (1H, *s*) ppm

^{13}C NMR (δ) = 27.6, 44.3, 125.9, 127.7, 128.6, 141.3, 202.2 ppm

18. 분자식이 $C_{10}H_{12}O_2$인 화합물의 IR은 3060, 2980, 1720, 1320 cm^{-1}에서 흡수띠를 보였고, NMR은 아래와 같다. 타당한 분자 구조를 제시하시오.

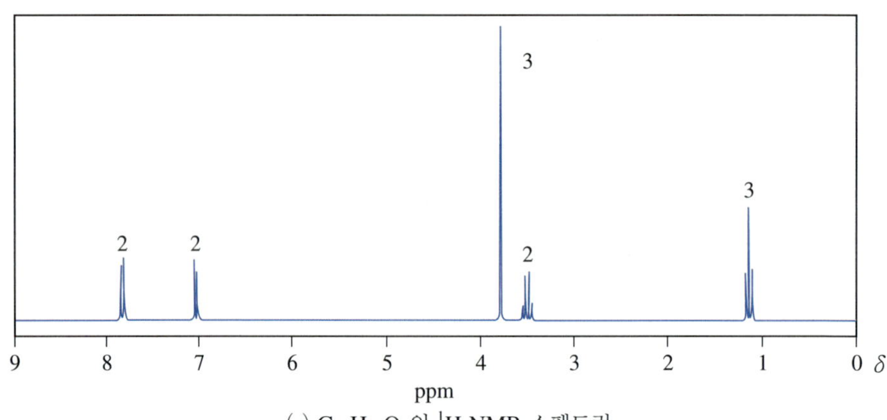

(a) $C_{10}H_{12}O_2$의 ^{1}H NMR 스펙트럼

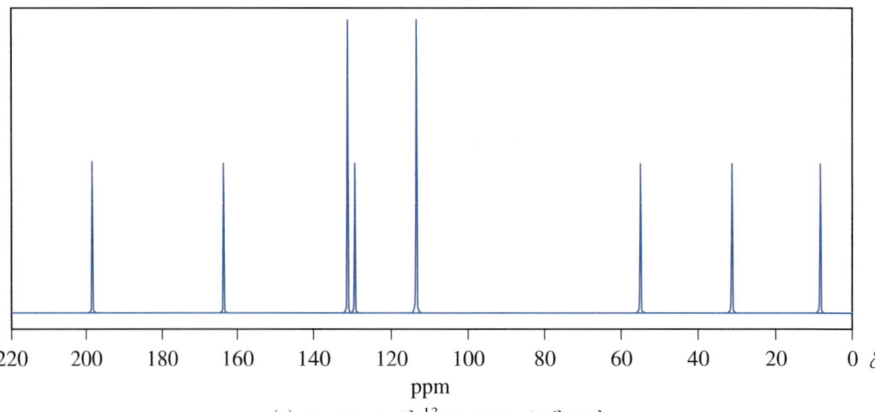

(b) $C_{10}H_{12}O_2$의 ^{13}C NMR 스펙트럼

19. 다음 화합물들을 ^{1}H NMR 스펙트럼에서 어떻게 구분되는지 설명하시오.

(a) 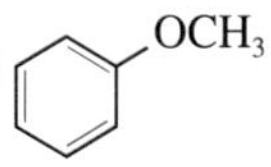 OCH_3 와 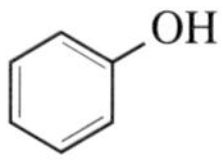 OH (b) 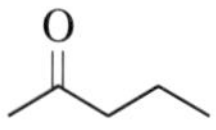 O 와 O

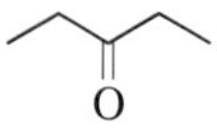

20. 다음 주어진 자료로 분자 구조를 예측하시오.

원소 분석으로 얻은 화학식: C_2H_4O HRMS $(m/z) = 88.0524$

IR: 3500, 2985, 1725, 1310 cm^{-1}

^{1}H NMR (δ): 1.21 (6H, 이중선), 2.59 (1H, 칠중선), 11.38 (1H, 넓은 단일선)

^{13}C NMR (δ): 18.8, 36.2, 178.3 ppm

입체 화학:
입체 이성질체 및 거울상 이성질체
Stereochemistry: Stereoisomer and Enantiomer

- 유기 분자의 삼차원 구조는 분자를 구성하고 있는 탄소 원자들의 혼성화에 의해 결정된다.
- 이성질체는 동일한 분자식을 가지는 다른 화합물이며, 구조 이성질체와 입체 이성질체로 구분된다.
- 거울상 이성질 현상은 탄소가 sp^3 혼성으로 정사면체 구조를 이루기 때문에 생긴다.

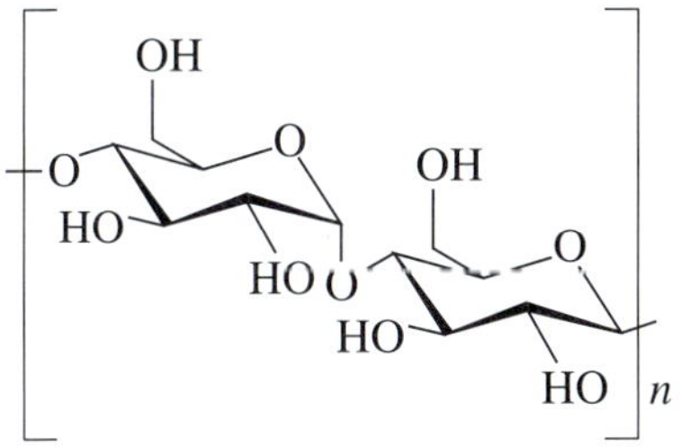

starch

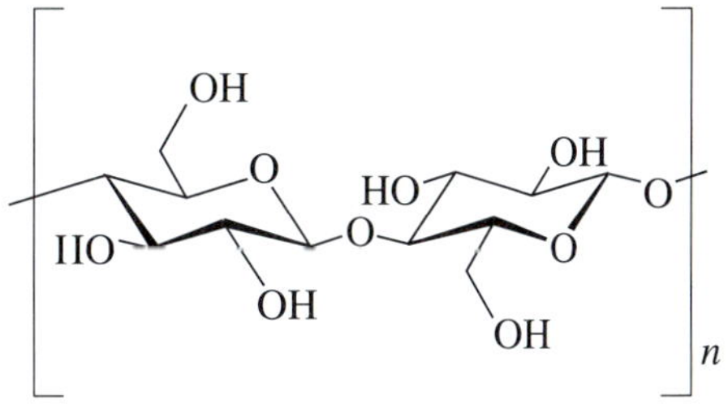

cellulose

녹말과 셀룰로스는 분자식이 $(C_6H_{10}O_5)_n$으로 동일하지만 전혀 다른 화합물이다. 이들 두 화합물은 오로지 삼차원 구조만이 다르다.

화합물의 삼차원 구조를 이해하는 것은 대단히 중요하다. 화합물의 구조가 다르면 물리적, 화학적 및 생물학적 성질도 다르기 때문이다.

유기 화합물의 입체 화학은 결합의 종류와 형태에 따라 다르다. C—C 단일 결합은 결합의 자유 회전이 가능하므로 이들 두 탄소에 결합된 치환기들의 배열에 따라 상대적인 에너지가 다르다. 이와 달리 C=C 이중 결합은 두 탄소 결합의 회전이 불가능하여 이중 결합 탄소에 치환기 배열만 달라도 다른 화합물이 되므로 이들을 시스-트랜스(*cis-trans*)로 구분해야 한다.

또한 탄소가 sp^3 혼성을 하면 이 탄소에 결합된 네 개의 치환기는 정사면체 구조로 존재한다. 탄소의 치환기 네 개가 모두 다르면, 탄소를 중심으로 한 대칭면이 없고 그렇게 되면 표본 분자의 거울상과 동일한 분자가 존재할 수 있다. 이러한 **거울상-실상의 관계를 이루는 분자들은 빛에 대한 성질과 생체 반응에서 그 반응성이 전혀 다르다.**

여기서는 C—C의 자유 회전에 의한 분자의 형태와 에너지 관계, C=C 결합의 회전 금지로 인한 입체 화학, 그리고 정사면체 구조를 이루는 sp^3 혼성 탄소로 인한 거울상 이성질 현상 등을 살펴보기로 하자.

4.1 알케인의 입체 화학: 회전 배열 분석

유기물 분자의 삼차원 구조는 대부분 분자를 구성하고 있는 탄소 원자와 다른 원소들의 혼성화에 의해 결정된다.

앞의 1.5절에서 배운 것처럼, 분자 내 탄소가 sp^3 혼성을 하면 정사면체 배열을 하고, sp^2 혼성을 하면 평면 삼각형 구조를 이루며, *sp* 혼성을 하는 탄소 자리는 직선 구조를 이룬다. 이처럼 구성 탄소 원자의 혼성화에 따라 분자의 전체 구조가 결정된다.

- **분자의 입체 구조는 반응성이나 물리적 성질 및 안정성과 관련이 있어 유기 분자의 입체 구조를 이해하는 것은 중요하다. 유기 화학에서 다루는 입체 화학은 회전 배열 분석**(conformation analysis), **시스-트랜스 이성질화**(*cis-trans* isomerism) **및 거울상 이성질 현상**(enantiomeric isomerism) **등이 있다.**
  - 회전 배열 분석은 C—C 단일 결합 회전에 의한 에너지와 구조 관계를 다룬다.
  - 시스-트랜스 이성질화는 고리 화합물의 C—C 결합이나 C=C 결합의 회전 금지로 야기되는 입체 화학을 다룬다.
  - 거울상 이성질 현상은 탄소가 sp^3 혼성으로 정사면체 구조를 가지므로 발생하는 입체 화학이다.

단일 결합을 축으로 하여 분자의 일부분을 회전시키면 서로 다른 입체 배열을 가질 수 있는데 이를 **회전 배열**(conformation)이라고 하며, 특정 형태를 가리켜 **회전 배열 이성질체**(conformer) 혹은 **회전 이성질체**(rotamer)라고 한다. 이런 회전 배열 이성질체는 너무 빠르게 상호 전환되므로 구조 이성질체와는 달리 분리할 수 없지만, 순간적으로 존재하게 될 각 형태들의 삼차원 입체배열을 이해할 필요가 있다.

- **sp^3 혼성을 하고 있는 두 탄소 원자 사이에서 형성되는 시그마 결합은 자유 회전**(free-rotation)**이 가능하다. 이러한 단일 결합의 자유 회전을 보다 자세히 들여다 보면, 가려진 형태와 엇갈린 형태 두 가지 경우가 있다.**
  - **가려진 형태**(eclipsed conformation)는 두 탄소의 3개 결합이 서로 가려지도록 배열된 형태이다.
  - **엇갈린 형태**(staggered conformation)는 두 탄소의 결합이 서로 엇갈린 채로 배열된 형태이다.

회전 배열 분석에 유용한 구조 그리기 방법으로 **Newman 투영도**(Newman projection)가 있다. Newman 투명도는 탄소 두 개를 한쪽 끝에서 관통해 본 모습으로 그린다.

Newman 투영도 그리는 방법

- **1단계:** C—C 결합을 따라 관통해서 보고, 뒤 탄소를 원으로, 앞 탄소는 중심점으로 나타낸다.

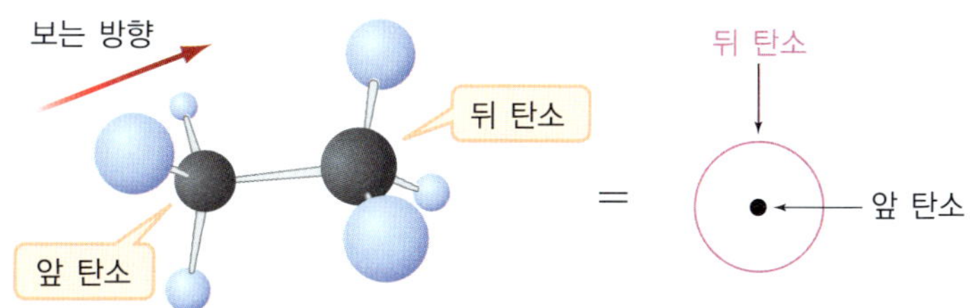

- **2단계:** 탄소의 결합을 그린다.
  - ▸ 앞 탄소의 결합은 원의 중심에서 만나도록 세 개의 선으로 그린다.
  - ▸ 뒤 탄소는 원 둘레에서 밖으로 나오는 세 개의 선으로 그린다.

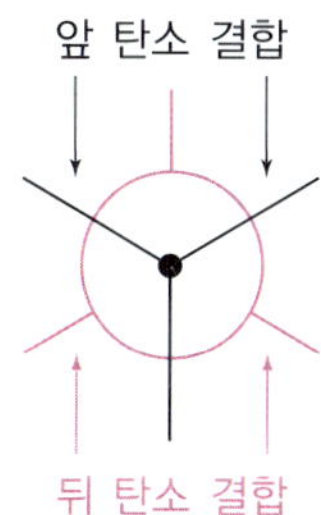

- **3단계:** 각 결합에 원소 기호를 표시한다.

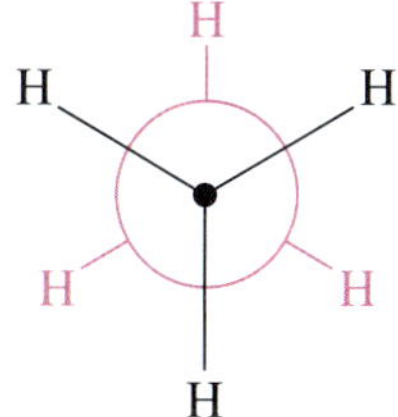

여기서 ethane, butane과 몇 가지 사이클로알케인(cycloalkane)의 형태를 살펴보자.

Ethane의 형태

Ethane의 탄소-탄소 단일 결합을 축으로 하여 하나의 탄소를 고정하고 다른 한 탄소를 회전시키면서 탄소-탄소 결합을 직선이 되도록 하여 관찰하면 앞 탄소에 있는 3개의 C—H 시그마 결합들에 의해 뒤 탄소의 3개의 C—H 결합이 서로 **가려진 형태**와 **엇갈린 형태**가 있음을 알 수 있다.

- Ethane의 엇갈린 형태에서는 앞과 뒤 두 탄소의 C—H 결합 **이면각**(dihedral angle)이 60°로 떨어져 있다. C—H 결합 전자 구름 간의 반발이 적어 에너지적으로 안정하다.
- Ethane의 가려진 형태에서는 C—H 결합들이 가까이 있다(이면각 0°). 결합 전자 간의 반발력이 크므로 회전 배열 이성질체는 더 높은 에너지 상태에 놓여 불안정하다. 이러한 종류의 힘을 **비틀림 무리**(torsional strain)라고 한다.
- Ethane의 두 형태 간의 에너지 차이는 12 kJ/mol이며 에너지 도표로 나타낼 수 있다. 따라서 하나의 (CH)(CH) 가리움에 의해 야기되는 비틀림 무리 에너지는 약 4 kJ/mol이다. 이 에너지 차이로 어떤 순간에 ethane의 99%는 엇갈린 형태로 존재한다.

유기 분자의 회전 배열 분석에서 나타나는 **무리**(strain)는 각 무리, 입체 무리, 비틀림 무리 세 가지가 있다.

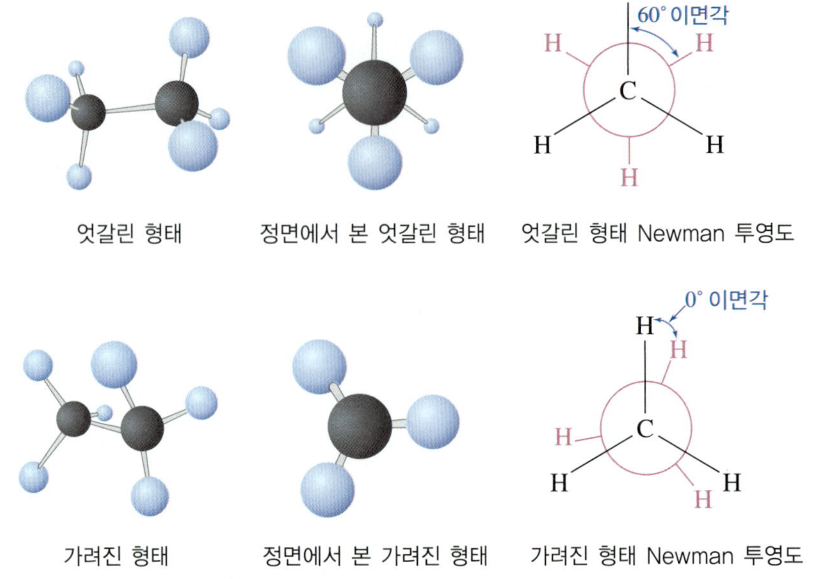

그림 4.1 Ethane의 엇갈린 형태와 가려진 형태의 모형

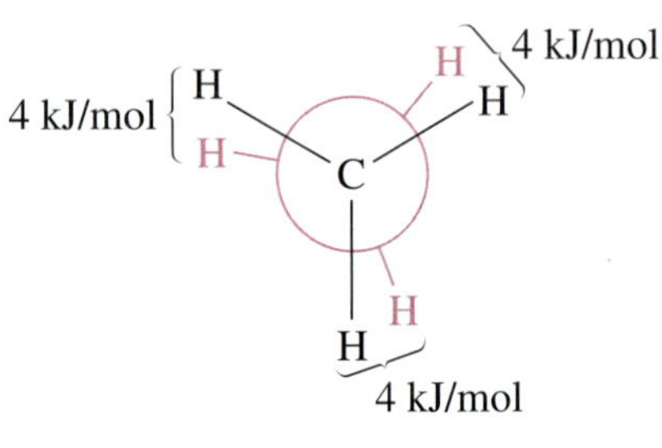

그림 4.2 Ethane의 전체 가리움 에너지는 12 kJ/mol이다.

- **각무리**(angle strain): 결합각이 109.5°보다 크거나 작아져 생기는 에너지 증가분이다.
- **입체 무리**(steric strain): 원자들이 서로 가까이 위치하고 있어 야기되는 에너지 증가분이다.
- **비틀림 무리**(torsional strain): 이웃 원자들의 결합이 서로 겹쳐져서 생기는 에너지 증가분이다.

실제로 ethane의 가려진 형태는 엇갈린 형태보다 12 kJ/mol(2.9 kcal/mol)만큼의 더 높은 에너지를 가진다.

■ *n*-Butane의 형태

n-Butane의 가장 안정한 형태는 탄소가 지그-재그 형식으로 배열되고 모든 결합이 서로 엇갈린 형태를 이루고 있다. *n*-Butane에 대해 1번 탄소와 2번 탄소(C1—C2)를 기준으로 회전 배열 분석(conformation analysis)을 해보면 가려진 형태와 엇갈린 형태 두 가지만을 관찰할 수 있다(그림 4.5).

- *n*-Butane의 가려진 형태는 더 높은 에너지를 가지며 ethane의 가려진 형태보다도 더 높은 에너지를 가진다.

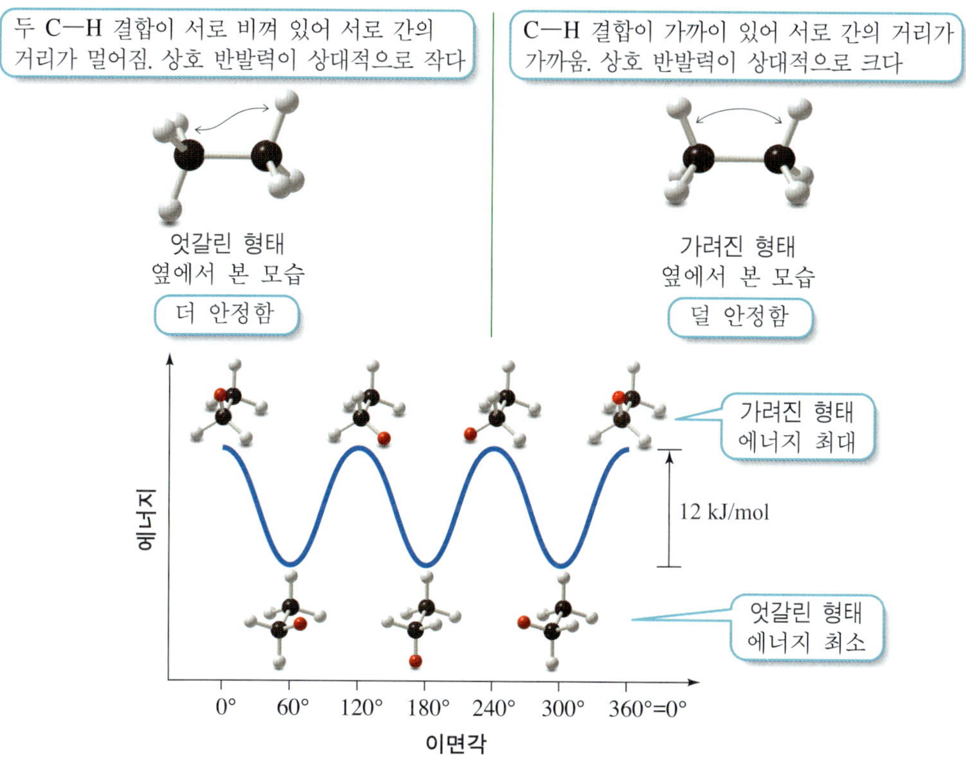

그림 4.3 Ethane의 이면각과 에너지 관계

그 이유는 ethane에서는 C—H 결합들이 가려졌지만 *n*-butane에서는 2개의 (CH)—(CH) 겹침과 하나의 (CH)—(CEt) 겹침이 가능하며 후자의 경우 C—Et 결합의 propyl 기가 H보다 부피가 더 크므로 비틀림 무리가 더 크기 때문이다. 예를 들어 propane의 비틀림 무리는 14 kJ/mol이다. 이 중에서 (CH)—(CCH_3) 겹침에 의한 비틀림 에너지는 약 6 kJ/mol (1.5 kcal/mol)이다(그림 4.4).

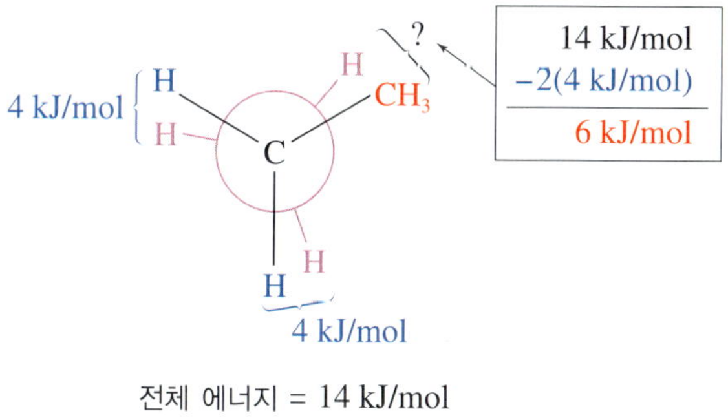

4 kJ/mol

14 kJ/mol
−2(4 kJ/mol)
6 kJ/mol

4 kJ/mol

전체 에너지 = 14 kJ/mol

그림 4.4 Propane의 비틀림 무리는 14 kJ/mol이다.

엇갈린 형태(더 안정함)

$Et = CH_2CH_3$

가려진 형태

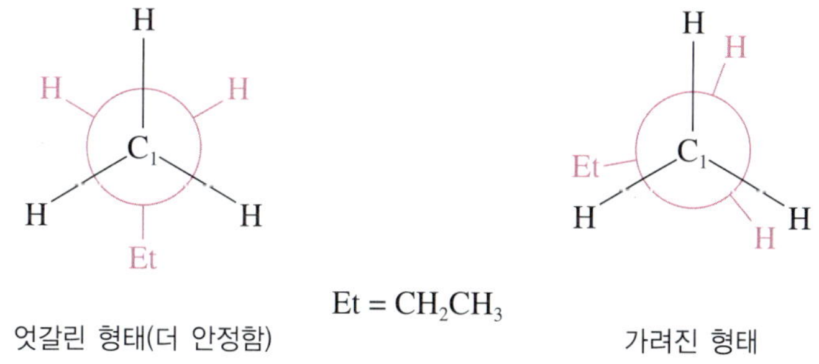

그림 4.5 *n*-Butane의 C1−C2 결합을 기준으로 한 회전 배열 분석

가려진 형태	가려진 형태	$< CH_3-CH_3 = 180°$ 안티 형태	$< CH_3-CH_3 = 60°$ 고우시 형태
(19 kJ/mol)	(16 kJ/mol)	(가장 안정함)	(3.8 kJ/mol)

그림 4.6 *n*-Butane의 C2−C3 결합을 기준으로 한 회전 배열 분석

고우시 형태는 두 개의 CH_3 기가 가까이 있어 큰 입체 장애를 받아 높은 에너지를 보인다. 이런 현상을 **고우시 상호 작용**(gauche interaction)이라고 한다.

고우시 상호 작용

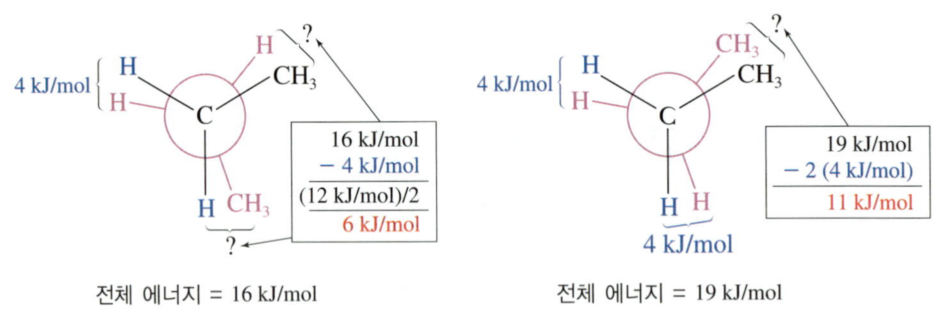

그림 4.7 $(CC^1H_3)-(CC^4H_3)$ 겹침으로 가장 에너지가 높은 가려진 형태 에너지는 19 kJ/mol이고 고우시 형태 에너지는 16 kJ/mol이다.

- *n*-Butane의 C2—C3 결합을 통해 형태를 분석해 보면 각각 두 종류씩의 가려진 형태와 엇갈린 형태가 존재한다(그림 4.6).
  - 가려진 형태에는 두 개의 (CH)—(CH) 겹침과 하나의 $(CC^1H_3)-(CC^4H_3)$ 겹침이 있는 형태와 하나의 (CH)—(CH) 겹침과 $(CH)-(C-C^1H_3)$ 및 $(CH)-(C-C^4H_3)$ 두 개 겹침이 있는 형태이다.
  - 이 두 형태 중 비틀림 에너지가 입체 장애가 큰 $(CC^1H_3)-(CC^4H_3)$ 겹침을 갖는 형태가 더 높은 에너지를 가지며 4개의 회전 배열 이성질체 중에서 가장 불안정한 형태이다.
  - 엇갈린 형태로는 두 개의 CH_3 기가 서로 정반대로 배열된 **안티**(anti) 회전 배열 이성질체와 두 개의 CH_3 기가 이웃한 위치에 엇갈려 있는 **고우시**(gauche) 회전 배열 이성질체(3.8 kJ/mol)가 있다.
  - 안티 형태에서는 부피가 큰 두 개의 CH_3가 가장 멀리 배열되어 있으므로 비틀림 에너지가 가장 낮고 그만큼 안정하다.
  - $(CC^1H_3)-(CC^4H_3)$ 겹침에 의한 에너지 무리는 11 kJ/mol이다.

n-Butane보다 더 큰 곧은 사슬 알케인의 형태는 대부분 지금까지 살펴본 유형들로 이해할 수 있고, 이들의 가장 안정한 형태는 모든 결합이 엇갈려 있는 상태로 있을 때이다.

가려진 형태와 엇갈린 형태의 에너지 분석이 가능하며, 각 형태에 관련된 에너지양을 결정할 수 있는데 이것을 표 4.1에 정리하였다.

표 4.1 비고리형 알케인의 비틀림 무리와 입체 무리 에너지

상호 작용 종류	무리의 형태	에너지[kJ/mol(kcal/mol)]
H, H 가려짐	비틀림 무리	4 (1.0)
H, CH_3 가려짐	비틀림 무리	6 (1.4)
CH_3, CH_3 가려짐	비틀림 무리, 입체 장애	11 (2.6)
고우시 CH_3 기	입체 장애	3.8 (0.9)

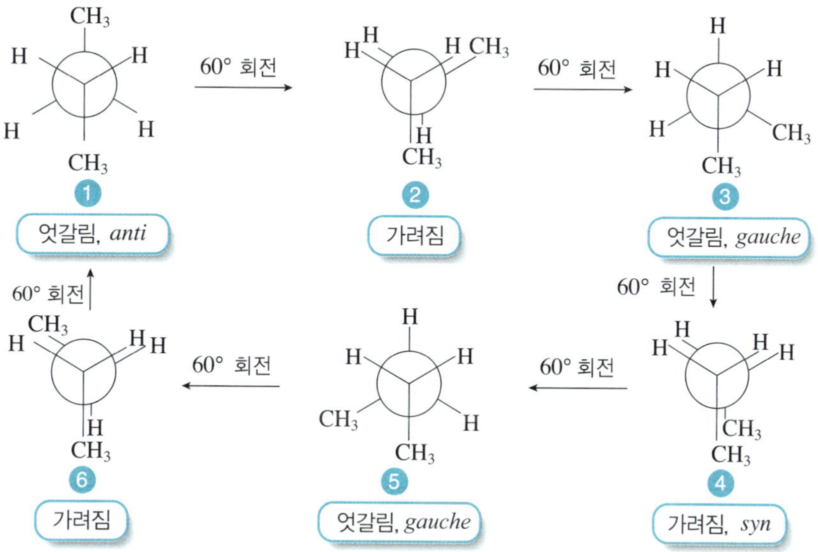

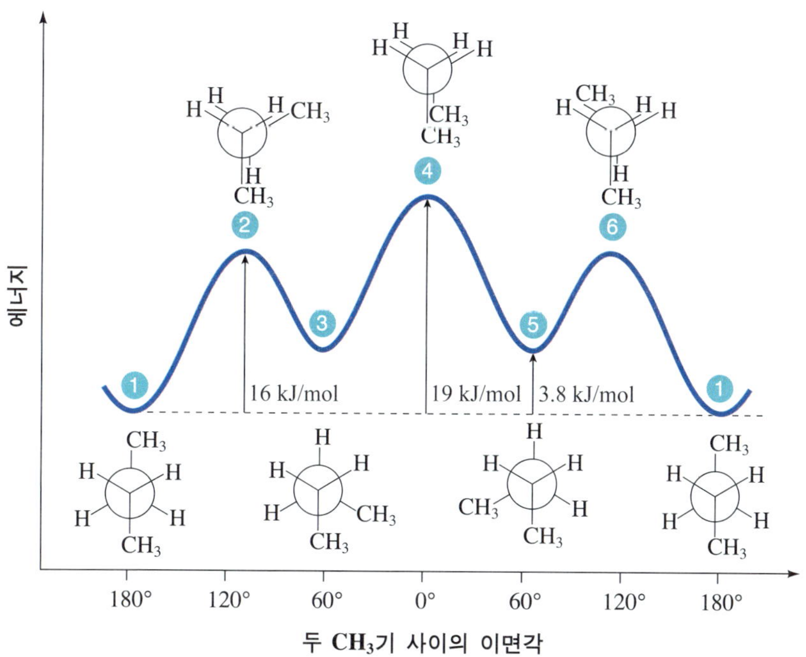

그림 4.8 *n*-Butane의 C2—C3을 기준으로 한 회전 배열 분석

4.2 사이클로알케인의 회전 배열 분석

■ 사이클로알케인의 형태

탄소가 sp^3 혼성을 하면 오비탈이 109.5° 결합각으로 배열된다는 것을 알고 있던 초기 화학자들에게 사이클로알케인(cycloalkane)은 매우 놀라운 것이었다. 어떻게 고리가 작은 cyclopropane이나 cyclobutane이 자연에 존재할 수 있는가라는 것이었다.

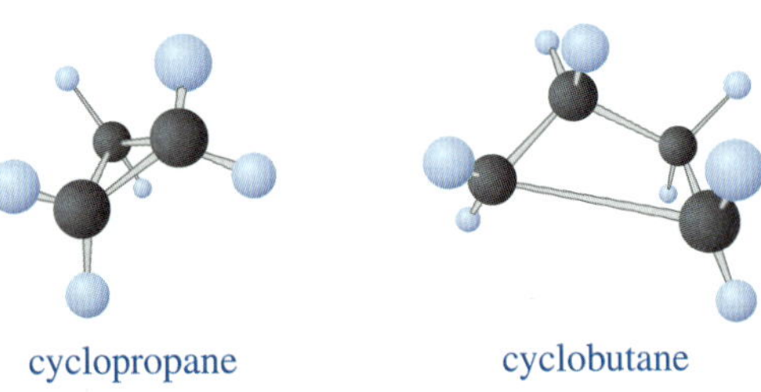

그림 4.9 컴퓨터로 그린 cyclopropane과 cyclobutane의 모형

표 4.2 사이클로알케인의 CH_2 기 한 개당 연소열

사이클로알케인	CH_2 기의 수	연소열(kJ/mol)	CH_2 한 개당 연소열 (kJ/mol)
cyclopropane	3	2091	697
cyclobutane	4	2721	680
cyclopentane	5	3291	658
cyclohexane	6	3920	653
cycloheptane	7	4599	657
cyclooctane	8	5267	658
cyclononane	9	5933	659
cyclodecane	10	6587	659

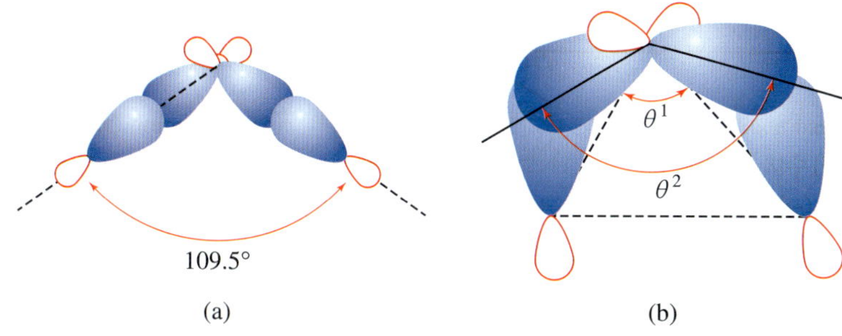

그림 4.10 (a) 정상적인 C－C 결합 모양, (b) 굽은 결합 모양, 굽은 결합에서 $\theta^1 \neq \theta^2$이며, 삼원자 고리에서 θ^1은 60°이고, θ^2=104°이다.

Cyclopropane의 기하학적 ∠CCC 각도는 60°이고, cyclobutane은 90°의 각을 갖고 있기 때문이다. 그럼에도 불구하고 이들은 실제 존재할 만큼 안정하다.

- 사이클로알케인의 안정도는 상대적인 연소열로 알 수 있다. 즉 연소열로부터 CH_2 한 개당의 에너지를 계산해 보는 것이다(표 4.2 참조).
- Cyclopropane의 세 탄소는 정삼각형을 이루고, 6개의 수소는 분자 평면 위와 아래로 각각 하나씩 배열되어 있다.
  - ▸ Cyclopropane의 결합각은 ∠CCC＝104°이며 정상적인 sp^3 혼성 오비탈 결합각은 109.5°이어서 각무리가 야기된다.
  - ▸ Cyclopropane은 **굽은 결합**(bent bond)으로 고리를 형성하고 있다.
  - ▸ 굽은 결합은 X-선 결정학 연구로부터 입증되었다.
- **굽은 결합의 정의**: 원자 중심을 연결하여 얻은 각(그림 4.10 (b)의 θ^1)과 결합하고 있는 오비탈의 중심을 연결하여 생기는 각(그림 4.10 (b)의 θ^2)이 다른 결합을 굽은 결합이라고 한다. 따라서 cylopropane의 탄소-탄소 결합은 정상적인 알케인의 탄소-탄소 결합보다 더 약하게 되는데, 이 이유는 **각무리**(angle strain) 때문이다. 즉 **굽은 결합**(bent bond)이란 세 개 탄소 원자의 sp^3 오비탈이 정면으로 겹쳐지는 것이 아니라 서로 약간씩 엇갈린 상태로 겹쳐져 결합을 형성한다는 것이다(그림 4.10 (b)).
- Cyclobutane과 cyclopropane을 비교해 보면 cyclobutane의 고리를 이루는 ∠CCC가 cyclopropane에서보다 더 크므로, cyclobutane이 그만큼 각무리가 작아서 cyclopropane보다 더 안정하다.
- Cyclohexane은 각무리가 거의 없다.

■ **Cyclohexane에는 모든 결합이 엇갈려 있는 의자 형태**(chair conformation)**와 4개 탄소 원자에서 가려진 형태를 이루고 있는 보트 형태**(boat conformation)**가 있다(그림 4.11).**

■ **Cyclohexane에는 12개의 수소를 가지고 있으며 이들 수소 중 6개는 분자의 축과 같은 방향으로 배열하고 있는 수직 방향 수소**(axial hydrogen)**이고 나머지 6개는 고리 평면으로 배열하고 있는 수평 방향 수소**(equatorial hydrogen)**이다.**

- 고리를 이루고 있는 6개의 탄소가 각기 수직 방향 수소 하나와 수평 방향 수소 하나씩을 가지고 있다.
- Cyclohexane의 처음 의자 형태에서 수직 방향인 수소는 또 다른 의자 형태에서 수평 방향으로, 처음 의자 형태에서 수평 방향인 수소는 다른 의자 형태에서는 수직 방향으로 배열된다.
- Cyclopropane, cyclobutane 및 cyclopentane과는 다르게 cyclohexane의 고리는 유동

그림 4.11 Cyclohexane의 형태. (a) 의자 형태. (b) 의자 형태의 Newman 투영도. (c) 보트 형태. (d) 보트 형태의 Newman 투영도

성이 있어 **고리 뒤집힘**(ring flip) 혹은 **고리 반전**(ring inversion)에 의해 형태가 상호 변환된다.

- 고리 반전에 의해 불안정한 형태는 더 안정한 형태로 변환된다.

그림 4.11 (a)에서 C6의 수직 방향 수소와 C4와 C2의 수직 방향 수소는 비교적 가까운 거리에 놓여 있다.

■ **수직 방향 수소가 가까이 있으면 입체 무리를 야기하여 불안정해진다.**

입체 무리는 일정한 공간을 점유하려는 원자들의 크기(부피)로 인하여 야기되는 분자내 에너지 증가이다.

- 두 수직 방향 치환기 사이에서 야기되는 **입체 무리**(steric strain)에 의한 불안정화를 **1,3-이수직 상호 작용**(1,3-diaxial interaction)이라고 한다.
- 1,3-이수직 상호 작용을 하는 치환기의 크기가 클수록 입체 무리 에너지는 그만큼 더 높아진다. *tert*-Butylcyclohexane은 대부분 *tert*-butyl 기가 수평 방향인 형태로 존재한다.

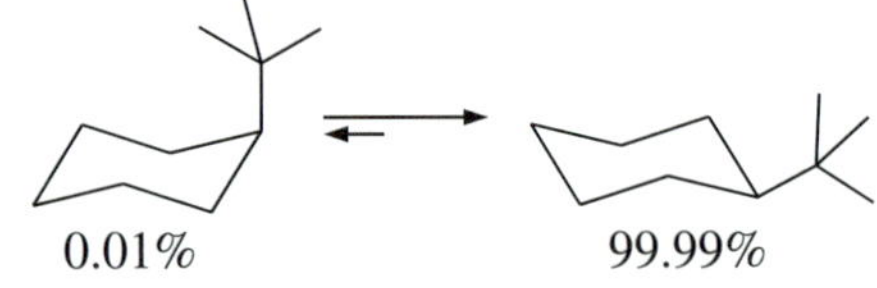

tert-butylcyclohexane

표 4.3 몇 가지 치환기에 대한 1,3-이수직 상호 작용 에너지

치환기	입체 작용 에너지(kJ/mol)	평형에서의 비율 (수평 방향 : 수직 방향)
$-Cl$	2.0	70 : 30
$-OH$	4.2	83 : 17
$-CH_3$	7.6	95 : 5
$-CH_2CH_3$	8.0	96 : 4
$-CH(CH_3)_2$	9.2	97 : 3
$-C(CH_3)_3$	22.8	9999 : 1

■ Cyclohexane 유도체 그리기

- Cyclohexane 의자 형태 그리는 법
  - ▸ **1단계:** 넓은 V자를 그린다.
  - ▸ **2단계:** 오른쪽 V자 끝에서 60° 각도로 내려가는 선을 그린다. V 중심 바로 옆에서 멈춘다.
  - ▸ **3단계:** 오른쪽으로 내려 그린 선 끝에서 V자 왼쪽으로 평행선을 그린다.
  - ▸ **4단계:** V자 왼쪽 끝에서 60° 각도 아래로 오른쪽 선과 평행선을 그린다.
  - ▸ **5단계:** 나머지 선을 연결한다.
  - ▸ **6단계:** 수직 방향 수소와 수평 방향 수소를 각 탄소에 교대로 하나씩 배열하여 완성한다.

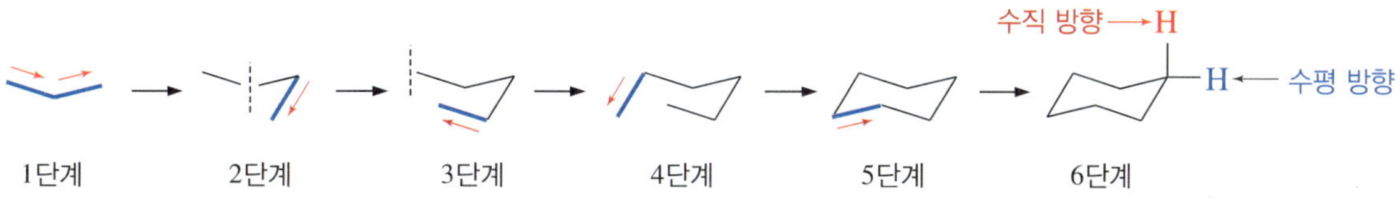

수직 방향→H
H← 수평 방향

1단계 2단계 3단계 4단계 5단계 6단계

- 일치환 cyclohexane의 두 의자 형태 그리는 법
  - ▸ **1단계:** Cyclohexane 의자 형태 고리를 먼저 그린다.
  - ▸ **2단계:** 치환기를 수직 방향이나 수평 방향 어느 한쪽으로 그린다.
  - ▸ **3단계:** 고리 반전으로 다른 의자 형태를 그린다. 고리 반전에서 치환기는 항상 고리의 같은 쪽(위쪽 또는 아래쪽)에 위치한다.
  - ▸ **4단계:** 안정도를 고려하여 평형 화살표를 그린다. 1,3-이수직 상호 작용을 고려하여 안정도를 결정한다.

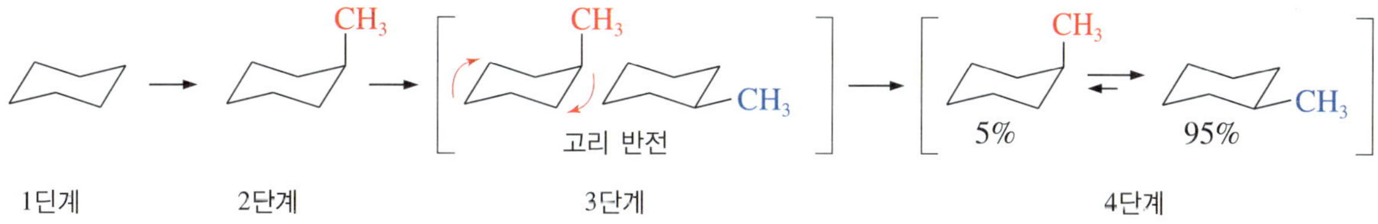

CH_3 CH_3 CH_3 고리 반전 CH_3 CH_3 5% 95%

1단계 2단계 3단계 4단계

- 이치환 cyclohexane의 두 의자 형태 그리는 법
  - ▸ **1단계:** 의자 형태를 그리고, 치환기의 위치와 배열을 확인한다.
  - ▸ **2단계:** 치환기를 고리에 배열한다.
    cis-이치환: 두 치환기를 모두 고리의 같은 쪽에 배열한다.
    trans-이치환: 한 치환기는 고리 위로, 다른 하나는 고리 아래에 배열한다.
    이치환의 경우는 두 치환기가 모두 수평 방향이든 수직 방향이든 상관없다.
  - ▸ **3단계:** 그려진 한 의자 형태의 고리 반전을 수행하여 다른 의자 형태를 그린다.
  - ▸ **4단계:** 두 의자 형태의 안정도를 고려하여 평형 기호를 그린다.

trans-1,4-dimethylcyclohexane을 예로 들어보자.

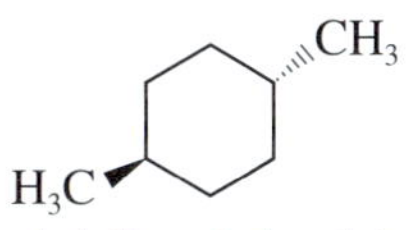

CH_3
H_3C
trans-1,4-dimethylcyclohexane

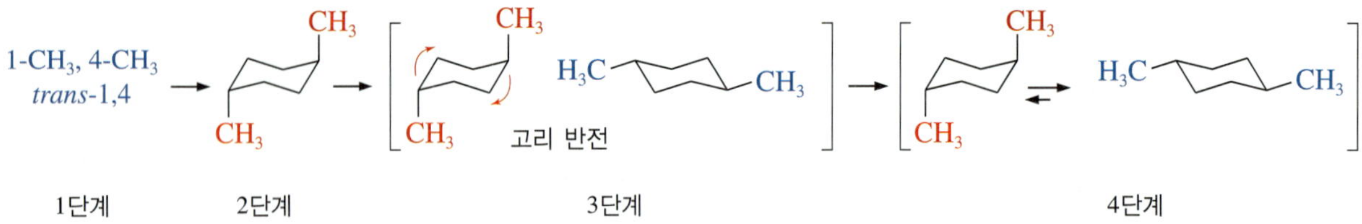

1-CH_3, 4-CH_3 *trans*-1,4 → CH_3 / CH_3 → [CH_3 / CH_3 고리 반전 H_3C — CH_3] → [CH_3 / CH_3 ⇄ H_3C — CH_3]

1단계 2단계 3단계 4단계

4.3 결합 회전 장애와 입체 화학

앞에서 언급한 C—C 결합의 입체 화학과는 달리 결합의 회전 장애로 인한 입체 화학은 더 중요하다.

동일한 원자들로 구성되어 분자식이 동일하지만 원자 연결 순서가 다르거나, 삼차원 배열이 달라서 다른 화합물로 인정해야 하는 화합물들을 **이성질체**(isomer)라고 한다. 이성질체는 원자들의 연결 방식이 다른 **구조 이성질체**(structural isomer 또는 constitutional isomer)와 단지 공간 배열만이 다른 **입체 이성질체**(stereoisomer)가 있다. 입체 이성질체에는 거울상 이성질체와 부분 입체 이성질체 두 가지가 있다.

- **구조 이성질체의 특징은 다음과 같다.**
  - IUPAC 이름이 다르다.
  - 작용기가 동일하거나 다르다.
  - 물리적 성질이 달라 분리가 가능하다.
  - 화학적 성질이 달라 반응에 의해 다른 생성물을 만든다.

입체 이성질체의 한 종류인 **시스-트랜스 이성질체**(cis-trans isomer)는 C—C 단일 결합으로 된 고리 화합물이나 C=C 이중 결합을 가지는 화합물에서 나타난다. *cis*-1,2-Dibromocyclohexane은 *trans*-1,2-dibromocyclohexane과는 다른 화합물이다. *cis*-2-Butene과 *trans*-2-butene도 입체 이성질체이며 서로 다른 화합물이다. 이들 두 이성질체는 직접 상호 변환되지 않는다.

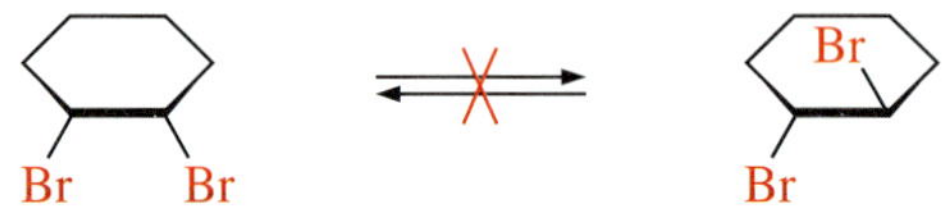

Br Br ⇄̸ Br Br

cis-1,2-dibromocyclohexane *trans*-1,2-dibromocyclohexane

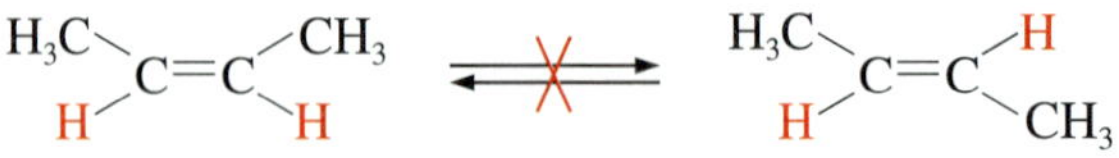

H_3C, CH_3, H, H (C=C) ⇄̸ H_3C, H, H, CH_3 (C=C)

cis-2-butene *trans*-2-butene

4.4 거울상 이성질 현상

탄소가 정사면체 구조를 가지며 네 개 치환기가 각기 다르면 거울상 이성질체가 존재할 수 있다. sp^3 혼성을 하는 탄소는 정사면체 구조를 가진다. 만일 중심 탄소에 결합된 4개의 치환기가 모두 다르면 분자 내 대칭면이 존재하지 않는다. 이런 분자는 분자식이 동일하지만 네 개 치환기의 절대 배열만이 다른 두 가지 분자가 실제로 존재할 수 있다.

- **탄소가 sp^3 혼성을 하여 정사면체 각 꼭짓점에 각기 다른 네 개의 치환기가 결합하고 있으면 실상과 거울상 관계에 있는 두 개의 거울상 이성질체가 존재한다.**
  - 실상과 거울상 관계에 있는 이성질체를 **거울상 이성질체**(enantiomer)라고 한다.
  - 네 개의 치환기가 모두 다른 탄소를 **카이랄 중심**(chiral center), **입체 중심**(stereocenter) 또는 **입체 발생 중심**(stereogenic center)이라고 한다
  - 카이랄 중심이 n개 있으면 최대 $2n$개의 입체 이성질체가 존재할 수 있다. 예를 들어 $n=1$이면 $2^1=2$로, 두 개의 입체 이성질체를 가질 수 있고, 이것들은 거울상 이성질체이다. $n=2$이면 $2^2=4$로, 최대 4개의 입체 이성질체가 가능하지만 이보다 적을 수도 있다.
  - 두 개의 카이랄 중심을 가지는 화합물은 카이랄일 수도 아닐 수도 있다.

- **한 쌍의 거울상 이성질체를 점선-쐐기 모형으로 그리는 법**
  - **1단계:** 카이랄 탄소를 중심으로 두 개의 결합을 같은 평면에 그린다(실선).

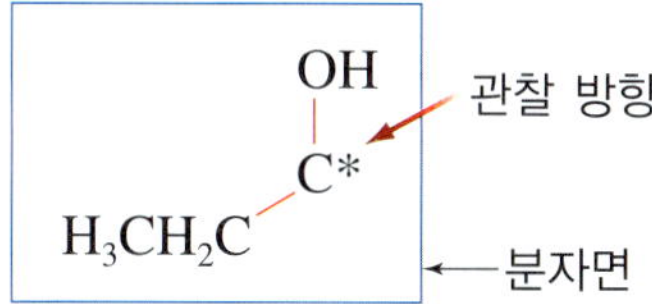

  - **2단계:** 나머지 두 결합 중 관찰자 앞으로 나오는 결합은 쐐기 모양으로, 후면에 있는 나머지 하나의 결합은 점선으로 표기한다. 임의로 이성질체 A라고 하자.

OH, C*, H_3CH_2C, CH_3, H

이성질체 A

  - **3단계:** 거울면을 그리고 이성질체 A가 거울에 반영된 것처럼 거울상을 그린다. 임의로 이성질체 B라고 하자.

실상 거울 거울상

OH, C, H_3CH_2C, CH_3, H — 이성질체 A (*S*)-butan-2-ol

OH, C, H_3C, CH_2CH_3, H — 이성질체 B (*R*)-butan-2-ol

  - **4단계:** 두 이성질체 A와 B가 포개지는지 확인한다. 거울상 이성질체는 서로 포개지지 않는다.

실상 → OH ← 거울상

H_3CH_2C, C, CH_3CH_3, H H

- **카이랄 중심 찾기: Alanine을 예로 들어보자.**
  - **1단계:** 분자 내 탄소의 혼성을 확인하여 sp^3 혼성 탄소를 찾는다.

O, 1C, 3CH_3, HO, 2C, H, NH_2 ⇨ C1 : sp^2 C2 : sp^3 C3 : sp^3

C2와 C3가 sp^3 혼성을 하고 있다.

- **2단계:** 각 sp^3 혼성 탄소에 네 개의 치환기가 모두 다른가를 확인한다.

CH_3, HOOC—C—H (2), NH_2 ⇨ $H \neq NH_2 \neq CH_3 \neq COOH$

C3도 sp^3 혼성을 하고 있지만 H를 3개 가지고 있고, C2만이 네 개의 치환기가 모두 다르므로 C2만 카이랄 중심이다.

- **3단계:** 카이랄 중심 탄소와 그 수를 결정한다.

IUPAC에서는 1996년 네 개의 서로 다른 치환기를 가지는 탄소를 '카이랄 중심'으로 부를 것을 권장하였다.

카이랄 중심

O, 1C, CH_3 3, HO, 2C, H, NH_2 ≡ CH_3, HOOC—C—H (2), NH_2

Alanine에는 카이랄 중심 탄소가 한 개뿐이다.

카이랄 중심

O, HO, NH_2 — *S*-alanine O, OH, NH_2 — *R*-alanine

Alanine은 카이랄 탄소가 C2 하나이어서, (*S*)-alanine과 (*R*)-alanine 두 개의 거울상 이성질체가 있다.

- **거울상 이성질체들의 특성은 다음과 같다.**
  - 거울상 이성질체는 서로 포개지지 않는다.
  - 분자식과 녹는점, 용해도 등과 같은 물리적 성질이 같다.

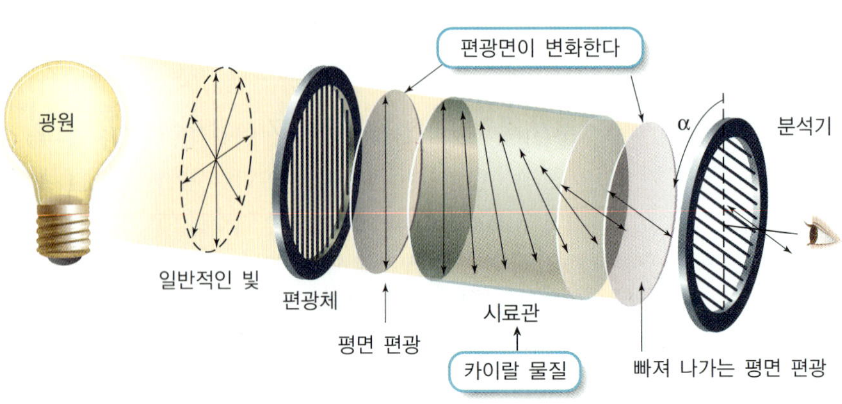

그림 4.12 편광계의 구조. 시료에 의한 편광의 회전도(α)를 측정한다.

- 편광에 대한 성질이 다르다.
- 고유 광회전도는 절댓값은 같고 부호만 서로 반대이다.
- 화학 반응성이 다르며, 특히 생체 반응에서 더욱 그렇다.

(*S*)-Alanine의 녹는점은 297°C이고 고유 광회전도 값은 $[\alpha] = +8.5$이다. (*R*)-Alanine은 같은 녹는점을 가지지만 고유 광회전도 값은 $[\alpha] = -8.5$로 절댓값은 같고 부호는 반대이다.

■ **카이랄 화합물의 이러한 빛에 대한 성질을 광학 활성도(optical activity)라고 하며, 고유 광회전도 값으로 나타낸다.**

- **고유 광회전도 값**(specific rotation, $[\boldsymbol{\alpha}]$)은 편광계에서 관찰된 회전도(α)를 이용하여 계산하고 이 값은 측정한 물질의 고유한 물리적 성질이다.
- 편광의 회전 방향이 시계방향(12시로부터 오른쪽)이면 **우회전성**(dextrorotatory)이라고 하고, *d* 또는 (+)로 화합물 이름 앞에 표시한다.
- 반대로 편광 회전이 반시계 방향(12시로부터 왼쪽 방향)이면 **좌회전성**(levorotatory)이라고 하고, *l* 또는 (−)로 표시한다.

$$\textbf{고유 광회전도 값}[\alpha] = \frac{\textbf{관찰된 회전도}(\alpha°)}{\textbf{시료 농도}(\boldsymbol{c}, \textbf{g/mL}) \times \textbf{시료관 길이}(\boldsymbol{l}, \textbf{dm})}$$

- 고유 광회전도 값은 $[\alpha]_D^t$로 표현하며, 여기서 위 첨자 t는 측정 온도, 그리고 아래 첨자 D는 sodium(Na) 증기 등의 파장이 589 nm인 빛을 나타낸다.

■ **카이랄 분자의 광학 활성은 편광계로 측정한다.**

- 편광면을 회전시키는 성질을 광학 활성이라고 한다. 카이랄 분자는 편광을 회전시킨다.
- 편광 회전 값은 편광계로 측정한다.
- 두 거울상 이성질체는 평면 편광을 같은 정도로 반대 방향으로 회전시킨다.
- 편광은 한 평면으로만 진동하는 빛이다.

■ **고유 광회전도 계산하기**

- **1단계:** 계산에 사용할 자료들의 단위를 확인하고 맞게 변환한다.
- **2단계:** 얻어진 값을 대입하여 푼다.

예 물 10 mL에 sucrose 0.300 g을 녹여, 길이 10.0 cm인 시료관에 넣고 편광 회전을 측정하였다. 광회전도(α)는 +1.99이고, 실내 온도는 20°C이고, sodium D선을 이용하였디.

1단계: 농도 계산 ⇨ $\dfrac{0.300\ \text{g}}{10.0\ \text{mL}} = 0.03\ \text{g/mL}$이다.

시료관 길이 변환 ⇨ 10.0 cm = 1.00 dm

2단계: 고유 광회전도 $[\alpha] = \dfrac{\alpha}{c \times l} = \dfrac{+1.99°}{(0.03\ \text{g/mL}) \times (1.00\ \text{dm})} = +66.3$

$[\alpha]_D^{20} = +66.3$이다.

■ **거울상 이성질체(*R*,*S*)-명명하기**

거울상 이성질체는 서로 다른 물질이므로 이들을 구별하여 명명하여야 한다.

- **1단계:** 카이랄 중심이 있는지, 있으면 몇 개가 있는지를 결정한다.
- **2단계:** 각 카이랄 중심 탄소의 4개 치환기에 우선순위를 정한다. 치환기의 우선순위는

이 방식을 고안한 화학자들의 이름을 따서 **Cahn-Ingold-Prelog 체계**(Cahn-Ingold-Prelog system)라고도 부른다.

다음의 **순차 결정 규칙**(sequence rule, 또는 Cahn-Ingold-Prelog 체계)을 사용하여 정한다.

- **3단계:** 치환기 순위를 바탕으로 (*R*)-배열인지 (*S*)-배열인지를 결정한다.
  - ▸ 치환기에 순차 규칙에 따라 순위를 매기고 가장 낮은 순위(4 순위)를 분자면의 뒤에 배열한다.
  - ▸ 나머지 치환기의 순위가 시계 방향에 따라 1 → 2 → 3 순으로 배열된 것은 (*R*)-이성질체, 반시계 방향으로 배열되면 (*S*)-이성질체로 명명한다.
  - ▸ 치환기 배열을 나타내는 (*R*)과 (*S*)-명명과 편광 회전 방향을 나타내는 부호, *d*, *l* 또는 +, − 와는 아무 관련성이 없다.

■ **순차 결정 규칙(Cahn-Ingold-Prelog 체계)**

- **규칙 1:** 카이랄 중심 탄소에 직접 결합한 원자들의 원자 번호가 큰 것부터 작아지는 순서대로 순위를 부여한다. 원자 번호가 가장 큰 원소의 우선순위가 가장 높다.

  예 카이랄 중심에 H, Br, Cl, F가 결합하고 있으면, 우선순위는 원자 번호에 따라 Br(1) → Cl(2) → F(3) → H(4)로 순위를 정한다.

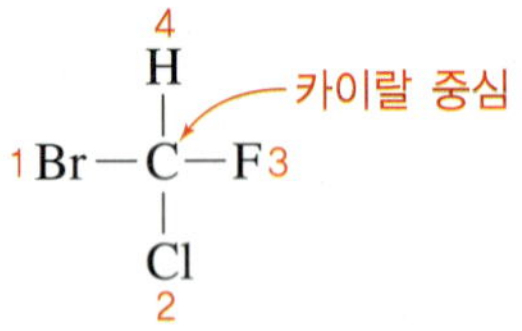

```
        4
        H   ← 카이랄 중심
        |
1 Br — C — F 3
        |
        Cl
        2
```

- **규칙 2:** 카이랄 중심 탄소에 직접 결합한 원자들이 동일하면 이 원자에 결합된 두 번째 원자들의 원자 번호를 이용하여 순위를 정한다. 원자 번호가 큰 원자가 하나라도 있으면 더 높은 우선순위를 부여한다.

  예 2-Butanol($CH_3CH_2C^*HOHCH_3$)에서 카이랄 중심 탄소(C^*)에 O, CH_2CH_3의 C, CH_3의 C와 H가 직접 결합하고 있다. 이 경우의 우선순위는 O(1) → CH_2CH_3(2) → CH_3(3) → H(4)가 된다.

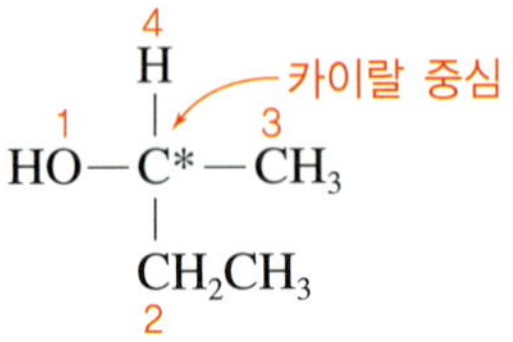

```
         4
         H   ← 카이랄 중심
  1      |      3
  HO — C* — CH3
         |
       CH2CH3
         2
```

- **규칙 3:** 동위 원소가 결합되어 있으면 질량수가 큰 것을 우선한다.

  예 삼중수소(T), 중수소(D)와 수소(H)가 있으면 우선순위는 T(1) → D(2) → H(3)순이 된다.

- **규칙 4:** 다중 결합의 원자는 단일 결합 원자가 다중 결합 수만큼 중복되어 있는 것으로 취급하여 순위를 정한다.

  예 C=O의 경우는 C가 두 개의 O와 결합한 것으로 취급한다. C=C 결합이나 C≡C 결합도 같은 방식으로 취급하므로 우선순위는 C=C가 C−C보다 더 높다.

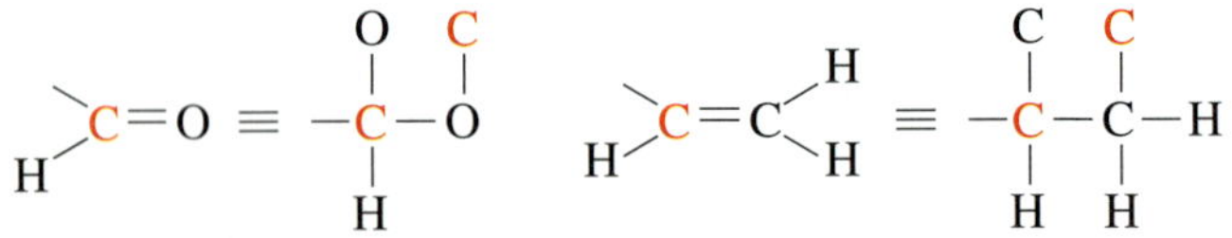

```
                  O   C                              C   C
                  |   |               H              |   |
 \C=O   ≡   — C — O        \C=C/       ≡   — C — C — H
 H/               |          H/    \H              |   |
                  H                                  H   H
```

■ **카이랄 중심에서의 *R*,*S*의 지정 방법**

R,*S*-지정 방법을 2-butanol($CH_3CH_2C^*HOHCH_3$)을 예로 들어보자.

- **1단계:** 카이랄 중심에 결합된 치환기의 우선순위를 정한다.

$$OH(1) \rightarrow CH_2CH_3(2) \rightarrow CH_3(3) \rightarrow H(4)$$

- **2단계:** 가장 낮은 우선순위(4 순위) 치환기를 뒤쪽(점선)으로 배열하고, 우선순위가 가장 높은 1번을 관찰자의 정면에 배열한다.

1 OH
관찰자가 보는 방향
4 H C*

- **3단계:** 나머지 두 개 치환기(2번과 3번)의 우선순위를 배정하여 치환기 우선순위가 시계 방향으로 1 → 2 → 3이면 (*R*)-배열로 표기하고, 반시계 방향이면 (*S*)-배열로 구분하여 화합물 이름 맨 앞에 표기한다.

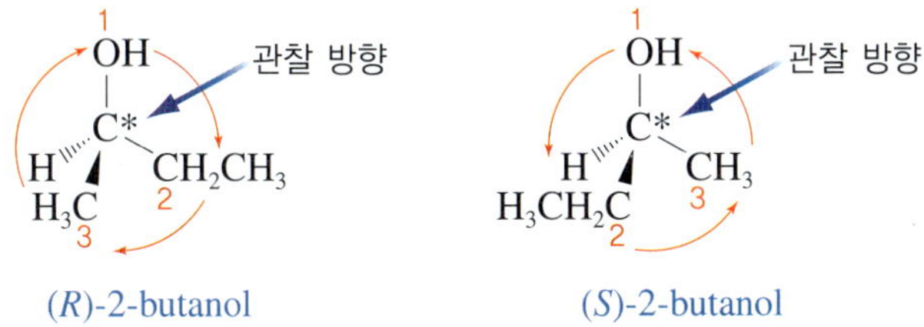

오로지 한 종류의 거울상 이성질체를 포함하는 용액을 **광학적으로 순수**(optically pure)하다거나 **거울상 이성질적으로 순수**(enantiomerically pure)하다고 말한다.

- **동일한 양의 두 거울상 이성질체를 포함하고 있는 용액이나 혼합물은 라셈 혼합물(racemic mixture) 또는 라셈체(racemate)라고 한다.**
  - 라셈 혼합물은 알짜 광회전도를 나타내지 않으므로 광학적으로 비활성이다. 라셈 혼합물 자체의 물리적 성질은 순수한 거울상 이성질체의 물리적 성질과는 다를 수 있다.
  - 증류나 재결정 등과 같은 일반적인 물리적 방법으로 두 이성질체를 순수하게 분리할 수 없다.

라셈 혼합물을 순수한 이성질체로 분리하는 과정을 **분할**(resolution)이라고 한다.

- **분할 방법은 화학적 방법, 효소 이용법 및 컬럼 이용법 등이 있다.**
  - **화학적 방법:** 이미 배열을 알고 있는 **거울상 분할제**(resolving agent)로 부분 입체 이성질체를 만들어 재결정으로 분리하는 방법이다. 부분 입체 이성질체는 물리적 성질이 달라서 재결정으로 분리할 수 있다.
  - **효소 이용법:** 효소는 기질에 대해 입체 특이적으로 반응하므로 이를 이용하여 라셈체를 분할하는 것이다. 주로 아마이드나 에스터의 가수 분해 효소를 이용한다.
  - **카이랄 컬럼 이용법:** 관 크로마토그래피에서 거울상 이성질체와의 친화력이 다른 카이랄 충진제를 이용하여 거울상 이성질체를 분리하는 방법이다.

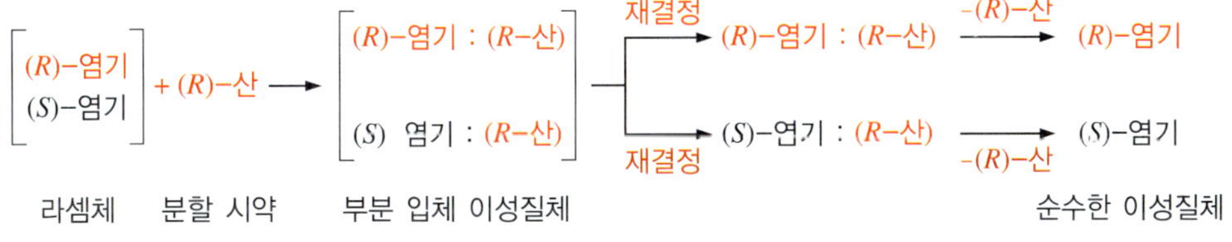

그림 4.13 라셈 혼합물의 화학적 분할 방법 개요

- **두 거울상 이성질체의 비율이 다르면 한쪽 거울상 이성질체가 얼마나 더 많은지를 나타내야 한다.**
  - 하나의 이성질체 초과량을 **거울상 초과도**(enantiomeric excess, *ee*)라고 한다.
  - 거울상 초과도는 한쪽 이성질체가 라셈 혼합물보다 얼마나 더 존재하는가를 나타낸다.
  - 거울상 초과도(*ee*) = (한쪽 이성질체의 %) − (다른 한쪽 이성질체 %)
    예를 들어 어떤 혼합물의 한쪽 거울상 이성질체가 70%이고 다른 거울상 이성질체가 25%이면 거울상 초과도는 70 − 25 = 45%이다.
  - 거울상 초과도는 다음과 같은 실험적 방법으로 측정한다.

$$\%ee = \frac{\text{혼합물의 측정된 } [\alpha] \text{ 값}}{\text{순수한 거울상 이성질체의 } [\alpha] \text{ 값}} \times 100$$

- **거울상 초과도 계산하기**
  - **순수한 화합물의 거울상 초과도**: 순수한 화합물 A의 거울상 이성질체의 고유 광회전도는 −53°이다. 다른 이성질체가 섞여 있는 혼합물의 고유 광회전도는 −45°이다. 혼합물의 %*ee*는 얼마인가?

$$\%ee = \frac{45}{53} \times 100 = 85\%$$

  - **양이 다른 두 거울상 이성질체 혼합물의 거울상 초과도**: 만일 두 거울상 이성질체가 다른 양으로 혼합되어 있으면 광학 활성이 관찰된다. (*R*)-이성질체가 70%이고 (*S*)-이성질체가 30%라면 (*R*)-이성질체가 40% 초과하기 때문에 광회전도가 관찰된다.

두 개의 카이랄 중심을 가지면 입체 이성질체 수는 $2^2 = 4$이고, 메조 화합물과 부분 입체 이성질체가 존재할 수 있다.

- **메조**(meso) **화합물은 두 개의 카이랄 중심을 가지고 있고 분자 내 대칭면이 존재한다.**
  - 분자 내의 대칭면을 중심으로 양쪽이 서로 거울상 관계에 있다.
  - 광학 활성을 나타내지 않는다.

예를 들어 2(*S*),3(*R*)-dibromobutane은 두 개의 카이랄 중심(C2와 C3)을 갖지만 분자 내에 하나의 대칭면이 존재하므로 광학 활성이 측정되지 않는다.

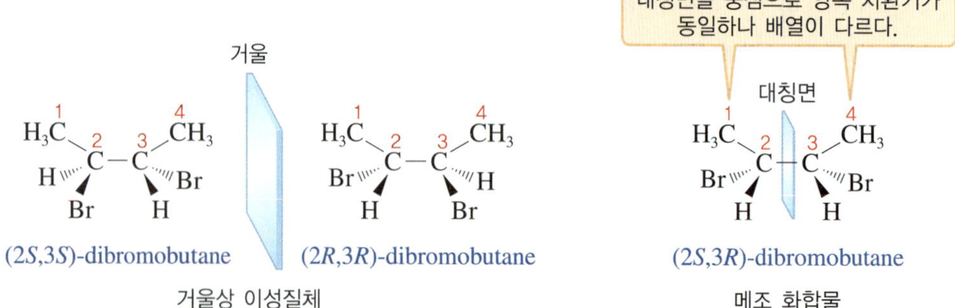

두 개의 카이랄 중심을 가지는 화합물 중에는 하나의 카이랄 중심 배열은 동일하나 다른 하나의 카이랄 중심 배열이 다른 이성질체들이 있다. 이를 부분 입체 이성질체라고 한다.

■ **부분 입체 이성질체**(diastereomer)**는 카이랄 중심을 가지고 있으나 서로 거울상 관계가 아닌 입체 이성질체이다.**

- 광학 활성이 있다.
- 용해도와 같은 물리적 성질이 다르다.
- 라셈 혼합물 분리에서 부분 입체 이성질체를 이용한다.

예를 들어 두 개의 카이랄 중심을 가진 (2*S*,3*S*)-dibromobutane과 (2*S*,3*R*)-dibromobutane은 2-번 탄소의 배열은 동일하지만 3-번 탄소의 배열은 다르므로 서로 부분 입체 이성질체 관계에 있다. 이런 관계를 그림 4.14와 같이 나타낼 수 있다.

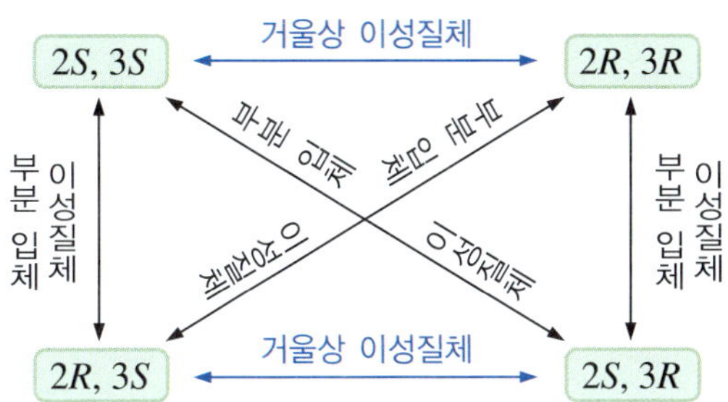

그림 4.14 2,3-Dibromobutane 입체 이성질체 간의 관계도

Tartaric acid의 입체 이성질체들의 물리적 성질을 표 4.4에 나타냈다. (2*R*,3*R*)-Tartaric acid와 (2*S*,3*S*)-tartaric acid는 서로 거울상 관계이고, 이들과 (2*R*,3*S*)-이성질체는 서로 부분 입체 이성질체 관계이다. 또 이 (2*R*,3*S*)-tartaric acid는 메조 화합물이다.

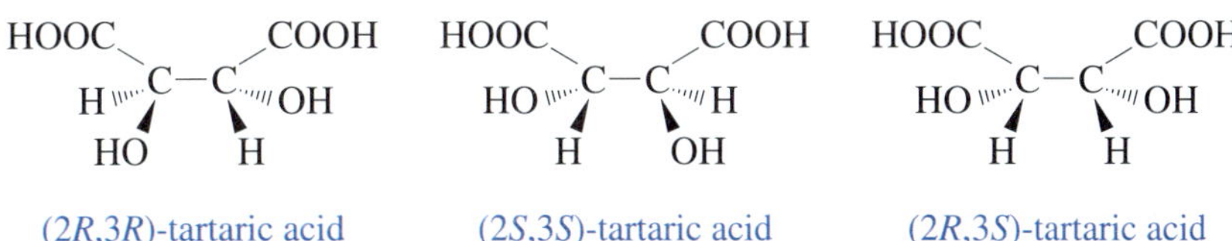

(2*R*,3*R*)-tartaric acid (2*S*,3*S*)-tartaric acid (2*R*,3*S*)-tartaric acid

표 4.4 Tartaric acid **입체 이성질체들의 물리적 성질**

물리적 성질	거울상 이성질체		메조 화합물	라셈 혼합물(1:1)
	(2*R*,3*R*)	(2*S*,3*S*)	(2*R*,3*S*)	(2*R*,3*R*/2*S*,3*S*)
녹는점(°C)	171	171	146	206
용해도(g/100 mL H_2O)	139	139	125	139
고유 광회전도[α]	+13	−13	0	0
d,*l* 지정	*d*	*l*	없음	*d*,*l*

4.5 이성질체의 구분

■ 이성질체에는 구조 이성질체와 입체 이성질체 두 가지가 있다.

- **이성질체**: 동일한 분자식을 갖는 다른 화합물을 말한다.
- **구조 이성질체**: 원자의 배열이 다른 이성질체이다.
- **입체 이성질체**: 삼차원 공간 배열만이 다르다.
  - ▸ **거울상 이성질체**: 실상과 거울상 관계에 있다.
  - ▸ **부분 입체 이성질체**: 카이랄 중심이 있지만 서로 거울상 관계가 아니다.

다른 두 개 분자의 관계를 규정해야 하는 것도 중요하다.

- **두 분자 사이의 관계는 다음과 같은 단계로 구분하면 편리하다.**
  - **1단계:** 분자식이 동일한가?
    - 분자식이 다르면 이성질체 관계에 있지 않다.
    - 분자식이 동일하면 이성질체 관계이다. 2단계를 수행한다.
  - **2단계:** 두 분자의 분자식이 동일하면 다음과 같이 구분한다.
    - 시스, 트랜스, (*R*)- 또는 (*S*)-(또는 *d*- 및 *l*-)와 같은 접두사를 제외하면 이름이 동일한가?
    - 위에서 **'아니다'**로 판정되면 **구조 이성질체**이다.
    - 위에서 **'그렇다'**로 판정되면 **입체 이성질체**이다.
  - **3단계:** 입체 이성질체이면 다음과 같이 구분한다.
    - 분자들이 서로 거울상인가?
    - 위에서 **'그렇다'**이면 **거울상 이성질체**이다.
    - 위에서 **'아니다'**이면 **부분 입체 이성질체**이다.

천연 카이랄 물질과 카이랄 약물

우리는 자연에서 장미향이나 스피어민트 향을 자주 맡는다. 또 그때마다 어떤 냄새인지를 쉽게 구별해 낸다. 이런 냄새의 구별은 코로 들어온 성분들이 이들을 검출할 수 있는 수용체와 결합하여 뇌가 냄새로 인식할 수 있는 신경신호를 뇌로 보내기 때문이다. 사람은 무려 만 개 이상의 성분을 구별하는 것이 가능하다고 알려져 있다. 이런 구별 기능 중 하나는 분자량이 동일하고 구조가 유사하지만 단지 하나의 카이랄 중심 배열이 다른 것만으로도 구분이 된다. 예를 들어 스피어민트 향 성분인 (*R*)-carvone과 캐러웨이 씨앗 냄새 성분인 (*S*)-carvone은 고리에 결합된 곁가지의 배열 차이만으로 서로 다른 향을 낸다.

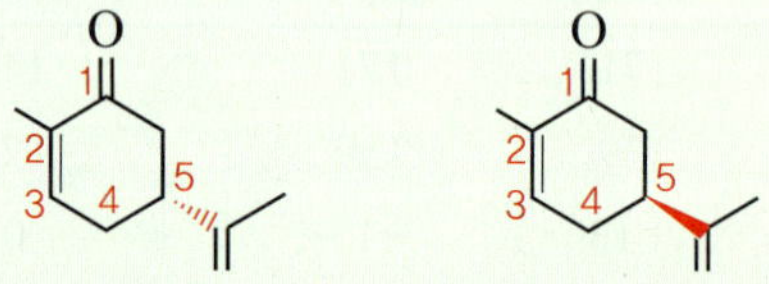

(*R*)-carvone
(스피어민트 향)

(*S*)-carvone
(캐러웨이 씨앗 향)

한편, 천연에서 얻는 의약품은 대부분 하나의 거울상 이성질체이다. 그러나 합성 의약품에서는 그렇지 못하다. 예를 들어 (*S*)-timolol은 협심증과 고혈압 치료에 사용하지만, (*R*)-timolol은 녹내장 치료에 사용한다. 다른 예로 (*R*)-penicillamide는 만성 관절염 치료에 사용하지만, (*S*)-거울상 이성질체는 강한 독성을 가진다. Ibuprofen의 경우에 (*S*)-거울상 이성질체는 활성이 있으나, (*R*)-거울상 이성질체는 활성이 없다. 그러나 두 성분을 분리했을 때의 이점이 불확실하여 혼합물로 시판되고 있다.

한 이성질체가 독소로 판명되면, 이 중 하나의 활성 성분만 분리해서 시판하는 것을 허용한다. 따라서 거울상 선택성 합성이 발전하면서 의약품 개발에 새로운 전기를 마련하게 되었다.

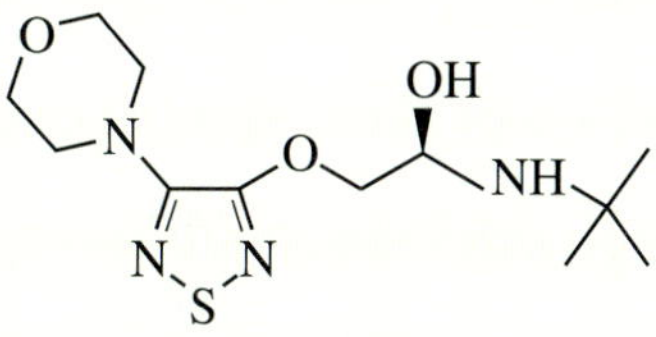

(S)-timolol
(협심증, 고혈압 치료제)

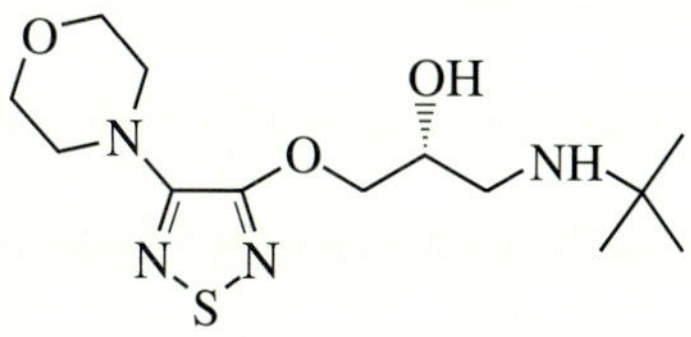

(R)-timolol
(녹내장 치료제)

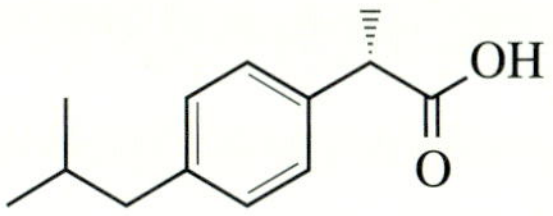

(S)-ibuprofen
(소염, 진통 활성)

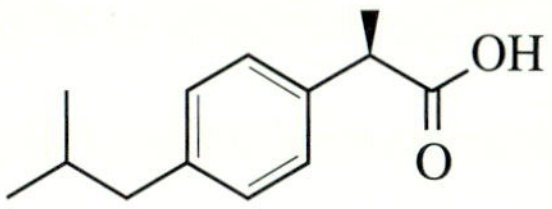

(R)-ibuprofen
(활성 없음)

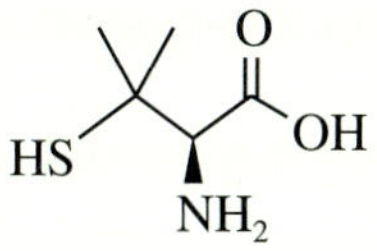

(R)-penicillamide
(독성이 강함)

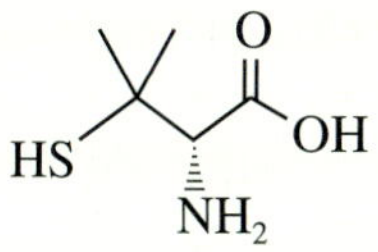

(S)-penicillamide
(관절염 치료제)

주요 용어

1,3-이수직 상호 작용(1,3-diaxial interaction)
Cahn-Ingold-Prelog 체계(Cahn-Ingold-Prelog system)
Newman 투영도(Newman projection)
가려진 형태(eclipsed conformation)
각무리(angle strain)
거울상 이성질 현상(enantiomeric isomerism)
거울상 이성질체(enantiomer)
거울상 초과도(enantiomeric excess, *ee*)
고우시 상호 작용(gauche interaction)
고우시 회전 배열 이성질체(gauche conformer)
고유 광회전도(specific rotation)
광학 활성도(optical activity)
구조 이성질체(structural isomer)
굽은 결합(bent bond)
라셈 혼합물(racemic mixture)
라셈체(racemate)
메조 화합물(meso compound)
보트 형태(boat conformation)
부분 입체 이성질체(diastereomer)
분할(resolution)
비틀림 무리(tortional strain)
수직 방향 수소(axial hydrogen)
수평 방향 수소(equatorial hydrogen)
순차 결정 규칙(sequence rule)
시스-트랜스 이성질화(*cis-trans* isomerism)
안티 회전 배열 이성질체(anti conformer)
엇갈린 형태(staggered conformation)
우회전성(dextrorotatory)
의자 형태(chair conformation)
이면각(dihedral angle)
이성질체(isomer)
입체 무리(steric stain)
입체 이성질체(stereoisomer)
입체 중심(stereocenter)
입체 발생 중심(stereogenic center)
좌회전성(levorotatory)
카이랄 중심(chiral center)
회전 배열 분석(conformation analysis)
회전 배열 이성질체(conformer)
회전 이성질체(rotamer)

연습 문제

개념 문제

1. 사이클로알케인에서 시스-트랜스 이성질체가 생기는 원인은 무엇인가?
2. 거울상 이성질체가 생기는 원인은 무엇인가?
3. 결합각이 109.5°보다 커지거나 작아지면 각무리가 생기는 이유는 무엇인가?
4. 1,3-이수직 상호 작용이 분자를 더 불안정하게 하는 이유는 무엇인가?
5. 메조 화합물이나 라셈체는 카이랄 중심이 있지만, 광학 활성을 보이지 않는다. 이유는 무엇인가?

실전 문제

6. Propane의 가려진 형태와 엇갈린 형태의 Newman 투영도를 그리고 어느 형태가 더 안정한가 설명하시오.
7. Isobutane ($(CH_3)_3CH$)의 가장 안정한 형태를 Newman 투영도로 그리시오.
8. 2-Methylpentane, $CH_3CH(CH_3)CH_2CH_2CH_3$에 대해 다음 물음에 답하시오.
   (a) C1—C2 결합을 회전하여 가장 안정한 형태와 가장 불안정한 형태를 제시하시오.
   (b) C2—C3 결합을 회전하여 가장 안정한 형태와 가장 불안정한 형태를 제시하시오.
9. 다음 화합물에 대해 물음에 답하시오.

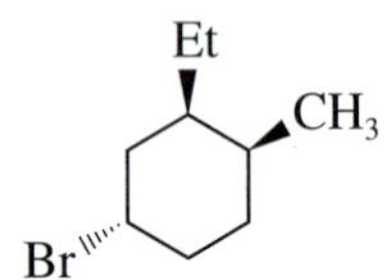

   (a) 두 의자 형태를 그리시오.
   (b) 두 의자 형태 중 가장 안정한 형태를 제시하시오. 표 4.3을 참고로 하여 각각의 에너지를 비교하시오.
   (c) 이 화합물의 정확한 IUPAC 이름을 쓰시오.
10. 다음 각 두 화합물 쌍을 구조 이성질체와 입체 이성질체로 구분하시오. 또 IUPAC명을 쓰시오.

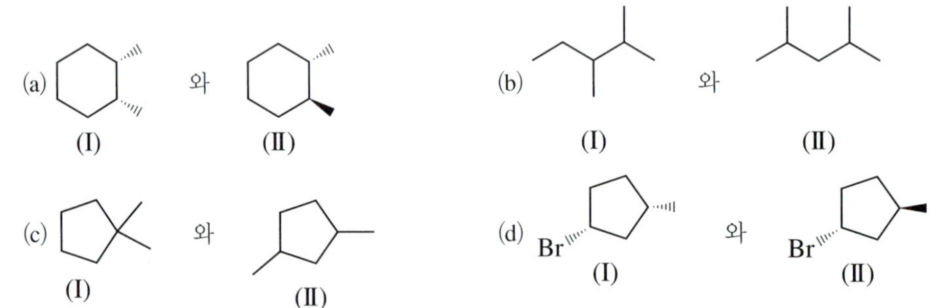

11. 다음 치환기들의 우선순위가 빠른 순서대로 나열하시오.
   (a) CH_3, H, OH, CH_2CH_3
   (b) H, Br, T, Cl
   (c) OH, COOH, H, CH_2OH
   (d) COOH, H, NH_2, SH
   (e) $CH{=}CH_2$, CH_3, $C{\equiv}CH$, CH_2CH_3

12. 다음 화합물들의 카이랄 중심 배열이 *R* 배열인지 *S* 배열인지를 결정하여 IUPAC명을 쓰시오.

(a) 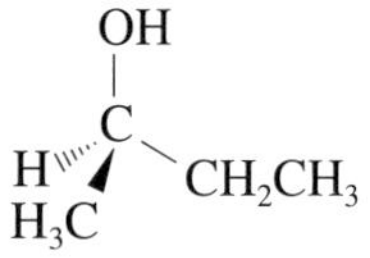 OH, H, H_3C, CH_2CH_3 가 C에 결합

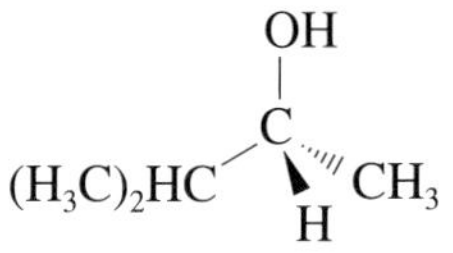

(b) OH, $(H_3C)_2HC$, CH_3, H 가 C에 결합

(c) H_3CH_2C, CH_3, H, Br, H, Br 가 C—C에 결합

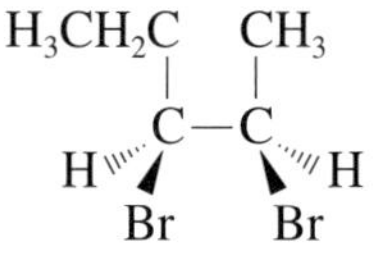

(d) 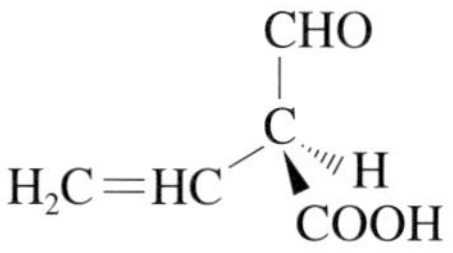 CHO, $H_2C{=}HC$, H, COOH 가 C에 결합

13. (2*S*,3*S*)-2,3-Dichlorobutane의 구조식을 그리고, 이 화합물의 거울상 이성질체와 메조 화합물을 그리고 IUPAC명을 쓰시오.

14. 구조를 그리지 않고 다음 각 쌍의 화합물들을 거울상 이성질체와 부분 입체 이성질체로 구분하시오.

(a) (2*R*,3*R*)-2,3-Hexandiol과 (2*R*,3*S*)-2,3-hexandiol

(b) (2*R*,3*R*)-Tartaric acid와 (2*S*,3*S*)-tartaric acid

(c) (2*S*,3*S*)-Difluoropentane과 (2*S*,3*R*)-difluoropentane

(d) (2*R*,3*S*,4*R*)-2,3,4-heptanetriol과 (2*S*,3*R*,4*R*)-2,3,4-heptanetriol

15. 어떤 혼합물의 거울상 초과도가 90%라면 각 거울상 이성질체는 얼마씩인가?

16. 순수한 (2*R*,3*R*)-tartaric acid의 고유 광회전도는 +13이다. 실험 중에 재결정으로 얻은 시료의 고유 광회전도는 +6.5이다. 이 시료의 거울상 초과도는 얼마인가?

유기 화합물은 어떻게 이해해야 하나?

유기 화합물은 그 구조나 반응성이 다양할 뿐 아니라, 구조 결합 특성, 작용기의 종류와 특성, 분자의 삼차원 구조가 서로 깊은 관련이 있다.

간단한 유기 반응이라도 초보자에게는 쉽지 않다. 대부분의 유기 화학은 구조식을 이용한 반응식으로 표현하므로 다음과 같은 순서로 유기 물질과 반응을 관찰해 보는 것이 중요하고 도움이 된다.

- **1단계:** 구성 원소는 무엇인가?
  - 구성 원소를 알고 이해하면 화합물 전체를 이해하는 데 도움이 된다.
- **2단계:** 어떤 결합들로 구성되었는가?
  - 결합의 종류를 알면 분자의 삼차원 모양을 예측할 수 있다.
  - 극성 공유 결합이거나 불포화 결합은 반응 자리이다.
- **3단계:** 어떤 작용기가 존재하는가?
  - 작용기는 물리적, 화학적 성질에 기여하는 주요 부분이다.
  - 화합물 계열은 작용기를 기준으로 분류된다.
  - 계열의 작용기마다 특성적인 반응을 한다.
- **4단계:** 삼차원 입체 배열은 어떠한가?
  - 입체 화학은 반응 자리나 방향성과 관련이 있다.
  - 생체 내 반응은 입체 선택적이다.

포화 탄화수소: 알케인과 사이클로알케인

Saturated hydrocarbons: Alkanes and Cycloalkanes

- 알켄인과 사이클로알케인은 C, H 원소만으로 구성된 탄화수소이다.
- $C_{2sp}3$ — H_{1s} 결합과 $C_{2sp}3$ — $C_{2sp}3$ 결합만을 포함하고 있다.
- 작용기가 없어 연소 반응이나 라디칼 반응이 주로 일어난다.

H H
C
R CH_3
σ (C_{sp^3}–H_{1s})
σ (C_{sp^3}–C_{sp^3})

연소 반응
라디칼 반응

알케인(alkane)과 사이클로알케인(cycloalkane)은 C—C 및 C—H 결합만으로 구성된 **포화 탄화수소**(saturated hydrocarbon)이다. 알케인은 고리가 없는 비고리형(acylic)과 고리형(cyclic)인 사이클로알케인으로 구분된다.

비고리형 알케인의 일반식은 C_nH_{2n+2}(n은 정수)이고, 사이클로알케인(cycloalkane)의 일반식은 C_nH_{2n}(n은 정수)이다.

알케인과 사이클로알케인은 특별한 작용기를 가지지 않아 반응성이 낮고 분자 간 상호 작용하는 힘도 약하다. 그럼에도 불구하고 간단한 형태의 알케인들이 자연에 널리 분포되어 있다.

> 바퀴벌레는 undecane($C_{11}H_{24}$)을 분비하여 다른 바퀴벌레를 모으고, 우리가 먹는 망고에는 cyclohexane(C_6H_{12})이 들어 있다.

1 3 5 7 9 11

$CH_3(CH_2)_9CH_3$ undecane

C_6H_{12} cyclohexane

5.1 알케인의 명명법 복습

2.3절에서 알케인의 명명법에 대해 자세히 다루었다. 여기서는 숙련도를 높이기 위한 복습을 하기로 한다.

> 명명법 문제 답 확인하기
> - 구조식으로부터 명명할 때는 명명한 후에 다시 구조식을 그려 보라. 두 구조식이 동일하면 맞는 답이다.
> - 이름으로 구조식을 그리는 문제는 구조식을 그린 후에 다시 명명해 보라. 두 이름이 다르면 잘못된 답이다.

■ **알케인의 IUPAC 명명법은 다음의 4단계로 수행한다.**

1단계: 모체 사슬을 선택한다.
2단계: 치환기를 확인하고 명명한다.
3단계: 모체 사슬 탄소 번호와 치환기 위치 번호를 부여한다.
4단계: 치환기 이름을 알파벳순으로 나열하여 전체를 명명한다.

복습문제 5.1 다음 화합물의 IUPAC명을 쓰시오.

(a) $CH_3CH_2CH(CH_3)CH_2CH_3$ (b) $(CH_3)_3CCH_2CH(CH_2CH_3)_2$

(c) $CH_3(CH_2)_3CH(CH_2CH_3)CH(CH_3)_2$ (d)

(e) 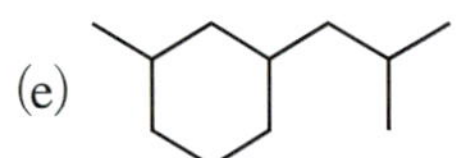 (f) 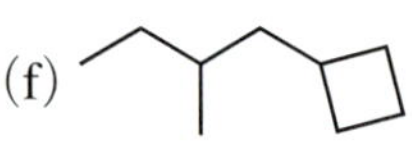 (g) 

복습문제 5.2 다음 화합물의 결합 선 구조식을 그리시오.

(a) 2,3,5-Trimethyl-4-propylheptane (b) 1-*sec*-Butyl-3-isopropylcyclopentane
(c) 1,1,2,3,4-Pentamethylcycloheptane (d) 3,3-Dimethylpentane
(e) 3-Ethyl-5-isobutylnonane (f) 3,5,5-Trimethyloctane
(g) 3-Isopropyl-2,4-dimethylpentane (h) 4-Ethyl-2-methylhexane

5.2 알케인 결합과 탄소와 수소의 분류

알케인은 C_{sp^3}—C_{sp^3} 및 C_{sp^3}—H_{1s} 시그마 결합만을 포함하고 있어 반응성이 낮다. 알케인 탄소와 수소의 구분은 이들의 반응성을 이해하는 데 도움이 된다.

■ **알케인은 오로지 C—C 및 C—H 결합만을 포함하고 있다.**

- C는 sp^3 혼성을 하고 있고, 따라서 분자 구조는 정사면체를 이룬다.
- H는 1*s* 오비탈의 전자를 시그마 결합에 사용한다.
- 알케인에는 $C_{sp^3}—C_{sp^3}$ 및 $C_{sp^3}—H_{1s}$만을 포함하고 있다.
- $C_{sp^3}—C_{sp^3}$ 및 $C_{sp^3}—H_{1s}$ 시그마 결합은 안정하고 반응성이 낮다.
- 알케인이 일으킬 수 있는 반응은 연소 반응(일종의 산화 반응)과 라디칼 반응이다.

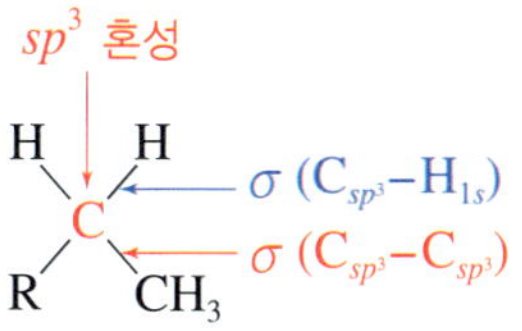

sp^3 혼성

H H, C, R CH$_3$ — $\sigma(C_{sp^3}-H_{1s})$, $\sigma(C_{sp^3}-C_{sp^3})$

■ **알케인 화합물을 구성하는 탄소를 기준 탄소에 결합된 다른 알킬기의 수에 따라 다르게 구분한다.**

- 기준 탄소에 알킬기가 한 개 결합하고 있으면 **1차**(primary, **1°**) **탄소**라고 한다.
- 기준 탄소에 알킬기가 두 개 결합하고 있으면 **2차**(secondary, **2°**) **탄소**라고 한다.
- 기준 탄소에 알킬기가 세 개 결합하고 있으면 **3차**(tertiary, **3°**) **탄소**라고 한다.
- 기준 탄소에 알킬기가 네 개 결합하고 있으면 **4차**(quaternary, **4°**) **탄소**라고 한다.

■ **각 차수에 해당하는 탄소에 결합된 수소도 구분한다.**

- 1차 탄소에 결합된 수소를 **1차 수소**(primary hydrogen, 1°)라고 한다.
- 2차 탄소에 결합된 수소는 **2차 수소**(secondary hydrogen, 2°)라고 한다.
- 3차 탄소에 결합된 수소는 **3차 수소**(tertiary hydrogen, 3°)라고 한다.

이러한 구분은 유기 화학에서 종종 유용하게 사용된다.

4차 탄소에는 결합된 수소가 없으므로 4차 수소는 존재하지 않는다.

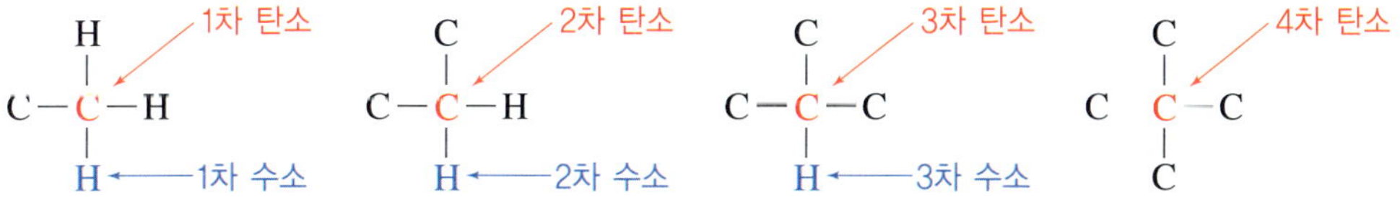

1차 탄소, 1차 수소; 2차 탄소, 2차 수소; 3차 탄소, 3차 수소; 4차 탄소

5.3 알케인의 성질

알케인은 비극성 결합인 C—C 및 C—H 결합만을 포함하고 있어 약한 van der Waals 힘만을 보인다.

Propane은 van der Waals 힘만 작용하고, acetaldehyde는 van der Waals 힘과 쌍극자-쌍극자 상호 작용이 있고, ethanol에서는 van der Waals 힘과 쌍극자-쌍극자 상호 작용 및 수소 결합이 함께 작용한다. 분자 간 작용하는 힘이 큰 쌍극자-쌍극자 및 수소 결합의 영향이 van der Waals 힘보다 더 지배적이다(1.9절 참조).

■ **van der Waals 힘은 분자의 표면적에 따라 작용하는 크기가 다르다.**

- van der Waals 힘은 순간적으로 나타나는 힘이다(1.9절 참고).
- 끓는점 및 녹는점과 같은 물리적 성질에 영향을 미친다.

■ **알케인의 물리적 성질**

- **끓는점**(boiling point, bp): 알케인은 비슷한 크기의 극성 분자에 비해 끓는점이 낮다.

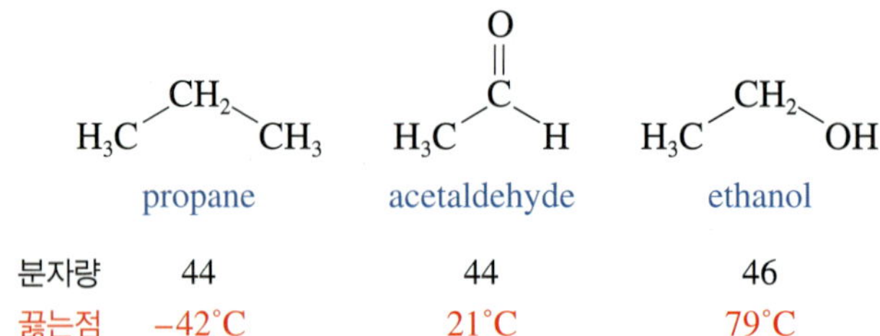

▸ 탄소 수가 증가하면 van der Waals 힘이 작용할 수 있는 표면적이 증가하므로 끓는점이 높아진다.

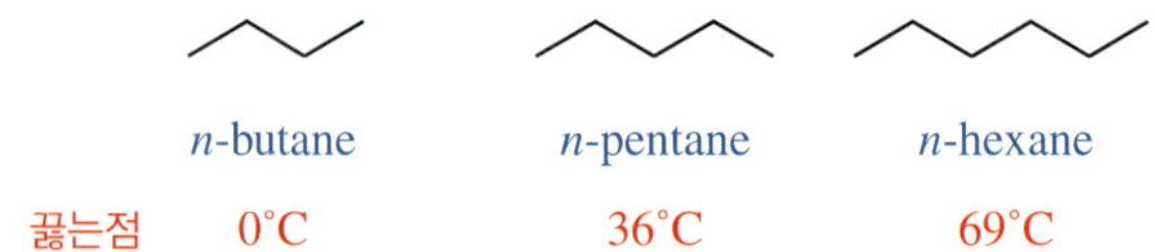

▸ 곁가지가 달린 이성질체는 표면적이 작아져 van der Waals 힘이 작용할 수 있는 표면적이 상대적으로 감소하므로 끓는점이 낮아진다.

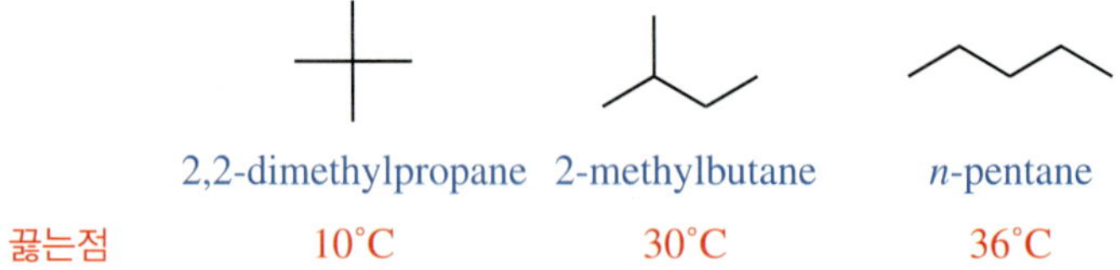

- **녹는점**(melting point, mp): 알케인은 비슷한 크기의 극성 분자에 비해 낮은 녹는점을 갖는다.

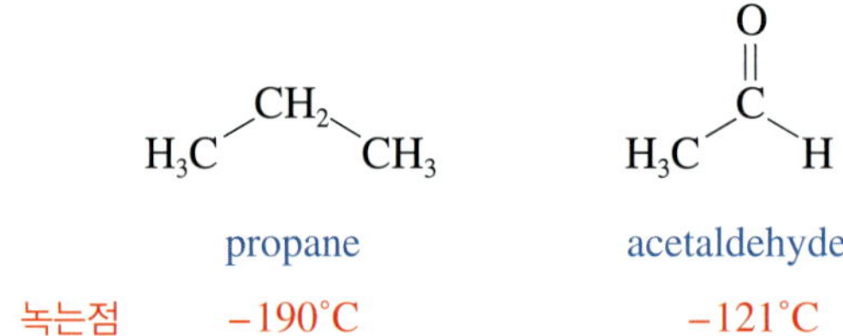

▸ 탄소 수가 증가하면 표면적이 증가하므로 녹는점도 높아진다.

n-butane *n*-hexane

녹는점 −138°C −95°C

▸ 대칭성이 커지면 녹는점도 높아진다.

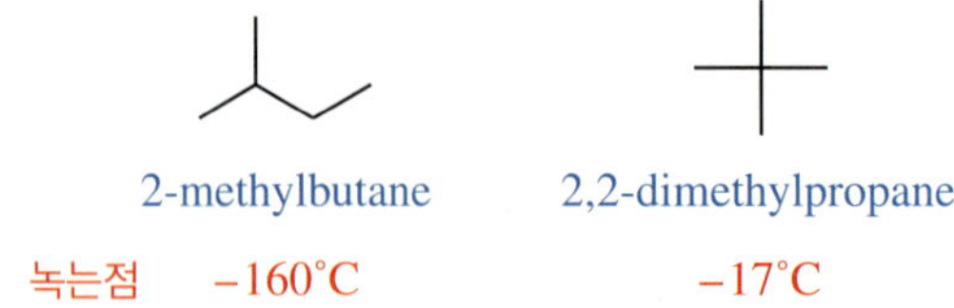

지질(lipid)은 성질 면에서 알케인이나 다른 탄수화물과 유사하다. 지질은 형태와 포함하고 있는 작용기가 다양하다. 바이타민 A와 세포막을 형성하는 인지질이 그 예이며, 이들의 공통적인 특징은 용해도이다. 지질은 유기 용매에는 잘 녹고 물에는 녹지 않는 생체 분자 중 하나이다.

- **지질의 비극성 부분은 많은 수의 C—H와 C—C 결합으로 구성되어 있다.**

- 지질은 에너지를 저장하는 가장 효율적인 생체 분자이다.
- 왁스(wax)는 두 개의 긴 알킬 사슬이 산소를 포함하는 작용기로 연결된 지질이다. 왁스도 C—H와 C—C 결합을 많이 가지고 있어 **소수성**(hydrophobic)이다.

벌들이 분비하는 triacontyl palmitate는 C-15와 C-30인 긴 알킬 사슬을 포함하고 있는 왁스 성분으로 벌집을 만든다.

O

$O(CH_2)_{29}CH_3$

triacontyl palmitate

지질은 주로 C—H와 C—C 결합으로 구성되어 있어 마치 알케인처럼 산화할 때 많은 양의 에너지를 방출한다. 일상생활에서 알케인을 연소시켜 주방용 고에너지를 얻고, 지질을 대사시켜 우리 몸에 필요한 에너지를 공급한다.

5.4 사이클로알케인

사이클로알케인의 결합과 형태를 4장에서 다루었다. 사이클로알케인은 각무리가 크다. Adolph von Baeyer는 탄소의 sp^3 혼성각인 109.5°에서 벗어난 결합각 때문에 유발되는 에너지 증가를 **각무리**(angle strain)라는 용어로 제안하고 이를 이용하여 사이클로알케인을 서술하였다. Baeyer는 사이클로알케인이 평면이므로 결합각 무리가 큰 사이클로알케인은 존재할 수 없다고 주장하였다.

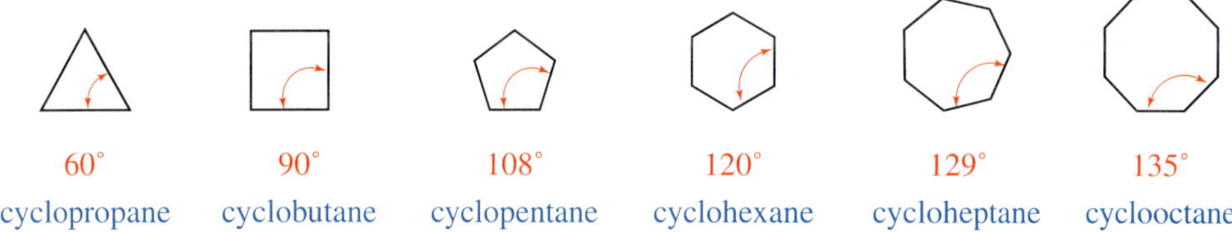

그러나 이러한 고리 화합물들이 자연에서 발견되고 또한 실험실에서 합성되기도 하였다. 다르게는 열역학적인 실험 결과로부터 Baeyer의 이론이 잘못되었음도 밝혀졌다. 고리에 포함된 CH_2 기 한 개당 연소열을 비교하면 사이클로알케인들의 상대적인 에너지 준위는 Baeyer가 설명한 것처럼 고리 크기가 증가함에 따라 증가하지 않는다(표 4.2 참고). 실제로, 4.2절에서 다룬 것처럼 사이클로알케인들은 전체 에너지를 최소화할 수 있는 형태를 이루고 있다. 이런 이유로 사이클로알케인의 회선 배열 이성질체나 입체 이성질체와 그 반응에 대해 이해해야 한다.

유기 화학자들은 독특한 구조의 사이클로알케인을 합성하였다. 그 예로 집 모양의 housane과 교회 건물 같이 생긴 churchane 등 다양한 고리 구조들이 알려졌다. 이들 유도체의 이름은 대부분 분자의 모양 때문에 붙여졌고, 끝 이름이 -ane로 끝나는 것은 알케인을 뜻한다.

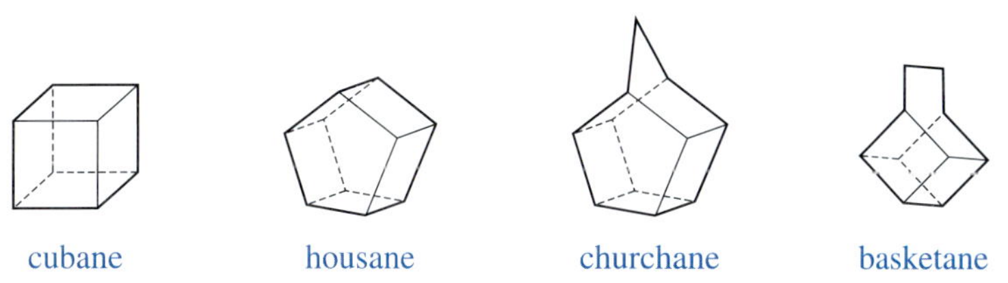

그림 5.1 흥미로운 여러 고리 알케인

5.5 알케인의 공급원

천연가스는 냄새가 없다. 가스 유출을 쉽게 감지할 수 있도록 methanethiol(CH_3SH)를 소량 첨가한다.

원유를 끓는점 차이로 분별 증류하는 과정을 **정제**(refining)라고 한다.

옥테인값(octane number)은 이상 폭발을 잘 일으키는 heptane을 옥테인값 "0"으로 정하고 isooctane(2,2,4-trimethylpentane)을 옥테인값 "100"으로 정하여 휘발유의 이상 폭발 정도를 평가하는 값이다. 옥테인값이 높을수록 고급 휘발유이다. 노킹 방지제로 methyl *tert*-butyl ether(MTBE), $Fe(C_5H_5)_2$, 및 $Fe(CO)_5$ 등이 사용된다.

대부분의 알케인은 화석연료로부터 얻는다. **천연가스**(natural gas)의 60~80%(생산지에 따라)는 주성분인 methane이고, 소량의 ethane, propane 및 butane으로 이루어져 있다.

석유(petroleum)는 대부분 탄소 수가 1~40개까지인 탄화수소들의 복잡한 혼합물이다. 각 성분의 끓는점 차이를 이용하여 분별 증류하여 용도가 각기 다른 성분들로 정제한다(그림 5.2 참조).

- **석유 제품 중 가솔린은 가장 중요하며 원유의 19% 정도이므로 원유로부터 가솔린의 수득률을 높이기 위해 분해(cracking)와 개질(reforming)이라는 공정이 사용된다.**
  - 분해는 큰 알케인의 C—C 결합을 끊어 가솔린에 적합한 더 작은 곧은 사슬형 알케인으로 만드는 공정이다. 이 곧은-사슬 알케인은 자동차 엔진에서 일찍 폭발하거나 노킹(knocking, 비정상 폭발)을 일으켜 엔진이나 밸브에 무리가 생긴다.
  - 개질은 탄화수소의 성질을 바꾸기 위해 분자 구조를 변형시키는 공정이다. 개질에서 응용하는 대표적인 화학 반응은 네 가지이다.
    - **탈수소 반응**(dehydrogenation): 불포화 결합으로 변환시킨다.
    - **이성질화 반응**(isomerization): 이성질체로 변환시킨다.
    - **방향족화**(aromatization): 방향족 화합물로 변환시킨다.
    - **가수소 크래킹**(hydrocracking): 수소를 가하여 분해 반응을 시킨다.

표 5.1 천연가스와 원유로부터 얻는 알케인류

종류	탄소 수	끓는점(°C)	용도
천연가스	C1~C4	20 이하	취사, 난방 연료
용매	C5~C7	20~100	용매
휘발유	C5~C12	20~200	자동차 연료
등유	C12~C16	200~300	제트 연료, 난방 연료
디젤유	C15~C18	250~400	난방, 연료
윤활유(비휘발성 액체)	C20 이상	350 이상	공업용
비휘발성 고체	C20 이상	잔류물	아스팔트, 왁스, 타르

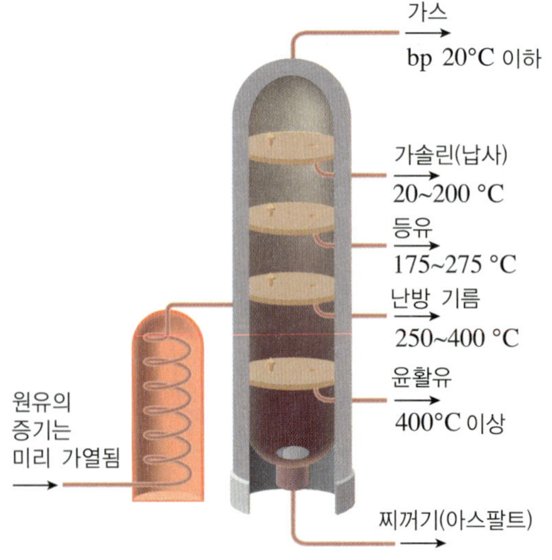

그림 5.2 정제탑의 모식도

5.6 알케인의 반응

알케인은 연소 반응과 라디칼 반응을 한다. 알케인의 연소열로 알케인 이성질체의 상대적인 안정도를 평가할 수 있다.

■ **알케인은 다른 작용기가 없으므로 C—C 및 C—H 결합에서 연소 반응을 일으킨다.**

- 알케인의 연소 반응은 일종의 산화-환원 반응이다.
- 연소 반응에서 알케인의 모든 C—C 및 C—H 결합이 C—O 결합으로 되면서 상당한 열을 방출한다.
- 알케인의 연소열은 구조 이성질체에 따라 다르다.

Octane은 분자식이 같은 2,5-dimethylhexane보다 10 kJ/mol, 2,2,3,3-tetramethylbutane보다 18 kJ/mol이나 더 높은 열을 방출한다. 가지달린 사슬이 곧은 사슬보다 열역학적으로 더 안정하다는 것을 보여 준다.

$$\text{octane}(C_8H_{18}) + 12(1/2)O_2 \longrightarrow 8\,CO_2 + 9\,H_2O \qquad \Delta H = -5470\text{ kJ/mol}$$

$$\text{2,5-dimethylhexane}(C_8H_{18}) + 12(1/2)O_2 \longrightarrow 8\,CO_2 + 9\,H_2O \qquad \Delta H = -5460\text{ kJ/mol}$$

$$\text{2,2,3,3-tetramethylbutane}(C_8H_{18}) + 12(1/2)O_2 \longrightarrow 8\,CO_2 + 9\,H_2O \qquad \Delta H = -5452\text{ kJ/mol}$$

알케인 분자를 라디칼 반응시켜 할로젠화를 할 수 있다. 이 반응은 **개시**(initiation), **전파**(propagation), **종결**(termination)의 세 단계로 진행되므로 이 반응을 **라디칼 연쇄 반응**(radical chain reaction)이라고 한다.

■ **라디칼 연쇄 반응의 특성은 다음과 같다.**

- 개시제가 필요하다.
- 반응 속도가 빠르다.
- 세 단계로 진행되며, 원료 물질이 공급되는 한 계속해서 진행된다.
  - ▸ **개시 단계:** 시그마 결합의 균일 분해로 두 개의 라디칼이 형성되어 반응이 개시된다.
  - ▸ **전파 단계:** 하나의 라디칼이 반응물과 반응하여 새로운 시그마 결합을 형성하고 또 다른 라디칼을 형성한다. 이 반응은 반응물이 존재하는 한 계속 진행되며 가장 중요한 속도 결정 단계이다.
  - ▸ **종결 단계:** 두 개의 라디칼들이 반응하여 반응이 종결된다.

■ **알케인에 포함된 C—H 결합은 결합 환경에 따라 결합의 세기가 다르므로 반응성 또한 다르다.**

- 라디칼 할로젠화에서는 C—H 결합이 약할수록 수소 원자의 제거가 더 용이하다.
- 3° C—H > 2° C—H > 1° C—H 순으로 라디칼 생성이 쉽다.
- 수소 종류에 따른 상대적인 반응성을 예측할 수 있다.

라디칼은 홀전자 화학종이므로 전자 이동 화살표도 다르다. 홀전자 이동을 나타낼 때는 낚싯바늘 모양의 화살표를 이용한다.

메커니즘 5.1 Ethane의 염소화 반응

$Cl-Cl \longrightarrow 2\,Cl\cdot$ 개시 단계

$CH_3CH_2-H + \cdot Cl \longrightarrow CH_3\dot{C}H_2 + HCl$ 전파 단계

$CH_3\dot{C}H_2 + Cl-Cl \longrightarrow CH_3CH_2-Cl + \cdot Cl$

$CH_3\dot{C}H_2 + \cdot Cl \longrightarrow CH_3CH_2-Cl$ 종결 단계

$Cl\cdot + \cdot Cl \longrightarrow Cl-Cl$

$CH_3\dot{C}H_2 + \dot{C}H_2CH_3 \longrightarrow CH_3CH_2-CH_2CH_3$

Propane ($CH_3CH_2CH_3$)을 염소화하면 1-chloropropane과 2-chloropropane이 생성된다. Propane에는 1° C—H가 6개, 2° C—H가 2개이므로 C—H 수로 생성물의 수득률을 나누어 비교하면 2° C—H가 4배나 더 반응성이 좋다는 것을 알 수 있다.

- **수소 종류에 따른 상대적 반응성 평가하기:** 예로 propane의 염소화를 들어보자.
  - **1단계:** 1°, 2° 및 3° 수소 수를 확인한다.
    1° H = 6개 ($2 \times CH_3$), 2° H = 2개 ($1 \times CH_2$)
  - **2단계:** 각 생성물의 수득률을 확인한다.
    1-chloropropane = 43%, 2-chloropropane = 57%
  - **3단계:** 각 종류별 수소 수로 수득률을 나누고 얻어진 값 중에서 가장 적은 값으로 다른 값들을 나누어 정수 비를 얻는다.
    1° C—H: $\frac{43}{6} = 7.1$, 2° C—H: $\frac{57}{2} = 28.5$이다. 따라서 $\frac{28.5}{7.1} = 4.0$이다. 즉 2° H가 4배나 더 반응성이 크다.

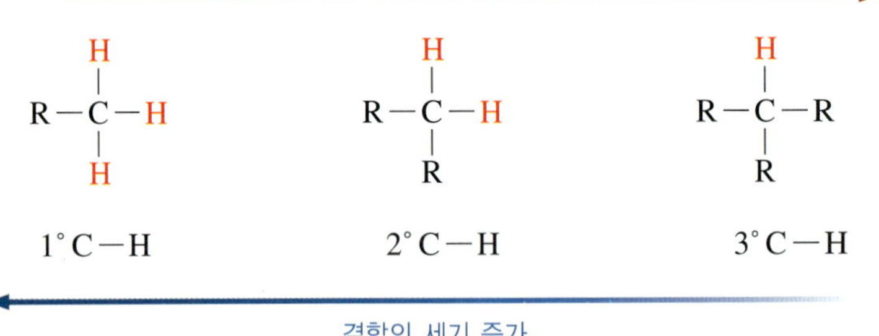

- **라디칼은 하이퍼콘쥬게이션에 의해 안정화된다.**
  - 탄소가 라디칼로 되면 sp^2 혼성으로 되며 거의 평면 구조를 이룬다.
  - 라디칼은 전자가 부족한 *p* 오비탈과 이웃한 시그마 결합 전자쌍이 하이퍼콘쥬게이션에 의해 안정화된다.
  - 하이퍼콘쥬게이션 기회가 많을수록 더 안정하다. 따라서 안정도 순서는 다음과 같다.

라디칼의 안정도

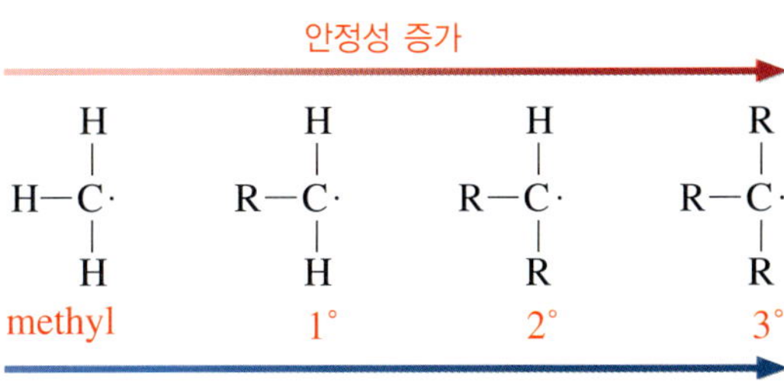

- **하이퍼콘쥬게이션**(hyperconjugation)은 전자가 부족한 오비탈과 이웃한 시그마 결합의 부분 겹침에 의해 결합 전자쌍이 비편재화되는 현상이다.

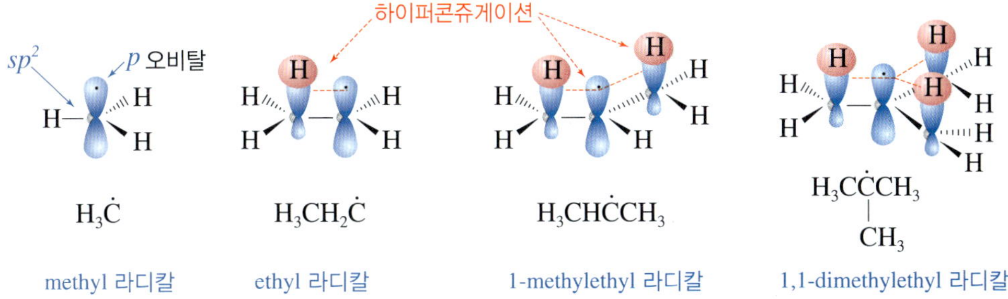

- **알케인에 염소화(chlorination), 브로민화(bromination) 및 플루오린화(fluorination)가 모두 일어나지만 두 가지 면에서 차이가 있다.**
  - **염소화**는 빠르고 위치 선택성이 없다.
  - **브로민화**는 느리고 위치 선택성이 크다.
  - **플루오린화**는 빠르고 위치 선택성이 낮다.

$$\underset{\text{propane}}{CH_3CH_2CH_3} + Cl_2 \xrightarrow{\text{빛 또는 열}} \underset{\substack{\text{2-chloropropane}\\(57\%)}}{CH_3CH(Cl)CH_3} + \underset{\substack{\text{1-chloropropane}\\(43\%)}}{CH_3CH_2CH_2Cl}$$

$$\underset{\text{2-methylpropane}}{(CH_3)_3C{-}H} + Br_2 \xrightarrow{\text{빛 또는 열}} \underset{\substack{\text{2-bromo-2-metyl-propane}\\(>99\%)}}{(CH_3)_3C{-}Br} + \underset{\substack{\text{1-bromo-2-methyl-propane}\\(<1\%)}}{BrH_2C{-}C(CH_3)_2{-}H}$$

$$\underset{\text{2-methylpropane}}{(CH_3)_3C{-}H} + F_2 \xrightarrow{\text{빛 또는 열}} \underset{\substack{\text{1-fluoro-2-methyl-propane}\\(86\%)}}{FH_2C{-}C(CH_3)_2{-}H} + \underset{\substack{\text{2-fluoro-2-methyl-propane}\\(14\%)}}{(CH_3)_3C{-}F}$$

이는 반응성과 선택성 원리의 특수한 예이다. 즉 반응성이 작은 화합물의 선택성이 크다. Propane의 브로민화 주생성물은 가장 약한 C—H 결합에서 일어난 결과이다.

- **염소화와 브로민화의 차이를 할로젠 라디칼(X·)이 알케인의 C—H에서 수소를 떼어내어 알킬 라디칼(R·)이 형성되는 전파 단계의 반응열로 설명할 수 있다.**

Hammond 가설에 따르면 흡열 반응의 전이 상태 구조는 생성물과 유사하고, 발열 반응의 전이 상태 구조는 출발 물질과 유사하다.

  - **브로민화는 흡열 반응**($\Delta H°$가 양의 값)이어서 전이 상태 구조가 라디칼 생성물과 유사하다.
  - **염소화는 발열 반응**($\Delta H°$가 음의 값)이어서 전이 상태 구조가 출발 물질과 유사하여 두 종류의 라디칼이 형성된다.
  - 따라서 브로민화는 속도 결정 단계에서 더 안정한 라디칼(여기서는 2°)이 더 빨리 생성되고 단일 생성물이 주로 생긴다.

5.7 알케인의 분광학적 특성

5.7.1 적외선 스펙트럼

- **알케인은 C—C 및 C—H 결합 외의 작용기들이 없으므로 적외선 스펙트럼도 비교적 단순하다. 알케인에 있는 결합들의 적외선 흡수 띠는 다음과 같다.**
  - C—H(신축 진동): 3000−2850 cm^{-1}
  - CH_2(굽힘 진동): ~1465 cm^{-1}
  - CH_3(굽힘 진동): ~1375 cm^{-1}
  - C—C(신축 진동): 1680−1600 cm^{-1}

5.7.2 핵자기 공명 스펙트럼

- **알케인의 ^{1}H NMR에서는 C_{sp^3}—H 결합의 양성자 신호($\delta = 0.9$~2 ppm)와 C_{sp^3}—H의 ^{13}C NMR 흡수 신호($\delta = 5$~45 ppm)가 관찰된다.**
  - C_{sp^3}—H 결합의 화학적 이동값은 알킬 치환기가 많을수록 큰 화학적 이동값을 가지므로 구조 분석에 유용하다.

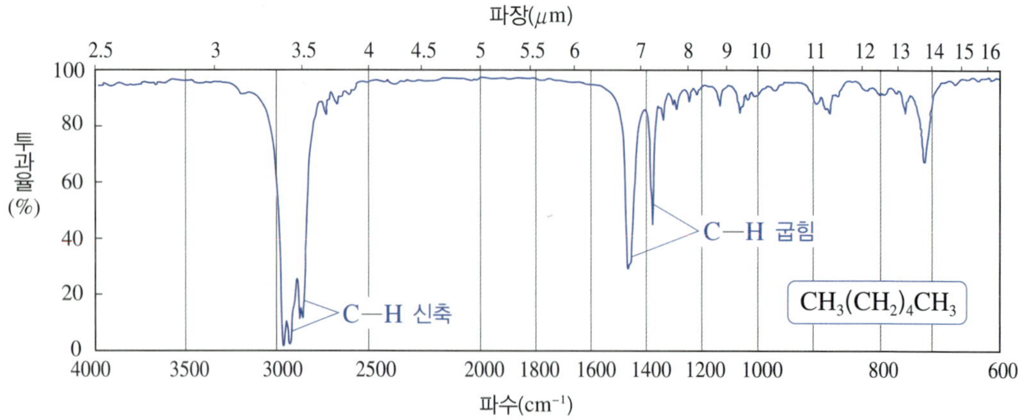

그림 5.3 *n*-Hexane의 적외선 스펙트럼

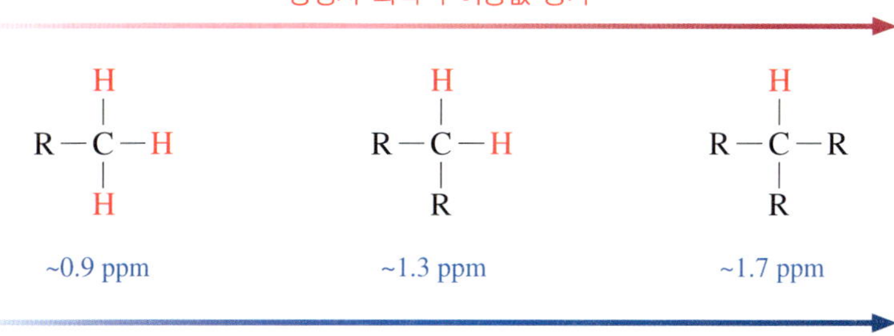

- 알케인의 ^{1}H NMR 스펙트럼의 스핀-스핀 갈라짐 모양으로 탄소의 이웃한 탄소의 배열을 예측할 수 있고, 스핀-스핀 짝지음 상수 크기로 고리의 크기도 예측할 수 있어 유용하다. 뿐만 아니라, 고리에 있는 C—H 결합 간의 이면각에 따라 *J*값이 다르므로 고리 구조 분석에도 유용하다.

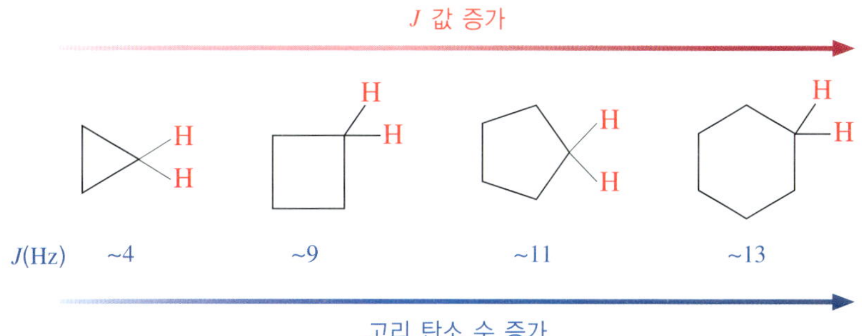

5.7.3 질량 스펙트럼

- **Methyl (CH_3) 기가 분해되면 분자 이온보다 질량 단위가 15, ethyl (CH_3CH_2) 기가 분해되면 29, propyl ($CH_3CH_2CH_2$) 기가 분해되면 43 질량 단위가 감소한다.**

알케인의 질량 스펙트럼에서 조각내기를 이해하는 것은 비교적 쉽다. *n*-Hexane의 스펙트

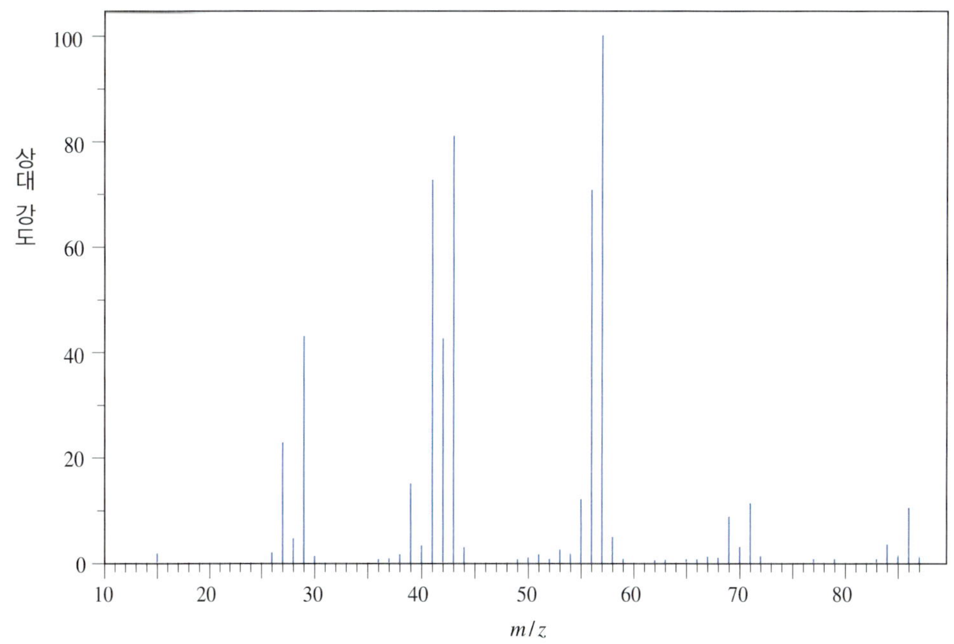

그림 5.4 *n*-Hexane의 질량 스펙트럼

럼을 보면 이들의 조각내기는 다음과 같다.

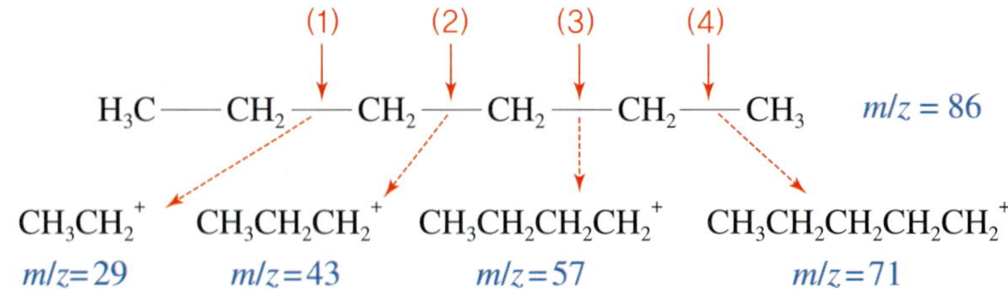

주요 용어

1° 수소(primary hydrogen)
1° 탄소(primary carbon)
2° 수소(secondary hydrogen)
2° 탄소(secondary carbon)
3° 수소(tertiary hydrogen)
3° 탄소(tertiary carbon)
4° 탄소(quaternary carbon)
개질(reforming)
노킹(knocking)
라디칼 연쇄 반응(radical chain reaction)
사이클로알케인(cycloalkane)
옥테인값(octane number)
왁스(wax)
정재(refining)
지질(lipid)
천연가스(natural gas)
크래킹(cracking)
포화 탄화수소(saturated hydrocarbon)
하이퍼콘쥬게이션(hyperconjugation)

연습 문제

개념 문제

1. 알케인이 연소 반응과 라디칼 반응만 하는 이유는 무엇인가?

2. 차수가 다른 C—H 결합의 반응성이 다른 이유는 무엇인가?

3. 알케인 분자의 대칭성이 커짐에 따라 녹는점이 높아지는 이유는 무엇인가?

4. Cyclohexane의 기하학적 각도는 120°이다. 그러나 실제 cyclohexane 분자의 결합각 무리는 0°이다. 그 이유는 무엇인가?

5. 라디칼 반응에서 빛이나 열을 가하지 않고 라디칼을 만들 수 있는 방법은 무엇인가?

실전 문제

6. 다음 화합물의 구조식을 그리시오.

(a) *cis*-(*sec*-Butyl)-3-ethylcyclohexane
(b) 2,2,4-Trimethylpentane
(c) *trans*-1,4-Diisopropylcyclohexane
(d) *trans*-1,3-Dichlorocyclobutane

7. 다음 화합물의 IUPAC명을 쓰시오.

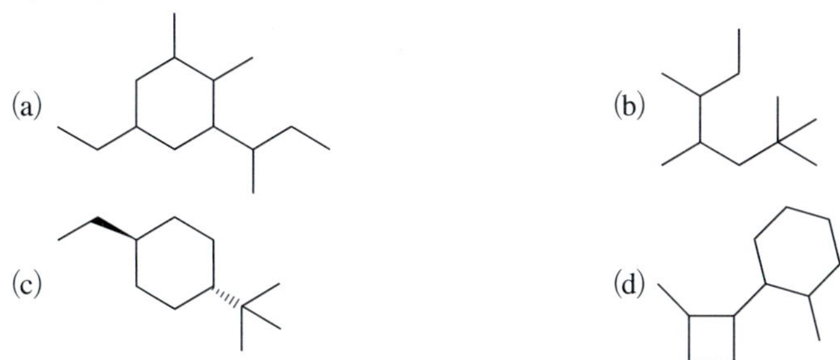

(a)　　(b)

(c)　　(d)

8. 다음 화합물의 끓는점이 증가하는 순으로 나열하시오.

(a) *n*-Hexane　　(b) *n*-Octane

(c) 2,2,3-Trimethylbutane　　(d) 2-Methylhexane

9. *n*-Propane의 H와 CH_3 가리움 상호 작용 에너지를 예측하시오. 단, *n*-propane의 비틀림 에너지는 14 kJ/mol이다.

10. 다음 반응에 대해 질문에 답하시오.

$$H_3C{-}CH(CH_3){-}CH_3 + Cl_2 \xrightarrow{h\nu} ClH_2C{-}CH(CH_3){-}CH_3\ (64\%) + H_3C{-}C(CH_3)(Cl){-}CH_3\ (36\%)$$

(a) 출발 물질에서 1° 수소와 3° 수소는 각각 몇 개씩인가?

(b) 1°에 비해 3°가 얼마나 더 반응성이 좋은가? 계산식을 보이시오.

(c) 각 생성물의 IUPAC명을 쓰시오.

11. 2-Methylbutane의 일염소화 반응에서 몇 가지 생성물이 어떤 비율로 생길 수 있는가? 또 각 생성물의 구조식을 그리고, IUPAC명으로 명명하시오. (힌트: 상대적 반응성은 1° : 2° : 3° = 1 : 4 : 5이다.)

12. 다음 라디칼 반응의 메커니즘을 제시하시오. (힌트: H_3C-I 결합이 $H-I$ 결합보다 약하다.)

$$H_3C-I + HI \longrightarrow CH_4 + I_2$$

13. 다음 각 반응의 주생성물을 제시하고 IUPAC명을 쓰시오.

(a) $CH_3CH_3 + I_2 \longrightarrow$　　(b) $+ Br_2 \longrightarrow$

(c) $+ F_2 \longrightarrow$　　(d) $+ Cl_2 \longrightarrow$

14. Propane을 염소화하여 1-chloropropane과 2-chloropropane을 얻어 이들 구조식을 확인하기 위해 ^{1}H NMR 스펙트럼을 얻었다. 이 스펙트럼으로 어떻게 두 생성물을 구분할 수 있는지 설명하시오.

15. 라디칼 할로젠화 반응에서 선택성과 반응성의 상관성을 설명하시오.

06

할로젠화 알킬: 친핵성 치환 반응 및 제거 반응

Alkyl halides: Nucleophilic Substitution and Elimination

- 할로젠화 알킬에서는 C－X 결합이 작용기이다.
- 할로젠화 알킬은 C－X 결합에서 친핵성 치환 반응을 한다.
- 할로젠화 알킬은 이웃한 C－H 결합과 C－X 결합에서 제거 반응을 한다.

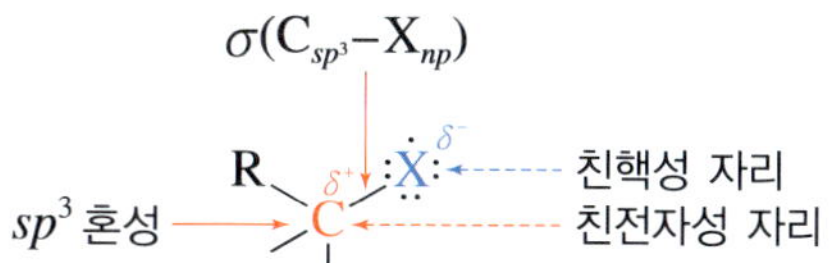

C－X 결합에서 S_N1, S_N2 치환 반응을 한다.
이웃한 C－H와 C－X 결합에서 E1, E2 제거 반응을 한다.

합성 할로젠화 알킬은 우리 일상에서 단열물질, 포장용 랩, 코팅제, 살충제 및 냉매 등 매우 광범위하게 사용된다.

알케인은 극성 공유 결합이나 특별한 작용기를 가지고 있지 않아 반응성이 낮다. 그러나 극성 결합인 $C^{\delta+}-X^{\delta-}$ (X=할로젠) 결합을 가지는 **할로젠화 알킬**(alkyl halide, RX)은 극성 분자이다. 할로젠화 알킬은 C−X 결합의 극성 때문에 쌍극자-쌍극자 상호 작용을 일으켜 끓는점과 녹는점이 C−X 결합이 없는 유사 분자보다 더 높다.

할로젠화 일킬은 **친핵성 치환 반응**(nucleophilic substitution)과 **제거 반응**(elimination)을 일으킨다.

할로젠화 알킬은 마그네슘(Mg) 같은 금속과 반응하면 $C^{\delta-}-Mg^{\delta+}-X^{\delta-}$ (Grignard 시약)형의 결합으로 쉽게 변환되고, 이 시약은 탄소 음이온으로 작용하며 반응성이 매우 커서 유기합성 화학에서 유용하다.

6.1 할로젠 화합물 명명법 복습

할로젠화 알킬은 하나 이상의 할로젠(F, Cl, Br, I)을 포함하고 있고 경우에 따라서는 명명 우선순위가 더 높은 작용기들이 포함되기도 한다. 할로젠보다 명명 우선순위가 더 높은 작용기가 존재하면 할로젠은 단순히 치환기로 명명한다.

표 6.1 자주 사용하는 할로젠의 치환기 이름과 접미사

할로젠 원소	원소명	치환기 이름	접미사
F	Fluorine	Fluoro−	Fluoride
Cl	Chlorine	Chloro−	Chloride
Br	Bromine	Bromo−	Bromide
I	Iodine	Iodo−	Iodide

- **할로젠보다 명명 우선순위가 높은 작용기가 없는 경우는 가지 달린 알케인의 IUPAC 명명법과 동일하게 다음의 네 단계를 거쳐 명명한다.**

1단계: 가장 긴 탄소 사슬을 모체로 선택한다.
2단계: 치환기를 확인하고 명명한다.
3단계: 모체 사슬 탄소 번호와 치환기 위치 번호를 부여한다.
4단계: 치환기 이름을 알파벳순으로 나열하여 전체를 명명한다.

- **할로젠화 알킬의 관용명은 간단한 할로젠화 알킬에만 사용된다. 관용명은 다음과 같이 부른다.**
  - 할로젠을 제외한 분자의 나머지 부분을 알킬기로 명명한다.
    예 $\mathbf{CH_3CH_2}$−Br → CH_3CH_2−를 'ethyl−'로 명명한다.
  - 알킬기에 결합한 할로젠의 끝이름 *-ine*을 접미사 *-ide*로 변환한다.
    예 CH_3CH_2−Br에서 bromine → bromide로 명명한다.
  - 알킬기 이름과 할로젠 이름을 띄워 쓴다.
    예 CH_3CH_2−Br의 관용명은 ethyl bromide이다.

복습문제 6.1 다음 화합물의 IUPAC명을 쓰시오.

(a) Cl　　(b) Cl, Br　　(c) Cl Cl Cl

(d) F　　(e) $(CH_3)_2CHCH(Cl)CH_2CH_3$

(f) $CH_3CH_2CH(CH_2CH_2Br)C(CH_3)_3$　　(g) $(ICH_2)_2CHCH_2CH_2CH_2Cl$

복습문제 6.2 다음 화합물의 골격 구조식을 그리시오.

(a) 1-Ethyl-2-fluorocyclcopentane　　(b) *tert*-Butyl chloride

(c) 2-Bromo-2-methylpentane　　(d) (*R*)-5-Bromo-2,3,3-trimethylheptane

(e) 2,4-Dichlorophenol　　(f) *p*-(Bromoethyl)toluene

6.2 할로젠화 알킬의 결합과 분류

할로젠화 알킬의 주 작용기는 C—X (X=할로젠) 시그마 결합이다. 이 극성 결합이 존재하므로 알케인과는 다른 물리적, 화학적 성질을 보인다. C—X 결합에서 C는 다양한 혼성 상태를 이룰 수 있지만 여기서는 주로 sp^3 혼성 탄소와의 결합을 다룬다.

■ **할로젠화 알킬의 물리적, 화학적 성질은 C—X 결합에 의존한다.**

- C—X 결합의 C는 sp^3 혼성을 하고, sp^3 오비탈이 시그마 결합을 이루며 정사면체 구조로 배열된다.
- X (할로젠)의 최외각 전자 7개는 *p* 오비탈을 점유하고 있고 주양자수(*n*) 값이 각기 다르다. 각 원소의 주양자수 값은 F (2), Cl (3), Br (4), I (5)이다. 이 중 채워지지 않은 오비탈이 C와 시그마 결합을 형성한다.
- C와 X의 전기 음성도 차이로 C는 친전자성 자리이고, X는 친핵성 자리이다.
- C—X 결합 길이는 C—F < C—Cl < C—Br < C—I 순으로 증가한다.
- C—X가 반응 자리이고, C의 전자 부족 현상의 크기가 친핵체와의 반응성을 결정한다.
- 제거 반응은 이웃한 C—H 결합과 C—X 결합에서 일어난다.
- 치환 반응과 제거 반응은 각각 두 가지의 다른 메커니즘으로 진행된다.
- C—X는 Mg와 같은 금속과 반응하면 $C^{\delta-}$로 변환되어 친전자체와 반응할 수 있다.

■ **할로젠화 알킬은 할로젠이 결합된 sp^3 혼성 탄소 원자에 결합된 탄소 수에 따라 구분한다.**

- C—X 결합의 C에 하나의 탄소 결합이 있으면 1°(일차, primary), 두 개의 탄소가 결합하면 2°(이차, secondary) 그리고 세 개의 탄소가 결합하면 3°(삼차, tertiary) 할로젠화 알킬로 분류한다.

C—X로부터 만들 수 있는 $C^{\delta-}—Mg^{\delta+}—X^{\delta-}$는 $C^{\delta-}$가 탄소 음이온처럼 반응한다. 이런 시약을 **Grignard 시약**(Grignard reagent)이라고 한다.

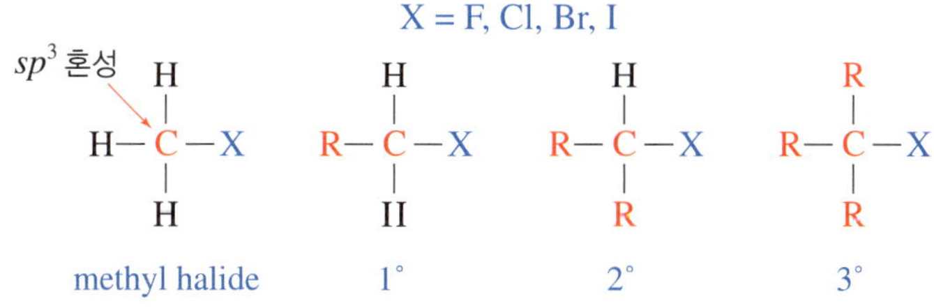

그림 6.1 할로젠화 알킬의 분류

- **할로젠 이웃에 파이 결합을 갖는 관심 있는 네 개의 화합물을 살펴보자.**
  - Vinyl halide와 aryl halide는 $C_{sp^2}-X$ 결합을 가진다.
  - $C_{sp^2}-X$ 결합을 가진 할로젠화물은 친핵성 치환 반응을 하지 않는다.
    - ▸ 파이 결합에 의해 친핵체의 탄소 공격이 방해된다.
  - 알릴성 할로젠화물(allylic halide)과 벤질성 할로젠화물(benzylic halide)은 $C_{sp^3}-X$ 결합에 C=C 결합이 결합되어 있다.
  - $C=C-C_{sp^3}-X$ 결합을 가지는 화합물들은 친핵성 치환 반응을 한다.
    - ▸ 파이 결합에 의해 친핵체의 탄소 공격이 방해받지 않는다.

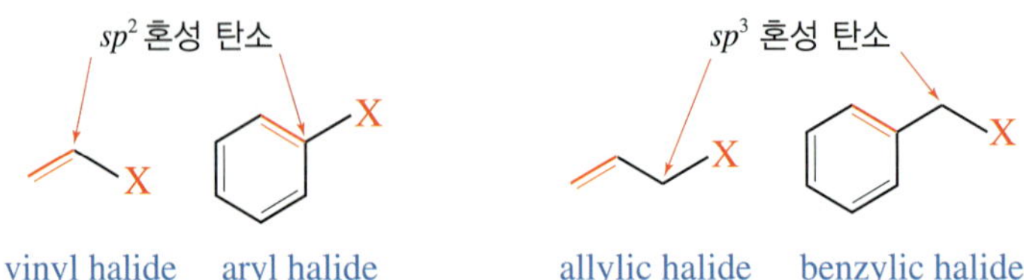

그림 6.2 C−X 결합 이웃에 파이 결합을 가지는 할로젠화물의 예

6.3 할로젠화 알킬의 성질

할로젠화 알킬의 물리적 성질은 C−X 결합 때문에 상응하는 알케인의 성질과 매우 다르다.

- **C−X 결합은 할로젠의 종류에 따라 결합 세기, 결합 길이 및 극성이 다르다.**
  - C−X 결합 세기는 X의 크기가 커짐에 따라 약해진다.
    - ▸ X의 p 오비탈이 커지면 탄소의 sp^3 오비탈과의 겹침이 더 적어진다.
  - C−X 결합 길이는 X의 크기에 따라 증가한다.
    - ▸ X의 원자 반경이 커지면 탄소와의 결합 길이가 더 증가한다.
  - C−X 결합의 극성이 크면 쌍극자-쌍극자 상호 작용이 커져서 끓는점이 높아진다.
  - 할로젠화 알킬은 유기 용매에 녹지만 물에는 녹지 않는다.

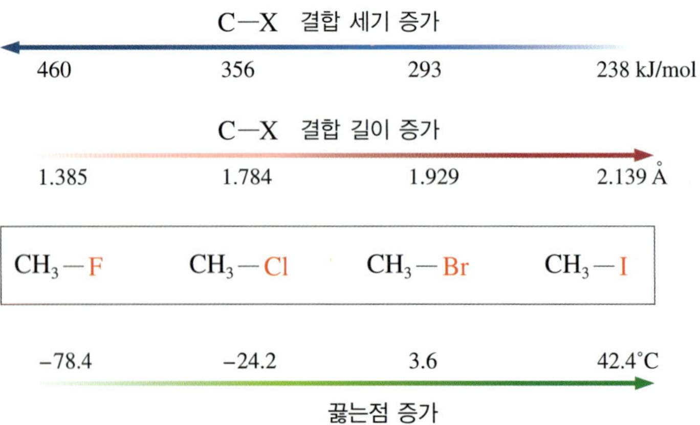

그림 6.3 CH_3X에서 C−X 결합 길이 및 결합 세기와 끓는점

6.4 할로젠화 알킬의 이용

■ **할로젠화 알킬은 독특한 성질 때문에 반응 출발 물질 이외의 여러 용도로 사용된다.**

- 유기 용매로 사용된다.
  예 일반 유기 용매: $CHCl_3$ (chloroform 또는 trichloromethane), CH_2Cl_2 (methylene chloride 또는 dichloromethane), CCl_4 (carbon tetrachloride)
  드라이클리닝 및 전자제품 세척용 용매: 1,1,1,2,2,3,4,5,5,5-decafluoropentane ($CF_3CF_2CHFCHFCF_3$). 이 용매는 C−F 결합이 강해서 할로젠을 배출하지 않으므로 안전한 친환경적 용매로 인식하고 있다.

- 마취제 등 의약품으로도 사용한다.
  예 Halothane ($CF_3CHClBr$)은 안전한 마취제이다.

- 단열물질, 코팅제 및 포장용 랩 등으로 사용된다.
  예 PVC [poly(vinyl chloride), $-(CH_2CHClCH_2CHClCH_2CHCl)_n-$]와 Teflon [$-(CF_2CF_2CF_2)_n-$]

- 살충제로 쓰인다.
  예 DDT (dichlorodiphenyltrichloroethane)는 강한 살충제로, 한때 세계적으로 많이 사용되었으나 유기 용매에만 녹고 자연에서 잘 분해되지 않아 사람 몸속에 축적되므로 오늘날 사용을 금지하고 있다.

- 냉매와 에어로졸 추진제로 사용된다. CFC가 냉장고의 일반화를 가져 왔으나 성층권 오존층 파괴의 원인 물질로 주목 받아 대체물질 개발에 주력하고 있다.
  예 CFC (chlorofluorocarbon, 일반식 CF_xCl_{4-x}): CFC 11 (Freon 11, $CFCl_3$)

그 외에도 할로젠화물은 다양한 용도로 여러 곳에서 폭 넓게 활용되고 있다. 또한 식물이나 곤충 및 해양 생물 등에 의해 생성되는 종류가 많아 이들에 대한 관심도 높다.

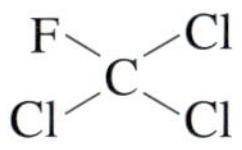

$CFCl_3$

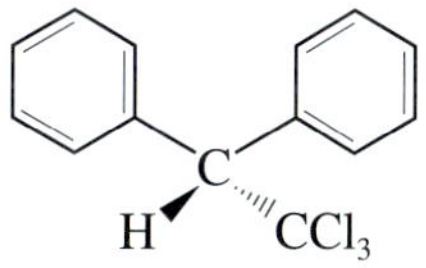

DDT(dichlorodiphenyltrichloroethane)

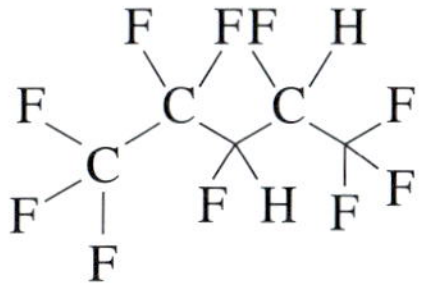

1,1,1,2,2,3,4,5,5,5-decafluoropentane

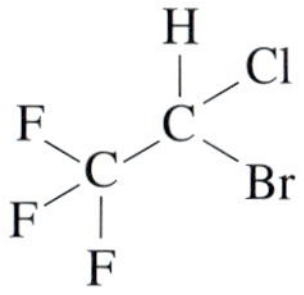

Halothane

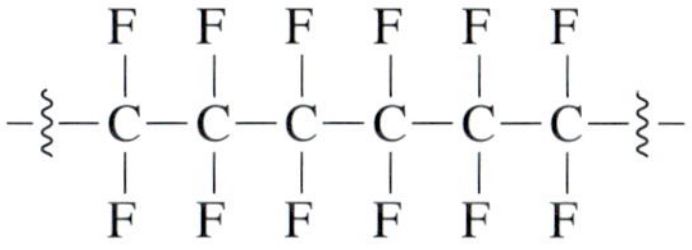

Teflon

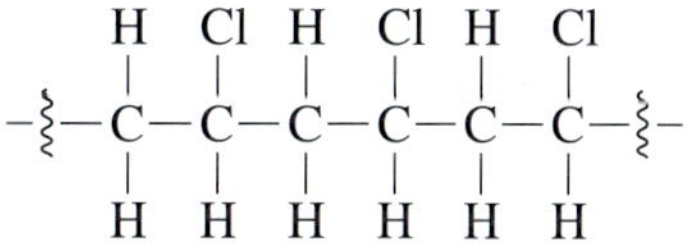

PVC(polyvinyl chloride)

6.5 할로젠 화합물의 제조

할로젠화 알킬은 알케인, 알켄 및 알카인이나 알코올로부터 만들 수 있다(그림 6.4).

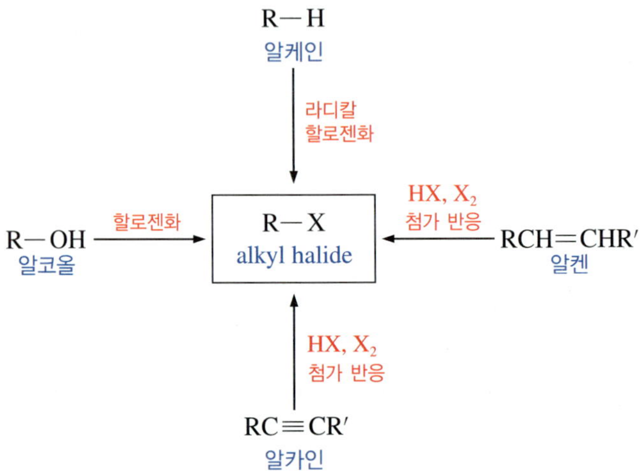

그림 6.4 할로젠화 알킬의 제조 방법

6.5.1 알케인의 할로젠화 반응에 의한 제조

구조가 단순한 할로젠화 알킬들은 알케인의 라디칼 할로젠화 반응으로 만들 수 있다.

이러한 라디칼 반응은 개시, 전파, 종결의 세 단계가 연쇄적으로 진행된다(5.6절 참고). 이 반응은 메커니즘적으로 흥미롭지만 여러 가지 혼합 생성물이 만들어지므로 유용하지 못하다.

- **Methane의 염소화 반응에서 염소가 과량 존재하면 다중염소화**(polychlorination)**가 일어난다.**
  - 다중염소화되면 CH_3Cl, CH_2Cl_2, $CHCl_3$ 및 CCl_4 등의 다양한 유도체들이 합성된다.

$$\underset{\text{methane}}{CH_4} \xrightarrow[h\nu]{Cl_2} \underset{\text{chloromethane}}{CH_3Cl} \xrightarrow[h\nu]{Cl_2} \underset{\text{dichloromethane}}{CH_2Cl_2} \xrightarrow[h\nu]{Cl_2} \underset{\text{trichloromethane}}{CHCl_3} \xrightarrow[h\nu]{Cl_2} \underset{\text{tetrachloromethane}}{CCl_4} + HCl$$

- **반응성이 각기 다른 한 종류 이상의 수소를 포함하고 있는 알케인의 염소화 반응의 경우에는 위치 선택적인 여러 가지 생성물이 생성된다.**
  - 이 염소화 반응에서 각 수소의 반응성은 1° H < 2° H < 3° H 순으로 증가한다. 이러한 반응성 순서는 반응 중에 생성되는 라디칼의 안정도 순서 때문이다.
  - 염소화 반응보다 브로민화 반응이 더 선택성이 높고, 플루오린은 할로젠 중에서 반응성이 가장 커서 일차 할로젠화 반응에서 삼차 할로젠화 반응까지의 선택성 차이가 작다. 반면에 브로민은 염소보다 반응성이 작지만 삼차 수소에 대한 선택성이 가장 높다(5.6절 참고). 이는 Hammond 가설로 설명된다.

Hammond 가설에 따르면 염소화 반응의 속도 결정 단계는 발열이어서 전이 상태의 에너지와 구조는 반응물과 더 유사하다. 반면에 브로민화 반응의 속도 결정 단계는 흡열이고, 전이 상태 에너지와 구조는 생성물과 더 유사하다. 또, 염소화 반응에서 1°, 2°, 3° 라디칼로 이어지는 전이 상태 간의 에너지 차이가 작지만, 브로민화 반응에서는 이들간의 에너지 차이가 크므로 수소 종류에 따른 선택성이 높다.

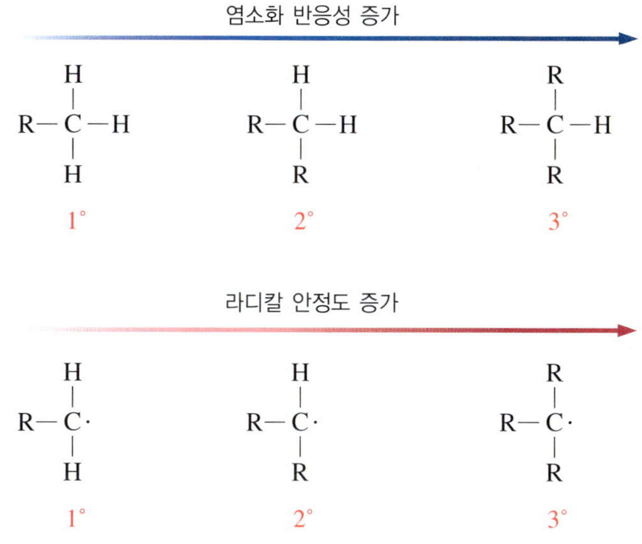

그림 6.5 알케인의 염소화 반응성과 라디칼 안정도 경향성

$$H_3C-\underset{CH_3}{\overset{H}{C}}-CH_3 \xrightarrow[h\nu]{Cl_2} H_3C-\underset{CH_3}{\overset{Cl}{C}}-CH_3 + H_3C-\underset{CH_3}{\overset{H}{C}}-CH_2Cl$$

2-methylpropane → 2-chloro-2-methylpropane (~72%) + 1-chloro-2-methylpropane (~28%)

$$H_3C-\underset{CH_3}{\overset{H}{C}}-CH_3 \xrightarrow[h\nu]{Br_2} H_3C-\underset{CH_3}{\overset{Br}{C}}-CH_3 + H_3C-\underset{CH_3}{\overset{H}{C}}-CH_2Br$$

2-methylpropane → 2-bromo-2-methylpropane (>99%) + 1-bromo-2-methylpropane (<1%)

6.5.2 알켄과 알카인으로부터 할로젠화 알킬의 제조

- **알켄이나 알카인의 불포화 결합에 첨가 반응시켜 할로젠화 알킬을 제조할 수 있다. 이 반응들은 7장에서 자세히 다룬다.**
  - 알켄의 C=C 결합에 HX (X=할로젠)를 반응시켜 **할로젠화수소 첨가 반응**(hydrohalogenation)을 하면 할로젠화 알킬이 얻어진다.

$$\underset{\text{일켄}}{RHC=CHR'} \xrightarrow{HX} \underset{\text{일할로젠화물}}{RHC(H)-CHR'(X) \text{ 또는 } RHC(X)-CHR'(H)}$$

  - 알켄에 X_2(할로젠)을 반응시키면 **이할로젠화물**(dihalide)을 만들 수 있다. 이 반응은 7장에서 자세히 다룬다.

$$\mathrm{RHC{=}CHR'} \xrightarrow{X_2} \mathrm{RHC(X){-}CHR'(X)}$$

알켄 → 이할로젠화물

- 알카인에 HX를 반응시키면 할로알켄(haloalkene)을 거쳐 이할로젠화물을 제조할 수 있다.

$$\mathrm{RC{\equiv}CR'} \xrightarrow{HX} \mathrm{RC(H){=}C(X)R'} \text{ 또는 } \mathrm{RC(X){=}C(H)R'} \xrightarrow{HX} \mathrm{RH_2C{-}CX_2{-}R'} \text{ 또는 } \mathrm{RCX_2{-}CH_2R'}$$

알카인 → 할로알켄 → 이할로젠화물

- 알카인에 X_2를 반응시키면 이할로젠화물(dihalide)을 거쳐 사할로젠화물(tetrahalide)을 만들 수 있다. X_2를 1당량 사용하면 *cis*- 또는 *trans*- 혼합 생성물을 얻으며 *trans*-이성질체가 주생성물이다.

$$\mathrm{RC{\equiv}CR'} \xrightarrow{X_2(\text{과량})} \mathrm{R{-}CX_2{-}CX_2{-}R'}$$

알카인 → 사할로젠화물

$$\mathrm{RC{\equiv}CR'} \xrightarrow{X_2(\text{1당량})} \mathrm{(X)(R)C{=}C(R')(X)} \text{ 또는 } \mathrm{(X)(R)C{=}C(X)(R')}$$

알카인 → *trans*-알켄 (주생성물) 또는 *cis*-알켄

6.5.3 알코올의 할로젠화에 의한 제조

- **할로젠화 알킬을 만드는 가장 보편적인 방법은 알코올(ROH)을 할로젠화 알킬(RX)로 변환하는 것이다.**
  - 알코올을 HCl, HBr 및 HI 등과 반응시키면 $-OH$ 기가 $-X$로 치환된다. 이 반응에서 3차 알코올은 S_N1 메커니즘으로 진행되고, 1차와 2차 알코올은 S_N2 메커니즘에 의해 진행된다.

$$\mathrm{R{-}CH_2{-}OH} \text{ 또는 } \mathrm{R{-}CH(R){-}OH} + \mathrm{HX} \xrightarrow[S_N2]{-H_2O} \mathrm{R{-}CH_2{-}X} \text{ 또는 } \mathrm{R{-}CH(R){-}X}$$

1° 알코올, 2° 알코올 → 1° 할로젠화물, 2° 할로젠화물

$$\mathrm{R{-}CR_2{-}OH} + \mathrm{HX} \xrightarrow[S_N1]{-H_2O} \mathrm{R{-}CR_2{-}X}$$

3° 알코올 → 3° 할로젠화물

메커니즘 6.1 (a) 1-Propanol과 (b) 2-methyl-1-propanol의 할로젠화 반응

(a) $CH_3CH_2CH_2-\ddot{O}H + H-Br \xrightarrow{-Br^-} CH_3CH_2CH_2-\overset{+}{O}H_2 \xrightarrow[S_N2]{Br^-} CH_3CH_2CH_2-Br + H_2O$

1-propanol → 1-bromopropane

(b) $(CH_3)_2CH_3C-\ddot{O}H + H-Br \xrightarrow{-Br^-} H_3C-C(CH_3)_2-\overset{+}{O}H_2 \xrightarrow{-H_2O} H_3C-C^+(CH_3)_2 \xrightarrow[S_N1]{Br^-} H_3C-C(CH_3)_2-Br$

2-methyl-1-propanol → 2-bromo-2-methylpropane

- 알코올과 $SOCl_2$, PBr_3 및 PCl_3 등을 반응시켜 상응하는 할로젠화 알킬을 얻을 수 있다.
  - 이 반응들은 S_N2 메커니즘으로 진행된다.
  - Thionyl chloride는 반응 후 생성되는 SO_2가 기체이어서 반응 후 처리가 용이하다.
  - Phosphorous tribromide는 1당량으로 3당량의 알코올을 브로민화할 수 있어 경제적인 시약이다.

$$RH_2C-OH + SOCl_2 \xrightarrow{\text{pyridine}} R-CH_2-Cl + SO_2 + HCl$$

$$3RH_2C-OH + PCl_3 \longrightarrow 3RH_2C-Cl + P(OH)_3$$

$$3RH_2C-OH + PBr_3 \longrightarrow 3RH_2C-Br + P(OH)_3$$

메커니즘 6.2 (a) Thionyl chloride와 (b) phosphorus tribromide를 이용한 알코올의 할로젠화 반응

(a) 2-butanol + $SOCl_2$ → (pyridine) → $\xrightarrow[S_N2]{-SO_2}$ 2-chlorobutane + HCl/pyridine

(b) 1-propanol + PBr_3 → $\xrightarrow[S_N2]{Br^-}$ 1-bromopropane + $HOPBr_2$

같은 반응이 두 번 더 반복되어 3당량의 알코올을 할로젠화할 수 있다.

6.6 할로젠화 알킬의 친핵성 치환 반응

할로젠화 알킬은 **친전자성 탄소**(electrophilic carbon)와 좋은 **이탈기**(leaving group)를 포함하고 있어 친핵성 치환 반응과 제거 반응이라는 특징적인 반응을 일으킨다.

■ **친핵성 치환 반응은 일반적으로 다음의 요인들에 의해 크게 영향을 받는다.**

- 할로젠화 알킬의 구조
- 친핵체의 반응성과 구조
- 이탈기의 이탈성과 안정도
- 반응 용매의 극성 및 양성자 존재 여부

친핵성 치환 반응은 할로젠화 알킬의 구조에 따라 두 가지 다른 방식으로 반응한다. methyl halide나 1차 할로젠화물은 전이 상태를 거쳐 단일 단계로 진행되는 S_N2 반응을 일으키며, 3차 할로젠화물은 탄소 양이온 중간체를 거쳐 진행되는 2단계 반응인 S_N1 반응을 일으킨다. S_N1과 S_N2에서 S_N은 Nucleophilic Substitution(친핵성 치환 반응)을 나타내고, 숫자 1과 2는 반응 차수, 즉 속도 결정 단계에서 관여하는 화학종의 수를 나타낸다.

1° 할로젠화 알킬 → 전이 상태 → 알코올 + Br^- (S_N2 치환 반응)

3° 할로젠화 알킬 → ($-Br^-$) 탄소 양이온 + HO^- → 알코올 (S_N1 치환 반응)

6.7 S_N2 치환 반응

S_N2는 속도 결정 단계에서 이분자가 관여하는 한 단계 협동 반응이며, 배열이 반전되는 입체 특이성 반응이다. S_N2 반응성은 $CH_3X > RCH_2X \gg R_2CHX \gg R_3CX$ 순이고, 친핵체의 성질도 S_N2 반응 속도에 영향을 미친다. 좋은 이탈기(더 안정한 음이온)는 전이 상태의 에너지를 낮추어 S_N2 반응 속도를 증가시키며, S_N2 반응은 용매의 영향을 크게 받는다.

■ **반응 메커니즘과 속도: S_N2 치환 반응은 중간체가 없이 한 단계로 진행되는 협동 반응**(concerted reaction)**이다. 이 반응의 반응 에너지 도표를 보면 이해하기 쉽다. S_N2 치환 반응에서 전이 상태는 분리할 수 없고 가장 불안정한 형태이다.**

- S_N2 반응에서 출발 물질이 전이 상태를 거쳐 생성물이 형성되려면 활성화 에너지 E_a가 필요하다.
- 출발 물질이 전이 상태에 이르는 단계는 느리고 이 단계가 속도 결정 단계이다. 따라서 S_N2 반응의 속도식은 다음과 같다.

$$\text{속도} = k[\text{할로젠화 알킬}][\text{친핵체}]$$

S_N2 반응에서 일어나는 반전을 Walden 반전이라고 하는데, 이는 1896년 P. Walden이 처음 관찰하였기 때문에 그를 기념하여 부르는 것이다.

■ **입체 화학: S_N2 반응에서 할로젠화 알킬(기질)을 공격하는 OH 이온(친핵체)이 이탈기인 Br의 반대편에서 공격하므로 출발 물질 반응 자리 탄소의 입체 중심에서 위치 배열 반전**(inversion of configuration)**이 일어나는 입체 특이성을 보인다.**

- 배열의 반전은 친핵체가 후방 공격을 하기 때문에 일어난다.

■ **기질의 구조: S_N2 반응은 기질인 할로젠화 알킬의 구조에 따라 반응 속도가 달라진다.**

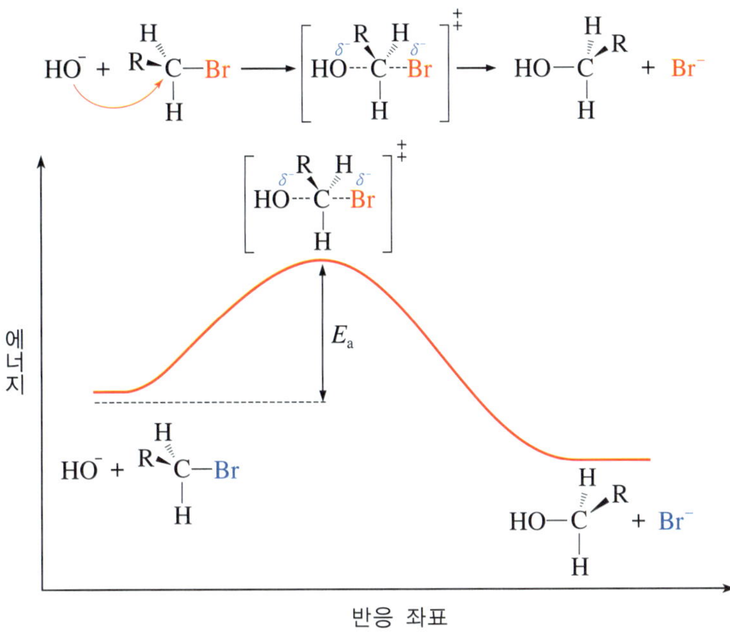

그림 6.6 S_N2 치환 반응의 반응 에너지 도표

- 이탈기가 결합하고 있는 탄소에 알킬기(R)의 수가 증가할수록 반응 속도가 감소한다. 이러한 효과는 입체 효과로 설명한다. S_N2 반응은 친핵체가 이탈기 반대편에서 접근해야 하므로, 접근에 용이하도록 공간이 넓어야 유리하다. 부피가 큰 치환기가 있으면 **입체 장애**(steric hindrance) 때문에 친핵체가 후면 공격을 하기가 어렵고 따라서 반응 속도가 느리다.
- S_N2 반응은 입체 장애를 받지 않는 할로젠화 알킬에서 빠르다.
  - CH_3X는 입체 장애가 적어 S_N2 반응이 가장 잘 일어난다.
  - 1차 할로젠화물(RCH_2X)은 S_N2 반응이 비교적 잘 일어난다.
  - 2차 할로젠화물(R_2CHX)은 S_N2 반응이 매우 느리게 일어난다.
  - 3차 할로젠화물(R_3CX)은 S_N2 반응이 일어나지 않는다.

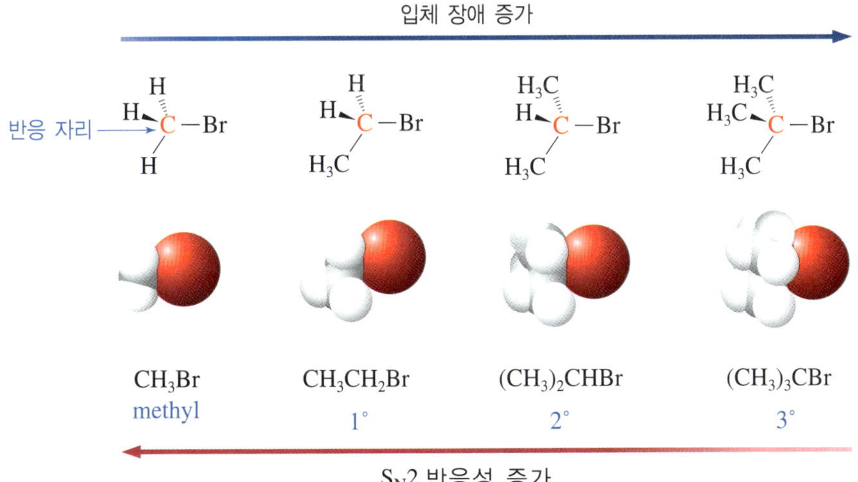

그림 6.7 간단한 할로젠화 알킬의 입체 장애와 S_N2 반응성 경향

- **친핵체: S_N2 반응은 속도 결정 단계에서 기질인 할로젠화물과 친핵체의 농도가 다같이 중요하다. 따라서 친핵체의 반응성도, 즉 친핵성도(nucleophilicity)는 반응 속도에 영향을 미친다.**

> 친핵성도란 S_N2 반응에서 어떤 화학종의 탄소 원자에 대한 친핵체의 상대적인 반응성을 나타내지만, 특정 친핵체의 반응성은 반응 종류, 기질, 용매 및 반응물 농도에 따라 변할 수 있다.

  - 염기성이면서 음전하를 가지는 친핵체는 중성인 것에 비해 S_N2 반응 속도가 증가한다.
  - 일반적으로 친핵성도는 주기율표에서 아래로 갈수록, 즉 원자 번호가 커질수록 증가한다.
  - 동일한 반응 원자를 가지는 친핵체의 경우 친핵성도는 염기도에 비례한다.
  - 친핵성도의 상대적인 크기는 반응 조건과 기질에 따라 다르나, 전형적인 순서는 $RS^- > R_3P > I^- > CN^- > R_3N > RO^- > Br^- > PhO^- > Cl^- > RCO_2^- > F^- > CH_3OH > H_2O$이다.

- **이탈기: 좋은 이탈기(더 안정한 음이온)는 전이 상태의 에너지를 낮추어 S_N2 반응 속도를 증가시킨다.**
  - S_N2 반응에 영향을 미치는 다른 요인은 반응에서 떨어져 나가는 이탈기 음이온의 안정도이다.
  - 기질 분자에서 분리된 후에 안정도가 큰 이탈기는 전이 상태 에너지를 낮추어 반응 속도를 증가시킨다.
  - 약한 염기는 음전하를 가장 잘 안정화시키므로 Cl^-, Br^-, I^-, tosylate ($CH_3C_6H_4SO_3^-$) 등은 좋은 이탈기들이다.

몇 가지 이온들의 S_N2 반응에 대한 상대적인 반응성은 아래와 같다.

이탈기의 상대적 반응성 →

^-OH, $^-NH_2$, ^-OR	F^-	Cl^-	Br^-	I^-	$H_3C-C_6H_4-SO_3^-$
<<1	1	200	10,000	30,000	60,000

그림 6.8 몇 가지 이탈기들의 상대적인 반응성

- **용매: S_N2 반응은 용매의 영향을 크게 받는다.**
  - 산성 수소를 가지고 있는 **양성자성 용매**(protic solvent)는 친핵체를 **용매화**(solvation)시켜 반응성이 떨어지게 하므로 S_N2 반응에 나쁜 용매이다.
  - **극성 비양성자성 용매**(polar aprotic solvent)는 양이온만 안정화시키고 친핵체에는 영향을 미치지 않으므로 S_N2 반응에 좋은 용매이다.

> 양성자성 용매는 물(H_2O), 알코올(ROH), 카복실산(RCOOH) 암모니아(NH_3)처럼, OH, NH_2 같은 산성 수소를 가지는 용매를 말한다. 극성 비양성자성 용매는 산성 수소를 가지지 않는 극성 용매를 말하며, dimethylsulfoxide ($CH_3S(=O)CH_3$, DMSO), acetonitrile (CH_3CN), dimethylformamide (DMF) 및 hexamethylphosphoramide (HMPA) 등이 그 예이다.

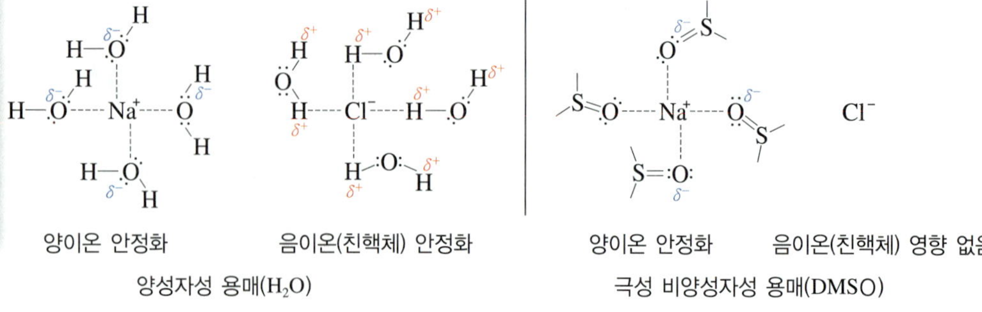

그림 6.9 양성자성 용매와 극성 비양성자성 용매의 용매 효과

$CH_3CH_2CH_2CH_2Br + N_3^- \longrightarrow CH_3CH_2CH_2CH_2N_3 + Br^-$

용매에 따른 상대적 반응성 증가 →

CH_3OH	H_2O	DMSO	DMF	CH_3CN	HMPA
1	7	1,300	2,800	5,000	200,000

그림 6.10 1-Bromobutane의 아자이드화 반응에 대한 몇 가지 용매의 상대적 반응성

S_N2 반응은 입체 장애가 적은 기질, 음전하를 가지는 친핵체 그리고 극성 비양성자성 용매에서 잘 일어난다.

6.8 S_N1 치환 반응

S_N1은 탄소 양이온이 형성되는 단계가 속도 결정 단계이고 두 단계 반응이며, 이 반응은 반응자리 배열이 절반은 반전되고 절반은 보존된다. S_N1 반응성은 $CH_3X < RCH_2X \ll R_2CHX < R_3CX$ 순으로 증가하며, 친핵체의 성질은 S_N1 반응 속도에 영향을 미치지 않는다. 좋은 이탈기(더 안정한 음이온)는 전이 상태의 에너지를 낮추어 S_N1 반응 속도를 증가시킨다. S_N1 반응은 용매의 영향을 받으며, 자리 옮김 반응도 관찰된다.

- **반응 메커니즘과 속도: S_N1 반응은 S_N2 반응과는 달리 입체 장애가 큰 기질, 중성 친핵체 그리고 극성 용매에서 잘 일어난다.**
  - S_N1 반응은 첫 단계에서 기질인 할로젠화 알킬(RX)이 분해되어 탄소 양이온 중간체를 형성하고 두 번째 단계에서 탄소 양이온이 친핵체와 반응한다.
  - S_N1 반응의 속도 결정 단계는 탄소 양이온이 형성되는 단계이다.
  - S_N1 반응은 2단계 반응이다. 따라서 반응 속도는 다음과 같다.

$$\text{속도} = k[\text{할로젠화 알킬}]$$

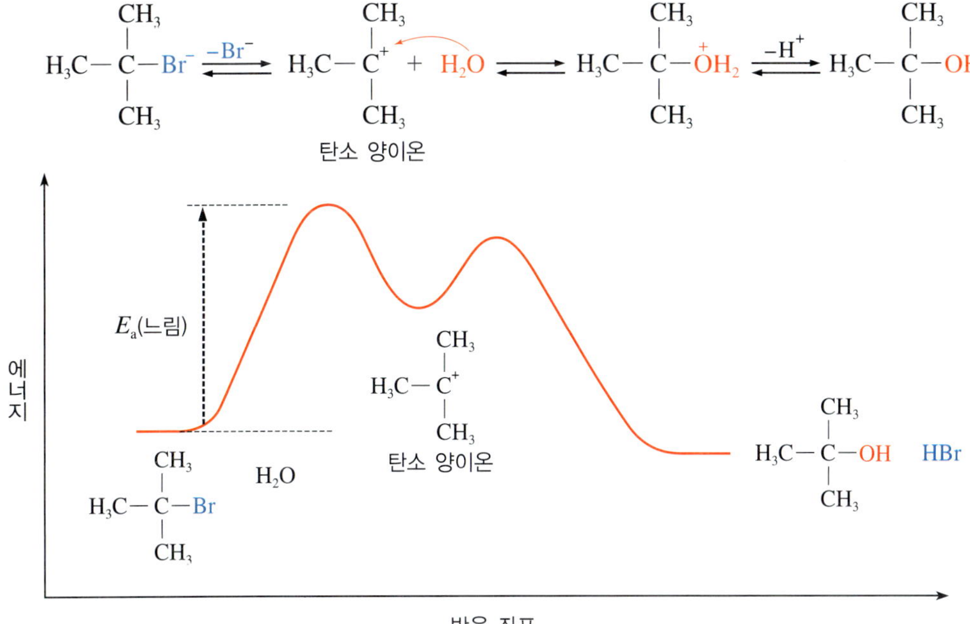

그림 6.11 S_N1 치환 반응의 반응 에너지 도표

- **입체 화학: S_N1 반응은 반응 도중 탄소 양이온을 생성하고 이 탄소 양이온이 반응 중간체이므로, 생성물의 배열이 보존되는 것과 반전되는 것이 다 같이 생성된다.**
  - 이론적으로는 각각 반반이지만 실제로는 반전되는 생성물이 조금 더 많다.
  - 배열의 보존과 반전되는 현상은 탄소 양이온의 혼성 상태가 sp^2이어서 평면이기 때문이다.
  - 반전이 더 많이 일어나는 것은 반응 초기에 이탈기가 완전히 멀리 떨어지지 않은 상태여서 그 방향으로는 친핵체의 공격이 일시적으로 방해를 받기 때문이다(그림 6.12).

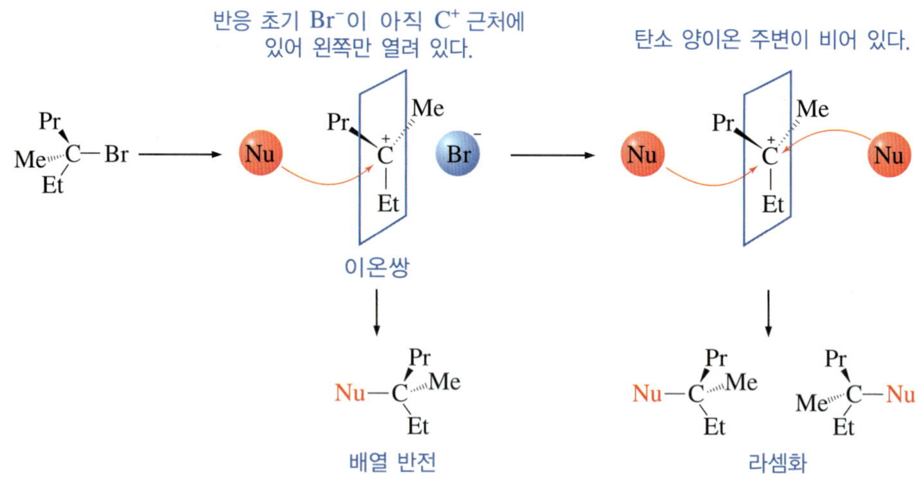

그림 6.12 S_N1 반응에서 이온쌍. 반응 초기에는 이탈기인 Br^-가 아직 양이온 근처에 있으므로 열려 있는 왼쪽으로만 Nu가 공격한다. 그러나 반응이 더 진행되어 탄소 양이온 주위가 완전히 비워지면 Nu는 양쪽으로 공격할 수 있어 라셈화가 일어난다. 반응 전체적으로는 배열이 반전된 생성물이 더 생성된다.

- **기질의 구조: 기질의 구조에 따른 S_N1 반응성은 S_N2 반응에서와 반대이다.**
  - 기질의 구조에 따른 S_N1 반응성은 $CH_3X < RCH_2X \ll R_2CHX < R_3CX$ 순으로 증가한다.
  - 기질의 상대적인 반응성은 생성되는 탄소 양이온의 안정도에 기인한다. 즉 탄소 양이온의 안정도가 양이온 생성 속도를 결정한다.
  - 탄소 양이온의 안정도는 $CH_3 < 1° < 2° < 3°$ 순으로 안정하며, S_N1 반응에서 기질의 반응성 순서와 같다.

- **친핵체: S_N1 반응에서 친핵체의 반응 단계는 속도 결정 단계가 아니므로 친핵체는 S_N1 반응 속도에 영향을 주지 않는다.**

예를 들어 2-methylpropan-2-ol(*tert*-butanol)과 HCl, HBr 및 HI를 반응시키면 친핵체인 할로젠과 상관없이 반응 속도가 동일하다.

- **용매: S_N1 반응에서도 용매의 영향을 받지만 S_N2 반응과는 달리 주로 전이 상태의 안정화에 얼마나 기여하는가에 달려 있다.**
  - 극성 용매는 용매화로 인해 중간체인 탄소 양이온의 안정화에 기여할 것이므로 S_N1 반응에 유리하다.

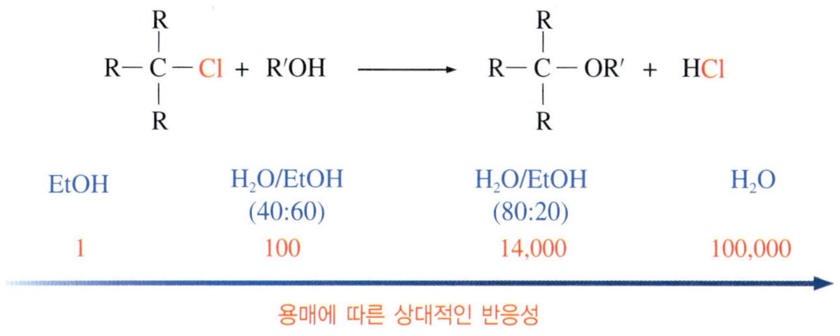

$$R_3C-Cl + R'OH \longrightarrow R_3C-OR' + HCl$$

EtOH / H_2O/EtOH (40:60) / H_2O/EtOH (80:20) / H_2O

1 / 100 / 14,000 / 100,000

용매에 따른 상대적인 반응성

그림 6.13 S_N1 반응에서 극성 용매에 따른 상대적인 반응성 경향

- **자리 옮김 반응: S_N1 반응에서는 자리 옮김 생성물이 관찰된다.**
  - 덜 안정한 탄소 양이온 중간체는 **자리 옮김 반응**(rearrangement)에 의해 더 안정한 탄소 양이온으로 변환된다.

2-Bromo-1,1-dimethylcyclohexane을 ethanol과 반응시키면, 예상되던 2-ethoxy-1,1-dimethylcyclohexane 대신 1-ethoxy-1,2-dimethylcyclohexane만이 얻어진다. 브로민 음이온이 이탈된 후에 생성된 2차 탄소 양이온의 methyl 기가 이동하여 더 안정한 3차 양이온을 형성하여 반응하기 때문이다. 이런 자리 옮김 반응은 탄소 양이온 중간체를 거쳐 진행되는 반응들의 특징 중 하나이다(그림 6.14).

그림 6.14에서와 같은 자리 옮김을 1,2-이동(1,2-shift)이라고 하며, 이동하는 기는 수소 음이온, methyl 기와 같은 알킬기 및 phenyl 기 등이 잘 이동한다. 수소 음이온이 이동하면 1,2-H 이동, methyl 기가 이동하면 1,2-methyl 이동이라고 한다.

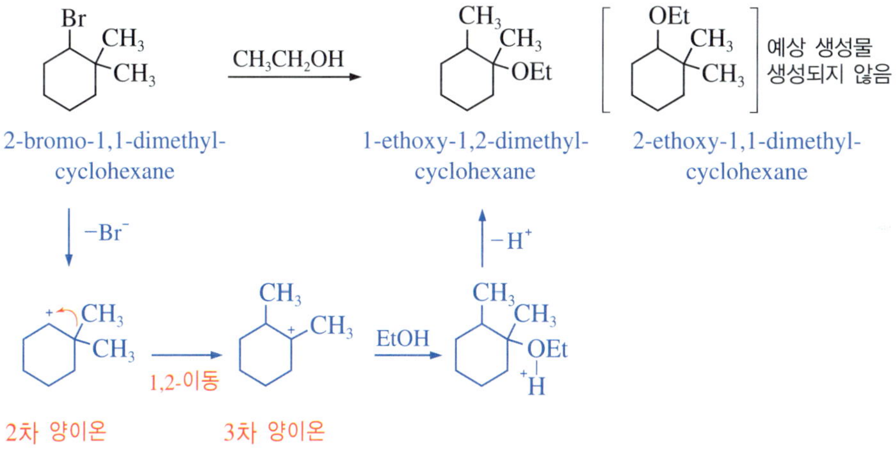

2-bromo-1,1-dimethylcyclohexane → (CH_3CH_2OH) → 1-ethoxy-1,2-dimethylcyclohexane

[2-ethoxy-1,1-dimethylcyclohexane] 예상 생성물 생성되지 않음

$-Br^-$ / $-H^+$

2차 양이온 → (1,2-이동) → 3차 양이온 → (EtOH)

그림 6.14 2-Bromo-1,1-dimethylcyclohexane과 ethanol의 반응에서 자리 옮김 반응

6.9 S_N1과 S_N2 메커니즘 예측하기

주어진 특정한 반응에서 이 반응이 S_N1 반응으로 진행될 것인지, 아니면 S_N2 반응으로 진행될 것인지를 예측하는 것은 중요하다.

주어진 반응이 어떤 메커니즘으로 일어날 것인지를 예측하려면 1) 기질의 구조, 2) 이탈기, 3) 친핵체, 4) 용매의 관점에서 살펴야 한다.

S_N1 또는 S_N2 반응인지를 아는 것이 중요한 이유
- 반응 중심이 카이랄성 중심이라면 배열이 반전된 생성물만 얻어지는지(S_N2 반응), 아니면 라셈 혼합물이 얻어지는지(S_N1 반응)를 예측할 수 있다.
- 기질의 구조가 탄소 양이온을 형성한 후에 자리 옮김이 일어나는지(S_N1 반응) 아니면 일어나지 않는지를 예상할 수 있다.

- **기질의 구조 영향:** 가장 중요한 요소는 할로젠화 알킬의 구조이다. 다음과 같은 기준으로 구분하면 쉽다.

- 반응 자리 탄소에 알킬 치환이 증가하면 S_N1 반응이 유리하다.
- 반응 자리 탄소에 알킬 치환이 감소하면 S_N2 반응이 유리하다.
- Methyl과 1° 할로젠화물은 S_N2 반응이 유리하다.
- 2° 할로젠화물은 S_N1과 S_N2 반응 둘 다 일으키며, 다른 요인에 의해 결정된다.
- 3° 할로젠화물은 S_N1 반응만 일으킨다.
- 알릴성 할로젠화물(allylic halide, $RCH{=}CHCH_2X$)과 벤질성 할로젠화물(benzylic halide, $PhCH_2X$)은 S_N1 반응과 S_N2 반응 모두를 통해 반응할 수 있다. 이들은 할로젠(X)이 이탈되면 탄소 양이온을 형성하며 이 양이온은 공명에 의해 안정화되므로 S_N1 반응 경로로도 반응할 수 있다.

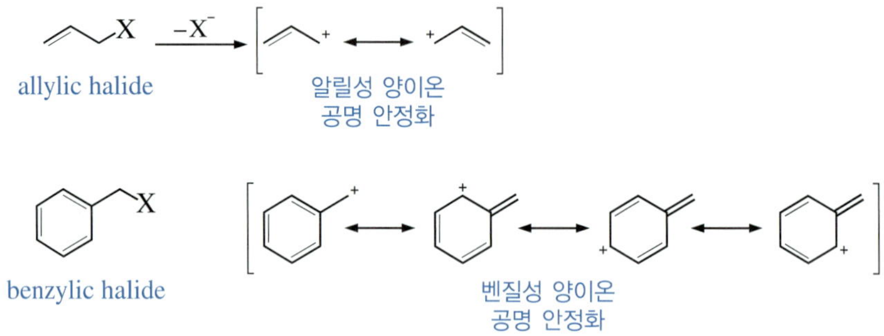

allylic halide —($-X^-$)→ 알릴성 양이온 공명 안정화

benzylic halide → 벤질성 양이온 공명 안정화

그림 6.15 알릴성 및 벤질성 양이온의 공명 안정화

- 할로젠화 바이닐(vinyl halide)과 할로젠화 아릴(aryl halide)은 친핵성 치환 반응이 일어나지 않는다.
  - ▸ 첫 번째 이유는 반응 자리 탄소가 sp^2 혼성을 하므로 뒷면 공격을 해야 하는 S_N2 반응이 일어나지 못한다.
  - ▸ 두 번째 이유는 sp^2 탄소에서 이탈기가 이탈되면 sp 혼성화된 탄소 양이온이 불안정하여 생성되지 않는다.

■ **이탈기의 영향: 친핵성 치환 반응에서 이탈기는 어떻게 영향을 미치는가? 탄소와 이탈기 결합의 해리가 S_N1 반응과 S_N2 반응 모두의 속도 결정 단계와 관련이 있으므로 다 같이 중요하다.**

- 좋은 이탈기는 S_N1 반응과 S_N2 반응 모두의 속도를 증가시킨다.
- S_N1 및 S_N2 반응에서 할로젠화물의 반응 속도 순서는 $RF < RCl < RBr < RI$로 증가한다.

■ **친핵체 영향: S_N1 반응과 S_N2 반응에서 친핵체의 영향을 받는 것은 S_N2 반응이다.**

- 친핵성도가 큰 친핵체(알짜 음이온 친핵체)의 농도가 높으면 S_N2 반응을 선호한다.
- ROH나 H_2O 같은 약한 친핵체는 S_N2 반응 속도를 감소시킴으로 S_N1 반응을 선호한다.

■ **용매의 영향: 용매의 종류에 따라 반응 속도에 영향을 미친다.**

- 극성 양성자성 용매는 S_N1 반응을 특히 선호한다.
- 극성 비양성자성 용매는 S_N2 반응을 특별히 선호한다.

6.10 탄소 양이온 안정도

앞서 언급한 것처럼 S_N1 반응은 탄소 양이온 중간체를 거쳐 반응하므로 탄소 양이온의 안정도를 아는 것은 중요하다.

탄소 양이온은 양전하를 띠는 탄소에 결합된 알킬기의 수에 따라 일차(1°), 이차(2°), 삼차(3°) 탄소 양이온으로 구분한다.

- **탄소 양이온의 상대적인 안정도는 유발 효과**(inductive effect)**와 하이퍼콘쥬게이션**(hyperconjugation)**으로 설명할 수 있다.**
  - **유발 효과**: 탄소 양이온에 전자를 밀어 주면 더 안정화된다.
    - 일반적으로 알킬기(R−)는 전자를 밀어주는 기이므로, 양전하를 띠는 탄소에 알킬기가 많이 결합할수록 유발 효과가 커서 더 안정하다.
    - 탄소 양이온 안정도 증가 순서는 methyl 양이온 < 1° 양이온 < 2° 양이온 < 3° 양이온 순서이다.

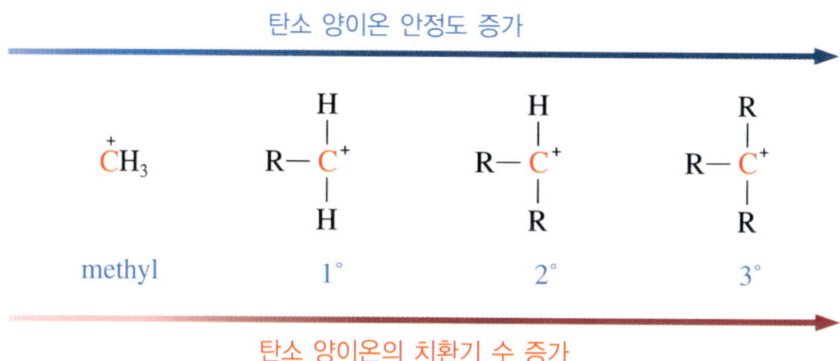

그림 6.16 탄소 양이온 안정도 경향

  - **하이퍼콘쥬게이션 효과**: 하이퍼콘쥬게이션은 양이온 탄소의 비어 있는 *p* 오비탈과 이웃 탄소에 결합한 시그마 결합 오비탈의 겹침에 의한 안정화 효과이다. 이러한 빈 *p* 오비탈과 시그마 결합 오비탈 간의 겹침에 의해 전하를 분산시키는 효과를 **하이퍼콘쥬게이션**(hyperconjugation)이라고 한다(5.6절 참조).
  Methyl 양이온(CH_3^+)은 이웃 탄소가 없어 빈 *p* 오비탈과 다른 시그마 결합이 겹칠 기회가 없지만, $(CH_3)_2CH^+$ 양이온 탄소의 빈 *p* 오비탈은 두 개의 CH_3 기에 모두 6개의 시그마 결합이 있어 하이퍼콘쥬게이션을 할 수 있는 기회가 6번이나 되어 훨씬 안정화된다. 더 많은 알킬 치환기를 가질수록 더 많은 하이퍼콘쥬게이션이 가능하고 그만큼 더 안정하게 된다.

할로젠화 알킬은 다양한 친핵체와 반응하여 여러 종류의 화합물을 만들 수 있어 유용하다. 그림 6.17에 요약해서 나타내었다.

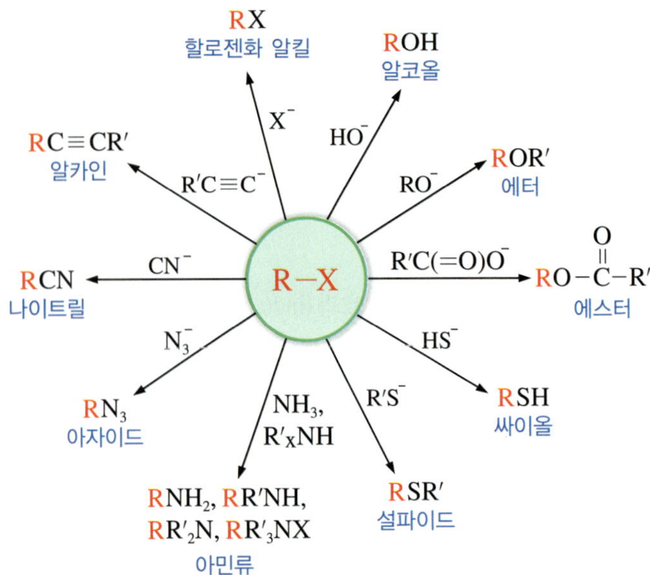

그림 6.17 RX가 할 수 있는 친핵성 치환 반응

6.11 E2 제거 반응

제거 반응은 시그마(σ) 결합을 파이(π) 결합으로 변환시켜 알켄이나 알카인을 형성하는 반응이다. 모든 제거 반응에서는 새로운 파이 결합 형성을 위해 원소들을 잃는다. 친핵성 치환 반응과 제거 반응은 경쟁적으로 일어나며, 입체 선택성, 입체 특이성 및 위치 선택성 반응이다.

- **반응 메커니즘과 속도: E2 반응은 S_N2 반응과 경쟁 반응이고, 메커니즘도 한 단계로 진행되는 협동 반응이며 이차 반응 속도식을 나타낸다.**
  - 속도 결정 단계에서 할로젠화 알킬과 염기 모두가 관여한다.

$$\text{E2 반응 속도} = k[\text{할로젠화 알킬}][\text{염기 또는 친핵체}]$$

  - 할로젠화 알킬은 염기(친핵체)에 의해 제거 반응이 일어나므로, 친핵성 치환 반응과 제거 반응은 경쟁적이다. 이 제거 반응에서는 베타(β) 위치의 양성자가 이탈기와 함께 떨어지면서 파이 결합 하나가 형성된다. 이런 반응을 **베타 제거 반응**(β-elimination) 혹은 **1,2-제거 반응**이라고 한다.
  - **안티 준평면**(anti periplanar) 상태의 전이 상태 구조를 거쳐 반응이 진행된다.
  - 염기가 β-수소를 공격하여 안티 준평면 상태의 전이 상태 구조를 하면 두 탄소 간의 파이 결합 형성이 더 유리해진다.
  - 할로젠화 알킬의 제거 반응에서는 이탈되는 화합물이 HX이므로 **할로젠화수소 이탈 반응**(dehydrohalogenation)이라고 한다.

브로모알케인(bromoalkane)의 E2 제거 반응을 예로 들어 메커니즘을 살펴보자.

메커니즘 6.3 Bromoalkane의 E2 제거 반응

$$RH_2C-\overset{H}{\underset{H}{C}}{}_{\beta}-\overset{H}{\underset{Br}{C}}{}_{\alpha}-H \xrightarrow[-HBr]{K^{+}\,^{-}OC(CH_3)_3} \underset{H}{\overset{RH_2C}{}}C=C\underset{H}{\overset{H}{}}$$

$-HOC(CH_3)_3$

안티 준평면 구조의 전이 상태

- **할로젠화 알킬의 구조:** 할로젠화 알킬의 구조에 따른 **E2** 제거 반응의 반응 속도 순서는 $\mathbf{S_N2}$에서와 달리 $\mathbf{RCH_2X < R_2CHX < R_3CX}$ 순이다.
  - 이런 반응성의 차이는 E2 반응의 전이 상태에서 이중 결합 탄소에 R 기가 더 많을수록 에너지가 낮아지기 때문이다(7.1절 참조).

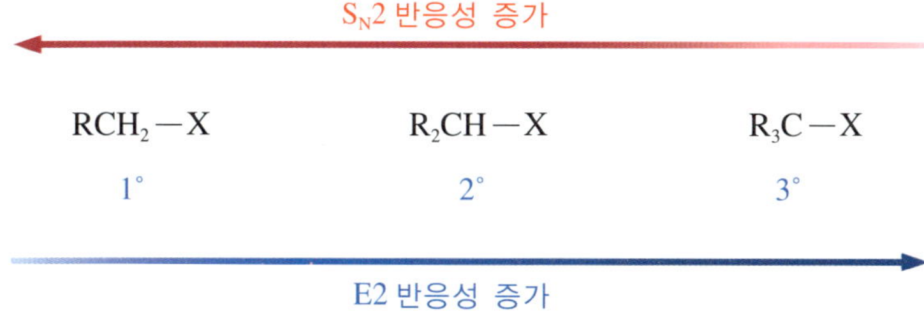

그림 6.18 할로젠화 알킬의 차수에 따른 S_N2와 E2 반응성 경향

- E2 반응에서는 기질의 구조에 따라 입체 특이성, 입체 선택성, 위치 선택성이 관찰된다.
- E2 제거 반응은 안티 준평면 구조일 때만 반응이 일어나므로 **입체 특이성**(stereospecific) 반응이다. 이 입체 특이성은 특히 베타 위치에 수소가 하나만 있을 때 관련이 있다.

예를 들어 1-bromo-1,2-diphenylethane을 sodium ethoxide로 제거 반응시키면 *trans*-1,2-diphenylethene이 주생성물로 얻어진다.

1-bromo-1,2-diphenylethane $\xrightarrow{NaOEt}$ *trans*-1,2-diphenylethene (주생성물) + *cis*-1,2-diphenylethene (소량 생성물)

입체 선택성과 입체 특이성의 차이를 기억하자. 입체 선택성은 하나의 출발 물질(입체 이성질성이 아닐 수도 있다)이 두 개 이상의 입체 이성질체가 가능하지만, 그 중에서 어느 하나만 생성하거나, 어느 하나가 더 우세하게 생성되는 경우를 말한다(예 A → *cis*-B + *trans*-B; *trans*-B가 주생성물). 입체 특이성은 사용되는 기질의 입체 이성질에 따라 생성물의 입체 이성질성이 결정되어 하나의 생성물만을 생성하는 반응이다(예 A → B, A′ → B′).

위치 선택성 반응은 두 개 이상의 반응 자리에서 반응이 가능하지만 그 중에서 특정 자리의 반응이 더 우세하여 한 생성물이 더 많이 생성되거나 하나만 생성되는 반응이다.

이러한 위치 선택성을 Alexander M. Zaitsev (University of Kazan, Russia)가 발표하였다. 그를 기념하여 Zaitsev 규칙이라고 부른다.

소량 생성물로 얻어지는 2-methyl-1-butene 같이 덜 치환된 알켄 생성물을 Hofmann 생성물이라고도 한다.

- E2 반응은 또한 **위치 선택성** (regioselective) 반응이다.
  - ▸ 베타 제거 반응에서는 이중 결합 탄소에 치환기를 더 많이 가지고 있는 알켄이 주생성물로 얻어진다. 이 규칙을 **Zaitsev 규칙** (Zaitsev's rule)이라고 한다.
  - ▸ 알켄은 이중 결합 탄소에 치환기가 많을수록 더 안정하기 때문이다.

예를 들어 반응 자리가 3개인 2-bromo-2-methylbutane을 $^{-}$OH로 제거 반응을 시키면 2-methyl-2-butene이 주생성물로 얻어진다.

$$H_3C-C(H)_2-C(Br)(CH_3)-CH_3 \xrightarrow{HO^-} (H_3C)(H)C{=}C(CH_3)(CH_3) + (H)(H)C{=}C(CH_3)(CH_2CH_3)$$

2-bromo-2-methylbutane → 2-methyl-2-butene (주생성물) + 2-methyl-1-butene (소량 생성물)

- E2 반응은 **입체 선택성** (stereoselective) 반응이기도 하다. E2 제거 반응을 일으킬 수 있는 베타(β) 위치 두 개가 동일한 경우가 그렇다. 예를 들어 3-bromopentane은 제거 반응을 하면 *trans*-2-pentene이 주생성물로 얻어지는 입체 선택적 반응이다.

$$H_3C-CH_2-CH(Br)-CH_2-CH_3 \xrightarrow{CH_3CH_2O^-} (H_3C)(H)C{=}C(H)(CH_2CH_3) + (H_3C)(H)C{=}C(CH_2CH_3)(H)$$

(β-자리: Br이 결합한 탄소 양쪽의 H)

3-bromopentane → *trans*-2-pentene (주생성물) + *cis*-2-pentene (소량 생성물)

Hammond 가설을 이용하면 트랜스 알켄을 생성하는 전이 상태가 시스의 전이 상태보다 더 안정하기 때문이다.

- **염기 (친핵체): E2 반응의 속도 결정 단계에서 염기의 농도가 관련이 있다.**
  - 염기의 세기가 증가하면 E2 반응 속도도 증가한다.
  - 일반적으로 음전하를 띤 HO^-와 RO^- 같은 센 염기가 사용된다.
- **이탈기: 전이 상태에서 이탈기와 탄소 결합이 분해되므로 이탈기 반응성이 좋을수록 E2 반응은 빨라진다.**

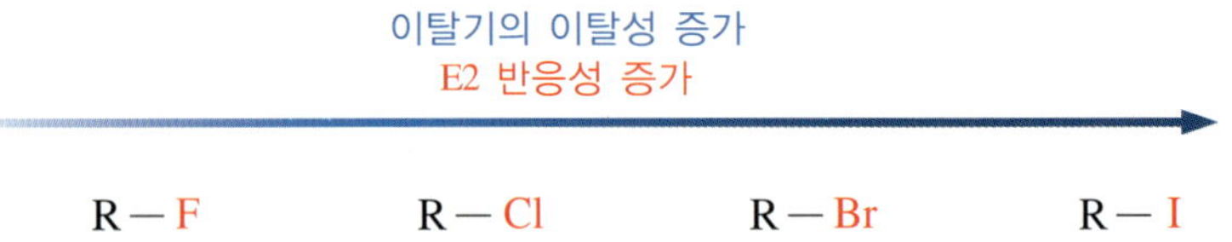

그림 6.19 RX 종류에 따른 이탈기와 E2 반응성 경향

- **용매: 극성 비양성자성 용매는 E2 반응 속도를 증가시킨다.**

6.12 E1 제거 반응

- **반응 메커니즘과 속도: 일분자 제거 반응** (E1, elimination monomolecule)은 **S_N1** 반응과 경쟁 반응이다.

- 메커니즘은 두 단계로 진행되는 일차 반응 속도식을 나타낸다.
- 속도 결정 단계에서 할로젠화 알킬만 관여한다.

$$\text{E1 반응 속도} = k[\text{할로젠화 알킬}]$$

- E1 반응에서는 첫 단계에서 이탈기가 먼저 이탈되어 양이온이 형성되며, 이 단계가 속도 결정 단계이다. 두 번째 단계에서 염기에 의해 양성자가 제거되어 파이 결합이 형성된다.

메커니즘 6.4 2-Halo-2-methylpropane의 E1 제거 반응

$$(CH_3)_3C{-}X \xrightarrow[-X^-]{\text{느림}} H_3C{-}\overset{+}{C}(CH_3){-}CH_2{-}H \xrightarrow{:\ddot{O}H_2} H_2C{=}C(CH_3)_2 + H_3O^+$$

■ **할로젠화 알킬의 구조:** 할로젠화 알킬의 구조에 따른 **E1** 제거 반응의 반응 속도 순서는 **E2** 반응처럼 **RCH_2X < R_2CHX < R_3CX** 순이다.

- 이런 반응성의 차이는 E1 반응에서 생성되는 양이온 안정성과 관련이 있다.
- 양이온 탄소에 R 기가 더 많을수록 양이온은 더 안정하기 때문이다.

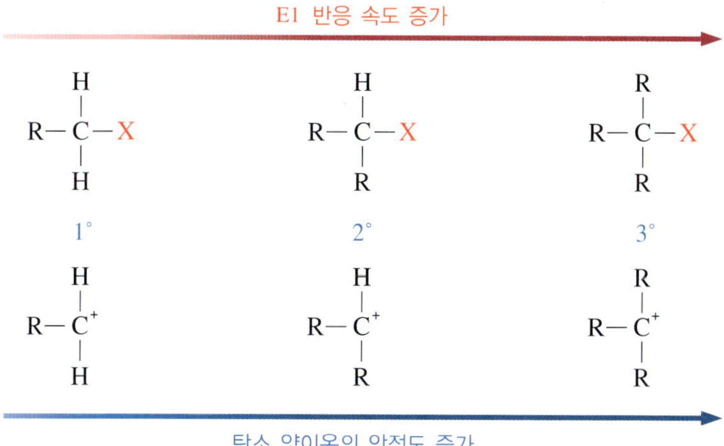

그림 6.20 탄소 양이온의 안정도에 따른 E1 반응의 반응성 경향

■ **위치 선택성과 입체 선택성:** **E1** 반응은 위치 선택적이고 또한 입체 선택적인 반응이다.

- E1 반응에서도 Zaitsev 규칙이 적용되므로 이중 결합 탄소에 치환기가 더 많은 쪽으로 진행되는 **위치 선택적**인 반응이다.

예를 들어 1-bromo-1-methylcyclopentane에서 HBr을 제거하면 고리 내부에 이중 결합을 가지는 1-methylcyclopentene이 주생성물로 생성된다.

1-bromo-1-methylcyclopentane $\xrightarrow{H_2O}$ 1-methylcyclopentene (주생성물) + methylenecyclopentane

- E1 반응은 E2 반응처럼 안티-준평면이 필요한 입체 특이적 반응은 아니지만, 탄소 양이온 중간체를 거치므로 시스와 트랜스 생성물이 가능하며, 일반적으로 더 안정한 트랜스 이성질체가 주생성물로 생성되는 입체 선택성 반응이다.

$CH_3CH_2CH(OH)CH_2CH_3$ (3-pentanol) $\xrightarrow[\triangle]{H_2SO_4}$ *trans*-2-pentene (주생성물) + *cis*-2-pentene (소량 생성물)

- **탄소 양이온 자리 옮김 반응: E1 반응은 탄소 양이온 중간체를 거쳐 진행되므로 형성된 양이온이 보다 더 안정한 양이온을 형성하기 위한 자리 옮김이 가능하며 결국 예상과는 다른 생성물의 형성이 가능하다.**
- **염기: E1 반응의 속도 결정 단계에는 염기가 관여하지 않으므로 약한 염기가 더 유리하다.**
  - 염기의 세기에 따라 주어진 반응이 E1 또는 E2 메커니즘을 따를 것인지가 결정된다.
  - H_2O나 ROH 같은 약한 염기가 유리하다.
- **이탈기: C−X 결합이 속도 결정 단계에서 분해되어 이탈기가 이탈된다.** 더 좋은 이탈기가 반응을 더 빠르게 한다.
- **용매: 이온성 중간체를 용매화시킬 수 있는 용매가 유리하다.** 극성 양성자성 용매가 유리하다.

6.13 어떤 경우에 치환 반응 또는 제거 반응이 일어나는가?

앞에서 치환 반응 두 종류와 제거 반응 두 종류를 모두 배웠다. 주어진 할로젠화 화합물이 이들 중 어떤 메커니즘으로 진행될 것인가를 예측한다는 것은 매우 중요하지만 어렵다.

- **반응 종류와 메커니즘을 예측하는 데 도움이 될 수 있는 몇 가지를 정리해 보자.**
  - 할로젠화 알킬을 1차, 2차 및 3차로 구분한다.
    - S_N1과 E1은 1차 < 2차 < 3차 순으로 유리하다.
    - S_N2는 3차 < 2차 < 1차 순으로 유리하다.
    - E2는 1차 < 2차 < 3차 순으로 유리하다.
  - 친핵체 또는 염기를 세기와 부피의 크기로 구분한다.
  - 치환 반응인가 제거 반응인가는 염기(친핵체)에 의존한다.
    - 좋은 친핵체이면서 약한 염기인 경우는 치환 반응이 우세하다.
      예 I^-, Br^-, HS^-, NC^-, CH_3COO^-
    - 부피가 크고 친핵성이 없는 염기는 제거 반응이 우세하다.
      예 $KOC(CH_3)_3$(potassium *tert*-butoxide), DBU(1,8-diazabicyclo[5,4,0]undec-7-ene), DBN(1,5-diazabicyclo[4,3,0]none-5-ene)

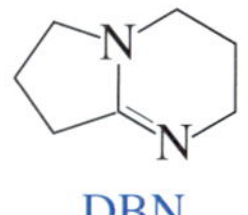

DBN

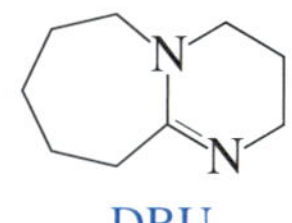

DBU

- 주어진 할로젠화 알킬과 염기로 반응을 예측한다.
  1) 3차 할로젠화 알킬은 S_N2를 제외한 모든 반응을 할 수 있다.
    - 센 염기의 반응은 E2 메커니즘으로 진행한다.
    - 약한 친핵체(염기)의 반응은 S_N1과 E1에 의한 혼합 생성물이 얻어진다.
  2) 2차 할로젠화 알킬은 모든 메커니즘으로 반응할 수 있다.
    - 센 친핵체인 센 염기와 반응하면 S_N2와 E2 혼합 생성물을 생성한다.
    - 강하지만 입체 장애가 큰 염기와 반응하면 E2 메커니즘 생성물이 얻어진다.
    - 약한 친핵체 또는 염기와 반응하면 S_N1 또는 E1 혼합 생성물이 얻어진다.
  3) 1차 할로젠화 알킬은 S_N2와 E2 메커니즘으로 반응한다.
    - 센 친핵체와 반응하면 S_N2 생성물이 얻어진다.
    - 강하지만 입체 장애가 큰 염기와 반응하면 E2 생성물이 얻어진다.
  4) 예상한 대로 메커니즘을 그리고, 합리적인가를 검토한다.
- 반응 생성물로 메커니즘을 예상할 수도 있다.
  - ▸ 자리 옮김 반응 생성물이 관찰되면 S_N1과 E1 메커니즘으로 진행된 반응이다.
  - ▸ 카이랄성 물질에서 반응 자리 탄소 배열이 완전히 반전되면 S_N2 반응이다.
  - ▸ 카이랄성 물질의 반응에서 라셈 혼합물이 생성되면 S_N1 메커니즘 반응이다.
  - ▸ 생성물이 시스와 트랜스 혼합물로 생성되면 E1 메커니즘 반응이다.

6.14 할로젠화 알킬의 분광학적 특성

6.14.1 적외선 스펙트럼

- **할로젠화 알킬의 C−X 결합의 신축 진동 흡수 영역은 대부분 지문 영역이므로 초보자가 구분하기가 어렵다. 그러나 방향족 할로젠화물(aryl halide)들의 흡수 신호는 이들 구조적 정보를 얻는 데 도움이 된다.**

표 6.2 몇 가지 지방족 및 방향족 C−X 결합의 IR 흡수 영역

결합	IR 흡수 영역(cm^{-1})	결합	IR 흡수 영역(cm^{-1})
C−F	1400~1000	Ar−F	1250~1100
C−Cl	785~540	Ar−Cl	1100~1035
C−Br	650~510	Ar−Br	1075~1030
C−I	600~485		

6.14.2 핵자기 공명 스펙트럼

- **핵자기 공명 스펙트럼에서 할로젠화 알킬의 할로젠 원자 이웃에 결합된 양성자나 13-탄소는 할로젠 원자들의 큰 전기 음성도 때문에 강한 벗김 효과를 받는다.**
  - 벗김 효과의 크기는 할로젠 원소의 전기 음성도 크기에 비례한다(표 6.3). 따라서 치환된 할로젠 원소의 수나 위치도 벗김 효과의 크기에 영향을 미친다.

치환된 할로젠 원소의 수나 위치에 따라 벗김 효과의 크기에 미치는 영향을 **전기 음성도 효과**(electronegativity effect)라고 한다.

표 6.3 할로젠화 methane에서 전기 음성도 효과

CH_3X	CH_3F	CH_3Cl	CH_3Br	CH_3I	CH_4	$(CH_3)_4Si$
원소 X	F	Cl	Br	I	H	Si
X의 전기 음성도	4.0	3.1	2.8	2.5	2.1	1.8
H의 화학적 이동값(δ, ppm)	4.26	3.05	2.68	2.16	0.23	0

6.14.3 질량 스펙트럼

- **유기 화합물에 포함된 대부분의 원소들은 주 동위 원소가 하나뿐이지만, 염소(^{35}Cl, ^{37}Cl)와 브로민(^{78}Br, ^{80}Br)은 주 동위 원소가 두 가지씩이어서 질량 스펙트럼에서 구분이 용이하다. 또 이들 두 원소들의 동위 원소 비율도 다르므로 유용하다.**
  - 염소는 M 피크와 M + 2 피크 비율이 3 : 1로 나타난다.
  - 브로민의 경우는 M과 M + 2 피크 비율이 1 : 1로 나타난다.

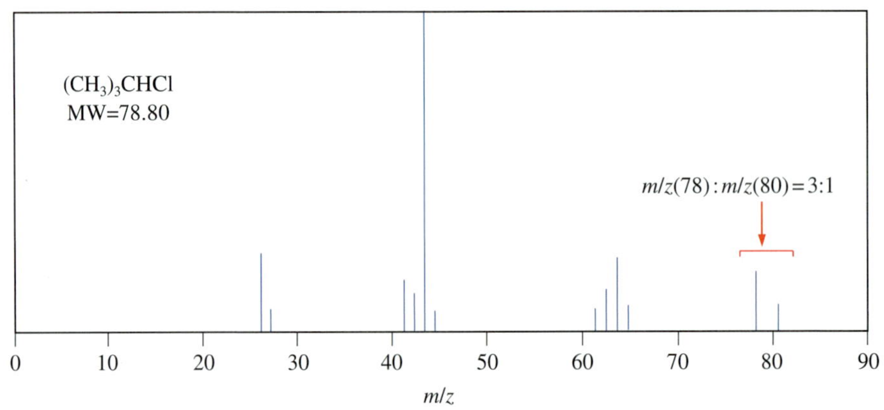

그림 6.21 2-Chloropropane의 질량 스펙트럼

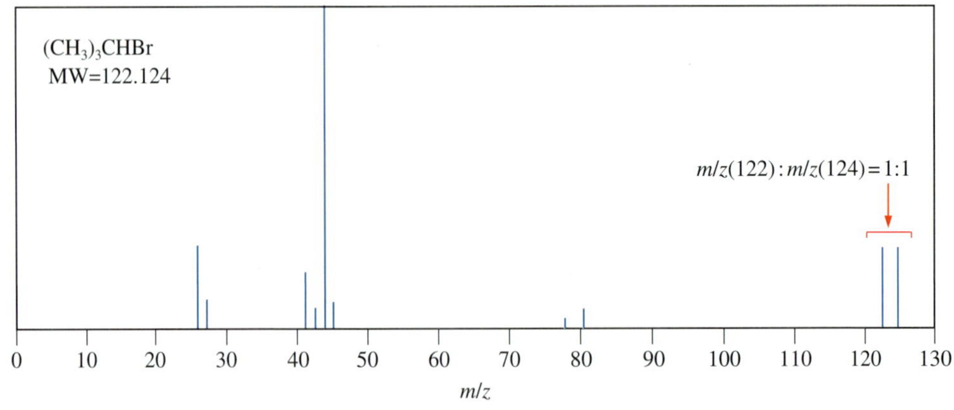

그림 6.22 2-Bromopropane의 질량 스펙트럼

- **할로젠화 알킬 화합물의 분자 이온은 대표적인 두 가지 조각내기가 일어난다.**

하나는 HX를 형성하며 알켄 이온을 만드는 것이고, 다른 하나는 $CH=X^+$ 이온을 형성하며 알킬기가 라디칼로 조각나는 경우이다.

$$[R-CH_2-CH_2-X]^{\cdot+} \longrightarrow [R-CH=CH_2]^{\cdot+} + HX$$
$$[R-CH_2-X]^{\cdot+} \longrightarrow R\cdot + CH_2=X^+$$

천연에서 생성되는 할로젠화물은 생물체의 방어물질이다

오늘날 지구상의 자연환경에서 얻어지는 유기 할로젠화물은 5천여 종 이상으로 알려져 있다. 왜 자연에 이처럼 많은 유기 할로젠화물이 존재하고 발생하는가? 이는 생명체가 유기 할로젠화물을 자기 방어용 물질로 사용하기 때문이다. 즉 먹이 방해물질, 포식 동물의 자극제 및 자연 살충제들이다. 해면동물, 산호 및 바다 연체동물들은 물고기나 불가사리 등에 잡혀 먹히지 않기 위해 냄새가 독한 유기 할로젠화물을 방출한다. 물론 사람에게도 Cl_2가 발견되고, 사람의 면역계에는 곰팡이나 박테리아와 할로젠화 반응을 일으키는 peroxidase 효소도 존재한다.

오늘날 화학자들은 이 천연에서 얻어지는 유기 할로젠화물들을 찾아내고, 구조를 규명하여 의약품이나 농약을 개발하려는 노력을 지속적으로 하고 있다. 그 중 하나로 해조류로부터 분리된 halomon을 들 수 있다. Halomon은 한 분자에 C=C 결합 하나와 Cl 원자 세 개와 Br 원자 두 개를 가지는 비교적 간단한 분자이다. 이 화합물은 사람의 여러 가지 종양 세포에 대해 항암 활성이 있다고 알려졌다.

(3*S*,6*R*)-6-bromo-3-(bromomethyl)-
2,3,7-trichloro-7-methyloct-1-ene(Halomon)

주요 용어

1,2-제거 반응(1,2-elimination)
E1 제거 반응(E1 elimination)
E2 제거 반응(E2 elimination)
Grignard 시약(Grignard reagent)
Hofmann 생성물(Hofmann product)
S_N1 반응(nucleophilic substitution monomolecule)
S_N2 반응(nucleophilic substitution bimolecule)
Walden 반전(Walden inversion)
Zaitsev 규칙(Zaitsev's rule)
다중염소화(polychlorination)
베타 제거 반응(β-elimination)
안티 준평면(anti periplanar)
양성자성 용매(protic solvent)
위치 배열 반전(inversion of configuration)
자리 옮김 반응(rearrangement)
제거 반응(elimination)
친핵성 치환 반응(nucleophilic substitution)
친핵성도(nucleophilicity)
할로젠화수소 이탈 반응(dehydrohalogenation)
할로젠화수소 첨가 반응(hydrohalogenation)

연습 문제

개념 문제

1. 할로젠화 알킬의 C−X 결합이 작용기로 작용하는 원인은 무엇인가?
2. 친핵성 치환 반응에서의 chlorobenzene과 benzyl chloride의 반응성 차이는 어떤가? 이유는 무엇인가?
3. S_N2 반응에서 왜 배열이 반전되는가?
4. 입체 특이성, 입체 선택성, 위치 선택성은 어떻게 다른가?
5. S_N1 반응과 E1 반응에서 자리 옮김 생성물이 관찰되는 이유는 무엇인가?

실전 문제

6. (*R*)-1-Phenylpropan-2-yl 4-methylbenzenesulfonate를 acetate 이온(CH_3COO^-)으로 반응시켜 (*S*)-1-phenylpropan-2-yl acetate를 얻었다. 이 반응에 대해 다음 질문에 답하시오.

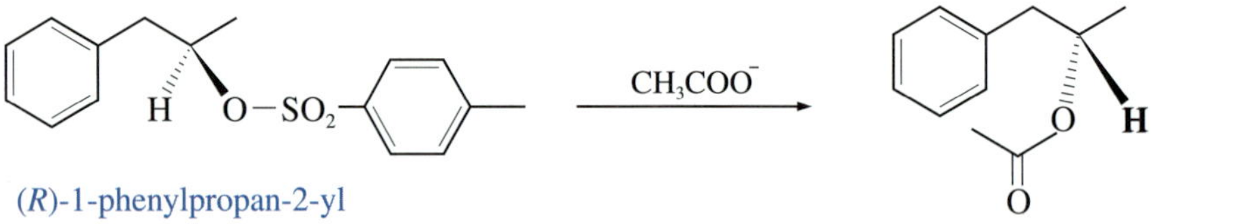

H O−SO_2 —— CH_3COO^- ——→ O H O

(*R*)-1-phenylpropan-2-yl 4-methylbenzenesulfonate

(*S*)-1-phenylpropan-2-yl acetate

(a) 이 반응은 S_N2 반응인가? S_N1 반응인가?
(b) 이 반응에서는 배열이 반전되었다. 생성물의 배열이 반전되었다는 것을 실험적으로 증명하시오.

7. 1-Bromo-2,2-dimethylpropane, 2-bromopropane 및 1-bromoethane의 S_N2 반응 속도의 상대적 비는 1 : 500 : 40,000이었다. 이유를 설명하시오.
8. 다음 반응의 생성물을 예상하여 완결하고, 주생성물을 표시하시오. 각 생성물의 IUPAC명도 쓰시오.

(a) 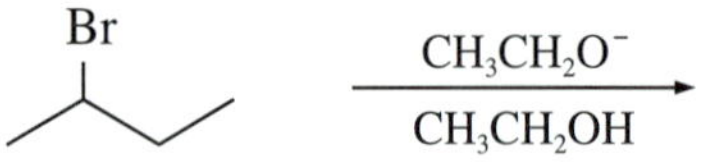 Br —— $CH_3CH_2O^-$ / CH_3CH_2OH ——→

(b) 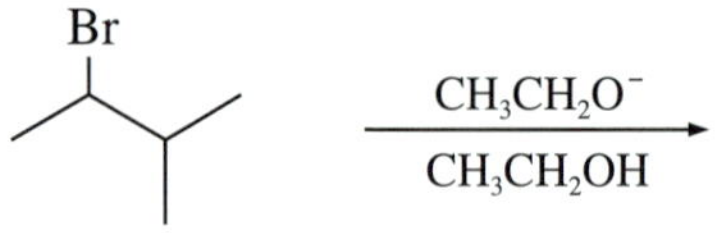 Br —— $CH_3CH_2O^-$ / CH_3CH_2OH ——→

(c) 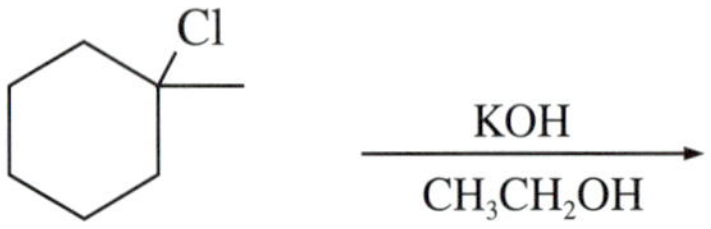 Cl —— KOH / CH_3CH_2OH ——→

9. E2 반응은 β-탄소의 H가 떨어져 나가고 파이 결합이 생성되면서 X가 이탈되어 반응이 완성된다. 이 메커니즘을 증명할 수 있는 방법을 제시하시오. (힌트: C−H 결합과 C−D 결합은 세기가 다르다.)
10. 다음 할로젠화 알킬의 구조식을 그리고 1°, 2°, 3°로 분류하시오.
(a) 2-Bromopentane
(b) 1-Methyl-1-fluorocyclopentane
(c) 3-Chloro-1-propene
(d) 1-Bromo-2-ethylcyclohexane
(e) 1-Chloro-2-methylhexane
11. 다음 각 할로젠화 알킬 화합물이 어떤 친핵성 치환 반응으로 반응하는지 그 메커니즘을 제시하시오.
(a) (2-Bromoethyl)cyclohexane
(b) 1-Chloro-2-methylcyclohexane
(c) 1-Bromo-1-methylcyclopentane
(d) 2-Chloro-2-methylbutane

12. 다음 두 화합물의 친핵성 치환 반응과 제거 반응의 생성물을 제시하고, 그 메커니즘도 그리시오. 친핵체와 염기는 임의로 선택하시오.

13. 제거 반응에서 다음의 생성물만을 생성할 수 있는 출발 물질을 제시하시오.

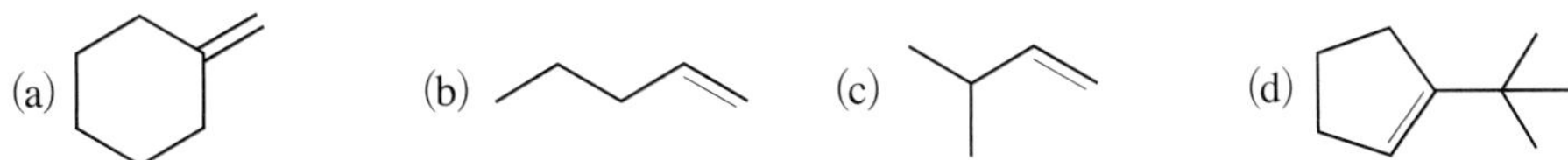

14. 다음 화합물이 S_N1 반응을 할 때 자리 옮김 생성물이 관찰될 수 있는 것은? 있다면 그 자리 옮김 후의 양이온 구조를 그리시오.

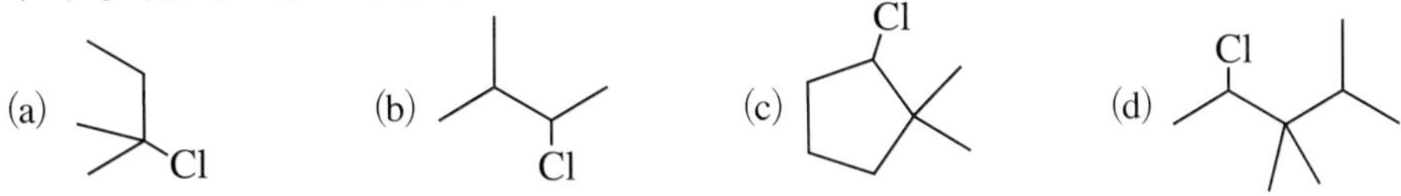

15. 다음 중 가능한 경로는 어느 것인가? 선택하고 그 이유를 제시하시오.

(a) $H_3C-I \xrightarrow{(H_3C)_3C-O^-} (H_3C)_2C(CH_3)-O-CH_3$

(b) $(H_3C)_2C(CH_3)-I \xrightarrow{CH_3O^-} (H_3C)_2C(CH_3)-O-CH_3$

16. 다음 반응의 메커니즘을 제시하시오.

(a) (1-bromopropane) Br $\xrightarrow{CH_3CH_2O^-}$ ether (91%) + alkene (9%)

(b) (1-bromo-2-methylpropane) Br $\xrightarrow{CH_3CH_2O^-}$ ether (40%) + alkene (60%)

(c) (2-bromopropane) Br $\xrightarrow{CH_3CH_2O^-}$ ether (13%) + alkene (87%)

17. 다음 반응의 결과를 설명하시오.

(a) (1-bromopropane) Br $\xrightarrow{CH_3CH_2O^-}$ ether (91%) + alkene (9%)

(b) (1-bromo-2-methylpropane) Br $\xrightarrow{CH_3CH_2O^-}$ ether (40%) + alkene (60%)

(c) (2-bromopropane) Br $\xrightarrow{CH_3CH_2O^-}$ ether (13%) + alkene (87%)

07

알켄과 알카인

Alkenes and Alkynes

- 알켄의 작용기는 C=C 결합이고 전자가 풍부하여 친핵체로 작용한다.
- 알카인의 작용기는 C≡C 결합이고 전자가 풍부한 친핵체로 작용한다.
- C=C 결합과 C≡C 결합은 불포화 결합이어서 첨가 반응을 한다.
- 콘쥬게이션은 화합물을 안정하게 한다.
- 콘쥬게이션 다이엔은 독특한 전자 환경을 유발하고, 분리된 다이엔과는 다른 양상의 반응(1,2/1,4-첨가 및 Diels-Alder 반응)을 일으킨다.

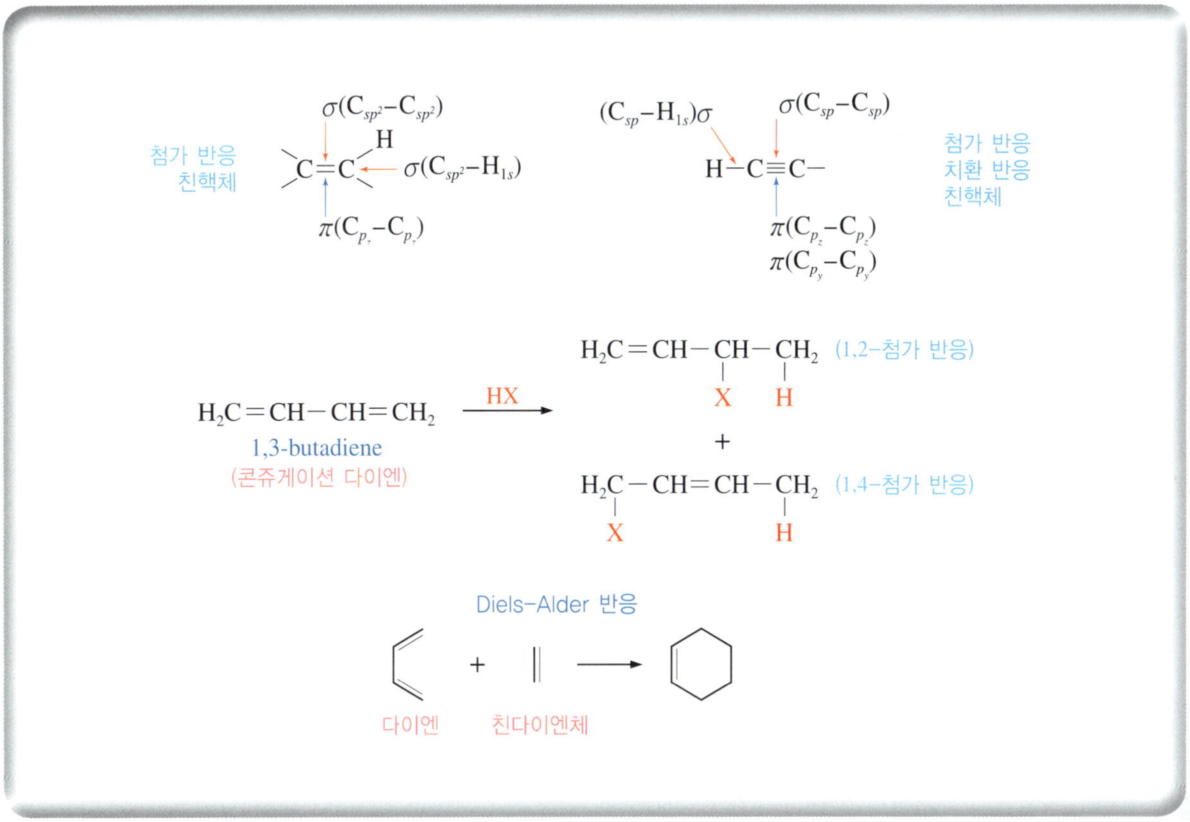

첨가 반응
친핵체

$\sigma(C_{sp^2}-C_{sp^2})$

$\sigma(C_{sp^2}-H_{1s})$

$\pi(C_{p_z}-C_{p_z})$

$(C_{sp}-H_{1s})\sigma$

$\sigma(C_{sp}-C_{sp})$

H−C≡C−

$\pi(C_{p_z}-C_{p_z})$

$\pi(C_{p_y}-C_{p_y})$

첨가 반응
치환 반응
친핵체

$H_2C=CH-CH=CH_2$ $\xrightarrow{HX}$ $H_2C=CH-CH(X)-CH_2(H)$ (1,2-첨가 반응) + $H_2C(X)-CH=CH-CH_2(H)$ (1,4-첨가 반응)

1,3-butadiene
(콘쥬게이션 다이엔)

Diels-Alder 반응

다이엔 + 친다이엔체 →

알켄(alkene)과 **알카인**(alkyne)은 자연계에 풍부할 뿐만 아니라 화학산업에서 중요한 물질이다.

allicin
마늘 성분

limonene
오렌지향 성분

ethynylestradiol
피임제

알켄은 탄소-탄소 이중 결합(C=C)을 포함하며, 알카인은 탄소-탄소 삼중 결합(C≡C)을 가지는 불포화 탄화수소이다.

7.1 알켄의 명명법 복습

알켄은 C=C 결합을 포함하므로 주 사슬을 결정할 때 이를 포함해야 한다.

- **알켄의 IUPAC명은 다음의 네 단계로 명명한다.**
  - **1단계:** C=C 결합을 포함하는 가장 긴 연속된 사슬을 모체로 선택하고, 모체 사슬 탄소 수에 해당하는 알케인의 끝 이름 -*ane*를 -*ene*으로 변환한다.
    - ▸ 고리 화합물이면 cycloalkane의 끝 이름을 cycloalkene으로 변환한다.
  - **2단계:** 치환기를 확인하고, 이중 결합의 입체 화학이 시스/트랜스-인지, (*E*/*Z*)-인지를 확인하고 명명한다.
  - **3단계:** 모체 사슬 탄소에 번호를 부여하고, 이중 결합 탄소의 위치 번호와 치환기 위치 번호도 부여한다.
    - ▸ 이중 결합 위치는 두 탄소 중에서 시작하는 탄소 번호만 표시하고, 가능한 한 작은 수로 표시되게 한다.
    - ▸ 이중 결합이 두 개이면 -*diene*으로, 세 개이면 -*triene*로 표시하고 해당 숫자도 두 개 또는 세 개를 표기한다.
    - ▸ 치환기 위치 번호도 작은 수로 표시되도록 번호를 매긴다.
  - **4단계:** 치환기 이름을 알파벳순으로 나열하여 전체를 명명한다.

복습문제 7.1 다음 화합물의 IUPAC명을 쓰시오.

(a) $CH_2{=}CHC(CH_3)_2CH_2CH_3$

(b) $(CH_3)_2C{=}CCHCH_2CH_2CH_3$

(c) $CH_3CH_2CH{=}CHCH_2CH(Cl)CH_3$

(d)

(e) 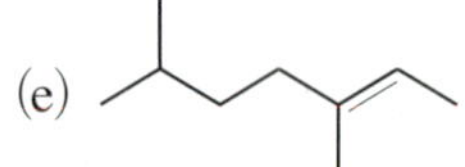

(f) 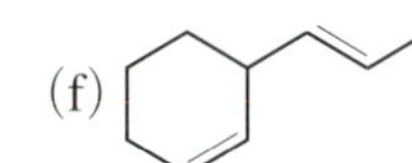

(g) 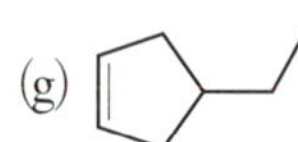

복습문제 7.2 다음 화합물의 구조식을 그리시오.

(a) 1,6-Dimethylcyclohexene

(b) 2,3,5-Trimethyl-2-hexene

(c) *cis*-1-Bromo-2-iodo-1-hexene

(d) 1-Vinylcyclohexene

(e) 4-Ethyl-3-isopropyl-2,5-dimethyl-2-heptene

(f) 4-Ethyl-2-methyl-2-hexene
(g) 6-Methyl-6-hepten-2-ol
(h) (E)-1-Methylcyclopentene

7.2 알카인의 명명법 복습

알카인은 C≡C 결합을 포함하므로 주 사슬을 결정할 때 이를 포함해야 한다. **알카인의 IUPAC 명명은 다음의 네 단계로 명명한다.**

- **1단계: C≡C 결합을 포함하는 가장 긴 연속된 사슬을 모체로 선택하고, 모체 사슬 탄소 수에 해당하는 알케인의 끝 이름 -*ane*를 -*yne*으로 변환한다.**
    - 고리 화합물이면 cycloalkane의 끝 이름을 cycloalkyne으로 변환한다.
    - C=C와 C≡C가 함께 있으면 이 두 결합을 포함하는 모체 사슬을 찾고 끝 이름을 -*enyne*으로 명명한다.
- **2단계: 치환기를 확인하고 명명한다.**
- **3단계: 모체 사슬 탄소에 번호를 부여하고, 삼중 결합 탄소의 위치 번호와 치환기 위치 번호도 부여한다.**
    - 삼중 결합 위치는 두 탄소 중에서 시작하는 탄소 번호만 표시하고, 가능한 한 작은 수로 표시되게 한다.
    - 삼중 결합이 두 개이면 -*diyne*으로, 세 개이면 -*triyne*으로 표시하고 해당 숫자도 두 개 또는 세 개를 표기한다.
    - 치환기 위치 번호도 작은 수로 표시되도록 번호를 매긴다.
    - C=C와 C≡C가 함께 있으면 이 둘을 포함하는 모체 사슬에서 C=C 또는 C≡C 중 끝에서 가까운 쪽부터 번호를 매긴다.
- **4단계: 치환기 이름을 알파벳순으로 나열하여 전체를 명명한다.**

복습문제 7.3 다음 화합물의 IUPAC명을 쓰시오.

(a) $HC{\equiv}CCH(CH_2CH_3)_2$
(b) $H_3CH_2C{-}C{\equiv}C{-}C(CH_3)_2CH_2CH_2CH_3$
(c) $HC{\equiv}C{-}CH_2CH_2CH(CH_3)CH{=}CH_2$
(d)

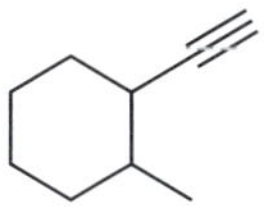

(e) 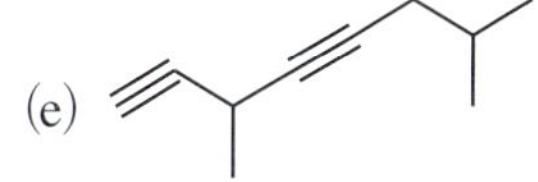
(f) 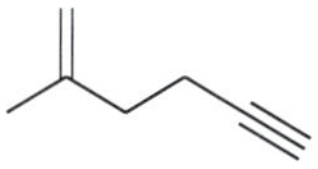 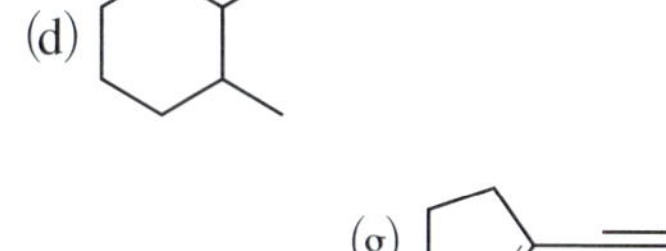
(g)

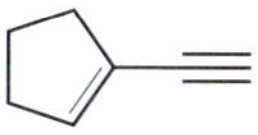

복습문제 7.4 다음 화합물의 구조식을 그리시오.

(a) 4,4-Dimethyl-2-pentyne
(b) 5,5,6-Trimethyl-2-heptyne
(c) 3,4-Dimethyl-1,5-octadiyne
(d) (6Z)-6-Methyl-6-octen-1-yne
(e) *cis*-1-Ethynyl-2-methylcyclopentane

7.3 알켄과 알카인의 분류

알켄과 알카인은 이중 결합이나 삼중 결합이 사슬의 어떤 위치에 있는가에 따라 구분한다.

■ **알켄은 C=C 결합의 위치와 형태로 구분한다.**

- C=C 결합이 사슬 끝에 있으면 **말단 알켄**(terminal alkene, RCH=CH_2)이라고 한다.
- C=C 결합이 사슬 중간에 있으면 **내부 알켄**(internal alkene, RCH=CHR)이라고 한다.
- 고리를 이룬 알켄은 **사이클로알켄**(cycloalkene)이라고 한다.

■ **알카인은 C≡C 결합의 위치와 형태로 구분한다.**

- C≡C 결합이 사슬 끝에 있으면 **말단 알카인**(terminal alkyne, RC≡CH)이라고 한다.
- C≡C 결합이 사슬 중간에 있으면 **내부 알카인**(internal alkyne, RC≡CR)이라고 한다.
- 고리를 이루고 있는 알카인은 C≡C 삼중 결합의 특성 때문에 작은 **사이클로알카인**(cycloakyne)은 만들 수 없다. 불안정하지만 만들 수 있는 가장 작은 사이클로알카인은 cyclooctyne이다.

7.4 알켄과 알카인의 안정도

알켄의 이중 결합은 sp^2 혼성을 하는 두 개 탄소가 하나의 시그마(σ) 결합과 하나의 파이(π) 결합으로 이루어져 있다. 탄소가 sp^2 혼성을 하므로 C=C 결합 부분은 평면이고 ∠HCH는 120°를 이룬다. 이중 결합은 결합의 자유 회전이 일어나지 않는다.

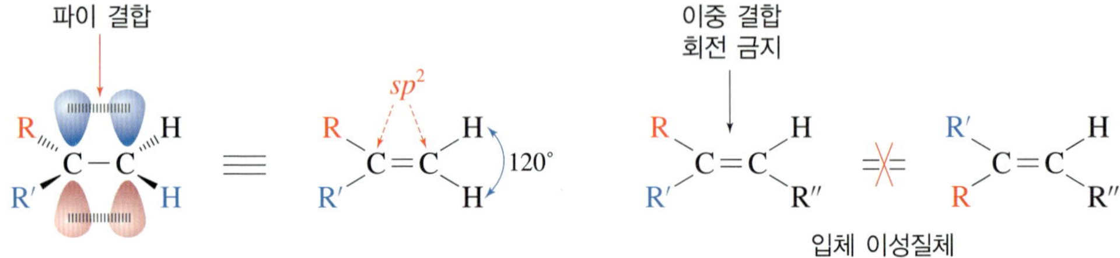

■ **C=C 결합은 회전이 금지된 평면 구조를 이루고 있다. 회전 금지가 입체 이성질체를 가능하게 한다.**

- 알켄은 시스/트랜스 또는 (*E*/*Z*) 이성질체가 존재한다.
- 시스/트랜스 또는 (*E*/*Z*) 이성질체는 각기 다른 화합물이다.
- 알켄은 트랜스 이성질체가 시스에 비해 상대적으로 안정하다.

알켄의 안정도는 상대적인 수소화 반응열로 예측할 수 있다. C=C 이중 결합 탄소에 알킬 치환기(R)가 많을수록 더 안정하다.

■ **알켄의 안정도는 입체 무리, 하이퍼콘쥬게이션 및 결합 세기로 설명할 수 있다.**

- 시스보다 트랜스가 더 안정한 것은 시스의 입체 무리가 트랜스보다 더 커서 불안정하기 때문이다.

입체 무리

H_3C / CH_3 — C=C — H / H

cis-2-butene
$\Delta H^\circ_{수소화} = -120$ kJ/mol

H_3C / H — C=C — H / CH_3

trans-2-butene
$\Delta H^\circ_{수소화} = -116$ kJ/mol

- 알켄의 안정도는 하이퍼콘쥬게이션에 의한 파이 전자의 비편재화로 설명한다. 하이퍼콘쥬게이션 가능성이 많을수록 더 안정화된다. 즉 치환이 많이 된 알켄이 더 안정하다.

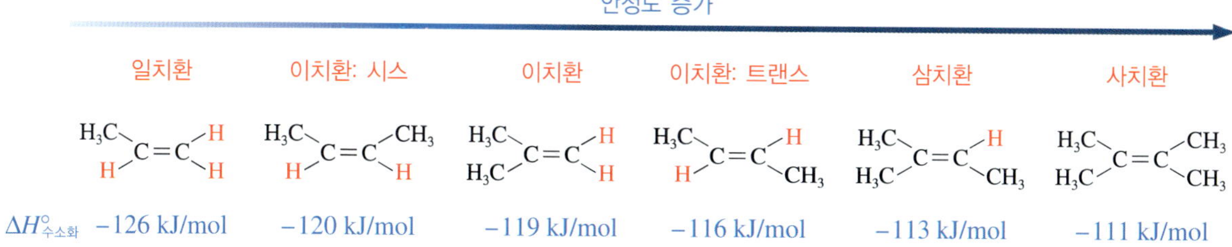

그림 7.1 다중 치환 알켄의 안정도 순서와 수소화 반응열

- 내부 알켄이 말단 알켄보다 안정한 것은 결합의 세기로 설명할 수 있다.
  - ▸ sp^3-sp^3 결합보다 sp^2-sp^3 결합이 더 강하다.

결합 세기 : $sp^3-sp^3 < sp^3-sp^2$

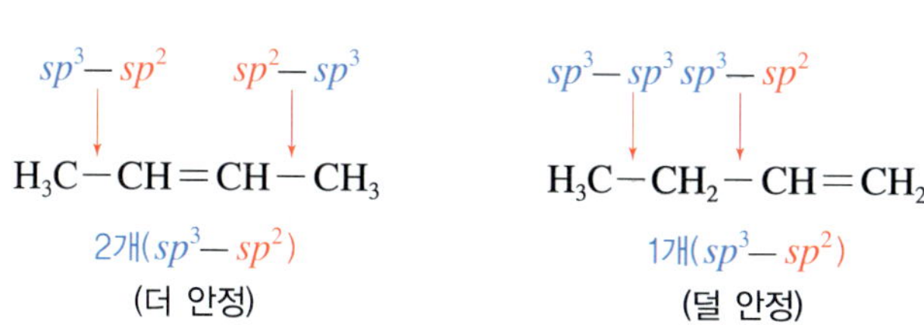

7.5 알켄과 알카인의 성질과 산성도

알켄과 알카인은 낮은 녹는점과 끓는점을 가진다. 알켄의 C=C 결합과 알카인의 C≡C 결합 때문에 알케인과는 다른 물리적 성질을 나타낸다.

	n-butane	*cis*-2-butene	*trans*-2-butene	2-butyne
구조	$H_3C-CH_2-CH_2-CH_3$	$H_3C(H)C=C(H)CH_3$	$H_3C(H)C=C(H)CH_3$	$H_3C-C\equiv C-CH_3$
녹는점 :	−140 ~ −134°C	−139°C	−106°C	−32°C
끓는점 :	−1 ~ 1°C	3.7°C	−0.9°C	27°C

- **알켄의 탄소 수가 증가함에 따라 분자의 표면적이 증가하므로 녹는점과 끓는점이 증가한다.**

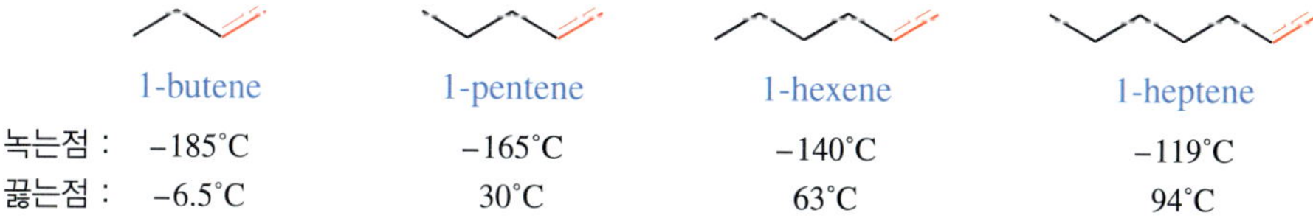

	1-butene	1-pentene	1-hexene	1-heptene
녹는점 :	−185°C	−165°C	−140°C	−119°C
끓는점 :	−6.5°C	30°C	63°C	94°C

- **알카인의 탄소 수가 증가함에 따라 분자의 표면적이 증가하므로 녹는점과 끓는점이 증가한다.**

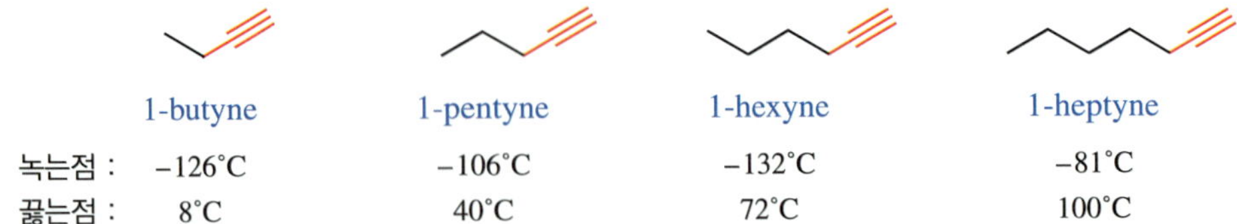

	1-butyne	1-pentyne	1-hexyne	1-heptyne
녹는점 :	−126°C	−106°C	−132°C	−81°C
끓는점 :	8°C	40°C	72°C	100°C

- **용해도: 알켄과 알카인은 물에 대해서는 불용성이지만 유기 용매에는 녹는다.**
- **극성: 알켄은 구조에 따라 약한 쌍극자 성질을 나타낼 수 있다.**
  - C_{sp^2}는 C_{sp^3}의 전자를 당기기 때문이다.
  - 시스-이치환 알켄에서는 알짜 쌍극자 모멘트가 있고, 트랜스-이치환 알켄에서는 없다.

C_{sp^3} C_{sp^2}

알짜 쌍극자 H_3C(H)C=C(H)CH_3 끓는점 4°C

H_3C(H)C=C(H)CH_3 알짜 쌍극자 없음 끓는점 1°C

- **말단 알카인 수소(C_{sp}—H)의 산도는 알케인(C_{sp^3}—H)이나 알켄(C_{sp^2}—H)의 경우보다 더 높다. Ethane, ethene 및 ethyne의 pK_a 값을 비교해 보자.**
  - Ethyne(acetylene)의 pK_a 값이 가장 작다. 따라서 sodium amide($NaNH_2$) 같은 염기로 처리하면 ethyne만이 acetylide 음이온($RC{\equiv}C^-$)을 형성한다.
  - 산의 음이온 형성 반응은 사용하는 염기의 짝산의 pK_a 값이 말단 알카인의 pK_a보다 더 큰 경우에만 가능하다.
  - 형성된 acetylide 음이온($RC{\equiv}C^-$)은 할로젠화 알킬(RX) 등과 S_N2 메커니즘으로 반응하여 내부 알카인($RC{\equiv}CR$)을 생성한다.

> NH_2^-의 짝산은 NH_3(pK_a = 38)이므로 가능하고 HO^-의 짝산은 H_2O(pK_a = 15.7)이므로 반응하지 않는다.

> Acetylide 음이온이 안정한 것은 비공유 전자쌍이 *sp* 혼성 오비탈에 있고, *sp* 혼성 오비탈의 전자 밀도는 양전하를 띠는 핵에 더 가까이 있어 안정하다.

$H_3C{-}CH_3$	$H_2C{=}CH_2$	$H{-}C{\equiv}C{-}H$
ethane	ethene	ethyne
pK_a = 50	pK_a = 44	pK_a = 25

- **알켄과 알카인은 알카인이 음이온을 형성하는 것을 제외하면 반응성이 유사하다.**
  - 알켄은 하나의 시그마(σ) 결합과 하나의 파이(π) 결합을 포함하고 있고, 알카인은 하나의 시그마 결합과 두 개의 파이 결합을 포함하고 있다.
  - 알켄의 이중 결합 탄소는 sp^2 혼성이고, 알카인의 삼중 결합 탄소는 *sp* 혼성을 하고 있어 알켄보다 알카인의 결합 길이가 더 짧고 강하다.
  - 알켄과 알카인의 파이 결합이 친핵체로 작용하여 친전자체에 첨가 반응을 일으킨다.
  - 말단 알카인의 C≡C—H 결합 수소는 알켄의 C=C—H 결합의 수소보다 산성이 더 크므로 센 염기로 처리하면 탈양성자 반응(deprotonation)이 쉽게 일어나 $RC{\equiv}C^-$ 음이온을 형성한다.

7.6 알켄과 알카인의 제조

알켄은 할로젠화 알킬(RX), 알코올(ROH)의 제거 반응으로 만든다. 알카인은 이할로젠화물의 이중 제거 반응으로 제조한다.

알켄과 알카인은 다음과 같은 방법으로 제조할 수 있다.

7.6.1 알켄의 제조

■ **알켄은 알코올(ROH)과 할로젠화 알킬(RX)의 제거 반응으로 만든다.**

- 할로젠화 알킬을 센 염기(HO^-, RO^- 특히 $(CH_3)_3CO^-$, DBU 및 DBN)로 E2 반응시켜 합성한다.

6장 E2 반응을 참고하라. 이 반응은 **할로젠화수소 이탈 반응**(dehydrohalogenation)이라고 한다.

bromocyclohexane $\xrightarrow{EtO^-Na^+}$ cyclohexene + EtOH + NaBr

chlorocyclopentane $\xrightarrow{NaOH}$ cyclopentene + H_2O + NaCl

- 알코올을 sulfuric acid(H_2SO_4) 또는 *p*-toluenesulfonic acid(TsOH)로 탈수시켜 알켄을 만든다. 또는 phosphorus oxychloride($POCl_3$)와 pyridine을 사용하여 알켄을 만들거나, OH 기를 더 좋은 이탈기인 TsO—(*p*-toluenesulfonyl) 기로 변환시켜 제거 반응하면 제조할 수도 있다.

$(CH_3)_3C{-}OH \xrightarrow{H_2SO_4} (H_3C)_2C{=}CH_2$

2-methyl-2-propanol → 2-methylpropene

cyclopentanol $\xrightarrow[\text{pyridine}]{POCl_3}$ cyclopentene + $HO{-}P(=O)Cl_2$ + pyridinium $\overset{+}{N}HCl^-$

1-pentanol $\xrightarrow{H_3C{-}C_6H_4{-}SO_2Cl}$ pentyl 4-methylbenzenesulfonate $\xrightarrow{KOC(CH_3)_3}$ 1-pentene

7.6.2 알카인의 제조

■ 알카인은 **같은 자리 이할로젠화물**(geminal dihalide) 또는 **이웃 자리 이할로젠화물**(vicinal dihalide)을 센 염기로 제거 반응시켜 제조한다. 이 반응에서는 염기가 2당량 소요되며 HX도 2당량 제거되면서 내부 알카인이 생성된다.

- 내부 알카인은 이할로젠화 알킬과 할로젠화 알킬을 이용하여 제조할 수 있다.

$$\text{1,2-dibromo-1,2-dicyclohexylethane} \xrightarrow[-2HBr]{2NaH_2} \text{1,2-dicyclohexylethyne}$$

1,2-dibromo-1,2-dicyclohexylethane (이웃 자리 이할로젠화물) → 1,2-dicyclohexylethyne

$$H_3C-C(H)(H)-C(Cl)(Cl)-CH_3 \xrightarrow[-2HBr]{2NaH_2} H_3C-C\equiv C-CH_3$$

2,2-dichlorobutane (같은 자리 이할로젠화물) → 2-butyne

$$H_3C-C\equiv C-H \xrightarrow{NaH} H_3C-C\equiv C^- \xrightarrow{CH_3CH_2Br} H_3C-C\equiv C-CH_2CH_3$$

propyne (말단 알카인) → propynide 이온 → 2-pentyne (내부 알카인)

7.7 알켄과 알카인의 반응

• 알켄과 알카인은 첨가 반응을 한다.

알켄과 알카인 반응의 특징은 파이 결합이 끊어지고 새로운 시그마 결합들이 형성되는 첨가 반응이다. 파이 결합 전자는 시그마 결합 전자보다 외부로 더 노출되어 있어 반응물에 접촉하기가 쉽다.

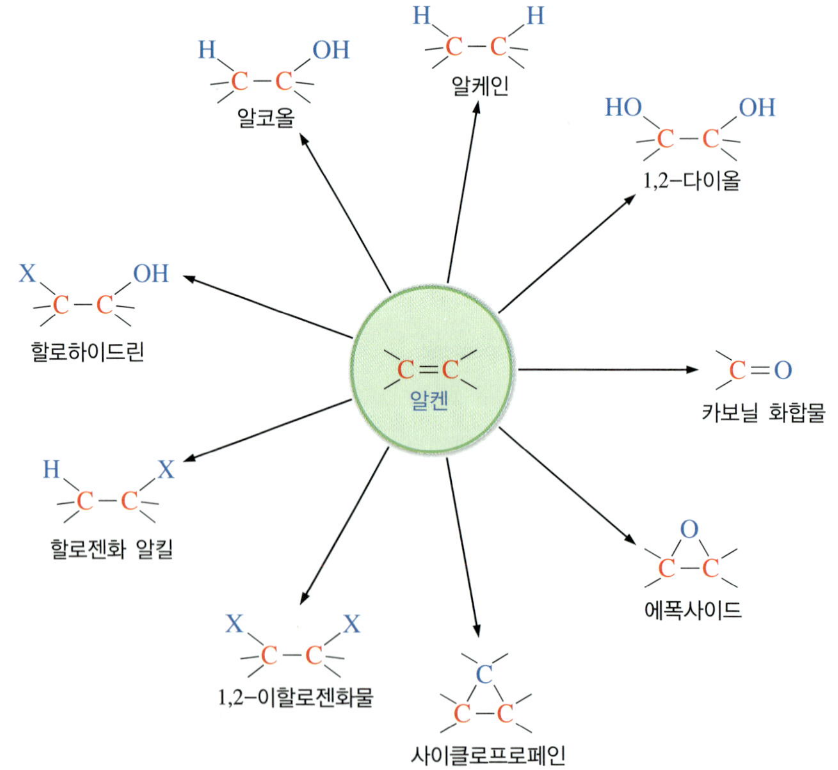

그림 7.2 알켄으로부터 제조되는 화합물들

7.7.1 알켄의 HX 첨가 반응

- 알켄 첨가 반응은 이온 메커니즘과 라디칼 메커니즘으로 일어난다.
- 탄소 양이온 중간체를 거쳐 진행되는 반응은 자리 옮김 반응이 관찰될 수 있다.
- 알켄 첨가 반응은 첨가되는 두 원자가 평면으로 있어 위와 아래 두 방향에서 동일한 확률로 일어난다.

알켄은 전자가 풍부하므로 친전자체와 첨가 반응을 한다. 첨가 반응은 대부분 제거 반응의 반대이다.

첨가 반응에서는 한 개의 π 결합과 한 개의 σ 결합이 분해되고 두 개의 σ 결합이 형성되므로 ΔH는 음(−)의 값을 가진다. ΔS 또한 음(−)의 값은 가지므로 $(-T\Delta S)$항은 양(+)의 값이다. $\Delta G<0$이 되려면 $\Delta H>\Delta S$ 이어야 한다.

■ **첨가 반응은 낮은 온도에서 유리하고 제거 반응은 높은 온도에서 유리하다.**

- 평형에서의 온도 의존성은 $\Delta G°$의 값이 결정한다.

$$\Delta G° = \Delta H° + (-T\Delta S°)$$

- $\Delta G°$의 값이 음의 값을 가지면 평형에서 생성물이 우세하다.
- $\Delta G°$의 값이 음의 값을 가지려면 엔탈피 항이 엔트로피 항보다 커야 한다.
- 첨가 반응에서 엔트로피 항은 두 분자가 한 분자로 되므로 항상 양의 값이다.
- 낮은 온도에서는 첨가 반응이 유리하고 높은 온도에서는 제거 반응이 유리하다.

(알켄) + HX ⇌ H–C–C–X
첨가 반응 유리 / 낮은 온도 (→)
높은 온도 / 제거 반응 유리 (←)

■ **알켄의 첨가 반응은 이온 메커니즘과 라디칼 메커니즘으로 진행될 수 있고 얻어지는 생성물도 다르다.**

- 이온 메커니즘으로 진행되는 알켄의 첨가 반응은 친전자체가 첨가되어 양이온 중간체를 만든 후 친핵체가 첨가되는 2단계로 일어난다.
- 알켄 첨가 반응은 탄소 양이온 중간체를 거쳐 일어나므로 자리 옮김 반응이 관찰된다.

친전자체와 먼저 반응하여 일어나는 첨가 반응은 **친전자성 첨가 반응**(electrophilic addition)이라고 한다.

첨가 반응에서 자리 옮김 반응이 관찰되는 것은 곧 이 첨가 반응이 탄소 양이온 중간체를 거쳐 진행된다는 하나의 증거이다.

■ **알켄의 C=C 결합은 평면이고, 탄소 양이온 중간체를 거치므로 첨가되는 두 원자가 위와 아래 두 방향에서 동일한 확률로 첨가 반응을 한다.**

- 두 원자가 같은 방향으로 첨가되는 반응을 **신 첨가 반응**(syn addition), 서로 반대 방향으로 첨가되는 반응은 **안티 첨가 반응**(anti addition)이라고 한다.
- 두 가지 첨가 방식은 새로운 입체 중심을 만드는 알켄의 첨가 반응에 라셈 혼합물을 생성한다.

'신-첨가'는 두 원자가 같은 편으로 첨가 반응되는 경우이고, 안티-첨가는 서로 반대 방향으로 첨가되는 경우이다.

메커니즘 7.1 알켄의 HX 친전자성 첨가 반응

$R_2C{=}CHR + \overset{\delta+}{H}-\overset{\delta-}{X} \longrightarrow [R_2\overset{+}{C}-CHR-H] + X^- \longrightarrow$ R–C(X)(R)–C(H)(R)–H 또는 R–C(R)(X)–C(H)(R)–H

신 첨가 / 안티 첨가

신 첨가   안티 첨가

메커니즘 7.2 비대칭 알켄의 첨가 반응에서의 라셈 혼합물의 생성

- **알켄에 HX (X = 할로젠) 가 첨가되는 반응을 할로젠화수소 첨가 반응** (hydrohalogenation) **이라고 한다.**
  - 이 반응의 속도 결정 단계는 H^+가 첨가되어 양이온이 되는 단계이고, 이때 보다 더 안정한 양이온을 형성하려는 경향을 띤다. 이러한 특성이 알켄의 첨가 반응의 위치 화학을 결정한다.
  - 이런 특성 때문에, 비대칭 알켄의 HX 첨가 반응에서 수소(H)는 수소를 더 많이 가지고 있는 탄소에 첨가되고, 할로젠(X)은 알킬기 치환이 더 많이 된 탄소에 첨가된다. 이 규칙을 **Markovnikov 규칙** (Markovnikov' rule) 이라고 한다.
  - Markovnikov 규칙이 성립하는 이유는 반응이 보다 더 안정한 탄소 양이온 중간체를 거쳐 진행되기 때문이다.
  - 비대칭 알켄의 HX 첨가 반응은 위치 선택성 반응이다.
- **알켄의 HBr 첨가 반응이 라디칼 메커니즘으로 일어나면 반-Markovnikov** (anti-Markovnikov) **생성물이 만들어진다. HCl 및 HI는 생성된 라디칼 전파 단계가 흡열 반응이어서 너무 느리므로 오히려 연쇄 반응이 종결된다.**
  - 반-Markovnikov 생성물은 첨가 반응에서 H는 H가 적은 쪽 탄소에 첨가되고, X는 수소가 많은 쪽 탄소에 첨가된다.
  - 반-Markovnikov 생성물이 생성되는 반응에서는 Br 라디칼이 기질에 먼저 첨가되어 더 안정한 반응 중간체 라디칼을 형성하기 때문이다.

메커니즘 7.3 1-Butene의 라디칼 첨가 반응

$$RO-OR \xrightarrow{\Delta} 2\,RO\cdot$$

$$RO\cdot + H-Br \longrightarrow ROH + Br\cdot$$

$$H_3CH_2C(H)C=CH_2 + Br\cdot \longrightarrow H_3CH_2C\dot{C}H-CH_2Br$$

$$H_3CH_2C\dot{C}H-CH_2Br + H-Br \longrightarrow H_3CH_2CHC(H)-CH_2Br + Br\cdot$$

표 7.1 알켄의 HX 첨가 반응 요약

항목	특이 사항
메커니즘	**이온 메커니즘** • 2단계로 진행 • 속도 결정 단계에서 탄소 양이온 형성 • 자리 옮김 반응이 관찰될 수 있음 **라디칼 메커니즘** • 연쇄 반응 • ROOR 같은 개시제가 있으면 가능
위치 선택성	이온 메커니즘은 Markovnikov 규칙에 따름 라디칼 메커니즘은 반-Markovnikov 생성물을 생성
입체 화학	신과 안티 첨가가 일어난다.

7.7.2 알카인의 HX 첨가 반응

알카인의 삼중 결합은 높은 전자 밀도를 가지고 있어 알켄처럼 친전자체와 쉽게 반응한다.

- **알카인을 2당량의 HX와 반응을 시키면 할로젠화수소 첨가 반응을 일으켜 Markovnikov 규칙에 적용된 같은 자리 이할로젠화물**(germinal dihalide)**을 형성한다.**
  - 이 반응의 중간체는 vinyl halide ($CH_2{=}CHX$) 이다.
  - 1단계의 vinyl 탄소 양이온은 *sp* 혼성되어 있어 상응하는 sp^2 혼성 탄소 양이온보다 불안정하다. 이런 이유로 알카인의 HX 첨가 반응이 알켄의 반응보다 더 느리다.
  - 만일 HX를 1당량만 사용하면 vinyl halide 생성 단계에서 멈출 수도 있다.

메커니즘 7.4 알카인의 HX 첨가 반응

1단계

$$H_3CH_2C-C{\equiv}C-H + \overset{\delta+}{H}-\overset{\delta-}{Br} \longrightarrow H_3CH_2C-\overset{+}{C}{=}C(H)-H + Br^- \longrightarrow \underset{H_3CH_2C}{\overset{Br}{}}C{=}C\overset{H}{\underset{H}{}}$$

1 butyne → vinyl 양이온 → 2-bromobutene (vinyl bromide)

2단계

$$\text{2-bromobutene} + \overset{\delta+}{H}-\overset{\delta-}{Br} \longrightarrow H_3CH_2C-\overset{+}{C}(Br)-C(H)(H)-H + Br^- \longrightarrow H_3CH_2C-C(Br)(Br)-C(H)(H)-H$$

2-bromobutene → 2,2-dibromobutane

- **알카인에서도 반-Markovnikov 첨가 반응이 가능하다.**
  - 알켄에서처럼, 빛이나 다른 라디칼 개시제가 존재하면 반-Markovnikov 방식으로 첨가 반응이 진행된다.
  - 이 반응에서 신-첨가와 안티-첨가 모두가 관찰된다.

$$H_3C(H_2C)_3-C{\equiv}C-H \xrightarrow{\text{ROOR, HBr}} \text{(신-첨가)}\ (H)(H_3C(H_2C)_3)C{=}C(Br)(H) + \text{(안티-첨가)}\ (H)(H_3C(H_2C)_3)C{=}C(H)(Br)$$

1-hexyne → *trans*-1-bromo-1-hexene + *cis*-1-bromo-1-hexene

7.7.3 알켄의 친전자성 할로젠 첨가 반응

- **알켄에 할로젠(X_2)을 첨가 반응시키면 이웃 자리 이할로젠화물**(vicinal dihalide)**을 생성한다.**
  - 이 반응에서 X^+의 첨가는 속도 결정 단계에서 불안정한 다리걸친 할로늄 이온을 형성한다.
  - 두 번째 단계의 X^-의 친핵성 공격은 X^+가 고리를 형성하고 있는 뒤에서 반응하여 트랜스 생성물을 형성한다. 즉, X_2가 안티 첨가된다.
- **알켄과 X_2 반응이 탄소 양이온 중간체 대신 다리걸친 할로늄 이온**(bridged halonium ion)**을 거쳐 진행된다는 증거는 무엇인가?**
  - 알켄의 친전자성 할로젠화 반응에서 자리 옮김 반응이 관찰되지 않는다.
  - 두 할로젠이 안티 첨가만을 일으켜 트랜스 생성물만 생성한다. **다리걸친 할로늄 이온이 형성된 쪽은 가로막혀서 친핵체가 공격할 수 없다.**

위의 두 가지 결과는 반응이 다리걸친 할로늄 이온을 거쳐 진행된다는 증거이다.

메커니즘 7.5 Cyclohexane의 염소화 반응

반대편만 공격

cyclohexene + Cl–Cl → chloronium 이온 (Cl^+) → (Cl^-) → *trans*-1,2-dichlorocyclohexane

- **알켄의 할로젠 첨가는 안티 첨가로만 일어나므로 시스와 트랜스 알켄은 각기 다른 이성질체를 생성하므로 입체 특이성 반응**(stereospecific reaction)**을 한다.**
  - 반응물 구조에 따라 생성물의 입체 화학이 결정된다.

cis-2-butene $\xrightarrow{Br_2}$ (2*S*,3*S*)-2,3-dibromobutane + (2*R*,3*R*)-2,3-dibromobutane

거울상 이성질체

trans-2-butene $\xrightarrow{Br_2}$ (2*R*,3*S*)-2,3-dibromobutane

메조 화합물

cis-2-Butene을 브로민화 반응시키면 입체 특이적으로 거울상 이성질체 생성물이 생성되고, *trans*-butene으로 브로민화하면 메조 생성물이 생성된다.

7.7.4 알카인의 친전자성 할로젠 첨가 반응

알카인에 할로젠(X_2)을 첨가 반응시키면 알켄과 같은 방식으로 반응하여 트랜스-이할로젠화물(*trans*-dihalide) 중간체를 거쳐 사할로젠화물(tetrahalide)을 생성한다.

- 알카인에 2당량의 X_2를 반응시키면 두 개의 **다리걸친 할로늄 이온**(bridged halonium ion) 생성 단계를 거쳐 진행된다.

메커니즘 7.6 알카인의 할로젠화 반응

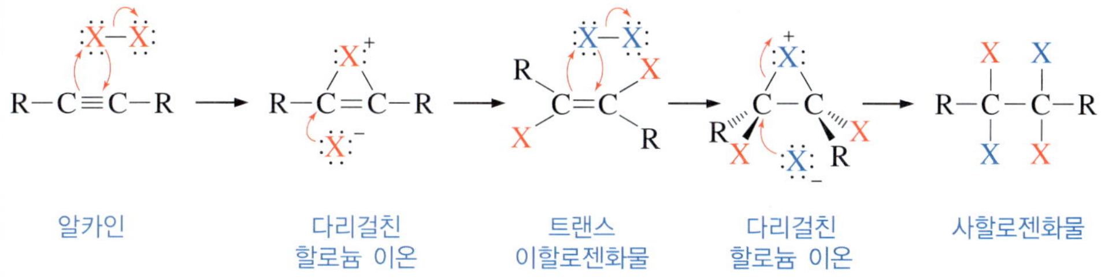

알카인 → 다리걸친 할로늄 이온 → 트랜스 이할로젠화물 → 다리걸친 할로늄 이온 → 사할로젠화물

7.7.5 할로하이드린 생성 반응

- 두 단계 반응이고, 속도 결정 단계는 할로늄 이온 형성 단계이다.
- 할로젠이 치환기가 적은 탄소에 첨가되는 위치 선택성을 보인다.
- 안티 첨가가 일어난다.

알켄의 할로젠화 반응에서 만들어지는 다리걸친 할로늄 이온 중간체는 물(H_2O)과 같은 다른 친핵체와도 반응하여 **할로하이드린**(halohydrin)을 생성할 수 있다.

할로하이드린은 할로알코올(haloalcohol)이라고도 하며, 할로젠 화합물의 이웃 탄소에 OH 기를 가지고 있는 화학종을 일컫는다. 할로젠이 Cl이면 chlorohydrin, Br이면 bromohydrin으로 부른다.

- **할로하이드린 생성 반응은 두 단계 반응이다.**
  - 첫 단계는 할로늄 이온 형성 단계이고 두 번째 단계는 물이 첨가되는 단계이며 안티 첨가를 한다.
  - 할로늄 이온 형성 단계가 속도 결정 단계이고 자리 옮김 반응은 관찰되지 않는다.
  - H_2O가 반응하는 단계에서 친핵체는 Markovnikov 규칙에 따라 치환이 더 많이 된 탄소에 결합하는 위치 선택성을 갖는다.

메커니즘 7.7 Bromohydrin 생성 반응

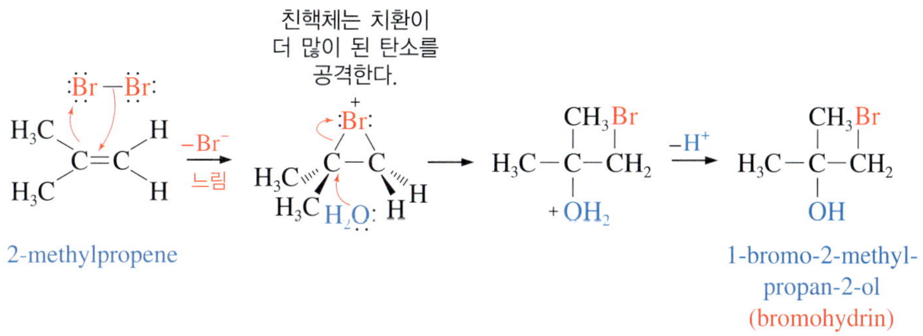

친핵체는 치환이 더 많이 된 탄소를 공격한다.

$-Br^-$ 느림

$-H^+$

2-methylpropene

1-bromo-2-methylpropan-2-ol (bromohydrin)

7.7.6 수소화붕소 첨가-산화 반응

• 수소화붕소 첨가 산화 반응은 알켄으로부터 알코올을 제조하는 반응이다.

수소화붕소 첨가-산화 반응(hydroboration-oxidation)은 연속적인 두 단계 반응이며, 알켄을 알코올로 변환하는 반응이다.

■ **수소화붕소 첨가-산화 반응은 알켄에 수소화붕소 첨가 반응을 시키고 이어서 산화 반응하여 알코올로 변환한다.**

- 수소화붕소 첨가 반응의 첫 단계에서는 알켄에 borane(BH_3)을 첨가시켜 알킬보레인(alkylborane, R_3B)을 형성한다.
- 이 반응의 제안된 메커니즘은 평면인 이중 결합의 같은 편에서 H와 BH_2가 협동 첨가(concerted addition)가 일어나므로 신-첨가 반응이다. BH_2는 부피가 크므로 비대칭 알켄에서 치환기가 더 적은 탄소에 첨가된다. 이런 결과가 최종 생성물이 반-Markovnikov 생성물을 생성하는 위치 선택성을 보여 준다.
- 두 번째 단계에서는 염기성 조건에서 hydrogen peroxide(H_2O_2)로 산화시켜 알코올로 변환시킨다.
- 산화 반응 단계에서 C−B 결합이 C−O 결합으로 변환되며 이때 배열은 보존된다. 즉 BR_3가 ROH로 변환된다.

알킬 보레인(R_3B)은 공기에 노출되면 자연 연소되고, 물과 빠르게 반응하므로 분리하지 않고 동일 반응 용기에서 염기성 hydrogen peroxide(H_2O_2)로 산화시킨다.

메커니즘 7.8 알켄의 수소화붕소 첨가-산화 반응

1. 수소화붕소 첨가 반응 단계

H−BH_2, H_3C, H, C=C, H_3C, H → H---BH_2 (δ−), H_3C, C−C (δ+), H, H_3C, H → H_3C−C(H)(CH$_3$)−C(H)(BH_2)−H; $2(CH_3C=CH_2)$ / 2번 반복 →

더 안정한 전이 상태

H_2B−H, H_3C, H, C=C, H_3C, H ↛ [H_2B---H (δ−), H_3C, C−C (δ+), H, H_3C, H]

덜 안정한 전이 상태

2. 산화 반응 단계

HOO⁻ + BR_3 → R−B(R)(R)−O−OH → (3번의 자리 옮김) $B(OR)_3$ + ⁻OH → RO⁻Na⁺ + $B(OH)_3$ → ROH + Na_3BO_3

HOOH + ⁻OH → HOO⁻

표 7.2 알켄의 수소화붕소 첨가-산화 반응 요약

항목	관찰 사항
메커니즘	• BH_3는 한 단계로 신-첨가된다. • 자리 옮김 반응이 일어나지 않는다.
위치 선택성	OH 기는 치환기가 적은 탄소에 결합한다. 즉 반-Markovnikov 생성물이다.
입체 화학	• 신-첨가가 일어난다. • 배열이 보존되며 BR_3가 ROH로 변환된다.

7.7.7 알카인의 수소화붕소 첨가-산화 반응

■ **알카인에 수소화붕소 첨가-산화 반응을 시키면 엔올(enol)이 형성된 후 카보닐 화합물로 토토머화된다. 결과적으로는 H_2O 한 분자가 첨가된 것이다.**

- 메커니즘은 알켄의 수소화붕소 첨가-산화 반응과 동일하다.
- 생성된 엔올이 토토머화되어 카보닐 화합물을 생성한다.

엔올(enol)은 C=C와 OH를 모두 포함하므로 붙여진 이름이다.

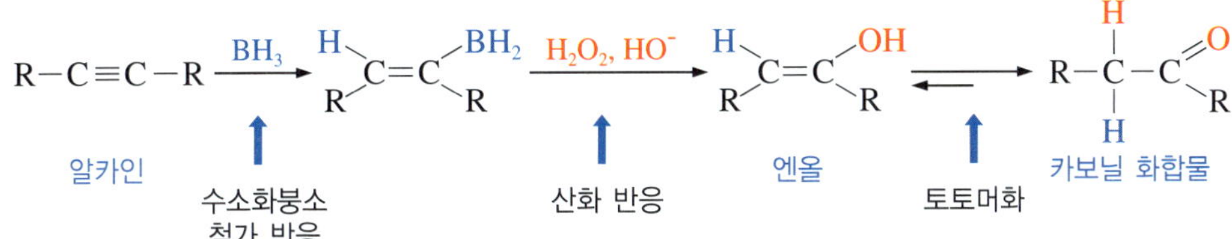

이 반응에서 말단 알카인(RC≡CH)을 사용하면 알데하이드(RC(=O)H)가 형성되고, 내부 알카인(RC≡CR)을 사용하면 케톤(RC(=O)R)이 형성된다.

알카인으로 엔올을 생성하는 수소화붕소 첨가에는 하나의 B−H만이 필요하므로 BH_3 대신 R_2BH 형의 dialkylborane인 9-borabicyclo[3.3.1]nonane(9-BBN)이 흔히 쓰인다.

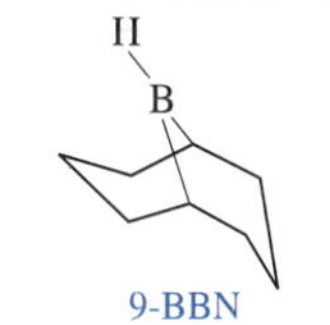

표 7.3 알카인의 수소화붕소 첨가-산화 반응 요약

항목	관찰 사항
메커니즘	• BH_3는 한 단계로 신-첨가된다. • 산화 반응에서 엔올이 형성되고 토토머화되어 카보닐 화합물을 형성한다
위치 선택성	OH 기는 치환기가 적은 탄소에 결합한다. 즉 반-Markovnikov 생성물이다.
입체 화학	• 신-첨가가 일어난다. • BH_2 기가 OH 기로 바뀐다.

7.7.8 알켄의 수화 반응

알켄에 물 한 분자가 첨가되어 알코올을 형성하는 반응을 **수화**(hydration)라고 한다. 이 반응은 탄소 양이온 중간체를 거쳐 일어나며 Markovnikov 규칙에 따른다.

■ **알켄의 수화 반응은 주로 산에 의해 촉매화되고 중간체로 탄소 양이온을 거쳐 진행된다.**

- 수화 반응은 탄소 양이온 중간체를 거치므로 자리 옮김 반응이 관찰되기도 한다.
- Markovnikov 규칙에 적용된 생성물이 생성된다.

알켄의 수화 반응은 알코올의 탈수 반응의 역반응이다(8.6절).

메커니즘 7.9 알켄의 산 촉매 수화 반응

$$R_2C{=}CRH + H^+ \longrightarrow [R_2C^+{-}CR(H)H] + H_2\ddot{O} \longrightarrow [R_2C(H_2O^+){-}CR(H)H] \xrightarrow{-H^+} R_2C(HO){-}CR(H)H$$

알켄 / Markovnikov 규칙 적용 / 탄소 양이온 / 친핵성 공격 / 알코올

7.7.9 알카인의 수화 반응

■ **알카인에 물(H_2O)의 첨가 반응은 알켄의 수화 반응과 유사하게 일어난다.**

- 생성물로 엔올(enol)을 형성하지만 더 안정한 카보닐 화합물로 토토머화되고 최종 생성물은 카보닐 화합물이 된다(7.8.7절 참고).
- 내부 알카인은 진한 황산의 촉매화로 수화되어 엔올이 형성되고, 엔올이 토토머화되어 케톤으로 된다.
- 말단 알카인은 진한 황산과 Hg(II)$^+$ 이온(주로 $HgSO_4$를 사용한다)의 촉매화로 H_2O가 Markovnikov 첨가를 한다. 최종 생성물은 methyl 케톤이다.

메커니즘 7.10 알카인의 수화 반응

$$R{-}C{\equiv}C{-}R + H^+ \xrightarrow{H_2SO_4} [R{-}C{-}C{-}R \text{ (H, +)}] + :\ddot{O}H_2 \longrightarrow [HRC{=}CR(\overset{+}{O}H_2)] \xrightarrow{-H^+} HRC{=}CR(\ddot{O}H) \rightleftharpoons H_2RC{-}C({=}O)R$$

내부 알카인 $H^+ + HSO_4^- \rightleftharpoons H_2SO_4$ 엔올 토토머화 케톤

$$R{-}C{\equiv}C{-}H + Hg^{2+} \longrightarrow [R{-}C{-}C{-}H \text{ (Hg, +)}] + :\ddot{O}H_2 \xrightarrow{-H^+} [R(HO)C{=}C(Hg)R] \xrightarrow{H^+} R(HO)C{=}CH_2 \rightleftharpoons O{=}C(R){-}CH_3$$

말단 알카인 $Hg^{2+} + SO_4^{2-} \rightleftharpoons HgSO_4$ 엔올 토토머화 methyl 케톤

7.7.10 알켄을 이용한 cyclopropane 고리와 에폭사이드 형성 반응

알켄은 cyclopropane과 에폭사이드(epoxide) 같은 삼원자 고리 화합물의 제조에 유용하다. 알켄에 카벤을 반응시켜 cyclopropane 고리를 만들고, 과산화카복실산을 반응시켜 에폭사이드를 만들 수 있다.

R_2C:의 구조를 이루는 화학종을 **카벤**(carbene)이라고 한다. 카벤은 비공유 전자 2개가 배열된 형태에 따라 단일항 카벤(singlet carbene)과 삼중항 카벤(triplet carbene)으로 구분한다.

알켄을 diazomethane($CH_3N^+{\equiv}N$)과 반응시키면 cyclopropane 고리를 포함하는 물질을 만들 수 있다. Diazomethane을 빛, 열 또는 촉매(주로 Cu)로 처리하면 중심 탄소에 여섯 개의 전자를 가지는 methylene(H_2C:)을 형성하고 이 methylene이 이중 결합과 반응하여 고리를 형성한다.

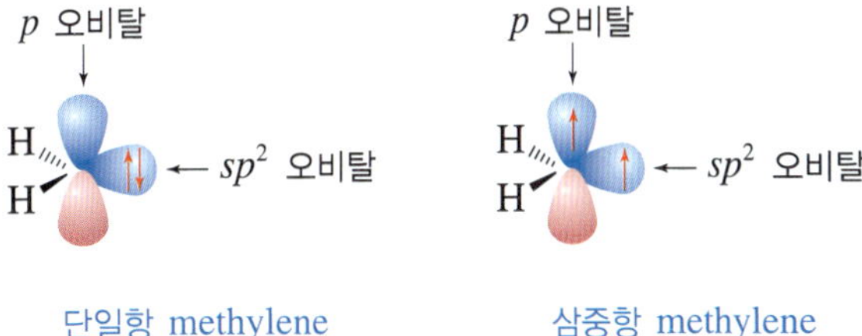

단일항 methylene　　삼중항 methylene

■ **다른 유형의 카벤도 있고 이들은 CH_2 단위를 제공하는 시약들이다.**

- Chloroform (trichloromethane, $CHCl_3$)을 강염기로 처리하면 dichlorocarbene을 만들 수 있다.
- Diiodomethane (CH_2I_2)을 Zn−Cu로 처리하면 Simmons−Smith 시약(ICH_2ZnI)이 만들어진다.

이들은 카벤처럼 입체 특이적으로 cyclopropane 고리를 형성하는 카벤류(carbenoid)이다.

카벤과 유사한 반응성을 보이는 화학종들을 카벤류라고 한다.

메커니즘 7.11 알켄과 카벤의 반응에 의한 cyclopropane 고리 형성

$$H_2\ddot{C}^{-}-\overset{+}{N}\equiv N: \xrightarrow{h\nu\ \text{또는 가열 또는 Cu}} H_2C: \ +\ N_2$$

diazomethane　　methylene

$$(CH_3)_3CO^- \quad H-CCl_3 \xrightarrow[-(CH_3)_3OH]{} Cl-\ddot{C}Cl_2^{-} \longrightarrow :CCl_2 \ +\ Cl^-$$

chloroform　　dichlorocarbene

$$CH_2I_2 \xrightarrow[-\text{metal iodide}]{\text{Zn-Cu, }(CH_3CH_2)_2O} ICH_2ZnI$$

diiodomethane　　Simmons-Smith 시약

$$\text{cyclohexene} + :CY_2 \longrightarrow \text{bicyclic cyclopropane (CY}_2\text{, H, H)} \qquad Y = H, Cl$$

■ **알켄과 과산화카복실산**(peroxycarboxylic acid, RC(=O)OOH)**를 반응시켜 에폭사이드**(epoxide)**를 제조할 수 있다(메커니즘 7.12).**

- 과산화카복실산은 친전자성 산소(electrophilic oxygen)를 가지고 있어 이 산소가 이중결합과 삼원자 고리를 형성한다.
- 실험실에서 가장 흔하게 사용하는 과산화카복실산은 *m*-chloroperoxybenzoic acid (MCPBA)이다.

■ **에폭사이드는 촉매량의 산이나 염기 존재 하에서 물과 반응시키면 가수 분해되어 이웃 자리 안티 다이하이드록시화**(*anti*-dihydroxylation) **반응 생성물**(즉 *trans*-1,2-diol)**을 생성한다.**

- 이 가수 분해 반응에서 물 분자가 에폭사이드 고리 반대편에서 공격하므로 트랜스-알켄으로부터 **이웃 자리 다이올**(germinal diol)을 만들면 메조 화합물이 생성된다. 반대로 시스-알켄으로 반응하면 라셈 혼합물을 생성한다.

메커니즘 7.12 에폭사이드 형성 메커니즘

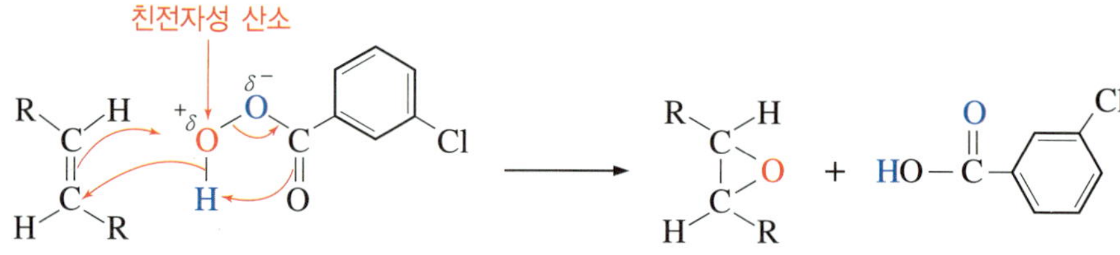

친전자성 산소

알켄 MCPBA 에폭사이드 카복실산

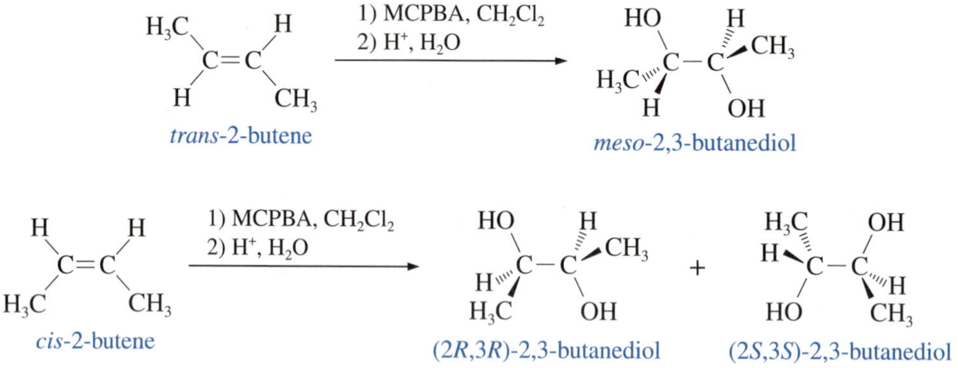

trans-2-butene → 1) MCPBA, CH_2Cl_2 2) H^+, H_2O → meso-2,3-butanediol

cis-2-butene → 1) MCPBA, CH_2Cl_2 2) H^+, H_2O → (2R,3R)-2,3-butanediol + (2S,3S)-2,3-butanediol

그림 7.3 *trans*-2-butene과 *cis*-2-butene의 반응

OsO_4가 효과적이고 선택성이 더 크지만 가격이 비싸고 독성이 강하므로, OsO_4는 촉매량만 사용하고 *N*-methylmorpholine *N*-oxide 같은 산화제를 사용한다. 이 반응에서 Os(VIII)가 Os(VI)로 환원되면, *N*-methylmorpholine *N*-oxide가 Os(VI)을 Os(VIII)로 재생시켜 다시 반응하게 한다.

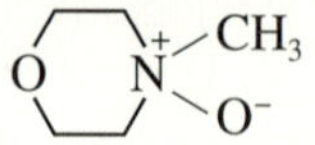

N-methylmorpholine *N*-oxide

■ **알켄에 potassium permanganate ($KMnO_4$)나 osmium tetroxide (OSO_4)를 반응시키면 시스-1,2-다이올(*cis*-1,2-diol)이 형성된다.**

- 반응 메커니즘은 협동 첨가 반응(concerted addition)을 하여 다섯 원자 고리가 형성되고 금속과 산소 결합이 분해되어 시스-다이올을 생성한다.
- 앞의 에폭사이드를 이용한 다이올 합성과는 달리, 이 반응은 입체적으로 신(*syn*) 상태의 이웃 자리 다이올을 형성한다.
- 이 반응에서 $KMnO_4$는 과산화(overoxidation)로 부반응이 일어나므로 OsO_4가 더 효과적이다.

메커니즘 7.13 $KMnO_4$와 OsO_4에 의한 알켄의 산화 반응

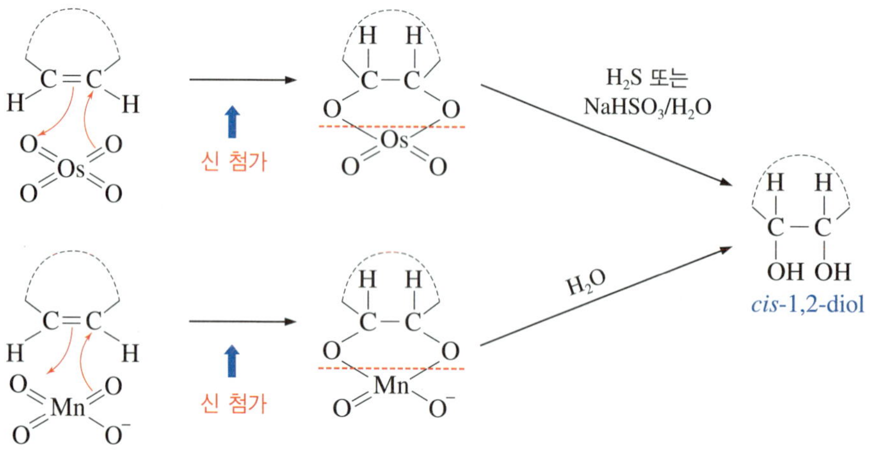

신 첨가

H_2S 또는 $NaHSO_3/H_2O$

H_2O

신 첨가

cis-1,2-diol

7.7.11 알켄과 알카인 다중 결합의 산화성 분해 반응

■ **알켄에 오존을 반응시키면 가오존 분해 반응(ozonolysis)을 일으켜 이중 결합이 모두 분해되어 두 개의 카보닐 화합물을 생성한다.**

- 알켄 이중 결합에 결합된 R 기에 따라 케톤 또는 알데하이드가 생성된다.
- 이 반응은 **몰오존화물**(molozonide)을 거쳐 분리 가능한 **오존화물**(ozonide) 중간 물질을 거쳐 진행된다.

메커니즘 7.14 알켄의 가오존 분해 반응

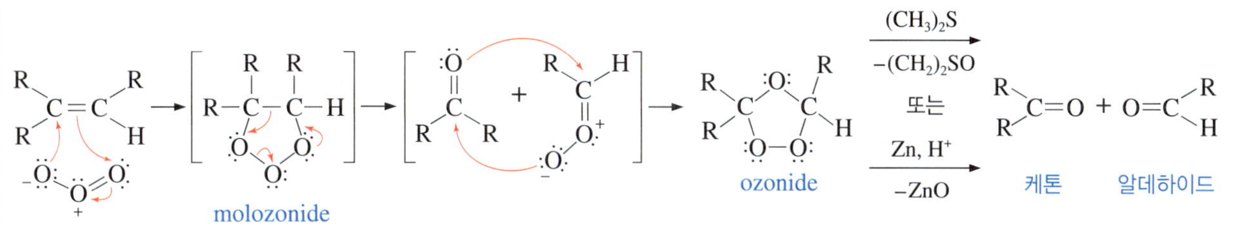

molozonide

ozonide

$(CH_3)_2S$ / $-(CH_3)_2SO$ 또는 Zn, H^+ / $-ZnO$

케톤 알데하이드

■ **알카인의 삼중 결합도 가오존 분해 반응으로 분해되어 카보닐 화합물을 생성한다.**

- 내부 알카인은 두 개의 카복실산(RCOOH)을 생성한다.
- 말단 알카인은 CO_2를 잃고 알카인보다 탄소 수가 하나 적은 카복실산을 생성한다.

7.7.12 알켄의 중합 반응

알켄은 산, 염기, 라디칼 또는 전이 금속 같은 적당한 촉매가 존재하면 알켄 단위체(monomer)의 불포화 결합에서 상호간의 반응이 일어나 **이합체**(dimer), **삼합체**(trimer), **소중합체**(oligomer) 및 궁극적으로는 **중합체**(polymer)를 형성한다. 중간 길이의 소중합체를 만드는 반응을 **소중합 반응**(oligomerization)이라고 한다.

■ **중합 반응은 사용되는 촉매나 메커니즘에 따라 분류한다(그림 7.4).**

- 산 촉매를 이용하는 반응은 **양이온성 중합 반응**(cationic polymerization)이다.
- 강한 염기에 의해 개시되는 반응은 **음이온성 중합 반응**(anionic polymerization)이다.
- 라디칼 메커니즘으로 진행되는 반응은 **라디칼 중합 반응**(radical polymerization)이다.
- Ziegler-Natta 촉매 등에 의해 개시되는 반응은 **금속-촉매 중합 반응**(metal-catalyzed polymerization)으로 구분된다.

7.7.13 알카인일 음이온 반응

말단 알카인을 NaH나 $NaNH_2$ 같은 강한 염기로 처리하면 쉽게 알카인일(alkynyl 또는 acetylide) 음이온으로 변환된다.

■ **알카인일 음이온은 친핵성이 좋으므로 할로젠화 알킬(RX)이나 에폭사이드 등과 반응한다.**

Ziegler-Natta 촉매는 $TiCl_4$와 $Al(CH_2CH_3)_3$를 조합시켜 만든 촉매이다. 이 공로로 Karl Ziegler(1898~1973) 교수와 Giulio Natta(1903~1979) 교수는 1963년에 노벨 화학상을 받았다.

양이온성 중합 반응

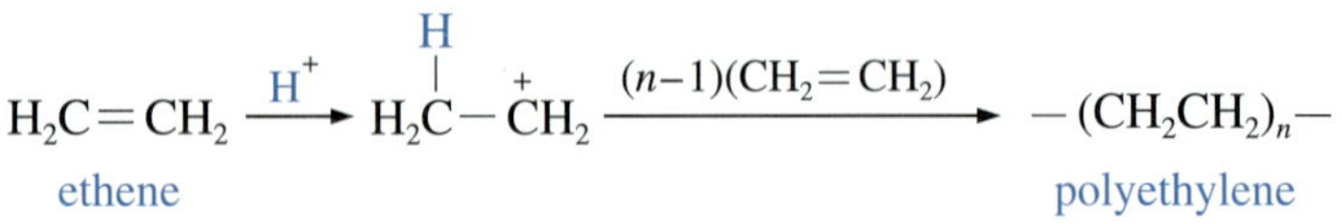

$$\underset{\text{ethene}}{H_2C{=}CH_2} \xrightarrow{H^+} H_2\overset{H}{\overset{|}{C}}-\overset{+}{C}H_2 \xrightarrow{(n-1)(CH_2=CH_2)} \underset{\text{polyethylene}}{-(CH_2CH_2)_n-}$$

라디칼 중합 반응

$$ROOR \xrightarrow[\text{또는 열}]{h\nu} 2RO\cdot + \underset{\text{ethene}}{H_2C{=}CH_2} \longrightarrow ROCH_2CH_2\cdot \xrightarrow{(n-1)(CH_2=CH_2)} \underset{\text{polyethylene}}{-(CH_2CH_2)_n-}$$

음이온성 중합 반응

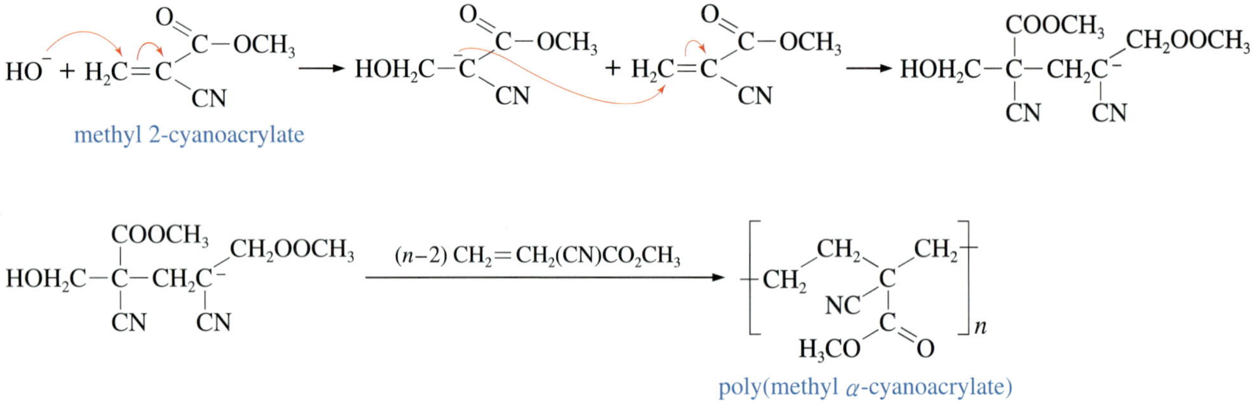

$$HO^- + \underset{\text{methyl 2-cyanoacrylate}}{H_2C{=}C(CN)C(=O)OCH_3} \longrightarrow HOH_2C-\overset{-}{C}(CN)C(=O)OCH_3 + H_2C{=}C(CN)C(=O)OCH_3 \longrightarrow HOH_2C-C(COOCH_3)(CN)-CH_2\overset{-}{C}(CN)CH_2OOCH_3$$

$$HOH_2C-C(COOCH_3)(CN)-CH_2\overset{-}{C}(CN)CH_2OOCH_3 \xrightarrow{(n-2)\ CH_2=CH_2(CN)CO_2CH_3} \underset{\text{poly(methyl }\alpha\text{-cyanoacrylate)}}{\left[-CH_2-CH_2-C(NC)(C(=O)OCH_3)-CH_2-\right]_n}$$

금속－촉매 중합 반응

$$(CH_3CH_2)_2AlCl + TiCl_4 \longrightarrow \underset{\text{Ziegler-Natta 촉매}}{Ti-CH_2CH_3} \xrightarrow{H_2C=CH_2} Ti(CH_2CH_3)(\eta^2\text{-}H_2C{=}CH_2) \longrightarrow Ti-CH_2CH_2-CH_2CH_3$$

$$Ti-CH_2CH_2-CH_2CH_3 \xrightarrow{(n-2)(CH_2=CH_2)} \underset{\text{polyethylene}}{-(CH_2CH_2)_n-}$$

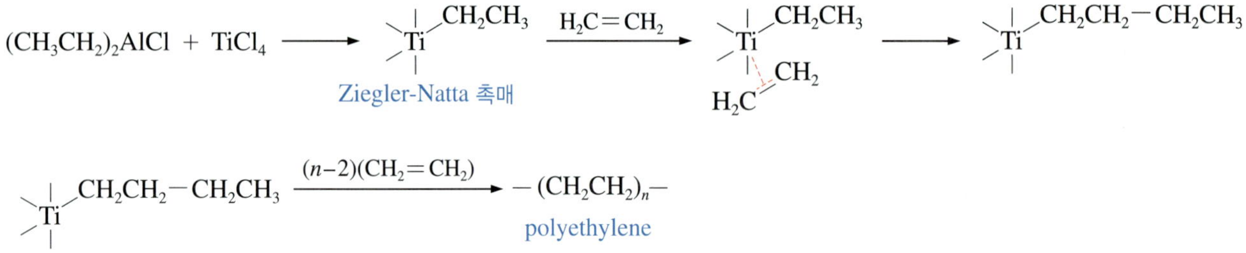

그림 7.4 알켄의 중합 반응

- 알카인일 음이온($RC{\equiv}C^-$)을 할로젠화 알킬(RX)과 반응시키면 내부 알카인($RC{\equiv}CR$)이 형성된다.
- 알카인일 음이온($RC{\equiv}C^-$)을 에폭사이드와 반응시키면 알코올이 형성된다.
- 이 반응들은 S_N2 메커니즘으로 진행되므로 S_N2 반응에서 나타나는 이탈기 주변의 입체 효과가 관찰된다.
- 2차, 3차 할로젠화 알킬은 E2 메커니즘에 의해 제거 반응이 일어나고, 에폭사이드 고리 열림 반응도 치환기가 적은 쪽으로 치환이 일어난다.

메커니즘 7.15 말단 알카인의 반응

$$\underset{\text{말단 알카인}}{R-C\equiv CH} \xrightarrow[]{\text{NaH 또는 NaNH}_2} \left[R-C\equiv C^-\right] + R'-X \xrightarrow[S_N2]{} \underset{\text{내부 알카인}}{R-C\equiv C-R'}$$

$$\underset{\text{에폭사이드}}{R_2C(-O-)CH_2} + {}^-C\equiv C-R' \xrightarrow[S_N2]{} \left[R_2C(O^-)-CH_2-C\equiv C-R'\right] \xrightarrow{H_2O} \underset{\text{알코올}}{R_2C(OH)-CH_2-C\equiv C-R'}$$

7.7.14 알켄과 알카인 불포화 결합의 환원

알켄을 환원하면 H_2가 첨가되어 알케인이 된다. 이 반응은 활성화 에너지가 커서 촉매 없이는 일어나기 어렵지만, 금속 촉매 존재 하에서 진행되는 **촉매 수소화 반응**(catalytic hydrogenation)은 실온 조건에서도 가능하다. 이 수소화 반응은 출발 물질의 결합보다 생성 물질의 결합이 더 세므로 발열 반응이다. **수소화 반응열**(heat of hydrogenation)은 알켄의 상대적인 안정도의 척도로 사용된다.

- **알켄의 촉매 수소화 반응은 촉매 표면에서 일어난다.**
  - 두 수소가 같은 쪽에 첨가되는 **신-첨가**(syn-addition)가 일어나는 입체 특이성(stereospecific) 반응이다.

메커니즘 7.16 Ethene의 촉매 수소화 반응

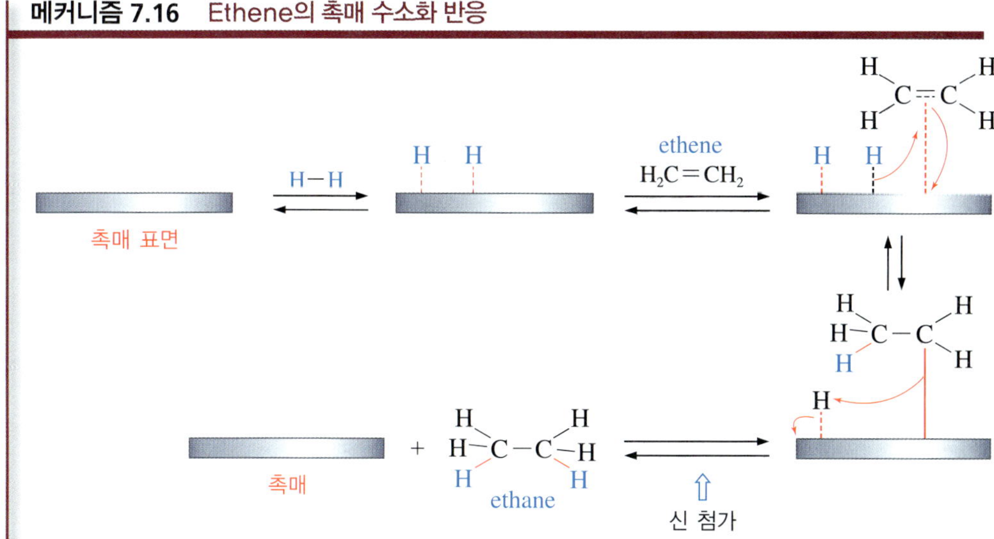

- **알카인도 촉매 수소화 반응을 일으키며, 한 분자의 수소만 첨가할 수도 있고 두 분자의 수소가 첨가되기도 한다.**
  - 한 분자의 H_2가 첨가되면 시스-알켄이 얻어진다.
  - 두 분자의 수소가 촉매 수소화 반응을 하면 알케인이 생성된다.
- **알카인으로부터 시스-알켄과 트랜스-알켄 만들기**

Lindlar 촉매는 $Pd(OAc)_2$와 quinoline이 첨가된 $CaCO_3$에 Pd(5%)를 흡착시킨 시약이며, 처음 제조한 Herbert H. M. Lindlar 박사를 기념하여 Lindlar 촉매라고 부른다.

- 1당량의 수소로 촉매 수소화 반응을 하면 시스-알켄을 생성한다.
  - ▸ 시스-알켄을 만드는 데 더 유용한 촉매는 Lindlar 촉매이다.
- 액체 ammonia 속에서 용해 금속 환원 반응(dissolving metal reduction)을 일으키면 트랜스-알켄이 형성된다.
  - ▸ 용해성 금속 환원 반응은 항상 더 안정한 트랜스 알켄을 생성한다. 그 이유는 중간체로 생성되는 라디칼 음이온이 입체 상호 작용을 최소화하기 위해 두 R 기가 서로 트랜스로 배열하기 때문이다.

메커니즘 7.17 트랜스-알켄을 생성하는 알카인의 용해 금속 환원 반응

R−C≡CH (내부 알카인) —Na→ 더 안정한 라디칼 음이온 —$H{-}NH_2$, $-NH_2^-$→ —Na→ —$H{-}NH_2$, $-NH_2^-$→ 트랜스-알켄

[덜 안정한 라디칼 음이온 — 반발]

R−C≡C−R

- $\xrightarrow[\text{Pd/C}]{2H_2}$ $R-CH_2-CH_2-R$ 알케인
- $\xrightarrow[\text{Lindlar 촉매}]{H_2}$ (H)(R)C=C(H)(R) 시스 알켄
- $\xrightarrow[NH_3]{Na}$ (H)(R)C=C(R)(H) 트랜스 알켄

그림 7.5 알카인을 환원하는 3가지 방법

7.8 콘쥬게이션 다이엔과 이들의 반응

이중 결합이 두 개인 다이엔(diene)은 이중 결합이 연이어 있는 **연이은 다이엔**(cumulated diene), 두 이중 결합이 하나의 단일 결합으로 연결된 **콘쥬게이션 다이엔**(conjugated diene), 두 개 이중 결합이 하나 이상의 methylene ($-CH_2-$)으로 **분리된 다이엔**(isolated diene)이 있다.

연이은 다이엔	콘쥬게이션 다이엔	분리된 다이엔
$H_2C=C=CH_2$	$H_2C=CH-CH=CH_2$	$H_2C=CH-CH_2-CH=CH_2$
1,2-propadiene	1,3-butandiene	1,4-pentadiene

1.8절에서 불포화 결합이 콘쥬게이션되면 전자가 비편재화되고, 따라서 화합물은 안정화된다는 것을 배웠다. 여기서는 불포화 결합의 콘쥬게이션에서의 전자적 상황과 이들의 반응에 대해 더 자세히 살펴보자.

■ **분자 내 이웃한 세 원자에 세 개 이상의 p 오비탈이 존재하는 분자를 콘쥬게이션 분자(conjugation molecule)라고 한다.**

- 콘쥬게이션이 되려면 참여하는 p 오비탈이 동일 평면상(같은 위상)에 배열되어야 한다.
- 콘쥬게이션이 되면 전자나 이온의 비편재화로 화합물이 안정화된다.
- 콘쥬게이션이 되면 각 원자의 전자 밀도가 변화하고 따라서 반응 자리도 변할 수 있다.
- 예를 들면 1,3-butadiene과 allyl 탄소 양이온이 콘쥬게이션 분자이며, allyl 양이온은 콘쥬게이션되어 안정화된다.

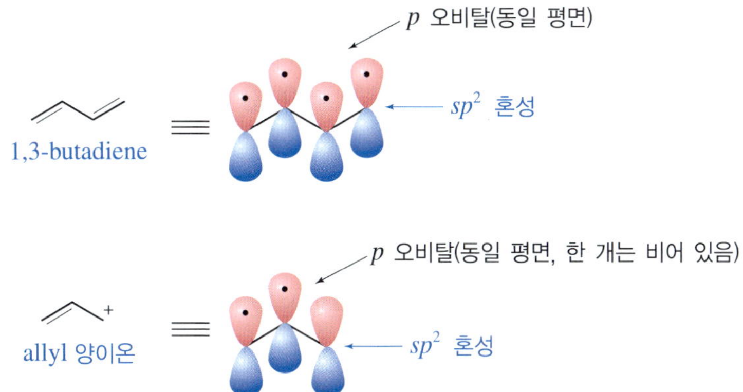

- 분리된 다이엔(isolated diene)은 두 이중 결합 사이의 sp^3 혼성 탄소로 인해 콘쥬게이션되지 못한다.

  예 1,4-pentadiene ($CH_2{=}CH{-}CH_2{-}CH{=}CH_2$)

■ **콘쥬게이션 다이엔의 특징 네 가지는 다음과 같다.**

- 두 이중 결합 사이에 있는 C−C 단일 결합은 콘쥬게이션하지 않는 C−C 단일 결합보다 짧다.
  - ▸ 혼성화 관점에서 보면, $C_{sp^2}{-}C_{sp^2}$의 결합 길이는 $C_{sp^3}{-}C_{sp^3}$보다 짧다.
  - ▸ 공명 이론으로 보면, 두 이중 결합 사이의 단일 결합은 공명 혼성체에서 부분적인 이중 결합 성질을 가지므로 순수한 단일 결합 C−C보다 길이가 짧다.

153 pm　148 pm

$H_3C{-}CH_3$

sp^3　sp^2

부분적 이중 결합성 결합

$$\left[H_2C{=}CH{-}CH{=}CH_2 \longleftrightarrow H_2\overset{+}{C}{-}CH{=}CH{-}\overset{+}{C}H_2\right] \equiv H_2C \cdots CH \cdots CH \cdots CH_2$$

큰 기여 구조　　공명 혼성체

- 콘쥬게이션 다이엔은 유사한 형태의 분리된 다이엔보다 더 안정하다. 콘쥬게이션 다이엔의 안정성은 수소화 반응열을 비교하면 알 수 있다.

- ▸ 1,3-Butadiene의 수소화 반응열은 $\Delta H° = -236$ kJ/mol이고, 1-butene은 $\Delta H° = -126$ kJ/mol이다. 따라서 1,3-butadiene은 1-butene의 두 배보다 -16 kJ/mol이나 더 안정하다.

H_2 → $\Delta H° = -126$ kJ/mol

2 $2H_2$ → $\Delta H° = -126$ kJ/mol $\times 2 = -252$ kJ/mol

H_2 → $\Delta H° = -236$ kJ/mol

- 콘쥬게이션 다이엔은 분리된 다이엔에서와는 다른 양상의 반응을 한다.
  - ▸ 콘쥬게이션 다이엔의 친전자성 첨가는 1,2- 및 1,4-첨가 혼합 생성물을 생성한다.
  - ▸ Diels-Alder 반응과 같은 독특한 반응을 한다.
- 콘쥬게이션 다이엔은 더 긴 파장의 자외선을 흡수한다.
  - ▸ $CH_2{=}CH{-}CH{=}CH_2$의 UV 스펙트럼 최대 흡광도는 217 nm이고, $CH_2{=}CH{-}CH_2{-}CH{=}CH_2$의 UV 흡수 최대 파장은 178 nm이다.

■ **콘쥬게이션 다이엔은 1,3-다이엔이라고도 한다. 이 1,3-다이엔의 C−C 결합을 중심으로 이중 결합의 배열 형태를 구분해 보자.**

- 두 이중 결합이 트랜스로 배열한 형태를 *s*-트랜스라고 한다.
- 두 이중 결합이 시스로 배열한 형태를 *s*-시스라고 한다.
- 이 두 형태는 중앙의 단일 결합 회전에 의해 변환될 수 있다.

s-시스 및 *s*-트랜스의 *s*-는 단일 결합에 대해 시스 또는 트랜스라는 의미로 사용된다. 즉, *s*-시스의 's-'는 'single'에서 나온 것이고, '단일 결합(single)에 대해 *cis*-like'라는 의미이다.

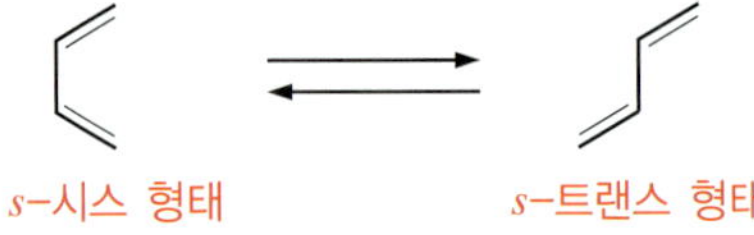

앞서 언급한 것처럼 π 결합을 가진 화합물들의 특징적인 반응은 친전자체의 첨가 반응이다. 콘쥬게이션 다이엔에서도 같은 친전자성 첨가 반응이 일어난다.

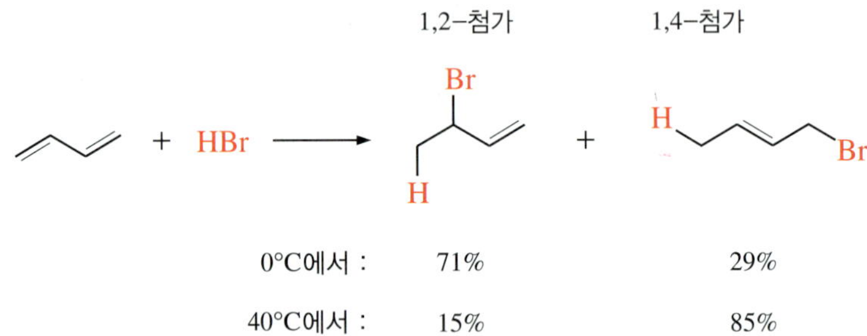

■ **1,3-다이엔인 1,3-butadiene과 HBr을 반응시키면, 1,2-첨가와 1,4-첨가가 일어나 두 가지 생성물이 생성된다.**

- 이 반응은 두 단계로 일어난다.
  - ▸ 첫 번째 단계에서는 H^+가 첨가되어 양이온이 형성되는 과정이다. 이 과정은 1,2-첨가나 1,4-첨가 모두 동일하다.
  - ▸ 두 번째 단계에서는 Br^-가 첨가되어 생성물을 생성한다. 이 과정에서는 1,2-첨가와 1,4-첨가가 경쟁적인데, 활성화 에너지가 낮은 1,2-첨가는 빨리 일어나고, 생성물의 안정도가 더 낮은 1,4-첨가는 치환기가 더 많은 알켄을 생성하는 방향으로 일어난다.

- 이 반응은 공명 안정화된 알릴 양이온 중간체를 거쳐 진행되므로 1,2-첨가와 1,4-첨가 생성물이 생성된다.
- 1,2-첨가 생성물은 낮은 온도에서 빠르게 생성되므로 **속도론적 생성물**(kinetic product)이라고 하고, 1,4-첨가 생성물은 보다 높은 온도에서 더 유리하므로 **열역학적 생성물**(thermodynamic product)이라고 한다.
  - ▸ 낮은 온도에서 1,2-첨가 생성물이 생기는 것은 **근접 효과**(proximity effect)로 설명한다. 즉, Br^-가 C4보다 C2에 가까이 있기 때문에 빨리 반응하여 1,2-생성물을 생성할 수 있다는 것이다.

> 근접 효과란 반응 과정에서 반응 물질이 어느 한 원자에 더 가까이 있어 반응에 유리하게 되는 현상을 말한다.

- **콘쥬게이션 다이엔의 친전자성 첨가 반응의 생성물 비율은 왜 온도에 의존하는가?**
  - 낮은 온도에서는 반응의 활성화 에너지가 더 중요하다.
    - ▸ 분자들이 전이 상태에 이르기에 충분한 활성화 에너지를 가지지 않았기 때문이다.
    - ▸ 따라서 반응이 빠르게 일어나는 경로로 반응하기 때문이다.
  - 높은 온도에서는 생성물의 안정도가 더 중요하다.
    - ▸ 높은 온도에서는 분자들이 전이 상태에 이르기에 충분한 에너지를 가지고 있어, 열역학적으로 더 안정한 생성물이 생성되는 경로로 반응이 진행된다.

메커니즘 7.18 1,3-butadiene의 HBr 첨가 반응(1,2- 및 1,4-첨가 반응)

$$H_2C{=}CH{-}CH{=}CH_2 \quad H{-}Br \longrightarrow H_2C{=}CH{-}\overset{+}{C}H{-}CH_2(H) \longleftrightarrow H_2\overset{+}{C}{-}CH{=}CH{-}CH_2(H)$$

allyl 양이온

$$\xrightarrow{Br^-} H_2C{=}CH{-}CH(Br){-}CH_2(H) \quad \text{1,2-첨가}$$

$$\xrightarrow{Br^-} H_2C(Br){-}CH{=}CH{-}CH_2(H) \quad \text{1,4-첨가}$$

- **Diels-Alder 반응은 1,3-다이엔과 친다이엔체(dienophile)가 반응하여 새로운 여섯 원자 고리를 형성하는 반응이다. 모든 Diels-Alder 반응의 일반적인 특징은 다음과 같다.**
  - Diels-Alder 반응은 열에 의한 반응이다. 즉 열을 가하면 반응이 시작된다.
  - 반응 생성물로 여섯 원자 고리가 형성된다.
  - 세 개의 π 결합이 분해되고, 새로운 두 개의 C−C 결합과 하나의 C=C 결합이 형성된다.
  - 반응은 반응물의 π 결합들이 분해됨과 동시에 새로운 결합들이 형성되는 **협동 메커니즘**(concerted mechanism)으로 진행된다. 즉 1단계 반응이다.
  - [4 + 2] 고리화 첨가 반응이라고도 한다.

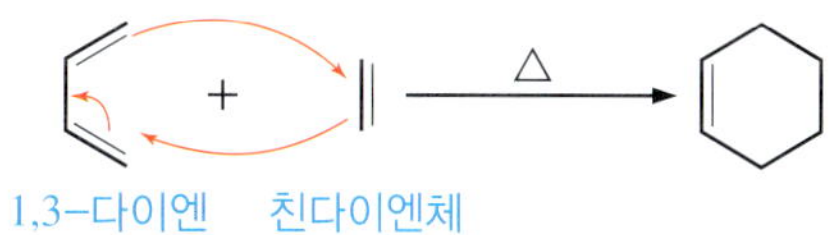

■ **Diels-Alder 반응을 지배하는 특별한 규칙들이 있다.**

- *s*-시스 다이엔에서만 반응이 일어난다.
  - ▶ *s*-트랜스가 반응하려면 *s*-시스로 변환되어야 한다.

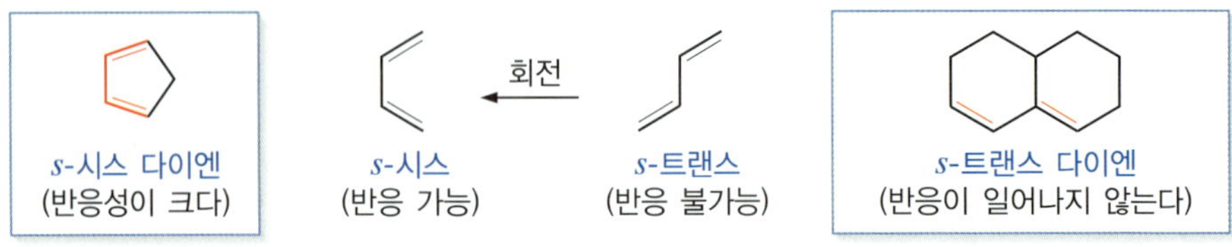

- 친다이엔체에는 전자를 당기는 치환기가 있으면 반응 속도가 증가한다.

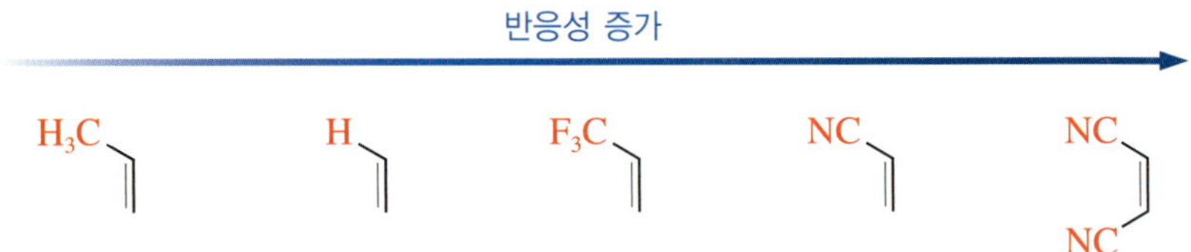

- 다이엔체에는 전자를 주는 기가 있으면 반응 속도가 증가한다.

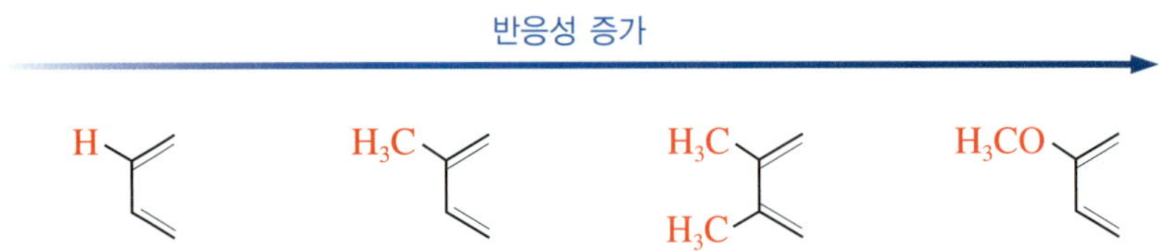

- 친다이엔체의 입체 화학이 생성물에서도 유지되는 입체 특이성 반응이다.
  - ▶ 시스 친다이엔체는 *cis*-cyclohexene을 형성한다.
  - ▶ 트랜스 친다이엔체는 *trans*-cyclohexene을 형성한다.

+ H, O, OR, OR, H, O △ CO_2R, H, CO_2R, H

cis-친다이엔체 *cis*-cyclohexene

+ H, O, OR, RO, O, H △ H, CO_2R, CO_2R, H

trans-친다이엔체 *trans*-cyclohexene

- 외향 생성물과 내향 생성물 형성이 가능할 때 내향 생성물의 생성이 지배적이다.
  - ▶ 전이 상태에서 친다이엔체의 전자 끄는 기가 전자가 풍부한 다이엔 쪽으로 배열되는 것이 에너지적으로 유리하다.
  - ▶ 이 규칙을 **내향 규칙**(endo rule)이라고 한다.

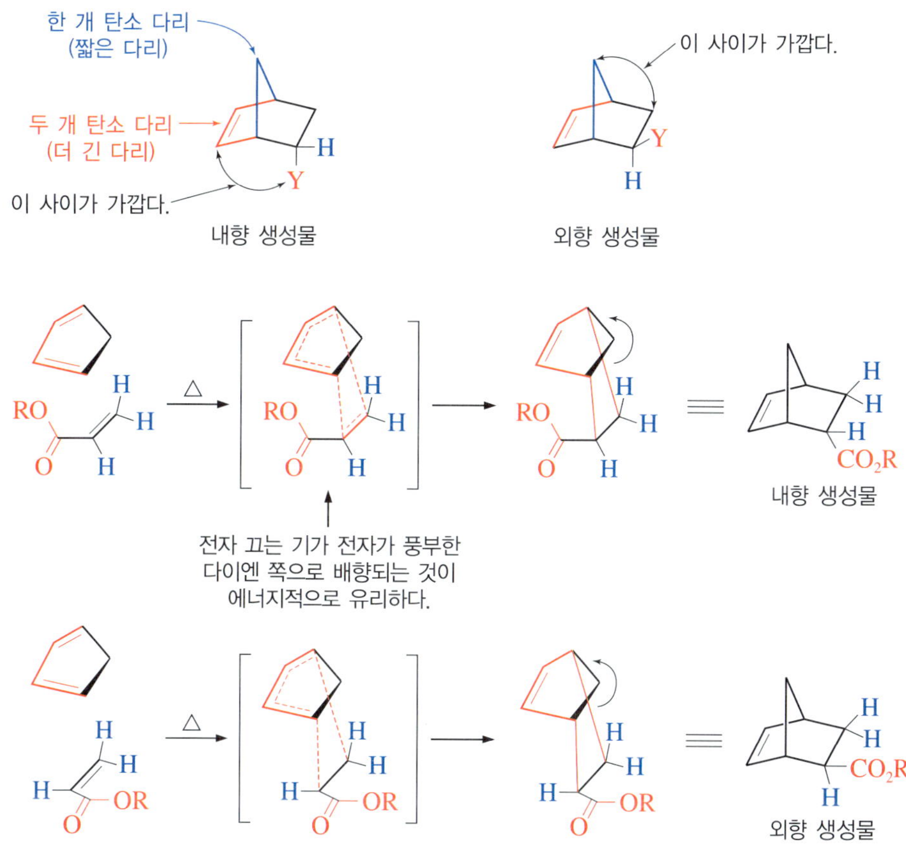

내향 및 외향은 다리걸친 두고리 화합물에서 치환기(Y) 배열을 나타내는 데 사용한다. 치환기 Y가 두 고리에 공통인 탄소를 연결하는 더 긴 다리에 가까이 있으면 '**내향**(endo)'이다. 치환기 Y가 탄소를 연결하는 더 짧은 다리와 가까이 있는 것이 '**외향**(exo)'이다.

- 보통의 온도 범위에서는 Diels-Alder 반응 생성물 형성이 유리하지만, 매우 높은 반응 온도에서는 역-Diels-Alder 반응(retro-Diels-Alder reaction)이 유리하다.
  - 생성물이 유리하게 되려면, $\Delta G = \Delta H + (-T\Delta S)$ 식에서 $\Delta G < 0$(음의 값)이어야 한다.
  - ΔH의 크기와 부호는 주로 결합 세기에 의존하므로 Diels-Alder 반응에서는 $\Delta H < 0$(음의 값)이며 발열 반응이다.
  - Diels-Alder 반응에서 $(-T\Delta S)$ 항은 항상 양의 값이다. ΔS 값은 보통 온도에서는 작고 높은 온도에서는 크다.
  - 따라서 Diels-Alder 반응은 보통 온도에서 유리하고, 높은 온도에서는 역-Diels-Alder 반응이 유리하다.

많은 반응들이 이온이나 라디칼 중간체를 거쳐 진행된다. 그러나 이런 중간체가 포함되지 않는 **페리 고리 협동 반응**(pericyclic reaction)이라는 범주가 있다. 이런 반응의 범주는 3가지로 나눌 수 있다. **고리화 첨가 반응**(cycloaddition reaction), **전자 고리화 반응**(electrocyclic reaction) 및 **시그마 결합 자리 옮김**(sigmatropic rearrangement) 등이다. 이 반응들은 다음과 같은 특징과 특성을 가지고 있다.

- 한 단계로 일어나는 협동 과정(concerted process)이다.
- 고리형 전이 상태를 통해 일어난다.
- 전이 상태가 부분 전하를 띠지 않으므로 용매의 구성은 반응 속도나 수득률에 영향을 주지 않는다.

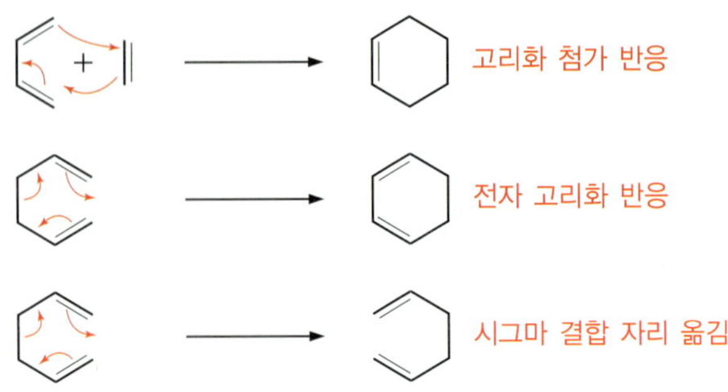

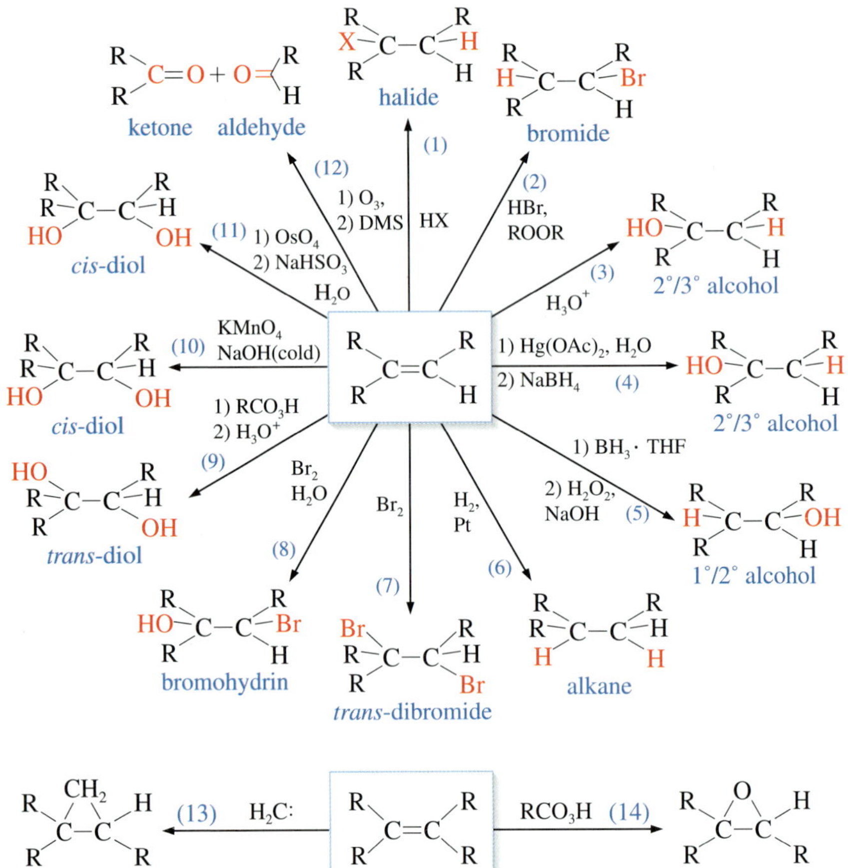

cyclopropane (13) H_2C: ← alkene → RCO_3H (14) epoxide

(1) 할로젠화수소 첨가 반응(Markovnikov)
(2) 할로젠화수소 첨가 반응(*anti*-Markovnikov)
(3) 산-촉매 수화 반응
(4) 옥시수은 첨가-수은 이탈 반응
(5) 수소화붕소 첨가-산화 반응
(6) 수소화 반응
(7) 브로민화 반응
(8) 할로하이드린 생성 반응
(9) 안티-다이하이드록시화 반응
(10) 신-다이하이드록시화 반응
(11) 신-다이하이드록시화 반응
(12) 가오존 분해 반응
(13) 고리화 반응
(14) 에폭시화 반응

그림 7.6 알켄이 할 수 있는 반응

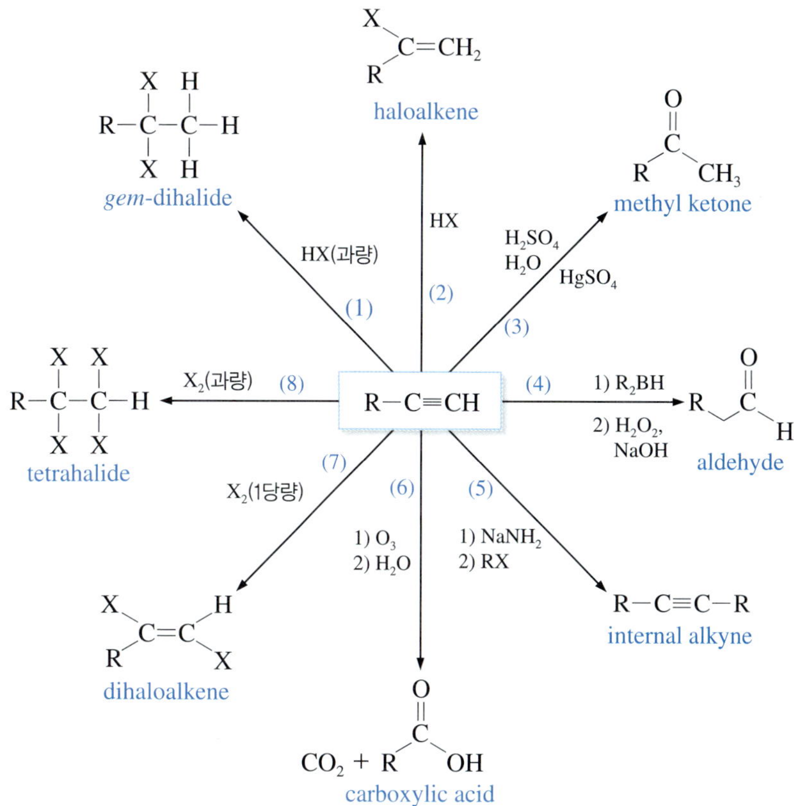

(1) 할로젠화수소 첨가 반응
(2) 할로젠화수소 첨가 반응
(3) 산-촉매 수화 반응
(4) 수소화붕소 첨가-산화 반응
(5) 알킬화 반응
(6) 가오존 분해 반응
(7) 할로젠화 첨가 반응
(8) 할로젠화 첨가 반응

그림 7.7 알카인이 할 수 있는 반응

7.9 알켄과 알카인의 분광학적 특성

7.9.1 적외선 스펙트럼

■ **알켄과 알카인의 C=C 결합과 C−H 결합은 알케인과 다르다.**

- 알켄의 C_{sp^2}−H 신축 진동 흡수띠는 3100~3000 cm^{-1} 영역에서 알케인의 C_{sp}−H는 ~3300 cm^{-1}에서 나타난다.
- 알켄의 C=C 신축 진동은 1680~1600 cm^{-1} 영역에서 나타나며, 알카인의 C≡C 결합 신축 진동 흡수띠는 2250~2100 cm^{-1} 영역에서 나타나므로 C≡C 결합 유무를 확인하기 쉽다(표 3.2 참조).
- 말단 알카인은 640 cm^{-1} 부근에서 특성적인 C_{sp}−H 굽힘 진동 흡수띠를 보인다.

7.9.2 핵자기 공명 스펙트럼

- **^{1}H NMR에서 알켄과 알카인의 파이 전자가 양성자에 미치는 효과는 서로 다르다(그림 3.20).**
  - 알켄에서 파이 전자는 H에 벗김 효과를 준다. 파이 전자에 의한 유도 자기장의 흐름이 외부 자기장의 흐름과 같은 방향이어서 H에 벗김 효과를 가져온다.
  - 알카인에서 파이 전자는 H에 가림 효과를 준다. 파이 전자에 의한 유도 자기장의 흐름이 외부 자기장의 흐름과 반대 방향이어서 H에 가림 효과를 가져온다.

이중 결합 주변에 있는 양성자들의 짝지음 상수 값으로부터 C=C 결합 주변의 구조적 정보를 알 수 있다.

- **이중 결합을 통한 시스-짝지음과 트랜스-짝지음은 다르다.**
  - J_{cis} 값과 J_{trans} 값이 겹치기는 하지만, 두 이성질체 중에서는 항상 $J_{cis} < J_{trans}$이다.
  - J_{cis}와 J_{trans} 같이 이웃한 수소 원자 간의 짝지음 상수를 **이웃 자리 짝지음 상수**(vicinal coupling constant)라고 한다.
  - 동일 탄소에 있는 수소 간의 짝지음에 의한 **같은 자리 짝지음 상수**(germinal coupling constant, J_{gem}) 값은 작다.
  - 짝지음 상수 값의 상대적인 크기는 $J_{gem} < J_{cis} < J_{trans}$이다.
- **C=C의 탄소도 ^{13}C NMR에서 벗김 효과를 받는다.**
- **알카인 탄소의 ^{13}C NMR의 화학적 이동값은 알켄 및 알케인 탄소와는 다르다.**
  - ^{13}C NMR의 화학적 이동값의 상대적인 크기는 C=C > C≡C > C−C이다.
  - C≡C에서 탄소의 화학적 이동값은 δ = 65~90 ppm 범위이다.

표 7.4 여러 가지 이중 결합 양성자들의 짝지음 상수 값

구조	짝지음 형태	J(Hz)
H(위)–C=C–H(위)	이웃 자리(*cis*)	6~14
H(아래)–C=C–H(위)	이웃 자리(*trans*)	11~18
C=C(H)(H)	같은 자리	0~3
C=C(C–H)(H)	없음	4~10
H–C=C–C–H	알릴 자리	0.5~3.0
H–C–C=C–C–H	1,4– 또는 장거리	0.0~1.6

7.9.3 질량 스펙트럼

- **알켄의 질량 스펙트럼의 특징은 다른 분자들에 비해 상대적으로 M^+ 이온이 크게 나타나는 것이다.**
  - 특징적인 조각 이온들은 M-15, M-29, M-43, M-57 이온 등이다.
  - 높은 에너지 조건에서 이중 결합의 자리 옮김이 일어날 수 있어 이중 결합의 위치를 이해하는 데 도움이 되지 못한다.
- **알카인의 질량 스펙트럼에서 M^+ 이온이 크게 나타난다.**
  - 말단 알카인의 경우는 M-1이 크게 나타난다.
  - 높은 에너지 조건에서 삼중 결합의 자리 옮김이 일어날 수 있어 삼중 결합의 위치를 이해하는 데 도움이 되지 못한다.
  - 내부 알카인은 M-15 및 M-29 조각 이온이 관찰된다.

자연에서 발견되는 알켄 화합물

자연에서는 ethene처럼 작은 알켄에서부터 고리형 알켄 및 긴 사슬 알켄류까지 다양하게 존재한다.

Ethylene ($CH_2=CH_2$)은 과일을 숙성시키는 과정을 촉진하므로 종이 봉투 안에서 더 빨리 숙성된다. 자연계에는 고리형 알켄도 다양하게 존재한다. 오렌지향 성분인 limonene, 소나무 수지 성분인 α-pinene, 모든 동물이 만드는 cholesterol 등이 그 예이다.

자연계에는 비고리형 긴 사슬의 다양한 알켄들도 존재하며 그 역할도 다양하다. 이들 긴 사슬 알켄들은 대부분 콘쥬게이션 계를 이루고 있어 안정하다. 마늘 성분인 allicin, 장미향 성분인 geraniol, 사과 껍질 왁스인 α-farnesene 및 코들링 나방의 성 페로몬 등도 비고리형 긴 사슬 알켄이다.

곤충의 성 페로몬은 곤충의 개체 수를 조절하기 위한 농약으로 많은 연구가 되고 있다. 최근에는 수컷과 암컷 모두를 유인할 수 있는 농약에 대한 연구가 진행 중이다. 예를 들면 배 에스터(pear ester)는 코들링 나방 개체 수 조절을 위해 매우 효과적이라고 알려졌다.

limonene

α-pinene

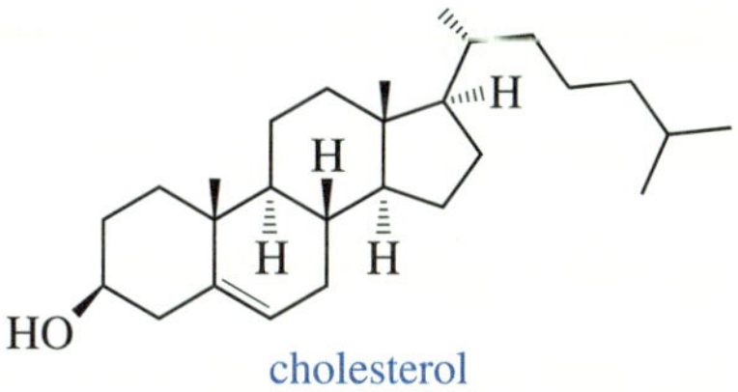

HO H H H H cholesterol

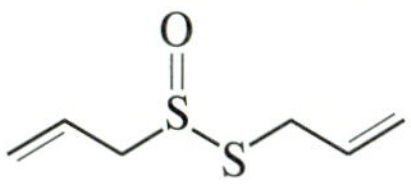

O S S allicin (마늘 성분)

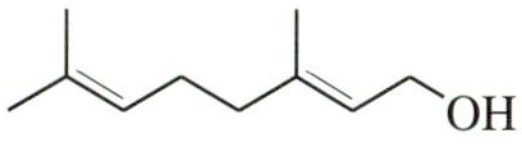

OH geraniol (장미향 성분)

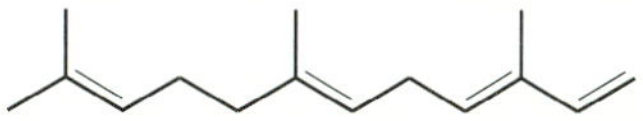

α-farnesene (사과 껍질 천연 왁스)

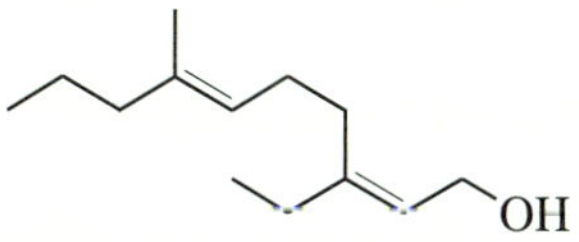

OH (2*Z*,6*E*)-3-ethyl-7-methyldeca-2,6-dien-1-ol (코들링 나방 성 페르몬)

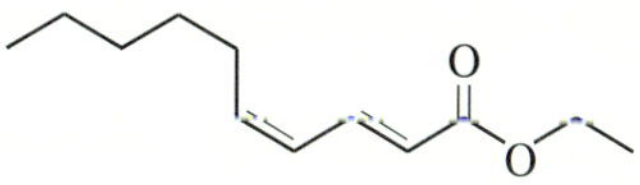

O O ethyl(2*E*,4*Z*)-2,4-decadienoate (배 에스터)

주요 용어

Diels-Alder 반응(Diels-Alder reaction)
Lindlar 촉매(Lindlar catalyst)
Markovnikov 규칙(Markovnikov rule)
s-시스(*s*-cis)
s-트랜스(*s*-trans)
Ziegler-Natta 촉매(Ziegler-Natta catalyst)
가오존 분해 반응(ozonolysis)
같은 자리 이할로젠화물(germinal dihalide)
같은 자리 짝지음 상수(germinal coupling constant)
고리화 첨가 반응(cycloaddition reaction)
과산화(overoxidation)
근접 효과(proximity effect)
금속-촉매 중합 반응(metal-catalyst polymerization)
내부 알카인(internal alkyne)
내부 알켄(internal alkene)
내향 규칙(endo rule)
내향(endo)
다리걸친 할로늄 이온(bridged halonium ion)
라디칼 중합 반응(radical polymerization)
말단 알카인(terminal alkyne)
말단 알켄(terminal alkene)
몰오존화물(molzonide)
반-Markovnikov 생성물(anti-Markovnikov product)
분리된 다이엔(isolated diene)
사이클로알카인(cycloalkyne)
사이클로알켄(cycloalkene)
소중합 반응(oligomerization)
속도론적 생성물(kinetic product)
수소화붕소 첨가 반응-산화 반응(hydroboration-oxidation)
수화(hydration)
시그마 결합 자리 옮김(sigmatropic rearrangement)
신-첨가 반응(syn-addition)
안티-첨가 반응(anti-addition)
양이온성 중합 반응(cationic polymerization)
엔올(enol)
역-Diels-Alder 반응(retro-Diels-Alder reaction)
연이은 다이엔(cumulated diene)
열역학적 생성물(thermodynamic product)
오존화물(ozonide)
외향(exo)
용해 금속 환원 반응(dissolving metal reduction)
음이온성 중합 반응(anionic polymerization)
이웃 자리 다이올(vicinal diol)
이웃 자리 이할로젠화물(vicinal dihalide)
입체 특이성 반응(stereospecific reaction)
전자 고리화 반응(electrocyclic reaction)
중합체(polymer)
촉매 수소화 반응(catalytic hydrogenation)
친전자성 첨가 반응(electrophilic addition)
카벤(carbene)
콘쥬게이션 다이엔(conjugation diene)
페리 고리 협동 반응(pericyclic reaction)
할로젠화수소 첨가 반응(hydrohalogenation)
할로젠화수소 이탈 반응(dehydrohalogenation)
할로하이드린(halohydrin)
협동 메커니즘(concerted mechanism)
협동 첨가 반응(concerted addition)

연습 문제

개념 문제

1. 알켄의 C—H와 알카인의 C—H의 산성도의 차이를 보이는 원인은 무엇 때문인가?
2. Zaitsev 규칙이 성립하는 이유는 무엇인가?
3. 알켄의 안정도는 입체 무리, 하이퍼콘쥬게이션 및 결합 세기에 의해 영향을 받는다. 각각의 이유를 설명하고 세 가지를 효과의 크기 순서로 제시하시오.
4. 알켄의 첨가 반응에서 신-첨가와 안티-첨가가 가능한 이유는 무엇인가? 단지 C=C 결합에서 일어나기 때문인가?
5. Markovnikov 규칙이 비대칭 알켄에서만 적용되는 이유는 무엇인가?
6. 메커니즘 7.7은 bromohydrin 생성 반응 메커니즘이다. 물 분자가 반응 중 생성된 brominium 이온의 치환기가 많이 있는 탄소를 공격하는 이유는 무엇인가?
7. 콘쥬게이션이 되면 그렇지 않은 화합물보다 UV-Vis에서 파장이 긴 빛을 흡수한다. 이것은 무엇에 대한 증거인가?

실전 문제

8. 메커니즘 7.4의 2단계에서 제시된 탄소 양이온, $CH_3CH_2C^+(Br)CH_3$이 생성되는 이유를 설명하시오.
9. 말단 알카인(RC≡CH)의 수소화붕소 첨가 반응-산화 반응에서 알데하이드가 형성되는 이유는 무엇 때문인가?
10. 다음 수소화 반응에 대한 메커니즘을 그리고, 왜 시스-이성질체로 된 라셈체가 얻어지는지 설명하시오.

CH_3, CH_2CH_3 —PtO_2/H_2→ (+)

1-ethyl-2-methylcyclohexene　　*cis*-1-ethyl-2-methylcyclohexane(라셈체)

11. 다음 반응들의 메커니즘을 그리시오. 최종 생성물의 IUPAC 이름을 쓰시오.

(a) —1) Cl_2, H_2O / 2) NaOH, H_2O→

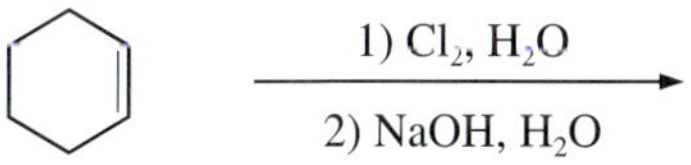

(b) —Br_2, CH_3OH→

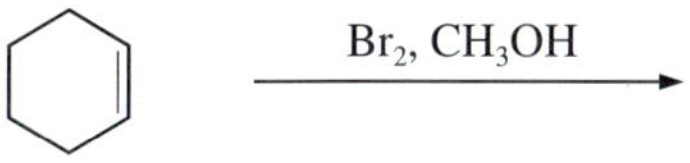

(c) —Br_2, H_2O→

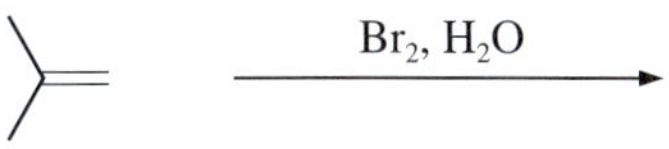

(d) —1) $Hg(OAc)_2$, H_2O / 2) $NaBH_4$, NaOH, H_2O→

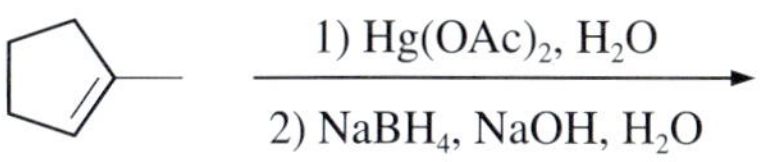

12. 다음 화합물이 수소화붕소 첨가 반응–산화 반응을 해서 형성하는 알코올의 구조와 IUPAC 이름을 쓰시오.

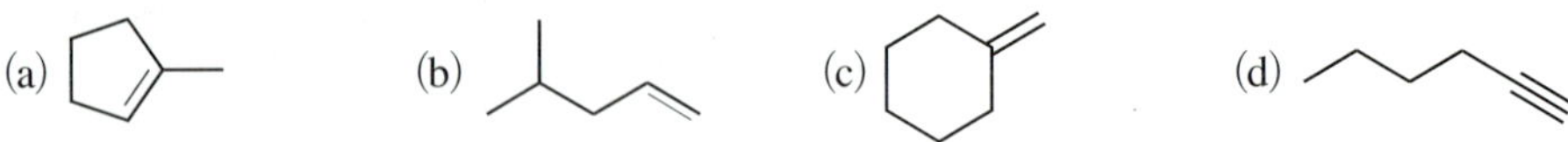

13. 문제 12의 각 화합물의 가오존 분해 반응 생성물을 쓰시오.

14. 다음 반응의 생성물을 제시하고 IUPAC 이름을 쓰시오. 또한 반응 메커니즘도 자세히 나타내시오.

(a) 3-Heptyne을 Lindlar 촉매 존재 하에 수소 기체와 반응시켰다.

(b) 3-Heptyne을 액체 NH_3 속에서 Na와 반응시키고 물로 처리하여 반응을 완결시켰다.

15. Acetone과 ethyne으로부터 3-hydroxy-3-methyl-2-butanone을 합성하는 경로를 제시하시오.

16. 가오존 분해 반응하여 다음 화합물을 얻을 수 있는 알켄을 제시하시오.

(a) CH_3CHO

(b) CH_3CHO와 CH_3CH_2CHO

(c) $H_2C{=}O$와 $(CH_3)_2C{=}O$

(d) Cyclobutanone과 acetone

17. 암컷 매미나방 성 호르몬인 disparlure을 ethyne으로부터 합성하는 과정을 제안하시오.

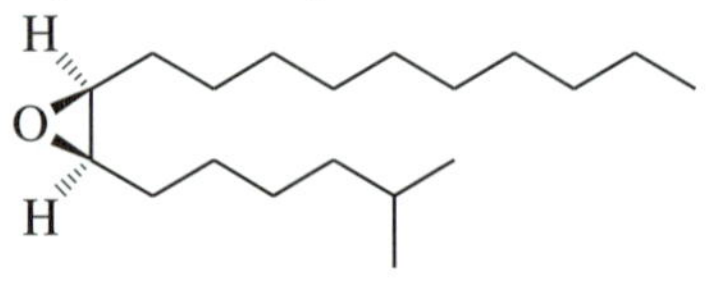

disparlure

18. 1-Butyne에 다음 시약을 반응시켜 얻는 생성물을 제시하고 IUPAC명을 쓰시오.

(a) 2 당량 HBr

(b) 2 당량 Cl_2

(c) H_2SO_4, H_2O, $HgSO_4$

(d) i) BH_3, ii) H_2O_2, HO^-

19. Cyclohexanol로부터 1,2-dibromocyclohexane과 1-bromo-2-hydroxycyclohexane을 합성하는 경로를 제시하시오.

20. Maleic acid와 fumaric acid를 1,3-butadiene과 Diels-Alder 반응을 시키면 어느 화합물이 시스 생성물을 형성하는가?

21. 1,3,5-Hexatriene을 Br_2로 반응하여 얻을 수 있는 생성물은 무엇인가? 각 생성물은 어떤 형태의 첨가 반응을 한 것인지 구분하시오.

알코올, 에터 및 에폭사이드

Alcohols, Ethers and Epoxides

- 알코올은 OH 기를 포함하고 있고, 에터와 에폭사이드는 C—O 결합을 포함하고 있다. 이 화학종들의 C—O 결합과 O—H 결합은 극성 공유 결합이다.
- 알코올, 에터 및 에폭사이드에서 산소(O)의 비공유 전자쌍이 친핵체로 작용한다.

$\sigma(C_{sp^3}-O_{sp^3})$

$\sigma(C_{sp^3}-H_{1s})$

$H_3C-\overset{\delta^+}{C}(CH_3)_2-\ddot{\underset{..}{O}}^{\delta^-}-H^{\delta^+}$

sp^3

치환 반응(S_N1/S_N2)
탈수 반응
산화 반응
alkoxide 형성 반응

$\sigma(C_{sp^3}-O_{sp^3})$

치환 반응
S_N1/S_N2

$\overset{\delta^+}{C}-\overset{\delta^-}{O}-\overset{\delta^+}{C}$

$\sigma(C_{sp^3}-O_{sp^3})$

치환 반응 S_N1/S_N2
고리 열림 반응

탄소-산소(C—O) 단일 결합을 이루고 있는 작용기로 알코올(alcohol), 에터(ether) 및 에폭사이드(epoxide)가 있다.

산소의 비공유 전자쌍은 sp^3 오비탈을 점유하고 있다.

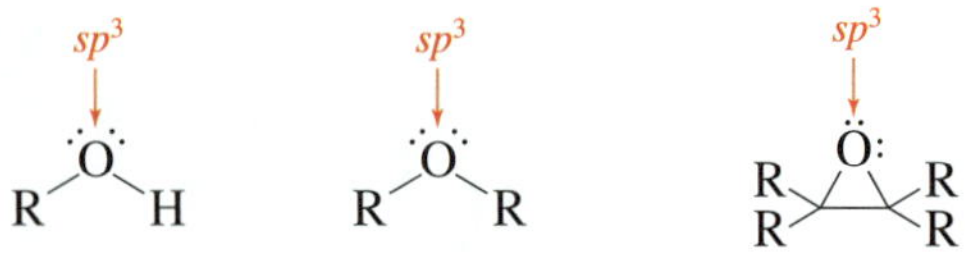

알코올 에터 에폭사이드

알코올은 일반적으로 sp^3 혼성 탄소가 sp^3 혼성을 하고 있는 산소를 포함하는 hydroxy기(OH)와 결합된 화학종이며, 알코올 OH 기를 가지는 탄소에 결합된 치환기 수에 따라 1°(일차, primary), 2°(이차, secondary), 3°(삼차, tertiary)로 구분한다.

sp^2 혼성 탄소에 OH 기가 결합된 화학종으로 엔올(enol)과 phenol이 있다. 엔올은 C=C 탄소에 OH 기를 가지고 있고, phenol은 benzene 고리에 OH 기를 가지고 있어 다른 알코올과 반응성도 다르다.

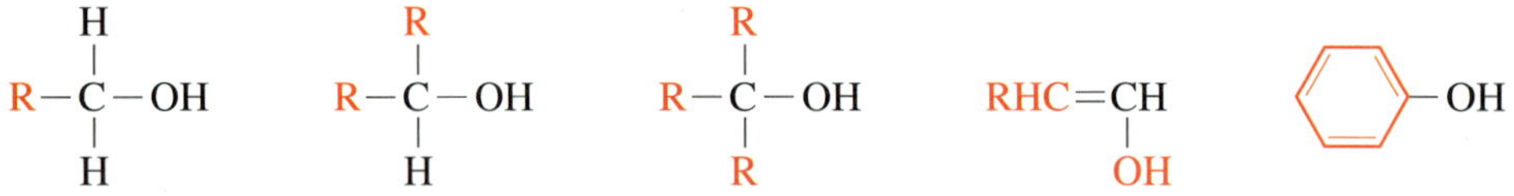

1° 알코올 2° 알코올 3° 알코올 엔올 phenol

8.1 알코올의 명명법 복습

■ **알코올의 명명법은 다음 네 단계로 명명한다.**

- **1단계:** 알코올을 모체 사슬로 선택하려면, OH 기를 포함한 가장 긴 사슬을 선택한다.
  - ▸ 선택된 모체 사슬 알케인의 끝 이름 *-e*를 *-ol*로 바꾼다.
- **2단계:** 치환기를 확인하고 이름을 붙인다.
- **3단계:** OH 기를 나타내는 수가 가장 낮은 수로 명명되도록 모체 사슬에 번호를 붙이고, 치환기의 위치를 지정한다.
- **4단계:** 치환기 이름을 알파벳순으로 나열하여 전체 이름을 명명한다.
  - ▸ OH 기의 위치 번호는 모체 이름 바로 앞에 두거나(1979년 IUPAC 제정), 접미사 *-ol* 앞에 두는 것이(2004년 IUPAC 권고) 모두 받아 들여지고 있다.
  - ▸ 고리형 알코올의 OH 기 위치 번호는 1번이다.

복습문제 8.1 다음 화합물의 IUPAC 이름을 쓰시오.

(a) 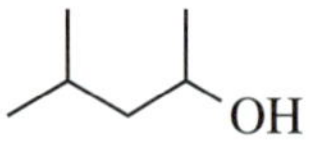 (b) 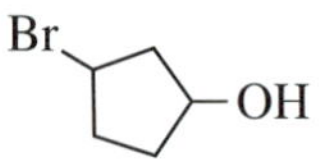 (c) 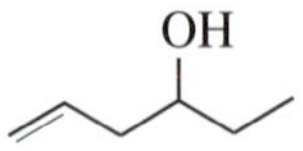 (d) 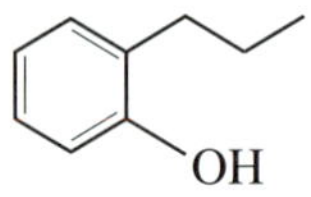 (e)

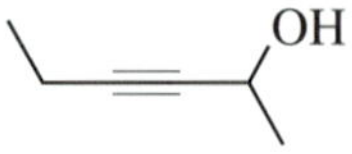

(f) $CH_3CH(CH_3)CH{=}CHCH_2CH_2CH(CH_3)CH_2OH$

(g) $HCCCH_2CH_2OH$

복습문제 8.2 다음 화합물의 구조식을 그리시오.

(a) 2-Methyl-2-propanol
(b) 2,5,5-Trimethylcyclohexanol
(c) *trans*-1,2-Cyclopentanediol
(d) 7,7-Dimethyloctanol
(e) 2-*tert*-Butyl-3-methylcyclohexanol
(f) 4-Chloro-2-nitrophenol

8.2 에터의 명명법 복습

■ **에터의 IUPAC 명명법은 두 가지를 허용한다.**

- 비대칭 에터의 일반명은 R 기의 이름을 알파벳순으로 나열하고 ether라는 용어를 더하여 명명한다.

예로, $CH_3CH_2-O-CH_3$는 ethyl methyl ether 식으로 명명한다. 단, 대칭 에터는 dialkyl ether 식으로 명명한다. 예 diethyl ether

- IUPAC명은 상대적으로 더 큰 알킬기를 모체로 선택하고 작은 기를 알콕시(alkoxy) 치환기로 명명한다.
  예 $CH_3CH_2OCH_2(CH_2)_3CH_3$는 ethoxypentane으로 명명한다.

복습문제 8.3 다음 화합물의 IUPAC 이름을 쓰시오.

(a)
(b) 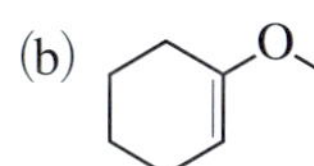
(c) 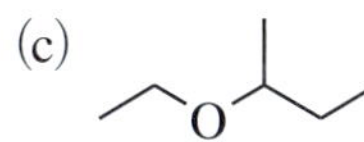
(d) 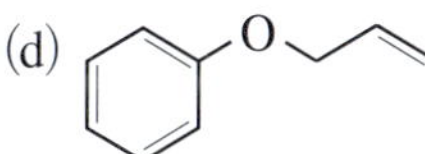

복습문제 8.4 다음 화합물의 구조식을 그리시오.

(a) *tert*-Butoxyhexane
(b) 4-Ethoxyoctane
(c) Cyclohexyl ethyl ether
(d) Diethyl ether

8.3 에폭사이드의 명명법 복습

■ **에폭사이드의 명명법은 두 가지가 있다.**

- 고리를 이룬 산소 원자를 하나의 치환기로 생각하고 연결된 두 탄소 원자 번호를 표시하고 epoxy-라는 접두사를 모체 이름 앞에 붙여 명명한다.
- 모체를 에폭사이드로 생각하여 다른 R 기를 치환기로 명명하고 접미사로 *-oxirane*을 붙여 명명한다.

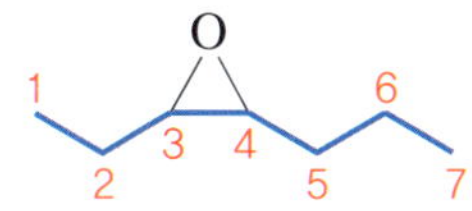

3,4-epoxyheptane

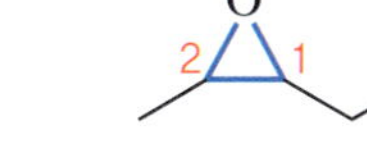

1-ethyl-2-methyloxirane

복습문제 8.5 다음 화합물의 IUPAC 이름을 쓰시오.

(a) 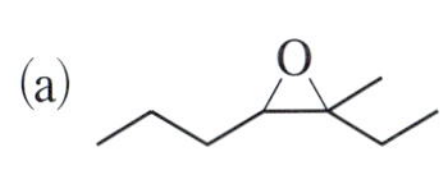
(b) 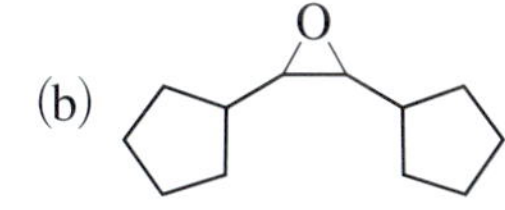
(c) 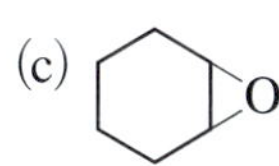
(d) 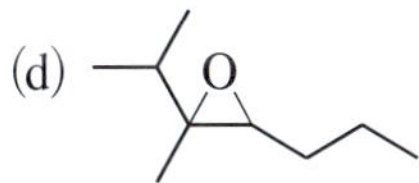

복습문제 8.6 다음 화합물의 구조식을 그리시오.

(a) 2,3-Epoxy-1-hexanol (b) 2,2-Dimethyloxirane

(c) 1,2-Dimethyl-1-cyclohexyloxirane

8.4 알코올, 에터 및 에폭사이드의 구조와 성질

- **알코올은 분자에 존재하는 OH 기가 서로 수소 결합을 할 수 있다(1.9절 참고). 이 수소 결합은 알코올의 물리적 성질에 영향을 준다.**
  - 분자간 수소 결합은 유사한 분자량을 가지는 다른 화합물보다 더 높은 끓는점과 녹는점을 가지게 한다.
  - 분자간 수소 결합은 물에 의한 용매화가 가능하게 한다.

- **알코올의 산도는 공명 효과, 유발 효과 및 용매 효과(입체 효과)에 의해 영향을 받는다.**
  - **공명 효과**: 알코올의 산도에 미치는 영향 중 가장 크다. 예를 들면 cyclohexanol (pK_a = 18) 보다 phenol (pK_a = 10) 이 더 강한 산이다. Phenol은 양성자를 잃고 phenoxide ($C_6H_5O^-$) 음이온이 되며, 이 짝염기는 공명에 의해 안정화된다.

음이온이 공명 안정화된다.

OH, OH, ^-OH, $-H_2O$

cyclohexanol (pK_a= 18) phenol (pK_a= 10) phenoxide

  - **용매 효과(입체 효과)**: 용액에서 차수가 다른 알코올의 상대적인 산도는 $CH_3OH > 1^\circ > 2^\circ > 3^\circ$ 순이며, 이 이유는 수소 결합과 용매화에 대한 입체 장애 때문이다(표 8.1 왼쪽 단 참조).
  - **유발 효과**: 알코올 분자에 전기 음성도가 큰 원자가 결합하면 유발 효과가 나타나고 산도에 영향을 준다.
    - ▸ 원소의 전기 음성도가 커질수록 유발 효과도 커진다.
    - ▸ 전기 음성도가 큰 원자의 수가 증가하면 유발 효과도 커진다.
    - ▸ 결합 위치가 C−OH 탄소로부터 멀어질수록 미치는 효과는 작아진다(표 8.1 오른쪽 단 참조).

표 8.1 수용액에서의 몇 가지 알코올의 pK_a 값

화합물	pK_a	화합물	pK_a
H_2O	15.7	$ClCH_2CH_2OH$	14.3
CH_3OH	15.5	CF_3CH_2OH	12.4
CH_3CH_2OH	15.9	$CF_3CH_2CH_2OH$	14.6
$(CH_3)_2CHOH$	17.1	$CF_3CH_2CH_2CH_2OH$	15.4
$(CH_3)_3COH$	18.0		

에터는 sp^3 혼성을 하고 있는 산소 원자에 두 개의 알킬기가 결합하고 있고, **OH 결합이 없으므로 수소 결합을 하지 못한다.** 두 알킬기가 동일한 에터는 **대칭 에터**(symmetric ether)이고, 다른 것은 **비대칭 에터**(asymmetric ether)라고 한다. 고리형 에터도 가능하며, 그 예가 에폭사이드이다. 에폭사이드는 삼원자 고리에 하나의 산소를 가지고 있다.

- **알코올과 에터는 물 분자처럼 굽은 모양(굽은 결합)이고, 에폭사이드는 고리를 이루는 세 원자가 sp^3 혼성을 하고 있다.**
  - 에폭사이드는 큰 각무리(angle strain)(5.3절 참조)를 가지므로 에터보다 반응성이 더 크다.
  - 에터는 산에 민감하지만 염기성 물질에는 비교적 안정하여 반응 용매로 많이 사용된다.

8.5 알코올, 에터 및 에폭사이드의 제조

- **알코올과 에터는 일반적으로 센 친핵체를 사용하여 S_N2 친핵성 치환 반응에 의해 제조한다.**
  - 모든 S_N2 반응에서처럼 methyl halide와 1° 할로젠화 알킬이 가장 좋은 수율을 보인다. 이 반응에서는 입체 장애가 큰 2°나 3° 할로젠화 알킬을 사용하는 것은 바람직하지 않다.
  - 2° 할로젠화 알킬은 ^-OH와 반응하면 S_N2 메커니즘으로, H_2O와 반응하면 S_N1 메커니즘으로 반응이 진행되어 알코올을 생성한다.
  - 3° 할로젠화 알킬은 H_2O와 반응하면 S_N1 메커니즘으로 알코올을 생성한다.

> ^-OH는 주로 NaOH나 KOH 등을 주로 이용하고, RO^-(alkoxide)는 시판하는 $NaOCH_3$를 사용하거나 강염기인 NaH와 알코올(ROH)을 반응시켜 제조하여 사용한다. 통상적으로 NaH나 생성된 NaOR이 수분에 민감하므로 반응 용기에서 제조하여 반응에 즉시 사용한다.

$$\underset{\text{1° 할로젠화 알킬}}{RCH_2X} + {}^-OH \xrightarrow{S_N2} \underset{\text{1° 알코올}}{RCH_2OH}$$

$$\underset{\text{2° 할로젠화 알킬}}{R_2CHX} + {}^-OH \text{ 또는 } H_2O \xrightarrow[S_N1]{S_N2 \text{ 또는}} \underset{\text{2° 알코올}}{R_2CHOH}$$

$$\underset{\text{3° 할로젠화 알킬}}{R_3CX} + H_2O \xrightarrow{S_N1} \underset{\text{3° 알코올}}{R_3COH}$$

- **알데하이드, 케톤, 카복실산 및 에스터를 환원제로 환원하면 알코올을 만들 수 있다.**
  - 알데하이드(RCHO)를 환원시키면 1° 알코올(RCH_2OH)을 제조할 수 있고, Grignard 시약(RMgX)과 반응시키면 2° 알코올(R_2CHOH)을 만들 수 있다.
  - 케톤($R_2C=O$)을 환원시키면 2° 알코올(R_2CHOH)이 생성되고, Grignard 시약(RMgX)과 반응시키면 3° 알코올(R_3COH)이 생성된다.
  - 카복실산(RCO_2H)이나 에스터(RCO_2R')를 환원시키면, 중간체로 알데하이드를 거쳐 1° 알코올(RCH_2OH)이 생성되고, Grignard 시약(RMgX)과 반응시키면 2° 알코올(R_2CHOH)을 만들 수 있다(11.3절 및 12.7절 참조).

$RCHO$ (알데하이드) $\xrightarrow{NaBH_4}$ $R-CH_2-OH$ (1° 알코올)

$RCHO$ (알데하이드) $\xrightarrow{1)\ R'MgX,\ 2)\ H^+}$ $R-CH(R)-OH$ (2° 알코올)

$RCOR$ (케톤) $\xrightarrow{LiAlH_4}$ $R-CH(R)-OH$ (2° 알코올)

$RCOR$ (케톤) $\xrightarrow{1)\ R'MgX,\ 2)\ H^+}$ $R-C(R)(R')-OH$ (3° 알코올)

$RCOOH(OR'')$ (카복실산 또는 에스터) $\xrightarrow{LiAlH_4}$ $R-CH_2-OH$ (1° 알코올)

$RCOOH(OR'')$ (카복실산 또는 에스터) $\xrightarrow{1)\ R'MgX,\ 2)\ H^+}$ $R-C(R')(H)-OH$ (2° 알코올)

- **Phenol은 chlorobenzene과 NaOH를 고온·고압에서 반응(Dow 공정)시켜 만들었으나, 오늘날에는 cumene(isopropylbenzene)을 산소와 반응시켜 만든다.**
  - 이 반응은 cumene hydroperoxide를 거쳐 만들어진다.
  - Cumene hydroperoxide가 자리 옮김 반응을 한다.

isopropylbenzene (cumene) $\xrightarrow{O_2}$ isopropylbenzene peroxide (OOH) $\xrightarrow{H_3O^+}$ phenol (OH) + acetone ($H_3C-CO-CH_3$)

메커니즘 8.1 Phenol의 합성 반응

cumene $\xrightarrow{O_2}$ cumene hydroperoxide ($-O-O-H$) $\xrightarrow{H_3O^+}$ 양성자화된 hydroperoxide ($-O-O^+H-H$) $\xrightarrow[-H_2O]{\text{자리 옮김}}$ $PhO^+=C(CH_3)_2$ + $H_2\ddot{O}$: ⇌ $PhO-C(CH_3)_2-{}^+OH_2$ ⇌ ($H_2\ddot{O}$:) $PhO^+(H)-C(CH_3)_2-OH$ ⇌ phenol (OH) + $H_3C-CO-CH_3$

- **할로젠화 알킬(RX)과 알콕사이드(RO^-)를 반응시켜 에터를 합성하는 방법을 Williamson 에터 합성법이라고 한다.**
  - Williamson 반응은 두 단계로 일어난다.
    - ▸ 첫 단계에서 RO^-가 형성된다.
    - ▸ 두 번째 단계에서 RX와 RO^-가 치환 반응을 한다.
  - Williamson 반응의 두 번째 단계는 S_N2 메커니즘으로 일어난다. 따라서 3° 할로젠화 알킬은 반응이 일어나지 않는다.

Williamson 반응은 1850년 diethyl ether 합성법을 처음 개발한 Aldexander Williamson의 이름을 따서 부른 것이다.

$$R-OH \xrightarrow[2)\ R'X]{1)\ NaH} R-O-R'$$

메커니즘 8.2 Williamson 에터 합성

$$R-\ddot{O}-H \xrightarrow{Na^+H^-} R-\ddot{O}:^- + R'-X \xrightarrow[S_N2]{} R-O-R' + X^-$$

■ **할로하이드린(halohydrin)을 염기로 처리하여 고리화하면 에폭사이드를 생성한다.**

- 이 반응은 두 단계로 일어난다.
  - ▸ 첫 단계에서 RO^-가 형성된다.
  - ▸ 두 번째 단계에서 RO^-가 분자 내 치환 반응을 한다.
- 두 번째 반응은 분자 내 S_N2 메커니즘으로 일어난다.

NaOH

(1*R*,2*R*)-2-bromocyclohexanol → 1,2-epoxycyclohexane

메커니즘 8.3 할로하이드린으로부터 에폭사이드 합성

HO^-

분자 내 치환 반응 S_N2

Br

8.6 알코올, 에터 및 에폭사이드의 반응

알코올(ROH)의 OH 자체는 센염기이므로 좋은 이탈기가 아니다. 친핵성 치환 반응이나 제거 반응이 일어나려면 ^-OH 기가 더 좋은 이탈기인 H_2O로 변환되어야 한다. 이러한 변환에 산 촉매를 주로 사용한다.

에터의 $-OR$ 기도 좋은 이탈기가 아니므로 알코올에 비해 유용성이 낮다. 에폭사이드도 좋은 이탈기를 가지고 있지 않지만, 삼원자 고리가 가지는 결합각 무리 때문에 친핵성 물질의 공격이 쉽게 일어난다.

$$R-OH \xrightarrow{H^+} R-O^+H_2$$

$R-OH$	$R-O^+H_2$	$R-O-R$	에폭사이드 (R₂C–CR₂, O)
^-OH 나쁜 이탈기	OH_2 좋은 이탈기	^-OR 나쁜 이탈기	^-OR 나쁜 이탈기 결합각 무리

8.6.1 알코올의 반응

알코올은 (1) 염기에 의한 탈양성자 반응, (2) 치환 반응, (3) 제거 반응(탈수 반응), (4) 산화 반응 등의 반응을 한다.

$$R-CH(R)-CH(R)-O\text{-}H \xrightarrow{-H^+} R-CH(R)-CH(R)-O^-$$

(1) 탈양성자 반응 — 알콕사이드

$$R-CH(R)-CH(R)\text{-}O-H \xrightarrow{X^-} R-CH(R)-CH(R)-X$$

(2) 치환 반응 — 할로알케인

$$R-CH(R)-CH(R)\text{-}O-H \xrightarrow[-H_2O]{} R_2C=C(H)R$$

(3) 제거 반응(탈수 반응) — 알켄

$$R-CH(R)-CH(R)-O\text{-}H \longrightarrow R-CH(R)-C(R)=O$$

(4) 산화 반응 — 알데하이드, 케톤

(1) 알코올의 양성자 제거

■ **알코올의 OH에서 양성자를 제거하려면 알콕사이드(RO^-)보다 더 강한 염기나 알칼리 금속을 사용해야 한다.**

- 염기로 lithium diisopropylamide ($LiN[CH(CH_3)_3]_2$), butyllithium ($LiCH_2CH_2CH_2CH_3$)과 potassium hydride (KH)를 주로 사용한다.
- 알코올의 양성자는 Li, Na, K, Cs 같은 알칼리 금속에 의해서도 제거되며 수소 기체를 발생한다.
  - ▸ 알코올과 알칼리 금속 간의 반응성은 methanol이 가장 크고 3° 알코올이 가장 낮다.

Lithium diisopropylamide ($LiN[CH(CH_3)_2]_2$), butyllithium ($LiCH_2CH_2CH_2CH_3$)과 potassium hydride (KH) 염기의 짝산의 pK_a 값은 알코올의 pK_a 값보다 더 크다(즉 약산이다).

반응성이 큰 Na, K, Cs 등은 공기 중에 노출되면 발생하는 수소가 자동 점화되거나 폭발할 수도 있어 주의해야 한다.

ROH와 알칼리 금속의 반응성 감소 →

MeOH 1° ROH 2° ROH 3° ROH

$$\underset{pK_a=15.5}{CH_3OH} + \underset{\text{lithium diisopropylamide}}{Li^{+}\,{}^{-}N[CH(CH_3)_2]_2} \rightleftharpoons CH_3O^-Li^+ + \underset{pK_a=40.0}{HN[CH(CH_3)_2]_2}$$

$$\underset{pK_a=15.5}{CH_3OH} + \underset{\text{butyllithium}}{Li^{+}\,{}^{-}CH_2CH_2CH_2CH_3} \rightleftharpoons CH_3O^-Li^+ + \underset{pK_a=50.0}{HCH_2CH_2CH_2CH_3}$$

$$\underset{pK_a=15.5}{CH_3OH} + \underset{\text{potassium hydride}}{K^+H^-} \rightleftharpoons CH_3O^-K^+ + \underset{pK_a=38.0}{H-H}$$

$$\underset{pK_a=15.9}{2CH_3CH_2OH} + \underset{\text{sodium 또는 potassium}}{2Na\text{ 또는 }2K} \longrightarrow 2CH_3CH_2O^-Na^+(\text{또는 }K^+) + \underset{pK_a=38.0}{H-H}$$

(2) 알코올의 할로젠화

- **알코올(ROH)과 할로젠화 수소(HX)를 반응시키면 좋은 이탈기를 포함하는 알킬옥소늄 이온(alkyloxonium ion, ROH_2^+)이 생성되고, 할로젠이 치환되어 할로젠화 알킬(RX)이 생성된다.**

  - 할로젠화 수소의 반응성은 산도가 증가함에 따라 증가한다.

HCl HBr HI

  - 1° 알코올은 S_N2 메커니즘으로 진행된다.
  - 2°와 3° 알코올은 물이 이탈되어 탄소 양이온이 형성된 후에 S_N1 메커니즘으로 치환되거나 E1 메커니즘으로 제거 반응을 한다.
  - 옥소늄 이온의 탄소 양이온 생성 속도는 물이 이탈되고 생성되는 탄소 양이온의 안정도에 의존한다.

옥소늄 이온의 탄소 양이온 생성 용이도 증가 →

$RCH_2O^+H_2$	$R_2CHO^+H_2$	$R_3CO^+H_2$
1°	2°	3°

메커니즘 8.4 1° 알코올과 HX의 S_N2 반응

$$RH_2C-\ddot{O}H + H-\ddot{Br}: \xrightarrow{-Br^-} RH_2C-\ddot{O}^+H_2 \xrightarrow[S_N2]{} RH_2C-\ddot{Br}:$$

1° 알코올 → 1° 할로젠화 알킬

  - 탄소 양이온을 거쳐 진행되는 반응(S_N1 또는 E1 반응)에서는 자리 옮김 반응이 관찰된다. 3-Methyl-2-butanol을 HBr과 반응시키면 자리 옮김 생성물인 2-bromo-2-methylbutane이 주생성물로 생성된다(메커니즘 8.5 참조).

2° 알코올: $H_3C-CH(CH_3)-CH(OH)-CH_3$ (3° 탄소, 2° 탄소) 3-methyl-2-butanol $\xrightarrow[-H_2O]{HBr,\ 0°C}$ 예상 생성물: $H_3C-CH(CH_3)-CHBr-CH_3$ 2-bromo-3-methylbutane (소량 생성물) + 자리 옮김 생성물: $H_3C-CBr(CH_3)-CH_2-CH_3$ 2-bromo-2-methylbutane (주생성물)

  - 비대칭 탄소 중심에 OH 기를 가지는 알코올의 S_N2 치환 반응에서는 탄소의 배열이 완전히 반전된 치환 생성물이 생성되고, S_N1 치환 반응에서는 생성물이 라셈 혼합물로 얻어진다.

(*S*)-1-deuterioethanol $\xrightarrow[S_N2]{HBr}$ (*R*)-1-bromo-1-deuterioethanol

(R)-2-phenylbutan-2-ol →(HBr, S_N1) (R)-(2-bromobutan-2-yl)benzene + (S)-(2-bromobutan-2-yl)benzene

메커니즘 8.5 3-Methyl-2-butanol의 할로젠화수소화 반응

3-methyl-2-butanol →(H−Br) ⇌(−H_2O) (2°) ⇌(Br⁻, S_N1) 2-bromo-3-methyl-butane

자리 옮김 ↓

(3°) ⇌(Br⁻, S_N1) 2-bromo-2-methyl-butane

- **알코올을 $SOCl_2$ (thionyl chloride) 나 PBr_3 (phosphorus tribromide) 등과 반응시켜 할로젠화할 수 있다.**
  - OH보다 더 좋은 이탈기인 무기 에스터 중간 물질(ROSOCl이나 RO^+HPBr_2)을 형성하여 진행된다.
  - 이 반응은 S_N2 메커니즘을 거쳐 할로젠화 알킬을 생성한다.
  - $SOCl_2$나 PBr_3 시약들은 CH_3OH, 1° 및 2° 알코올 등에 적합하다.
  - PBr_3는 1당량으로 3당량의 알코올을 할로젠화할 수 있어 유용하다.

메커니즘 8.6 $SOCl_2$와 PBr_3를 이용한 알코올의 할로젠화

$R-\ddot{O}H + SOCl_2 \xrightarrow{-Cl^-} R-O^+(H)-S(=O)Cl$ + pyridine $\xrightarrow{Cl^-}$ $R-O-S(=O)Cl$ (− pyridinium) $\xrightarrow{S_N2}$ $R-Cl + SO_2 + Cl^-$

$R-\ddot{O}H + PBr_3 \xrightarrow{Br^-} R-O^+(H)-PBr_2 \xrightarrow{S_N2} R-Br + HOPBr_2$

$3R-\ddot{O}H + PBr_3 \xrightarrow{\text{세 번 반복}} 3\,R-Br + P(OH)_3$

(3) Tosylate를 이용한 알코올의 변환

- **알코올의 OH기를 더 좋은 이탈기로 변환하는 데 tosyl (*p*-toluenesulfonyl, $CH_3C_6H_4SO_2-$, Ts) 기를 이용한다.**
    - 이 반응은 두 단계로 일어난다.
    - 첫 단계에서는 알코올과 *p*-toluenesulfonyl chloride가 반응하여 tosylate로 변환된다.
    - 두 번째 단계에서는 형성된 tosylate가 친핵체와 반응한다.
    - 이 반응의 메커니즘은 S_N2 또는 E2 메커니즘을 거쳐 일어난다.

알코올과 *p*-toluenesulfonyl chloride가 반응하여 새로운 C−O 결합이 생성될 때는 C−OH의 탄소 입체 배열이 보존되고, 친핵체와 반응하는 단계는 S_N2 메커니즘을 거치므로 배열이 반전된다.

메커니즘 8.7 Tosylate를 이용한 알코올의 변환

$$H_3CH_2C-\ddot{O}H + Cl-SO_2-C_6H_4-CH_3 \xrightarrow{Base^-} H_3CH_2C-\overset{H}{\overset{|}{O^+}}-SO_2-C_6H_4-CH_3 \longrightarrow H_3CH_2C-O-SO_2-C_6H_4-CH_3$$

ethanol, *p*-toluenesulfonyl chloride, ethyl tosylate

$$H_3C-C_6H_4-SO_2-O-CH_2CH_3 + CH_3O^-Na^+ \xrightarrow{S_N2} H_3CH_2COCH_3 + H_3C-C_6H_4-SO_2-ONa$$

sodium methoxide, ethyl methyl ether, sodium tosylate

$$H_3C-C_6H_4-SO_2-O-CH_2CH_2(H) + K^+O^-C(CH_3)_3 \xrightarrow{E2} H_2C=CH_2 + H_3C-C_6H_4-SO_2-ONa$$

potassium *tert*-butoxide, ethene, sodium tosylate

(4) 알코올의 탈수

- **알코올은 산 조건에서 탈수 (dehydration) 되어 알켄을 생성한다.**
    - 탈수는 알코올의 구조에 따라 E1 또는 E2 메커니즘으로 진행된다.
    - Zaitsev 규칙에 따라 이중 결합에 치환기가 많은 알켄이 주생성물로 생성된다 (6.10절 참조).
    - 산 조건에서 알코올의 탈수 반응성 순서는 다음과 같다.

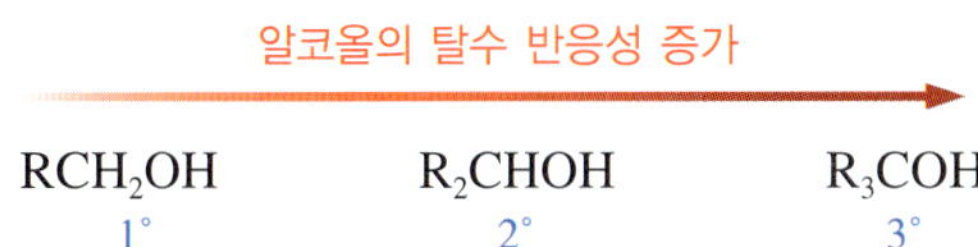

- **알코올 탈수 반응의 메커니즘은 구조에 의존한다.**
    - 1° 알코올의 탈수 반응은 E2 메커니즘으로 진행된다.
    - 2°와 3° 알코올의 탈수 반응은 E1 메커니즘으로 진행된다.
    - E1 메커니즘은 탄소 양이온 중간체를 거치므로 더 안정한 양이온으로 자리 옮김 (1,2-이동) 할 수 있다.

1,2-이동에서는 H, CH_3, 알킬기(R) 및 phenyl 기 등이 자리 옮김될 수 있다.

메커니즘 8.8 1° 및 2° 알코올의 탈수 반응

$$\text{R-CH}_2\text{-CH}_2\text{-}\ddot{\text{O}}\text{H} + \text{H-OSO}_3\text{H} \xrightarrow{-\text{HSO}_4^-} \text{R-CH}_2\text{-CH}_2\text{-O}^+\text{H}_2 + {}^-\text{OSO}_3\text{H} \xrightarrow[-\text{H}_2\text{SO}_4]{\text{E2}} \text{RHC=CH}_2 + \text{H}_2\text{O}$$

1° 알코올 → 알켄

$$\text{R-CR}_2\text{-CH(CH}_3\text{)-}\ddot{\text{O}}\text{H} + \text{H-OSO}_3\text{H} \xrightarrow{-\text{HSO}_4^-} \text{R-CR}_2\text{-CHR-}\overset{+}{\text{O}}\text{H}_2 \xrightarrow{\text{H}_2\text{O}} \text{R-CR}_2\text{-C}^+\text{H(CH}_3\text{)} \xrightarrow{\text{1,2-이동}} \text{R-C}^+\text{R-CH(CH}_3\text{)-R}$$

2° 알코올, 2° 양이온, 3° 양이온

2° 양이온 $\xrightarrow{\text{E1},\ {}^-\text{OSO}_3\text{H}}$ $\text{R}_3\text{C-CH=CH}_2$ (소량 생성물)

3° 양이온 $\xrightarrow{\text{E1},\ {}^-\text{OSO}_3\text{H}}$ $\text{R}_2\text{C=C(R)CH}_3$ (주생성물)

(5) 알코올의 산화

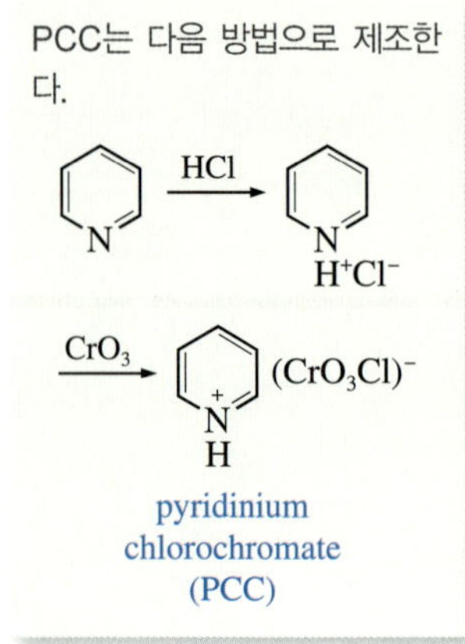

■ **알코올은 유형이나 시약에 따라 OH 기를 가지는 탄소 원자에 있는 C−H 결합이 C−O 결합으로 변환되어 다양한 종류의 카보닐 화합물로 산화된다.**

- 알코올의 산화제로 사용하는 CrO_3, $Na_2Cr_2O_7$ 및 $K_2Cr_2O_7$는 산성 수용액(H_2SO_4 + H_2O)에서 사용하고 선택성이 없다.
- Pyridinium chlorochromate(PCC)는 센산이 없어도 가능하며 선택성이 더 커서 알데하이드까지만 산화된다.
- 1° 알코올은 알데하이드(RCHO)나 카복실산(RCOOH)으로 산화된다.
- 2° 알코올은 케톤(R_2CO)으로 산화된다.
- 3° 알코올은 OH 기를 가지는 탄소에 C−H 결합이 없어 Cr(VI) 시약으로 산화되지 않는다(메커니즘 8.9 참조).

메커니즘 8.9 1° 및 2° 알코올의 Cr(VI) 산화 반응

$$\text{R-CH}_2\text{-}\ddot{\text{O}}\text{H} + \text{O=Cr(=O)=O} \longrightarrow \text{R-CH}_2\text{-}\overset{+}{\text{O}}\text{H-Cr(=O)}_2\text{-O}^- \longrightarrow \text{R-CH}_2\text{-}\ddot{\text{O}}\text{-Cr(=O)}_2\text{-OH} + \text{H}_2\ddot{\text{O}}\text{:} \longrightarrow \text{RCHO} + \text{H}_3\overset{+}{\text{O}}\text{:} + {}^-\text{O}_3\text{Cr(IV)H}$$

1° 알코올, Cr(VI), chromate ester, 알데하이드

$$\text{RCHO} \xrightarrow{\text{H}_2\text{O, H}_2\text{SO}_4} \text{R-CH(OH)-}\ddot{\text{O}}\text{H} + \text{CrO}_3 \longrightarrow \text{R-CH(OH)-}\ddot{\text{O}}\text{-Cr(=O)}_2\text{-OH} + \text{H}_2\ddot{\text{O}}\text{:} \longrightarrow \text{RCOOH} + \text{H}_3\overset{+}{\text{O}}\text{:} + {}^-\text{O}_3\text{Cr(IV)H}$$

알데하이드, 수화물, chromate ester, 카복실산

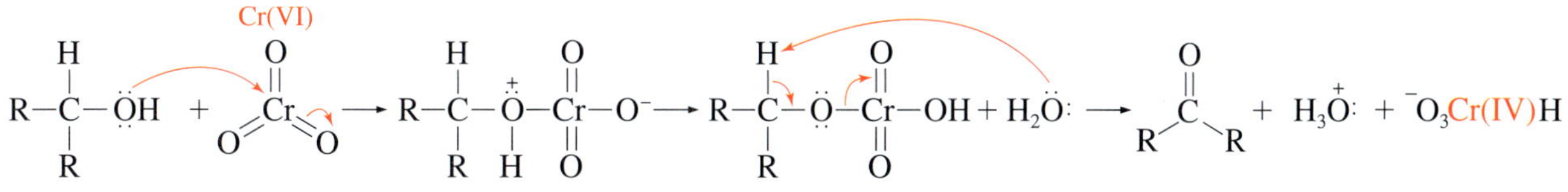

Cr(VI)

2° 알코올 chromate ester 케톤

(6) Phenol의 산화

Phenol은 OH 기가 결합된 탄소에 H가 없다. 따라서 3° 알코올처럼 쉽게 산화되지 않을 것으로 예상된다. 그러나 phenol은 $Na_2Cr_2O_7$에 의해 지방족 1°, 2° 알코올보다 더 쉽게 산화되어 benzoquinone을 생성한다.

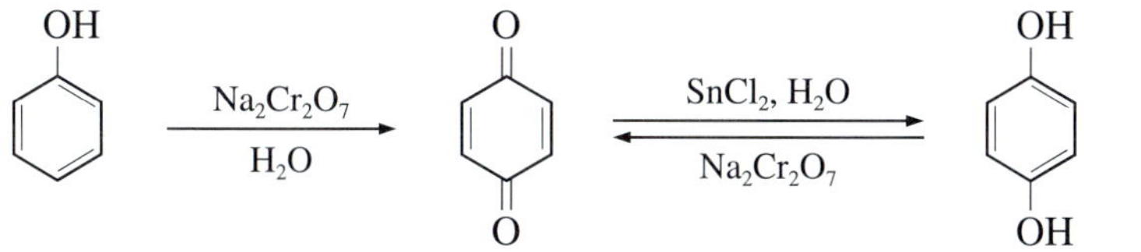

phenol —($Na_2Cr_2O_7$, H_2O)→ benzoquinone ⇌ ($SnCl_2$, H_2O / $Na_2Cr_2O_7$) hydroquinone

Quinone의 이러한 산화-환원 성질은 살아 있는 세포의 기능에서 매우 중요하다. 보조 효소 Q라고 불리는 ubiquinone은 생화학적 산화제이다.

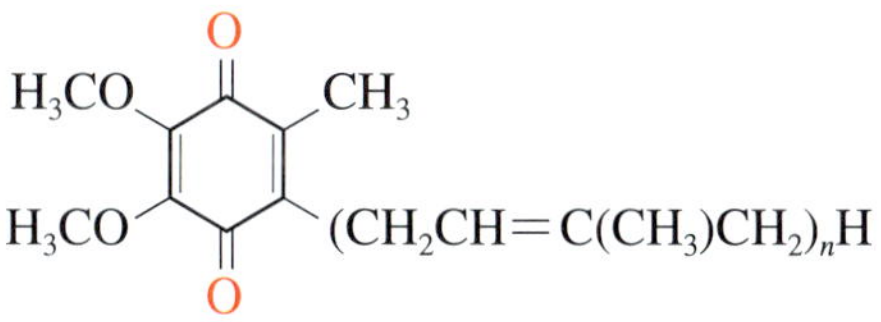

ubiquinone (n=1~10)

(7) 알코올 기의 보호

복잡한 분자의 합성에서 출발 물질 알코올에 또 다른 작용기가 있으면 OH 기가 우선 반응하여 원하는 생성물을 얻지 못할 때가 많다. 예로 HO−$CH_2CH_2CH_2$−Br는 Grignard 시약을 만들 수 없다. 이런 경우는 OH 기를 반응 시약으로부터 보호해야 한다.

- **합성에서 작용기 보호는 세 단계로 이루어진다.**
  - **1단계**: 보호하려는 작용기에 **보호기**(protecting group)를 도입한다.
  - **2단계**: 원하는 반응을 진행한다.
  - **3단계**: 보호기를 제거한다.

보호기로 사용할 수 있는 물질은 1) 도입과 제거가 쉽고, 2) 반응에 참여하지 않아야 하고, 3) 가격이 저렴해야 한다.

- **OH 기는 입체 장애가 큰 치환기를 도입하여 친핵체의 공격으로부터 보호할 수 있다.**
  - OH 기는 $(CH_3)_3Si$− (trimethylsilyl) 기를 도입하여 보호한다.
  - OH 기를 $(CH_3)_3Si$−Cl (trimethylsilyl chloride)와 반응시켜 trimethylsilyl ether를 형성하여 보호한다.
  - 이 반응은 S_N2 유사 메커니즘으로 진행된다.
    - ▸ $(CH_3)_3Si$−Cl는 $(CH_3)_3C$−Cl 보다 반응 중 입체 장애를 덜 받는다.

▸ $(CH_3)_3Si-Cl$가 $(CH_3)_3C-Cl$보다 입체 장애를 덜 받는 이유는 C−Si 결합 길이가 C−C 결합 길이보다 더 길기 때문이다.

보호기 제거는 주로 H_3O^+ 또는 TBAF(tetrabutylammonium fluoride)를 사용한다.

다음은 $HO-CH_2CH_2CH_2-Br$(3-bromopropanol)로부터 Grignard 시약을 제조하여 diol을 만드는 반응 예이다.

1. 보호기 도입

3-bromopropanol + $H_3C-Si(CH_3)_2-Cl$ $\xrightarrow{N(CH_2CH_3)_3}$ $(CH_3)_3Si-O-CH_2CH_2CH_2-Br$

2. Grignard 반응

$(CH_3)_3Si-O-CH_2CH_2CH_2-Br$ $\xrightarrow[\text{Ether}]{Mg}$ $(CH_3)_3Si-O-CH_2CH_2CH_2-MgBr$ $\xrightarrow[2.\ H_3O^+]{1.\ H_3C-CHO}$ $(CH_3)_3Si-O-CH_2CH_2CH_2CH(OH)CH_3$

3. 보호기 제거

$(CH_3)_3Si-O-CH_2CH_2CH_2CH(OH)CH_3$ $\xrightarrow{H_3O^+}$ $HO-CH_2CH_2CH_2CH(OH)CH_3$

1,4-pentanediol

8.6.2 에터의 반응

에터는 R−O−R 결합을 가지고 있어 염기에는 강하지만 산에는 민감하다. 에터 자체는 나쁜 이탈기를 가지고 있어 친핵성 치환 반응이나 제거 반응이 직접 일어나지 않는다.

HX는 센산이면서 좋은 친핵체(X^-)를 제공할 수 있는 물질이다.

$(CH_3)_3COCH_3$ (*tert*-butyl methyl ether) 같은 에터는 HI 등과 반응할 때 S_N1과 S_N2 두 가지 메커니즘으로 반응할 수 있다.

■ **에터에 HBr, HI 같은 센산인 할로젠화 수소(HX)를 반응시키면 할로젠화 알킬(RX)과 알코올(ROH)이 생성된다.**

- 에터의 분해 반응은 구조에 따라 S_N1 또는 S_N2 메커니즘으로 분해된다.

$$H_3C-C(CH_3)_2 \overset{S_N1}{\wr} \ddot{O} \overset{S_N2}{\wr} CH_3$$

- 에터 산소 원자에 2° 또는 3° 알킬기가 결합되어 있으면, 탄소 양이온을 포함하는 S_N1 메커니즘으로 진행된다.
- 에터 산소 원자에 methyl이나 1° 알킬기가 결합되어 있으면, S_N2 메커니즘으로 진행된다.
- 3° 알킬기를 포함하는 *tert*-butyl ether는 염기, 유기금속 시약, 산화제 및 환원제로부터 알코올을 보호하는 보호기로 이용한다.

$$R-\ddot{O}H \xrightarrow[-H_2O]{\text{보호기 도입: } (CH_3)_3COH,\ H^+} H_3C-C(CH_3)_2-\ddot{O}-R \xrightarrow{\text{염기, 친핵체, 산화제, 환원제 반응}} H_3C-C(CH_3)_2-\ddot{O}-R' \xrightarrow{\text{보호기 제거: } H^+,\ H_2O} R'-\ddot{O}H$$

메커니즘 8.10 HX에 의한 에터의 분해 반응

(H 또는)R−CH_2−Ö−R + H−X →(−X^-) (H 또는)R−CH_2−O^+(H)−R →(X^-, S_N2) ROH + (H 또는)R−CH_2−X

methyl/1° 알킬기를 가지는 에터 … methyl/1° 할라이드

(H 또는)R−C(R)(R)−Ö−R + H−X →(−X^-) (H 또는)R−C(R)(R)−O^+(H)−R → ROH + (H 또는)R−C^+(R)(R) →(X^-, S_N1) (H 또는)R−C(R)(R)−X

2°/3° 알킬기를 가지는 에터 … 2°/3° 할라이드

■ 에터는 산소와 라디칼 메커니즘으로 반응하여 과산화 수소(**hydroperoxide**) 화합물과 과산화물(**peroxide**)을 생성한다. 이런 결과로 실험실에서 자주 **ethyl ether**에 의한 폭발 사고가 난다.

2 R−Ö−CHR_2 + :Ö−Ö: → 2 R−Ö−COOH → ROC−Ö−Ö−COR

ether, oxygen, ether hydroperoxide, ether peroxide

8.6.3 에폭사이드의 반응

■ 에폭사이드는 두 개의 **C−O** 극성 결합과 고리 무리(**ring strain**)가 큰 삼원자 고리이므로, 고리 열림 반응(**ring opening reaction**)이 일어난다.

- 고리 열림 반응은 친핵체와 위치 선택적으로 반응을 한다.
- 반응에서 고리는 입체 특이적으로 열린다.
- 이 고리 열림 반응은 $^-$OH, $^-$OR, $^-$CN, $^-$SR 및 NH_3 같은 센 친핵체 또는 친핵체를 가진 HNu(Nu는 친핵체 원자)에 의해 쉽게 일어난다.
- 센 친핵체와의 반응은 S_N2 메커니즘으로 진행되므로 뒷면에서 공격하고, 비대칭 에폭사이드에서는 치환기가 적은 쪽 탄소를 공격한다. 결과는 OH 기와 친핵체(Nu)가 트랜스로 배열된다.

메커니즘 8.11 에폭사이드의 고리 열림 반응

(R)(R)C(−O−)C(H)(H) + Nu^- →(S_N2) (R)(R)C(O^-)−C(H)(H)(Nu) →(H_2O) (R)(R)C(HO)−C(H)(H)(Nu)

(R)(R)C(−O−)C(H)(H) + H−Nu → (R)(R)C(δ^+)(−O^+H−)C(H)(H) + Nu^- →(S_N1/S_N2) (R)(R)(Nu)C−C(OH)(H)(H)

- HNu와의 반응에서 양성자(H) 첨가 후에 일어나는 친핵체의 공격은 치환기가 더 많은 쪽 탄소(S_N1 메커니즘)의 뒤편(S_N2 메커니즘)에서 일어난다.

8.6.4 알코올과 에터의 황 유사체

황은 산소보다 크기가 더 크며 오비탈이 분산되어 있고, 상대적으로 비극성화되어 있어 수소 결합을 효과적으로 하지 못한다.

알코올의 황 유사체 RSH는 IUPAC명으로 싸이올(thiol)이고, 에터의 황 유사체는 설파이드(sulfide)이다. 싸이올은 알코올보다 수소 결합이 약하고 산성은 더 크다.

- **싸이올과 설파이드는 알코올 및 에터와 유사하게 반응하지만, 싸이올과 설파이드의 황은 알코올이나 에터의 산소보다 친핵성은 더 크고 염기성은 낮다.**

싸이올은 NaSH와 할로젠화 알킬을 반응시켜 제조하고, 할로젠화 알킬과 싸이올을 반응시키면 설파이드를 합성할 수 있다.

$$\text{R}-\text{X} + \text{NaSH} \xrightarrow[\text{CH}_3\text{CH}_2\text{OH}]{} \underset{\text{싸이올}}{\text{R}-\text{SH}} + \text{NaX}$$

$$\text{R}-\text{SH} + \text{R}'-\text{Br} \xrightarrow[\text{NaOH}]{} \underset{\text{설파이드}}{\text{R}-\text{S}-\text{R}'} + \text{NaBr} + \text{H}_2\text{O}$$

- **황은 *d* 오비탈을 가진 3주기 원소이어서 원자가 껍질을 확장하여 팔전자 규칙에서 허용하는 것보다 더 많은 전자를 수용할 수 있다.**
  - 싸이올은 산화되어 다이설파이드(disulfide, RSSR)가 되고, 설파이드는 설폭사이드(sulfoxide, RS(=O)R)를 거쳐 설폰(sulfone, RS(=O)$_2$R)으로 산화된다.

$$2\ \text{H}_3\text{C}-\text{SH} \xrightarrow{\text{산화제}} \underset{\text{dimethyl disulfide}}{\text{H}_3\text{C}-\text{S}-\text{S}-\text{CH}_3}$$

$$\underset{\text{dimethyl sulfide}}{\text{H}_3\text{C}-\text{S}-\text{CH}_3} \xrightarrow{\text{H}_2\text{O}_2} \underset{\text{dimethyl sulfoxide (DMSO)}}{\text{H}_3\text{C}-\text{S}(=\text{O})-\text{CH}_3} \xrightarrow{\text{H}_2\text{O}_2} \underset{\text{dimethyl sulfone}}{\text{H}_3\text{C}-\text{S}(=\text{O})_2-\text{CH}_3}$$

싸이올로부터 다이설파이드가 되는 반응과 이 반응의 역반응 과정은 생물학적으로 중요하다. SH 기를 가진 단백질이나 아미노산들이 다이설파이드로 연결된다.

8.7 알코올과 에터의 분광학적 특성

8.7.1 알코올의 분광학적 특성

(1) 적외선 스펙트럼

- **알코올의 적외선 스펙트럼에서 O—H 신축 진동 흡수띠가 특성적으로 나타난다(그림 3.9 참조).**
  - 분자 내 수소 결합을 한 경우에 OH 흡수띠는 3200~3500 cm^{-1} 영역에서 크고 넓게 나타난다.
  - 수소 결합을 하지 않은 O—H 신축 진동 흡수띠는 3650~3600 cm^{-1} 부근에서 작고 날카로운 모양으로 나타난다.

- 알코올의 C—O 신축 진동 흡수띠는 1260~1000 cm^{-1} 부근에서 강하게 나타난다.

표 8.2 알코올과 phenol의 C—O 및 O—H 흡수 영역

화합물	C—O 신축 진동(cm^{-1})	O—H 신축 진동(cm^{-1})
Phenol	1220	3610
RCH_2OH (1°)	1150	3620
R_2CHOH (2°)	1100	3630
R_3COH (3°)	1050	3640

(2) 핵자기 공명 스펙트럼

- **알코올의 ^{1}H NMR은 RO—H의 양성자 화학적 이동값은 0.5~5.0 ppm에서 나타나고, 알코올의 C—O 결합을 가지는 탄소(α-탄소)에 결합된 양성자(R—CH—O)의 화학적 이동값은 δ = 3.2~3.8 ppm에서 나타난다.**
  - 알코올의 OH 양성자 흡수띠의 범위가 넓은 것은 OH의 양성자의 상호 교환이 매우 빠르기 때문이다.
  - 중수(D_2O)로 처리하면 ROH가 ROD로 되면서 ^{1}H NMR에서는 신호가 나타나지 않게 된다. 이런 증거는 OH 작용기의 존재 여부를 알려주는 훌륭한 증거가 된다.
  - RCH—OH의 두 이웃한 양성자 간의 짝지음(J = 5 Hz)은 보통은 관찰되지 않으나, 기기 성능에 따라 나타나기도 한다.

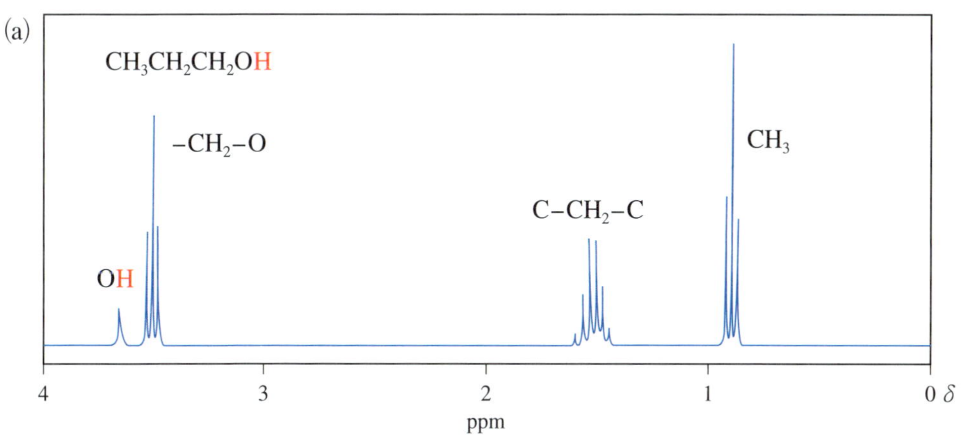

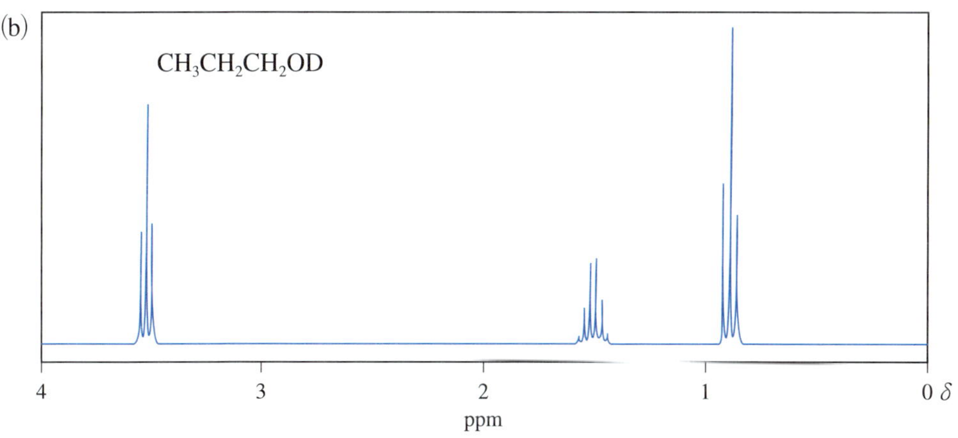

그림 8.1 (a) $CH_3CH_2CH_2OH$와 (b) $CH_3CH_2CH_2OD$의 ^{1}H NMR 스펙트럼

$$RCH_2-OH + H_2O \rightleftharpoons RCH_2-OH + HOH$$ 빠른 분자 간 양성자 교환

$$RCH_2-OH + D_2O \rightleftharpoons RCH_2-OD + HOD$$ 알코올 분자와 중수소 교환

(3) 질량 스펙트럼

- **지방족 알코올의 질량 스펙트럼에서는 분자 어미 이온(M^+) 신호가 나타나지 않거나 작다.**
  - 대표적인 조각내기는 탈수가 되거나(M-18), 분해에 의해 알킬기가 조각나는 방식이다.
  - 탈수를 포함하는 조각내기는 이온화되기 전 열에 의한 탈수(thermal dehydration)이며, 알코올 구조에 따라 1,2-제거(1,2-elimination) 또는 1,4-제거(1,4-elimination) 방식으로 조각이 난다.

Phenol의 분자 어미 이온(M^+, $m/z=96$)은 크게 나타나며, 주요 조각내기 방식은 M-1(H), M-28(CO), M-29(HCO·)이다.

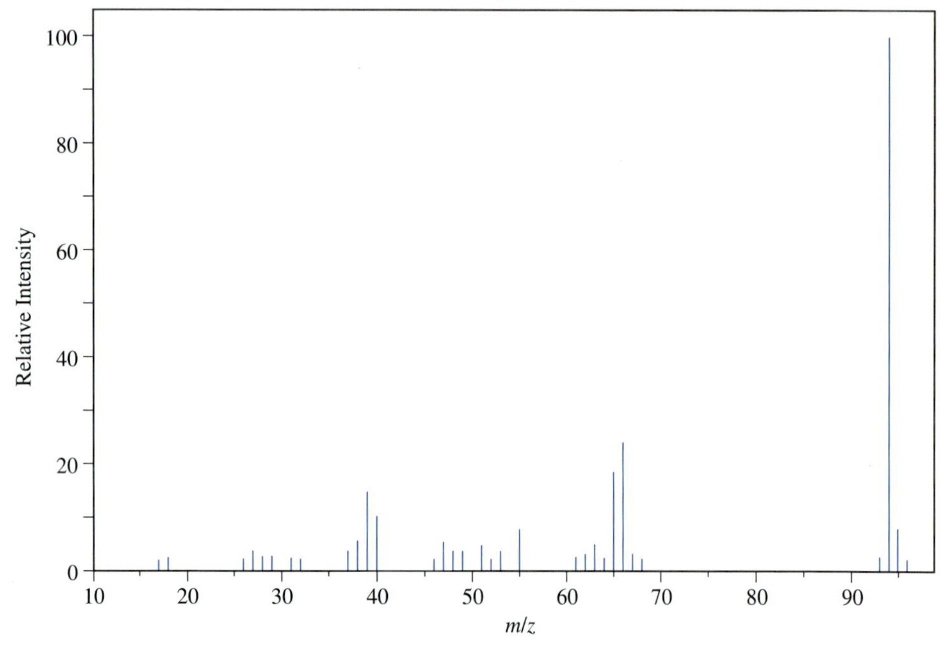

그림 8.2 Phenol의 MS 스펙트럼

8.7.2 에터의 분광학적 특성

(1) 적외선 스펙트럼

에터의 적외선 스펙트럼에서는 C—O 신축 진동 흡수띠가 1300~1000 cm^{-1} 영역에서 나타나고, phenyl alkyl ether(PhOR)의 경우에는 1250과 1040 cm^{-1} 영역에서 C—O의 강한 흡수띠가 나타난다.

(2) 핵자기 공명 스펙트럼

에터(ROCHR)의 ^{1}H NMR 스펙트럼에서 O−CH−의 양성자 신호는 산소의 큰 전기 음성도 때문에 벗김 효과를 받아 δ 3.2~3.8 ppm 영역에서 나타난다.

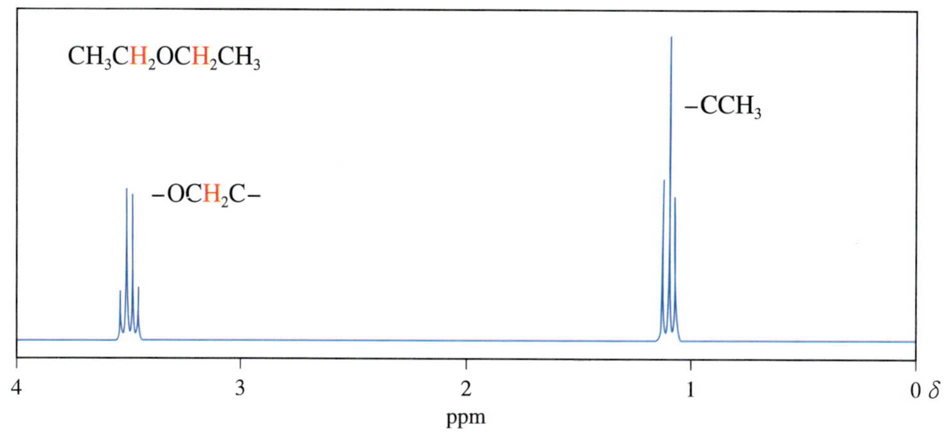

그림 8.3 Diethyl ether의 ^{1}H NMR

(3) 질량 스펙트럼

지방족 에터(ROR)의 분자 어미 이온(M^+) 신호는 약하지만 관찰된다. 지방족 에터의 조각내기는 α-분해, M-31, M-45, M-59 등으로의 분해가 일반적이나 구조에 따라 다르다. 예를 들어 *tert*-butyl methyl ether[$(CH_3)_3COCH_3$]의 질량 스펙트럼에서는 분자 어미 이온은 나타나지 않는다. 주피크는 M-15(CH_3)이고, M-31(CH_3O)는 $m/z = 57$ [$(CH_3)_3CH^+$]에서 나타난다(그림 8.4).

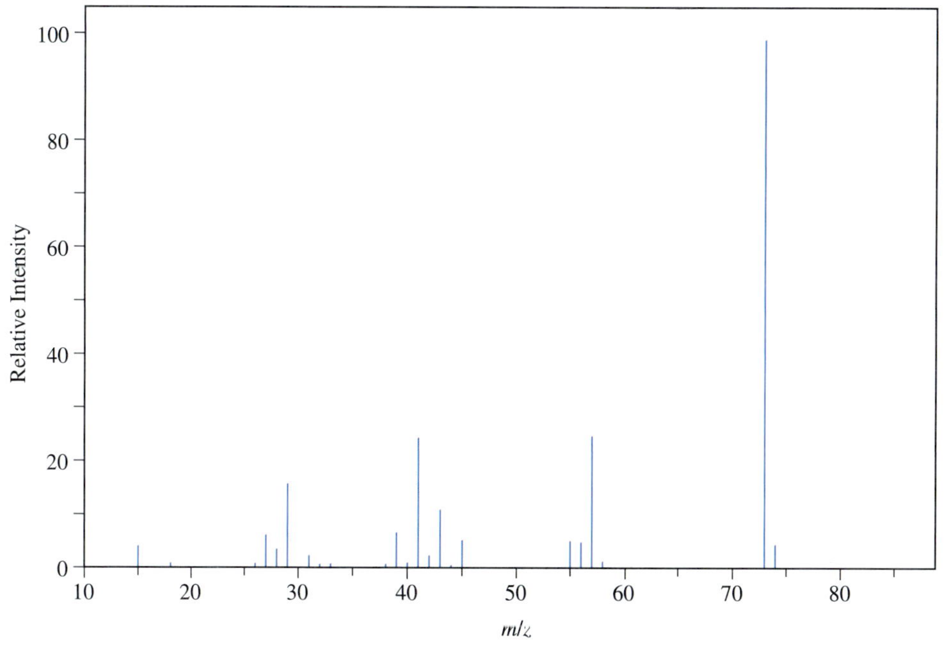

그림 8.4 *tert*-Butyl methyl ether의 질량 스펙트럼

알코올 이야기–왜 methanol은 먹을 수 없는가?

가장 작은 알코올인 methanol (CH_3OH)과 ethanol (CH_3CH_2OH) 중에서 ethanol은 섭취하지만 methanol은 먹을 수 없다. 왜 그럴까?

Ethanol은 몸속에서 methanol보다 더 빠르게 산화되어 acetaldehyde를 거쳐 acetic acid로 산화된다. 이 acetic acid는 독이 없고, 신체의 다양한 기능에 사용될 수 있다. 이 산화 과정은 알코올 탈수소 효소가 촉매 작용을 한다.

$$\underset{\text{ethanol}}{CH_3CH_2OH} \xrightarrow[\text{알코올 탈수소 효소}]{NAD^+ \rightarrow NADH} \underset{\text{acetaldehyde}}{H_3C-\overset{O}{\overset{\|}{C}}-H} \xrightarrow{NAD^+ \rightarrow NADH} \underset{\text{acetic acid}}{H_3C-\overset{O}{\overset{\|}{C}}-OH}$$

그러나 acetaldehyde는 체내에서 덜 유용하다. Ethanol을 과량 섭취하면 일시적으로 체내에 acetaldehyde의 농도가 높아지고 그로 인해 구역질이나 구토 같은 증상이 유발된다.

한편, methanol도 몸 안에서 NAD^+에 의해 산화되어 formaldehyde를 생성하고 더 산화되어 formic acid로 된다.

$$\underset{\text{methanol}}{CH_3OH} \xrightarrow[\text{알코올 탈수소 효소}]{NAD^+ \rightarrow NADH} \underset{\text{formaldehyde}}{H-\overset{O}{\overset{\|}{C}}-H} \xrightarrow{NAD^+ \rightarrow NADH} \underset{\text{formic acid}}{H-\overset{O}{\overset{\|}{C}}-OH}$$

Formic acid는 적은 양도 인체에 유독하다. Formic acid가 축적되면 실명하거나 장기 파손 내지는 죽음에 이를 수 있다.

Methanol 과다 복용자 치료에 ethanol을 이용한다. Ethanol이 methanol보다 더 빠르게 산화하므로 methanol이 산화되는 것을 방해하여 다른 대사경로(예 glucuronination)로 methanol이 제거되게 유도하는 것이다.

Acetic acid가 위험하지 않다고 하지만 과량의 술을 마시면 그 만큼 acetaldehyde도 증가하고 다양하고 불쾌한 생리적 효과를 가져온다. 음주로 인한 탈수를 막기 위해서는 음주 중 물을 자주 마시는 것이 도움이 될 것이다. 그러나 acetaldehyde 증가는 피할 수 없다. 이런 위험을 피하는 것은 마시지 않거나 긴 시간 동안 적은 양의 술을 마시는 것뿐이다.

주요 용어

Williamson 에터 합성법(Williamson ether synthesis)
분자내 Williamson 합성법(intramolecular Williamson synthesis)
알코올의 산도(acidity of alcohol)
알코올의 산화(oxidation of alcohol)
알코올의 할로젠화(halogenation of alcohol)
알킬옥소늄 이온(alkyloxonium ion)
에폭사이드의 고리 열림 반응(ring opening of epoxide)
탈수(dehydration)

연습 문제

개념 문제

1. 알코올과 에터가 왜 굽은 결합을 하고 있는가?
2. 지방족 알코올과 방향족 알코올의 산도에 가장 크게 영향을 미치는 요인은 각각 무엇인가?
3. 카복실산(RCOOH)과 에스터(RCOOR)를 환원시키면 1° 알코올을 얻는다. 이 반응의 중간체는 무엇인가?
4. 알코올의 할로젠화 반응에서 —OH보다 $SOCl_2$나 PX_3 등으로부터 만들어지는 무기 에스터가 더 좋은 이탈기인 이유는 무엇인가?
5. 3° 알코올이 Cr(VI) 시약으로 산화되지 않는 원인은 무엇인가?

실전 문제

6. 4-Methyl-2-pentanol을 황산(H_2SO_4)을 사용하여 80°C로 반응시키면 2-methyl-2-pentene을 생성한다. 그 이유를 메커니즘을 그려 설명하시오. 또 자리 옮김 반응 없이 동일한 생성물을 얻을 수 있는 다른 출발 물질 하나를 제시하시오.

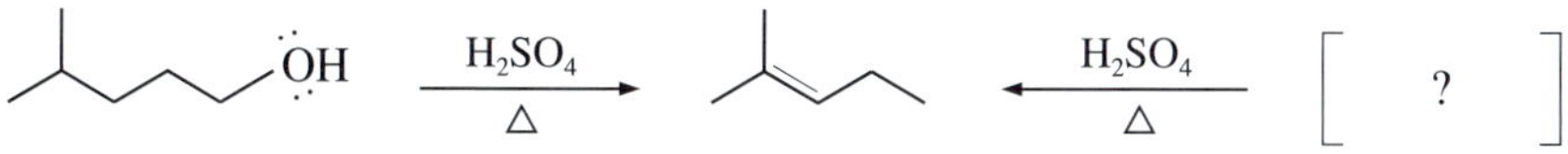

OH $\xrightarrow[\Delta]{H_2SO_4}$ (alkene) $\xleftarrow[\Delta]{H_2SO_4}$ [?]

7. Ethyl methyl ether($CH_3CH_2OCH_3$)로 methyl bromide(CH_3Br)와 ethyl bromide를 동시에 제조할 수 있는가? 메커니즘을 그려 설명하시오.
8. 1,2-Epoxycyclohexane을 $NaOCH_3$와 반응시켜 H_2O로 처리하면 두 가지 생성물이 생성된다. 이 생성물은 무엇인가? 왜 두 가지 생성물이 생기는가? 두 생성물은 입체적으로 어떤 관계인가?
9. Williamson 에터 합성법은 합성적으로 유용하다. 이 방법으로 에폭사이드 화합물도 만들 수 있다. 아래 두 화합물을 NaOH로 처리하면 어느 화합물이 에폭사이드를 생성하기에 유리하겠는가? 유리한 구조와 그 이유를 설명하시오.

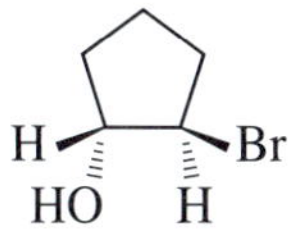

H, Br, HO, H — (1*R*,2*R*)-2-bromocyclopentanol

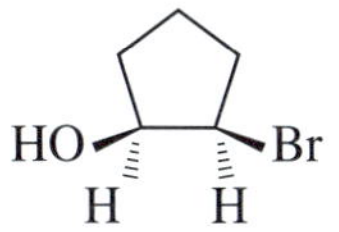

HO, Br, H, H — (1*S*,2*R*)-2-bromocyclopentanol

10. 다음 반응의 주생성물을 예측하시오. 또 주생성물로 선택한 이유를 말하시오.

? $\xleftarrow{CH_3O^-}$ (epoxide, O) $\xrightarrow{CH_3OH,\ H}$?

11. (*S*)-1-Cyclohexylethanol을 (*R*)-(1-chloroethyl)cyclohexane으로 변환시킬 수 있는 반응 시약 세 종류를 제시하시오.

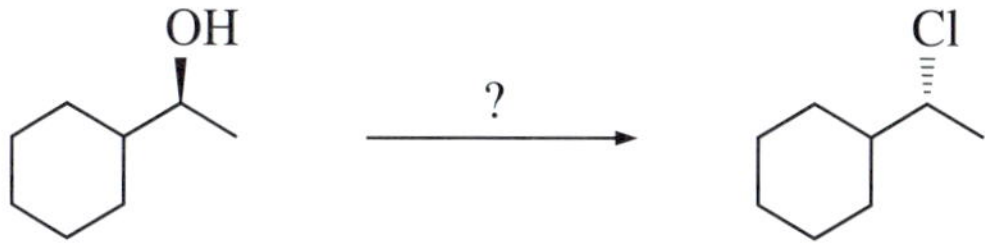

OH $\xrightarrow{?}$ Cl

(*S*)-1-cyclohexylethanol (*R*)-(1-chloeoethyl)cyclohexane

12. 다음 각 반응의 주생성물을 예측하시오.

(a) 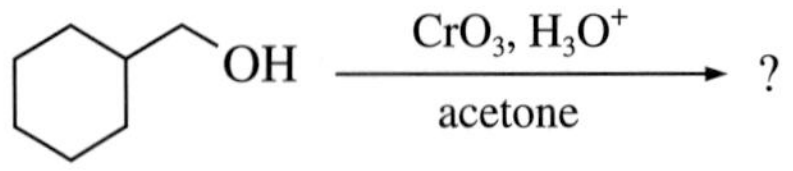 cyclohexylmethanol (OH) $\xrightarrow[\text{acetone}]{CrO_3,\ H_3O^+}$?

(b) 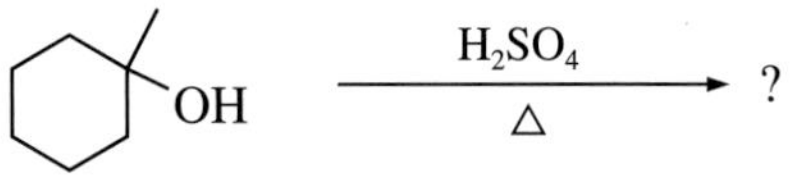 1-methylcyclohexanol (OH) $\xrightarrow[\triangle]{H_2SO_4}$?

(c) 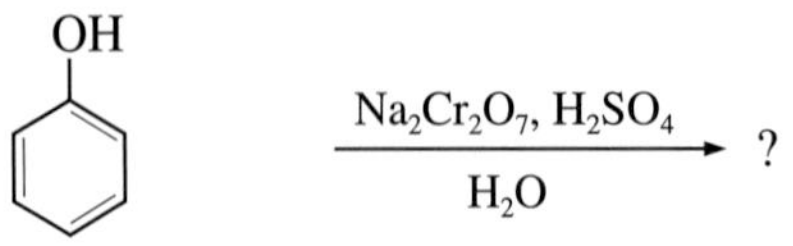 phenol (OH) $\xrightarrow[H_2O]{Na_2Cr_2O_7,\ H_2SO_4}$?

(d) 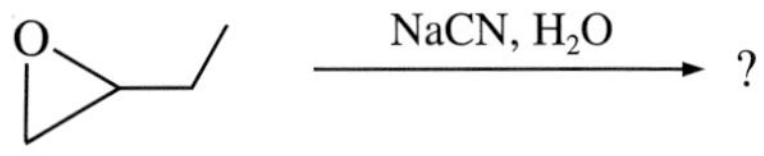 1,2-epoxybutane (O) $\xrightarrow{NaCN,\ H_2O}$?

13. Anisole ($C_6H_5OCH_3$)을 HBr과 반응시키면 bromobenzene 대신 phenol과 CH_3Br이 생성된다. 왜 그런지 설명하시오.

Benzene과 방향족 화합물

Benzene and Aromatic Compounds

- Benzene은 C_6H_6의 분자식을 가지는 평면, 고리 화합물이다.
- 이중 결합이 콘쥬게이션되어 있고 6π 전자를 가지므로 benzene은 방향족성을 나타낸다.
- 방향족성을 띠는 benzene은 알켄이나 알카인과 달리 첨가 반응 대신 치환 반응을 한다.
- 치환 benzene의 반응성과 배향성은 치환기 종류의 영향을 받는다.
- 분자가 고리 평면 구조를 가지며, 파이 전자가 완전한 콘쥬게이션을 이루고 ($4n+2$, $n=0, 1, 2, 3\cdots$)의 파이 전자 수를 가지면 방향족이다.

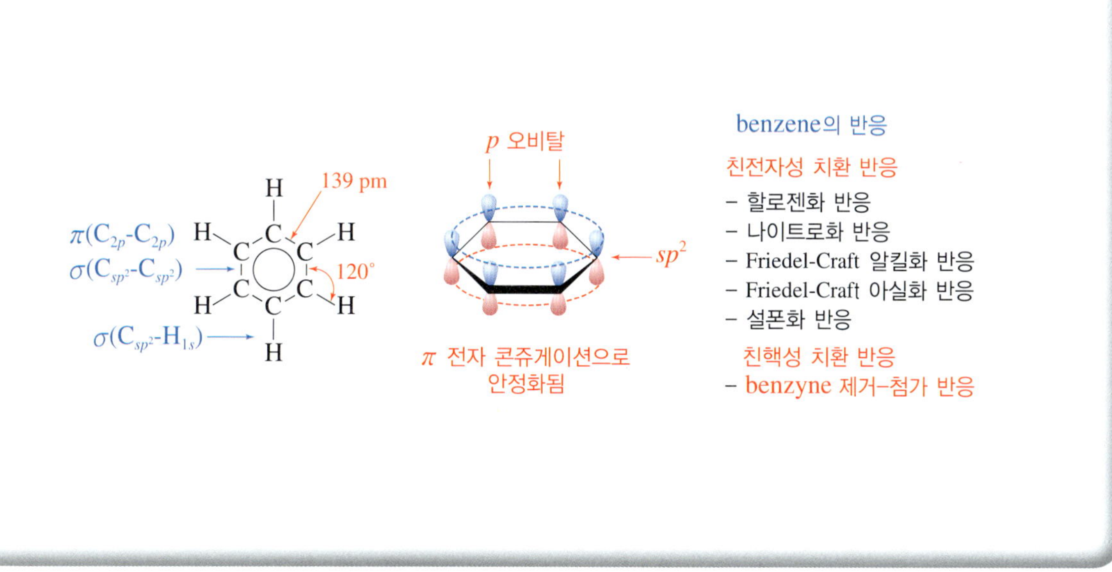

Benzene은 분자식이 C_6H_6이며 불포화도가 4인 가장 간단한 방향족 탄화수소이다. 1825년 영국의 Michael Faraday가 발견하면서 특이한 물질로 인식되었다. Benzene은 불포화도가 크고, 불포화 결합이 있으나 알켄, 알카인 등과는 달리 쉽게 첨가 반응이 일어나지 않았기 때문이다.

Benzene 유도체들은 천연에서 얻어지는 향기로운 물질로부터 분리되었다. 이런 이유로 benzene 유도체들을 방향족(aromatic)이라고 불렀다. 그러나 오늘날 사용되는 많은 방향족 화합물은 향기가 없다. 생명 관련 물질이나 식품, 의약품, 첨가제, 석탄, 농약 및 많은 생활용품 등에 benzene을 포함한 방향족 화합물이 포함되어 있다.

9.1 Benzene 유도체 명명법 복습

많은 유기 분자들이 하나 이상의 치환기를 가지는 benzene 분자를 포함하므로 이들 유도체의 명명법을 다시 복습하기로 한다.

■ **IUPAC 명명법에서는 benzene을 모체 이름으로 사용한다.**

치환기를 가진 benzene 유도체는 다음 단계로 명명한다.

- **1단계:** 모체를 확인하고 명명한다.
- **2단계:** 치환기를 확인하고 명명한다.
- **3단계:** 각 치환기의 위치를 표시한다.
- **4단계:** 치환기 이름을 알파벳순으로 모체 이름 앞에 나열하여 명명한다.
  - ▸ 단일 치환기를 가지는 유도체는 치환기 이름 다음에 모체명으로 benzene을 붙여 명명하며 관용명을 가지는 화합물도 많다.
  - ▸ 이치환기를 가진 유도체는 위치 번호 대신 *ortho*-(*o*-, 1,2-위치), *meta*-(*m*-, 1,3-위치) 또는 *para*-(*p*-, 1,4-위치)로 명명할 수 있다.
  - ▸ 3개 이상의 치환기를 가지는 화합물의 명명에서는 위치 번호만 사용해야 하며, *o*-, *m*- 및 *p*- 방식을 혼합 사용해서는 안 된다(2.10.6절 참조).

복습문제 9.1 다음 화합물들의 IUPAC명을 쓰시오.

(a) OH, Cl, Br (b) CH_3, Br (c) CH_3, CHO, Br (d) COOH, Br

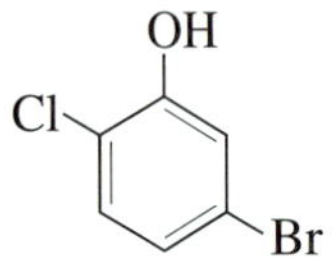

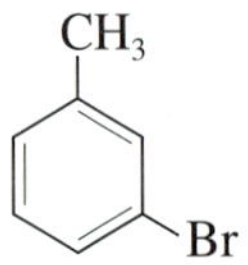

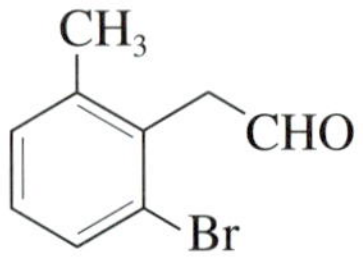

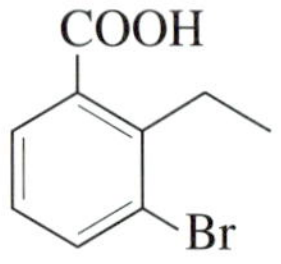

(e) CH_3, Br, CH_3 (f) O (g) OCH_2CH_3, Cl, NO_2

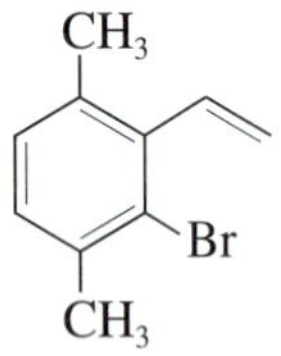

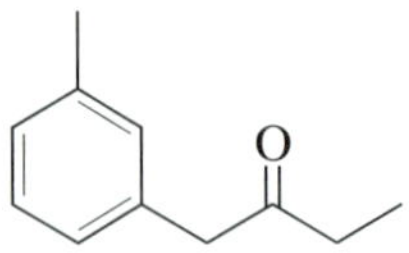

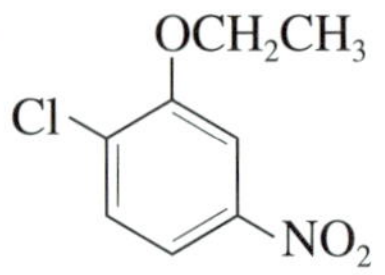

복습문제 9.2 다음 화합물의 구조식을 그리시오.

(a) 2,6-Dibromo-4-chloroanisole
(b) 3-*tert*-Butyl-2-ethyltoluene
(c) *m*-Nitrophenol
(d) Bromomethylbenzene
(e) 2-Vinylbenzoic acid
(f) 3-Amino-4-chlorobenzaldehyde

9.2 Benzene의 구조

- **August Kekulé는 benzene이 두 개의 공명 구조 (I)과 (II)가 빠르게 평형을 이루고 있는 혼성체(III)라고 제안하였다. 이 제안으로 실제 benzene 구조를 설명할 수 있게 되었다.**
    - 실제로 두 공명 구조는 평형 상태를 이루지 않으므로 구조 (I)과 구조 (II)는 동일 화합물이다.
    - 이들 공명 구조는 혼성 구조인 구조 (III)으로 표기하고, 두 구조 사이에 머리가 양쪽에 있는 화살표(⟷)를 사용하여 나타낸다.

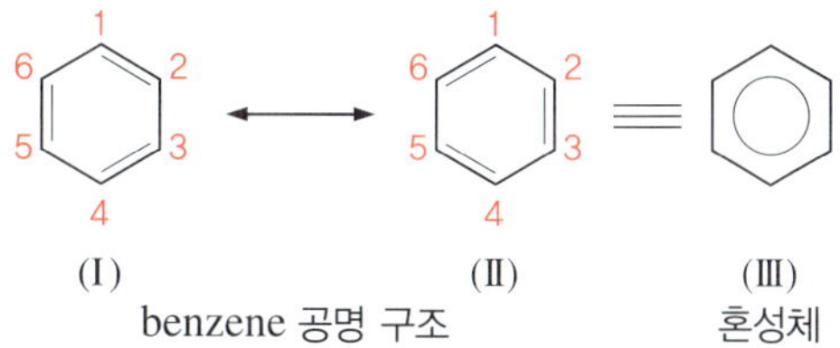

benzene 공명 구조 혼성체

Benzene의 공명 구조는 Kekulé에 의해 cyclohexatriene의 두 가지 이성질체로 제시되었다. Kekulé의 초기 제안을 오늘날의 관점에서 보면 우리가 아는 benzene의 결합 길이와 다르고, 또 두 이성질체가 따로 존재하지 않는다는 모순에 빠진다. 그러나 전자론의 관점에서 두 개의 이성질체가 아니고 동등한 물질의 공명 구조로 밝혀졌다.

cyclohexatriene 이성질체

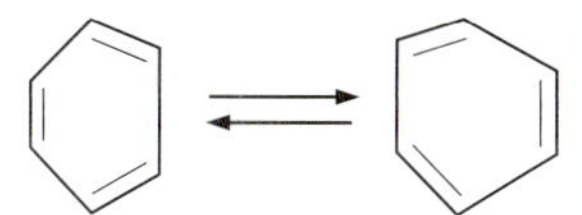

Kekulé benzene 공명 구조

- **Beznene 구조의 특성은 다음과 같다.**
    - Benzene은 여섯 원자 고리와 3개의 불포화 결합을 가진다.
    - 평면 구조이다.
    - 모든 C—C 결합 길이가 139 pm로 동일하다.
    - 3개의 π 결합이 콘쥬게이션되어 있다.

Benzene은 하나의 고리와 3개의 π 결합을 가지므로 전체 불포화도는 4이며, 6개의 파이 전자를 가지고 있어 Hückel 규칙 조건($4n+2$, $n=1$)을 만족한다. 아울러, 평면 구조로 완전한 콘쥬게이션을 이루므로, 파이 전자가 6개 탄소에 고르게 분포되는 혼성체로 존재하여 Lewis 점 구조로는 정확히 그릴 수 없다.

Lewis 점 구조로 표현하지 못하는 구조들을 표현하는 데 공명 구조를 사용한다.

- **Benzene의 공명 혼성체에 대한 증거는 무엇인가?**
    - C—C 결합 길이가 모두 동일하다는 것이다. C—C 단일 결합 길이(153 pm)도 아니고, C=C 이중 결합 길이(134 pm)도 아닌 중간 값(139 pm)을 가진다.
    - C—C 결합의 세기도 순수한 C—C와 C=C의 중간 값을 가진다.
    - Benzene은 고리형 평면이어서 π 전자의 콘쥬게이션에 유리하다.
    - Benzene 고리의 6개 탄소의 결합각은 120°이고 sp^2 혼성을 하고 있는 평면 구조이다.
    - π 결합을 이루는 p 오비탈이 탄소 고리 평면의 위아래로 배열되어 있어 콘쥬게이션에 유리하다.

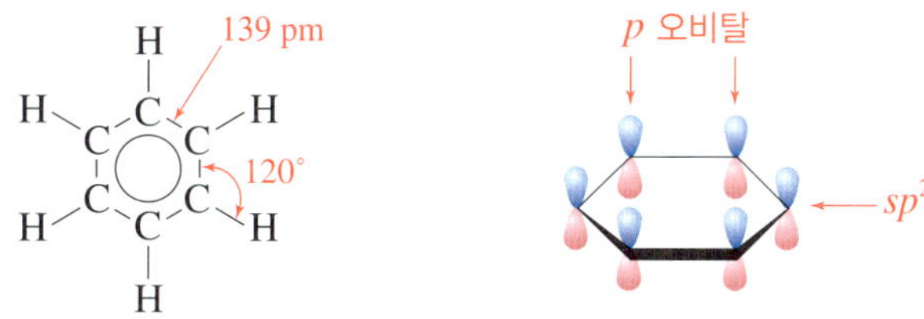

benzene의 결합 길이, 결합각과 p 오비탈의 배열

9.3 방향족성

불포화 결합이 콘쥬게이션되면 더 안정화되고 반응성도 다르다(1.8절). Benzene은 여섯 원자 고리 안에 3개의 π 결합이 콘쥬게이션을 이루고 있어 **방향족성**(aromaticity)이라고 하는 독특한 성질을 나타낸다. 어떤 화합물이 방향족성을 나타내면 더 안정하다.

- **Benzene은 방향족성 때문에 독특한 반응성을 나타낸다.**
  - Benzene은 3개의 불포화 결합을 가지고 있으나 통상적인 알켄의 첨가 반응 조건에서 첨가 반응을 하지 않는다.
  - Benzene은 오히려 친전자성 치환 반응을 한다.
- **Benzene의 방향족성에 의한 안정성을 어떻게 알 수 있을까?**
  - 파이 전자의 콘쥬게이션과 수소화 반응열로 관찰할 수 있다.
  - Benzene은 여섯 개의 동등한 p 오비탈이 겹칠 수 있다. 즉 파이 전자가 콘쥬게이션된다.
    - ▸ Benzene의 C—C 결합 길이(139 pm)가 동일하다는 것은 파이 결합 전자가 **비편재화**(delocalization)되었는 증거이다. 즉 p 오비탈의 파이 전자들이 이웃한 탄소와 공유하여 여섯 개 파이 전자가 여섯 개 탄소에 동일하게 분포된다.
    - ▸ 파이 전자의 비편재화가 알켄이나 알카인보다 더 안정하게 한다.
  - Benzene은 3개의 이중 결합을 가지지만 방향족성이 없는 가상적인 화합물 1,3,5-cyclohexatriene보다 152 kJ/mol이나 더 안정하다. 이 에너지를 benzene의 **공명 에너지**(resonance energy) 또는 **안정화 에너지**(stabilization energy)라고 한다.

불포화 화합물의 상대적인 안정도는 수소화 반응열을 비교함으로써 예측할 수 있다.

Cyclohexatriene(Kekulé 구조, 가상 분자)과 benzene의 수소화 반응열을 비교해 보자. Cyclohexene의 수소화 반응열은 −120 kJ/mol이고, 1,3-cyclohexadiene의 수소화 반응열은 −232 kJ/mol로 정확히 두 배가 되지 않는다. 이는 두 파이 결합의 콘쥬게이션에 의한 안정화 때문이다. 만일 1,3,5-cyclohexatriene이 콘쥬게이션하지 않는다면 cyclohexene 수소화 반응열(−120 kJ/mol)의 3배가 되어야 한다. 그러나 실제 benzene의 수소화 반응열은 −208 kJ/mol로 152 kJ/mol이나 적다. 이 값의 차이는 방향족성에 의한 안정화 때문이다.

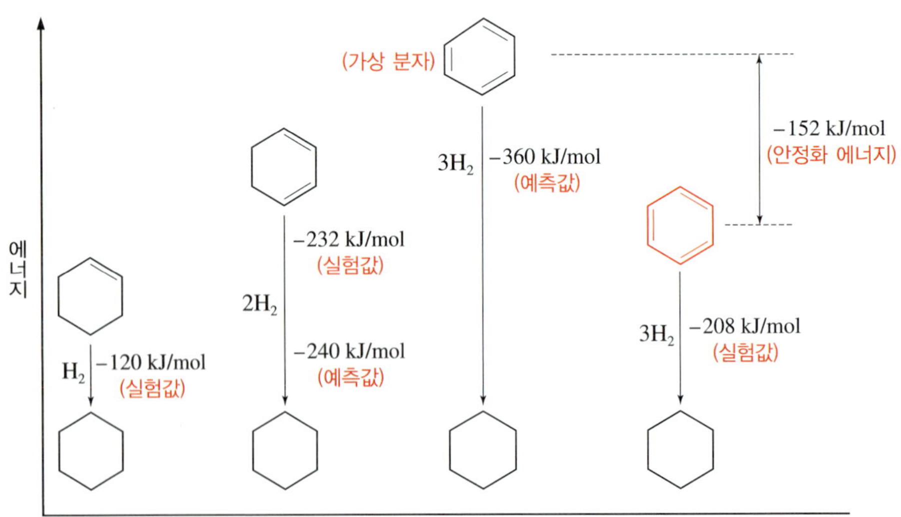

그림 9.1 Cyclohexene, 1,3-cyclohexadiene, 1,3,5-cyclohexatriene(Kekulé 구조, 가상 분자) 및 benzene의 수소화 반응열 도표

■ **방향족 화합물이 되기 위한 기준은 무엇인가?**

- 분자가 고리 구조를 이루어야 한다.
  - ▸ 고리 화합물은 불포화 결합을 이루고 있는 인접한 p 오비탈이 서로 잘 겹칠 수 있다. 사슬 구조이면 마지막 p 오비탈들이 서로 겹칠 수 없다. 예를 들면 benzene은 방향족이고, 1,3,5-hexatriene은 방향족이 아니다.

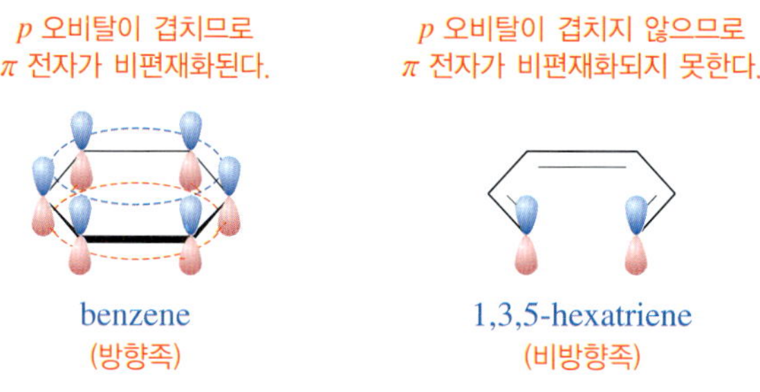

- 분자는 평면 구조이어야 한다. 예를 들면 benzene은 방향족이고, cyclooctatetraene은 방향족이 아니다.
  - ▸ 분자가 평면 구조를 가지면 인접한 p 오비탈들의 전자 밀도가 비편재화될 수 있다. 만일 분자가 평면이 아니면, 인접한 p 오비탈들이 겹쳐질 수 없고 전자의 비편재화가 불가능하다.

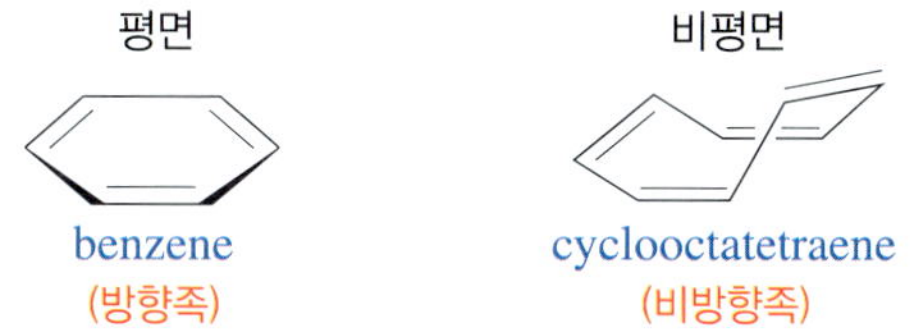

- 분자 내 파이 결합이 완전한 콘쥬게이션을 이루어야 한다.
  - ▸ 분자 구조가 평면 고리이면서 불포화 결합이 단일 결합과 교대로 있으면 분자는 완전히 콘쥬게이션을 이룬다.
  - ▸ 완전한 콘쥬게이션을 이루지 못하는 분자는 방향족이 아니다.

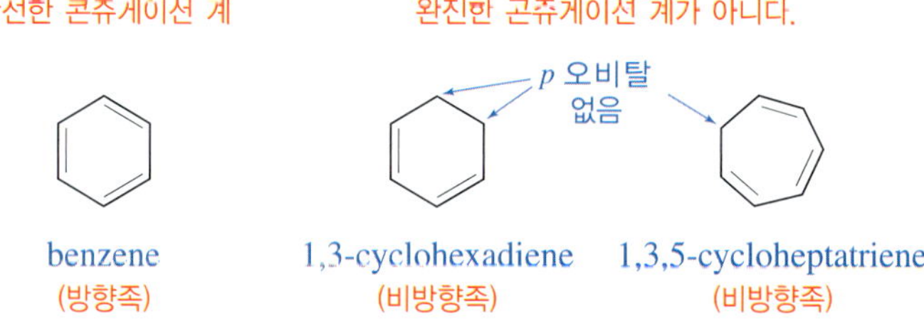

- 분자는 Hückel의 규칙을 만족시키는 특별한 π-전자 수($4n + 2$, $n = 0, 1, 2, 3 \cdots$)를 가져야 한다.

■ **방향족성 관점에서 화합물을 다음의 세 가지로 구분할 수 있다.**

- **방향족**(aromatic): $4n + 2$의 π 전자를 가지고 평면 고리형이며, π 결합이 완전 콘쥬게이션을 이루는 화학종
- **반방향족**(antiaromatic): $4n$개의 π 전자를 가지며, 고리형이고 평면 분자이면서 π 전자가 완전한 콘쥬게이션을 이루는 화학종
- **비방향족**(nonaromatic): 방향족 및 반방향족이 되기 위한 조건 중 어느 하나라도 결여된 화학종

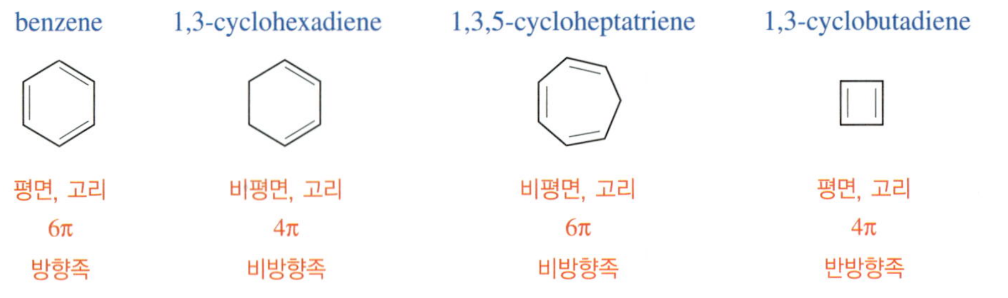

그림 9.2 방향족, 비방향족, 반방향족의 구분

- **Hückel 규칙에서 평면이면서 콘쥬게이션 고리계이어야 하는 이유를 MO 이론으로 설명하고, Frost 원(Frost circle)으로 π 결합 MO의 상대적인 에너지 준위와 전자 배치를 나타낼 수 있다.**

분자 오비탈(MO)에서 전자를 가지고 있는 가장 높은 에너지 준위 오비탈을 **HOMO**(highest occupied molecular orbital, **최고 점유 분자 오비탈**)라고 하고, 전자를 가지고 있지 않은 가장 낮은 에너지 준위의 MO를 **LUMO**(lowest unoccupied molecular orbital, **최저 비점유 분자 오비탈**)라고 한다.

- 방향족 화합물에서는 모든 결합 MO(HOMO)는 완전히 채워져 있으며, 어떤 π 전자도 반결합 MO를 차지하지 못한다.
- Benzene의 6개 π 전자는 3개의 결합성 MO를 점유하고 있다.
- 그 중 두 개는 에너지가 가장 낮은 Ψ_1 MO를 점유하고 나머지 4개는 HOMO인 Ψ_2 및 Ψ_3 MO를 점유하고 있다.
- p 오비탈보다 에너지가 높은 3개의 반결합성 MO는 비어 있다. 이중 에너지가 낮은 Ψ_4^* 및 Ψ_5^* MO를 LUMO라고 한다.

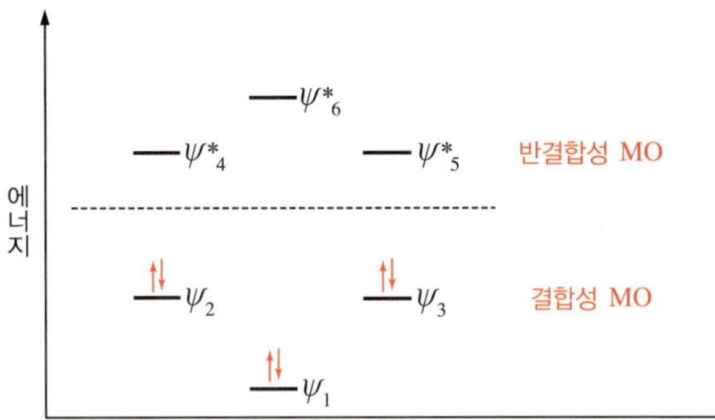

그림 9.3 Benzene의 여섯 개 π 분자 오비탈

- **방향족성 화합물이 왜 $4n+2$의 파이 전자 수를 가져야 하는가?**

- 고리형 콘쥬게이션 분자의 MO 에너지 준위를 계산하면 언제나 한 개의 MO가 가장 낮은 에너지 준위에 있고, 그 위에 두 개씩의 MO들이 겹쳐져(축퇴) 있다.
- 따라서 두 개의 파이 결합 전자가 최저 에너지 준위의 MO를 점유하게 되므로, 어떤 분자의 파이 결합이든 반드시 두 개는 채워져야 하므로 이 전자 수를 (+2)로 표현한다.
- 이어서 더 높은 에너지 준위에 있는 두 개의 MO에 각각 두 개씩 4개의 전자들이 점유하게 되고, 전자가 많아지면 MO 수도 따라서 n개로 증가하므로 ($4n$)으로 표시한다.

Benzene의 경우는 Ψ_1이 가장 낮은 에너지 준위의 결합 MO이고, 여기에 2개의 전자가 배치되어 있고, 그 위의 에너지 준위에 있는 MO Ψ_2와 MO Ψ_3에 각각 2개씩의 결합 전자가 배치되어 있어 $4n+2\,(n=1)$을 만족하게 된다.

■ **Cyclobutadiene과 cyclooctatetraene은 비결합성 MO에 하나씩의 전자를 가지고 있다.**

- 이 화학종들은 반방향족성(antiaromatic)을 나타낸다.

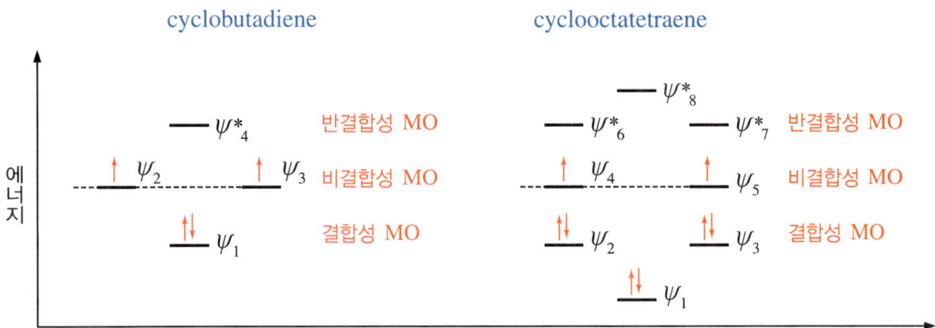

그림 9.4 Cyclobutadiene과 cyclooctatetraene의 π 분자 오비탈

방향족 화합물에서는 모든 결합 MO(HOMO)가 완전히 채워져 있다. 어떤 π 전자도 반결합 MO를 점유하지 않는다.

9.4 내접 다각형법을 이용한 방향족 화합물의 상대적 에너지 준위 그리기

방향족 화합물의 π 결합 MO의 상대적 에너지 준위와 전자 배치를 예상하고 그리는 것은 중요하다.

복잡한 수학을 이용하지 않고도 내접 다각형을 이용해 그릴 수 있는 방법을 Northwestern 대학의 Arthur Frost가 1953년에 처음 개발하였다.

내접 다각형 방법(inscribed polygon method)은 개발자를 기념하여 **Frost circle**이라고 부른다.

■ **내접 다각형법으로 콘쥬게이션 고리계의 상대적 에너지 정하는 법**

- Frost 원을 이용한 콘쥬게이션 고리계의 상대적 에너지는 다음의 5단계로 결정할 수 있다.

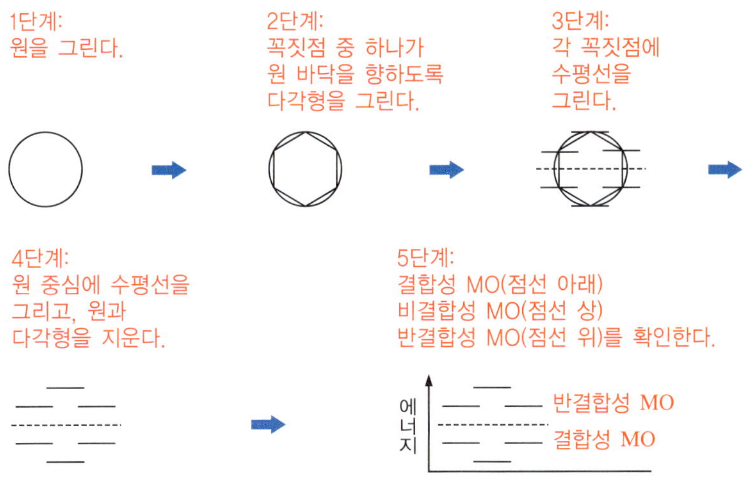

그림 9.5 Frost 원 방법으로 방향족 화합물의 π 분자 오비탈 에너지 준위 결정법

9.5 Benzene 이외의 방향족 화합물

9.5.1 단일 고리 방향족 화합물

■ **Benzene보다 더 큰 분자도 방향족성을 나타낼 수 있는 조건을 만족하면 방향족이다.**

> Annulene은 이중 결합과 단일 결합을 교대로 가지는 단일 고리 탄화수소를 일컫는 용어이며, 고리를 이루는 탄소 수를 대괄호 안에 표시한다. Benzene은 [6]-annulene이다.

- [14]-Annulene과 [18]-annulene도 Hückel 규칙에 따라 평면 고리형이고 완전한 콘쥬게이션을 이루며 $4n+2\,(n=3$과 $4)$의 파이 전자를 갖는 방향족이다.

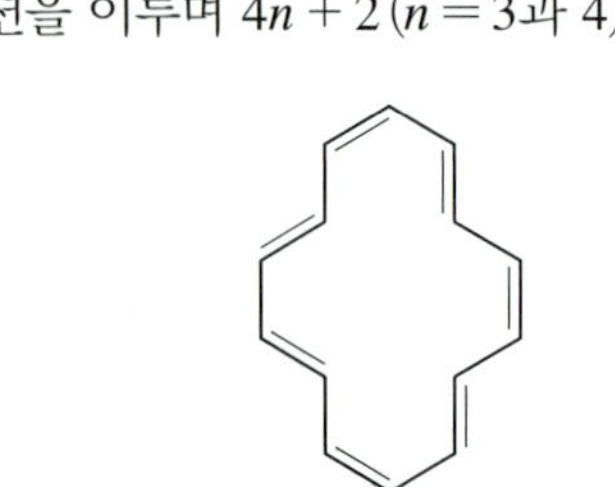

[14]-annulene
4(3) + 2 = 14π 전자

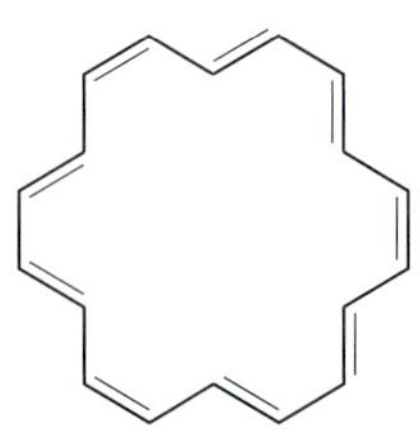

[18]-annulene
4(4) + 2 = 18π 전자

9.5.2 다중 고리 방향족 화합물

■ **몇 개의 benzene 고리가 접합된 형태의 다중 고리 화합물도 방향족이 될 수 있다.**

- Naphthalene, anthracene 및 phenanthrene도 방향족이다. Naphthalene은 세 가지의 공명 구조를 그릴 수 있고 안정하다.
- 이들 다중 고리의 모든 고리가 benzene 만큼씩 안정할까? 수소화 반응열을 비교하면, 고리당 안정화 에너지는 benzene보다 작고, 이 에너지는 구조에 의존한다.

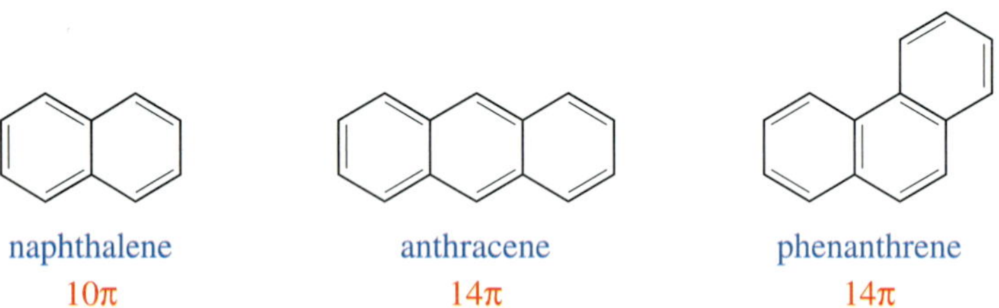

naphthalene 10π　　anthracene 14π　　phenanthrene 14π

표 9.1 몇 가지 다중 고리 방향족 화합물의 안정화 에너지

다중 고리 화합물	안정화 에너지(kJ/mol)	고리당 평균 에너지(kJ/mol)
Benzene	152	152
Naphthalene	255	128
Anthracene	347	116
Phenanthrene	381	127

9.5.3 방향족 이온

■ **전하를 띠는 화학종이 Hückel 규칙을 만족하면 방향족성을 나타낸다.**

Cyclopentadienyl 음이온과 tropylium 양이온도 방향족이다.

- Cyclopentadienyl 음이온은 고리형이고, 평면이며 완전한 콘쥬게이션을 이루고 6π 전자를 가지므로 방향족이다.
  - ▸ Cyclopentadienyl 음이온은 4개의 공명 구조를 가지므로 안정하다.

- ▸ Cyclopentadiene은 짝염기가 방향족(cyclopentadienyl 음이온)이므로 그렇지 않은 탄화수소보다 더 산성이다.

- Tropylium 양이온은 고리형이고, 평면이며 완전한 콘쥬게이션을 이루고 6π 전자가 7개 원자에 비편재화된 방향족이다.
  - ▸ Tropylium 양이온은 7개의 공명 구조를 가지므로 안정하다.

Cyclopentadiene의 pK_a = 16이고 cyclopentane의 pK_a > 50이다. Cyclopentadiene의 높은 산성도는 짝염기의 안정도 때문이다.

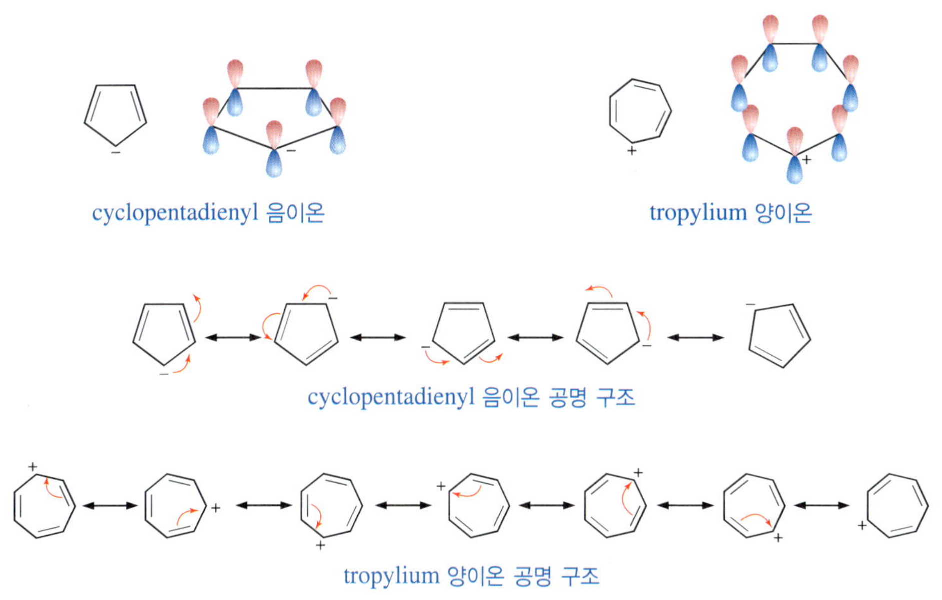

그림 9.6 Cyclopentadienyl 음이온과 tropylium 양이온의 공명 구조

9.5.4 헤테로 고리 방향족 화합물

적어도 하나 이상의 고립 전자쌍을 포함하고 있는 헤테로 원자(O, S, N, … 등)를 포함하는 고리 화합물도 방향족일 수 있다.

■ **헤테로 고리 화합물의 헤테로 원자 고립 전자쌍이 비편재화된 π 계에 포함되면 방향족성을 나타낸다. Pyridine과 pyrrole은 다같이 방향족이다.**

- Pyridine은 고리형이고 평면이며 완전한 콘쥬게이션을 이루고 6개의 π 전자를 가지므로 방향족이다.
  - ▸ Pyridine의 질소는 sp^2 혼성을 하며, 고립 전자쌍은 sp^2 오비탈을 점유하므로 콘쥬게이션에 참여하지 못하고 염기성을 띠게 한다.
- Pyrrole도 고리형이고 평면이며 6개의 π 전자가 완전한 콘쥬게이션을 이루므로 방향족이다.
  - ▸ Pyrrole의 질소도 sp^2 혼성을 하지만, 고립 전자쌍은 p 오비탈을 점유하고 있어 이웃 π 전자들과 콘쥬게이션된다.

■ **C=C−Y: 형의 결합을 가지는 화학종에서 Y가 sp^2 혼성화되고, 고립 전자쌍이 p 오비탈을 점유하는 계는 콘쥬게이션된다.**

- Pyrrole은 고립 전자쌍이 p 오비탈에 있어 콘쥬게이션에 참여한다.
- Pyridine은 고립 전자쌍이 sp^2 혼성 오비탈에 있어 콘쥬게이션에 참여하지 못한다.

고립 전자쌍이 p 오비탈에 있어 콘쥬게이션에 참여함

고립 전자쌍이 sp^2 오비탈에 있어 콘쥬게이션에 참여하지 않음

고립 전자쌍

pyrrole N_{sp^2}

pyridine N_{sp^2}

9.6 친전자성 방향족 치환 반응

■ **Benzene 고리는 이중 결합을 이루는 π 전자로 인해 전자가 풍부하여 친핵체로 작용하고 친전자체와 반응한다.**

- Benzene은 방향족성을 띠고 있어 안정하므로, 반응 후에도 방향족성을 유지하는 생성물을 생성하는 것이 유리하다.
- Benzene이 다른 불포화 탄화수소처럼 첨가 반응을 하지 않고, 치환 반응을 하는 것은 생성물이 방향족성을 유지하는 것이 더 유리하기 때문이다.

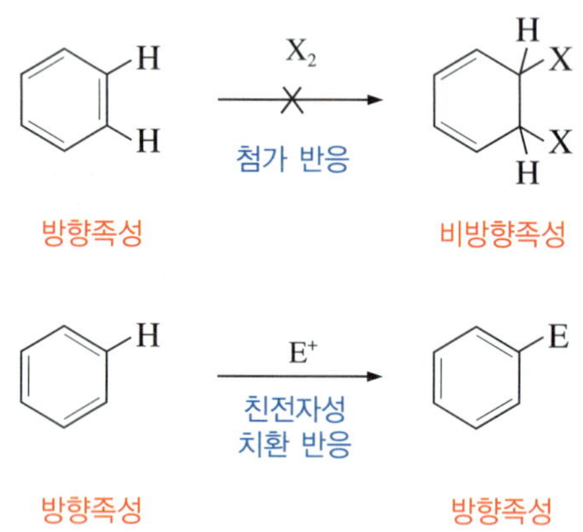

- Benzene의 특징적인 반응은 수소 원자 하나가 친전자체로 교체되는 **친전자성 방향족 치환 반응**(electrophilic aromatic substitution)을 한다.

> 반응물과 친전자체가 반응하여 치환되므로 친전자성 치환 반응이라고 한다.

메커니즘 9.1 친전자성 방향족 치환 반응의 일반적인 반응 메커니즘

E = X(halogen), NO_2, R, C(=O)R, SO_3

■ **Benzene 고리의 전자 밀도가 높을수록 친전자성 치환 반응이 유리하므로, 치환기를 가지고 있는 benzene 유도체의 반응성도 치환기 종류의 영향을 받는다.**

- 치환기가 있는 benzene 유도체의 반응성에 대한 치환기 효과는 유발 효과(inductive effect)나 공명 효과(resonance effect)로 설명한다.

> 유발 효과는 치환기의 전기 음성도와 편극도(polarizability)에 의해 나타나는 효과이다.

- 치환된 benzene과 benzene에서 고리 파이 전자 밀도가 높은지 낮은지(즉 반응성이 더 좋을지 나쁠지)는 이들 두 효과의 알짜 차이에 달려 있다.

■ **전자 주는 기가 있으면 benzene 고리의 전자 밀도가 증가하고, 전자 끄는 기가 치환되면 benzene 고리의 전자 밀도가 감소한다.**

- 전자 주는 기는 benzene 고리의 친핵성을 증가시켜 반응성이 증가한다.
- 전자 끄는 기는 benzene 고리의 친핵성을 감소시켜 반응성이 감소한다.
- N, O, X(할로젠) 같이 탄소보다 전기 음성도가 큰 원자는 전자 끌기 유발 효과를 내므로 benzene 고리의 전자 밀도가 감소하고 친전자성 치환 반응의 반응성이 감소한다.
- 편극성을 가지는 알킬기(R)는 전자를 밀어주는 유발 효과를 나타내므로, benzene 고리의 전자 주개 유발 효과를 나타내고 친전자성 치환 반응의 반응성을 증가시킨다.

유발 효과

$-YH_n$　Y=N, O, halogen　$n=1, 2$

전자 끄는 기
전자 밀도/반응성 감소

$-R$　R=alkyl

전자 주는 기
전자 밀도/반응성 증가

공명 효과

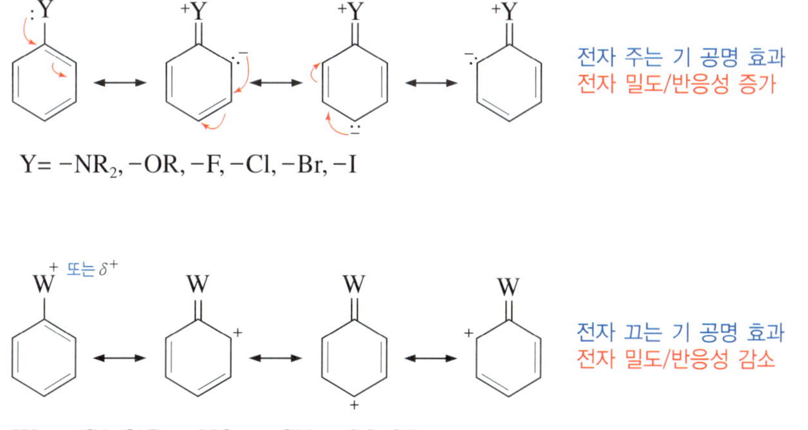

그림 9.7 치환 benzene 유도체의 유발 효과와 공명 효과

■ **치환기는 benzene과 같은 방향족 화합물의 반응에서 반응 속도와 도입되는 치환기의 위치에도 영향을 미친다. 이처럼 도입되는 치환기의 위치를 결정하는 특성을 배향성(orientation)이라고 한다.**

- Benzene 고리로 전자를 밀어주는 치환기를 **활성화기**(activating group), 전자를 당기는 기를 **활성 감소기**(deactivating group)라고 한다.
- 활성화기가 치환되어 있으면 두 번째 도입되는 치환기는 *o*- 또는 *p*-위치로 도입된다.
- 활성 감소기가 치환되면 두 번째 치환기는 *m*-위치로 도입된다.
- 예외적으로, 활성 감소기인 할로젠이 치환되면 공명 효과에 의해 *o*- 또는 *p*-위치로 도입된다.

활성화도 증가

활성화기 *o*-, *p*- 지향기	$-R$ $-\ddot{N}HC(=O)R$ $-\ddot{O}R$ $-\ddot{O}H$ $-\ddot{N}H_2, -\ddot{N}HR, -\ddot{N}R_2$
활성 감소기 *o*-, *p*- 지향기	$-\ddot{F}:$ $-\ddot{Cl}:$ $-\ddot{Br}:$ $-\ddot{I}:$
활성 감소기 *m*- 지향기	$-CHO$ $-COR$ $-COOR$ $-COOH$ $-CN$ $-SO_3H$ $-NO_2$ $-N^+R_3$

활성 감소도 증가

■ **치환기가 어떻게 반응성에 영향을 미치며, 배향성을 조절하는가?**

- Hammond 가설(1.14절)에 따라 치환기가 탄소 양이온 중간체를 안정화시키면, 반응 전이 상태의 에너지 준위가 낮아지고 따라서 반응 속도도 빨라진다.
- 전자를 밀어주는 활성화기는 탄소 양이온을 안정화시키고 친전자성 공격이 잘 일어나도록 한다.
- 전자를 당기는 활성 감소기는 탄소 양이온을 덜 안정화시키므로 전이 상태 에너지 준위가 높아 반응 속도가 느리다.

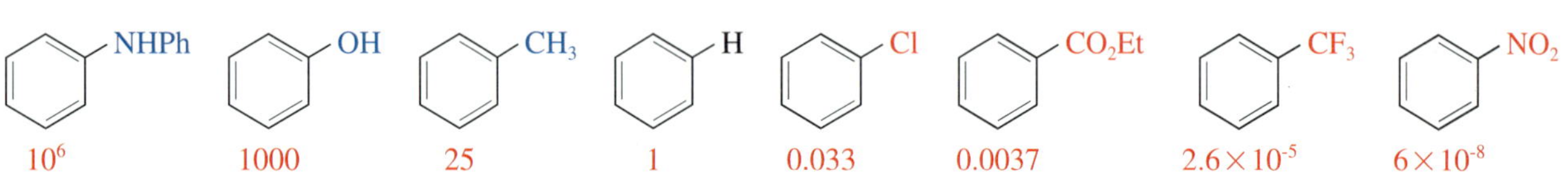

그림 9.8 C_6H_5X의 나이트로화 반응의 상대 속도

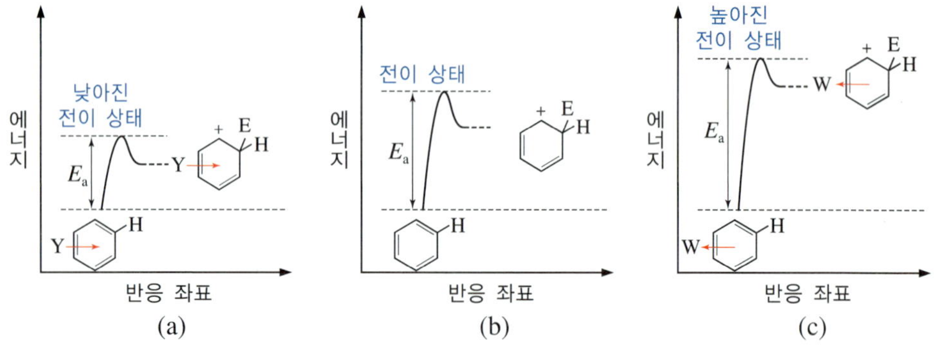

그림 9.9 치환된 benzene의 친전자성 반응에서의 전이 상태 에너지 준위. (a) 활성화기가 치환된 benzene, (b) benzene, (c) 활성 감소기가 치환된 benzene

■ **치환기의 배향성 조절은 어떤 안정한 탄소 양이온 중간체를 형성하는가에 달려 있다.**

- 활성화기를 가지고 있는 benzene 유도체는 *o*-나 *p*- 위치에 친전자체가 도입될 때 가장 안정한 탄소 양이온 중간체를 생성한다.
  - ▸ 알킬기(R)는 전자 주개 유발 효과로 *o*-나 *p*- 위치를 공격할 때 가장 안정한 탄소 양이온을 형성하므로 두 번째 치환기가 *o*-나 *p*- 위치로 도입되도록 유도한다.
  - ▸ 고립 전자쌍을 가지고 있는 amino($-NH_2$)기는 두 번째 치환기가 *o*-나 *p*- 위치로 공격하면 고립 전자쌍으로 인해 모든 원자가 팔전자계를 이루게 되어 더 안정화된

공명 구조를 형성할 수 있어 두 번째 치환기가 *o*-나 *p*- 위치로 도입되도록 유도한다.

메커니즘을 그릴 때는 반응 자리 수소를 항상 표시해야 혼동하지 않는다.

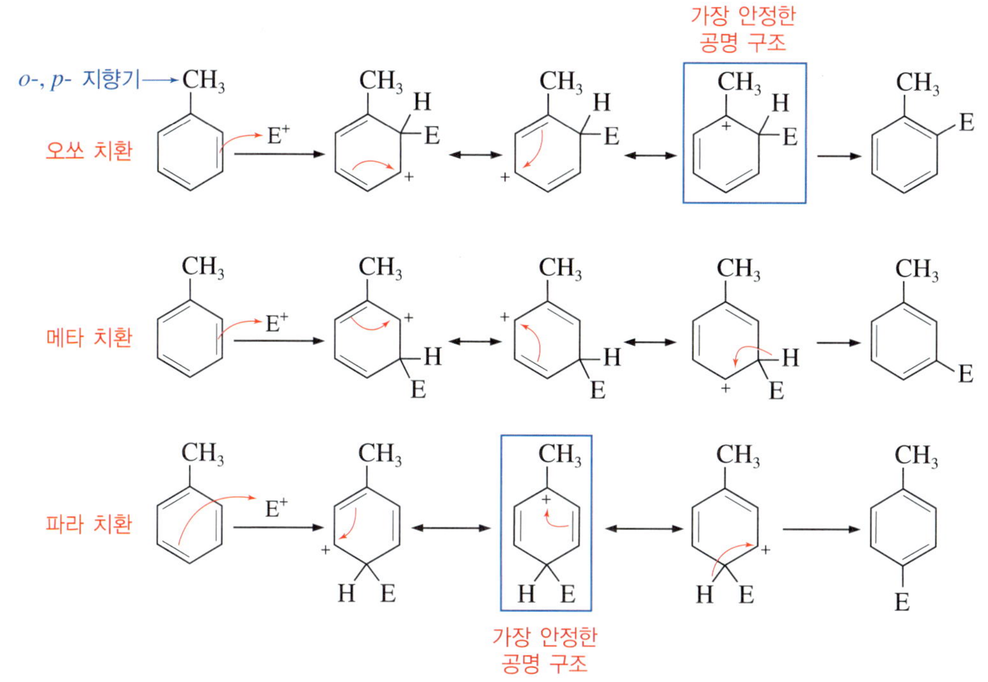

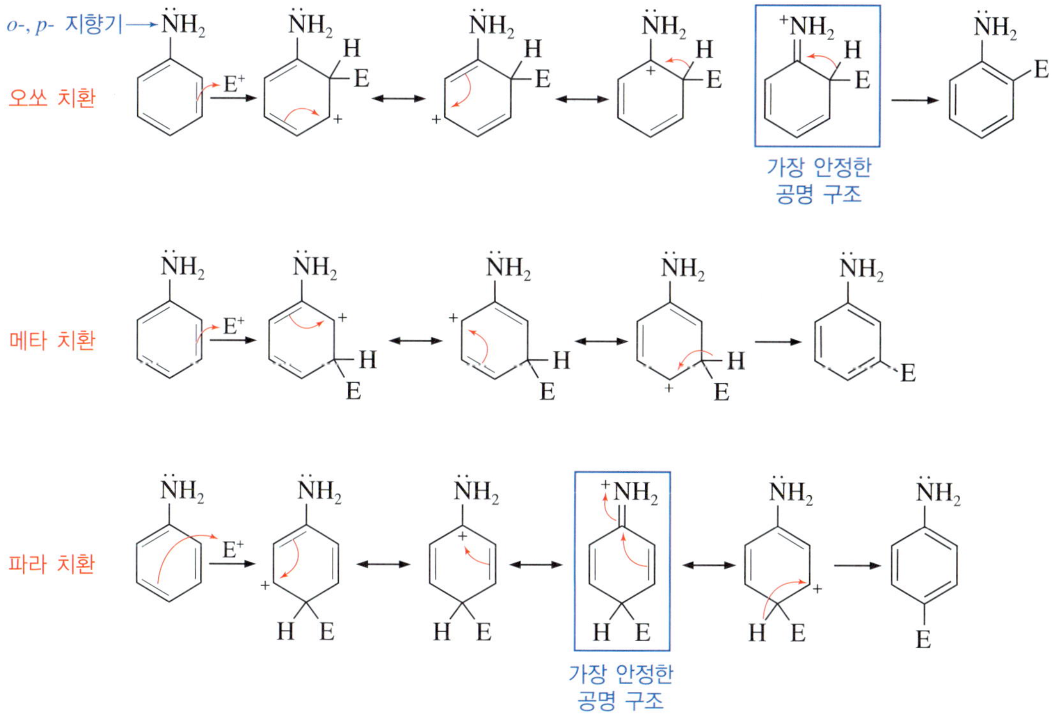

가장 안정한 공명 구조

o-, *p*- 지향기 CH_3

오쏘 치환

메타 치환

파라 치환

가장 안정한 공명 구조

o-, *p*- 지향기 $\ddot{N}H_2$

오쏘 치환

가장 안정한 공명 구조

메타 치환

파라 치환

가장 안정한 공명 구조

- 활성 감소기는 benzene 유도체의 *m*- 위치에 친전자체가 도입될 때 더 안정한 탄소 양이온 중간체를 생성하며, *o*-나 *p*- 위치에 도입되면 가장 불안정한 양이온 구조를 형성한다.
  - ▸ CF_3나 NO_2 같이 전자를 당기는 기가 존재할 때 두 번째 치환기가 *o*-나 *p*- 위치를 공격하면 전자를 당기는 치환기가 결합된 탄소에 양이온이 있게 되는 가장 불안정한 공명 구조가 존재하게 되므로 불리하고, *m*- 위치로 공격하면 이를 피할 수 있어 *m*- 배향성을 나타낸다.

CF_3(trifluoromethyl)는 CH_3와는 다르게 세 개의 F 원자가 있어 전자를 당기는 기이다.

오쏘 치환

가장 불안정한 공명 구조

m 지향기

메타 치환

파라 치환

가장 불안정한 공명 구조

■ **치환기를 두 개 이상 가지고 있는 benzene 유도체의 배향성도 치환기들에 의해 지배된다.**

- 두 개 이상의 치환기가 있을 경우는 활성화 능력이 가장 큰 작용기의 배향성에 따른다. 아울러, 두 개 이상의 생성물이 생성될 수 있을 때 치환기의 입체 효과도 생성물 분포에 영향을 미친다.
  - ▸ 활성화기와 활성 감소기가 함께 존재하면 활성화기의 지배를 받는다.

    예 CH_3 기(활성화기)와 NO_2 기(활성 감소기)가 있으면 활성화기인 CH_3 기의 배향성에 따라 도입된다.
  - ▸ 두 개 활성화 치환기가 존재하면 활성화도가 더 큰 치환기의 지배를 받는다.

    예 CH_3(약한 활성화기)와 $NHCOCH_3$(더 강한 활성화기)가 있으면 $NHCOCH_3$ 기의 배향성 대로 도입된다.
  - ▸ 두 개 활성 감소 치환기가 존재하면 활성화도가 더 큰 치환기의 지배를 받는다.

    예 할로젠(활성 감소기)과 C(=O)R 기(더 강한 활성 감소기)가 있으면 할로젠의 배향성에 따라 도입된다.
  - ▸ 두 치환기가 *m*- 위치에 치환되어 있으면, 입체적으로 불리한 두 치환기 사이 위치에는 새로운 치환기가 도입되지 않는다.

    예 1,3-dimethylbenzene(*m*-xylene)의 브로민화 반응에서 2-bromo-1,3-dimethylbenzene은 생성되지 않는다.

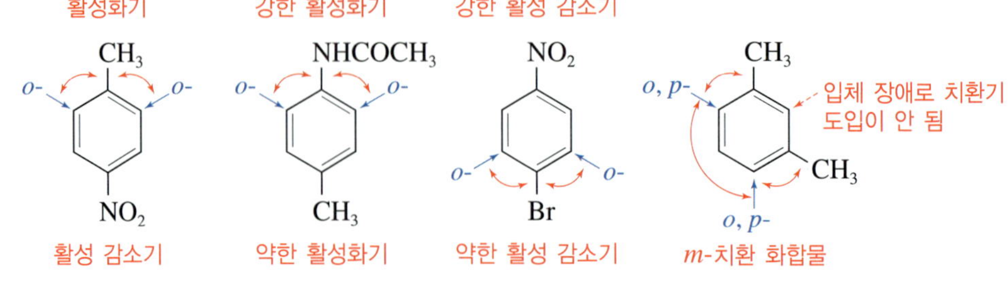

- ***o*-및 *p*-배향성 치환기가 존재하면 *o*-와 *p*- 생성물의 예측이 어려우나, 다음 지침이 도움이 된다.**
  - 크기가 큰 단일 치환기가 있으면 *p*- 치환 생성물이 더 우세하다.
  - 크기가 다른 두 치환기가 1,4-로 치환되어 있으면, 크기가 작은 치환기의 *o*- 생성물이 더 우세하다.
  - 크기가 다른 두 치환기가 1,3-으로 치환되어 있으면, 크기가 작은 치환기의 *o*- 생성물이 더 우세하다.

isopropylbenzene —HNO_3 / H_2SO_4→ (O_2N) 주생성물 + (NO_2)

1-isopropyl-4-methylbenzene —HNO_3 / H_2SO_4→ (O_2N) 주생성물 + (NO_2)

1-isopropyl-3-methylbenzene —HNO_3 / H_2SO_4→ (O_2N) 주생성물 + (NO_2) [(NO_2) 관찰되지 않음]

한 개 이상의 치환기를 가지는 benzene 유도체를 합성하려면 항상 치환기들의 배향성을 고려해야 한다. 배향성 효과는 어떤 치환기가 먼저 도입되는가에 따라 달라질 수 있다. 두 번째 도입되는 치환기의 도입 위치는 이미 존재하는 고리 치환기에 의해 결정된다. Benzene으로부터 다중 치환 유도체를 합성하는 경로는 다음 방식으로 정하면 편리하다.

- **다중 치환 유도체를 합성하는 경로 정하기**

1. 합성 목표 물질의 치환기별 배향성을 구분한다.
2. 각 치환기를 직접 한 단계로 도입할 수 있는지를 확인한다.
   - ▸ 만일 단일 단계 직접 도입이 어려운 치환기는 간단한 반응(산화나 환원 등)으로 해당 치환기로 변환할 수 있는 치환기로 교체하고 배향성을 확인한다(예 $NH_2 \rightarrow NO_2$).
3. 앞 단계에서 얻어진 구조에서 각 치환기 사이의 위치 관계를 확인한다.
4. 각 치환기의 결합 위치를 고려하여 첫 번째 도입 치환기를 선택한다.
5. 치환기 위치를 고려하여 두 번째와 세 번째 도입 치환기를 선택한다.
   - ▸ 치환기가 여러 개 있으면 위의 단계를 반복 사용하여 경로를 결정한다.
6. 단계 2에서 교체 도입한 치환기를 목표 물질 치환기로 변환한다.

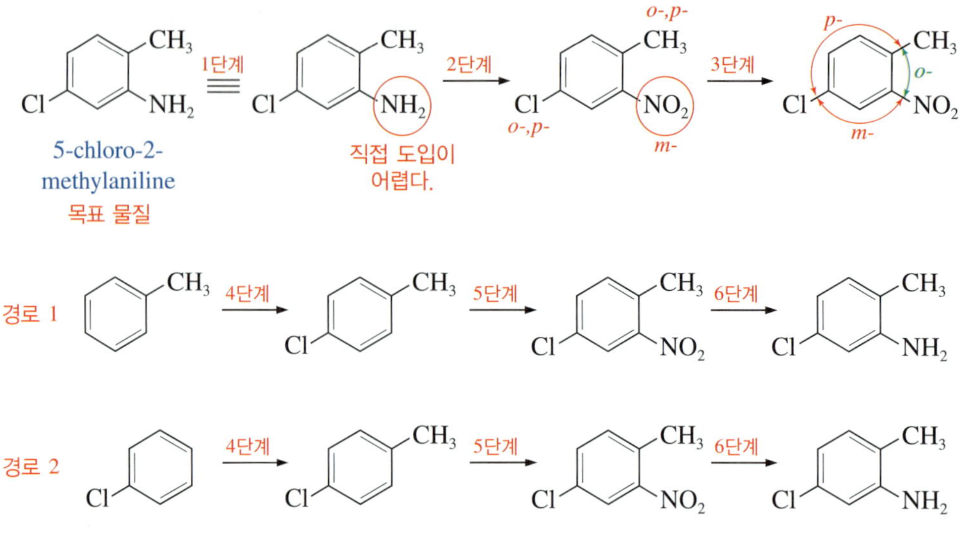

그림 9.10 다중 치환 benzene 합성 경로 결정하기

9.7 Benzene의 친전자성 치환 반응

9.7.1 할로젠화 반응

Benzene의 할로젠화 반응은 새로운 C_{sp^2}—X 결합을 형성하는 반응이다. 활성화도가 큰 치환기를 가지는 benzene 유도체는 다중 할로젠화 반응이 일어난다.

- **Benzene의 할로젠화 반응에서는 할로젠(X_2)을 친전자성 할로젠(X^+)으로 변환시켜 사용한다.**
  - 친전자성 할로젠으로의 변환 촉매로 Lewis 산인 FeX_3 (X = Br, Cl)를 사용한다.
    - ▸ 염소화 반응에서는 $FeCl_3$를 촉매로 사용한다.
    - ▸ 브로민화 반응에서는 $FeBr_3$를 촉매로 사용한다.
  - FeX_3와 X_2가 반응하여 친전자성 할로젠(X^+)을 생성하고, benzene과 반응하여 halobenzene을 형성한다.

메커니즘 9.2 Benzene의 브로민화 반응

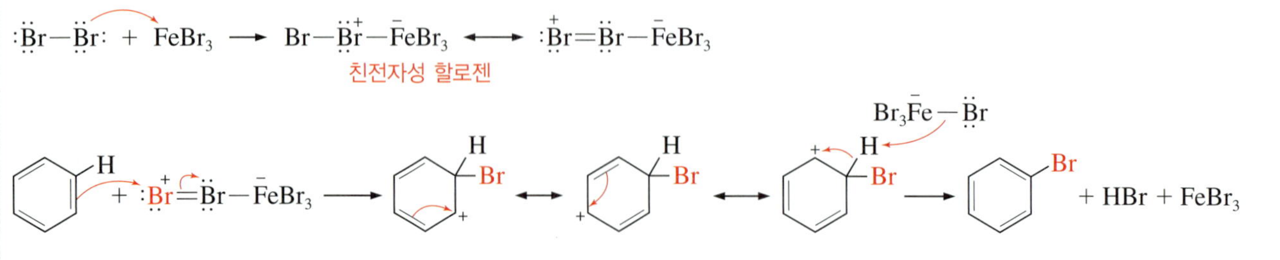

$$:\ddot{Br}-\ddot{Br}: + FeBr_3 \longrightarrow Br-\overset{+}{\ddot{Br}}-\overset{-}{Fe}Br_3 \longleftrightarrow :\overset{+}{Br}=\ddot{Br}-\overset{-}{Fe}Br_3$$

친전자성 할로젠

- NH_2, OH 및 이들의 유도체인 OR, NHR과 NR_2 등의 활성화도가 큰 치환기를 가지는 benzene 유도체를 X_2/FeX_3 계로 반응시키면 **다중할로젠화**(polyhalogenation)가 일어난다.

강한 활성화기 Y= OH, OR, NH_2, NHR

Br_2, $FeBr_3$

Y Br Br Br

9.7.2 나이트로화 반응

Benzene의 나이트로화 반응(nitration)은 새로운 $C_{sp^2}—N$ 결합을 형성하는 반응이다.

■ **Benzene의 나이트로화 반응은 benzene 고리에 질소(N)를 도입하는 가장 좋은 반응이다. 특히 NO_2 기를 NH_2로 변환할 수 있는 유용성 때문에 중요하다.**

- 나이트로화에 필요한 $^+NO_2$(nitronium ion) 친전자체를 만들려면 H_2SO_4와 같은 강한 산이 필요하다.
- 나이트로화 반응은 $^+NO_2$ 친전자체의 생성과 $^+NO_2$가 benzene 고리를 공격하는 두 단계로 진행된다.

메커니즘 9.3 Benzene의 나이트로화 반응

$$H—\ddot{O}—NO_2 + H—OSO_3H \xrightarrow{-HSO_4^-} H—\overset{+}{\underset{H}{O}}—NO_2 \longrightarrow H_2O + \overset{+}{N}O_2 \equiv :\ddot{O}=\overset{+}{N}=\ddot{O}:$$

친전자체

$$C_6H_6 + {}^+NO_2 \longrightarrow [C_6H_6(NO_2)]^+ \xrightarrow{HSO_4^-} C_6H_5NO_2 + H_2SO_4$$

9.7.3 설폰화 반응

Benzene의 설폰화 반응은 새로운 $C_{sp^2}—S$ 결합 형성 반응이다. **설폰화 반응은 가역적이다.**

■ **Benzene을 발연 황산**(fuming sulfuric acid)**과 반응시키면 설폰화 반응**(sulfonation)**을 일으켜 benzenesulfonic acid를 생성한다.**

발연 황산은 진한 황산에 약 8%의 SO_3를 첨가하여 만든다.

- 설폰화 반응 메커니즘은 SO_3가 직접 반응하는 방법(경로 2)과 SO_3와 H_2SO_4가 반응하여 생성하는 $^+SO_3H$가 반응하는 방식(경로 1), 두 가지로 제시되고 있다.
- SO_3와 $^+SO_3H$는 모두 benzene과 반응할 수 있는 친전자체이다.
- 설폰화 반응은 가역 반응이며, 센산에서는 설폰화 반응이 유리하고, 묽은 산 수용액에서는 **탈설폰 반응**(desulfonation)이 우세하게 진행된다.

탈설폰 반응이란 S(황)을 포함한 치환기가 떨어져 나가는 반응을 말한다.

메커니즘 9.4 Benzene의 설폰화 반응

경로 1

SO_3 + H—OSO_3H ⇌ $HO\text{-}S^+(=O)_2$ + HSO_4^-

benzene + $HOSO_2^+$ ⇌ (arenium ion, $-SO_2(O^-)OH$, H) ⇌ (HSO_4^-) benzene-SO_3H

경로 2

benzene + SO_3 ⇌ (arenium ion, $-SO_3^-$, H) ⇌ (HSO_4^-) benzene-SO_3^- ⇌ (H_2SO_4) benzene-SO_3H

■ **가역적인 설폰화 반응은 *o*-이치환-benzene을 합성하는 데 효과적으로 이용할 수 있다.**

- *tert*-Butylbezene 같이 *o*- 또는 *p*- 배향성인 치환기를 가지고 있는 화합물에 나이트로화를 시키면 *o*-nitro 유도체가 생기지만 대부분 *p*- 유도체가 주로 생성된다. 이런 경우 *o*-nitro 유도체를 주생성물로 얻으려면, *p*- 위치에 $-SO_3H$ 기를 도입하여 나이트로화 시키고 산 수용액에서 가열하면 1-(*tert*-butyl)-2-nitrobenzene을 얻을 수 있다.

tert-butylbenzene ($C(CH_3)_3$, H) —[SO_3, *conc*-H_2SO_4; 설폰화]→ ($C(CH_3)_3$, SO_3H) —[HNO_3, H_2SO_4; 나이트로화]→ ($C(CH_3)_3$, NO_2, SO_3H) —[H^+, H_2O; 가열]→ ($C(CH_3)_3$, NO_2, H) 1-(*tert*-butyl)-2-nitrobenzene

9.7.4 Friedel-Crafts 알킬화 반응 및 아실화 반응

Friedel-Crafts 알킬화 반응은 benzene 고리에 새로운 $C_{sp^2}-C_{sp^3}$ 결합을 만드는 반응이다. Friedel-Crafts 알킬화 반응은 몇 가지 반응의 제약이 있다. Friedel-Crafts 아실화 반응은 benzene 고리에 새로운 $C_{sp^2}-C_{sp^2}(=O)$ 결합을 생성하는 반응이다. Friedel-Crafts 아실화 반응은 다중 알킬화가 일어나지 않는다.

■ **Friedel-Crafts 알킬화 반응은 할로젠화 알킬(RX)과 $AlCl_3$ 같은 Lewis 산과 반응시켜 만들어진 친전자체를 benzene과 반응시켜 고리에 알킬기(R)를 도입하는 반응이다.**

- CH_3Cl이나 1° 할로젠화 알킬과 만드는 친전자체는 $[(R^+)(AlCl_4^-)]$ 형태이고, 2°나 3° 할로젠화 알킬과 생성하는 친전자체는 상응하는 탄소 양이온(R_2CH^+ 및 R_3C^+) 형태이다.

메커니즘 9.5 Friedel-Crafts 알킬화 반응

CH_3Cl / 1° RCl: $RC-\ddot{Cl}: + AlCl_3 \longrightarrow RC-\ddot{Cl}^+-\bar{A}lCl_3$

친전자체: 산/염기 착물

2° / 3° RCl: $(H_3C)_3C-\ddot{Cl}: + AlCl_3 \longrightarrow (H_3C)_3C-\ddot{Cl}^+-\bar{A}lCl_3 \longrightarrow \overset{+}{C}(CH_3)_3 + AlCl_3$

친전자체: 산/염기 착물 — 탄소 양이온

$C_6H_5-H + \overset{+}{C}(CH_3)_3 \longrightarrow$ [H, $C(CH_3)_3$ 양이온 중간체] $\xrightarrow[-HCl]{Cl-\bar{A}lCl_3} C_6H_5-C(CH_3)_3 + AlCl_3$

- **Friedel-Crafts 알킬화 반응은 몇 가지 특징과 제약이 있다.**
  - 1° 할로젠화 알킬은 자리 옮김 반응을 일으켜 2° 또는 3° 탄소 양이온을 형성할 수 있어, 하나의 생성물만 생성하기는 어렵다.

$$C_6H_6 + Cl-CH_2(CH_2)_2CH_3 \xrightarrow[-HCl]{AlCl_3} C_6H_5CH_2CH_2CH_2CH_3 + C_6H_5CH(CH_3)CH_2CH_3$$

주생성물

  - 할로젠화 바이닐(vinyl halide, RCH=CH−X)이나 할로젠화 아릴(aryl halide, Ar−X)은 Friedel-Craft 반응 조건에서 안정한 양이온을 형성하지 못하므로 반응이 일어나지 않는다.
  - 강한 활성 감소기인 NO_2 기를 가진 유도체는 Friedel-Craft 알킬화 반응을 하지 않는다.
  - 강한 활성화기인 $:NH_2$, :NHR, $:NR_2$ 등은 비공유 전자쌍을 가진 센염기여서 촉매인 $AlCl_3$와 착물[$(PhN^+R_2)(Al^-Cl_3)$]을 형성하고 형성된 착물의 질소 양이온이 고리의 반응성을 감소시키므로 반응이 일어나지 않는다.

$$C_6H_5-\ddot{N}R_2 \xrightarrow{AlCl_3} C_6H_5-\overset{+}{N}R_2-\bar{A}lCl_3$$

양전하가 고리 반응성을 감소시킨다.

  - Friedel-Crafts 알킬화 반응 생성물은 출발 물질 benzene보다 더 반응성이 좋다. 따라서 **다중알킬화(polyalkylation)**가 일어난다.

$$C_6H_6 \xrightarrow[AlCl_3]{RCl} C_6H_6 + C_6H_5R + p\text{-}R-C_6H_4-R$$

소량 생성물 — 주생성물

- **Friedel-Crafts 아실화 반응은 $AlCl_3$와 RC(=O)Cl (acid chloride)를 처리하여 생성되는 아실륨 이온(acylium ion, RC^+=O)이 benzene과 반응하여 고리에 −C(=O)R 기가 도입되는 반응이다.**

- 아실륨 이온은 공명 안정화될 수 있고, acyl 기는 활성 감소기이므로 **다중아실화**(polyacylation)는 진행되지 않는다.
- 알킬기가 하나만 치환된 benzene 유도체를 얻으려면, Friedel-Craft 아실화로 얻어진 생성물을 환원하여 alkylbenzene을 만들 수 있다.
  - Clemmensen 환원법: HCl 같은 강한 산과 Zn(Hg)를 사용한다.
  - Wolff-Kishner 환원법: NH_2NH_2(hydrazine)과 KOH 같은 강한 염기를 사용한다.
  - 환원제 이용법은 먼저 $NaBH_4$/HBr을 이용하여 브로민화물로 변환하고 다시 $LiAlH_4$로 할로젠을 수소로 치환하는 방법이다.

Acylbenzene의 환원에는 Clemmensen 환원법, Wolff-Kishner 환원법 또는 $NaBH_4$나 $LiAlH_4$ 등의 환원제를 이용하는 방법 등이 사용된다.

9.8 치환된 benzene 유도체의 반응

9.8.1 Alkylbenzene의 할로젠화

Alkylbenzene을 X_2/FeX_3로 반응시키면 benzene 고리에 할로젠화가 일어난다. Alkylbenzene과 Br_2를 빛 또는 열 조건에서 반응시키면 벤질 자리(benzylic) 할로젠화 반응이 일어난다.

■ **Alkylbenzene은 조건에 따라 브로민화 위치가 다르다.**

- 이온 메커니즘 조건(X_2/FeX_3)으로 반응시키면 benzene 고리에 친전자성 할로젠화가 일어난다.
- Br_2를 빛 또는 가열 조건에서 반응시키면 라디칼 메커니즘으로 벤질 자리 탄소에서 할로젠화 반응이 일어난다.

벤질 자리
CH_2CH_3
ethylbenzene
Br_2, $FeBr_3$
이온 조건
CH_2CH_3, Br
1-bromo-4-ethylbenzene
+
CH_2CH_3, Br
1-bromo-2-ethylbenzene
Br_2, 빛
또는 열
라디칼 조건
Br, $CHCH_3$
1-bromoethylbenzene

메커니즘 9.6 Alkylbenzene의 벤질 자리 라디칼 할로젠화

개시 단계

$$:\ddot{Br}-\ddot{Br}: \xrightarrow{\text{빛 또는 열}} 2\ \cdot\ddot{Br}:$$

전파 단계

H, H, C, CH_3 + $\cdot\ddot{Br}:$ $\xrightarrow[-HBr]{}$ H, C·, CH_3 + $:\ddot{Br}-\ddot{Br}:$ ⟶ H, C, $\ddot{Br}:$, CH_3 + $\cdot\ddot{Br}:$

종결 단계

$$\cdot\ddot{Br}: + \cdot\ddot{Br}: \longrightarrow :\ddot{Br}-\ddot{Br}:$$

■ **벤질 자리 우세 반응의 다른 예로 alkylbenzene의 산화를 들 수 있다. Alkylbenzene의 벤질 자리에 C—H 결합이 하나라도 있으면 $KMnO_4$에 의해 벤질 자리가 산화되어 카복실기(COOH)로 변환된다.**

- 벤질 자리에 C—H 결합이 하나도 없으면 이 조건에서 산화되지 않는다.

벤질 자리 탄소는 benzene 고리 탄소와 C_{sp^2}—C_{sp^3}로 되어 있어, C_{sp^3}—C_{sp^3} 결합보다 더 센 결합이다.

toluene → ($KMnO_4$) → benzoic acid

alkylbenzene → ($KMnO_4$) → benzoic acid

tert-butylbenzene → ($KMnO_4$, ✕) → 반응이 진행되지 않음

9.9 친핵성 치환 반응

9.9.1 Meisenheimer 착물 중간체를 거치는 친핵성 치환 반응

■ **Benzene 유도체가 강한 전자 끄는 기를 가지면 친핵성 치환 반응을 일으킬 수 있다.**

- 이 반응은 S_N1 및 S_N2 친핵성 치환 반응과 결과가 유사하지만, 할로젠화 아릴은 S_N1 및 S_N2 친핵성 치환 반응 조건에서 반응이 진행되지 않으므로 다르다.
- **친핵성 방향족 치환 반응**(nucleophilic aromatic substitution, S_NAr)은 2단계로 진행되며, Meisenheimer 착물(Meisenheimer complex)이라는 음으로 하전된 중간체를 거쳐 진행된다.
- 친핵성 방향족 치환 반응은 전자 끄는 기가 *o*- 또는 *p*- 위치로 치환된 경우만 가능하다.

친핵성 방향족 치환 반응은 전자 끄는 치환기가 *o*-나 *p*- 위치로 치환된 경우만 가능한 이유는 치환기가 *o*-나 *p*- 위치로 있을 때만 Meisenheimer 착물 중간체를 안정화시킬 수 있기 때문이다.

메커니즘 9.7 Benzene의 친핵성 치환 반응

1-chloro-2-nitrobenzene + ^-OH → Meisenheimer 착물 → 2-nitrophenol + Cl^-

9.9.2 Benzyne(벤자인) 중간체를 거치는 친핵성 치환 반응

- **전자를 당기는 치환기가 없는 halobenzene을 매우 높은 온도와 압력으로 NaOH(수용액)나 KNH_2(NH_3 용매) 등과 반응시키면 상응하는 phenol이나 aniline이 생성된다.**
  - 이 두 반응은 동일하게 benzyne 중간체를 거쳐 진행된다.
  - 첫 단계에서는 HX가 제거되어 benzyne을 형성한다.
  - 두 번째 단계에서는 친핵체와 첨가 반응을 일으켜 생성물을 만든다.
  - 이 반응은 제거-첨가 반응이다.
  - 이 반응의 메커니즘적인 증거는 ^{14}C가 표지된 bromobenzene으로부터 표지된 탄소와 이웃한 탄소에 NH_2 기가 치환된 aniline을 50 : 50으로 얻음으로써 확인되었다.
  - 다른 증거로 benzyne이 형성된 반응 혼합물에 furan을 첨가하여 소량의 Diels-Alder 고리 첨가 생성물을 얻음으로써 확인되었다.

Benzyne 삼중 결합은 시그마(σ) 결합 1개와 파이(π) 결합 2개를 가지고 있으며, 2개의 파이 결합은 각기 $C_{2p}-C_{2p}$ 겹침과 $C_{sp^2}-C_{sp^2}$ 겹침에 의해 만들어져 있다. $C_{sp^2}-C_{sp^2}$ 파이 결합은 고리 평면에 놓여 있고 매우 약한 결합이다. 삼중 결합은 육-원자 고리에 포함될 수 없다. 결국 두 번째 파이 결합은 '*p* 오비탈의 겹침'이라기보다는 이웃한 두 sp^2 오비탈의 부분 겹침에 의한 것이며 따라서 매우 불안정하므로 아주 짧은 시간 동안만 존재하게 된다.

chlorobenzene (H, Cl) —^-OH / $-HCl$ 제거→ benzyne —H_2O 첨가→ phenol (OH)

bromobenzene (Br, *) —$^-NH_2/NH_3$ / $-HBr$→ benzyne (*) —NH_3→ aniline (50:50) (NH_2, *) + (NH_2, *)

$C^* = {}^{14}C$

benzyne + furan (O) —Diels-Alder 고리화 반응→ (1*R*,4*S*)-1,4-dihydro-1,4-epoxynaphthalene

메커니즘 9.8 벤자인 중간체를 거치는 halobenzene의 친핵성 치환 반응

halobenzene (X, H) —^-OH / $-HX$ 제거→ benzyne —^-OH 첨가→ (OH, −) —H_2O→ phenol (OH)

9.9.3 방향족 치환 반응 메커니즘은 어떻게 구별하나?

- **방향족 치환 반응은 친전자성 치환 반응, 친핵성 치환 반응, 제거-첨가 반응 등의 3가지 다른 메커니즘으로 진행된다. 주어진 조건에서 반응이 어떤 메커니즘으로 일어날 것인가를 예측하는 것은 중요하다.**

방향족 치환 반응의 메커니즘은 반응 중간체 형태, 이탈기 및 치환기 효과를 고찰하여 예측할 수 있다.

표 9.2 방향족 치환 반응의 종류

치환 반응 종류	중간체	이탈기	치환기 효과
친전자성 치환 반응	시그마 착물	양성자를 치환 (H → E^+)	활성화기 및 활성 감소기 효과
친핵성 치환 반응	Meisenheimer 착물	음이온 이탈기(X^-)	전자 끄는 기가 요구됨
제거-첨가 반응	벤자인	음이온 이탈기(X^-)	

9.10 다중 고리 벤젠류의 반응

■ **Naphthalene은 방향족성이어서 온화한 조건에서 친전자성 치환 반응이 일어난다.**

- 친전자성 치환 반응은 C1에서 위치 선택적으로 더 잘 일어난다.
- 왜 C1에서 선택적으로 일어나는가?
  - ▸ C1에 친전자체가 공격하여 생성되는 중간체의 공명 구조는 두 구조에서 두 개의 benzene 고리 구조가 발견되지만, C2에서 공격이 일어나면 단 한 개의 benzene 구조를 가지므로 C1 공격의 중간체가 더 안정하고 더 유리하다.

Naphthalene의 탄소 위치 번호는 정해져 있다.

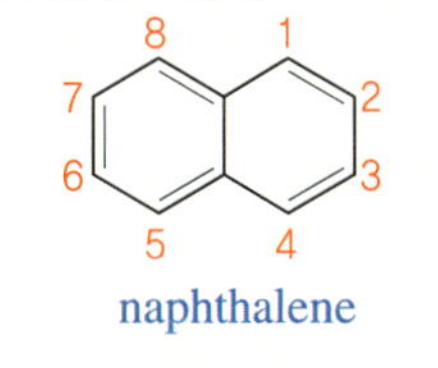

메커니즘 9.9 Naphthalene의 친전자성 치환 반응

C1 공격

C2 공격

■ 하나의 치환기를 포함하는 **naphthalene**에도 일치환된 **benzene**의 배향성이 적용된다.

- 활성화기가 결합되면 도입되는 치환기가 같은 고리로 도입되고, 활성 감소기가 있으면 고리에서 먼 곳으로 도입된다.

예를 들어 methoxynaphthalene에 나이트로화를 하면, 4-nitro 유도체(주생성물)와 2-nitro 유도체(소량 생성물)로 생성되고, nitronaphthalene을 나이트로화시키면 1,5-dinitro(주생성물)와 1,8-dinitronaphthalene(주생성물)이 생성된다.

9.11 방향족 화합물의 분광학적 특성

9.11.1 적외선 스펙트럼

■ **방향족 화합물의 대표적인 IR 흡수띠는 다음과 같다.**

- C_{sp^2}—H의 신축 진동 흡수띠는 3000 cm^{-1}의 왼편(3050~3010 cm^{-1})에서 나타난다.
- C_{sp^2}—H의 **면 밖 굽힘 진동**(out-of plane, OOP) 흡수띠는 900~690 cm^{-1}에서 나타나고, 고리 치환기 양상을 구분하는 데 유용하다.
- C=C 고리 신축 진동 흡수띠는 약 1600 cm^{-1} 부근과 1475 cm^{-1} 근처에서 나타난다.
- Benzene 고리의 **배진동띠**(overtone band)와 **복합띠**(combination band)가 2000과 1667 cm^{-1} 근처에서 고리 치환 양상에 따라 독특한 모양으로 나타나므로 유도체 구분에 유용하다.

배진동 띠는 어떤 기본 흡수띠(fundamental band)의 2배, 3배 … 등에 해당하는 파장에서 흡수된 띠이고, 복합 띠는 어떤 두 기본 흡수띠들의 합에 해당하는 파장에서 흡수된 띠이다.

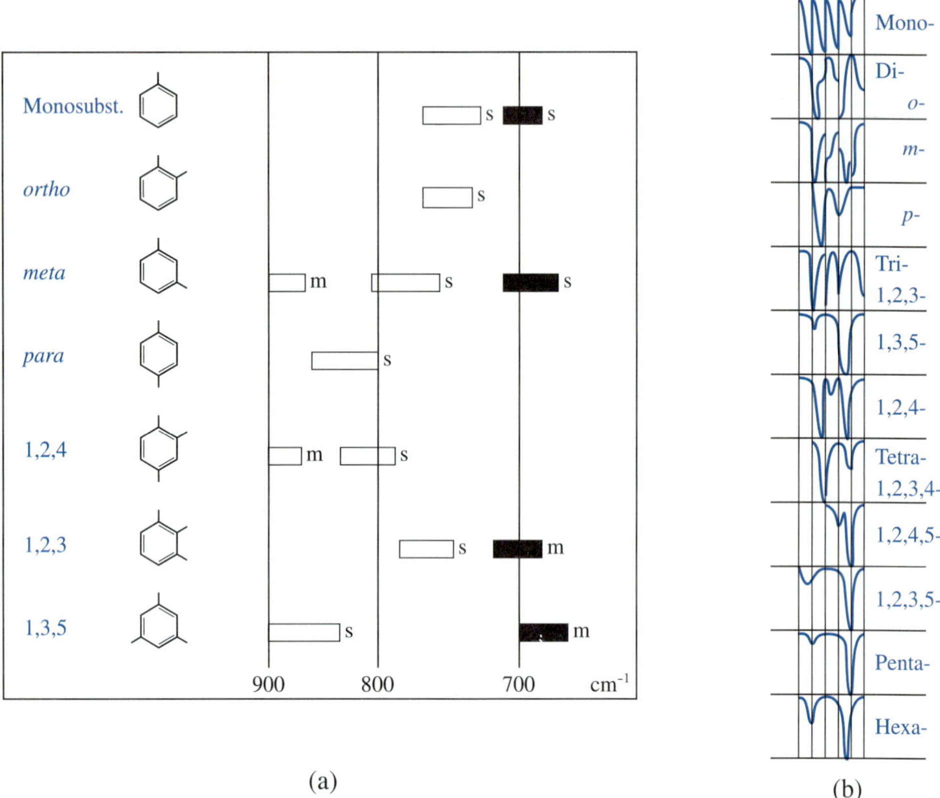

그림 9.11 (a) Benzene 유도체의 C—H OOP 흡수띠 양상, (b) Benzene 유도체의 배진동띠/복합띠의 양상

9.11.2 핵자기 공명 스펙트럼

■ **방향족 화합물의 특징적인 ^{1}H NMR 신호는 다음과 같다.**

- Benzene 고리 양성자는 ^{1}H NMR 스펙트럼의 $\delta = 6.5\sim8.0$ ppm 부근에서 특징적인 신호를 보인다.
- 벤질 자리 수소는 고리의 비등방성 효과(3.3절 참조)의 영향으로 $\delta = 2.3\sim2.7$ ppm 부근에서 특징적인 신호를 나타낸다.

- Benzene 고리 양성자의 짝지음 상수 값은 ${}^3J_{ortho}$ = 약 7~10 Hz, ${}^4J_{meta}$ = 약 2~3 Hz, ${}^5J_{para}$ = 약 0~1 Hz이다.
- Benzene 고리 탄소는 δ = 110~175 ppm에서 신호가 나타난다.
- Benzene 고리가 유연성이 없는 평면 구조여서 멀리 있는(이웃하지 않은) 양성자들과도 **장거리 짝지음**(long-range coupling)을 하기 때문에 *para*-이치환 benzene을 제외하고는 일반적으로 양성자 신호가 복잡하다.
- 동일한 치환기를 가지는 *para*-유도체는 하나의 단일선으로 나타나고, 치환기가 다른 *para*-유도체는 두 개의 이중선으로 나타난다.

Benzene 고리의 비등방성 효과는 벤질 자리로부터 더 멀어질수록 효과가 작아진다.

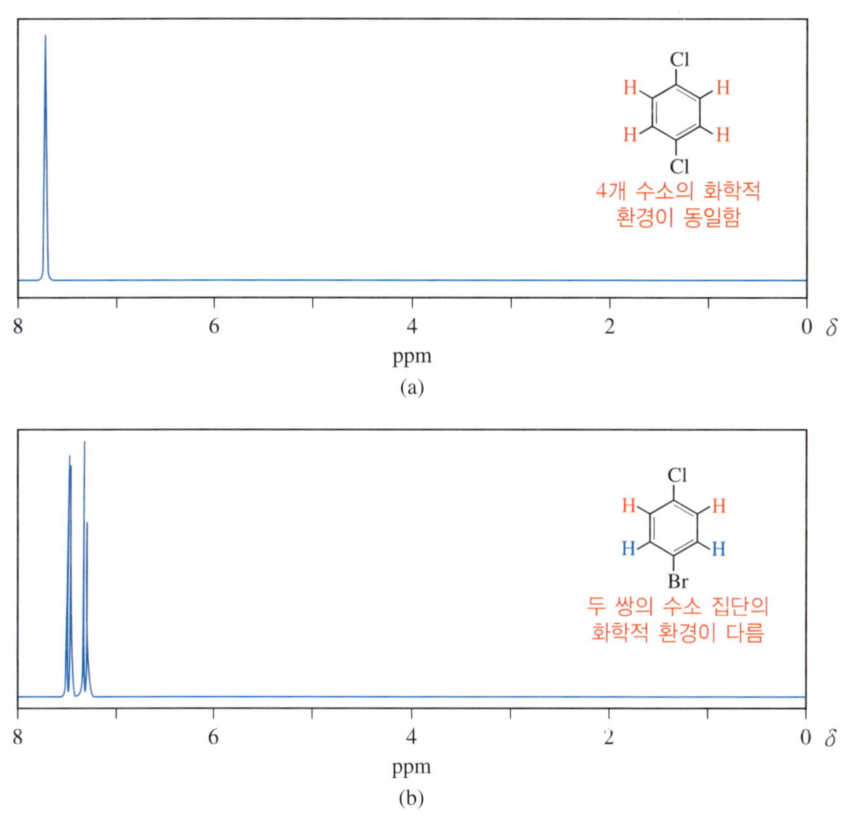

그림 9.12 (a) 1,4-Dichlorobenzene과 (b) 1-bromo-4-chlorobenzene의 ^{1}H NMR 스펙트럼

- 치환된 방향족 고리에서 치환 형태를 구별하는 데 ^{13}C NMR 신호 개수가 유용하다.

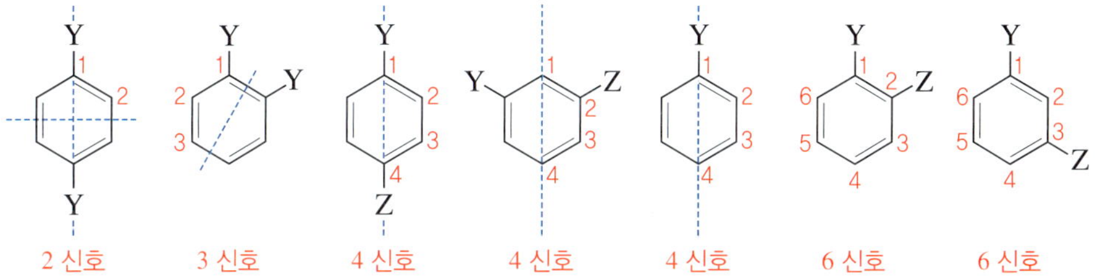

2 신호 3 신호 4 신호 4 신호 4 신호 6 신호 6 신호

그림 9.13 Benzene 고리 치환기 수에 따른 ^{13}C NMR 신호 수

다중 고리 탄화수소와 암

다중 고리 벤젠류가 발암 물질임은 1775년 Percival Pott에 의해 알려졌다. 그 후 왜 이 물질들이 그런 활성을 나타내는지 많은 연구가 진행되었다. 그 중 잘 연구된 물질이 benzo[*a*]pyrene이다. 이 물질은 환경 오염물질로, 자동차 연료나 기름과 유기물을 태울 때나 쓰레기를 소각하거나 담배를 피울 때, 심지어는 고기를 구울 때도 발생한다.

이들은 어떻게 암을 유발하는가? Benzo[*a*]pyrene이 체내(간)에서 산화제(oxidase)에 의해 C7과 C8 위치에서 oxacyclopropane 삼원자 고리를 형성하고 epoxide hydratase 효소가 수화 반응을 촉진시켜 다이올(diol)을 형성한다. 이 다이올 화합물의 C9과 C10 위치에서 다시 에폭시화가 일어나고 여기에 DNA의 guanine 염기와 반응한다. 이렇게 변형된 guanine은 DNA의 이중 나선을 파괴시켜 DNA 복제 과정에서 짝짓지 못하게 한다. 이런 변화가 유전자 코드를 변화(변이)시키고 그로 인하여 무차별적인 세포증식을 유발한다. 발암성 물질에 노출되는 것은 단지 발암 현상의 가능성을 증가시킨다는 것이지만, 그래도 주목할 필요가 있다.

주요 용어

Clemmensen 환원법(Clemmensen reduction)
Friedel-Crafts 아실화 반응(Friedel-Crafts acylation)
Friedel-Crafts 알킬화 반응(Friedel-Crafts alkylation)
Frost 원(Frost circle)
Hückel 규칙(Hückel rule)
Kekulé benzene 공명 구조(Kekulé benzene resonance structure)
Meisenheimer 착물(Meisenheimer complex)
tropylium 양이온(tropylium cation)
Wolff-Kishner 환원법(Wolff-Kishner reduction)
공명 에너지(resonance energy)
나이트로화 반응(nitration)
내접 다각형법(inscribed polygon method)
다중아실화 반응(polyacylation)
다중할로젠화(polyhalogenation)
반방향족(antiaromatic)
방향족(aromatic)
방향족성(aromaticity)
배진동띠(overtone band)
배향성(orientation)
벤자인(benzyne)
복합띠(combination band)
비방향족(nonaromatic)
비편재화(delocalization)
설폰화 반응(sulfonation)
장거리 짝지음(long-range coupling)
친전자성 방향족 치환 반응(electrophilic aromatic substitution)
친핵성 방향족 치환 반응(nucleophilic aromatic substitution)
탈설폰 반응(desulfonation)
활성 감소기(deactivating group)
활성화기(activating group)

연습 문제

개념 문제

1. Benzene이 방향족성이어서 나타낼 수 있는 특성과 그 원인을 설명하시오.
2. 분자가 방향족이기 위해서는 평면 고리 구조를 이루어야 하는 이유는 무엇인가?
3. 1,3,5-Cycloheptatriene은 비방향족이다. 어떻게 하면 방향족 화학종으로 만들 수 있는가? 그리고 왜 제시한 화학종이 방향족성을 나타내는지를 설명하시오.
4. Benzene이 왜 치환 반응을 하게 되는지 이유를 설명하시오.
5. Benzene의 치환기는 치환 반응성과 배향성에 영향을 미친다. 그 이유를 설명하시오.
6. 방향족성 물질은 그렇지 않은 화합물보다 더 안정하다. 그 이유는 무엇인가?

실전 문제

7. [10]-Annulene은 왜 방향족이 아닌가?
8. Naphthalene과 anthracene의 공명 구조를 그리시오.
9. Cyclopentadienyl 양이온과 cyclopentadienyl 라디칼은 방향족인지 반방향족인지 설명하시오.
10. Histamine은 2개의 질소 원자가 고리에 있는 imidazole 고리를 포함하고 있다. Imidazole에서 어떤 질소의 고립 전자쌍이 콘쥬게이션에 참여하는지 설명하시오.

H_2N NH N histamine

NH N 1*H*-imidazole

11. Nitrobenzene이 친전자체(E^+)와 반응할 때 *m*-위치로 치환되는 배향성을 탄소 양이온 중간체 공명 구조로 설명하시오.
12. 다음 화합물들을 할로젠화 반응을 시켰을 때 할로젠이 도입될 것이라 예상되는 위치를 화살표(→)로 나타내시오. 또 주생성물도 예상하시오.

(1) CH_3, OH (2) COOH, NH_2 (3) OCH_3, Br (4) COOH, NO_2 (5) CH_3, NO_2, NH_2 (6) COOH, Cl, NH_2, Cl

13. Benzene으로부터 *n*-propylbenzene만을 합성하는 과정을 제시하시오.
14. Xylene의 3개 유도체 IR에서 *o*-xylene은 750 cm^{-1}에서, *m*-xylene은 775 cm^{-1}에서, *p*-xylene은 800 cm^{-1}에서 OOP 띠를 관찰하였다. 표시가 없는 시약병 A와 B에 cyanophenol 유도체가 들어 있다. 시약병 A의 IR에서 OOP 흡수띠가 800 cm^{-1} 근처에서 나타났고, 시약병 B의 IR에서 OOP 흡수띠가 752 cm^{-1} 부근에서 나타났다. 시약병 A와 B의 구조식을 예상하시오.
15. Benzene으로부터 *m*-propylaniline을 합성하는 합리적인 경로를 제시하시오.
16. Azulene은 5-원자 고리와 7-원자 고리가 접합된 불포화 고리 화합물이다. 친전자체와 반응시키면 5-원자 고리 탄소(C1)에서 반응하고, 친핵체를 반응시키면 7-원자 고리 탄소(C4)에서 반응이 일어나 양이온 화학종과 음이온 화학종을 생성한다. 그 이유를 설명하시오.

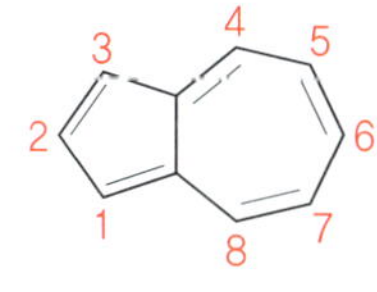

azulene

10

아민

Amines

- 아민은 NH_3의 유도체이며, 작용기는 $-NH_2$이다.
- 아민의 질소는 sp^3 혼성을 하고 있고, 비공유 전자쌍도 sp^3 혼성 오비탈에 있다.
- 아민의 질소 원자는 세 개의 치환기와 비공유 전자쌍이 삼각뿔 구조를 이룬다.
- 아민의 비공유 전자쌍은 아민을 친핵체가 되게 한다.

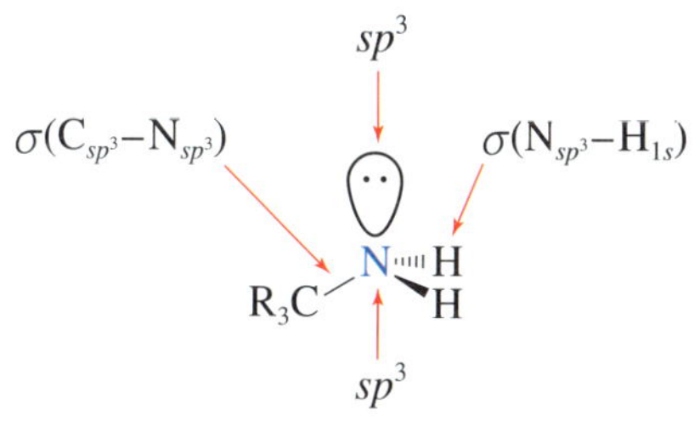

sp^3

$\sigma(C_{sp^3}-N_{sp^3})$ $\sigma(N_{sp^3}-H_{1s})$

R_3C N H H

sp^3

아민의 반응
- 알킬화 반응
- 아실화 반응
- 다이아조늄염 형성 및 치환 반응
- 아조 짝지음 반응
- 이민 형성 반응
- 나이트로사민 형성 반응
- Hofmann 제거 반응
- Mannich 반응

오늘날 우리가 사용하는 많은 의약품과 천연물이 아민류이므로 아민의 성질과 반응을 이해하는 것은 중요하다.

아민(amine)은 ammonia(NH_3)의 수소 원자가 하나 또는 그 이상이 알킬기로 치환된 화합물 부류이다. 아민은 다른 중성 유기 화합물보다 더 센염기이며 더 좋은 친핵체로 작용한다. 아민의 질소(N)는 sp^3 혼성을 하며, 질소(N)의 비공유 전자쌍은 sp^3 혼성 오비탈을 점유하고 N이 친핵체로 작용하게 한다. 아민의 N 원자는 sp^3 혼성을 하지만, 부피가 큰 비공유 전자쌍 때문에 삼각뿔 구조를 이룬다(1.7절 참조).

- **아민은 질소 원자에 결합한 알킬기의 수에 따라 구분한다.**
  - 1° 아민은 RNH_2의 일반식을 가진다.
  - 2° 아민은 R_2NH의 일반식을 가진다.
  - 3° 아민은 R_3N의 일반식을 가진다.
  - 4° 암모늄염은 $R_4N^+X^-$의 일반식을 가지며 질소는 정사면체 구조를 이룬다.

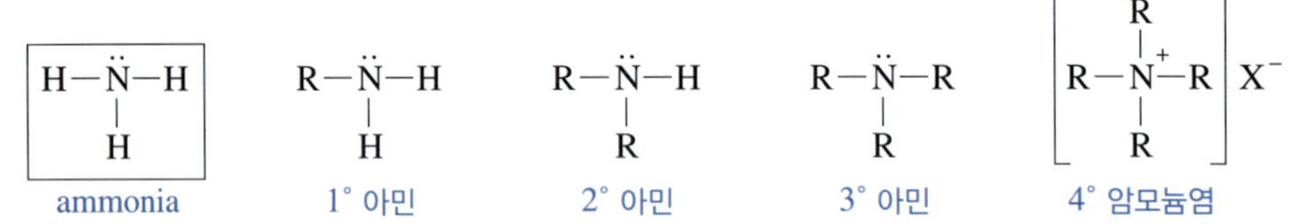

10.1 아민 명명법 복습

아민 화합물의 명명은 다양한 관용명을 사용하므로 다소 혼란스럽다.

- **아민의 명명법도 아민 종류에 따라 다르다. NH_2 기의 치환기 이름은 amino-이다.**
  - **1° 아민**: IUPAC명이나 관용명으로 명명한다.
    - **IUPAC명**: 모체 화합물 이름의 마지막 *-e* 대신에 *-amine*를 붙여 명명한다. 탄소 위치나 치환기 이름은 일반적인 명명법 규칙에 따른다. 즉 cyclohexanamine 식으로 명명한다. **모체 사슬은 *N*-에 결합된 가장 긴 사슬이다.**
    - **관용명**: 알킬기가 질소에 붙은 것으로 간주하여 알킬 치환기 이름 끝에 접미사 *-amine*을 붙여 나타낸다. 즉 (alkyl + amine) → alkylamine 식으로 명명하므로, cyclohexanamine을 cyclohexylamine으로 명명할 수 있다.
  - **2°와 3° 아민**: 동일한 알킬기를 갖는 아민은 1° 아민 이름에 접두사 *di*(다이)- 또는 *tri*(트라이)- 등을 붙여 명명한다.

하나 이상의 다른 알킬기를 갖는 아민은 *N*-alkylalkanamine 또는 *N*-alkyl-*N*-alkyl alkanamine 식으로 명명한다. 이때 알킬기는 알파벳순으로 배열한다.

- Benzene 고리에 아미노기를 가지는 방향족 아민은 aniline의 유도체로 명명한다.

헤테로 고리 질소 화합물의 명명은 14장에서 다룬다.

복습문제 10.1 다음 화합물을 명명하시오.

(a) NH_2 (b) N H (c) NH_2 NO_2 (d) N

복습문제 10.2 다음 화합물의 구조식을 그리시오.

(a) Cyclohexylethylamine
(b) Tricyclopropylamine
(c) *N*,*N*-Dimethylaniline
(d) *p*-Aminobenzaldehyde
(e) *N*-Methylphenylamine
(f) 2-Aminocyclohexanone

10.2 아민의 구조와 성질 및 제조

아민의 작용기는 NH_2(amino) 기이며, 아민은 C—N과 N—H 같은 극성 결합을 가진다.

- **질소는 탄소나 수소보다 전기 음성도가 크기 때문에 C—N 결합과 N—H 결합 모두 극성을 가지며, 질소에 전자가 풍부하다.**
  - 1°와 2° 아민은 N—H 결합을 포함하고 있어 수소 결합을 할 수 있다.
  - 아민의 N과 H의 분자 간 수소 결합은 O와 H의 분자 간 수소 결합보다 약하다.
  - 분자 간 수소 결합으로 인해 비슷한 크기의 분자들보다 아민의 끓는점은 더 높다.

Diethyl ether($CH_3CH_2OCH_2CH_3$, 분자량 74)의 끓는점은 38°C이고, *n*-butylamine($CH_3CH_2CH_2CH_2NH_2$, 분자량 73)의 끓는점은 78°C이다.

- **질소에 결합한 탄소 수가 다섯 개 이하인 아민은 수용성이지만, 다섯 개 이상인 아민은 거의 물에 녹지 않는다.**

- **지방족 아민의 C—N 결합은 방향족 아민에서의 C—N 결합 길이보다 더 길고 세기도 약하다.**
  - CH_3NH_2(methylamine)의 C—N 결합 길이는 147 pm이고, $C_6H_5NH_2$(aniline)의 C—N 결합 길이는 140 pm이다.

- **Ammonia 유도체인 아민의 질소는 sp^3 혼성을 하므로 정사면체 구조를 이루어야 하지만, 비공유 전자쌍으로 인해 아민의 분자 구조는 변형된다.**
  - 비공유 전자쌍이 점유한 sp^3 혼성 오비탈은 결합 오비탈보다 부피가 크다. 따라서 아민은 정확한 정사면체 구조 대신 삼각뿔 모양을 이룬다.
  - N에 결합한 세 치환기가 각기 다르면 질소는 입체 중심이 되어 서로 다른 두 개의 입체 이성질체를 그릴 수 있다.
  - 아민의 N 원자가 비대칭 중심이 되어도 두 이성질체 간의 **반전**(inversion) 속도가 빨라서 광학 활성이 관측되지 않는다. 따라서 이들 거울상 이성질체는 빠르게 라셈화되므로 순수한 거울상 이성질체로 유지하는 것이 불가능하다.
  - 4개 치환기가 다른 4차 암모늄염의 N은 정사면체 구조이므로 카이랄성을 무시할 수 없다.

비대칭 아민의 반전 운동에 대한 에너지는 분광학적으로 측정 가능하며, 크기가 작은 비대칭 아민의 반전 에너지는 대략 20~30 kJ/mol(5~7 kcal/mol)이다.

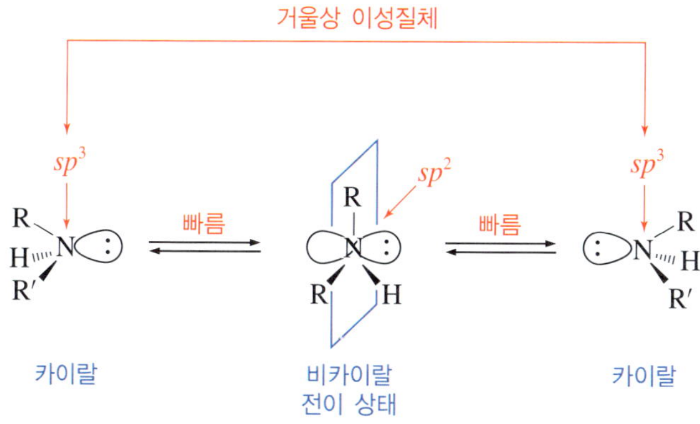

그림 10.1 각기 다른 치환기를 가지는 아민의 반전 현상

10.3 아민의 염기도

- **아민은 질소 원자에 비공유 전자쌍을 가지고 있어 친핵체로 작용한다.**
  - 다른 유기 및 무기 산과 반응할 때 염기로 작용하며, 이 반응 생성물인 암모늄 이온은 약한 산성이다.
  - 이 산-염기 반응이 정방향으로 우세하게 진행되려면 출발 물질 산의 pK_a가 생성된 암모늄 이온의 pK_a보다 작아야 한다.

> 지방족 아민(RNH_2)에 양성자가 첨가된 많은 암모늄 이온(RN^+H_3)들의 pK_a 값이 10~11 정도이다. 따라서 출발 물질 산의 pK_a는 10~11보다 작아야 한다. 그러나 방향족 아민($ArNH_2$)의 암모늄 이온(ArN^+H_3)의 pK_a 값은 지방족 암모늄 이온의 pK_a보다 더 작고(더 산성이다), benzene 고리의 치환기에 따라 그 값이 크게 변한다.

> 암모늄염의 명명은 치환기 이름 끝에 *-ammonium*을 붙이고 음이온 이름을 붙여 명명한다. 예를 들어 $(CH_3CH_2N^+H_3)\ Br^-$는 ethylammonium bromide로 명명한다.

$$R-\ddot{N}H_2 + H-Y \rightleftharpoons R-\overset{+}{N}H_3 + :Y^-$$

pK_a<10~11　　　pK_a=10~11

예로 anilinium 이온의 pK_a=4.6, *N*-methylanilinium 이온의 pK_a= 4.8, *p*-nitroanilinium 이온의 pK_a= 1.0이다.

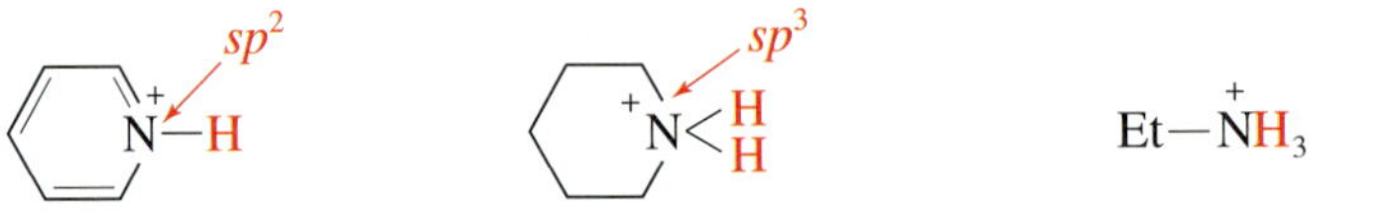

sp² (pyridinium N), sp³ (piperidinium N)

pyridinium	piperidinium	ethylammonium ($Et-\overset{+}{N}H_3$)
pK_a = 5.3	pK_a = 11.1	pK_a = 10.6

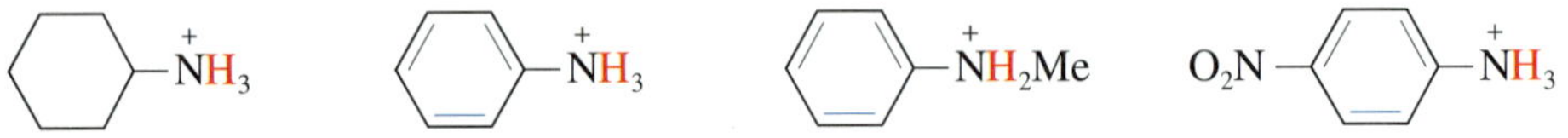

cyclohexylammonium	anilinium	*N*-methylanilinium	*p*-nitroanilinium
pK_a = 10.7	pK_a = 4.6	pK_a = 4.8	pK_a = 1.0

아민의 염기도는 질소 원자에 있는 비공유 전자쌍에 기인한다.

- **아민의 염기도를 결정하는 요인은 유발 효과**(inductive effect), **공명 효과**(resonance effect), **혼성화 효과**(hybridization effect), **방향족성**(aromaticity)**과 입체 장애**(steric hindrance)**이다.**
  - **유발 효과**: 질소로 전자를 밀어주면 염기도가 증가한다.
    - ▸ 1°(RNH_2), 2° 알킬아민(R_2NH)은 NH_3보다 더 염기성이다.
    - ▸ 전자를 주는 치환기가 결합한 aniline은 aniline보다 염기성이 크고, 전자를 끄는 기가 치환된 aniline은 aniline보다 염기성이 작다.

1° 아민이 2° 아민보다 염기도가 작다.

$R-\ddot{N}H_2$ (1°)　　$R-\ddot{N}(H)-R$ (2°)

aniline 유도체의 염기도에 영향을 주는 유발 효과

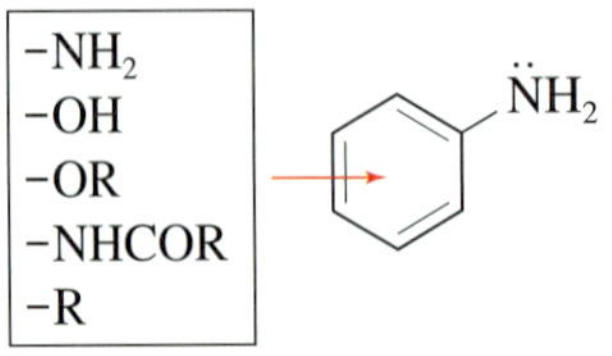

전자를 주는 치환기
$-NH_2$
$-OH$
$-OR$
$-NHCOR$
$-R$

전자를 주는 치환기는 염기도를 증가시킨다.

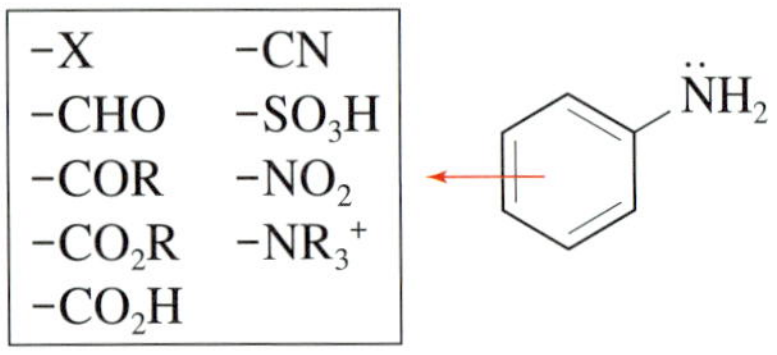

전자를 끄는 치환기	
$-X$	$-CN$
$-CHO$	$-SO_3H$
$-COR$	$-NO_2$
$-CO_2R$	$-NR_3^+$
$-CO_2H$	

전자를 끄는 치환기는 염기도를 감소시킨다.

- **입체 장애**: 3° 아민은 2° 아민보다 염기도가 낮다. 질소에 알킬기가 많으면 용매화에 대한 입체 장애가 생기기 때문이다.
- **공명 효과**: 질소의 비공유 전자쌍이 공명에 의해 비편재화되면 염기도가 감소한다.

  예 지방족 아민보다 방향족 아민의 염기도가 작다.

알킬아민에서는 비공유 전자쌍이 질소에만 모여 있다.

$R-\ddot{N}H_2$ $\quad$ $R-\ddot{N}(H)-R$ $\quad$ $R-\ddot{N}(R)-R$

아릴 아민에서는 비공유 전자쌍이 고리 탄소에 분산되어 있다.

$\ddot{N}H_2 \longleftrightarrow \overset{+}{N}H_2 \longleftrightarrow \overset{+}{N}H_2 \longleftrightarrow \overset{+}{N}H_2$

- **혼성화 효과**: 질소의 비공유 전자쌍이 점유하고 있는 오비탈의 *s* 성질의 비율이 증가하면 염기도가 감소한다.

  예 pyridinium 이온의 $pK_a = 5.3$으로 piperidinium의 $pK_a = 11.1$보다 작다. 즉 pyridine이 piperidine보다 염기도가 낮다.

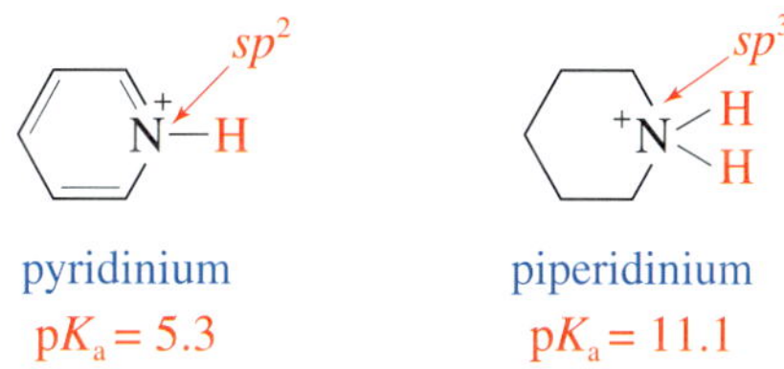

- **방향족성**: 질소의 비공유 전자쌍이 방향족 파이(π) 계로 포함되면 염기도가 감소한다(14.2절 참조).

  예 pyrrole보다 pyridine의 염기성이 크다.

표 10.1 몇 가지 유기 질소 화합물 짝산의 pK_a 값

구분	화합물	짝산의 pK_a	pK_a 값에 영향을 미치는 요인
Ammonia	NH_3	9.3	
알킬 아민	$CH_3CH_2NH_2$	10.8	유발 효과
	$(CH_3CH_2)NH$	11.1	
	$(CH_3CH_2)_3N$	11.0	유발 효과, 입체 장애
아릴 아민	$C_6H_5NH_2$	4.6	유발 효과, 혼성 효과, 공명 효과
	p-$CH_3C_6H_4NH_2$	5.1	
	p-$CH_3OC_6H_4NH_2$	5.3	
	p-$NO_2C_6H_4NH_2$	1.0	
헤테로 고리 방향족 아민	N:	5.3	비공유 전자쌍이 방향족 π 계에 포함되지 않음
	:NH	0.4	비공유 전자쌍이 방향족 π 계에 포함됨

10.4 아민의 제조

아민은 할로젠화 알킬(RX)의 친핵성 치환 반응, 질소 작용기의 환원, 그리고 알데하이드나 케톤의 환원성 아미노화반응을 이용하여 만든다.

Gabriel 합성법으로 1° 아민을 만들고, 질소를 포함하는 작용기를 환원하면 아민을 만들 수 있다. 일차 아마이드와 아실 아자이드를 Hofmann 및 Curtius 자리 옮김 반응시키면 탄소 수가 하나 적은 1° 아민을 얻는다. 카보닐 화합물의 환원성 아미노화를 시켜 아민을 만들 수 있다.

10.4.1 친핵성 치환 반응에 의한 아민 합성

- **아민은 할로젠화 알킬(RX)을 ammonia(NH_3)와 직접 반응시켜 만든다.**
  - 이 치환 반응은 S_N2 메커니즘으로 진행된다.
  - RX의 양을 조절하면 1°, 2°, 3° 및 4° 암모늄염을 만들 수 있으나 다중 알킬화로 불순물이 생성된다.

할로젠화 알킬과 ammonia를 반응시켜 아민을 합성하는 반응은 생성물이 또 다른 반응물로 작용할 수 있어 1°, 2° 또는 3° 아민만을 선택적으로 만들기 어렵다는 한계가 있다. 즉 다중 알킬화를 피할 수 없다.

메커니즘 10.1 할로젠화 알킬로부터 아민의 합성

$R{-}X + :NH_3 \xrightarrow{S_N2} R{-}\overset{+}{N}H_3 \xrightarrow{:NH_3} R{-}NH_2 + \overset{+}{N}H_4$

1° 아민

$R{-}X + R\ddot{N}H_2 \xrightarrow{S_N2} R_2\overset{+}{N}H_2 \xrightarrow{:NH_3} R{-}NH{-}R + \overset{+}{N}H_4$

2° 아민

$R{-}X + R_2\ddot{N}H \xrightarrow{S_N2} R_3\overset{+}{N}H \xrightarrow{:NH_3} R{-}N(R){-}R + \overset{+}{N}H_4$

3° 아민

$R{-}X + R_3\ddot{N} \xrightarrow{S_N2} [R_4\overset{+}{N}]X^-$

4° 염

Gabriel 합성법에서 질소의 공급원은 phthalimide이며, 이 화합물의 N—H 결합의 수소가 산성이 커서 염기 처리하면 음이온이 되며, 이 음이온은 공명 안정화된다.

10.4.2 Gabriel 1° 아민 합성법

- **Gabriel 아민 합성 방법은 1° 아민을 합성할 수 있는 좋은 방법이다.**
  - 친핵성 치환 반응과 가수 분해라는 두 단계를 거쳐 할로젠화 알킬을 1° 아민으로 변환하는 방법이다.

- 첫 단계에서는 친핵성 치환 반응으로 *N*-alkylphthalimide를 형성한다.
- 두 번째 단계에서는 *N*-alkylphthalimide를 가수 분해하여 1° 아민을 얻는다.
  - ▸ 1° 아민의 N 원자는 phthalimide로부터 얻는다.
- 가수 분해에 hydrazine (NH_2NH_2)을 사용하거나, 황산 수용액 또는 NaOH 수용액 등을 이용한다.

phthalimide $\xrightarrow[H_2O]{K_2CO_3}$ 공명 안정화된 음이온

메커니즘 10.2 Gabriel 1° 아민 합성

phthalimide $\xrightarrow[H_2O]{K_2CO_3}$ N^-K^+ $\xrightarrow[-KX]{R-X}$ *N*-alkylphthalimide $\xrightarrow{H_2\ddot{N}-\ddot{N}H_2}$ → $R-NH_2$ (1° 아민) + 2,3-dihydrophthalazine-1,4-dione

10.4.3 질소 작용기의 환원에 의한 아민 합성

- **아민은 나이트로기 (nitro-, $-NO_2$), 아자이드 (azide, $-N_3$), 아마이드 (amide, $-CONH_2$) 및 나이트릴 (nitrile, $-CN$)을 환원시켜 만들 수도 있다.**
  - NO_2 기는 다양한 환원제에 의해 1° 아민으로 환원된다.

$$R-NO_2 \xrightarrow{\text{Fe/HCl 또는 Sn/HCl 또는 } H_2/\text{Pd-C}} R-NH_2$$

  - 아자이드화 알킬 (RN_3)을 $LiAlH_4$로 환원시키면 1° 아민을 만들 수 있다.
    - ▸ 아자이드화 알킬은 할로젠화 알킬과 NaN_3를 반응시켜 만들 수 있다.

$$\underset{\text{alkyl halide}}{R-X} \xrightarrow{NaN_3} \underset{\text{alkyl azide}}{R-N_3} \xrightarrow[\text{또는 } H_2/Pt]{1)\ LiAlH_4\ \ 2)\ H^+,\ H_2O} \underset{1°\text{ 아민}}{R-NH_2}$$

메커니즘 10.3 아자이드의 환원

$$R-\ddot{N}=\overset{+}{N}=\overset{-}{\ddot{N}}: + H-\overset{H}{\underset{H}{Al^-}}-H \longrightarrow R-\underset{H}{N}:-\ddot{N}=\overset{-}{\ddot{N}}: \xrightarrow{-N_2} R-\ddot{N}^- -H + H-\ddot{O}-H \longrightarrow R-\ddot{N}H_2$$

아자이드화 알킬 / 1° 아민

- 나이트릴(RCN)도 $LiAlH_4$로 환원하면 1° 아민을 생성한다.
  - ▸ 나이트릴 화합물은 할로젠화 알킬과 ^-CN 이온을 반응시켜 얻는다.
  - ▸ RCN을 환원하면 할로젠화 알킬(RX)의 아민화로 얻는 화합물보다 탄소 수가 하나 더 많은 1° 아민(RCH_2NH_2)을 만들 수 있다.

$$\underset{\text{할로젠화 알킬}}{R-X} \xrightarrow[S_N2]{NaCN} \underset{\text{나이트릴}}{R-CN} \xrightarrow{1)\ LiAlH_4\quad 2)\ H_2O} \underset{1°\text{ 아민}}{R-CH_2NH_2}$$

- 1°, 2°, 3° 아마이드를 $LiAlH_4$로 환원하면 각각 1°, 2°, 3° 아민을 만들 수 있다.

$$\underset{1°\text{ 아마이드}}{RC(=O)NH_2} \xrightarrow{1)\ LiAlH_4\quad 2)\ H_2O} \underset{1°\text{ 아민}}{R-CH_2NH_2}$$

$$\underset{2°\text{ 아마이드}}{RC(=O)NHR} \xrightarrow{1)\ LiAlH_4\quad 2)\ H_2O} \underset{2°\text{ 아민}}{R-CH_2NHR}$$

$$\underset{3°\text{ 아마이드}}{RC(=O)NR_2} \xrightarrow{1)\ LiAlH_4\quad 2)\ H_2O} \underset{3°\text{ 아민}}{R-CH_2NR_2}$$

10.4.4 Hofmann 자리 옮김에 의한 아민의 합성

■ **일차 아마이드($RCONH_2$)를 NaOH 존재 하에서 Br_2나 Cl_2로 산화 반응시키면, Hofmann 자리 옮김을 일으켜 탄소 수가 하나 적은 일차 아민(RNH_2)과 CO_2가 생성된다.**

- Hofmann 자리 옮김을 거치는 반응에서는 아마이드를 환원시켜 아민을 합성하는 방법보다 **탄소 수가 하나 적은 아민을 생성한다는 특징이 있다**(메커니즘은 12.10절을 참조).
- 아이소사이아네이트(isocyanate, RN=C=O)가 중요 중간체이다.

$$\underset{\text{nonanamide}}{H_3C(H_2C)_6H_2C-C(=O)-NH_2} \xrightarrow{LiAlH_4} \underset{\text{nonan-1-amine}}{CH_3(CH_2)_6CH_2CH_2NH_2}$$

$$\underset{\text{nonanamide}}{H_3C(H_2C)_6H_2C-C(=O)-NH_2} \xrightarrow[\text{Hofmann 자리 옮김}]{X_2,\ NaOH} \underset{\text{octan-1-amine}}{CH_3(CH_2)_6CH_2NH_2} + CO_2$$

10.4.5 아실 아자이드의 Curtius 자리 옮김에 의한 아민 합성

■ **아실 아자이드($RCON_3$)를 수용액 속에서 가열하면 아민이 형성된다.**

- 탄소가 하나 적은 아민이 형성된다.
- 아이소사이아네이트(isocyanate, $RN{=}C{=}O$)가 중요 중간체이다.

NaN_3, $-N_2$ Curtius 자리 옮김, H_2O, $R-NH_2 + CO_2$

아민

아실 아자이드 아이소사이아네이트

10.4.6 카보닐 화합물의 환원성 아미노화 반응에 의한 아민 합성

■ **환원성 아미노화 반응**(reductive amination)**은 알데하이드나 케톤 같은 카보닐 화합물을 이민 형성 반응과 환원의 두 단계를 거쳐 1°, 2°, 3° 아민으로 변환하는 것이다.**

- 두 단계로 일어나며, 첫 번째 단계에서 이민이 형성되고, 두 번째 단계에서 환원 반응이 일어난다.
- 환원성 아미노화에서는 $C{=}O$ 결합이 $C-H$와 $C-N$ 결합으로 변환된다.
- 이민 형성에 사용하는 친핵체(NH_3, RNH_2, R_2NH)의 종류에 따라 1°, 2°, 3° 아민을 만들 수 있다.

NH_3, [H]

케톤, 알데하이드 이민 1° 아민

$R''NH_2$, [H]

2° 아민

$R''NHR'''$, [H]

이미늄 이온 3° 아민

이 반응에서 이민의 환원에는 H_2/Pt(또는 Ni) 등과 같은 수소화 반응 시약 또는 $NaBH_4$가 이용되기도 하지만, 가장 효과적인 환원제로 $NaBH_3CN$(sodium cyanoborohydride)을 이용한다.

$NaBH_3CN$과의 반응은 산성 상태(pH = 2~3)에서 진행하므로 $C{=}N$ 결합을 활성화시켜 수소 음이온의 공격을 용이하게 한다. $NaBH_4$는 이 정도 산성 용액에서 가수 분해되지만, $NaBH_3CN$은 CN 기가 전자를 당기므로 H^-로 이탈되는 능력이 감소하므로 H^+에 덜 민감하다.

전자 당김

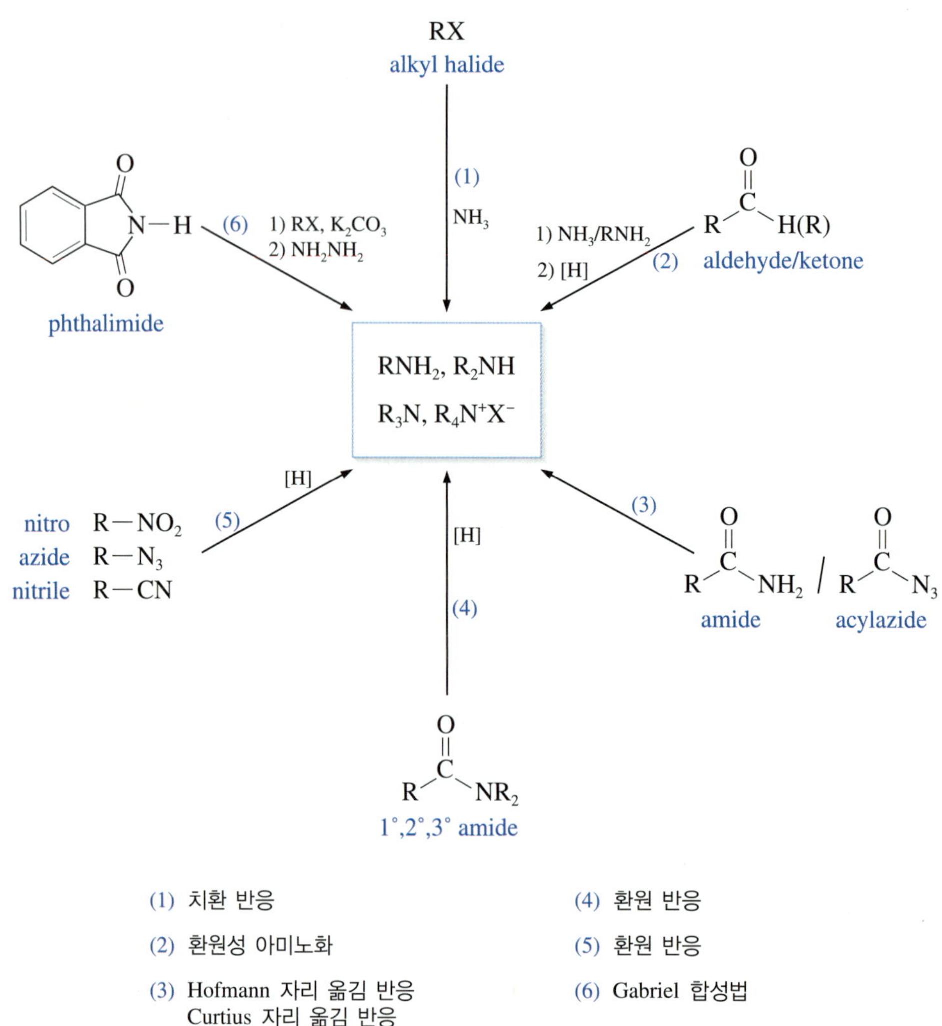

(1) 치환 반응
(2) 환원성 아미노화
(3) Hofmann 자리 옮김 반응
Curtius 자리 옮김 반응
(4) 환원 반응
(5) 환원 반응
(6) Gabriel 합성법

그림 10.2 아민의 제조 방법

10.5 아민의 반응

- **질소에 비공유 전자쌍을 가지고 있는 아민은 친핵체로 작용하여 전자가 부족한 친전자 탄소 반응 자리와 반응한다.**
  - **알킬화:** 할로젠화 알킬(RX)과 ammonia나 1°, 2°, 3° 아민이 반응하여 1°, 2°, 3° 아민 및 4° 암모늄염을 형성한다(9.4절 참조).
  - C=O와 반응하여 이민이나 엔아민을 생성한다.
    - 1° 아민이 알데하이드 및 케톤과 반응하면 이민(imine, $R_2C{=}N{-}R'$)을 형성한다.
    - 2° 아민과 반응하면 엔아민(enamine, $R_2C{=}CR{-}NR'$)을 형성한다.
    - 이 반응의 중간체는 카비놀아민(carbinolamine)이다.

2° 아민은 질소에 수소가 하나뿐이어서 이웃한 탄소의 수소가 제거되어 C=C 결합을 형성하므로 엔아민이 만들어진다.

RNH$_2$ 1° → [carbinolamine] →($-H_2O$) 이민

케톤(R=alkyl), 알데하이드(R=H)

R'_2NH 2° → [carbinolamine] →($-H_2O$) 엔아민

- **아실화: Ammonia (NH_3)와 1° 및 2° 아민은 카복실산 염화물(RCOCl)이나 카복실산 무수물[$(RCO)_2O$]과 반응하여 1°, 2° 및 3° 아마이드를 생성한다.**
    - 이 반응은 두 단계로 진행된다.
    - 첫 번째 단계는 아민의 카보닐 탄소 공격에 의한 첨가 반응이다.
    - 두 번째 단계는 이탈기가 제거되는 제거 반응으로 진행된다.
    - 전체 과정은 일종의 **아실 치환 반응**(acyl substitution)이다.

NH_3, $R'NH_2$ 또는 R'_2NH

(Y = OCOR = Cl)

acid anhydride 또는 acid chloride

$-HY$

1°, 2°, 3°

amide

10.5.1 Hofmann 제거 반응에 의한 알켄의 합성

아민의 $^-NH_2$는 나쁜 이탈기이지만, 이를 $^+NR_3$ 기로 변환하면 좋은 이탈기가 되어 쉽게 제거된다.

$$R-NH_2 \xrightarrow{R'I(\text{과량})} R-N^+(R')_3$$

나쁜 이탈기 좋은 이탈기

Amino (NH_2)기는 나쁜 이탈기이지만 이를 과량의 RI와 반응시키면 좋은 이탈기인 $^+NR_3$ 기로 변환된다.

- **Hofmann 제거 반응**(Hofmann elimination)**은 부피가 큰 좋은 이탈기를 이용하여 아민을 알켄으로 변환한다.**
    - 이 제거 반응은 안티-준평면 기하 구조를 통해 일어나는 β-제거 반응이다. 즉 E2 제거 반응이다.
    - Hofmann 제거 반응은 대부분의 E2 반응과 달리 치환이 덜 된, **말단 알켄**을 형성하는 위치 선택적 반응이므로 유용하다.
    - 이 위치 선택성은 암모늄($^+NR_3$)기가 부피가 커서 생기는 입체 장애에 기인한다.
    - 고우시 상호 작용이 없는 배열이 반응 중 전이 상태 에너지가 유리하게 되므로 위치 선

대부분의 E2 반응 생성물은 Zaitsev 규칙에 따라 이중 결합 탄소에 치환이 많이 된 알켄을 생성한다.

Hofmann 제거 반응에서 암모늄기가 결합된 α-탄소의 큰 이탈기 때문에 입체 장애가 적은 β-탄소의 수소를 제거하여 말단 알켄을 형성한다.

택성을 나타낸다. 즉 활성화 에너지가 상대적으로 낮다.

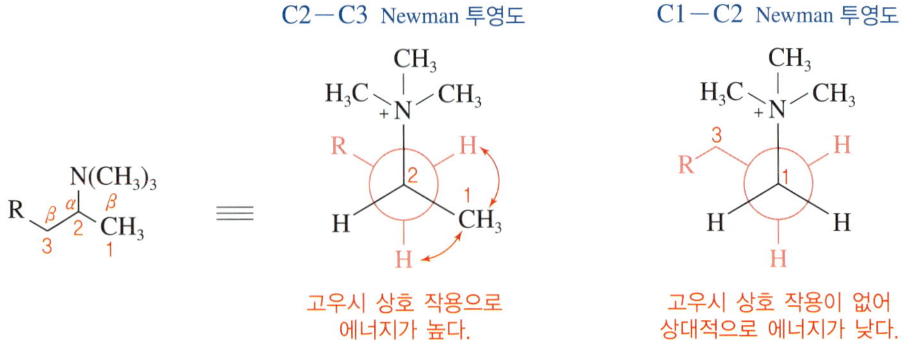

C2—C3 Newman 투영도

C1—C2 Newman 투영도

고우시 상호 작용으로 에너지가 높다.

고우시 상호 작용이 없어 상대적으로 에너지가 낮다.

메커니즘 10.4 Hofmann 제거 반응

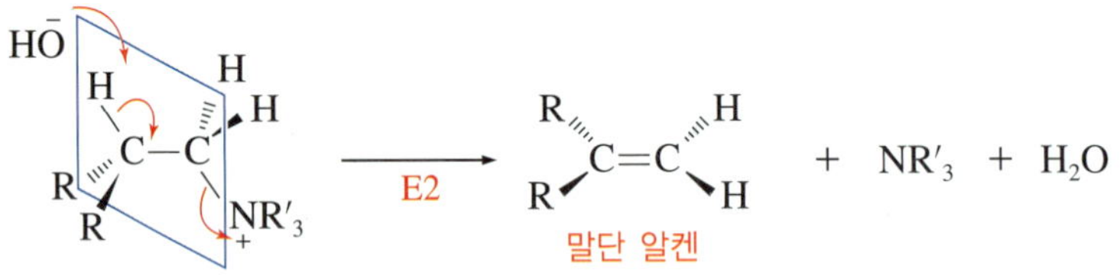

E2

말단 알켄

$+ NR'_3 + H_2O$

10.5.2 Mannich 반응

β-아미노카보닐 화합물을 Mannich 염기라고 한다. Mannich 염기 생성 반응은 산과 염기 조건에서 모두 가능하지만 주로 산성 조건에서 수행한다. Berlin 대학교 Carl U. F. Mannich 교수가 개발하였다.

- **알데하이드나 케톤은 아민과 산성 조건에서 반응하여 β-아미노카보닐(β-aminocarbonyl) 화합물을 생성한다.**
  - 이 반응은 크게 두 단계 반응이다.
  - 중간체로 이미늄 이온(iminium ion, $R_2C{=}N^+R_2$)을 형성한다.
  - 이미늄 이온이 친핵체로 작용하는 엔올화된 카보닐 화합물의 α-탄소에서 반응하여 새로운 C—C 결합을 형성하여 β-아미노카보닐(β-aminocarbonyl) 화합물을 생성한다.
  - 이 반응은 이미늄 이온을 이용해 엔올을 알킬화할 수 있는 반응이다.
  - 이 반응은 Mannich 반응이라고 한다.

메커니즘 10.5 Mannich 염기 생성 반응

엔올 이미늄 이온 Mannich 염기(β-아미노카보닐)

반아미널 이미늄 이온

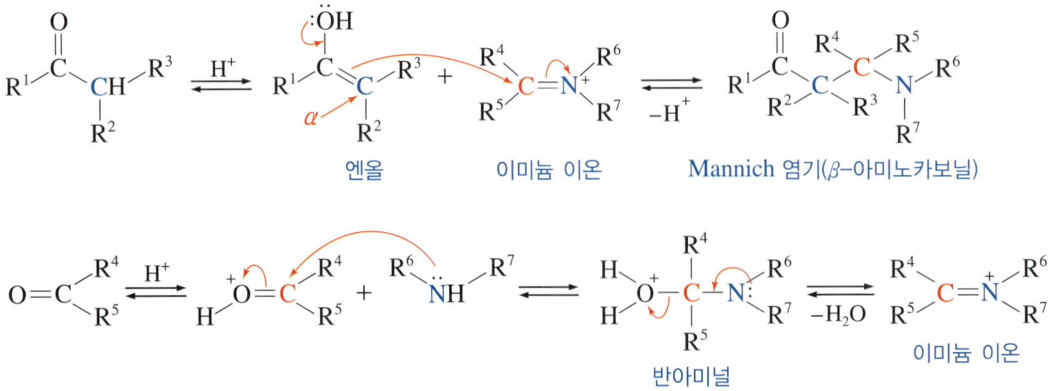

10.5.3 아민의 나이트로소화 반응

- **Nitrous acid (아질산, HON=O)을 HCl과 반응시키면, 양성자 첨가와 탈수를 통해 나이트로소늄 이온(nitrosonium ion, NO^+)을 형성한다.**
  - 나이트로소늄 이온은 강한 친전자체이어서 1° 아민과 반응하면 다이아조늄 염(diazonium ion, $RN^+{\equiv}N$)을 형성하며, 이 과정을 **다이아조화**(diazotization)라고 한다.
  - 다이아조늄 이온은 N_2(질소)라는 좋은 이탈기를 가지고 있어 다양한 반응을 할 수 있다.

Nitrous acid는 불안정하여 반응 용기에서 sodium nitrate($NaNO_2$)와 HCl 또는 H_2SO_4를 반응시켜 직접 만들어 아민과 반응시킨다. 이런 반응 방법을 **제자리 반응**(*in situ* reaction)이라고 한다.

메커니즘 10.6 다이아조화 반응

Sodium nitrate → (HCl, −NaCl) nitrous acid → (HCl) → (−H_2O) nitrosonium ion

1° 아민

N-nitrosamine

diazonium ion

- **다이아조늄 이온은 여러 가지 반응에 유용하게 이용된다.**
  - 알킬 다이아조늄 이온(RN_2^+)은 상온 이하의 온도에서 N_2를 잃고 쉽게 탄소 양이온을 형성한다.
    - ▸ 형성된 탄소 양이온은 치환 반응, 제거 반응 및 자리 옮김 반응 생성물을 생성한다.
  - 반면에 아릴 다이아조늄 이온(ArN_2^+)은 분리할 수 있을 만큼 안정하여 질소를 방출하지 않는다.
    - ▸ 방향족 고리에 도입하기 어려운 작용기를 도입하는 반응에 매우 유용한 중간체로 사용된다.

$R_3C{-}NH_2 \xrightarrow{NaNO_2/HCl} R_3C{-}N_2^+ \xrightarrow{-N_2} R_3C^+ \longrightarrow$ 치환 생성물, 제거 생성물, 자리 옮김 생성물

알킬 아민

$C_6H_5{-}NH_2 \xrightarrow{NaNO_2/HCl} C_6H_5{-}N_2^+$

→ (Y, 치환 반응) $C_6H_5{-}Y$ (Y = X, H, OH, CN)

→ ($C_6H_5{-}R$, R=활성화기, 아조 짝지음) $C_6H_5{-}N{=}N{-}C_6H_4{-}R$ 아조 화합물

아릴 아민

■ **아릴 다이아조늄 이온은 두 가지 반응을 한다.**

- 원자나 원자단(Y)에 의한 치환 반응을 한다.
- 다른 벤젠 유도체와 짝지음(coupling) 반응을 하여 아조(azo, −N=N−) 결합을 포함하는 **아조 화합물**(azo compound)을 생성한다.

■ **아릴 다이아조늄 이온과 금속 할로젠화물을 이용하여 아릴 할로젠화물(aryl halide)을 쉽게 만들 수 있다.**

- 구리 할로젠화물(CuX)을 반응시켜 염화물(ArCl) 및 브로민화물(ArBr)을 합성하는 반응을 **Sandmeyer 반응**이라고 한다.

> F_2는 반응성이 매우 커서, F_2와 Lewis 산을 사용하여 직접 아릴 플루오린화물(ArF)을 합성할 수 없으므로, 아릴 다이아조늄 이온과 HBF_4를 반응시켜 ArF를 합성한다.

> I_2와 benzene의 반응은 매우 느려서, I_2와 Lewis 산 촉매로 직접 ArI를 합성할 수 없으므로, 아릴 다이아조늄 이온과 NaI나 KI를 반응시켜 아릴 아이오딘화물을 만든다.

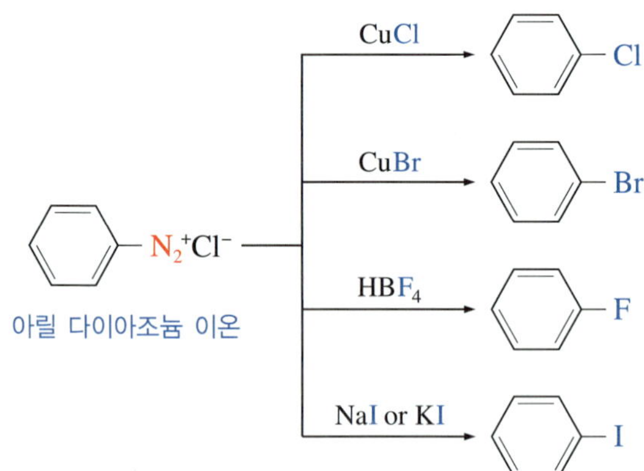

- 아릴 다이아조늄 이온을 이용하면 benzene의 NH_2 자리에 H, OH 및 CN 기 등을 치환시킬 수 있다.
  - ▶ Hypophosphorous acid (H_3PO_2, 하이포인산)와 아릴 다이아조늄 이온(ArN_2^+)을 처리하면 수소(H)를 도입할 수 있어 매우 유용하다.
  - ▶ 아릴 다이아조늄 이온을 H_2O나 CuCN과 반응시키면 phenol이나 benzonitrile을 형성한다.

NH_2 — $NaNO_2$, HCl → $N_2^+Cl^-$ (아릴 다이아조늄 이온) — H_3PO_2 → H; H_2O → OH; CuCN → CN

이러한 다이아조늄 이온을 이용한 반응은 benzene 지향성 효과를 이용한 유도체 합성에 유용하게 이용된다. 1,3,5-Tribromobenzene의 합성이 그 예이다.

benzene — HNO_3, H_2SO_4 → NO_2 — Fe/H_3O^+ → NH_2 — Br_2(과량), $FeBr_3$ → NH_2, Br, Br, Br — 1) $NaNO_2$, HCl 2) H_3PO_2 → Br, Br, Br

■ **다이아조늄 이온이 다른 benzene 유도체와 짝지음 반응을 하면 새로운 −N=N− 결합을 형성하며 아조 화합물**(azo compound)**을 생성한다.**

- 이 반응에서 다이아조늄 이온이 친전자체로 작용한다.
- 반응하는 다른 benzene 유도체는 강한 전자 주개 작용기가 있을 때 유리하다.
- 이 반응을 **아조 짝지음 반응**(azo coupling reaction)이라고 한다.

메커니즘 10.7 아조 짝지음 반응

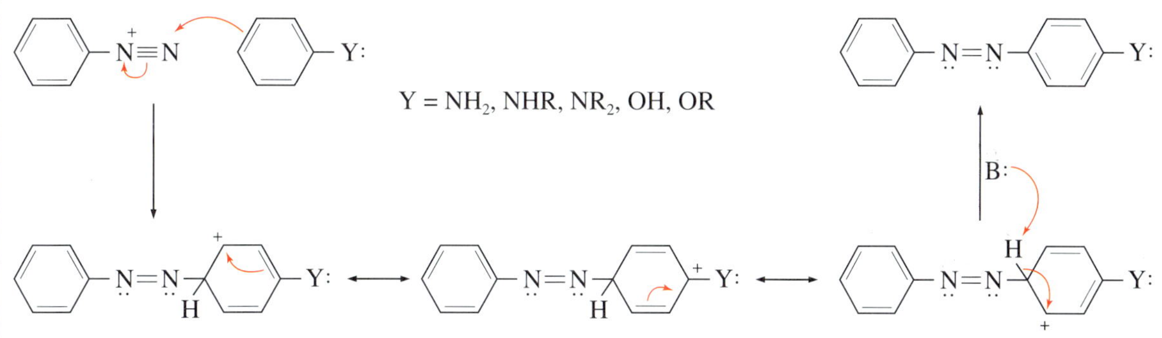

Y = NH_2, NHR, NR_2, OH, OR

■ **나이트로소늄 이온이 2° 아민(R_2NH)과 반응하면 *N*-나이트로사민**(*N*-nitrosamine, **$R_2N{-}NO$)을 생성하는 단계에서 반응이 멈춘다(메커니즘 10.6 참조).**

- Nitrosonium 이온은 친전자체이며 중요한 반응 중간체이다.
- Nitrosonium 이온은 공명 안정화된다.

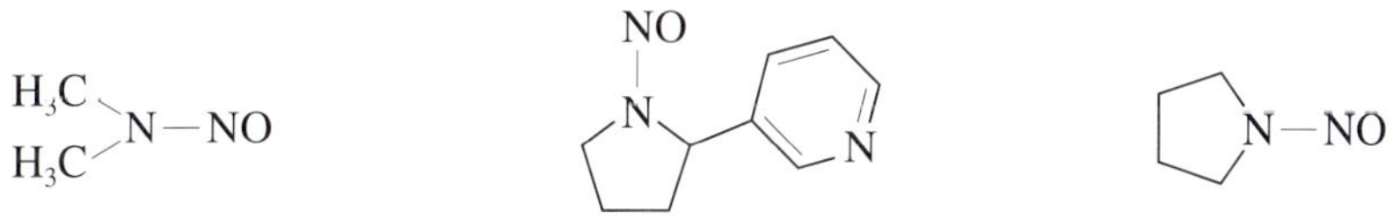

N-nitrosodimethylamine
생선, 맥주, 절인고기 등 식품에서 발견됨

N-nitrosonornicotine
담배 연기에서 발견됨

N-nitrosopyrrolidine
튀긴 베이컨에서 발견됨

N-나이트로사민은 강한 발암 물질로 알려져 있다. 왼쪽 그림이 그 예들이다.

■ ***N*-Methyl-*N*-nitrosourea를 염기성 수용액으로 처리하면 다이아조메테인**(diazomethane)**을 형성한다. Diazomethane은 $-CH_2-$**(methylene)**기 공급원으로 유용하다.**

- 산과 염기에 민감한 작용기(OH, NH_2 등)를 가지고 있는 카복실산으로부터 메틸 에스터를 합성하는 데 유용하다.
- Diazomethane이 빛이나 구리 촉매 등에 노출되면 질소가 이탈되고, 반응성이 큰 카벤(carbene, $:CH_2$)을 생성한다(7.7.10절 참조).

Diazomethane은 끓는점(−24°C)이 낮고 유독하며 폭발성이 강하므로 묽은 에터(ether) 용액에서 제조하여 곧바로 사용한다.

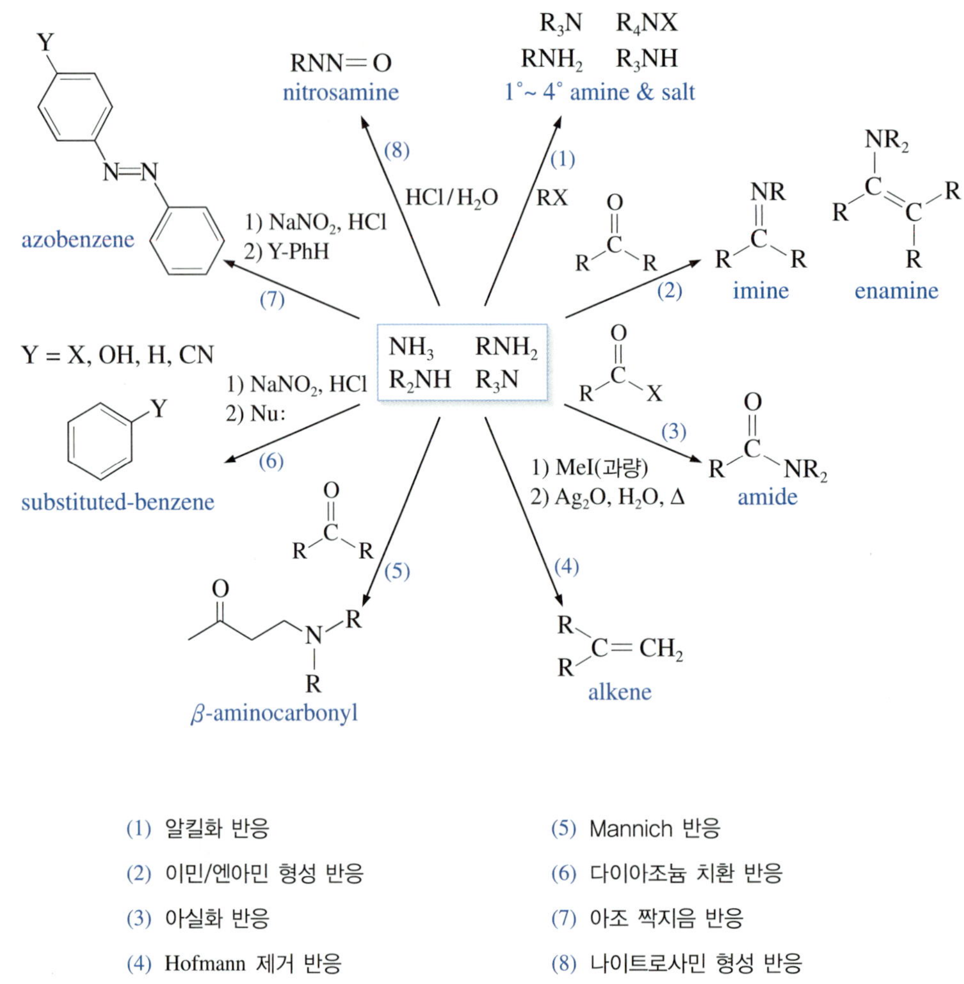

그림 10.3 아민의 반응

10.6 아민의 분광학적 특성

10.6.1 적외선 스펙트럼

- **IR 스펙트럼으로 1°, 2°, 3° 아민을 구별할 수 있다. NH 신축 진동 흡수띠는 3000~3500 cm^{-1} 영역에서 나타난다.**
  - 1° 아민은 3000~3500 cm^{-1} 영역에서 두 개의 NH 신호가 관찰된다.
  - 2° 아민의 3000~3500 cm^{-1} 영역에서 NH 흡수띠는 한 개로 관찰된다.
  - 3° 아민은 NH 결합이 없어 3000~3500 cm^{-1} 영역에서 해당하는 흡수띠가 관찰되지 않는다.

적외선 스펙트럼으로 3° 아민을 확인하려면 3° 아민에 HCl을 첨가하여 염으로 만들면 그 결과로 형성된 N—H 흡수띠가 3000 cm^{-1}과 2200 cm^{-1} 영역에서 나타남으로 확인할 수 있다.

$$R_3N \xrightarrow{HCl} R_3\overset{+}{N}-H$$

3° 아민 → 4° 아민염

N−H의 굽힘 진동 흡수띠는 1° 아민은 1640~1560 cm^{-1} 영역에서, 그리고 2° 아민은 1500 cm^{-1} 근처에서 나타난다. 아민의 C−N 신축 진동 흡수띠는 1350~1000 cm^{-1} 영역에서 관찰된다.

10.6.2 핵자기 공명 스펙트럼

■ **아민의 ^{1}H NMR에서는 두 개의 특성적인 신호가 나타난다. α-탄소에 결합한 수소의 양성자 신호와 ^{13}C 신호는 질소의 전기 음성도에 의한 유발 효과 때문에 벗김 효과를 받는다.**

- 지방족 아민의 N−H 양성자 신호는 0.5~4.0 ppm에서 나타난다.
- 지방족 아민의 알파 탄소의 $N-C_\alpha-H$ 양성자 신호는 2.2~2.9 ppm에서 나타난다.
- Aniline의 N−H 양성자 신호는 방향족 고리의 자기적 비등방성 효과와 공명 효과로 $\delta = 3.0\sim 5.0$ ppm 영역에서 나타난다.
- ^{13}C NMR에서 질소에 결합된 탄소(N−C)의 신호는 $\delta = 30\sim50$ ppm에서 나타난다.

예를 들어 *n*-propylamine ($CH_3CH_2CH_2NH_2$)의 ^{1}H NMR 신호는 α-CH_2 (2.7 ppm), β-CH_2 (1.5 pm), γ-CH_3 (0.9 ppm) 순이고, ^{13}C NMR 신호는 α-C (44.4 ppm), β-C (27.1 pm), γ-C (11.4 ppm) 순으로 관찰된다.

아민에서 질소의 전기 음성도에 따른 벗김 효과는 α-C에서 가장 크게 나타나고, β-C와 γ-C 순으로 약해진다.

■ **아민의 NH의 양성자 신호는 넓은 영역에서 관찰되며, 인접한 양성자들에 의해 신호 분리가 되지 않으며, 이웃한 C−H 신호도 분리시키지 않는다.**

- NH 양성자 신호가 나타나는 위치는 용매, 농도 및 온도에 민감하다. 이러한 현상들은 NH의 양성자가 기기의 측정 시간 척도보다 빠르게 교환되기 때문에 나타난다.
- 아민에 D_2O를 첨가하여 스펙트럼을 얻으면, D_2O를 첨가하기 전에 나타나던 N−H 양성자 신호가 사라지거나 작아진다. 이런 결과로 해당 신호가 NH 신호임을 증명하기도 한다.

$$R_2\ddot{N}-H \underset{}{\overset{D-\ddot{O}-D}{\rightleftharpoons}} R_2\ddot{N}-D + H-\ddot{O}-D$$

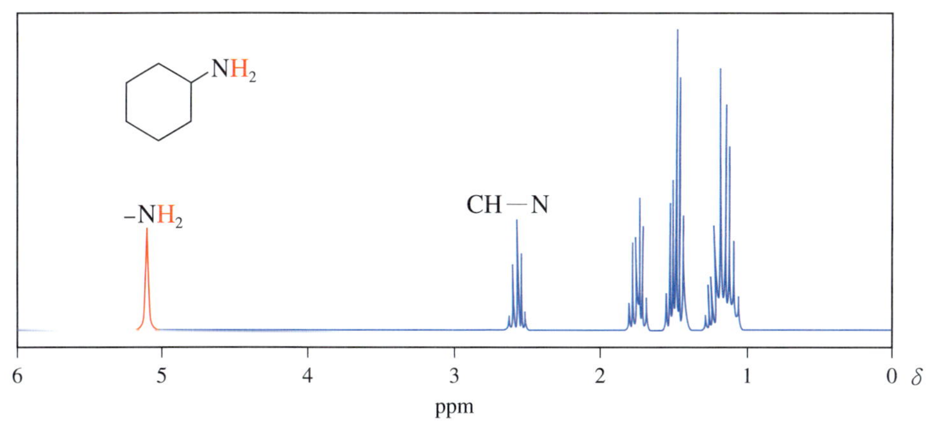

(a)

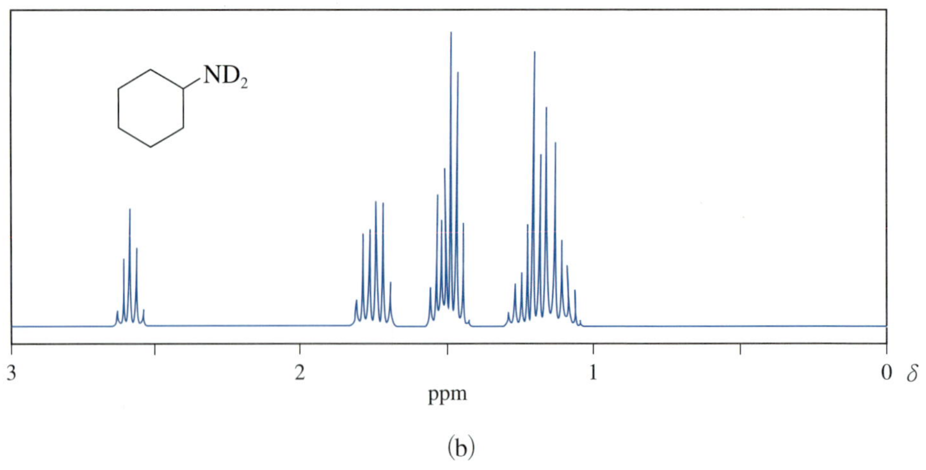

(b)

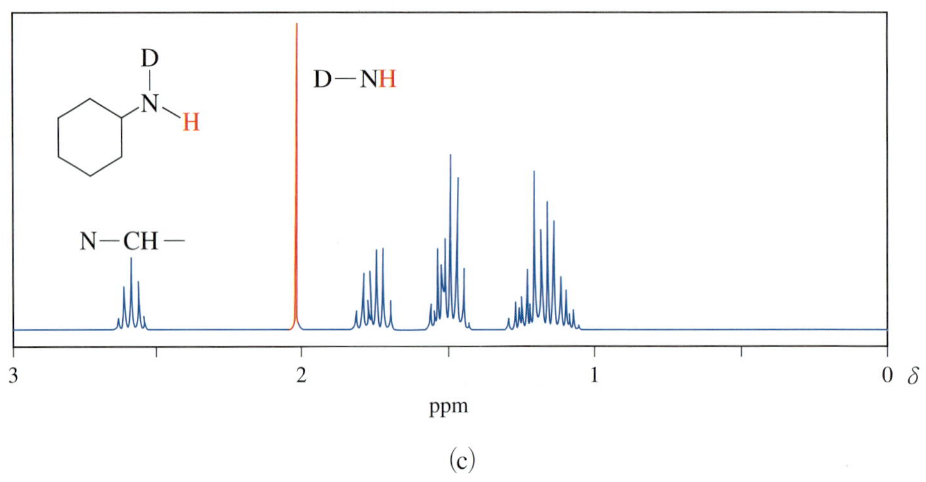

(c)

그림 10.4 (a) Cyclohexylamine, (b) Cyclohexylamine-d_2 (c) cyclohexylamine-d_1의 ^{1}H NMR 스펙트럼

10.6.3 질량 스펙트럼

- **아민의 질량 스펙트럼에서 분자 어미 이온(M^+)은 없거나 약하게 나타난다.**
  - 조각내기는 α-분해를 일으켜 라디칼과 양이온을 형성한다.
  - 1° 아민이 α-분해를 일으키면 $m/z = 30\ (CH_2{=}NH_2^+)$ 신호가 나타난다.

$$\left[R-CH_2-NH_2\right]^{\cdot +} \longrightarrow R\cdot + \underset{m/z\,=\,30}{H_2C{=}\overset{+}{N}H_2}$$

  - 질소 개수가 홀수인 아민은 분자량이 홀수이며, 질소가 없거나 짝수개인 아민은 분자량이 짝수로 나타난다. 이 규칙을 **질소 규칙**(nitrogen rule)이라고 한다.

이온성 액체는 새로운 친환경 용매이다.

오늘날 녹색화학의 관심사는 한번 사용 후 버려야 하는 용매를 무엇으로 대치할 수 있는가? 이다. 즉 반복 사용 가능한 용매를 찾아내는 것이다. 여기에 부합되는 것이 이온성 액체(ionic liquid)이다. 이온성 액체는 ethanolammonium nitrate(녹는점 52~55°C)가 1888년에 보고되었고, 1914년 녹는점이 12°C인 $CH_3CH_2NH_3^+NO_3^-$ (ethylammonium nitrate)가 Paul Walden에 의해 알려졌다. 이온성 액체는 일종의 암모늄염으로 양이온이 비대칭이며 구조적으로 고체 형성이 어렵게 되어 있는 물질들이다. 아래에 이온성 액체 구성 성분인 양이온 부분과 음이온 부분의 일부를 나타내었다.

이온성 액체가 가지는 특성은 다음과 같으며, 이러한 특성은 녹색화학자의 관심을 끈다.

이온성 액체의 특성

- 불연성이다.
- 열에 안정하다.
- 증기압이 거의 없어 증발하지 않는다.
- 회수 가능하고 재사용할 수 있다.
- 극성 비극성 유기물 모두를 녹일 수 있다.
- 양이온과 음이온 구조를 변형하여 특정 반응에 최적화할 수 있다.

양이온

1,3-dialkylimidazolium

N-alkylpyridinum

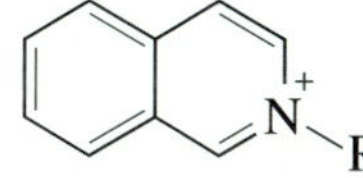

N-alkylisoquinolium

pyrrolidium

phosphonium

ammonium

sulfonium

음이온

alkylsulfate

tosylate

methanesulfate

bis(trifluoromethylsulfonyl)amide

PF_6^-
hexafluorophosphate

BF_4^-
tetrafluoroborane

X^-
halide

주요 용어

Curtius 자리 옮김(Curtius rearrangement)
Gabriel 합성법(Gabriel synthesis)
Hofmann 자리 옮김(Hofmann rearrangement)
Hofmann 제거 반응(Hofmann elimination)
Mannich 반응(Mannich reaction)
Sandmeyer 반응(Sandmeyer reaction)
다이아조화(diazotization)
아민의 염기도(basicity of amine)
아실 치환 반응(acyl substitution)
아조 짝지음 반응(azo coupling reaction)
엔아민(enamine)
이민(imine)
제자리 반응(*in situ* reaction)
카비놀아민(carbinolamine)
환원성 아미노화(reductive amination)

연습 문제

개념 문제

1. 4차 암모늄염의 카이랄성을 무시할 수 없는 이유를 설명하시오.
2. 1°와 3° 아민의 염기도는 2° 아민보다 작다. 그 이유는 무엇인가?
3. 치환기 3개가 다른 아민은 왜 광학 활성을 나타내는가?
4. Hofmann 제거 반응에서 말단 알켄이 생성되는 주요인을 설명하시오. Zaitsev 규칙에 적용되지 않는 이유도 동일한가?
5. 아릴 다이아조늄 이온은 반응하는 시약의 종류에 따라 치환 반응이 일어나기도 하고 짝지음 반응이 일어나기도 한다. 그 이유를 설명하시오.

실전 문제

6. 왜 방향족 아민의 C—N 결합 길이가 지방족 아민의 C—N 결합 길이보다 더 짧은가?
7. Hofmann 자리 옮김 반응과 Curtius 자리 옮김 방법은 출발 물질이 다르나 두 가지 공통점이 있다. 무엇인가?
8. Cyclohexane과 cyclohexanamine이 섞여 있는 혼합 물질로부터 cyclohexanamine을 순수하게 분리 할 수 있는 방법을 제시하시오.
9. 다음 반응의 주생성물은 어느 것인가? 이유는 무엇인가?

CH_3, $\overset{+}{N}(CH_3)_3$ $\xrightarrow{HO^-}$ CH_3 (I) + CH_3 (II)

10. Mannich 반응을 시키려고, 아민 $(CH_3)_2NH$을 cyclohexanone과 formaldehyde가 함께 들어 있는 플라스크에 넣고 반응하였다. 두 카보닐 화합물 중 어느 것이 먼저 반응하는가? 그 이유는 무엇인가?
11. 문제 10에서 Mannich 반응의 최종 생성물을 제시하시오. 메커니즘도 제시하시오.
12. 왜 benzene에서 직접 1,3,5-tribromination을 하지 못하는가? 설명하시오.
13. Benzene으로부터 1,3,5-tribromobenzene을 합성하는 경로를 제시하시오.

14. 아조 짝지음 반응에서 다이아조늄 이온이 친전자체로 작용하므로, 아조 화합물 구조로부터 출발 물질을 쉽게 예측할 수 있다. 다음 아조 화합물은 methyl orange 염료 분자이다. 합성에 필요한 출발 물질을 예상하시오.

NaO_3S–C_6H_4–N=N–C_6H_4–$N(CH_3)_2$

15. 다음 각 반응의 생성물을 제시하시오.

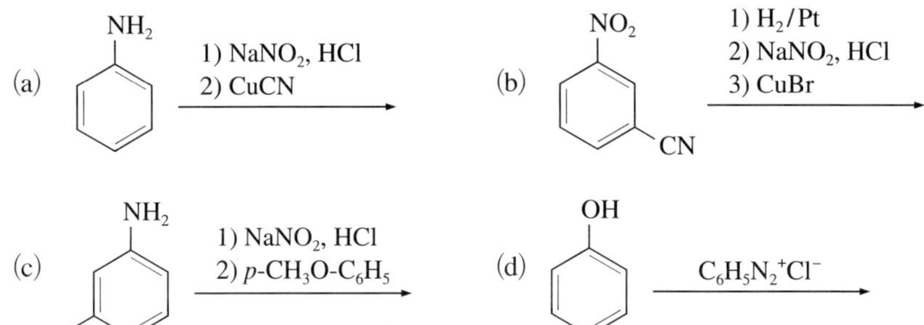

16. 다음 두 반응의 주생성물을 제시하시오. 또 제시한 생성물이 만들어지는 이유를 설명하시오.

(a) Br, $K^+O^-C(CH_3)_3$ →

(b) NH_2, 1) MeI(과량) 2) Ag_2O, △ →

11 알데하이드와 케톤

Aldehydes and Ketones

- 알데하이드와 케톤은 카보닐(C=O)기를 가진다.
- 알데하이드와 케톤은 카보닐 탄소에서 친핵체들과 반응한다.
- 알데하이드와 케톤의 α-탄소에 있는 수소는 산성이다.

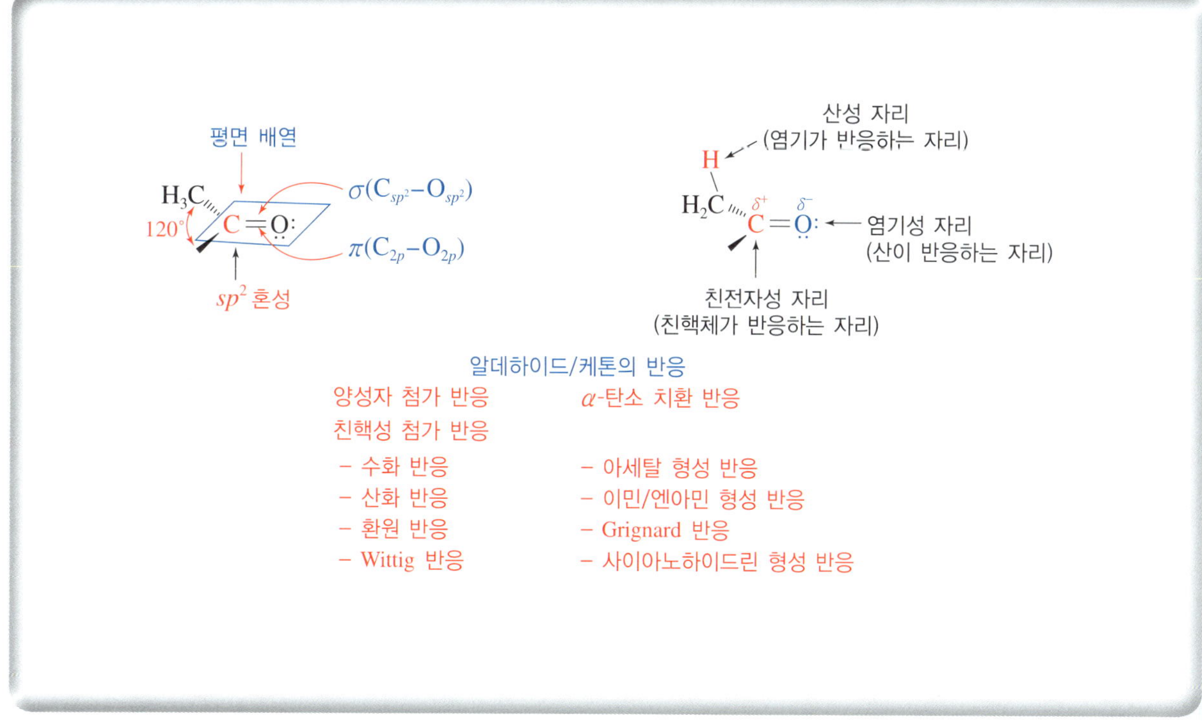

알데하이드(aldehyde)와 케톤(ketone)은 C=O (carbonyl) 기를 가지고 있다. 알데하이드 (RC(=O) H) 와 케톤 (R_2C=O) 은 맛과 냄새의 원인 물질과 성호르몬에 포함되어 있다.

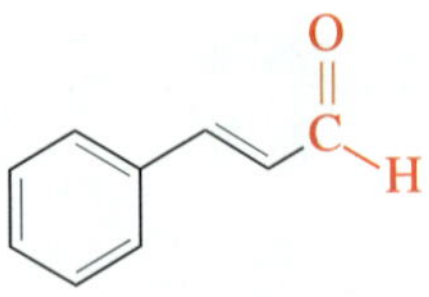

cinnamaldehyde
(계피 향)

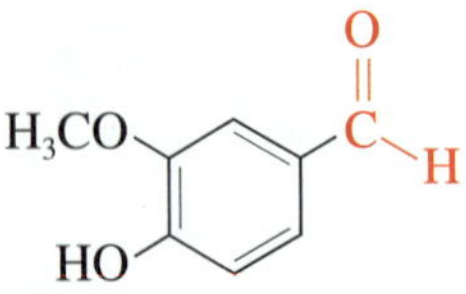

vanillin
(바나나 향)

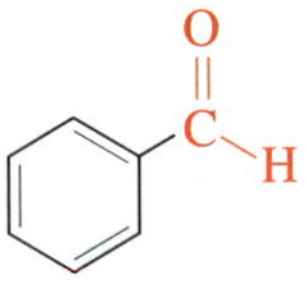

benzaldehyde
(아몬드 향)

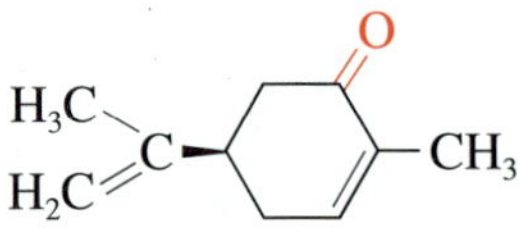

(*R*)-carvone
(스피아민트 향)

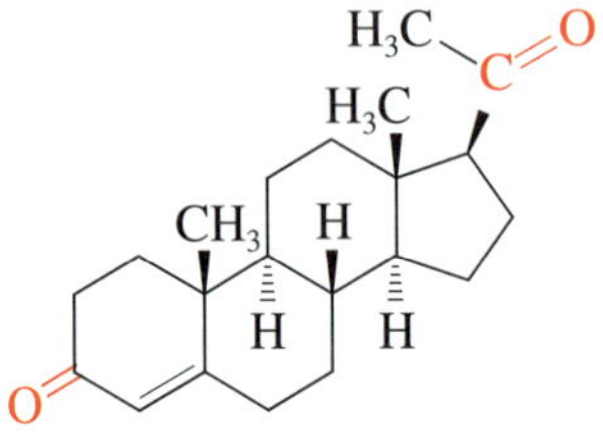

progesterone
(남성 호르몬)

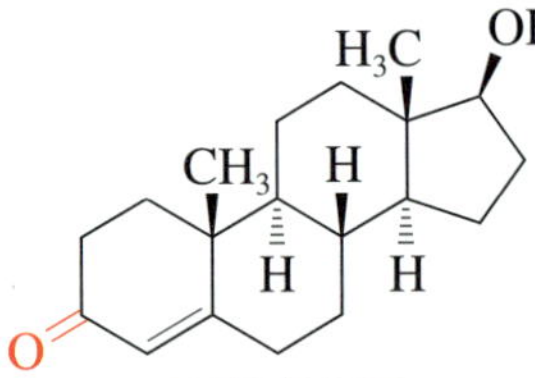

testosterone
(여성 호르몬)

따라서 알데하이드 및 케톤은 자주 접할 뿐 아니라 천연에서나 실험실과 산업현장에서 중요한 화합물 부류 중 하나이다.

11.1 알데하이드 및 케톤의 명명법 복습

■ **알데하이드와 케톤의 명명도 2장에서 배운 다른 화학종의 명명법처럼 네 단계를 거쳐 명명한다.**

- 1단계: 카보닐기를 포함하고 있는 모체를 확인하고 카보닐 탄소의 위치 번호가 가장 적은 수로 나타나도록 번호를 지정한다.
  - ▸ 알데하이드기를 포함하는 모체 사슬의 경우는 해당하는 탄소 수의 알케인 사슬 끝 이름의 -e를 -al로 바꾸어 명명한다.
  - ▸ 케톤을 포함하는 모체 사슬의 경우는 해당하는 탄소 수의 알케인 사슬 끝 이름의 -e를 -one로 바꾸어 명명한다.
  - ▸ 알데하이드와 케톤이 함께 있는 경우는 카보닐기를 모두 포함하되 알데하이드를 우선하여 명명한다. 이때 케톤의 =O는 치환기로 간주하여 oxo-로 부른다.
- 2단계: 치환기를 확인하고 명명한다.
- 3단계: 각 치환기의 위치 번호를 지정한다.
- 4단계: 치환기 이름을 알파벳순으로 나열하여 명명한다.

복습문제 11.1 다음 화합물을 IUPAC명으로 명명하시오.

(a) 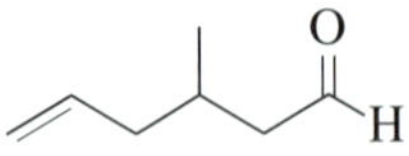 (b) 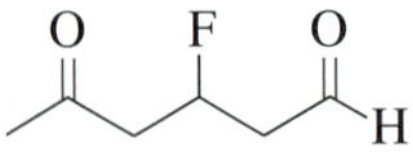 (c)

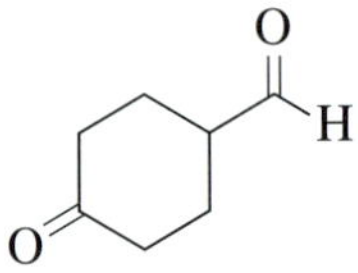

(d) 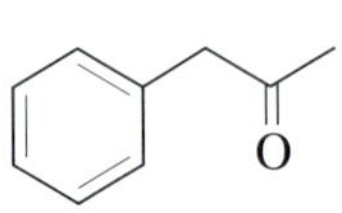 (e) 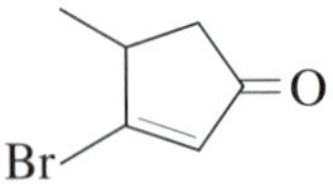 (f)

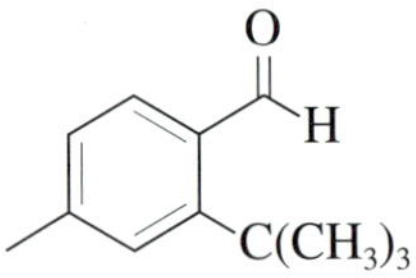

복습문제 11.2 다음 화합물의 구조식을 그리시오.

(a) (*R*)-3-Chlorobutanal
(b) Tribromoacetaldehyde
(c) 3,3,5,5-Tetramethyl-4-heptanone
(d) Pentanedial
(e) 3-Isopropylcyclohexanone
(f) 4-Methyl-3-penten-2-one

11.2 알데하이드와 케톤의 물리적 성질과 제조

11.2.1 물리적 성질

극성을 띠는 카보닐기를 포함하고 있는 알데하이드와 케톤은 쌍극자–쌍극자 상호작용을 한다.

- **카보닐기의 극성이 알데하이드와 케톤의 물리적 성질에 영향을 준다.**
  - 쌍극자–쌍극자 상호작용 힘은 수소 결합보다 약하지만 van der Waals 힘보다는 커서 끓는점과 녹는점, 용해도와 같은 물리적 성질에 영향을 미친다.
  - 분자량이 동일한 물질이라도 분자 간 힘이 셀수록 끓는점과 녹는점이 더 높다.

표 11.1 동일한 분자량을 가지는 몇 가지 화합물들의 끓는점과 분자간 힘

화합물	알케인	알데하이드	케톤	알코올
분자량	72	72	72	72
분자식	$CH_3CH_2CH_2CH_2CH_3$	$CH_3CH_2CH_2CHO$	$CH_3CH_2COCH_3$	$CH_3CH_2CH_2CH_2OH$
분자간 힘	van der Waals	van der Waals 쌍극자–쌍극자	van der Waals 쌍극자–쌍극자	van der Waals 쌍극자–쌍극자 수소 결합
끓는점	36°C	76°C	80°C	118°C

- **알데하이드(RCHO)와 케톤(RCOR)은 크기에 따라 용해도가 다르다.**
  - 다섯 개 이하의 탄소로 구성된 알데하이드와 케톤은 물과 수소 결합이 가능하여 물에 녹는다.
  - 다섯 개 이상의 탄소로 구성된 알데하이드와 케톤은 비극성인 알킬 사슬 부분이 커서 물에 녹지 않는다.

11.2.2 알데하이드와 케톤의 제조

(1) 알데하이드의 제조

- **알데하이드는 1° 알코올(RCH_2OH), 에스터(RCOOR), 산 염화물(RCOCl), 알켄(RCH=CHR) 및 말단 알카인(RC≡CH)으로부터 만들 수 있다.**
  - **1° 알코올의 산화:** 1° 알코올을 산화제 PCC로 산화시키면 알데하이드가 생성된다. 그러나 강한 산화제로 처리하면 카복실산까지 산화된다.

$$\underset{\text{1° 알코올}}{RCH_2OH} \xrightarrow{\text{PCC}} \underset{\text{알데하이드}}{RCHO} \qquad (8.6.1절)$$

- **알켄의 가오존 분해 반응:** 가오존 분해 반응은 C=C 결합을 끊는다. 만일 탄소 원자에 수소가 있으면 알데하이드가 생성된다.

$$\underset{\text{알켄}}{H(R)C{=}C(H)R} \xrightarrow[\text{2) Zn/H}_2\text{O}]{\text{1) O}_3} \underset{\text{알데하이드}}{H(R)C{=}O + O{=}C(H)R} \qquad (7.8.11절)$$

- **에스터와 산 염화물의 환원:** 에스터와 산 염화물을 $LiAl[OC(CH_3)_3]$ (lithium tri-*tert*-butoxyaluminum hydride)나 DIBAL (diisobutylaluminum hydride, $AlH[CH_2CH(CH_3)_2]$)과 같은 온화한 환원제로 환원하면 알데하이드가 생성된다. 그러나 $LiAlH_4$ 같은 강한 환원제로 환원하면 1° 알코올이 생성된다.

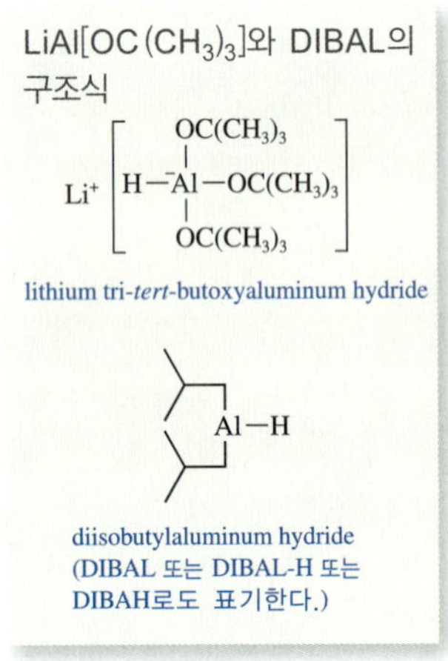

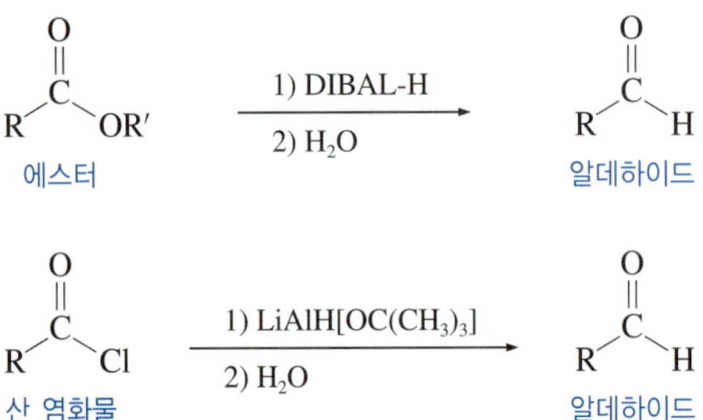

- **말단 알카인의 수소화붕소 첨가-산화 반응:** 말단 알카인에 수소화붕소 첨가-산화 반응을 시키면, 반-Markovnikov 첨가 반응이 일어나 알코올이 생기고 토토머화를 일으켜 알데하이드를 생성한다.

$$R{-}C{\equiv}C{-}H \xrightarrow[\text{2) H}_2\text{O}_2\text{, OH}^-]{\text{1) BH}_3} \underset{\text{알데하이드}}{RH_2C{-}CHO} \qquad (7.8.7절)$$

(2) 케톤의 제조

■ **케톤은 2° 알코올 (R_2CHOH), 산 염화물 (RCOCl), 알켄 (RCH=CHR) 및 말단 알카인 (RC≡CH)으로부터 만들 수 있다.**

- **2° 알코올의 산화:** 2° 알코올을 산화제로 처리하면 케톤이 생성되며 더 이상 산화되지 않는다.

$$\underset{\text{2° 알코올}}{R_2CHOH} \xrightarrow[\text{H}_2\text{SO}_4\text{, H}_2\text{O}]{\text{Na}_2\text{Cr}_2\text{O}_7} \underset{\text{케톤}}{RCOR} \qquad (8.6.1절)$$

- **알켄의 가오존 분해 반응:** 사치환 알켄 ($R_2C{=}CR_2$)을 가오존 분해 반응시키면 분해되어 케톤을 생성한다.

$$R_2C{=}CR_2 \xrightarrow[2)\ Zn/H_2O]{1)\ O_3} R_2C{=}O + O{=}CR_2 \quad (7.8.11절)$$

알켄 → 케톤

- **산 염화물의 환원:** 산 염화물을 benzene과 Friedel−Craft 아실화시키면 아릴 케톤을 생성한다. 유기구리 시약을 이용해도 산 염화물로부터 케톤을 만들 수 있다.

$$RCOCl + C_6H_6 \xrightarrow{AlCl_3} C_6H_5COR$$

산 염화물 → 아릴 케톤

$$RCOCl \xrightarrow[2)\ H_2O]{1)\ R'_2CuLi} RCOR'$$

산 염화물 → 케톤

- **말단 알카인의 수화 반응:** 말단 알카인에 수화 반응을 시키면, Markovnikov 첨가 반응이 일어나 알코올이 생성되고 알코올은 토토머화를 일으켜 더 안정한 메틸케톤을 생성한다.

$$R{-}C{\equiv}C{-}H \xrightarrow[HgSO_4]{H_2SO_4,\ H_2O} RCOCH_3 \quad (7.8.9절)$$

말단 알카인 → 메틸 케톤

11.3 카보닐기의 구조와 반응성

11.3.1 카보닐기 구조와 카보닐 탄소의 반응

- **카보닐(C=O)기는 하나의 시그마 결합(σ)과 하나의 파이(π) 결합으로 구성된 이중 결합이다. 일핏 보아 C=C 결합과 유사하지만 C=C 결합과 C=O 결합의 중요한 차이는 카보닐기는 전기 음성도가 큰 산소와 이중 결합을 한다는 것이다.**
  - 카보닐 탄소는 sp^2로 혼성화되어 있고, 삼각 평면 구조이며 결합각은 약 120°이다.
  - C=O 결합은 산소의 전기 음성도로 인해 결합이 극성을 띠고, 카보닐 탄소는 전자가 부족하다.
  - C=O 기는 두 개의 공명 구조를 가지며 하나의 공명 구조에서 카보닐 탄소의 전자 부족 현상을 분명하게 볼 수 있다.
    - ▸ 이러한 전자 부족 현상은 유발 효과와 공명 효과에 기인하며, 그 때문에 알데하이드와 게톤의 기보닐기는 **친핵성 첨가 반응**(nucleophilic addition)이 가능하다.

C: 친전자성 자리
(친핵체가 반응하는 자리)

120° δ+ δ− C=O: *sp*²

O: 친핵성 자리
(친전자체가 반응하는 자리)

- **알데하이드와 케톤의 친핵성 첨가는 두 단계로 진행되며 이성질체가 생성될 수 있다.**
  - 첫 단계에서 친핵체의 공격이 일어난다.
  - 두 번째 단계는 양성자 첨가(protonation)를 통해 완결된다.
  - 카보닐기의 탄소는 sp^2 혼성을 하므로 카보닐기는 삼각 평면을 이루고 있어, 친핵체는 앞뒤 두 방향으로 첨가될 수 있다. 이런 각기 다른 방향으로의 친핵체 공격이 첨가 생성물의 입체 화학을 결정한다.
  - 친핵체가 첨가된 후에 생성되는 중간체 알콕시화 이온(alkoxide)의 탄소는 sp^3 혼성이므로 정사면체 구조를 이룬다.

메커니즘 11.1 알데하이드 및 케톤의 친핵성 첨가 반응

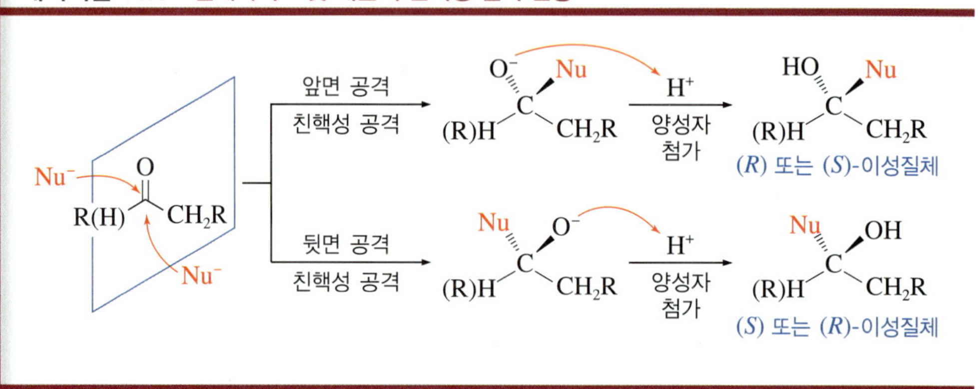

- **전자 효과**(electronic effect)**와 입체 효과**(steric effect)**로 알데하이드가 케톤보다 친핵성 첨가 반응성이 더 크다.**
  - **전자 효과**: 케톤은 두 개의 전자 주개 기인 알킬기(R)를 가지고 있고, 알데하이드는 하나의 알킬기를 가지고 있어 알데하이드의 카보닐 탄소 전자 부족 현상이 더 크다. 따라서 알데하이드의 반응성이 더 크다.
  - **입체 효과**: 케톤은 친핵체 공격의 입체 장애에 관여하는 두 개의 알킬기(R)를 가지고 있고, 알데하이드는 하나만 가지고 있어 알데하이드가 반응에 유리하다.

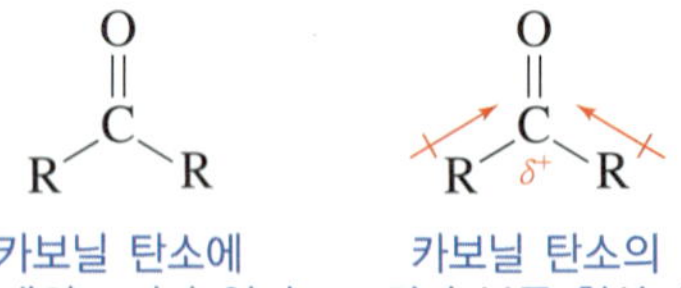

카보닐 탄소에 두 개의 R기가 있어 입체적으로 혼잡하다.

카보닐 탄소의 전자 부족 현상이 덜하다.

알데하이드–반응성이 더 크다.

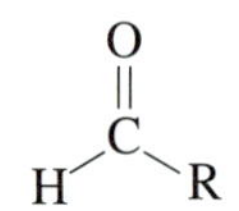

카보닐 탄소에 한 개의 R기가 있어 입체적으로 덜 혼잡하다.

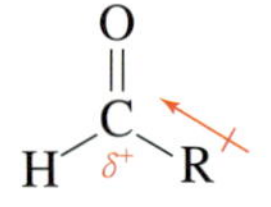

카보닐 탄소의 전자 부족 현상이 더 심하다.

- **카보닐기(C=O)는 친전자성 자리의 탄소와 친핵성 자리의 산소를 가지고 있어, 알데하이드와 케톤은 산성 조건과 염기성 조건 모두에서 친핵성 첨가 반응을 한다. 이들 두 경로의 메커니즘은 다르다.**
  - **염기성 조건:** 첫 단계에서 친핵체가 카보닐 탄소를 공격한다.
  - **산성 조건:** 첫 단계에서 산소에 양성자 첨가가 일어난 후에 친핵체가 카보닐 탄소를 공격한다.

카보닐기에 양성자가 첨가되면 카보닐 탄소의 전자 부족 현상이 더 심해지지고 그 만큼 반응성도 커진다.

메커니즘 11.2 알데하이드와 케톤의 염기성 조건 및 산성 조건에서의 친핵성 첨가 반응

염기성 조건

R, H(R), Nu^-, 친핵체 공격, Nu, (R)H, H—Ö—H, 양성자 이동, :ÖH

산성 조건

H—A, 양성자 이동, $^+$:ÖH, R, H(R), Nu^-, 친핵체 공격, :ÖH, Nu, (R)H

11.3.2 산소 친핵체와의 반응

- **알데하이드와 케톤은 산소 친핵체와 친핵성 첨가 반응을 한다.**
  - 물이 첨가 반응을 하면 수화물(hydrate)인 다이올(diol)이 생성된다.
    - ▸ 이 반응은 염기 촉매와 산 촉매 조건에서 진행될 수 있다.
  - 알데하이드와 케톤이 알코올(ROH)과 반응하면, **반(半)아세탈**(hemiacetal, $R_2C(OH)OR'$) 중간체를 거쳐 **아세탈**(acetal, $R_2C(OR')_2$)을 생성한다.
    - ▸ 반아세탈의 분리는 어렵지만, 탄수화물 같은 고리형 반아세탈은 분리할 수 있다. Glucopyranose는 고리형 반아세탈의 일종이다.

열린 사슬 glucose는 주로 고리형 반아세탈로 존재하며, 이들은 가역 반응이다. 이러한 탄수화물의 가역 반응이 탄수화물의 **변광회전**(mutarotation) 등을 유발하는 원인이 된다.

반아세탈

HO, ÖH, OH, O, C, H, OH, OH, 6, 5, 4, 3, 2, 1, D-glucose, ≡, $^6CH_2OH$, ÖH, 위 또는 아래, O, ⇌, α-D-glucopyranose, +, β-D-glucopyranose

- **아세탈 형성 반응은 시약과 조건을 주의 깊게 선택하여 조절할 수 있는 가역 반응이다.**
  - 이러한 반응의 특성을 이용하면 형성된 아세탈을 알데하이드나 케톤으로 되돌릴 수 있다.
  - 이 방법은 알데하이드나 케톤 작용기를 포함하는 다작용기 화합물의 반응에서 보호기로 이용할 수 있다.

알데하이드는 산성 조건에서 2당량의 알코올과 반응시키면 아세탈을 쉽게 형성한다. 만일 $HOCH_2CH_2OH$ (ethane-1,2-diol) 같이 한 분자에 두 개의 OH 기를 가진 화합물과 반응시키면 고리형 아세탈이 생성되며, 이들 고리형 아세탈은 보호기로 자주 이용된다.

아세탈 형성 반응에서 반아세탈 중간체가 두 번째 알코올과 반응하여 아세탈을 형성하는 단계의 메커니즘에서 알코올이 양성자가 첨가된 반아세탈[$R_2C(OH_2)^+OR$)]을 직접 공격하는 것처럼 그리면 안 된다. 이유는 양성자가 첨가된 반아세탈에서는 S_N2 반응이 일어나지 않기 때문이다. 따라서 이탈기인 물분자가 이탈되어 공명 안정화된 중간체($R_2C{=}O^+R'$)가 생성된 후에 친핵체인 R′OH가 공격하도록 그려야 한다.

메커니즘 11.3 알데하이드 및 케톤의 염기-촉매 또는 산-촉매 수화 반응

염기-촉매 수화 반응

수화물(다이올)

산-촉매 수화 반응

수화물(다이올)

메커니즘 11.4 알데하이드 및 케톤의 아세탈 형성 반응

산-촉매 아세탈 형성 반응

반아세탈

아세탈

11.3.3 친핵체로서 과산화산의 반응

Bayer-Villiger 산화 반응은 1899년 Adolf von Baeyer와 Victor Villiger에 의해 발표되었다.

- 산소 친핵체로 과산화산을 사용하여 케톤에 한 개의 산소를 삽입시켜 에스터로 전환시킬 수 있다.
    - 이 반응을 Bayer-Villiger 산화 반응이라고 한다.

메커니즘 11.5 Baeyer-Villiger 산화 반응

케톤 + 과산화산 ⇌ ⇌ (자리 옮김) → 에스터 + acetic acid

- **비대칭 케톤의 Baeyer-Villiger 산화 반응은 위치 선택적이다.**
  - 위치 선택성은 마지막 단계인 자리 옮김 과정에서의 알킬기의 이동 용이도에 의존한다.
  - Baeyer-Villiger 산화 반응에서 기들의 **이동 용이도**(migratory aptitude)는 다음과 같다.

$$\mathrm{H} > 3^\circ \text{ 알킬} > 2^\circ \text{ 알킬, Phenyl} > 1^\circ \text{ 알킬} > \mathrm{CH_3}$$

고리형 케톤을 Baeyer-Villiger 산화 반응을 시키면 고리형 에스터인 락톤(lactone)이 형성된다.

isopropyl methyl ketone —(RCO_3H, 위치 선택적)→ isopropyl acetate

cyclopentanone —(RCO_3H)→ tetrahydro-2*H*-pyran-2-one

11.3.4 황 친핵체와의 반응

- **알데하이드와 케톤을 산성 조건에서 싸이올(RSH)과 반응시키면 싸이오 아세탈(thioacetal)을 형성하며, 메커니즘은 아세탈 형성 반응과 유사하다.**
  - 싸이오 아세탈을 Raney 니켈로 처리하면, 탈황 반응을 일으켜 상응하는 알케인을 생성한다.
  - 이 반응은 케톤을 알케인으로 변환하는 데 이용하는 유용한 방법이다.

케톤을 환원하는 다른 방법으로 Clemmensen 환원법과 Wolf-Kishner 환원법 등도 있다.

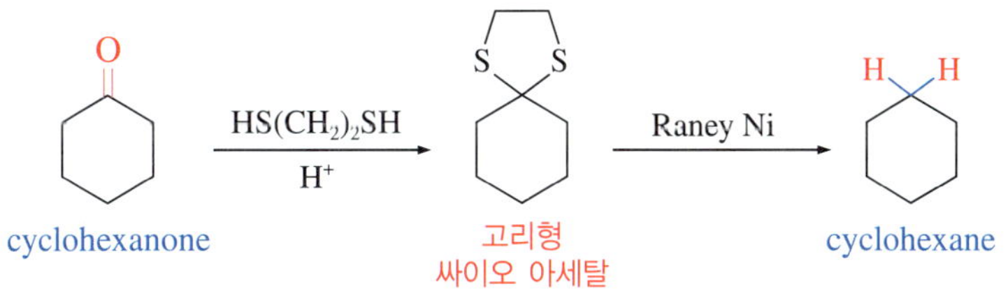

11.3.5 아민 친핵체와의 반응

이민 생성 반응이 용액의 pH에 영향을 받는 것은, 카보닐기의 산소와 아민의 질소가 둘 다 비공유 전자쌍이 있어 쉽게 H^+와 반응할 수 있기 때문이다. 산을 사용하지 않아서 pH 값이 큰 값을 가지면 카보닐기와 카비놀아민의 산소에 양성자 첨가가 일어나지 않으므로 반응이 느리다. 그러나 산을 너무 많이 사용하여 pH 값이 작아도 대부분의 아민에 양성자가 첨가되어 친핵체 역할을 하지 못하므로 반응이 느리다. 따라서 반응 중 pH 조절이 중요하다.

- **알데하이드와 케톤을 1차 아민(RNH_2)과 온화한 산성 조건에서 반응시키면 이민(imine, $R_2C{=}NR'$)이 형성된다.**
  - 반응 메커니즘은 중간체인 카비놀아민(carbinolamine, $R_2C(OH)(NHR')$)을 생성하고, 카비놀아민이 공명 안정화되는 이미늄(iminium) 이온을 형성하여 최종적으로 이민을 형성한다.
  - 1° 아민은 중간체 이미늄 이온의 질소에 있는 H가 제거되어 이민을 형성한다.
  - 이민 생성 반응에서 용액의 pH가 중요한 고려사항이다. 이 반응은 가역 반응이며 일반적으로 pH 4.5 부근에서 가장 빠르다.

메커니즘 11.6 산성 조건에서 이민 생성 반응

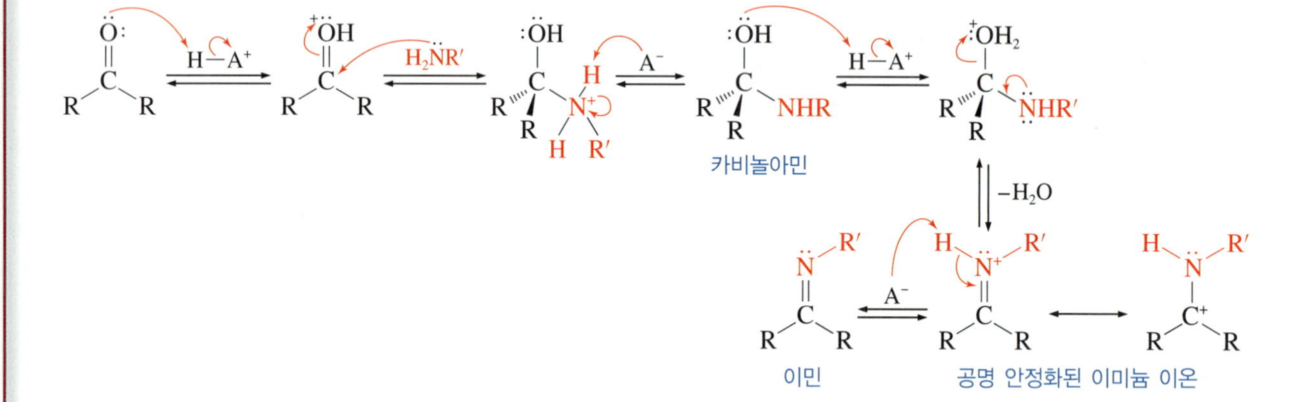

이민 형성과 엔아민 형성 반응 메커니즘의 차이는 단지 마지막 단계의 이미늄 이온에서 양성자 이동이 일어나는 위치의 차이이다.

- **2차 아민(R_2NH)은 알데하이드나 케톤과 반응하여 엔아민(enamine, $R_2C{=}CR{-}(NR_2)$)을형성한다.**
  - 엔아민이 형성되는 것은 2차 아민에 H가 하나뿐이어서 마지막 단계의 이미늄 이온에서는 양성자 이동이 이웃한 탄소에서 일어나기 때문이다.
  - 2° 아민은 중간체 이미늄 이온의 이웃한 탄소에 있는 H가 제거되어 엔아민을 형성한다.

엔아민(enamine)은 C=C를 의미하는 -ene의 en과 아민의 amine을 조합하여 만들어진 계열 이름이다.

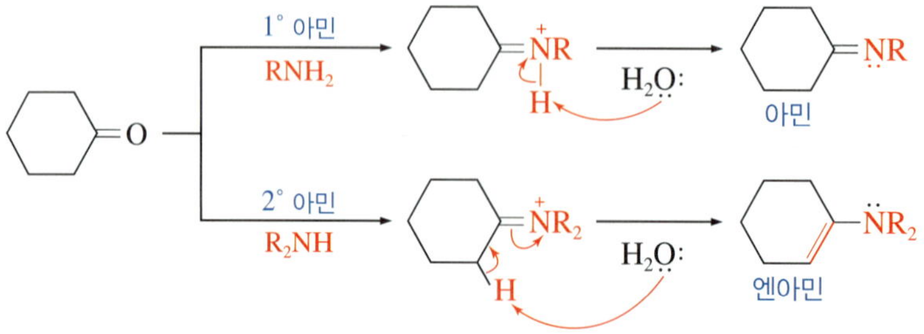

메커니즘 11.7 엔아민 형성 반응

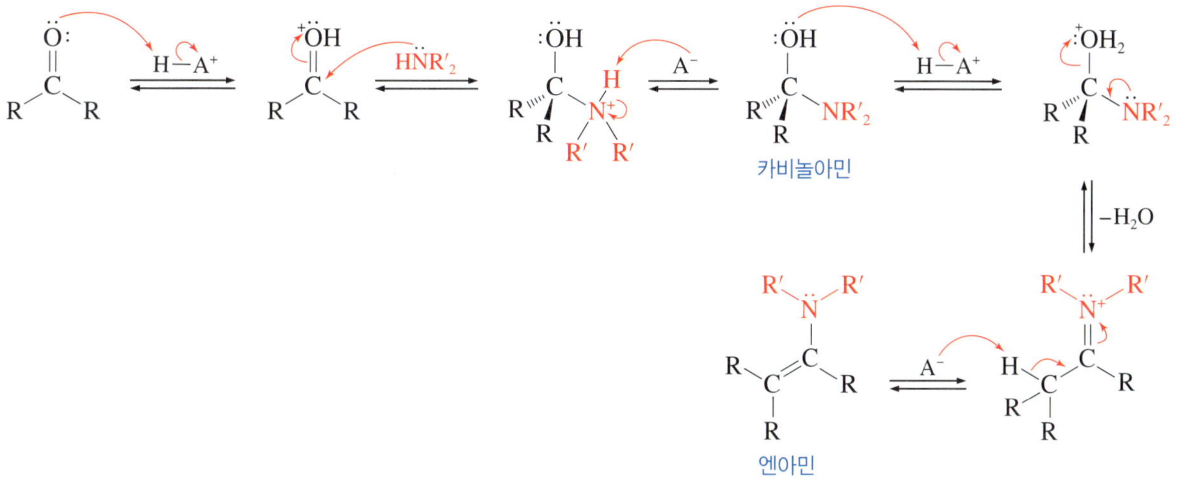

카비놀아민

$-H_2O$

엔아민

■ **Hydrazine (NH_2NH_2)은 1° 아민이 이민을 형성하는 것과 유사하게 반응하여 하이드라존(hydrazone, $R_2C{=}NNH_2$)을 형성한다.**

- 하이드라존은 강한 염기인 KOH/H_2O로 처리하면 알케인으로 쉽게 환원된다.
- 이 반응을 개발한 두 과학자의 이름을 따서 Wolf–Kishner 환원 반응이라고 한다.

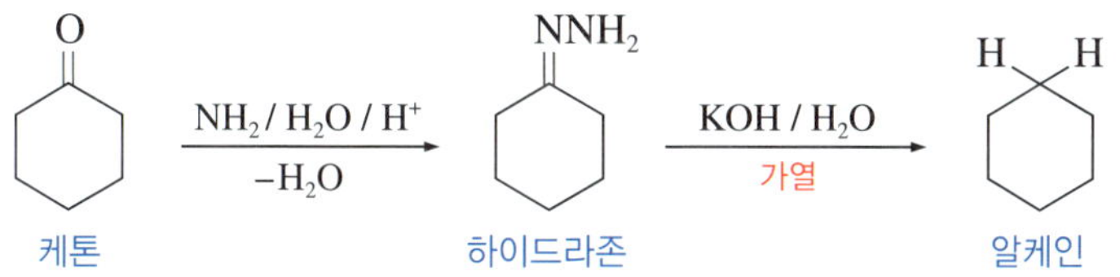

$NH_2/H_2O/H^+$, $-H_2O$; KOH/H_2O, 가열

케톤 하이드라존 알케인

이 반응은 카보닐기를 환원하는 온화한 방법 중 하나여서 실험실에서도 자주 사용한다.

메커니즘 11.8 Wolf–Kishner 환원 반응

하이드라존 알케인

$-N_2$

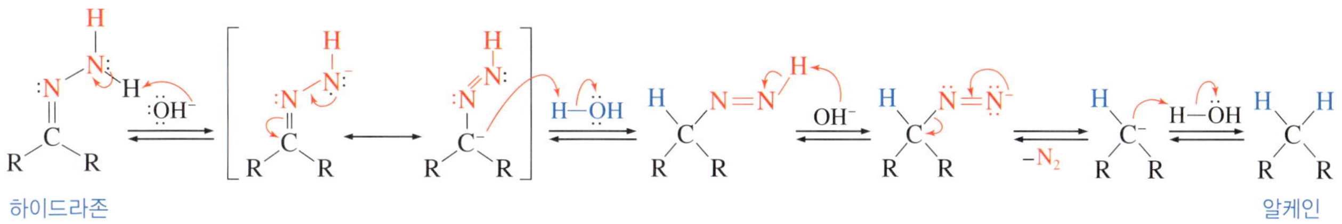

■ **이민과 엔아민은 카보닐 화합물과 아민의 가역 반응에서 생성되므로 약산으로 가수 분해 시키면 카보닐 화합물로 되돌아간다.**

- 이 반응의 메커니즘은 이민과 엔아민 생성 반응과 정확히 반대이다.

$$R_2C{=}NR' \xrightarrow{H_3O^+} R_2C{=}O + R'NH_2$$

이민 1° 아민

$$\text{엔아민 } C{-}NR \xrightarrow{H_3O^+} C{=}O + R_2NH$$

엔아민 2° 아민

11.3.6 수소 친핵체의 반응

- **알데하이드와 케톤에 $NaBH_4$(sodium borohydride) 또는 $LiAlH_4$(lithium aluminumhydride) 등을 처리하고 양성자 첨가 반응을 하면 1° 또는 2° 알코올이 생성된다.**
  - 이 반응은 친핵체인 수소 음이온 첨가와 양성자 첨가 두 단계로 이루어진다.
  - 삼각 평면의 sp^2 탄소에서 반응이 일어나므로 입체 이성질체 혼합물이 생성된다.

메커니즘 11.9 알데하이드 또는 케톤의 환원

$$RC(=O)H(R) \xrightarrow{(H{-}AlH_3)^-Li^+} RC(O^-)(H)H(R) \xrightarrow{H{-}OH} RC(OH)(H)H(R)$$

11.3.7 탄소 친핵체의 반응

알데하이드 또는 케톤에 새로운 C—C 결합을 도입하는 데 탄소 음이온 공급 물질인 Grignard 시약(RMgX), 유기리튬 시약(RLi), 사이안화 이온(^-CN), 또는 Wittig 시약($Ph_3P^+CH_2^-$) 등을 사용한다.

반응이 삼각 평면의 sp^2 탄소에서 일어나므로 입체 이성질체 혼합물이 생성된다.

- **Grignard 시약을 알데하이드나 케톤과 반응시키면 알코올이 형성된다.(메커니즘 11.10)**
  - 알데하이드에 Grignard 시약을 반응시키면 2° 알코올이 생성되고, formaldehyde (HCHO)에 Grignard 시약을 반응시키면 1° 알코올이 생성된다.
  - 케톤에 Grignard 시약을 반응시키면 3° 알코올이 생성된다. 이들 반응은 친핵체 첨가와 양성자 첨가 두 단계로 이루어진다.
- **유기리튬(RLi) 시약도 자주 사용하는 탄소 음이온 공급 시약이다. 반응 메커니즘은 Grignard 시약의 메커니즘과 동일하다.**

$$H_3CH_2C{-}CHO \xrightarrow[\text{2) } H_2O]{\text{1) } C_6H_5Li} H_3CH_2C{-}CH(OH){-}C_6H_5$$

propionaldehyde 1-phenylpropan-1-ol

메커니즘 11.10 알데하이드 또는 케톤의 Grignard 시약과의 반응

$$R{-}C(=O){-}H(R) \xrightarrow{R'{-}MgX} R{-}C(O^-)(R'){-}H(R) \xrightarrow{H{-}OH} R{-}C(OH)(R'){-}H(R)$$

2°/ 3° 알코올

$$H{-}C(=O){-}H \xrightarrow{R'{-}MgX} H{-}C(O^-)(R'){-}H \xrightarrow{H{-}OH} H{-}C(OH)(R'){-}H$$

1° 알코올

- **알데하이드와 케톤에 HCN을 처리하면 사이아노하이드린(cyanohydrin, $R_2C(OH)(CN)$)이 생성된다.**
  - 사이아노하이드린을 염기와 반응시키면 카보닐 화합물로 되돌릴 수 있다.
  - 이 반응 메커니즘은 HCN(hydrogen cyanide)의 양성자가 이탈된 후에 $^-$CN(cyanide) 이온이 첨가되고, HCN 다른 분자의 양성자가 이동되는 방식으로 진행된다.

메커니즘 11.11 사이아노하이드린 생성 반응

$$R{-}C(=O){-}R \underset{}{\overset{^-CN}{\rightleftharpoons}} R_2C(O^-)(CN) \overset{H{-}CN}{\rightleftharpoons} R_2C(OH)(CN)$$

케톤 또는 알데히이드 → 사이아노하이드린

사이아노하이드린의 CN 기는 산 또는 염기 수용액과 가열하면 쉽게 가수 분해되어 카복실산(RCOOH)으로 전환되고, CN 기를 환원시키면 아미노 알코올(aminoalcohol)로 전환되므로 합성에서 유용하다.

가수 분해(hydrolysis)는 물에 의해 결합이 분해되는 반응이고, 수화 반응(hydration)은 화합물에 물이 첨가되는 반응이다.

$$RCH(OH)CN \xrightarrow[\text{2) } H_2O \text{ 환원}]{\text{1) } LiAlH_4} RCH(OH)CH_2NH_2$$

aminoalcohol

$$RCH(OH)CN \xrightarrow[\text{열, 가수 분해}]{H_3O^+} RCH(OH)COOH$$

α-hydroxycarboxylic acid

Wittig 시약을 일라이드(ylide)라고 하는데, 일라이드란 둘 다 팔전자 규칙을 만족시키면서 각각의 원자는 두 개의 반대되는 전하를 가지는 물질을 말한다. Wittig 시약은 알짜 전하를 가지는 공명 구조가 없다. 그러나 한 공명 구조에서는 탄소 원자가 음전하를 가지므로 이것이 친핵체로 작용한다.

Betaine은 벌꿀에서 발견되는 $[(CH_3)_3N^+CH_2COO^-]$라는 아미노산의 이름이고, 이 물질은 쯔비터 이온으로 존재한다.

- **Wittig 시약과 알데하이드나 케톤의 C=O가 반응하면 C=C 결합이 형성된다.**
  - Triphenylphosphine$[P(Ph)_3]$을 CH_3I(methyl iodide)와 BuLi(butyl lithium)로 처리하면 phosphorane$[^+P(Ph_3)C^-CH_2]$이라는 Wittig(vittig로 발음한다) 시약이 생성된다.
  - 탄소 음이온인 Wittig 시약을 알데하이드나 케톤과 반응시키면 베타인(betaine) 중간체를 거쳐 옥사포스포테인(oxaphosphotane)을 생성하고, 이것이 분해되어 알켄을 생성한다.
  - 이 반응은 C=O 결합이 C=C로 변환되므로 매우 유용하다. Wittig 반응은 에터, 에스터, 할로젠, 알켄 및 알카인 작용기들이 있어도 일어날 수 있다.

$$>C=PPh_3 \longleftrightarrow >\overset{-}{C}-\overset{+}{P}Ph_3$$

일라이드

- **Wittig 반응은 첨가-제거의 연속 반응으로 진행된다. Wittig 시약이 콘쥬게이션 되었는가에 따라 입체 선택성이 다르다.**
  - 콘쥬게이션하지 않는 일라이드와 알데하이드의 반응은 시스(또는 *Z*) 또는 트랜스(*E*) 알켄이 동시에 만들어진다.
  - 콘쥬게이션되어 있는 일라이드와 알데하이드는 반응하여 선택적으로 트랜스(또는 *E*) 생성물을 더 많이 생성한다. 예로 β-carotene의 합성을 들 수 있다.

$$H_3CH_2C(H)C=O \xrightarrow{Ph_3P=CH(CH_2)_4CH_3} H_3CH_2C(H)C=C(H)(CH_2)_4CH_3 + H_3CH_2C(H)C=C(H)(CH_2)_4CH_3$$

E-이성질체 59%   *Z*-이성질체 41%

E-이성질체

β-carotene

메커니즘 11.12 Wittig 반응

$$>C=PPh_3 \xleftarrow[2)\ BuLi]{1)\ CH_3I} (Ph)_3P$$

일라이드 베타인 옥사포스페테인 알켄

합성에서 Wittig 반응은 매우 유용하다. Wittig 반응을 이용하려면 먼저 목표 물질을 합성하는 데 필요한 출발 물질 카보닐 화합물과 Wittig 시약을 알아야 한다. 그러기 위해 **역합성**(retrosynthesis) 방법을 사용한다.

- **Wittig 반응 출발 물질의 결정은 2단계로 수행한다.**

1단계: C=C 결합을 분해하여 2개의 구성 물질로 분해한다.

2단계: 1단계에서 도출한 Wittig 시약을 비교한다. 입체 장애가 적은 할로젠화 알킬(CH_3X, RCH_2X)로부터 유도된 Wittig 시약을 우선 사용한다.

예로 methylenecyclopentane의 합성 출발 물질의 도출 과정을 보자.

Wittig 반응 출발 물질 도출 방법

합성 목표 물질

1단계 : 카보닐 화합과 Wittig 시약의 도출

$\Rightarrow$ (cyclopentanone)=O + $(Ph)_3P$=CHCH$_3$ 또는

(cyclopentylidene)=P$(Ph)_3$ + O=CHCH$_3$

2단계 : Wittig 시약 제조를 위한 RX의 도출

$(Ph)_3P$=CHCH$_3$ $\Rightarrow$:P$(Ph)_3$ + XCH_2CH_3 ← 1° 할로젠화 알킬이 더 유리하다.

(cyclopentylidene)=P$(Ph)_3$ $\Rightarrow$ (cyclopentyl)–X + :P$(Ph)_3$

따라서 methylenecyclopentane의 합성 출발 물질은 cyclopentanone과 CH_3CH_2X를 선택한다.

11.3.8 α-탄소의 반응

알데하이드와 케톤의 다른 특성적인 반응은 카보닐기 이웃 탄소인 α-탄소에서 일어난다. 카보닐기의 α-탄소에 있는 C−H 결합은 이웃한 C=O 결합이 전자를 당기는 기이므로 산성을 띠며, 염기로 처리하여 생성된 음이온은 공명 안정화된 엔올 음이온(enolate)을 형성한다.

- **엔올 음이온은 친핵체이므로 친전자체와 반응하여 α-탄소에 새로운 결합을 형성한다. 친핵체로 할로젠이 반응하여 α-할로젠화 화합물을 생성하며, 탄소 음이온들과 축합 반응을 하기도 한다(13장 참조).**

메커니즘 11.13 카보닐기의 α-탄소의 반응

:B, $-HB^+$, E^+

α-탄소

α-탄소 치환 생성물

엔올 음이온

카보닐기를 포함하는 화합물에서 카보닐기로부터 각 탄소의 위치는 α, β....ω 등의 그리스 문자로 나타낸다. 카보닐기로 부터 가장 멀리 있는 탄소는 ω-로 표기하기도 한다.

β α α β γ $\delta(\omega)$

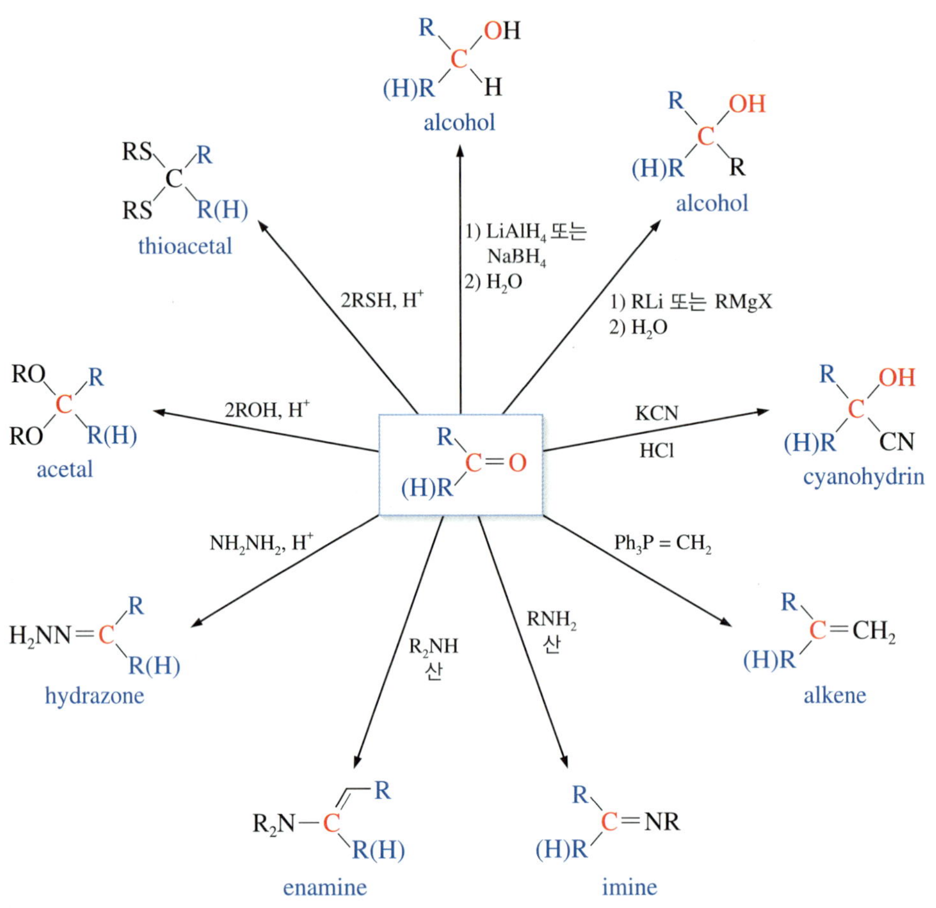

그림 11.1 알데하이드 및 케톤의 친핵성 치환 반응

11.4 알데하이드 및 케톤의 분광학적 특성

알데하이드와 케톤은 적외선(IR)과 핵자기 공명(NMR) 스펙트럼에서 여러 가지 특성적인 신호를 나타낸다.

적외선 스펙트럼

- **알데하이드와 케톤의 IR 흡수는 다음과 같다.**
  - RC(=O)H에서 C=O의 흡수띠는 1740~1750 cm^{-1} 부근에서, ArC(=O)H의 C=O 흡수띠는 1700~1660 cm^{-1}에서 나타난다.
  - 알데하이드의 C(=O)H의 C−H 흡수띠는 2860~2800 cm^{-1}과 2760~2700 cm^{-1} 영역에서 한 개 또는 두 개로 나타난다.
  - RC(=O)R의 C=O 흡수띠는 1720~1708 cm^{-1}에서 나타나고, ArC(=O)R의 C=O 흡수띠는 1670~1600 cm^{-1}, ArC(=O)Ar의 C=O의 흡수띠는 1670~1600 cm^{-1} 영역에서 나타난다.
  - 고리형 케톤의 C=O 흡수는 고리 크기가 작아지거나 고리 무리(strain)가 커지면 파수가 증가한다.

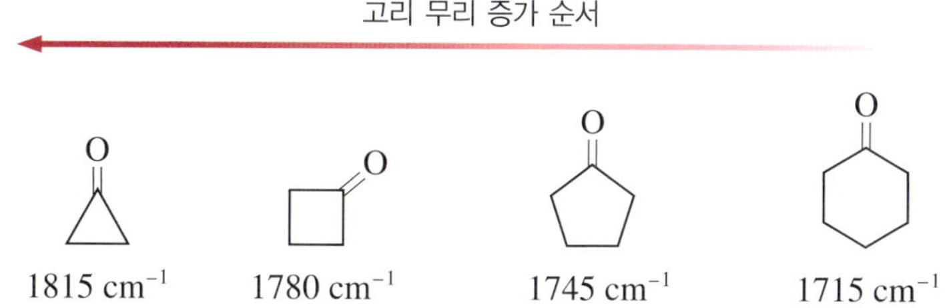

  - 카보닐기에 C=C나 benzene 기가 콘쥬게이션되면 카보닐기 흡수띠의 파수가 작아진다.

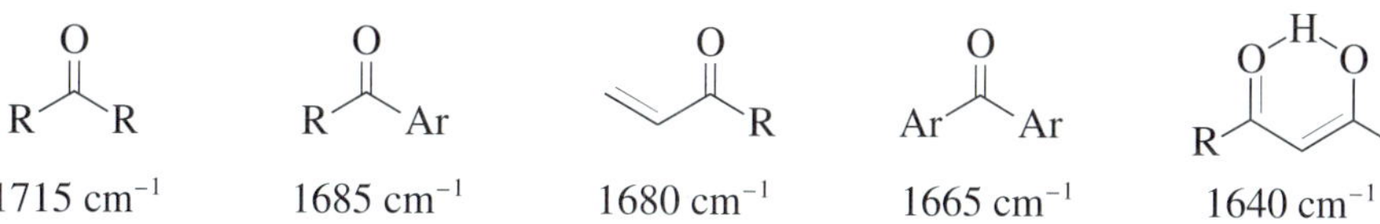

핵자기 공명 스펙트럼

- **알데하이드 카보닐 탄소의 C_{sp^2}−H는 벗김 효과에 의해 δ = 9 ~ 10 ppm에서 신호가 나타나고, α-수소는 δ = 2.1~2.4 ppm에서 신호가 나타난다.**
  - 두 수소 간의 짝지음 상수는 ^3J = 1~3 Hz로 작다.
- **^{13}C에서 C=O 기의 탄소는 δ = 190~215 ppm 부근에서 신호를 보인다.**

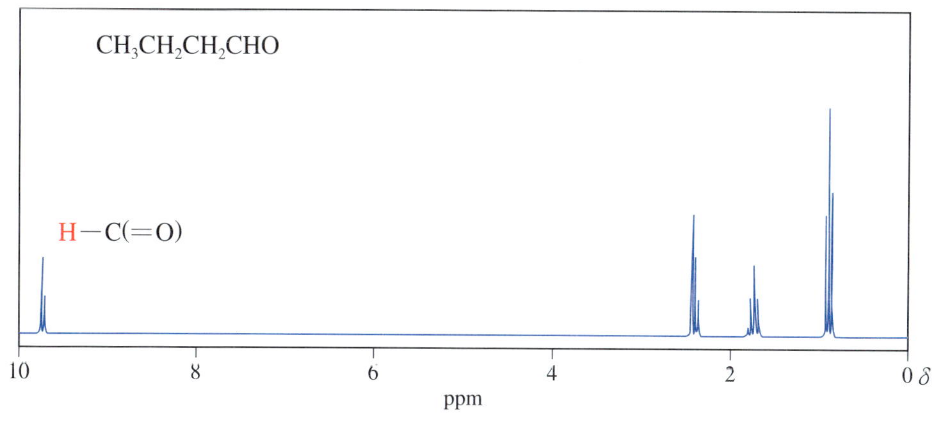

(a)

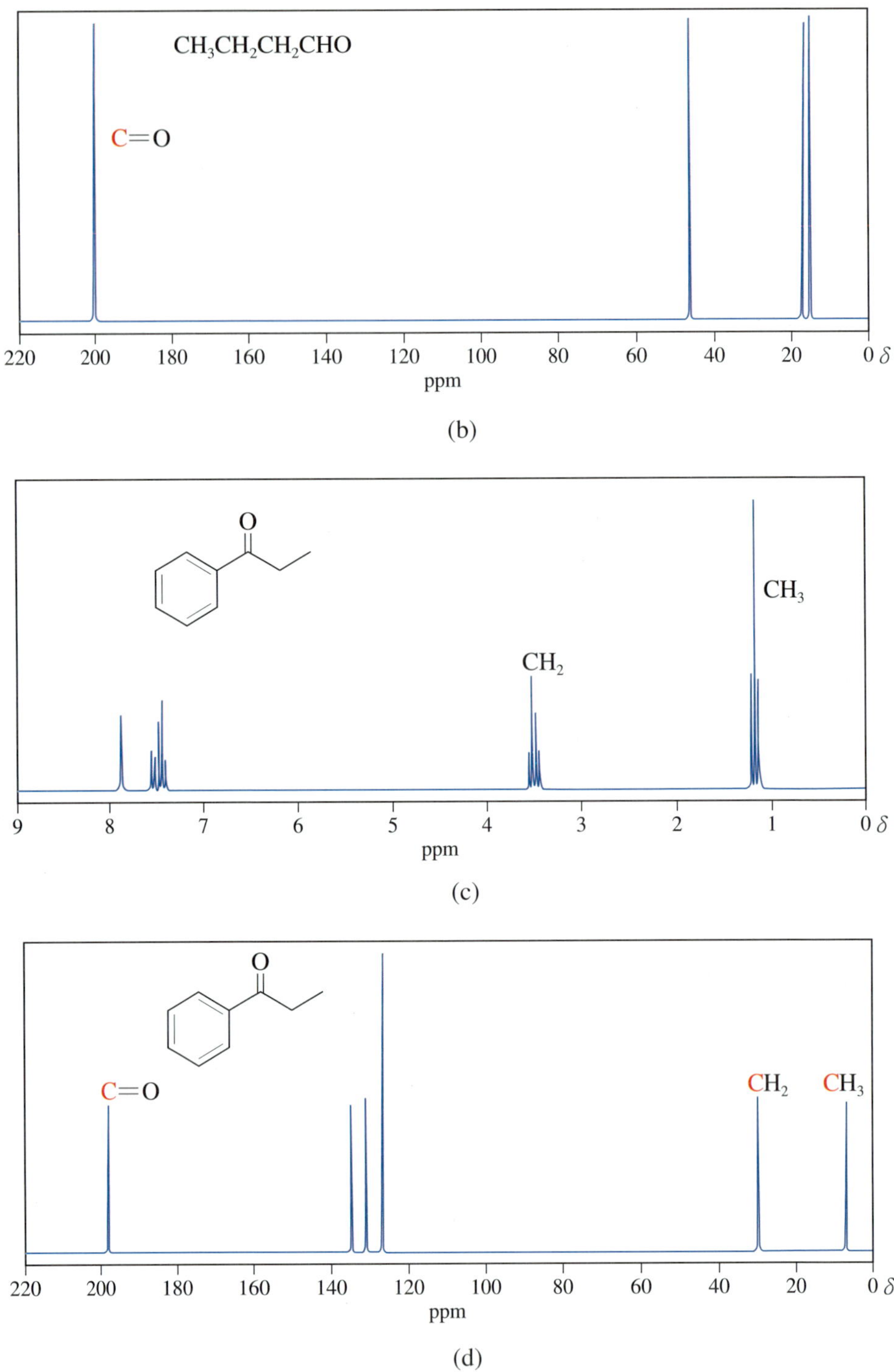

그림 11.2 (a) Butanal의 ^{1}H NMR 스펙트럼, (b) Butanal의 ^{13}C NMR 스펙트럼, (c) Propiophenone의 ^{1}H NMR 스펙트럼, (d) Propiophenone의 ^{13}C NMR 스펙트럼

자외선 스펙트럼

- 알데하이드와 케톤의 자외선 스펙트럼에서 **C=O** 기가 산소에 비공유 전자쌍을 가지고 있어 $n \rightarrow \pi^*$와 $\pi \rightarrow \pi^*$ 전자 전이 스펙트럼을 나타낸다.

예를 들어 acetone ($CH_3C(=O)CH_3$)은 *n*-hexane 용매에서 280 nm ($n \rightarrow \pi^*$)와 190 nm ($\pi \rightarrow \pi^*$) 에서 최대 흡수값을 보인다.

질량 스펙트럼

■ **케톤 화합물의 특성적인 질량 스펙트럼 조각내기는 *α*-분해와 McLafferty 자리 옮김이다.**

- *α*-분해를 하면 알킬 라디칼(·R)과 아실륨 양이온(acylium cation)을 형성하며, 이 아실륨 양이온은 공명 안정화되므로 안정하다.

$$RC\equiv\ddot{O}^+ + \cdot R' \xleftarrow{\alpha\text{-분해}} \left[R\text{-}\overset{\ddot{O}:}{\overset{\|}{C}}\text{-}R' \right]^{\cdot +} \xrightarrow{\alpha\text{-분해}} \cdot R + R'C\equiv\ddot{O}^+$$

아실륨 이온　　　　　　　　　　　　아실륨 이온

- 2-Pentanone처럼 알킬 사슬의 탄소 수가 3개 이상이면 McLafferty 자리 옮김 조각내기가 일어난다.
  - ▶ 2-Pentanone 분자 이온($m/z = 86$)이 McLafferty 자리 옮김을 하면 ethene과 $m/z = 58$인 엔올 라디칼 이온이 생성된다.

$$\left[\gamma\,RHC\text{-}H \cdots O{=}C(R')\text{-}\alpha CH_2\text{-}\beta CH_2 \right]^{\cdot +} \xrightarrow{\text{McLafferty 자리 옮김}} \gamma CHR{=}\beta CH_2 + \left[H_2\overset{\alpha}{C}{=}C(OH)\text{-}R' \right]^{\cdot +}$$

$$\left[\gamma\,H_2C\text{-}H \cdots O{=}C(CH_3)\text{-}\alpha CH_2\text{-}\beta CH_2 \right]^{\cdot +} \xrightarrow{\text{McLafferty 자리 옮김}} \gamma CH_2{=}\beta CH_2 + \left[H_2\overset{\alpha}{C}{=}C(OH)\text{-}CH_3 \right]^{\cdot +}$$

$m/z = 86$
2-pentanone
분자 이온

$m/z = 58$

자연에 있는 알데하이드 및 케톤과 산업적 용도

우리가 매일 먹고 마시는 음식의 맛과 냄새의 원인 물질은 흔히 알데하이드와 케톤이다. 바닐라향 성분인 vanillin, 계피향 성분인 cinnamaldehyde, 스피아민트향의 (*R*)-carvone 아몬드향 성분의 benzaldehyde, 오렌지향 성분인 *α*-sinensal 및 사향 성분인 muscon이 그 예이다.

α-sinensal
(오렌지향 성분)

muscon
(사향 성분)

알데하이드와 케톤은 산업적으로도 매우 중요하다. Formaldehyde는 가장 간단한 알데하이드이며, 몇 가지 백신 보존제로 사용되며, acetone은 용매로 사용된다.

알데하이드와 케톤은 의약품과 고분자를 포함하는 산업적으로 중요한 화합물의 주요 구성 작용기이다. 한 가지 예로 케톤 작용기를 이용하여 전구 약물(prodrug)을 개발한 경우를 들 수 있다.

Fluocinonide는 피부 치료제이며 이는 케톤과 알코올을 반응시켜 만드는 아세탈 작용기를 가지고 있다. 활성 약물의 두 OH 기를 acetone과 반응시켜 아세탈을 형성하면 활성 물질의 OH 기가 피부에서 반응하여 활성이 떨어지는 것을 막을 수 있다. Fluocinonide로 치료하면 활성 약물을 직접 치료하는 것보다 효과가 더 좋다.

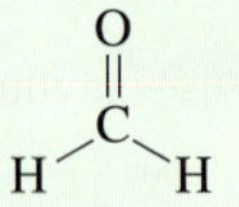

formaldehyde 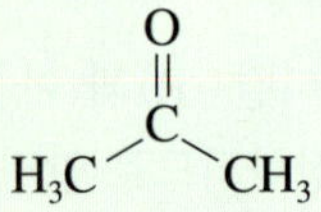   acetone

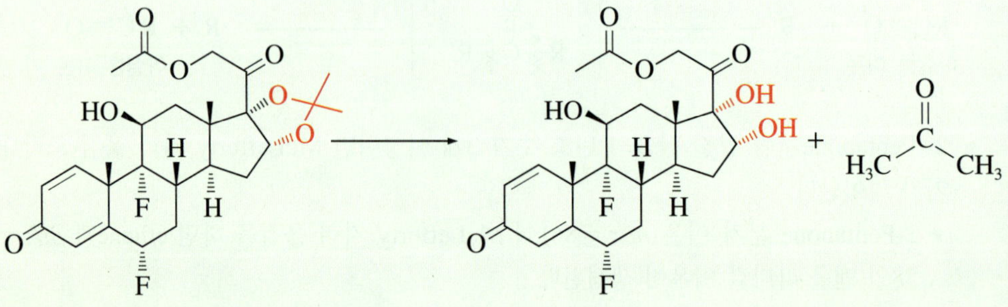

fluocinonide → 활성 약물 + $H_3C-CO-CH_3$

주요 용어

Baeyer-Villiger 산화 반응(Baeyer-Villiger oxidation)
Grignard 시약(Grignard reagent)
Wittig 시약(Wittig reagent)
Wolf-Kishner 환원 반응(Wolf-Kishner reduction)
반아세탈(hemiacetal)
베타인(betaine)
변광회전(mutarotation)
사이아노하이드린(cyanohydrin)
싸이오아세탈(thioacetal)
아세탈(acetal)
엔아민(enamine)
엔올 음이온(enloate)
역합성(retrosynthesis)
이동 용이도(migratory aptitude)
이미늄 이온(iminum ion)
이민(imine)
일라이드(ylide)
입체 효과(steric effect)
전자 효과(electronic effect)
친핵성 첨가 반응(nucleophilic addition)
카비놀아민(carbinolamine)
하이드라존(hydrazone)

연습 문제

개념 문제

1. C=O 작용기의 시그마 결합은 어떤 오비탈에 의해 만들어지는가? 또 산소 원자의 고립 전자쌍들은 어떤 오비탈에 놓여 있는가? 설명하시오.
2. 다섯 개 이하의 탄소로 구성된 알데하이드나 케톤은 물에 녹는다. 어떻게 녹는지를 설명하시오.
3. Acetaldehyde와 chloroacetaldehyde의 친핵성 첨가 반응성을 비교해 보시오.
4. 알데하이드나 케톤의 친핵성 첨가 반응에서는 두 가지 이성질체가 형성된다. 어떻게 하면 원하는 특정 이성질체를 더 우세하게 생성할 수 있는가? 방법을 제시하시오.
5. Cyclohexanone을 두 가지 다른 방법을 이용해서 cyclohexane으로 변환할 수 있다. 두 가지 방법을 제시하고, 어느 방법이 더 친환경적인지를 설명하시오.

실전 문제

6. Cyclohexanone으로부터 methylenecyclohexane과 1−methycyclohexene을 합성하려고 한다. 가능한 방법을 제시하시오.
7. Benzaldehyde에 CH_3CO_3H 과산화산을 처리하여 benzoic acid를 얻었다. 메커니즘을 제시하고 이유를 설명하시오.
8. 표시가 없는 A 및 B 두 개의 시료병에 2-pentanone과 3-pentanone이 들어 있다. 시료병 A 시료의 질량 스펙트럼에서는 $m/z=71$, $m/z=43$이 확인되었고, 시료병 B 시료의 질량 스펙트럼에서는 $m/z=57$의 이온 조각만이 관찰되었다. A와 B의 화합물을 확인하시오. 또, 두 물질의 조각내기 과정을 보이고 설명하시오.
9. 다음 화합물을 $Ph_3P{=}CH_2$와 $Ph_3P{=}CHC_6H_5$로 Wittig 반응시킬 때 얻을 수 있는 생성물을 예상하시오.

   (a) $(CH_3)_2C{=}O$ (b) $(CH_3)_2CH_2CHO$ (c) $C_6H_5CH_2CH_2CHO$ (d) $(CH_2{=}CHCH_2)_2C{=}O$

   (e) Isopropylcyclohexanone (f) 3-Methylcyclopentanealdehyde (g) phenylacetaldehyde
10. 다음 화합물을 Wittig 반응으로 합성할 수 있는 출발 물질을 제시하시오.

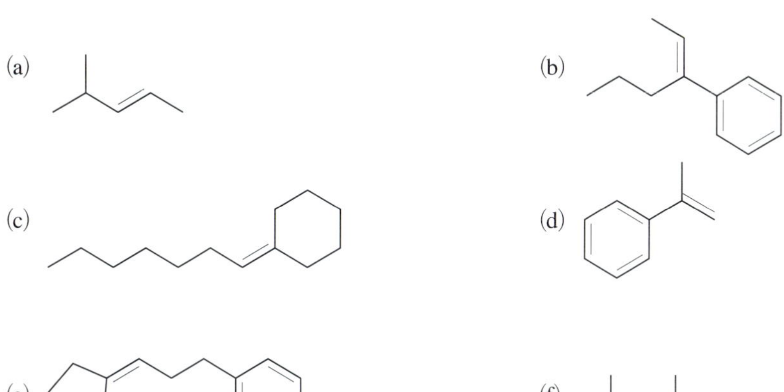

11. 아래 반응에 대해 답하시오.

$CH_3COCH_2CH_2CH_2COOCH_2CH_3$ (ethyl 5-oxohexanoate) $\xrightarrow{[H]}$ $CH_3COCH_2CH_2CH_2CH_2OH$ (6-hydroxyhexan-2-one)

(a) 출발 물질에는 두 개의 C=O가 존재한다. 환원 반응에서 둘 다 환원되는가? 하나만 반응하는가?

(b) 이 출발 물질로부터 생성물을 얻을 수 있는 방법을 제시하시오.

(c) 전체 반응의 메커니즘을 그리시오.

12. 다음 반응 사슬의 중간체 생성물을 제시하시오. 또 화합물 (A)와 (F)의 IUPAC명을 쓰시오.

Bromobenzene $\xrightarrow[AlCl_3]{CH_3CH_2COCl}$ (A) $\xrightarrow[H^+]{HOCH_2CH_2OH}$ (B) $\xrightarrow{Mg/Et_2O}$ (C) $\xrightarrow[2)\ H_2O]{1)\ CH_3CHO}$ (D) $\xrightarrow{PCC}$ (E) $\xrightarrow[H^+]{H_2O}$ (F)

13. Benzaldehyde에 다음의 각 시약을 반응시켜 얻을 수 있는 생성물의 구조식을 그리시오.

(a) NaCN, HCl, H_2O

(b) CH_3CH_2OH, HCl

(c) CH_3NH_2, H^+

(d) 1) CH_3MgCl, 2) H_2O

14. 다음 반응이 성공할 수 있는 방법을 제시하시오. (힌트: 4 단계가 필요하다. 그 중 한 단계는 C−C 결합 형성 단계이다.)

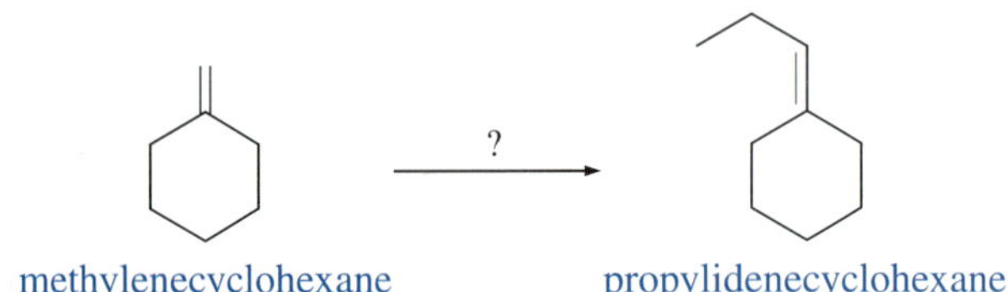

15. 한 단계의 반응으로 1-methylcyclohexanol, 1-cyanocyclohexanol 및 methylenecyclohexane을 합성할 수 있는 출발 물질을 제시하시오. 또 각 단계에서 필요한 시약도 제시하시오.

12 카복실산과 그 유도체

Carboxylic acid and Their Derivatives

- 카복실산은 C=O 작용기와 OH 작용기가 조합된 −COOH 작용기를 가진다.
- 카복실산과 그 유도체의 주요 반응은 친핵성 첨가 반응과 친핵성 아실 치환 반응이다.
- 친핵성 아실 치환 반응은 첨가-제거의 연속 반응으로 일어난다.
- 친핵성 아실 치환 반응의 반응성은 주로 이탈기(*Z*)의 성질에 의존한다.

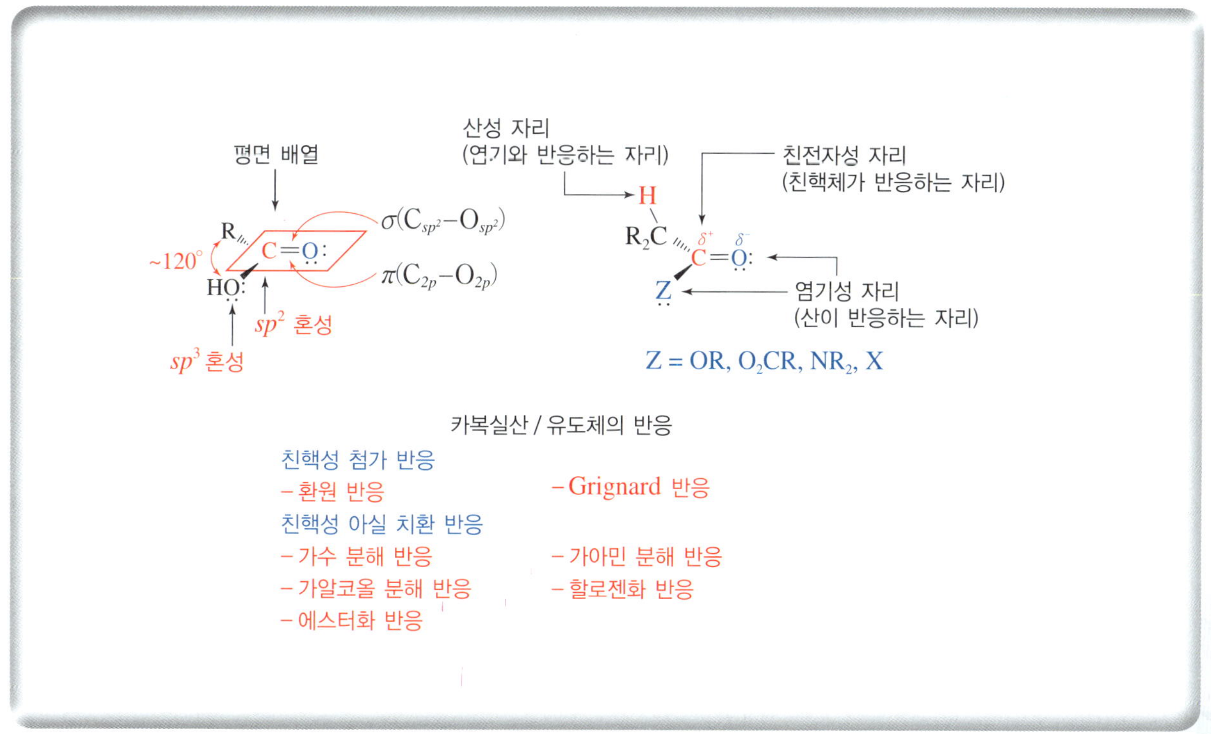

카복실산(carboxylic acid, RCOOH)은 산화 조건에서 일어나는 생화학의 주요 생성 물질이며, 아실(RCO—)기에 전기 음성도가 큰 OH 기가 결합되어 있다. 아울러 산 할로젠화물(acid halide, RC(=O)X), 에스터(ester, RC(=O)OR), 아마이드(amide, RC(=O)NR_2) 및 산 무수물(acid anhydride, $[RC(=O)]_2O$) 등도 각기 전기 음성도가 큰 치환기를 가지고 있다. 이들 모든 유도체가 카보닐기를 가지고 있으나, 카보닐기가 카복실산 유도체의 필수 요건은 아니며, 탄소 원자가 헤테로 원자와 세 개의 결합을 하고 있는 나이트릴도 카복실산 유도체로 분류한다. 이런 다양한 종류의 카복실산 유도체들이 자연과 의약품을 비롯한 우리의 생활용품에 풍부하다.

12.1 카복실산 및 그 유도체의 명명법 복습

- **카복실산에는 IUPAC명과 관용명 모두가 사용된다. 대부분 간단한 카복실산은 IUPAC명보다 관용명이 더 널리 사용된다. IUPAC 명명법은 2.3.7절을 참고하라.**
  - 관용명은 모체 이름의 관용명에 -*ic acid*를 붙여 명명한다.
  - 관용명에서 치환기 위치는 그리스 문자로 나타낸다. C=O 기에 결합하고 있는 첫 번째 탄소부터 α-, β-, γ-(ω-), …순으로 표기한다. 마지막 탄소는 때때로 ω-로 표기하기도 한다.

관용명에서 나타내는 위치 번호와 IUPAC 명명에서 나타내는 위치 번호가 다르다. IUPAC 법에서는 카보닐 탄소(C=O)가 항상 1번으로 시작한다. 따라서 IUPAC에서 $O{=}C_1 \rightarrow C_2 \rightarrow C_3 \rightarrow C_4$ …는 관용명에서는 $O{=}C \rightarrow C_\alpha \rightarrow C_\beta \rightarrow C_\gamma \rightarrow$ … 식으로 구분한다.

HO–C(=O) 1, α 2, β 3, γ 4 ← 관용명 / ← IUPAC명

카복실산과 그 유도체의 IUPAC 명명법을 요약하였다.

- **카복실산 명명**
  - COOH 기를 포함하는 가장 긴 연속된 사슬을 찾고, 그 탄소 수에 해당하는 모체 탄소 이름의 -*e*를 접미사 -*oic acid*로 바꾼다. 고리에 COOH 기가 결합되어 있으면 고리 화합물 이름에 carboxylic acid를 덧붙인다.
  - 카보닐 탄소가 1번이 되도록 번호를 부여하고, 다른 통상적인 명명 규칙을 적용한다. 고리 화합물에 COOH가 결합된 경우에는 COOH가 결합된 탄소를 C1으로 하여 번호를 부여한다.
  - 다가 산의 경우는 COOH 수에 따라 2개이면 -*dioic acid*로, 3개이면 -*trioic acid*로 명명한다.
  - 카복실산 음이온 염의 이름은 (금속 양이온 이름)-(모체 이름)-(접미사; -ate) 식으로 명명한다.

- **산 할로젠화물의 명명**
  - 고리가 없는 산 할로젠화물은 모체 카복실산 이름의 어미 -*ic acid*를 -*yl halide*로 바꾼다.
  - 고리 화합물에 —COX가 결합되어 있으면 접미사 -*carboxylic acid*를 -*carbonyl halide*로 명명한다.

- **산 무수물의 명명**
  - 대칭 무수물(symmetric anhydride)은 모체 카복실산의 어미 *acid*를 *anhydride*로 바꾸어 명명한다.

- 혼합 무수물(mixed anhydride)는 두 가지 산의 이름을 알파벳순으로 나열하고 *acid*를 *anhydride*로 바꾸어 명명한다.

■ **에스터의 명명**

- 산소 원자에 결합된 알킬기를 명명한다.
- 모체 카복실산 어미의 *-ic acid*를 *-ate*로 바꾸어 명명한다.

■ **아마이드의 명명**

- 모든 1° 아마이드는 카복실산 이름의 *-ic acid*, *-oic acid*, *-ylic acid*를 접미사 *amide*로 바꾸어 명명한다.
- 2°와 3° 아마이드는 질소 원자에 결합된 치환기의 이름을 명명하되, 위치 번호를 숫자로 쓸 수 없으므로 원소 기호 *N*-을 이용하여 질소 치환기를 나타낸다.

■ **나이트릴의 명명**

- CN 기를 포함하는 가장 긴 사슬을 찾고 모체 알케인의 이름에 nitrile을 붙인다. 단, 관용명에서는 동일 수의 탄소 원자를 가지는 카복실산 관용명의 *-ic acid*를 *-onitrile*로 바꾸어 명명한다.
- CN의 탄소가 1번이 되도록 번호를 매기되 표시하지 않는다.
- CN을 치환기로 명명할 때는 *cyano*-로 명명한다.

복습문제 12.1 다음 각 화합물의 IUPAC명을 쓰시오.

(a) $HO_2C(CH_2)_4CO_2H$ (b) $CH_3(CH_2)_5CO_2CH_3$

(c) $(CH_3CH_2CH_2CO)_2O$ (d) $(CH_3)_2NC(=O)CH(CH_3)_2$

(e)

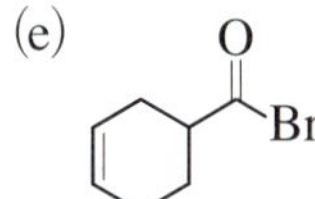

(f) O O OEt

(g)

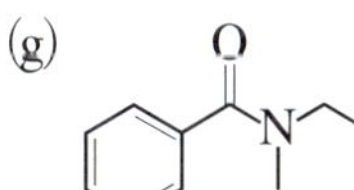

(h) O OH

복습문제 12.2 다음 화합물의 구조식을 그리시오.

(a) 2-Methylbutanoyl fluoride (b) 2-Methoxycyclopentane carboxamide

(c) 2-Cyano-4-fluorocyclohexanone (d) *sec*-Butyl-2-methylheptanoate

(e) 5-Chloroheptanoyl bromide (f) 3-Methylpentanenitrile

12.2 구조와 결합

■ **카복실산과 그 유도체[RC(=O)Z; Z=OR, NR_2, O_2CR, X]는 카보닐기와 비공유 전자쌍을 가진 원자 Z를 가지고 있다.**

- 이들은 3개의 공명 구조가 가능하며, 공명 구조 때문에 이들 화합물은 안정하다.
- 공명 구조(III)의 공명 혼성 기여도는 결합하고 있는 Z의 염기도에 의존한다.

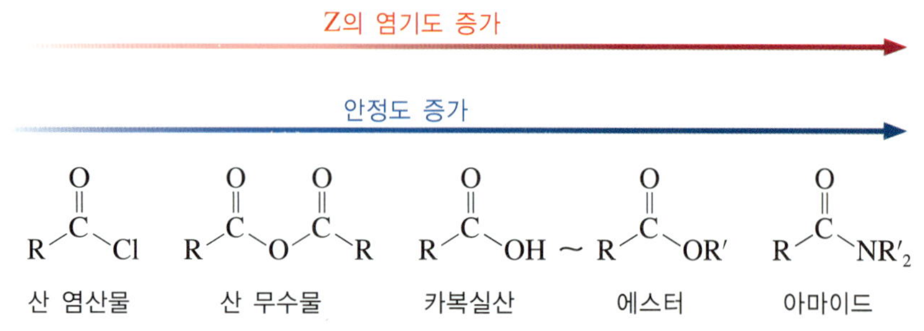

- Z의 염기도가 유도체의 안정도를 결정하며 카복실산 유도체들의 안정도 순서는 다음과 같다. 안정할수록 반응성은 낮아진다.

Z의 염기도 증가

안정도 증가

산 염산물 | 산 무수물 | 카복실산 ~ 에스터 | 아마이드

그림 12.1 카복실산과 그 유도체의 치환기 염기도에 따른 안정도 증가 순서

■ **카복실산과 그 유도체는 −C(=O)−OH와 −C(=O)Z의 작용기를 가진다.**

- 카보닐 탄소는 sp^2 혼성을 하므로 C=O는 삼각 평면 구조를 이룬다.
- 카보닐기의 산소와 Z 원자의 전기 음성도가 크고, 비공유 전자쌍을 가지므로 하나의 작용기에 두 개 이상의 친전자성 자리와 친핵성 자리를 가진다.
  - ▶ 그런 이유로 카복실산과 이들 유도체는 산과 염기 촉매 조건에서 모두 반응한다.
- 이탈 능력이 좋은 OH와 Z를 가진 화합물들은 친핵성 아실 치환 반응을 한다.

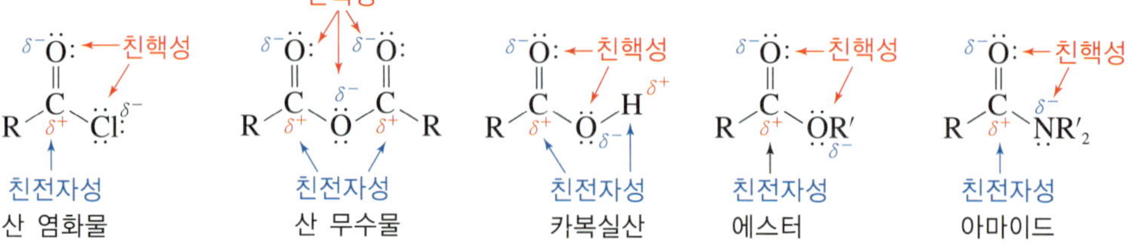

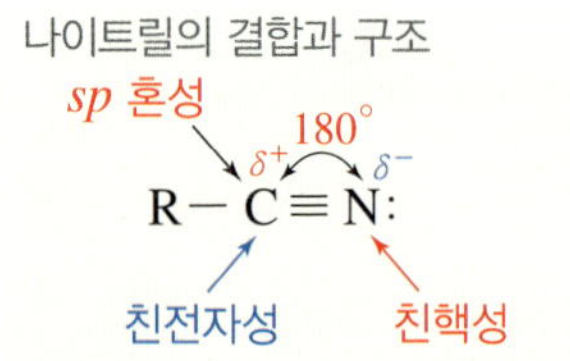

■ **카복실산 유도체 중에서 나이트릴(RCN)의 구조와 결합은 다른 유도체들과 다르다.**

- C≡N의 탄소가 *sp* 혼성을 하고 있어 180°의 결합각을 가진 선형 구조이다.
- 나이트릴은 탄소가 친전자성이므로 친핵체 공격이 용이하다.

12.3 물리적 성질

카보닐기를 가지는 모든 화합물은 **쌍극자-쌍극자 상호 작용**(dipole-dipole interaction)을 나타낸다. 나이트릴도 C≡N이 극성이므로 쌍극자-쌍극자 상호 작용을 한다.

카복실산은 O−H 결합을 가지고 있어 **분자간 수소 결합**(intermolecular hydrogen bond)을 할 수 있다. 1°와 2° 아마이드도 N−H 결합을 가지고 있어 분자간 수소 결합을 할 수 있다.

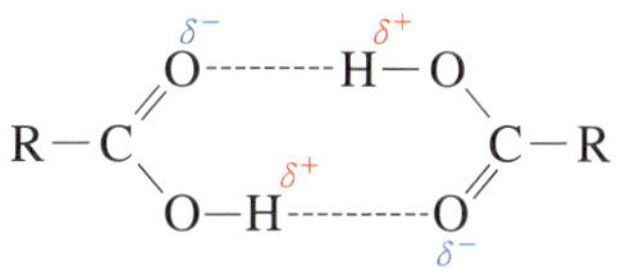

카복실산의 수소 결합 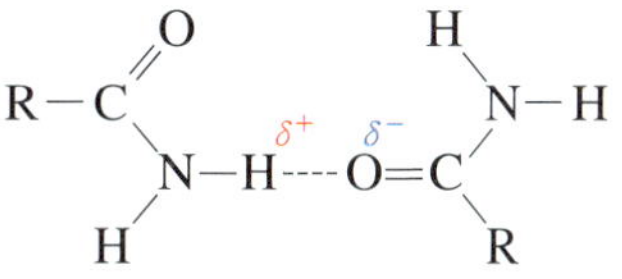　　　아마이드의 수소 결합

■ **쌍극자-쌍극자 상호 작용과 수소 결합이 카복실산과 유도체들의 끓는점, 녹는점과 용해도와 같은 물리적 성질에 영향을 준다.**

- 카복실산은 비슷한 분자량을 가지는 다른 화합물보다 더 높은 끓는점을 가진다.
- 1°와 2° 아마이드는 비슷한 분자량의 다른 화합물보다 더 높은 끓는점과 녹는점을 가진다.
- 비슷한 크기와 모양의 산 염화물과 에스터의 끓는점은 비슷하다.

	H_3CCOCl	$H_3CCOOCH_3$	$H_3CH_2CCONH_2$	H_3CH_2CCOOH
분자량	78.50	74.08	73.09	74.08
끓는점	52°C	58°C	213°C	141°C

- 카복실산 유도체는 크기에 상관없이 유기 용매에 잘 녹는다.
  - ▶ Methanoic acid부터 butanoic acid까지는 수소 결합을 통해 물에 완전히 녹는다.

12.4 카복실산의 산도

■ **카복실산은 포함하고 있는 작용기의 특성상 산과 염기의 특성을 나타낸다.**

- 카복실산은 센 Brønsted-Lowry 산이다. 카복실산은 탈양성자 반응이 용이하여, 쉽게 카복실레이트(carboxylate, $RCOO^-$)를 형성한다.
- 카복실산 음이온의 생성 정도는 음이온의 안정도에 의존한다.
  - ▶ 카복실산 음이온의 안정도는 공명 효과와 카보닐기에 결합된 R 기의 유발 효과로 설명할 수 있다.
  - ▶ 카보닐기에 결합된 R 기가 전자를 당기는 정도에 비례하여 음이온도 그만큼 더 안정화된다.

12.4.1 지방족 카복실산의 산도와 유발 효과

■ **지방족 카복실산의 유발 효과는 치환기의 전기 음성도와 치환기 위치의 영향을 받는다.**

- 전자를 당기는 기는 짝염기를 안정화하여 카복실산이 더 센산이 되게 한다.
- 전자를 밀어주는 기는 짝염기를 불안정화시키므로 카복실산이 덜 산성이게 한다.
- 치환기의 전기 음성도가 클수록 더 센산이다.
- 전기 음성적인 치환기 수가 많을수록 더 센산이다.
- 전기 음성적인 치환기가 위치적으로 카보닐기에 가까울수록 더 센산이다.

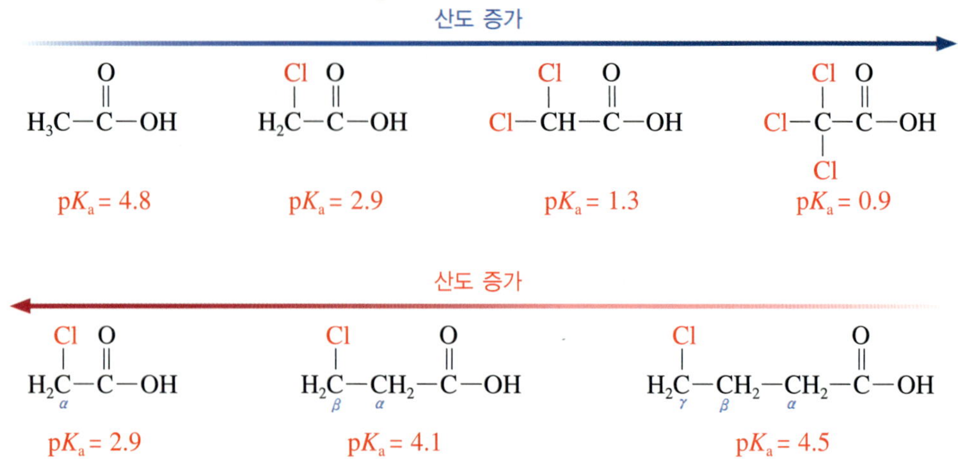

그림 12.2 치환기 수와 위치에 따른 카복실산의 산도 경향

12.4.2 치환된 Benzoic acid의 산도

- **치환된 benzoic acid의 산도는 치환기의 유발 효과와 공명 효과에 의존한다.**
  - 전자를 밀어주는 기(친전자성 치환 반응의 활성화기)는 짝염기를 불안정하게 하므로 benzoic acid (pK_a = 4.2) 보다 산성을 낮아지게 한다.
  - 전자를 당기는 기(친전자성 치환 반응의 활성 감소기)는 짝염기를 안정화시켜 산성을 더 높아지게 한다.

- **Benzoic acid의 산도에 치환기가 미치는 정도의 크기는 다음과 같다.**
  - 활성화기: NH_2 [NHR, NR_2] < OH < OR < NHC(=O)R < R
  - 활성 감소기: X(F, Cl, Br, I) < CHO < COR < COOR < COOH < CN < SO_3H < NO_2 < N^+R_3

AG : 활성화기 : 전자 주는 기, 산성을 낮아지게 한다.

AG–C_6H_4–COOH ⟶ AG–C_6H_4–COO^- + H^+

pK_a > 4.2

DA : 활성 감소기 : 전자 끄는 기, 산도를 높아지게 한다.

DA–C_6H_4–COOH ⟶ DA–C_6H_4–COO^- + H^+

pK_a < 4.2

12.5 카복실산의 합성

카복실산은 유용한 시약이면서 합성 중간체이다. 카복실산은 한 개의 C=O 결합과 한 개의

C—O 결합을 포함하고 있으므로 전형적으로 산화 반응으로 합성한다.

- 공업적으로는 카복실산은 **CO (carbon monoxide)**를 **NaOH**와 고온, 고압으로 반응시켜 **formic acid**를 합성하거나 **butane**, **ethane** 또는 **methanol** 등을 산소를 이용한 촉매 산화 반응으로 **acetic acid**를 만든다.

$$CO + NaOH \xrightarrow{150^\circ C,\ 100\ psi} HCOONa \xrightarrow{H^+,\ H_2O} HCOOH \text{ (formic acid)}$$

$$H_2C{=}CH_2 \xrightarrow[\text{Wacker 공정}]{O_2,\ H_2O,\ PdCl_2 \text{ 또는 } CuCl_2} H_3C\text{–}CHO \xrightarrow{O_2,\ Co^{3+}\text{(촉매)}} H_3C\text{–}COOH \text{ (acetic acid)}$$

$$CH_3CH_2CH_2CH_3 \xrightarrow{O_2,\ Co^{3+}\text{(촉매)},\ 15\sim20\ atm,\ 180^\circ C} H_3C\text{–}COOH \text{ (acetic acid)}$$

$$CH_3OH \xrightarrow[\text{Monsanto 방법}]{CO,\ Rh^{3+}\text{ (촉매)},\ I_2,\ 30\sim40\ atm,\ 180^\circ C} H_3C\text{–}COOH \text{ (acetic acid)}$$

- **1° 알코올과 알데하이드 (RCHO)**를 산화시키면 카복실산이 되고, **Grignard** 시약이나 **RLi** 같은 유기금속 시약을 **CO_2**로 **탄산화 반응 (carbonation)**을 시켜 산 수용액으로 처리하면 카복실산을 얻는다.

탄산화 반응은 어떤 화합물에 CO_2를 도입하는 반응을 말한다.

$$RCH_2OH \text{ (1° 알코올)} \xrightarrow{[O]} R\text{–}CHO \text{ (알데하이드)} \xrightarrow{[O]} R\text{–}COOH \text{ (카복실산)}$$

$$O{=}C{=}O \text{ (carbon dioxide)} + \overset{\delta^-}{R}\text{–}\overset{\delta^+}{MgX} \xrightarrow{THF} R\text{–}COO^- \xrightarrow{H^+} R\text{–}COOH \text{ (카복실산)}$$

$$O{=}C{=}O \text{ (carbon dioxide)} + RLi \xrightarrow{THF} R\text{–}COO^- \xrightarrow{H^+} R\text{–}COOH \text{ (카복실산)}$$

12.6 카복실산과 유도체의 반응 특성

- 카복실산은 **Brønsted-Lowry** 산으로 작용하는 양성자 주개이므로 **Brønsted-Lowry** 염기와 만나면 쉽게 반응하여 카복실산 음이온을 형성한다.
  - 카복실산 음이온은 기여도가 동등한 두 개의 공명 구조를 가지므로 안정하다.

카복실산 카복실산 음이온 공명 구조 공명 혼성체

에스터, 아마이드 등과 같은 다른 카복실산 유도체도 산성 조건에서는 C=O의 산소에 양성자가 첨가되는 방식으로 진행된다.

- **카복실산은 약한 염기이지만 센산을 처리하면 산소의 비공유 전자쌍에 양성자가 첨가될 수 있다.**
  - C=O에 양성자가 첨가되면 공명 안정화될 수 있다.
  - O−H의 O에 양성자가 첨가되면 공명 안정화되지 않는다.

공명 안정화됨

공명 구조 없음

- **카복실산 유도체의 특징적인 반응은 친핵성 아실 치환 반응(nucleophilic acyl substitution)이다.**
  - 이 반응은 첨가와 제거 두 단계로 진행되며, 산과 염기 촉매 모두에서 일어날 수 있다.
  - 카복실산과 유도체들은 메커니즘 12.1에 나타낸 것처럼 과정이 유사하다.

염기-촉매와 산-촉매 아실 치환 반응의 메커니즘을 그릴 때 **전자 이동의 시작점이 다름에 주의하라.** 염기 촉매에서는 친핵체가 먼저 첨가되고, 산-촉매 반응에서는 양성자가 카복실기의 산소에 첨가된 후에 친핵체가 첨가된다.

메커니즘 12.1 염기-, 산-촉매 아실 치환 반응

염기-촉매 아실 치환 반응

친핵성 첨가 제거

사면체 중간체

L = X(halogen), OCOR, OH, OR, NH_2

산-촉매 아실 치환 반응

양성자 첨가 친핵성 첨가 제거

사면체 중간체

L = X(halogen), OCOR, OH, OR, NH_2

- **카복실산 유도체의 친핵성 아실 치환 반응의 반응성은 이탈기의 이탈 능력에 의존한다.**
  - 이탈 능력이 클수록 반응성이 더 크다. 이탈 능력은 이탈기의 전기 음성도와 밀접한 관련이 있다.
  - 전기 음성도가 감소하면 이탈 능력도 감소한다.

반응성 증가 순서: $RCONH_2 < RCOSR < RCOOH \sim RCOOR < (RCO)_2O < RCOCl$
이탈기 이탈 능력: $NH_2 < SR < OH \sim OR < RCOO < Cl$
전기 음성도 증가 순서: $NR_2 < SR < OR \sim OH < RCOO < Cl$

- **이러한 반응성 차이 때문에 상대적으로 반응성이 더 큰 카복실산 유도체를 반응성이 더 낮은 유도체로 변환할 수는 있으나, 반응성이 낮은 유도체로 반응성이 더 큰 유도체로의 변환은 어렵다. 카복실산 유도체의 상호변환 과정을 표 12.1에 나타내었다.**

카복실산 유도체 중에서 아실 인산염, 싸이오에스터, 에스터 및 아마이드 화합물이 자연에서 흔하게 발견되는 이유는 이들이 비교적 안정하기 때문이고, 산 염화물이나 산 무수물은 반응성이 커서 물과 빠르게 반응하므로 살아 있는 유기체에서 발견되지 않는다.

표 12.1 카복실산 유도체 상호변환 도표

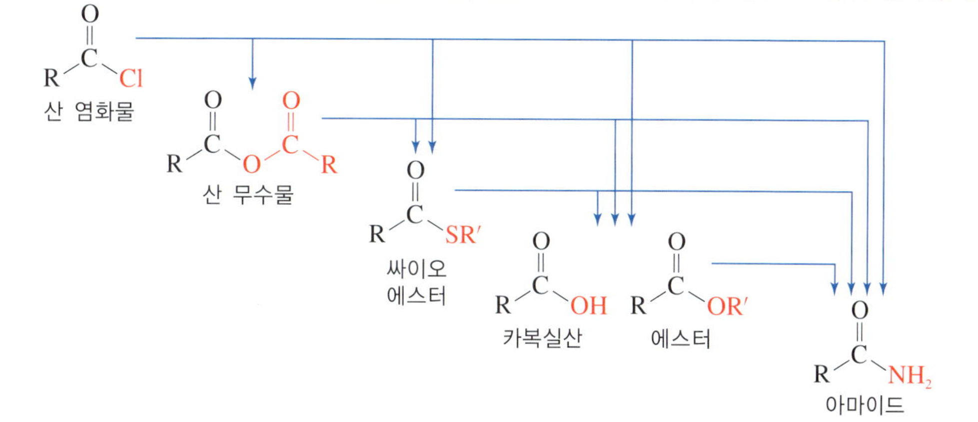

산 염화물 ($RCOCl$) → 산 무수물, 싸이오에스터, 카복실산, 에스터, 아마이드
산 무수물 ($RCOOCOR$) → 싸이오에스터, 카복실산, 에스터, 아마이드
싸이오에스터 ($RCOSR'$) → 카복실산, 에스터, 아마이드
카복실산 ($RCOOH$)
에스터 ($RCOOR'$) → 아마이드
아마이드 ($RCONH_2$)

카복실산과 그 유도체들은 C=O 불포화 결합을 가지고 있어 $LiAlH_4$와 같은 환원제로 처리하면 환원되어 알데하이드를 거쳐 알코올로 전환될 수 있다. 뿐만 아니라, Grignard 시약과도 반응하여 케톤을 생산하거나 2° 또는 3° 알코올을 생성할 수 있다.

- **카복실산 유도체들은 다음과 같은 중요한 반응들을 할 수 있다. 이를 그림 12.3에 정리하였다.**
  - **가수 분해 반응**(hydrolysis): 물과 반응하여 카복실산을 생성한다.
  - **가알코올 분해 반응**(alcoholysis): 알코올과 반응하여 에스터를 생성한다.
  - **가아민 분해 반응**(aminolysis): ammonia나 아민과 반응하여 아마이드를 생성한다.
  - **환원 반응**(reduction): 환원제인 수소 음이온과 반응하여 알데하이드 또는 알코올을 생성한다.
  - **Grignard 반응**(Grignard reaction): Grignard 시약과 반응하여 케톤 또는 알코올을 생성한다.

$RCOZ$ + H_2O → $RCOOH$ (가수 분해)
$RCOZ$ + NH_3 → $RCONH_2$ (가아민 분해 반응)
$RCOZ$ + $R'OH$ → $RCOOR'$ (가알코올 분해 반응)
$RCOZ$ —[H]→ $RCHO$ —[H]→ RCH_2OH (환원 반응)
$RCOZ$ —R'MgX→ $RCOR'$ —R'MgX→ RR'_2COH (Grignard 반응)

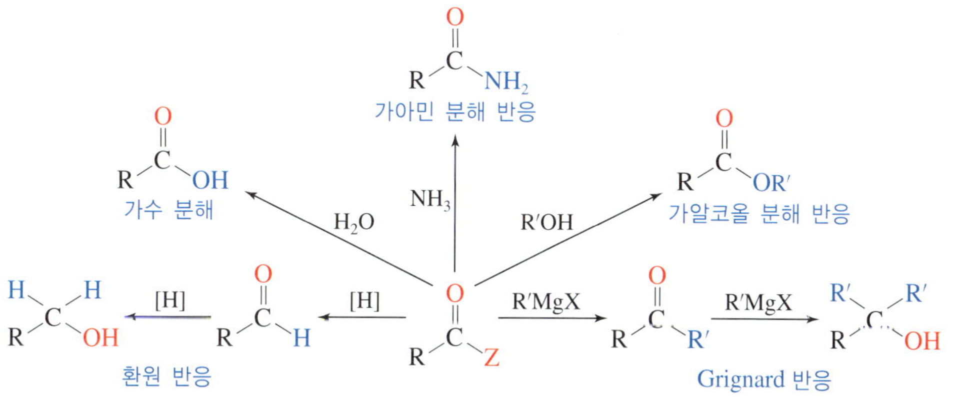

그림 12.3 카복실산 유도체의 몇 가지 중요한 반응

12.7 카복실산의 아실 치환 반응

카복실산은 이탈기로 OH 기를 가지지만 이는 좋은 이탈기가 아니므로, 센산을 사용하여 카보닐기에 양성자를 첨가시켜 반응성을 높이거나, OH 기보다 더 좋은 이탈기로 변환하여 반응한다.

- **카복실산은 적절한 반응 조건에서 산 염화물, 산 무수물, 에스터 및 아마이드로 변화될 수 있다.** 카복실산으로부터 산 할로젠화물을 제조하는 데 주로 $SOCl_2$ (thionyl chloride)를 사용하지만 PBr_3 (phosphorus tribromide)나 PCl_3 (phosphorus trichloride) 등도 사용한다.

$$RCOOH \xrightarrow{SOCl_2} RCOCl + SO_2 + HCl$$

산 염화물

$$RCOO^-Na^+ + ClCOR' \longrightarrow RCOOCOR' + NaCl$$

산 무수물

$$RCOOH + R'-OH \underset{\text{Fischer 에스터화}}{\overset{H^+}{\rightleftharpoons}} RCOOR' + H_2O$$

에스터

$$RHN-CH(R')-COOH + H_2N-CH(R'')-COOR''' \xrightarrow{DCC} RHN-CH(R')-CO-NH-CH(R'')-COOR'''$$

DCC = Dicyclohexylcarbodiimide

아마이드 (다이펩타이드)

- **Fischer 에스터화 반응**(Fischer esterification)**은 카복실산의 산 촉매 에스터화 방법이다.**
  - HCl이나 H_2SO_4와 같은 센산에서 가능하고, 용매로 과량의 알코올을 사용해야 한다.
  - Methyl, ethyl, propyl, butyl 에스터 합성에만 가능하다는 단점이 있다.
  - Fischer 에스터화 반응에서 생성물 에스터에 있는 단일 결합 산소(파란색)는 알코올로부터 공급되는 산소로 확인되었다.(메커니즘 12.2 참조)

메커니즘 12.2 Fischer 에스터화 반응

$$RCOOH \overset{H^+}{\rightleftharpoons} RC(=O^+H)OH + R'-OH \rightleftharpoons R-C(OH)_2-O^+HR' \rightleftharpoons R-C(OH)(O^+H_2)-OR' \rightleftharpoons RCOOR' + H_3O^+$$

$$\text{ethyl 2,2-dimethylhexanoate} \xrightarrow[\text{Acetone}]{H_2SO_4,\ H_2O,\ \text{가열}} \text{2,2-dimethylhexanoic acid} + HOCH_2CH_3\ (\text{ethanol})$$

에스터 가수 분해

카복실산으로부터 직접 아마이드를 합성하는 것은 유용하다. 특히 아미노산으로부터 펩타이드(peptide)를 합성할 수 있기 때문이다. 이 반응에서 사용하는 아민(amine)은 산성인 카복실기와 반응하여 음이온 염을 만들기 때문에, 카복실산과 아민을 직접 반응시켜 아마이드를 합성하기 어렵다.

에스터화 반응의 역반응은 **에스터 가수 분해**(ester hydrolysis)로 에스터화와 같은 조건에서 수행하지만, 평형을 가수 분해 쪽으로 이동시키기 위해 물과 잘 섞이는 acetone과 같은 용매에서 과량의 물을 사용하여 수행한다.

- **아미노산으로부터 펩타이드를 합성하는 반응에서 −COOH의 OH 기를 더 좋은 이탈기로 만드는 데 DCC(dicyclohexylcarbodiimide)를 사용한다.**
  - DCC는 카복실산으로부터 H와 O를 떼어가서 dicyclohexylurea로 변환된다.

메커니즘 12.3 DCC를 이용한 펩타이드 합성

아미노산

DCC ($R=C_6H_{11}$)

dicyclohexylurea

다이펩타이드

- **카복실산을 수소 음이온으로 아실 치환 반응을 시키면 알데하이드를 거쳐 1° 알코올로 전환할 수 있다.**
  - 이 반응은 두 단계 반응이고, 이 조건에서는 알데하이드를 분리할 수 없다.
  - 첫 단계는 아실 치환 반응이고, 두 번째 단계는 첨가 반응이다.
  - RCOOH의 C=O가 CH_2OH로 변환된다.
  - 이 반응의 최종 결과는 일종의 환원 반응이다.

메커니즘 12.4 카복실산의 환원 메커니즘

$$RCOOH \xrightarrow{[H]} RCHO \xrightarrow{[H]} RCH_2OH$$

$[H]=H^-$

1° 알코올

$$RCOOH + Li^+[AlH_4]^- \longrightarrow RCOO^-Li^+ + AlH_3 + H_2$$

$$RCOO^-Li^+ + AlH_3 \longrightarrow RCH(O^-Li^+)(OAlH_2) \xrightarrow{-H_2AlO^-} RCHO \xrightarrow{[AlH_4]^-} RCH_2O^- \xrightarrow{H_3O^+} RCH_2OH$$

12.8 산 염화물의 반응

산 할로젠화물(RCOX)은 반응성이 매우 큰 화학종이어서 합성에서 유용하지만 조심스럽게 다루어야 한다.

- **산 염화물(RCOCl)은 산 무수물, 카복실산, 에스터, 아마이드, 알코올 또는 케톤 등을 쉽게 만들 수 있어 유용한 화합물이다.**
  - 산 염화물은 친핵체와 쉽게 반응하여 치환 생성물을 생성하고 부산물로 보통 HCl을 생성한다. 이 HCl을 제거하는 데 약한 염기인 pyridine 등을 첨가하여 pyridinium chloride 염을 생성시켜 제거한다.
  - 산 염화물을 아민과 반응시켜 아마이드를 합성하려면, HCl 제거를 위해 pyridine을 사용하는 대신 아민을 2당량 사용한다.
    - ▸ 산 할로젠과 NH_3(ammonia)를 반응시키면, 1° 아마이드($RC(=O)NH_2$)가 생성된다.
    - ▸ 1° 아민을 반응시키면 2° 아마이드(RC(=O)NHR)가 생성된다.
    - ▸ 2° 아민을 반응시키면 3° 아마이드($RC(=O)NR_2$)가 생성된다.

$$RC(=O)Cl + {}^{-}OC(=O)R \xrightarrow{\text{pyridine}} RC(=O)OC(=O)R + C_5H_5N^{+}HCl^{-}$$

산 무수물

$$RC(=O)Cl + H_2O \xrightarrow{\text{pyridine}} RC(=O)OH + C_5H_5N^{+}HCl^{-}$$

카복실산

$$RC(=O)Cl + R'OH \xrightarrow{\text{pyridine}} RC(=O)OR' + C_5H_5N^{+}HCl^{-}$$

에스터

$$RC(=O)Cl + 2R'NH_2 \longrightarrow RC(=O)NHR' + R'NH_3^{+}Cl^{-}$$

아마이드

$$RC(=O)Cl \xrightarrow[\text{[H]}=H^-]{\text{[H]}} RC(=O)H \xrightarrow{\text{[H]}} RCH_2OH$$

1° 알코올

- **산 염화물과 유기금속 시약(RLi와 RMgX)을 반응시키면 케톤이 생성되고 생성된 케톤은 더 반응하여 알코올을 만든다.**

$$RC(=O)Cl \xrightarrow{R_2CuLi} RC(=O)R$$

케톤

$$RC(=O)Cl \xrightarrow[\text{2) } H_2O]{\text{1) RMgX(과량)}} R_3C\text{–}OH$$

3° 알코올

메커니즘 12.5 산 염화물과 Grignard 시약의 반응

$$\mathrm{RC(=O)Cl} \xrightarrow{\mathrm{RMgX}} \mathrm{R{-}C(O^-\,MgX)(R){-}Cl} \longrightarrow \mathrm{RC(=O)R} \xrightarrow{\mathrm{RMgX}} \mathrm{R{-}C(O^-\,MgX)(R){-}R} \xrightarrow{\mathrm{H_3O^+}} \mathrm{R{-}C(OH)(R){-}R}$$

12.9 산 무수물의 반응

- **산 무수물은 두 개의 RC(=O)− 기가 산소(O)와 결합하고 있다. 하나의 RC(=O)− 기에서 친핵체 공격이 일어나면 다른 RC(=O)− 치환기는 이탈기의 일부로 떨어져 나간다.**
  - $RCOO^-$는 Cl^-보다 더 센염기이어서 더 나쁜 이탈기이므로 무수물로 산 염화물을 만들 수 없다.
  - 산 무수물로 카복실산, 에스터, 아마이드, 알데하이드, 케톤 및 알코올을 만들 수는 있다.
    - ▸ 산 무수물과 물, 알코올 또는 ammonia나 아민과의 반응에서는 이탈된 카복실산이나 카복실산염이 부산물로 생성되는 단점이 있다.

$$\mathrm{RC(=O)OC(=O)R} \xrightarrow{\mathrm{H_2O}} \underset{\text{카복실산}}{\mathrm{RC(=O)OH}} + \mathrm{RC(=O)OH}$$

$$\mathrm{RC(=O)OC(=O)R} \xrightarrow{\mathrm{R'OH}} \underset{\text{에스터}}{\mathrm{RC(=O)OR'}} + \mathrm{RC(=O)OH}$$

$$\mathrm{RC(=O)OC(=O)R} \xrightarrow{\mathrm{NH_3(과량)}} \underset{1^\circ\ \text{아마이드}}{\mathrm{RC(=O)NH_2}} + \mathrm{RC(=O)\bar{O}\overset{+}{N}H_4}$$

$$\mathrm{RC(=O)OC(=O)R} \xrightarrow{\mathrm{R'NH_2(과량)}} \underset{2^\circ\ \text{아마이드}}{\mathrm{RC(=O)NHR'}} + \mathrm{RC(=O)\bar{O}\overset{+}{N}H_3R'}$$

$$\mathrm{RC(=O)OC(=O)R} \xrightarrow[\text{또는 1) RMgX(과량), 2) H}_2\text{O}]{\text{1) LiAlH}_4\text{(과량), 2) H}_2\text{O}} \underset{\text{알코올}}{\mathrm{R{-}C(OH)(H(R)){-}H(R)}}$$

$$\mathrm{RC(=O)OC(=O)R} \xrightarrow[\text{2) H}_2\text{O}]{\text{1) LiAl(OR)}_3\text{H}} \underset{\text{알데하이드}}{\mathrm{RC(=O)H}}$$

$$\mathrm{RC(=O)OC(=O)R} \xrightarrow{\mathrm{R_2CuLi}} \underset{\text{케톤}}{\mathrm{RC(=O)R}}$$

12.10 에스터의 반응

에스터는 안정하여 자연에 널리 분포되어 있고, 휘발성이 있어 많은 천연 향료들이 에스터 구조를 이룬다.

■ **에스터에서 카복실산, 또 다른 에스터, 아마이드, 알코올, 알데하이드 등을 합성할 수 있다.**

$$RCOOR' + H_2O \xrightleftharpoons{H^+ \text{ 또는 염기}} RCOOH + R'OH$$

카복실산

$$RCOOR' + R''OH \xrightleftharpoons{H^+ \text{ 또는 염기}} RCOOR'' + R'OH$$

에스터

$$RCOOR' + R''NH_2 \xrightarrow{\text{가열}} RCONHR'' + R'OH$$

아마이드

$$RCOOR' + 2\,R''MgX \xrightarrow[2)\ H_3O^+]{1)\ \text{ether}} R-C(OH)(R'')-R''$$

3° 알코올

$$RCOOR' \xrightarrow[2)\ H_2O]{1)\ LiAlH_4(\text{과량})} R-C(OH)(H)-H + R'OH$$

1° 알코올

$$RCOOR' \xrightarrow[2)\ H_2O]{1)\ \text{DIBAL-H}} RCHO + R'OH$$

$DIBAL\text{-}H = [(CH_3)_2CHCH_2]_2AlH$ 알데하이드

- 에스터는 산이나 염기 촉매 존재 하에서 물에 의해 가수 분해되어 카복실산이나 카복실산 염을 생성한다.
- 특별히 에스터가 염기성 수용액에서 가수 분해되어 카복실산 음이온을 형성하는 반응을 **비누화 반응**(saponification)이라고 한다.

비누: 긴 사슬 지방산 염

$RCOONa$

비극성 꼬리 (소수성) 극성 머리 (친수성)

비누화란 비누를 뜻하는 라틴어 sapo에서 유래되었으며, 비누는 지방의 에스터를 염기성 수용액으로 가수 분해시켜 만든다. 비누는 triacylglycerol ($ROOCH_2CH(OOCR)CH_2OOCR$)을 가수 분해시켜 한 분자의 glycerol ($HOCH_2CH(OH)CH_2OH$)과 세 분자의 카복실산 염으로 만든다. 이때 생성된 카복실산 염은 비극성인 긴 알킬 사슬과 말단에 친수성인 $-COONa$로 구성되어 있어 비누가 세척력을 가지게 한다.

메커니즘 12.6 산- 또는 염기-촉매에서 에스터의 가수 분해

산-촉매 가수 분해

에스터 → 카복실산

염기-촉매 가수 분해

에스터 → 카복실산 음이온

■ **에스터를 산 또는 염기 촉매 존재 하에서 알코올과 반응시키면 카복실산을 거치지 않고 다른 에스터로 변환될 수 있다. 이 반응을 에스터 교환 반응(transesterification)이라고 한다.** 에스터화 반응처럼 이 반응도 가역 반응이므로 평형을 정방향 쪽으로 이동시키려면 과량의 알코올을 사용해야 하므로 때로 용매로 알코올을 사용하기도 한다.

$$RCOOR' + R''OH \underset{}{\overset{H^+ \text{ 또는 } -OR''}{\rightleftharpoons}} RCOOR'' + R'OH$$

12.11 아마이드의 반응

■ **아마이드는 모든 카복실산 유도체 중에서 반응성이 가장 낮다. 때문에 격렬한 반응 조건에서 산이나 염기에 의해 가수 분해되어 카복실산이나 카복실산염을 생성한다.**

- 아마이드는 알데하이드나 아민으로 환원될 수 있고, 1° 아마이드는 염기 조건에서 CO_2를 방출하며 탄소 수가 하나 적은 아민으로 전환된다. 이 반응을 **Hofmann 자리 옮김 반응**(Hofmann rearranagement)이라고 한다.
- 아마이드의 가수 분해 반응 메커니즘은 이탈기가 $-NR_2$라는 것을 제외하고는 에스터 가수 분해 반응의 메커니즘과 거의 유사하다.

$$RCONR'_2 + H_2O \overset{H^+}{\rightleftharpoons} RCOOH + R'_2\overset{+}{N}H_2$$

카복실산

$$RCONR'_2 + H_2O \overset{HO^-}{\rightleftharpoons} RCOO^- + R'_2NH$$

카복실산 염

$$RC(=O)NR'_2 \xrightarrow[2)\ H^+,\ H_2O]{1)\ LiAlH_4} RCH_2NR'_2$$
아민

$$RC(=O)NH_2 \xrightarrow[\text{Hofmann 자리 옮김}]{X_2,\ NaOH,\ H_2O} RNH_2 + CO_2$$
아민

$$RC(=O)NH_2 \xrightarrow{SOCl_2} RCN + SO_2 + 2HCl$$
나이트릴

■ **아마이드는 $LiAlH_4$로 환원하면 탄소 수가 동일한 아민을 생성한다.**

- 이 반응은 두 단계로 일어난다.
- 이 반응의 메커니즘은 수소 음이온이 먼저 첨가되어 **이미늄 이온**(iminium ion, $RCH{=}NR'_2$)이 생성되고, 다시 수소 음이온이 첨가되어 아민을 형성한다.

메커니즘 12.7 $LiAlH_4$에 의한 아마이드의 환원 반응

$$RC(=O)NR'_2 \xrightarrow{(H{-}AlH_3)^-Li^+} R{-}C(H)(OAlH_2){-}NR'_2 \xrightarrow[-H_2AlO^-]{} RCH{=}\overset{+}{N}R'_2 \xrightarrow{(H{-}AlH_3)^-Li^+} R{-}CH_2{-}NR'_2$$

이미늄 이온 아민

■ **아민의 환원 반응에서 $LiAlH_4$ 대신 수소가 하나뿐인 diisobutylaluminum hydride[bis(2-methylpropyl)aluminum, DIBAL−H]로 환원시키면 알데하이드(RCHO)를 생성시킬 수 있다.**

$$H_3CH_2CH_2CH_2C{-}C(=O){-}N(CH_3)_2 \xrightarrow[2)\ H^+,\ H_2O]{1)\ [(CH_3)_2CHCH_2]_2AlH} H_3CH_2CH_2CH_2C{-}C(=O){-}H$$

N,N-dimethylpentanamide pentanal

■ **아마이드의 카보닐기에 결합된 탄소 원자와 질소 원자에 있는 수소는 모두 산성이다.**

- 따라서 아마이드를 NaOH 같은 염기로 처리하면 질소에서 양성자가 이탈되어 **아미데이트 이온**(amidate ion, $RCON^-H$)을 생성한다.
- 생성된 아미데이트 이온이 할로젠과 반응하여 *N*-haloimidate를 생성하고 자리 옮김 반응에 의해 할로젠이 제거되면 **아이소사이아네이트**(isocyanate, RN=C=O)를 형성하며 여기에 물을 처리하면 carbamic acid(RNHCOOH)를 형성하고 CO_2를 방출하면서 아마이드보다 탄소 수가 하나 부족한 아민이 형성된다.
- 이 반응이 **Hofmann 자리 옮김 반응**(Hofmann rearrangement)이다.

메커니즘 12.8 아마이드의 Hofmann 자리 옮김 반응에 의한 아민 합성 반응

amidate 이온

N-haloamidate

isocyanate

carbamic acid

$RNH_2 + CO_2$

- **아마이드를 탈수 반응시키면 탄소 수가 동일한 나이트릴 화합물을 얻을 수 있다.**
  - 탈수제로 흔히 $SOCl_2$를 사용한다.
  - 이 반응은 할로젠화 알킬과 NaCN을 S_N2 반응시켜 얻을 수 없는 삼차 나이트릴의 제조에 사용된다.

메커니즘 12.9 $SOCl_2$를 이용한 아마이드의 탈수에 의한 나이트릴의 합성

염기

염기

$R-C\equiv N + SO_2 + Cl^-$

12.12 나이트릴의 반응

- **나이트릴은 이탈기가 없는 카복실산 유도체이므로 친핵성 치환 반응을 하지 않는다.**
  - 시이아노기(C≡N)는 탄소 원자가 친전자성이므로 친핵체와 친핵성 첨가 반응을 한다.
  - 물, 수소화물, 유기금속 시약 등의 친핵체가 반응하여 카복실산, 아민, 알데하이드 또는 케톤을 생성한다.

$$R-C\equiv N \xrightarrow[\text{H}^+ \text{ 또는 HO}^-]{\text{H}_2\text{O}} RCOOH \text{ (카복실산) 또는 } RCOO^- \text{ (카복실산 음이온)}$$

$$R-C\equiv N \xrightarrow[\text{2) H}_2\text{O}]{\text{1) LiAlH}_4} RCH_2NH_2 \text{ (아민)}$$

$$R-C\equiv N \xrightarrow[\text{2) } H_2O]{\text{1) DIBAL-H}} RCHO$$

알데하이드

$$R-C\equiv N \xrightarrow[\text{2) } H_2O]{\text{1) RMgX 또는 RLi}} RCOR$$

케톤

■ **나이트릴은 산이나 염기 촉매 조건에서 가수 분해되어 카복실산 또는 카복실산 음이온을 생성한다.**

- 이 반응은 아마이드 토토머 형성이 수반되며, 중간체는 안정한 아마이드를 거쳐 일어난다.
- 이때 형성되는 아마이드 토토머가 **이미드산**(imidic acid)보다 더 안정하다.

C=O와 N−H 결합을 가지는 아마이드 토토머가 C=N과 O−H를 포함하는 이미드산 토토머보다 안정하다.

$$R-C(=NH)-OH \underset{}{\overset{H^+ \text{ 또는 } HO^-}{\rightleftharpoons}} R-C(=O)-NH_2$$

이미드산 토토머 → 아마이드 토토머

메커니즘 12.10 나이트릴의 산- 및 염기-촉매 가수 분해 반응

산-촉매 가수 분해

$$R-C\equiv N: \overset{H^+}{\rightleftharpoons} \left[R-C\equiv \overset{+}{N}-H \longleftrightarrow R-\overset{+}{C}=\ddot{N}-H\right] \overset{H_2\ddot{O}:}{\rightleftharpoons} R-C(=\ddot{N}H)-\overset{+}{O}H_2 \overset{-H^+}{\rightleftharpoons} R-C(=\ddot{N}H)-OH \overset{H^+}{\rightleftharpoons} \left[R-C(=\overset{+}{N}H_2)-OH \longleftrightarrow R-C(-NH_2)=\overset{+}{O}H\right]$$

이미드산 토토머

$$\overset{-H^+}{\rightleftharpoons} R-C(=O)-NH_2 \xrightarrow[\text{여러 단계}]{H^+, H_2O} R-C(=O)-OH + NH_4^+$$

아마이드 토토머, 카복실산

염기-촉매 가수 분해

$$R-C\equiv N: \overset{^-OH}{\rightleftharpoons} R-C(=\ddot{N}:^-)-OH \overset{H_2O}{\rightleftharpoons} R-C(=\ddot{N}-H)-O-H \overset{^-OH}{\rightleftharpoons} \left[R-C(=\ddot{N}-H)-O^- \longleftrightarrow R-C(-\ddot{N}^--H)=O\right] \overset{H_2O}{\rightleftharpoons} R-C(=O)-NH_2$$

아마이드

$$\xrightarrow[\text{여러 단계}]{^-OH} R-C(=O)-O^- \overset{H^+}{\rightleftharpoons} R-C(=O)-OH + NH_4^+$$

카복실산 음이온, 카복실산

■ **나이트릴은 $LiAlH_4$와 반응한 후 물로 처리하면 2당량의 수소가 첨가되어 1° 아민이 되고, 보다 온화한 환원제인 DIBAL−H로 반응시키고 물로 처리하면 알데하이드를 생성한다.**

- 이들 두 반응은 극성인 C≡N 결합에 수소 음이온의 친핵성 첨가가 수반되며 중간에 이미늄 이온이 형성된다.

$$(H_3C)_3C-C\equiv N \xrightarrow[\text{2) } H_2O]{\text{1) } LiAlH_4} (H_3C)_3C-CH_2NH_2$$

2,2-dimethylpropanenitrile → 2,2-dimethylpropaneamine

benzonitrile → (1) DIBAL-H, 2) H_2O) → benzaldehyde

메커니즘 12.11 나이트릴의 환원 반응

$LiAlH_4$를 이용한 환원

$$R-C\equiv N: \xrightarrow{(AlH_4)Li} R(H)C=N^- + AlH_3 \longrightarrow R(H)C=N-\bar{A}lH_3 \;(+\,H-\bar{A}lH_3) \longrightarrow R-CH_2-N(\bar{A}lH_3)_2 \xrightarrow{H_2O} R-CH_2-NH_2 + 2H_3AlOH$$

DIBAL-H를 이용한 환원

$$R-C\equiv N: \xrightarrow{H-DIBAL} R(H)C=N^- \xrightarrow[-HO^-]{H-OH} R(H)C=NH \xrightarrow[\text{여러 단계}]{H_2O} R(H)C=O$$

- **나이트릴은 Grignard 시약이나 유기리튬 시약과 반응한다.**
  - 이 반응에서는 탄소 음이온이 친핵체로 첨가되어 새로운 C−C 결합을 형성하여 이민 중간체를 형성한다.
  - 형성된 이민이 가수 분해되어 케톤을 형성한다.

메커니즘 12.12 나이트릴의 Grignard 시약이나 유기리튬 시약과 반응

$$R-C\equiv N: \xrightarrow{R'-M} R(R')C=N^- \xrightarrow[-HO^-]{H-OH} R(R')C=NH \xrightarrow[\text{여러 단계}]{H_2O} R(R')C=O$$

M= MgX 또는 Li

12.13 카복실산 유도체의 분광학적 특성

12.13.1 적외선 스펙트럼

- 카복실산과 나이트릴을 제외한 카복실산 유도체들은 **C=O** 기를 가지고 있어 **IR** 스펙트럼

에서 1850~1600 cm^{-1} 영역에서 강한 흡수띠를 보인다.

- 흡수띠의 위치는 카보닐기에 결합된 원자나 원자단의 종류에 의존한다. 따라서 카보닐 화합물 종류를 구분하는 데 유용하다.

■ **카복실산**

- 카보닐기는 1730~1700 cm^{-1} 영역에서 강한 흡수띠를 나타낸다.
- 카복실산의 O—H가 수소 결합을 하면 매우 넓고 강한 흡수띠가 3400~2400 cm^{-1} 영역에서 나타난다. (이 경우 C—H 흡수띠와 겹친다.)
- 카복실산의 C—O 결합의 신축 진동 흡수띠는 1320~1210 cm^{-1} 영역에서 나타난다.

■ **에스터**

- 카보닐기는 1750~1735 cm^{-1} 영역에서 강한 흡수띠를 나타낸다. α,β-C=C나 phenyl 기가 C=O와 콘쥬게이션되면 C=O 흡수띠가 1740~1715 cm^{-1}의 낮은 진동수로 이동하여 나타난다.
- 그러나 에스터의 C—O 단일 결합이 불포화 결합(C=C)과 콘쥬게이션되면 C=O 흡수띠는 더 높은 진동수에서 흡수띠를 보인다.

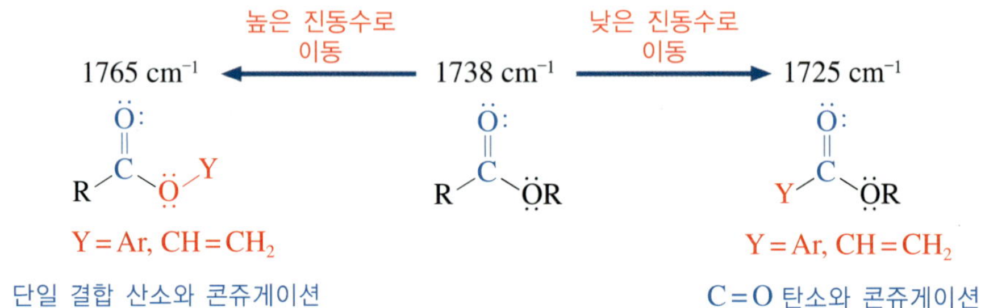

- 고리형 에스터인 락톤(lactone)의 C=O 흡수띠는 고리 크기가 클수록 낮은 진동수에서 나타난다.

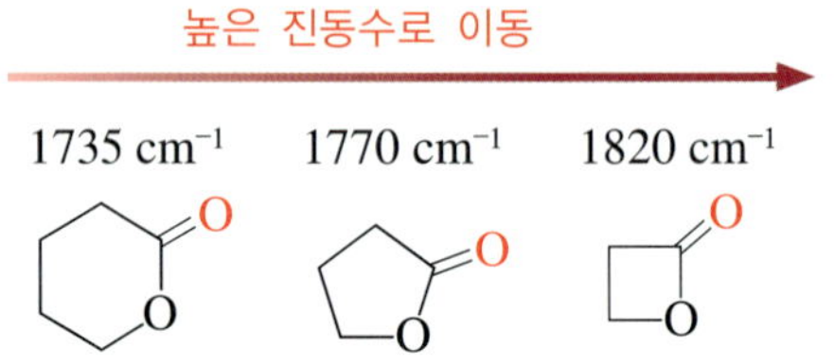

- 에스터의 C—O 흡수띠는 1300~1000 cm^{-1} 영역에서 두 개 또는 그 이상의 흡수띠로 나타난다.

■ **아마이드**

- 아마이드의 C=O 흡수띠는 약 1680~1630 cm^{-1}에서 나타난다.
- 1° 아마이드의 N—H 흡수띠는 3350과 3180 cm^{-1} 부근에서 두 개로 나타나고, 2° 아마이드는 N—H가 하나이므로 3300 cm^{-1} 부근에서 하나의 흡수띠를 보인다. 그러나 3° 아마이드는 이 영역에서 흡수띠를 보이지 않는다.
- 고리형 아마이드인 **락탐**(lactam)의 C=O 흡수띠는 고리 크기가 작아질수록 더 높은 진동수에서 나타난다.

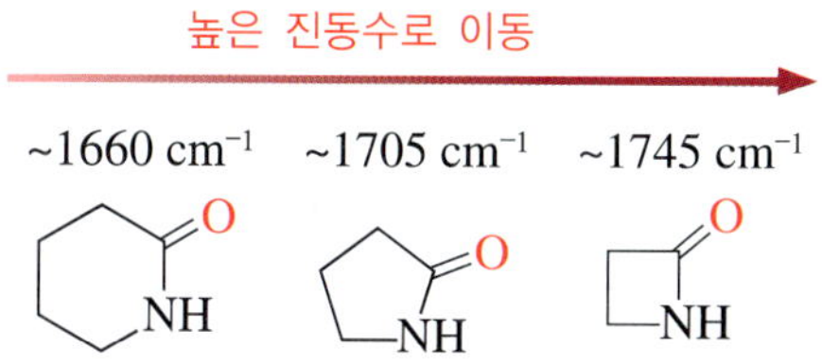

높은 진동수로 이동

~1660 cm^{-1} ~1705 cm^{-1} ~1745 cm^{-1}

■ **산 염화물**

- 산 염화물의 C=O IR 흡수띠는 콘쥬게이션하지 않는 화합물은 1810~1775 cm^{-1} 영역에서 나타나고, 콘쥬게이션하는 물질은 1780~1760 cm^{-1} 영역에서 나타난다.
- C−Cl의 신축 진동 흡수띠는 730~550 cm^{-1} 영역에서 나타나므로 다른 흡수띠와 구분하기 어렵다.

■ **산 무수물**

- 산 무수물은 두 개의 C=O 기를 가지므로 1830~1800 cm^{-1} 영역과 1775~1740 cm^{-1} 영역에서 나타난다. 이런 특수한 스펙트럼 모양 때문에 다른 카복실산 유도체와의 구분이 비교적 용이하다.
- 단일 결합 C−O의 신축 진동 흡수띠는 1300~900 cm^{-1} 영역에서 나타난다.

■ **나이트릴**

- 나이트릴의 C≡N 기는 2250 cm^{-1}에서 흡수띠를 보이므로 구별하기가 쉽다. 때로는 크기가 작게 나타나기도 하므로 주의해야 한다.

12.13.2 NMR 스펙트럼

■ **카복실산**

- 카복실산의 ^{1}H NMR 스펙트럼에서는 O−H의 양성자 신호가 $\delta = 11.0 \sim 12.0$ ppm 영역에서 나타난다.
- α-탄소의 양성자는 $\delta = 2.1 \sim 2.5$ ppm 영역에서 나타난다.

δ 2.1 ~ 2.5 ppm δ 11.0 ~ 12.0 ppm

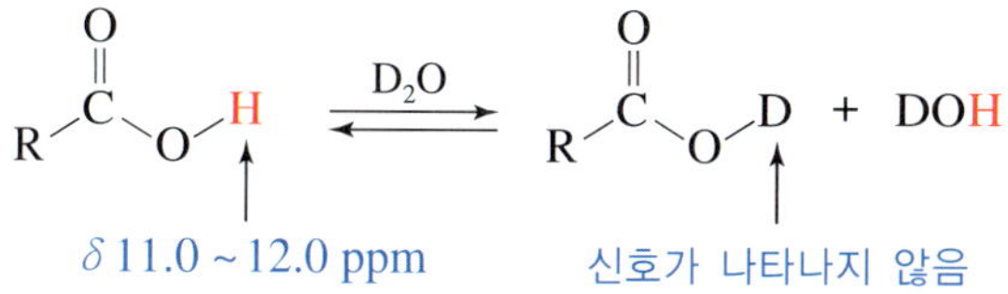

δ 11.0 ~ 12.0 ppm 신호가 나타나지 않음

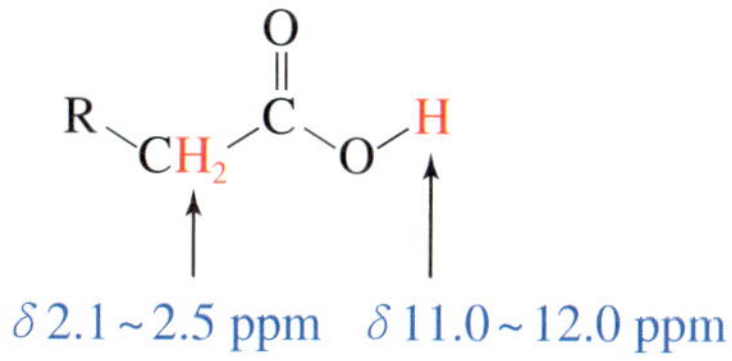

카복실산 OH의 양성자 신호는 D_2O로 처리하고 다시 찍으면 해당 신호가 사라진다. 이로서 카복실산 O−H 양성자 신호를 확인할 수 있다. 이러한 현상은 D_2O 속에서 양성자 교환이 일어나기 때문이다.

■ **에스터**

- 에스터의 ^{1}H NMR 스펙트럼에서 α-탄소의 양성자(−C**H**C(=O)−)와 O−C**H**$_2$R의 양성자 신호는 벗김 효과를 받아 $\delta = 2.1 \sim 2.5$ ppm과 3.5~4.8 ppm 영역에서 나타난다.
- α-탄소의 양성자는 C=O 기의 비등방성 효과에 의해 벗김 효과를 받고, 단일 결합 산소와 결합한 탄소의 양성자는 산소 원자의 강한 전기 음성도에 의해 벗김 효과를 받는다.

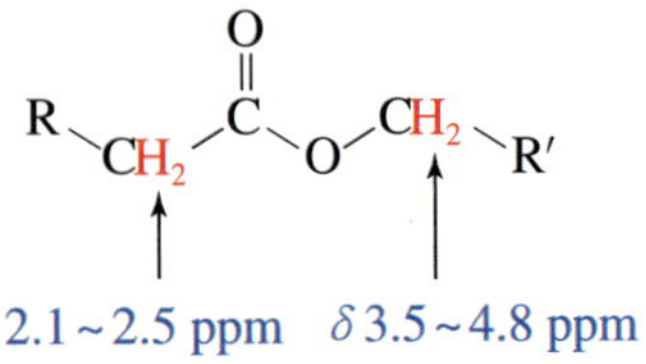

$$R-CH_2-C(=O)-O-CH_2-R'$$

δ 2.1 ~ 2.5 ppm δ 3.5 ~ 4.8 ppm

에스터의 양성자 NMR 신호

- **아마이드**
  - 아마이드기에는 세 종류의 양성자가 존재하므로 각각의 독특한 신호를 보인다. 아마이드 질소에 결합한 양성자(RC(=O)N−**H**)는 $\delta = 5.0 \sim 9.0$ ppm, 질소의 알킬기에 있는 양성자(−NC**H**−)는 $\delta = 2.2 \sim 2.9$ ppm, α-탄소의 양성자(−C**H**−CONH−)는 $\delta = 2.1 \sim 2.5$ ppm 영역에서 나타난다.

$$R-CH_2-C(=O)-N(H)-CH(H)-R'$$

δ 2.2 ~ 2.9 ppm

δ 5.0 ~ 9.0 ppm

δ 2.1 ~ 2.5 ppm

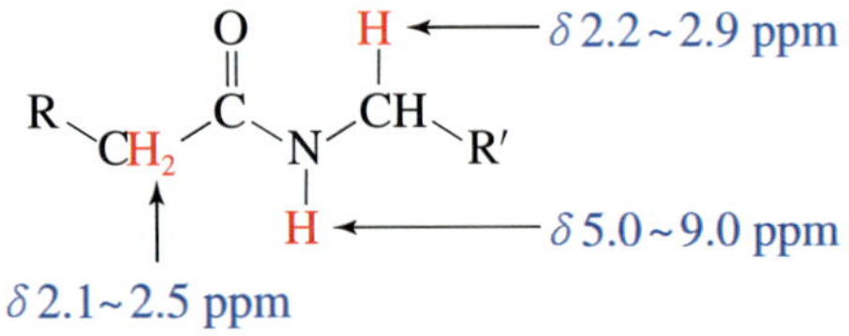

아마이드의 양성자 NMR 신호

- **나이트릴**
  - 나이트릴은 α-양성자만을 가지고 있다.
  - 이 양성자의 NMR 신호는 $\delta = 2.1 \sim 3.0$ ppm 영역에서 나타난다.
- **카복실산과 그 유도체의 ^{13}C NMR에서 탄소의 신호는 $\delta = 160 \sim 180$ ppm 영역에서 나타난다. 나이트릴은 탄소가 *sp* 혼성을 하고 있어 $\delta = 115 \sim 130$ ppm 영역에서 나타난다.**

Aspirin은 prostaglandin 합성을 저해하여 해열 진통작용을 한다

카복실산과 그 유도체들이 약물로 사용되는 예는 다양하고 많다. 가장 대표적인 카복실산 의약품인 aspirin은 salicylic acid로부터 제조하며 salicylic acid는 수천 년 동안 의약적으로 사용되어 왔다.

Aspirin은 해열 진통제로 사용되지만, prostaglandin 합성 과정에 aspirin이 관여함을 알기 전까지는 작용 기전을 알지 못하였다. Prostaglandin은(16장 참조) arachidonic acid로부터 cyclooxygenase의 작용에 의해 PGG_2를 만들고 이 PGG_2로부터 다른 prostaglandin 유도체들이 합성된다. 다양한 prostaglandin 유도체들이 염증과 발열 등에 관여한다. 이 과정에 aspirin이 cyclooxygenase의 OH 기와 반응하여 효소를 아실화시킨다. 효소가 아실화되면 효소의 활성을 상실하게 하므로, PGG_2의 합성을 저해한다. 그렇게 되면 체내에 prostaglandin 유도체들의 농도가 낮아져 염증도 가라앉고 열도 내린다.

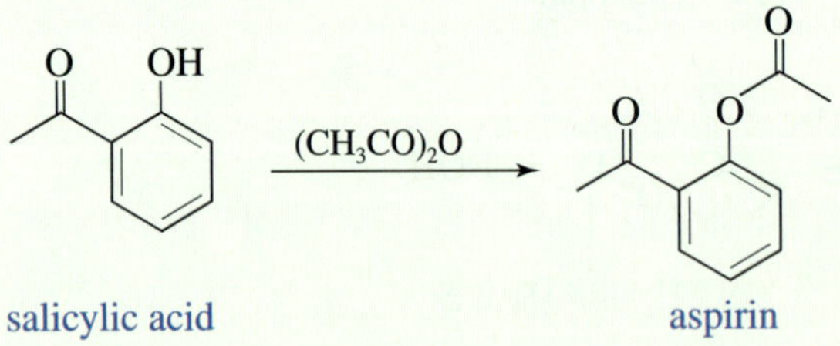

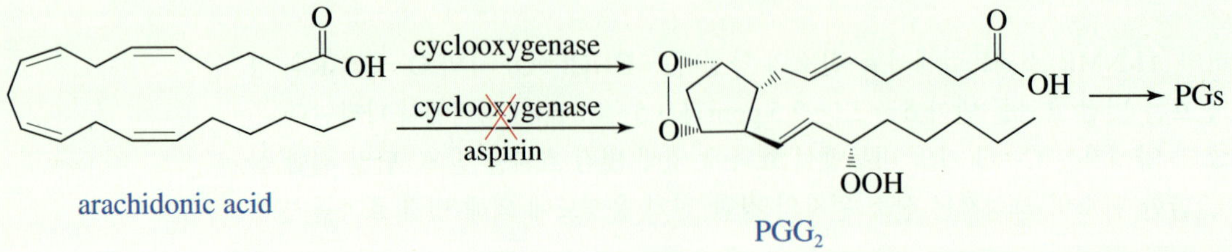

salicylic acid —$(CH_3CO)_2O$→ aspirin

arachidonic acid —cyclooxygenase→ PGG_2 → PGs

arachidonic acid —cyclooxygenase (×), aspirin→

OH, O, OOH

PGG_2

주요 용어

benzoic acid의 산도(acidity of benzoic acid)
Fischer 에스터화(Fischer esterification)
Hofmann 자리 옮김(Hofmann rearrangement)
가수 분해 반응(hydrolysis)
가아민 분해 반응(aminolysis)
가알코올 분해 반응(alcoholysis)
대칭 무수물(symmetric anhydride)
분자간 수소 결합(intermolecular hydrogen bond)
비누화 반응(saponification)
아미데이트 이온(amidate ion)
에스터 교환 반응(transesterification)
이미드산(imidic acid)
지방족 카복실산의 산도(acidity of aliphatic carboxylic acid)
친핵성 아실 치환 반응(nucleophilic acyl substitution)
탄산화 반응(carbonation)
혼합 무수물(mixed anhydride)

연습 문제

개념 문제

1. 카복실산과 그 유도체들은 케톤이나 알데하이드와 달리 친핵성 아실 치환 반응이 일어난다. 왜 그런지 이유를 설명하시오.
2. 카복실산 유도체(RCOZ, Z=OH, NH_2, OR, NR_2, X)에 양성자를 가하면 C=O의 산소와 양성자화를 일으킨다고 설명한다. 이 설명의 타당성을 제시하시오.
3. 카복실산 유도체들은 상대적인 반응성이 다르다. 친핵성 치환 반응에서는 RCOX가 가장 반응성이 좋다. 따라서 RCOCl을 ROH와 반응시키면 에스터 RCOOR′을 만들 수 있다. 그러나 일반적인 방법으로는 RCOOR′을 RCOCl로 변환할 수 없다. 가능한 방법을 제시하시오.
4. Fischer 에스터화 반응은 가역 반응이다. 어떻게 하면 에스터의 수득률을 최대로 올릴 수 있는가? 방법을 제시하시오.
5. 아마이드를 Hofmann 제거 반응을 시키거나 $SOCl_2$와 반응시키면 탄소 수가 하나 적은 아민이 형성된다. 분광학적 방법을 사용하지 않고 출발 물질 탄소로부터 탄소가 하나 줄었다는 것을 어떻게 증명할 수 있는가? 방법이나 근거를 제시하시오.
6. 나이트릴(RCN)은 친핵성 치환 반응을 하지 않는다. 이유를 설명하시오.

실전 문제

7. Benzoic acid, *p*-cyanobenzoic acid, *p*-methoxybenzoic acid 및 *p*-nitrobenzoic acid를 산도가 증가하는 순으로 나열하시오. 또 그 이유를 설명하시오.
8. Fischer 에스터화 반응에서 생성되는 에스터의 C−O 결합이 알코올로부터 공급된 것으로 확인할 수 있는 실험적 방법을 제시하시오.
9. 카복실산(RCOOH)과 PBr_3가 반응하여 산 브로민화물(RCOBr)을 생성하는 메커니즘을 제안하시오. 1당량의 PBr_3로 몇 당량의 카복실산을 변환할 수 있을지 설명하시오.
10. Aspirin은 일종의 에스터이고 salicylic acid(*o*-hydroxybenzoic acid)와 acetic anhydride를 산 촉매 존재 하에서 반응시켜 합성한다. 메커니즘을 제시하고 제시한 메커니즘이 타당하다는 것을 설명하시오.

salicylic acid + acetic anhydride $\xrightarrow{H_2SO_4}$ aspirin + CH_3COOH

salicylic acid　acetic anhydride　aspirin

11. Acetamide의 산- 및 염기-촉매 가수 분해 메커니즘을 그리시오.

12. 문제 9를 참고로 하여 phenol로부터 타이레놀 성분인 acetaminophen의 합성 경로를 제시하시오.

13. 다음 반응을 진행하기 위해 필요한 시약들을 제시하시오.

(a) 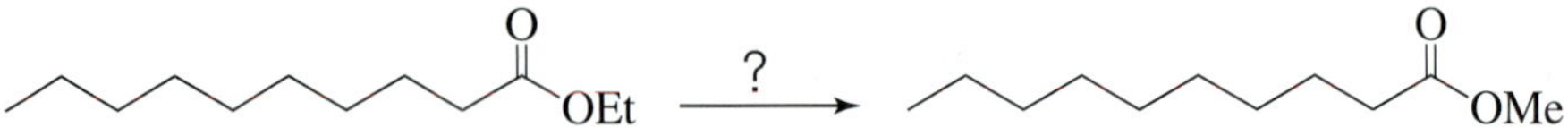 O OEt ? → O OMe

(b) 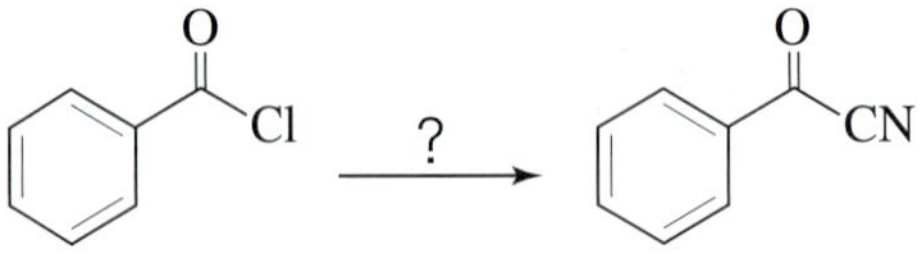 O Cl ? → O CN

(c) 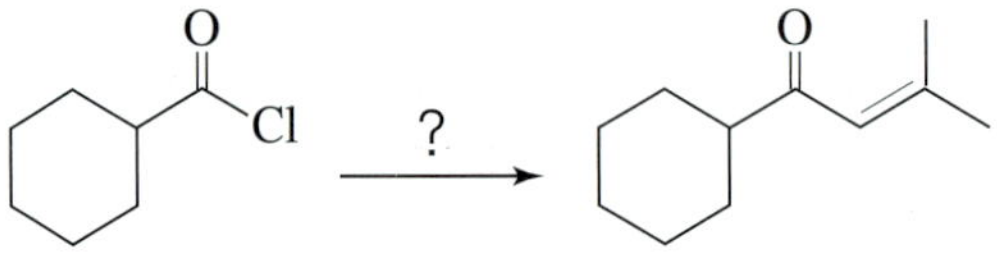 O Cl ? → O

(d) 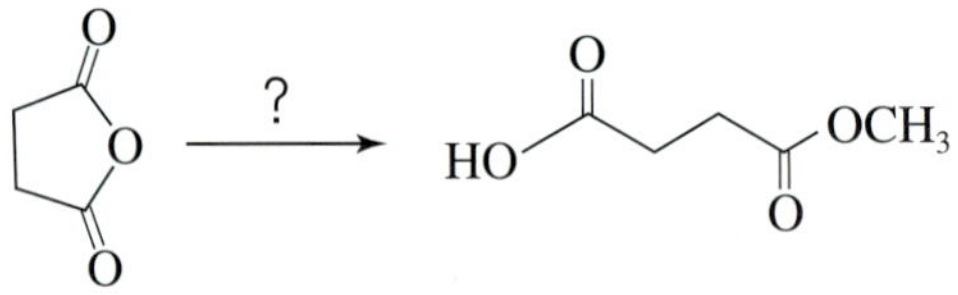 O O O ? → O HO OCH$_3$ O

14. 다음 반응의 생성물을 그리시오.

(a) 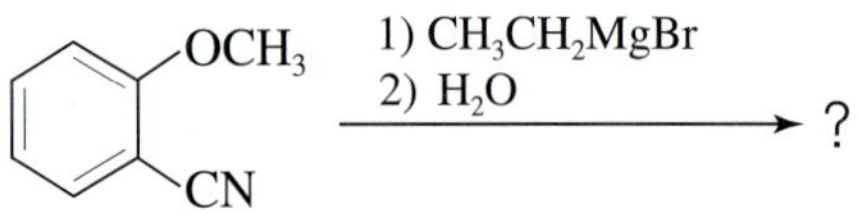 OCH$_3$ CN 1) CH_3CH_2MgBr 2) H_2O → ?

(b) 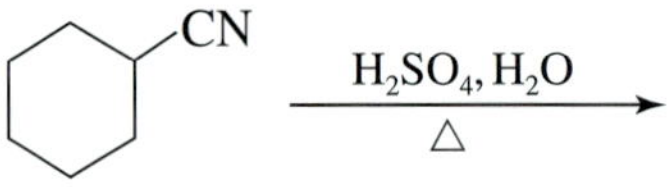 CN H_2SO_4, H_2O △ →

13 카보닐 화합물의 α-탄소 화학

α-Carbon Chemistry of Carbonyl compounds

- 카보닐 화합물의 α-수소는 산성이다.
- 카보닐 화합물의 α-수소는 토토머화되어 엔올을 형성한다.
- 카보닐 화합물의 엔올 화합물은 친핵체로 작용하여 α-치환 생성물을 생성한다.

α-수소
(산성)
토토머화
E^+
엔올(공명 안정화)
α-치환 생성물

α-치환 반응

α-할로젠화 반응
– Hell - Volhard - Zelinski 반응

축합 반응
– 알돌 축합 반응
– Claisen 축합 반응

알킬화 반응
– 말론산 에스터 합성법
– 아세토아세트산 에스터 합성법

콘쥬게이션 첨가 반응
– Michael 반응

13.1 α-치환 반응과 카보닐 축합 반응

- **카보닐기를 가지고 있는 화합물의 α-탄소와 α-수소는 두 가지의 독특한 특성을 보인다.**
  - **특성 1**: α-수소가 산성이어서 CH_3O^- 같은 염기에 의해 수소를 상실하고 α-탄소가 음이온이 된다.
  - **특성 2**: α-탄소와 C=O 기가 토토머화를 일으켜 엔올을 생성한다(2.7절 참조).
  - 이 과정에서 생성된 **엔올 음이온**(enolate)이나 **엔올**(enol)은 친전자체와 반응하여 α-치환 생성물을 형성한다.

토토머화는 산과 염기 촉매 모두에서 일어난다. 산 촉매에서는 엔올이 형성되고, 염기 촉매에서는 엔올 음이온이 형성된다는 점에 유의하라. 엔올 음이온은 산소와 탄소에 음이온을 가질 수 있어 친전자체가 산소와 탄소를 공격할 수 있다. 따라서 **양쪽성 친핵체**(ambident nucleophile)라고 한다. 그러나 일반적으로 친핵성도가 더 큰 탄소 원자에서 친전자체와 반응한다.

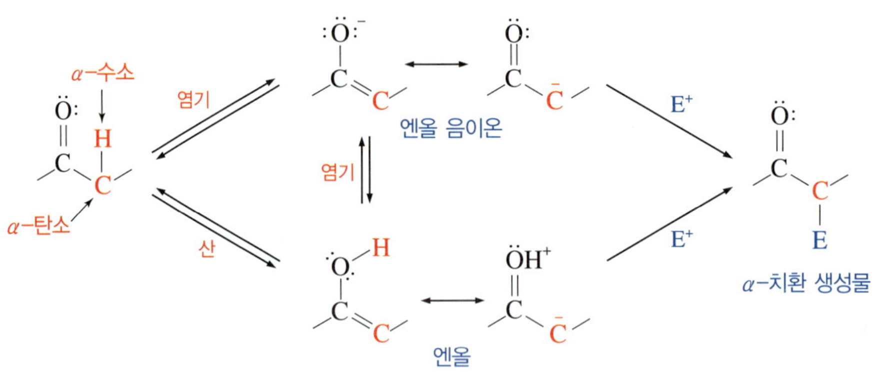

몇 가지 카보닐 화합물과 나이트릴의 α-수소의 pK_a 값을 표 13.1에 나타내었다.

표 13.1 몇 가지 카보닐 화합물과 나이트릴의 pK_a 값

화합물	이름	pK_a(α-H)
$CH_3CON(CH_3)$	*N,N*-dimethylacetamide	30
$CH_3C{\equiv}N$	acetonitrile	25
CH_3COOEt	ethyl acetate	25
CH_3COCH_3	propanone	19.2
CH_3CHO	acetaldehyde	17
$EtO_2CCH_2CO_2Et$	diethyl malonate	13.3
$N{\equiv}CCH_2C{\equiv}N$	malononitrile	11
CH_3COCH_2COOEt	ethyl 3-oxobutanoate	10.7
$CH_3COCH_2COCH_3$	2,4-pentadione	9

- **알데하이드나 케톤 이외의 α-H를 가지는 카복실산 유도체는 어떤 특징이 있는가?**
  - 에스터나 아마이드는 α-수소의 산성도가 알데하이드나 케톤보다 더 작지만 엔올 음이온이 생성될 수 있다.
  - 나이트릴은 C≡N 기에 인접한 탄소의 수소가 산성이며, 염기에 의해 공명 안정화된 탄소 음이온을 생성할 수 있다.
  - 염기나 산 촉매 조건에서 형성된 엔올과 엔올 음이온은 모두가 α-탄소가 음이온이 되는 공명 구조를 가진다.
  - 따라서 이들은 전자가 풍부한 친핵체로 작용하여 α-탄소에서 치환 반응을 한다.

염기

공명 안정화된 엔올 음이온

$R-CH_2-C\equiv N \xrightarrow{\text{염기}} R-\bar{C}H-C\equiv N \longleftrightarrow R-CH=C=N^-$

공명 안정화된 탄소 음이온

- **2-Alkylcyclohexanone 같은 비대칭 카보닐 화합물에서는 종류가 다른 두 가지의 엔올 음이온의 생성이 가능하다.**
  - 속도론적 지배에 의한 엔올 음이온은 입체 장애가 적은 2° 수소의 제거로 생성된다.
  - 열역학적 지배에 의한 엔올 음이온은 3° 수소가 제거되어 C=C 결합에 치환이 더 많이 된 엔올 음이온이 생성된다.
  - 즉, 하나는 속도론적으로 유리한 엔올 음이온이고 다른 하나는 열역학적으로 유리한 엔올 음이온이다.
  - 엔올 음이온 생성 반응은 평형 반응이고, 염기, 용매 및 반응 온도 모두가 관여하므로 반응 조건을 적절히 선택하면 둘 중 어느 하나를 위치 선택적으로 얻을 수 있다.

2° H 제거

속도론적 지배 조건

3° H 제거

열역학적 지배 조건

2-alkylcyclohexanone

- **속도론적으로 유리한 조건**
  - LDA (lithium diisopropylamide) 같이 부피가 크고 비친핵성인 센염기를 사용하면 덜 치환된 탄소의 수소 제거가 유리하다.
  - 극성 비양성자성 용매를 사용한다. 양성자성 용매를 사용하면 생성된 음이온에 양성자 첨가가 일어난다.
  - 저온 온도 조건을 사용한다. 온도가 높으면 열역학적으로 유리한 조건으로 된다.
- **열역학적으로 유리한 조건**
  - $CH_3CH_2O^-$나 $(CH_3)_3CO^-$ 같이 센염기를 사용한다.
  - 알코올 같은 극성 양성자성 용매를 사용한다.
  - 실온(25°C)에서 반응한다.

카보닐 화합물의 α-치환 반응은 할로젠화, 알킬화, 알돌 축합 반응 및 콘쥬게이션 첨가 반응 등을 일으키므로 매우 중요하다.

13.2 할로젠화 반응

■ **첫 번째 α-치환 반응은 할로젠화 반응이다.**

- α-할로젠화 반응은 산과 염기 촉매 모두에서 가능하다.
- 이 반응의 알짜 결과는 α-수소가 할로젠 원자로 치환되는 것이며, 같은 반응이 중복해서 일어날 수도 있다.

메커니즘 13.1 산-촉매 또는 염기-촉매 할로젠화 반응

산-촉매 할로젠화

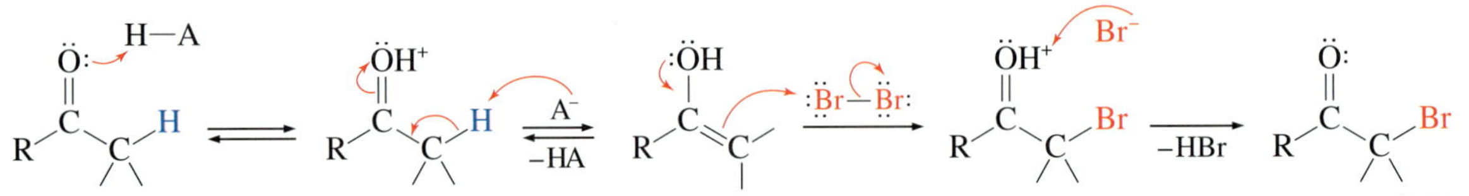

α-브로모 카보닐

염기-촉매 할로젠화

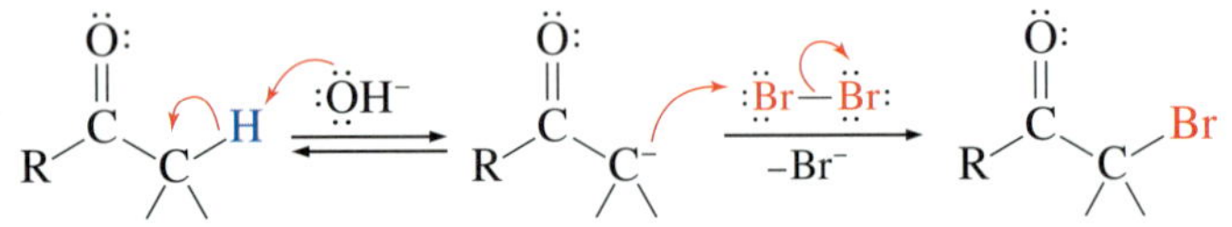

α-브로모 카보닐

메틸 케톤(methyl ketone)이란 $CH_3C(=O)-$ 기를 포함하는 카보닐 화합물을 일컫는 말이다. Acetophenone이 그 예 중의 하나이다.

메틸 케톤의 아이오도폼 검사
α-수소가 있는 모든 케톤이 I_2와 반응하지만 메틸 케톤에서는 반응 후에 생성되는 HCI_3가 노란색 침전으로 침전되므로 메틸 케톤의 검사법으로 이용된다. 이 방법을 **아이오도폼 검사**(iodoform test)라고 한다.

■ **메틸 케톤(methyl ketone)과 과량의 할로젠을 염기 조건에서 할로젠화하는 반응을 할로폼 반응(haloform reaction)이라고 한다.**

- 할로폼 반응의 생성물은 카복실산 음이온과 메틸기로부터 유도된 할로폼(haloform; X_3CH)이다.
- 메틸기의 세 개 수소가 모두 iodine으로 다중 치환된다는 점에 주의한다.

메커니즘 13.2 할로폼 반응

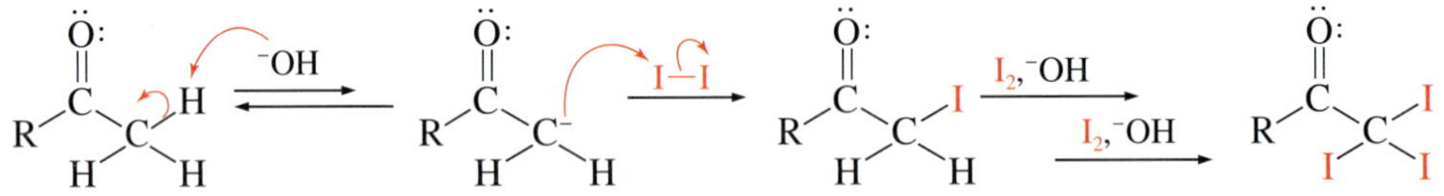

메틸 케톤

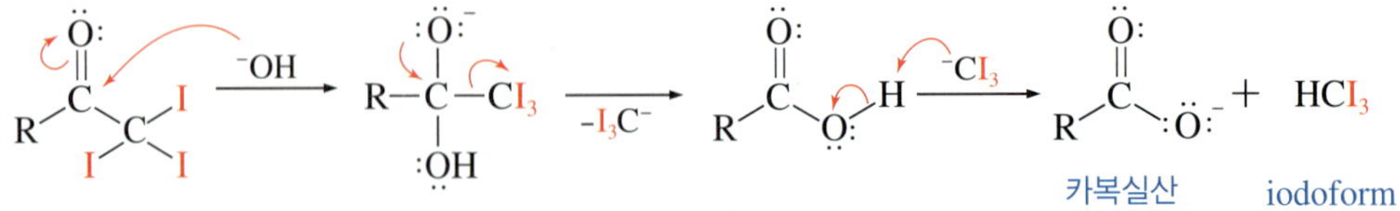

카복실산 음이온

iodoform

■ **α-할로 카보닐 화합물은 α,β-불포화 카보닐 화합물의 합성에 유용하다.**

- α-할로 카보닐 화합물을 염기를 이용하여 제거 반응시키면 α,β-불포화 카보닐 화합물을 얻는다.
- 또한 친핵체와 S_N2 반응을 일으켜 치환 생성물을 생성하기도 한다.

$\xrightarrow[\text{DMF}]{Li_2CO_3,\ LiBr}$

α-할로 카보닐 → α,β-불포화 카보닐

$\xrightarrow[S_N2]{RNH_2}$

α-할로 카보닐 → α-치환 카보닐

알데하이드와 케톤의 α-할로젠화는 쉽게 일어나지만 카복실산, 에스터 또는 아마이드는 엔올로 쉽게 변환되지 않으므로 α-할로젠화가 잘 일어나지 않는다.

■ **Hell-Volhard-Zelinski 반응은 α-할로카복실산의 합성 반응이다.**

- Hell-Volhard-Zelinski 반응은 크게 두 과정으로 진행된다.
- 첫 번째 과정에서는 카복실산이 먼저 PBr_3와 반응하여 산 브로민화물(RCOBr)을 형성한다.
- 두 번째 과정에서는 산 브로민화물이 상응하는 엔올과 평형을 이루고 있으며, α-할로젠화를 일으킨다.

$\xrightarrow[\text{2) } H_2O]{\text{1) } Br_2,\ PBr_3}$

α-bromopentanoic acid

메커니즘 13.3 Hell-Volhard-Zelinski 반응

카복실산 $\xrightarrow[-Br^-]{}$ … $\xrightarrow{Br^-}$ … $\xrightarrow[-HOPBr_2]{}$ 산 브로민화물 ⇌ 엔올 $\xrightarrow{-HBr}$ … $\xrightarrow[-HBr]{H_2O}$ α-브로모카복실산

13.3 알킬화 반응

두 번째 α-치환 반응은 알킬화 반응이다.

- **알데하이드 또는 케톤을 염기와 할로젠화 알킬(RX)로 처리하면 α-수소 대신 R 기가 치환되는 알킬화(alkylation)가 일어난다.**
  - 첫 단계인 엔올 음이온 생성 단계는 속도론적 또는 열역학적 지배에 의해 다른 형태의 엔올이 생성되고 그에 따라서 다른 알킬화 생성물이 생성된다.
  - 두 번째 단계는 생성된 탄소 음이온이 평면 구조를 이루고 있고 RX와 S_N2 반응을 하므로 생성물의 입체 화학에 주목해야 한다.

- **엔올 음이온의 입체 화학은 입체 화학을 지배하는 일반 규칙에 따르며 비카이랄 출발 물질은 비카이랄 또는 라셈 혼합물을 생성한다.**
  - 에스터 음이온과 나이트릴에서 얻어지는 탄소 음이온도 이런 조건으로 알킬화된다.

$$H_3C-C(=O)-CH_3 \xrightarrow[\text{THF, }-78^\circ C]{\text{1) LDA, 2) }CH_3Br} H_3C-C(=O)-CH_2CH_3$$

acetone → butanone

$$H_3CO-C(=O)-CH_3 \xrightarrow[\text{THF, }-78^\circ C]{\text{1) LDA, 2) }CH_3CH_2Br} H_3CO-C(=O)-CH_2CH_2CH_3$$

methyl acetate → methyl butanoate

$$C_6H_{11}-CH_2-CN \xrightarrow[\text{THF, }-78^\circ C]{\text{1) LDA, 2) }CH_3Br} C_6H_{11}-CH(CH_3)-CN$$

2-cyclohexylacetonitrile → 2-cyclohexylpropanenitrile

$$\text{cyclohexanone} \xrightarrow[\text{THF, }-78^\circ C]{\text{1) LDA, 2) }CH_3CH_2I} (S)\text{-2-ethylcyclohexanone} + (R)\text{-2-ethylcyclohexanone}$$

cyclohexanone → (*S*)-2-ethylcyclohexanone + (*R*)-2-ethylcyclohexanone

- **비대칭 케톤의 알킬화 반응에서 주생성물이 하나만 생성되도록 위치 선택성을 조절할 수 있다.**
  - 반응 온도나 염기 종류를 다르게 선택하여 속도론적 또는 열역학적으로 우세한 엔올 음이온을 생성시켜 조절할 수 있다.
  - 낮은 온도(−78°C)에서 LDA를 사용하면 속도론적 엔올 음이온의 생성이 우세하고, 보다 높은 반응 온도(25°C)와 입체 장애가 적은 NaH나 NaOR을 사용하면 열역학적

엔올 음이온이 우세하게 생성된다.

2-R-cyclohexanone $\xrightarrow[-78^\circ C]{1)\ LDA,\ 2)\ CH_3I}$ 2-R-6-H_3C-cyclohexanone

속도론적 지배 생성물

2-R-cyclohexanone $\xrightarrow[25^\circ C]{1)\ NaH,\ 2)\ CH_3I}$ 2-R-2-CH_3-cyclohexanone

열역학적 지배 생성물

- **말론산 에스터 합성법**(malonic ester synthesis)은 **알킬화를 이용해 $-CH_2COOH$ 단위를 도입하는 반응이다.**
  - 말론산 에스터 합성법 출발 물질은 diethyl malonate이다.
  - 이 반응은 첫 단계에서 엔올 음이온이 형성되고, 이어서 할로젠화 알킬과 S_N2 치환 반응을 하여 새로운 C−C 결합을 형성한다.
  - 마지막 단계에서 에스터가 가수 분해되어 다이카복실산(dicarboxylic acid)이 되고, 두 개의 −COOH 중 하나만이 **탈카복실 반응**(decarboxylation)을 일으켜 CO_2를 잃고 RCH_2COOH 형 생성물을 생성한다.
  - 이 반응은 α-탄소가 $-CH_2-$인 경우는 알킬화가 최대 두 번 일어날 수 있다.
- **아세토아세트산 에스터 합성법**(acetoacetic ester synthesis)은 **알킬화를 이용해 $-CH_2C(=O)CH_3$ 단위를 도입하는 반응이다.**
  - 이 반응은 첫 단계에서 엔올 음이온이 형성되고, 이어서 할로젠화 알킬과 S_N2 치환 반응을 하여 새로운 C−C 결합을 형성한다.
  - 마지막 단계에서 에스터가 가수 분해되어 카복실산이 되고, COOH가 탈카복실 반응을 일으켜 CO_2를 잃고 $RCII_2C(=O)CH_3$ 형 생성물을 생성한다.
  - 이 반응은 α-탄소가 $-CH_2-$인 경우는 알킬화가 최대 두 번 일어날 수 있다.

말론산 에스터 합성법

$$EtO-C(=O)-CH_2-C(=O)-OEt + RX \xrightarrow[-X^-]{NaOEt} EtO-C(=O)-CH(R)-C(=O)-OEt \xrightarrow[-2EtOH]{H_3O^+} HO-C(=O)-CH(R)-C(=O)-OH \xrightarrow[-CO_2]{\text{가열}} R-CH_2-C(=O)-OH$$

diethyl malonate　　카복실산

아세토아세트산 에스터 합성법

$$H_3C-C(=O)-CH_2-C(=O)-OEt + RX \xrightarrow[-X^-]{NaOEt} H_3C-C(=O)-CH(R)-C(=O)-OEt \xrightarrow[-EtOH]{H_3O^+} H_3C-C(=O)-CH(R)-C(=O)-OH \xrightarrow[-CO_2]{\text{가열}} H_3C-C(=O)-CH_2-R$$

ethyl acetoacetate　　케톤

메커니즘 13.4 말론산 에스터 합성법과 아세토아세트산 에스터 합성법

말론산 에스터 합성법

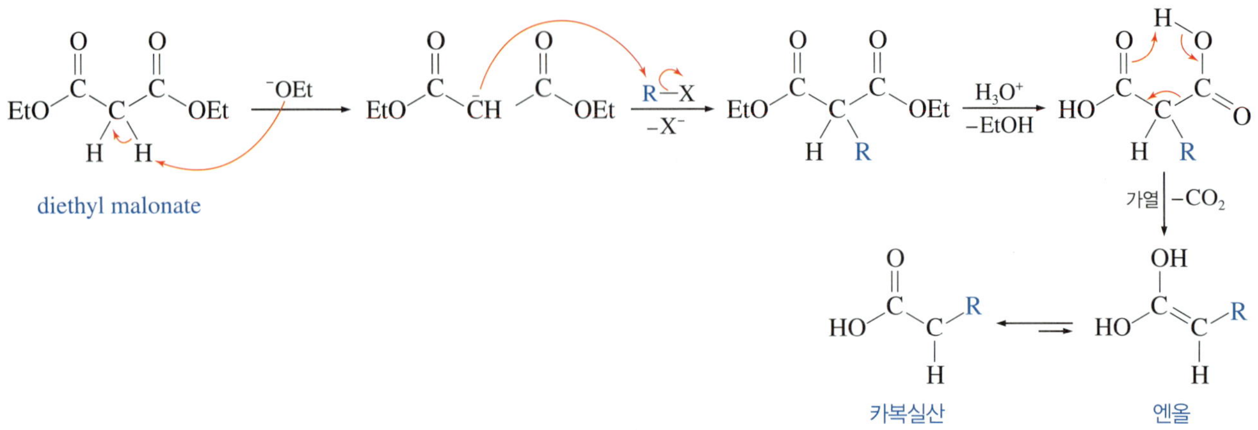

아세토아세트산 에스터 합성법

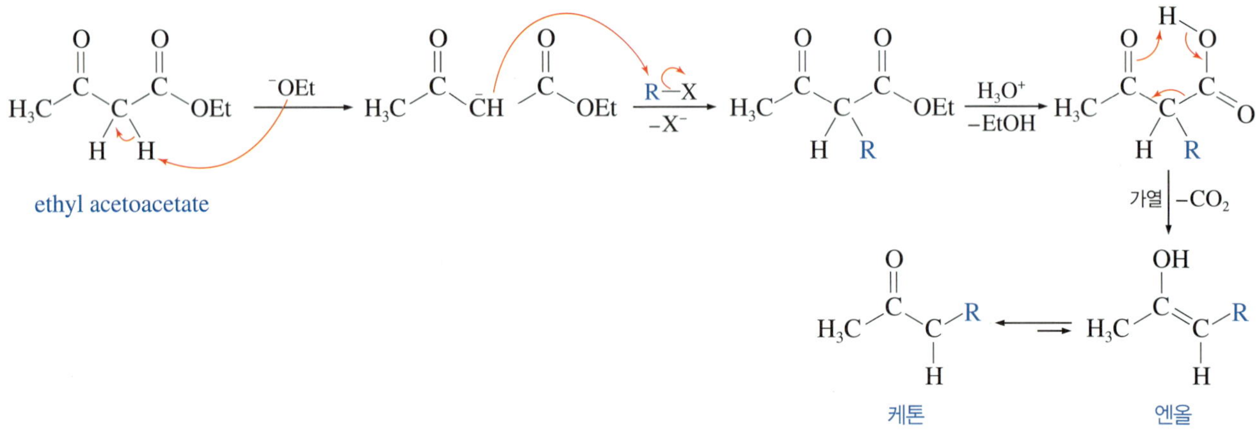

13.4 알돌 축합 반응

세 번째 α-치환 반응은 **알돌 축합 반응**(aldol condensation) 또는 **알돌 첨가 반응**(aldol addition)이다.

- **알데하이드에 NaOH를 처리하면 알데하이드와 엔올 음이온이 평형으로 존재한다. 이 상태에서 엔올 음이온이 친핵체로 친전자체인 다른 알데하이드의 카보닐을 공격하여 새로운 C—C 결합을 형성할 수 있다.**
  - 이 반응의 생성물은 **알돌**(aldol)이라고 부르는 β-hydroxycarbonyl 화합물 $R(OH)HCH_2CCHO$이 된다.
  - 따라서 이 반응을 알돌 첨가 반응, 더 일반적으로는 알돌 축합 반응이라고 한다.
  - 이 반응은 두 분자의 알데하이드가 새로운 C—C 결합을 형성하며 큰 분자를 형성하므로 중요하다.
  - 알돌 축합 반응에서 생성되는 다른 알코올보다 알돌은 더 쉽게 탈수가 일어난다. 따라서 염기 조건에서는 알돌을 잘 분리할 수 없고, 대신 H_2O 한 분자를 잃어서 생성된 α,β

Aldol은 aldehyde의 'ald-'와 alcohol의 '-ol' 의 합성어이다.

-불포화 알데하이드(α,β-unsaturated aldehyde)를 얻는다.

- 이 탈수 반응은 탄소 음이온 중간체를 거쳐 일어나는 E1 제거 반응이며, 이 메커니즘을 **E1cB**(**E**limination **Uni**molecular **c**onjugation **B**ase)라고 부른다(19.6절 참조).

새로운 C−C 결합

알데하이드 $\xrightleftharpoons{HO^-}$ → 알돌

메커니즘 13.5 알돌 축합 반응

알데하이드 · 엔올 음이온 · H−OH · β-하이드록시-알데하이드

β-하이드록시-알데하이드 · $^-$:ÖH · α, β-불포화-알데하이드

■ **알돌 축합 반응은 알데하이드나 케톤에서 일어날 수 있다.**

- 알데하이드에서는 알돌 생성물이 우세하다.
- 케톤의 경우는 알돌보다 케톤 쪽이 더 우세하므로 알돌 생성물의 수득률이 낮다.
- 케톤에서는 생성된 알돌이 **역-알돌 반응**(retro-aldol reaction)을 하여 케톤으로 되돌아간다.

역-알돌 반응은 알돌 반응의 정확히 반대 반응이어서 붙여진 이름이다. 역-알돌 반응은 생체 반응 중 해당 작용에서 glucose가 aldolase라는 효소에 의해 두 분자의 pyruvic acid로 분해되는 반응에서도 일어난다.

$H_3C-CH_2-CH_2-CHO$ (25%) $\xrightleftharpoons{NaOH,\ H_2O}$ $H_3CH_2C-CH_2-CH(OH)-CH(CH_2CH_3)-CHO$ (75%)

알돌 반응 우세

사이클로헥산온 (80%) $\xrightleftharpoons{NaOH,\ H_2O}$ 2-(1-하이드록시사이클로헥실)사이클로헥산온, OH (20%)

역-알돌 반응 우세

메커니즘 13.6 역-알돌 반응

β-하이드록시-케톤 ⇌ (⁻OH) ⇌ 엔올 음이온 + 케톤 (H—OH)

■ **알돌 축합 반응은 동일한 알데하이드나 케톤뿐만 아니라 다른 알데하이드나 케톤과도 알돌 축합 반응을 할 수 있다.**

- 서로 다른 두 카보닐 화합물 간의 알돌 반응을 **교차 알돌 반응**(cross aldol reaction)이라고 한다.
- 알돌 반응에서는 친핵체인 엔올 음이온이 만들어질 하나의 알데하이드에만 α-H가 있으면 충분하다.
- 서로 다른 알데하이드가 모두 α-H를 가지면 4가지의 다른 알돌 화합물이 생기며 이는 합성에서 유용하지 못하다.

acetaldehyde —($^{-}$:ÖH, H_2O)⇌ enolate; + CH_3CHO → 3-hydroxybutanal; + CH_3CH_2CHO → 3-hydroxypentanal

propanal —($^{-}$:ÖH, H_2O)⇌ enolate; + CH_3CHO → 3-hydroxy-2-methylbutanal; + CH_3CH_2CHO → 3-hydroxy-2-methylpentanal

- 그러나 하나의 카보닐 화합물만이 α-H를 가지면 교차 알돌 축합 반응에서 하나의 생성물만을 얻을 수 있다.
- 이런 교차 알돌 반응은 하나의 카보닐 화합물만이 산성인 α-H를 가지는 β-다이카보닐 화합물을 이용하면 유리하다.

예를 들어 benzaldehyde와 acetaldehyde를 알돌 반응시키면 cinnamaldehyde 하나만 생성된다.

acetaldehyde → ($^-$:ÖH, H_2O) → PhCHO → $-H_2O$ → cinnamaldehyde

β-다이카보닐 화합물은 다른 카보닐 화합물보다 염기에 대한 반응성이 더 크므로 활성 메틸렌(active methylene)이라고 한다. 1,3-다이나이트릴(1,3-dinitrile)과 α-사이아노카보닐(α-cyano carbonyl) 류도 활성 메틸렌이다.

$EtO_2C-CO-CH_2-CO-CO_2Et$ pK_a = 13 β-다이에스터

$H_3C-CO-CH_2-CO-CO_2Et$ pK_a = 11 β-케토 에스터

$H_3CO-CO-CH_2CN$ pK_a = 9 α-사이아노카보닐

$N\equiv C-CH_2-C\equiv N$ pK_a = 13   1,3-다이나이트릴

- **두 개의 카보닐기를 가진 한 분자 내에서 알돌 축합 반응을 하면 고리 화합물을 얻을 수 있다.**
  - **분자 내 알돌 반응**(intramolecular aldol reaction)은 오-원자 고리 또는 육-원자 고리 형성이 유리하다.
  - 이 반응에서 삼-원자 고리는 각 무리(angle strain)가 커서 형성되지 않는다.

예를 들어 2,5-hexanedione을 염기로 처리하면 3-methylcyclopropenone이 생성된다.

메커니즘 13.7 2,5-Hexanedione의 분자내 알돌 반응

2,5-hexanedione → (NaOEt/EtOH) → → (HOEt) → → ($-H_2O$) → 3-methyl-2-cyclopentenone

13.5 Claisen 축합 반응

- **α-H를 가지고 있는 에스터 화합물도 염기 조건에서 축합 반응을 할 수 있다.**
  - 두 분자의 에스터가 반응하여 β-케토에스터(β-ketoester)를 생성한다. 이 반응을 **Claisen 축합 반응**(Claisen condensation)이라고 한다.
  - 새로운 C−C 결합을 형성하는 반응이다.

2 ethyl acetate → 1) NaOEt, 2) H_3O^+ → ethyl 3-oxobutanoate

- Claisen 반응은 엔올 음이온이 친전자성 카보닐 탄소에 친핵성 첨가를 한다는 점에서는 알돌 반응과 유사하다. 그러나 카보닐 탄소에 있는 이탈기(—OR)가 이탈되어 치환 생성물이 형성된다.
- 즉 Claisen 축합 반응은 엔올 음이온이 친핵체로 작용하는 친핵성 치환 반응이다.

메커니즘 13.8 Claisen 축합 반응

에스터 / 엔올 음이온 친핵체 / 친전자체 / β-케토에스터

- **Claisen 축합 반응도 종류가 다른 두 에스터 분자 간에 이루어지는 교차 반응이 가능하다.**
  - 두 에스터 중 하나는 반드시 α-H가 있어야만 한다.
  - 물론 두 에스터 중 하나의 에스터에만 α-H가 있으면 생성물은 흔히 하나만이 생성된다.
  - **교차 Claisen 반응**(cross Claisen condensation)은 케톤과 에스터 사이에서도 일어난다.

ethyl benzoate + ethyl acetate → 1) NaOEt 2) H_3O^+ → ethyl 3-oxo-3-phenylpropanoate

cyclohexanone + ethyl formate → 1) NaOEt 2) H_3O^+ → 2-oxocyclohexane-carboaldehyde

- **다이에스터 화합물의 분자내 Claisen 축합 반응**(intramolecular Claisen condensation)**은 다섯 원자 내지는 여섯 원자 고리 화합물을 생성한다.**
  - 이 반응은 **Dieckmann 고리화 반응**(Dieckmann cyclization)이라고 한다.

1,6-다이에스터(1,6-diester)는 다섯 원자 고리를 형성하고, 1,7-다이에스터(1,7-diester)는 여섯 원자 고리를 형성한다.

diethyl hexanedioate → 1) NaOEt 2) H_3O^+ → ethyl 2-oxocyclopentane-carboxylate

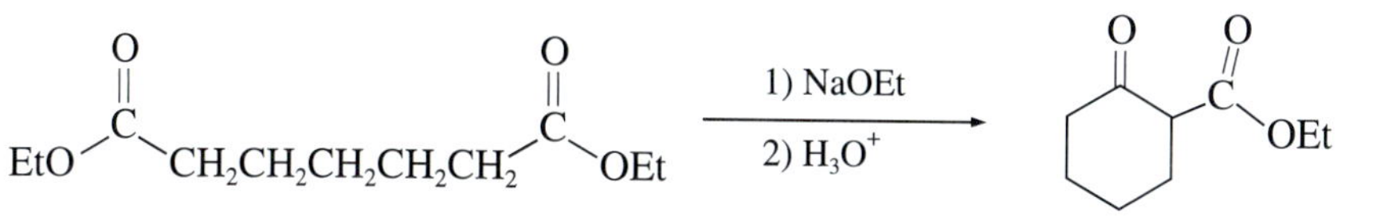

메커니즘 13.9 Dieckmann 고리화 반응

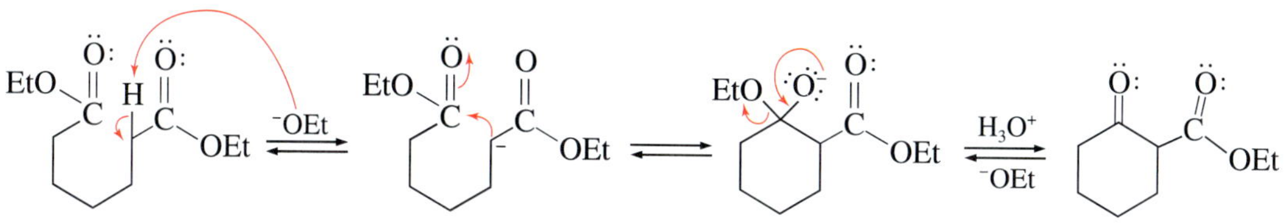

13.6 콘쥬게이션 첨가 반응

알돌 축합 반응 생성물인 α,β-불포화 알데하이드나 케톤의 β-위치 탄소는 이중 결합으로 표시하지만 독특하게 친전자성 반응을 보인다. 이런 독특한 반응성은 공명 구조를 그리면 쉽게 이해할 수 있다.

- **α,β-불포화 카보닐 화합물은 두 개의 친전자성 자리를 가지므로 두 곳 모두 친핵체의 공격을 받을 수 있다.**
  - 공격의 위치는 친핵체의 성질에 의존한다.
  - 반응성이 강한 Grignard 시약은 카보닐 탄소를 공격하지만, 반응성이 약한 유기구리 시약은 β-탄소를 공격하여 새로운 C—C 결합을 형성한다.

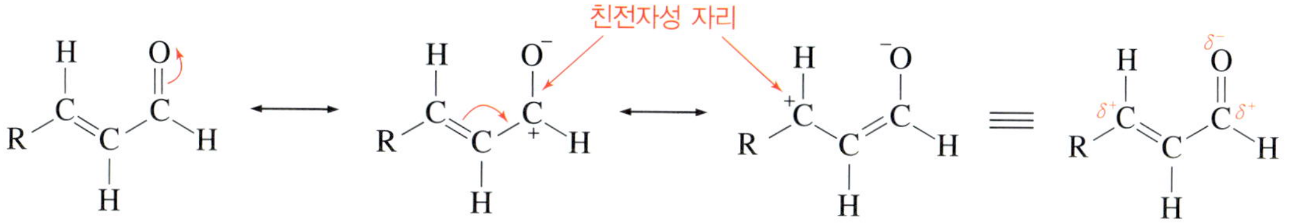

- 이 반응을 **Michael 반응**(Michael reaction)이라고 한다. 다르게는 **1,4-첨가**(1,4-addition) 또는 **콘쥬게이션 첨가**(conjugation addition)라고 한다.
- Michael 반응의 알짜 결과는 α-탄소에 H가 첨가되고, β-탄소에 친핵체(Nu)가 첨가된다.
- β-불포화 카보닐 화합물을 흔히 **Michael 받개**(Michael acceptor)라고 하고, 엔올 음이온은 **Michael 주개**(Michael donor)라고 한다.
- Michael 반응에서는 항상 Michael 받개의 β-탄소에 새로운 C C 결합이 형성된다.

콘쥬게이션 첨가 반응(Michael 반응)

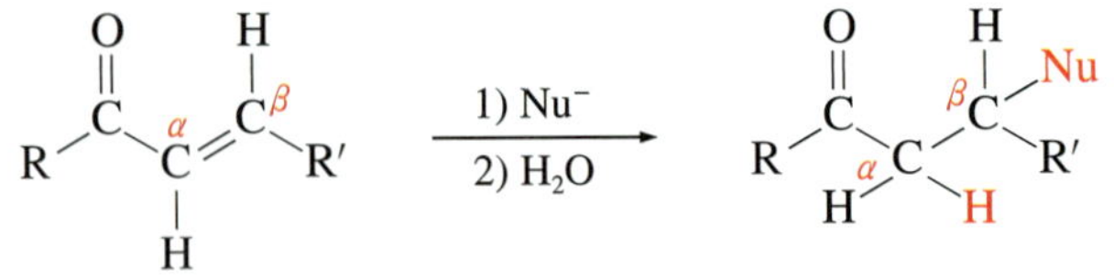

1) Nu^-
2) H_2O

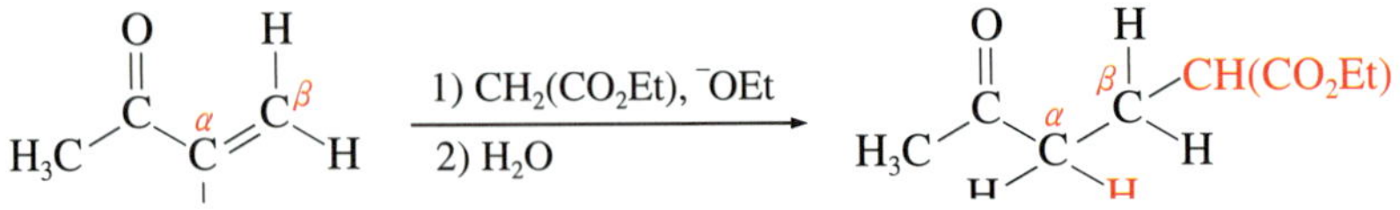

1) $CH_2(CO_2Et)$, ^-OEt
2) H_2O

메커니즘 13.10 Michael 반응

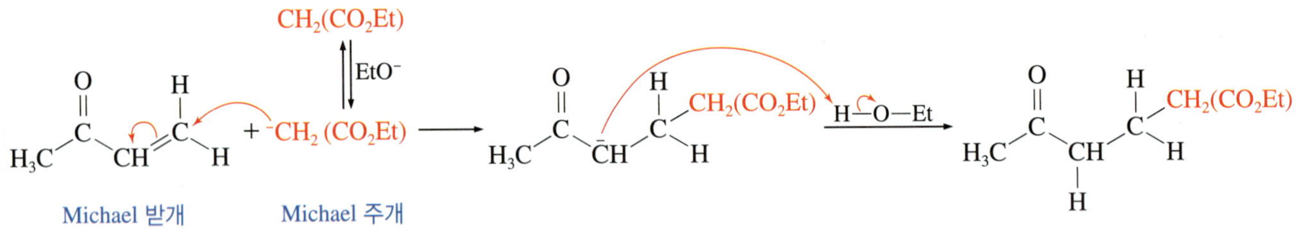

$CH_2(CO_2Et)$ ⇌ EtO^-

Michael 받개 Michael 주개

■ **Michael 반응과 분자 내 알돌 축합 반응을 이용하면 고리를 형성할 수 있다.**

- 이 반응을 **Robinson 고리화 반응**(Robinson annulation)이라고 한다.
- Robinson 고리화 반응에서는 하나의 C−C 결합과 하나의 C=C 결합이 형성된다.
- 먼저 Michael 주개와 받개 사이에서 Michael 첨가가 일어나고 두 번째 단계에서 분자 내 알돌 축합 반응을 하여 고리를 형성한다.

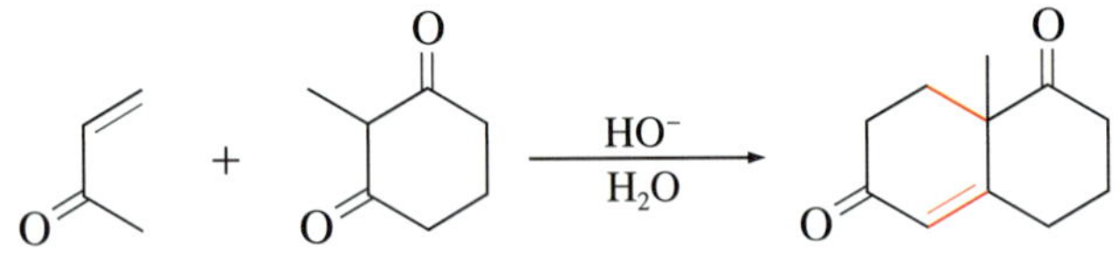

HO^-, H_2O

methyl vinyl ketone　2-methyl-1,3-cyclohexanediol

메커니즘 13.11 Robinson 고리화 반응

Michael 첨가

알돌 반응

H_2O

$-HO^-$

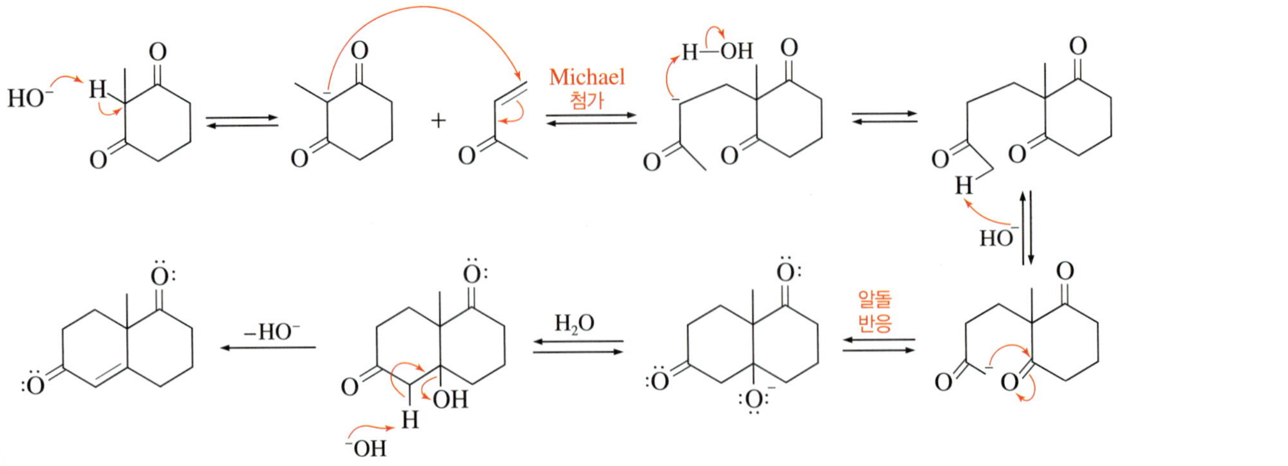

- **엔올 음이온과 유사하게 엔아민도 α-탄소가 친핵성이지만, 엔올 음이온보다 반응성이 낮다. 그러나 효과적인 Michael 주개로 Michael 반응에 참여하므로 유용하다.**
  - 새로운 C—C 결합 형성 반응이다.
  - 엔아민이 이미늄 이온을 형성하여 친핵체로 작용한다.

R_2NH, H^+ / $-H_2O$ 엔아민   iminium 이온 H_3O^+ / $-RNH_2$

13.7 카보닐 축합 반응 및 알킬화 반응의 생성물과 출발 물질 예측하기

알돌 반응과 Claisen 축합 반응 같은 카보닐 축합 반응은 새로운 C—C 결합을 형성하는 반응이므로 유기 합성에서 매우 중요하다. 이들 반응은 매우 전형적인 방식으로 새로운 C—C 결합을 형성한다.

따라서 주어진 출발 물질로부터 생성물을 미리 예측할 수도 있고, 합성 목표 물질로부터 출발 물질을 예측할 수도 있다.

13.7.1 알돌 반응 생성물의 예측

- **알돌 축합 반응으로부터 생성물을 예측하려면 다음 단계로 하는 것이 편리하다.**
  - **1단계**: α-탄소 위치를 확인한다.
  - **2단계**: 반응 물질 두 분자를 α-탄소와 카보닐기를 마주보게 그린다. 만일 두 분자 중 한 분자에만 α-H가 있는 교차 알돌 반응인 경우에는 α-H가 없는 화합물을 카보닐기 배열 화합물로 선택한다.
  - **3단계**: 한 분자의 α-H 두 개와 다른 분자의 카보닐 산소를 H_2O로 제거하고, 두 탄소를 C=C로 연결한다. 이때 생성물의 C=C 결합 주위는 입체 화학적으로 유리한 물질이 주생성물이 되도록 그린다.

출발 물질   1단계   2단계   3단계 $-H_2O$ 생성 물질

13.7.2 알돌 반응 생성물로부터 출발 물질의 예측

목표 물질을 합성하는 데 필요한 출발 물질을 쉽게 예측한다면 그것은 합성 화학에서 매우 유용하다. 이런 과정을 **역합성**(retrosynthesis)이라고 한다(14.8절 참조).

- **알돌 반응에서 역합성에 의해 출발 물질을 예측하려면 다음과 같이 하면 용이하다.**
  - **1단계**: α-와 β-탄소 위치를 확인한다. β-하이드록시카보닐 화합물에서는 OH 기를 가진 탄소가 β-탄소이므로 구분하기 쉽다. α,β-불포화 카보닐 화합물에서는 카보닐기에 가까운 탄소가 α-탄소이다.

- **2단계**: 역합성 분석법을 이용해 α-탄소와 β-탄소 사이를 끊는다.
- **3단계**: OH 기를 포함한 β-탄소나 C=C 결합을 이루었던 β-탄소를 카보닐(C=O)기로 바꾼다.
- 최종적으로는 얻어진 출발 물질로부터 목표 물질을 합성할 수 있는지 확인한다.

합성 목표 물질 —1단계→ —2단계→ —3단계→ 출발 물질

13.7.3 말론산 에스터 및 아세토아세트산 합성 생성물로부터 출발 물질의 예측

말론산 에스터 및 아세토아세트산 에스터 합성법 역시 합성에서 자주 이용되는 반응들이다.

■ **주어진 목표 물질의 합성에 이들 합성법을 어떻게 이용할 수 있는지는 다음 과정으로 쉽게 알 수 있다.**

- **1단계**: α-탄소 위치를 확인하고 역합성 분석으로 α-탄소에 연결된 알킬기를 확인한다.
- **2단계**: α-탄소의 $-CH_2CO_2H$는 diethyl malonate로부터 얻을 수 있고 CH_3COCH_2- 조각은 ethyl acetoacetate로부터 얻는다. 나머지 확인된 두 개 알킬기가 S_N2 반응의 기질(즉, 할로젠화 알킬)로 사용될 수 있는지 확인한다.
- Diethyl malonate 또는 ethyl acetoacetate와 2-단계에서 확인된 기질을 이용하여 목표 물질을 합성할 수 있는지 확인한다.

말론산 에스터 합성법 이용

1단계 → 2단계 → R⌒X + C(COOH) + X⌒R′

아세토아세트산 에스터 합성법 이용

1단계 → 2단계 → CH₃C(O)–C + R−X + X–CH(R″)R′

염료가 의약품이 되었다

합성 염료의 초기 연구는 독일 화학자를 중심으로 이루어졌고, 의류 염색뿐만 아니라 조직 세포의 염색에도 관심을 가지고 있었다. 1930년 중반 독일 의사였던 Gerhard Domagk가 연쇄상구균에 감염되어 위독해진 자신의 딸에게 아조 염료인 prontosil[4-((3,4-diaminophenyl)diazenyl)benzenesulfonamide]을 투여하여 치료하면서 합성 항생 물질의 새로운 시대를 열게 되었다. 그 공로로 Gerhard Domagk는 1939년에 노벨 생리의학상을 받았다. 계속된 연구로 지금은 prontosil 자체가 아니라 분해된 4-aminobenzenesulfonamide가 약리작용을 하는 것으로 밝혀졌다.

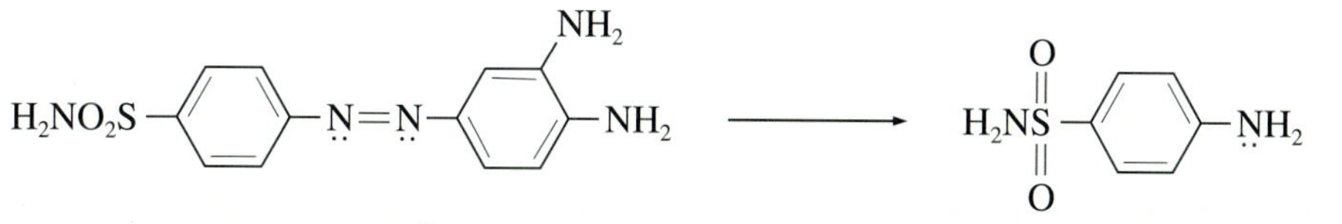

prontosil → 4-aminobenzenesulfonamide

황을 포함하는 이런 항생제를 설파제(sulfa drug)라고 한다. 설파제는 $NH_2-C_6H_4-SO_2NHR$라는 필수 구조(essential structure: 활성을 나타내기 위해 반드시 있어야 하는 구조 단위)를 가지고 있고, R 부분만이 다른 다양한 약품들이 개발되어 시판되고 있다.

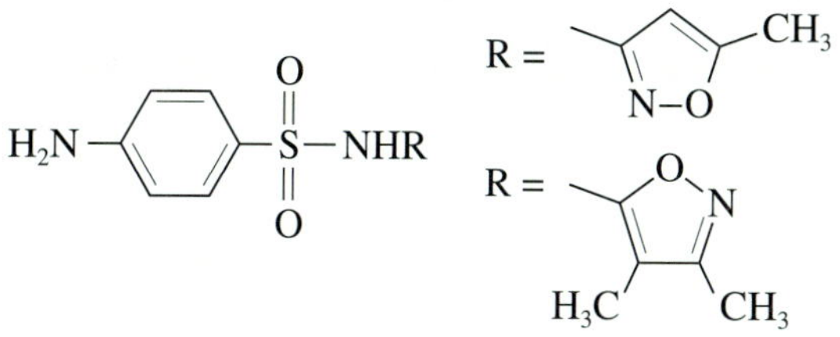

sulfamethoxazole

sulfioxazole

설파제의 작용기전은 약물이 투여되면 증식에 필요한 엽산(folic acid)의 합성을 방해함으로써 증식을 억제하는 것으로 알려졌다. 엽산은 *p*-aminobenzoic acid로부터 만들어진다. 그런데 *p*-aminobenzoic acid와 설파제의 구조가 매우 유사해서 엽산 합성에서 설파제가 *p*-aminobenzoic acid를 대치하므로 엽산 합성이 방해를 받고 결국에는 박테리아 증식이 되지 않는다. 놀랍게도 사람은 엽산을 음식으로 섭취하고, 박테리아는 합성해야 하므로 설파제는 오로지 박테리아 세포에만 영향을 미친다.

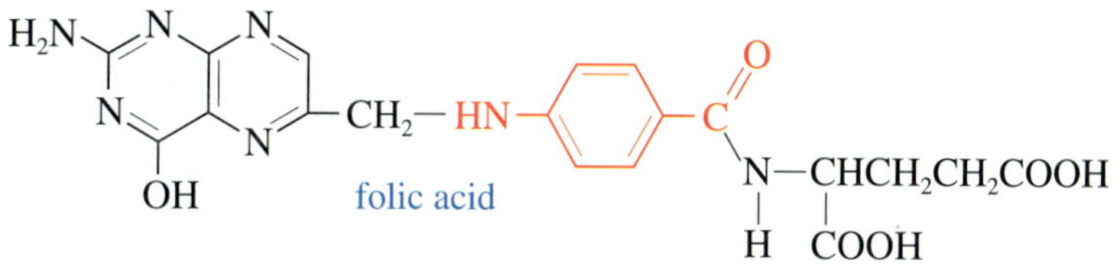

folic acid

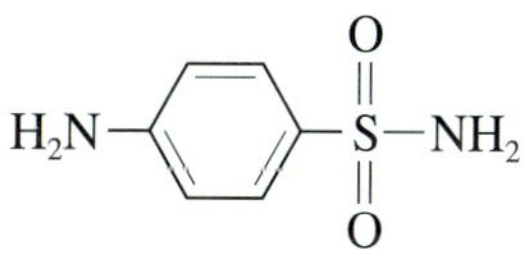

p-aminobenzenesulfonamide

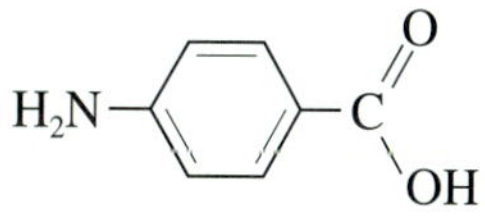

p-aminobenzoic acid

주요 용어

Claisen 축합 반응(Claisen condensation)
Dieckmann 고리화 반응(Dieckmann cyclization)
Hell-Volhard-Zelinski 반응(Hell-Volhard-Zelinski reaction)
Michael 반응(Michael reaction)
Michael 받개(Michael acceptor)
Michael 주개(Michael donor)
Robinson 고리화 반응(Robinson annulation)
교차 Claisen 축합 반응(cross Claisen condensation)
교차 알돌 반응(cross aldol reaction)
말론산 에스터 합성법(malonic ester synthesis)
분자내 Claisen 축합 반응(intramolecular Claisen condensation)
분자내 알돌 반응(intramolecular aldol reaction)
아이오도폼 검사(iodoform test)
알돌 첨가 반응(aldol addition)
알돌 축합 반응(aldol condensation)
알돌(aldol)
양쪽성 친핵체(ambident nucleophile)
역-알돌 반응(retro-aldol reaction)
역합성(retrosynthesis)
콘쥬게이션 첨가 반응(conjugation addition)
탈카복실 반응(decarboxylation)
할로폼 반응(haloform reaction)
활성 메틸렌(active methylene)

연습 문제

개념 문제

1. 카보닐 화합물의 α-H에서 토토머화가 가능한 이유는 무엇인가?
2. 엔올 음이온은 산소와 탄소가 음이온이 될 수 있는 양쪽성 친핵체이다. 그러나 치환 반응은 α-탄소에서만 일어난다. 왜 그런가?
3. 나이트릴(RC≡N)의 α-탄소 음이온도 양쪽성 친핵체가 될 수 있는가? 설명하시오.
4. α-알킬화 반응에서 라셈 혼합물이 생성되는 이유는 무엇인가?
5. 말론산 에스터 합성법과 아세토아세트산 에스터 합성법의 공통점과 다른 점을 설명하시오.

실전 문제

6. 다음 화합물들을 합성할 수 있는 출발 물질과 어떤 유형의 반응을 이용하면 되는지를 예측하고 제시하시오.

(a) COOH　　(b) HO, O

(c) O　　(d) O

7. Diethyl malonate와 benzaldehyde를 반응시키면 하나의 α,β-불포화 화합물을 생성한다. 메커니즘을 그리시오.
8. Stork 엔아민 합성법을 이용하여 cyclohexanone으로부터 2-(3-oxobutyl)cyclohexanone을 만들 수 있다. 이 반응 메커니즘을 제시하시오. 또 엔올 음이온과 엔아민의 반응성을 비교하시오.

cyclohexanone　1) R_2NH, H^+　2) $CH_3COCHCH_2$　3) H_3O^+　→　2-(3-oxobutyl)cyclohexanone

9. 다음 화합물들의 알돌 축합 반응의 최종 생성물을 예측하시오.
(a) 3,3-Dimethyl-2-butanone
(b) Cyclohexanone
(c) Acetaldehyde와 benzaldehyde
10. 다음 화합물을 아세토아세트산 에스터 합성법으로 합성하고자 한다. 필요한 할로젠화 알킬을 제시하시오.

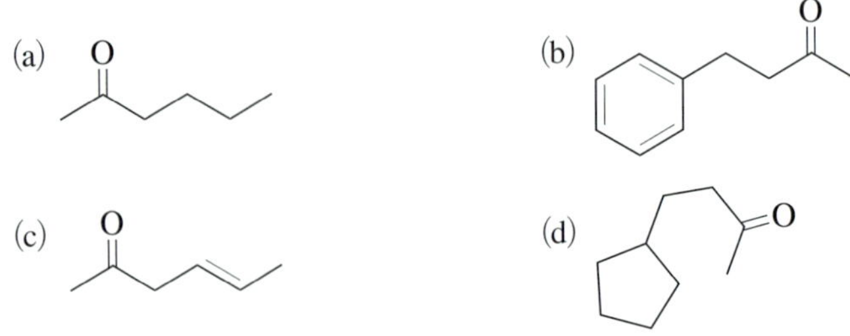

11. 다음 화합물을 말론산 에스터 합성법으로 제조하려고 한다. 필요한 할로젠화물의 구조식과 IUPAC 이름을 제시하시오.

(c) (d)

12. 1,4-Dibromobutane을 이용하여 cyclopentanecarboxylic acid를 합성하는 경로를 제시하시오.

13. Ethyl 2-oxocyclohexanecarboxylate로부터 2-benzylcyclohexanone을 합성하는 타당한 경로와 메커니즘을 제시하시오.

14. 3-Pentanone으로부터 2-methyl-3-pentanone을 합성하는 과정과 메커니즘을 제시하시오. (힌트: 이 과정에는 엔아민 알킬화가 필요하다.)

15. 다음 화합물을 합성하는 데 필요한 알데하이드를 제시하시오.

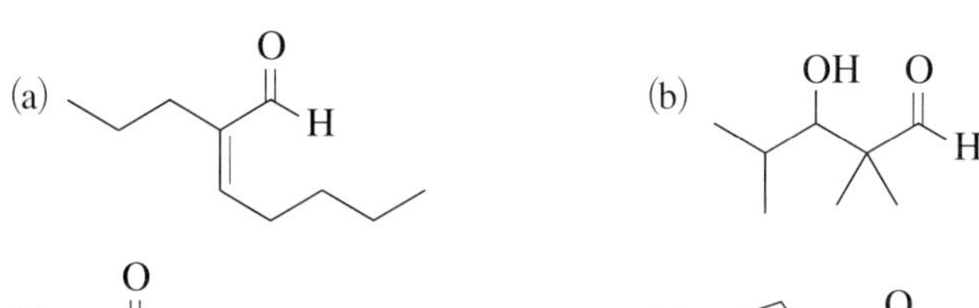

(c) (d)

14 헤테로 고리 화합물 및 유기 합성

Heterocyclic Compounds and Organic Synthesis

- 헤테로 고리는 단일 고리 헤테로 고리와 접합 다중 헤테로 고리로 구분된다.
- 방향족 헤테로 고리의 상대적 반응성은 각 고리의 방향족성으로부터 오는 기여도와 중간체 양이온 안정도로 결정된다.
- 유기 합성은 화학을 창조 과학이게 한다.

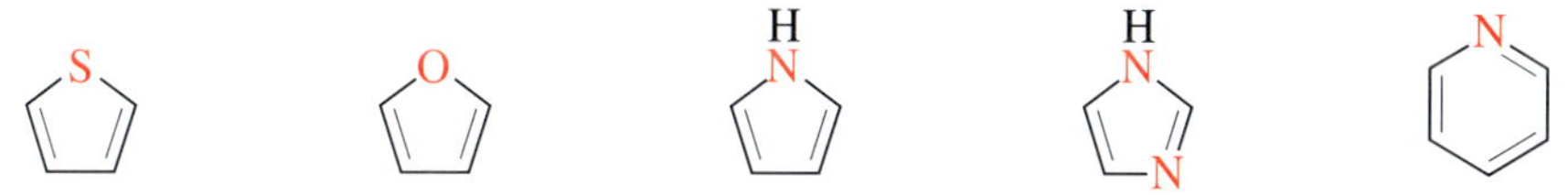

thiophene　furan　pyrrole　Imidazole　pyridine

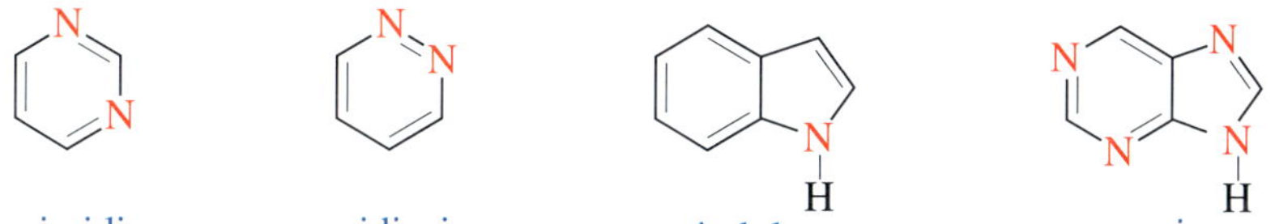

pyrimidine　pyridiazine　indole　purine

방향족 헤테로 고리 화합물의 반응

친전자성 치환 반응　친핵성 치환 반응

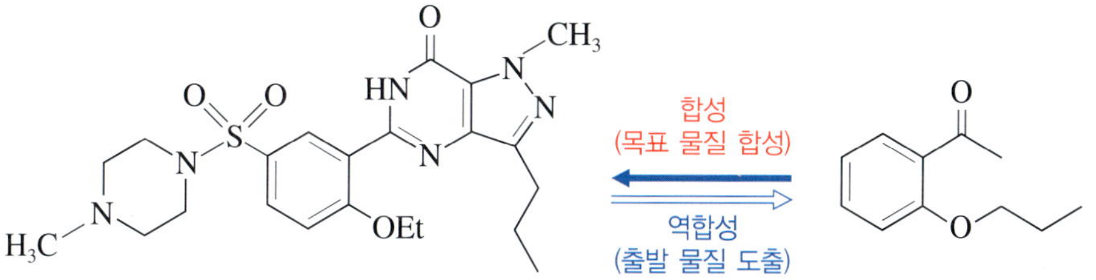

합성
(목표 물질 합성)

역합성
(출발 물질 도출)

Viagra(Sildenafil)
목표 물질

1-(2-propoxyphenyl)
ethanone
출발 물질

생명체의 DNA와 RNA, 그리고 오늘날 우리가 사용하는 많은 의약품과 천연물질에는 대부분 두 종류의 고리를 포함하고 있다. 하나는 탄소로만 구성된 **탄소 고리**(carbocycle)이고 다른 하나는 헤테로 원자가 고리 원자로 포함된 **헤테로 고리**(heterocycle)이다. 대부분의 생리 활성 물질의 헤테로 원자가 생물학적 특성에 기여한다고 생각한다. 그러므로 발표되는 화학 문헌의 절반 정도는 헤테로 고리 화학을 다룬다.

Viagra(Sildenafil)
발기 부전 치료제

Zidovudine(AZT)
항바이러스 AIDS 약

Pyridoxine
바이타민 B_6

헤테로 고리는 크게 **단일 고리 헤테로 고리**(monocyclic heterocycle)와 두 개 또는 그 이상의 고리가 서로 접합된 **접합 다중 헤테로 고리**(fused polyheterocycle)로 구분할 수 있다. 단일 고리 헤테로 고리 화합물의 명명법은 비교적 단순하지만, 접합 다중 헤테로 고리 명명법은 단순하지 않다.

14.1 헤테로 고리 명명법

헤테로 고리 화합물들은 많은 관용명을 가지고 있어 때때로 혼동되기도 한다.

- **단일 고리 포화 헤테로 고리 화합물 명명법에서 가장 간단한 방법은 먼저 탄소 고리 유도체로 명명하고, 헤테로 원자를 나타내는 접두어를 탄소 고리 화합물 모체 이름 앞에 덧붙여 명명한다.**
  - 헤테로 원자를 나타내는 접두어로 질소(N)는 아자-(aza-), 산소(O)는 옥사-(oxa-), 황(S)은 싸이아-(thia-), 인(P)은 포스파-(phospha-) 등을 사용한다.
  - 헤테로 고리에서 위치를 나타내는 위치 번호는 헤테로 원자가 항상 1번으로 시작하여 치환기 위치 번호가 적은 수로 표시되도록 순서대로 번호를 매긴다.

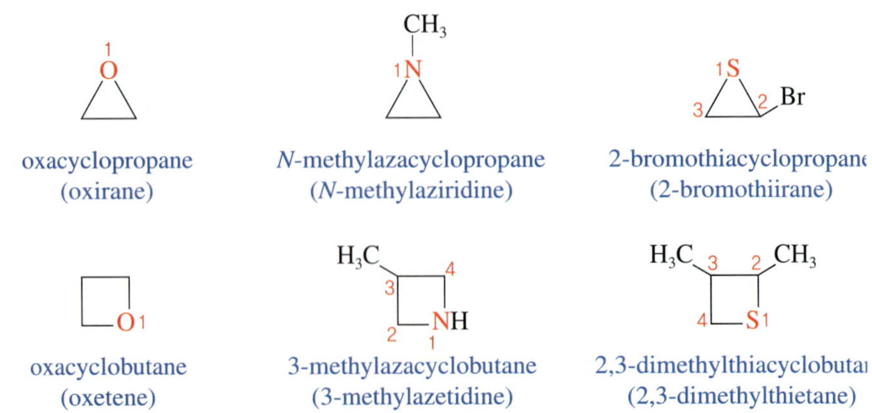

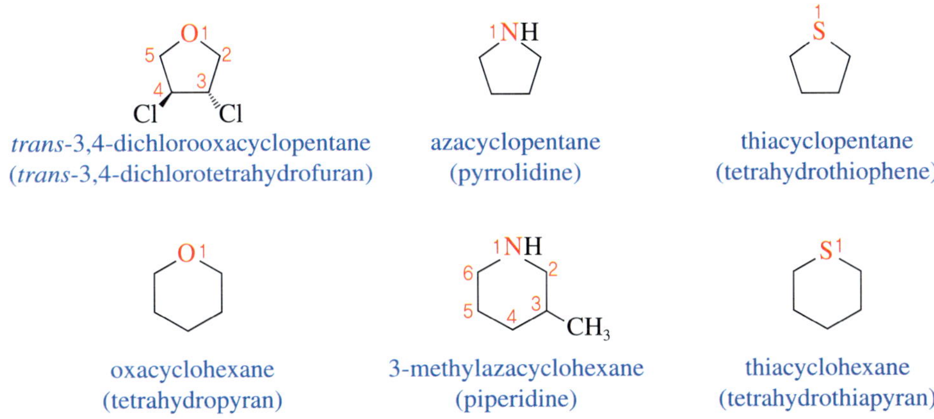

- **간단한 불포화 단일 고리 헤테로 고리 화합물과 접합 고리들은 관용명으로 더 많이 사용되기도 한다.**
  - 단일 고리 헤테로 고리의 위치 번호는 헤테로 원자가 1번이거나 포화 헤테로 원자가 1번이다.
  - 접합 다중 헤테로 고리 화합물의 위치 번호는 고정되어 있다.

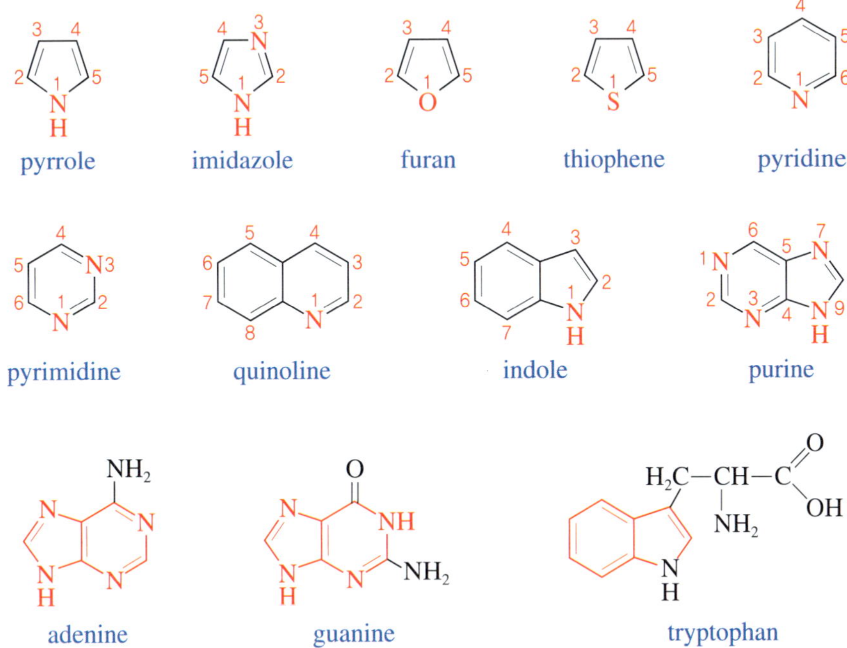

DNA와 RNA에 있는 adenine과 guanine은 purine 고리가 기본으로 되어 있고, 아미노산의 tryptophan에는 indole 고리가 포함되어 있다.

복습문제 14.1 다음 화합물의 구조식을 그리시오.

(a) *N*-Ethylazacyclopropane (b) 4-Bromoindole
(c) 3-Cyclopropylthiacyclohexane (d) 6-Chloropyrimidine

14.2 방향족 헤테로 고리 화합물의 구조와 성질

- 불포화 헤테로 고리 화합물인 **pyrrole**, **furan** 및 **thiophene**은 각각 고립 전자쌍을 하나씩 가지고 있는 **1-hetero-2,4-cyclcopentadiene** 계이다.

- 헤테로 원자에 고립 전자쌍을 가지고 있는 이 헤테로 고리들의 구조는 cyclopentadiene 음이온과 전자적 상황이 유사하다(9.5.3절 참조).
- 따라서 헤테로 원자의 고립 전자쌍이 공명을 통하여 비편재화되는 정도가 이 화합물들의 방향족성에 영향을 준다.

■ **이 계열에 속하는 pyrrole, furan 및 thiophene의 헤테로 원자(N, O, S)는 모두 sp^2 혼성을 하고 있고 고립 전자쌍은 p 오비탈에 있다.**

- 따라서 이웃한 C—C 파이 결합과 공명을 하기가 쉽도록 배열되어 있다.

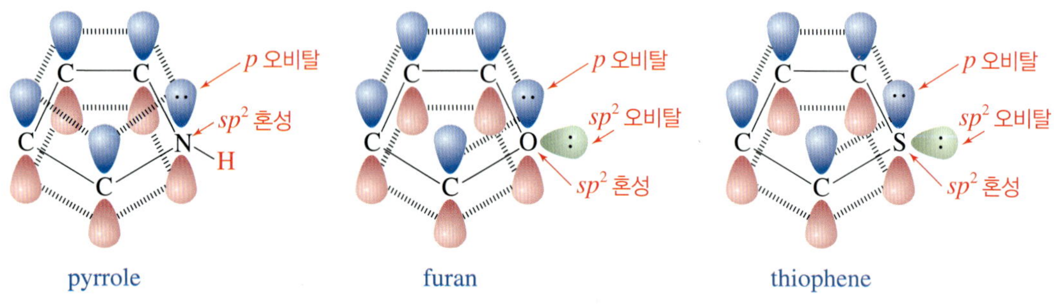

그림 14.1 1-Hetero-2,4-cyclopentadiene 계의 오비탈 모양

■ **1-Hetero-2,4-cyclopentadiene의 공명 구조에서 고립 전자쌍을 가지는 헤테로 원자가 양이온을 띠는 구조가 많다.**

- 결국 이 헤테로 원자가 가지는 수소는 산성을 띠게 된다.

1-hetero-2,4-cyclopentadiene의 공명 구조

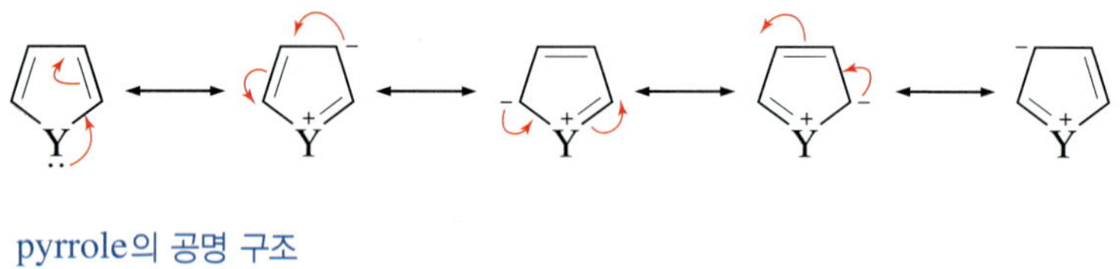

pyrrole의 공명 구조

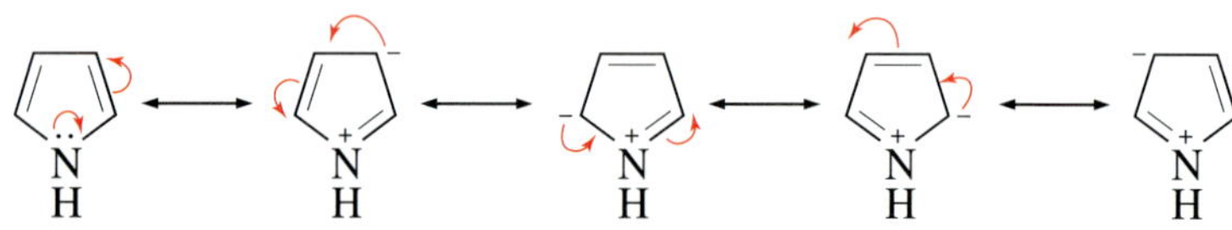

Cyclopentadienyl 음이온처럼 furan, pyrrole 및 thiophene의 헤테로 원자가 가지는 고립 전자쌍들이 $4n+2$ 규칙을 만족시키는 데 참여하므로 방향족성을 나타낸다.(9.5.4절 참조)

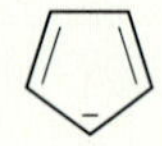

cyclopentadienyl 음이온

■ **헤테로 고리 화합물의 이러한 방향족성은 pyrrolinium 이온의 pK_a 값이 0.4 정도로 pyrrole이 염기성이 아니며, 또한 이들이 benzene 화학과 유사한 치환 반응을 한다는 점에서도 확인할 수 있다.**

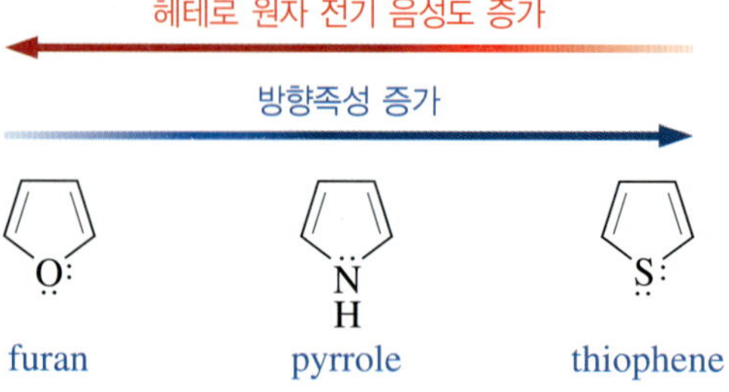

■ **헤테로 고리 화합물들은 고리에 포함된 헤테로 원자로 인한 쌍극자 모멘트를 가진다.**

- 방향족 헤테로 고리와 같은 탄소 수로 이루어진 비방향족 헤테로 고리의 쌍극자 방향은 다소 차이가 있다. 그 이유는 고립 전자쌍의 공명에 의한 비편재화에 기인한다.

표 14.1 몇 가지 헤테로 고리의 쌍극자 모멘트

비방향족 헤테로 고리		방향족 헤테로 고리	
(tetrahydrofuran)	1.68 D	(furan)	0.71 D
(tetrahydrothiophene)	1.87 D	(thiophene)	0.52 D
(pyrrolidine)	1.57 D	(pyrrole)	1.80 D
(piperidine)	1.57 D	(pyridine)	2.20 D

■ **파이 전자가 풍부한 방향족 헤테로 고리의 가장 특징적인 반응은 친전자성 치환 반응(electrophilic substitution)이다.**

- 친전자체의 공격이 가능한 자리는 2번 탄소와 3번 탄소이지만, C-2를 공격하여 생성되는 중간체가 더 공명 안정화되므로 C-2가 반응성이 더 크다.

C–2 공격

C–3 공격

■ **몇 가지 흔한 방향족 헤테로 고리의 상대적인 반응성은 다음과 같다.**

- 이 상대적인 반응성 순서는 각 고리의 방향족성으로부터 오는 기여도와 중간체 양이온의 안정도의 결과로 결정된다.

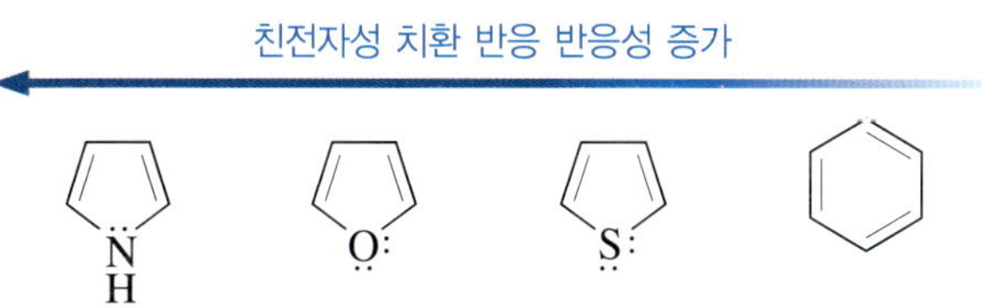

- **Imidazole도 pyrrole의 유사체로 다섯 원자 불포화 고리에 sp^2 혼성화된 두 개의 질소 원자를 포함하고 있다.**
  - NH의 질소 원자는 pyrrole처럼 방향족 파이 계에 관여한다.
  - 다른 한 개의 이중 결합 질소는 고리 평면의 밖을 향하는 sp^2 오비탈에 놓여 있어 방향족 파이 계에 참여하지 못한다.

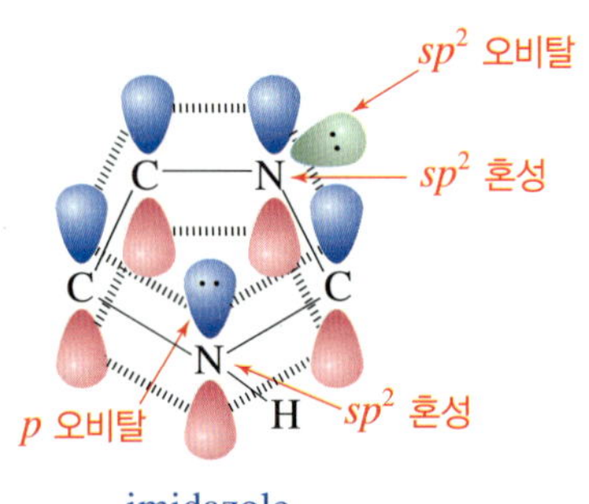

imidazole

- **Pyridine은 benzene에서 하나의 CH 단위가 sp^2 혼성화된 N으로 대치된 화합물이다. 이런 이유로 azabenzene으로 간주된다.**
  - Pyridine에서 고립 전자쌍은 sp^2 오비탈을 점유하여 고리 평면과 동일한 평면에 있으며 고리 밖으로 향하고 있다. 따라서 이 고립 전자쌍은 공명에 의해 비편재화되지 않는다.
  - Pyridine 고리는 방향족이지만 질소의 전기 음성도가 탄소보다 커서 유발 효과와 공명 효과에 의해 질소 원자쪽으로 전자 밀도가 더 높아지게 된다.
  - Pyridine의 고립 전자쌍은 콘쥬게이션으로 묶여 있지 않으므로 약염기이다.

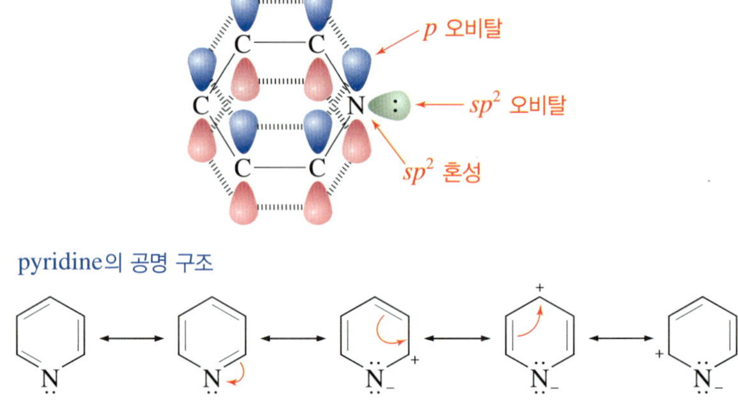

- **Pyridine은 하나의 질소만 가지고 있으나 그 이상의 질소 원자를 가지는 아자 유사체(aza analogue)들도 많다. 이들은 pyridine과 유사하게 행동하지만 질소 수가 증가하면 특별히 파이 전자 결핍 현상이 증가한다.**
  - 여섯 원자 고리에 sp^2 혼성을 하고 있는 두 개의 질소 원자를 포함하는 pyrimidine에서의 질소 원자들의 p 오비탈의 전자들은 방향족 파이계에 관여하지만, sp^2 오비탈을 점유하고 있는 고립 전자쌍들은 방향족 파이 계에 관여하지 못한다.

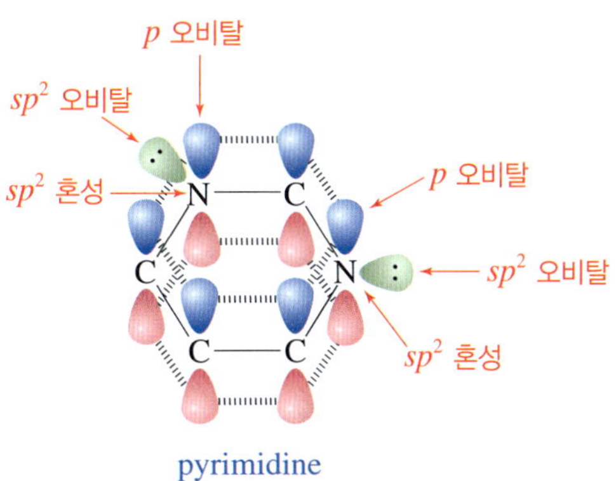

pyrimidine

- Imidazole과 pyrimidine 고리는 생화학적으로 중요한 핵산(nucleic acid)이나 아미노산에 포함되어 있다.

■ **Azabenzene 유도체들의 방향족성도 콘쥬게이션 정도와 질소 원자의 전기 음성도와 관련이 있으며, 몇몇 azabenzene의 상대적인 방향족성은 다음과 같다.**

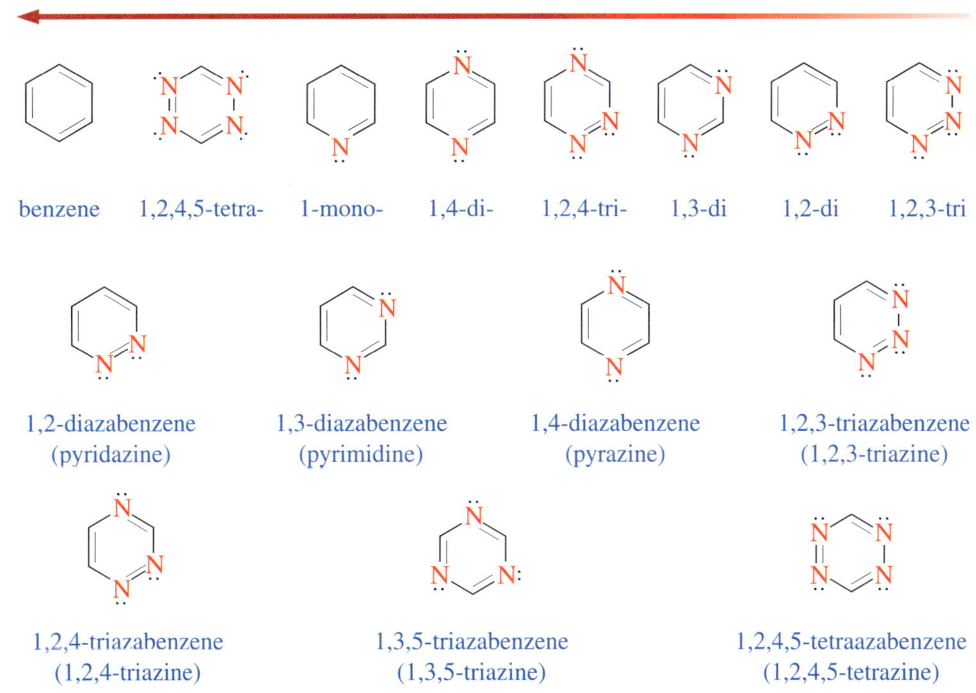

14.3 방향족 다섯 원자 헤테로 고리의 합성과 반응

14.3.1 Pyrrole, furan 및 thiophene의 합성

■ 다섯 원자 헤테로 고리 합성법은 매우 다양하다. 일반적인 접근 방법으로 **α-다이케톤(α-diketone)**을 이용하거나, **1,4-다이케톤(1,4-diketone)**을 이용한다.

- α-다이케톤(1,2-diketone)을 이용한 thiophene 합성법은 **Hinsberg thiophene 합성**

1,4-다이케톤과 아민이 반응하여 pyrrole을 합성하는 방법을 **Paal–Knorr 합성법**(Paal–Knorr synthesis)라고 하며, P_2S_5를 처리하여 thiophene을 생성하는 방법은 **Paal 반응**(Paal reaction)이다.

법(Hinsberg thiophene synthesis)으로 알려져 있다.

- 1,4-다이케톤에 아민 유도체를 반응시키면 pyrrole이 만들어진다.
- 1,4-다이케톤에 P_2O_5를 처리하면 furan이 만들어진다.
- 1,4-다이케톤에 P_2S_5로 처리하면 thiophene을 얻는다.

염기

Y=O, C=O, S, NH

1,2-다이케톤

RNH, P_2O_5 또는 P_2S_5

1,4-다이케톤

Y= O, S, NR

$(CH_3)_2CHNH_2$

acetic acid 가열

N-(1-methylethyl)-2,5-dimethylpyrrole

2,5-hexanedione

P_2S_5

140~150°C

dimethylthiophene

P_2O_5

150°C

1,2-dibenzoylcyclohexane

1,3-diphenyl-4,5,6,7-tetrahydroisobenzofuran

14.3.2 Pyrrole, furan 및 thiophene의 반응

우리가 흔하게 접할 수 있는 방향족 다섯 원자 헤테로 고리로 pyrrole, furan 및 thiophene이 있다. 이들은 앞서 언급된 친전자성 치환 반응과 더불어 고리 열림 반응 또는 고리화 첨가 반응 등을 한다.

- **Pyrrole, furan 및 thiophene은 방향족이므로 benzene처럼 할로젠화, 나이트로화 또는 아실화 반응들과 같은 친전자성 방향족 치환 반응을 한다.**
  - 이 친전자성 치환 반응은 고리에서 이중, 삼중으로 일어날 수 있다.
  - 특히 반응성이 좋은 thiophene의 경우는 더 복잡한 혼합 생성물이 생성된다.

Cl_2, CH_2Cl_2 → 2-chlorofuran

$CH_3C(=O)ONO$, −10°C → 2-nitropyrrole (주생성물) + 3-nitropyrrole (소량 생성물)

$CH_3C(=O)Cl$, $SnCl_4$ → 2-acetyl-5-methylthiophene

메커니즘 14.1 Heterocyclopentadiene의 친전자성 염소화 반응

Cl—Cl, −Cl⁻ → [Cl, H, Y 공명 구조] → Cl⁻, −HCl → Cl

■ **Furan과 thiophene의 고리는 비교적 쉽게 열린다.**

- Furan은 산 조건에서 가수 분해되어 상응하는 1,4-다이케톤 화합물로 된다.
- Thiophene 유도체도 Raney Ni(Raney nickel)을 처리하면 탈황 반응(desulfurization)을 일으켜 열린 포화 사슬을 만든다.

2,5-dimethylfuran —(H_2SO_4, H_2O, △, AcOH)→ 2,5-hexanedione

2-(diethoxymethyl)-thiophene —(Raney Ni, △, $(Et)_2O$, −NiS)→ 1,1-diethoxypentane

14.4 Pyridine의 합성

4-성분 반응은 일종의 **다성분 반응**(multicomponent reaction, MCR)이며, 다성분 반응은 세 개 이상의 출발 물질을 동시에 반응시켜 하나의 생성물을 형성시키는 반응을 말한다.

Pyridine은 비고리 카보닐 화합물과 NH_3를 사용하여 제조할 수 있다. 많은 수의 다중 치환 pyridine은 pyridine 유도체에 친전자성 또는 친핵성 치환 반응을 이용하여 합성한다.

- **Pyridine 고리를 만드는 가장 일반적인 방법은 Hantzsch pyridine 합성법**(Hantzsch pyridine synthesis)**이다.**
  - 이 반응의 첫 단계에서는 두 개의 케톤, 하나의 알데하이드 그리고 NH_3가 반응하는 4-성분 반응이다.

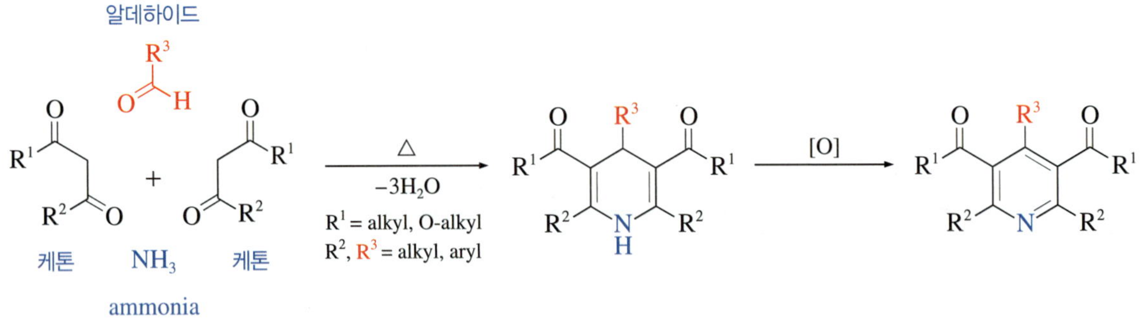

알데하이드

케톤 + NH_3 ammonia + 케톤 —(△, $-3H_2O$; R^1 = alkyl, O-alkyl; R^2, R^3 = alkyl, aryl)→ [O] →

- 이 반응의 메커니즘은 첫 단계에서 케톤과 ammonia가 반응하여 엔아민을 형성하고, 알데하이드와 다른 케톤이 Knoevenagel 축합 반응을 하여 α,β-불포화 카보닐 화합물을 형성한다.
- 두 번째 단계에서 엔아민과 α,β-불포화 카보닐 화합물이 Michael 첨가 반응(13.6절 참조)을 하고 물 한 분자를 상실하면 1,4-dihydropyridine 유도체를 형성한다.
- 마지막 단계에서 이 물질을 산화시키면 상응하는 pyridine 유도체를 얻을 수 있다.

메커니즘 14.2 Hantzsch pyridine 합성

$:NH_3$ ⇌ $^-O\ ^+NH_3$ ⇌ ($-H_2O$) NH_2

엔아민

⇌ ⇌

α,β-불포화 카보닐

⇌ H_2N^+ ⇌ $H_2N:$ ⇌ ($-H_2O$)

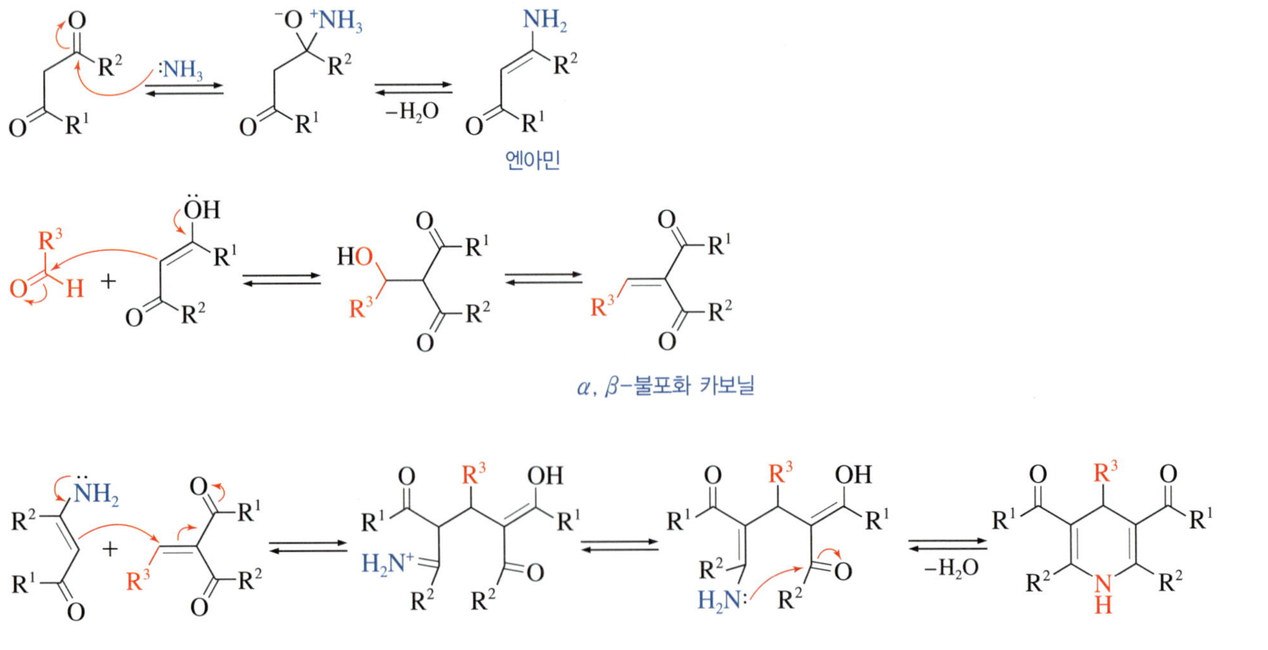

1,4-dihydropyridine —[O]→ pyridine

■ **Knoevenagel 축합 반응(Knoevenagel condensation)은 일종의 염기 촉매 알돌 반응이다. 알데하이드나 케톤이 1° 또는 2° 아민과 반응하여 이미늄염(iminium salt)을 형성하고 엔올 음이온과 반응하여 α,β-불포화 카보닐 화합물을 형성시키는 반응이다.**

$$O{=}C(R^1)(R^2) + HNR_2 \rightleftharpoons R_2\overset{+}{N}{=}C(R^1)(R^2) + \text{엔올 음이온} \longrightarrow \alpha,\beta\text{-불포화 카보닐}$$

알데하이드 또는 케톤 / 이미늄 이온 / 엔올 음이온 / α, β-불포화 카보닐

14.5 Pyridine의 반응

■ **Pyridine 분자는 전자적 성향을 고려하면 방향족이면서 또한 고리형 이민(imine)의 성질을 가진다.**

- 따라서 pyridine은 친전자성 치환 반응과 친핵성 치환 반응이 모두 일어난다.
- Benzene과는 달리 pyridine의 고리 탄소는 전자가 부족하므로 친전자성 방향족 치환 반응은 잘 일어나지 않는다.
  - ▸ 특히 Friedel-Craft 반응은 일어나지 않는다.
  - ▸ 할로젠화 반응은 격렬한 조건에서만 가능하다.
  - ▸ 나이트로화 반응은 C-3 위치에서 benzene보다 매우 느리게 일어나 낮은 수득률로 얻는다.
- Pyridine에 활성화기들이 치환되면 친전자성 방향족 치환 반응이 더 잘 일어난다.

■ **Pyridine이 친전자성 방향족 치환 반응의 반응성이 낮은 이유는 다음과 같다.**

- 첫째, 고리 질소의 고립 전자쌍과 친전자체가 착물을 이루어 pyridine 고리가 양전하를 띠기 때문이다.
- 둘째, 전기 음성도가 큰 질소의 유발 효과에 의해 고리 내의 전자 밀도가 감소하고 고리 탄소는 양으로 편극되므로 친전자체와의 반응성이 낮아지기 때문이다.
- 셋째, 공명 효과에 의해 고리 탄소가 양전하를 띠고 질소가 음이온을 가지므로 친전자체와의 반응성이 낮기 때문이다.

■ **Pyridine 고리는 얼마간 전자가 결핍되어 있어 친핵성 치환 반응은 benzene보다 비교적 쉽게 일어난다.**

- 이 반응에서는 음전하가 질소에 위치하는 중간체가 생성되므로 C-2와 C-4 위치에서의 치환 반응이 유리하다.

- 대표적인 친핵성 치환 반응으로 $NaNH_2$를 액체 ammonia 속에서 반응시켜 2-aminopyridine 을 만드는 반응이 있다.
  - ▸ 이 반응은 Chichibabin **반응**(Chichibabin reaction)으로 알려져 있다.
  - ▸ 이 반응은 첨가와 제거의 두 단계로 진행된다.
- Pyridine은 Grignard 시약이나 유기리튬 시약과 반응시키면 유사하게 친핵성 치환 반응을 통해 새로운 C—C 결합을 형성하여 2-치환-pyridine을 생성한다.

1) $NaNH_2$, NH_3 (액체)
2) H^+, H_2O

2-aminopyridine(70%)

110°C
toluene

Li

2-phenylpyridine(50%)

Cl

$NaOCH_3$, CH_3OH

OCH_3

4-methoxypyridine(75%)

메커니즘 14.3 Chichibabin 반응

NH_2^- 첨가 반응 제거 반응 $-H^-$

14.6 접합-헤테로 고리 화합물

■ **Pyrrole, imidazole, pyridine, pyrimidine이 benzene 고리나 다른 헤테로 고리와 접합된 접합-헤테로 고리**(fused-heterocycle) **중 quinolone, isoquinoline, indole, purine은 흔하다.**

- Pyridine과 benzene이 접합된 quinoline이나 isoquinoline의 친전자성 치환 반응은 반응성이 더 좋은 benzene 고리에서 일어난다.
- Indole은 비염기성이며, pyrrole과 유사한 질소 원자를 가지고 있고, benzene보다 쉽게 친전자성 치환 반응을 한다.
- 친전자성 반응과 달리 친핵성 치환 반응은 전자가 부족한 pyridine 고리에서 일어난다.

Br

Br_2 / H_2SO_4

51 : 49

Br

quinoline 5-bromoquinoline 8-bromoquinoline

NO_2

HNO_3, 0°C / H_2SO_4

90 : 10

NO_2

isoquinoline 5-bromoisoquinoline 8-bromoisoquinoline

Br

Br_2, 0°C

indole 3-bromoindole

14.7 유기 합성과 C–C 결합 형성 반응

유기 합성(organic synthesis)은 새로운 물질을 만들 수 있어 화학을 **창조 과학**(creative science)이 되게 한다. 전통적인 유기 합성은 공유 결합을 분해하고 형성하는 반응을 말한다. 유기 합성은 유기 화학의 꽃으로, 20세기에 크게 발전한 학문 분야이다. 오늘날에는 유기 합성이 추구해야 할 목표로 **이상적 합성**(ideal synthesis) 개념이 제시되고 있다.

- **이상적 합성이란 목표로 하는 화합물을 쉽게 대량으로 얻을 수 있는 출발 물질로부터 가능한 한 적은 단계로 최소량의 부산물과 최대의 효율로 합성하는 것을 의미한다.**
  - 이상적 합성 구현을 위한 방법으로 도입된 반응으로 **다성분 반응**(multicomponent reaction, MCR), **연속 반응**(cascade reaction), **종속 반응**(tandem reaction) 등이 있다.
  - 다성분 반응은 3개 이상의 출발 물질을 동시에 하나의 용기에서 반응시켜 생성물을 얻는 반응이다.
  - **연속 반응**은 동일한 반응이 연속해서 진행되는 반응이다.
  - **종속 반응**은 앞의 반응이 진행된 후에 후속 반응이 계속해서 진행되는 반응 형태이다.
- **이상적 합성에서 추구하는 효율적 합성의 기준은 다음과 같은 반응 조건들이다.**
  - 친환경적(green 또는 eco-friendly) 반응 조건
  - 지속 가능성 (sustainable) 반응 조건
  - 원소-경제적 (atom-economic) 반응 조건
  - 산화환원-경제적(redox-economic) 반응 조건이다.
- **연구 방법적인 면에서 보면 합성은 특정 목표 물질(target material)을 합성하는 전합성(total synthesis)적인 연구와 합성 방법을 개발하는 합성법 개발 방법 등으로 구분된다.**

합성(synthesis)이라는 용어는 넓은 의미로 보면 유기 합성과 초분자 합성(supramolecule synthesis)으로 구분할 수 있다. 유기 합성은 탄소 화합물의 공유 결합을 분해하거나 형성하는 반응으로 정의할 수 있다. 초분자 합성은 흔히 말하는 착물 형성 반응이다. 즉 유기 분자인 리간드와 금속이 상호작용하여 공유 결합 이외의 결합이나 힘으로 초분자(즉, 착물)를 형성하는 합성 과정을 말한다.

이상적 합성은 J. B. Hendrickson에 의해 다음과 같이 정의되었다. "The ideal synthesis creates a complex skeleton… in a sequence only of successive construction reactions involving no intermediary refunctionalizations, and leading directly to the structure of the target, not only its skeleton but also its correctly places functionality."

원소-경제적 합성법은 사용한 출발 물질의 원소 총량과 생성물의 원소 총량이 동일한 반응을 말한다. 따라서 원소 경제성(%) = [생성물의 분자량/사용된 모든 출발 물질 분자량] ×100으로 나타낸다.

- 전합성은 작은 단위의 출발 물질로부터 얻고자 하는 목표 물질을 합성해 가는 방법으로, 합성 단계는 목표 물질의 종류에 따라 매우 다르다.
- 합성 방법 개발 연구는 특정 결합의 형성이나 특정 작용기의 변환을 위한 최적 반응 방법과 조건을 찾는 것이다.
- 결국, 전합성을 하기 위해서는 각 단계별 방법과 조건의 최적화를 거쳐 진행하게 된다.

■ **전합성은 크게 두 과정으로 구분할 수 있다.**

- 하나는 **분자 골격**(molecular skeletal)을 형성하는 과정이다.
- 다른 하나는 분자 골격에 요구되는 작용기를 도입하는 과정이다.

■ **분자 골격을 만드는 과정은 매우 중요하다. 분자 골격은 탄소-탄소 결합으로만 구성된 탄소 골격 구조이거나 탄소-헤테로 원자 결합을 포함하는 헤테로 고리 분자 골격이다. 여기서는 탄소-탄소 결합을 형성하는 몇 가지 방법을 소개하고, 작용기 상호 변환(functional group interconversion; FGI) 방법은 이 교재의 전반에서 다루는 것처럼 다양하므로 여기서는 별도로 다루지 않는다.**

■ **유기 합성에서 분자 골격을 형성하는 데 주로 이용하는 C−C 결합 형성 반응은 다음과 같다.**

- 간단한 치환 반응
- 1,2-카보닐 첨가 또는 치환 반응
- 콘쥬게이션 첨가 반응
- 올레핀(olefin) 첨가 반응
- 짝지음 반응(coupling reaction) 등이 주로 이용된다.

■ **가장 단순한 C−C 결합 생성 반응은 S_N1 및 S_N2 같은 치환 반응을 이용하는 반응들이다. 그 예로 다음 반응들이 있다.**

- 말론산 에스터 합성법(malonic ester synthesis)
- 아세토아세트산 에스터 합성법(acetoacetic ester synthesis)

치환 반응

$$R-X + R'-C\equiv CH \xrightarrow[S_N1 \text{ 또는 } S_N2]{NaH} R'-C\equiv C-R$$

말론산 에스터 합성법

$$R-X + CH_2(COOEt)_2 \xrightarrow[2)\ H_3O^+,\ \text{가열}]{1)\ NaOEt} R-CH_2COOH$$

아세토아세트산 에스터 합성법

$$R-X + H_3C-C(=O)-CH_2-C(=O)-OEt \xrightarrow[2)\ H_3O^+,\ \text{가열}]{1)\ NaOEt} H_3C-C(=O)-CH_2-R$$

■ **1,2-카보닐 첨가 또는 치환 반응의 예로 다음을 들 수 있다.**

- Grignard 반응 및 유기리튬 및 구리 시약 첨가 반응
- Wittig 반응(11.3.7절)

- 알돌 축합 반응(13.4절)
- 사이아노하이드린 첨가 반응(11.3.7절)
- 카벤 첨가 반응

Grignard 또는 유기금속 시약 반응

$$RC(=O)H(R) \xrightarrow[2)\ H_2O]{1)\ R'MgX \text{ 또는 } R'Li} R-C(OH)(R')-H(R)$$

2°, 3° 알코올

Wittig 반응

$$RC(=O)H(R) + Ph_3P=CR'_2 \longrightarrow (R)(R)HC=CR'_2$$

알켄

사이안화 시약 반응

$$RC(=O)H(R) \xrightarrow{NaCN,\ HCl} R-C(OH)(CN)-H(R)$$

사이아노하이드린

카벤 첨가 반응

$$R_2C=O + :C(H(R'))_2 \longrightarrow \left[R_2C=O^+-\bar{C}(H(R'))_2\right]$$

X=Y → 다섯 원자 헤테로 고리

→ 옥시레인

■ **콘쥬게이션 첨가 반응은 α,β-불포화 카보닐에 엔올 음이온이나, $^-$CN 같은 친핵체가 β-탄소에 첨가되는 반응이다. 그 예로 다음 반응들이 있다.**

- Michael 반응(13.6절)
- 사이아나이드 첨가 반응(cyanide addition)
- Grignard 첨가 반응

Michael 반응

$$RC(=O)CH=CHR + R'CH_2C(=O)R' \xrightarrow[2)\ H_2O]{1)\ R''O^-} RC(=O)CH_2CH(R)CH(R')C(=O)R'$$

α,β-불포화 카보닐 화합물 / 카보닐 화합물 / 1,5-다이카보닐 화합물

사이아나이드 첨가 반응

R–C(=O)–CH=CH–R + CN^- ⟶ R–C(=O)–CH_2–CH(CN)–R

α,β–불포화 카보닐 화합물 | β–케토나이트릴

Grignard 첨가 반응

R–C(=O)–CH=CH–R + R′MgX ⟶ R–C(=O)–CH_2–CH(R′)–R

α,β–불포화 카보닐 화합물 | Grignard 화합물 | β–치환 케톤

■ **올레핀 첨가 반응도 C–C 결합 형성 반응이다. 그 예는 다음과 같다.**

> Simmons-Smith 반응은 카벤 삽입 반응(carbene insertion reaction)이다.

- Claisen 자리 옮김 반응(Claisen rearrangement)
- 고리화 첨가 반응(cycloaddition reaction)
- Friedel–Craft 반응(Friedel–Craft reaction)
- 산 촉매 첨가 반응(acid catalyzed addition)
- Simmons–Smith 반응

Claisen 자리 옮김 반응

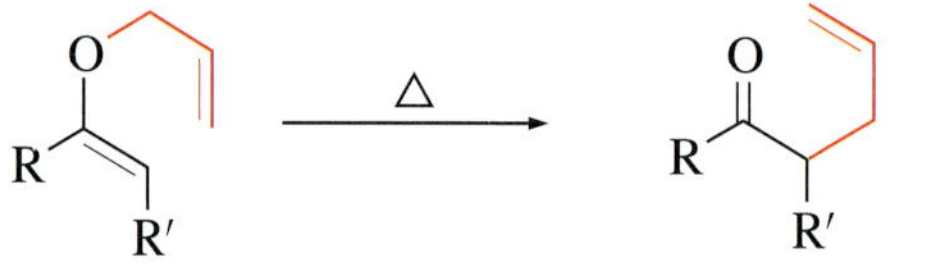

γ,δ–불포화 카보닐 화합물

Diels-Alder 반응

+ ‖ —Δ→

사이클로알켄

Friedel-Craft 알킬화 반응

+ R—X —$AlCl_3$→ (R–벤젠)

alkylbenzene

Friedel-Craft 아실화 반응

+ R–C(=O)–Cl —$AlCl_3$→ (벤젠–C(=O)–R)

acylbenzene

Simmons-Smith 반응

$R_2C{=}CR_2$ + CH_2I_2 —Zn(Cu), $-ZnI_2$→ (H, H–C 고리, R, R, R, R)

cyclopropane

■ **많은 C−C 결합 형성 반응에서 유기 할로젠화물(RX)과 유기금속 시약이나 알켄과의 짝지음 반응(coupling reaction)을 이용한다.**

- 할로젠화물과 유기구리 화합물이 반응하여 새로운 C−C 결합을 형성한다.
  - ▸ 유기구리 화합물 짝지음 반응은 C_{sp^3}−C_{sp^2} 짝지음 반응이다.
- Pd 촉매를 이용하는 Suzuki 및 Heck 반응을 이용한다.
  - ▸ Suzuki 반응과 Heck 반응은 C_{sp^2}−C_{sp^2} 짝지음 반응이다.

Heck 반응(C_{sp^2} — C_{sp^2}, 짝지음 반응)

R−X (X=Br, I) + (CH₂=CH−Y) —[$Pd(OAc)_2$, $P(o\text{-tolyl})_3$, $(Et)_3N$]→ R−CH=CH−Y (*trans*−알켄)

Suzuki 반응(C_{sp^2} — C_{sp^2}, 짝지음 반응)

R−X (X=Br, I) + R′−BY₂ —[$Pd(PPh_3)_4$, NaOH]→ R−R′ (입체 특이적 C−C 짝지음)

유기구리 화합물 반응(C_{sp^3} — C_{sp^2}, 짝지음 반응)

R−X + R'_2CuLi (유기구리 시약) ⟶ R−R′ (C−C 짝지음 생성물) + R′Cu (부산물) + LiX

14.8 역합성 분석

특정 **목표 분자**(target molecule)의 **전합성**(total synthesis)을 위해서 합성 화학자들은 어떤 출발 물질로부터 어떤 중간체를 거쳐 합성할 것인가를 결정해야 한다. 여기에 **역합성 분석**(retrosynthetic analysis)이라는 방법을 이용한다.

'목표 분자'란 합성하고자 하는 목표 물질을 의미한다. '전합성'이란 출발 물질로부터 시작하여 여러 단계를 거쳐 최종 목표로 하는 목표 분자까지의 전체 합성 과정을 말한다.

■ **이런 역합성 분석을 이용하면 다음 두 가지를 이해할 수 있다.**

- 탄소 골격의 변화: 탄소 골격 구조가 어떻게 변하는가?"
- 작용기 종류와 변환: 어떤 작용기가 필요하며 어떤 위치에서 어떻게 변환을 해야 하는가?

역합성 분석에서 사용하는 화살표는 '⇒'를 사용한다. 합성 반응에서 사용하는 '→'와 다르다는 점에 주의하라. 화살표도 화학의 일부이다.

이 두 가지 접근으로부터 어떻게 골격 구조를 만들고 어디서 어떻게 작용기 변환을 할 것인가를 설계할 수 있다. 예로 *n*-propylcyclohexane의 목표 물질 합성을 들어보자. 역합성 분석으로 쉽게 cyclohexylacetylene을 출발 물질로 도출할 수 있고, 이로부터 두 가지 중간체를 거쳐 제조할 수 있음을 안다.

역합성 분석

목표 분자 ⇒ 중간체 ⇒ 중간체 ⇒ 출발 물질 + H_3C−X

전합성

출발 물질 + H_3C-X →(강염기) 중간체 →(환원) [ ] →(환원) 목표 분자

14.9 다성분 합성

■ **다성분 합성**(multicomponent synthesis, 또는 다성분 반응(multicomponent reaction): **MCR**)이란 세 개 또는 그 이상의 출발 물질을 이용하여 하나의 생성물을 만드는 방법을 말한다. 이 반응은 오래 전에 알려졌고 오늘날 녹색 화학(green chemistry)과 **조합 화학**(combinatorial chemistry) 등에서 많이 이용되고 있다.

몇 가지 다성분 합성의 예를 아래에 나타내었다.

- 다성분 합성의 가장 큰 장점은 과정이 단순하다는 것이다.
- 새로운 반응 유형의 개발과 수득률을 높이는 것에 관심이 높다.

Mannich 반응

$RC(=O)CH_3 + HC(=O)H + R'NH_2 \xrightarrow{-H_2O} RC(=O)CH_2CH_2NHR'$

β-아미노카보닐 화합물

Biginelli 반응

$EtO_2CCH_2C(=O)CH_3 + PhC(=O)H + H_2NC(=O)NH_2 \xrightarrow[EtOH]{H^+, \triangle}$ pyrimidone

Hantzsch dihydropyridine 합성

$RC(=O)H + 2\ R'C(=O)CH_2C(=O)OR'' + NH_3 \longrightarrow$ 1,4-dihydropyridine

Strecker 아미노산 합성

$RC(=O)H + NH_3 + HCN \xrightarrow[H_2O]{H^+} RCH(NH_2)C(=O)OH$

α-아미노산

녹색 화학

지난 세기를 지나는 동안 유기 화학은 의약품, 살충제, 합성 섬유, 염료, 건축 재료 및 다양한 중합체들을 통해 세상을 놀랄 만큼 변화시켰다. 그러나 우리 주변은 이들을 제조하기 위해 사용하거나 배출된 용매와 폐기물에 의해 오염되고 황폐화되어 간다.

물론 유기 화학을 완벽하게 친환경적으로 만들기는 어렵지만, 우리가 살고 있는 지구 환경을 살리려는 노력들이 크게 확대되어 가는 것은 고무적이다. 이 노력의 하나로 **녹색 화학**(green chemistry)이라는 새로운 분야를 탄생시켰다.

녹색 화학이란 폐기물을 줄이고 유해 물질이 생기지 않도록 화학 물질과 공정을 설계 이행하자는 것이다. 녹색 화학을 지향하는 이들이 지켜야 할 12가지 원칙도 선포되었다.

1. 폐기물이 발생하지 않도록 한다.
2. 원자 경제성을 최대화한다.
3. 덜 위험한 공정을 설계하고 사용한다.
4. 더 안정한 화합물을 설계한다.
5. 안전한 용매를 사용한다.
6. 에너지 사용을 효율적으로 한다.
7. 재생 가능한 재료를 사용한다.
8. 유도체를 최소화한다.
9. 화학량론적 반응보다는 촉매 반응을 이용한다.
10. 생분해가 가능하게 한다.
11. 오염을 실시간으로 감시한다.
12. 화학 물질 및 공정에서 화재 및 폭발 등의 사고 가능성을 최소화한다.

최근 들어서는 「Green Chemistry」 및 「ACS sustainable chemistry & Engineering」이라는 학술지도 영국화학회와 미국화학회에서 발간되고 있고, 친환경적인 많은 개선 사례들이 보고되고 있다. 아울러 녹색 화학을 포함하는 '지속 가능성 화학(sustainable chemisty)'을 슬로건으로 내거는 회사도 생기기 시작하였다. 녹색 화학이나 지속 가능성 화학 모두가 화학을 하는 모든 이들의 큰 과제이기도 하다.

주요 용어

Chichibabin 반응(Chichibabin synthesis)
Hantzsch pyridine 합성(Hantzsch pyridine synthesis)
Hinsberg thiophene 합성법(Hinsberg thiophene synthesis)
Knoevenagel 축합 반응(Knoevenagel condensation)
Paal-Knorr 합성법(Paal-Knorr synthesis)
Paal 반응(Paal reaction)
Simmons-Smith 반응(Simmons-Smith reaction)
Suzuki 반응(Suzuki reaction)
Heck 반응(Heck reaction)
녹색 화학(green chemistry)
다성분 반응(multicomponent reaction, MCR)
다성분 합성(multicomponent synthesis)
단일 고리 헤테로 고리(monocyclic heterocycle)
목표 물질(target material)
산화환원-경제적 반응(redox-economic reaction)
아자 유사체(aza analogue)
역합성 분석(retrosynthetic analysis)
연속 반응(cascade reaction)
올레핀 첨가 반응 (olefin addition)
원소-경제적 반응(atom-economic reaction)
유기 합성(organic synthesis)
이상적 합성(ideal synthesis)
작용기 상호 변환(functional group interconversion)
전합성(total synthesis)
섭합 다중 헤테로 고리(fused polyheterocycle)
조합 화학(combinatorial chemistry)
종속 반응(tandem reaction)
지속 가능성 반응(sustainable reaction)

짝지음 반응(coupling reaction)
초분자 합성(supramolecule synthesis)
친전자성 치환 반응(electrophilic substitution)
친환경적 반응(eco-friendly reaction)
카벤 삽입 반응(carbene insertion reaction)
탄소 고리(carbocycle)
헤테로 고리(heterocycle)

연습 문제

개념 문제

1. Pyrrole, furan 및 thiophene은 두 개의 이중 결합을 가지는 불포화 화합물이다. 이 화합물들이 어떻게 방향족성을 나타내는가? 이들이 방향족이라는 실험적 증가가 있는가?
2. 방향족 헤테로 고리의 방향족성은 benzene보다는 적다. 그러나 화합물에 따라 방향족성이 다르다. 무엇이 헤테로 고리의 방향족성을 결정한다고 생각하는지를 설명하시오.
3. 방향족 헤테로 고리는 친전자성 치환 반응을 한다. 이 반응에서 치환기의 위치 화학은 어떻게 결정되는가? 설명하시오.
4. Hantzsch pyridine 합성법은 두 분자의 케톤, 알데하이드 및 NH_3가 반응하여 합성된다. 어떤 반응들이 포함되는지 반응 종류를 단계별로 제시하시오.
5. '지속 가능한 반응'의 개념을 설명하시오. 실제 예도 제시하시오.

실전 문제

6. Thiophene-3-carboxylic acid를 할로젠화시키면 몇 개의 생성물이 얻어지는가? 메커니즘적으로 설명하시오.
7. Indole의 공명 구조를 그리시오. Indole에 친전자체(E^+)가 반응하면 어느 자리로 치환될지 예상하시오.
8. Pyridine을 나이트로화하면 3-nitropyridine이 얻어지고, 브로민화하면 3-bromopyridine이 얻어진다. 그러나 2-aminopyridinem을 브로민화하면 2-amino-5-bromopyridine이 얻어진다. 왜 그런지 이들 반응 결과를 설명하시오.
9. Chichibabin 반응에서는 pyridine과 $NaNH_2/NH_3$를 반응시켜 2-aminopyridine을 얻는다. 다음 반응 생성물을 예상하시오.

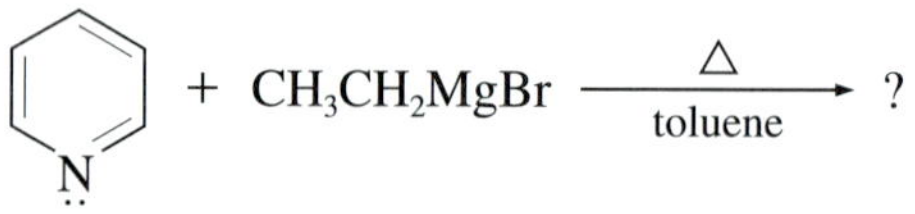

   (pyridine) + CH_3CH_2MgBr $\xrightarrow[\text{toluene}]{\Delta}$?

10. Quinoline의 공명 구조를 그리시오.
11. Quinoline과 isoquinoline은 benzene 고리와 pyridine 고리가 접합되어 있다. 이 두 화합물도 Chichibabin 반응과 유사한 결과를 보이는가? 이유를 설명하시오.

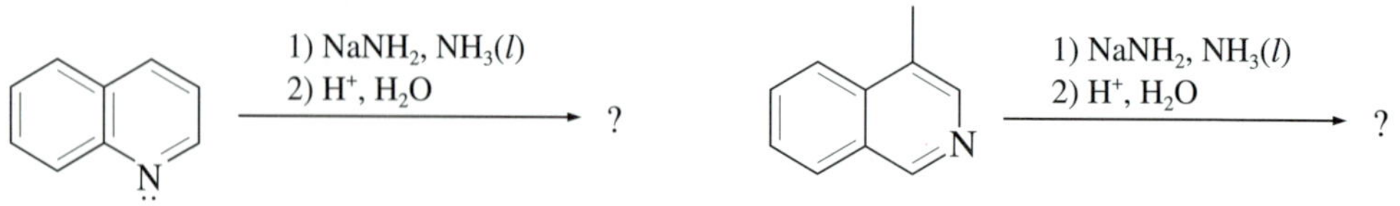

   (quinoline) $\xrightarrow{\text{1) } NaNH_2,\ NH_3(l) \quad \text{2) } H^+,\ H_2O}$?

   (4-methylisoquinoline) $\xrightarrow{\text{1) } NaNH_2,\ NH_3(l) \quad \text{2) } H^+,\ H_2O}$?

12. Diazabenzene인 pyridazine, pyrimidine 및 pyrazine 중에서 pyridazine은 자연에서 합성되지 않는다. 왜 그런지 이유를 설명하시오. (힌트: 생합성에서 N의 공급원의 관점에서 생각해 보라.)

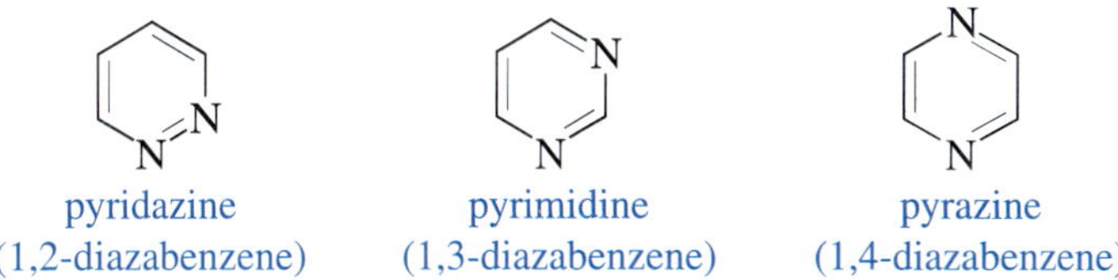

pyridazine (1,2-diazabenzene) pyrimidine (1,3-diazabenzene) pyrazine (1,4-diazabenzene)

13. 다음 두 이성질체들의 방향족성을 비교하시오. 선택한 구조에 대한 타당한 이유를 제시하시오.

pyridin-2(1*H*)-one pyridazin-3(2*H*)-one

14. Thiophene 유도체는 재료 과학에서 매우 중요한 화합물이다. Bithiophene의 공명 구조를 그리시오.

bithiophene

15. Bithiophene의 할로젠화는 매우 중요하다. 1당량과 2당량의 할로젠을 친전자성 치환 반응하여 얻는 생성물을 각각 제시하시오. 또, 왜 그렇게 생각하는지 설명하시오.

16. 다음 변환의 타당한 경로를 제시하시오.

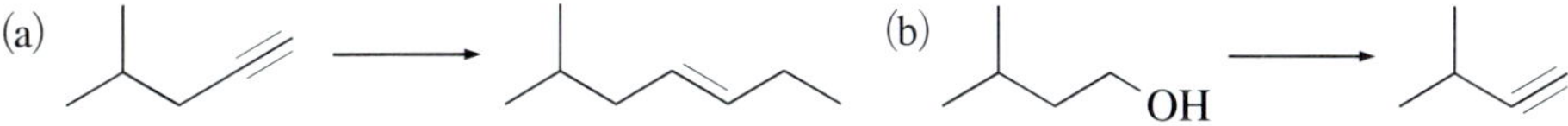

15 탄수화물

Carbohydrates

- 탄수화물은 다작용기 화합물이다.
- 탄수화물에는 C=O 및 OH 작용기가 포함되고 여러 개의 카이랄 중심이 있다.
- 탄수화물 화학은 C=O 및 OH 작용기 화학으로부터 이해할 수 있다.

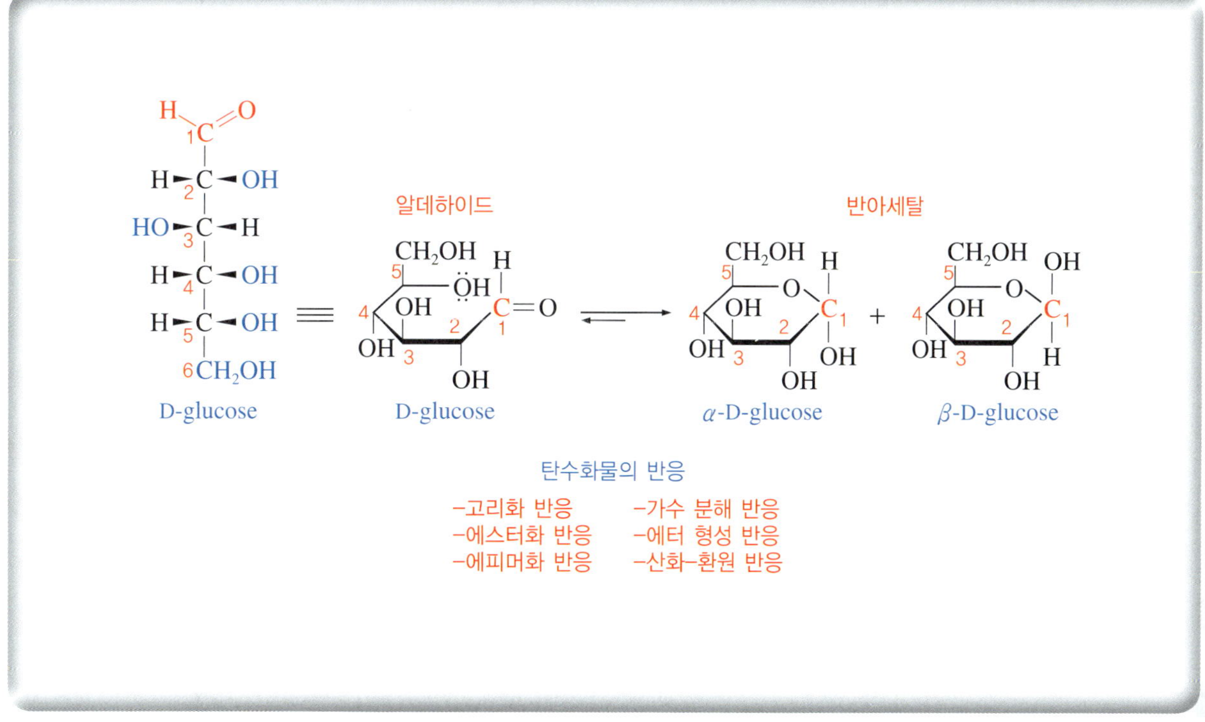

탄수화물은 처음 알려진 $C_6H_{12}O_6$의 분자식을 가지는 glucose가 $C_6(H_2O)_6$ 처럼 탄소의 수화물인 것으로 여겼기 때문에 생겨난 이름이다. Glucose 구조가 밝혀졌음에도 여전히 탄수화물이라는 용어가 사용되고 있다. 오늘날 '탄수화물'은 폴리하이드록시알데하이드(polyhydroxyaldehyde)나 폴리하이드록시케톤(polyhydroxyketone)을 지칭하는 이름으로 쓰인다.

탄수화물(carbohydrate)은 지구상에서 가장 큰 유기 분자 집단이며 지구 생물 자원의 대략 50%에 해당하고, 살아 있는 모든 생명체에 존재한다. 식품의 당과 녹말, 목재, 종이 및 목화에 존재하는 **셀룰로스**(cellulose)는 거의 순수한 탄수화물이다. 탄수화물은 여러 개의 작용기를 가지므로 **다작용기 화합물**(polyfunctional compound)이다. 탄수화물은 분해되어 폴리하이드록시 알데하이드나 케톤을 생성할 수 있다.

- **탄수화물은 녹색식물의 광합성에 의해 만들어진다.**
  - 탄수화물은 태양 에너지를 저장하여 동물의 생명 유지에 이용하는 화학적인 중간체로서 작용한다.
  - 사람과 대부분의 포유동물은 셀룰로스 소화 효소가 없어서 탄수화물의 공급원으로 음식물의 녹말을 이용한다.

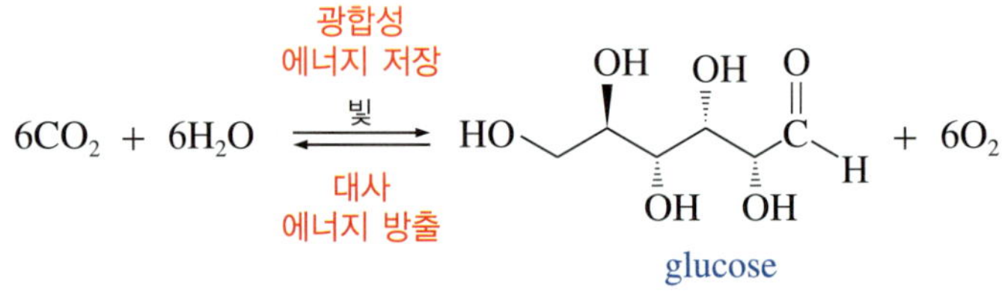

$$6CO_2 + 6H_2O \rightleftharpoons \text{glucose} + 6O_2$$

광합성 에너지 저장 / 빛 (→)
대사 에너지 방출 (←)
HO, OH, OH, O, C, H, OH, OH
glucose

15.1 탄수화물의 분류

Saccharide는 '당'이라는 의미를 가진 라틴어의 saccharum에서 유래되었다.

탄수화물은 단당류의 수에 따라 **단당류**(monosaccharide), **이당류**(disaccharide), **삼당류**(trisaccharide), **소당류**(oligosaccharide) 및 **복합당**(polysaccharide)으로 분류한다.

- **탄수화물은 모두 관용명을 가지며 이름의 접미사는 −ose이다.**
  - 단당류는 당이 포함된 작용기에 따라 알데하이드기를 포함하고 있으면 알도스(aldose: ald+ose)라고 한다.
  - 당이 케톤기를 포함하고 있으면 케토스(ketose: ket+ose)라고 한다.
  - 그러나 D-glyceraldehyde와 dihydroxyacetone의 이름은 −ose로 끝나지 않는다.
    - ▸ C−1에 C=O 기를 가지면 알도스이다.
    - ▸ C−2에 C=O 기를 가지면 케토스이다.

- **단당류는 탄소 수가 3개에서 7개까지를 가지고 있다.**
  - 단당류의 구조를 분석해 보면 알도스에서는 C−1에, 케토스에서는 C−2에 카보닐기(C=O)를 가지고 있고, 나머지 다른 탄소들은 대부분 각각 OH 기를 가지고 있다.

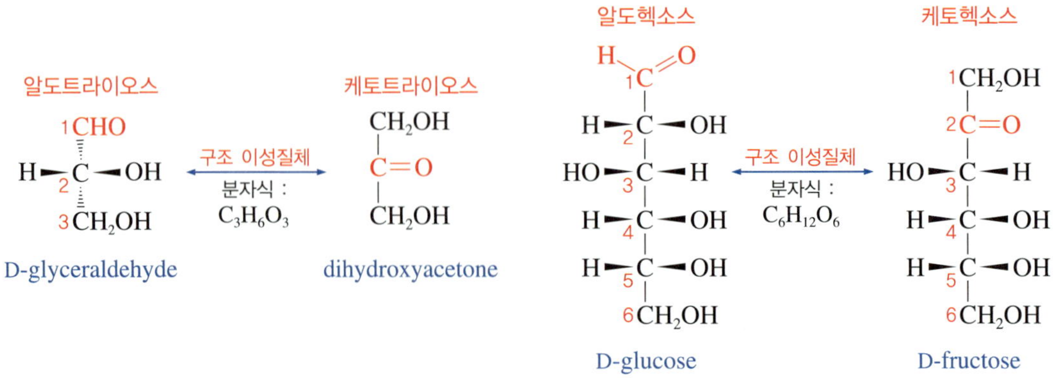

알도트라이오스
1 CHO
H ─ 2 C ─ OH
3 CH_2OH
D-glyceraldehyde

구조 이성질체 (분자식 : $C_3H_6O_3$)

케토트라이오스
CH_2OH
C=O
CH_2OH
dihydroxyacetone

알도헥소스
H─1C=O
H ─ 2 C ─ OH
HO ─ 3 C ─ H
H ─ 4 C ─ OH
H ─ 5 C ─ OH
6 CH_2OH
D-glucose

구조 이성질체 (분자식 : $C_6H_{12}O_6$)

케토헥소스
1 CH_2OH
2 C=O
HO ─ 3 C ─ H
H ─ 4 C ─ OH
H ─ 5 C ─ OH
6 CH_2OH
D-fructose

- **단당류는 당을 구성하는 탄소 수에 따라 구분하기도 한다.**
  - 3개 탄소로 된 단당류는 트라이오스(triose)라고 한다.
  - 4개 탄소로 구성된 단당류는 테트로스(tetrose)라고 한다.
  - 5개 탄소로 구성된 단당류는 펜토스(pentose)라고 한다.
  - 6개 탄소로 구성된 단당류는 헥소스(hexose)라고 한다.

- **탄수화물에서는 작용기를 구분하여 부르는 이름과 탄소 수를 기준으로 부르는 이름을 통합하여 부르면 더 유용하다. 즉, D-glyceraldehyde는 알도트라이오스(aldotriose)이고, D-fructose는 케토헥소스(ketohexose)이다.**

> 단당류는 다음과 같이 분류하여 부른다.
> - 화합물이 알데하이드인지 케톤인지에 따라 알도-(aldo-) 또는 케토-(keto-)를 붙인다.
> - 구성 탄소 원자 수에 따라 트라이-(tri-), 테트르-(tetr-), 펜트-(pent-), 헥스-(hex-), 헵트(hept-)를 붙인다.
> - 접미사로 탄수화물을 의미하는 -오스(-ose)를 붙인다.

- **모든 탄수화물은 카이랄 중심을 가지고 있다.**
  - 가장 간단한 glyceraldehyde는 하나의 카이랄 중심을 가지고 있고 편광을 시계 방향으로 회전시킨다.
  - 시계 방향 회전 물질(**우회전성**: dextrorotatory)은 그 이름 앞에 (+)- 또는 (*d*)-로 표시하고, 반시계 방향 회전 물질(**좌회전성**: levorotatory)은 (−)- 또는 (*l*)-로 표기한다. 그러나 카이랄 중심에서의 입체 배열을 나타내는 *R*,*S*-체계가 사용되기 이전에는 D- 및 L- 기호를 사용하여 구분 표기하였다.

- **D- 및 L- 당은 자연에 존재하는 *R*-배열을 하는 glyceraldehyde를 바탕으로 구분하였으나, 이를 확장하여 카보닐기로부터 가장 멀리 있는 카이랄 중심에 결합된 OH 기의 위치로 결정한다.**
  - 카보닐기로부터 가장 멀리 있는 카이랄 중심의 OH 기가 오른쪽으로 배열하면 D-당이다.
  - 카보닐기로부터 가장 멀리 있는 카이랄 중심의 OH 기가 왼쪽으로 배열하면 L-당이다.

> D-와 (*d*)-가 나타내는 의미는 다르다. D-와 L-은 카이랄 중심에서의 입체 배열을 나타내며, (*d*)-와 (*l*)-은 편광의 회전 성질을 나타내는 기호이다. 따라서 D-와 (*d*)- 또는 L-과 (*l*)- 사이에는 직접적인 관련이 없다.

거울면

CHO / H—C—OH / CH_2OH CHO / HO—C—H / CH_2OH

(*R*)-glyceraldehyde
D-glyceraldehyde

(*S*)-glyceraldehyde
L-glyceraldehyde

> 자연에 존재하는 단당류들은 합성되는 방법 때문에 D- 당류이다. L- 당류는 실험실에서 만들 수 있지만 자연에는 존재하지 않는다.

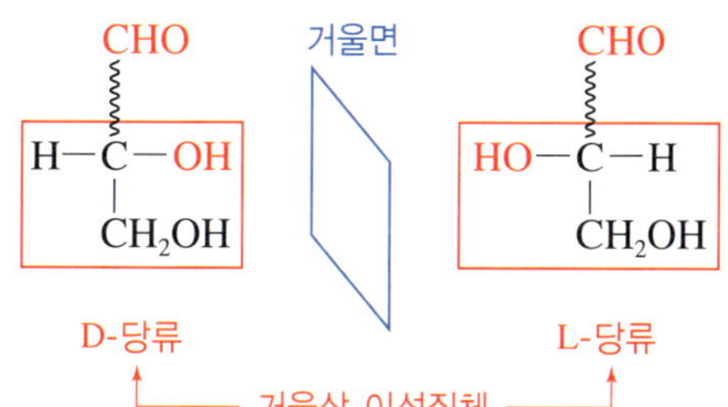

- **키이랄 중심을 가지는 화합물의 입체 이성질체 수는 2^n개이다.**
  - 알도트라이오스는 카이랄 중심이 하나이므로 가능한 입체 이성질체는 $2^1 = 2$개이다.
  - 알도테트로스는 2개의 카이랄 중심을 가지므로 $2^2 = 4$개의 이성질체가 가능하다.

- 알도펜토스는 3개의 카이랄 중심을 가지므로 $2^3 = 8$개의 이성질체가 가능하다.
- 알도헥소스는 4개의 카이랄 중심을 가지므로 $2^4 = 16$개의 입체 이성질체를 갖는다.

■ **D- 당류는 D-glyceraldehyde로부터 시작하여 카보닐 탄소 아래에 카이랄 중심을 하나씩 끼워 넣어서 그릴 수 있다.**

- 이때 각 카이랄 탄소에 OH 기를 한번은 오른쪽(R), 한번은 왼쪽(L)으로 배열한다. 탄소 수가 3개부터 6개까지의 D-알도스의 배열을 그림 15.1에 나타내었다.

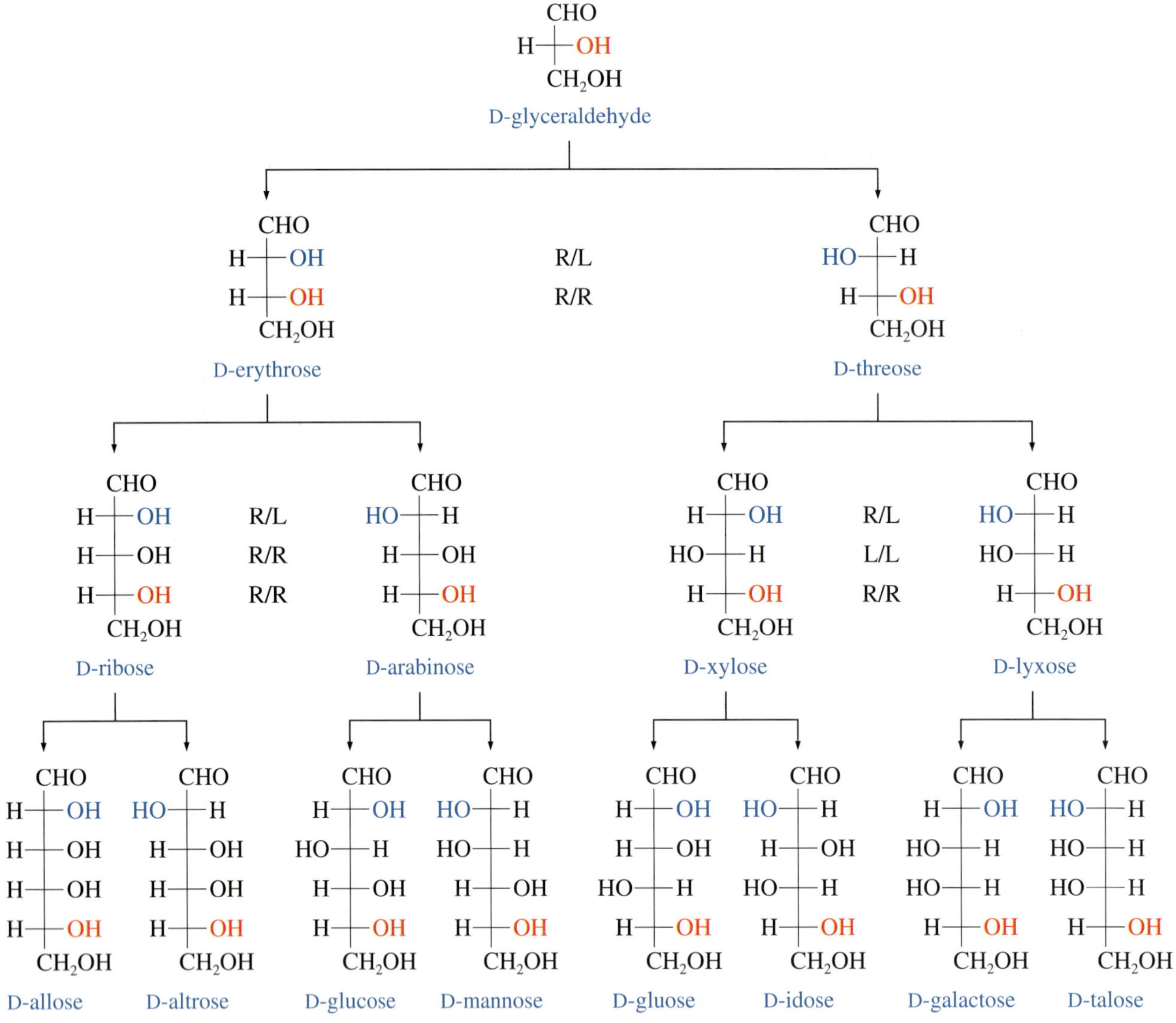

그림 15.1 탄소 3~6개로 구성된 D-알도스의 계열 도표

■ **탄소 3개부터 6개까지의 D-케토스의 배열도 D-알도스의 배열과 매우 유사하다.**

- C-2에 카보닐기를 가지고 있어 카이랄 중심 탄소 수가 하나씩 적다.

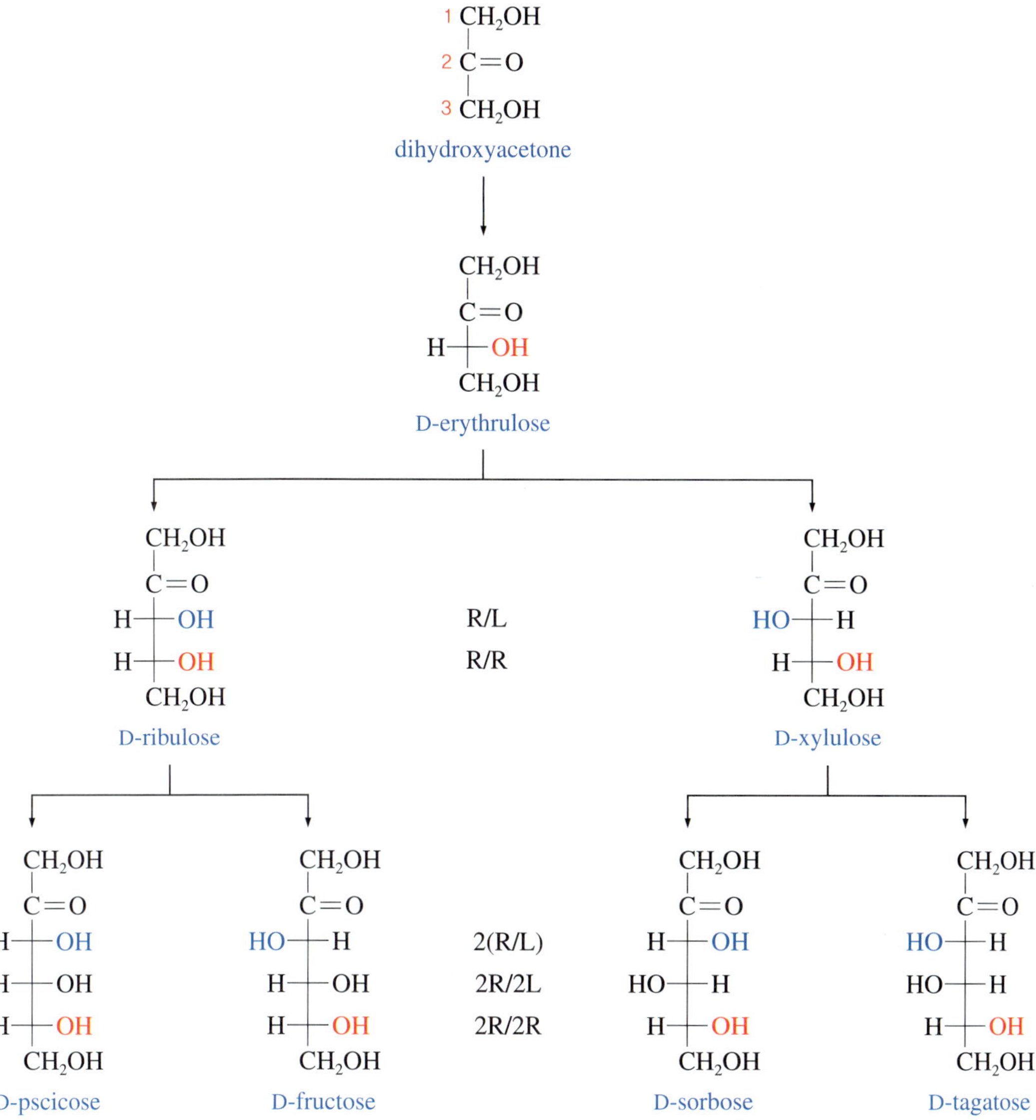

그림 15.2 탄소 3~6개로 구성된 D-케토스의 계열 도표

15.2 단당류의 구조 그리기

- **단당류는 여러 개의 탄소에 OH 기를 가지고 있어 종이면에 직선으로 간단히 그리는 것이 편리하다.**
  - Fischer 투영도(Fischer projection)는 단당류처럼 카이랄 탄소가 있는 거울상 이성질체를 그리는 데 편리하다.
  - 카이랄 중심을 가진 화합물은 3차원 구조를 표기하기 위해 흔히 쐐기(▬)-점선(┅) 구조식으로 나타낸다.
  - Fischer 투영도에서는 쐐기-점선 구조를 바탕으로 십자형 직선 구조로 표기한다.
  - 쐐기-점선 구조식을 Fischer 투영도로의 변환은 다음과 같이 네 단계로 한다.
    - ▸ 1단계: 비대칭 탄소에 실선으로 나타낸 결합을 수평으로 배열한다.

▶ 2단계: 이 결합을 쐐기선으로 표기한다. 수평 결합은 관측자 앞쪽으로 배열한다.
▶ 3단계: 나머지 두 결합을 수직으로 배열하고 점선으로 표기한다. 수직 결합은 관측자의 뒤쪽으로 배열한다. 이때 카보닐기를 포함하는 알데하이드나 케톤을 수직의 위로 배열한다.
▶ 4단계: 쐐기선과 점선을 직선으로 바꾸어 연결하면, Fischer 투영도가 된다.

OHC, CH_2OH, C, H, OH — 쐐기-점선 구조식 —1단계→ —C— —2단계→ H—C—OH —3단계→ H—C—OH (CHO 위, CH_2OH 아래) —4단계→ H—C—OH (CHO 위, CH_2OH 아래) Fischer 투영도

카이랄 분자는 여러 가지 다른 방법으로 나타낼 수 있어 어떤 분자들이 동일한 거울상 이성질체인지를 구분하기 위해 두 개의 투영도를 비교해 볼 필요가 있다.

■ **화합물의 동일성을 확인하기 위해 Fischer 투영도도 종이면에서 움직일 수 있지만, 허용되는 회전은 두 가지뿐이다.**

- 하나는 180° 회전이다. 만일 90°나 270°로 회전하면 다른 화합물이 된다.
- 다른 하나는 한 개 치환기를 고정하고 다른 세 개를 시계 방향 또는 반시계 방향으로 회전하는 것만이 허용된다.

허용된 회전

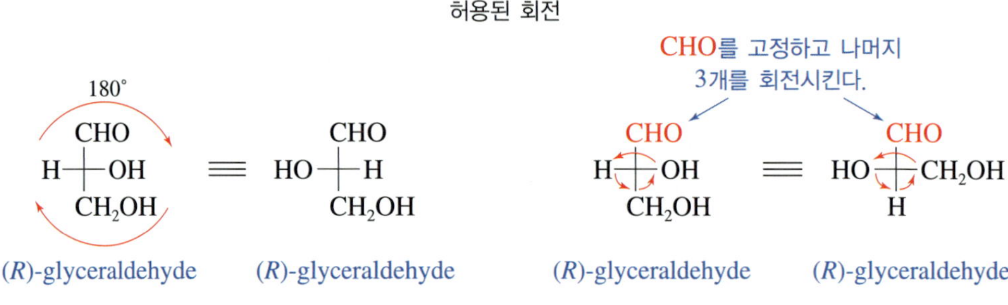

금지된 회전

CHO (90°), H—|—OH, CH_2OH ≢ H, HOH_2C—|—CHO, OH

(*R*)-glyceraldehyde (*S*)-glyceraldehyde

Fischer 투영도에서 카이랄 탄소의 *R*,*S*-배열은 Fischer 투영도에서 직접 배정하거나, 쐐기-점선 구조로 변환하여 정하는 두 가지 방법이 있다.

■ **Fischer 투영도에서 *R*, *S*-배열을 직접 배정하는 과정은 다음의 세 단계로 한다.**

- 1단계: 카이랄 탄소의 4개 치환기 우선순위를 순차 규칙에 따라 매긴다(4.4절).
- 2단계: 한 가지의 허용된 회전을 사용하여 가장 낮은 우선순위의 치환기를 배열한다. (이는 가장 낮은 우선순위 치환기가 관측자로부터 맨 뒤쪽으로 배열하고 있음을 뜻한다.)

- 3단계: 나머지 3개 치환기가 1 → 2 → 3이 되는 방향을 결정하여 *R*- 또는 *S*-로 배열을 지정한다.

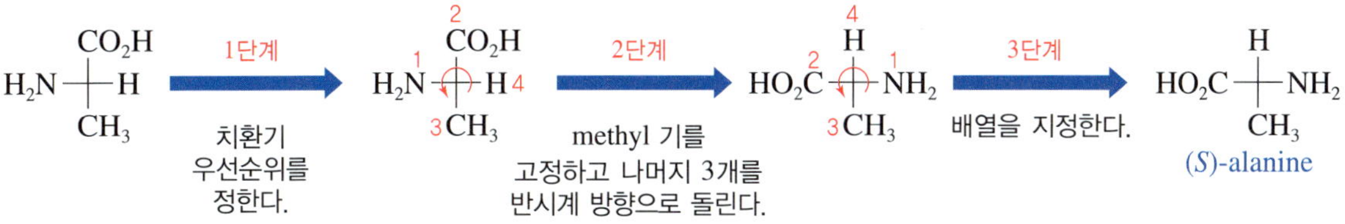

H_2N–C(CO_2H, CH_3)–H → 1단계 (치환기 우선순위를 정한다.) → (1)H_2N, (2)CO_2H, (3)CH_3, (4)H → 2단계 (methyl 기를 고정하고 나머지 3개를 반시계 방향으로 돌린다.) → (2)HO_2C, (4)H, (1)NH_2, (3)CH_3 → 3단계 (배열을 지정한다.) → HO_2C–C(H, CH_3)–NH_2 (*S*)-alanine

- **Fischer 투영도를 쐐기–점선 구조식으로 변환해서 *R*, *S*-배열을 정하는 방법도 유사하다.**
  - 1단계: Fischer 투영도를 쐐기–점선 구조로 변환한다.
  - 2단계: 카이랄 탄소의 4개 치환기 우선 순위를 순차 규칙에 따라 매긴다(4.4절).
  - 3단계: 우선권이 가장 낮은 기가 수직 결합으로 배열되고(점선 결합, 즉 뒤쪽 결합), 다른 3개 기들의 우선순위가 시계 방향이면 *R*- 배열로, 반대 방향이면 *S*-배열로 지정한다.
  - 4단계 : 우선권이 가장 낮은 기가 수평 결합으로 배열되고(쐐기선 결합, 즉 앞쪽 결합), 다른 3개 기의 우선순위가 시계 방향이면 *S*-로, 반대 방향이면 *R*-배열로 지정한다.

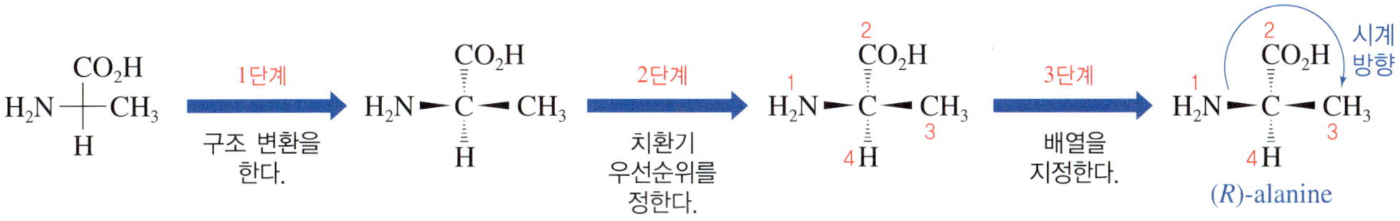

H_2N–C(CO_2H, H)–CH_3 → 1단계 (구조 변환을 한다.) → H_2N–C(CO_2H, H)–CH_3 → 2단계 (치환기 우선순위를 정한다.) → (1)H_2N, (2)CO_2H, (3)CH_3, (4)H → 3단계 (배열을 지정한다.) → 시계 방향 (*R*)-alanine

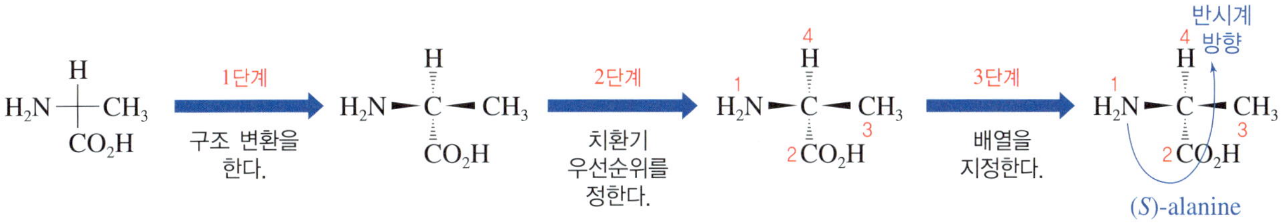

H_2N–C(H, CO_2H)–CH_3 → 1단계 (구조 변환을 한다.) → H_2N–C(H, CO_2H)–CH_3 → 2단계 (치환기 우선순위를 정한다.) → (1)H_2N, (4)H, (3)CH_3, (2)CO_2H → 3단계 (배열을 지정한다.) → 반시계 방향 (*S*)-alanine

15.3 단당류의 고리 구조

- **지금까지는 당의 비고리형 구조에 대해서만 논의하였으나, 단당류는 고리에 카보닐 기와 OH 기를 동시에 가지고 있어 다섯 원자 고리 내지는 여섯 원자 고리의 반아세탈(hemiacetal, 11.3.2절) 형성 반응을 분자내에서 일으킬 수 있다.**
  - 여섯 원자 고리형 반아세탈은 **피라노스**(pyranose)라고 하며, 다섯 원자 고리형은 **퓨라노스**(furanose)라고 한다.
  - 반아세탈 고리 화합물에서 새로 생성된 카이랄 중심인 반아세탈 탄소(반응 전의 카보닐 탄소)를 **아노머 탄소**(anomer carbon)라고 한다.
  - 카보닐 탄소가 평면 구조를 이루므로 아노머 탄소의 배열이 다른 두 종류의 고리가 생성되며 이들을 **아노머**(anomer)라고 부른다.

Pyranose와 furanose는 유사한 고리 화합물 pyran과 furan의 이름에서 유래되었다.

■ **아노머는 α-와 β-아노머로 구분하며, C−5의 CH_2OH와 C-1(아노머 탄소)의 OH의 배열로 구분한다.**

- C−5의 CH_2OH와 C−1(아노머 탄소)의 OH가 서로 트랜스로 배열된 이성질체를 α-아노머(α-anomer)라고 한다.
- C−5의 CH_2OH와 C−1(아노머 탄소)의 OH가 서로 시스로 배열된 이성질체를 β-아노머(β-anomer)라고 한다.

아노머 탄소 피라노스 pyran 아노머 탄소 퓨라노스 furan

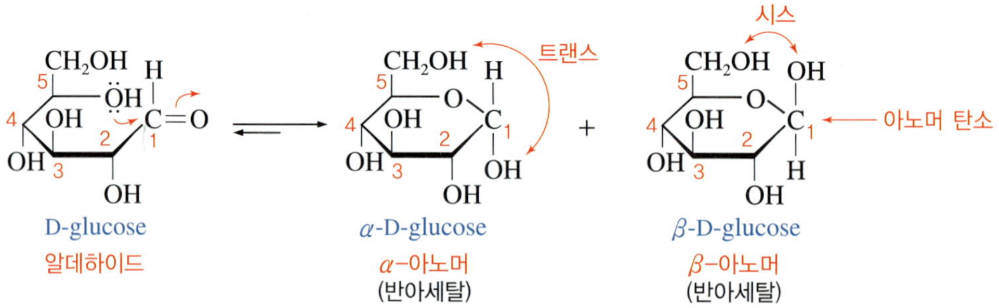

트랜스 시스 아노머 탄소

D-glucose 알데하이드 ⇌ α-D-glucose α−아노머 (반아세탈) + β-D-glucose β−아노머 (반아세탈)

■ **분자 내 반아세탈 고리화 반응은 가역 반응이다. 따라서 순수한 한 아노머를 수용액 상으로 일정 시간 방치하면 두 개의 아노머가 공존하는 또 다른 평형 상태에 이르게 된다.**

- 탄수화물에서 관찰되는 이런 현상을 **변광 회전**(mutarotation)이라고 한다.
- 따라서 순수한 α-아노머($[\alpha]_D = +112.2°$)를 물에 녹여 방치하면 β-아노머도 생성되며 α-아노머와 β-아노머가 공존하는 혼합물($\alpha/\beta = 37:63$)이 된다.
  - ▸ 이 혼합물의 고유 광회전도는 +52.6°이다.
  - ▸ 순수한 β-아노머($[\alpha]_D = +18°$)를 물에 녹여 방치해도 동일한 결과를 얻는다.

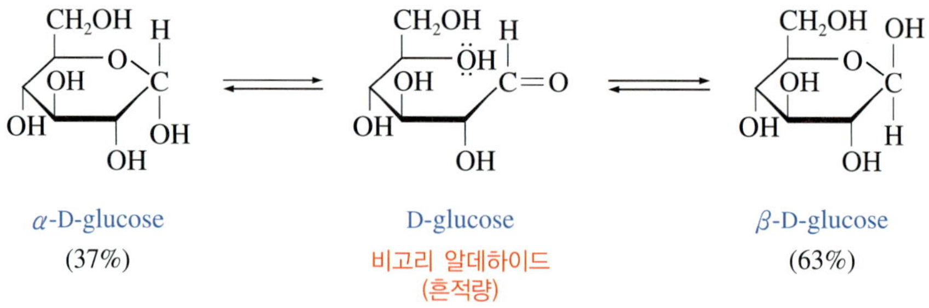

α-D-glucose (37%) ⇌ D-glucose 비고리 알데하이드 (흔적량) ⇌ β-D-glucose (63%)

■ **α-D-glucose와 β-D-glucose는 아노머 탄소가 서로 다른 형태를 가지므로 부분 입체 이성질체이다. 따라서 이들의 성질도 다르다.**

■ **당의 고리 반아세탈을 나타내는 평면의 여섯 원자 고리를 Haworth 투영도(Haworth projection)라고 하며 이 투영도는 각 카이랄 중심 배열을 나타내므로 유용하다.**

- 비고리 알도헥소스로부터 Haworth 투영도는 여러 단계를 거쳐 그릴 수 있다.
  - ▸ 1단계: 육각형 고리의 윗면 직선 오른편 꼭짓점(⬡)에 산소(O) 원자가 오도록 Haworth 투영도의 골격을 그린다.
  - ▸ 2단계: 고리 산소 왼편 첫 번째 탄소, C-5에 CH_2OH 기를 그린다.
    - D- 당은 CH_2OH 기를 고리 평면 위로 배열한다.
    - L-당은 CH_2OH 기를 아래로 배열한다.
  - ▸ 3단계: 아노머 탄소(산소 원자 오른편 첫 번째 탄소, C-1)에 OH를 그린다.
    - α-아노머는 D-당에서 OH 기를 아래로 배열한다.
    - β-아노머는 D-당에서 OH 기를 위로 배열한다.
  - ▸ 4단계: 나머지 OH 기를 각 탄소에 배치한다.
    - Fischer 투영도에서 오른쪽 치환기는 고리 아래로 배열한다.
    - Fischer 투영도에서 왼쪽 치환기는 고리 위로 배열한다.

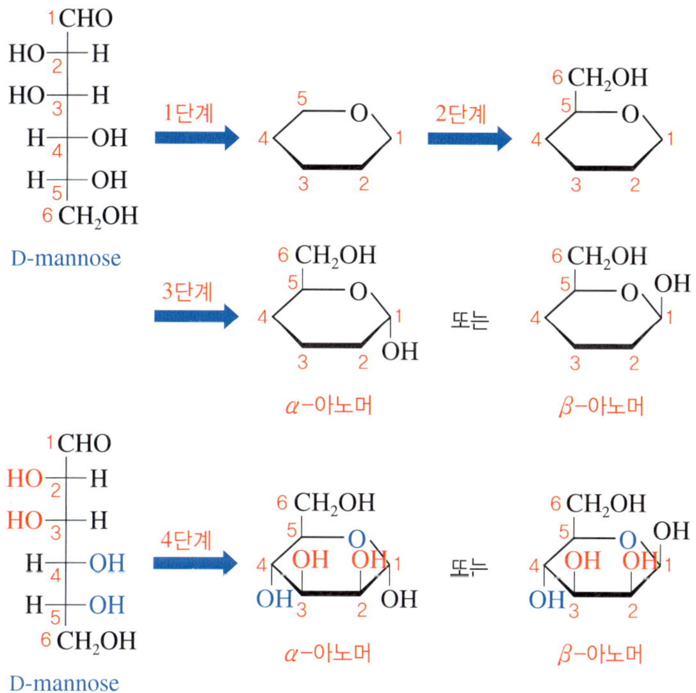

그림 15.3 알도헥소스의 Haworth 투영도 그리는 법

- **피라노스의 정확한 삼차원 구조는 여섯 원자 고리의 의자형이다. 따라서 Haworth 구조식을 의자형 구조로 변환할 줄 알아야 한다.**
  - Haworth 구조식을 의자형 구조로 변환하는 방법은 다음과 같다.
    - ▸ 1단계: 피라노스 구조의 위, 오른쪽에 산소 원자가 오도록 Haworth 투영도를 그린다.
    - ▸ 2단계: 산소 원자가 위쪽, 맨 뒤의 오른쪽 모서리에 위치하도록 의자 형태의 골격을 그린다.
    - ▸ 3단계: Haworth 투영도의 각 치환기에 '위'와 '아래'로 구분한다.
    - ▸ 4단계: '위쪽' 치환기는 의자 구조의 위쪽(축방향 또는 수평 방향)에 배열하고, '아래쪽' 치환기는 아래쪽(축방향 또는 수평 방향)에 배열한다.

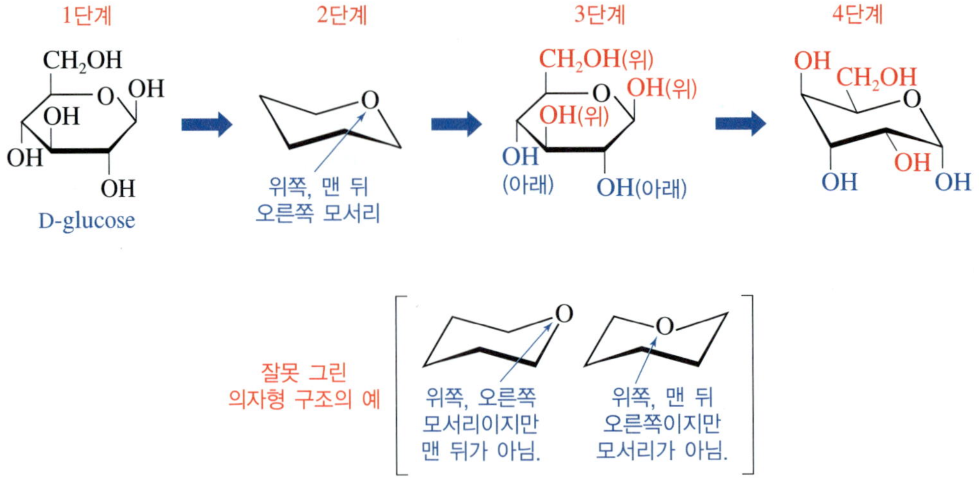

1단계 2단계 3단계 4단계

CH_2OH O OH OH OH OH D-glucose

위쪽, 맨 뒤 오른쪽 모서리

CH_2OH(위) OH(위) OH(위) OH (아래) OH(아래)

OH CH_2OH O OH OH OH

잘못 그린 의자형 구조의 예

위쪽, 오른쪽 모서리이지만 맨 뒤가 아님.

위쪽, 맨 뒤 오른쪽이지만 모서리가 아님.

그림 15.4 Haworth 투영도를 의자형 구조로 변환하기

- **알도펜토스나 케토헥소스는 피라노스 고리 대신 퓨라노스 고리를 형성한다.**
  - 퓨라노스 또한 고리 탄소 수가 하나 적다는 것 외에는 피라노스 고리를 그리는 원리를 그대로 적용한다.
    - ▸ 1단계: 다섯 원자 고리형 반아세탈 골격을 그린다.
    - ▸ 2단계: C−2와 C−5에 CH_2OH를 위와 아래로 배열한다.
    - ▸ 3단계: C−3와 C−4의 OH 기를 오른쪽과 왼쪽으로 구분한다.
    - ▸ 4단계: 오른쪽 OH 기는 아래로, 왼쪽 OH 기는 위로 배열한다.

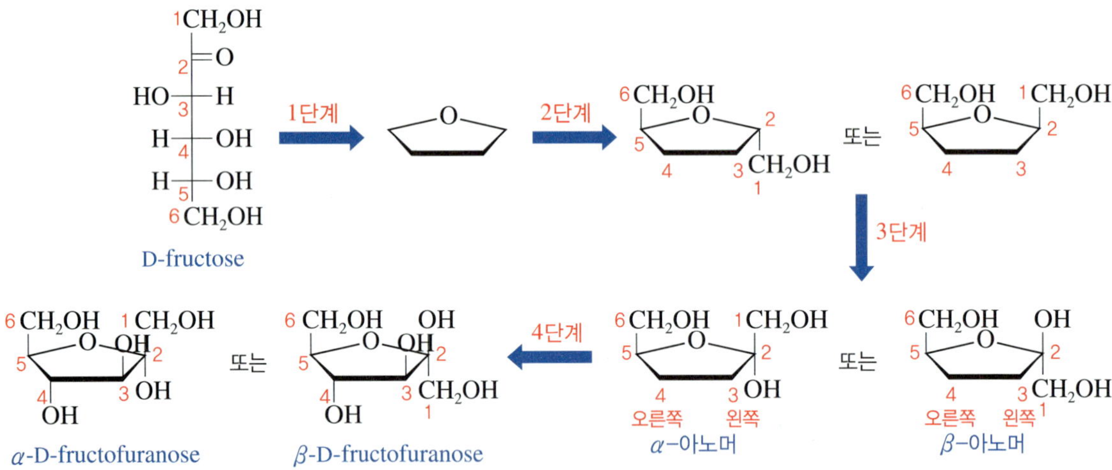

그림 15.5 퓨라노스의 Haworth 투영도 그리기

- **D-Fructose는 C−5의 OH 기가 카보닐기와 반응하면 퓨라노스 구조를 형성하고, C−6의 OH 기와 반응하면 피라노스 구조를 형성한다.**
  - D-fructose는 수용액에서 하나의 열린 사슬 구조와 두 개(α-와 β-아노머)의 퓨라노스와 두 개 (α-와 β-아노머)의 피라노스 간에 평형으로 존재한다.

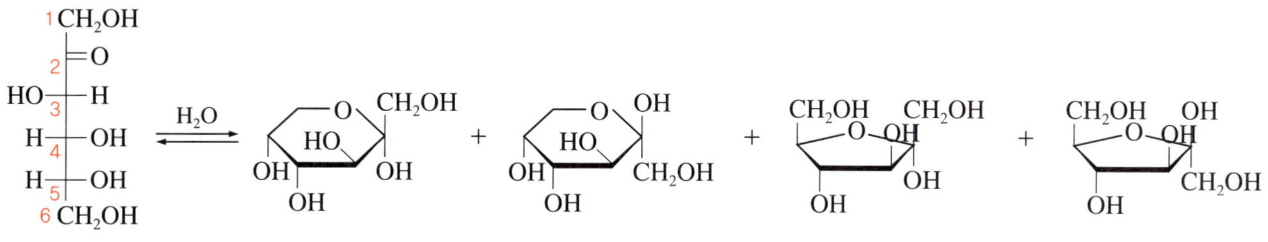

D-fructose α-D-fructopyranose β-D-fructopyranose α-D-fructofuranose β-D-fructofuranose

15.4 단당류의 반응

- 아노머 탄소 자리 반응(반아세탈의 반응): 글리코사이드 형성 및 가수 분해 반응
- 하이드록시기의 반응: 에스터 및 에터 형성 반응
- 카보닐기의 반응: 산화-환원 및 에피머화

단당류는 용액 중에서 비고리 형태와 고리 형태가 평형을 이루고 있으므로 반아세탈, 하이드록시기 및 카보닐기 등이 일으키는 세 가지의 반응을 할 수 있다.

15.4.1 글리코사이드 형성과 가수 분해 반응

- 글리코사이드 형성 반응과 가수 분해 반응은 아노머 탄소 자리에서 일어난다.
  - 단당류의 고리형 반아세탈은 산-촉매하에서 알코올과 반응하여 글리코사이드(glycoside)라고 하는 아세탈(acetal)을 형성한다(11.3.2절).

반아세탈은 한 개씩의 OH 기와 OR 기를 가지며, 아세탈은 두 개의 OR 기를 가진다.

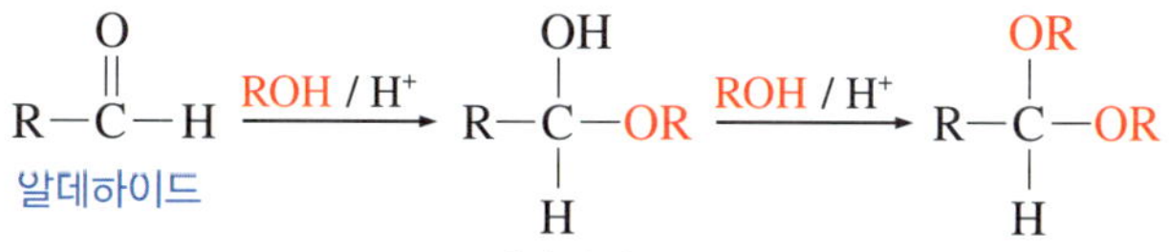

$$\text{R-CHO} \xrightarrow{\text{ROH / H}^+} \text{R-CH(OH)-OR} \xrightarrow{\text{ROH / H}^+} \text{R-CH(OR)-OR}$$

알데하이드 반아세탈 아세탈

- β-D-Glucose를 methanol과 HCl로 처리하면 아세탈 탄소에서 부분 이성질체인 두 개의 글리코사이드가 생성된다.
- β-아노머 반아세탈만으로 반응해도 α- 및 β-아노머 혼합 아세탈이 형성되는 것은 산 처리 후에 생성되는 탄소 양이온이 평면 구조이기 때문이다(메커니즘 15.1).

글리코사이드는 접두사로 '알킬'기를, 접미사로 '-side'를 붙여서 부른다.

반아세탈 아세탈

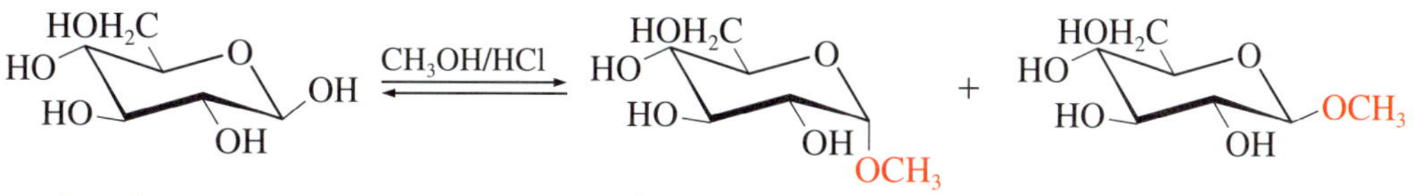

β-D-glucopyranose $\xrightleftharpoons{CH_3OH/HCl}$ methyl α-D-glucopyranose + methyl β-D-glucopyranose

메커니즘 15.1 글리코사이드 형성 반응

β-D-glucopyranose

$H-Cl$

$-H_2O$

공명 안정화된 탄소 양이온

$CH_3\ddot{O}H$

위쪽 공격

$H_2\ddot{O}:$

methyl β-D-glucopyranoside

$CH_3\ddot{O}H$

아래쪽 공격

$H_2\ddot{O}:$

methyl α-D-glucopyranoside

(주생성물)

Koenigs–Knorr 반응에서처럼 인접한 작용기(여기서는 OAc)가 반응에 참여하는 효과를 **이웃–작용기 효과**(neighboring–group effect)라고 한다.

- **두 아노머 혼합 생성물 대신 glucose의 β-글리코사이드를 만드는 데 유용한 방법은 oxonium 이온을 이용하는 것이다.**
  - 즉, C–2에 acetate(–OAc)기를 도입하여 고리 아래쪽으로 고리를 형성시켜 한 방향으로만 S_N2 반응이 진행되도록 하는 것이다.
  - 이 반응을 **Koenigs-Knorr 반응**(Koenigs-Knorr reaction)이라고 한다.

메커니즘 15.2 Koenigs–Knorr 반응

pentaacetyl β-D-glucopyranoside

HBr

–Br

oxonium 이온

ROH, Ag_2O

S_N2

β-글리코사이드

- **아세탈인 글리코사이드는 산 수용액에서 알코올 한 분자와 반아세탈로 가수 분해된다.**
  - 이 반응에서도 두 개의 아노머 화합물이 생성된다.
  - 글리코사이드 가수 분해 반응은 글리코사이드 생성 반응의 정반대 과정이다.

메커니즘 15.3 글리코사이드의 가수 분해

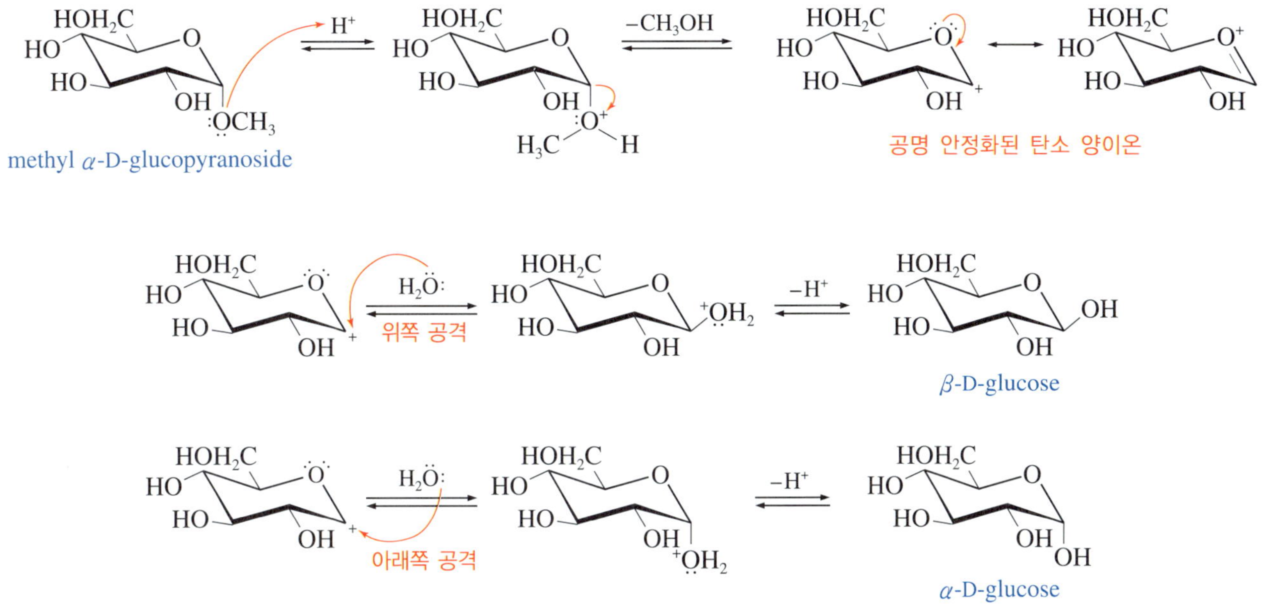
HOH2C
HO
HO
O
OH
:OCH3
methyl α-D-glucopyranoside
H+
−CH3OH
H3C
O+
H
공명 안정화된 탄소 양이온
H2O:
위쪽 공격
+OH2
−H+
β-D-glucose
아래쪽 공격
α-D-glucose

15.4.2 단당류의 OH 기 반응: 에스터와 에터 형성 반응

단당류는 분자 내에 많은 OH 기를 가지고 있어 많은 화학 반응에서 알코올처럼 작용한다. 많은 OH 기 때문에 물에는 녹지만 에터와 같은 유기 용매에는 녹지 않는다. 단당류는 정제하기가 어렵고, 물을 제거해도 결정 형태보다는 시럽 형태로 존재한다. 그러나 단당류의 에스터나 에터 유도체는 유기 용매에 잘 녹아 정제와 결정화가 쉽다. 단당류의 OH 기들은 에터(ether)와 에스터(ester)로 쉽게 변환된다.

- **단당류를 염기 존재하에서 할로젠화 알킬(RX)로 처리하면 S_N2 메커니즘을 거쳐 에터로 변환된다.**
  - 이 반응에서는 silver oxide(Ag_2O) 같은 온화한 염기를 사용한다.
  - 반응 자리가 O—H이므로 아노머 탄소의 배열에는 영향이 없다.

탄수화물을 Williamson 반응 조건의 센염기를 사용하면 당 분자가 에피머화(15.4.3절)를 일으키는 경향이 있다.

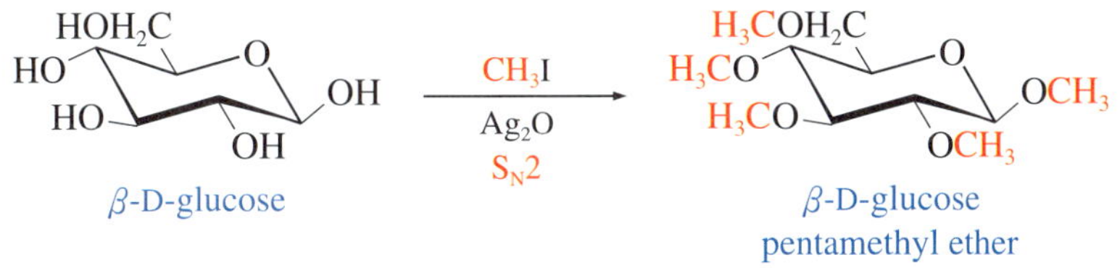
HOH2C
HO
HO
O
OH
OH
β-D-glucose
CH3I
Ag2O
SN2
H3COH2C
H3CO
H3CO
OCH3
OCH3
β-D-glucose
pentamethyl ether

- **단당류는 pyridine과 같은 염기 존재하에서 과량의 산 염화물(RCOCl)이나 산 무수물 [$(RCO)_2O$]로 처리하면 에스터 유도체로 변환시킬 수 있다.**
  - 반응 자리가 O—H이므로 아노머 탄소의 배열에는 영향이 없다.

β-D-glucose $\xrightarrow[\text{pyridine}]{(CH_3CO)_2O}$ penta-*O*-acetyl-β-D-glucose

Ac = CH_3CO-

15.4.3 카보닐기 반응: 에피머화와 산화-환원 반응

> 에피머는 오직 하나의 카이랄 중심 배열에서 서로 다른 입체 이성질체를 말하며, 에피머화(epimerization)란 한 에피머가 자신의 상대 에피머로 되는 반응을 말한다.

- **D-Glucose는 센 염기성 조건에 노출되면 케토-엔올 토토머화를 거쳐 D-glucose와 D-mannose의 혼합물로 된다.**
  - 이 반응의 결과는 D-glucose 에피머가 D-mannose로 변환되어 에피머의 혼합물로 되었으므로 **에피머화**(epimerization) 반응이다.
  - 이런 이유로 센 염기성 조건에 단당류의 노출을 피해야 한다.

D-glucose ⇌ (NaOH, H_2O; 엔올-케토 토토머화) [endiol] ⇌ (NaOH, H_2O; 엔올-케토 토토머화) D-glucose + D-mannose

> D-Glucitol은 많은 과일과 딸기에서 발견된다. 이는 보통 D-sorbitol 또는 sorbitol이라고 부르며 가공 식품에서 설탕 대용품으로 사용된다.

> 당의 열린 사슬 형태인 '알데하이드/케톤'은 '반아세탈'이 평형에서 매우 적은 양이지만, 이 열린 사슬 형태의 당이 환원되면 평형이 교란된다. Le Châtelier의 원리에 따르면 열린 사슬 분자가 환원되고 나면 다시 평형을 이루고 이때 열린 사슬도 다시 환원된다. 이런 현상은 반응이 종결될 때까지 반복된다.

- **알도스나 케토스의 카보닐기는 $NaBH_4$로 환원하면 알디톨(alditol)이라고 하는 폴리알코올로 변환된다.**
  - 알디톨은 D-glucose의 CHO 기가 CH_2OH로 환원된 것이다.
  - 이 환원은 '알데하이드/케톤'과 '반아세탈'이 평형에서 존재하는 열린 사슬 형태 당이 환원되는 것이다.
  - β-D-Glucopyranose를 $NaBH_4$로 환원시키면 D-glucitol이 생성된다.

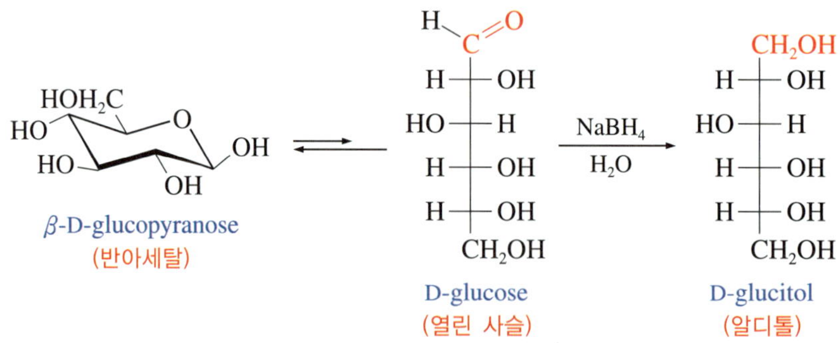

- **알도스의 알데하이드(−CHO)기는 적당한 산화제에 의해 알돈산(aldonic acid)이라는 카복실산으로 변환된다.**
  - 알돈산은 D-glucose의 −CHO 기가 −COOH로 산화된 화합물이다.
  - 산화제로는 물에 녹인 Br_2 완충 용액(pH = 6)이 주로 사용된다.
  - 역사적으로 오래된 다른 산화제로 **Tollens 시약**(NH_4OH, Ag_2O), **Fehlings 시약**(sodium tartrate), **Benedict 시약**(sodium citrate 수용액, Cu^{2+}) 등을 사용한다.

▸ 이 반응들은 특징적인 색깔 변화를 보인다. Tollens 시험법에서는 은(Ag) 거울을 만들므로 **은거울 반응**(silver mirror reaction)이라고도 하며, 다른 두 반응에서는 벽돌색의 Cu_2O를 형성하여 벽돌색이 나타난다.

- 이 산화 반응 역시 환원 반응처럼 열린 사슬 형태의 당에서만 일어난다.
- Tollens, Benedict 또는 Fehling 시약에 의해 산화되는 탄수화물을 **환원당**(reducing sugar)이라고 하며, 이들 시약과 반응하지 않는 당은 **비환원당**(nonreducing sugar)이라고 한다.
- 환원당은 반아세탈 분자이므로 수용액 평형에서 비고리 알데하이드가 존재하므로 산화될 수 있으나, 아세탈 분자는 수용액 평형에서 비고리 알데하이드가 존재할 수 없으므로 산화되지 않는다.

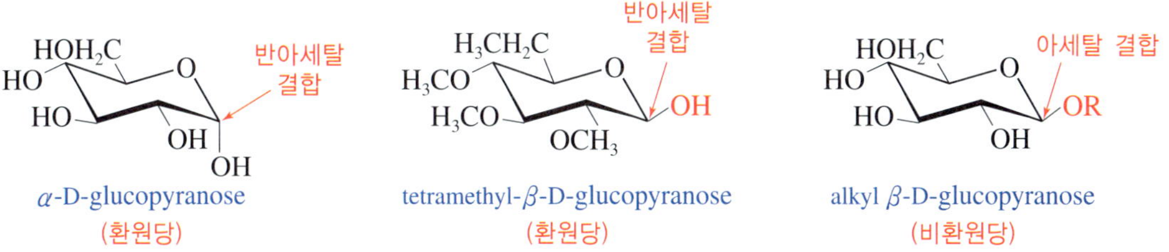

α-D-glucopyranose (환원당) tetramethyl-β-D-glucopyranose (환원당) alkyl β-D-glucopyranose (비환원당)

- **알도스의 알데하이드와 1° 알코올을 따뜻한 질산으로 처리하면 산화되어 2가 산인 알다르산(aldaric acid)을 생성한다.**

  - 알다르산은 C−1의 −CHO와 C−6의 $-CH_2OH$가 −COOH로 산화된 화합물이다.

β-D-glucopyranose (반아세탈) ⇌ D-glucose (열린 사슬) —Br_2, H_2O, pH=6→ D-gluconic acid (알돈산)

β-D-glucopyranose (반아세탈) ⇌ D-glucose (열린 사슬) —HNO_3, H_2O, 가열→ D-gulcaric acid (알다르산)

- **케토스에는 알데하이드 수소가 없으므로 알도스의 산화 조건으로 케토스를 산화시키지 못한다.**

  - 케토스가 에피머를 통해 알도스로 적은 양이 변환되기는 하지만 pH = 6의 완충 용액에서는 이런 에피머화가 일어나지 않는다. 따라서 케토스는 bromine 수용액의 완충 용액

에서 산화되지 않는다.

15.4.4 탄수화물 사슬 확장 및 축소 반응

- **탄수화물의 사슬을 늘이거나 축소하는 반응들이 알려져 있다. 이 반응들은 탄소 수가 다른 탄수화물을 만들 수 있어 유용하다.**
  - **Kiliani-Fischer 합성법**(Kiliani-Fischer synthesis)는 탄소 하나를 도입하는 방법이다.
    - ▸ 알도펜토스로부터 Kiliani-Fischer 합성법으로 사슬을 늘리면 알도헥소스가 된다.
    - ▸ Kiliani-Fischer 합성법으로 사슬을 늘리면 생성물의 C−2에 새로운 카이랄 중심이 생기고 두 개의 에피머가 생성된다.
  - **Wohl 분해**(Wohl degradation)은 알도스 사슬에서 탄소 하나를 짧게 하는 방법이다.
    - ▸ Wohl 분해법으로 알도펜토스 사슬을 축소하면 알도테트로스로 사슬 탄소 하나가 줄어든다.
    - ▸ Wohl 분해는 출발 물질 알도스의 C−2에 있는 카이랄 중심을 sp^2 혼성 C=O로 전환시키므로 출발 물질 C−2의 입체 배열이 다른 탄수화물의 사슬을 축소하면 동일한 생성물을 형성한다. 즉, D-galactose와 D-talose를 Wohl 분해하면 동일하게 D-lyxose를 형성한다.
  - 이 두 반응에서는 사이아노하이드린(cyanohydrin) 중간체를 이용한다.

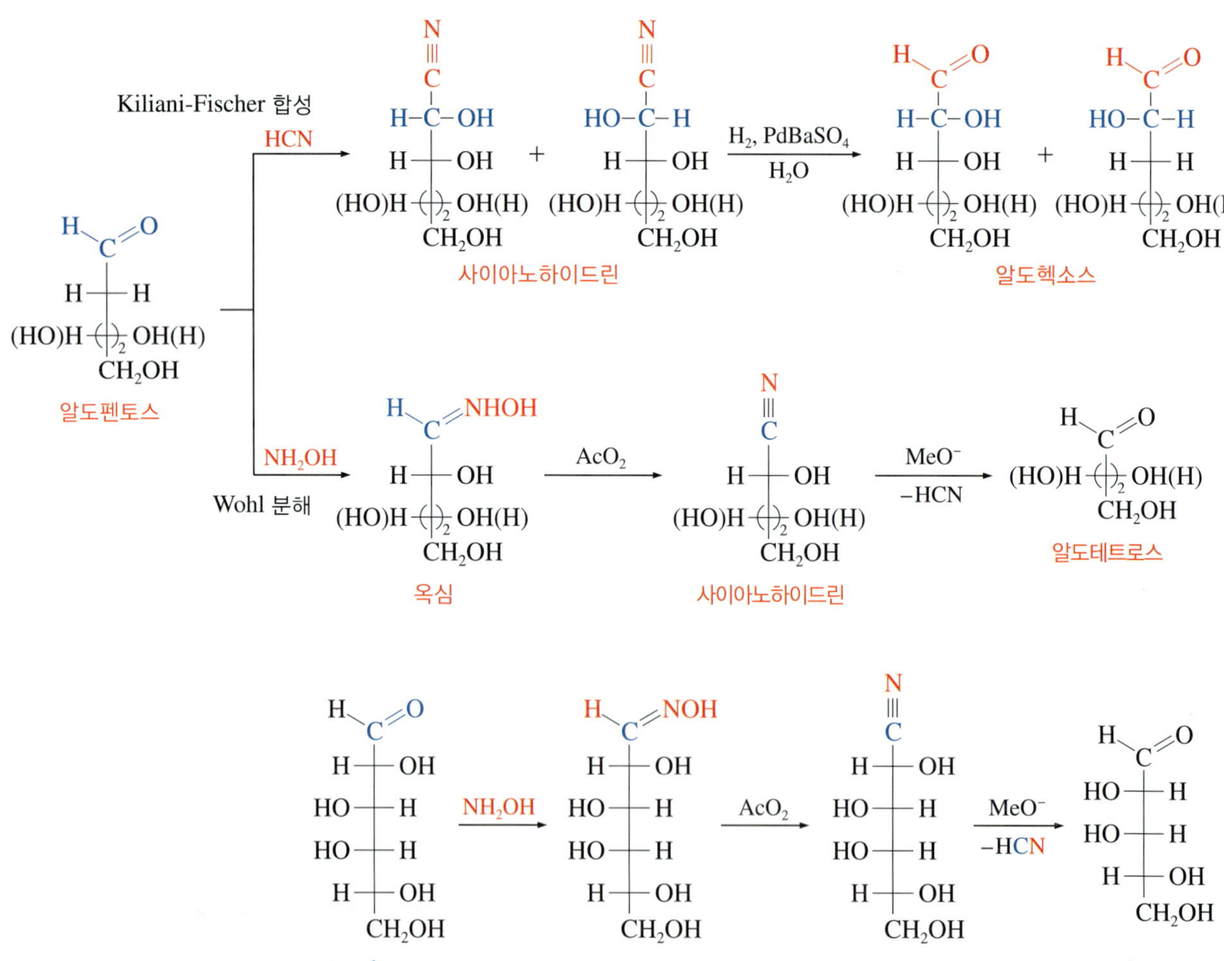

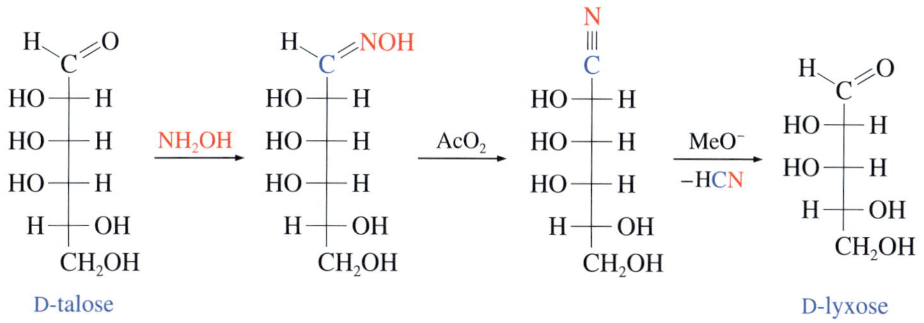

D-talose →(NH_2OH)→ →(AcO_2)→ →(MeO^-, $-HCN$)→ D-lyxose

■ **Ruff 분해(Ruff degradation)도 큰 당으로부터 한 번에 하나씩의 탄소를 떼어내어 더 작은 당으로 분해된다.**

- Ruff 분해 반응은 두 단계 반응이다.
- Ruff 분해는 알도스의 카보닐기가 카복실산으로 변환되고 이어서 탈카복실 반응(decarboxylation)을 시켜 탄소 수가 하나 적은 알도스를 생성한다.

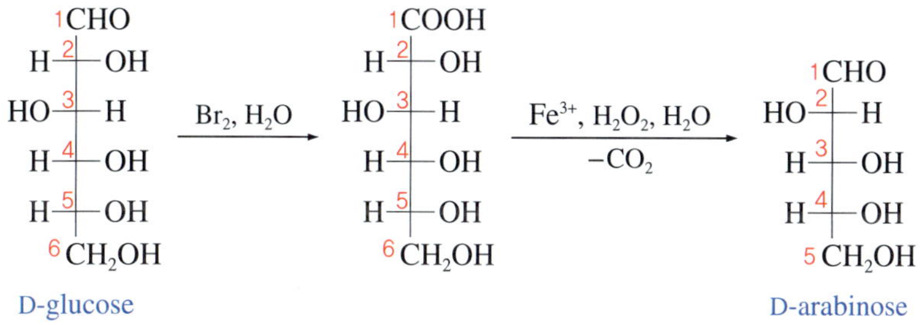

D-glucose →(Br_2, H_2O)→ →(Fe^{3+}, H_2O_2, H_2O, $-CO_2$)→ D-arabinose

15.4.5 산화성 분해 반응

■ **탄수화물을 HIO_4(periodic acid) 또는 $NaIO_4$로 처리하면 OH 기를 갖고 있는 골격의 C−C 결합이 산화성 분해를 일으켜 카보닐 화합물로 된다.**

- 메커니즘을 살펴보면 $NaIO_4$ 또는 HIO_4와 이웃한 두 탄소의 OH 기들이 periodate ester 고리를 형성하고 이 고리가 분해되면서 두 개의 카보닐기를 생성한다. 이 중간 생성물이 더 반응하여 분해된다.
- 알도스는 formic acid와 formaldehyde를 생성하고, 케토스는 이 두 화합물과 더불어 CO_2가 생성된다.

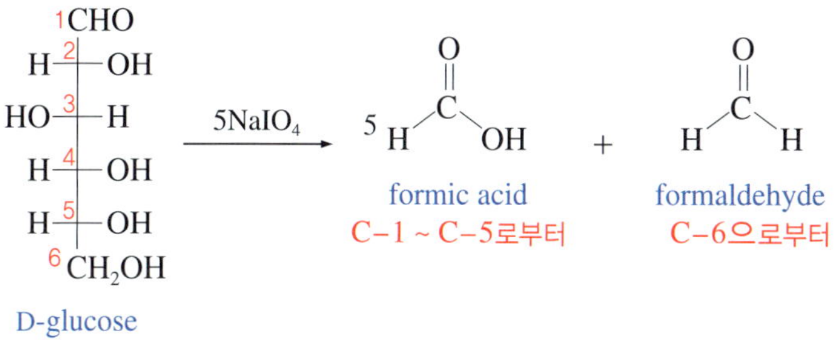

D-glucose →($5NaIO_4$)→ 5 HCOOH (formic acid, C−1 ~ C−5로부터) + HCHO (formaldehyde, C−6으로부터)

$$\text{D-fructose} \xrightarrow{5NaIO_4} 3\,HCOOH + 2\,HCHO + CO_2$$

formic acid: C-3 ~ C-5로부터
formaldehyde: C-1, C-6으로부터
carbon dioxide: C-2로부터

메커니즘 15.4 D-glucose의 $NaIO_4$에 의한 분해

D-glucose

$-NaIO_3$
$-H_2O$

여러 단계

$$5\,HCOOH + HCHO$$

15.5 이당류

- **이당류**(disaccharide)**는 한 단당류의 반아세탈 아노머 탄소와 다른 단당류의 OH 기가 아세탈 결합을 이루어 만들어진 글리코사이드이다.**
  - 이때 두 단당류는 피라노스이거나 퓨라노스이지만 피라노스가 더 일반적이다.
  - 두 고리의 결합을 **글리코사이드 결합**(glycoside bond)이라고 한다.
  - 아세탈 결합의 산소 원자는 α- 또는 β-로 배열된다.
  - 피라노스 고리에서 각 고리의 탄소 원자 번호는 아노머 탄소부터 번호를 매긴다.
  - 가장 보편적인 이당류는 한 고리의 반아세탈 탄소(C-1)와 다른 고리의 C-4에 연결된 아세탈 결합이다.
    - ▸ 이 글리코사이드의 결합 탄소와 아노머 탄소의 배열은 **α- 또는 β-1,4-글리코사이드**(α- or β-1,4-glycoside)라고 부른다.

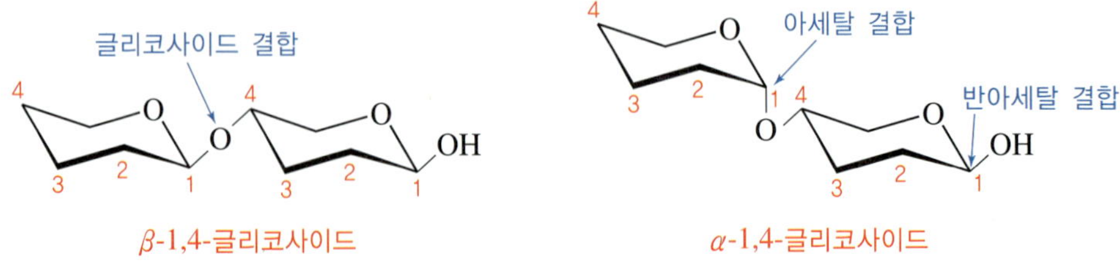

β-1,4-글리코사이드 α-1,4-글리코사이드

- **녹말의 효소-촉매화 가수 분해로 얻어지는 maltose는 두 개의 *α*-D-glucopyranose로 이루어진 *α*-1,4-글리코사이드이고, cellulose 부분 가수 분해에 의해 얻어지는 cellubiose는 두 개의 *β*-D-glucopyranose로 이루어진 *β*-1,4-글리코사이드이다.**

maltose
[4-*O*-(*β*-D-glucopyranosyl)-*β*-D-glucopyranose]
α-1,4-글리코사이드

cellubiose
[4-*O*-(*β*-D-glucopyranosyl)-*β*-D-glucopyranose]
β-1,4-글리코사이드

- Maltose와 cellubios는 오른쪽 당 부분의 아노머 탄소가 반아세탈이어서 비고리형 구조와 평형을 이루므로 둘 다 환원당이고, 변광 회전 성질을 나타낸다.

- **Lactose는 우유에서 발견되므로 보통 젖당이라고 불리며 galactose와 glucose가 1,4-*β*-글리코사이드이다.**
  - 이 또한 오른쪽 glucopyranose의 아노머 탄소가 반아세탈이므로 환원당이며 변광 회전 성질도 나타난다.

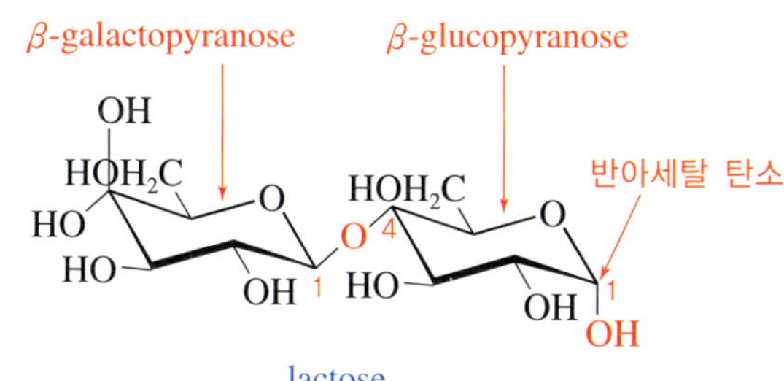

lactose
[4-*O*-(*β*-D-garactopyranosyl)-*β*-D-glucopyranose]

- **설탕으로 부르는 sucrose는 glucose와 fructose가 각 1당량씩으로 구성된 이당류이다.**
  - 반아세탈 탄소가 없으므로 환원당이 아니며 변광 회전도 관찰되지 않는다.
  - Sucrose는 1*α*,2*β*-글리코사이드이다.

sucrose
[2-*O*-(*α*-D-glucopyranosyl)-*β*-D-fructofuranoside]

Glucose와 fructose의 1:1 혼합물을 **반전당**(invert sugar)이라고 부른다. 이것은 sucrose ($[\alpha]_D = +66.5$)가 가수 분해되어 glucose/fructose 혼합물로 되면서 $[\alpha]_D = -22.0$으로 회전도 부호가 반대로 변하므로 붙여진 이름이다.

15.6 다당류

- **다당류(polysaccharide)는 몇십 개, 몇백 개 또는 몇천 개의 단당류들이 글리코사이드 결합으로 연결된 복합 탄수화물이다.**
  - 다당류는 아주 긴 사슬의 말단에 하나의 아노머성 OH 기를 가지고 있어 환원당이 아니며 두드러진 변광 회전성도 보이지 않는다.
  - 자연에 있는 가장 흔한 다당류는 셀룰로스(cellulose), 녹말(starch), 글리코젠(glycogen)이다.

- **셀룰로스는 1,4-β-글리코사이드 결합에 의해 수천 개의 D-glucose가 연결되어 있다.**
  - 셀룰로스를 산 수용액에서 가수 분해하면 β-D-glucose와 α-D-glucose로 분해된다.
  - 나무는 대략 30~40%의 셀룰로스로 구성되고, 목화는 약 90%가 셀룰로스이다.

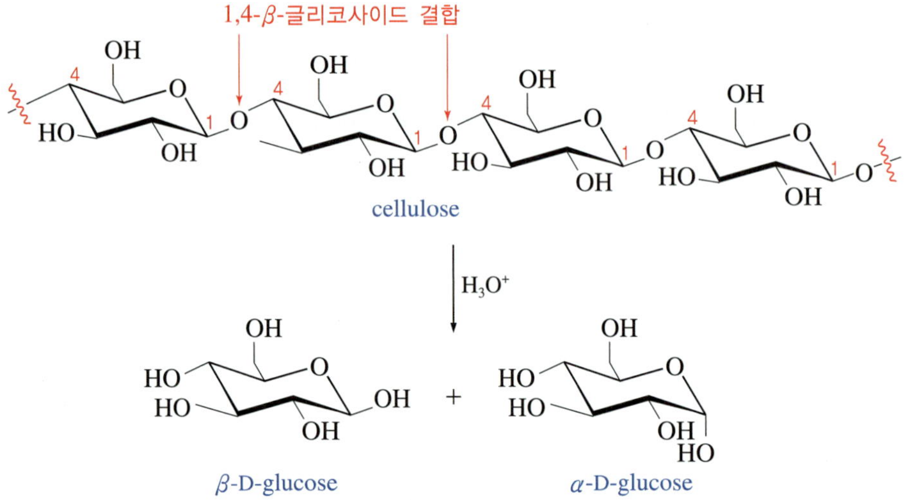

1,4-β-글리코사이드 결합

cellulose

H_3O^+

β-D-glucose + α-D-glucose

- **녹말은 식물의 뿌리와 씨에서 얻어지는 주요 탄수화물이며, 고구마, 감자, 옥수수, 벼, 보리, 밀 등은 많은 양의 녹말을 함유하고 있다.**
  - 녹말은 glucose 단위가 1,4-α-와 1,6-α-글리코사이드 결합으로 연결된 중합체이다.
  - 녹말은 두 가지 성분으로 분리되는데 찬물에 녹는 amylopectine(80%)과 녹지 않는 amylose(약 20%)이다.
  - Amylose는 1,4-α-글리코사이드 결합으로 만들어지고, amylopectine은 1,4-α로 결합된 주사슬에 1,6-α-글리코사이드 결합에 의해 가지가 나 있다.

Glucose는 식물과 동물 모두에서 에너지 저장에 필요한 분자이다. 식물에서는 녹말로 저장하고, 동물에서는 glycogen으로 저장된다. 음식으로 섭취 후 즉시 사용되지 않는 탄수화물은 glycogen으로 전환되어 저장된다. 이 glycogen도 1,4-α와 1,6-α-글리코사이드 결합으로 이루어진 복잡한 가지 구조를 가진다. Amylopectin보다 glycogen은 훨씬 더 크고 많은 가지를 가진다.

- **다당류는 수많은 OH 기를 가지고 있어 실험실 합성에는 많은 문제점이 있다. Glycal 조립 방법(glycal assembly method)은 이런 문제점을 단순화시킨 것으로 알려졌다.**
  - Glycal은 C−1과 C−2가 이중 결합이어서 에폭시화할 수 있다.
  - 생성된 에폭사이드에 다른 glycal 유도체를 반응시켜 이당류 glycal을 형성한다. 같은 반응을 반복하고 보호기를 제거하여 다당류를 얻는다.

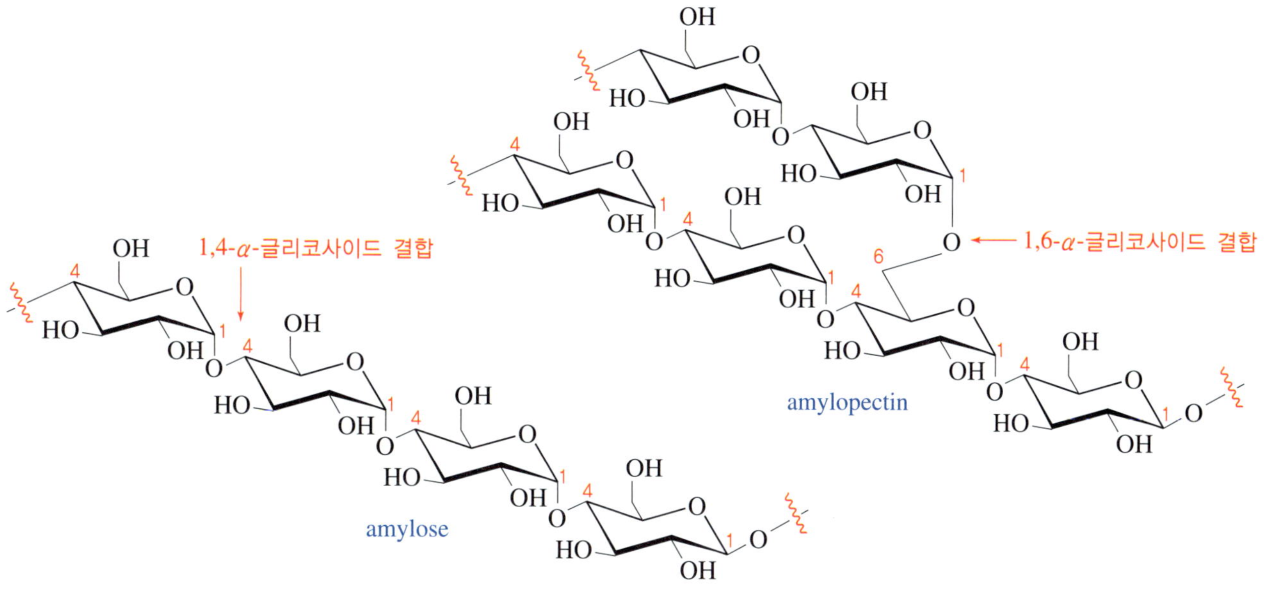

그림 15.6 amylose와 amylopectin의 결합

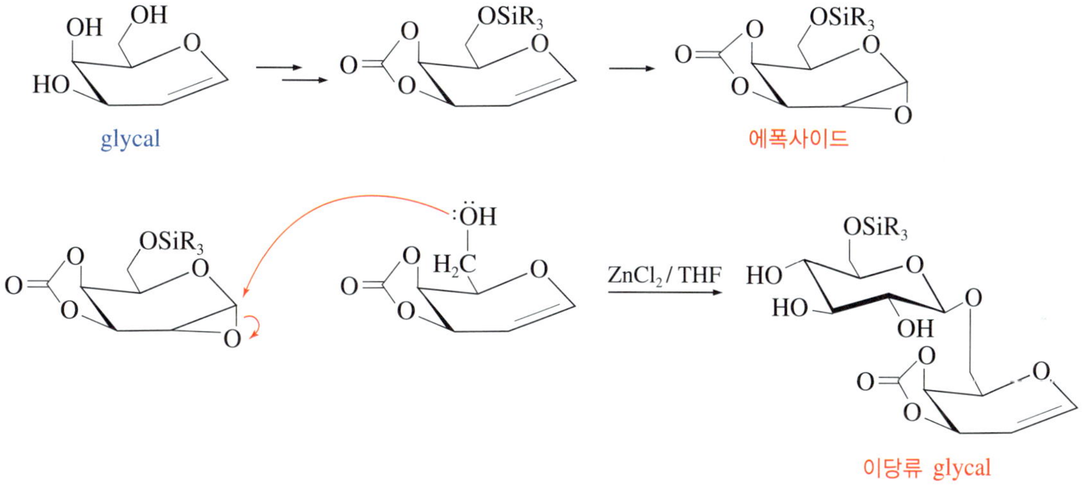

15.7 아미노당

- **아미노당(amino sugar)는 OH 기 대신 NH_2 기로 치환된 당 유도체이다.**
  - 가장 흔한 아미노당은 D-glucosamine이며 D-glucose로부터 생합성된다.
  - D-Glucosamine의 *N*-acetyl 유도체가 키틴(chitin)이다.
  - 키틴은 1,4-β-글리코사이드 결합으로 구성되어 있고, cellulose보다 더 강해서 절지동물과 갑각류의 껍데기 성분이다.

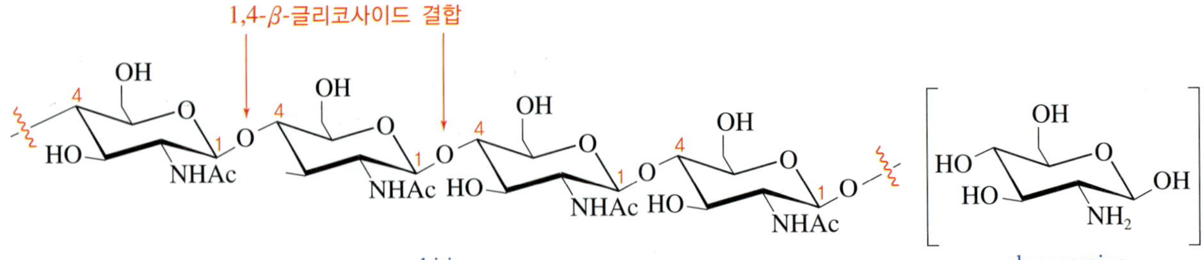

1,4-β-글리코사이드 결합

chitin

glucosamine

■ ***N*-글리코사이드(*N*-glycoside)는 아노머 탄소의 OH 대신 아미노 유도체(−NHR)가 치환된 글리코사이드이다.**

- 단당류를 산 촉매하에서 아민과 반응시키면 이에 상응하는 α- 및 β-*N*-글리코사이드가 생성된다.
- D-Ribose와 2-deoxy-D-ribose로부터 만들어지는 *N*-글리코사이드는 RNA와 DNA의 구성 단위를 만들므로 중요하다.

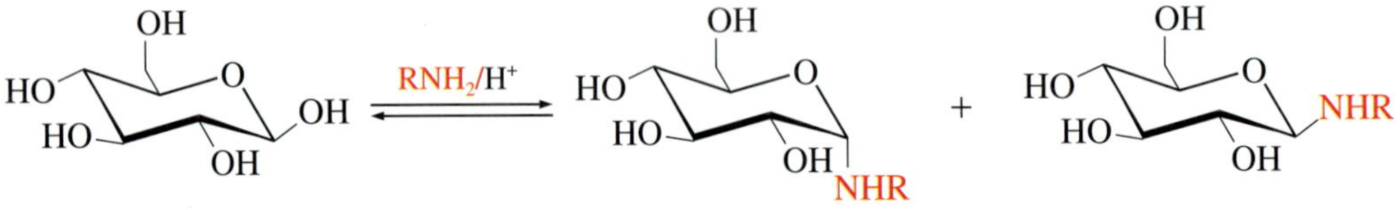

RNH_2/H^+

β-D-glycopyranose α-*N*-glycoside β-*N*-glycoside

Emil Fischer는 1902년 탄수화물 화학에 대한 연구 업적으로 노벨 화학상을 수상하였다.

Glucose 구조의 증명

Emil Fischer는 1891년 네 개의 카이랄 탄소를 가지는 (+)-glucose의 구조를 결정하였다. 이 일을 '**Fischer 증명**'이라고 한다. Glucose는 4개의 카이랄 중심을 가지므로 $2^4=16$개의 입체 이성질체를 가지거나, 여덟 쌍의 거울상 이성질체가 있을 수 있다. 당시는 이들 4개 카이랄 중심의 정확한 배열 결정 방법이 없었기 때문에 Fischer는 각각에 대해 오직 OH 기들의 상대 배열만 결정할 수 있었다.

Fischer는 자연에 존재하는 glucose를 D-배열로 가정하여 아래 4개의 D-aldopentose로 부터 Kiliani-Fischer 합성법과 산화 반응으로 자연의 glucose 배열을 증명하였다. 이 증명에서 Fischer는 다음 사실에 대한 정보를 실험적으로 밝혀 화합물 (3)이 D-glucose임을 확인하였다.

1. 알도펜토스인 아라비노스의 Kiliani-Fischer 합성으로 glucose와 mannose를 만들 수 있다.
2. Glucose와 mannose를 산화시키면 둘 다 광학 활성인 알다르산이 된다.
3. 아라비노스는 광학적으로 활성인 알다르산으로 산화된다.
4. Glucose와 양 끝의 탄소에 있는 작용기가 서로 교환될 때 glucose는 하나의 다른 알도헥소스로 전환된다.

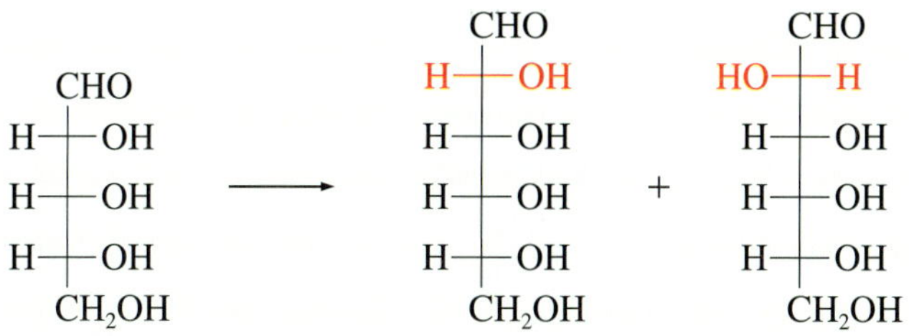

CHO
H—OH
H—OH
H—OH
CH_2OH
(A)
D-aldopentose

→

CHO
H—OH
H—OH
H—OH
H—OH
CH_2OH
(1)

+

CHO
HO—H
H—OH
H—OH
H—OH
CH_2OH
(2)

D-aldohexose

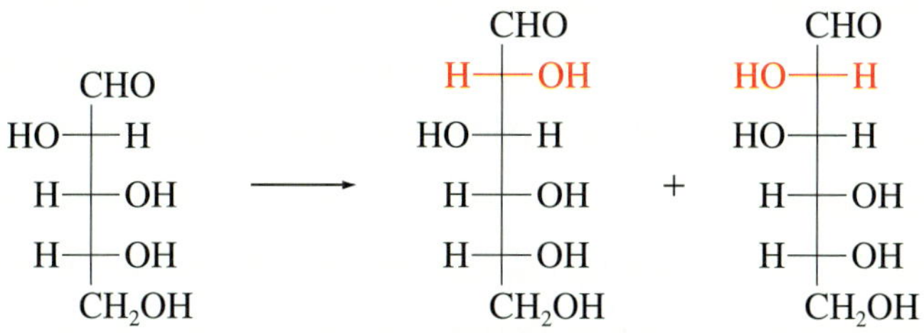

CHO
HO—H
H—OH
H—OH
CH_2OH
(B)
D-aldopentose

→

CHO
H—OH
HO—H
H—OH
H—OH
CH_2OH
(3)

+

CHO
HO—H
HO—H
H—OH
H—OH
CH_2OH
(4)

D-aldohexose

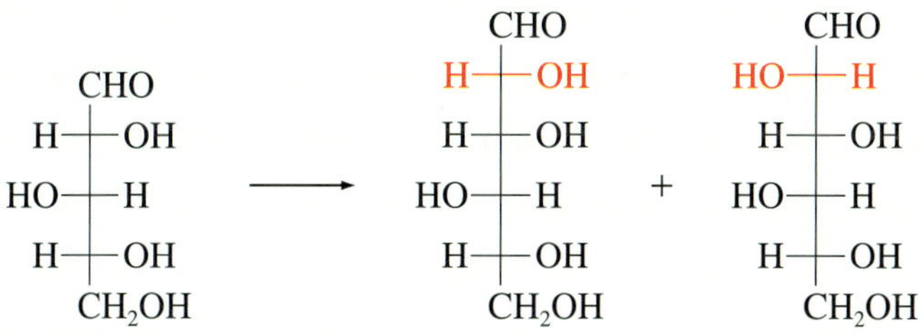

CHO
H—OH
HO—H
H—OH
CH_2OH
(C)
D-aldopentose

→

CHO
H—OH
H—OH
HO—H
H—OH
CH_2OH
(5)

+

CHO
HO—H
H—OH
HO—H
H—OH
CH_2OH
(6)

D-aldohexose

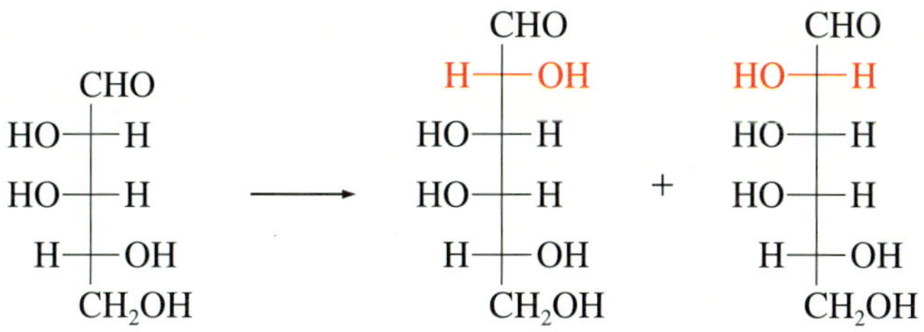

CHO
HO—H
HO—H
H—OH
CH_2OH
(D)
D-aldopentose

→

CHO
H—OH
HO—H
HO—H
H—OH
CH_2OH
(7)

+

CHO
HO—H
HO—H
HO—H
H—OH
CH_2OH
(8)

D-aldohexose

주요 용어

Benedict 시약(Benedict reagent)
Fehling 시약(Fehling reagent)
Glycal 조립 방법(Glycal assembly method)
Haworth 투영도(Haworth projection)
Kiliani-Fischer 합성법(Kiliani-Fischer synthesis)
Koenigs-Knorr 반응(Koenigs-Knorr reaction)
Ruff 분해(Ruff degradation)
Tollens 시약(Tollens reagent)
Wohl 분해(Wohl degradation)
글리코사이드 결합(glycoside bond)
글리코사이드(glycoside)
다작용기 화합물(polyfunctional compound)
단당류(monosaccharide)
반전당(invert sugar)
변광 회전(mutarotation)
복합당(polysaccharide)
비환원당(nonreducing sugar)
삼당류(trisaccharide)
소당류(oligosaccharide)
아노머 탄소(anomeric carbon)
아노머(anomer)
알도스(aldose)
알돈산(aldonic acid)
알디톨(alditol)
에피머화(epimerization)
우회전성(dextrorotatory)
은거울 반응(silver mirror reaction)
이당류(disaccharide)
좌회전성(levorotatory)
케토스(ketose)
탄수화물(carbohydrate)
테트로스(tetrose)
트라이오스(triose)
펜토스(pentose)
퓨라노스(furanose)
피라노스(pyranose)
헥소스(hexose)
환원당(reducing sugar)

연습 문제

개념 문제

1. 탄수화물이 사슬 형태보다 피라노스나 퓨라노스 같은 고리 형태를 이루는 이유를 설명하시오.
2. 당 화합물에서 변광 회전 현상이 관찰되는 이유를 설명하시오.
3. 당 화합물에서 에피머화가 일어나는 근본적인 이유는 무엇인가?
4. Kiliani-Fischer 합성법과 Wohl 분해에서 공통적으로 거치는 중간체는 무엇인가? 이 중간체가 왜 필요한지를 설명하시오.
5. D-Glucose를 NaOH 수용액으로 처리하면 D-glucose와 D-mannose 혼합물이 생성된다. 그 이유를 설명하시오.

실전 문제

6. D-Galactose와 D-talose를 Wohl 분해하면 동일하게 D-lyxose를 형성한다. 이 반응들을 메커니즘적으로 설명하시오.
7. 다음 화합물들의 반아세탈 고리 구조를 그리시오.
   (a) α-D-Galactose (b) 4-Hydroxy-3,3-dimethylbutanal
8. 문제 7 (a)의 두 이성질체의 안정한 의자형 구조를 표시하시오.
9. D-Glucose와 D-fructose의 에피머화를 메커니즘적으로 설명하시오.
10. 다음 반응의 메커니즘을 그리시오.

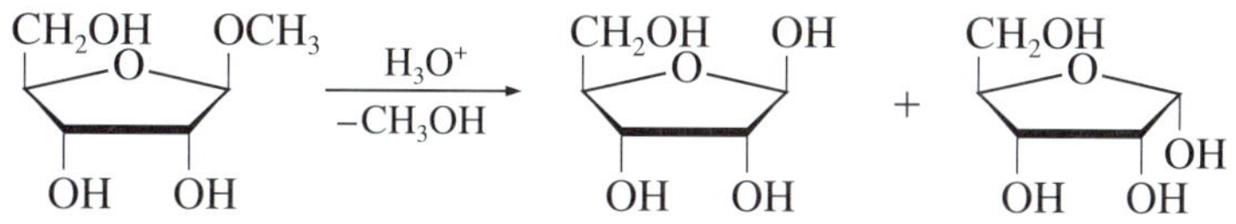

11. 다음 변환에 필요한 시약을 제시하시오.
   (a) D-Glucose → Glucitol (b) D-Glucose → D-Glutaric acid
   (c) D-Glucose → D-Gluconic acid
12. 다음 반응 목적을 성취하려면 어떤 방법을 사용해야 하는가?
   (a) D-Galactose → D Lyxose (b) D-Arabinose → D-Mannose
   (c) D-Glucose → D-Arabinose

16 아미노산 화학: 펩타이드 및 단백질

Amino acid Chemistry: Peptides and Proteins

- 아미노산은 $-COOH$와 NH_2 기를 동시에 포함하고 있다.
- 아미노산은 등전점에서 쯔비터 이온으로 존재한다.
- 단백질은 아미노산의 중합체이다.
- 단백질은 일차 구조, 이차 구조, 삼차 구조, 사차 구조로 기술한다.

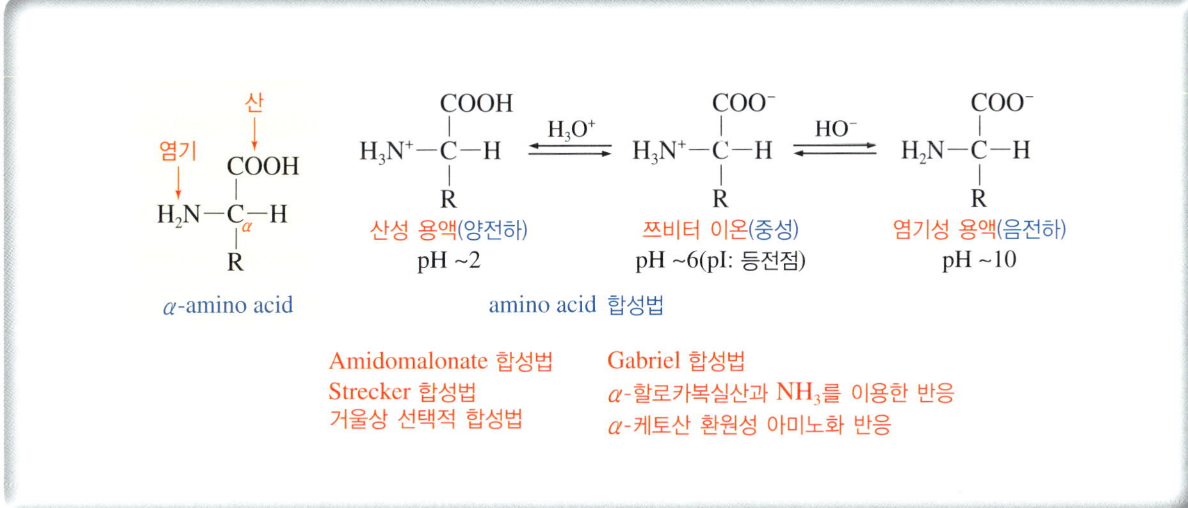

탄수화물, 핵산, 지질 및 단백질 같은 중요한 생체 분자 중에서 단백질은 여러 가지 각기 다른 형태를 가지며 생물학적 기능 또한 다양하다. 단백질은 **아미노산**(amino acid)이라는 단량체들로 구성된 고분자이다. 케라틴(keratin)과 콜라젠(collagen)은 조직을 지지하는 구조 단백질이고, 촉매 역할을 하는 효소(enzyme), 혈액을 응고시키는 피브리노젠(fibrinogen)과 트롬빈(thrombin), 혈액에서 산소를 운반하는 헤모글로빈(hemoglobin)도 모두 단백질이다.

- **단백질이나 펩타이드는 한 아미노산의 $-NH_2$ 기와 다른 아미노산의 $-CO_2H$ 사이의 아마이드(amide) 결합으로 형성되어 있다.**
  - 두 아미노산 사이의 아마이드 결합을 **펩타이드 결합**(peptide bond)이라고도 한다.
  - 펩타이드(peptide)는 50개 이하의 아미노산을 가지는 사슬을 일컫는 용어이고, 이보다 더 긴 사슬은 **단백질**(protein)이라고 부른다.

16.1 아미노산의 구조와 성질

자연계에서 주로 관측되는 아미노산은 L-아미노산이다. L-아미노산이라는 이유는 Fischer 투영도로 나타내는 L-단당류와 구조적으로 유사하게 L-당의 OH 대신에 NH_2가 치환되었기 때문이다.

- **자연에 존재하는 아미노산은 카복시기(COOH)의 α-탄소에 아미노기(NH_2)를 가지고 있어 α-아미노산(α-amino acid)이라고 한다.**
  - 단백질에서 발견되는 20개 아미노산들은 α-탄소에 결합된 나머지 치환기(R)만이 다르다.
  - 단백질은 아미노산이 서로 연결된 **폴리아마이드**(polyamide)이다.

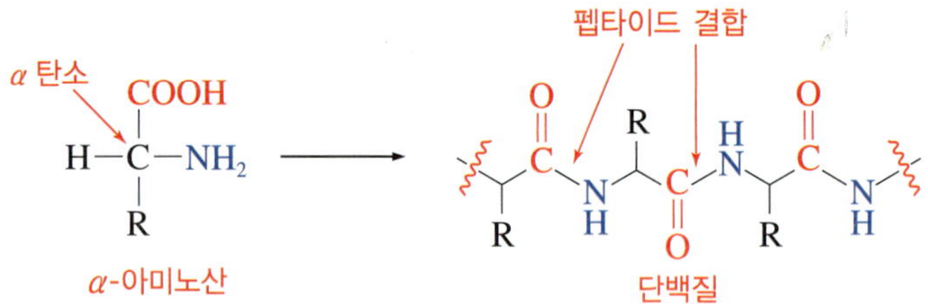

α 탄소

α-아미노산

펩타이드 결합

단백질

단백질에서 발견되는 20종의 아미노산의 구조와 약기호들을 표 16.1에 나타내었다.

- **아미노산이 하나의 COOH 기와 하나의 NH_2만을 가지면 중성 아미노산이다.**
  - 곁사슬에 COOH를 추가로 더 가지는 아미노산은 산성 아미노산이다.
  - 곁사슬에 염기성 N 원자를 가지는 아미노산은 염기성 아미노산이다.
  - Proline을 제외한 다른 아미노산은 1° 아민이고, proline은 고리를 이루고 있는 2° 아민이다.
  - Isoleucine과 threonine은 β-탄소에 카이랄 중심이 하나 더 있어 4개의 입체 이성질체가 가능하나, 그중에서 한 개만이 자연에서 얻어진다.
  - 20개 아미노산 중에서 10개는 체내에서 합성이 가능하지만 다른 10개의 아미노산은 음식으로 섭취해야 한다. 이들을 **필수 아미노산**(essential amino acid)이라고 한다.

표 16.1 단백질에서 발견되는 20종의 아미노산(계속)

중성 아미노산

이름(약기호)	구조	이름(약기호)	구조
Alanine Ala (A)	H_3C–CH(H_2N)(H)–C(=O)OH	Phenylalanine* Phe (F)	C_6H_5–CH_2–CH(H_2N)(H)–C(=O)OH
Asparagine Asn (N)	H_2N–C(=O)–CH_2–CH(H_2N)(H)–C(=O)OH	Proline Pro (P)	(pyrrolidine ring, NH)–CH(H)–C(=O)OH
Cysteine Cys (C)	HS–CH_2–CH(H_2N)(H)–C(=O)OH	Serine Ser (S)	HO–CH_2–CH(H_2N)(H)–C(=O)OH
Glutamine Gln (Q)	H_2N–C(=O)–CH_2CH_2–CH(H_2N)(H)–C(=O)OH	Threonine* Thr (T)	CH_3–CH(HO)(H)–CH(H_2N)(H)–C(=O)OH
Glycine Gly (G)	H–CH(H_2N)(H)–C(=O)OH	Tryptophan* Trp (W)	(indole, HN)–CH_2–CH(H_2N)(H)–C(=O)OH
Isoleucine* Ile (I)	CH_3CH_2–CH(CH_3)(H)–CH(H_2N)(H)–C(=O)OH	Tyrosine Tyr (Y)	HO–C_6H_4–CH_2–CH(H_2N)(H)–C(=O)OH
Leucine* Leu (L)	$(CH_3)_2CH$–CH_2–CH(H_2N)(H)–C(=O)OH	Valine* Val (V)	$(CH_3)_2CH$–CH(H_2N)(H)–C(=O)OH
Methionine* Met (M)	H_3CS–CH_2CH_2–CH(H_2N)(H)–C(=O)OH		

산성 아미노산		염기성 아미노산	
이름(약기호)	구조	이름(약기호)	구조
Aspartic acid Asp (D)	HO–C(=O)–CH_2–CH(H_2N)(H)–C(=O)OH	Arginine* Arg (R)	H_2N–C(=NH)–N(H)–$CH_2CH_2CH_2$–CH(H_2N)(H)–C(=O)OH

표 16.1 단백질에서 발견되는 20종의 아미노산

산성 아미노산		염기성 아미노산	
이름(약기호)	구조	이름(약기호)	구조
Glutamic acid Glu (E)		Histidine* His (H)	
필수 아미노산을 (*)표로 표시하였다.		Lysine* Lys (K)	

> Zwitter는 독일어로 hybrid(혼성)이라는 의미이다. 쯔비터 이온은 전하가 분산되어 있는 알짜 중성 물질이다.

■ **앞에서 서술한 것처럼 아미노산은 한 분자 내에 산성 작용기(—COOH)와 염기성 작용기(—NH_2 또는 —NHR)를 가지고 있다. 따라서 이들 작용기 사이의 양성자 이동으로 중성인 쯔비터 이온(zwitter ion)을 형성한다.**

- 쯔비터 이온은 일종의 내부염(internal salt)이어서 염의 물리적 성질을 많이 나타낸다.
- 용액의 pH가 달라지면 쯔비터 이온은 양이온이나 음이온의 다른 이온종으로 변환된다.

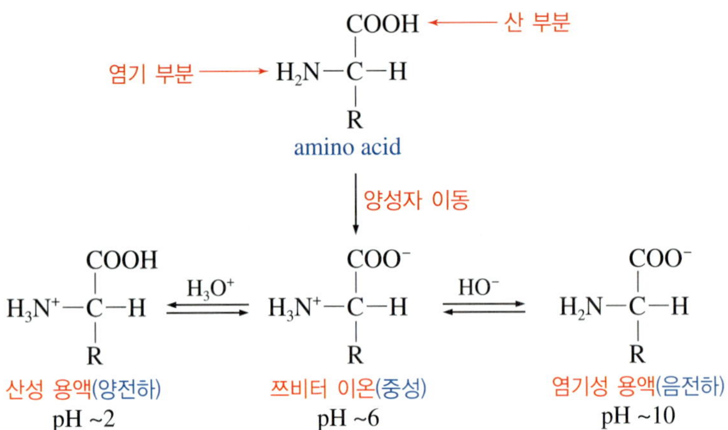

■ **아미노산의 COOH(pK_a ~2) 기와 NH_3^+(pK_a ~9) 기는 수용액에서 이온화되어 양성자를 내어 놓을 수 있고, 때문에 pH에 따라 아미노산의 구조가 달라질 수 있다.**

- 아미노산 전체의 전하는 +1, 0이거나 또는 −1일 수도 있다.
- 아미노산의 COOH 기는 생리학적 pH에서 음이온 형태(COO^-)가 우세하고, NH_2 기는 양이온 형태(−NH_3^+)가 우세하다.

■ **각 아미노산의 경우 쯔비터 이온 농도가 최대가 되는 특정 pH가 있다.**

- 쯔비터 이온 농도가 최대가 되는 특정 pH 값을 **등전점**(isoelectric point, pI)이라 한다.
- 중성 아미노산의 pI는 두 pK_a 값의 평균이다.

$$\text{pI} = \frac{(\text{COOH의 p}K_a) + (\text{NH}_3^+\text{의 p}K_a)}{2}$$

- pI 값의 차이로 혼합 단백질을 전기장에서 분리할 수 있다. 이 방법을 **전기 이동법**(electrophoresis)이라고 한다.
  - pI와 pH의 차이가 클수록 전기장에서 더 빨리 이동한다.
  - pI 값이 용액의 pH보다 크면 용액이 산성이므로 아미노산은 양전하를 띠고, 음전하 쪽으로 이동한다.
  - pI가 pH보다 작으면 용액이 염기성이므로 음전하를 띠는 구조가 우세하고, 양전하 쪽으로 이동한다.

표 16.2 α-아미노산의 이온성 작용기의 pK_a 값과 pI 값

아미노산	pK_a(α-COOH)	pK_a(α-NH_3^+)	pK_a(곁사슬)	등전점 (pI)
Alanine	2.35	9.87	—	6.11
Arginine	2.01	9.04	12.48	10.76
Asparagine	2.02	8.80	—	5.41
Aspartic acid	2.10	9.82	3.86	2.98
Cysteine	2.05	10.25	8.00	5.02
Glutamic acid	2.10	9.47	4.07	3.08
Glutamine	2.17	9.13	—	5.65
Glycine	2.35	9.78	—	6.06
Histidine	1.77	9.18	6.10	7.64
Isoleucine	2.32	9.76	—	6.04
Leucine	2.33	9.74	—	6.04
Lysine	2.18	8.95	10.53	9.74
Methionine	2.28	9.21	—	5.74
Phenylalanine	2.58	9.24	—	5.91
Proline	2.00	10.00	—	6.30
Serine	2.21	9.15	—	5.68
Threonine	2.09	9.10	—	5.60
Tryptophan	2.38	9.39	—	5.88
Tyrosine	2.20	9.11	10.07	5.63
Valine	2.29	9.72	—	6.00

- **한편 산성 또는 염기성 곁사슬을 가지는 아미노산의 pI는 유사한 기들의 pK_a 값의 평균이다. 예로 lysine과 glutamic acid를 들어보자.**
  - Lysine의 pI = 9.74는 두 개의 아미노기의 pK_a 값(8.95와 10.53)으로 결정한다.
  - Glutamic acid의 pI = 3.08은 두 개의 COOH 기의 pK_a 값(2.10과 4.07)으로 결정한다.

lysine

H_3N^+: $pK_a = 10.53$; $^+NH_3$: $pK_a = 8.95$

$$pI = \frac{10.53 + 8.95}{2} = 9.74$$

glutamic acid

HO: $pK_a = 4.07$; OH: $pK_a = 2.10$; $^+NH_3$

$$pI = \frac{4.07 + 2.10}{2} = 3.08$$

아미노산의 분리 방법 중에서 전기 이동법은 아미노산이 각기 다른 pI를 가지며 pH에 따라 전하가 다르므로 가능하다. 만약 아미노산의 pI 값이 용액의 pH보다 크면 아미노산은 양전하를 띠고 음극을 향하여 이동할 것이다. 반대로 용액의 pH보다 아미노산의 pI가 낮으면 음전하를 띠고 양극으로 이동할 것이다. pI와 pH의 차이가 클수록 더 빨리 이동하고, 두 아미노산의 pI가 유사하면 분자량이 큰 아미노산이 더 느리게 이동할 것이다. 왜냐하면 같은 전하로 더 큰 질량을 운반해야 하기 때문이다.

16.2 아미노산의 합성

아미노산은 실험실에서 여러 가지 방법으로 만들어질 수 있다. 그 중에서 α-할로 카복실산을 이용하거나, amidomalonate 합성법, α-케토산의 환원성 아민화 반응, Gabriel 합성법, Strecker 합성법 등을 살펴보자.

α-할로 카복실산과 NH_3를 이용한 합성

- **α-아미노산 합성법으로 가장 오래된 방법은 α-할로 카복실산을 과량의 NH_3와 반응시켜 라셈 혼합물로 α-아미노산을 합성하는 것이다.**
  - 이 반응은 α-자리에서 S_N2 메커니즘으로 진행된다.
  - α-할로 카복실산은 카복실산으로부터 Hell-Volhard-Zelinski 반응(13.2절)을 이용해서 제조한다.

$$(H_3C)_2HC-CH(H)-COOH \xrightarrow[2)\ H_2O]{1)\ Br_2,\ PBr_3} (H_3C)_2HC-CH(Br)-COOH \xrightarrow[S_N2]{NH_3(\text{과량})} (H_3C)_2HC-CH(NH_2)-COOH$$

3-methylbutanoic acid → 3-bromobutanoic acid → (*R*,*S*)-valine

Amidomalonate 합성법

- **Acetoamidomalonate 합성 방법은 말론산 에스터 합성법(13.3절)에 기초를 두고 있다.**
  - 출발 물질로 diethyl acetamidomalonate를 사용하여 알킬화하고, 가수 분해와 탈카복실 반응을 하면 라셈 혼합물로 아미노산을 얻는다.
  - 이 반응은 첫 단계에서 생성된 음이온과 할로젠화 알킬이 S_N2 반응을 하므로 라셈 혼합물을 생성한다.

$$EtO-C(=O)-CH(NHCOCH_3)-C(=O)-OEt \xrightarrow[S_N2]{1)\ NaOEt;\ 2)\ PhCH_2Br} EtO-C(=O)-C(CH_2Ph)(NHCOCH_3)-C(=O)-OEt \xrightarrow[\text{가열}]{H_3O^+} PhCH_2CH(NH_2)COOH$$

diethyl acetamidomalonate → (*R*,*S*)-phenylalanine

메커니즘 16.1 Acetamidomalonate 합성법을 이용한 (*R*, *S*)-phenylalanine의 합성

$$EtO-C(=O)-CH(NHCOCH_3)-C(=O)-OEt \xrightarrow{Na^+\,{}^-OEt} EtO-C(=O)-\overset{-}{C}(NHCOCH_3)-C(=O)-OEt \xrightarrow[S_N2]{PhCH_2-Br} EtO-C(=O)-C(CH_2Ph)(NHCOCH_3)-C(=O)-OEt$$

diethyl acetamidomalonate

$$\xrightarrow[\text{가열}]{H_3O^+} PhCH_2CH(NH_2)COOH$$

(*R*,*S*)-phenylalanine

케토산의 환원성 아민화 반응

- **케토 카복실산을 NH_3와 반응시켜 이민 중간체를 만들고 환원제로 환원시키면 라셈 혼합물로 아미노산을 얻는다.**
    - 이 방법은 두 단계 반응이다.
    - 첫 단계에서는 이민을 형성시키고 두 번째 단계에서 환원시켜 아미노산을 만든다.
    - 이 반응은 이민을 환원시켜 아미노산을 생성하므로 **환원성 아민화 반응**(reductive amination)이라고 한다.

$$H_3C-C(=O)-C(=O)-OH \xrightarrow{NH_3} H_3C-C(=NH)-C(=O)-OH \xrightarrow{NaBH_4} H_3C-CH(NH_2)-C(=O)OH$$

pyruvic acid → (이민) → (*R*,*S*)-alanine

Gabriel 합성법

- **Gabriel 합성법도 아미노산 합성에 이용할 수 있다(10.4.2절). 이 방법에서는 phthalimide 고리 질소 원자에 알킬화한 후에 가수 분해하여 아민을 제조한다.**
    - 이 방법은 *N*-알킬화와 가수 분해–탈카복실 반응의 두 단계 반응이다. 따라서 알킬화 단계에서 diethyl 2-halomalonate를 이용하여 *N*-알킬화하고 가수 분해와 탈카복실 반응하여 얻은 이미드 유도체를 가수 분해하면 아미노산을 얻을 수 있다.
    - 이 방법은 2-halomalonate를 도입한 후에 할로젠화 알킬(RX)로 두 번째 치환기를 도입할 수 있어 여러 가지 치환된 아미노산 합성에 유용하다.

$$\text{phthalimide-}N^-K^+ + HC(Br)(CO_2Et)_2 \xrightarrow{-KBr} \text{phthalimide-}N-CH(CO_2Et)_2 \xrightarrow[-2EtOH]{H_3O^+,\ 가열} \text{phthalimide-}N-CH(CO_2H)_2$$

$$\xrightarrow[-CO_2]{가열} \text{phthalimide-}N-CH_2-CO_2H \xrightarrow[-\ C_6H_4(CO_2H)_2]{H_3O^+} H_2C(NH_2)-C(=O)OH$$

potassium phthalimide, diethyl 2-bromo propanedioate → (*R*,*S*)-glycine

Strecker 합성법

- **Strecker 합성법은 알데하이드에 CN 기를 첨가시켜 α-아미노나이트릴(α-aminonitrile)로 변환시키고 이 CN 기를 가수 분해시켜 두 단계 반응으로 아미노산을 만든다.**
    - 먼저 이민이 형성되고, 이 이민에 CN 기가 첨가되어 사이아노아민[$RCHCN(NH_2)$]이 형성된다.
    - 마지막 단계에서 CN을 COOH로 가수 분해시켜 아미노산을 생성한다.

- 이 방법에서는 출발 물질 알데하이드보다 탄소 수가 하나 더 증가된 아미노산이 형성된다.
- CN 기가 첨가되는 과정에서 라셈 혼합물이 생성되므로 아미노산은 라셈 혼합물로 얻어진다.

$H_3C-C(=O)-H$ → 1) NH_4Cl, NaCN 2) H_3O^+ → $H_3C-CH(NH_2)-C(=O)OH$

acetaldehyde (C2) → (*R*,*S*)-alanine (C3)

메커니즘 16.2 Strecker 합성법

$NH_4Cl \rightleftharpoons HCl + NH_3$

$R-CH=O$ + H–Cl ⇌ $R-CH=OH^+$ + :NH_3 ⇌ $R-CH(OH)-NH_2^+-H$ + :NH_3 ⇌ $R-CH(OH)-NH_2$ + H–Cl ⇌ $R-CH(OH_2^+)-NH_2$

–H_2O ⇅

$R-CH=NH_2^+$ + $^-$CN ⇌ $R-CH(NH_2)-CN$ + H_3O^+ ⇌ $R-CH(NH_2)-C(=O)-OH$

거울상 이성질 선택성 합성

앞서 설명한 세 가지 방법은 모두 라셈 혼합물로 아미노산이 합성된다. 광학적으로 활성이 있는 아미노산을 얻으려면 라셈 혼합물을 분리하거나 **거울상 이성질 선택성 합성**(enantioselective synthesis)을 해야 한다.

이 방법은 Monsanto 회사의 William Knowles에 의해 개발되었고, 이 발견으로 Knowles는 2001년 노벨 화학상을 공동 수상하였다.

- **Z-Enamido acid[RCH=C(NHCOR′)(COOH)]를 소량의 카이랄성 수소화 반응 촉매를 이용하여 선택적으로 하나의 거울상만 형성되는 방법이 알려졌다.**
  - 출발 물질의 NH_2를 아마이드로 보호한 후에 반응시킨다.
  - 카이랄성 촉매가 선택적으로 하나의 거울상만 형성되도록 유도한다.

16.3 아미노산 라셈 혼합물의 분리

아미노산을 합성하는 대부분 반응에서 라셈 혼합물을 얻는다. 아미노산을 생물학적 용도로 사용하려면 두 거울상 이성질체를 순수하게 분리해야 한다. 그러나 **두 거울상 이성질체는 동일한 물리적 성질을 가지고 있어 통상적인 단순한 증류, 재결정 또는 크로마토그래피 방법으로 분리할 수 없다.**

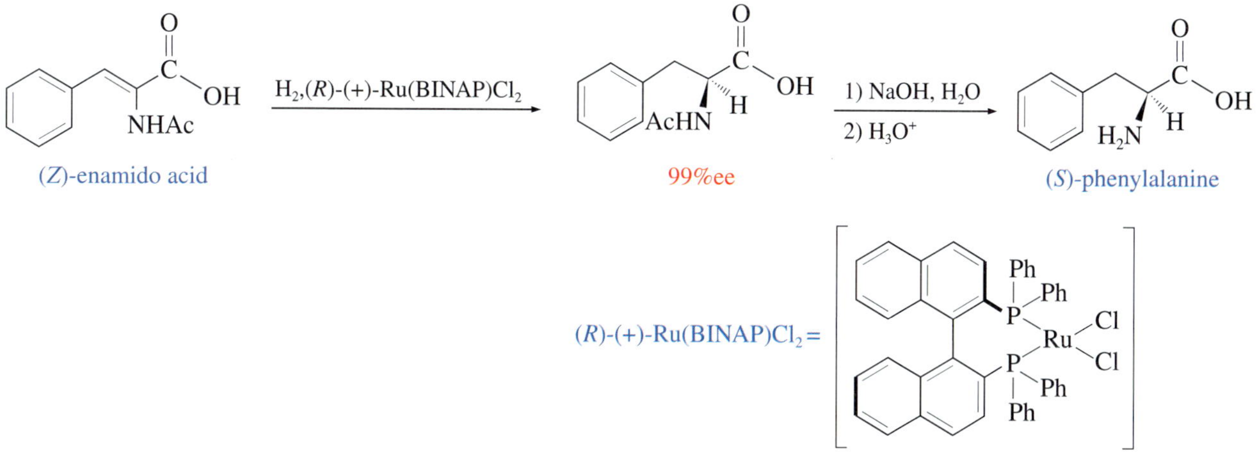

(Z)-enamido acid → H_2,(R)-(+)-Ru(BINAP)Cl_2 → 99%ee → 1) NaOH, H_2O 2) H_3O^+ → (S)-phenylalanine

(R)-(+)-Ru(BINAP)Cl_2 =

그림 16.1 Z-Enamido acid의 거울상 이성질 선택성 합성

라셈 혼합물을 구성하는 거울상 이성질체를 분리하는 것을 **분할**(resolution)이라고 한다. 아미노산 라셈 혼합물을 분할하는 방법은 부분 입체 이성질체로 변환한 후 분리하는 방법과 한 이성질체와만 반응하는 효소 속도론적 분할 방법이 있다.

부분 입체 이성질화 분할법

부분 입체 이성질화 분할법은 라셈 혼합물을 물리적 성질이 다른 부분 입체 이성질체로 만들어 분리한 후 순수한 이성질체로 재생시키는 방법이다. 거울상 이성질체는 동일한 물리적 성질을 가지지만, 이들의 부분 입체 이성질체는 물리적 성질이 서로 다르다.

- **부분 입체 이성질화 분할법은 다음 세 단계로 진행된다.**
  - 1단계: 시료의 거울상 이성질체 쌍(*R*,*S*-라셈 혼합물) 구조를 알고 있는 시약(예 *R*-시약)과 반응시켜 부분 입체 이성질체 쌍(*R*–*R*; *S*–*R* 부분 입체 이성질체 혼합물)으로 변환한다. 이 부분 입체 이성질체는 염(salt) 형태로 만드는 것이 편리하다.
  - 2단계: 물리적 성질의 차이를 이용하여 부분 입체 이성질체 쌍을 분리한다.
  - 3단계: 분리된 각 부분 입체 이성질체를 본래의 시료 중의 거울상 이성질체(순수한 *R*-또는 *S*-이성질체)로 변환한다.

Alanine 라셈 혼합물을 (*R*)-α-benzylamine을 이용하여 분할하는 방법의 예를 들었다(그림 16.2). 이 과정에서 처음 사용한 분할 시약 (*R*)-α-benzylamine은 재생된다.

속도론적 효소 분할법

속도론적 효소 분할법은 거울상 이성질체 중의 한 이성질체만 선택적으로 일어나는 화학 반응에 의해 두 거울상 이성질체를 분리하는 방법이다.

- **속도론적 분할**(kinetic resolution)**은 두 거울상 이성질체와 카이랄 촉매나 시약 간의 반응성의 차이를 이용하는 방법이다.**
  - 속도론적 분할 방법은 W. Marckwald와 A. McKenzie에 의해 1899년에 처음 보고되었다.

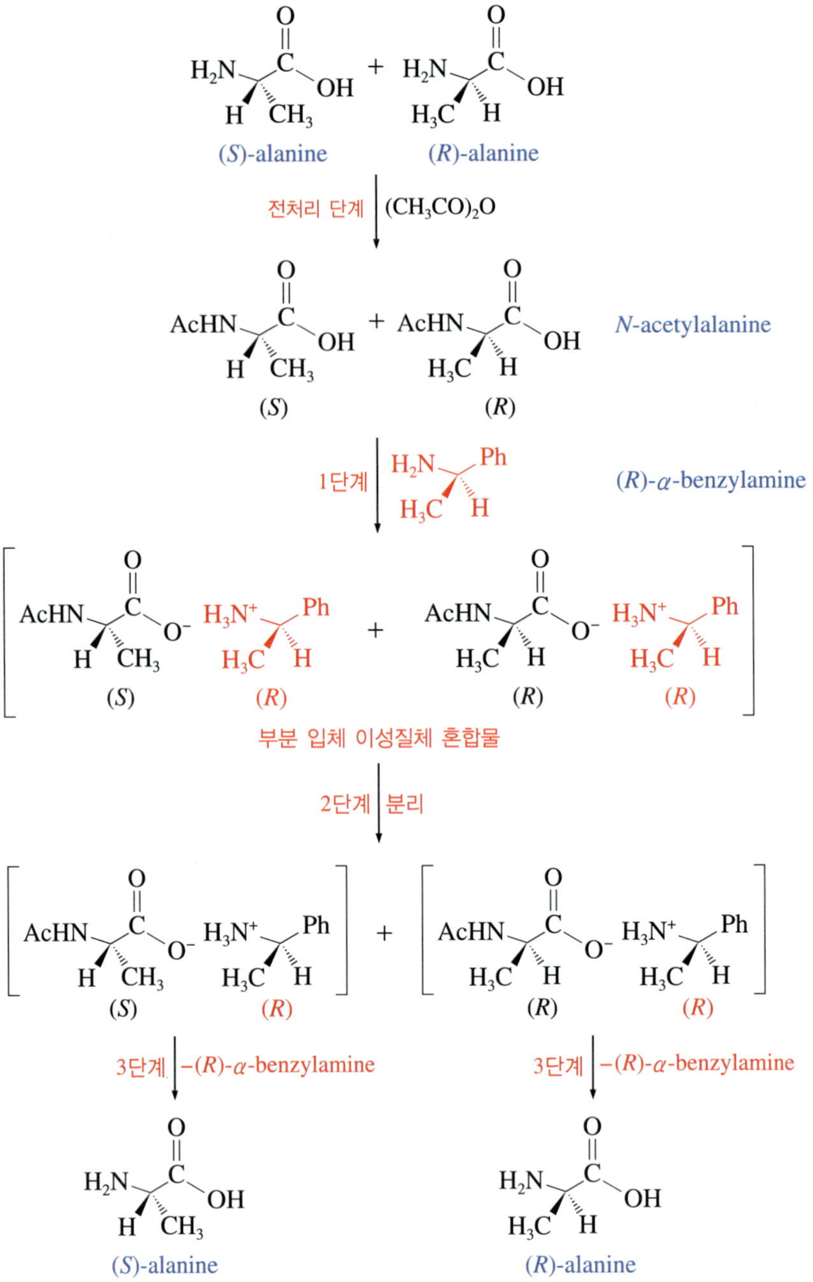

(S)-alanine + (R)-alanine

전처리 단계 $(CH_3CO)_2O$

N-acetylalanine (S) + (R)

1단계 (R)-α-benzylamine

부분 입체 이성질체 혼합물

2단계 분리

3단계 −(R)-α-benzylamine

(S)-alanine (R)-alanine

그림 16.2 Alanine 라셈 혼합물의 분할

- ▸ Mandelic acid 라셈 혼합물을 (−)-menthol과 반응시키면 (+)-mandelic acid는 에스터화되고 (−)-mandelic acid는 에스터화되지 않는 것을 발견하였다.
- 속도론적 분할에 이용되는 반응은 아실화, 에폭시화, 다이하이드록시화 반응(dihydroxylation), 에폭사이드 고리 열림 반응, OH 기의 산화 반응과 이중 결합 수소화 반응 등이 이용된다.
  - ▸ 오늘날에는 이를 계기로 하여 다양한 반응 시약과 반응 형태들이 보고되고 합성적으로 이용되기도 한다.

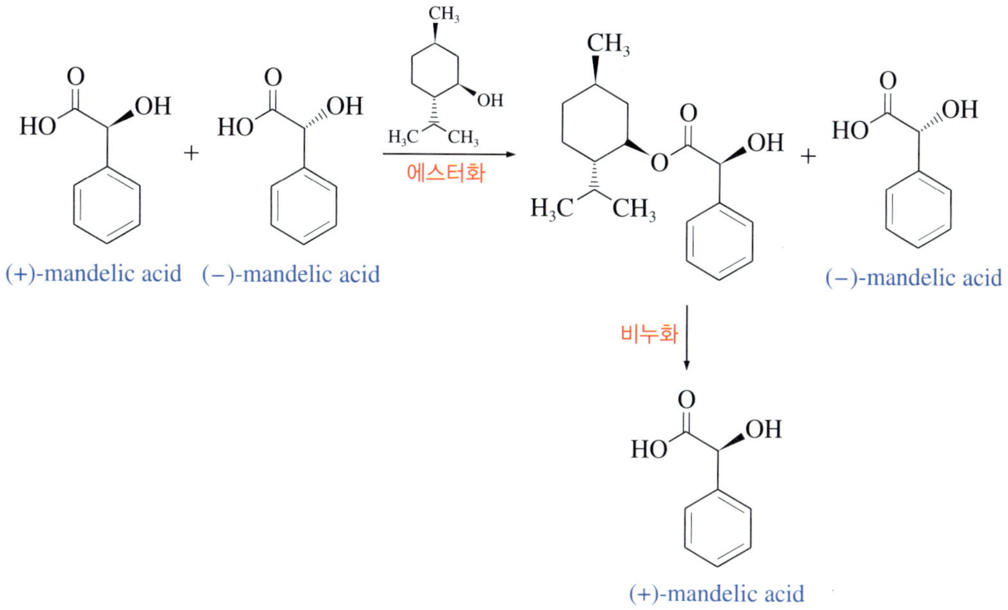

HO OH HO OH + 에스터화 (+)-mandelic acid (−)-mandelic acid CH_3 OH H_3C CH_3 O OH + (−)-mandelic acid 비누화 (+)-mandelic acid

- **효소(enzyme)도 전형적인 카이랄 시약이다.**
  - 예를 들면 *N*-acetylalanine 라셈 혼합물을 acylase 효소를 사용하면 L-아미노산의 아마이드 결합만이 분해되어 (*S*)-alanine을 생성하므로 이를 순수하게 분리할 수 있다.

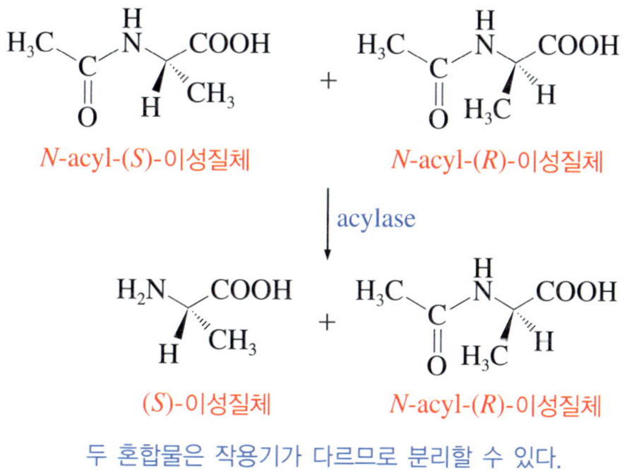

N-acyl-(*S*)-이성질체 + *N*-acyl-(*R*)-이성질체

acylase

(*S*)-이성질체 + *N*-acyl-(*R*)-이성질체

두 혼합물은 작용기가 다르므로 분리할 수 있다.

16.4 펩타이드와 단백질

- 아미노산은 **아마이드 결합**(amide bond 또는 **펩타이드 결합**: peptide bond)으로 서로 결합되어 **펩타이드**(peptide)와 **단백질**(protein)이라고 하는 거대 분자를 형성한다.
  - 펩타이드를 구성하는 각 아미노산을 아미노산 **잔기**(residue)라고 한다.
  - 펩타이드는 결합하고 있는 아미노산 단위에 따라 두 개의 아미노산으로 구성되면 **다이펩타이드**(dipeptide), 세 개의 아미노산으로 구성되면 **트라이펩타이드**(tripeptide)로 부른다.
- **펩타이드 사슬들은 관례적으로 왼편 끝에 아미노기를 배열하고 오른쪽 끝에 COOH 기를 배열하도록 그린다.**

- NH_2 기 쪽을 *N*-말단(*N*-terminal)이라고 한다.
- COOH 기 쪽은 *C*-말단(*C*-terminal)이라고 한다.

■ **펩타이드는 $-NCHC(=O)-$ 뼈대(backbone) 단위가 연속적으로 연결되어 있다. 펩타이드의 명명은 *N*-말단 아미노산부터 부르며, *N*-말단 아미노산을 치환기로 생각해서 명명한다.**

- 펩타이드는 편의상 세 글자 약기호나, 한 글자 약기호로 표기한다.

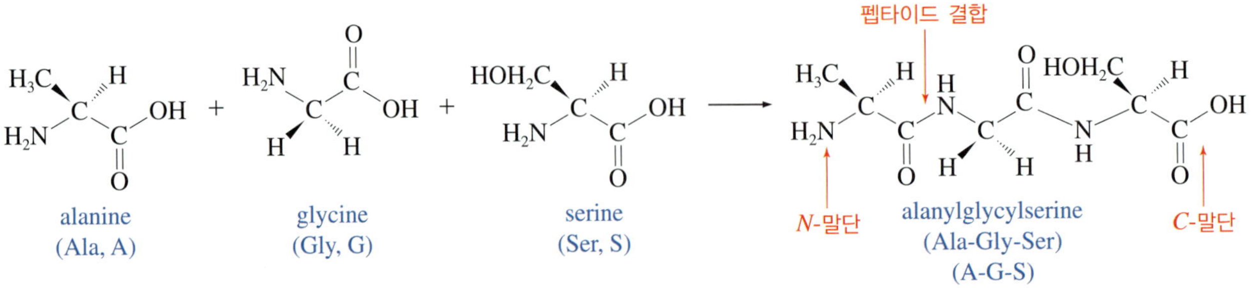

alanine (Ala, A) + glycine (Gly, G) + serine (Ser, S) ⟶ alanylglycylserine (Ala-Gly-Ser) (A-G-S)

펩타이드 결합

N-말단

C-말단

■ **펩타이드 결합의 3차원적인 구조를 이해하기 위해 펩타이드 결합의 기하 구조를 이해하는 것이 중요하다. 펩타이드 결합은 이미 논의했던 아마이드 결합과 차이가 없다.**

- 아마이드 질소의 비공유 전자쌍이 카보닐기와 상호 작용하여 비편재화되므로 비염기성이다.
- 아마이드 카보닐 탄소는 sp^2 혼성을 하므로 삼각 평면 구조이며 *N*-원자의 비공유 전자쌍이 비편재화된 공명 구조를 그릴 수 있다.
- 아마이드의 C=N 공명 구조(구조 II)가 다른 아실 화합물보다 공명 안정화에 더 크게 기여한다.

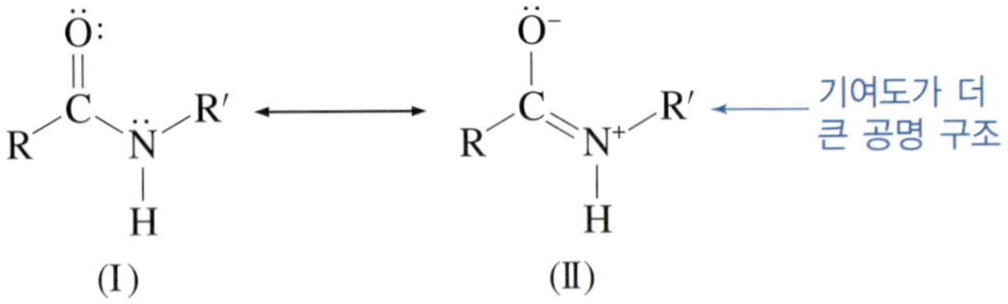

(I) ⟷ (II)

기여도가 더 큰 공명 구조

펩타이드 결합의 두 개 공명 구조

■ **펩타이드 결합이 일반적인 아마이드처럼 C=N 이중 결합 성질을 가지므로 펩타이드 결합은 회전이 제한되어 *s*-트랜스(*s*-trans)와 *s*-시스(*s*-cis)의 다른 두 가지 형태로 존재할 수 있다(7.9절).**

- 두 형태 중 *s*-트랜스 형태가 입체 장애가 없어 일반적으로 더 안정하다.
- 이 *s*-트랜스 배열이 긴 펩타이드 사슬을 지그재그로 배열되게 한다.
- 그럼에도 불구하고 폴리펩타이드들은 여전히 **자유롭게 회전할 수 있는 시그마(σ) 결합을 가지고 있어 완전한 평면은 아니다.**

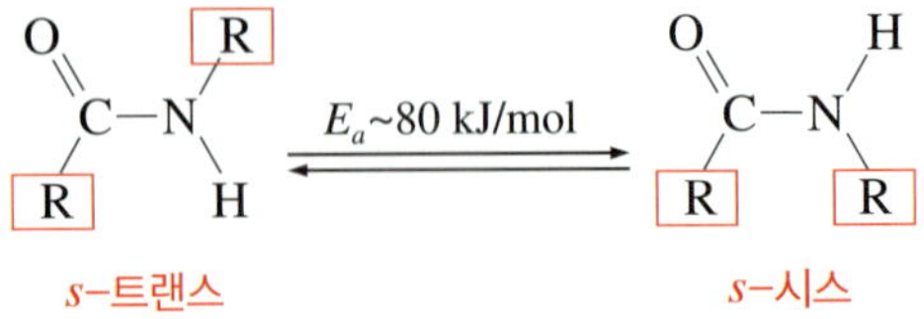

E_a~80 kJ/mol

s–트랜스 ⇌ *s*–시스

- **펩타이드에서 입체 구조를 결정하는 두 번째 중요한 결합은 cysteine 잔기의 SH 기들 간에 이루어지는 이황화 결합(disulfide bond: RSSR)이다.**
  - 펩타이드에서 이황화 결합은 같은 가닥의 cysteine 잔기나 다른 가닥의 cysteine 잔기 사이에서 관찰된다.
  - 이런 이황화 결합은 단백질과 펩타이드의 3차원적 구조와 특성에 큰 영향을 미친다(그림 16.6).

16.5 펩타이드 분석과 서열 결정

펩타이드의 구조를 알기 위해서는 1) 어떤 아미노산들로 구성되었는지, 2) 각 아미노산의 전체 성분비는 얼마인지, 3) 어떤 순서로 연결되었는지를 알아야 한다.

- **펩타이드의 구조 분석은 일반적으로 전체 아미노산의 성분비 분석부터 시작한다.**
  - 1단계: 성분비 분석을 위해 우선 시료의 이황화 결합을 분해한다.
  - 2단계: 아마이드 결합을 HCl 수용액(6 M)에서 24시간 가열(110°C)하여 가수 분해시켜 각각의 아미노산으로 분해한다.
  - 3단계: 2단계에서 얻어진 혼합물을 고성능 액체 크로마토그래피(HPLC)나 이온 교환 크로마토그래피법을 이용하여 분리한다.
  - 성분비 분석으로 어떤 아미노산들이 어떤 비율로 들어 있는지를 알 수 있지만, 어떤 순서로 결합되어 있는지는 알 수 없다. 오늘날 펩타이드의 아미노산 분석에는 아미노산 자동 분석기를 이용한다.

아미노산 분석기는 William Stein과 Stanford Moore에 의해 1950년대에 완성된 기술을 기초로 한 자동화 기기이다. 두 사람은 이 업적으로 1972년 노벨 화학상을 공동 수상하였다.

펩타이드의 아미노산 서열 결정

Edman 분해법에 의한 *N*-말단 아미노산 분석

펩타이드의 아미노산 서열 결정(sequence determination)에는 여러 가지 방법들이 동원된다.

- **Edman 분해법(Edman degradation)은 *N*–말단 아미노산을 분석하는 방법이다.**
  - Edman 분해를 이용하면, *N*-말단 아미노산이 한 번에 하나씩 차례로 분해된다.
  - 분해된 아미노산을 분석하여 어떤 아미노산인지를 밝힌다. 이 과정을 반복하면 전체 서열을 알 수 있다.
  - 자연에 존재하는 20개 아미노산의 *N*-phenylthiohydantoin(PTH) 유도체들이 이미 알려져 있어 *N*-말단 아미노산을 쉽게 밝힐 수 있다.

오늘날 자동화된 기기를 이용하면 Edman 분해법으로 대략 50개 정도의 아미노산 서열을 가지는 펩타이드의 분석이 가능하다.

- **Edman 분해에서는 *N*-말단 아미노산의 NH_2와 phenyl isocyanate($C_6H_5N{=}C{=}S$)의 반응에 의한 고리화와 펩타이드 잔기의 분해 및 자리 옮김 반응이 포함된다.**
  - *N*-말단 아미노산의 NH_2와 phenyl isocyanate($C_6H_5N{=}C{=}S$)를 반응시키면 anilinothiazolinone(ATZ) 고리를 형성한다. 이 고리 형성 단계에서 펩타이드 잔기가 분리된다.
  - 생성된 ATZ 고리가 자리 옮김 반응을 하여 *N*-phenylthiohydantoin(PTH) 고리로 변형된다.
  - 이 PTH를 분석하여 아미노산을 알아낸다.

메커니즘 16.3 Edman 분해 반응

양성자 이동

−[peptide−NH_2]

자리 옮김

N-phenylthiohydantoin (PTH)

anilinothiazolinone (ATZ)

효소에 의한 부분 가수 분해법

50개 이상의 잔기를 가지고 있는 펩타이드에 대해 한 번에 각 잔기를 끊어내는 것은 어렵다. 원치 않는 부생성물이 생성되고 분석을 방해하기 때문이다. 큰 펩타이드 분석에서 효과적인 방법은 큰 펩타이드를 보다 작은 조각들로 부분 가수 분해하여 서열을 결정하는 것이다. 특정한 펩타이드 결합을 선택적으로 가수 분해하는 데 다양한 **펩타이드 가수 분해 효소**(peptidase)가 이용되며, 이 효소들은 특정한 펩타이드 결합을 선택적으로 가수 분해한다.

- ***C*-말단 아미노산이 연결된 아마이드 결합을 가수 분해할 수 있는 효소로 carboxypeptidase가 있다.**
  - 이 효소로 가수 분해하면 *C*-말단 아미노산과 전체 수보다 아미노산 수가 한 개 더 적은 펩타이드가 생성되므로, *C*-말단 아미노산 분석에 유용하다.
- **Trypsine은 arginine이나 lysine과 같이 염기성 아미노산의 카보닐기와 연결된 아마이드 결합 가수 분해 촉매 효소이다.**
  - Trypsine으로 가수 분해하면 생성된 펩타이드에서 arginine과 lysine은 *C*-말단에 있게 된다.
  - Chymotrypsin은 phenylalanine, tyrosine, tryptophan과 같이 방향족 기를 가지고 있는 아미노산들의 카보닐기와 연결된 아마이드 결합의 가수 분해 효소이다.
  - Chymotrypsin으로 가수 분해하여 생성되는 펩타이드에서 phenylalanine, tyrosine 및 tryptophan은 *C*-말단에 배열된다.

chymotrypsin 가수 분해 자리

carboxypeptidase 가수 분해 자리

Val−Phe−Leu−Met−Tyr−Pro−Gly−Trp−Cys−Glu−Asp−Ile−Lys−Ser−Arg−His−Gly

N−말단

C−말단

trypsin 가수 분해 자리

아미노산 서열 결정의 예

- **실험으로부터 다음의 결과를 얻었다고 가정하자.**
  - 실험 1) 펩타이드 시료를 아미노산 자동 분석기로 분석한 결과 Ala, Gly, Ser, Tyr 및 Glu으로 구성되었음을 알았다.
  - 실험 2) Edman 분해법으로 *N*-말단 아미노산이 Ala임을 알았다.
  - 실험 3) Carboxypeptidase를 처리하여 *C*-말단 아미노산이 Gly임을 알았다.
  - 실험 4) Chymotrypsin을 처리하여 가수 분해한 결과 다이펩타이드와 트라이펩타이드 조각을 얻었다.
  - 실험 5) 트라이펩타이드를 분석하여 Try-Glu-Gly임을 알았다.

- **실험 결과로부터 펩타이드 서열 결정은 다음과 같이 한다.**
  - 실험 1)로부터 얻은 구조 정보: 구성 아미노산 종류는 Ala, Gly, Ser, Tyr, Glu 5가지이다.
  - 실험 2)로부터 얻은 구조 정보: *N*-말단 아미노산은 Ala이다.
    ⇨ Ala-(?)-(?)-(?)-(?)
  - 실험 3)으로부터 얻은 구조 정보: *C*-말단 아미노산은 Gly이다.
    ⇨ Ala-(?)-(?)-(?)-Gly
  - 실험 4)로부터 얻은 구조 정보: Chymotrypsin은 방향족 기를 가지는 아미노산들의 카보닐기와 연결된 아마이드 결합을 분해하므로 Tyr은 *C*-말단에 있어야 한다. 두 펩타이드는 Ala-Tyr과 (?)-(?)-Gly이거나, Ala-(?)-Tyr와 (?)-Gly이어야 한다. 따라서 서열은 Ala-Tyr-(?)-(?)-Gly이거나 Ala-(?)-Tyr-(?)-Gly이다.
  - 실험 5)로부터 얻은 구조 정보: 트라이펩타이드 서열이 Try-Glu-Gly이므로 서열은 Ala-(?)-Try-Glu-Gly가 된다. 남은 아미노산은 Ser뿐이므로 시료의 서열은 Ala-Ser-Try-Glu-Gly가 된다.

16.6 펩타이드의 합성

- **펩타이드 결합 형성은 카복실기(COOH)와 아미노기(NH_2) 사이의 반응으로 한 분자의 H_2O를 상실하며 형성된 아마이드 결합이다. 여기 사용되는 시약들은 다양하다.**
  - 가장 일반적으로 사용되는 시약은 dicyclohexylcarbodiimide(DCC)이다.
  - DCC는 반응성이 커서 카복실산과 쉽게 반응하여 중간체로 *O*-acylisourea를 형성하고 최종적으로는 *N*,*N*-dicyclohexylurea로 변환된다.

메커니즘 16.4 DCC를 이용한 펩타이드 결합 형성

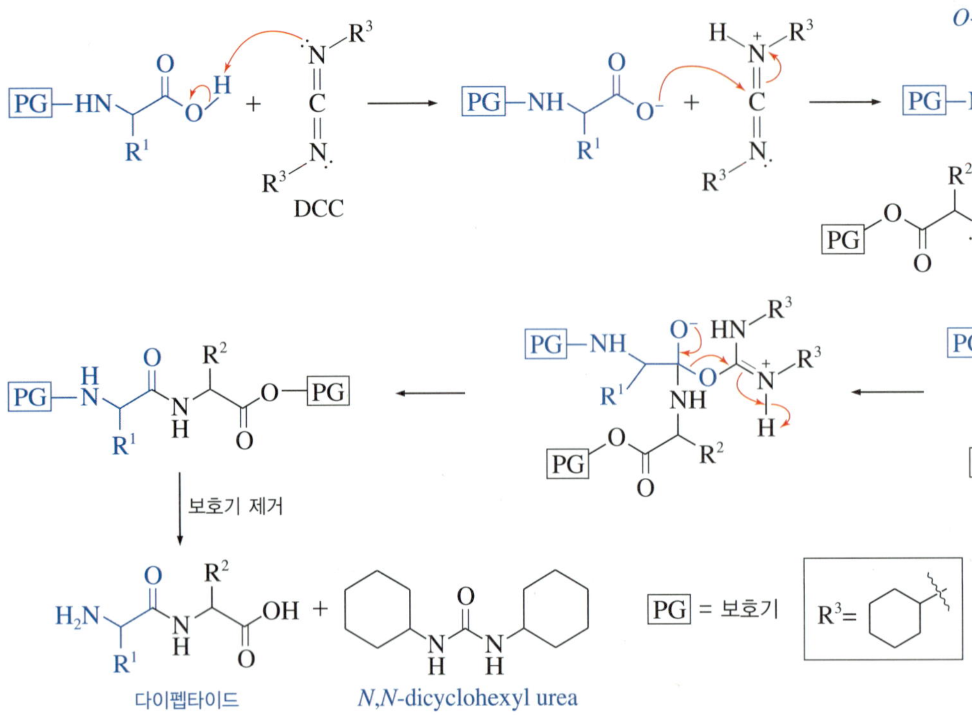

자유 아미노산은 모두 COOH 기와 NH_2 기를 가지고 있어 두 개의 아미노산이 반응하면 선택성이 없이 4가지의 펩타이드가 생성된다.

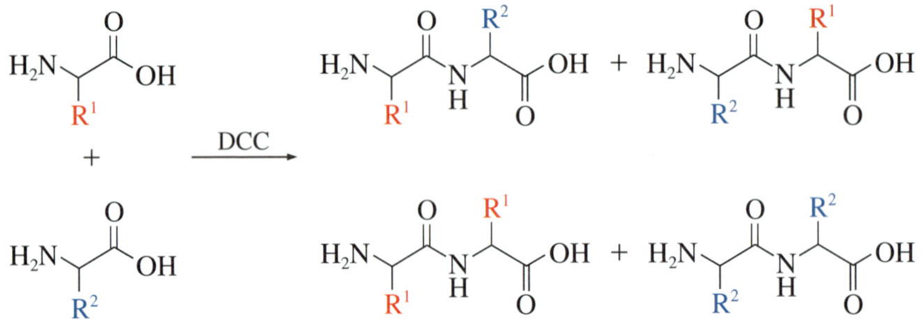

이런 문제는 한 아미노산의 NH_2와 다른 아미노산의 COOH 기에 보호기(protecting group)를 도입하면 피할 수 있다.

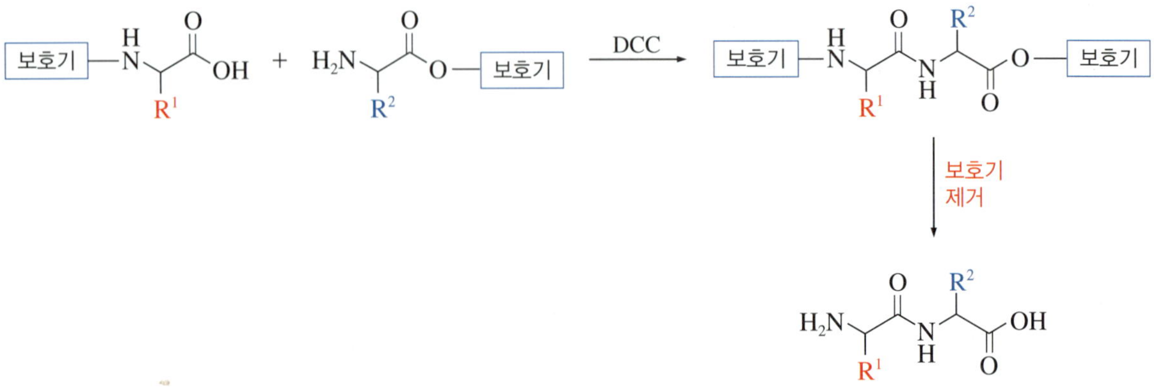

■ 아미노산 아미노기의 보호

- 아미노기는 **카바메이트**(carbamate; ROC(=O)NHR)로 변환하여 보호할 수 있다.
- 이 용도로 흔하게 이용되는 보호기로 *tert*-butoxycarbonyl(Boc이라는 약기호로 표시)과 9-fluorenylmethoxycarbonyl(Fmoc라는 약기호로 표시)이 있다.
- Boc는 di-*tert*-butyl dicarbonate로 도입하고, Fmoc는 9-fluorenylmethyl chloroformate를 사용하여 도입한다.

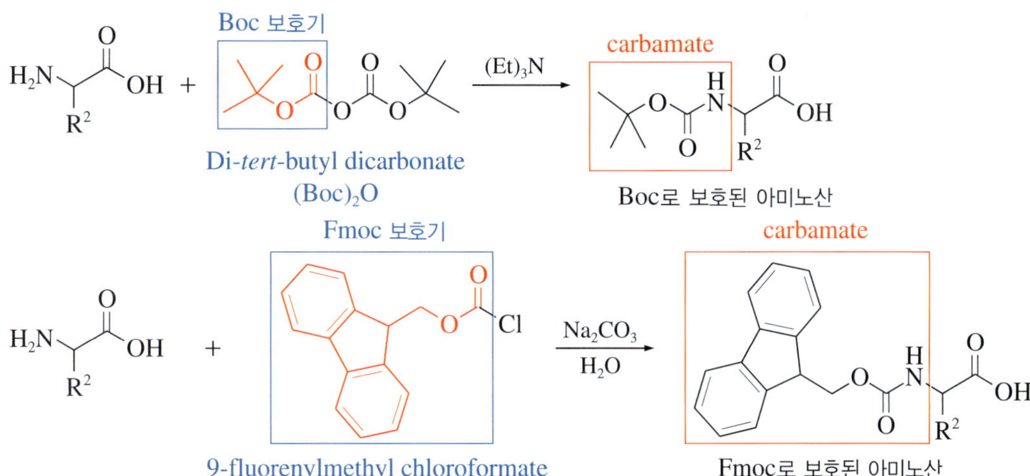

메커니즘 16.5 Boc를 이용한 아미노기 보호기 도입 및 제거

Boc 보호기 도입

Boc로 보호된 아미노산

Boc 보호기 제거

Boc로 보호된 아미노산

$-CO_2$

CF_3COO-H

보호기 제거된 아미노산

메커니즘 16.6 Fmoc 보호기의 제거

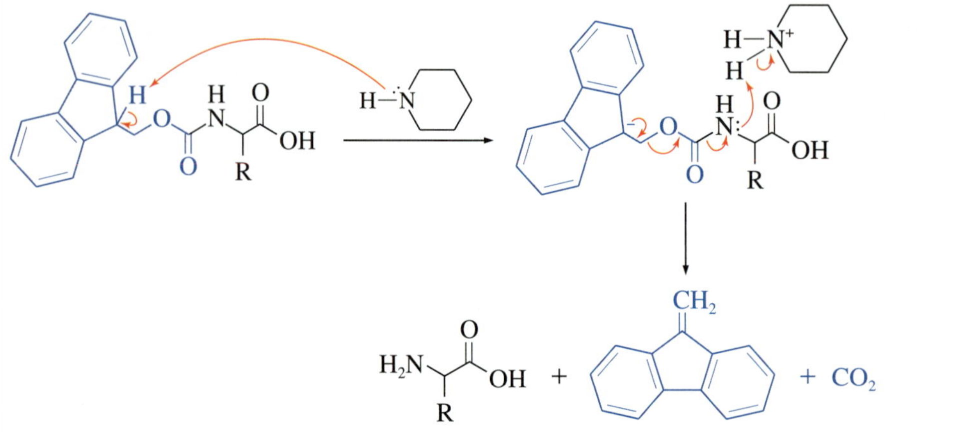

■ **아미노산의 카복실기 보호**

- 아미노산의 카복실기는 보통 알코올과 반응시켜 methyl 또는 benzyl 에스터 형태로 보호한다.
- 이들 보호기의 도입은 상응하는 알코올을 산 촉매 조건에서 반응시켜 형성한다.
- 이들 보호기를 제거하는 방법은 에스터 종류에 따라 다르다.
  - ▸ Methyl 에스터는 염기로 가수 분해하여 제거한다.
  - ▸ Benzyl 에스터는 H_2/Pt로 **가수소 분해**(hydrogenolysis)하거나 acetic acid 용액에서 HBr과 반응시켜 제거할 수 있다.

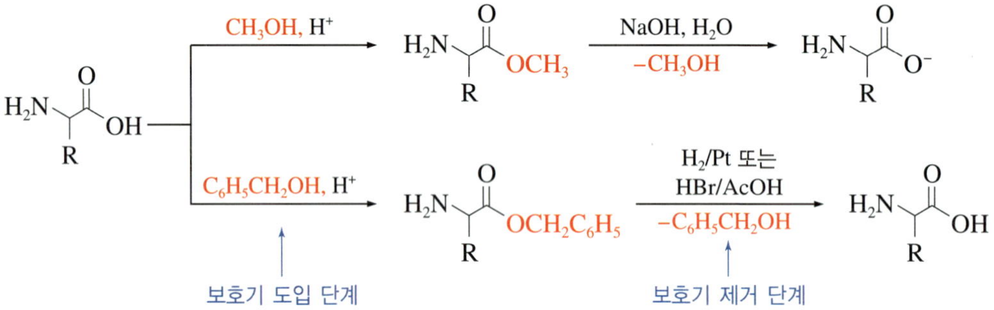

보호기 도입 단계

보호기 제거 단계

다이펩타이드 합성

■ **다이펩타이드 합성은 세 단계를 거쳐야 한다.**

- 1단계: 아미노산의 COOH나 NH_2 기에 보호기를 도입한다.
- 2단계: 보호된 아미노산들을 DCC로 반응시켜 펩타이드 결합을 형성한다.
- 3단계: *N*-말단과 *C*-말단의 보호기를 제거한다.

예로 Val-gly의 합성 단계를 아래에 나타내었다.

1단계: 보호기 도입

Val —$(Boc)_2O$→ Boc—Val

Gly —ROH, H^+→ Gly—OR

2단계: 펩타이드 결합 형성

Boc—Val + Gly—OR —DCC→ Boc—Val—Gly—OR

3단계: 보호기 제거

Boc—Val—Gly—OR —NaOH, H_2O 또는 H_2, Pt 또는 HBr/AcOH→ Val—Gly

펩타이드 자동 합성법: Merrifield 합성법

위에서 언급한 펩타이드 합성법은 아주 작은 단위의 펩타이드 합성에는 유용하지만, 각 단계마다 생성물을 분리하고 정제해야 하므로 큰 펩타이드 합성에 많은 시간이 소요되어 적합하지 못하다. 큰 펩타이드 합성에는 Merrifield가 개발한 **고체상 합성법**(solid phase synthesis)을 이용한다.

Merrifield 합성법에서는 불용성 고분자에 아미노산을 부착시키고, 아미노산들을 하나씩 순서대로 첨가하면서 연속적으로 펩타이드 결합을 만든다. 불순물이나 부산물은 고분자 사슬에 부착되지 않으므로 합성 단계마다 용매로 씻어내어 이들을 제거한다. 일반적으로 이용되는 고분자는 CH_2Cl 기를 가지고 있는 polystyrene이다.

- **Merrifield 고체상 합성법은 5단계로 이루어진다.**
  - 1단계: 아미노기가 보호된 아미노산의 *C*-말단을 고분자에 부착시킨다.
  - 2단계: 아미노기의 보호기를 제거한다.
  - 3단계: 펩타이드를 합성한다.
  - 4단계: 2단계와 3단계를 반복한다.
  - 5단계: 펩타이드를 분리하여 보호기를 제거한다.

트라이펩타이드인 Phe-Gly-Val의 합성을 다음에 예로 나타내었다.

1단계: 아미노기가 보호된 아미노산을 고분자에 부착한다.

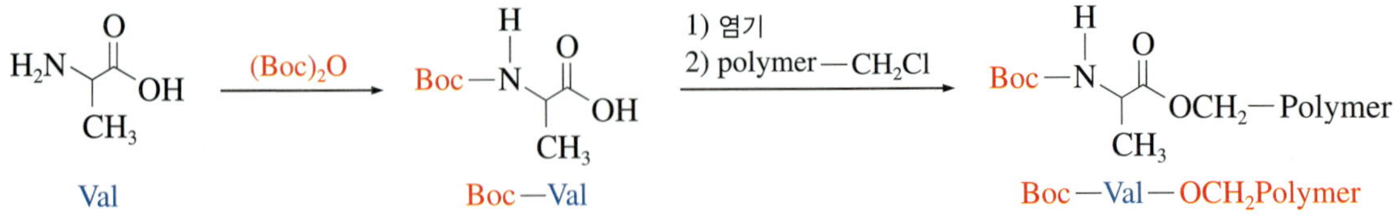

Val →($(Boc)_2O$) Boc—Val →(1) 염기 2) polymer—CH_2Cl) Boc—Val—OCH_2Polymer

2단계: N-말단 보호기 제거

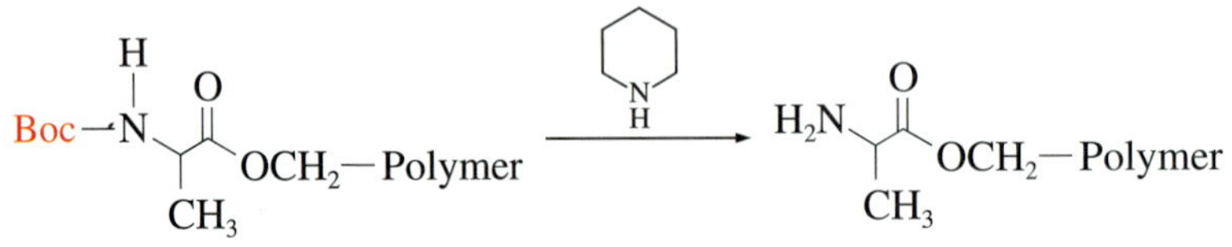

Boc—Val—OCH_2—Polymer →(piperidine) H_2N—Val—OCH_2—Polymer

3단계: 펩타이드 결합 형성

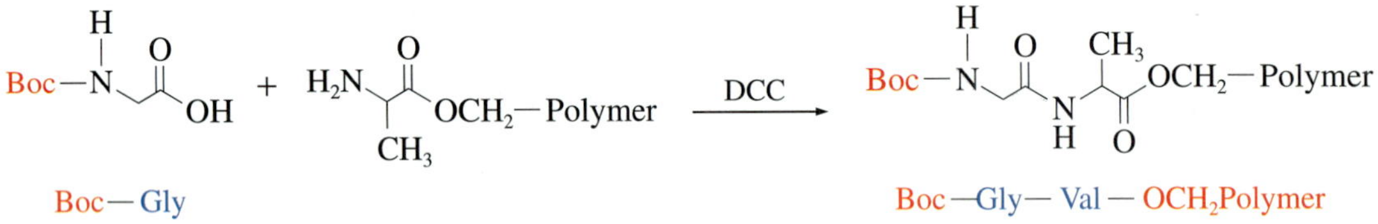

Boc—Gly + H_2N—Val—OCH_2—Polymer →(DCC) Boc—Gly—Val—OCH_2Polymer

4단계: 2단계와 3단계의 반복

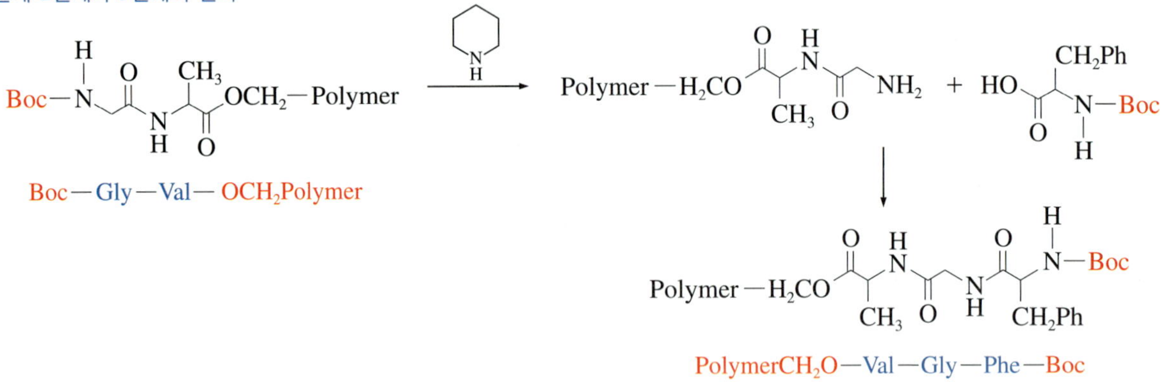

Boc—Gly—Val—OCH_2Polymer →(piperidine) Polymer—H_2CO—Val—Gly—NH_2 + HO—Phe—Boc → PolymerCH_2O—Val—Gly—Phe—Boc

5단계: 펩타이드 분리 및 보호기 제거

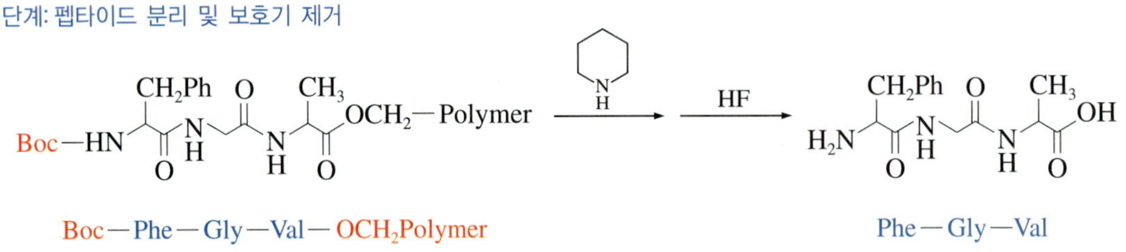

Boc—Phe—Gly—Val—OCH_2Polymer →(piperidine) →(HF) Phe—Gly—Val

16.7 단백질의 구조

단백질은 매우 큰 구조이고 구조도 복잡하다. 단백질의 구조는 일차, 이차, 삼차 및 사차 구조로 기술한다. 단백질의 이차와 삼차 구조는 극성 작용기의 수소 결합, 비극성 잔기의 van der Waals 상호작용, COO^-와 NH_3^+ 간의 정전기적 인력, 이황화 결합에 의해 안정화된다.

■ **일차 구조: 단백질의 일차 구조**(primary structure)**는 펩타이드 결합에 의해 연결된 구성 아미노산의 서열을 말한다.**

- 일차 구조의 가장 중요한 요소는 아마이드 결합이다.
- 아마이드 결합 RC(=O)NR_2은 질소의 비공유 전자쌍의 비편재화 때문에 C—N 결합의 회전이 제한되며 *s*-트랜스 형태가 더 안정하다(16.4절).
- 각 펩타이드 결합에서 N—H 결합과 C=O 결합은 서로 180° 방향으로 배열된다.

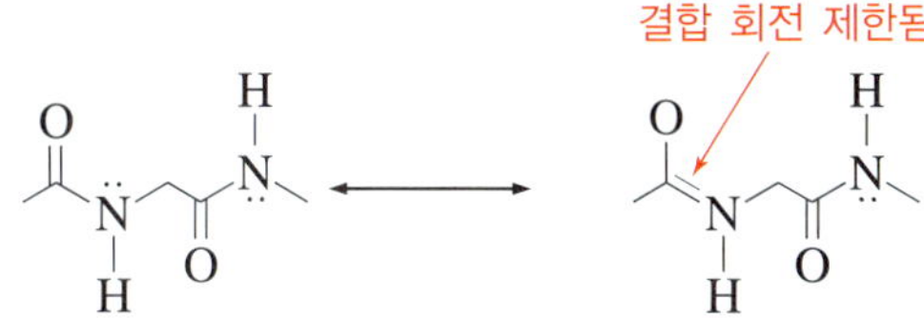

- 펩타이드 결합의 회전은 제한되지만, 단백질 골격의 다른 σ 결합은 자유롭게 회전한다. 그 결과로 사슬이 꼬이면서 다양한 형태로 구부러진 단백질의 이차 구조를 이룬다.

■ **이차 구조: 단백질의 이차 구조**(secondary structure)**란 단백질이 한정된 영역에서 부분적으로 취하게 되는 삼차원 배열을 이차 구조라고 한다. 이런 영역들은 아마이드의 N—H 양성자와 다른 아마이드의 C=O 기의 산소 사이의 수소 결합에 의해 생기는데, 특별하게 안정한 두 가지 배열로 α-나선**(α-helix)**과 β-병풍**(β-pleated sheet) **구조가 있다.**

■ **α-나선 구조:** α-**나선 구조는 펩타이드 사슬이 시계 방향으로 꼬여 감기면서 형성된 구조로 4가지 특징을 가진다.**

(1) α-나선 구조는 한 회전당 3.6개의 아미노산이 포함되며 코일 사이의 길이는 540 pm(5.40 Å)이다.
(2) N—H와 C=O 결합은 나선축과 평행으로 배열된다. C=O 결합이 아래로 향하면 N—H 결합은 위로 향한다.
(3) 한 아미노산의 C=O 기는 네 번째 아미노산의 N−H 기와 수소 결합을 한다. 즉 동일한 사슬 내의 두 아미노산 간에 수소 결합이 형성되며, 이 수소 결합은 나선축과 나란하게 놓인다. N—H⋯O=C의 수소 결합 길이는 2.8 Å이다.
(4) α-나선 구조에서 아미노산의 R 기는 나선 중심의 바깥을 향하고 있다.

■ **α-나선 구조는 아마이드 카보닐기의 α-탄소 결합 주위로 회전이 자유로울 때만 가능하다.**

예로서 질소 원자가 오원자 고리를 이루고 있는 proline은 수소 결합을 하지 못하므로 α-나선 구조의 일부가 될 수 없다.

- α-나선 구조는 가장 흔한 이차 구조이며 대부분의 구형 단백질은 많은 나선 구조 분절을 가지고 있다.
- 예로, myoglobin은 단일 사슬에 153개의 아미노산 잔기가 포함된 작은 구형 단백질이다.

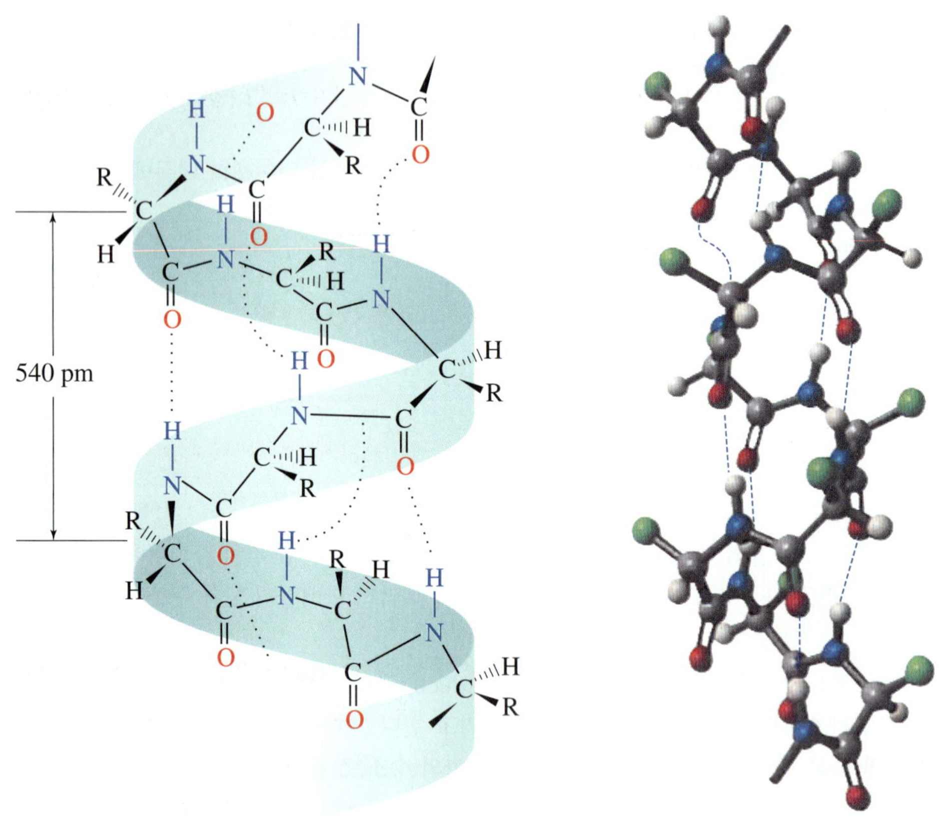

그림 16.3 단백질의 이차 나선 구조

- **병풍 구조: β-병풍 구조는 두 개 이상의 단백질 사슬들이 나란히 일렬로 배열될 때 형성된다. 이 사슬을 가닥(strand)이라고 한다. β-병풍 구조의 특징은 다음과 같다.**

  (1) C=O와 N−H 결합은 병풍 평면 위에 놓인다.

  (2) 서로 인접해 있는 아미노산 잔기의 C=O와 N−H가 수소 결합을 한다.

  (3) 아미노산의 R 기는 병풍 위와 아래로 향하며 주어진 가닥을 따라 위아래 교대로 나타난다.

- **β-병풍 구조는 일반적으로 glycine이나 alanine과 같이 α-탄소 치환기 R이 작은 아미노산들이 포함되는 영역에서 형성된다.**
  - 아미노산의 R 기가 크면 입체적 상호작용 때문에 사슬들이 서로 근접하기 어려워서 수소 결합에 의해 안정화될 수 없다.

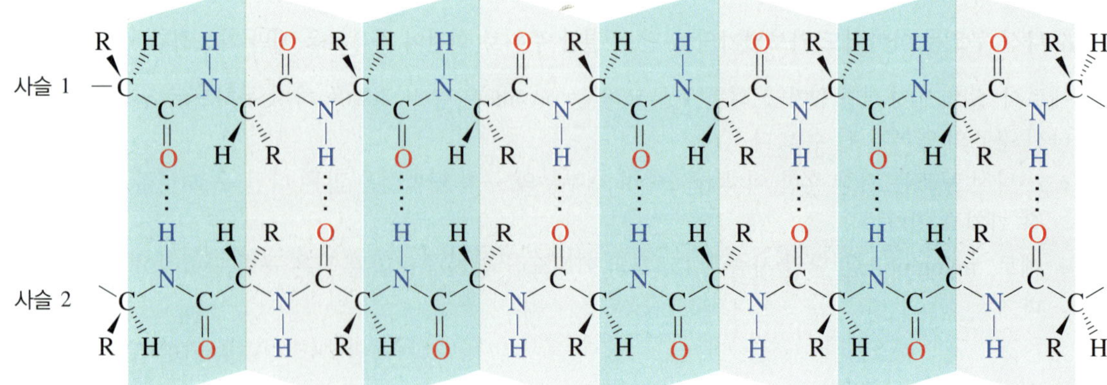

그림 16.4 β-병풍 구조

- **β-병풍 구조의 펩타이드 가닥은 인접한 두 사슬이 같은 방향으로 배열된 평행한 구조와 두 사슬의 배열이 서로 반대방향으로 정렬된 역평행 구조 두 가지가 있다.**
  - 역평행 병풍 구조가 보다 일반적이고 에너지 측면에서도 더 안정하다.
  - 평행 β-병풍 구조는 *N*-말단 아미노산에서 *C*-말단 아미노산으로 같은 방향으로 배열한다.
  - 역평행 β-병풍 구조는 두 사슬이 서로 반대방향으로 배열한다.

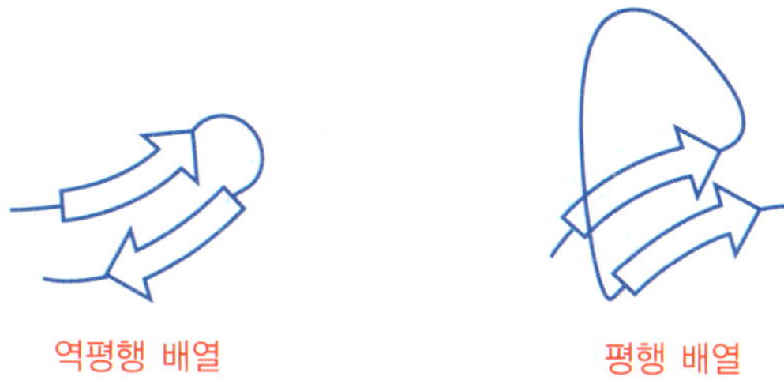

그림 16.5 평행 배열과 역평행 배열의 β-병풍 구조

- **대부분의 단백질은 α-나선 구조 영역과 β-병풍 구조 영역, 그리고 이 둘로 규정할 수 없는 다른 구조 등으로 이루어져 있다.**
  - 단백질의 구조를 간단히 표시하기 위해 α-나선 구조 영역은 평평한 나선형 리본으로 나타낸다.
  - β-병풍 구조는 평평하고 넓은 화살표로 나타낸다.

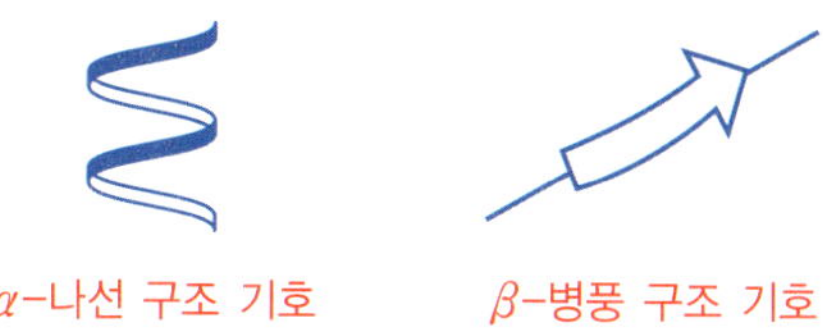

그림 16.6 α-나선 구조 및 β-병풍 구조 표시를 위한 기호

삼차와 사차 구조

- **단백질의 삼차 구조**(tertiary structure)**는 전체 펩타이드 사슬에 의해 만들어지는 삼차원 모양을 말한다. 펩타이드는 통상 가장 안정한 형태를 이룬다.**
  - 수용액에서 단백질의 극성 작용기는 단백질의 바깥쪽으로 향하고 비극성기들은 내부에 위치하는 구조 형태를 이룬다.
- **단백질의 삼차 구조 안정화에 기여하는 힘과 결합은 비극성 곁사슬의 van der Waals 상호작용, 극성 작용기들의 수소 결합과 전하를 띤 곁사슬 간의 정전기적 상호작용 및 이황화 결합 등이다.**
  - 단백질 내부를 향하는 비극성 곁사슬들은 van der Waals 상호작용을 하여 안정화에 나름대로 기여한다.
  - 극성 작용기들 간의 수소 결합과, $-COO^-$와 NH_3^+ 등과 같이 전하들 사이의 정전기적 상호작용도 삼차 구조를 안정화시키는 데 기여한다.

Oxytosin(OXT)은 9개 아미노산(Gly, Leu, Pro, Cys, Asn, Gln, Ile, Tyr, Cys)으로 구성된 호르몬으로 동물들의 뇌하수체 후엽 가운데서 분비되는 신경전달물질이다. 보통 '자궁 수축 호르몬'이라고도 한다. 의학적으로 자궁 수축제, 진통 촉진제 또는 젖분비 촉진제로 이용한다.

- 삼차 구조를 안정화시키는 유일한 공유 결합은 이황화 결합이며, 이 결합은 펩타이드 사슬 내부나 또는 다른 사슬에 있는 cysteine의 SH 기가 산화되어 형성된다. Oxytosin은 분자 내 S—S 결합을 하고 있다.

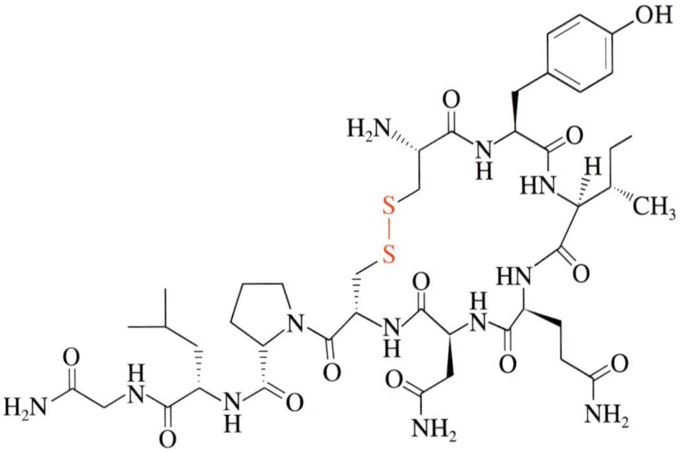
OH
H_2N
O
N
H
O
HN
H
CH_3
S
S
HN
O
O
H
N
N
O
N
H
O
O
H
N
N
H
O
H_2N
O
O
NH_2
NH_2

그림 16.7 Oxytosin의 구조

그러나 insulin은 A 사슬 내에 S—S 결합을 가지고 있고, A와 B 사슬 간에 두 개의 S—S 결합을 하고 있다. S—S 결합은 두 종류로 사슬 내 결합과 사슬 간 결합으로 구분된다.

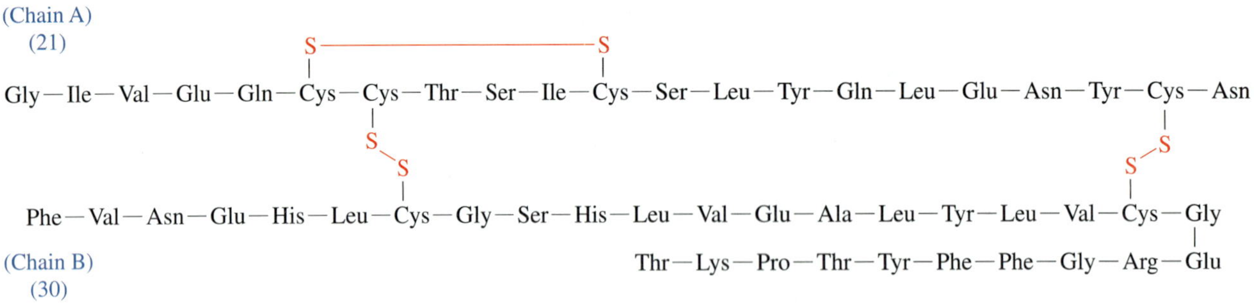
(Chain A)
(21)
S
S
Gly—Ile—Val—Glu—Gln—Cys—Cys—Thr—Ser—Ile—Cys—Ser—Leu—Tyr—Gln—Leu—Glu—Asn—Tyr—Cys—Asn
S
S
S
S
Phe—Val—Asn—Glu—His—Leu—Cys—Gly—Ser—His—Leu—Val—Glu—Ala—Leu—Tyr—Leu—Val—Cys—Gly
(Chain B)
(30)
Thr—Lys—Pro—Thr—Tyr—Phe—Phe—Gly—Arg—Glu

그림 16.8 Insulin의 구조

변성은 단백질의 물리적 성질과 생물학적 성질의 변화를 가져 온다. 달걀 흰자가 요리되거나 알부민이 풀어져 불용성 덩어리로 되면 용해도가 크게 감소한다. 단백질의 삼차 구조가 효소의 활성과 관련되므로 변성되면 효소가 촉매 활성을 잃게 된다. 단백질의 변성은 대부분 비가역적이지만, 몇 가지 단백질의 경우는 **원형 재생**(renaturation)되어 안정한 삼차 구조로 되돌아가면 효소 능력이 회복된다고 알려져 있다.

- **접힌 모양의 단백질 구조는 가열하면 변성(denaturation)이라는 과정을 거쳐 이차와 삼차 구조를 잃게 된다.**
  - 단백질 변성에 이용되는 몇 가지 방법이 있다.
    (1) pH를 변화시켜 정전기적 인력이나 수소 결합을 붕괴시킨다.
    (2) 단백질보다 단백질과 더 강한 수소 결합을 하는 urea를 첨가하여 단백질을 변성시킨다.
    (3) 유기 용매를 첨가하여 단백질의 소수성 상호작용을 붕괴시킨다.
    (4) 단백질을 교반하거나 가열하여 단백질 안의 인력을 붕괴시킨다. 달걀 흰자를 가열하거나 휘젓는 경우가 그 예이다.
- **단백질의 사차 구조(quaternary structure)는 두 개 이상의 접힌 폴리펩타이드들이 각기 그 자신의 삼차 구조와 결합하여 이루어진 더 큰 복합체를 말한다.**

- 단백질을 구성하는 각 폴리펩타이드 사슬을 **소단위체**(subunit)라고 한다.
- Hemoglobin은 두 개의 α-소단위체와 두 개의 β-소단위체로 구성되어 있으며, hemoglobin이 정상적인 기능을 하려면 이 네 개의 소단위체가 모두 있어야 가능하다.

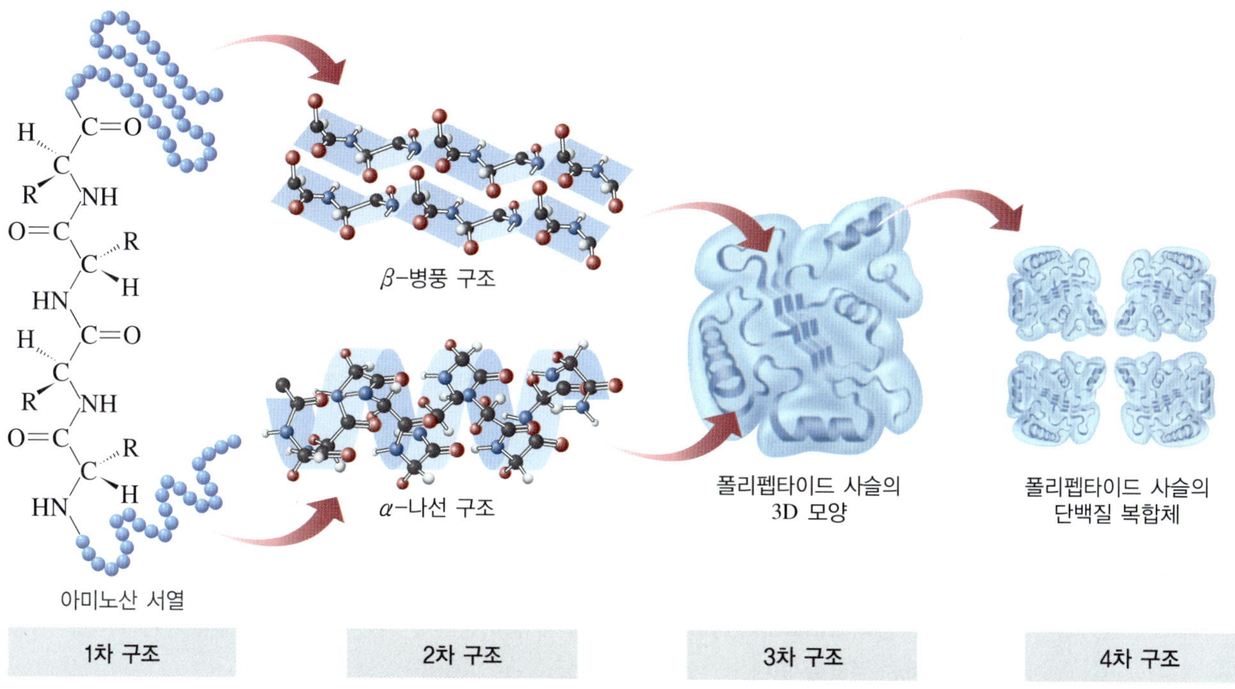

그림 16.9 일차, 이차, 삼차 및 사차 단백질 구조의 진행도

16.8 단백질의 구분과 기능

단백질은 삼차원 모양에 따라 섬유상 단백질과 구형 단백질로 구분한다. 또한 기능에 따라 구조 단백질, 효소, 운반 단백질로 구분하기도 한다.

- **섬유상 단백질**(fibrous protein)**: 선형 폴리펩타이드 사슬들이 다발로 함께 묶여 막대 모양이 나선형을 이룬 단백질이다.**
  - 물에 녹지 않으며 세포와 조직을 보호하고 강하게 하는 구조적 기능을 담당한다.
  - 머리카락, 손톱, 동물의 발굽 피부와 양털에서 발견되는 α-keratin과 뼈, 혈관, 연골, 힘줄 등에서 발견되는 collagen 등이 그 예이다.

- **구형 단백질**(globular protein)**: 친수성 부분이 밖으로 향하며 조밀하게 감겨져 있어 구 모양을 하고 있는 단백질이다.**
  - 물에 잘 용해되므로 혈액이나 세포 내 수용성 상태로 잘 용해될 수 있다.
  - 효소와 운반 단백질은 구형 단백질이다.
  - Hemoglobin과 myoglobin은 구형 단백질이다.

Hemoglobin은 단백질 성분과 비단백질 부분인 **보결 분자단**(prosthetic group)으로 구성된 **복합 단백질**(conjugated protein)이다. Hemoglobin과 myoglobin에 있는 보결 분자단은 heme(헴)이다. Heme은 Fe^{2+} 이온이 포피린(porphrin)이라는 질소 헤테로 고리와 착화합물을 이루고 있다.

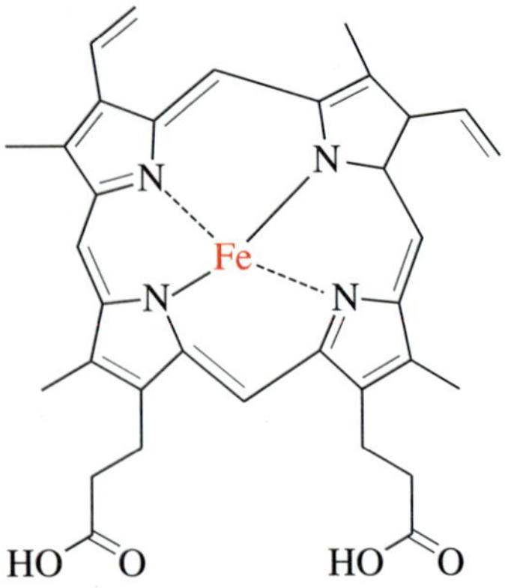

그림 16.10 Heme의 구조

- **구조 단백질**(structural protein): **구조적으로 단단하게 만들기 위해 사용되는 단백질이다.**
  - 구조 단백질은 섬유상 단백질이다.
- **효소**(enzyme): **생물학적 반응 촉매로 작용하는 거대한 단백질로 구형 단백질이다.**
  - 효소는 생체 반응에서 활성화 에너지를 낮추어 주는 기능을 한다.
- **운반 단백질**(transport protein): **생체 내에서 분자나 이온을 한 위치에서 다른 위치로 이동시키는 역할을 한다.**
  - 운반 단백질은 구형 단백질이며, hemoglobin이 그 예로 체내에서 산소와 이산화 탄소를 운반한다.

16.9 효소와 보조 효소

효소는 **기질**(substrate)이라는 단일 화합물의 특정 반응만을 촉진시킨다. 효소는 반응의 활성화 에너지를 낮출 뿐 반응 평형 상수에 영향을 주지 않으면서 바람직하지 않는 화학 반응도 일으키지 않는다. 실험실에서 사용하는 촉매와 달리 효소는 특이성을 가진다.

분자 인식이란 분자가 어떤 특정한 분자만을 인식하는 능력이다. 이러한 효소의 분자 인식 능력이 특이성을 가지게 하며 효소 반응이 선택적이게 한다.

- **효소는 기질의 활성 자리**(active site)**에 결합하고 이때 결합의 분해와 생성이 이루어진다.**
  - 효소의 기질에 대한 **특이성**(specificity)은 **분자 인식**(molecular recognition) 능력의 한 예이다.
  - 효소의 특이성은 효소에 따라 다르다. 예를 들면 녹말의 가수 분해를 촉진하는 amylase와 같은 몇 종류의 효소는 한 가지 기질에만 특정하게 작용한다. 하지만 여러 종류의 펩타이드의 가수 분해를 촉진시키는 papain과 같은 어떤 효소들은 여러 기질에 작용하는 것도 있다.

Amylase는 녹말을 가수 분해시켜 glucose를 생성하며, papain은 파파야 열매에서 추출하며 212개의 아미노산으로 구성된 구형 단백질이다. 실제로 papain은 콘택트렌즈 세척제나 고기를 부드럽게 하는 연육제로 사용된다.

- **효소의 촉매 능력에 기인하는 요소들로 중요한 몇 가지를 들고 있다.**
  - 반응 작용기들이 적당한 방향으로 활성 자리에서 접촉한다.
  - 효소 아미노산 사슬 일부가 촉매로 작용한다. 촉매 작용이 필요한 곳에 사슬이 기질 주위의 정확한 자리에 위치한다.

- 아미노산 사슬들은 van der Waals 상호작용, 정전기적 상호작용, 수소 결합 등에 의해 전이 상태와 중간체를 안정화시켜 이들의 생성이 유리하게 한다.

- **효소는 표 16.3에 나타낸 것처럼 촉매 반응의 종류에 따라 분류한다.**
  - 산화와 환원 반응을 촉매 작용하는 **산화 환원 효소**(oxidoreductase)
  - 한 기질에서 다른 기질로 작용기의 전달을 촉진하는 **전달 효소**(transferase)
  - 가수 분해를 촉매 작용하는 **가수 분해 효소**(hydrolase)
  - 기질로부터 H_2O나 CO_2의 제거 반응을 촉매 작용하는 **분해 효소**(lyase)
  - 기질의 이성질화를 촉진하는 **이성질화 효소**(isomerase)
  - 새로운 결합을 형성하거나 CO_2의 첨가 반응을 촉매 작용하는 **연결 효소**(ligase)

효소의 체계적인 이름은 두 부분으로 나뉘어 있고, 끝 이름은 -ase이다. 앞부분의 첫 번째 부분은 효소의 기질을 나타내며, 두 번째 부분은 부분류를 나타낸다. 예를 들어, hexose kinase에서 hexose는 효소가 작용할 기질이고 인산화 효소인 kinase는 부분류이다.

- **대부분의 효소들은 보조 인자(cofactor)를 가지고 있다. 효소들은 보조 인자 없이는 촉매 작용을 하지 못한다.**
  - 보조 인자는 비단백질 부분을 가지고 있다.
  - 보조 인자로는 Zn^{2+} 같은 무기 이온이나 **보조 효소**(coenzyme)라는 작은 유기 분자이다.
  - 많은 보조 효소는 바이타민으로부터 유도된다. 바이타민은 생명체에서 필요하지만 체내에서 합성되지 않으며 음식물로 공급된다.

표 16.3 효소의 분류

주분류	부분류	기능
산화 환원 효소(oxidoreductase)	탈수소 효소(dehydrogenase)	이중 결합 도입
	산화 효소(oxidase)	산화
	환원 효소(reductase)	환원
전달 효소(transferase)	인산화 효소(kinase)	인산기 전달
	아민 전달 효소(transaminase)	아미노기 전달
가수 분해 효소(hydrolase)	지방 분해 효소(lipasc)	에스터 가수 분해
	핵산 가수 분해 효소(nuclease)	인산염 가수 분해
	단백질 가수 분해 효소(protease)	아마이드 가수 분해
분해 효소(lyase)	탈카복실 효소(decarboxylase)	CO_2 잃음
	탈수 효소(dehydratase)	H_2O 잃음
이성질화 효소(isomerase)	에피머화 효소(epimerase)	이성질화
연결 효소(ligase)	카복실화 효소(carboxylase)	CO_2 첨가
	합성 효소(synthetase)	결합 형성

- **유기 화합물로부터 유도된 보조 효소를 바이타민이라고 한다. 몸에서 바이타민을 합성하지는 못하지만 바이타민으로부터 보조 효소를 합성한다.**
  - 바이타민은 수용성 바이타민과 지용성 바이타민으로 구분한다.
  - 바이타민 A, D, E, K는 지용성이다.
  - 바이타민 C를 비롯한 나머지는 수용성이다.

표 16.4 바이타민과 보조 효소

바이타민	보조 효소	촉매하는 반응	결핍성 질환
Niacin (vitmin B_3)	NAD^+	산화	펠라그라병
	NADH	환원	—
Rivoflavin (vitamin B_2)	FAD	산화	피부염증
	$FADH_2$	환원	—
Thiamine (vitamin B_1)	Thiamine pyrophosphate (TPP)	2 탄소 전달	각기병
Phantothenic acid	Coenzyme A (CoASH)	아실기 전달 반응에서 카복실산 활성화	—
Biotin (vitamin H)	Biotin	카복실기 첨가	—
Pyridoxine (vitamin B_6)	Pyridoxalphosphate (PLP)	아미노기 전달 및 다른 반응	빈혈
Vitamin B_{12}	Coenzyme B_{12}	이성질화	악성 빈혈
Folic acid	Tetrahydrofolate	1 탄소 전달	Megaloblastic 빈혈
Vitamin K	Vitamin KH_2	카복실기 첨가	내부 출혈

- **산화 반응 촉매로 흔하게 사용되는 보조 효소는 NAD^+ (nicotinamide adenine dinucleotide) 이다.**
  - NAD^+는 phosphate 기로 연결된 두 개의 뉴클레오타이드(nucleotide)로 구성되어 있다. 뉴클레오타이드는 헤테로 고리 염기 부분과 당으로 구성된 뉴클레오사이드가 phosphate로 연결된 것이다.
  - NAD^+에 포함된 헤테로 염기는 nicotin amide와 adenine이며 nicotin amide의 pyridine 고리상의 질소 원자가 양전하(+)를 가지고 있어 산화제로 작용한다.
  - NAD^+가 기질을 산화시키고 NADH로 환원된다. 예로 malate에 malate dehydrogenase (탈수소 효소)를 처리하여 oxaloacetate를 만드는 반응에서 NAD^+는 NADH로 환원된다.

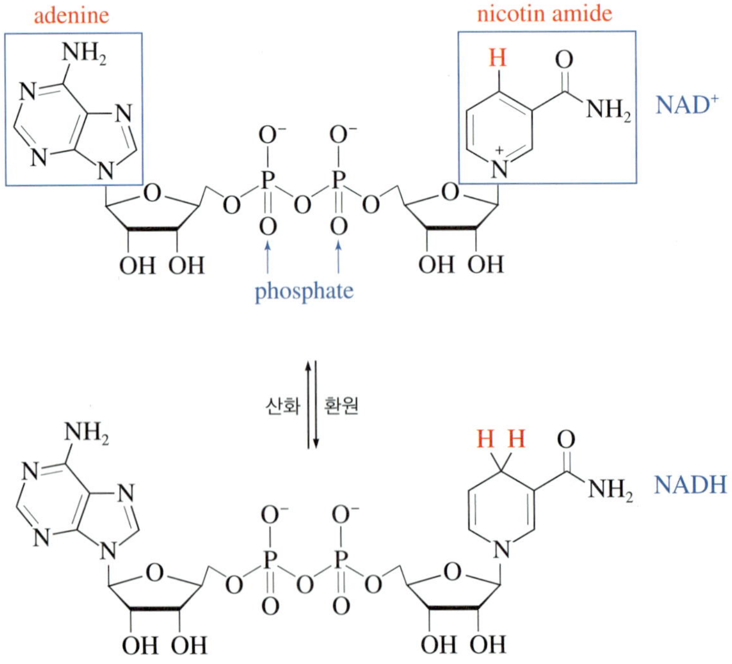

adenine nicotin amide NH_2 H O N N NH_2 NAD^+ O^- O^- N N P P N O O O O O O O OH OH O O OH OH phosphate

산화 환원

NH_2 H H O N N NH_2 NADH O^- O^- N N P P N O O O O O O O OH OH O O OH OH

메커니즘 16.7 Malate의 탈수소화 반응: (A) 기질의 산화 반응, (B) 기질의 환원 반응

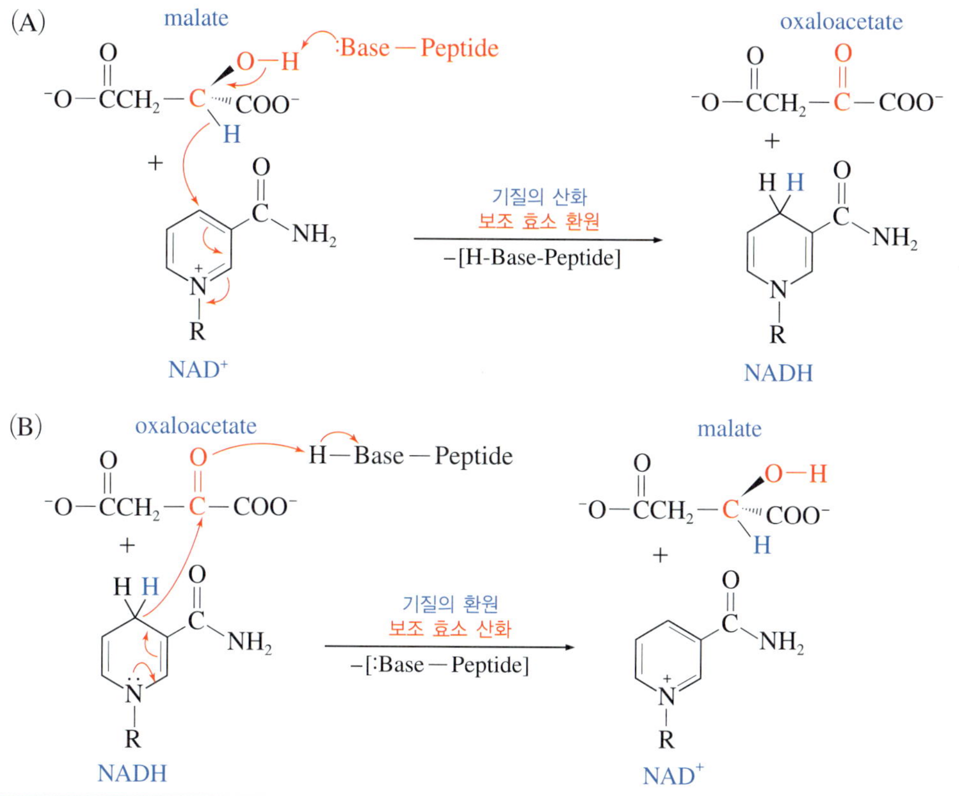

■ **바이타민 B_2로 알려진 FAD(flavin adenine dinucleotide)는 산화-환원에 사용되는 보조 효소이다.**

- FAD는 헤테로 고리인 flavin과 adenine이 포함되어 있다.
- 이 보조 효소의 산화-환원은 flavin 고리에서 일어난다.
- 산화될 때는 flavin 고리의 N-1, N-5 질소들이 NH로 환원된다.
- 반대로 환원될 때는 이 두 질소 원자들이 산화된다.
- FAD는 방향족성을 가지므로 더 안정하고, $FADH_2$는 덜 안정하다. 따라서 $FADH_2$는 에너지 전달 물질로의 역할을 한다.

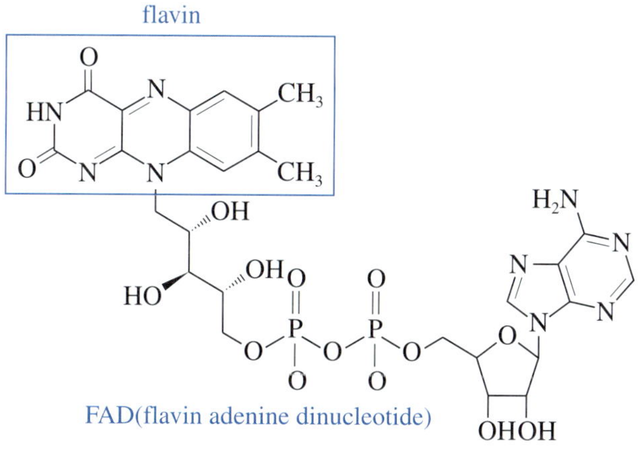

그림 16.11 FAD의 구조

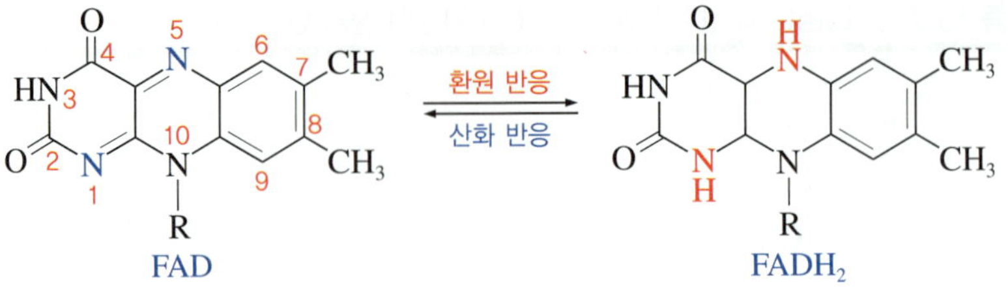

FAD ⇌ (환원 반응 / 산화 반응) $FADH_2$

■ **NAD^+와 FAD가 어떤 반응에서 보조 효소로 사용되는가는 어떻게 알 수 있을까?**

- 대략적으로 알코올을 카보닐 화합물로 산화시키는 경우(예: ROH → RCHO, 또는 RCOOH)는NAD^+가 이용된다.
- 다른 종류의 산화 반응에는 FAD가 이용된다.

■ **Thiamine은 바이타민 B 군에서 가장 먼저 알려져 바이타민 B_1으로 부른다.**

- Thiamine은 보조 효소 TPP(thiamine pyrophosphate)를 만드는 데 사용된다.
- TPP는 pyruvate를 pyruvate decarboxylase(탈카복실 효소)와 반응시켜 acetaldehyde를 형성하는 반응에 필요하다.
- 이 반응에서 α-케토산인 pyruvate에서 CO_2가 제거된 후에 남겨진 전자를 보조 효소의 헤테로 고리에서 비편재화시켜 안정화시키므로 반응이 진행된다(메커니즘 16.8).

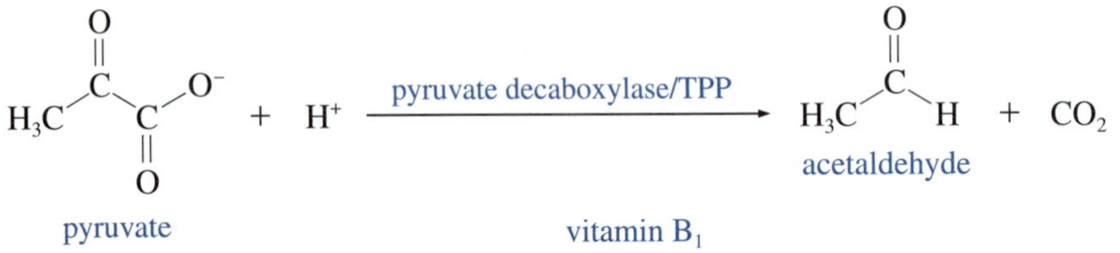

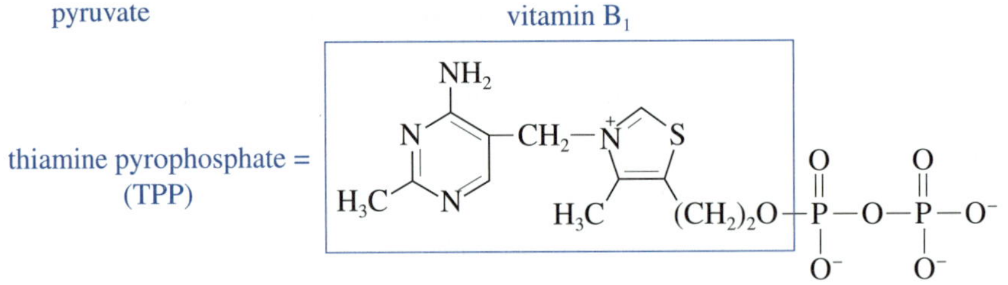

pyruvate + H^+ —(pyruvate decaboxylase/TPP)→ acetaldehyde + CO_2

vitamin B_1

thiamine pyrophosphate = (TPP)

메커니즘 16.8 Pyruvate 탈카복실 효소 반응

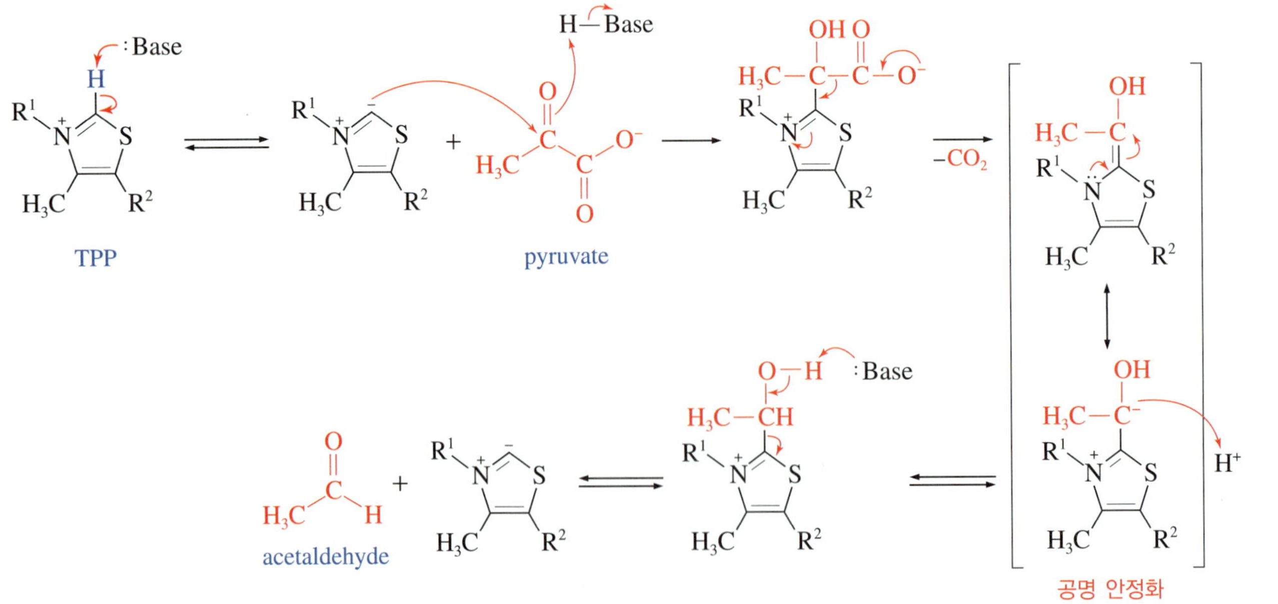

TPP, :Base, pyruvate, H—Base, $-CO_2$, 공명 안정화, :Base, H^+, acetaldehyde

■ **바이타민 H(biotin)는 장에 사는 박테리아에 의해 합성되므로 섭취할 필요가 없다.**

- Biotin은 α-탄소에 카복실화 반응을 촉진하는 효소가 필요로 하는 보조 효소이다.
- Biotin을 보조 효소로 필요로 하는 효소를 **카복실화 효소**(carboxylase)라고 한다.
- Acetyl-CoA 카복실화 효소는 acetyl-CoA를 malonyl-CoA로 변환시킨다. 이 반응에서 사용되는 카복실기 공급 물질은 HCO_3^-(bicarbonate)이고, Mg^{2+}나 Mn^{2+} 같은 금속 이온과 ATP를 필요로 한다.
- 이 반응의 메커니즘은 부분적으로는 알려졌지만 완전히 이해되지 못하고 있다.

달걀 흰자에는 biotin과 강하게 결합하는 단백질이 들어 있다. 날달걀을 많이 섭취하면 biotin이 보조 효소로 작용하는 기능을 방해하므로 biotin 결핍이 올 수 있다. 그러나 달걀을 익히면 biotin과 결합하는 단백질이 변성을 일으켜 biotin과 결합하지 않는다.

$$CH_3C(=O)SCoA + HCO_3^- \xrightarrow[-[ADP,\ HOPO_3^{2-}]]{\text{acetyl-CoA, carboxylase, biotin, } Mg^{2+}\text{, ATP}} {}^-OOC{-}CH_2{-}C(=O)SCoA$$

acetyl-CoA　　　malonyl-CoA

biotin

■ **바이타민 B_6(pyridoxine)는 보조 효소 PLP(pyridoxal phosphate)를 만드는 데 이용된다.**

- PLP는 pyridine 고리에 —CHO(formyl) 기를 가지고 있어 이름에 -al이 들어가 있다.
- PLP는 아미노산들의 반응 촉매 효소에 필요로 하며, 그 중 한 예가 아미노산의 탈카복실 반응이다.

$$R{-}CH(NH_3^+){-}COO^- \xrightarrow{\text{효소, PLP}} RCH_2\overset{+}{N}H_3 + CO_2$$

메커니즘 16.9 아미노산의 탈카복실 반응

PLP + 아미노산 → (이민 중간체) $\xrightarrow{-CO_2}$ (R—CH=N, H—Base) $\xrightarrow{-[Base]}$ 이민 (R—CH_2—N=) $\xrightarrow{\text{가수 분해}}$ RCH_2NH_3 (아민) + PLP

- **대부분의 아미노산 대사의 첫 번째 반응은 아미노산의 NH_2 기를 C=O 기로 변환하는 것이고, 따라서 이 반응을 아민 전달 반응(transamination)이라고 한다.**
  - 이 아미노기 전달 반응에서도 PLP를 필요로 한다.
  - 아민 전달 반응을 촉진하는 효소를 **아민 전달 효소**(transaminase)라고 한다.

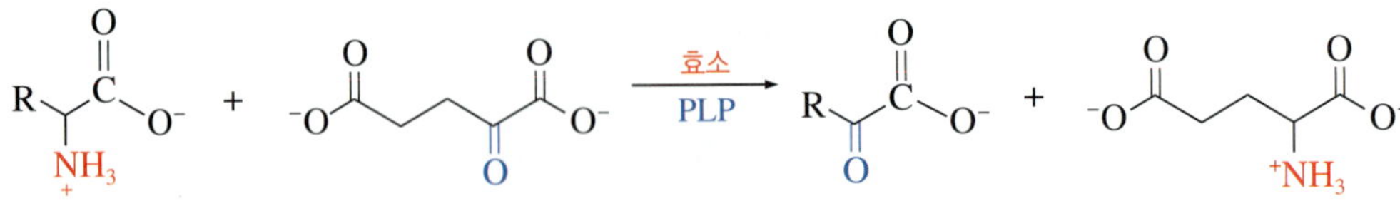

아미노산 + α-ketoglutarate →(효소, PLP) (α-keto acid) + glutamate

- **바이타민 B_{12}에서 유도되는 보조 효소 B_{12}(coenzyme B_{12})는 자리 옮김 반응을 촉진시키는 효소와 관련이 있다. 예를 들어 β-methylaspartate가 glutamate mutase와 보조 효소 B_{12}가 존재하는 조건에서 반응하면 출발 물질의 C-3 위치에 있던 COO^- 기가 생성물에서는 C-4 위치로 이동되어 glutamate를 생성한다.**

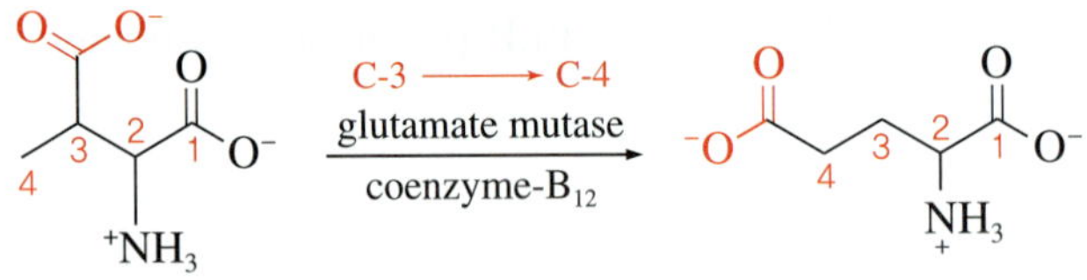

β-methylaspartate →(C-3 → C-4, glutamate mutase, coenzyme-B_{12}) glutamate

박테리아는 엽산을 합성하지만 포유류는 합성하지 못한다.

- **THF(tetrahydrofolate)는 CH_3(methyl), CH_2(methylene) 및 CHO(formyl) 기 같이 한 개 탄소 원자단을 전달하는 반응에 이용되는 보조 효소이다.**
  - THF는 엽산(folic acid, folate)의 두 개 C=N 이중 결합이 환원되어 생성된 물질이다.
  - THF-보조 효소 중에서 N^5-methyl-THF는 CH_3 기를 전달하고, N_5, N_{10}-methylene-THF는 CH_2 기를, N_5, N_{10}-methenyl-THF는 —CHO 기를 전달한다.

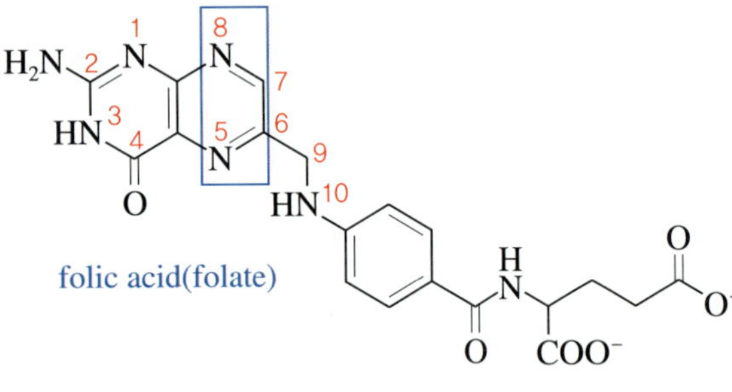

folic acid(folate)

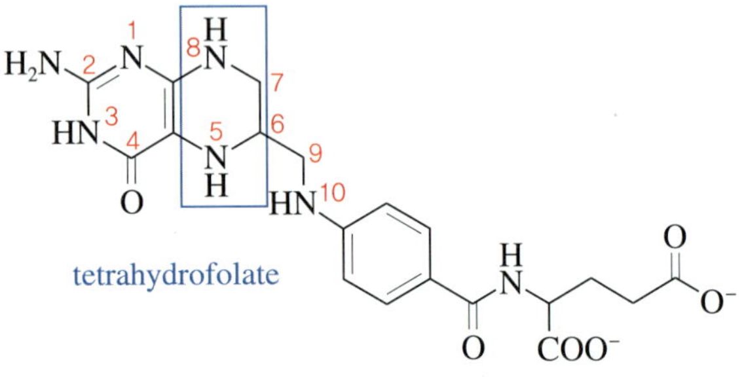

tetrahydrofolate

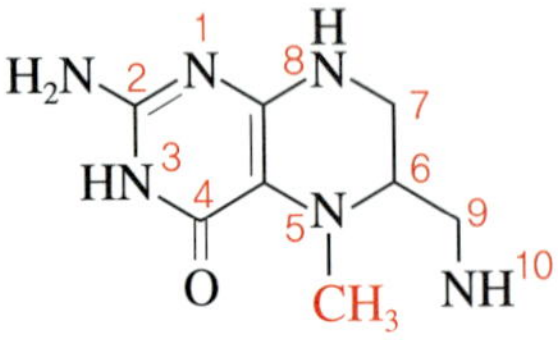

N^5-methyl-THF

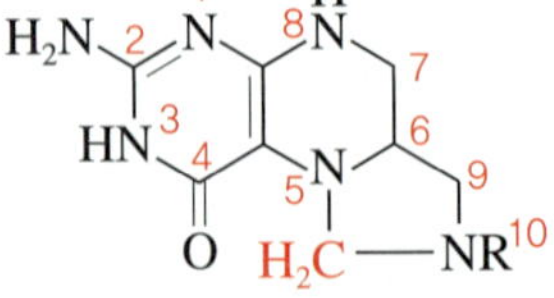

N^5, N^{10}-methylene-THF

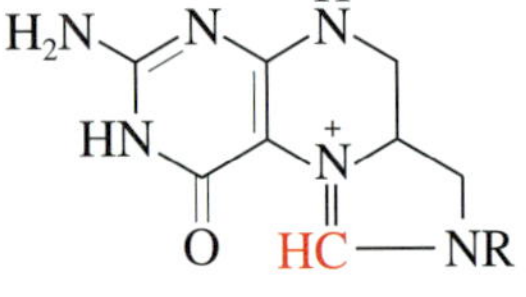

N^5, N^{10}-methenyl-THF

■ **바이타민 K는 혈액 응고 과정에 Ca^{2+}와 정상적으로 결합하는 데 필요하다.**

- 바이타민 KH_2(vitamin KH_2)는 바이타민의 보조 효소 형태이다.
- 바이타민 KH_2는 단백질의 glutamate 부사슬의 γ-탄소에 카복실기를 첨가시켜 γ-carboxyglutamate를 생성하는 반응 촉매 효소의 보조 효소이다.
- γ-Carboxyglutamate가 glutamate보다 Ca^{2+}와 결합을 더 잘한다.

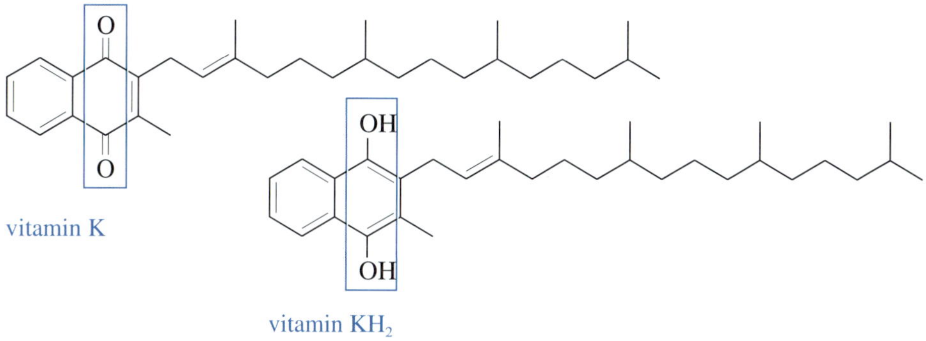

vitamin K

vitamin KH_2

그림 16.12 바이타민 K와 바이타민 KH_2의 구조

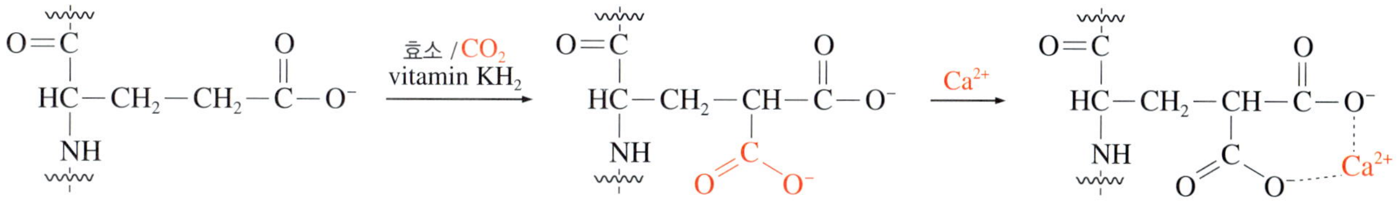

glutamate 부사슬 —(효소 / CO_2, vitamin KH_2)→ γ-carboxyglutamate 부사슬 —(Ca^{2+})→ calcium 착물

겸상적혈구 빈혈증은 단백질 1차 구조의 변화에 기인한다

거대한 생체 분자에서 단 하나의 단백질이 다를 때 어떤 일들이 야기될 수 있을까? 겸상적혈구 빈혈증이 그 한 예이다.

대부분의 정상적인 사람들의 헤모글로빈은 HbA라는 일반적인 형태를 가진다. 그러나 어떤 사람들은 146개의 잔기로 구성된 헤모글로빈의 β-사슬의 *N*-말단으로부터 6-번째 잔기가 glutamic acid 대신 valin이 들어 있는 HbS라는 형태를 가진다.

이러한 1차 구조의 변형이 헤모글로빈의 모양과 기능에 커다란 영향을 미친다. 정상적인 헤모글로빈의 모양은 동그란 원형이다. 그러나 이 변형된 헤모글로빈의 모양은 마치 초생달 모양으로 생겨서 'sickle-cell anemia' (겸상적혈구 빈혈증)라는 병명이 붙었다. 이런 HbS 헤모글로빈을 가진 사람은 규칙적인 혈액 공급이 되지 않으므로 빈혈에 시달리게 된다.

이 겸상적혈구 빈혈증 환자는 비정상적인 헤모글로빈 유전자 두 개의 복사본(부모에게서 각각 하나씩)이 유전된 것이다. 겸상적혈구 유전자 복사본을 하나만 가지고 있는 사람을 '겸상구 체질'이라고 말한다. 이런 체질의 사람은 심각하지 않은 질병이나 스트레스 환경에서 심각한 문제로 야기될 수도 있다.

주요 용어

C-말단(*C*-terminal)
Edman 분해법(Edman degradation)
Merrifield 합성법(Merrifield synthesis)
N-말단(*N*-terminal)
Strecker 합성법(Strecker synthesis)
α-나선 구조(α-helical structure)
α-아미노산(α-amino acid)
β-병풍 구조(β-pleated sheet structure)
가닥(strand)
가수 분해 효소(hydrolase)
가수소 분해(hydrogenolysis)
거울상 이성질 선택성 합성(enantioselective synthesis)
고체상 합성법(solid phase synthesis)
구조 단백질 (structural protein)
구형 단백질(globular protein)
다이펩타이드(dipeptide)
단백질 사차 구조(quaternary structure of protein)
단백질 삼차 구조(tertiary structure of protein)
단백질 이차 구조(secondary structure of protein)
단백질 일차 구조(primary structure of protein)
단백질(protein)
등전점(isoelectric point)
변성(denaturation)
보결 분자단(prosthetic group)
보조 인자(cofactor)
보조 효소(coenzyme)
복합 단백질(conjugated protein)
분자 인식(molecular reconition)
분할(resolution)
분해 효소(lyase)
산화 환원 효소(oxidoreductase)
섬유상 단백질(fibrous protein)
소단위체(subunit)
속도론적 분할법(kinetic resolution)
아마이드 결합(amide bond)
아민 전달 반응(transamination)
아민 전달 효소(transaminase)
연결 효소(ligase)
운반 단백질(transport protein)
원형 재생(renaturation)
이성질화 효소(isomerase)
이황화 결합(disulfide bond)
잔기(residue)
전기 이동법(electrophoresis)
전달 효소(transferase)
쯔비터 이온(zwitter ion)
카복실화 효소(carboxylase)
트라이펩타이드(tripeptide)
펩타이드(peptide)
펩타이드 결합(peptide bond)
펩타이드 가수 분해 효소(peptidase)
필수 아미노산(essential amino acid)
환원성 아민화 반응(reductive amination)
활성 자리(active site)
효소(enzyme)

연습 문제

개념 문제

1. 아미노산은 전해질 수용액상에서 전기장에 의해 분리된다. 어떻게 분리될 수 있는지 원리를 설명하시오.
2. 아미노산은 중성, 산성 또는 염기성으로 구분된다. 왜 그런가? 무엇이 이들을 다르게 하는가?
3. 펩타이드는 아마이드 결합으로 연결되어 있다. 아마이드 결합은 $-\overset{\text{O}}{\overset{\|}{\text{C}}}\text{NH}- \longleftrightarrow -\overset{\text{O}^-}{\overset{|}{\text{C}}}=\overset{+}{\text{N}}\text{H}-$형의 공명 구조를 가진다. 분광학적으로 $-\overset{\text{O}^-}{\overset{|}{\text{C}}}=\overset{+}{\text{N}}\text{H}-$ 형의 공명 구조 존재를 증명할 수 있는가?
4. 펩타이드의 아마이드 결합이 두 종류의 공명 구조를 가질 수 있다면 이들 구조가 펩타이드 전체 구조에 어떤 영향을 미치는지 설명하시오.
5. 부분 입체 이성질화 분할법으로 아미노산 라셈 혼합물을 순수하게 분리할 수 있다. 어떻게 이런 분리가 가능한가?

실전 문제

6. 아미노산들 중에서 다음을 포함하는 아미노산의 이름을 쓰시오.

(a) 질소 헤테로 고리형 구조 곁사슬 (b) Benzene 고리 곁사슬 (c) SH 기를 가진 아미노산

(d) 산성 곁사슬을 가진 아미노산 (e) 염기성 곁사슬을 가진 아미노산

7. 다음의 pH에서 더 우세하게 존재할 것으로 예상되는 주어진 아미노산 구조를 그리시오.

(a) pH 7.5에서의 lysine (b) pH 5에서의 alanine (c) pH 7.5에서의 phenylalanine

8. Lysine, alanine 및 glutamic acid의 혼합물을 pH = 6인 전해질 속에서 전기 이동법으로 분리하였다.

다음 문제에 답하시오.

(a) (−)극에 가장 가까이 있을 것으로 예상되는 아미노산은 무엇인가? 이유를 설명하시오.

(b) (+)극에 가장 가까이 있을 것으로 예상되는 아미노산은 무엇인가? 이유를 설명하시오.

(c) 두 아미노산의 중간쯤의 위치에 있을 것으로 예상되는 아미노산은 무엇인가? 이유를 설명하시오.

9. 3-(Bromomethyl)-1*H*-indole로부터 acetoamidomalonate 합성법을 이용하여 tryptophan을 합성하는 경로를 제시하시오.

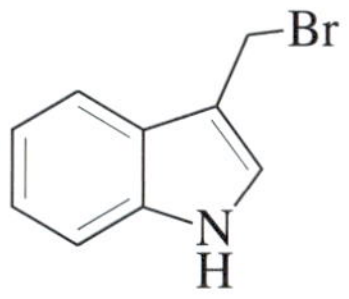

Br
N
H

3-(Bromomethyl)-1*H*-indole

10. Phe-Val-Gly의 펩타이드의 선 결합 구조식을 그리시오.

11. Ala-Phe-Lys-Pro-Met-Tyr-Gly-Arg-Ser-Trp-Leu-His 펩타이드를 Trypsin으로 가수 분해하였다. 얻어지는 펩타이드 조각은 무엇인가?

12. 문제 11의 펩타이드를 chymotrypsin으로 가수 분해하여 얻을 수 있는 조각들을 제시하시오.

13. 아미노산을 표현하는 세 문자 약기호를 이용하여 Ala−Gly를 합성하는 경로를 간단히 표시하시오.

14. Gabirel 합성법으로 다음을 합성하는 경로를 나타내시오.

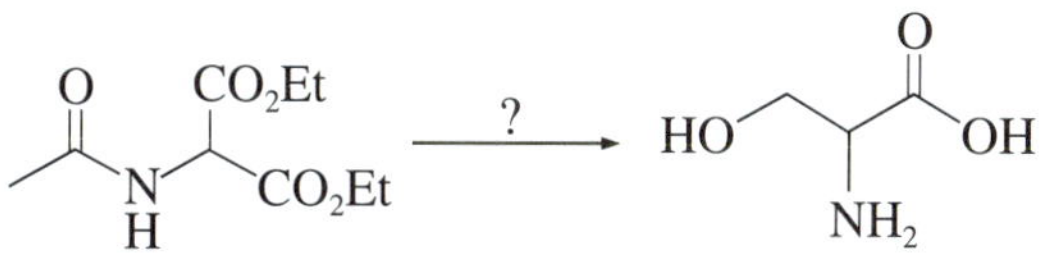

O CO_2Et N H CO_2Et —?→ HO O OH NH_2

15. Valine을 합성하여 라셈 혼합물을 얻었다. Formic acid(HCOOH)를 이용하는 부분 입체 이성질체 분할법으로 분리하는 경로를 설계해 보시오.

17 지질
Lipids

- 지질은 용해도라는 물리적 성질로 정의된다.
- 지질은 유기 용매에 녹는 생체 분자이다.
- 인산 지질은 지질 두겹층으로 세포막을 구성한다.
- 프로스타글란딘은 호르몬 중계 물질이다.

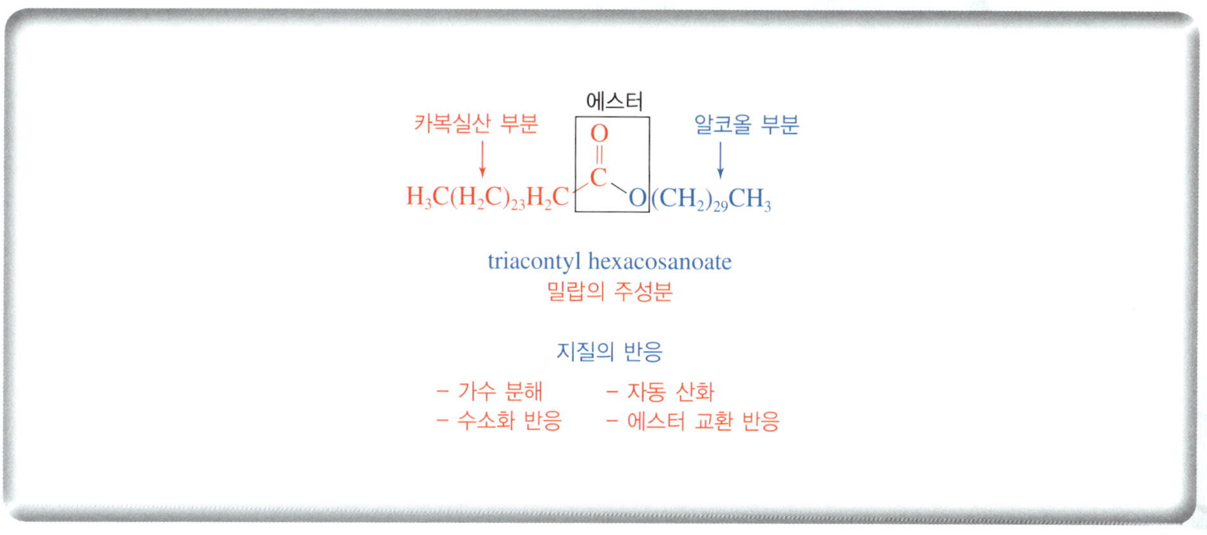

모든 지질(lipid)이 공통된 작용기를 가지지는 않지만, 종류에 따라 에스터기(−C(=O)OR), 알코올기(−OH), 카복실기(−COOH) 및 이중 결합 등이 포함되어 있으며 대부분이 C−C 및 C−H 결합이 훨씬 많은 화학종이다. 이러한 수많은 탄소-탄소 결합과 탄소-수소 σ 결합은 유기 용매에는 잘 녹고 물에는 녹지 않는 특성의 원인이 된다. 지질은 세포에서 비극성 유기 용매로 추출할 수 있다.

Lipid는 그리스어 'lipos'에서 유래되었으며 지방(fat)이라는 의미이다.

- **지질은 구조적인 면이나 작용기 측면에서 정의된 것이 아니라 용해도라는 물리적 성질로 정의된다.**

일반적으로 유기 화합물은 주요 작용기를 기준으로 분류하지만, 지질은 특별한 작용기로 정의되지 않으므로 특별한 범주에 속한다.

- **지질은 가수 분해가 가능한 복합 지질(complex lipid)과 가수 분해되지 않는 단순 지질(simple lipid)로 구분된다.**
  - 복합 지질에는 왁스(wax), 트라이글리세라이드(triglyceride) 및 인산 지질(phospholipid)이 있다.
  - 단순 지질에는 스테로이드(steroid), 에이코사노이드(eicosanoid), 터펜(terpene) 및 지용성 바이타민류(바이타민 A, D, E, K)가 있다.
  - 가수 분해가 가능한 복합 지질에는 대부분 에스터기를 포함하고 있고, 가수 분해되지 않는 단순 지질은 구조가 더 다양하다.

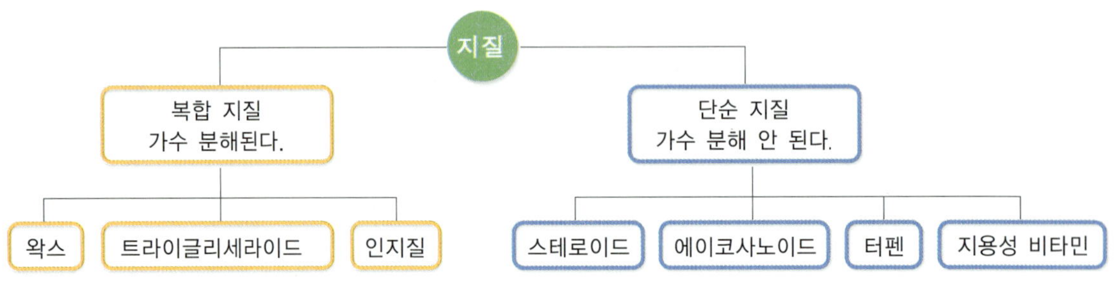

그림 17.1 지질의 분류

17.1 왁스

- **왁스(wax)는 분자량이 큰 알코올(ROH)과 지방산(R′COOH)으로부터 만들어진 에스터(R′COOR)이다.**
  - 왁스는 가수 분해가 가능하다.
  - 긴 탄화수소 사슬이 있어 매우 강한 소수성을 나타낸다.

왁스의 이러한 성질 때문에 왁스로 코팅된 식물의 잎에서 물방울을 이루고, 잎이나 과일의 수분 증발과 기생충을 막는다. 또 조류의 깃털의 방수 효과도 왁스 때문이다.

향유 고래의 머리에서 분리한 경랍 왁스(spermaceti wax)는 $CH_3(CH_2)_{14}COO(CH_2)_{15}CH_3$가 주성분이다. 하나의 에스터 작용기에 매우 긴 탄화수소 사슬이 있다.

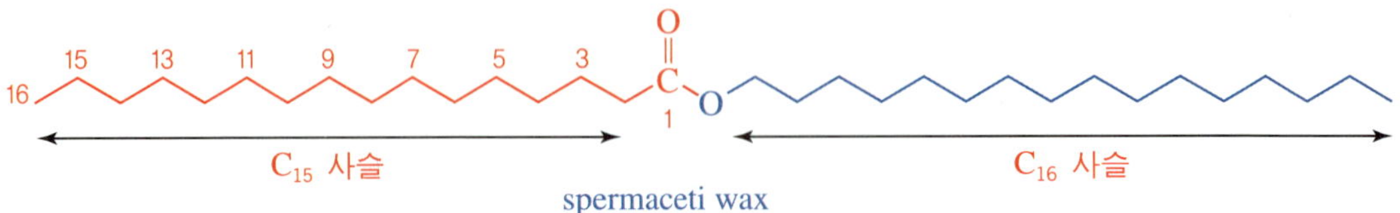

$$H_3C(H_2C)_{23}H_2C-\overset{\overset{O}{\|}}{C}-O(CH_2)_{29}CH_3$$

triacontyl hexacosanoate

밀랍의 주성분

$$H_3C(H_2C)_{29}H_2C-\overset{\overset{O}{\|}}{C}-O(CH_2)_{33}CH_3$$

tetratriacontyl dotriacontanoate

밀초야자 왁스의 주성분

향유 고래는 경랍 왁스를 음파 감지 안테나로 이용하여 주위 환경을 파악한다고 알려졌다. 벌집 재료인 밀랍(beeswax)은 탄소가 26개인 카복실산과 탄소가 30개인 알코올 부분으로 구성된 에스터이고, 자동차 왁스로 사용되는 브라질산 밀초야자 왁스(carnauba wax)는 탄소가 32개인 카복실산과 탄소가 34개인 알코올 부분으로 구성된 에스터이다.

17.2 트라이글리세라이드

- **트라이글리세라이드**(triglyceride) **또는 트라이글리세롤**(triglycerol)**은 가장 풍부한 지질이다.**
  - 가수 분해되어 한 분자의 glycerol과 세 개의 긴 사슬 지방산(fatty acid)을 생성하는 세 개의 에스터 구조로 되어 있다.
  - 트라이글리세라이드의 가수 분해로 얻어지는 지방산은 12~20개 탄소로 구성된 카복실산이다.
- **지방산은 탄소 2개를 가진 단위(즉 Acetyl CoA)로부터 만들어지므로 일반적으로 짝수개의 탄소를 가진다.**
  - 지방산은 모두 곁사슬이 없지만, 포화 지방산과 π 결합을 가지고 있는 불포화 지방산으로 구분된다.
  - 자연에서 생성되는 불포화 지방산의 π 결합 부분은 Z-형 구조를 이루며, 이 결합이 분자를 구부러지게 하고 이런 구조 변형은 지방산의 녹는점에 영향을 미친다. 따라서 일반적으로 불포화 지방산의 녹는점이 포화 지방산보다 더 낮다. 포화 지방산은 분자량이 증가할수록 녹는점이 더 높다.

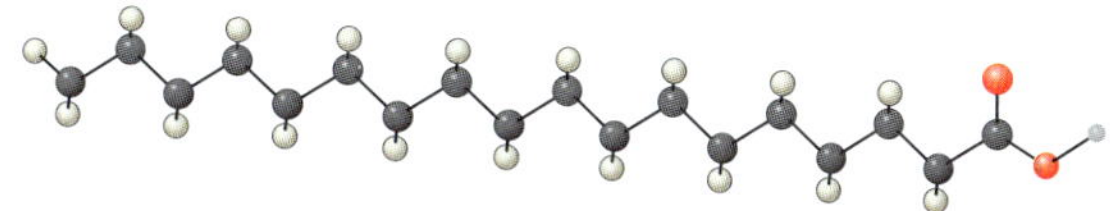

(a) stearic acid ($HOOC(CH_2)_{16}CH_3$)

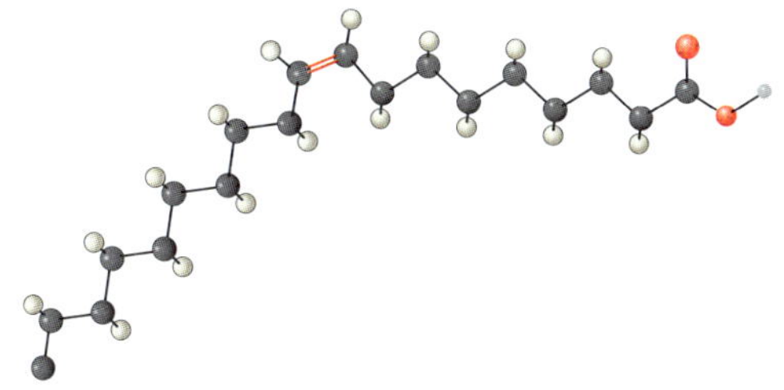

(b) oleic acid ($HOOC(CH_2)_7CH=CH(CH_2)_7CH_3$)

- **지방과 기름은 glycerol과 이들 지방산이 형성하는 트라이글리세라이드이다.**
  - 기름보다 높은 녹는점을 가지는 지방은 상온에서 고체이다.
  - 지방보다 더 낮은 녹는점을 가지는 기름은 상온에서 액체이다.

표 17.1 자연에서 흔하게 발견되는 지방산과 녹는점

탄소 수	C=C 개수	분자식	관용명 체계적 이름	녹는점 (℃)
		포화 지방산		
12	0	$CH_3(CH_2)_{10}COOH$	Lauric acid Dodecanoic acid	44
14	0	$CH_3(CH_2)_{12}COOH$	Myristic acid Tetradecanoic acid	58
16	0	$CH_3(CH_2)_{14}COOH$	Palmitic acid Hexadecanoic acid	63
18	0	$CH_3(CH_2)_{16}COOH$	Stearic acid Octadecanoic acid	69
20	0	$CH_3(CH_2)_{18}COOH$	Arachidic acid Eicosanoic acid	77
		불포화 지방산		
16	1	$CH_3(CH_2)_5CH{=}CH(CH_2)_7COOH$	Palmitoleic acid (9Z)-Hexadecenoic acid	0
18	1	$CH_3(CH_2)_7CH{=}CH(CH_2)_7COOH$	Oleic acid (9Z)-Octadecenoic acid	13
18	2	$CH_3(CH_2)_4(CH{=}CHCH_2)_2(CH_2)_6COOH$	Linoleic acid (9Z,12Z)-Octadecadienoic acid	−5
18	3	$CH_3CH_2(CH{=}CHCH_2)_3(CH_2)_6COOH$	Linolenic acid (9Z,12Z,15Z)-Octadecatrienoic acid	−11
20	4	$CH_3(CH_2)_4(CH{=}CHCH_2)_4(CH_2)_2COOH$	Arachidonic acid (5Z,8Z,11Z,14Z)-Eicosatetraenoic acid	−50

표 17.2 몇 가지 지방과 기름의 대략적인 조성

재료	포화 지방산(%)	Oleic acid(%)	Linoleic acid(%)	재료	포화 지방산(%)	Oleic acid(%)	Linoleic acid(%)
동물성 지방				식물성 지방			
돼지 지방	41	50	6	옥수수 기름	14	34	48
쇠고기 지방	55	40	3	야자유	43	40	8
사람 지방	37	46	10	올리브 기름	11	82	5
우유	37	33	3	땅콩 기름	12	60	20

- **트라이글리세라이드는 에스터기의 가수 분해, 불포화 지방산의 수소화 반응과 산화를 일으키며 아울러 에스터 교환 반응도 일어난다.**

- **가수 분해: 트라이글리세라이드의 가수 분해에서는 glycerol과 세 분자의 지방산이 생성된다.**
  - 이 메커니즘은 일반적인 에스터 가수 분해 메커니즘을 따른다. 특히 NaOH 같은 염기 촉매 가수 분해 반응(비누화 반응, saponification)은 비누 제조의 기본 원리로 이용된다.
  - 이 가수 분해 반응이 트라이글리세라이드 대사 과정의 첫 단계이다.

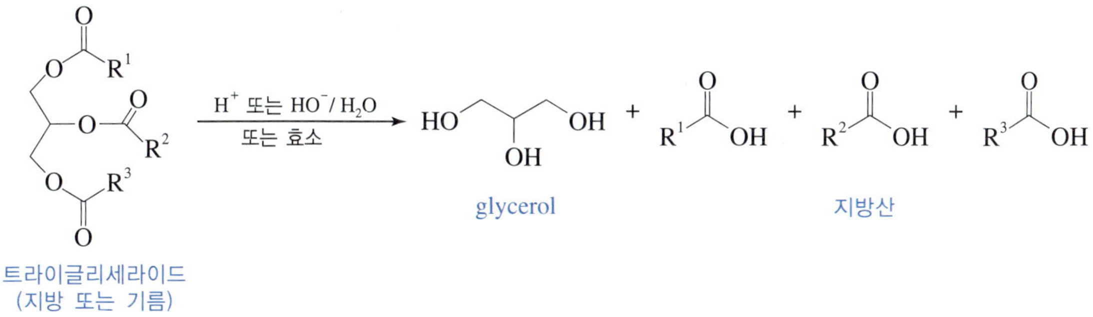

$$\text{트라이글리세라이드 (지방 또는 기름)} \xrightarrow[\text{또는 효소}]{H^+ \text{ 또는 } HO^-/H_2O} \text{glycerol} + R^1COOH + R^2COOH + R^3COOH \text{ (지방산)}$$

- **불포화 지방산의 수소화 반응: 불포화 지방산 잔기가 포함된 트라이글리세라이드의 이중 결합은 전이 금속 촉매 존재하에서 H_2와 반응시키면 수소가 첨가된다.**
  - 이러한 수소화는 액체상의 기름을 고체 상태의 지방으로 전환하게 되며, 이 과정을 **경화**(hardening)라고 한다.
  - 식물성 기름으로 마가린을 만드는 데 이런 방법을 사용한다.
  - 이 수소화 과정에서 일부 이중 결합은 트랜스 π 결합으로 이성질화가 일어난다. 이런 이성질화로 트랜스 불포화 지방산을 포함하는 혼합물이 얻어진다.

트랜스 지방은 콜레스테롤 수치를 상승시켜 심장 마비를 일으킬 수 있어 우리나라와 미국에서는 식품 라벨에 트랜스 지방 함량을 명시하게 하고 있다.

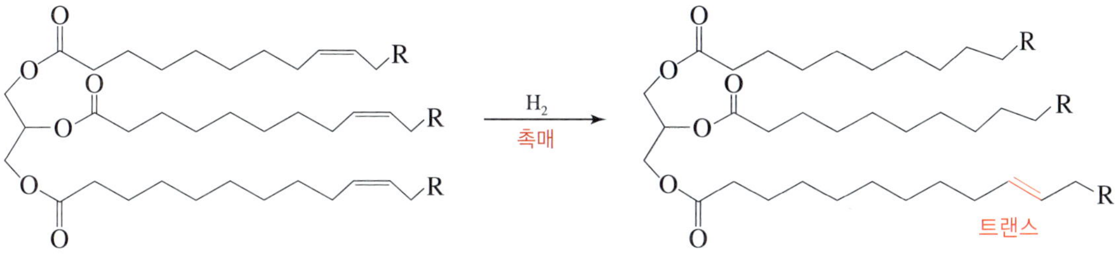

$$\xrightarrow[\text{촉매}]{H_2}$$

트랜스

- **자체 산화: 대기 중의 산소 때문에 유기 화합물이 느리게 자체 산화(autooxidation)가 일어난다.**
  - 불포화 지방산에는 반응성 좋은 알릴 자리 탄소(allylic carbon)가 존재하므로 이런 자체 산화가 더 유리하다.
  - 불포화 지방의 알릴 자리 탄소에서 산소와 반응하여 과산화물로 될 수 있다. 이 반응은 라디칼 메커니즘으로 일어나며, 반응 생성물인 과산화물 때문에 불쾌한 냄새가 난다.

불포화 기름을 포함하는 식품에는 라디칼 억제제를 첨가해야 한다. 억제제가 첨가되지 않는 식품의 유통기간은 짧다. 식품에 사용되는 산화 방지제는 BHT(butylated hydroxytoluene)와 BHA(butylated-hydroxyanisole)가 있다.

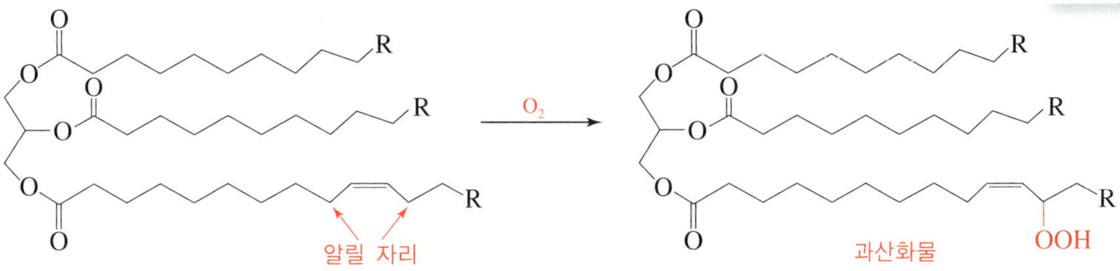

$$\xrightarrow{O_2}$$

알릴 자리

과산화물 OOH

- **에스터 교환 반응: 우리 몸에서 트라이글리세라이드의 주요 기능은 에너지 저장이다. 디젤 엔진을 개조하면 요리용 기름을 연료로 사용할 수 있다. 식물성 기름의 대안이 바이오 디젤이고, 이것은 식물성 기름을 에스터 교환 반응할 때 생성되는 지방산 methyl 에스터 혼합물이다.**
  - 이 변환은 산 촉매나 염기 촉매하에서 일어난다.

H⁺
과량의 MeOH

glycerol

바이오디젤
(methyl 에스터 혼합물)

17.3 인산 지질

- **인산 지질(phospholipid)은 P(인) 원자를 포함하는 가수 분해가 가능한 지질 종류이다.**
  - 대표적인 두 가지 인산 지질로 phosphoacylglycerol(또는 phosphoglyceride)과 sphingomyelin 형태가 있다.
  - 인산 지질은 phosphoric acid(인산)의 에스터와 유사하며, 세포 속에서는 P에 있는 OH의 양성자를 잃고 산소가 음으로 하전된 음이온으로 존재한다.

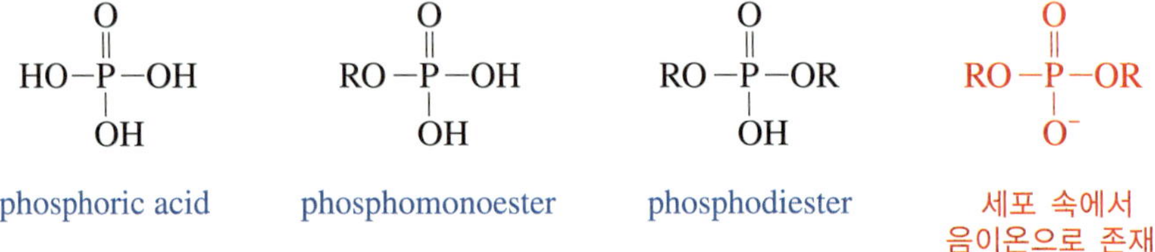

- **Phosphoacylglycerol은 가장 흔한 인산 지질이다. 이는 구조적으로 트라이글리세라이드와 매우 유사하다.**
  - 그러나 세 개의 지방산 잔기 중 하나가 **포스포에스터**(phosphoester) 잔기로 이루어져 있다.
  - Phosphoacylglycerol은 포스포다이에스터의 R^3 기의 성분이 다른 세 가지 형태가 있다.
  - 이 화합물들의 glycerol의 중간 탄소가 카이랄 중심이고 보통 (*R*)-형이다.

지방산 부분

glycerol 골격

phosphoacylglycerol의 일반식

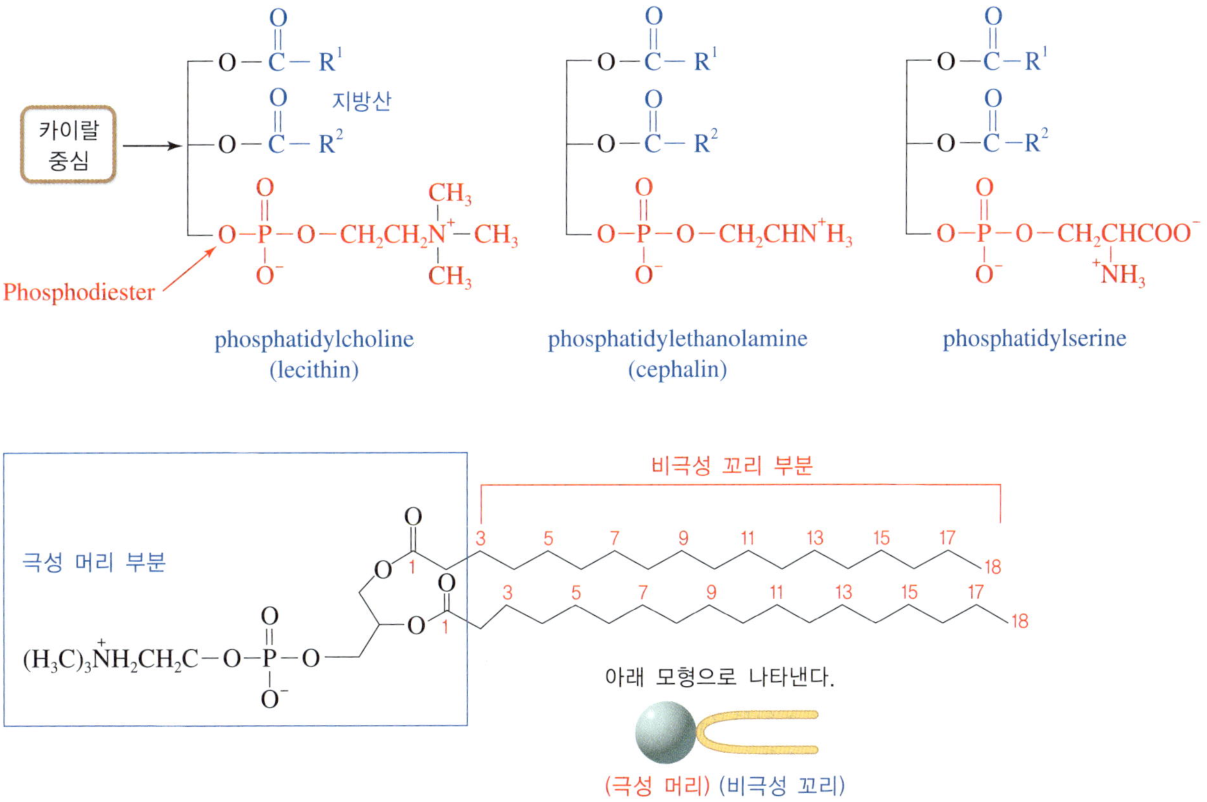

카이랄 중심

지방산

Phosphodiester

phosphatidylcholine (lecithin)

phosphatidylethanolamine (cephalin)

phosphatidylserine

비극성 꼬리 부분

극성 머리 부분

$(H_3C)_3\overset{+}{N}H_2CH_2C-O-P(=O)(O^-)-O-$

아래 모형으로 나타낸다.

(극성 머리) (비극성 꼬리)

그림 17.2 포스포아실글리세롤의 구조와 표시 모형

- **Phosphoacylglycerol은 물속에서 자기 조립(self-assembly)하여 지질 두겹층(lipid bilayer)을 이룬다.**
  - 지질 두겹층의 표면은 극성이고 수용성이다.
  - 지질 두겹층은 세포막의 중요한 부분을 차지하며 물과 이온의 흐름을 제한하는 역할을 한다.

자기 조립이란 어떤 무질서하게 있던 분자 단위가 자발적이고도 가역적으로 일정한 형태의 구조를 이루는 과정을 말한다. 분자들이 자기 조립에 이용하는 힘은 공유 결합 이외의 다른 분자간 작용하는 힘(즉, 수소 결합, van der Waals 힘, 쌍극자-쌍극자 상호 작용)들이 이용된다.

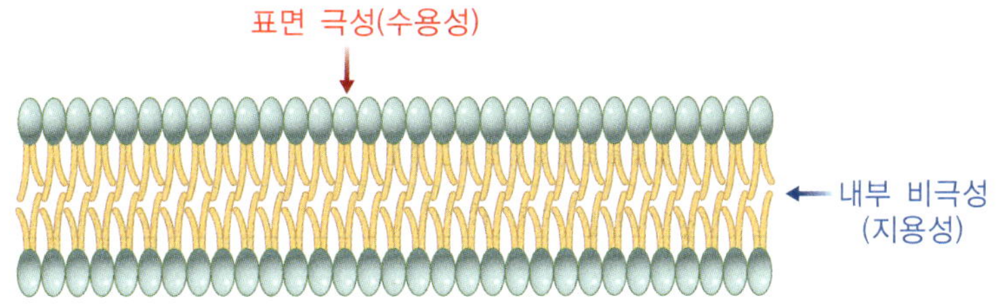

그림 17.3 지질 두겹층의 일부

세포 안과 밖의 Na 및 K의 농도가 다르다. 혈관 안과 밖에서의 이들 두 이온간의 농도 조절에 실패하면 혈압에 이상이 생긴다.

- **인산 지질은 극성 머리와 두 개의 비극성 꼬리를 가지고 있어 두겹층 생성에 적당한 기하 구조를 가지고 있다.**
  - 인산 지질로 만들어지는 지질 두겹층은 직사각형 기하 구조를 가지므로 두겹층이 조밀하게 쌓이므로 보다 안정하다.

지방산이나 트라이글리세라이드도 극성 머리와 비극성 꼬리를 가지고 있으나, 이들은 분자 기하 구조면에서 두겹층이 형성된다고 해도 두겹층 내에 빈 공간이 생겨 불안정하다. 즉 지방산 분자의 구조는 극성 부분이 크고 비극성 부분이 가늘어서 대략 삼각형 모양이고 트라이글리세라이드 분자는 극성 머리부분보다 비극성 꼬리가 세 개여서 분자 기하 구조가 등변사다리꼴(두 변의 길이는 동일하지만 두 변의 길이가 다른 사각형) 모양이다. 그러나 인산 지질은 직사각형 기하 구조를 가지므로 지질 두겹층이 조밀하게 쌓이므로 보다 안정하다(그림 17.4).

지방산 분자 도형 | 인산 지질 분자 도형 | 트라이글리세라이드 분자 도형

공간 | 공간

공간이 많아 덜 안정하다. | 공간이 없고 가장 안정하다. | 공간이 있어 덜 안정하다.

그림 17.4 지방산, 인산 지질 및 트라이글리세라이드 분자 도형으로 나타낸 두겹층 쌓임 모형

- **세포막의 유동성은 포스포글리세라이드의 지방산 성분에 의해 조절된다.**
  - 포화 지방산은 탄화수소 사슬이 가깝게 쌓이므로 세포막 유동성이 감소한다.
  - 불포화 지방산은 사슬이 덜 가까이 쌓이므로 세포막 유동성이 더 증가한다.

17.4 스테로이드

- **스테로이드(steroid)의 구조는 세 개의 여섯-원자 고리와 한 개의 다섯-원자 고리로 이루어진 네 개 고리 접합 구조를 이루고 있다.**
  - 스테로이드는 지질의 일종이며 대부분 생물학적 활성이 있다.
  - 네 개 고리는 왼쪽 아래부터 A, B, C, D 고리로 명명하고, 각 탄소의 위치 번호는 A 고리부터 부여한다. 고리에 결합하고 있는 두 methyl은 18번과 19번으로 매긴다.

대부분의 스테로이드는 화학적 전달이나 호르몬의 역할을 수행하며, 내분비샘에서 분비되어 혈류를 타고 목표 기관으로 이동한다. 스테로이드와 그 유도체들은 피임, 호르몬 대체 요법 및 염증과 암치료에 널리 사용되는 의약품이기도 하다.

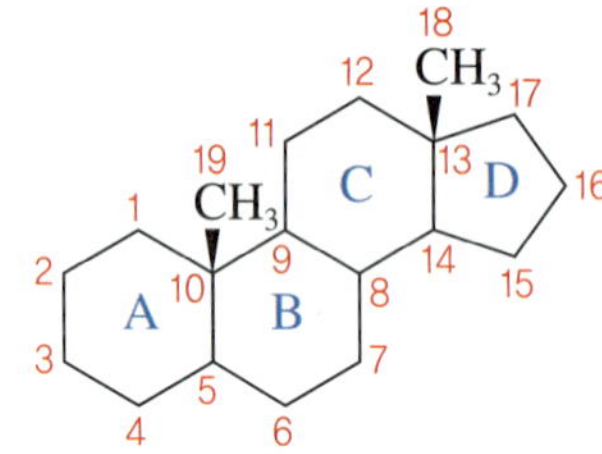

  - 두 개의 고리가 연결될 때 고리 연결 부분에 있는 치환기들은 시스나 트랜스로 배열될 수 있다. 두 개의 여섯-원자 고리가 연결된 decalin을 살펴보자. 접합된 부분에서 두 개의 수소 배열이 같은 방향으로 배열하는 시스형과 다른 방향으로 배열하는 트랜스형이 가능하지만, 에너지면에서 트랜스형이 더 안정하다.

- **스테로이드 고리들이 접합될 때 시스-와 트랜스-로 접합될 수 있으나, 알려진 대부분의 스테로이드 고리는 트랜스로 접합되어 있다.**
  - 스테로이드에서 각각의 고리의 일반적인 배열은 트랜스 형이다. 따라서 스테로이드의 네 개 고리는 같은 면에 놓이고 단단하다.
  - *cis*-Decalin에서는 두 개의 고리가 모두 고리 뒤집기가 가능하지만, *trans*-dacalin에서는 고리 뒤집기가 일어나지 않는다.
  - 이런 두 가지 유형의 고리 접합이 가능하여 A-B *cis*-steroid와 A-B *trans*-steroid가 가

능하지만 대부분이 A-B *trans*-steroid이다.

- A-B *trans*-steroid는 구조적으로 평평하고 단단하다. 스테로이드 고리계의 치환기는 수직 방향이거나 수평 방향이다.

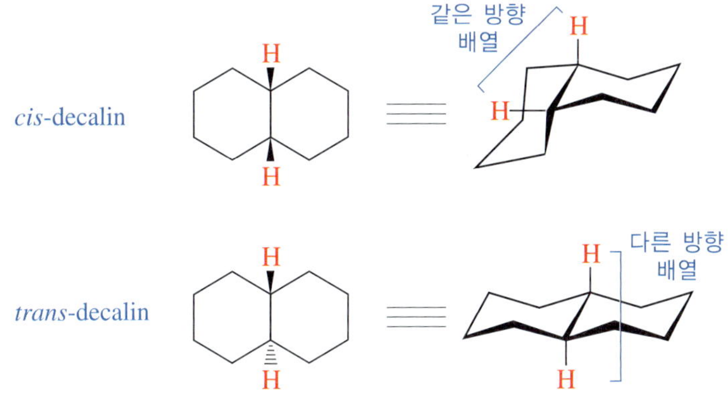

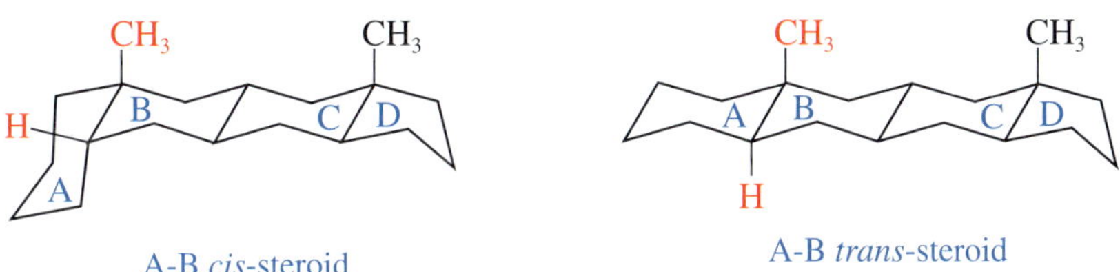

A-B *cis*-steroid　　　A-B *trans*-steroid

A-B *cis*-steroid가 간의 담즙에서 발견되기도 하지만 흔하지 않다.

스테로이드 호르몬은 **성 호르몬**(sex hormone)과 **부신 피질 호르몬**(adrenocortical hormone) 두 가지가 있다.

- **성 호르몬: 성 호르몬은 남성 호르몬과 여성 호르몬이다.**
  - Testosterone과 androsterone은 중요한 남성 호르몬인 안드로젠(androgen)이며, 두 가지 모두 고환 내에서 콜레스테롤로부터 합성된다.
  - 여성 호르몬인 에스트로젠(estrogen)에는 estradiol과 estrone이 있고, 이들은 난소에서 testosterone으로부터 합성된다. 수정란 착상에 관여하는 호르몬인 progesterone은 임신 호르몬이라고 불린다.

남성 호르몬인 안드로젠은 사춘기에 남성의 이차 성적 특징을 발달시키고 조직과 근육 성장을 증진시킨다. 보나른 부호르몬(minor hormone)인 androstenedione은 운동선수들이 사용하면서 주목을 받은 호르몬이다. 에스트로젠 호르몬은 여성의 이차 성적 특성을 발달시키고 여성의 생리주기를 조절하는 역할을 한다.

남성 호르몬

testosterone　　androsterone　　androstenedione

androgens (testosterone, androsterone)

여성 호르몬

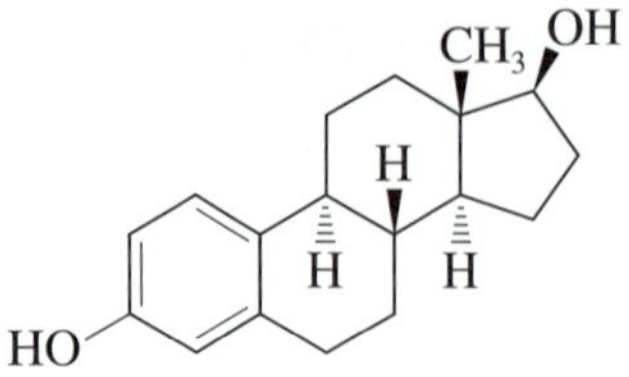

estradiol 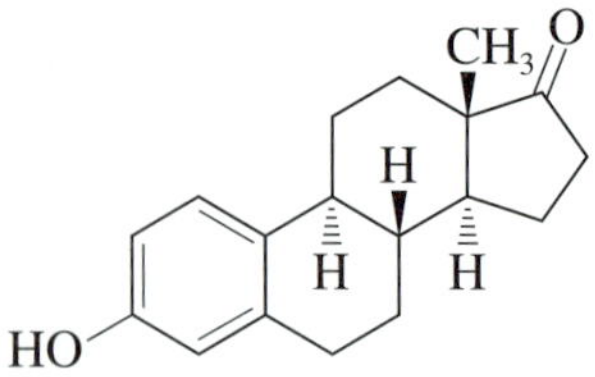 estrone 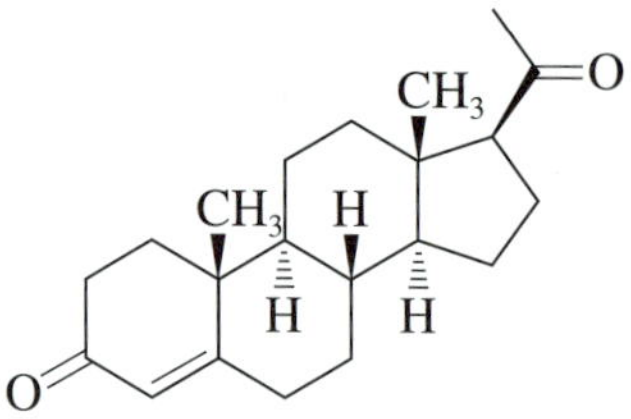 progesterone

estrogens progestin

■ **Stanozolol, nandrolone 및 tetrahydrogestrinone 등은 동화 작용 스테로이드**(anabolic steroid)**라고 불리는 합성 안드로젠이다.**

- 이 유도체는 근육 성장을 촉진시킨다.
- 이전에는 수술 환자 근육 쇠퇴를 막기 위해 사용하였다.

그러나 보디빌더들이나 운동선수들이 장기간 이 약물을 사용하여 육체적, 신체적 부작용을 일으켰음이 알려져 있다.

동화 작용 스테로이드

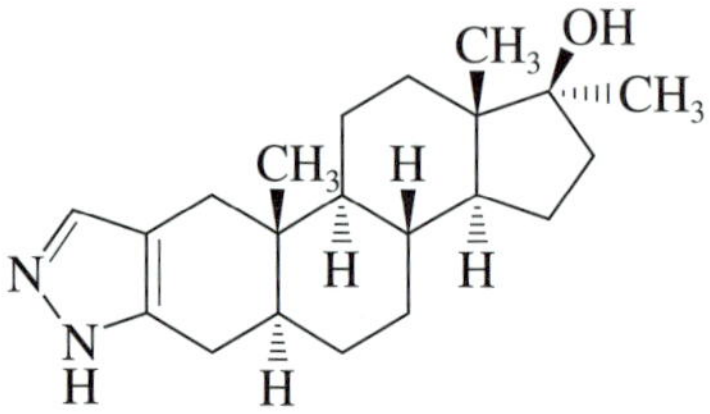

stanozolol 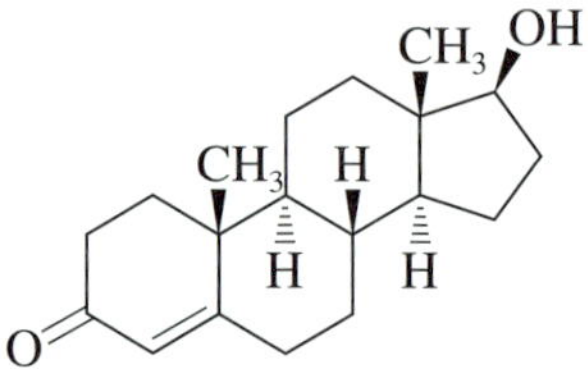 nandrolone 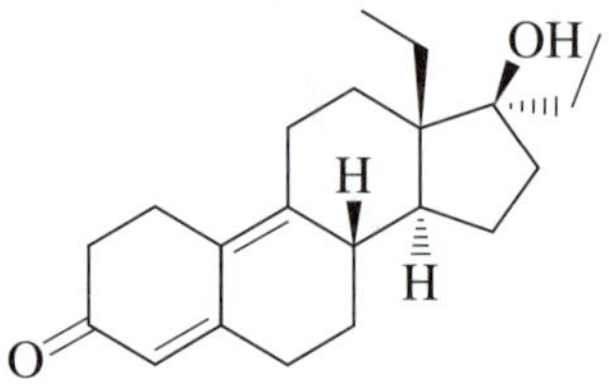 tetrahydrogestrinone

Cortisone과 cortisol은 항염증제로 탄수화물의 대사를 조절한다. 이들은 건선, 관절염 및 천식 같은 염증성 질환 치료제이다. Aldosterone은 체액의 Na와 K 이온의 농도를 조절하여 혈액의 양과 혈압을 조절한다.

■ **부신 피질 호르몬: 부신 피질 호르몬은 부신의 피질에서 분비되기 때문에 붙여진 이름이다.**

- 부신 피질 호르몬 구조는 스테로이드 C-고리의 C-11에 C=O, OH 및 —O— 기를 포함하고 있다.
- 자연에는 cortisol이 더 풍부하고, cortisone, cortisol과 aldosterone은 치료제로 사용하므로 잘 알려져 있다.

부신 피질 호르몬

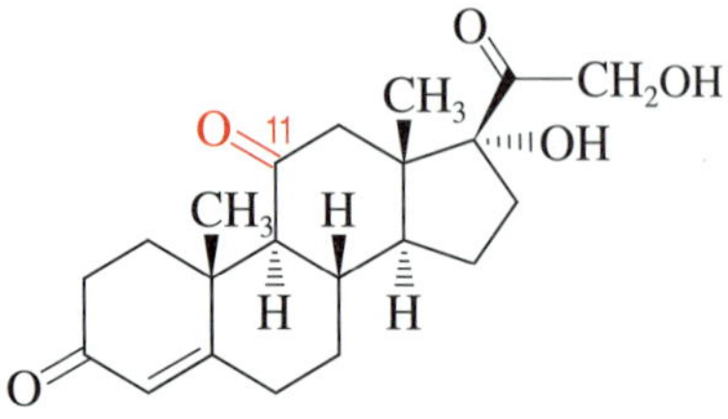

cortisone 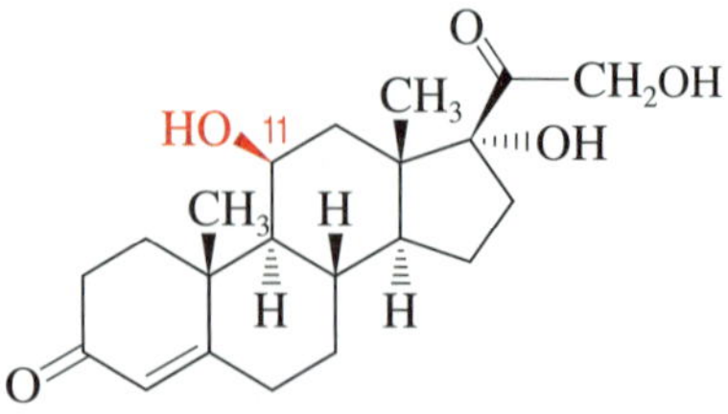 cortisol 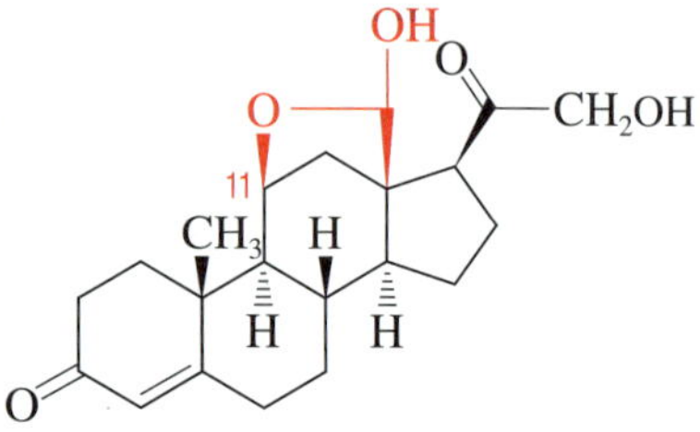 aldosterone

스테로이드 생합성

생체 내에서 스테로이드는 C_{15} 단위를 공급하는 farnesyl diphosphate 두 분자가 C_{30} 단위의 squalene을 합성하고 여러 단계를 거쳐 스테로이드 고리 골격을 갖춘 lanosterol이 합성되고, 다시 재배열과 분해 반응을 더 일으켜 합성된다. 이 과정에서 squalene은 중요한 중간 물질이다.

메커니즘 17.1 간단한 cholesterol 합성

OPP + PPO

farnesyl diphosphate   farnesyl diphosphate

이량체화

squalene

에폭시화 O_2 squalene epoxidase

H^+ O

squalene oxide

고리화

H H CH_3 CH_3 CH_3 HO

protosterol 양이온

1,2-Me 이동

CH_3 CH_3 H CH_3 HO

H CH_3 H CH_3 CH_3 HO H H

lanosterol

여러 단계

H CH_3 H CH_3 H H H HO H

cholesterol

■ **Cholesterol은 farnesyl diphosphate로부터 다음의 여섯 가지 과정을 거쳐 합성된다.**

- 과정 1: Farnesyl diphosphate의 이량체화(dimerization)에 의한 squalene 합성
- 과정 2: Squalene epoxidase에 의한 squalene의 에폭시화(epoxidation)
- 과정 3: Squalene oxide의 고리화에 의한 네 고리체 형성
- 과정 4: Protosterol 양이온에서 두 번의 1,2-methyl 이동에 의한 자리 옮김
- 과정 5: 양성자(H^+) 상실을 거쳐 lanosterol의 형성
- 과정 6: 세 개의 CH_3 기 제거를 위한 다단계 과정을 통해 cholesterol로 변환

17.5 에이코사노이드

■ **에이코사노이드(eicosanoid)는 arachidonic acid[(5Z,8Z,11Z,14Z)-icosa-5,8,11,14-tetraenoic acid, $C_{20}H_{32}O_2$]로부터 만들어지는 20개의 탄소 원자를 포함하는 생물학적 활성 화합물 계열이다.**

- Prostaglandin(PG), thromboxane(TX), leukotriene(LT)이 있다.
- Prostaglandin은 cyclopentane 고리에 두 개의 긴 사슬을 가지고 있고, thromboxane은 산소 원자를 포함한 여섯-원자 고리를 포함하며 leukotriene은 비고리 화합물이다.
- Prostaglandin(PG), thromboxane(TX)과 prostacyclin(PGI)은 arachidonic acid로부터 생성되는 PGG_2로부터 만들어지고, leukotriene(LT)은 arachidonic acid로부터 직접 만들어진다.

arachidonic acid
(5Z, 8Z, 11Z, 14Z)-Icosa-5,8,11,14-tetraenoic acid

cyclooxygenase

5-lipoxygenase

PGG_2

prostaglandin (PG)

thromboxane (TX)

prostacyclin (PGI)

leukotriene (LT)

■ **에이코사노이드는 해당 화합물의 고리 및 사슬 형태(PG, TX, LT), 치환 형태 그리고 이중 결합의 수를 기본으로 하여 명명한다.**

- 즉 고리 형태 기호(PG, TX, LT) 다음에 세 번째 문자로 치환 형태를 나타내고 C=C 결합의 수를 숫자로 세 번째 문자에 아래 첨자로 표기한다.
- PGE_2에서 문자 E는 치환 형태를, 아래 첨자 2는 C=C 수를 나타낸다.

- PGF 계열에서 C-9과 C-11 두 개 OH의 배열이 시스–배열이면 'α'로 표기하고 트랜스–배열이면 'β'로 표기한다.

메커니즘 17.2 Arachidonic acid로부터 PGG_2의 합성

arachidonic acid

cyclooxygenase

PG 유도체로 변환

PGG_2

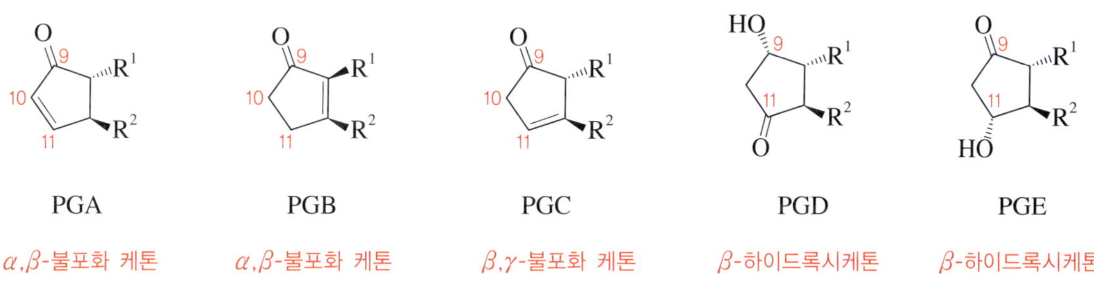

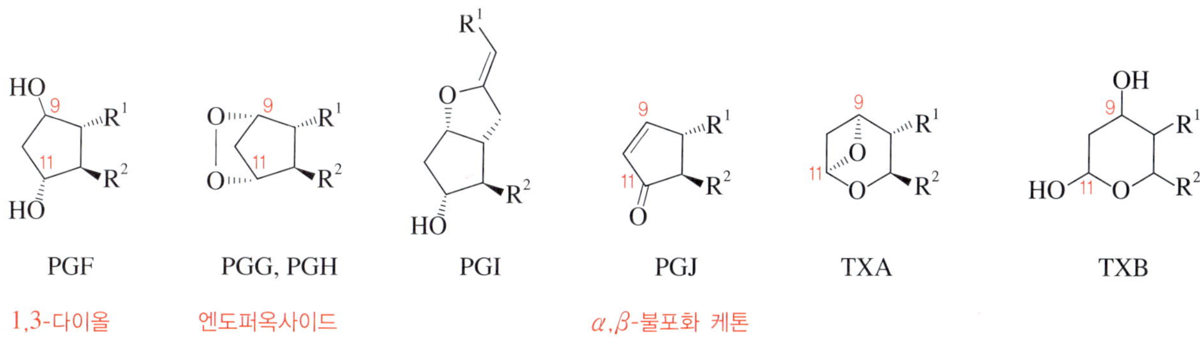

그림 17.5 에이코사노이드의 명명 체계

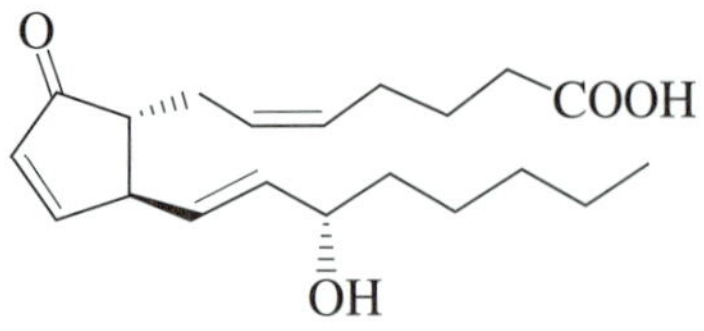

PGA$_2$ 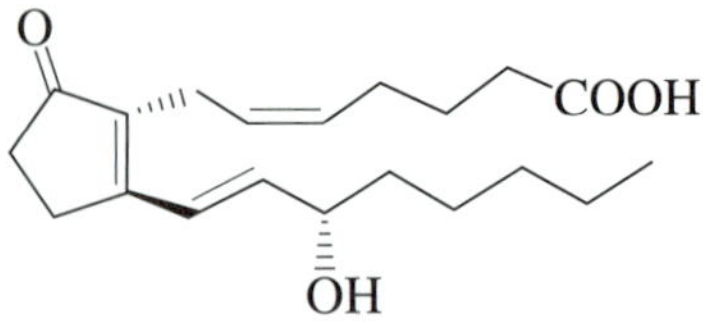 PGB$_2$ 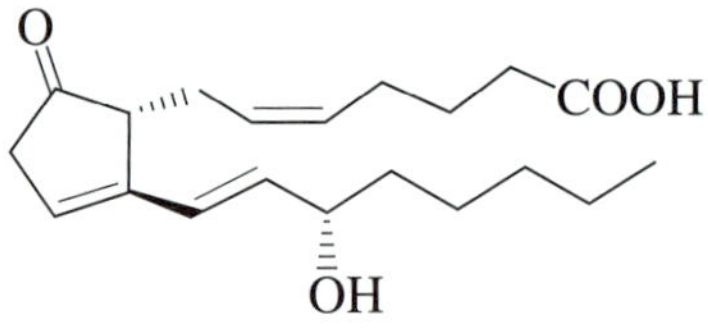 PGC$_2$

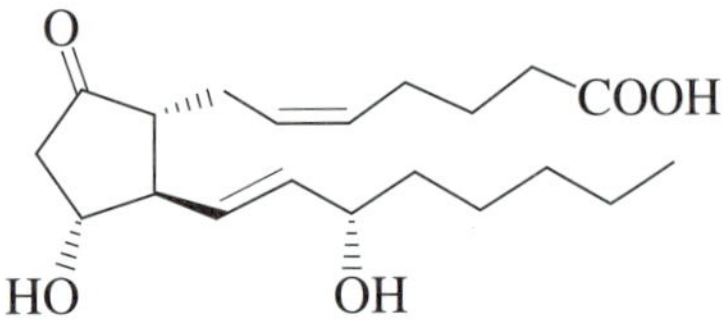

PGE$_2$ 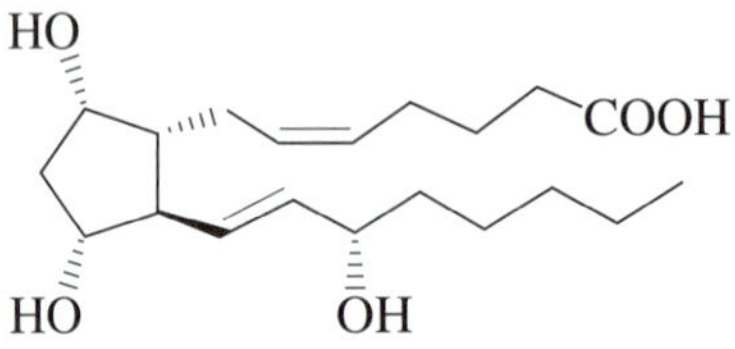 PGF$_{2\alpha}$ 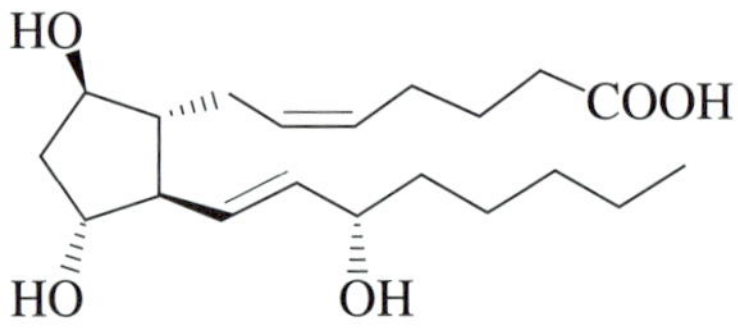 PGF$_{2\beta}$

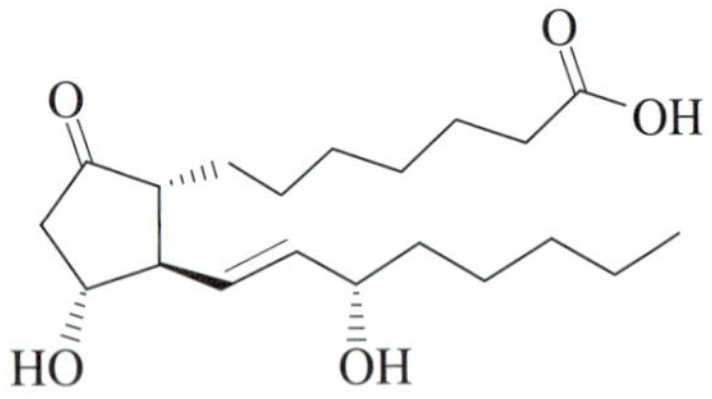

PGE$_1$ 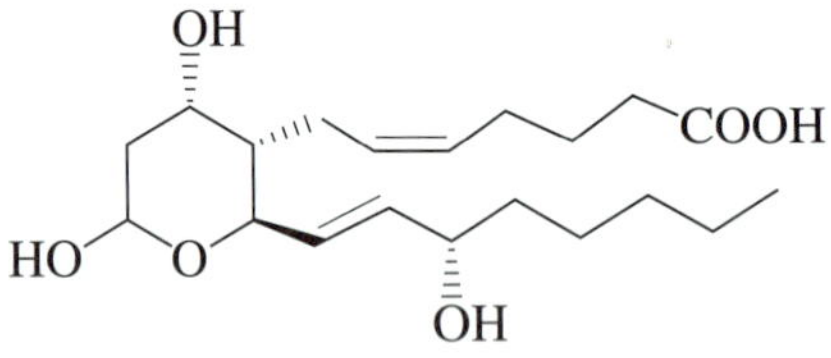 TXB$_2$ 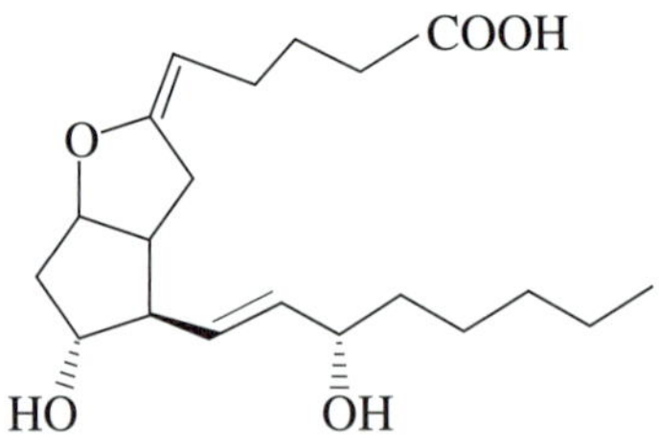 PGI$_2$

17.6 터펜

■ 터펜(terpene)은 C_5-단위체인 아이소프렌(isoprene, **2-methyl-1,3-butadiene**, C_5H_8)의반복 단위로 구성된 지질이다. 따라서 터펜의 탄소 원자 수는 5의 배수로 이루어져 있다.

표 17.3 터펜의 분류

분류	아이소프렌 단위 수	탄소 수
Monoterpene	2	10
Sesquiterpene	3	15
Diterpene	4	20
Sesterterpene	5	25
Triterpene	6	30
Tetraterpene	8	40

■ **터펜 분자에서 아이소프렌 단위를 확인하려면 다음 단계를 따라 하면 편리하다.**

- 1단계: 분자 내 전체 탄소 원자 수를 확인한다.
- 2단계: 분자가 몇 개의 isoprene 단위로 구성되었는지 확인한다. 전체 탄소 수를 5로 나누면 알 수 있다.
- 3단계: Isoprene 단위를 확인한다. 분자 중 isoprene 단위는 다음 중 하나이다.
  - ▸ Isoprene 단위는 이중 결합을 가질 수도 있으나, 하나의 methyl 가지를 가진 네 개 탄소로 된 단위일 수 있다.
  - ▸ 두 개의 methyl 가지를 가진 세 개 탄소로 된 단위일 수 있다.
  - ▸ 또는 곁가지 없이 다섯 개 탄소로 된 사슬일 수 있다.

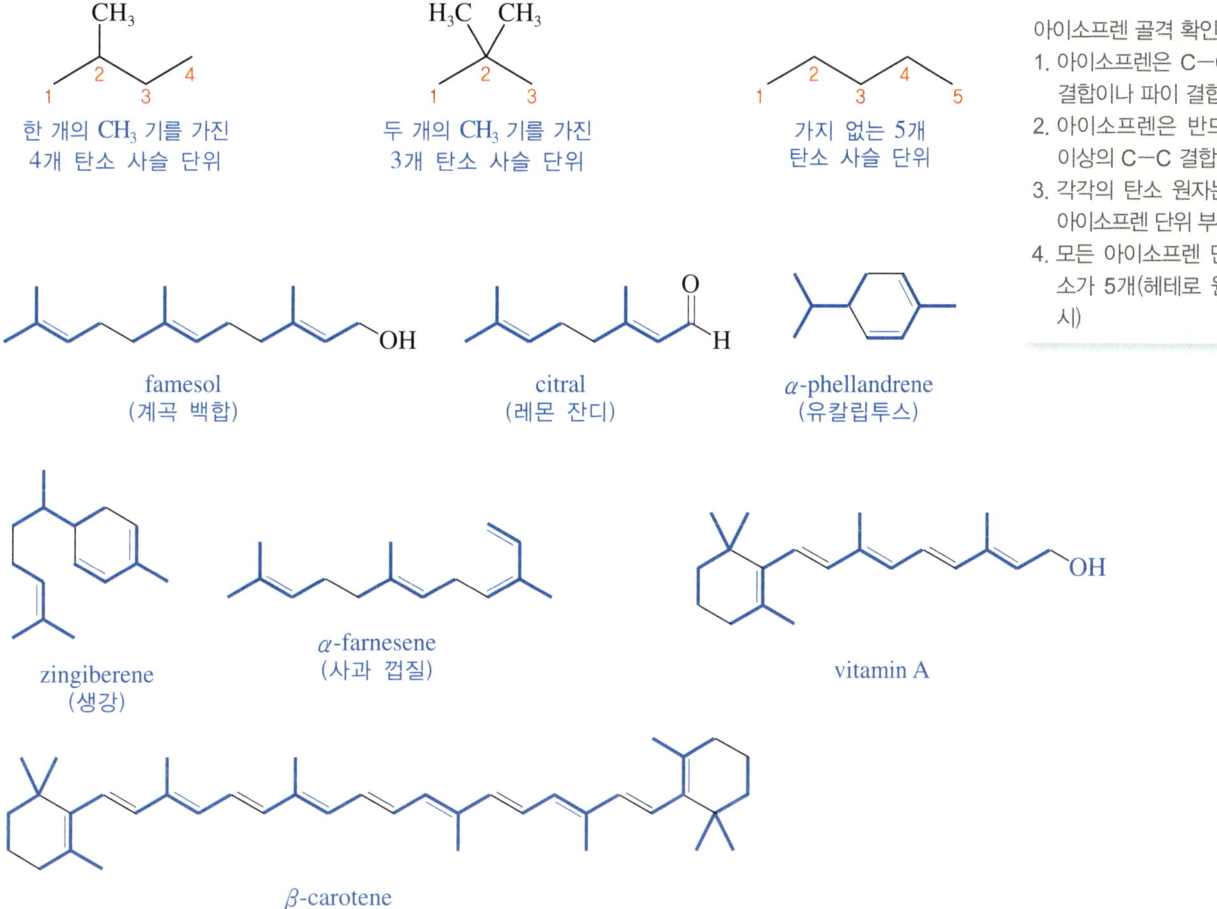

그림 17.6 몇 가지 잘 알려진 터펜류(붉은 선이 아이소프렌 단위이다.)

> 아이소프렌 골격 확인
> 1. 아이소프렌은 C—C 시그마 결합이나 파이 결합을 이룸
> 2. 아이소프렌은 반드시 하나 이상의 C—C 결합과 연결
> 3. 각각의 탄소 원자는 하나의 아이소프렌 단위 부분에 속함
> 4. 모든 아이소프렌 단위는 탄소가 5개(헤테로 원자는 무시)

■ **터펜의 합성은 생합성의 효율이 얼마나 높은가를 보여 주는 좋은 예이다.**

- 터펜의 생합성에서는 보다 더 복잡한 화합물을 연속적으로 합성하기 위해 같은 반응이 반복해서 사용되거나, 이 과정에서 만들어진 중간 물질이 다른 화합물 합성의 출발 물질로 사용된다.
- 모든 터펜은 acetyl CoA로부터 만들어지는 dimethylallyl diphosphate와 isopentenyl diphosphate를 이용하여 합성된다.
- Diphosphate는 생물계에서 좋은 이탈기로 이용되며 공명 안정화되는 약한 염기이다.

$$3\ H_3C{-}\overset{\overset{\large O}{\|}}{C}{-}SCoA \longrightarrow \text{dimethylallyl diphosphate (OPP)} \ \text{또는}\ \text{isopentenyl diphosphate (OPP)}$$

dimethylallyl diphosphate　isopentenyl diphosphate

$$Nu^- + R{-}\boxed{O{-}\overset{\overset{O}{\|}}{\underset{\underset{O^-}{|}}{P}}{-}O{-}\overset{\overset{O}{\|}}{\underset{\underset{O^-}{|}}{P}}{-}OH} \longrightarrow Nu{-}R + O^-{-}\overset{\overset{O}{\|}}{\underset{\underset{O^-}{|}}{P}}{-}O{-}\overset{\overset{O}{\|}}{\underset{\underset{O^-}{|}}{P}}{-}OH$$

-OPP
(좋은 이탈기)

메커니즘 17.3 세 분자의 acetyl CoA로부터 isopentenyldiphosphate의 합성

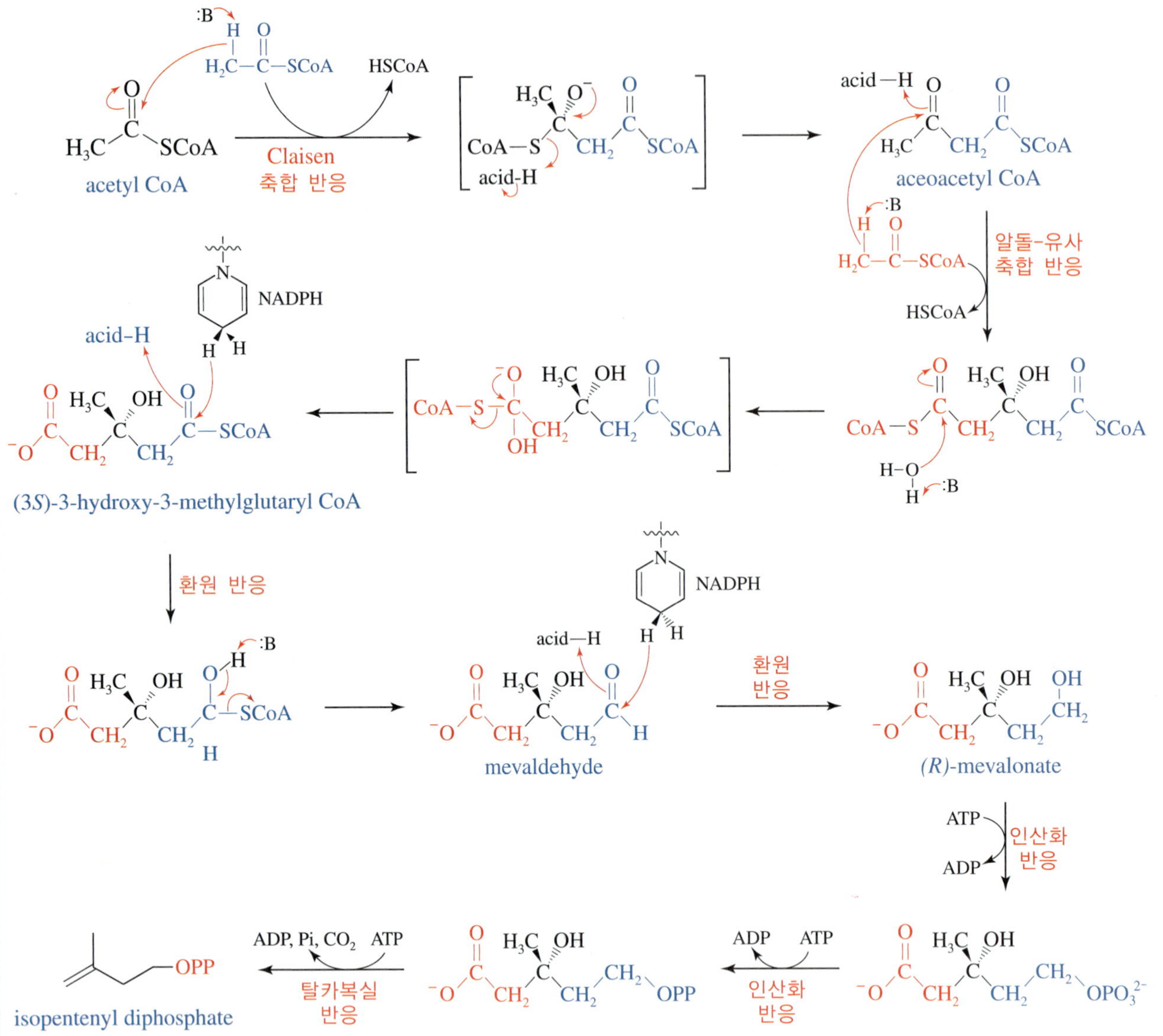

acetyl CoA

HSCoA

Claisen 축합 반응

aceoacetyl CoA

알돌-유사 축합 반응

HSCoA

NADPH

acid–H

(3*S*)-3-hydroxy-3-methylglutaryl CoA

환원 반응

NADPH

acid—H

mevaldehyde

환원 반응

(*R*)-mevalonate

ATP

ADP

인산화 반응

isopentenyl diphosphate

ADP, Pi, CO_2 ATP

탈카복실 반응

ADP ATP

인산화 반응

■ **Dimethylallyl diphosphate(DMAPP)와 isopentenyl diphosphate(IPP)가 반응하면 geranyldiphosphate(GPP)가 생성된다.**

- GPP가 다른 모든 터펜 합성의 출발 물질로 이용된다.
- Geranyl diphosphate의 생합성은 세 단계로 이루어진다.
  - ▶ 첫 번째 단계는 diphosphate(PPi) 이온이 이탈되어 탄소 양이온이 형성된다.
  - ▶ 두 번째 단계에서는 isopentenyl diphosphate가 공격하여 C_{10} 사슬의 양이온이 형성된다.
  - ▶ 세 번째 단계에서는 양성자가 이동하여 geranyl diphosphate가 생성된다.
- 위의 세 단계가 반복되어 C_{15} 사슬의 farnesyl diphosphate(FPP)가 형성된다.
- GPP와 FPP가 모든 다른 터펜의 출발 물질로 이용된다.

DMAPP + IPP → (−PPi) → geranyl diphosphate monoterpene(C_{10}) → (IPP, PPi) → farnesyl diphosphate sesquiterpene(C_{15}) → (이량체화) → squalene triterpene(C_{30})

메커니즘 17.4 Farnesyl diphosphate의 합성

DMAPP (−OPP) + IPP → Enz-N: H → (−Enz−$\overset{+}{N}$H) → geranyl diphosphate → (−OPP) → ... + OPP → Enz−N: H → (−Enz−$\overset{+}{N}$H) → farnesyl diphosphate

- **Limonene은 genranyl diphosphate로부터 분자 내 고리화를 통해 만들어진다.**
  - 첫 단계에서는 geranyl diphosphate가 이성질화되어 linalyl diphosphate(LPP)로 되고, 이 물질이 한 번 더 이성질화되어 neryl diphosphate로 된다.
  - 마지막 과정에서 neryl diphosphate가 고리화하면 limonene이 생성된다.

메커니즘 17.5 Limonene의 생성 메커니즘

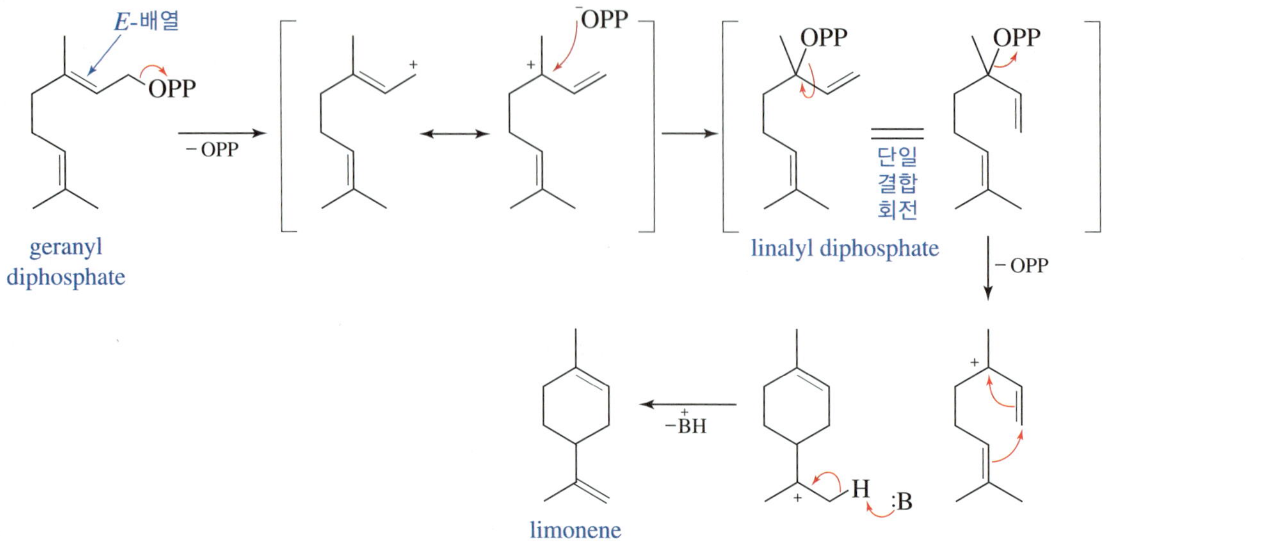

E-배열
OPP
−OPP
OPP
OPP
OPP
단일 결합 회전
geranyl diphosphate
linalyl diphosphate
−OPP
$-\overset{+}{B}H$
H
:B
limonene

Prostaglandin 이야기

Prostaglandin(PGs, 프로스타글란딘)이라는 이름은 스웨덴의 Karolina 연구소의 Ulf von Euler에 의해 붙여졌다. Prostaglandin은 1930년대 초 사람의 정액에 포함된 어떤 산성 물질(전립선에서 생성됨)이 자궁 조직의 근육을 수축시킨다는 관찰에서 시작되었다. 1950년대에 와서 양의 전립선으로부터 구조적으로 유사한 여러 개의 prostaglandin이 밝혀졌다.

Prostaglandin은 20개의 탄소 원자로 구성된 물질이고 곁사슬이 두 개로 된 다섯-원자 고리가 포함되어 있다. Prostaglandin은 arachidonic acid로부터 만들어진다. Prostaglandin의 약기호 PG와 고리의 치환 형태를 나타내는 세 번째 기호를 조합하여 이들 유도체를 명명한다.

Prostaglandin은 스테로이드보다 더 강력한 생화학적 조절 인자로 알려져 있다. 특히 prostaglandin은 다음과 같은 점에서 호르몬과는 다르다.

1) 유도체가 생성되는 장소에서만 기능을 발휘하므로 일종의 '국부적 조절 인자'이다.
2) 다른 조직에서는 다른 작용을 한다.
3) 대사가 빠르다.
4) Prostaglandin은 호르몬 작용의 중계 물질로 작용한다.

Prostaglandin은 혈압의 조절 및 응고, 위산 분비, 염증, 신장 기능, 그리고 생식계 같은 다양한 종류의 생화학적 활동에 관여한다. 따라서 다양한 수백 가지의 생리 활성 유도체를 합성한다.

PGE_2(dinoprostone, Cervidill®)은 분만 유도용으로, PGE_1은 발기부전에 사용한다. $PGF_{2\alpha}$를 호르몬과 함께 암소에 주사하면 암소는 많은 난자를 생성한다.

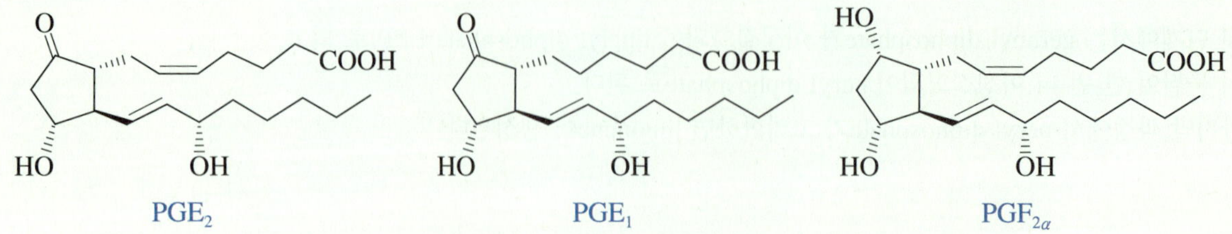

O COOH HO OH
PGE_2

O COOH HO OH
PGE_1

HO COOH HO OH
$PGF_{2\alpha}$

주요 용어

경화(hardening)
단순 지질(simple lipid)
동화작용 스테로이드(anabolic steroid)
복합 지질(complex lipid)
부신 피질 호르몬(adrenocortical hormone)
비누화 반응(saponification)
성 호르몬(sex hormone)
스테로이드(steroid)
아이소프렌 단위(isoprene unit)
안드로젠(androgen)
에스트로젠(estrogen)
에이코사노이드(eicosanoid)
왁스(wax)
인산 지질(phospholipid)
자기 조립(self-assembly)
자체 산화(autooxidation)
지질(lipid)
지질 두겹층(lipid bilayer)
터펜(terpene)
트라이글리세라이드(triglyceride)
포스포에스터(phosphoester)
프로스타글란딘(prostaglandin)

연습 문제

개념 문제

1. 왁스는 에스터 작용기를 중심으로 두 개의 긴 알킬 사슬이 결합하고 있다. 왁스의 녹는점과 이들 알킬기의 길이와의 관련성을 설명하시오.

2. 이중 결합을 포함하고 있는 트라이글리세라이드와 이중 결합을 포함하지 않는 트라이글리세라이드 중 어느 것의 녹는점이 더 높은가? 왜 그런가?

3. 불포화 지방산은 포화 지방산보다 공기 중에서 자체 산화가 더 빨리 일어난다. 그 이유를 설명하시오.

4. *trans*-Decalin이 고리 뒤집기를 하지 않는 이유를 설명하시오. 설명의 근거로 왜 콜레스테롤이 단단한 삼차원 구조를 가지는지 설명하시오.

5. 터펜류의 탄소 수가 5의 배수인 이유는 무엇인가?

실전 문제

6. 다음 화합물에서 isoprene 단위를 표시하시오.

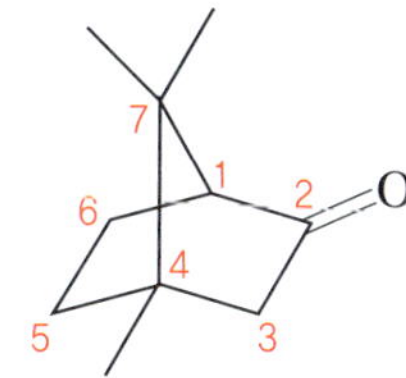

4,7,7-trimethylbicyclo[2.2.1]heptan-2-one

7. 다음 PG 유도체 중 고리에 C=O를 가지고 있지 않는 것은 어느 것인가?
(a) PGA (b) PGC (c) PGD (d) PGE (e) PGF (f) PGG

8. Geranyl diphosphate로부터 α-terpineol을 합성한 생합성 경로를 제시하시오.

OH

α-terpineol

9. 다음 지방산이 포화 지방산인지 불포화 지방산인지를 구분하시오.
(a) Palmitic acid (b) Arachidonic acid (c) Oleic acid
(d) Stearic acid (e) Arachidic acid

10. 다음 PG 유도체 중에서 cyclopentenone 고리를 포함하는 유도체는 무엇인가?
(a) PGD (b) PGG (c) PGC (d) PGA (e) PGE

11. 다음 중 PG 유도체를 합성하는 중요 중간체는 무엇인가?
(a) PGA (b) PGE (c) PGG (d) PGF

18 핵산화학

Nucleic acid Chemistry

- 유전 정보는 DNA와 RNA에 의해 운반된다.
- Adenine과 thymine은 두 개의 수소 결합을 하고, guanine과 cytosine은 세 개의 수소 결합을 한다.
- DNA는 2′−OH가 없어 유전 정보를 보호할 수 있다.
- DNA에 thymine이 있어 돌연변이를 막을 수 있다.
- 핵산은 뉴클레오타이드와 뉴클레오사이드로 분해되고 마지막에는 당과 헤테로 고리 염기로 가수 분해된다.

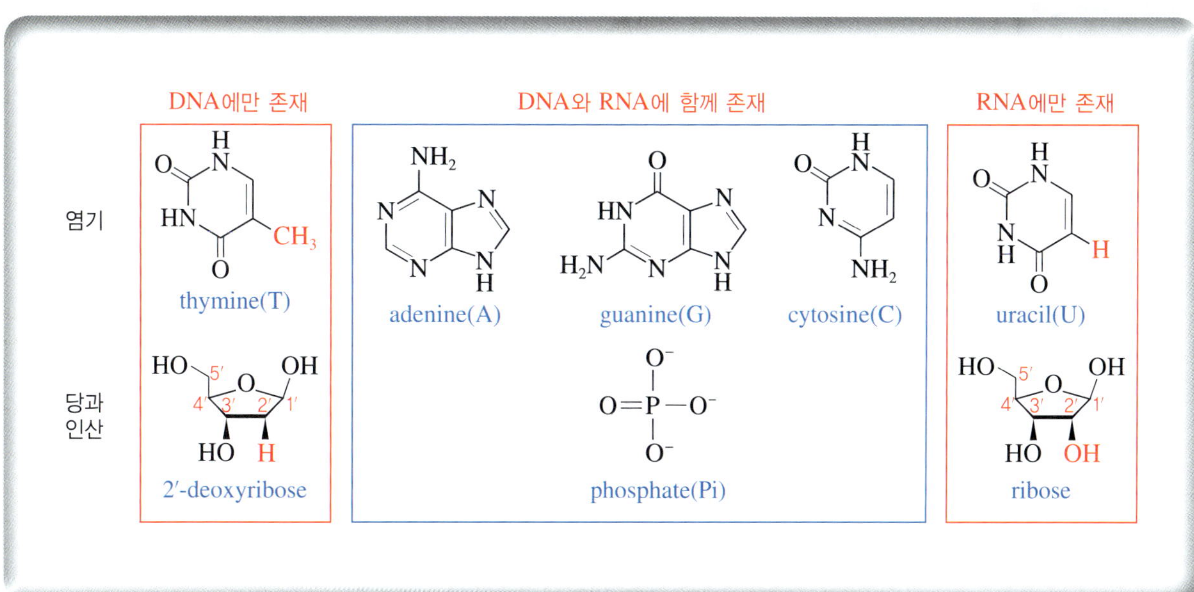

지구상의 생명체는 매우 다양하고 독특하지만, 분자적 수준에서 보면 모든 생명체는 DNA, RNA의 기본 단위인 뉴클레오타이드와 단백질의 기본 단위인 20개의 아미노산과 같은 동일한 분자들로부터 기인한다.

세포내 유전 정보는 **핵산**(nucleic acid)인 DNA(deoxyribonucleic acid)와 RNA(ribonucleic acid)에 의해 전달된다. DNA에 저장된 암호는 세포의 특징을 결정하고 세포의 성장과 분열을 조절하는 정보이며 단백질의 합성을 지시한다. DNA는 단백질 합성 정보를 가지고 있고, RNA는 단백질 조립을 수행한다. 핵산은 DNA, RNA, ATP, NAD^+, FAD 및 보조 효소 A와 같은 여러 물질에 포함되어 있어 세포의 정보와 통제의 중심으로 작용한다.

18.1 핵산의 구조

■ **핵산은 뉴클레오타이드(nucleotide)가 서로 연결된 긴 생체 중합체이다.**

- 각 뉴클레오타이드는 **뉴클레오사이드**(nucleoside)와 인산기로 구성되어 있고, 뉴클레오사이드는 **당**(sugar)과 헤테로 고리 **염기**(base)로 구성되어 있다.
- DNA와 RNA를 가수 분해시키면 뉴클레오타이드가 생성되고, 뉴클레오타이드를 가수 분해시키면, 뉴클레오사이드가 생성되고, 뉴클레오사이드를 분해시키면 당과 헤테로 고리 염기로 분해된다.

DNA 또는 RNA —nuclease, H_2O→ nucleotide —nucleotidase, H_2O, -Pi→ nucleoside —nucleosidase, Pi→ 당 + 염기

nucleic acid / nucleotide / nucleoside / 당 / 염기

OH(또는 H) OH(또는 H) OH(또는 H) OPO_3^{2-}

뉴클레오타이드나 뉴클레오사이드의 명명과 번호 매김에서 프라임(′) 위 첨자를 가지는 번호는 당에서의 위치를 나타내고, 프라임이 없는 번호는 헤테로 고리 염기에서의 번호를 나타낸다.

■ **DNA와 RNA는 당과 두 개의 염기 부분에서 다르다.**

- RNA의 당은 ribose이고 DNA의 당은 2′-deoxyribose이다.
- 헤테로 염기의 기본 골격은 purine 고리와 pyrimidine 고리이다. DNA와 RNA에는 두 개의 치환된 purine 염기와 두 개의 치환된 pyrimidine 염기를 가지고 있다.

▸ Adenine(A), guanine(G)은 purine 염기로 DNA와 RNA에 모두 존재한다.
▸ Cytosine(C)은 pyrimidine 염기로 DNA와 RNA에 모두 존재한다.
▸ Thymine(T)은 DNA에만 존재한다.
▸ Uracil(U)은 RNA에만 존재한다.

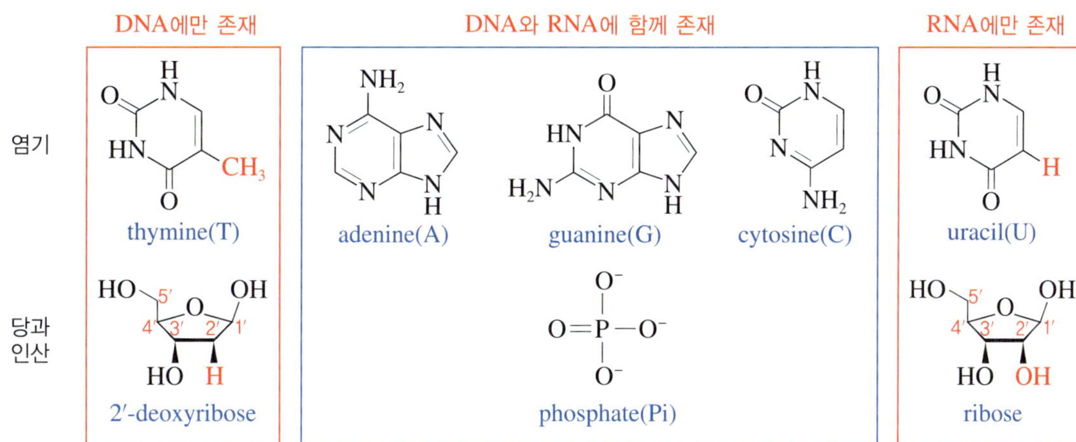

■ **Ribose나 2′-deoxyribose의 아노머 탄소(C−1′)에 염기가 결합된 화합물을 뉴클레오사이드라고 한다.**

- D-Ribose를 포함하는 것을 ribonucleoside라고 한다.
- D-2′-deoxyribose를 포함하는 것을 deoxyribonucleoside라고 한다.

DNA와 RNA에 포함되는 8종류의 뉴클레오사이드를 그림 18.1에 나타내었다.

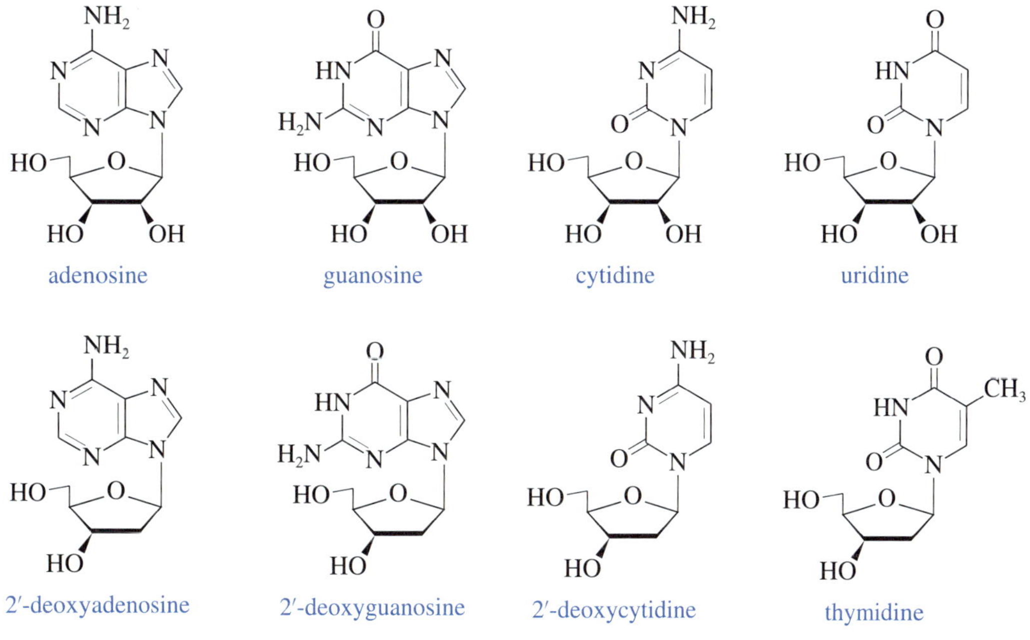

그림 18.1 뉴클레오사이드의 구조

■ **뉴클레오타이드는 5′-이나 3′-OH 위치에 인산이 에스터 결합으로 연결된 화학종이다.**

- D-Ribose를 포함하면 ribonucleotide, D-2′-deoxyribose를 포함하면 deoxyribonucleotide 라고 한다.
- 뉴클레오타이드는 뉴클레오사이드 이름에 phosphate 수에 따라 mono-, di- 또는 triphosphate라고 명명한다. 예로 AMP, ADP 및 ATP를 들 수 있다.

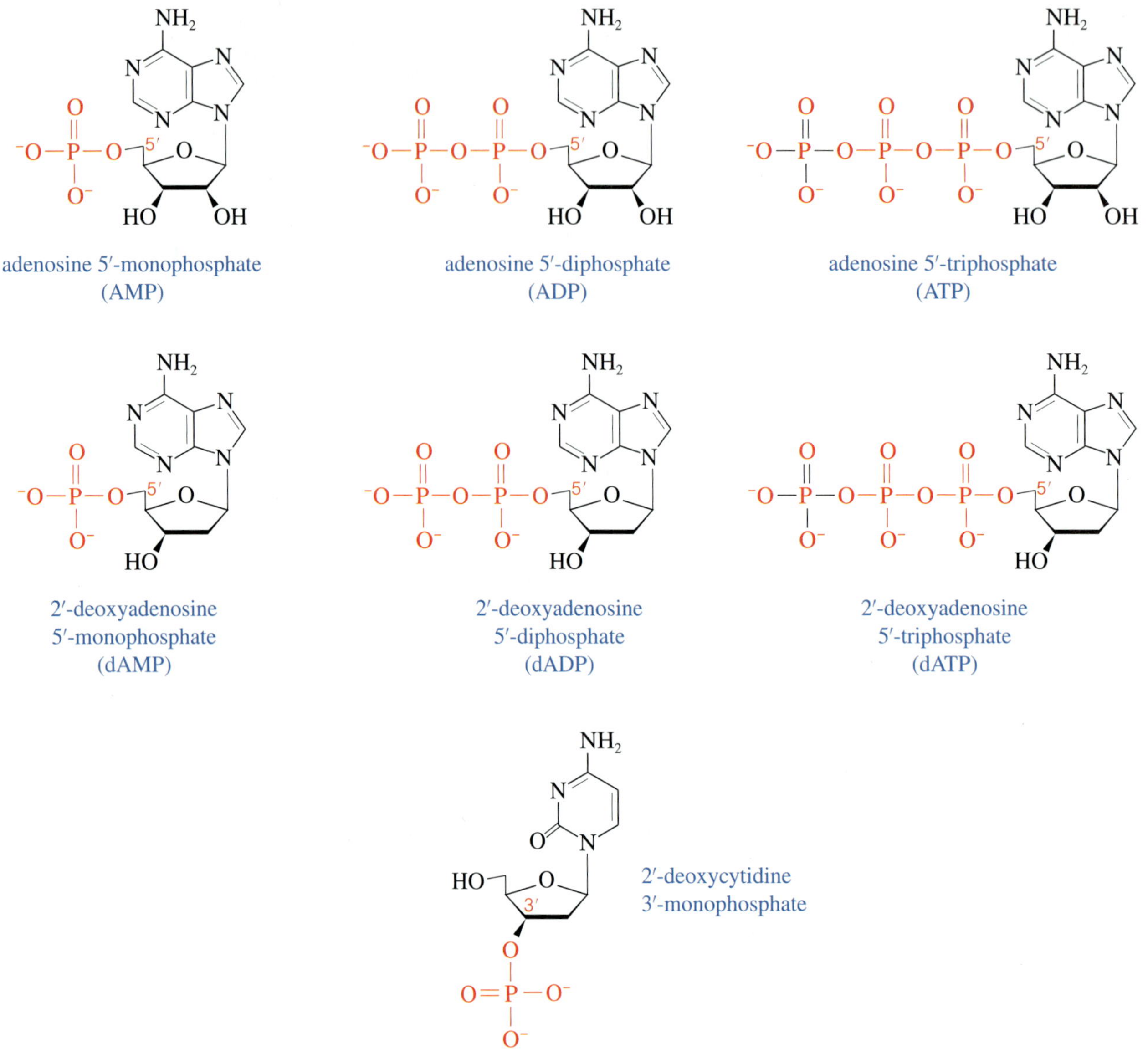

adenosine 5′-monophosphate
(AMP)

adenosine 5′-diphosphate
(ADP)

adenosine 5′-triphosphate
(ATP)

2′-deoxyadenosine
5′-monophosphate
(dAMP)

2′-deoxyadenosine
5′-diphosphate
(dADP)

2′-deoxyadenosine
5′-triphosphate
(dATP)

2′-deoxycytidine
3′-monophosphate

그림 18.2 뉴클레오타이드 유형

- **DNA와 RNA에서 뉴클레오타이드들은 한 뉴클레오타이드의 5′-OH 기와 다른 뉴클레오타이드의 3′-OH 기에 존재하는 인산 다이에스터[RO−(PO_2^-)−OR′]에 의해 서로 연결되어 있다.**
  - 형성된 핵산 사슬의 한쪽 끝은 5′-OPO_3^{2-}(**5′-말단**)이 되고, 다른 한쪽은 3′-OH(**3′-말단**)로 된다.
  - 핵산 사슬에서 뉴클레오타이드의 서열은 5′-말단에서 시작하여 염기 순서대로 염기의 약자(G, C, A, T, 및 RNA에서는 U)를 사용하여 5′ → 3′ 순으로 나타낸다.
  - 이들 사슬의 골격 구조는 당의 인산 에스터 결합으로 되어 있고 염기는 골격 사슬의 밖으로 노출되어 있다.
  - 핵산의 일차 구조(primary structure)는 핵산 가닥에 있는 염기의 순서이다.

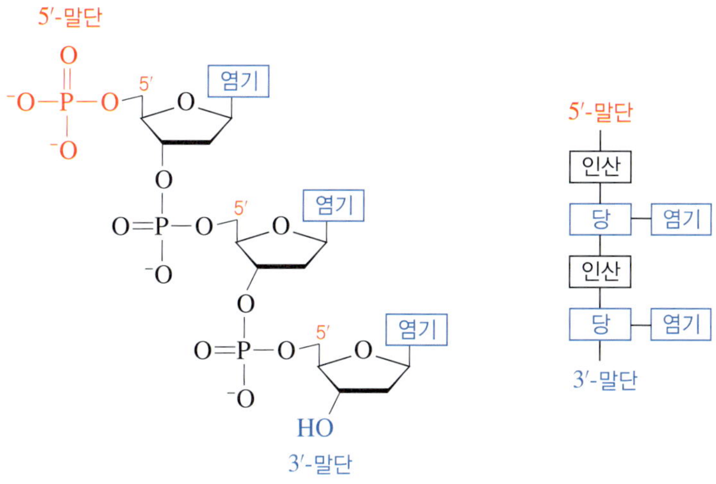

그림 18.3 뉴클레오타이드의 부분 구조

18.2 DNA에서 염기와 2′-OH의 역할

- **DNA는 당-인산 골격은 밖으로 향하고 염기는 안쪽으로 향하는 두 가닥의 핵산으로 구성되어 있다.**
  - 마치 나선형 계단 모양이다.
  - 두 사슬은 서로 반대 방향(역평행)이다.
  - 이들이 서로 반대 방향으로 배열되는 것은 수소 결합을 하기 위한 분자 배열이다.
  - 한 사슬의 염기가 guanine(G)이면 반대편 사슬의 염기에는 cytosine(C)이 있고, adenine (A)의 반대편에는 thymine(T)이 있다.
  - 나선형 계단으로 생각하면 염기쌍들은 계단에 해당한다.

- **핵산의 염기쌍들이 이처럼 정밀한 양상을 보이는 이유는 무엇일까? 사슬 구조를 살펴보면 이해할 수 있다.**
  - 첫째는 pyrimidine 염기는 항상 purine 염기와 쌍을 이루고 긴 쪽의 길이가 1.085 nm 이다.
  - 둘째로 이들 염기 분자들은 서로 간에 수소 결합을 한다.
    - Adenine과 thymine은 두 개의 수소 결합을 한다.
    - Guanine과 cytosine은 세 개의 수소 결합을 한다.

1950년까지 DNA 구조를 알기 위해 고안된 실험들에서는 adenine과 thymine의 몰수가 동일하고, cytosine과 guanine의 몰수가 동일하다는 것을 보이는 것이었다. 아울러 이런 균형을 이루려면 쌍을 지어야 한다고 생각했다. 이런 생각에 합당한 모형이 James D. Watson과 Francis H. C. Crick이 제안한 이중 나선 구조였다.

James D. Watson과 Francis H. C. Crick은 이중 나선 구조를 제안한 것으로, Maurice Wilkins는 X-선 연구로 이중 나선 구조를 확인한 것으로 1962년에 노벨상을 받았다.

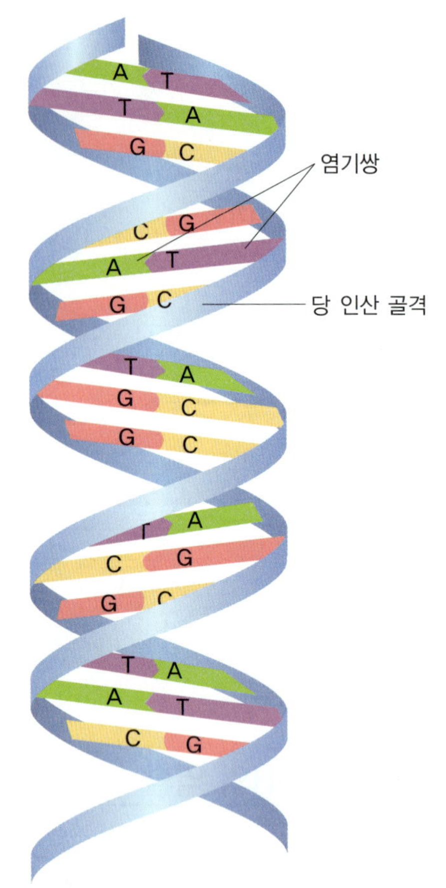

그림 18.4 DNA 나선 구조 모형

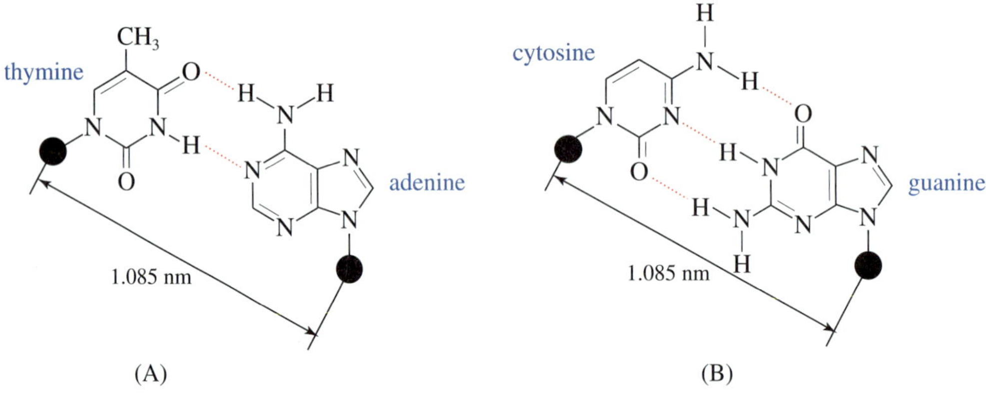

그림 18.5 DNA의 (A) Thymine과 adenine의 상보적 염기쌍, (B) cytosine과 guanine의 상보적 염기쌍

■ **왜 DNA는 2′-탄소에 OH 기를 갖지 않는가?**

- 유전 정보를 보호하기 위해서는 세포의 일생 동안 DNA가 손상되지 않고 보존되어야 한다.
- DNA가 분해되면 세포나 생명체에 혼란과 재앙이 초래될 것이다. 그러나 RNA는 필요한 만큼만 만들어지고 목적에 맞게 사용된 후에 파괴된다.
  - ▸ DNA는 안정하고 RNA는 상대적으로 쉽게 끊어진다.

▸ 실제로 RNA는 DNA보다 약 30억 배 정도 빨리 끊어진다.

- **왜 RNA가 쉽게 분해되는가? Ribose에 2′-OH 기가 존재하면, 3′-위치에 결합된 인산 부분에 2′-OH가 공격하여 2′,3′-고리형 인산 다이에스터가 형성되고 phosphate에 결합된 당이 분해된다.**

메커니즘 18.1 Ribose 2′-OH에 의한 인산-당 결합의 분해

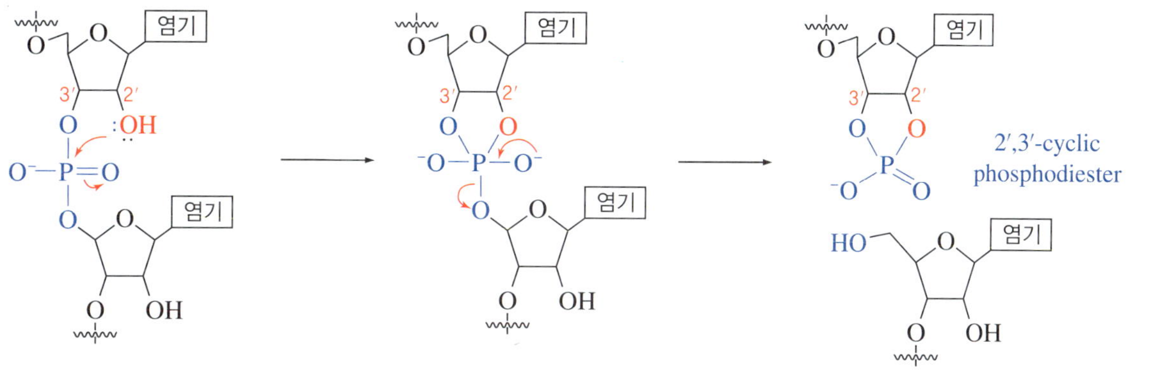

- **DNA에는 왜 uracil (U) 대신 thymine (T)을 가지고 있는가?**
  - DNA에 uracil 대신 thymine이 존재하므로 잠재적으로 가능한 돌연변이를 막을 수 있다.
  - Cytosine (C)은 이민(imine)으로 토토머화될 수 있고, 이민은 가수 분해되어 uracil (U)로 변환될 수 있다.
  - 반응 전체를 보면 cytosine의 NH_2 기가 C=O 기로 변환된 탈아민 반응(deamination)이 일어난 것이다.
  - 이러한 탈아민 반응이 DNA에서 일어나면 복제 과정에서 오류가 발생한다. 즉 정상적인 DNA의 경우 C가 있으면 복제된 새로운 DNA에서 상대 염기는 G가 배열된다. 그러나 C → U로 탈아민화되면 새롭게 복제되는 DNA의 상대 염기는 A가 된다.
  - DNA에 U 대신 T가 포함된 것은 이처럼 DNA에서 C의 탈아민 반응에 의해 생기는 U를 구별하여 인식하기 위해서이다.

> RNA의 구조
> RNA는 단일 가닥 핵산으로 이루어져 있다. RNA 분자가 접히는 부분에서 내부 염기쌍이 일부 생길 수 있다. RNA의 일부는 나선 구조로 존재한다.

> 생체에서는 DNA의 C가 U로 탈아민되어 새로 복제되는 딸 DNA에 들어기기 전에 U를 골라내는 효소가 있다. 이 효소는 U를 발견하면 잘라내고 C를 치환시킨다. 만일 DNA에 U가 흔하게 존재한다면 효소는 이를 감별하지 못할 것이다.

- **RNA에도 cytosine이 있다. 그러나 RNA는 끊임없이 파괴되고 DNA 원형으로부터 합성되므로 RNA에 T를 결합시키려고 에너지를 소모할 필요가 없다.**

메커니즘 18.2 Cytosine의 탈아민 반응

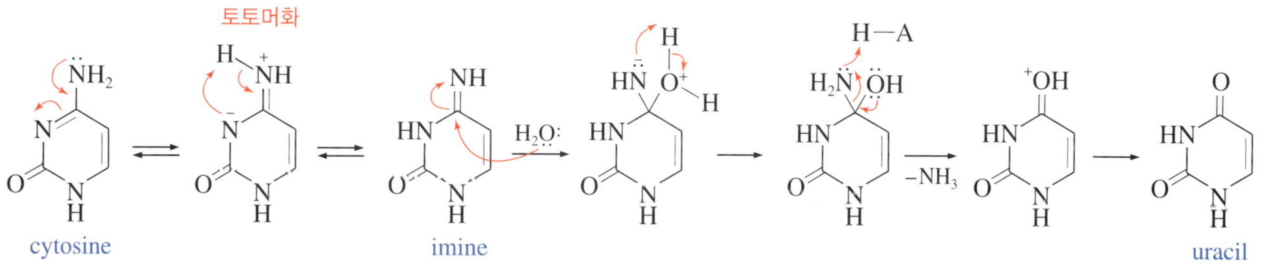

18.3 DNA의 복제

다양한 생물 종들은 어떻게 자신을 재현할까? 대부분의 고등 생물은 성적으로 번식하며, 정자 세포는 난자 세포와 결합한다. 수정된 난자는 새로운 개체로서의 기능을 하는 데 필요한 다양한 세포, 조직 및 기관을 만들기 위한 모든 정보를 가지고 있다. 게다가 생물이 생존하려면 초기 단계 세포인 정자와 난자의 유전 정보가 전달되어야 한다.

2000년 인간 유전체 사업이 종료되면서 인간은 20,000~25,000개의 유전자를 갖는 것으로 밝혀졌다.

- **유전 물질은 모든 세포의 핵에서 발견되고 염색체(chromosome)라는 길고 실 같은 몸체 안에 밀집되어 있다.**
  - 염색체는 단백질과 DNA로 이루어져 있고, 성적인 번식을 할 때 염색체는 쌍을 이룬다. 쌍을 이루는 염색체의 한쪽은 부모에게서 하나씩 온다.
  - 사람은 23쌍을 유전하므로 우리 몸은 46개의 염색체를 가진다. 즉 난자에 있는 23개 염색체와 정자에 있는 23개 염색체가 결합하여 이루어진다.

일부 바이러스 유전자는 RNA만을 갖는 것도 있다. 이런 바이러스를 RNA 바이러스라고 하며 인플루엔자 바이러스나 레오 바이러스(reovirus) 및 레트로 바이러스(retrovirus) 등이 여기에 해당한다.

- **유전의 기본 단위인 유전자(gene)가 염색체를 따라 배열되어 있다. 구조적으로 유전자는 DNA의 일부이며, 단백질 합성을 조절한다.**
  - 한 유기체의 유전자 전체를 모아놓은 것을 **유전체**(genome)이라고 한다.
  - 세포 분열이 일어날 때 각 염색체는 자신을 정확히 복제하므로 유전 정보의 전달은 DNA 분자의 **복제**(replication)를 필요로 한다.

- **인간 유전체에는 31억 쌍의 염기가 있다. DNA의 복제를 이해하는 데에는 1953년에 James Watson과 Francis Crick이 제안한 DNA의 이차 구조가 큰 역할을 하였다.**
  - Watson–Crick의 모형에 따르면 생리적 조건에서 DNA는 두 개의 뉴클레오타이드 가닥으로 되어 있고, 이 두 가닥은 서로 반대방향으로 놓여 있고, 특정한 염기쌍 간에 수소 결합을 통해 서로 상보적으로 잡고 있다. 즉 A는 T와, C는 G와 서로 수소 결합하고 있다.
  - 전체 모양은 나선형 계단의 난간처럼 **이중 나선**(double helix)으로 서로 둥글게 감겨져 있다.
  - 2개 가닥이 상보적이므로 모두가 동일한 유전 정보를 가지고 있다. 따라서 이들 각 가닥은 상보적 관계를 가지는 다른 새로운 가닥을 합성하기 위해 이용될 수 있는 원형들이다.
    - ▸ 동일한 DNA를 합성하는 것을 **복제**(replication)라고 한다.

DNA 복제에서 새로운 DNA 가닥은 모두 5′→3′ 방향으로 합성되므로, 두 가닥이 정확히 같은 방법으로 합성될 수 없다. 한 개의 새로운 가닥은 복제 분기점 근처에 3′-말단을 가져야 하며, 반면에 다른 가닥은 복제 분기점 근처에 5′-말단을 가져야 한다. 본래의 5′→3′ 가닥에서 연속적으로 합성되는 가닥을 '앞서는 가닥(leading strand)'이라고 한다. 본래의 3′→5′ 가닥에서 DNA 연결 효소(ligase)에 의해 연결되는 '뒤쳐지는 가닥(lagging strand)'을 형성하는 Okazaki 조각(Okazaki fragment)에서 불연속적으로 합성된다.

- **복제된 새로운 DNA 분자(딸 분자)는 본래의 분자(부모 분자)와 동일하다.**
  - DNA의 합성은 DNA 가닥이 분리되는 곳에서부터 시작된다.
  - 핵산은 5′ → 3′ 방향으로만 합성될 수 있어 다른 가닥은 3′ → 5′ 방향으로 합성되고 불연속적인 작은 조각으로 만들어진다.
  - 각 조각은 5′ → 3′ 방향으로 합성되고 각 조각은 **DNA 연결 효소**(DNA ligase)에 의해 결합된다.
  - 딸 분자라고 불리는 2개의 새로운 DNA 분자는 하나의 원래 가닥을 하나씩 포함한다.
  - 이런 복제를 **반보존 복제**(semiconservative replication)라고 한다.

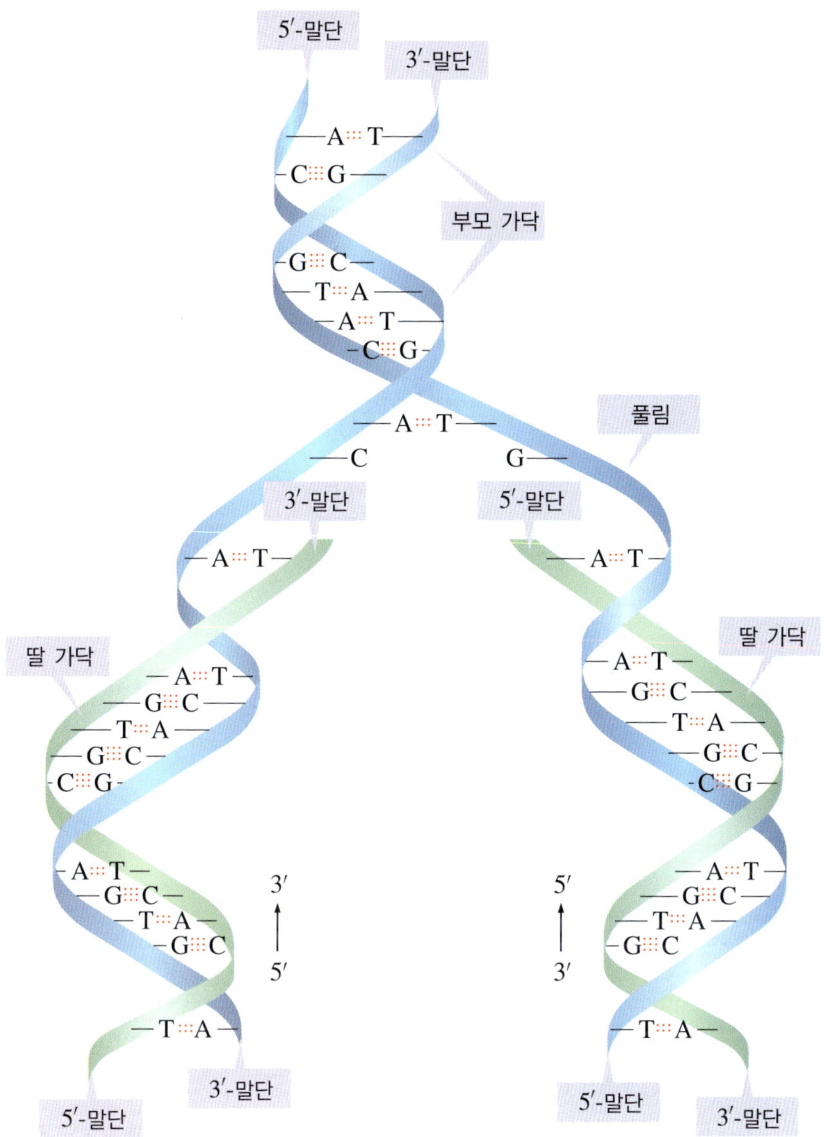

그림 18.6 DNA의 복제. 왼쪽의 딸 가닥은 5′ → 3′ 방향으로 연속해서 합성된다. 오른쪽 딸가닥은 3′ → 5′ 방향으로 불연속적으로 합성된다.

18.4 RNA

DNA가 유전 정보를 가지고 있고, 이 정보는 RNA에 의해 **전사**(transcription)되고 **번역**(translation)되어 단백질을 합성한다.

■ **RNA는 DNA보다 짧고 보통은 단일 가닥이며 세 종류가 있다.**

- **전령 RNA**(messenger RNA, mRNA): DNA로부터 단백질 합성이 일어나는 세포질 내의 리보솜(ribosome)까지 유전 정보를 운반한다.
- **리보솜 RNA**(ribosomal RNA, rRNA): 리보솜의 구성 성분으로 단백질 합성이 일어나는 입자를 구성한다. 즉, 단백질과 착물을 이루며 리보솜의 물리적인 모양을 유지시킨다.

- **전달 RNA**(transfer RNA, tRNA): 특정 아미노산을 리보솜까지 운반하고, 아미노산이 결합하여 단백질을 이룬다.

■ **tRNA는 70~90개의 뉴클레오타이드를 가지고 있어 mRNA나 rRNA보다 훨씬 작다.**

- tRNA의 단일 구조는 클로버잎 모양으로 접혀 있고, 모든 tRNA는 3′-말단에 CCA 순서로 되어 있다.
- tRNA에는 다른 RNA와 비교하여 특정 염기들의 비율이 더 높다.

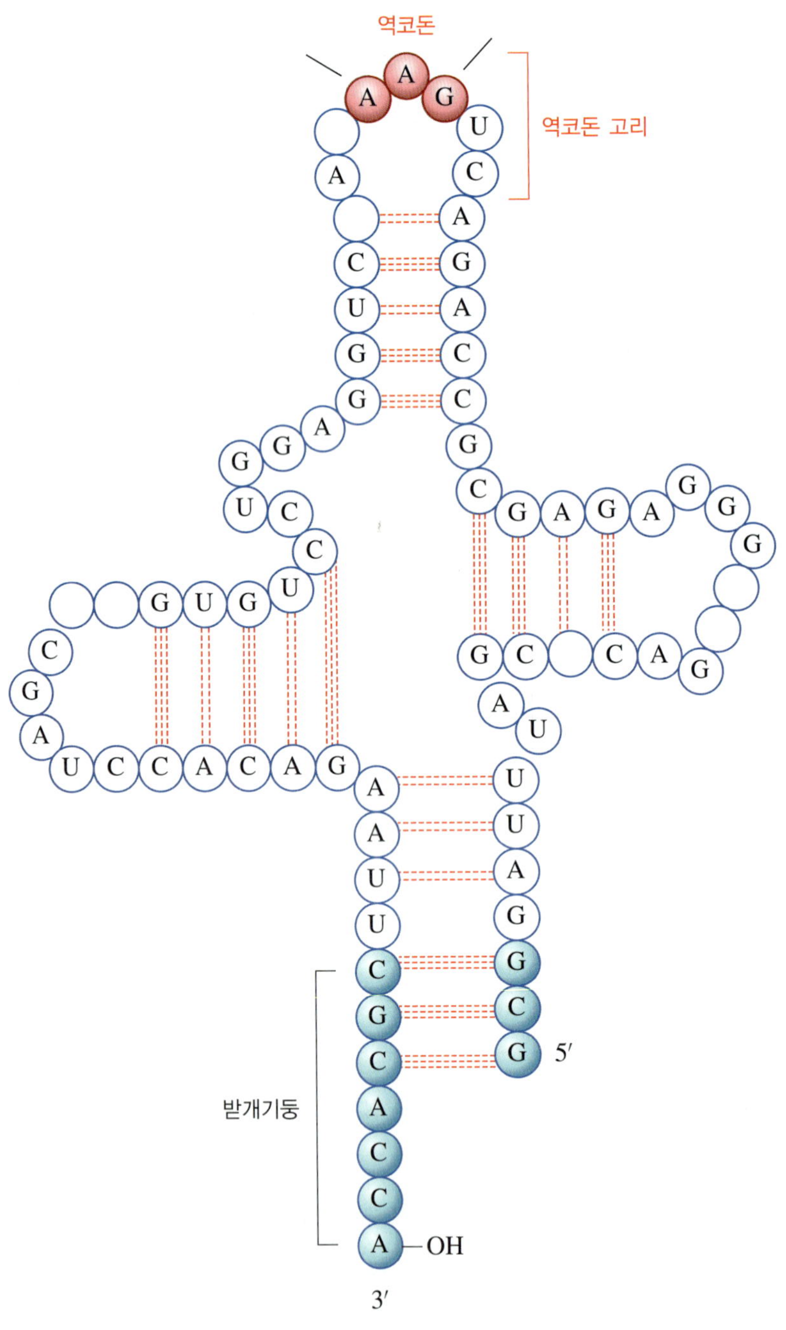

그림 18.7 tRNA 구조

■ **아미노산은 3′-OH에 결합되어 운반된다.**

- Alanine을 운반하는 tRNA는 ‘$tRNA^{Ala}$’로 표시한다.
- tRNA에 아미노산이 결합하는 것은 amino acyl tRNA 합성 효소에 의해 이루어진다.

메커니즘 18.3 Amino acyl tRNA 합성

ATP
amino acid
acyl adenylate
Ad: adenosine
$HO^{3'}$—ACC—tRNA
pyrophosphate
H_2O
$2PO_4H^{2-}$
AMP + tRNA—CCA—O—C(=O)—CH($^+NH_3$)—R
amino acyl tRNA
O—ACC—tRNA

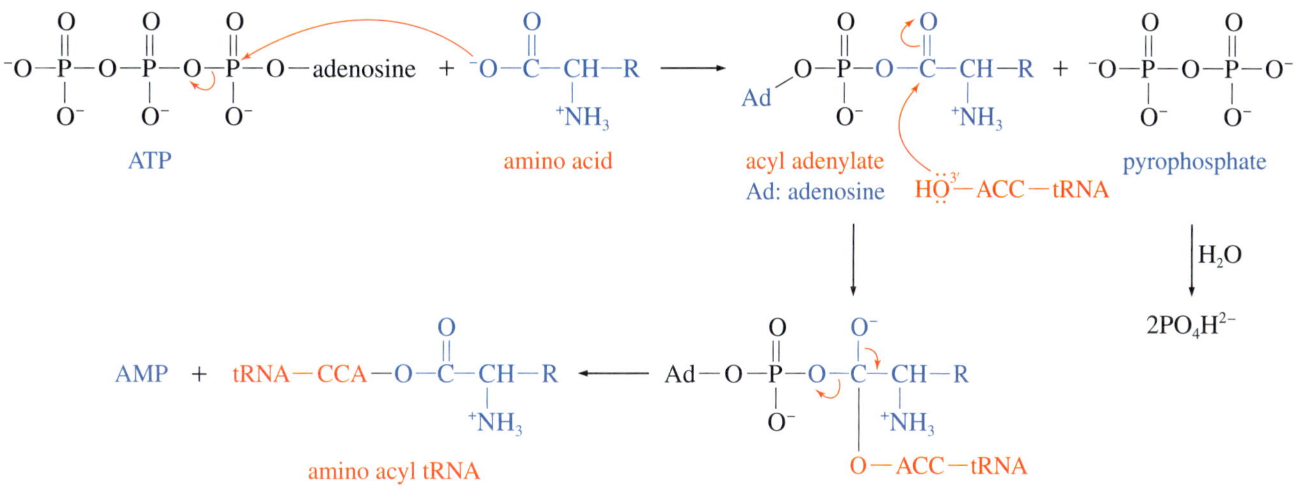

18.5 단백질의 합성

mRNA의 세포 내 일차적인 기능은 생물체가 요구하는 수천 개의 펩타이드와 단백질의 합성을 관장하는 일이다. 단백질 합성 메커니즘은 mRNA의 지시를 받아 리보솜에서 일어나고, 리보솜은 세포 내의 작은 과립형 입자로 rRNA(60%)와 단백질(40%)로 이루어져 있다.

■ **mRNA의 특정 뉴클레오타이드의 서열이 결합해야 할 아미노산의 순서를 결정한다. 즉 단백질은 mRNA 가닥의 염기를 5′→3′ 방향으로 읽어서 *N*-말단에서 *C*-말단 방향으로 합성된다.**

- 단백질 합성에 필요한 아미노산을 지정하는 3개의 염기 서열을 **코돈**(codon)이라고 한다.
- 염기는 연속적으로 읽히고 결코 건너 뛰지 않는다.
- 연결되는 아미노산은 3개의 염기 순서에 의해 지정되고, 3개 염기 순서와 이들에 의해 지정되는 아미노산을 **유전 암호**(genetic code)라고 부른다.
- 코돈은 5′-말단부터 시작하여 왼쪽부터 오른쪽으로 표기한다.
  ▸ 첫 번째 염기(5′-말단)–두 번째 염기–세 번째 염기(3′-말단) 순으로 표기한다.

단백질의 합성은 크게 ‘DNA의 복제 → RNA로 유전 정보 전사 → RNA 유전 정보 번역 → 단백질의 합성’ 단계로 이루어진다.

DNA 유전 정보는 특정 단백질로 암호화되고 특정 뉴클레오타이드 서열로 이루어진 유전자라고 부르는 분질에 들이 있다.

■ **핵 내의 DNA에 있는 정보를 단백질로 전달하는 과정은 DNA의 전사**(transcription)**에 의한 mRNA의 합성으로 시작된다.**

- mRNA는 DNA가 두 가닥으로 복제되는 것과는 다르게, 두 개의 DNA 가닥 중 하나만이 mRNA로 전사된다.
- DNA 두 가닥 중 유전자를 가지고 있는 가닥을 '**의미 가닥**(sense strand 또는 coding strand)'이라고 하고, 정보를 전사해서 mRNA를 생산하는 가닥을 '**반의미 가닥**(antisense strand 또는 noncoding strand)'이라고 한다.
- 의미 가닥과 반의미 가닥은 서로 상보적이고, 반의미 가닥에서 새로 만들어지는 mRNA 가닥 역시 상보적이므로 '전사 과정에서 생성된 mRNA 분자는 DNA 의미 가닥의 복사체'이다.
- DNA와 mRNA의 구조적 차이는 DNA에 T가 있는 자리에 mRNA에서는 U(DNA의 다른 가닥에서는 A가 있는 자리)가 존재한다는 것이다.

옛 용어에서는 의미 가닥은 **전사 가닥**(sense strand), 반의미 가닥은 **원형 가닥**(template strand)이라고 하였다

표 18.1 유전 암호

첫 번째 염기 (5′-말단)	두 번째 염기 U	C	A	G	세 번째 염기 (3′-말단)
U	UUU=Phe	UCU=Ser	UAU=Tyr	UGU=Cys	U
	UUC=Phe	UCC=Ser	UAC=Tyr	UGC=Cys	C
	UUA=Leu	UCA=Ser	UAA=Stop	UGA=Stop	A
	UUG=Leu	UCG=Ser	UAG=Stop	UGG=Trp	G
C	CUU=Leu	CCU=Pro	CAU=His	CGU=Arg	U
	CUC=Leu	CCC=Pro	CAC=His	CGC=Arg	C
	CUA=Leu	CCA=Pro	CAA=Gln	CGA=Arg	A
	CUG=Leu	CCG=Pro	CAG=Gln	CGG=Arg	G
A	AUU=Lle	ACU=Thr	AAU=Asn	AGU=Ser	U
	AUC=Lle	ACC=Thr	AAC=Asn	AGC=Ser	C
	AUA=Lle	ACA=Thr	AAA=Lys	AGA=Arg	A
	AUG=Met	ACG=Thr	AAG=Lys	AGG=Arg	G
G	GUU=Val	GCU=Ala	GAU=Asp	GGU=Gly	U
	GUC=Val	GCC=Ala	GAC=Asp	GGC=Gly	C
	GUA=Val	GCA=Ala	GAA=Glu	GGA=Gly	A
	GUG=Val	GCG=Ala	GAG=Glu	GGG=Gly	G

유전 암호는 왜 64개일까? 4개의 글자(U, C, A, G)를 조합하여 만들 수 있는 세 글자 단어는 4 × 4 × 4 = 64개이다. 그러면 왜 네 글자로 세 글자 암호를 만들었나? 네 글자로 두 글자 단어를 만들면 4 × 4 = 16개만 만들 수 있고, 네 글자 단어를 만들면 4 × 4 × 4 × 4 = 256개의 단어가 만들어진다. 20개 아미노산의 암호로 16개는 부족하고 256개의 단어는 비효율적이다.

표 18.2 DNA 염기와 상보적인 RNA 염기

DNA 염기	상보적 RNA 염기
Adenine (A)	Uracil (U)
Thymine (T)	Adenine (A)
Cytosine (C)	Guanine (G)
Guanine (G)	Cytosine (C)

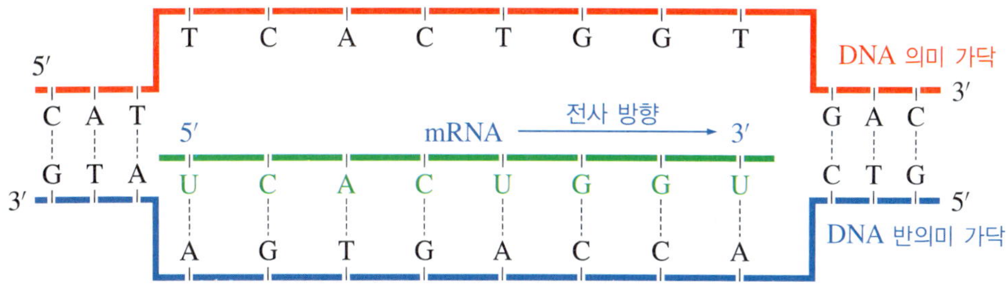

그림 18.8 mRNA의 합성 모형

- **mRNA의 정보는 tRNA에 의해 번역(translation)이라는 과정을 거쳐 해독된다.**
  - tRNA의 3′-OH에 아미노산이 결합되어 있다.
  - tRNA는 클로버잎 모양의 중간에 역코돈(anticodon)이라는 분절을 가지고 있고, 여기는 코돈 염기 서열에 상보적인 세 개의 뉴클레오타이드 서열로 되어 있다.
  - mRNA의 코돈이 해독되면, 서로 다른 tRNA가 자라고 펩타이드의 해당하는 위치로 아미노산을 운반하여 효소의 도움으로 펩타이드를 만든다.
  - 합성이 종료되면 '정지(stop)'를 알리고 단백질은 리보솜으로 배출된다(그림 18.9).

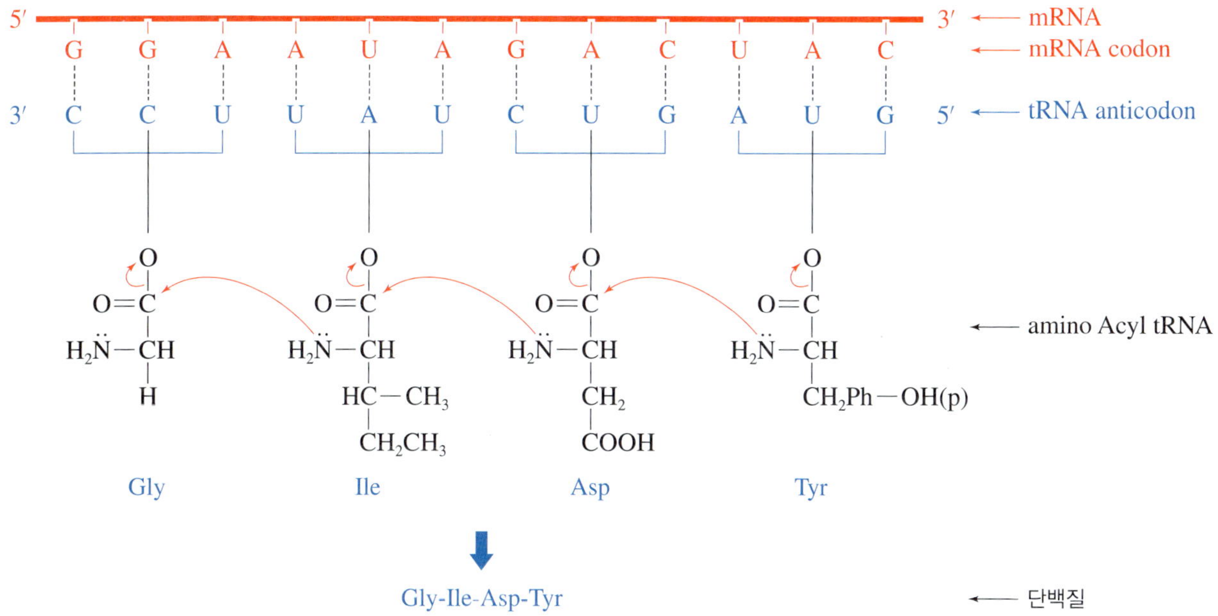

그림 18.9 단백질 생합성의 도식적 표현

18.6 DNA 서열 결정

DNA 염기 서열이 결정되지 않았다면 지난 20여 년간의 획기적인 생명과학의 발전은 기대할 수 없었을 것이다. DNA는 염기 서열을 하나씩 결정하기에는 너무 큰 분자이다. 따라서 특정한 부위만을 절단하는 **제한 핵산 내부 분해 효소**(restriction endonuclease)를 이용하여 **제한 조각**(restriction fragment)을 만들고 이들 조각의 염기 서열을 결정하는 것이다.

수백 가지의 제한 핵산 내부 분해 효소가 알려져 있다. 각 효소가 인식하는 염기 순서와 끊어지는 자리를 보여 주는 몇 가지 예를 다음에 나타냈다.

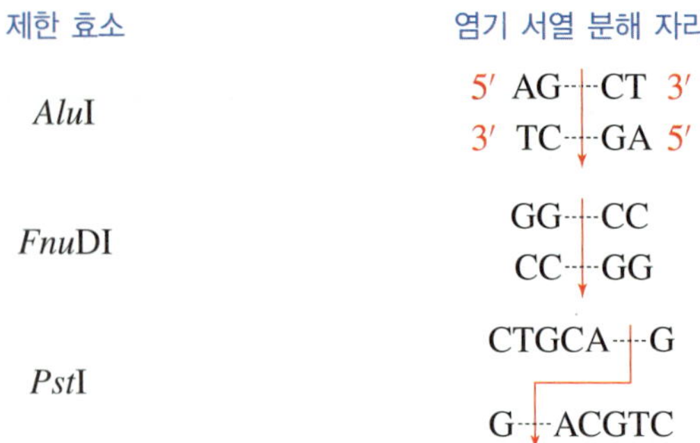

■ **대부분의 제한 핵산 내부 분해 효소가 인식하는 염기 순서는 회문(palindrome)이다.**

- 제한 핵산 내부 분해 효소는 반의미 가닥이 의미 가닥의 회문이 되는 부분의 DNA를 인식한다.
- 예를 들어 *Alu*I는 네 개의 염기로 이루어진 서열 5′AGCT3′의 G와 C 사이를 절단하고, 아울러 이것의 상보적 서열을 가진 3′CTGA5′의 C와 G 사이를 절단하는데, 이들의 염기 서열은 회문식이다.

'회문'은 단어나 구로 앞뒤 어느 쪽에서 읽어도 같은 말이 되는 것이다. Mom, Dad, Noon 등이 그 예이다.

DNA 서열 결정 방법은 화학적 기술을 이용하는 **Maxam-Gilbert 방법**(Maxam-Gilbert method)과 효소 반응을 이용하는 **Sanger dideoxy 방법**(Sanger dideoxy method)이 있다. 두 방법 중 Sanger dideoxy 방법이 더 일반적으로 사용되어 30억 염기쌍을 가진 인간 유전자 서열 결정을 가능하게 하였다. 이 방법은 상업적 방법으로 개발되었다.

■ **Sanger dideoxy 방법은 어떤 방법인가?**

- Sanger dideoxy 방법에서는 DNA 시료 가닥의 5′-말단에 ^{32}P로 표지된 **시발체**(primer)라는 작은 DNA 조각을 서열을 결정하고자 하는 제한 조각에 붙인다.
- 다음에 특정한 뉴클레오타이드와 반응하는 4개의 뉴클레오타이드와 DNA polymerase를 첨가한다.
- 이 반응 혼합물에 하나의 염기를 포함하고 있는 2′,3′-dideoxyribonucleoside triphosphate(2′,3′-dATP)를 소량 첨가하여 반응을 멈춘다.
- 마지막으로 얻어진 조각들을 전기 이동으로 분리하고 방사선 사진을 찍어 제한 조각의 서열을 판독한다.

18.7 DNA의 합성

DNA의 합성은 뉴클레오타이드 단량체의 복잡성 때문에 단백질 합성에서보다 더 어렵다. 각 뉴클레오타이드는 반응 자리가 여러 개이므로 필요에 따라 선택적으로 보호하거나 보호기 제거가 용이해야 한다. 네 개 뉴클레오타이드를 서로 연결하는 반응은 적합한 순서에 따라 진행되어야 한다. 그러나 이런 문제점들이 해결된 합성기가 상품으로 개발되어 있고, 200여 개의 뉴클레오타이드로 이루어진 DNA도 쉽고 빠르게 합성할 수 있다.

■ **DNA 합성기는 Merrifield 폴리펩타이드 합성 원리와 유사한 원리로 자동화되어 있다.**

- 이 기기의 핵심 원리는 보호된 뉴클레오타이드를 고체 지지체에 결합시켜 합성하는 것이다.

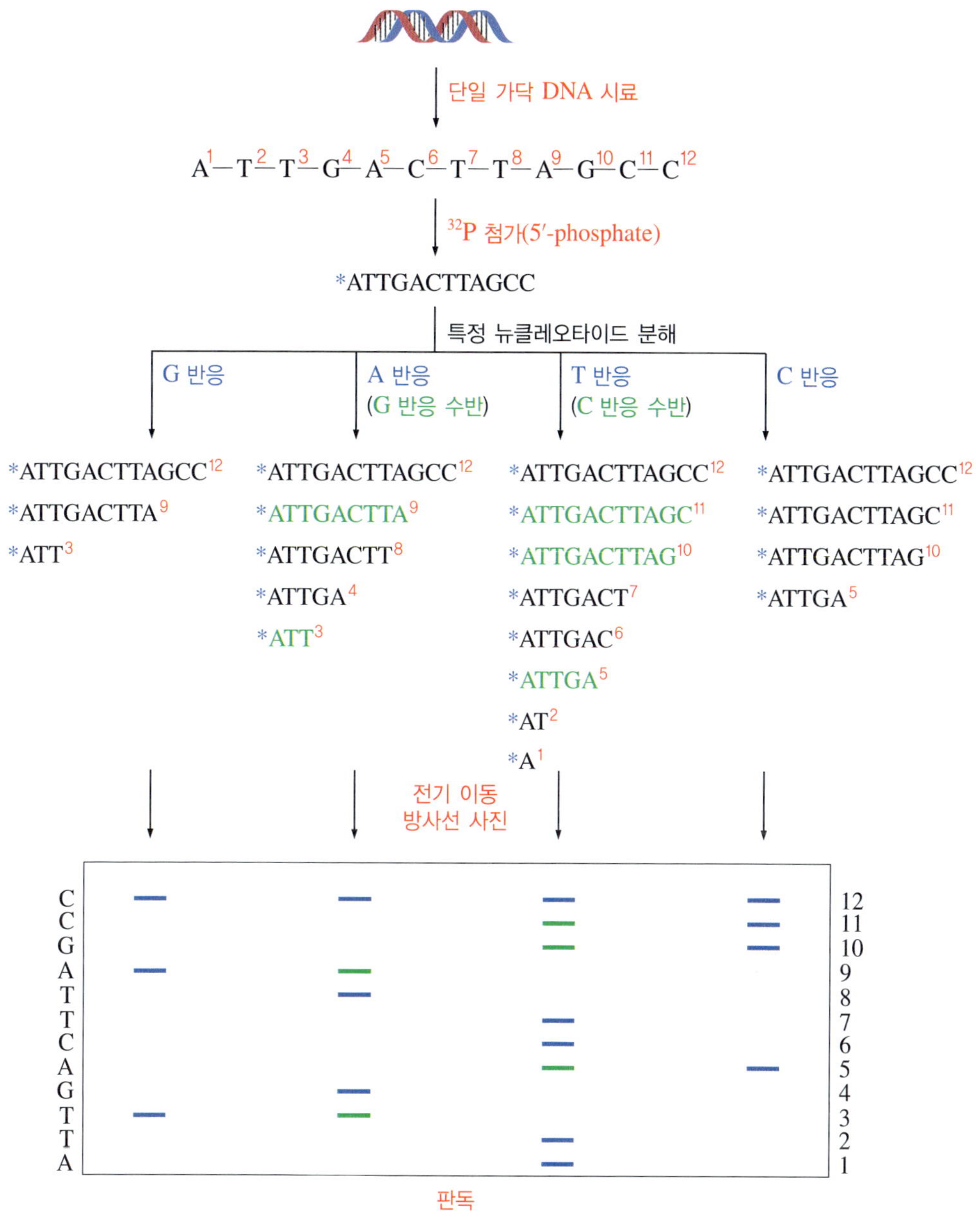

그림 18.10 Sanger dideoxy 방법에 의한 DNA 서열 결정

- 한 번에 한 개씩의 뉴클레오타이드를 순서대로 사슬에 첨가시킨다.
- 마지막 뉴클레오타이드가 첨가된 후에 보호기를 제거하고 합성된 DNA를 분리한다. 단계별로 살펴보자.

■ **1단계: 헤테로 고리의 염기 NH_2와 5′-OH의 보호**

- NH_2 기는 아마이드 형태로 보호하며 adenine과 cytosine의 경우는 benzoyl로 보호하고, guanine의 NH_2 기는 isobutyryl 보호기를 이용한다.
- 5′-OH 기는 *p*-dimethoxytrityl(DMT)ether를 보호기로 이용하고, 3′-OH의 보호기는 4-oxo-4-phenoxybutanoyl 기를 이용한다.

1단계: 뉴클레오타이드의 NH_2, 3′-OH, 5′-OH 보호

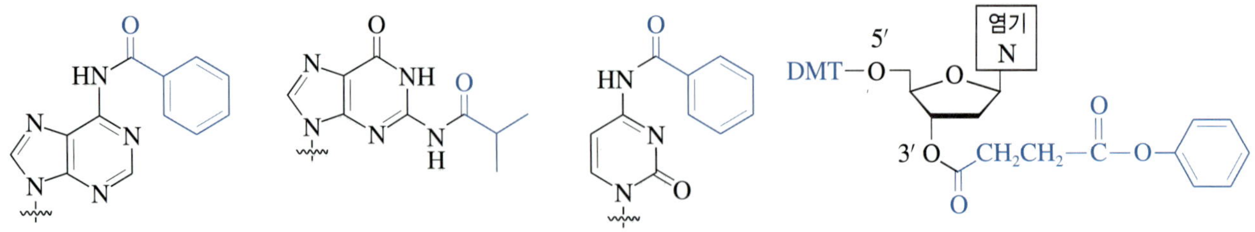

N-benzoyl-adenine *N*-isobutyryl-guanine *N*-benzoylcytosine DMT=C[Ph-OMe(*p*)]$_2C_6H_5$

- **2단계**: 앞서 $\mathbf{NH_2}$ 기와 **3′**- 및 **5′-OH** 기를 보호한 뉴클레오타이드의 **3′-OH** 기에 **silica** ($\mathbf{SiO_2}$) 지지체를 결합시킨다.

2단계: 보호된 뉴클레오타이드와 지지체의 결합

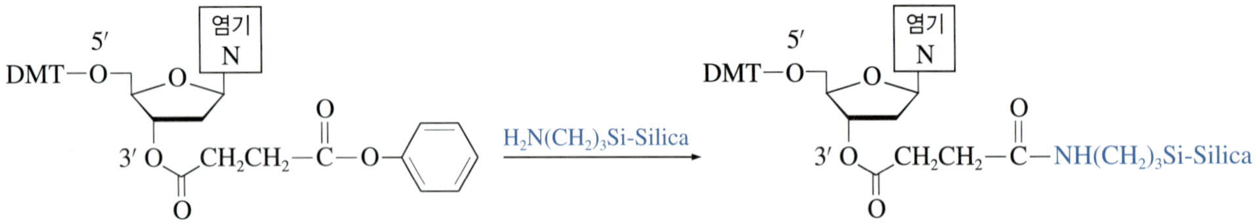

$H_2N(CH_2)_3$Si-Silica

- **3단계**: **dichloroacetic acid**를 반응시켜 **5′-ODMT**를 **5′-OH**로 보호기를 제거한다.
  - 이 반응은 dimethoxytrityl 양이온이 안정하므로 S_N1 메커니즘으로 빠르게 일어난다.

3단계: 보호된 뉴클레오타이드에서 5′-OH 보호기 제거

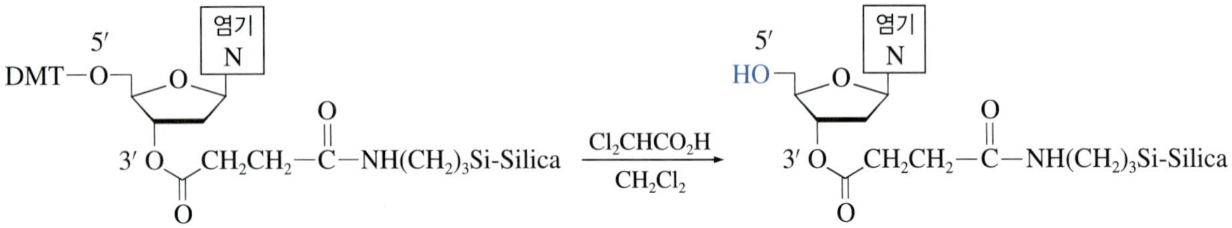

Cl_2CHCO_2H, CH_2Cl_2

- **4단계**: 위에서 **5′-OH** 기로 변환시킨 뉴클레오타이드와 **3′**-위치에 **phosphoramidite** 기를 가진 보호된 뉴클레오타이드와 반응시켜 두 뉴클레오타이드를 결합시킨다.

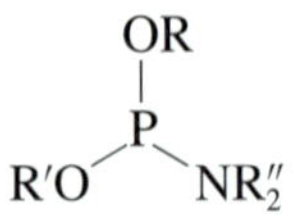

phosphoramidite

4단계: 3′-Phosphoramidite 뉴클레오타이드의 짝지음 반응

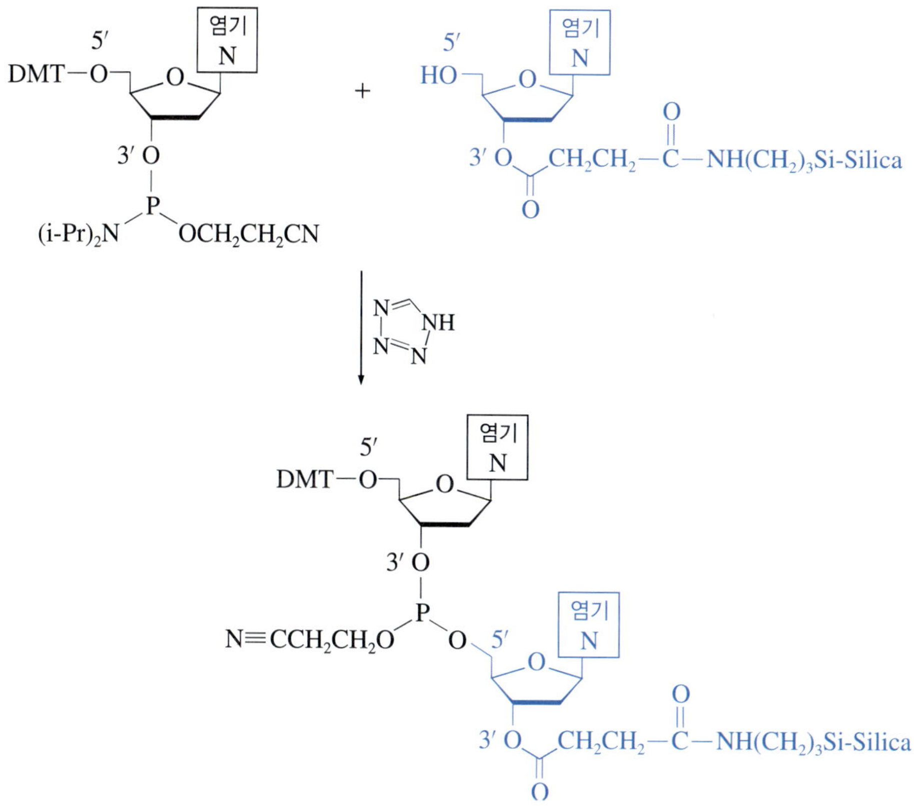

■ **5단계: 짝지음 반응이 끝나면, 2,6-dimethylpyridine 존재하에 tetrahydrofuran 수용액에서 I_2로 처리하여 phosphate로 산화시킨다.**

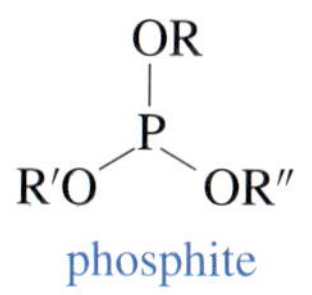

phosphite

5단계: Phosphite 기의 산화

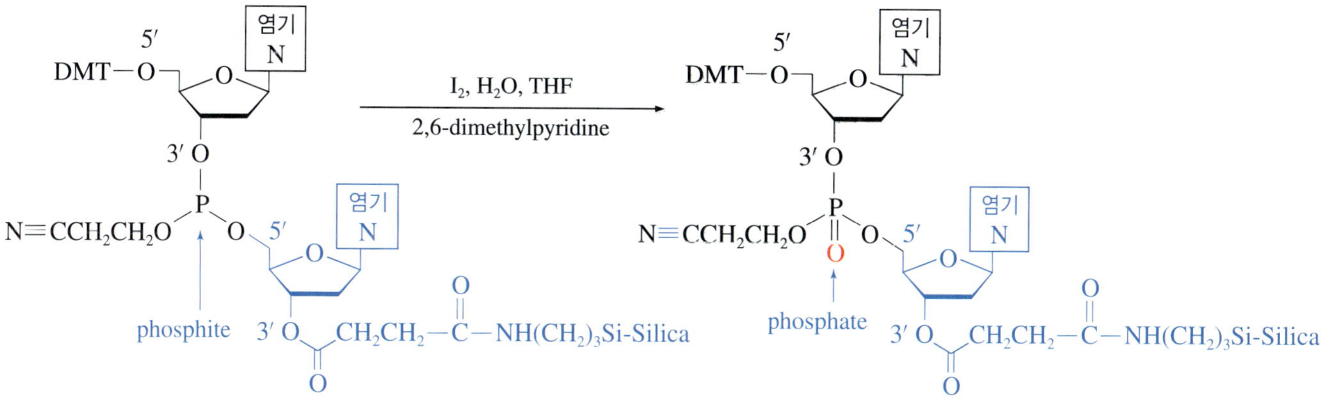

I_2, H_2O, THF

2,6-dimethylpyridine

■ **위에서 진행한 보호기 제거(단계 3), 짝지음 반응(단계 4), phosphite의 산화(단계 5)를 필요로 하는 만큼 반복한다.**

■ **6단계: 마지막으로 모든 보호기를 제거하고 silica 지지체로부터 DNA를 분리시킨다.**

- 이 두 과정은 dichloroacetic acid와 NH_3 수용액으로 처리하면 완결할 수 있다.

6단계: 보호기의 제거

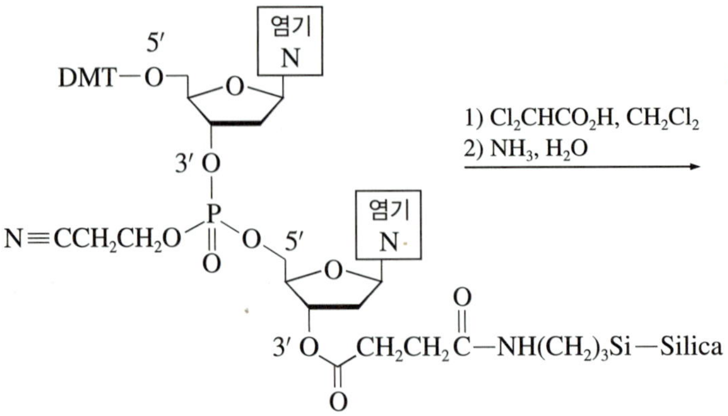

1) Cl_2CHCO_2H, CH_2Cl_2
2) NH_3, H_2O

핵산 염기 및 뉴클레오사이드의 변형을 통한 의약품 개발

DNA 및 RNA의 구조와 기능이 밝혀지고 핵산 과학이 발전하면서 핵산 구성 물질인 헤테로 염기와 뉴클레오사이드의 구조 변형을 통한 새로운 의약품 개발에 관심을 가졌다. 그 결과 합성적으로 변형시킨 수백 개의 염기와 뉴클레오사이드의 생물 활성이 조사되었다.

이들 중 항암제인 Fluorouracil(5-fluorouracil), 저항성을 가진 단순 포진 세균에 효과가 있는 Acyclovir(9-[(2-hydroxyethoxy)methyl]guanine), AIDS 치료제인 AZT(3′-azido-3′-deoxythymidine, Zidovudine) 및 순환계 바이러스 및 C형 간염 치료제인 Ribavirin(1-b-ribofuranosyl-1,2,4-triazole-3-carboxamide) 등은 임상에서 사용되고 있다.

이 물질들은 원래의 핵산 구성 단위처럼 가장하여 핵산 복제를 방해한다. 즉, 복제에 관련된 효소들을 속임으로써 생체 고분자 합성을 막아 준다.

급성 골수 백혈병에 사용되는 Cytosar®(cytarabine)는 당으로 아라비노스를 가지므로 DNA 바이러스에 들어가기 위해 cytosine과 경쟁한다. 또 Herplex®(idoxuridine)는 각막염의 국소적 치료에만 사용되는데, thymine 대신 DNA에 들어가 약리 작용을 한다.

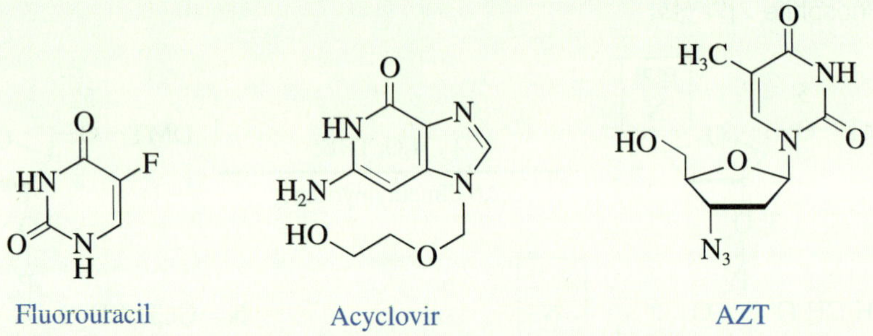

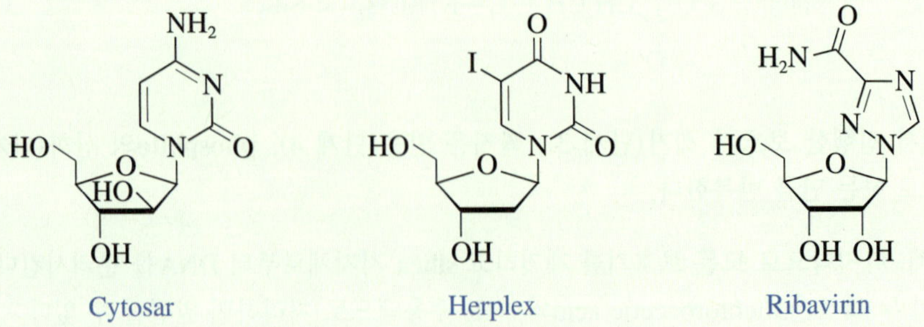

Fluorouracil

Acyclovir

AZT

Cytosar

Herplex

Ribavirin

주요 용어

Maxam-Gilbert 방법(Maxam-Gilbert method)
Sanger dideoxy 방법(Sanger dideoxy method)
뉴클레오사이드(nucleoside)
뉴클레오타이드(nucleotide)
레트로바이러스(retrovirus)
반보존 복제(semiconservative replication)
반의미 가닥(antisense strand)
번역(translation)
복제(replication)
시발체(primer)
역코돈(anticodon)
연결 효소(ligase)
염색체(chromosome)
원형 가닥(template strand)
유전 암호(genetic code)
유전체(genome)
의미 가닥(sense strand)
이중 나선(double helix)
전사(transcription)
전사 가닥(sense strand)
제한 조각(restriction fragment)
제한 핵산 내부 분해 효소(restriction endonuclease)
코돈(codon)
탈아민(deamination)
핵산(nucleic acid)
회문(palindrome)

연습 문제

개념 문제

1. 핵산에서 염기쌍을 이룰 때 사용되는 분자간 힘은 무엇인가?
2. DNA와 RNA의 당 구조는 2′- 위치의 치환기만 다르다. 이런 당의 구조적 차이가 어떤 결과를 나타내는가?
3. 핵산을 가수 분해하면 β-뉴클레오사이드만 얻을 수 있다. 자연에서 β-뉴클레오사이드가 왜 유리한지 설명하시오.
4. 핵산에서 염기들이 쌍을 이루는 상대는 서로 정해져 있다. 즉, A–T와 C–G식이다. 왜 그런지 이유를 설명하시오.
5. 새로운 딸 DNA가 원래의 부모 분자와 동일하다는 것을 어떻게 설명할 수 있는가?

실전 문제

6. 다음 화합물에는 phosphate 단위가 몇 개씩인가?
   (a) AMP (b) ATP (c) dADP (d) dAMP
7. 다음 중 purine 염기 유도체는 무엇인가?
   (a) Uracil (b) Thymine (c) Adenine (d) Cytosine (e) Guanine
8. 다음 중 DNA에만 존재하는 뉴클레오사이드는 무엇인가?
   (a) Adenosine (b) Cytidine (c) Thymidine (d) 2′-Deoxycytidine
9. DNA 한 가닥의 5′ → 3′ 염기 순서가 다음 구조와 같다.

   5′–G–G–A–C–A–A–T–C–A–T–G–C–3′

   제시한 가닥과 상보관계에 있는 염기 순서를 제시하시오.
   상보관계에 있는 제시한 가닥에서 5′-말단과 3′-말단에 가장 가까운 염기들은 무엇인가?
10. Thymine과 uracil이 adenine을 지정하는 이유는 무엇인가?
11. DNA의 암호 가닥이 다음 조각으로 암호화되었다면 합성되는 펩타이드의 서열은 어떤 것인가?
    (5′)ACT–AGC–TCG–CCG(3′)
12. 다음 코돈은 어느 아미노산에 해당하는가?
    (a) UUU (b) CAC (c) GAU (d) ACA (e) CUC
13. DNA의 한 가닥의 염기 서열이 다음과 같다면 이에 상보적인 다른 가닥의 염기 서열은 어떠한가? (5′) TATGCAT(3′)

19 대사화학

Metabolism

- 생명체가 필요한 에너지와 화합물을 얻기 위한 반응이 대사이다.
- 대사는 큰 분자를 작은 분자로 만드는 분해 대사와 작은 분자로 큰 분자를 만드는 합성 대사가 있다.

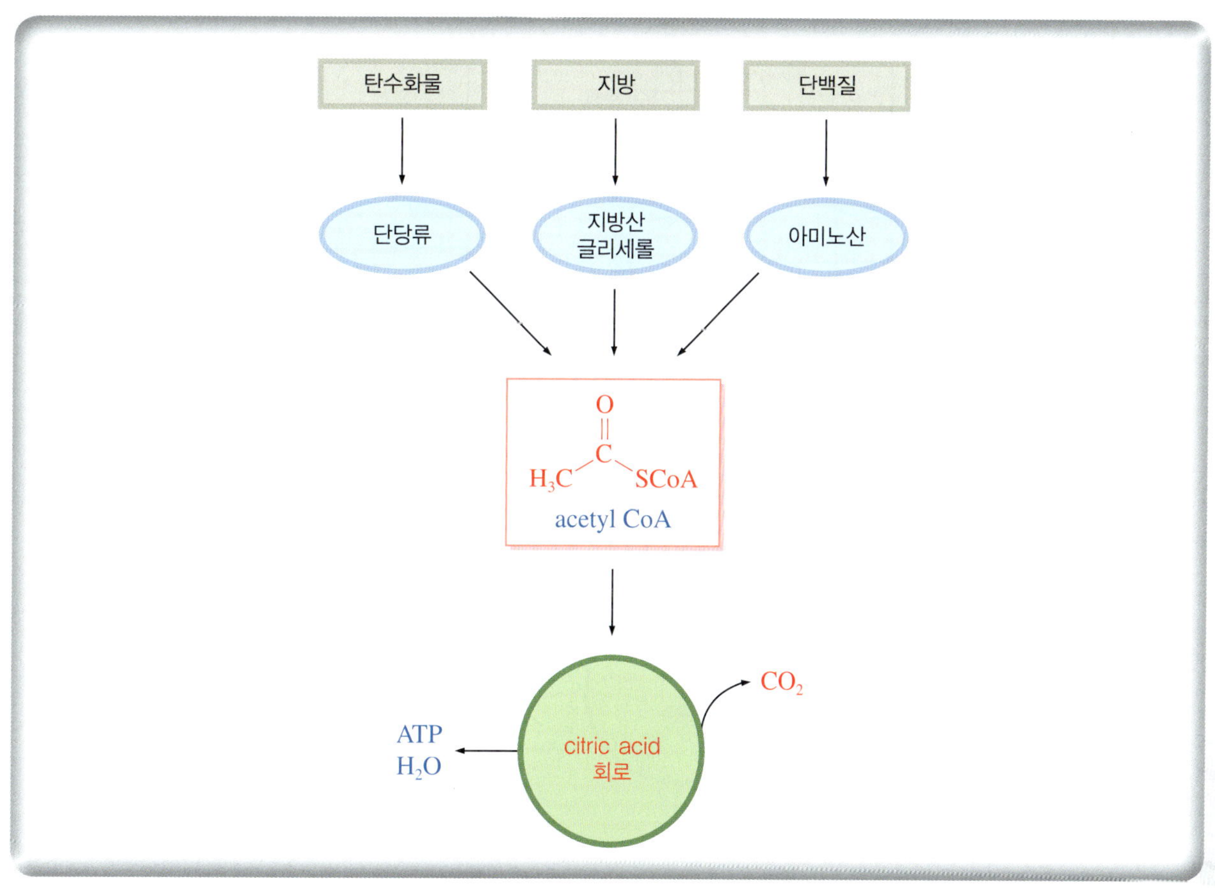

대사(metabolism)는 살아있는 생명체가 필요한 화합물이나 에너지를 얻기 위한 반응을 말한다. 대사는 **합성 대사**(anabolism)와 **분해 대사**(catabolism) 두 가지로 구분된다. 합성 대사 반응은 **자유 에너지 증가 반응**(endergonic reaction)이고 에너지를 흡수하며, 분해 대사 반응은 **자유 에너지 감소 반응**(exergonic reaction)이고 에너지를 방출한다. 생체 내 반응은 거의 대부분 효소에 의해 촉진된다.

우리가 음식으로 섭취한 지방, 탄수화물, 단백질은 각각 적절한 분해 대사를 거쳐 대사와 생물학적 경로에서 핵심적인 물질인 acetyl coenzyme A로 전환되고 종국에는 생명체의 에너지 공급 물질인 ATP로 된다.

합성 대사: 작은 분자 + 에너지 → 큰분자
분해 대사: 큰 분자 → 작은 분자 + 에너지

Citric acid 회로에 이용되는 물질들은 citric acid 회로 중간체, acetyl CoA 또는 pyruvate이다.

■ **탄수화물, 지방, 단백질의 분해 대사는 그림 19.1과 같은 네 단계를 거쳐 진행된다.**

- 첫 번째 분해 과정인 소화(digestion)에 의해 탄수화물, 지방, 단백질은 가수 분해되어 glucose나 fructose 같은 간단한 당, 지방산과 글리세롤 및 아미노산 등을 생성한다.
- 이들 작은 분자 생성물들은 두 번째 단계인 세포 내 분해 과정을 거쳐 citric acid 회로에서 이용될 수 있는 acetyl CoA로 산화된다.

Acetyl CoA는 citric acid 회로에 들어갈 수 있는 유일한 비 citric acid 회로 중간체이다. Acetyl CoA는 citrate로 전환되어 이용된다.

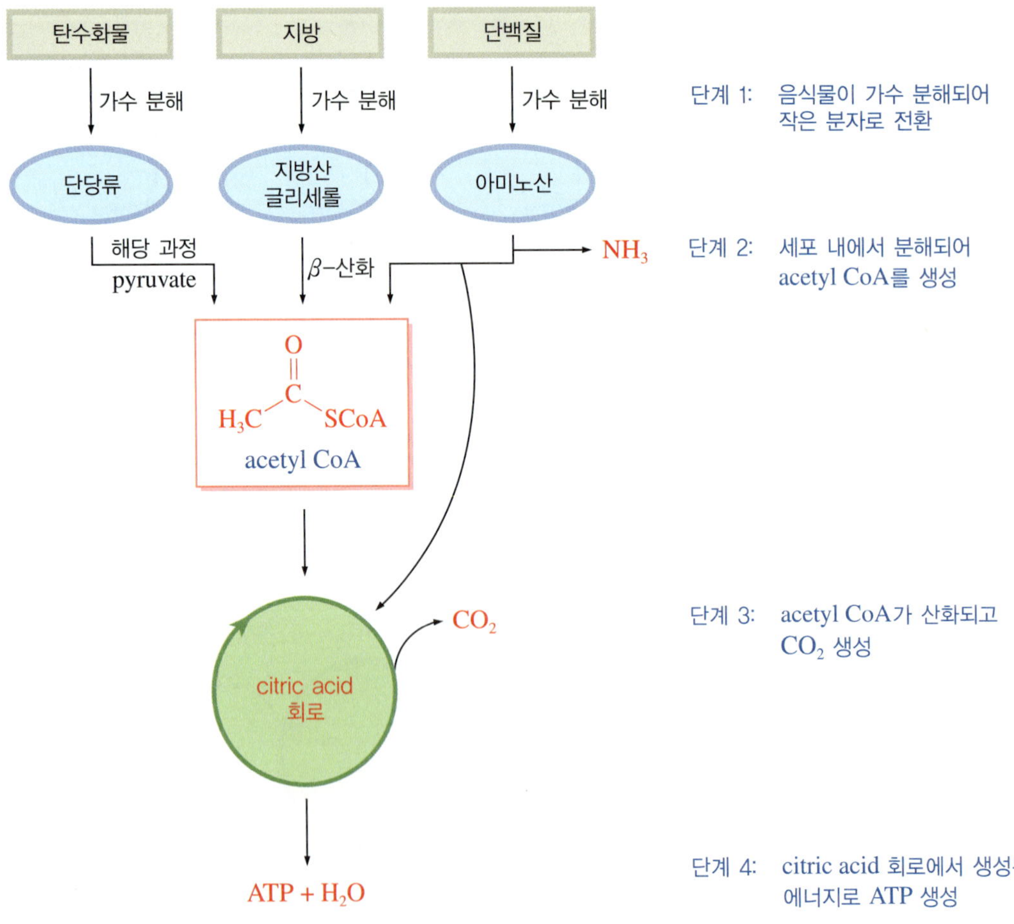

그림 19.1 음식물 분해 대사 과정의 개요

■ **Acetyl CoA에서 acetyl 기는 adenosine 3′, 5′-bisphosphate에 결합된 phosphopantetheine 의 S(황) 원자에 결합되어 있다.**

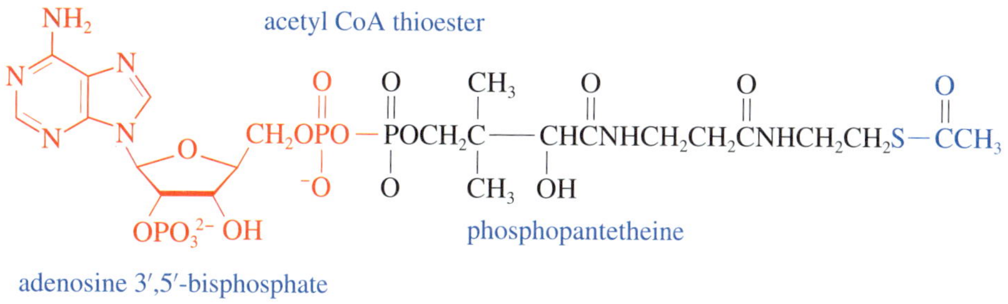

adenosine 3′,5′-bisphosphate

- Acetyl 기는 세포의 미토콘드리아 내부에서 citric acid 회로를 통해 산화되어(단계 3) 많은 에너지를 방출한다. 이 에너지로 ADP로부터 ATP를 만들어 에너지를 저장하고 생체 반응에 이용한다.
- 대사 반응에서는 ADP와 hydrogen phosphate 이온이 반응하여 ATP를 만든다.

■ **ATP는 glucose 같은 단당류에 phosphoryl 기를 전달한다.**

- 이 반응은 **인산 전달 반응**(phosphoryl transfer reaction)이라고 하며 생체에서 흔한 반응이다.
- ATP와의 인산화 반응은 일반적으로 2가 금속을 포함하는 효소를 필요로 하며 금속은 대부분 Mg^{2+}이다.

Glucose와 $HOPO_3^{2-}$의 직접 반응 에너지는 $\Delta G° = +13.8$ kJ/mol이므로 자발적으로 반응이 일어나지 않는다. 그러나 glucose와 ATP가 반응하여 glucose 6-phosphate를 생성하는 반응 에너지는 $\Delta G° = -16.7$ kJ/mol이므로 인산 전달 반응이 쉽게 일어난다. 즉, 다른 방법으로 인산화가 힘든 반응을 ATP는 쉽게 일으키므로 생체에서 유용하다.

메커니즘 19.1 ATP의 인산 전달 반응

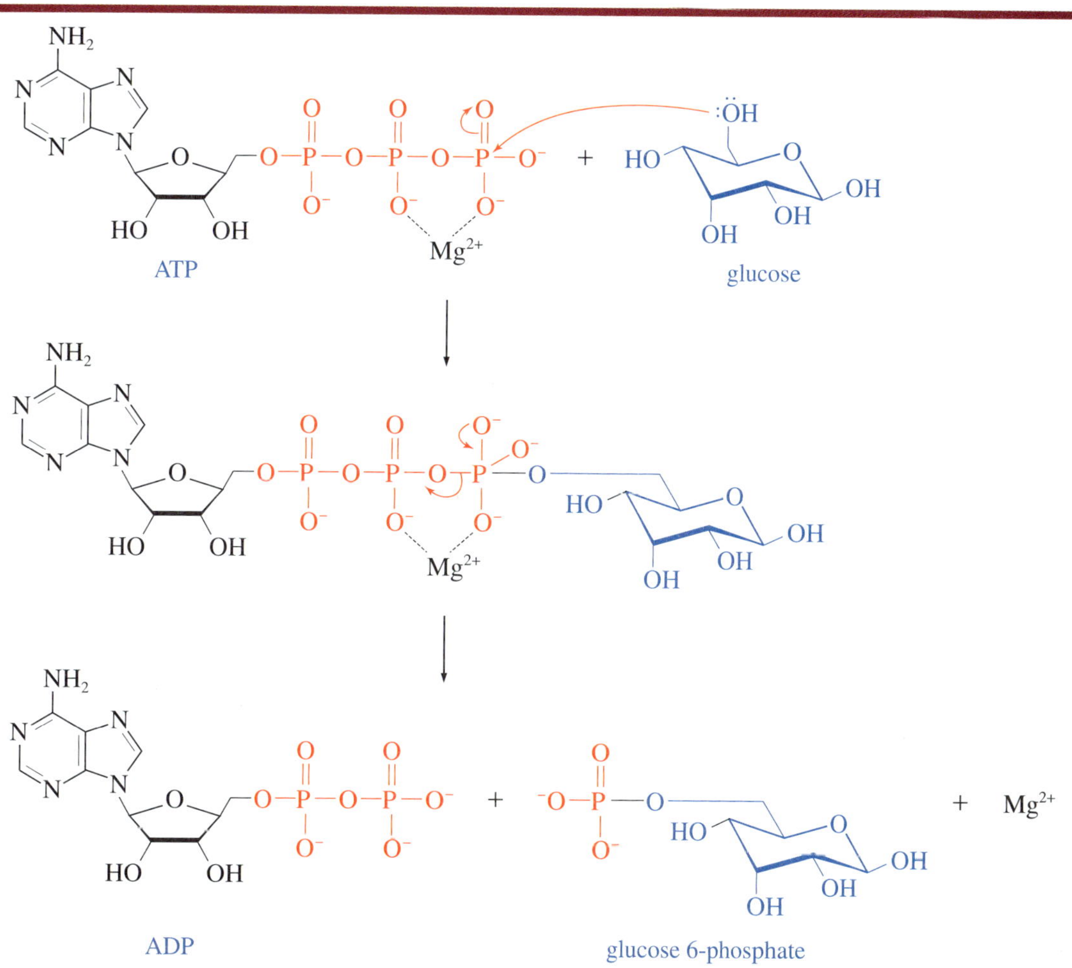

ATP

glucose

ADP

glucose 6-phosphate

19.1 탄수화물의 분해 대사

해당 작용은 이를 발견한 사람의 이름을 따서 Embden–Meyerhoff 경로라고도 한다.

■ **탄수화물의 분해 대사의 첫 단계는 glucose를 연결한 아세탈 결합이 가수 분해되어 개별 glucose 분자로 분해된다.**

- 각 glucose는 열 단계로 이루어진 해당 작용(glycolysis)을 거쳐 pyruvate로 전환된다.

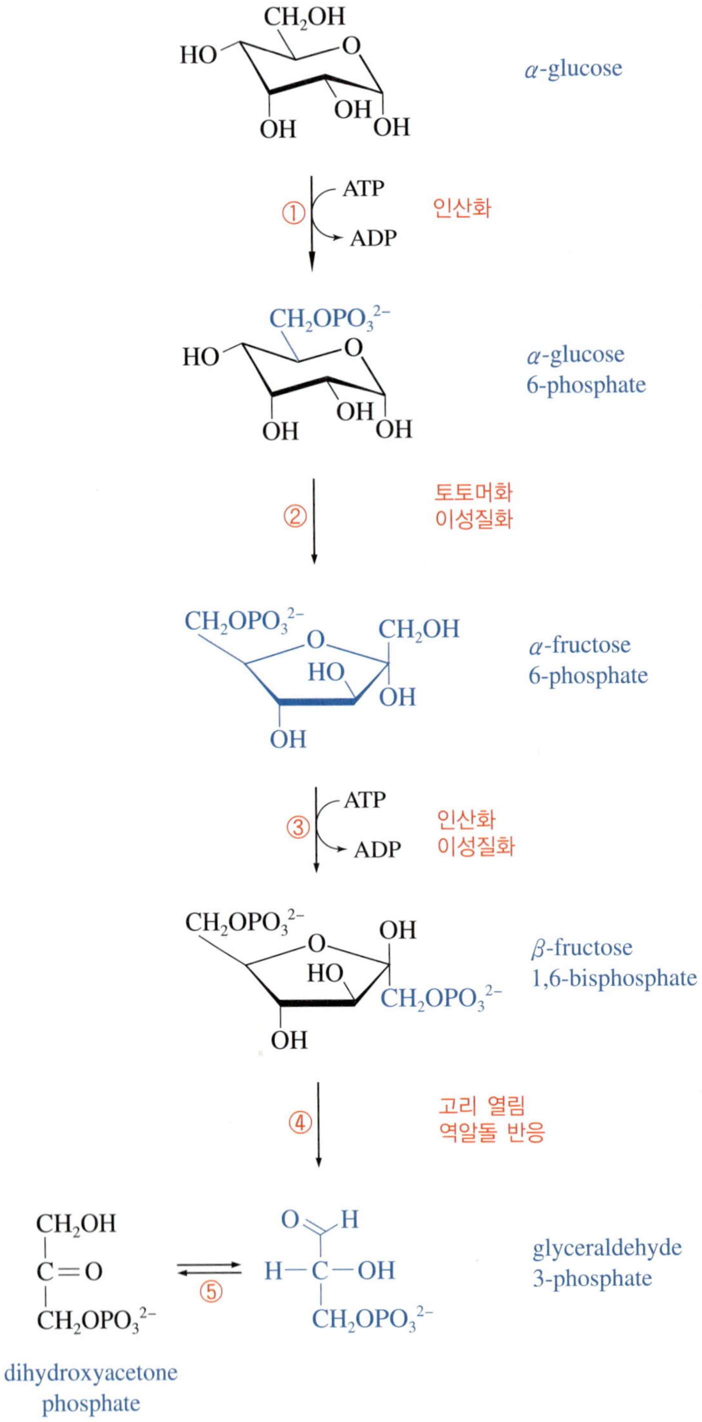

α-glucose

① ATP → ADP 인산화

α-glucose 6-phosphate

② 토토머화 이성질화

α-fructose 6-phosphate

③ ATP → ADP 인산화 이성질화

β-fructose 1,6-bisphosphate

④ 고리 열림 역알돌 반응

dihydroxyacetone phosphate ⇌ ⑤ glyceraldehyde 3-phosphate

그림 19.2 해당 작용 경로(계속)

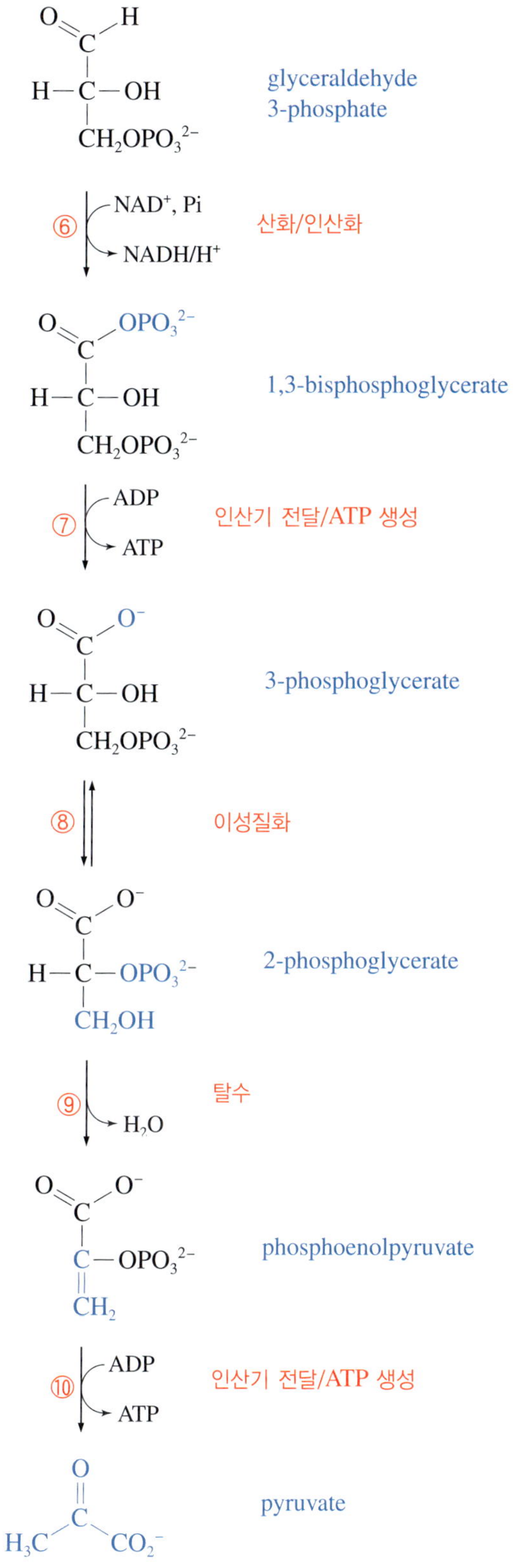

glyceraldehyde 3-phosphate

⑥ NAD^+, Pi → $NADH/H^+$ 산화/인산화

1,3-bisphosphoglycerate

⑦ ADP → ATP 인산기 전달/ATP 생성

3-phosphoglycerate

⑧ 이성질화

2-phosphoglycerate

⑨ → H_2O 탈수

phosphoenolpyruvate

⑩ ADP → ATP 인산기 전달/ATP 생성

pyruvate

그림 19.2 해당 작용 경로

- 단계 ① 인산화–② 이성질화: 소화 과정에서 생성된 glucose는 ATP의 반응하여 C-6 위치의 OH 기와 hexokinase 효소 작용으로 인산화된다.
  - ▶ 이 반응에서는 앞서 언급한 것처럼 Mg^{2+}가 보조 인자로 필요하다.

- 생성된 glucose 6-phosphate는 두 번째 단계에서 이성질화 효소에 의해 fructose 6-phosphate로 전환된다.
- 이성질화는 반아세탈 고리가 열린 후에 케토-엔올 토토머화를 통해 일어난다(메커니즘 19.2 참조).

메커니즘 19.2 Glucose 6-phosphate의 이성질화

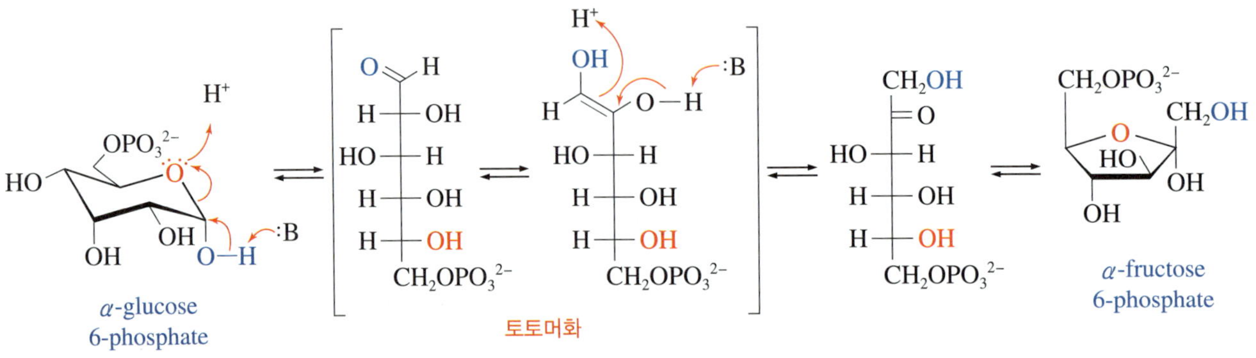

- 단계 ③ 인산화: α-Fructose 6-phosphate는 세 번째 단계에서 ATP와 phosphofructokinase 효소 작용에 의해 β-fructose 1,6-bisphosphate(FBP)로 전환된다.
  - 이 반응에서도 보조 인자로 Mg^{2+}가 필요하다.
  - α-아노머가 β-아노머로 변화되어 세 탄소 분자 조각(glyceraldehyde 3-phosphate와 dihydroxy-acetone phosphate)으로 될 수 있는 구조를 형성한다.
- 단계 ④ 역알돌 반응: β-Fructose 1,6-bisphosphate(FBP)는 glyceraldehyde 3-phosphate(GAP)와 dihydroxyacetone phosphate(DHAP)로 분해된다.
  - 이 반응은 알돌 반응의 역반응(역알돌 반응, retroaldol reaction)이며 aldolase 효소(calss II aldolase)에 의해 촉진된다.
  - FBP의 C-3과 C-4의 결합이 분해되면서 C-4 탄소가 C=O로 전환된다(메커니즘 19.3).

메커니즘 19.3 β-Fructose 1,6-bisphosphate의 분해 반응

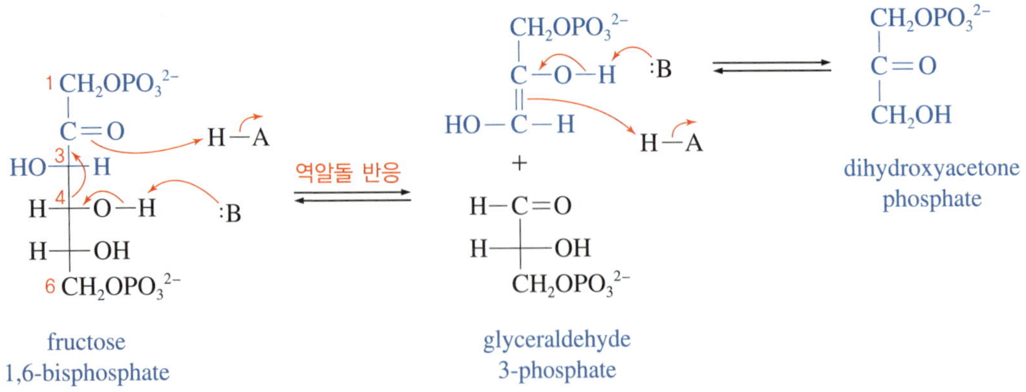

▸ 동식물에서는 class I aldolase 효소에 의해 역알돌 반응이 일어난다. 이 반응에서는 효소에 있는 lysine의 곁사슬의 NH_2 기와 반응하여 이민(imine 또는 Shiff 염기)을 거쳐 역알돌 반응을 일으켜 glyceraldehyde 3-phosphate와 dihydroxyacetonephosphate를 생성한다.

메커니즘 19.4 이민을 거쳐 일어나는 fructose 1,6-bisphosphate의 역알돌 반응

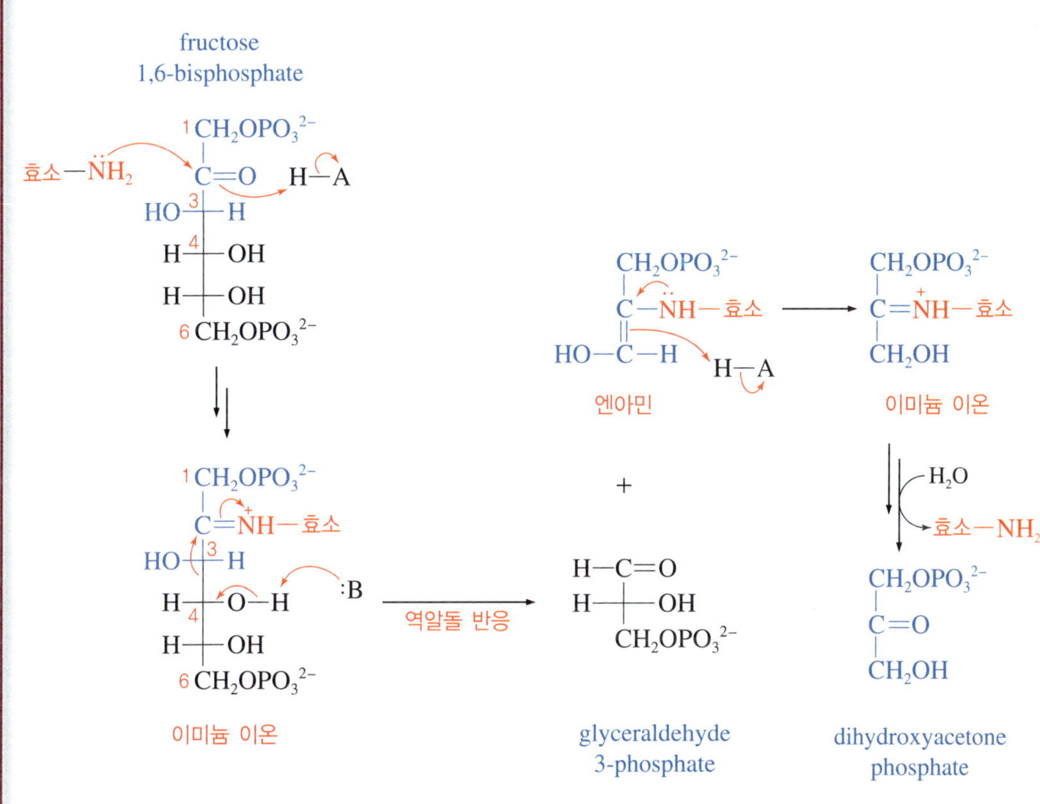

- 단계 ⑤ 이성질화: Dihydroxyacetone phosphate는 trios phosphate 이성질화 효소에 의해 glyceraldehyde 3-phosphate를 생성한다.
  ▸ 이 반응 메커니즘은 glucose 6-phosphate가 fructose 6-phosphate로 이성질화(단계 2)되는 메커니즘과 동일하게 엔다이올(endiol)을 거쳐 일어난다.
- 단계 ⑥ 산화/인산화–⑦ /인산기 전달/ATP 생성: 단계 ⑥과 단계 ⑦의 결과는 알데하이드가 카복실산으로 산화되는 것이다. 단계 ⑥에서 glyceraldehyde 3-phosphate는 glyceraldehyde 3-phosphate dehydrogenase 효소에 의해 산화되고, 인산화되어 1,3-bisphosphoglycerate가 생성된다.
  ▸ 이 반응은 효소의 cysteine에 있는 –SH 기가 형성하는 반싸이오아세탈(hemithioacetal)을 거쳐 진행된다.
  ▸ 1,3-Bisphosphoglycerate는 ADP로 인산기를 전달하여 ATP와 3-phosphoglycerate를 생성한다(단계 ⑦).
  ▸ 이 반응은 phosphoglycerate kinase에 의해 촉진되며 보조 인자로 Mg^{2+}가 요구된다.

메커니즘 19.5 1,3-Bisphosphoglycerate와 3-phosphoglycerate의 합성

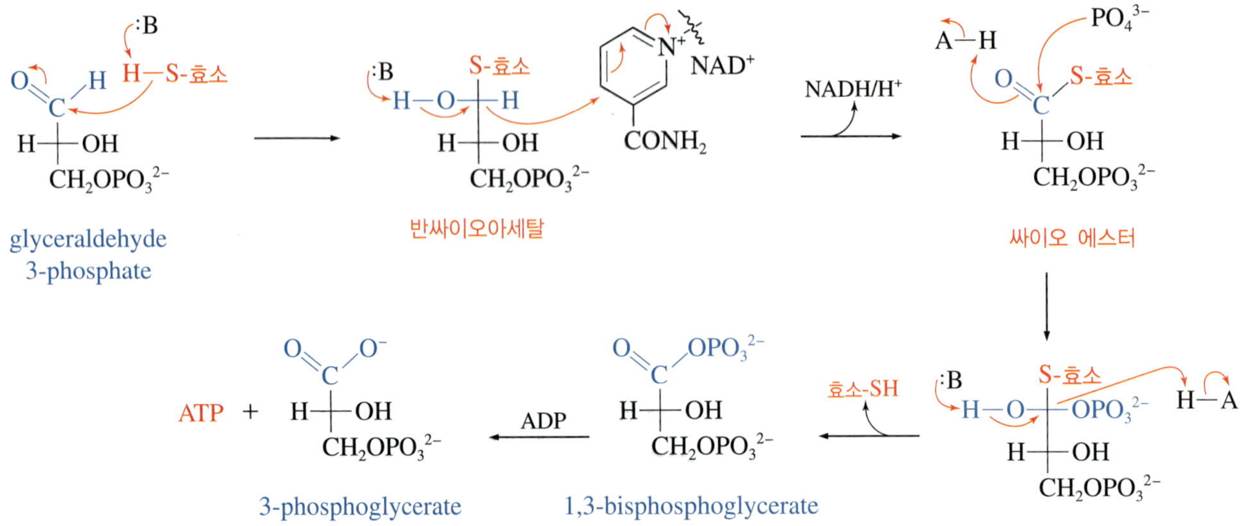

glyceraldehyde 3-phosphate

반싸이오아세탈

NADH/H$^+$

싸이오 에스터

효소-SH

1,3-bisphosphoglycerate

ADP

ATP + 3-phosphoglycerate

- 단계 ⑧ 이성질화: 3-Phosphoglycerate는 phosphoglycerate mutase(자리 옮김 효소)의 촉진으로 2-phosphoglycerate로 이성질화된다. 반응 결과는 효소의 histidine 잔기가 phosphoryl 기를 C-3에서 C-2 위치로 옮기는 것이다.

메커니즘 19.6 3-Phosphorylglycerate의 phosphoryl 기 이동

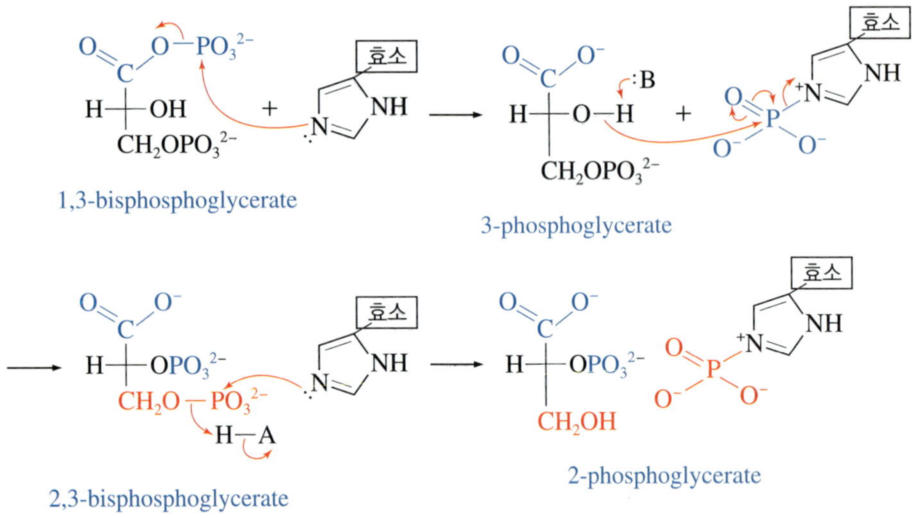

1,3-bisphosphoglycerate

3-phosphoglycerate

2,3-bisphosphoglycerate

2-phosphoglycerate

- 단계 ⑨ 탈수–⑩ 인산기 전달/ATP 생성: 2-Phosphoglycerate는 단계 ⑨에서 E1cB 메커니즘으로 탈수 반응을 일으켜 phosphoenolpyruvate(PEP)를 생성한다. 이 반응은 enolase(엔올 분해 효소)에 의해 촉진되고, Mg^{2+} 이온이 음전하들을 중화시킨다. 단계 ⑨에서 생성된 phosphoenol pyruvate는 ADP와 반응하여 ATP와 enolpyruvate를 생성하고, enolpyruvate는 토토머화되어 pyruvate로 된다.

메커니즘 19.7 2-Phosphoglycerate의 pyruvate 로의 변환

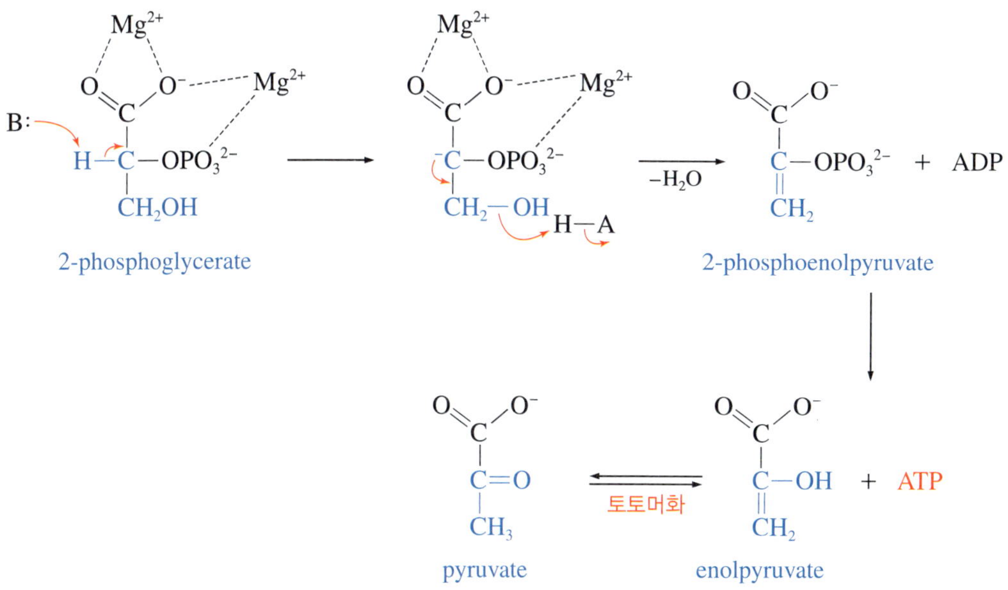

2-phosphoglycerate

2-phosphoenolpyruvate

토토머화

pyruvate

enolpyruvate

- **결국 해당 작용의 전체 결과는 glucose 한 분자가 두 분자의 pyruvate로 되며 2 분자의 ATP를 생성하는 것이다.**

$$\text{Glucose} + 2\ \text{NAD}^+ + 2\ \text{Pi} + 2\ \text{ADP} \rightarrow 2(\text{Pyruvate}) + 2\ \text{NADH} + 2\ \text{H}_2\text{O} + 2\ \text{ATP}$$

19.2 Pyruvate의 변환

해당 작용에서 glucose로부터 생성되거나 여러 가지 아미노산의 분해로 생성된 pyruvate는 산소가 없는 상태에서 NADH에 의해 환원되어 lactate가 되거나, 효모에 의해 발효되어 ethanol로 된다. 그러나 포유동물의 호기성 조건에서는 **산화성 탈카복실 반응**(oxidative decarboxylation)을 일으켜 acetyl CoA와 CO_2를 생성한다.

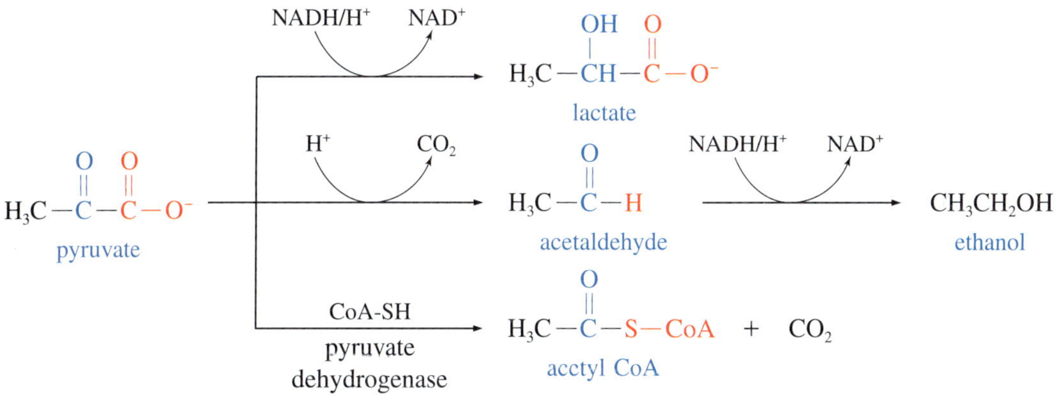

pyruvate → lactate (NADH/H⁺ → NAD⁺)

pyruvate → acetaldehyde (H^+ → CO_2) → ethanol (NADH/H⁺ → NAD⁺)

pyruvate → acctyl CoA + CO_2 (CoA-SH, pyruvate dehydrogenase)

그림 19.3 Pyruvate의 대사 경로

- **Pyruvate가 acetyl CoA로 변환되는 과정은 그림 19.4의 다섯 단계를 거친다.**

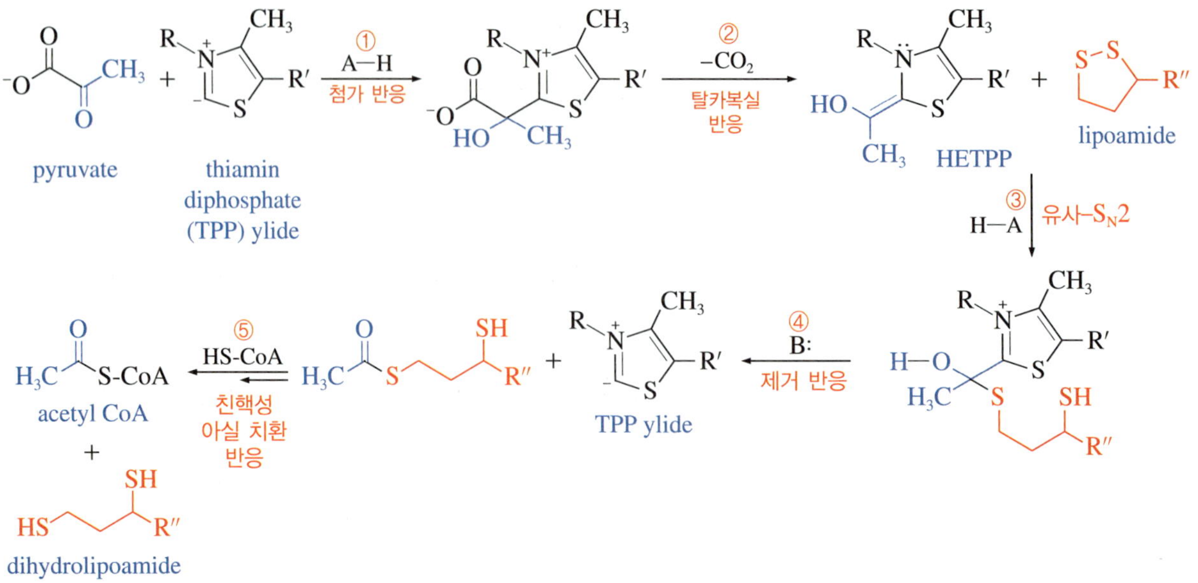

그림 19.4 Pyruvate의 변환 경로

- 단계 ① 첨가 반응: Pyruvate가 thiamin diphosphate(TPP) ylide와 첨가 반응하여 TPP가 첨가된 알코올을 형성한다.

메커니즘 19.8 Pyruvate로 부터 HETPP의 생성

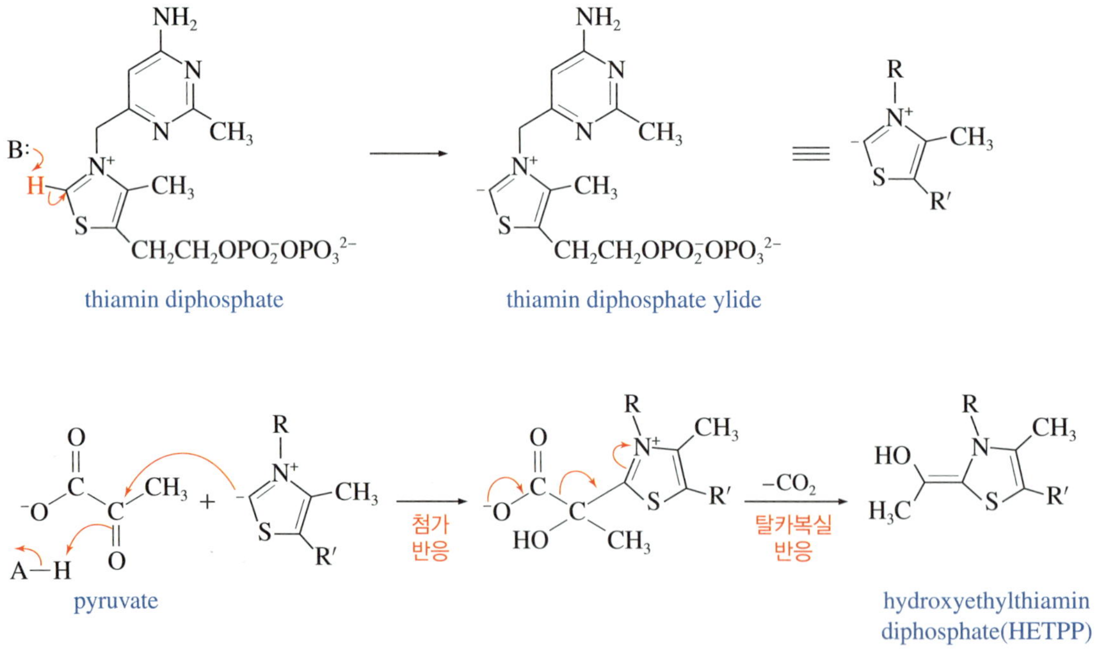

Lipoamide의 구조는 1,2-dithiolane에 lysine을 포함하는 구조이다.

- 단계 ② 탈카복실 반응: 단계 ①에서 생성된 β-hydroxycarboxylate는 CO_2를 잃고, hydroxyethylthiamindiphosphate(HETPP) 엔아민을 생성한다.

- 단계 ③ 유사 S_N2: 위에서 합성된 엔아민(HETPP)이 lipoamide와 유사-S_N2 반응을 일으켜 1,2-dithiolane의 S—S 결합이 분해되어 반싸이오아세탈을 형성한다.

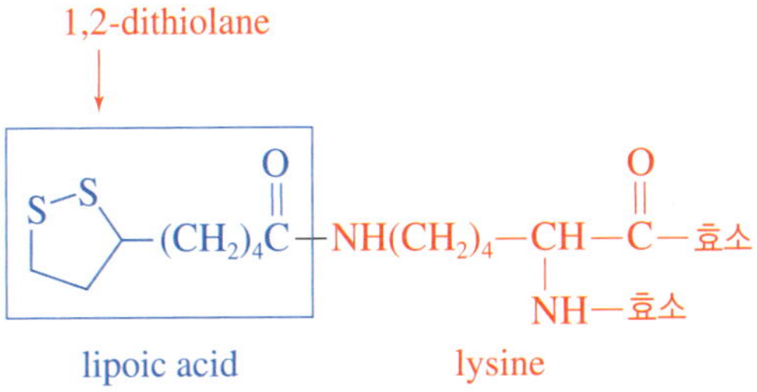

1,2-dithiolane

lipoic acid　lysine

- 단계 ④ 제거 반응-⑤ 아실 치환 반응: 단계 ③에서 형성된 반아세탈은 제거 반응을 일으켜 acetyl dihydrolipoamide와 TPP ylide를 생성한다. 단계 ⑤에서는 생성된 acetyl dihydrolipoamide가 보조 효소 A와 반응하여 acetyl CoA와 dihydrolipoamide가 형성되고 이 dihydrolipoamide는 다시 lipoamide로 된다.

메커니즘 19.9 HETPP로부터 acetyl CoA의 생성

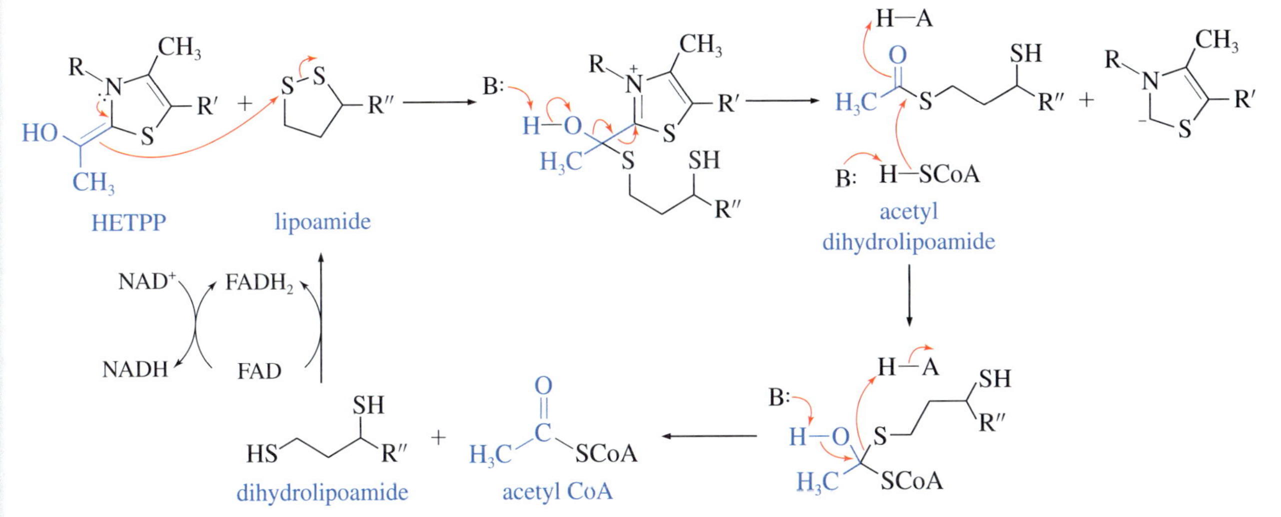

HETPP　lipoamide　acetyl dihydrolipoamide

NAD^+　$FADH_2$　NADH　FAD

dihydrolipoamide　acetyl CoA

19.3 단백질의 분해 대사

단백질 분해 대사는 20여 개의 α-아미노산이 각기 다르게 분해되므로 탄수화물과 지방의 분해보다 더욱 복잡하다.

■ **아미노산 분해 대사는 대략 세 과정을 거쳐 일어난다.**

- 탈아미노화에 의한 α-케토산과 ammonia의 생성
- ammonia의 urea로의 전환
- α-케토산의 변환 과정

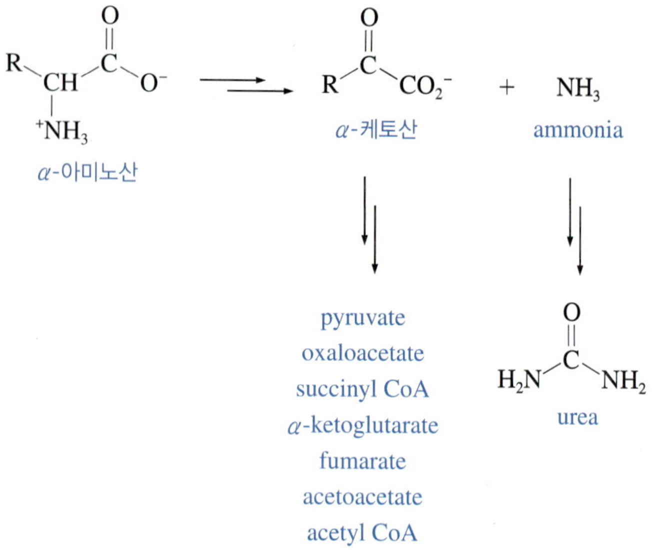

$$\mathrm{R{-}CH(NH_3^+){-}C(=O){-}O^-} \rightleftharpoons \mathrm{R{-}C(=O){-}CO_2^-} + \mathrm{NH_3}$$

α-아미노산 → α-케토산 + ammonia

α-케토산 → pyruvate, oxaloacetate, succinyl CoA, α-ketoglutarate, fumarate, acetoacetate, acetyl CoA

ammonia → $\mathrm{H_2N{-}C(=O){-}NH_2}$ urea

그림 19.5 아미노산의 분해 대사 경로

아미노기 교환 반응

■ **아미노기 교환 반응에 의해 대부분의 아미노산은 아미노기를 잃어버린다.**

- α-아미노산이 α-ketoglutarate와 반응하면 α-아미노산은 아미노기를 상실하고 α-케토산으로 된다.
- α-ketoglutarate는 glutamate로 된다. **아미노기 교환 반응은 네 단계로 이루어진다.**
- 아미노기 교환 반응의 단계 ①은 이민 교환 반응(transimination)이다.
  - ▸ Pyridoxal phosphate(PLP)와 효소의 NH_2 기가 반응하여 형성된 이민과 아미노산이 반응하여 PLP-아미노산 이민(Schiff 염기)을 생성한다.
- 단계 ②에서 PLP-아미노산 이민에서 α-탄소의 수소가 이탈되면서 α-케토산 이민이 만들어진다.
  - ▸ α-케토산 이민이 토토머화되고 가수 분해하면 PMP와 α-케토산이 생성된다.
- 이 과정에서 생성된 PMP는 촉매성 회로에서 PLP로 다시 전환되어야 한다. 따라서 이 PMP가 α-ketoglutarate와 반응하여 PLP-효소 이민으로 되면서 glutamate를 생성한다.

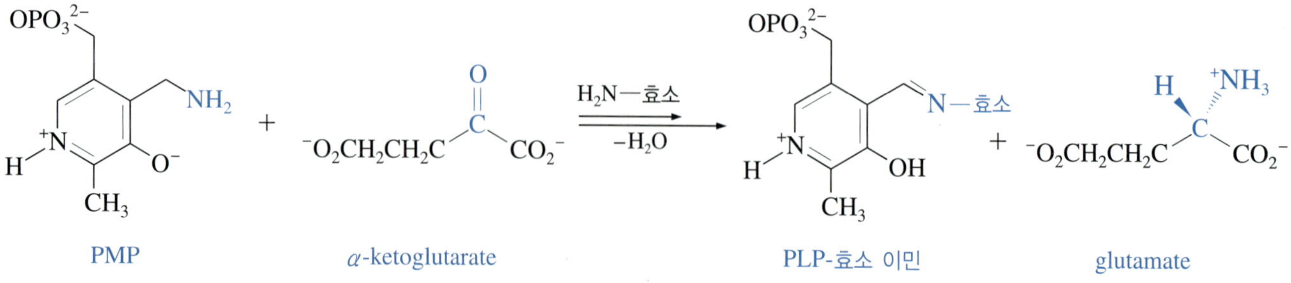

PMP + $\mathrm{^-O_2CCH_2CH_2C(=O)CO_2^-}$ (α-ketoglutarate) $\xrightarrow[-H_2O]{H_2N{-}효소}$ PLP-효소 이민 + $\mathrm{^-O_2CCH_2CH_2CH(NH_3^+)CO_2^-}$ (glutamate)

메커니즘 19.10 α-아미노산의 α-케토산으로의 변환

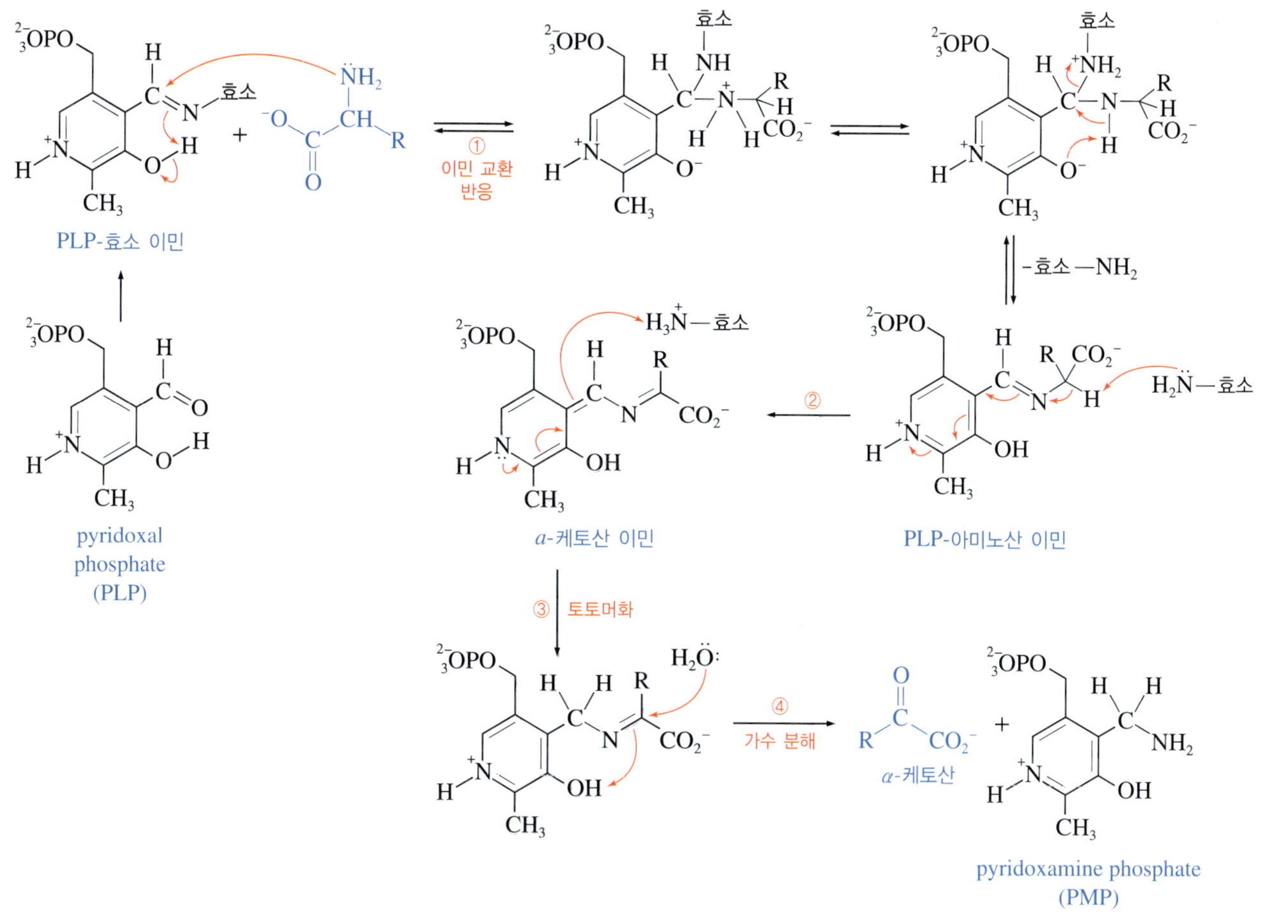
효소
PLP-효소 이민
① 이민 교환 반응
-효소—NH_2
②
$H_3\overset{+}{N}$—효소
$H_2\ddot{N}$—효소
pyridoxal phosphate (PLP)
α-케토산 이민
PLP-아미노산 이민
③ 토토머화
④ 가수 분해
α-케토산
pyridoxamine phosphate (PMP)

- **Phenylalanine 분해 대사를 살펴보자(그림 19.6).**
  - Phenylalanine은 phenylalanine hydroxylase의 촉진에 의해 tyrosine으로 전환되고 tyrosine이 이민 전달 반응을 일으켜 *p*-hydroxyphenylpyruvate로 변환된다.
  - 이 *p*-hydroxyphenylpyruvate는 여러 단계를 거쳐 fumarate와 acetyl CoA로 된다.
  - Fumarate는 citric acid 회로 중간체여서 바로 citric acid 회로에서 이용되고, acetyl CoA는 oxaloacetate와 반응하여 citrate를 형성한 후에 회로로 들어간다.

Phenylalanine은 필수 아미노산이어서 음식물에 반드시 포함되어야 한다.

- **아울러 아미노산은 에너지 생산과 더불어 몸에 필요한 다른 물질이나 단백질을 합성하기도 한다.**
  - Tyrosine은 dopamine이나 adrenaline 같은 신경 전달 물질이나 피부 색소인 melanin 등을 합성한다.

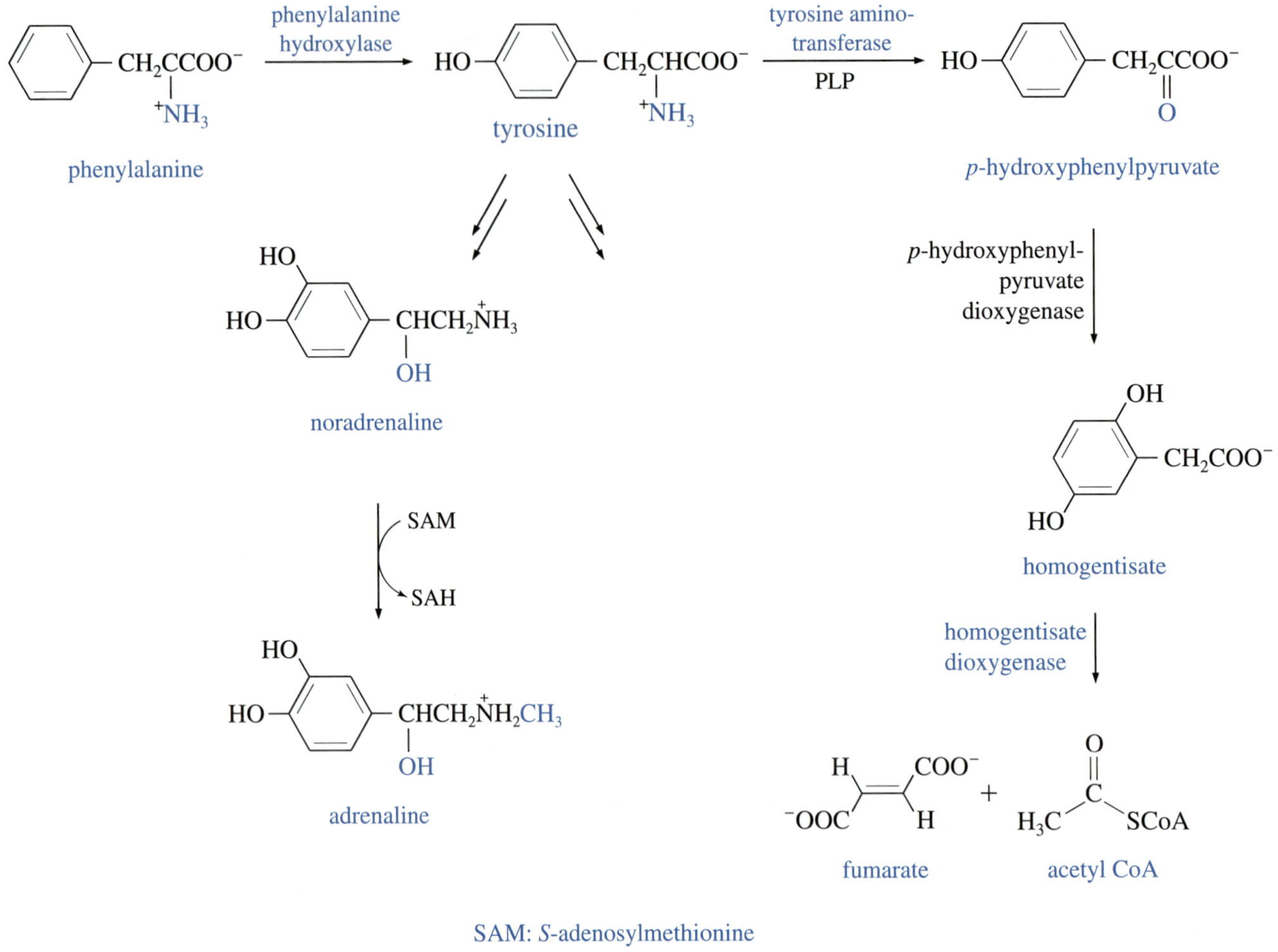

phenylalanine → (phenylalanine hydroxylase) → tyrosine → (tyrosine aminotransferase, PLP) → p-hydroxyphenylpyruvate → (p-hydroxyphenylpyruvate dioxygenase) → homogentisate → (homogentisate dioxygenase) → fumarate + acetyl CoA

tyrosine → noradrenaline → (SAM → SAH) → adrenaline

SAM: *S*-adenosylmethionine

그림 19.6 Phenylalanine의 대사 경로

유전병인 phenylketonuria(PKU; 페닐케톤뇨증)는 phenylalanine hydroxylase 효소를 가지지 않고 태어나는 질병이다. 이 효소가 없으면 phenylalanine이 몸에 축적되어 농도가 높아지면 phenylalanine이 아미노기 전달 반응을 일으켜 phenylpyruvate를 생성하고 소변으로 배출된다. 출생아는 24시간 내에 검사하여, phenylpyruvate 양이 많으면 즉시 phenylalanine이 적고 tyrosine이 많이 포함된 음식을 먹인다. Phenylalanine의 양을 5~10일간 조심스럽게 조절하면 해로운 영향을 받지 않으나, 음식을 통해 조절하지 않으면 몇 달 내에 정신지체를 유발하게 된다.

19.4 지방의 분해 대사

- **지방의 분해 대사는 첫 단계로 지방 분해 효소(lipase)에 의해 촉진되어 triacylglycerol이 가수 분해되어 glycerol과 지방산을 생성한다. 두 번째 단계에서는 가수 분해로 생성된 지방산이 fatty acid CoA로 변환되어 β-산화 경로(β-oxidation pathway)에 의해 분해 대사가 진행된다.**
    - 단계 ① 가수 분해: Triacylglycerol의 가수 분해는 활성화 자리에 aspartic acid, histidine 및 serine 잔기가 포함된 지방 분해 효소에 의해 촉진된다. 우선 triacylglycerol과 효소의 활성화 자리 serine과 반응하여 diacylglycerol과 아실 효소를 생성한다. 다음 단계에서 아실 효소가 분해되어 지방산을 생성한다.
    - 단계 ②, ③ 인산화 및 산화: Glycerol은 단계 ②, ③을 거쳐 dihydroxyacetone phosphate (DHAP)로 변환되어 탄수화물 대사 경로로 들어간다.
        - ▸ Glycerol의 인산화는 *pro R* 자리에서만 선택적으로 일어나는 입체 특이성 반응이다.

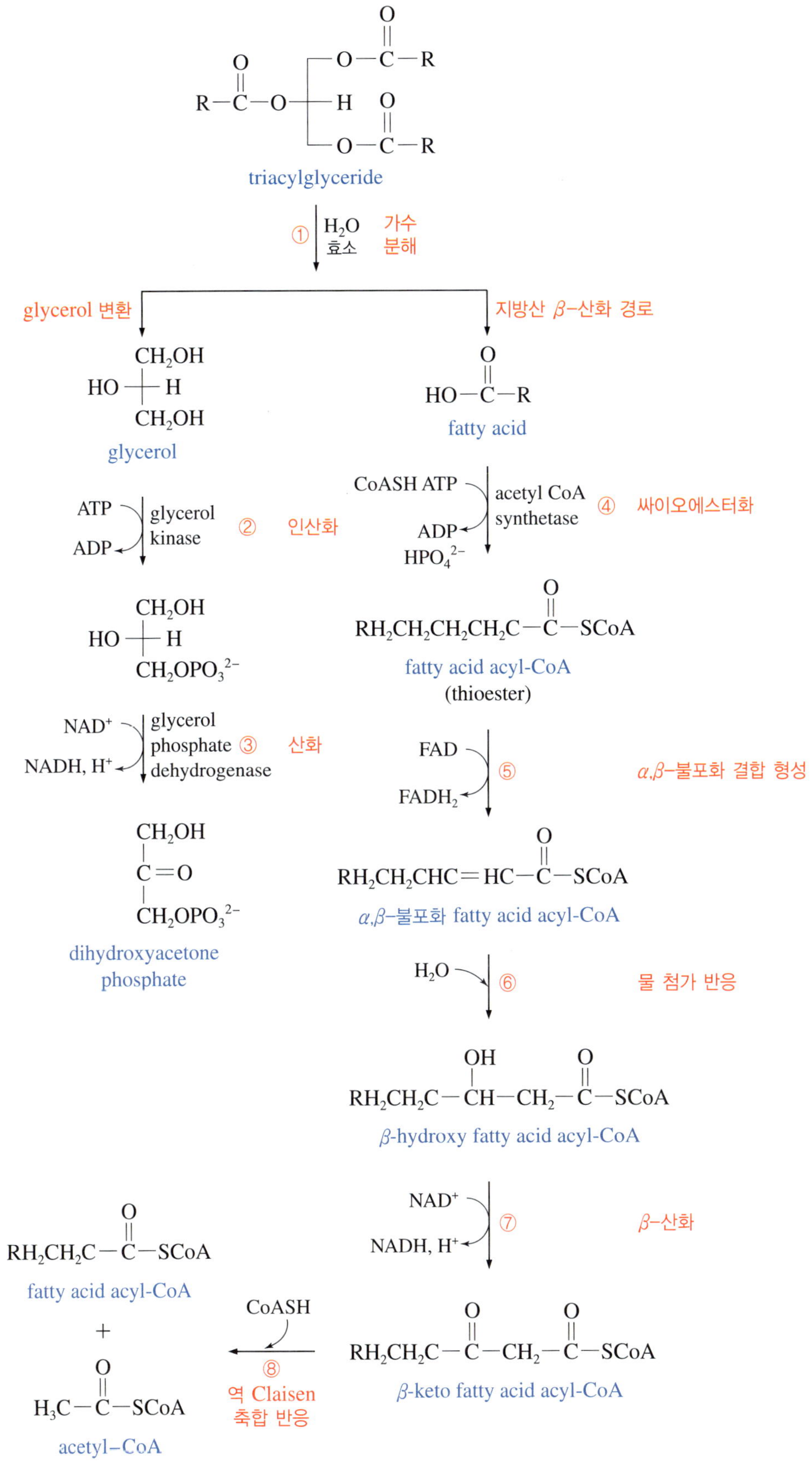

$$R-\overset{O}{\overset{\|}{C}}-O-CH(CH_2-O-\overset{O}{\overset{\|}{C}}-R)(CH_2-O-\overset{O}{\overset{\|}{C}}-R)$$

triacylglyceride

① H_2O 효소 가수 분해

glycerol 변환 | 지방산 β-산화 경로

$$HO-\overset{O}{\overset{\|}{C}}-R$$

fatty acid

CH_2OH, HO—H, CH_2OH

glycerol

ATP → ADP, glycerol kinase ② 인산화

CH_2OH, HO—H, $CH_2OPO_3^{2-}$

NAD^+ → NADH, H^+, glycerol phosphate dehydrogenase ③ 산화

CH_2OH, C=O, $CH_2OPO_3^{2-}$

dihydroxyacetone phosphate

CoASH ATP → ADP, HPO_4^{2-}, acetyl CoA synthetase ④ 싸이오에스터화

$$RH_2CH_2CH_2CH_2C-\overset{O}{\overset{\|}{C}}-SCoA$$

fatty acid acyl-CoA (thioester)

FAD → $FADH_2$ ⑤ α,β-불포화 결합 형성

$$RH_2CH_2CHC=HC-\overset{O}{\overset{\|}{C}}-SCoA$$

α,β-불포화 fatty acid acyl-CoA

H_2O ⑥ 물 첨가 반응

$$RH_2CH_2C-\overset{OH}{\overset{|}{CH}}-CH_2-\overset{O}{\overset{\|}{C}}-SCoA$$

β-hydroxy fatty acid acyl-CoA

NAD^+ → NADH, H^+ ⑦ β-산화

$$RH_2CH_2C-\overset{O}{\overset{\|}{C}}-CH_2-\overset{O}{\overset{\|}{C}}-SCoA$$

β-keto fatty acid acyl-CoA

CoASH ⑧ 역 Claisen 축합 반응

$$RH_2CH_2C-\overset{O}{\overset{\|}{C}}-SCoA$$

fatty acid acyl-CoA

+

$$H_3C-\overset{O}{\overset{\|}{C}}-SCoA$$

acetyl–CoA

그림 19.7 Triglycerol의 분해 대사 경로

메커니즘 19.11 Glycerol의 변환

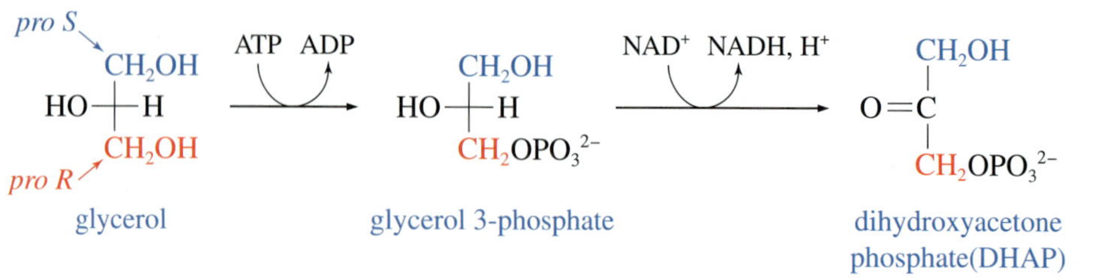

pro S, pro R, CH_2OH, HO—H, CH_2OH → (ATP, ADP) → CH_2OH, HO—H, $CH_2OPO_3^{2-}$ → (NAD^+, NADH, H^+) → CH_2OH, O=C, $CH_2OPO_3^{2-}$

glycerol — glycerol 3-phosphate — dihydroxyacetone phosphate(DHAP)

- 단계 ④ 싸이오에스터화: 지방산 β-산화의 첫 단계이다. 분해된 지방산의 카복실산 음이온이 상응하는 싸이오에스터로 변환된다.
- 단계 ⑤ α,β-불포화 결합 형성: FAD(flavin adenine dinucleotide)에 의해 산화되어 α, β-불포화 결합이 형성되어 콘쥬게이션계인 α,β-불포화 fatty acid acyl-CoA를 생성한다.
  - Flavin 고리의 N1과 N5가 환원되면서 지방산에 이중 결합을 형성한다.
  - 첫 단계에서 acyl CoA의 α- 위치의 *pro-R* 산성 수소가 이탈되어 싸이오에스터 음이온이 형성된다. 이때 FAD의 ribitol의 OH와 C=O 기의 수소 결합이 α-수소의 산성도를 증가시킨다.
  - 두 번째 단계에서는 β-위치의 *pro-R* 수소가 FAD로 이동하며 트랜스 이중 결합을 형성한다.

*pro-R*은 해당 자리에서 치환이 되어 *R*-배열을 만들 수 있는 자리이고, *pro-S*는 치환이 일어나 *S*-배열로 되는 자리이다.

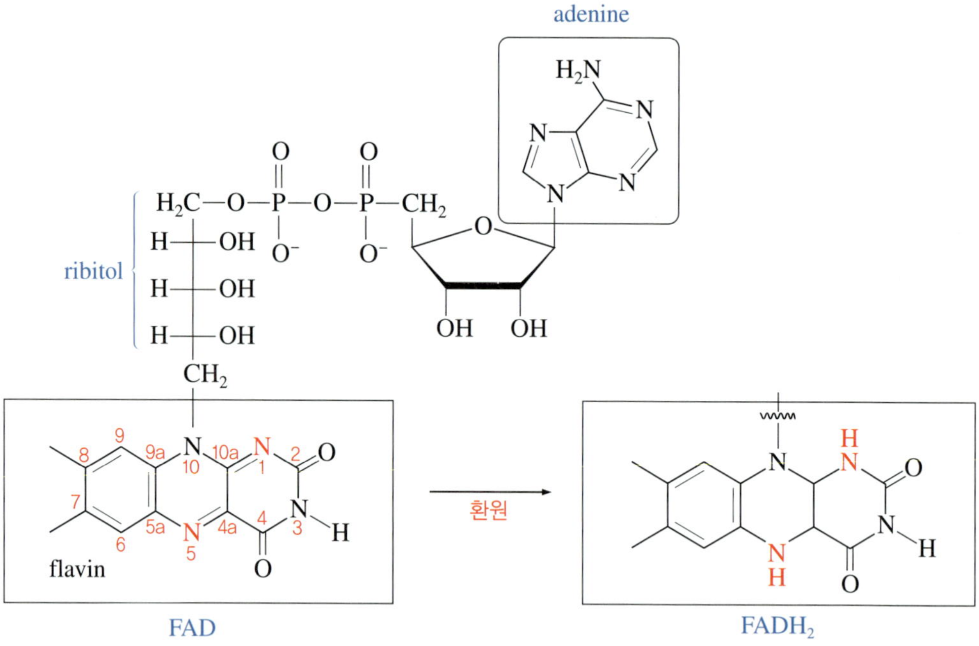

adenine, H_2N, N, N, N, N, O, O, H_2C—O—P—O—P—CH_2, O, O^-, O^-, ribitol, H—OH, H—OH, H—OH, OH, OH, CH_2, 9, 8, 9a, N, 10a, N, 2, O, 10, 1, 7, N, 3, H, 5a, N, 4a, 4, 6, 5, flavin, O, 환원, H, N, N, O, N, H, N, H, O

FAD — $FADH_2$

메커니즘 19.12 ***α*,*β*-불포화 결합 형성**

pro-R
ribitol
pro-R
싸이오에스터
엔올 음이온
FAD
$FADH_2$
트랜스 형태

- 단계 ⑥, ⑦ 물 첨가 반응 및 *β*-산화: 앞 단계에서 생성된 *α*,*β*-불포화 acyl CoA는 콘쥬게이션 첨가에 의해 *β*-hydroxyacyl CoA로 변환되고, 다음 단계에서 효소와 NAD에 의해 촉진되어 *β*-ketoacyl CoA를 형성한다.

메커니즘 19.13 ***α*,*β*-불포화 싸이오에스터의 물 첨가 반응 및 *β*-산화 반응**

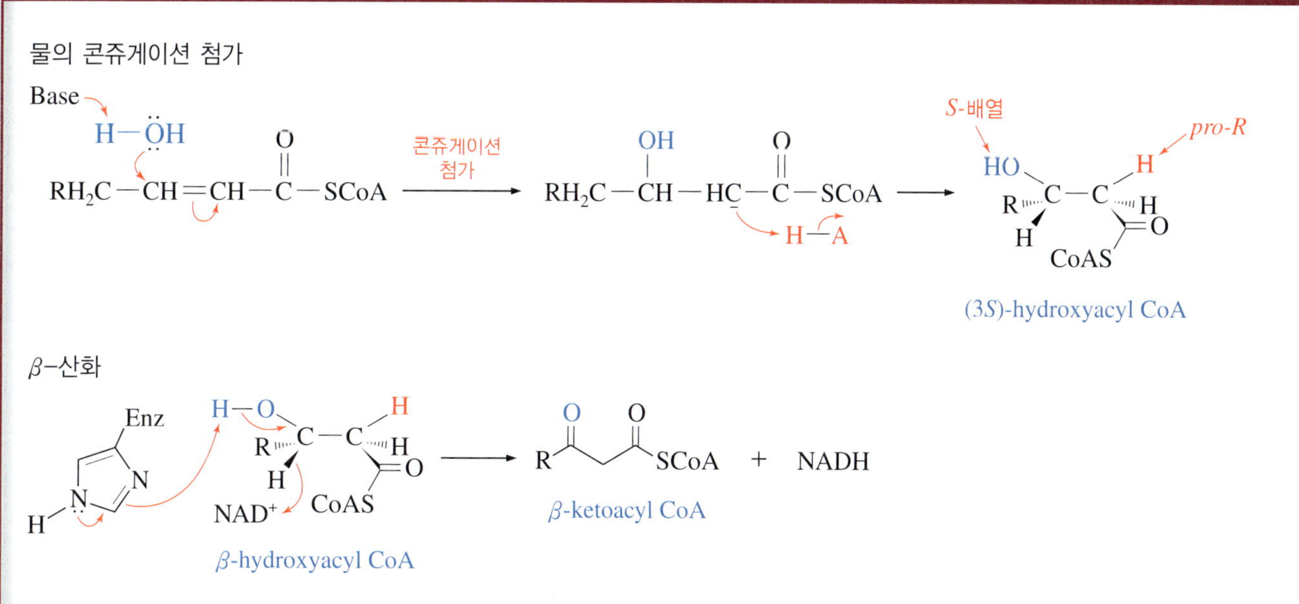

- 단계 ⑧ C2-C3 결합의 분해: 마지막 단계에서는 C2-C3 자리에서 **역-Claisen 축합 반응**(retro-Claisen condensation)이 일어나 acetyl CoA와 두 개의 탄소 사슬이 짧아진 acyl CoA로 분해된다.

메커니즘 19.14 역-Claisen 축합 반응에 의한 C2-C3 결합의 분해

역-Claisen 축합 반응

Enz—S̈—H R—CO—CH₂—CO—SCoA (β-ketoacyl CoA) —$-H^+$→ Enz—S—C(R)(O^-)—CH₂—CO—SCoA (H—A) —CoASH→ Enz—S—CO—R + acetyl CoA (H_2C—CO—SCoA)

H—S̈—CoA —$-H^+$→ Enz—S—C(R)(O^-)—SCoA —$-HSEnz$→ 사슬이 짧아진 acyl CoA (H_2C—CO—SCoA)

19.5 지방산의 생합성

일반적인 지방산은 모두 탄소 수가 짝수이다(표 17.1). 이는 생합성되는 지방산이 동일한 탄소 두 개의 단위 전구체로부터 합성된다는 것을 암시한다. 이 전구체는 곧 acetyl CoA이다. Acetyl CoA는 일차적으로 탄수화물의 분해로부터 해당 작용으로 생성된다. 음식으로 공급되는 탄수화물은 급하게 필요한 에너지원으로 사용되고 나머지는 축적되기 위해 지방으로 변환된다.

지방산의 분해 대사에서 acetyl CoA가 생성되기는 하지만, 분해 반응의 역반응으로 합성되지는 않는다.

- **지방산 합성과 분해 반응의 특징은 다음과 같은 6가지가 다르다.**
  - 지질의 분해 반응은 미토콘드리아의 기질에서 일어나고, 생합성 반응은 세포액의 소포체(endoplasmic reticulum, ER)에서 일어난다.
  - 지방산 합성 중간 물질들은 아실기 운반 단백질(acyl carrier protein, ACP)의 —SH에 공유 결합으로 연결되어 있고, 지방산 분해 반응의 중간 물질들은 CoA의 —SH 기에 결합되어 있다.
  - 고등 생물에서 지방산을 합성하는 효소들은 **지방산 합성 효소**(fatty acid synthase) 분자의 폴리펩타이드 사슬 안에 연결되어 있고, 분해 반응 효소들은 회합되어 있지 않다.
  - 지방산 사슬은 두 개의 탄소를 가진 acetyl CoA에 의해 연장된다. 연장 과정에서 두 개의 탄소 주개는 malonyl ACP이다. 이때 한 분자의 CO_2가 방출된다.
  - 지방산 합성에서 환원제는 NADH이다.
  - 지방산 합성 효소가 촉진하는 연장 반응은 C16인 palmitic acid까지만 진행된다. 그 이상의 연장 반응이나 불포화 결합 지방산의 형성 반응은 다른 효소에 의해 일어난다.
- **지방산의 생체 합성은 대략 8단계로 일어난다.**

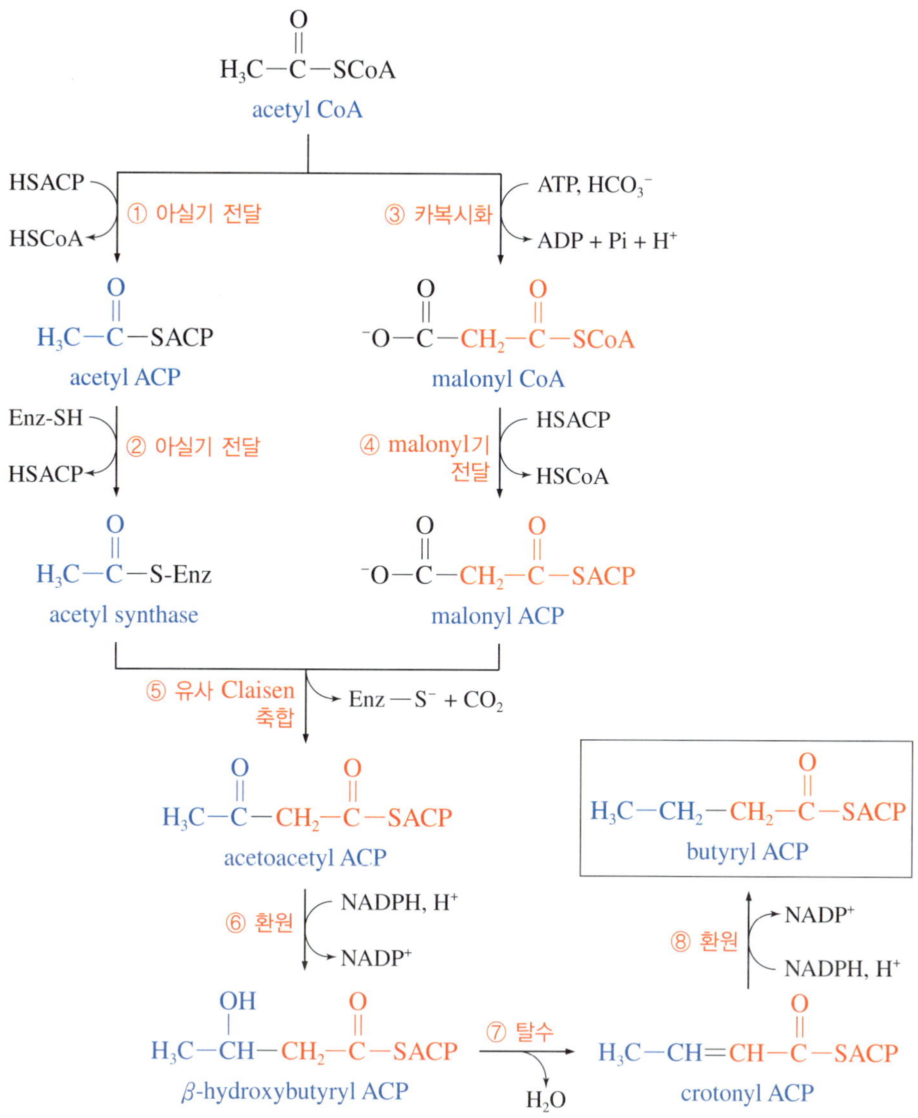

그림 19.8 Acetyl CoA로부터 지방신 힙성 경로

- 단계 ①, ② 아실기 전달 반응: 단계 ①에서 합성 출발 물질인 thioester acetyl CoA가 반응성이 더 큰 화학종으로 **초기화 반응**(priming reaction)이 일어난다. 즉 acetyl CoA가 acetyl ACP(아실기 운반 단백질)로 전환된다. 단계 ②에서는 acetyl 기가 합성 효소로 전달되어 acetyl synthase로 된다.

메커니즘 19.15 Acetyl CoA의 변환

ACPS—H + $H_3C-C(=O)-SCoA$ (acetyl CoA) ⟶ $^{-}O-C(SACP)(SCoA)-CH_3$ (+ H—A) ⟶ (HSCoA) $H_3C-C(=O)-SACP$ (acetyl ACP)

- 단계 ③, ④ 카복실화 및 아실기 전달: 단계 ③에서는 *N*-carboxybiotin에 의해 제공되는 CO_2와 acetyl CoA가 카복실화되어 malonyl CoA로 변환되고, 단계 ④에서 생성된 malonyl CoA의 malonyl 기를 ACP로 전달하여 활성화시킨다. 단계 ④의 메커니즘은

앞의 메커니즘 19.16과 같다.

메커니즘 19.16 Acetyl CoA의 카복실화

$$CoAS{-}C(=O){-}CH_3 \xrightarrow{Base} CoAS{-}C(=O){-}CH_2^- \longrightarrow CoAS{-}C(O^-){=}CH_2 + O{=}C{=}O \longrightarrow CoAS{-}C(=O){-}CH_2{-}C(=O){-}O^-$$

acetyl CoA → malonyl CoA

- 단계 ⑤ 축합 반응: 이 단계가 지방산 사슬이 증가되는 핵심 단계이다. 이 반응에서는 acetyl synthase가 친전자성 받개로 작용하여 친핵성 주개인 malonyl ACP와 반응하여 새로운 C—C 결합을 형성한다.

메커니즘 19.17 Acetyl synthase와 malonyl ACP의 축합 반응

$$ACPS{-}C(=O){-}CH_2{-}C(=O){-}O^- + H_3C{-}C(=O){-}S{-}Enz \xrightarrow{-CO_2} H_3C{-}C(=O){-}CH_2{-}C(=O){-}SACP + Enz{-}S$$

malonyl ACP + acetyl synthase → acetoacetyl ACP

- 단계 ⑥~⑧ 환원 및 탈수 반응: 탄소 사슬이 연결되어 생성된 acetoacetyl ACP는 NADPH에 의해 환원되어 β-hydroxybutyryl ACP를 형성하고 탈수되어 α,β-불포화 카보닐 화합물로 된다. 마지막 단계에서 이중 결합이 환원되어 상응하는 포화 지방산으로 된다.

19.6 Citric acid 회로

Citric acid 회로는 1937년 회로의 복잡성을 해결한 Hans Krebs 이름을 따서 'Krebs 회로' 또는 'tricarboxylic acid (TCA) 회로'라고도 한다.

Sir Hans Adolf Krebs (1900~1981)는 독일의 물리 및 생화학자로, urea cycle 및 citric cycle(Krebs cycle) 등을 밝혔다. Citric cycle을 발표한 공로로 1953년에 노벨 생리의학상을 수상하였다.

■ **Citric acid 회로**(citric acid cycle)**는 분해 대사의 세 번째 단계이다.**

- 이 회로에서는 지방 탄수화물 단백질로부터 생성된 acetyl CoA가 8단계를 거쳐 두 분자의 CO_2와 환원형 보조 효소로 전환된다.
- Citric acid 회로는 최종 단계 생성물인 oxaloacetate가 첫 단계의 반응물이 되는 **폐쇄형 순환 반응**이다.
- 단계 ① 알돌 첨가 반응: Acetyl CoA의 acetyl 기가 citrate synthetase 효소의 촉매 작용으로 oxaloacetate의 카보닐기와 알돌 첨가 반응을 일으켜 (S)-citryl CoA를 생성한다. 이 (S)-citryl CoA는 친핵성 아실 치환 반응으로 citrate로 가수 분해된다.

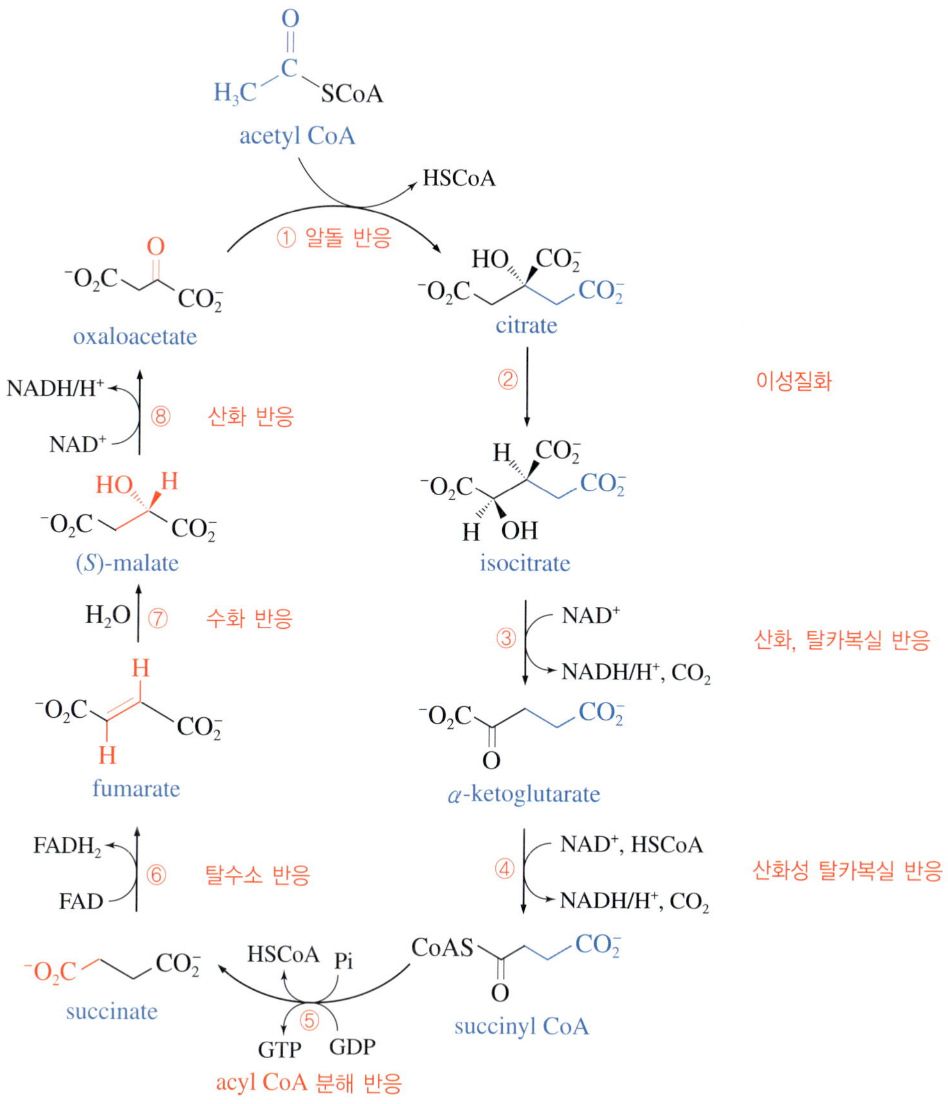

acetyl CoA
HSCoA
① 알돌 반응
oxaloacetate
citrate
② 이성질화
isocitrate
③ 산화, 탈카복실 반응
NAD^+
$NADH/H^+, CO_2$
α-ketoglutarate
④ 산화성 탈카복실 반응
NAD^+, HSCoA
$NADH/H^+, CO_2$
succinyl CoA
⑤ acyl CoA 분해 반응
HSCoA Pi GTP GDP
succinate
⑥ 탈수소 반응
$FADH_2$ FAD
fumarate
⑦ 수화 반응
H_2O
(S)-malate
⑧ 산화 반응
$NADH/H^+$ NAD^+

그림 19.9 Citric acid 회로

메커니즘 19.18 Citrate 생성 반응

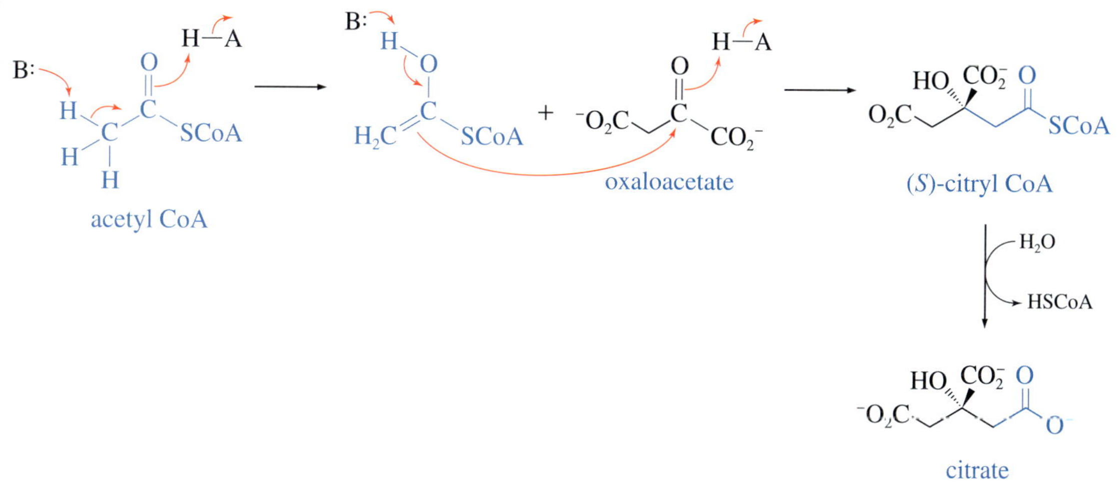

acetyl CoA
oxaloacetate
(S)-citryl CoA
H_2O
HSCoA
citrate

- 단계 ② 이성질화: Citrate는 카이랄성 이차 알코올인 (2*R*,3*S*)-isocitrate로 전환된다.
  - ▸ 이 이성질화 반응은 두 단계로 일어나며, 두 반응이 aconitase 효소에 의해 일어난다.
  - ▸ 먼저, citrate가 E1cB 탈수 반응을 일으켜 *cis*-aconitate를 생성하고, 이중 결합에 물이 첨가되어 (2*R*,3*S*)-isocitrate를 형성한다. Citrate의 탈수 반응은 oxaloacetate에서 유리된 *pro-R* 가지에서 진행된다.

E1cB (Elimination Unimolecular Conjugate Base) 반응은 염기 조건에서 일어나는 제거 반응이다. 특히 −OH나 −OR 같이 나쁜 이탈기에서 반응이 일어나며, 이웃한 산성 수소가 제거되면서 추가로 결합이 형성된다.

메커니즘 19.19 E1cB 반응

OR, C, O, H, $^{-}$OH, OR, C, O^-, O, + $^{-}$OR

메커니즘 19.20 Citrate의 이성질화

HO, CO_2^-, $^{-}O_2C$, CO_2^-, H, H, *pro-S*, *pro-R*, citrate, $-H_2O$, CO_2^-, $^{-}O_2C$, CO_2^-, H, *cis*-aconitate, H_2O, H, CO_2^-, $^{-}O_2C$, CO_2^-, H, OH, (2*R*,3*S*)-isocitrate

- 단계 ③ 산화/탈카복실 반응: (2*R*,3*S*)-Isocitrate는 NAD^+에 의해 산화되어 케톤인 oxalosuccinate를 생성하고, 이 케톤이 CO_2를 상실하면서 α-ketoglutarate를 생성한다.
  - ▸ 이 반응은 isocitrate 탈수소 효소(이 효소는 보조 인자로 Mg^{2+}를 필요로 한다)가 촉진하며 전형적인 β-케토산의 탈카복실 반응이다.

메커니즘 19.21 (2*R*,3*S*)-Isocitrate로부터 α-ketoglutarate의 형성

HO, H, $^{-}O_2C$, CO_2^-, $^{-}O_2C$, H, (2*R*,3*S*)-isocitrate, NAD^+, $NADH/H^+$, CO_2^-, O, CO_2^-, Mg^{2+}, O^-, H, O, oxalosuccinate, $-CO_2$, CO_2^-, ^{-}O, CO_2^-, Mg^{2+}, H, H—A, $^{-}O_2C$, O, CO_2^-, α-ketoglutarate

- 단계 ④ 산화성 탈카복실 반응: 이 단계는 α-ketoglutarate가 succinyl CoA로 전환되는 과정이다.
  - ▸ 그림 19.4의 단계 ④–⑤처럼 thiamin diphosphate ylide에 의해 β-ketoglutarate에서 친핵성 첨가 반응이 일어나고, 이어서 탈카복실 반응, lipoamide와의 반응, TPP ylide의 제거 반응이 진행된다.
  - ▸ 마지막 과정으로 dihydrolipoamide thioester와 보조 효소 A와의 에스터 교환 반응이 일어나 succinyl CoA를 생성한다.
- 단계 ⑤ acetyl CoA의 분해 단계–⑥ 탈수소 반응: Succinyl CoA는 succinate로 전환되고 GTP가 생성된다. 이 반응은 succinyl CoA synthetase에 의해 촉진되며(단계 ⑤), succinate가 탈수소 반응을 하여 fumarate로 전환되고, succinate dehydrogenase에 의

해 촉진되고 각 탄소에서 *pro-S*와 *pro-R*의 H가 입체 특이적으로 각각 제거된다.

메커니즘 19.22 Succinyl CoA로부터 fumarate의 생성

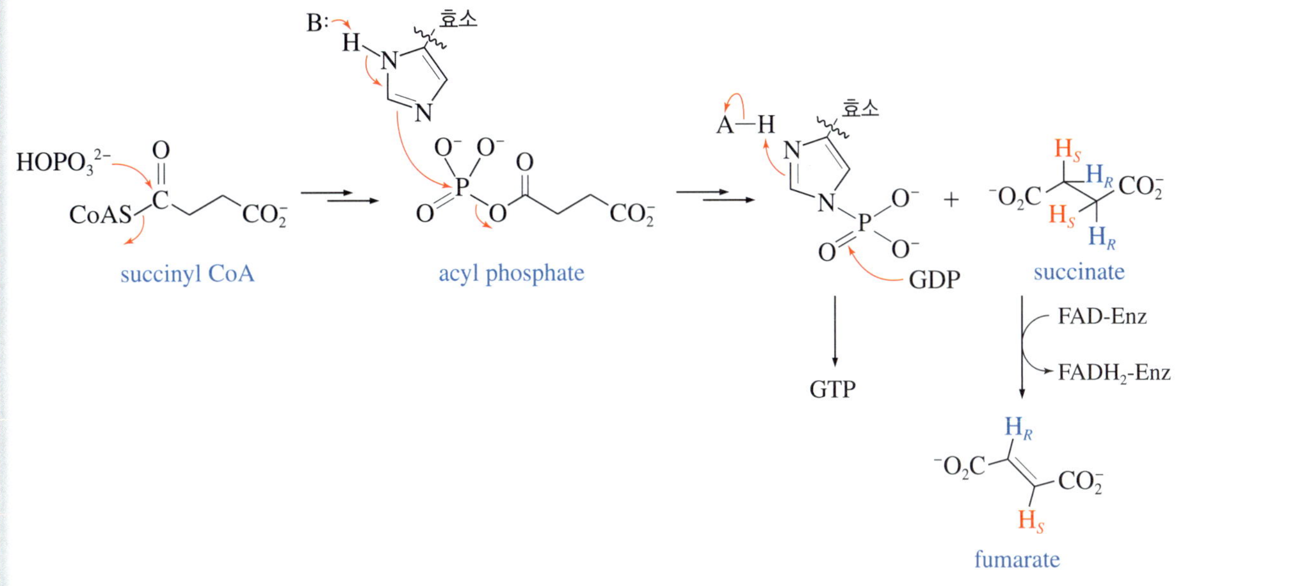

- 단계 ⑦ 수화–단계 ⑧ 산화 반응: Citric acid 회로의 마지막 두 단계는 fumarate가 (*S*)-malate로 전환되고, 이것이 NAD^+에 의해 산화되어 oxaloacetate를 생성한다. 이 oxaloacetate는 다시 출발 물질로 이용되는 반응이 되풀이된다.

Citric acid 회로 결과 반응식은 다음과 같다.

$$H_3C\overset{O}{\overset{\|}{C}}SCoA + 3\ NAD^+ + FAD + GDP + Pi + 2\ H_2O \longrightarrow$$
$$2\ CO_2 + HSCoA + 3\ NADH + 2\ H^+ + FADH_2 + GTP$$

19.7 탄수화물 합성

고등 동물은 acetyl CoA로부터 탄수화물을 합성하지 못하지만 lactate, alanine 및 glycerol로부터 pyruvate를 만들고 이로부터 glucose가 합성된다. Pyruvate로부터 glucose가 합성되는 과정을 **글루코스 신생 합성**(gluconeogenesis)이라고 한다.

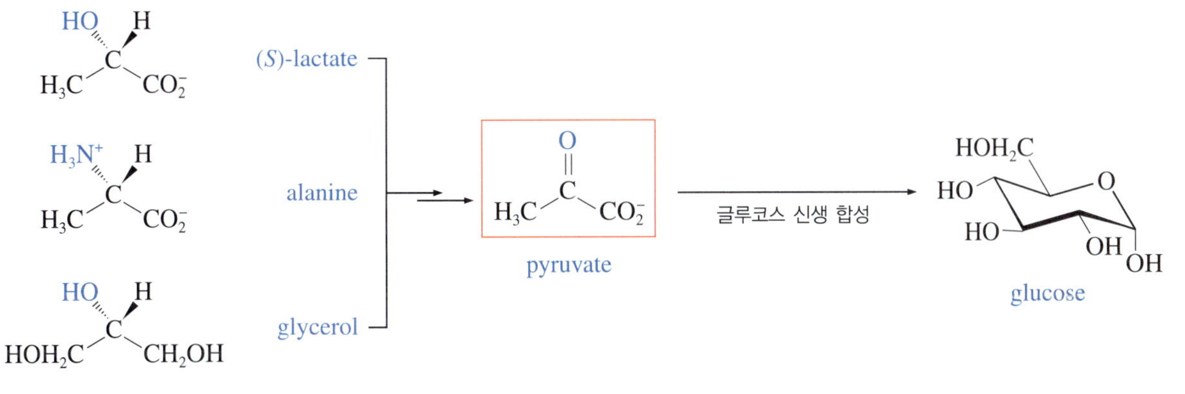

■ **Pyruvate로부터 glucose가 만들어지는 과정은 11 단계를 거친다.**

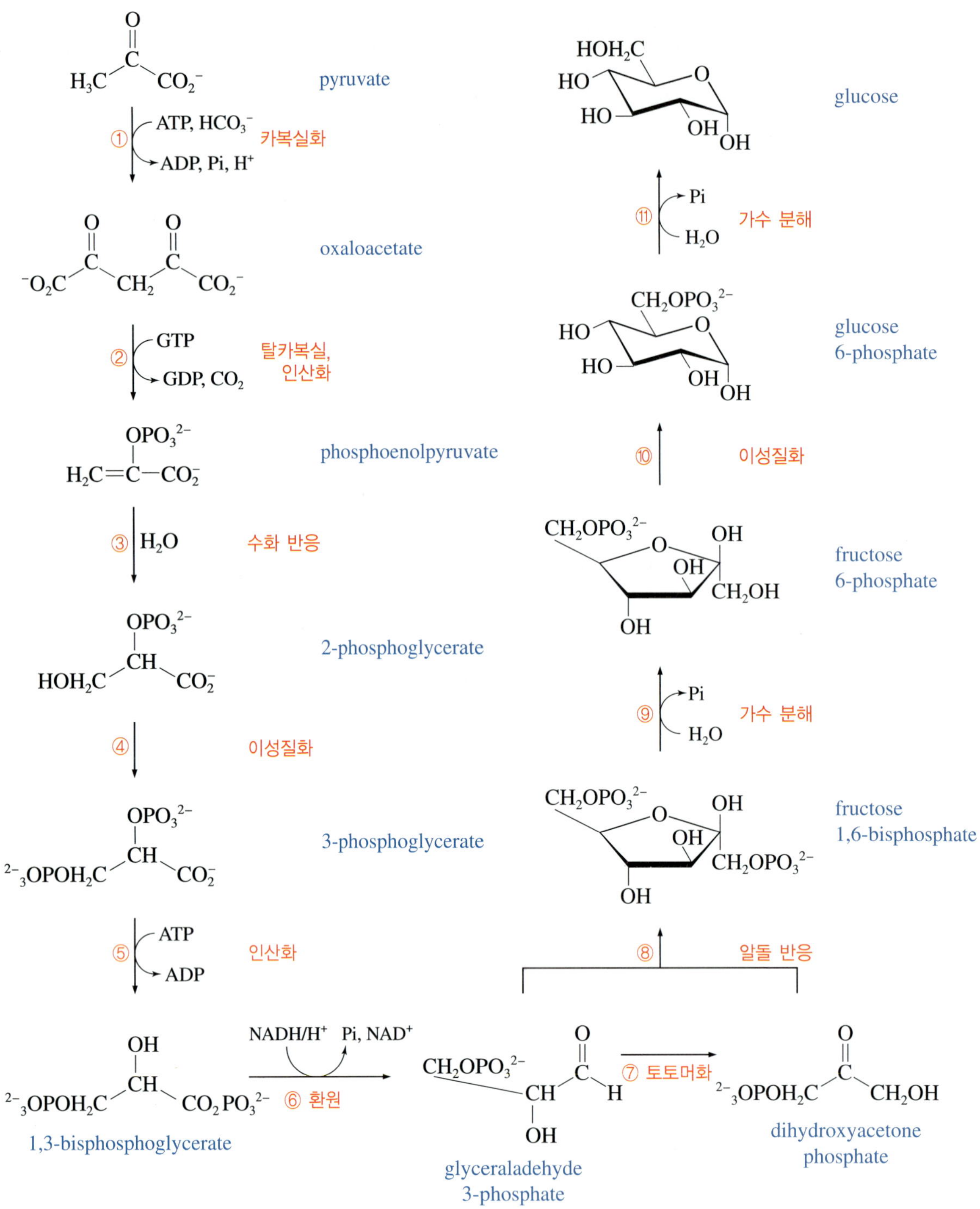

그림 19.10 글루코스 신생 합성 단계별 흐름도

- 단계 ① 카복실화: 글루코스 신생 합성은 pyruvate가 pyruvate carboxylase 효소에 의해 카복실화되어 oxaloacetate를 생성하는 반응부터 시작된다. 이 반응에서는 biotin 보조 효소들이 필요하다. Biotin이 반응에 필요한 CO_2를 운반한다.

메커니즘 19.23 Pyruvate의 phosphoenolpyruvate로의 변환

N-carboxybitotin → CO_2 + biotin–Lys

pyruvate → oxaloacetate → phosphoenolpyruvate + CO_2 + GDP

- 단계 ② 탈카복실 반응/인산화: 단계 ①에서 생성된 oxaloacetate는 단계 ②에서 다시 탈카복실 반응을 일으키고, GTP에 의해 인산화되어 phosphoenolpyruvate를 생성한다.
- 단계 ③ 수화 반응–단계 ④ 이성질화: Phosphoenolpyruvate에 수화 반응이 일어나 2-phosphoglycerate가 형성되고 인산화되어 2,3-bisphosphoglycerate가 형성된다.
  - 이 2,3-bisphosphoglycerate가 가수 분해되면 3-phosphoglycerate가 된다.
  - 단계 ④의 결과는 2-phosphoglycerate가 3-phosphoglycerate로 이성질화된 것이다.

메커니즘 19.24 3-Phosphoglycerate의 생성

phosphoenolpyruvate →(H_2O) 2-phosphoglycerate →(효소$-PO_3^{2-}$ / 효소) 2,3-bisphosphoglycerate →(H_2O / Pi) 3-phosphoglycerate

- 단계 ⑤ 인산화–단계 ⑥ 환원–단계 ⑦ 토토머화: 앞 단계에서 생성된 3-phosphoglycerate는 ATP에 의해 1,3-bisphosphoglycerate로 인산화되고, glyceraldehyde 3-phosphate dehydrogenase 효소에 있는 $-SH$ 기와 싸이오에스터 결합을 형성한다.
  - 생성된 싸이오에스터가 NADH/H^+에 의해 환원되면서 glyceraldehyde 3-phosphate로 된다.
  - 형성된 알데하이드는 토토머화에 의해 dihydroxyacetone phosphate로 전환된다.
  - 탄소 원자 세 개씩을 가지고 있는 glyceraldehyde 3-phosphate와 dihydroxyacetone

phosphate는 다음 단계에서 fructose를 만든다.

메커니즘 19.25 3-Phosphoglycerate로부터 glyceraldehyde 3-phosphate와 dihydroxyacetone phosphate의 생성

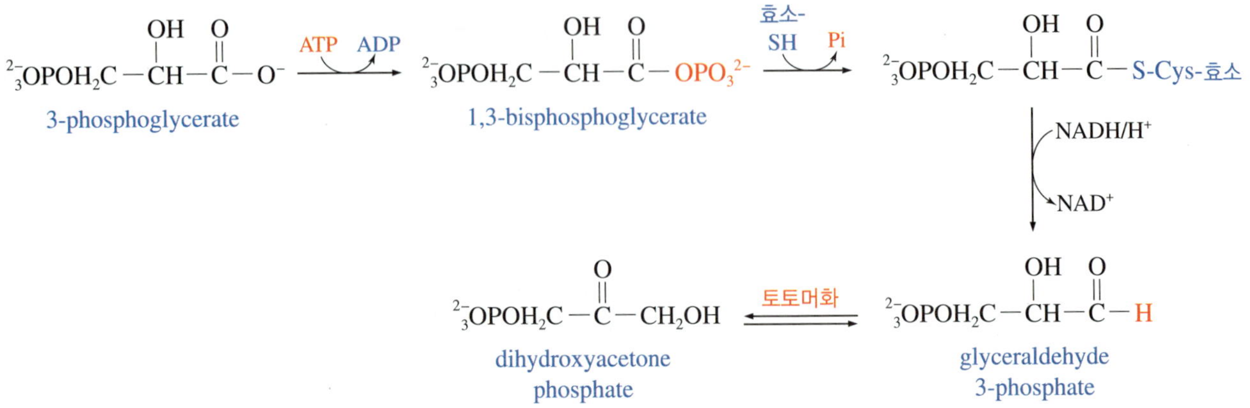

$^{2-}_{3}OPOH_2C-CH(OH)-C(=O)-O^-$ (3-phosphoglycerate) —ATP → ADP→ $^{2-}_{3}OPOH_2C-CH(OH)-C(=O)-OPO_3^{2-}$ (1,3-bisphosphoglycerate) —효소-SH → Pi→ $^{2-}_{3}OPOH_2C-CH(OH)-C(=O)-S$-Cys-효소 —NADH/H$^+$ → NAD$^+$→ $^{2-}_{3}OPOH_2C-CH(OH)-C(=O)-H$ (glyceraldehyde 3-phosphate) ⇌(토토머화) $^{2-}_{3}OPOH_2C-C(=O)-CH_2OH$ (dihydroxyacetone phosphate)

- 단계 ⑧ 알돌 반응: Glyceraldehyde와 dihydroxyacetone phosphate는 각각 3개씩의 탄소를 포함하고 있다.
  - ▸ 이 glyceraldehyde와 dihydroxyacetone phosphate가 알돌 축합 반응을 일으켜 이미늄(iminum)기를 포함하는 탄소 여섯 개 사슬이 생성된다.
  - ▸ 생성물의 이미늄기가 가수 분해되어 fructose 1,6-bisphosphate로 전환된다.

메커니즘 19.26 Fructose 1,6-bisphosphate 생성

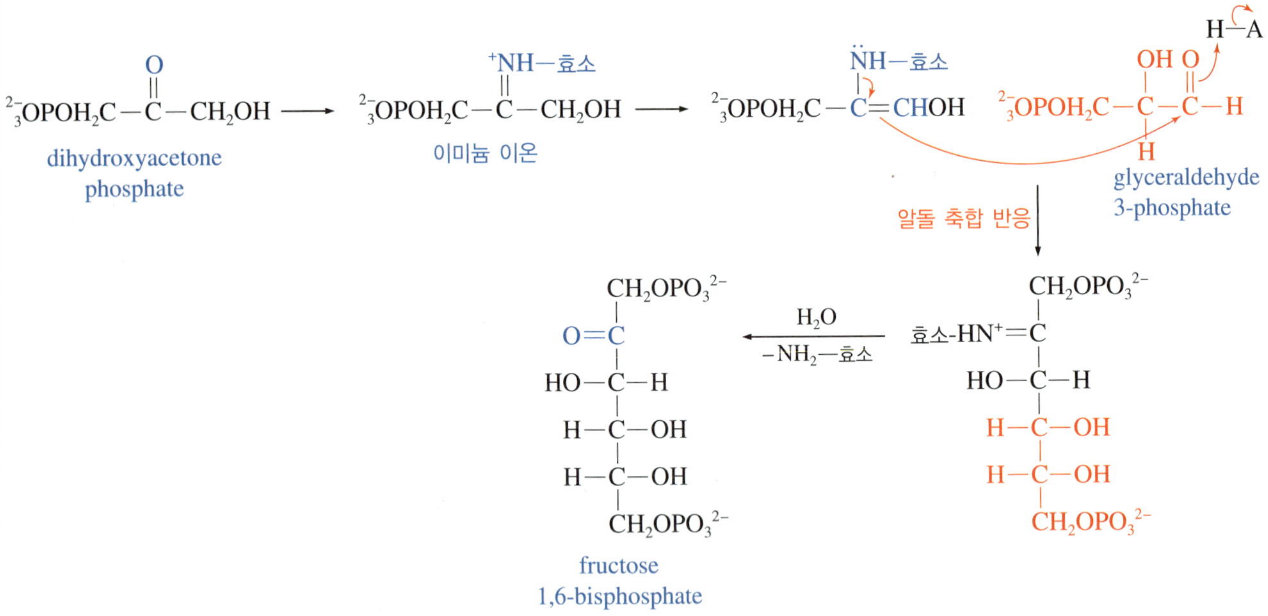

$^{2-}_{3}OPOH_2C-C(=O)-CH_2OH$ (dihydroxyacetone phosphate) → $^{2-}_{3}OPOH_2C-C(={}^+NH-$효소$)-CH_2OH$ (이미늄 이온) → $^{2-}_{3}OPOH_2C-C(-\ddot{N}H-$효소$)=CHOH$ + $^{2-}_{3}OPOH_2C-C(OH)(H)-C(=O)-H$ (glyceraldehyde 3-phosphate), H–A —알돌 축합 반응→

효소-HN$^+$=C(CH$_2$OPO$_3^{2-}$)–HO–C–H–H–C–OH–H–C–OH–CH$_2$OPO$_3^{2-}$ —H_2O, $-NH_2-$효소→ fructose 1,6-bisphosphate: CH$_2$OPO$_3^{2-}$–(O=C)–(HO–C–H)–(H–C–OH)–(H–C–OH)–CH$_2$OPO$_3^{2-}$

- 단계 ⑨ 가수 분해–단계 ⑩ 이성질화–단계 ⑪ 가수 분해: Fructose 1,6-bisphosphate가 가수 분해되어 fructose 6-phosphate를 생성하고, 케토–엔올 토토머에 의해 glucose 6-phosphate로 변환된다(그림 19.2 단계 ② 참조).
  - ▸ 마지막 단계에서 가수 분해되어 glucose를 생성한다.

메커니즘 19.27 Fructose 6-phosphate의 glucose로의 변환

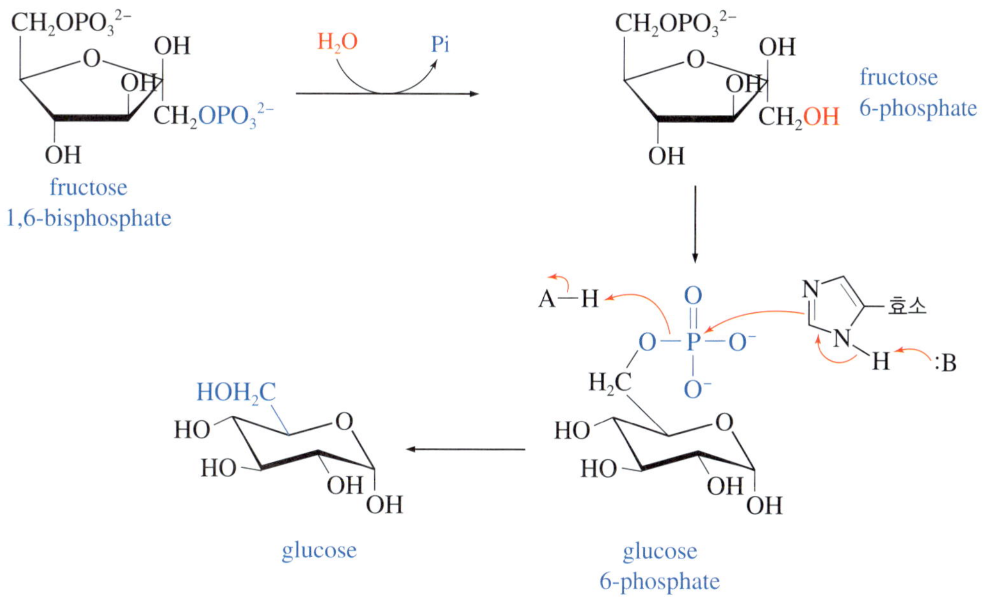

글루코스 신생 합성 반응의 전체 결과는 다음과 같다.

$$2(\text{Pyruvate}) + 4\ \text{ATP} + 2\ \text{GTP} + 2\ \text{NADH} + 2\ H_2O + 2H^+ \longrightarrow \text{Glucose} + 4\ \text{ADP} + 2\ \text{GDP} + 2\ \text{NAD}^+ + 6\ \text{Pi}$$

대사와 건강

인류는 긴 역사 동안 지구상에서 살아남기 위해 충분한 식량을 얻으려고 많은 노력을 해왔다. 그 대가로 선진국에서는 별다른 노력을 하지 않고도 풍부한 식량을 얻게 되었다. 뿐만 아니라 과학의 발달로 노동력을 대치하는 여러 가지 기술들을 개발하면서 이선보다 훨씬 적은 노동력으로 살아간다. 그러면서 많은 사람들은 필요한 양보다 훨씬 많은 양의 음식과 음료를 먹는다. 선진국뿐만 아니라 우리나라에서도 비만의 비율이 빠르게 증가한다. 비만은 많은 질병의 원인으로 보기 때문에 국가적 차원에서 관심을 갖고 있다.

영양 있는 식사는 건강의 필수이다. 좋은 영양식은 충분한 탄수화물, 지방, 단백질을 포함해야 한다. 물론 필수 무기질과 바이타민도 적당한 비율로 포함되어야 하며 충분한 식이섬유와 물도 포함되어야 한다.

사람에 따라 대사 속도는 다르다. 사람이 하루 종일 침대에 가만히 누워 있을 때 필요로 하는 칼로리를 기초 대사 속도(basal metabolic rate, BMR)라고 한다. 기초 대사 속도는 성, 나이 및 유전에 따라 다르다. 기초 대사 속도는 체지방의 영향을 받는다. 체지방이 많으면 BMR이 낮으며 사람의 평균 BMR은 약 1,600 kcal/day이다.

사람이 사용하는 에너지의 대부분은 지방에서 20~35%, 탄수화물에서 45~65%, 단백질에서 10~35%로 알려져 있다. 운동선수라면 사무직 근로자보다 더 많은 에너지가 필요하다. 추가적인 에너지는 주로 탄수화물에서 온다. 특히 전분이 풍부한 음식이 건강한 몸을 위해 선호되는 에너지원이다. 지방과 단백질이 풍부한 음식도 칼로리를 공급하지만, 지나친 단백질 대사는 간과 신장을 혹사시킬 수 있다.

근육은 단백질을 많이 먹어서가 아니라 운동을 통해 만들어진다. 근육 운동을 하면 creatine이라는 단백질이 방출되고, 이 creatine은 myosin이라는 단백질 생산을 촉진하여 근육이 더 많이 만들어진다. 운동을 멈추면 이틀 뒤부터 근육은 줄어든다.

많은 의사나 건강보건 관련 학자들은 건강을 위한 균형 잡힌 식사를 권장한다. 미국인의 균형 잡힌 권장 식품은 과일군 매일 4번(총 2컵), 채소군 매일 5번(총 2.5컵), 곡류군 매일 6번 (총 6온스, 절반은 도정하지 않는 것), 고기와 콩류 매일 5.5번(총 5.5온스), 우유군 매일 3번(총 3컵), 기름군(24 g) 식단으로 약 2000 칼로리에 해당하는 식품을 권장하고 있다. 건강식은 많은 질병을 예방한다. 하버드 의대에서 미국인을 대상으로 한 연구에 의하면 바른 균형잡힌 식사와 규칙적인 운동, 금연은 심장마비의 82%, 뇌졸중의 70%, 제2형 당뇨병의 90%, 대장암 70% 이상을 예방할 수 있다고 보고하였다.

주요 용어

citric acid 회로(citric acid cycle)
Embden-Meyerhoff 경로(Embden-Meyerhoff process)
Krebs 회로(Krebs cycle)
β-산화(β-oxidation)
글루코스 신생 합성(gluconeogenesis)
분해 대사(catabolism)
산화성 탈카복실 반응(oxidative decaboxylation)
소화(digestion)
아실 운반 단백질(acyl carrier protein, ACP)
역-Claisen 축합 반응(retro-Claisen condensation)
이민 교환 반응(transimination)
인산 전달 반응(phosphoryl transfer reaction)
자유 에너지 감소 반응(exergonic reaction)
자유 에너지 증가 반응(endergonic reaction)
초기화 반응(priming reaction)
페닐케토뇨증(phenylketonuria)
합성 대사(anabolism)
해당 작용(glycolysis)

연습 문제

1. ATP는 세포의 가장 중요한 에너지 공급원이다. ATP 형태로 에너지를 생산하는 대사는 어떤 대사인가?
2. 생체에서는 ATP가 인산기 전달 반응에 쓰이는 중요한 물질이다. 어떤 용도로 이용되는가? (힌트: 좋은 이탈기는 반응에 유리하다.)
3. 합성 대사 경로가 에너지를 흡수하는 자유 에너지 증가 반응인 이유는 무엇인가?
4. 분해 대사 경로는 에너지를 방출하는 자유 에너지 증가 반응이다. 그 이유는 무엇인가?
5. 지방, 탄수화물, 단백질이 소화되어 acetyl CoA로 된다. 생체 반응에서 acetyl CoA가 왜 유리한가?

실전 문제

6. ATP가 인산 전달 반응을 하고 나면 ADP가 이탈된다. ADP는 왜 좋은 이탈기인가?
7. 지방의 분해 대사(그림 19.5) 단계 ⑥에서 OH 기가 β-탄소에 우선 첨가되는 이유를 설명하시오.
8. Pyruvate가 lactate로 변환될 때 어느 작용기가 환원되는가?
9. Pyruvate가 ethanol로 변환되는 반응의 중간 물질은 무엇인가?
10. Pyruvate는 탄소가 세 개인 물질이다. Ethanol은 탄소가 두 개인 화합물이다. 어떻게 그렇게 되는가?
11. α-아미노산이 α-케토산으로 되려면 NH_3 한 분자를 잃어야 한다. 이 과정에서 가장 중요한 작용기 변환은 어떤 것인가?
12. Glycerol로부터 DHAP로 변화되는 과정에서 어떻게 케토 알코올이 생성되는가?
13. FAD는 환원력이 커서 지방산 유도체로부터 두 개의 H를 받아들여 $FADH_2$로 된다. 왜 그런가?
14. β-Ketoacyl CoA가 역-Claisen 축합 반응을 일으킨 결과는 무엇인가? 이 반응에서 생성되는 생성물은 무엇인가?
15. 지방산 분해 대사 후에 얻어지는 사슬이 축소된 acyl CoA의 탄소 수는 본래 지방산보다 몇 개나 줄어드는가?
16. 일반적인 지방산의 탄소 수가 짝수인 이유는 무엇인지 메커니즘적으로 설명하시오.

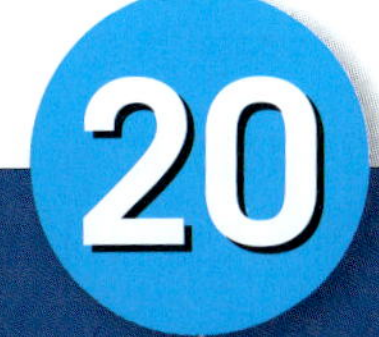

20 합성 중합체(화학) 및 의약 화학

Polymer and Medicinal Chemistry

- 중합체는 단위체라는 작은 반복 단위가 공유 결합으로 서로 연결된 거대 분자이다.
- 의약 화학은 분자 질병에 대한 인식 덕분에 연구가 활발해졌다.

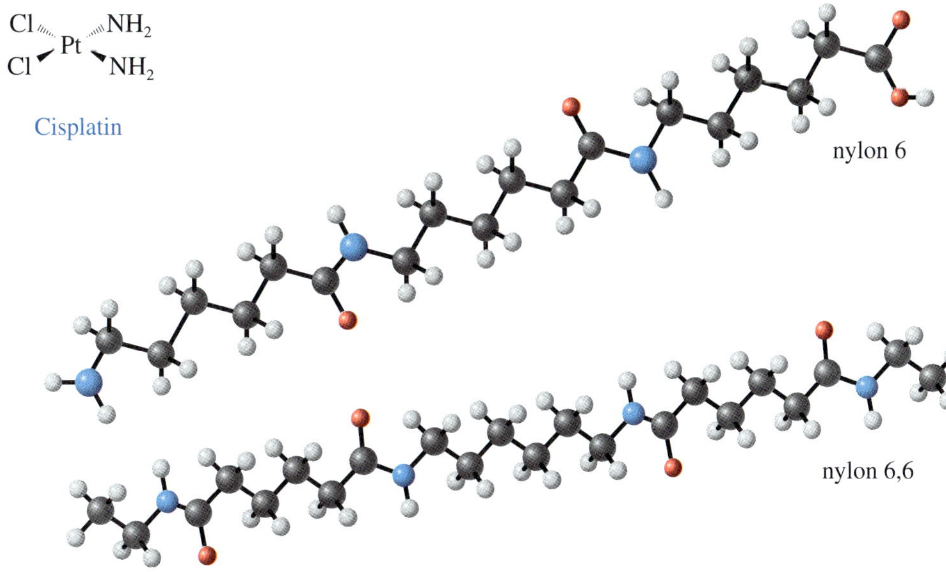

Cl Pt NH2
Cl NH2
Cisplatin
nylon 6
nylon 6,6

우리의 일상생활에서 사용되는 중합체, 유기 소재 및 의약품 분야에서 유기 물질의 중요성은 더욱 높아지고 있다.

중합체는 평균 분자량을 사용한다. 중합체는 일반적으로 10,000에서 1,000,000 g/mol 이르는 매우 큰 분자량을 가진다. 합성 중합체는 길이가 다른 사슬들로 된 혼합물이므로 중합체 사슬의 평균 길이에 근거하여 분자량의 평균값을 사용한다.

중합체(polymer, 또는 **고분자**)는 **단위체**(monomer)라는 작은 반복 단위가 공유 결합으로 서로 연결된 거대 분자이다. 중합체는 단백질이나 당 같은 천연 중합체와 실험실에서 만들어지는 합성 중합체가 있다.

오늘날에는 수천 가지의 **합성 중합체**(synthetic polymer)가 만들어지고 있다. 모든 중합체는 큰 분자량을 가지며, 중합체 사슬의 가지와 작용기의 종류가 각 중합체의 독특한 성질을 만들어 낸다. 따라서 다양한 성질의 중합체가 다양한 용도로 사용되고 있다.

의약 화학(medicinal chemistry)은 인류의 질병을 치료하거나 예방하기 위해 화합물을 발견하거나, 천연물에서 분리하여 구조를 확인하고 합성(synthesis)하여 새로운 약품을 개발하고, 분자 수준에서 이들의 작용 기전을 연구하는 분야를 말한다.

분자 질병(molecular disease)이란 어떤 하나의 분자로 인해 병이 유발될 수 있다는 것을 말한다.

화학을 비롯한 의학, 약학, 생명과학 등의 관련 분야가 발전하면서 의약 화학 분야도 놀랍게 발전하였다. 생명체에 있는 어떤 하나의 분자로 인해 질병이 생길 수 있다(**분자 질병**)고 인식하면서 분자 수준의 의약 화학 연구가 활발해졌다. 오늘날 사용되는 대부분의 약물은 유기 화합물이므로 중요하고, 분자 질병은 주로 체내 어떤 단백질에 의해 발병한다.

20.1 중합체의 표기와 명명법

중합체의 구조는 반복 단위를 괄호로 묶고 아래 첨자 n을 사용하여 표시한다. n은 반복 단위가 매우 큰 수로 반복됨을 뜻한다.

- **중합체의 명명은 주로 관용명이 사용되며, IUPAC에서도 단위체를 기준으로 하는 명명법을 인정하고 있다.**
  - 단위체 이름 앞에 'poly−'를 덧붙여 명명한다.
  - 단위체 이름이 두 단어 이상이면 괄호로 묶어서 구분하여 명명한다. 단위체가 vinyl chloride인 경우는 poly(vinyl chloride)라고 명명한다.
  - 중합체는 종종 상품명을 사용하기도 한다.
    - ▸ Polytetrafluoroethylene은 상품명으로 Teflon이다.

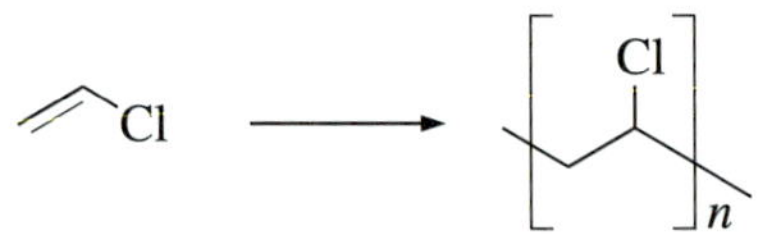

Cl → Cl, n

vinyl chloride poly(vinyl chloride)

→ n

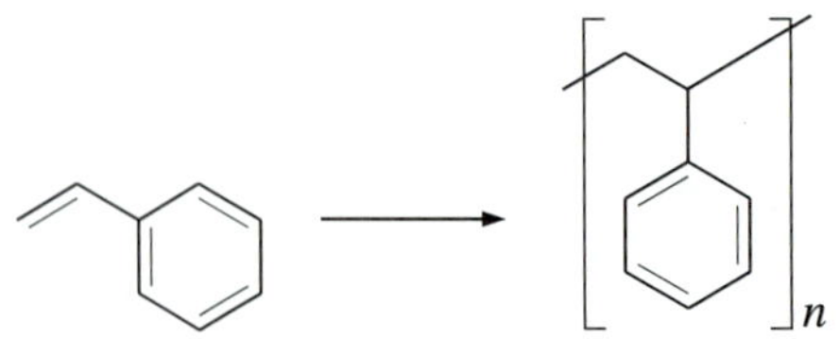

styrene polystyrene

표 20.1 여러 가지 일반적인 동종 중합체

이름	단위체 구조	중합체 구조	용도
Polyethylene	$H_2C=CH_2$	$\left[-\overset{H}{\underset{H}{C}}-\overset{H}{\underset{H}{C}}- \right]_n$	봉투, 병
Polypropylene	$H_2C=CHCH_3$	$\left[-\overset{H}{\underset{H}{C}}-\overset{CH_3}{\underset{H}{C}}- \right]_n$	카펫, 가정용 기기, 타이어
Polybutylene	$H_2C=C(CH_3)_2$	$\left[-\overset{H}{\underset{H}{C}}-\overset{CH_3}{\underset{CH_3}{C}}- \right]_n$	충진제, 자전거 내부 튜브, 농구공
Polystyrene	$H_2C=CHPh$	$\left[-\overset{H}{\underset{H}{C}}-\overset{Ph}{\underset{H}{C}}- \right]_n$	단열재, TV, 라디오 상자
Poly(methyl-α-cyanoacrylate)	$H_2C=C(CN)(CO_2CH_3)$	$\left[-\overset{H}{\underset{H}{C}}-\overset{C(=O)OMe}{\underset{CN}{C}}- \right]_n$	강력 접착제
Polytetrafluoroethylene (상품명: Teflon)	$F_2C=CF_2$	$\left[-\overset{F}{\underset{F}{C}}-\overset{F}{\underset{F}{C}}- \right]_n$	프라이팬 코팅제

20.2 중합체의 분류

중합체는 다양한 방식으로 분류하는데 일반적으로는 반응의 종류, 조립 방법 및 중합체 성질이나 구조에 따라 분류한다.

■ **반응 종류에 따라 첨가 중합체와 축합 중합체로 구분된다.**

- 첨가 중합 반응에는 라디칼, 양이온성, 음이온성 중합 반응이 있다.
  - ▸ 양이온성 중합은 치환기(R)가 전자 주는 기일 때 일어난다.
  - ▸ 음이온성 중합은 치환기(R)가 전자 끄는 기일 때 일어난다.
  - ▸ 전자 주는 기는 탄소 양이온을 안정화시키고, 전자 끄는 기는 탄소 음이온을 안정화시키기 때문이다.
- 양이온성 중합 반응의 종결은 적당한 친핵체를 첨가시켜 종결할 수 있다.
- 음이온성 중합에서는 단위체가 모두 소멸되어도 사슬에는 탄소 음이온이 남아 있어, 단위체를 추가하면 반응이 계속 진행된다. 이런 중합체를 **리빙 중합체**(living polymer)라고 한다.

라디칼 중합

RÖ—ÖR (라디칼 개시제) —빛 또는 열→ 2·ÖR + (R-alkene) → RO~(R)· (라디칼 중간체) + (R-alkene) —여러 단계→ (polymer, R R R)

양이온 중합(R = 전자 주는 기)

A—H (양성자 산) + (R-alkene) → (+, R) (양이온 중간체) + (R-alkene) —여러 단계→ (polymer, R R R)

음이온 중합(R = 전자 끄는 기)

Bu^-Li^+ (탄소 음이온) + (R-alkene) → Bu~(R)⁻ (음이온 중간체) + (R-alkene) —여러 단계→ (polymer, R R R)

■ **합성 중합체는 조립 방법에 따라 사슬-성장 중합체와 단계-성장 중합체로 나눈다.**

- **사슬-성장 중합체**(chain-growth polymer)는 **첨가 중합체**(addition polymer)라고도 하며, 이들은 연쇄 반응에 의해 만들어진다(예: poly(vinyl chloride)).

H_2C=CH(Cl) (vinyl chloride) —개시제→ (Cl Cl Cl, +; 성장점) —H_2C=CH(Cl)→ (Cl Cl Cl Cl) poly(vinyl chloride)

  ▸ 사슬-성장 중합체는 단위체가 서로 직접 반응하지 않는 조건에서 만들어지지만, 각 단위체가 성장하는 사슬에 한 번에 하나씩 첨가된다.

  ▸ 성장하는 중합체 사슬에는 단 하나의 **성장점**(growth point)이라고 하는 반응 자리만을 가지고 있다.

- **단계-성장 중합체**(step-growth polymer)는 **축합 중합체**(condensation polymer)라고도 하며, 두 개의 작용기를 가지고 있는 단위체가 결합하여 물이나 HCl을 방출하면서 만들어진다(예: Nylon 6,6).

  ▸ 단계-성장 중합체는 단위체가 **올리고머**(oligomer)가 형성되는 조건에서 생성되며, 올리고머는 서로 결합하여 중합체를 형성한다.

  ▸ 이 올리고머는 두 개의 성장점을 가진다. 이런 반응은 두 개의 작용기를 가지는 단위체를 사용할 때 일어난다.

$$H_2N-(CH_2)_6-NH_2 + Cl-C(=O)-(CH_2)_4-C(=O)-Cl \longrightarrow -N(H)-(CH_2)_6-N(H)-C(=O)-(CH_2)_4-C(=O)-N(H)-(CH_2)_6-N(H)-C(=O)-N(H)-$$

1,6-hexanediamine, adipoyl dichloride, nylon 6,6

■ **중합체는 또한 구조에 따라 분류하는데, 중합체 주사슬에 가지를 많이 가진 화합물을 가지 중합체(branched polymer)라고 한다.**

- 가지치기는 중합 반응 과정에 성장점의 위치가 이동할 때 일어난다.
- 가지가 전혀 없는 중합체는 **선형 중합체**(linear polymer)라고 한다.
- Ziegler-Natta 촉매를 이용하여 가지치기의 범위나 입체 화학을 조절할 수 있다.
  - ▸ 예를 들어 polyethylene 합성에서 Ziegler-Natta 촉매를 사용하지 않으면 탄소 원자 천 개당 20개의 가지가 존재하지만, Ziegler-Natta 촉매를 사용하면 탄소 원자 천 개당 5개 정도의 가지를 가진다.
  - ▸ 또 ethylene 단위체로 중합하면 카이랄 중심이 생성되는데, 이 반응에서 적당한 Ziegler-Natta 촉매를 사용하면 카이랄 중심 배열을 같은 방향 배열(동일 배열, isotactic), 교대로 배열(교대 배열, syndiotactic) 또는 혼성 배열(무규칙 배열, atactic)의 중합체를 얻을 수 있다.

독일의 Karl Ziegler가 titanium-based catalysts를 처음 개발하였고, 이탈리아 Giulio Natta는 이를 이용하여 중합체를 만들었다. 이 두 사람은 그 공로로 1963년 노벨 화학상을 받았다.

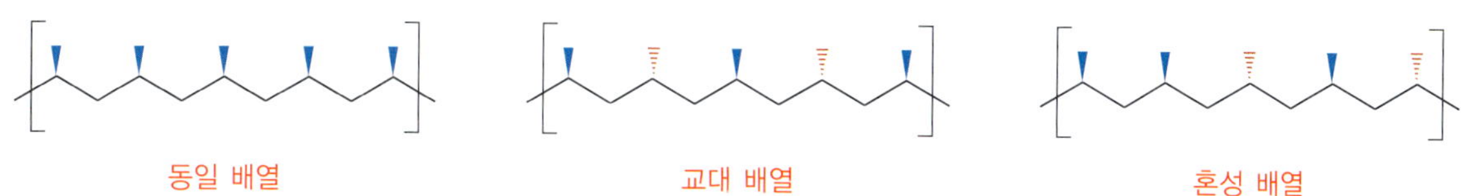

동일 배열　　교대 배열　　혼성 배열

■ **중합체 사슬과 사슬 사이에 −S−S−(disulfide) 결합을 하거나 다른 사슬들이 가지치기를 하면서 사슬 간에 가교 결합을 하는 중합체를 가교−결합 중합체(crossed-linked polymer)라고 한다.**

- 가황 처리된 고무도 가교−결합 중합체이다.

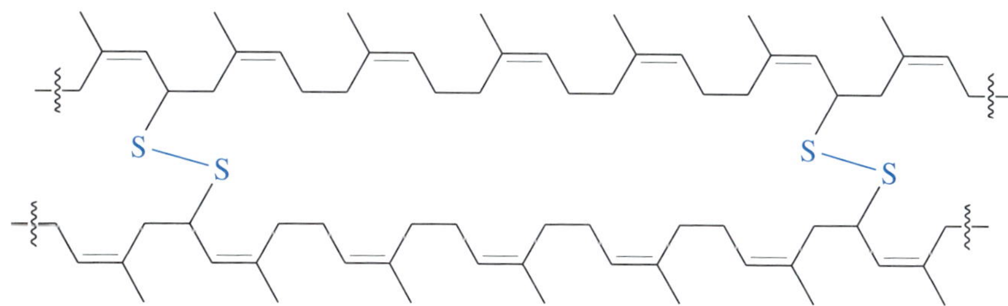

가교 결합한 고무의 일부 구조

■ **대부분의 중합체에는 미소 결정(crystallite)이라는 결정성 부분과 결정성이 아닌 비결정성(amorphorus) 영역이 있다.**

- 결정성 부분은 중합체를 단단하고 내구성이 있게 하는데, 이는 van der Waals 힘(예, polyethylene)이나 수소 결합(예, Nylon) 때문에 생기며 반복 단위에 존재하는 치환기의 입체 구조에 의존한다.
- 비결정 부분은 중합체를 유연성 있게 한다. 두 가지 온도 T_g(glass transition temperature, 유리 전이 온도)와 T_m(melt transition temperature, 용융 전이 온도)로 중합체의 열적 성질을 나타낸다.
  - ▸ 유리 전이 온도는 단단한 비결정성 중합체가 부드러워지기 시작하는 온도이다.
  - ▸ 용융 전이 온도는 중합체의 결정성 영역이 녹아서 비결정성으로 되는 온도이다. 보다 더 잘 정렬된 중합체가 더 높은 T_m 값을 나타낸다.

■ **중합체를 성질에 따라 분류하기도 한다. 가장 일반적인 분류는 열가소성 플라스틱, 탄성체, 섬유 및 열경화성 수지 등으로 구분하는 것이다.**

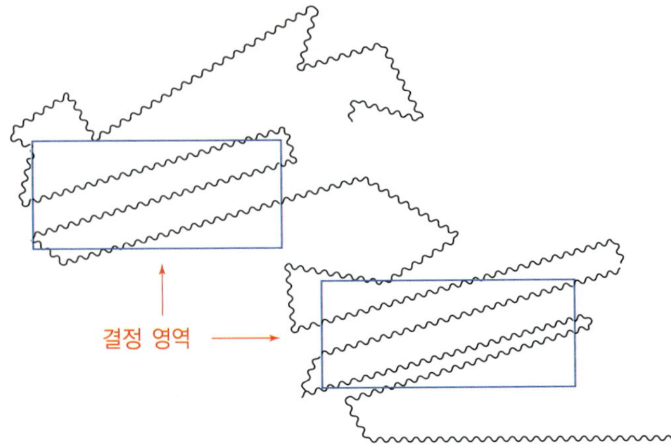

- **열가소성 플라스틱**(thermoplastic): 실온에서 단단하지만 가열하면 유연해지므로 쉽게 성형할 수 있다. 그러나 실온에서 깨지기 쉽다. 이를 피하기 위해 가소제(plasticizer)를 사용한다.
  - ▸ 일반적인 가소제로 di-2-ethylhexyl phthalate와 dialkyl phthalate 등이 있다.
  - ▸ 가소제는 윤활제 역할을 하고 중합체 사슬을 서로 묶는다.
  - ▸ 어떤 가소제는 시간이 지나면 증발되기도 한다. 장난감, 보관 용기, 가정용 호스, 샤워 커튼 등의 제조에 사용한다.
- **탄성체**(elastomer): 탄성체는 늘어난 다음 원재의 모형으로 돌아가는 중합체이다. 작은 정도의 가교 결합을 하고 있고, 전형적인 비결정 중합체이다. 천연 고무가 그 예이다.
- **섬유**(fiber): 특정 중합체를 가열하여 녹여서 작은 구멍을 통해 밀어 넣어 식히면 섬유를 만들 수 있다. 생성된 섬유는 중요한 인장 강도를 가진 섬유를 만드는 결정성 영역을 나타낸다. Nylon, Dacron 및 polyethylene이 그 예이다.
- **열경화성 수지**(thermosetting resin): 열경화성 수지는 일반적으로 단단하고 불용성이며 가교 결합이 많은 중합체이다. Bakelite가 그 예이다. Bakelite는 phenol과 formaldehyde를 반응시켜 만든다.

20.3 중합체 합성

중합체는 라디칼 중합, 양이온 중합 및 음이온 중합 등의 방법으로 만든다.

20.3.1 라디칼 중합

■ **라디칼 중합은 파이 결합을 포함하는 단위체($CH_2{=}CHZ$)가 라디칼 중간체를 거쳐 합성되는 방법이다.**

- 라디칼 반응은 일반적으로 개시 단계, 전파 단계 그리고 종결 단계인 세 단계를 거쳐 진행된다.
- $CH_2{=}CHZ$의 라디칼 중합 반응에서는 치환기 Z에 의해 전자가 비편재화되어 라디칼이 안정화되면 유리하다.

- 라디칼 중합에 주로 사용되는 단위체로 $CH_2{=}CH_2$(ethylene), $CH_2{=}CHCl$(vinyl chloride), $CH_2{=}CHPh$(styrene) 및 $CH_2{=}CHOC({=}O)CH_3$(vinyl acetate) 등이 있다.
- 라디칼 중합에서는 더 많이 치환된 라디칼이($ROCH_2CHZ$ 라디칼) 항상 단위체($CH_2{=}CHZ$)의 치환이 더 적게 치환된 탄소($CH_2{=}$)에 첨가된다. 이를 머리-꼬리 중합(head-to-tail polymerization)이라고 한다.

메커니즘 20.1 $CH_2{=}CHZ$의 라디칼 중합 반응

개시 단계

$RÖ{-}ÖR$ —빛 또는 열→ $2\,RÖ\cdot + H_2C{=}C(Z)(H)$ → $ROH_2C{-}\dot{C}(Z)(H)$

전파 단계(머리, 꼬리 중합)

$ROH_2C{-}\dot{C}(Z)(H) + H_2C{=}C(Z)(H)$ → $ROH_2C{-}C(Z)(H){-}CH_2{-}\dot{C}(Z)(H)$

종결 단계

$\sim CH_2{-}\dot{C}(Z)(H) + (H)(Z)\dot{C}{-}CH_2\sim$ → $\sim CH_2{-}C(Z)(H){-}C(H)(Z){-}CH_2\sim$

20.3.2 이온 중합

- **사슬-성장 중합은 반응 중간체로 양이온 또는 음이온을 거쳐 일어난다.**
  - 양이온 중합 반응은 알켄에 친전자체의 첨가가 일어나서 탄소 양이온이 생성되는 반응의 한 가지 예이다.
  - 양이온 중합은 치환기가 탄소 양이온을 안정화시킬 수 있는 전자 주개 치환기가 있는 단위체에서 일어난다.

메커니즘 20.2 $CH_2{=}CHZ$의 양이온 중합

F_3B —H_2O→ $F{-}B^-(F)(F){-}O^+H_2$ + (Z-알켄) —$-F_3B^-OH$→ $R{-}CH_2{-}C^+H(Z)$ + (Z-알켄) → $H_3C{-}CH(Z){-}CH_2{-}C^+H(Z)$

반복

$F_3B^-ÖH$ + $\sim CH(Z){-}CH_2{-}CH(Z){-}CH_2{-}C^+H(Z)$ → $F_3B^-O^+H_2$ + $\sim CH(Z){-}CH_2{-}CH(Z){-}CH{=}CH(Z)$

- **알켄은 전자가 부족한 라디칼이나 양이온과는 쉽게 반응하지만 전자가 풍부한 친핵체와는 반응하지 않는다. 이런 이유로 음이온 중합에서는 단위체에 전자 끄는 기(COOR, COR, CN)가 있는 경우에만 반응한다.**
  - 음이온을 생성시키는 데는 RLi(alkyl lithium) 같이 강한 염기를 사용한다.

메커니즘 20.3 $CH_2{=}CHZ$의 음이온 중합 반응

20.3.3 Ziegler-Natta 촉매를 이용한 입체 화학의 조절

- **하나의 치환기를 가지는 알켄 단위체($CH_2{=}CHZ$)가 형성하는 중합체는 동일 배열, 교대 배열 및 혼성 배열 등의 세 가지 구조를 형성할 수 있다.**
  - 적당한 Ziegler-Natta 촉매를 이용하면 이 세 가지 구조를 다 만들 수 있다.
  - Ziegler-Natta 촉매를 사용하면 다음의 두 가지 이점이 있다.
    - 촉매에 따라 입체 화학–동일 배열, 교대 배열 및 혼성 배열–을 쉽게 조절할 수 있다.
    - 반응 중간체로 라디칼을 거치지 않으므로 가지를 많이 가지지 않는 긴 사슬 중합체를 만들 수 있다(즉, 반응 중 분자 간 수소 이동이 일어나지 않는다).
  - Ziegler-Natta 촉매는 다양하다. 그 중 $TiCl_4Et$는 Et_3Al과 $TiCl_4$를 반응시켜 제조한다.
    - Titanium은 6개의 배위 자리를 가지므로, $TiCl_4Et$는 한 자리가 비어 있다. 이 빈 자리에 단위체의 파이 결합이 배위 결합하고 그 다음에 Ti-C 결합이 삽입된다.

메커니즘 20.4 $CH_2{=}CHZ$의 Ziegler–Natta 촉매 중합 반응

20.3.4 공중합체

- 한 종류의 단위체만으로 구성된 중합체를 **동종 중합체(homopolymer)**라고 하고, 두 개 또는 그 이상의 단위체로 구성된 중합체는 **공중합체(copolymer)**라고 한다. 실제적으로 상업적으로는 공중합체가 더 중요하다.
  - 사슬을 따라 A와 Z가 교대로 배열된 중합체를 **교대 공중합체**(alternating copolymer)라고 한다.
  - A와 Z가 사슬에 무작위로 분산 배열된 중합체를 **불규칙 공중합체**(random copolymer)라고 한다.

$$\text{+A-Z-A-Z-A-Z-A-Z-A-Z-A-Z-A-Z-A-Z+} \quad \text{교대 공중합체}$$

$$\text{+A-A-A-Z-Z-A-Z-A-Z-Z-Z-A-A-Z-A-Z+} \quad \text{불규칙 공중합체}$$

  - 공중합체의 예로 Saran을 들 수 있다. Saran은 단위체 vinyl chloride와 vinylidene chloride를 1:4의 비율로 공중합시킨 물질이다.

$$H_2C{=}CH(Cl) + H_2C{=}CCl_2 \longrightarrow \left[CH_2CH(Cl) \right]_m \left[H_2CCCl_2 \right]_n$$

vinyl chloride　　vinylidene chloride　　Saran

  - 공중합체에서 단위체의 정확한 분포는 단위체의 초기 비율과 상대적인 반응성에 의존한다.

- 동종 중합체 소단위로 구성되는 두 가지 다른 형태의 공중합체로 **블록 공중합체**(block copolymer)와 **접목 공중합체**(graft copolymer)가 있다.
  - 블록 공중합체는 동일한 단위체로 구성된 일정한 구역(블록)들이 교대로 배열된 중합체이다.
  - 접목 공중합체는 동종 단위체로 구성된 사슬에 다른 단위체로 구성된 사슬이 곁사슬로 접목(graft)된 형태의 중합체이다.

$$\text{+A-A-A-A-A-A-A-A-Z-Z-Z-Z-Z-Z-Z-Z-Z+} \quad \text{블록 공중합체}$$

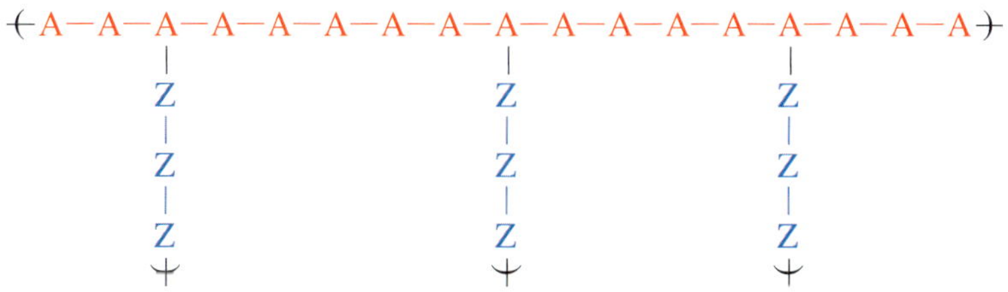

$$\text{+A-A-A-A-A-A-A-A-A-A-A-A-A-A-A-A-A+} \quad \text{접목 공중합체}$$

(3번째, 9번째, 14번째 A에 각각 곁사슬 -Z-Z-Z+ 가 연결됨)

표 20.2 일반적인 몇 가지 공중합체 단위체와 용도

상품명	단위체		용도
Saran	$CH_2{=}CHCl$ vinyl chloride	$CH_2{=}CCl_2$ vinylidene chloride	섬유, 식품 포장지
Styrene-butadiene (SBR)	$CH_2{=}CHPh$ styrene	$CH_2{=}CHCH{=}CH_2$ 1,3-butadiene	고무제품, 타이어
Viton	$CF_2{=}CF(CF_3)$ hexafluoropropene	$CH_2{=}CF_2$ vinylidene fluoride	밀봉제, 가스킷
나이트릴 고무	$CH_2{=}CH(CN)$ acrylonitrile	$CH_2{=}CHCH{=}CH_2$ 1,3-butadiene	호스, 접착제
뷰틸 고무	$CH_2{=}C(CH_3)_2$ isobutylene	$CH_2{=}CHC(CH_3){=}CH_2$ isoprene	내부 튜브
ABS	$CH_2{=}CH(CN)/CH_2{=}CHPh$ acrylonitrile/styrene	$CH_2{=}CHCH{=}CH_2$ 1,3-butadiene	파이프, 고강도 제품

20.4 의약 화학

'Drug(의약품)'이라는 단어는 약품으로 사용하기 위해 말린 식물이나 식물의 일부를 의미하는 말이었으나, 오늘날에는 몸에 흡수되어 신체적, 심리적 기능을 변화시키거나 증진시키는 물질을 의미한다.

Paul Ehrlich(1854~1915, 독일)는 1908년에 면역학을 발전시킨 공로로 노벨 생리 및 의학상을 받았다.

인간에 의한 의약품 사용 역사는 기원 전까지 거슬러 올라가며 모든 인류의 문화에 뻗쳐 있다. 즉, 의약 화학의 역사는 매우 오래지만 오늘날과 같은 의미의 **의약 화학**(medicinal chemistry)은 독일 화학자 Paul Ehrlich가 **화학요법**(chemotherapy)라는 용어를 만들면서부터 시작되었다고 볼 수 있다. 즉, 어떤 화합물은 인간 세포보다 병원성 미생물에 독성이 더 강해서 이 화합물로 미생물 감염에 의한 질병을 치료하거나 조절할 수 있다는 것이었다. 이런 생각이 오늘날 약국에 2000여 가지 이상의 제조약이 비축될 수 있게 하였고, 이들 대부분이 유기 화합물이다. 이는 의약 화학의 발달에 기인한다고 볼 수 있다.

O OH OH OH N F H N O

Lipitor(atorvastatin)
cholesterol 수치 감소약

N H₃CO O O O N H OH

Vicodin(hydrocodone/acetoaminophen)
진통제

그림 20.1 2000년대 중반 가장 많이 제조된 대표적인 약품(괄호 안의 이름은 일반명이다). (계속)

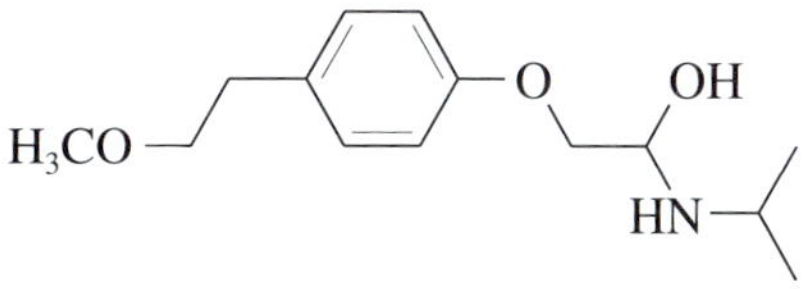

Toprol-XL(metoprolol)
항부정맥약, 항고혈압약

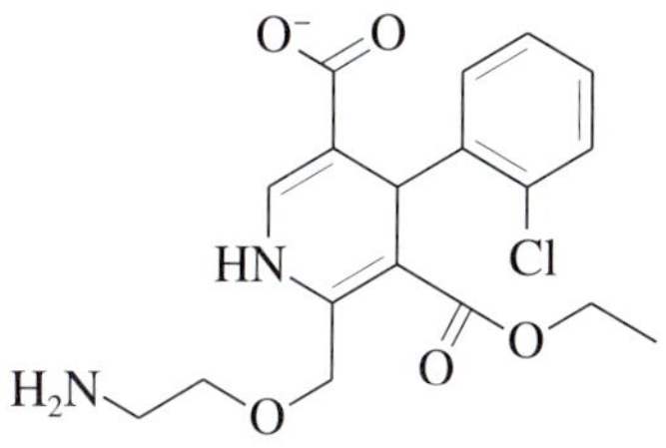

Novasc(amlodipine)
항고혈압약 (Ca channel blocker)

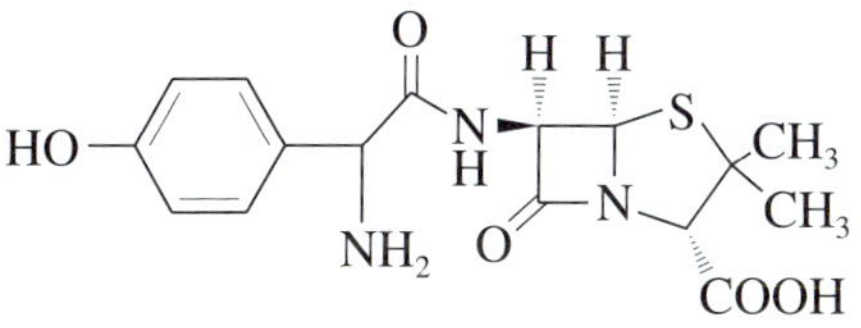

Amoxil(amoxicillin)
항생제

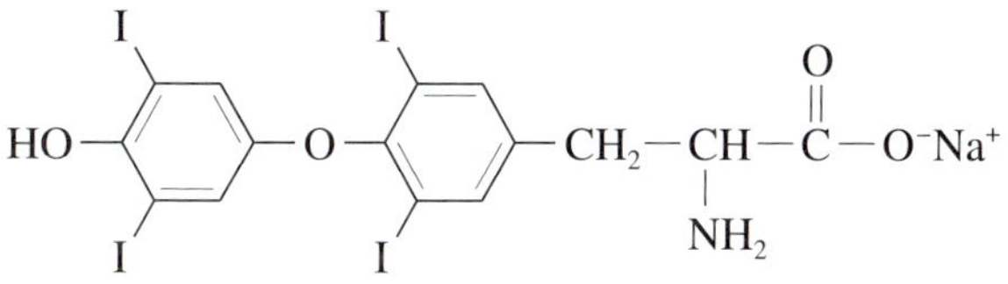

Synthroid(levothyroxine)
갑상선 기능 저하증약

그림 20.1 2000년대 중반 가장 많이 제조된 대표적인 약품(괄호 안의 이름은 일반명이다).

- **Alfred Burger는 의약 화학**(medicinal chemistry)**을 '질병의 치료, 처치, 예방을 위해 사용되는 화합물들을 분리, 동정 내지는 합성하여 분자 수준에서 연구하는 분야'라고 정의한다.**
  - 의약 화학은 화학, 생화학, 생물학, 미생물학, 약리학, 제약학, 생물약제학, 내과학, 병리학 및 독물학 등 여러 분야가 관련된 학제 간 전공 분야이다.

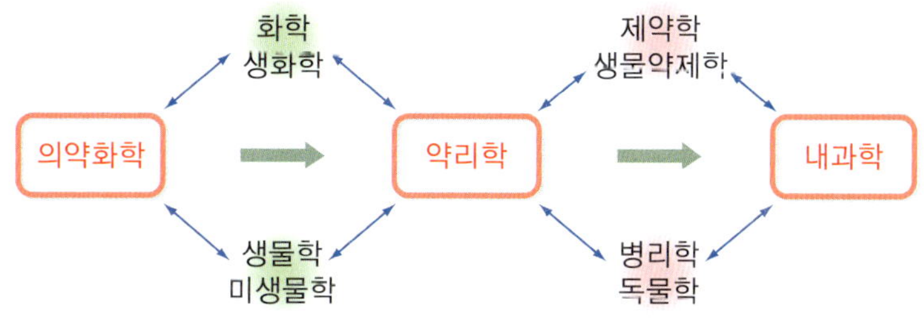

그림 20.2 의약 화학과 관련 학문 분야 간 관계도

20.4.1 약의 이름

약품은 화학명, 상표명 및 일반명의 세 가지 이름으로 표기된다. 약품의 정확한 이름은 구조에 따른 화학적 이름이다. 그러나 IUPAC 규칙에 따라 명명하는 화학적 이름은 때로 너무 길고 복잡하므로, 취급하는 의사나 일반 대중에게 불편하다.

- **제약회사들은 개발한 약품에 대해 새로운 상표명**(brand name)**을 정하여 등록할 수 있지만, 이 상표명은 특허를 소유한 회사만이 사용할 수 있다.**

- 일반명(generic name, 무상표명)은 상표로 등록되지 않은 이름으로, 화학명보다 간단하다. 약품을 개발한 제약회사에서는 독립적인 집단으로부터 제안 받은 10개의 목록 가운데서 일반명을 선택할 수 있고, 일반명은 어떤 회사든지 그 해당 물질을 확인하기 위해 사용할 수 있다.
- 상표명은 대문자로 시작하고 일반명은 소문자로 쓴다.

■ **약품을 개발한 회사는 특허를 출원하여 그 권리를 보장받을 수 있고, 그 기간은 20년이다. 특정 약품에 대해 특허가 만료되면 다른 회사도 일반명이나 자신의 회사가 출원한 다른 상표명으로 시판할 수 있다.**

- 이는 '상표가 있는 일반명(branded generic name)'이라고 한다.
- 1961년 영국의 Beecham 사에서 소개한 ampicillin 항생제는 특허 소유회사의 상표인 'Penbritin'으로 판매되었으나, 특허가 만료되면서 Viccillin, Ampicin, Amplital, Ampilar 및 Pentrex 등 수십 종의 상표가 있는 일반명으로 판매된다.

20.4.2 의약품 개발: 선도 물질

■ **선도 물질**(lead compound)**이란 '생물학적으로 활성이 있어 신약 개발 후보 물질**(candidate)**을 찾기 위한 원형**(prototype) **화합물'을 말한다.**

- 선도 물질은 다양한 방법으로 발견할 수 있으나, 지금까지는 주로 천연에서 발견한 것이 가장 많다.

■ **선도 물질을 발견하는 방법은 천연에서 추출하거나, 우연히 발견하거나 무작위 검색을 통해 찾을 수 있다.**

- **천연 추출법**(extraction from natural sources): 천연물에서 생물 활성 물질을 추출하는 방법. 예) morphine(Sertürner, 1805), cocaine(Wöhler, 1859), insulin(Abel, 1926), atropine(Mein, 1831) 등
- 우연한 발견(serendipity): 우연히 발견하는 경우이다. 예) Acetanilid(Cahn & Happ, 1886), Penicilin(Fleming, 1929)
- 무작위 검색법(random screening): 특정 질병이나 바이러스 치료제 개발을 위해 무작위로 검색하여 선도 물질을 찾는 방법. 예) 제2차 세계대전 당시 말라리아 치료제 개발을 위해 11개 나라에서 14,000개의 화합물에 대해 검색하였다.(예, Chloroquine의 개발)

현재 사용되고 있는 많은 약품들이 우연히 발견되었다. Nitroglycerin은 폭약에 사용되는 물질이다. Nitroglycerin을 다루는 근로자들이 심통에 시달리자, 연구를 통해 nitroglycerin이 혈관 확장 능력이 있음을 알게 되었고, 이를 협심증(심장통증) 완화제로 개발하였다.

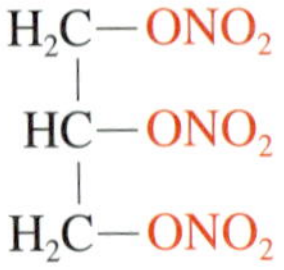

H_2C-ONO_2 / $HC-ONO_2$ / H_2C-ONO_2

nitroglycerin

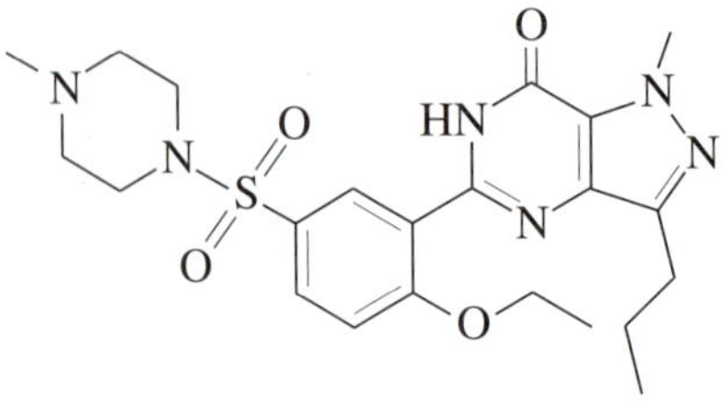

Viagra(Sildenafil)

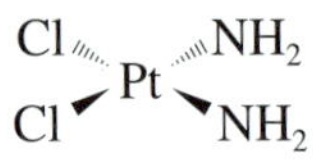

Cisplatin

Viagra(Sildenafil)도 심장병 치료제로 임상 실험 중에 임상 실험 참가자들이 겪은 다른 효과로부터 우연히 발견된 약품이다. Cisplatin[$PtCl_2(NH_3)_2$]은 1965년 미시간주립대학교의 Barnett Rosenberg가 백금 전극을 이용하여 세포 분열에 미치는 전류의 영향을 연구하다 우연히 발견한 항암제이다.

진정제인 Librium도 연구 도중에 우연히 발견되었다. 오스트리아 의약 화학자였던 Leo H. Stembach가 약품 개발을 위해 quinazoline 3-oxide 계열 화합물들을 합성하여 약리 활성을 측정하였으나 이 화합물들이 활성을 보이지 않았다. 이 합성 물질 중 하나는 quinazoline 3-oxide가 아니어서 활성 평가를 하지 않은 채 실험실에 방치되다가 우연히 다시 활성 평가를 하게 되었다. 공교롭게도 이 물질이 진정제 효과를 나타내었다. 따라서 구조를 다시 확인한 결과 일곱 원자 고리를 포함하는 benzodiazepine 4-oxide였다.이것이 Librium이고, 이 물질은 다양한 분자 변형을 통해 다수의 약품으로 개발되었다.

Barnett Rosenberg(1926~2009, 미국)는 화학자로 Michigan State University에서 cisplatin을 개발하였다.

Leo H. Stembach(1908~2005, 미국)는 화학자로 benzodiazepine을 개발하였다.

Cisplatin은 난소암, 고환암, 자궁암, 뇌암, 유방암, 폐암 및 방광암 등에 사용된다.

quinazoline 3-oxide

CH_3NH_2

benzodiazepine 4-oxide
(Librium)

무작위 검색법은 'Blind screen'이라고도 하며, 생물 활성 구조에 대한 아무런 정보 없이 무작위로 검사하여 약물학적으로 활성이 있는 화합물을 찾는 것이다. 첫 번째 무직위 검색법은 Paul Ehrlich에 의해 아프리카 수면병을 유발하는 미생물 trypanosome 특효약을 개발하는 데서 시도되었다. 여기에 사용된 일부 화합물을 다른 박테리아에 시험해 보다가 매독을 발생시키는 미생물에 효과가 있음을 발견하여 매독 치료제로 salvarsan(화합물 606)을 개발하였다. 새로 개발되는 의약품의 약 75%가 처음 목적과 다른 용도로 사용된다. 오늘날의 약품 개발을 위한 선도 물질 도출의 출발점은 그 동안 인류가 사용하던 전통 의약품이다.

전통 의학의 원료는 대부분 약초, 열매, 뿌리 및 나무껍질 등에서 분리한다. 말라리아 치료제인 quinine은 느릅나무 껍질에 포함되어 있고, 해열 진통성이 있는 salicylate는 버드나무 껍질에 포함되어 있다. 진통 효과가 있는 morphine은 양귀비의 흰 즙에 들어 있다. 약품을 개발하려는 과학자들은 지금도 식물, 동물, 미생물 및 곤충에서 새로운 활성 성분을 찾기 위해 끊임없이 노력하고 있다.

■ **약품 개발에는 생물학적인 활성을 평가하는 방법이 필요하다.**

- 한 가지 방법은 생체 밖(in vitro)에서 수행하는 방법으로 시험관이나 플라스크에서 평가하는 것이다.
- 다른 하나는 생체 안(in vivo)에서 평가하는 것이다.

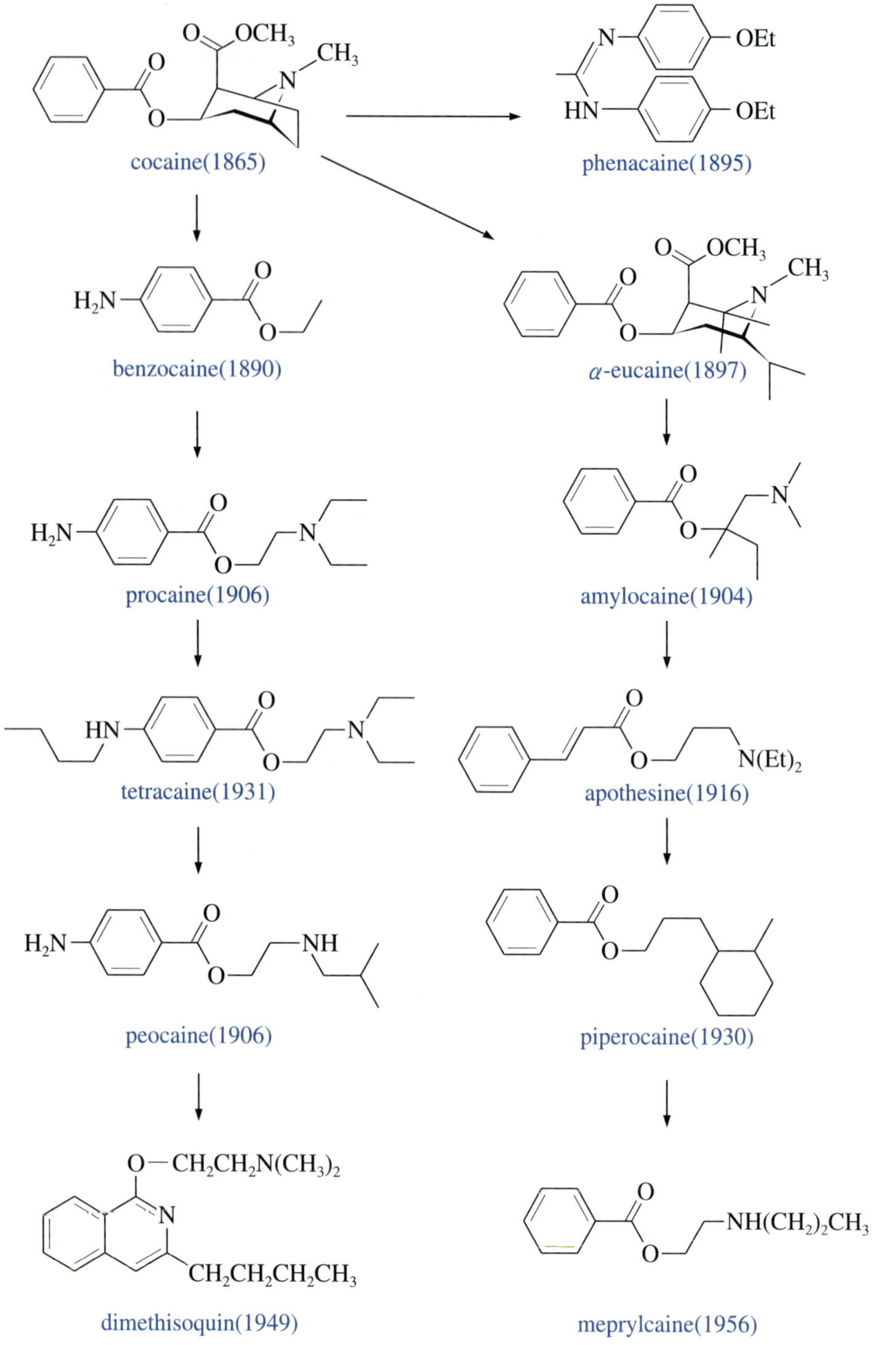

그림 20.3 Cocaine의 분자 변형으로 개발된 약품들

Prontosil이 생체 내에서 분해되고, 분해 생성물인 p-aminobenzenesulfonamide의 NH_2 기에 아실화가 되어 p-acetamidobenzenesulfonamide로 배출된다.

시험관 시험에서 활성이 없는 화합물이 생체 내 시험에서 활성을 보이기도 한다. 의사들이 필요로 하는 약품은 시험관이 아니라 동물이나 사람의 감염을 치료할 수 있어야 하므로 생체 안 시험이 더 우세하게 이루어진다. Prontosil이 생체 내 시험으로 개발한 한 가지 예이다. 쥐에 이 Prontosil을 투여하면 붉은색 화합물 대신 *p*-acetamidobenzenesulfonamide가 배출됨을 알았다. 이 결과를 토대로 첫 번째 설파(sulfa)제 항생제인 sulfanilamide를 연쇄상구균 항생제로 개발하였다.

Prontosil

p-acetamidobenzenesulfonamide

p-aminobenzenesulfonamide
(sulfonilamide)

20.4.3 의약품 개발: 분자 변형

- **분자 변형**(molecular modification)**이란 선도 물질의 구조를 변형하여 생물 활성이 보다 더 좋고, 안전한 후보 물질을 개발하는 방법이다.**
  - 분자 변형은 선도 물질보다 더 우수한 화합물을 찾을 수 있는 가능성이 크고, 시간적으로나 경제적으로 이점이 있어 널리 적용되고 있다.

Cocaine에서 여러 가지 합성 국소 마취제를 개발한 것은 분자 변형의 좋은 예이다(그림 20.3).

Librium의 분자 변형으로 Valium, Rohypnol, Xanax, Dalmane, Klonopin 및 Ativan 등의 신정제들이 개발되었다(그림 20.4).

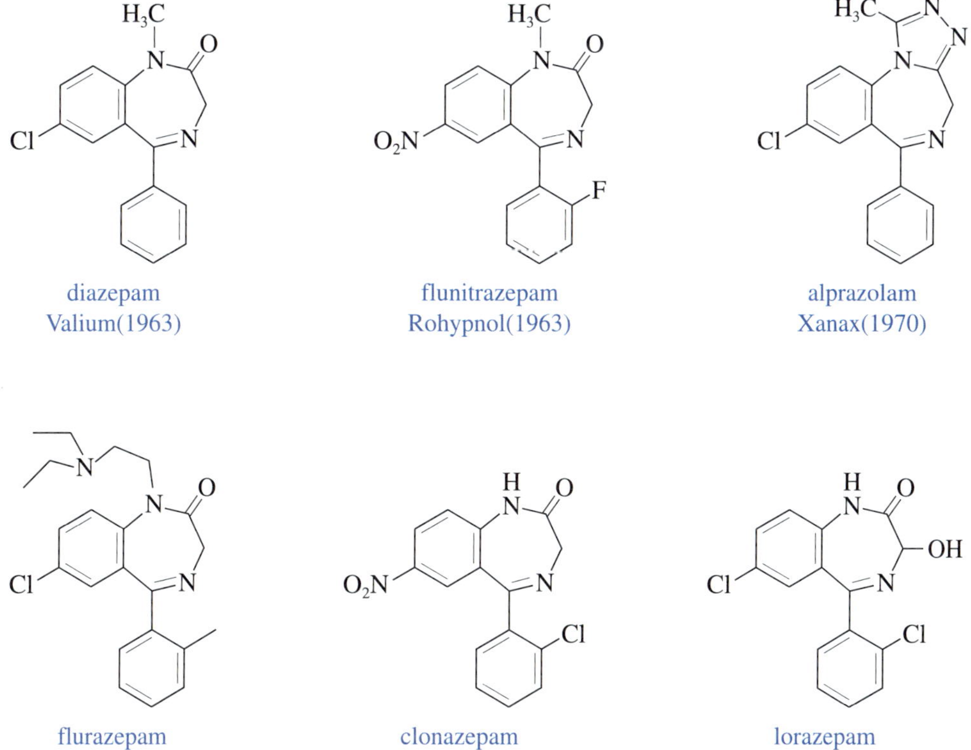

그림 20.4 Librium 분자 변형으로 개발된 진정제들

20.5 수용체

노스캐롤라이나의 Gertrude Elion, George Hitchings와 런던 킹스칼리지의 James Black은 1988년에 노벨 생리 의학상을 수상하였다.

바이러스가 유발하는 질병의 치료제 개발을 위해서는 세포의 정상적인 생화학을 이해해야 한다. Gertrude Elion, George Hitchings와 James Black이 세포막 수용체의 모양을 결정하고 보통 세포의 작용법을 밝혔다. 이를 바탕으로 감염된 세포의 수용체를 막을 수 있는 의약품 설계가 가능해졌다.

- **많은 약품들이 수용체(receptor)라는 특정한 세포의 결합 자리에서 결합하여 생리 작용을 나타낸다.**
  - 수용체가 세포의 반응을 유발하므로, 적은 양의 약품으로도 측정 가능한 효과를 나타낸다.
  - 대부분의 수용체는 카이랄성이고, 어떤 수용체들은 세포막의 일부이기도 하다. 종종 **지질 단백질**(lipoprotein)이나 **당단백질**(glycoprotein)들이다.
  - 모든 세포가 같은 수용체를 가지지는 않으므로 약품은 상당한 **특이성**(specificity)을 보인다.−예로써 심장 근육에 강력한 효과가 있으나 몸의 다른 부분의 근육에는 거의 효과가 없는 epinephrine을 들 수 있다.

- **약품은 수용체와 수소 결합, van der Waals 상호작용 및 정전기적 인력 등과 같은 방식으로 상호작용을 한다.**
  - 약품의 결합 자리에 대한 친화도가 높을수록 잠재적인 생리 활성도는 더 높다.
  - 원하는 생리 활성 물질을 고안하려면 약리 작용을 분자 수준에서 이해해야 한다.
  - 초기에는 의약품 설계가 어려웠지만 오늘날에는 수용체에 적합한 분자 설계를 위해 강력한 컴퓨터를 활용한다.
    - ▸ 컴퓨터를 이용하면 수용체와 작용할 수 있는 분자의 모형을 예측할 수 있다.
    - ▸ 컴퓨터 **분자 모형화**(molecular modelling)는 합리적인 신약 설계를 가능하게 한다.

20.6 약물 작용 발생단

- **약물 분자는 통상 약물 작용 발생단(pharmacophore) 부분과 보조 작용 발생단(auxophore)으로 구성되어 있다.**
  - 약물 작용 발생단이란 해당 화합물이 생물 활성을 나타내는 데 필수적인 구조 부분이다.
  - 보조 작용 발생단은 약물 작용 발생단을 제외한 부분이다.
  - 만일 약물 작용 발생단의 구조의 일부가 없어지거나 변형되면 수용체와 결합하는 데 적합하지 않게 되고, 그렇게 되면 생리 활성을 보이지 않게 된다.

- **선도 물질로부터 분자 변형에 의해 새로운 약품을 설계하려면 약물 작용 발생단을 알아야 한다.**
  - 분자 변형에서는 주로 보조 작용 발생단의 구조를 변형한다.
    - ▸ 예로 morphine의 분자 변형을 살펴보자. Morphine의 분자 변형으로부터 개발된 약품들은 공통적으로 적색 굵은 선 부분(약물 작용 발생단)이 포함되어 있다. 이 부분은 사차 탄소에 방향족 고리가 결합되고 탄소 두 개가 떨어진 위치에 삼차 아민을 가지고 있다.

Morphine에서 유도된 이들 화합물이 공통적으로 적색 부분의 약물 작용 발생단을 포함하고 있어야 한다는 의미에서 'morphine 규칙'이라고도 한다.

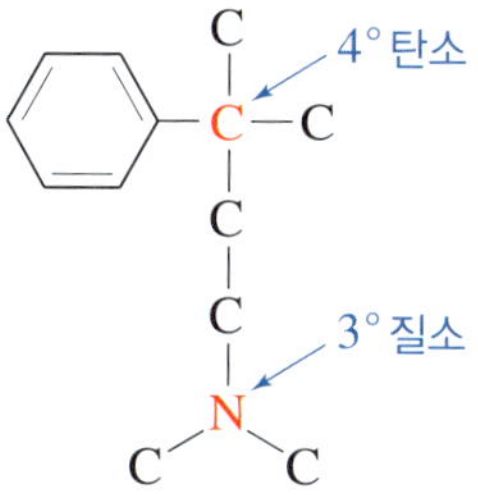

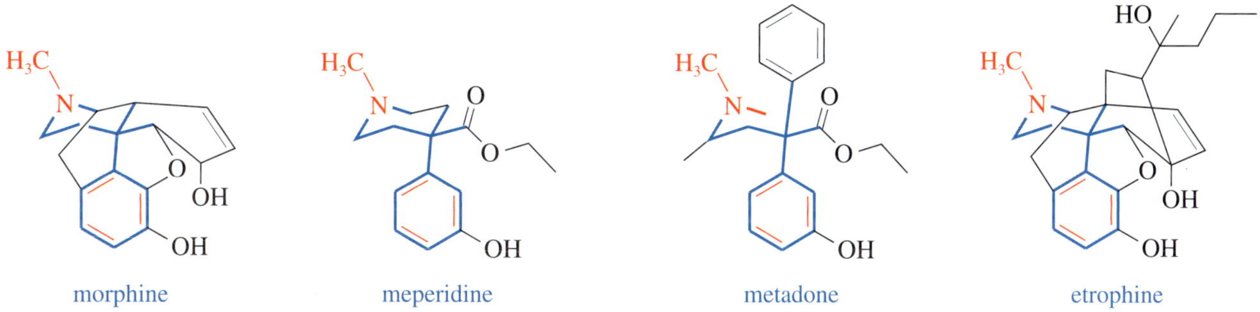

그림 20.5 Morphine에서 유도된 화합물

20.7 기타 의약 화학 용어

■ **유기 화학에서 흔히 사용하지 않는 의약 화학 용어들이 있다. 그 중에서 자주 사용되는 용어들의 정의를 이해하고 있는 것이 좋다.**

- **작용제**(agonist): 약으로 작용하는 화합물. Morphine은 뇌에 있는 수용체에 결합하여 작용하는 작용제이다.
- **길항제**(antagonist): 수용체를 막아 약품 작용을 막거나 느리게 하는 화합물. Morphine의 길항제는 수용체를 막아서 morphine의 작용을 막는다.
- **위약 효과**(placebo effect): 활성이 없는 물질을 약품이라고 환자에게 주었을 때 심리적 효과로 좋은 결과가 나오는 것이다.
- **상승 효과**(synergistic effect): 2개의 화합물을 합해서 각 화합물의 개별적인 효과보다 더 큰 효과를 내는 것이다.
- **조합 화학**(combinatorial chemistry): 몇 개의 출발 물실로 이루어진 하나의 세트가 모든 가능한 조합으로 반응시켜 한 번에 다양한 많은 유도체를 합성하는 기술을 말한다. 예로서 10개의 화합물로 된 한 개 세트가 10가지의 다른 시약과 반응하면 동시에 100가지의 생성물을 얻을 수 있다. 이렇게 얻어진 생성물은 동시에 같은 방법으로 생물 활성 검사를 할 수 있어 의약품 개발에 매우 효율적이다.
- **치사량**(lethal dose, LD): 독성을 정량적으로 나타내는 데 LD50(50% 치사량)을 사용한다. LD50은 시험 동물의 50%가 죽을 수 있는 용량이다.
- **치료 지수**(therapeutic index): 치명적 용량 대 치료 용량의 비율이다.
- **전구 약물**(prodrug): 활성을 나타내는 약물보다 활성이 없거나 적지만, 정상적인 대사를 통해 활성 물질로 변환될 수 있는 물질이다.

Alexander Fleming(1881~1951, 영국)은 세균학자로 penicilin을 발견한 공로로 1945년에 노벨 생리의학상을 수상하였다.

Dorothy Crowfoot Hodgkin(1910~1994, 영국)은 생화학자로, 바이타민 B12의 구조를 밝힌 공로로 1964년에 노벨 화학상을 받았다.

β-락탐 항생제 이야기

β-락탐 항생제는 1928년 Alexander Fleming에 의해 우연하게 개발되었다. 발견 당시 Fleming은 곰팡이의 포자가 박테리아의 성장을 막는 것은 곰팡이가 항생 작용을 하는 물질을 만들어 내기 때문이라고 생각하였고, 그 이름을 penicilin이라고 불렀다. 이것은 당시로서는 엄청난 발견이었고, 이 발견으로 수많은 인류의 생명을 살렸다.

발견 초기에는 penicilin을 하나의 화합물로 인식하였지만, 1944년에 *p. notatum* 곰팡이가 구조적으로 비슷한 화합물들을 만들어내며 이들 모두가 항바이러스성을 가지는 것을 알게 되었다.

Penicillin의 화학 구조는 1945년 Dorothy Crowfoot Hodgkin에 의해 밝혀졌고, 대량 생산은 미국의 Merck 사에 의해 이루어졌다. Penicillin 계열 항생제가 β-락탐(β-lactam) 고리를 포함하고 있어 β-락탐 항생제로 불린다. 일반적인 모든 β-락탐 항생제의 필수 구조 단위는 β-락탐 고리와 접합된 다섯 원자 헤테로 고리 부분으로 구성되어 있다.

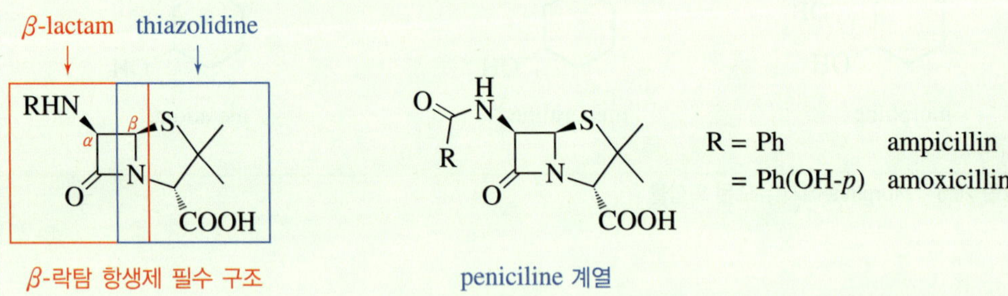

β-락탐 항생제 필수 구조 peniciline 계열

이들 β-락탐 항생제들이 약효를 나타내는 것은 박테리아 세포벽을 만드는 데 이용되는 펩타이드 교환 효소와 β-락탐 항생제가 반응하여 효소의 OH 기를 아실화시켜 효소의 활성을 없애는 것으로 알려졌다. 항생제가 투여되면 효소가 활성을 상실하여 박테리아는 세포벽을 형성하지 못하고 재생되지 않는다.

일반적으로 아마이드는 매우 안정하여 쉽게 가수 분해되지 않는다. 그러나 β-락탐 고리는 고리가 작아 각무리(angle strain)가 커서 가수 분해에 민감하다.

그러나 β-락탐 항생제에 내성을 보이는 박테리아는 약물이 펩타이드 교환 효소와 반응하기 전에 먼저 β-락탐 고리를 분해하는 β-lactamase 효소를 생성한다. 항생제의 락탐 고리가 열리면 약효를 나타내지 못한다.

Enz—ÖH → (가수 분해) EnzO— (효소 비활성화)

Enz = 펩타이드 교환 효소

RHN (β-락탐) + H_2O →(β-lactamase, 가수 분해)

주요 용어

Ziegler-Natta 촉매 (Ziegler-Natta catalyst)
가교-결합 중합체(crossed-linked polymer)
가소제(plasticizer)
가지 중합체(branched polymer)
공중합체(copolymer)
교대 배열(syndiotatic)
교대 중합체(alternating polymer)
길항제(antagonist)
단계-성장 중합체(step-growth polymer)
단위체(monomer)
당단백질(glycoprotein)
동일 배열 (isotactic)
동종 중합체(homopolymer)
라디칼 중합(radical polymerization)
리빙 중합체(living polymer)
머리-꼬리 중합(head-to-tail polymerization)
미소 결정 (crystallite)
보조 작용 발색단(auxophore)
분자 모형화(molecular modelling)
분자 변형(molecular modification)
분자 질병(molecular disease)
불규칙 공중합체(random copolymer)
블록 공중합체(block copolymer)
비결정성 (amorphorus)
사슬-성장 중합체(chain-growth polymer)
상승 효과(synergistic effect)
상표명(brand name)
선도 물질(lead compound)
선형 중합체(linear polymer)
섬유(fiber)
성장점(growth point)
수용체 (receptor)
약물 작용 발색단(pharmacophore)
열가소성 플라스틱(thermoplastic)
열경화성 수지(thermosetting resin)
올리고머(oligomer)
용융 전이 온도(melt transition temperature)
원형(prototype)
위약 효과(placebo effect)
유리 전이 온도(glass transition temperature)
의약 화학(medicinal chemistry)
이온 중합(ionic polymerization)
작용제(agonist)
전구 약물(prodrug)
접목 공중합체(graft copolymer)
조합 화학(combinatorial chemistry)
중합체(polymer)
지질 단백질(lipoprotein)
첨가 중합체(addition polymer)
축합 중합체(condensation polymer)
치료 지수(therapeutic index)
치사량(lethal dose)
탄성체(elastomer)
특이성(specificity)
합성 중합체(synthetic polymer)
혼성 배열(atactic)
화학 요법(chemotherapy)
후보물질(candidate)

연습 문제

개념 문제

1. Nylon과 같은 단계 성장 중합체는 축합 중합으로 합성한다. 단위체로부터 중합체가 형성될 때 중합체 이외의 생성물은 무엇인가?
2. 리빙 중합체가 가능한 이유는 무엇인가?
3. Ziegler-Natta 촉매를 이용한 반응으로 중합체 입체 화학을 조절할 수 있는 이유는 무엇인가?
4. 블록 공중합체와 접목 공중합체 중 어느 것이 더 만들기 쉬운가? 왜 그런가?
5. 분자 질병이란 무엇인지 예를 들어 보시오.
6. 합성 중합체는 환경에 큰 영향을 미쳤다. 친환경적인 중합체로 대체가 가능한가? 가능하다면 제시해 보시오.

실전 문제

7. Styrene($CH_2{=}CH{-}C_6H_5$)의 라디칼 중합 반응의 메커니즘을 그리시오.
8. BF_3와 H_2O를 이용하여 vinyl acetate($CH_2{=}CHOC({=}O)CH_3$)로부터 poly(vinyl acetate)를 양이온 중합으로 만든다. 메커니즘을 그리시오. [힌트: BF_3와 H_2O가 $(BF_3)^-{-}(H_2O)^+$ Lewis 산-염기 복합체로 되고 이 복합체가 양이온을 형성시킨다.]
9. Acrylonitrile($CH_2{=}CH{-}CN$)이 alkyl lithium(RLi)과 음이온 중합 반응하여 polyacrylonitrile을 생성한다. 메커니즘을 그리시오.
10. Poly(ethylene glycol)(PEG)의 음이온 중합 합성을 위한 출발 물질은 무엇인가?

$$HO{-}CH_2CH_2{-}O{-}[CH_2CH_2{-}O]_n{-}CH_2CH_2{-}OH$$

poly(ethylene glycol)

11. 가황 처리된 고무가 탄력성이 더 좋은 이유는 무엇인가?
12. Nylon 6은 단계 성장 중합체인가 아니면 사슬-성장 중합체인가? 또 출발 물질은 무엇인가?
13. 두 약품이 개발되었다. 약품 A의 치사량은 10 mg이고, 약품 B의 치사량은 5 mg이다. 어느 약이 더 독성이 강한가?
14. 어떤 β-락탐 항생제가 특정 균에 대해 내성이 있다. 어떻게 이 내성을 해결하여 항균 활성을 높일 수 있는가? 방법을 제시하시오.(힌트: β-락탐 항생제에 내성을 보이는 박테리아는 락탐 고리의 가수 분해를 촉진하는 β-lactamase 효소를 생성하기 때문이다.)
15. 약물의 치료 지수는 치명적 용량 대 치료 용량의 비이다. 약품 A의 치명적 용량은 1.0 g/kg이고 치료 용량은 10 mg/kg이다. 또 약품 B의 치명적 용량은 100 mg/kg이고 치료 용량은 20 mg/kg이다. 어느 약품이 더 안전한가?

실전 문제 풀이

1장 실전 문제 풀이

11 (a) 1개($1s$) (b) 3개 ($1s$, $2s$, $2p$) (c) 6개 ($1s$, $2s$, $2p$, $3s$, $3p$, $3d$)

12 (a) 3개 (b) 3개 (c) 5개 (d) 1개 (e) 7개

13 (a) 오비탈 에너지 준위가 다르고, 모양은 유사하다.
(b) 각 오비탈의 에너지 준위와 모양은 유사하지만, 오비탈이 서로 직각으로 배향되어 있다.

14 (a) $1s^2$, $2s^2$, $2p^1$ (b) $1s^2$, $2s^2$, $2p^2$ (c) $1s^2$, $2s^2$, $2p^4$ (d) $1s^2$, $2s^2$, $2p^6$, $3s^2$, $3p^5$

15 (a) 5개 (b) 8개 (c) 1개 (d) 2개 (e) 3개

16 이 화합물의 C=N 결합의 C는 sp^2 혼성을 하고 있고, 입체 수는 3(결합 전자쌍만 3개)이므로 삼각 평면 구조를 이룬다. 또 N도 sp^2 혼성을 하고 있고 입체 수가 3이지만 시그마 결합 전자쌍이 2개이고, 비결합 전자쌍이 하나 있어 N은 굽은형 구조를 이룬다.

17 O는 sp^3 혼성을 하고 있다. 결합 전자쌍이 3개이고, 비결합 전자쌍이 1개 있어 분자 구조는 삼각뿔형을 나타낸다.

18 한 개 전자를 가지는 두 개 H 원자는 결합하여 에너지가 더 낮은 결합 MO에 전자쌍을 가지는 H_2로 존재할 수 있으나, 두 개의 전자를 가지는 He가 결합하여 He_2로 되려면 전자쌍 하나는 결합 MO에 놓이고 다른 한 쌍은 에너지가 높은 반결합 MO에 놓여야 하므로 He_2로는 존재할 수 없다.

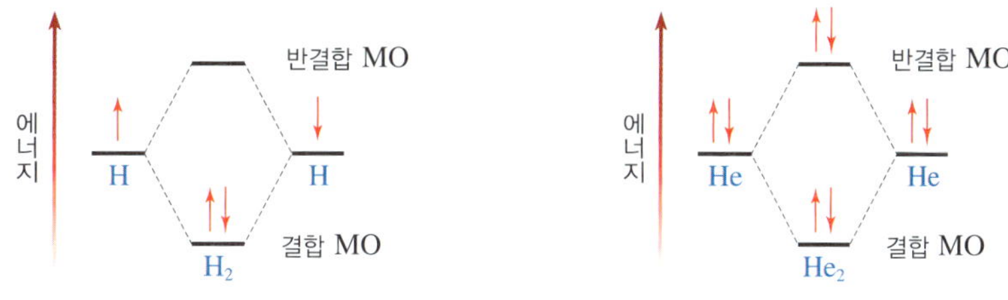

19 He_2^+는 세 개의 전자를 가진다. He(전자 2개)와 He^+(전자 1개)가 전기 방전을 하여 He_2^+를 생성하면 두 개의 전자는 결합 MO에, 나머지 한 개 전자는 반결합 MO에 놓인다. 이런 배치는 He_2^+가 존재할 수 있을 정도로 유리하다.

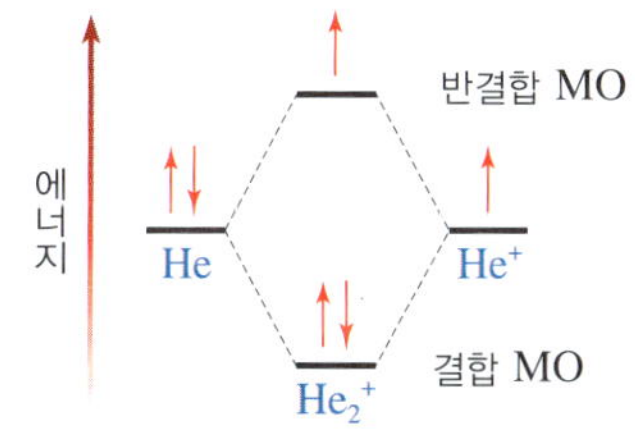

20 (a) $C(sp^3)H_3-C(sp)\equiv C(sp)H$ (b) $C(sp^2)H_2=C(sp^2)H-C(sp^2)H=C(sp^2)H_2$
(c) $C(sp^2)H_2=C(sp)=C(sp^2)H_2$

21 산도 증가 순서 (a) → (c) → (d) → (b)
짝염기 염기도 증가 순서는 위의 산도 순서와 정반대이다.

22 (a) acetylene $pK_a = 25$, NH_3의 $pK_a = 38$이므로 정방향 쪽으로 유리하다.
(b) ethene $pK_a = 44$, H_2 $pK_a = 35$이므로 평형은 왼쪽으로 기운다. 반응이 일어나지 않는다.
(c) acetic acid $pK_a = 4.8$이고 ethanol이 $pK_a = 16$이므로 평형은 정방향으로 기운다.

23 (a) 산화 (b) 환원 (c) 환원 (d) 산화

24 (a)는 일차 폭약 반응이고 (b)는 이차 폭약 반응이다. 일차 폭약의 활성화 에너지는 작고, 이차 폭약의 활성화 에너지는 더 크다.

2장 실전 문제 풀이

7 (a) HO(0), N(+1), N=O(0), N−O(−1) (b) O(+1) (c) HN(0)=N(+1)=N(−1)
(d) O(0), O(0), O(0), S(0) (e) N(0), O(+1)

8 (a) 결합 수 : 7 (b) 결합 수 : 8

$H_3C-C(=O)-H$ $H_3C-C(=O)-OH$

9 (a) 14, H_3C-S-H (b) 14, H_3C-NH_2 (c) 24, $H_3C-C(=O)-NH_2$ (d) 30, $H_3C-O-CH_3$

10

(a) $H-N(H)-O-H$ (b) $F_3C-CH_2-C(=O)-O-H$ (c) $C_6H_5-C\equiv N$

(d) $H-C\equiv C-CH_2-N^+(=O)-O^-$ (e) $H_2C=CH-CH_2-C(=O)-Cl$ (f) $C_6H_5-C(=O)-NH_2$

11 (a) $C_6H_5CHCHCH_2OH$ (b) C_6H_9CCOH (c) $(CH_3)_3CCH_2CH_2CH(CH_3)_2$ (d) $(CH_3)_2CC(C_6H_5)_2$

12

(a) $H_3C-N^+(=O)-O^- \longleftrightarrow H_3C-N^+(-O^-)=O$

(b)

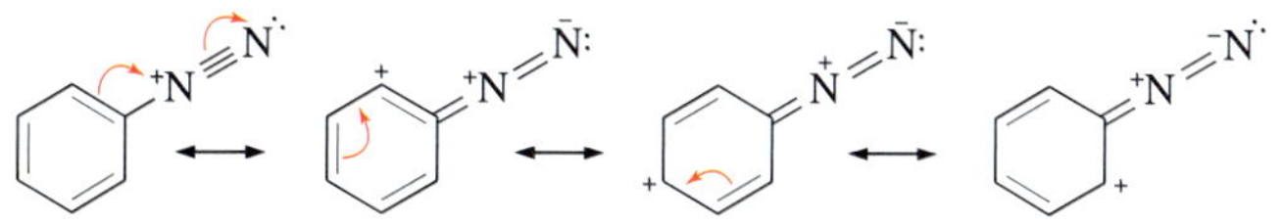

(c)

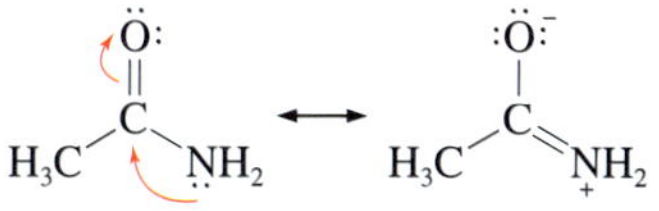

(d) 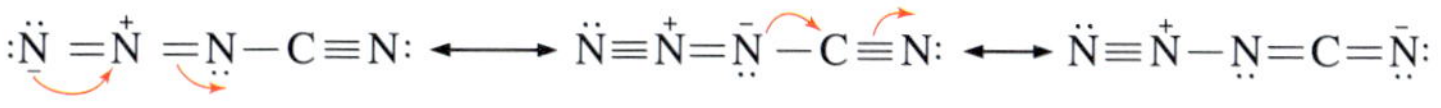 $:\ddot{N}=\overset{+}{N}=\ddot{N}-C\equiv N: \longleftrightarrow \ddot{N}\equiv\overset{+}{N}=\overset{-}{\ddot{N}}-C\equiv N: \longleftrightarrow \ddot{N}\equiv\overset{+}{N}-\ddot{N}=C=\overset{-}{\ddot{N}}:$

13 (a) Decane (b) Octane (c) Undecane (d) Heptane (e) Hexane (f) Hexadecane

14 (a) 20 (b) 9 (c) 12 (d) 4 (e) 17 (f) 5

15 (1) (a) C9 nonane (b) 2-methyl, 6-isopropyl 또는 6-(1-methylethyl) (c) 6-isopropyl-2-methylnonane
(2) (a) C10 decane (b) 2-metyl, 4-methyl, 6-butyl, 7-methyl (c) 6-butyl-2,4,7-trimethyldecane
(3) (a) C8 octane (b) 2-methyl, 3-methyl, 4-methyl, 6-methyl (c) 2,3,4,6-tetramethyloctane

16

(a) 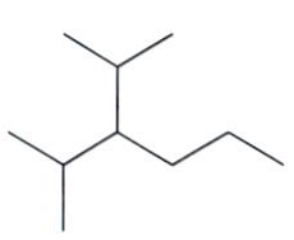 (b) 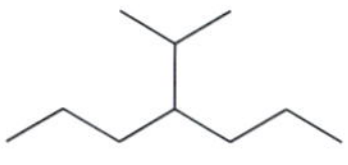 (c) 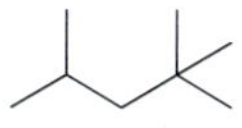 (d)

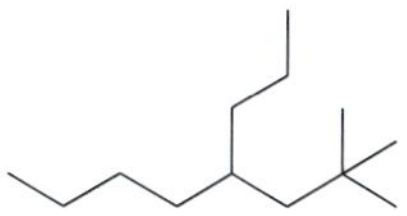

(e) 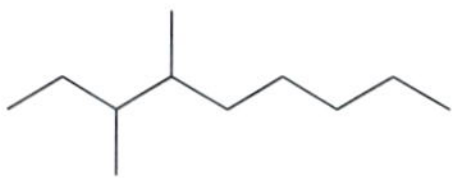 (f)

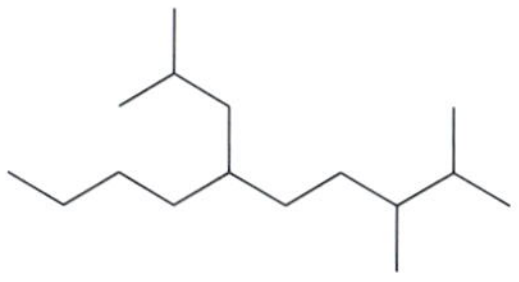

17 (a) 2-methylhexane (b) 3,4-dimethylheptane (c) 4,5-dimethyloctane
(d) 3,4-dimethylhexane (e) 2,2-dimethyl-3-ethylpentane (f) 3-ethyl-3-methylheptane

18 (a) $CH_3CH{=}CH-$ (b) $CH_3CH{=}CHCH_2-$ (c) c-C_5H_9- (c-는 고리를 뜻함)
(d) $CH_2{=}CHCH{=}CH-$ (e) $CH_2{=}C{=}CH-$

19

(a)  (b) 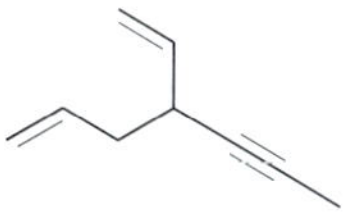 (c) 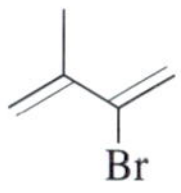 (d)

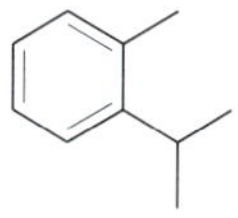

(e) 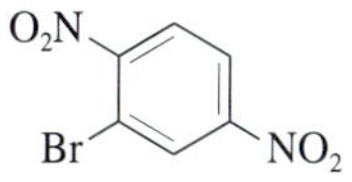 (f) 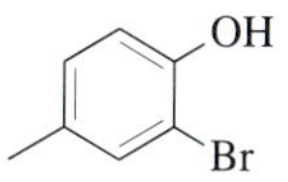 (g)

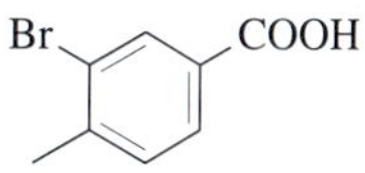

(h) 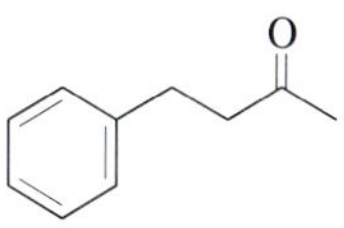 (i) 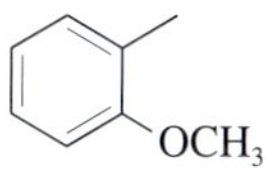 (j)

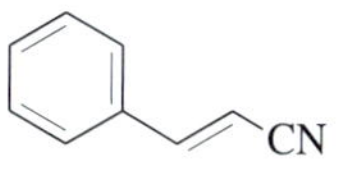

20 (a) O (b) EtO OEt (c) N (d) H N

(e) NH_2 (f) Et S Bu (g) S *i*-Pr

21 (a) 4-Nitrocyclohexanecabonyl bromide (b) Trifluoroacetyl chloride
(c) 3-Nitropentanoyl chloride (d) 2,4-Octadienoyl fluoride
(e) *N*,*N*-Diethylbutanamide (f) 6-Amino-4-Octenamide (g) *m*-Phenoxybenzonitrile
(h) *N*,*N*-Dimethyl-3-methylbenzamide (i) 2-Hydroxy-4-nitrobenzoic acid
(j) Diethyl hexanedioate

22 (a) 4-Cyanopentanal (b) 2-Formylheptanoic acid (c) methyl 3-oxo-4-methylpentanoate
(d) Pentanedial (e) 7-Oxoheptanoic acid (f) 4-Pentynal

23 (a) 1-(4-Hydroxyphenyl)propan-1-one (b) 3-Phenylcyclopent-1-enol
(c) (2-iodo-4-(methylthio)phenyl)methanol (d) 3-Oxocyclohexanecarboaldehyde
(e) 5-Ethoxy-2-vinylbenzaldehyde (f) 2,3,4,5,6-Pentahydroxyhexanal
(f) *N*-Cyclohexyl-2-fluoroacetamide

24 (a) 1-Methylcyclopentanecarbonyl chloride (b) 5-Formylisophthalamide
(c) Ethyl 3-hydroxybut-3-enoate (d) Methyl 3-benzoylbenzoate
(e) 3-Cyanobenzoic acid (f) 3-(Phenylamino)phenol

25

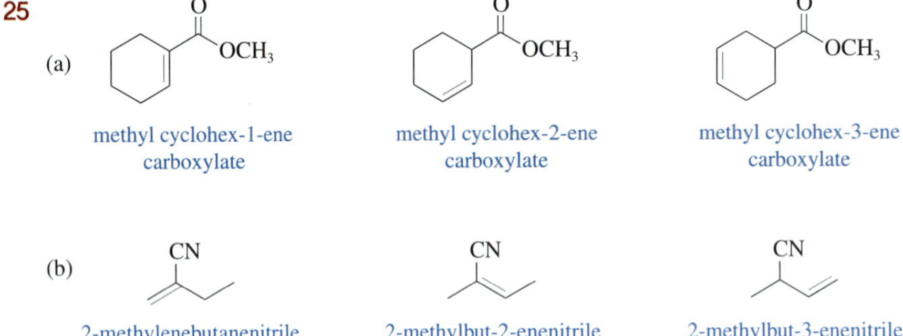

3장 실전 문제 풀이

9 식 $\epsilon = \dfrac{A}{(c \times l)}$을 변형하면 $c = \dfrac{A}{\epsilon l}$이다.
이 식에 해당 값을 대입하여 풀면 시료의 농도는 2.7×10^{-6} mol/L이다.

$$c = \frac{A}{\epsilon l} = \frac{0.37}{1.38 \times 10^5(\text{L/mol}\cdot\text{cm})(1.00\ \text{cm})} = 2.7 \times 10^{-6}\ \text{mol/L}$$

10 진동수가 1.015×10^8Hz인 복사선은 FM 라디오파에 해당하고 5×10^{14} Hz인 복사선은 가시광선 영역이다. 따라서 가시광선이 더 높은 에너지를 가진다.

식 $\epsilon = \dfrac{hc}{\lambda} = h\nu$에서도 진동수($\nu$)가 증가하고 파장($\lambda$)이 감소하면 에너지가 증가한다.

11 시약병 A의 IR 자료 중 2980 cm^{-1}은 알케인 C−H, 1715 cm^{-1}는 C=O이므로 A 시약병의 화합물은 acetone이다. 시약병 B의 IR 자료 중 3500 cm^{-1}은 OH, 3020 cm^{-1}은 =C−H, 그리고 1660 cm^{-1}는 C=C 신축 진동 피크이다. 따라서 시약병 B의 화합물은 2-propen-1-ol이다.

12 (a) C=C−H(3100 cm^{-1}), ≡C−H(3300 cm^{-1}), C≡C(2150 cm^{-1}), C=C(1600, 1475 cm^{-1}), NO_2 (1550, 1350 cm^{-1})

(b) C−H(2950 cm^{-1}), O=C−H(2850 cm^{-1}), C≡N(2250 cm^{-1}), C=O(1725 cm^{-1})

(c) =C−H(3020 cm^{-1}), C−H(2950 cm−1), C=C(1680 cm^{-1}), C=O(1725 cm^{-1}), C−O(1330 cm^{-1})

13 δ = 3150 Hz / 300 MHz = 10.5 ppm이다.

14

(a) Cl−CH_2−CH_2−NO_2: H^a (3개), H^b (3개)

(b) NC−CH_2−CH_2−CH_2−Br: H^a (3개), H^b (5개), H^c (3개)

(c) CH_3−CH_2−OH: H^a (3개), H^b (4개), H^c (1개)

(d) H_3C−C(=O)−OCH_3: H^a (1개), H^b (1개)

15 전기 음성적인 원자에 결합한 탄소의 양성자는 벗김 효과를 받는다. 즉, 전기 음성도가 크면 따라서 화학적 이동값도 낮은 장으로 이동한다. (a) > (d) > (c) > (b) 순으로 증가한다.

16 전체 면적비 = 33 + 23 + 54 = 110

전체 양성자 수 10개

양성자 1개당 면적: $\frac{110}{10}$ = 11이다. 따라서 각 양성자 집단의 H 수는 다음과 같다.

$\frac{33}{11}$ = 3 H, $\frac{23}{11}$ = 2.1 = 2H, $\frac{54}{11}$ = 4.9 = 5H

17 (a) 분자식 $C_5H_{12}O$,

IR = 3450 (OH), 2980(C−H), 1320(C−O) cm^{-1}

^{1}H NMR(δ) = 0.92(3H, *t*, *J* = 7 Hz): 이웃 양성자 2개, C−CH_2

1.20(6H, *s*): 이웃 양성자 0개, 동일한 화학적 환경 CH_3− 2개

1.50(2H, *q*, *J* = 7Hz): 이웃 양성자 3개, C−CH_3

1.64(1H, bs(넓은 단일선, D_2O exchangeable): OH

이 화합물은 $(CH_3)_2C(OH)-CH_2CH_3$, 2-methyl-2-butanol이다.

(b) 분자식 $C_9H_{10}O$

IR = 3060(=C−H), 2985(C−H), 2820(O=C−H), 1715(C=O), 1650(C=C) cm^{-1}

^{1}H NMR(δ)= 2.73(2H, *t*, *J* = 6 Hz): 이웃 양성자 2개 C−CH_2

2.85(2H, *t*, *J* = 6 Hz): 이웃 양성자 2개 C−CH_2

7.30(5H, *m*): benzene 고리, 9.72(1H, *s*): O=C−H

^{13}C NMR(δ)= 27.6, 44.3, 125.9(benzene C), 127.7(benzene C), 128.6(benzene C), 141.3(benzene C), 202.2 (C=O) ppm

이 화합물은 3-phenylpropanal, $C_6H_5-CH_2CH_2C(=O)H$

18 분자식이 $C_{10}H_{12}O_2$인 화합물의 IR은 3060(=C−H), 2980(C−H), 1720(C=O), 1320(C−O)의 작용기 및 결합 정보를 준다.

^{1}H NMR 스펙트럼에서 수소 면적비가 3:2:2:2:3(총 12 H)이다. δ =1.2 ppm에서 삼중선, δ =3.6 ppm 부근에서 사중신이 있다. 이는 CH_2-CH_3(ethyl) 기가 있다는 증거이다. δ =3.8 ppm 근처의 3H의 단일선 신호는 OCH_3 기로 예측된다. 또 δ =7~8 ppm 부근에서 두 개의 이중선 신호가 보인다. 이는 benzene 고리의 1,4-치환 유도체의 양성자 신호이다. 따라서 이 화합물은 *p*-$(CH_3O)-C_6H_4-C(=O)CH_2CH_3$ 1-(4-methoxyphenyl)propan-1-one이다.

19 Methoxybenzene(Ph−OCH_3)은 δ =3.8 ppm 부근에서 3H 단일선이 관찰될 것이고, phenol(C_6H_5OH)에서는 OH 양성자가 δ =5.3 ppm 부근에서 관찰될 것이므로 구분이 가능하다.
2-Pentanone은 3H(*s*), 2H(*q*), 3H(*t*)이 관찰될 것이고, 3-pentanone에서는 두 쌍의 2H(*q*), 3H(*t*)가 관찰될 것이다.

20 원소 분석으로 얻은 화학식 C_2H_4O의 질량은 44.0262이다. HRMS(*m*/*z*)=88.0524이므로 분자식은 2(C_2H_4O), 즉 $C_4H_8O_2$이다. 주어진 IR에 의하면 3500(OH), 2985(C−H), 1725(C=O), 1310(C−O)이다. ^{1}H NMR에서 1.21(6H, 이중선)은 2개의 CH_3이고 이웃 양성자는 한 개이다. 2.59(1H, 칠중선)은 CH이고 이웃 양성자 수가 6개이므로 $CH(CH_3)_2$일 것이다 11.38(1H, 넓은 단일선)은 OH 양성자이다. ^{13}C NMR(δ)에서는 3종류의 C가 보이며 178.3 ppm은 C=O 탄소이다. 이 자료들을 근거로 하면 이 화합물은 2-methylpropanoic acid, $(CH_3)_2CHCOOH$이다.

4장 실전 문제 풀이

6 이면각이 60°인 엇갈린 형태가 가장 안정하고, 이면각이 0°인 가려진 형태가 가장 불안정하다.

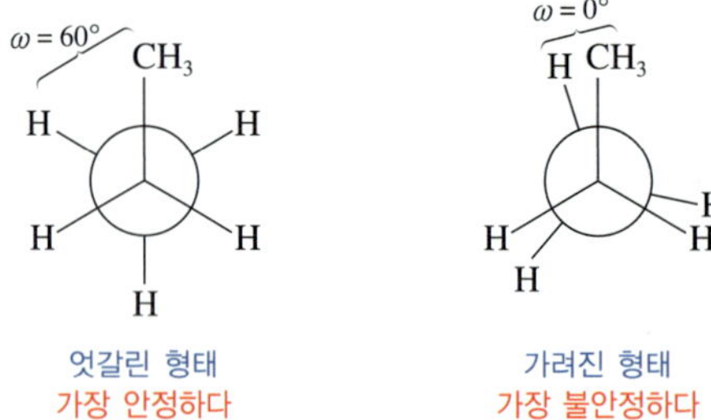

엇갈린 형태 가장 안정하다　　가려진 형태 가장 불안정하다

7 Isobutane의 가장 안정한 형태는 아래 제시한 (a), (b), (c) 세 가지이며 모든 경우에 두 CH_3 기가 가장 멀리 있는 형태들이다.

(a)　(b)　(c)

8 (a)

C1−C2의 형태 분석

엇갈린 형태 가장 안정하다　　가려진 형태 가장 불안정하다

(b)

C2−C3의 형태 분석

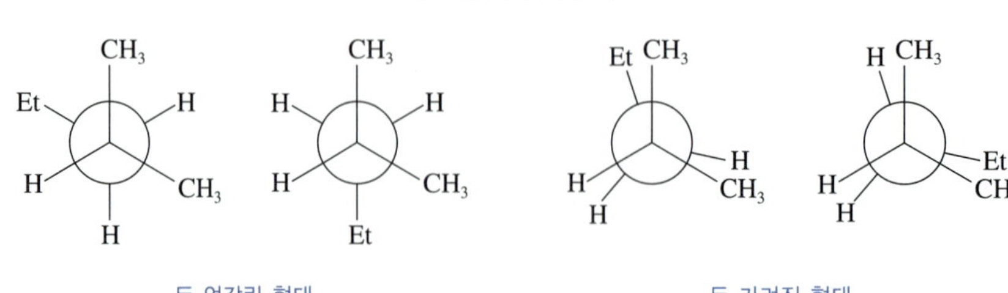

두 엇갈린 형태 에너지가 동일하다 가장 안정하다　　두 가려진 형태 에너지가 동일하다 가장 불안정하다

9 (a)

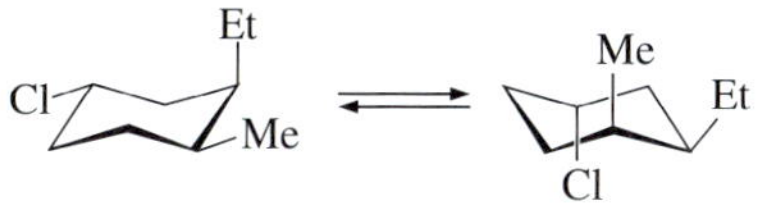

(b) 8.0 kJ/mol 7.6 kJ/mol 전체 에너지 = 9.6 kJ/mol

더 안정하다 2.0 kJ/mol

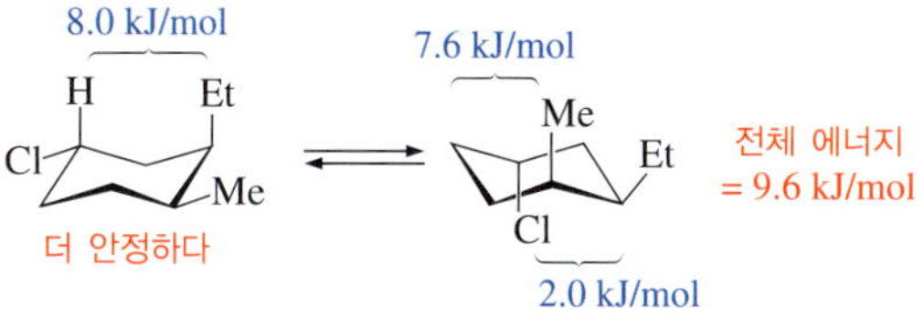

(c) (1*S*, 2*R*, 4*S*)-4-Chloro-2-ethyl-1-methylcyclohexane

10 (a) 서로 입체 이성질체이다.

(I) (1*R*,2*S*)-1,2-Dimethylcyclohexane (II) (1*S*,2*S*)-1,2-Dimethylcyclohexane

(b) 구조 이성질체이다.

(I) 2,3-Dimethylpentane (II) 2,4-Dimethylpentane

(c) 구조 이성질체이다.

(I) 1,1-Dimethylcyclopentane (II) 1,3-Dimethylcyclopentane

(d) 서로 입체 이성질체이다.

(I) (1*R*,3*S*)-1-Bromo-3-methylcyclopentane (II) (1*R*,3*R*)-1-Bromo-3-methylcyclopentane

11 (a) $H \rightarrow CH_3 \rightarrow CH_2CH_3 \rightarrow OH$ (b) $H \rightarrow T \rightarrow Cl \rightarrow Br$ (c) $H \rightarrow CH_2OH \rightarrow COOH \rightarrow OH$

(d) $H \rightarrow COOH \rightarrow NH_2 \rightarrow SH$ (e) $CH_3 \rightarrow CH_2CH_3 \rightarrow CH{=}CH_2 \rightarrow C{\equiv}CH$

12 (a) (*R*)-2-Butanol (b) (*R*)-3-Methylbutan-2-ol (c) (2*R*,3*S*)-2,3-Dibromopentane

(d) (*S*)-2-Formylbut-3-enoic acid

13

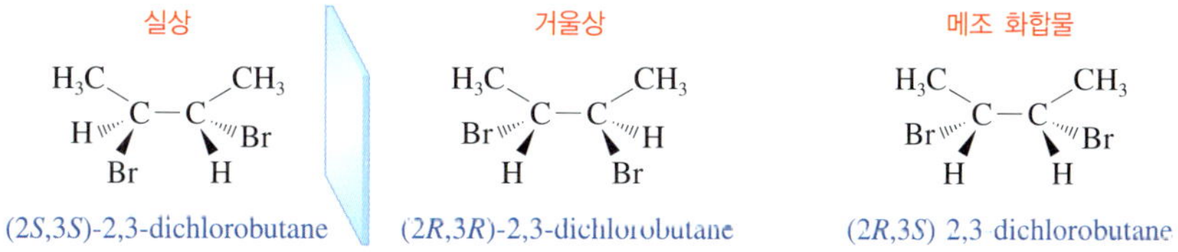

실상 거울상 메조 화합물

(2*S*,3*S*)-2,3-dichlorobutane (2*R*,3*R*)-2,3-dichlorobutane (2*R*,3*S*) 2,3 dichlorobutane

14 (a) 부분 입체 이성질체 (b) 거울상 이성질체 (c) 부분 입체 이성질체 (d) 부분 입체 이성질체

15 A, B 두 이성질체 중 A가 더 많다고 하자. *ee*%=90%라는 것은 라셈 혼합물이 10%이고 A가 90% 존재한다는 의미이다. 그러면 라셈 혼합물 중에는 A와 B가 각각 5%씩 있다. 따라서 A는 총 95% 존재하고 B는 5%만 존재한다.

16 $ee = \dfrac{[\alpha]}{\text{순수한 거울상 이성질체의 } [\alpha]} \times 100 = \dfrac{6.5}{13} \times 100 = 50$ ee%이다.

5장 실전 문제 풀이

6

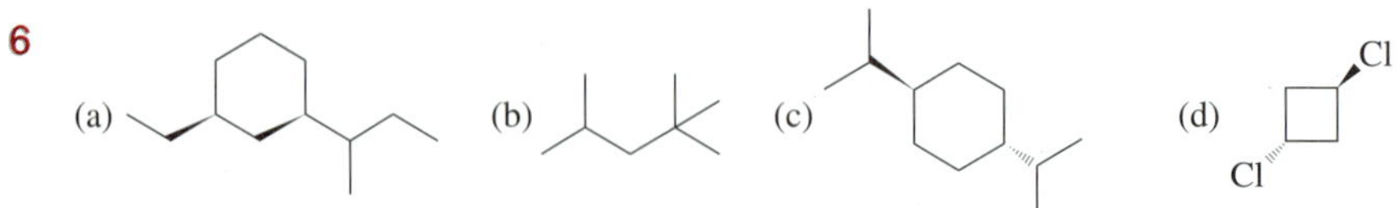

7 (a) 1-(*sec*-Butyl)-5-ethyl-2,3-dimethylcyclohexane (b) 2,2,4,5-Tetramethylheptane
(c) (1*R*,4*R*)-1-(*tert*-Butyl)-4-ethylcyclohexane (d) 1-Methyl-2-(2-methylcyclobutyl)cyclohexane

8 (c) → (d) → (a) → (b) 순이다.

9 H, H 가리움 상호작용 에너지는 4.0 kJ/mol이다. *n*-Propane의 가리움 형태에서 H, H 가리움이 두 개이므로 2 × 4.0 kJ/mol = 8.0 kJ/mol이다. 따라서 H, CH_3 상호작용 에너지는 6 kJ/mol이다.

10 (a) 1° H = 9개, 3° H = 1개이다.
(b) (36/1)/(64/9) = 5, 3° H가 5배나 더 반응성이 크다.
(c) 1-Chloro-2-methylpropane 2-Chloro-2-methylpropane

11 2-Methylbutane은 두 종류의 1° H(9개)와 한 종류의 2° H(2개) 그리고 3° H(1개)가 한 종류 존재한다. 모두 4개의 다른 종류의 수소가 존재하므로 생성물은 4개가 가능하다.
1-Chloro-2-methylbutane(1), 1-Chloro-3-methylbutane(2), 2-Chloro-3-methylbutane(3), 2-Chloro-2-methylbutane(4) 등이다.
상대적 반응성: 1° : 2° : 3° = 1 : 4 : 5 이므로 상대적 수득률은 다음과 같다.
1° 6H: 6 × 1 = 6, 1° 3H: 3 × 1 = 3, 2° 2H: 2 × 4 = 8, 3° H: 1 × 5 = 5
따라서 6 + 3 + 8 +5 = 22이다. 이를 % 비로 나타내면 다음과 같은 수율을 예상할 수 있다.
화합물 (1): 6/22=0.27 (27%) 화합물 (2): 3/22=0.14 (14%)
화합물 (3): 8/22=0.36 (36%) 화합물 (4): 5/22=0.23 (23%)

12 개시 단계에서는 가장 약한 결합이 먼저 라디칼로 변한다.
(개시 단계) $H_3C{-}I \rightarrow H_3C\cdot + I\cdot$
(전파 단계) $H_3C\cdot + HI \rightarrow CH_4 + I\cdot$ $I\cdot + CH_3I \rightarrow I_2 + H_3C\cdot$
(종결 단계) $2\,I\cdot \rightarrow I_2$ $2H_3C\cdot \rightarrow CH_3CH_3$ $H_3C\cdot + I\cdot \rightarrow H_3C{-}I$

13 (a) 1-Iodoethane, CH_3CH_2I (b) 2-Bromo-2-methylpentane, $(CH_3)_2CBrCH_2CH_2CH_3$

(c) Fluoromethylcyclopentane, CH_2F (d) Chloromethylcyclohexane, CH_2Cl

14 1-Chloropropane의 구조식은 $ClCH_2CH_2CH_3$이므로 기준 물질에 가까운 쪽에서부터 삼중선(이웃 수소 2개 $-CH_2-$)의 CH_3, 육중선(이웃 수소 5개, $-CH_2$, CH_3) 그리고 $ClCH_2$의 삼중선(이웃 수소 2개 $-CH_2$)으로 나타난다. 각 신호의 면적비는 3:2:2이다.
2-Chloropentane의 구조식은 $(CH_3)_2CHCl$이므로 기준 물질로부터 이중선(이웃 수소 1개, CH)의 $(CH_3)_2$가 나타나고, 칠중선(이웃 수소 6개, $(CH_3)_2$)의 CH 신호가 면적비 6:1로 나타난다.

15 라디칼 반응에서 반응성이 크면 선택성은 감소한다. 왜냐하면, 반응성이 크면 세기가 다른 여러 가지 유형의 C—H 결합을 잘 구분하지 못한다. 따라서 반응성이 큰 F와 Cl은 Br보다 선택성이 낮다.

6장 실전 문제 풀이

6 (a) 이 반응은 배열이 *R*에서 *S*로 반전되었으므로 S_N2 반응이다.

(b) (*R*)-형의 출발 물질이 반응에 의해 배열이 반전되어 (*S*)-형으로 되었으므로 같은 반응을 한번 더 반복시키면 본래의 출발 물질 배열로 되돌아갈 수 있다.

(*R*)-1-phenylpropan-2-yl 4-methylbenzenesulfonate —(CH_3COO^-, 반전)→ (*S*)-1-phenylpropan-2-yl acetate

Tos-Cl, pyridine; H_2O, HO^-

(*R*) (*S*)

H_2O, HO^-; Tos-Cl, pyridine

(*R*) ←(CH_3COO^-, 반전)— (*S*)

Tos = $H_3C-C_6H_4-SO_2$

7 1-Bromo-2,2-dimethylpropane의 C—Br 이웃에 *tert*-butyl 기가 결합하고 있어 반응 자리 탄소가 친핵체 공격을 많이 방해한다. 2-Bromopropane은 C—Br 이웃에 두 개의 methyl 기가 있어 친핵체 공격에 방해를 조금 받는다. 그러나 1-bromoethane에서는 C—Br 탄소 하나의 methyl 기만을 가지고 있어 친핵체 공격 방해를 가장 적게 받는다. 따라서 세 화합물의 상대적 반응성은 1-bromo-2,2-dimethylpropane < 2-bromopropane ≪ 1-bromoethane으로 증가한다.

8 (a) —($CH_3CH_2O^-$ / CH_3CH_2OH)→ *trans*-2-butene (주생성물) + 1-butene (소량 생성물)

(b) —($CH_3CH_2O^-$ / CH_3CH_2OH)→ 2-methyl-2-butene (주생성물) + 2-methyl-1-butene (소량 생성물)

(c) —(KOH / CH_3CH_2OH)→ 1-methylcyclohexene (주생성물) + methylenecyclohexane (소량 생성물)

9 제거 반응 출발 물질로 *β*-H인 화합물과 *β*-D로 치환된 생성물을 E2 반응시키면, C—H보다 C—D 결합이 더 강하므로 *β*-D로 치환된 화합물의 반응 속도가 더 느릴 것이다.
다음 반응이 그 예이다.

—(EtO⁻, 빠름)→ —(EtO⁻, 느림)→

10

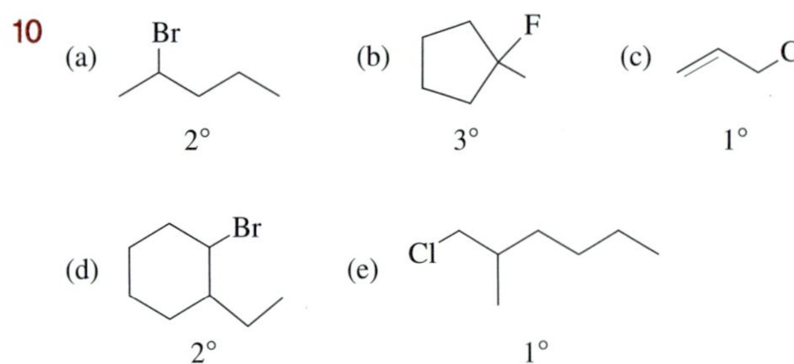

11 (a) 1차이므로 S_N2 (b) 2차이므로 S_N1 또는 S_N2 (c) 3차이므로 S_N1 (d) 3차이므로 S_N1

12 (a)는 3차 할로젠화 알킬이므로 S_N1과 E1 메커니즘으로 반응한다. (b)는 2차이고 강한 염기를 사용하면 E2로 제거 반응한다.

(a) $CH(CH_3)_2$, Cl → Nu^-, $CH(CH_3)_2$, H; Nu^- / S_N1 → $CH(CH_3)_2$, Nu; Base / E1 → $CH(CH_3)_2$

(b) Br; Nu^- / S_N2 → Nu   H, Base, Br; E2 →

13

(a) X (b) X (c) X (d) X

14

(a) 자리 옮김 못함 (b) H 자리 옮김 (c) CH_3 자리 옮김 (d) CH_3 자리 옮김

15 (a) 경로가 가능하다. 경로 (b)는 3차 탄소 양이온이 생성되면서 강한 CH_3O—에 의해 제거 반응이 우선해서 일어난다.

16

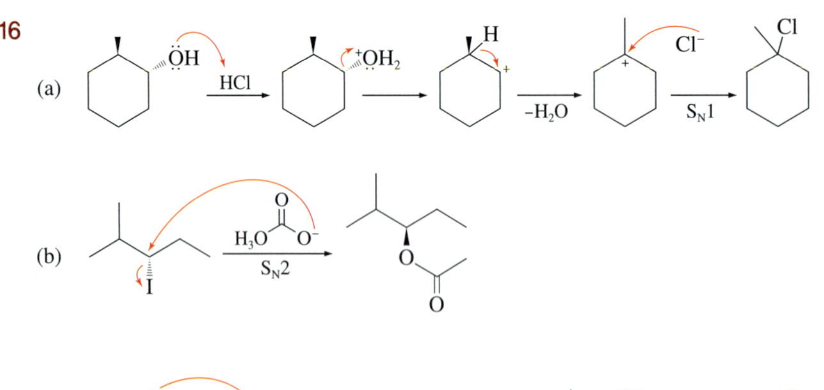

(c) OH; HBr → OH_2; $-H_2O$ → ; Br^- / S_N1 → Br + Br

17 CH_3CH_2O는 강한 염기이다. 입체적 장애는 (a) → (b) → (c) 순으로 증가하므로 따라서 E2 반응이 유리해진다. 즉 강염기를 사용하면 입체 장애가 클수록 E2에 유리하다.

7장 실전 문제 풀이

8 $CH_3CH_2C^+(Br)CH_3$은 공명 안정화될 수 있는 2차 탄소 양이온이지만 $CH_3CH_2CBrC^+H_2$는 공명 구조가 없는 1차 탄소 양이온이다.

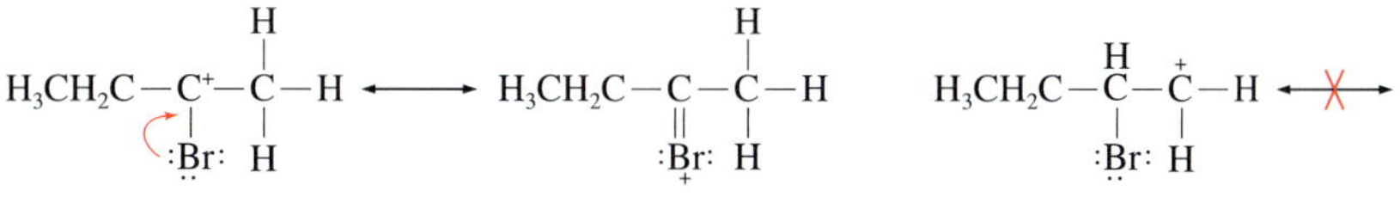

$H_3CH_2C-C^+(Br)-CH_2-H \longleftrightarrow H_3CH_2C-C(=Br^+)-CH_2-H$ $H_3CH_2C-CH(Br)-C^+H-H$

더 안정함   덜 안정함

9 수소화붕소 첨가가 안티-Markovnikov 반응이기 때문이다.

10 촉매 수소화 반응은 신-첨가를 한다. 따라서 이중 결합의 각기 다른 편으로 신-첨가를 하므로 라셈체가 생성된다.

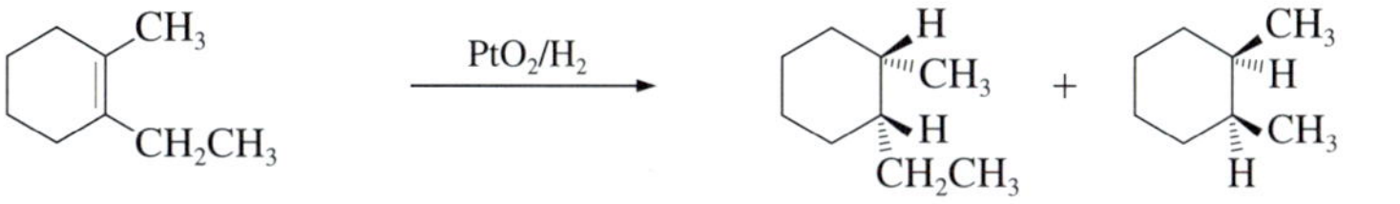

1-ethyl-2-methylcyclohexene $\xrightarrow{PtO_2/H_2}$ cis-1-ethyl-2-methylcyclohexane(라셈체)

11
(a) 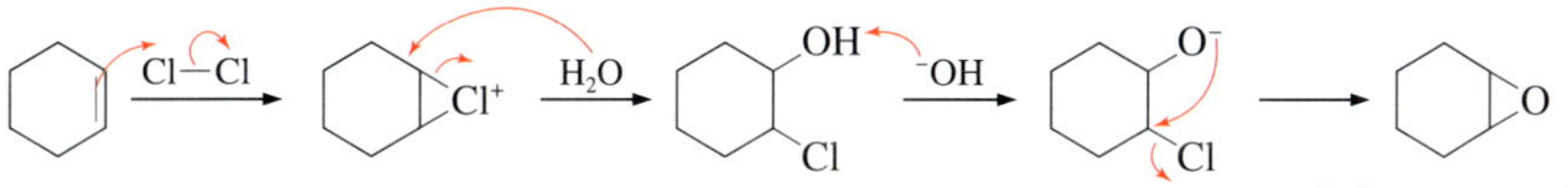 Cl—Cl, H_2O, ^-OH → cyclohexane epoxide

(b) 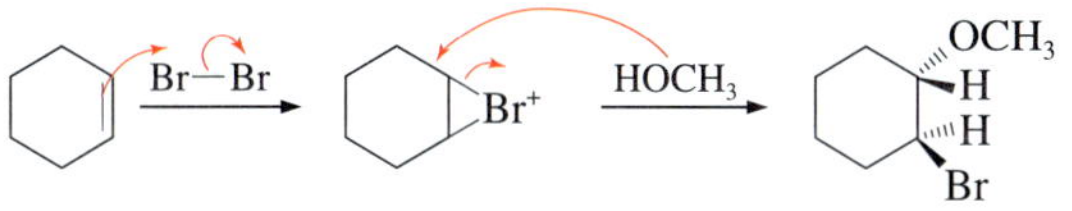 Br—Br, $HOCH_3$ → (1*S*,2*S*)-1-bromo-2-methoxycyclohexane

(c) 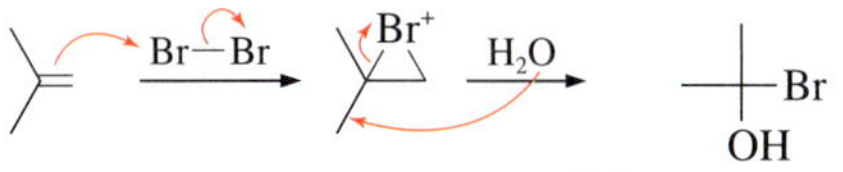 Br—Br, H_2O → 2-bromopropan-2-ol

(d) 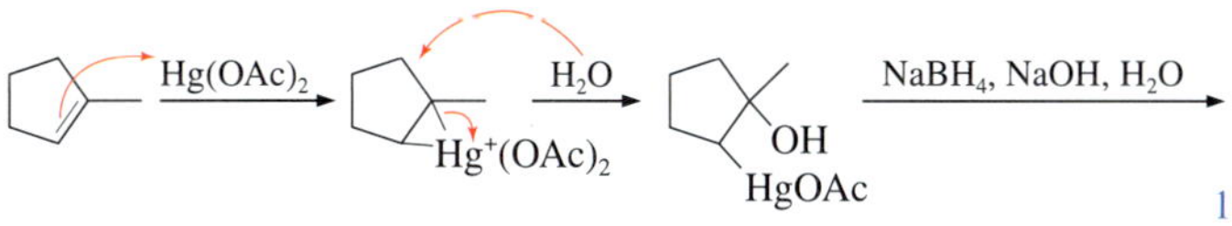 $Hg(OAc)_2$, H_2O → HgOAc 중간체, $NaBH_4$, NaOH, H_2O → 1-methylcyclopentanol

12
(a) 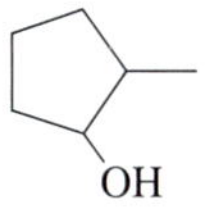 *trans*-2-methylcyclopentanol (b) 4-methyl-1-pentanol (c) cyclohexylmethanol (d) hexanal

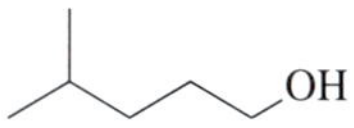

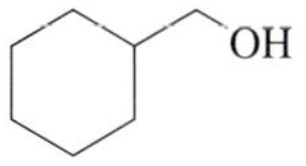

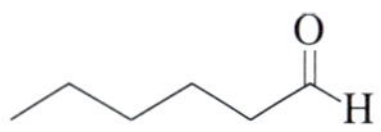

13
(a) 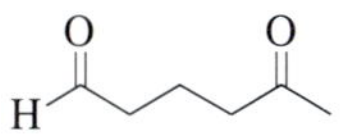 H(C=O)CH₂CH₂CH₂C(=O)CH₃
(b) $(CH_3)_2CHCH_2CHO$ + HCHO
(c) cyclohexanone + HCHO
(d) 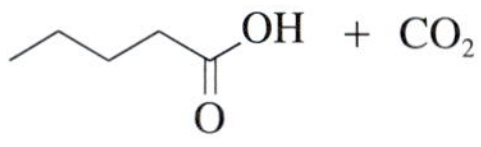 $CH_3CH_2CH_2CH_2COOH$ + CO_2

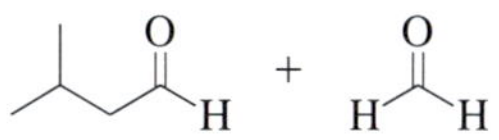

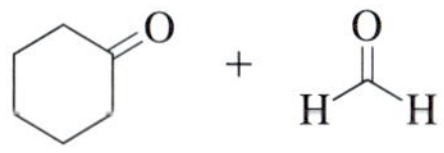

14

(a) 3-heptyne → *cis*-3-heptene

(b) 3-heptyne $\xrightarrow{\dot{N}a}$ $\xrightarrow[-\bar{N}H_2]{H-NH_2}$ $\xrightarrow{\dot{N}a}$ $\xrightarrow{H-NH_2}$ $\xrightarrow{-\bar{N}H_2}$ *trans*-3-heptene

15 $HC{\equiv}CH \xrightarrow[NH_3(l)]{\bar{N}H_2} HC{\equiv}C^- +$ acetone $\xrightarrow{H_2O}$ $\xrightarrow{H_2SO_4,\ H_2O,\ HgSO_4}$ 3-hydroxy-3-methyl-2-butanone

ethyne

16 (a) $CH_3CH{=}CHCH_3$ (b) $CH_3CH{=}CHCH_2CH_3$ (c) $H_2C{=}C(CH_3)_2$ (d)

17 최종적으로 두 가지 이성질체가 생성되므로 이들을 분리하여 disparlure를 얻는다.

$CH{\equiv}CH \xrightarrow{\bar{N}H_2} C^-{\equiv}CH \xrightarrow{BrCH_2(CH_2)_6CH_3} CH{\equiv}C-CH_2(CH_2)_8CH_3 \xrightarrow{\bar{N}H_2} C^-{\equiv}C-CH_2(CH_2)_8CH_3$

$\xrightarrow{BrCH_2(CH_2)_3CH(CH_3)_2} CH_3(CH_2)_8CH_2-C{\equiv}C-CH_2(CH_2)_3CH(CH_3)_2$

$\xrightarrow{\text{Lidlar cat. } H_2} HC(CH_2(CH_2)_8CH_3){=}HC-CH_2(CH_2)_3CH(CH_3)_2 \xrightarrow{mCPBA}$ 에폭사이드 두 이성질체 (H, $C-CH_2(CH_2)_8CH_3$ / O / $C-CH_2(CH_2)_3CH(CH_3)_2$, H) + (H, $C-CH_2(CH_2)_8CH_3$ / O / $C-CH_2(CH_2)_3CH(CH_3)_2$, H)

18 2,2-Dibromobutane (b) 1,1,2,2-tetrachlorobutane (c) 2-Butanone (d) Butanal

19

cyclohexanol $\xrightarrow{H_2SO_4}$ cyclohexene $\xrightarrow{Br_2}$ 1,2-dibromocyclohexane

cyclohexene $\xrightarrow{Br_2,\ H_2O}$ 1-bromo-2-hydroxycyclohexane

20 Maleic acid의 구조가 시스형이므로 *cis*-cyclohexene 유도체를 형성할 것이다.

21 3개의 생성물이 얻어진다. 1,2-첨가에 의한 5,6-dibromo-1,3-hexadiene, 1,4-첨가에 의한 3,6-dibromo-1,4-hexadiene 그리고 1,6-첨가에 의한 1,6-dibromo-2,4-hexadiene이 얻어진다.

8장 실전 문제 풀이

6 4-Methyl-2-pentnaol은 E1 자리 옮김 반응을 하기 때문이다. 또 2-methyl-2-pentanol이 정상적인 제거 반응을 하면 2-methyl-2-pentene을 생성한다. 2-Methyl-3-pentanol이 또 다른 출발 물질이다.

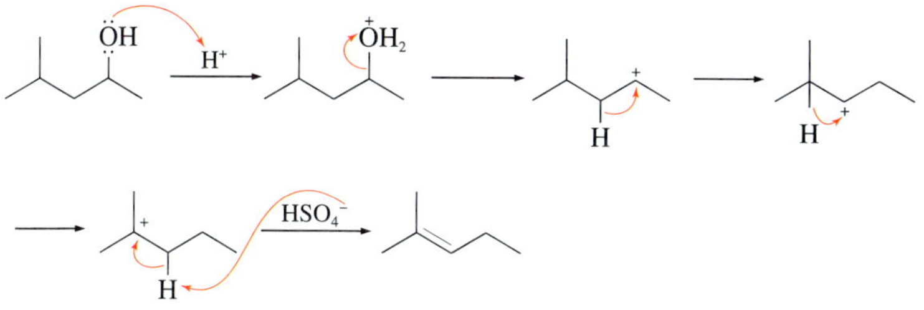

ÖH —H^+→ $\overset{+}{O}H_2$ → … → … —HSO_4^-→

7 HBr을 2당량 사용하면 두 할로젠화물과 물 한 분자가 생성된다.

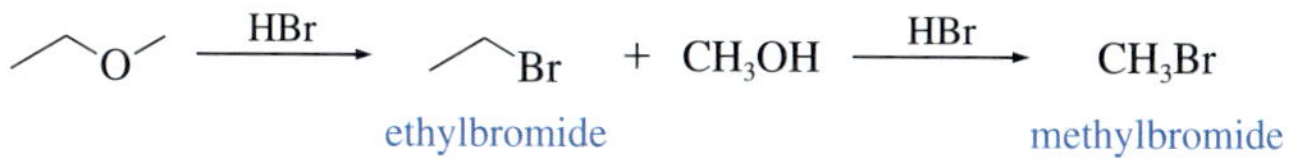

—HBr→ Br + CH_3OH —HBr→ CH_3Br

ethylbromide methylbromide

8 생성물은 아래와 같다. 고리 열림 반응이 S_N2 메커니즘이어서 OH와 OCH_3가 서로 트랜스 배열을 한다. 두 생성물은 서로 거울상 관계에 있다.

OCH_3, OH   OH, OCH_3

9 (1*R*,2*R*)-2-Bromocyclopentanol이 Williamson 반응에 유리하다. OH 기와 Br이 서로 트랜스 배열을 하고 있어 S_N2 메커니즘에 유리하다. Williamson 반응은 S_N2 메커니즘으로 일어난다.

10 OH, OMe ←CH_3O^-— O —H^+→ H, $^+$O —$CH_3\ddot{O}H$→ OMe, OH

1-methoxy-2-methyl-2-butanol 2-methoxy-2-methylbutanol

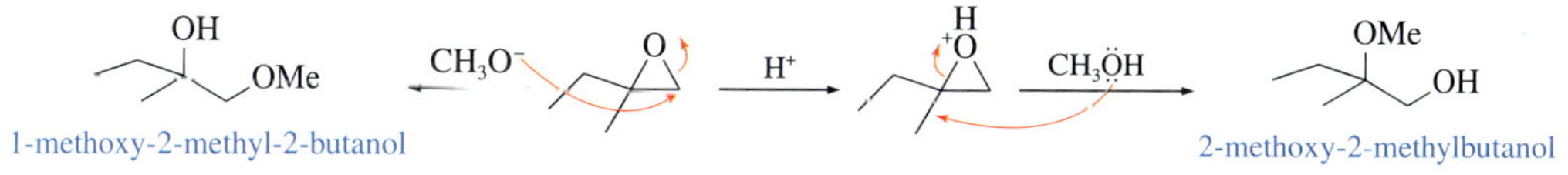

11 세 가지 시약은 다음과 같다.

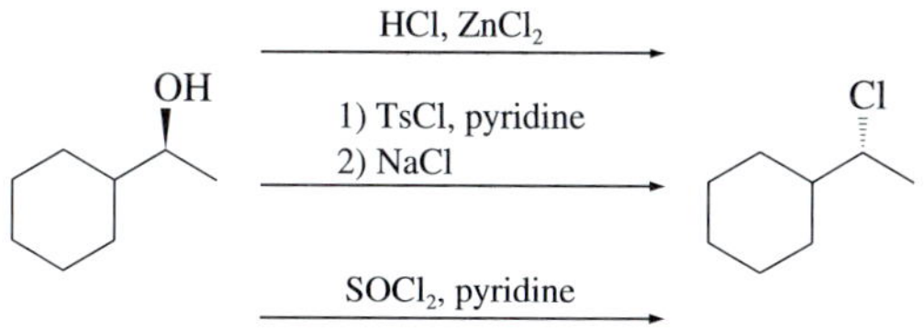

OH → Cl

$HCl, ZnCl_2$

1) TsCl, pyridine
2) NaCl

$SOCl_2$, pyridine

12 (a) Cyclohexanecarboxylic acid (b) 1-Methylcyclohexene (c) Benzoquinone
(d) 3-Hydroxypentanenitrile

13 Anisole에 양성자 첨가가 일어나 생성된 methyl phenyl oxonium 이온에 Br^-이 반응할 때 Br은 benzene 고리 파이 결합 때문에 방해를 받아 CH_3 탄소를 공격하여 반응이 일어나므로 phenol이 생성된다.

9장 실전 문제 풀이

7 이 분자는 비평면이다. 따라서 방향족이 아니다.

8 Naphthalene의 공명 구조는 3개이고, anthracene의 공명 구조는 4개이다.

naphthalene

anthracene

9 양이온은 반방향족 $4n$ 파이 전자를 갖는다. 라디칼은 5 파이 전자를 가지므로 방향족도, 반방향족도 아니다.

10 Imidazole에는 N1과 N2의 두 N이 sp^2 혼성을 하고 있다. 두 질소 중 N2의 N에 있는 고립 전자쌍은 sp^2 혼성 오비탈에 있다. N1에 있는 고립 전자쌍은 p 오비탈에 있어 콘쥬게이션하고 6개 파이 전자 계를 이룬다.

11 Nitrobenzene이 친전자성 방향족 치환 반응을 할 때, o-나 p-위치로 치환기 공격이 일어나면 불안정한 중간체 공명 구조를 가지게 되지만, m-공격이 일어난 후에는 상대적으로 더 안정한 중간체를 형성하므로 유리하다.

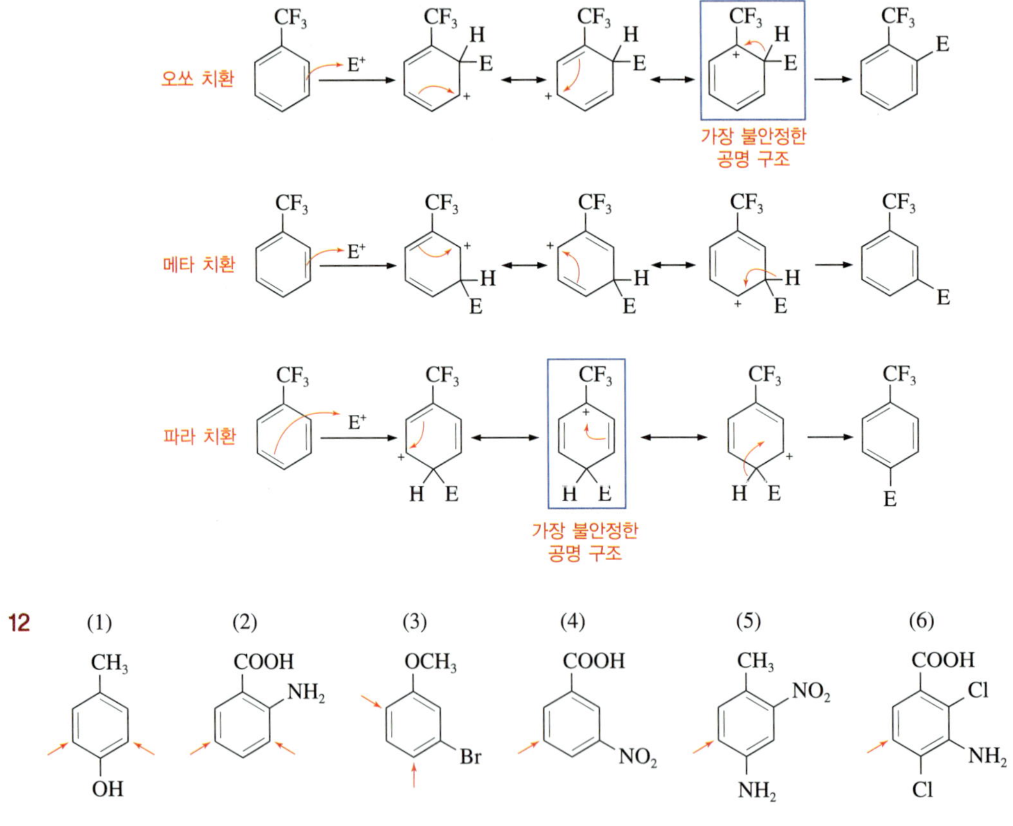

13 Benzene에 직접 Friedel-Craft 알킬화시키면 원하는 n-propylbenzene 대신 isopropylbenzene을 얻게 되므로 적당하지 못하다. 따라서 Friedel-Craft 아실화를 시켜 아실기를 도입한 후에 여러 가지 환원 방법으로 카보닐기의 탈산소 반응(deoxygenation)을 시켜 n-propylbenzene을 합성해야 한다.

14 시약병 A의 IR OOP가 800 cm^{-1} 부근에서 나타났으므로 이는 *p*-xylene처럼 1,4-이치환 화합물이다. 따라서 시약 A는 *p*-cyanophenol이다. 시약병 B의 IR OOP가 752 cm^{-1} 부근에서 나타났으므로 *o*-이치환 benzene이다. 따라서 시약병 B는 *o*-cyanophenol이다.

15 두 가지 경로가 가능하다.

16 Azulene에 친전자성 치환 반응이 일어나면 형성된 중간체의 공명 구조 중에는 cycloheptatrienyl 양이온이 존재하며 이 양이온은 방향족성을 가진다. 따라서 C1에서 반응이 일어나는 것이 유리하다.
친핵성 치환 반응에서는 C4에서 치환 반응이 일어나면 형성된 중간체에 cyclopentadienyl 음이온이 존재하게 되고 이는 방향족성이다. 따라서 친핵성 치환 반응은 C4에서 일어나는 것이 유리하다.

10장 실전 문제 풀이

6 지방족 C—N 결합은 C_{sp^3}—N_{sp^3} 결합이고, 방향족 아민의 C—N 결합은 C_{sp^2}—N_{sp^3} 결합이기 때문이다.

7 중간체가 isocyanate이다. 출발 물질보다 탄소 수가 하나 적은 아민을 생성한다.

8 이 혼합 용액에 HCl 수용액을 처리하여 아민을 암모늄 이온으로 만들고 유기 용매로 cyclohexane을 추출한 후에 남은 수용액을 중화시켜 순수한 아민을 얻는다.

9 주생성물은 (I)이다. Methyl 기가 없는 이웃 탄소에서 입체 장애를 덜 받기 때문이다.

10 Formaldehyde가 먼저 반응한다. Cyclohexanone은 C=O 기의 탄소가 입체 장애도 받고, 동시에 엔올(C=C—OH)로 되는 토토머화 때문에 반응성이 상대적으로 떨어진다.

11 생성물은 2-(*N*,*N*-dimethylaminocyclohexanone)이다. 메커니즘은 아래와 같다.

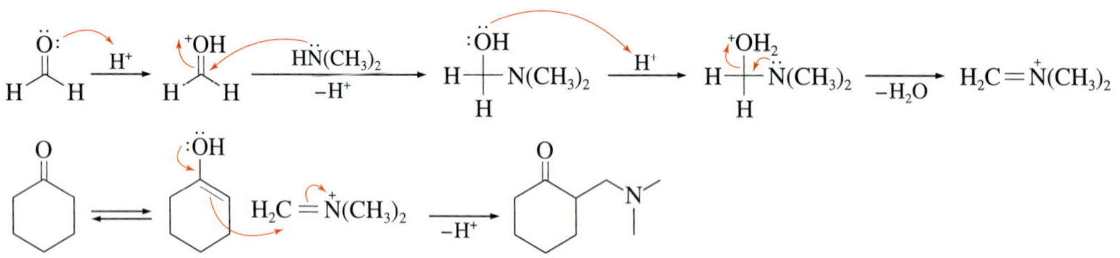

$H_2C=O \xrightarrow{H^+} H_2C=\overset{+}{O}H \xrightarrow[-H^+]{HN(CH_3)_2} H_2C(OH)N(CH_3)_2 \xrightarrow{H^+} H_2C(\overset{+}{O}H_2)N(CH_3)_2 \xrightarrow{-H_2O} H_2C=\overset{+}{N}(CH_3)_2$

cyclohexanone ⇌ enol (:ÖH) + $H_2C=\overset{+}{N}(CH_3)_2 \xrightarrow{-H^+}$ 2-(dimethylaminomethyl)cyclohexanone

12 1,3,5-위치는 서로 meta-위치이고 Br은 *o*-/*p*- 지향기이기 때문이다.

13 Benzene을 nitrobenzene으로 변환하고, 환원하여 aniline을 생성시켜 브로민화한다. 마지막으로 amino 기를 다이아조늄으로 변환하여 H로 치환한다.

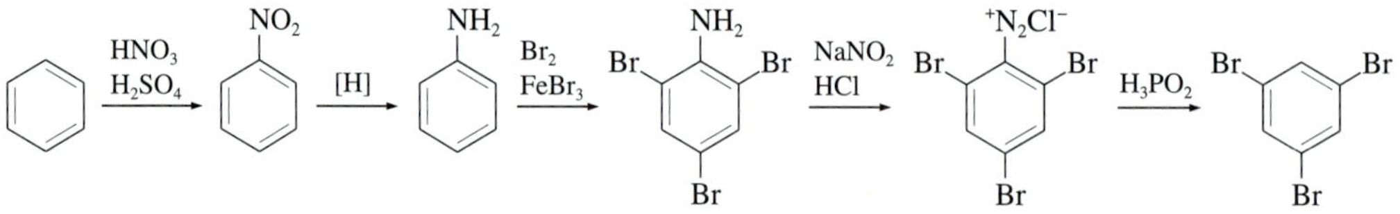

benzene $\xrightarrow[H_2SO_4]{HNO_3}$ nitrobenzene (NO_2) $\xrightarrow{[H]}$ aniline (NH_2) $\xrightarrow[FeBr_3]{Br_2}$ 2,4,6-tribromoaniline (Br, Br, Br, NH_2) $\xrightarrow[HCl]{NaNO_2}$ ($^+N_2Cl^-$, Br, Br, Br) $\xrightarrow{H_3PO_2}$ 1,3,5-tribromobenzene (Br, Br, Br)

14 $NaO_3S\text{-}Ph\text{-}N_2^+$와 $Ph\text{-}N(CH_3)_2$을 다이아조 짝지음 반응을 하면 만들 수 있다.

15 (a) benzonitrile (CN) (b) Br, CN (meta) (c) 3-methylphenyl—N=N—(4-OCH_3 phenyl) (d) phenyl—N=N—(4-OH phenyl)

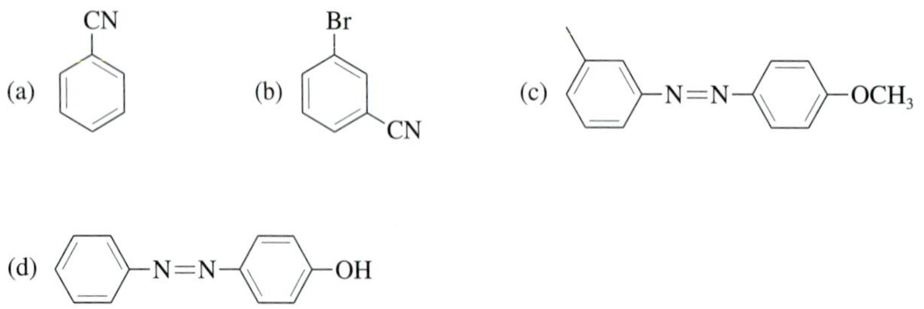

16 (a)는 정상적인 E2 반응이므로 Zaitsev 규칙에 적용되는 생성물이 주생성물이 된다. (b)에서는 Hofmann 제거 반응이므로 말단 알켄이 주생성물이다.

(a) 2-pentene (b) 1-pentene

11장 실전 문제 풀이

6 방법 (1)처럼 Wittig 시약을 반응시키면 methylenecyclohexane을 얻을 수 있다. 또, 방법 (2)처럼 Grignard 반응 후에 탈수 반응하면 주생성물로 1-methylcyclohexene을 얻을 수 있다.

(1) 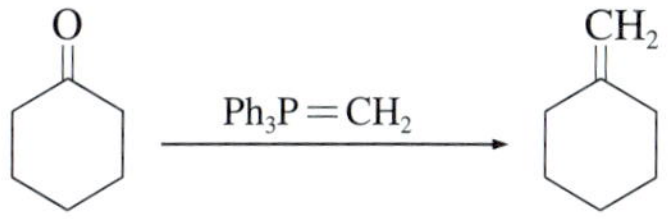 cyclohexanone $\xrightarrow{Ph_3P=CH_2}$ methylenecyclohexane

(2) cyclohexanone $\xrightarrow{1.\ CH_3MgBr\quad 2.\ H_2O}$ 1-methylcyclohexanol (HO, CH_3) $\xrightarrow{H_2SO_4}$ 1-methylcyclohexene (주생성물) + methylenecyclohexane

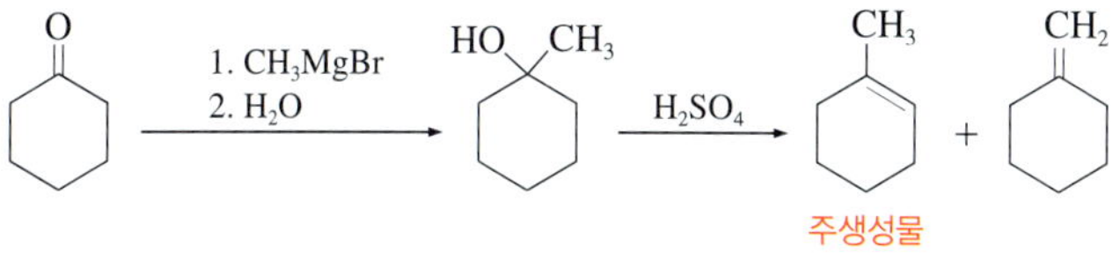

7 Phenyl 기보다 H가 이 산화 반응의 마지막 단계에서 이동하기가 더 쉽기 때문이다.

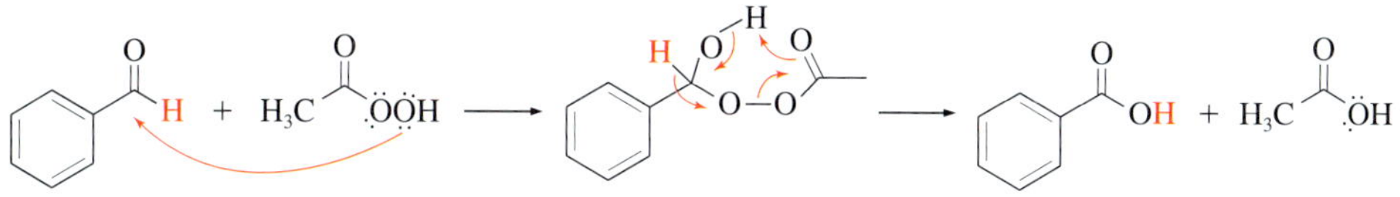

benzaldehyde + $H_3CC(=O)\ddot{O}\ddot{O}H$ → intermediate → $C_6H_5C(=O)OH$ + $H_3CC(=O)\ddot{O}H$

8 A 시약은 2-pentanone이고, B 시약은 3-pentanone이다. 2-Pentanone의 조각내기에서는 $m/z = 43$, 71을 나타낸다.

$CH_3C(=O)CH_2CH_2CH_3 \rightarrow [CH_3C(=O)CH_2CH_2CH_3]^{\cdot+}\ (m/z=86) \rightarrow \{[CH_3C\equiv O]^+\ (m/z=43)\}$
$+ \{[O\equiv CCH_2CH_2CH_3]^+ (m/z=71)\}$

3-Pentanone의 조각내기에서는 m/z = 57 하나만이 나타난다.

$CH_3CH_2C(=O)CH_2CH_3 \rightarrow [CH_3CH_2C(=O)CH_2CH_3]^{\cdot+}\ (m/z=86) \rightarrow \{[CH_3CH_2C\equiv O]^+\ (m/z=57)\}$

9 (a) $(CH_3)_2C=CH_2$, $(CH_3)_2C=CHPh$ (b) $(CH_3)_2CH_2CH=CH_2$, $(CH_3)_2CH_2CH=CHPh$
(c) $C_6H_5CH_2CH_2CH=CH_2$, $C_6H_5CH_2CH_2CH=CHPh$
(d) $(CH_2=CHCH_2)_2C=CH_2$, $(CH_2=CHCH_2)_2C=CHPh$
(e) 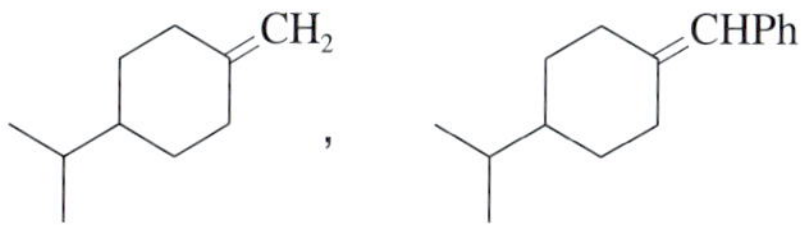 CH_2, CHPh (f) 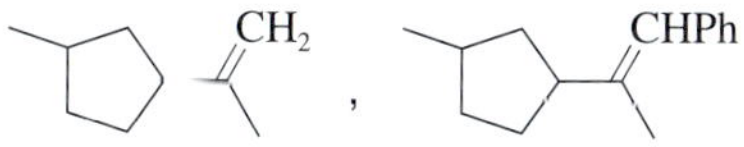 CH_2, CHPh
(g) 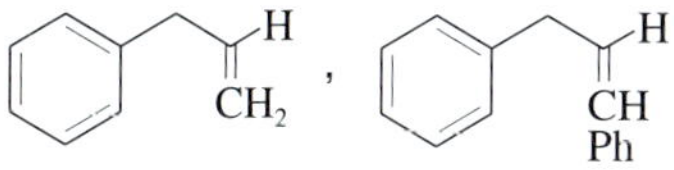 H, CH_2, H, CH, Ph

10
(a) 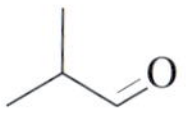 O , $Ph_3P = CHCH_3$ (b) 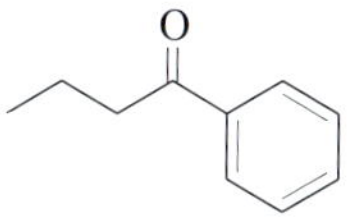 O , $Ph_3P = CHCH_3$
(c) 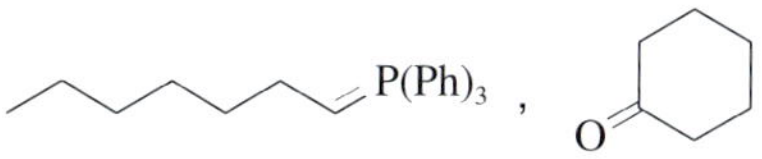 $P(Ph)_3$, O (d) 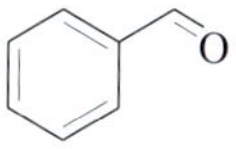 O , $Ph_3P = CH_2$
(e) 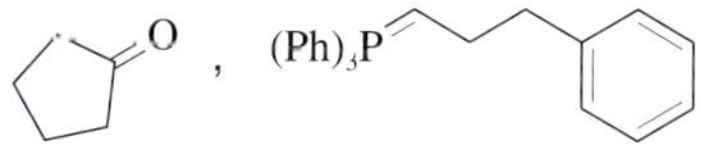 O , $(Ph)_3P$ (f) 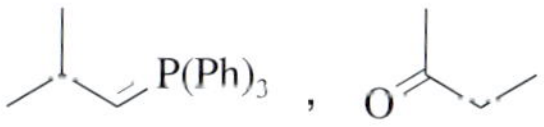 $P(Ph)_3$, O

11 (a) 두 C=O 결합이 모두 반응한다.

(b) 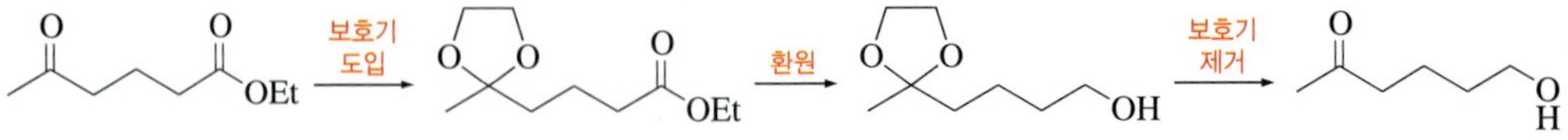 OEt 보호기 도입 → OEt 환원 → OH 보호기 제거 → OH

(c) 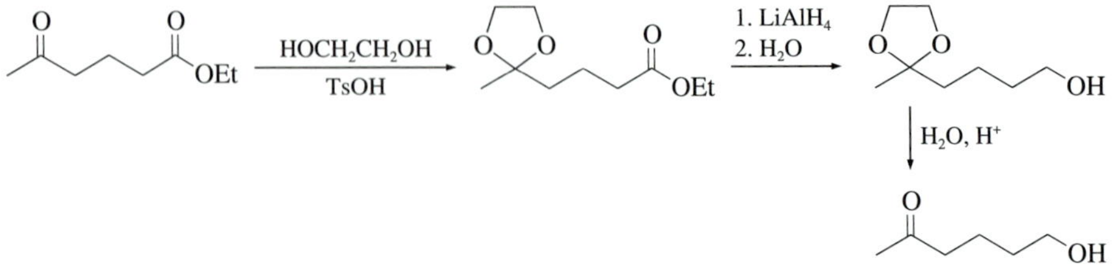 OEt $\xrightarrow[\text{TsOH}]{HOCH_2CH_2OH}$ OEt $\xrightarrow[\text{2. } H_2O]{\text{1. } LiAlH_4}$ OH

H_2O, H^+

OH

12 Br $\xrightarrow[AlCl_3]{CH_3CH_2COCl}$ Br (A) $\xrightarrow[H^+]{HOCH_2CH_2OH}$ Br (B) $\xrightarrow{Mg/Et_2O}$ MgBr (C)

1-(4-bromophenyl) propan-1-one

(C) $\xrightarrow[\text{2. } H_2O]{\text{1. } CH_3CHO}$ OH (D) $\xrightarrow{PCC}$ (E) $\xrightarrow[H^+]{H_2O}$ (F)

1-(4-bromophenyl) propan-1-one

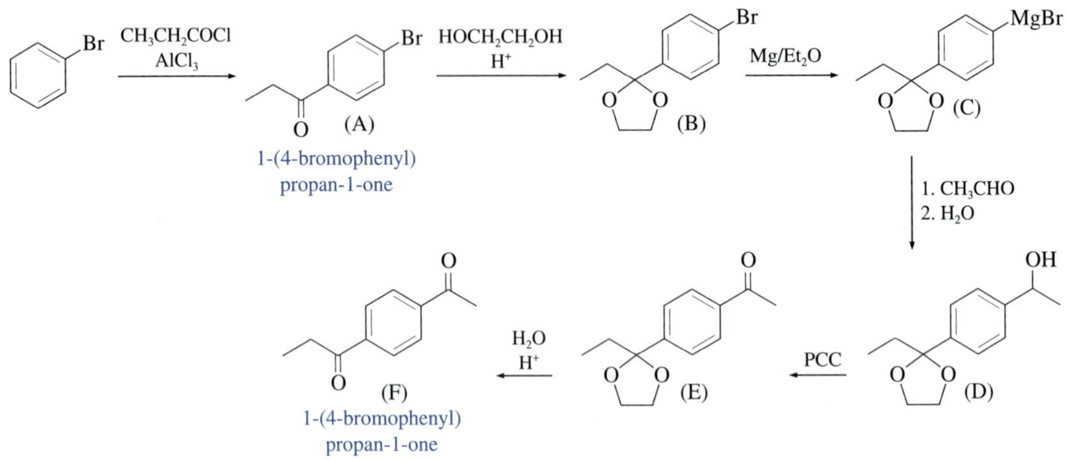

13 (a) 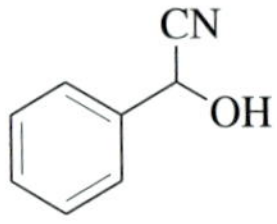 CN, OH (b) 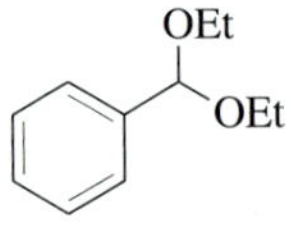 OEt, OEt (c) 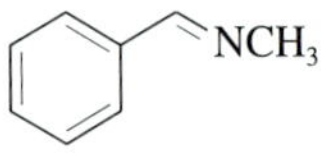 NCH_3 (d) 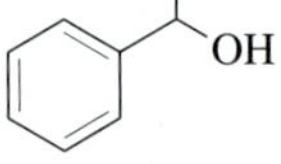 OH

14 $\xrightarrow[\text{2. } H_2O_2,\ NaOH]{\text{1. } BH_3,\ THF}$ HO $\xrightarrow{PCC}$ H O $\xrightarrow[\text{2. } H_2O]{\text{1. EtMgBr}}$ HO $\xrightarrow[\text{2. NaOEt, }\triangle]{\text{1. TsCl, Py}}$

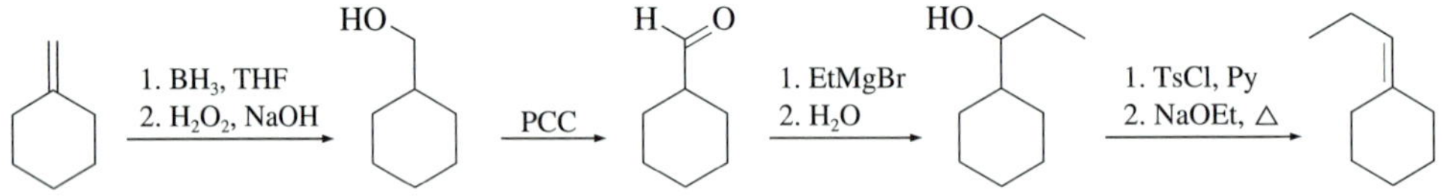

15 출발 물질은 cyclohexanone이다. 각 과정별 필요한 시약은 다음과 같다.
Cyclohexanone + CH_3MgBr + H_2O → 1-Methylcyclohexanol
Cyclohexanone + HCN + KCN → 1-Cyanocyclohexanol
Cyclohexanone + $(Ph)_3P{=}CH_2$ → Methylenecyclohexane

12장 실전 문제 풀이

7 이 화합물들은 치환기의 유발 효과에 의해 산도가 영향을 받는다. 따라서 증가 순서는 다음과 같다.
p-Methoxybenzoic acid < Benzoic acid < *p*-Cyanobenzoic acid < *p*-Nitrobenzoic acid

8 ^{18}O-이 표지된 알코올을 반응하여 얻어지는 생성물과 물 중 어느 화합물에 ^{18}O-이 존재하는지를 평가하면 알 수 있다. 실제 이 반응에서는 에스터에서 ^{18}O-이 존재한다고 확인되었다.

9 이 반응은 알코올의 할로젠화와 유사한 메커니즘으로 진행되고 3당량의 카복실산을 1당량의 PBr_3로 할로젠화할 수 있다.

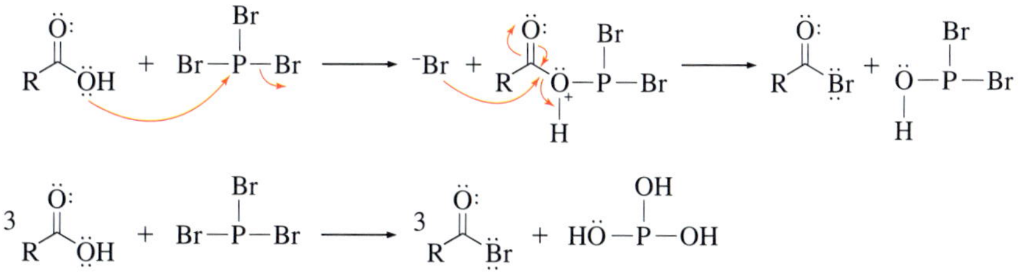

$$RCOOH + PBr_3 \longrightarrow {}^{-}Br + RC(O)O^{+}(H)-PBr_2 \longrightarrow RCOBr + HO-PBr_2$$

$$3\,RCOOH + PBr_3 \longrightarrow 3\,RCOBr + HO-P(OH)-OH$$

10 COOH보다 OH 기의 산소가 더 친핵적이어서 양성자가 첨가된 acetic anhydride의 카보닐을 공격한다.

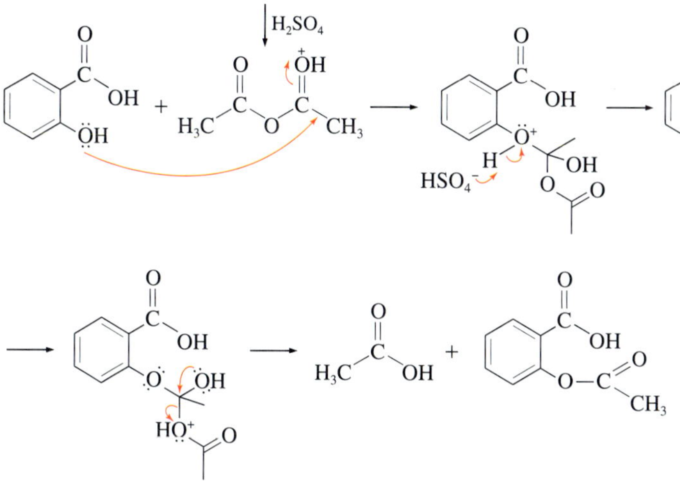

H_2SO_4

H_3C, CH_3, HSO_4^-, H^+, HO^+, H_3C–COOH + (아세틸살리실산) $O-C(=O)CH_3$

11

(1) 산 촉매 가수 분해

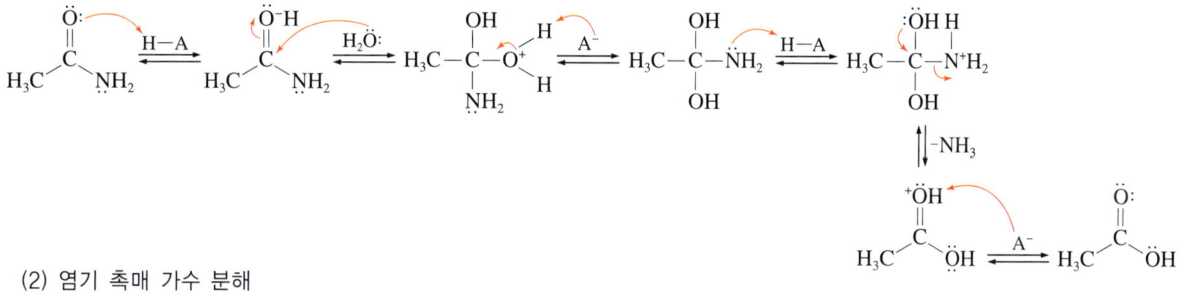

$H-A$, $H_2\ddot{O}$:, A^-, $H-A$, $-NH_3$, A^-

(2) 염기 촉매 가수 분해

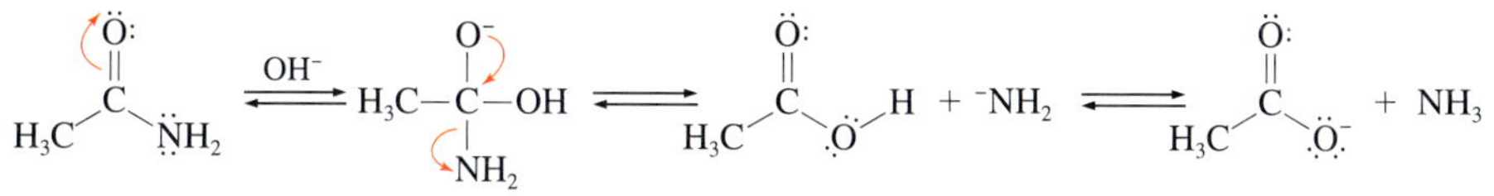

OH^-, $H_3C-C(O^-)(NH_2)-OH$, $+\ {}^{-}NH_2$, $+\ NH_3$

12 phenol $\xrightarrow{HNO_3/H_2SO_4}$ $\xrightarrow{LiAlH_4}$ $\xrightarrow{(CH_3CO)_2O}$ acetaminophenol

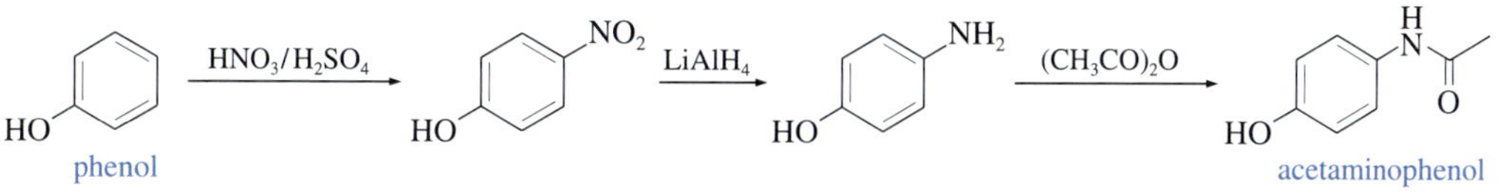

13 (a) CH_3OH, H^+ 또는 $\bar{O}Me$ (b) NaCN, HCN (c) $[(CH_3)_2C{=}CH]_2CuLi$ (d) CH_3OH, △

14 (a)는 유기금속 시약과의 반응이므로 상응하는 케톤이 생성된다. (b)는 가수 분해되어 카복실산으로 된다.

(a) 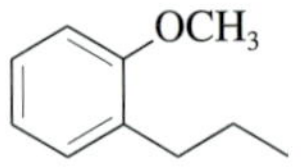 OCH_3 (b) 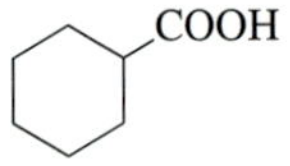 COOH

13장 실전 문제 풀이

6 (a), (b)는 말론산 에스터 합성법, (c), (d)는 아세토아세트산 에스터 합성법을 이용한다. 각각의 출발 물질은 다음과 같다.

(a) $C_6H_5CH_2Cl$, 1-Bromo-2-cyclopentylethane (b) 1-Bromo-2-cyclopentylethane

(c) Ethyl bromide, Isopropyl chloride (d) Cyclohexylmethyl bromide

7

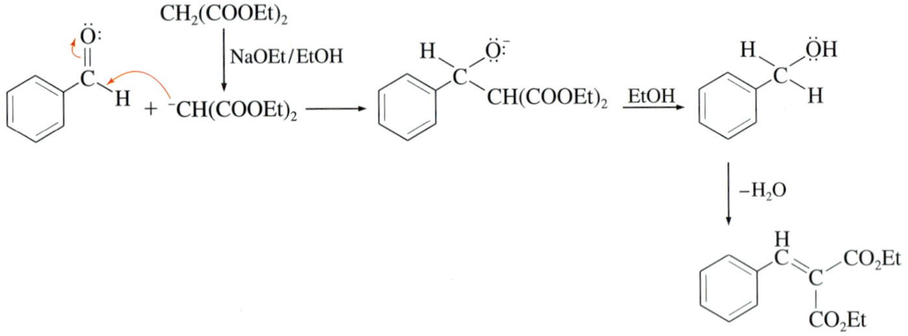

$CH_2(COOEt)_2$ NaOEt/EtOH

$+\ ^{-}CH(COOEt)_2$ → $CH(COOEt)_2$ EtOH → H, ÖH, H

$-H_2O$

H, CO_2Et, CO_2Et

8 이 반응에서는 cyclohexanone이 R_2NH와 반응하여 상응하는 엔아민을 만들고, 이 엔아민이 Michael 주개로 반응하여 Michael 받개인 $CH_3COCH{=}CH_2$와 Michael 반응을 한다.

9

(a) 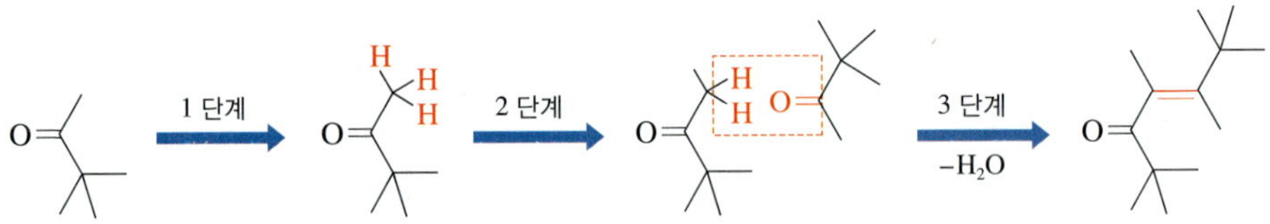 1 단계 → 2 단계 → 3 단계 $-H_2O$ →

(b) 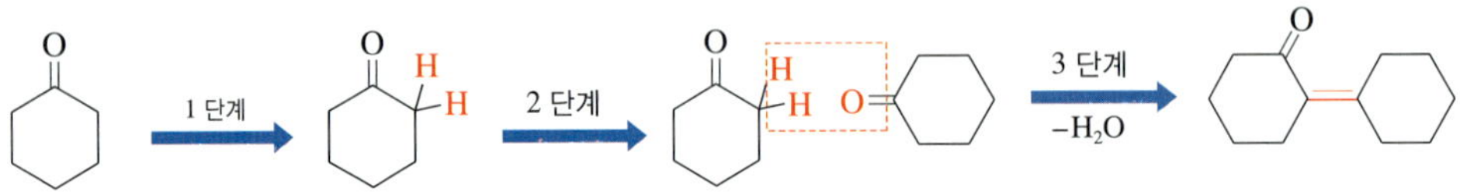 1 단계 → 2 단계 → 3 단계 $-H_2O$ →

(c) 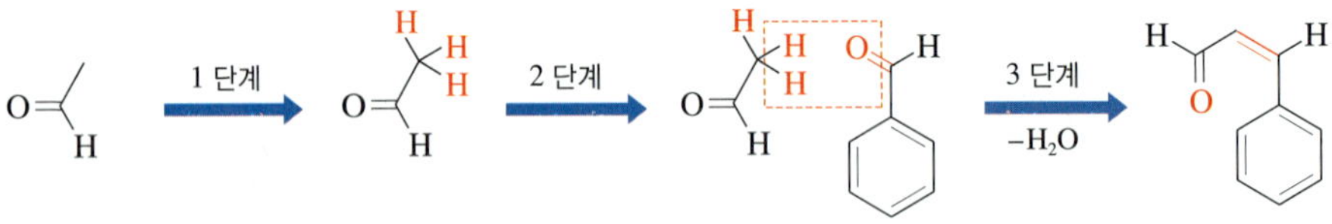 1 단계 → 2 단계 → 3 단계 $-H_2O$ →

10

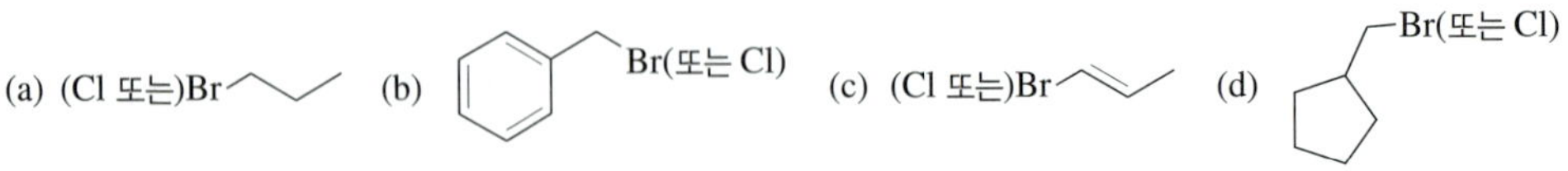

(a) (Cl 또는)Br (b) Br(또는 Cl) (c) (Cl 또는)Br (d) Br(또는 Cl)

11

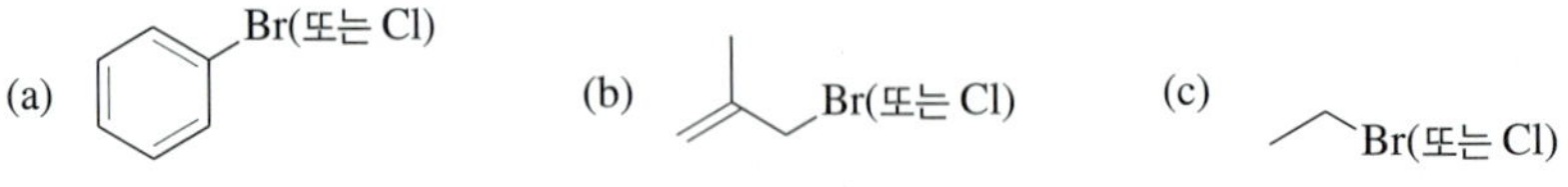

(a) Br(또는 Cl)
benzyl bromide (chloride)

(b) Br(또는 Cl)
3-bromo(or chloro)-2-methylpropene

(c) Br(또는 Cl)
bromo(or chloro)ethane

(d) 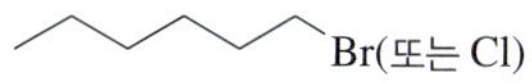 Br(또는 Cl)
1-bromo(or chloro)hexane

(e) 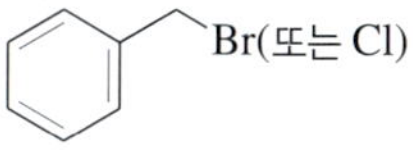 Br(또는 Cl)
1-bromo(or chloro)methyl-cyclohexene

12 1,4-Dibromobutane에 ethoxide 같은 염기 존재하에 diethyl malonate를 반응시키고 다시 분자 내 고리화 반응을 하여 고리를 형성한다. 형성된 고리 에스터 화합물을 산 수용액에서 가열하여 가수 분해–탈카복실 반응을 수행하여 최종 생성물을 얻는다.

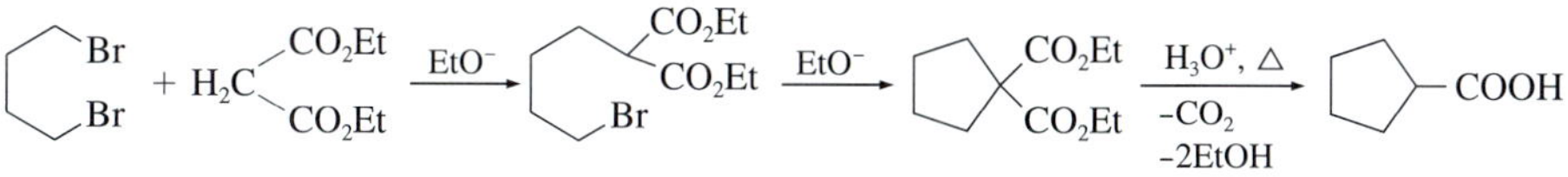

Br, Br + $H_2C(CO_2Et)_2$ —EtO⁻→ CO_2Et, CO_2Et, Br —EtO⁻→ CO_2Et, CO_2Et —H_3O^+, △; $-CO_2$; $-2EtOH$→ COOH

13 O, CO_2Et, H —EtO⁻→ O, CO_2Et —$PhCH_2Br$→ O, CO_2Et —H_3O^+, △→

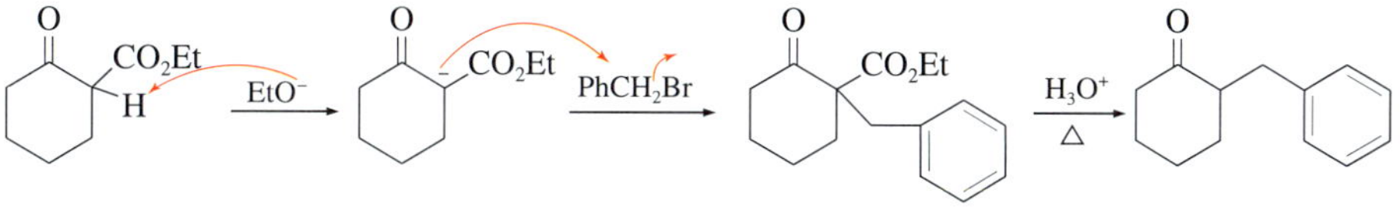

14 첫 단계에서 엔아민을 형성하고, CH_3I로 알킬화한다. 알킬화한 후에 아민 보호기를 제거하여 생성물로 변환시킨다.

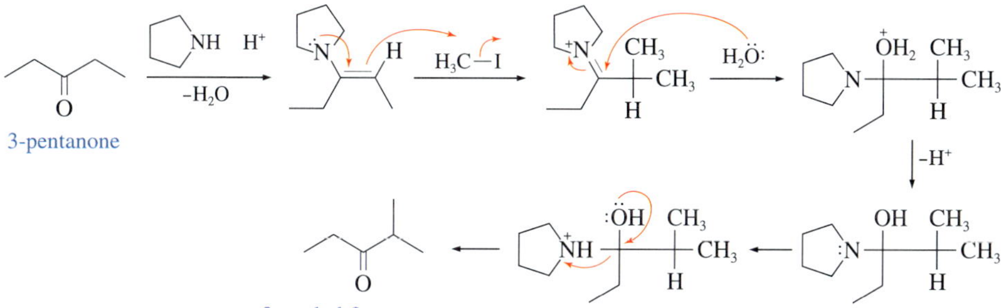

3-pentanone —NH, H^+; $-H_2O$→ N, H —$H_3C—I$→ $\overset{+}{N}$, CH_3, CH_3, H —$H_2\ddot{O}$:→ N, $\overset{+}{O}H_2$, CH_3, CH_3, H —$-H^+$→ :N, OH, CH_3, CH_3, H → $\overset{+}{N}H$, $:\ddot{O}H$, CH_3, CH_3, H → O

2-methyl-3-pentanone

15 (a)는 pentanal, (b)는 2-methyl propanal이 각각 2몰씩 필요하다. (c)는 2,2-dimethylpropanal과 propanal이 각각 1몰씩 필요하다. (d)는 1,6-hexandial의 고리화로 만들 수 있다.

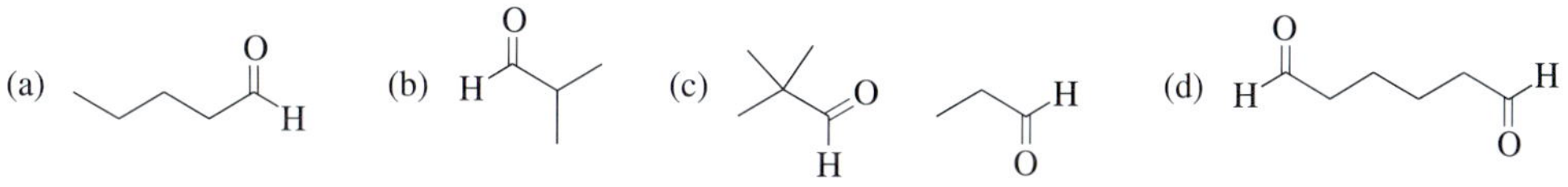

(a) O, H (b) O, H (c) O, H; H, O (d) O, H; H, O

14장 실전 문제 풀이

6 C2와 C5 두 자리가 있으나, C2-에 공격이 되면 C3에 양이온이 있는 가장 불안정한 중간체가 생성되므로 반응은 C5로 진행되어 5-halo 생성물 하나만 얻어진다. 메커니즘은 다음과 같다.

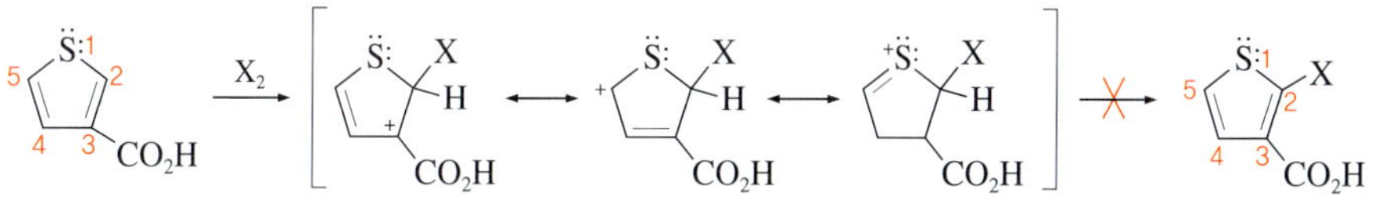

S:1, 2, 3, 4, 5, CO_2H —X_2→ [S:, X, H, +, CO_2H ⟷ +S:, X, H, CO_2H ⟷ +S:, X, H, CO_2H] —✕→ S:1, X, 2, 3, 4, 5, CO_2H

불안정한 중간체
공명 구조

2-halothiophene carboxylic acid

S:1, 2, 3, 4, 5, CO_2H —X_2→ [X, H, S:, +, CO_2H ⟷ X, H, S:, +, CO_2H ⟷ X, H, +S:, CO_2H] → X, S:1, 2, 3, 4, 5, CO_2H

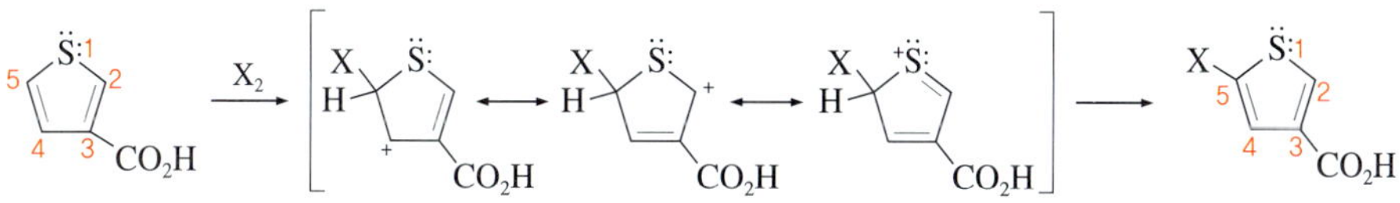

5-halothiophene carboxylic acid

7 공명 구조로 보아, 친전자체는 음이온이 되는 C3, C4 내지는 C7로 치환될 수 있다.

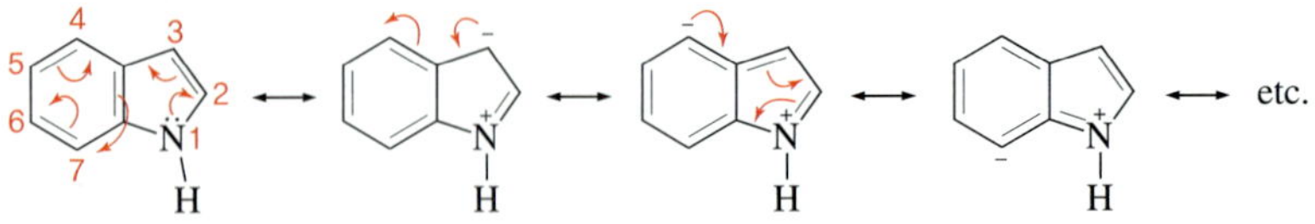

etc.

8 Pyridine의 공명 구조에서 C3과 C5-위치가 파이 전자가 가장 풍부하고, 이 위치로 친전자체가 치환되면 중간체도 공명 안정화된다. 만일 C2나 C4-위치로 치환기가 공격하면 N이 양이온을 띠는 불안정한 공명 구조를 가지게 되어 불안정하고 반응은 진행되지 않는다.

9 Chichibabin 반응과 유사한 결과로 2-ethylpyridine이 얻어진다.

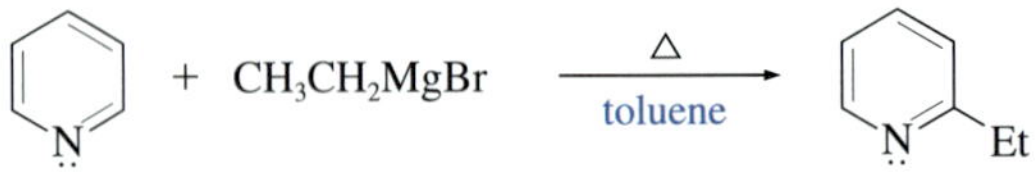

$+ CH_3CH_2MgBr \xrightarrow[\text{toluene}]{\Delta}$ Et

10

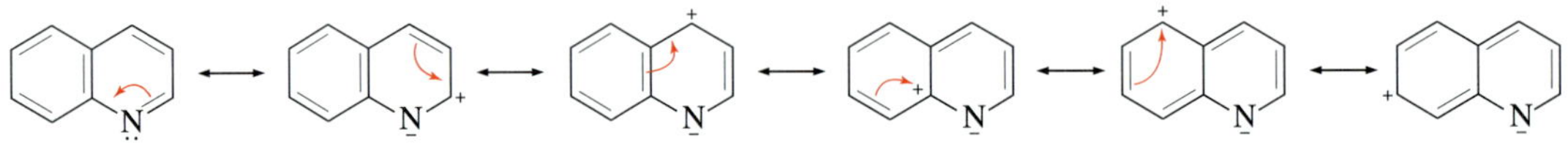

11 Chichibabin 반응과 유사한 결과를 보인다. 이유는 pyridine 고리의 질소 원자 때문이다.

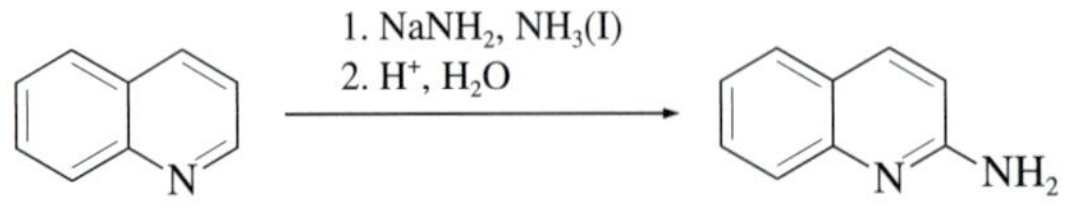

1. $NaNH_2$, $NH_3(l)$
2. H^+, H_2O

quinoline → 2-aminoquinoline (NH_2)

1. $NaNH_2$, $NH_3(l)$
2. H^+, H_2O

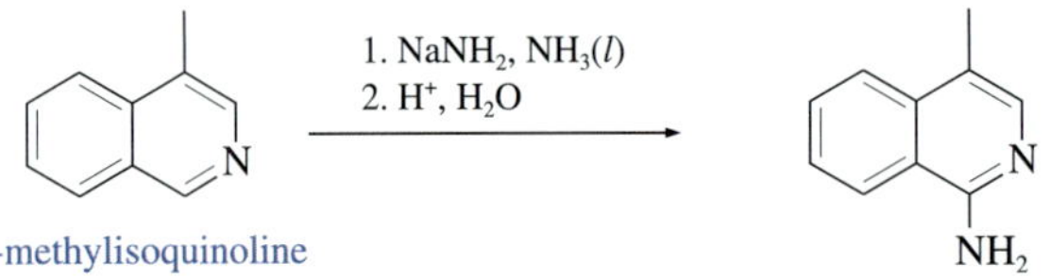

4-methylisoquinoline → 1-amino-4-methylisoquinoline (NH_2)

12 자연에는 N_2가 흔하지만 생합성 과정에서 N_2를 제공하는 과정은 뿌리혹 박테리아뿐이다. 따라서 자연에서 N_2가 합성 과정에서 하나의 단위로 공급되지 않기 때문이다.

13 두 화합물의 경우, 모두 구조 (II)가 방향족성이 더 크다. 그 이유는 구리 평면성이 증가하여 파이 콘쥬게이션이 더 유리하게 되기 때문이다.

14

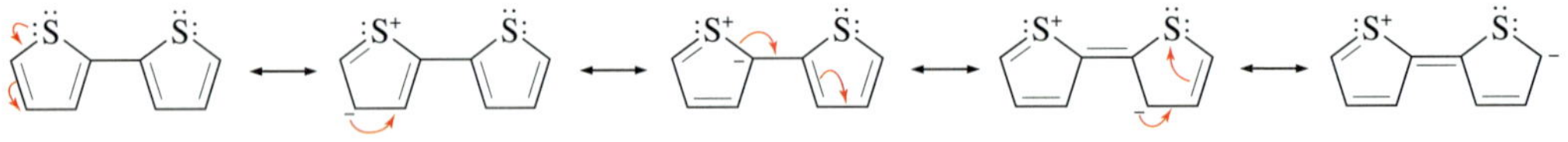

15 1당량을 사용하면 2-halothiophene이 주생성물이다. 2당량을 사용하면 2,5′-dihalothiophene이 주생성물이다. 그 이유는 2-와 5′-위치로 친전자체가 공격하면 공명 안정화되는 중간체를 생성하므로 가능하다.

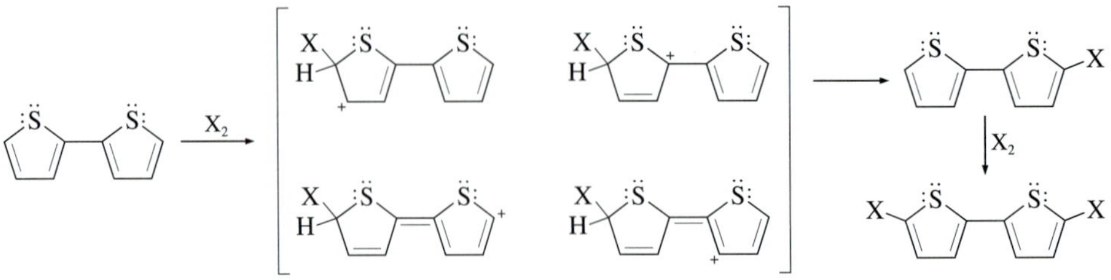

X_2

X_2

16 (a) 1) $NaNH_2$ 2) EtX; Na, $NH_3(l)$ (b) OH; TsCl; OTs; KtBuO; X_2; X; X; 1) $NaNH_2$(ex) 2) H_2O

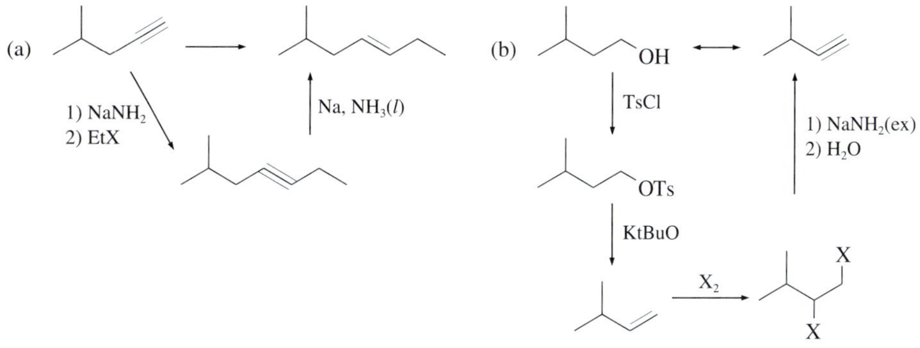

15장 실전 문제 풀이

6 D-Galactose와 D-talose는 C-2 배열만이 다르다. 결과적으로는 −CHO 기가 이탈되고 C-2가 산화되어 −CHO로 되므로 C-3부터 C-6까지는 변화가 없다. 따라서 Wohl 분해를 시키면 동일한 생성물이 얻어진다.

7 (a)

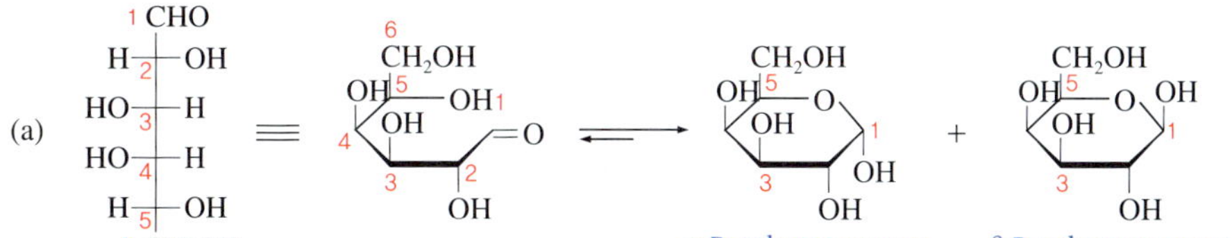

α-D-galactopyranose β-D-galactopyranose

(b)

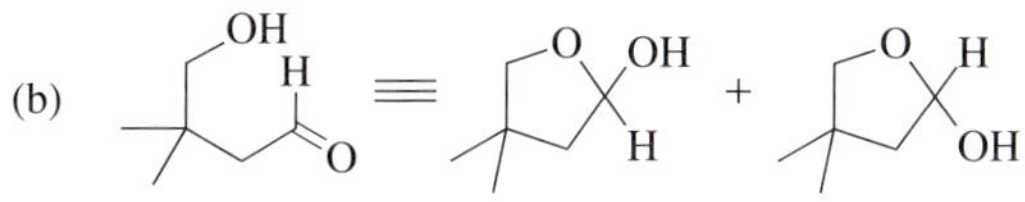

8

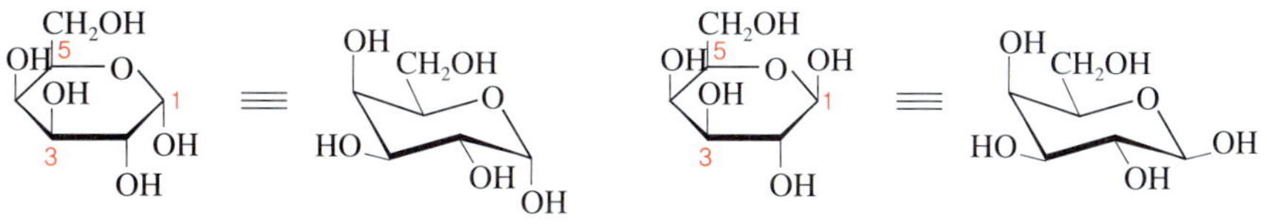

9 D-glucose의 1,2-탄소에서 토토머화가 일어나 엔다이올이 형성되고 이 엔다이올이 다시 토토머화되어 D-fructose를 형성한다.

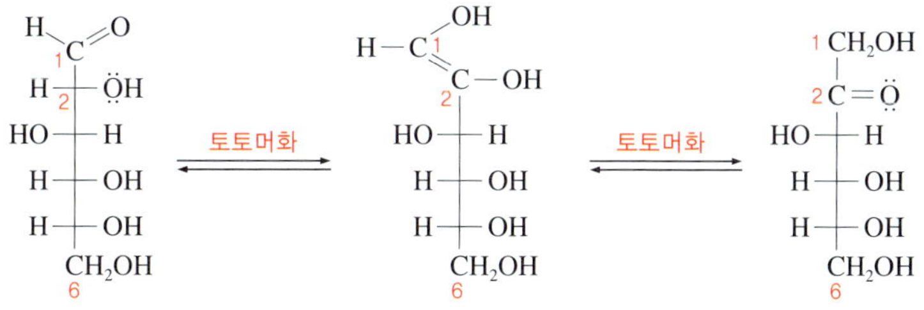

토토머화 토토머화

D-glucose endiol D-fructose

10 먼저 아노머 탄소의 $-OCH_3$ 산소에 양성자 첨가가 일어나고, 알코올을 상실하면서 양이온이 형성된다. 형성된 양이온의 위와 아래로 물 분자가 공격하면서 두 가지 아노머가 생성된다.

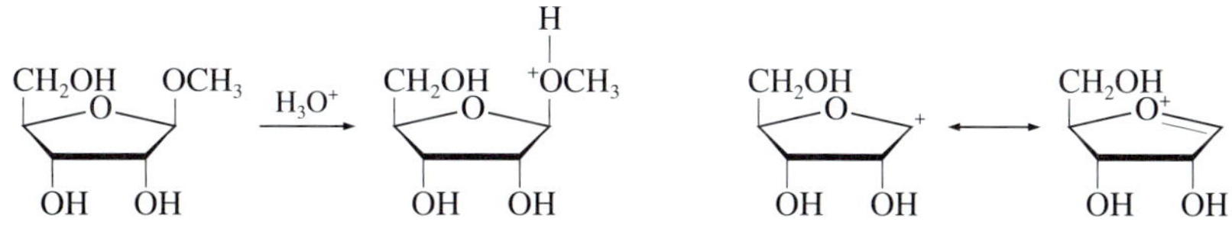

H_3O^+

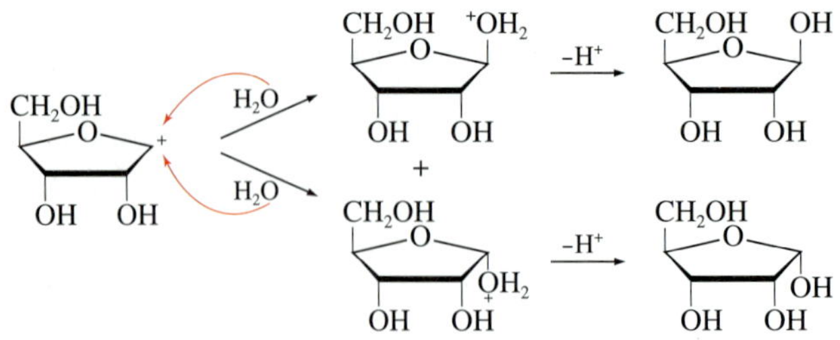

11 $NaBH_4$, ROH (b) HNO_3, H_2O (c) Br_2, H_2O 또는 Ag_2O, NH_4OH

12 (a) 사슬 탄소가 줄어들므로 Wohl 분해 또는 Ruff 분해를 해야 한다.
(b) 사슬이 늘어나므로 Kiliani-Fischer 합성 반응을 해야 한다.
(c) 사슬 탄소가 줄어들므로 Wohl 분해 또는 Ruff 분해를 해야 한다.

16장 실전 문제 풀이

6 (a) Tryptophan, Histidine (b) Phenylalanine, Tyrosine (c) Cysteine
(d) Asparatic acid, Glutamic acid (e) Arginine, Histidine, Lysine

7 각 아미노산의 등전점을 기준하여 그리면 다음과 같다.

(a) 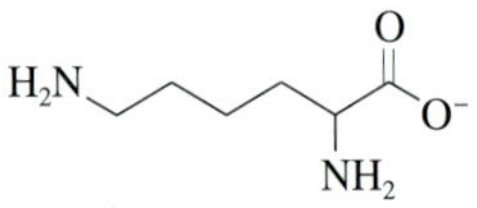 (pI = 9.74) (b) 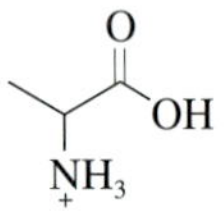 (pI = 6.11) (c) 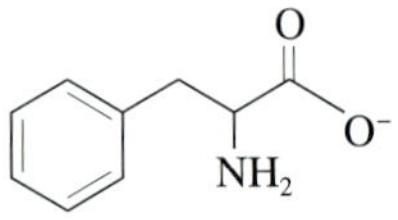 (pI = 5.91)

8 pI와 pH의 차이가 클수록 더 빨리 이동한다. pI 값이 용액의 pH보다 크면(용액이 산성) 아미노산은 양전하를 띤다. pI가 pH보다 낮으면(용액이 염기성) 음전하를 띠는 구조가 우세하다.
(a) Lysine이다. Lysine의 pI = 9.74 이므로 lysine은 산성 구조일 것이기 때문이다.
(b) Glutamic acid이다. Glutamic acid의 pI = 3.08이므로 염기성 구조일 것이기 때문이다.
(c) Alanine이다. Alanine의 pI = 6.11이므로 쯔비터 이온성 구조가 많을 것이기 때문이다.

9

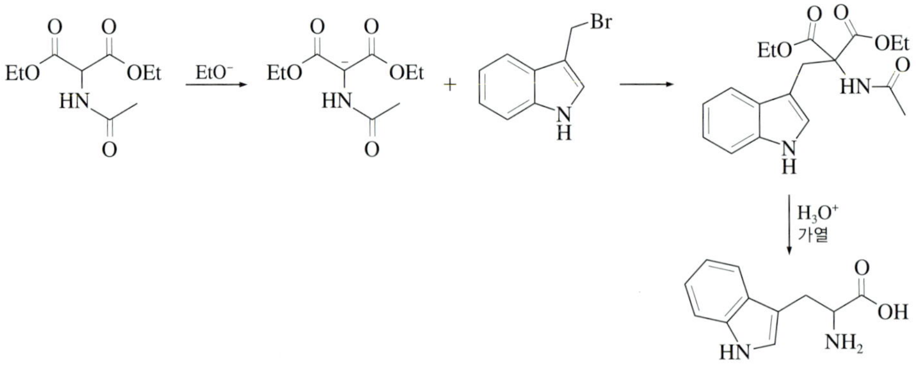

10 *N*-말단에 Phe가 있고, *C*-말단에 Gly가 있다.

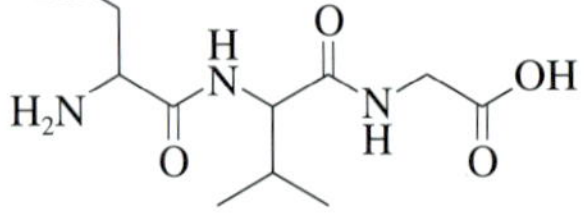

11 Trypsin은 카복실산 측에 있는 염기성 아미노산인 arginine 및 lysine의 결합을 가수 분해한다. Ala-Phe-Lys, Pro-Met-Tyr-Gly-Arg 및 Ser-Trp-Leu-His 등의 세 조각이 얻어진다.

12 Chymotripsin은 phenylalanine, tyrosine 및 tryptophan 등과 같은 방향성 곁사슬을 가진 아미노산의 카복실 말단을 분해한다. Ala-Phe, Lys-Pro-Met-Tyr, Gly-Arg-Ser-Trp, Leu-His 등의 네 조각이 얻어진다.

13 1단계에서 *N*-말단의 Ala의 NH_2 기를 보호하고, *C*-말단의 Gly의 COOH 기를 보호한다. 보호기를 단 두 아미노산 유도체를 DCC를 이용하여 아마이드 결합을 형성하게 한다. 마지막으로 보호기를 모두 제거한다. 경로를 표시하면 다음과 같다.

Ala + $(Boc)_2O$ → Boc−Ala; Gly + CH_3OH + H^+ → Gly-OCH_3

Boc-Ala + Gly-OCH_3 → Boc-Ala-Gly-OCH_3 Boc-Ala-Gly-OCH_3 + H_3O^+ → Ala-Gly

14 (acetamidomalonate, CO_2Et, CO_2Et) $\xrightarrow{^-OEt}$ (enolate) + $H_2C{=}O$ ⟶ (hydroxymethyl adduct, OH, CO_2Et) $\xrightarrow[\Delta]{H_3O^+}$ HO–CH_2–CH(NH_2)–COOH

15 먼저 NH_2 기를 아마이드로 만들고 분리하여 보호기를 제거한다.

(*R*,*S*)-valine $\xrightarrow{HCOOH}$ (*R*,*S*)-*N*-formylvaline

재결정 분리

(*R*)-*N*-formylvaline $\xrightarrow{^-OH}$ (*R*)-valine

(*S*)-*N*-formylvaline $\xrightarrow{^-OH}$ (*S*)-valine

17장 실전 문제 풀이

6 **단계 1**. 분자 내 총 탄소 수는 10개이다.

단계 2. Isoprene 단위는 10/5 = 2개이다.

단계 3. Methyl 기를 가진 4개 탄소 사슬이 4가지로 구분된다. 구조 (A)와 같이 C2-C1-C7-CH_3를 포함하는 사슬, 구조 (B)와 같이 C3-C4-C5-C6를 포함하는 사슬, 구조 (C)와 같이 C6-C1-C7-CH_3로 된 사슬 그리고 (D)와 같이 C2-C3-C4-C5로 된 사슬 등이 isoprene 단위들이다.

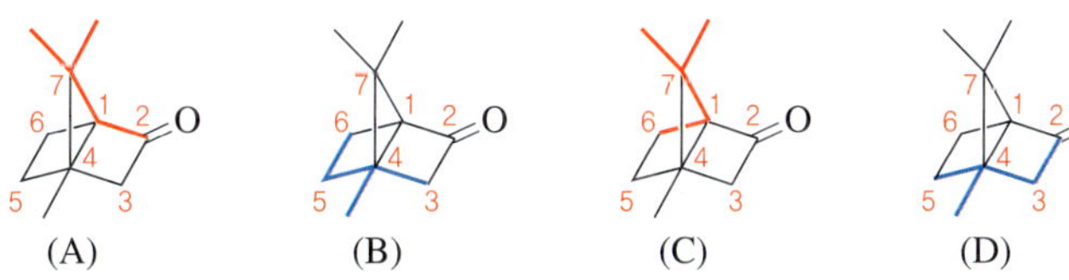

7 (e) PGF는 두 개의 OH 기를 포함한다. (f) PGG는 엔도퍼옥사이드로 —C—O—O—C 결합을 가진다.

8 역합성

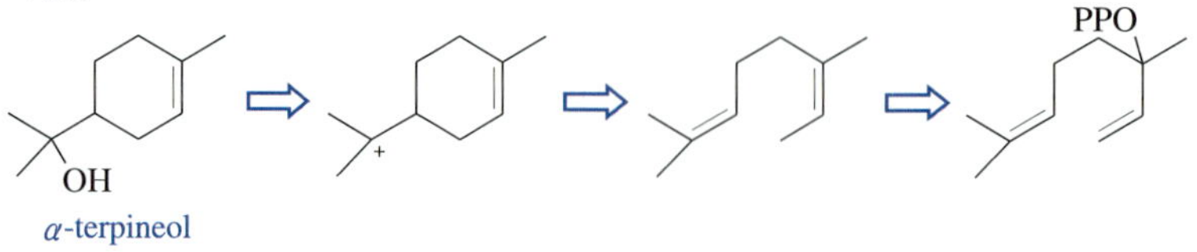

PPO

OH

α-terpineol

합성

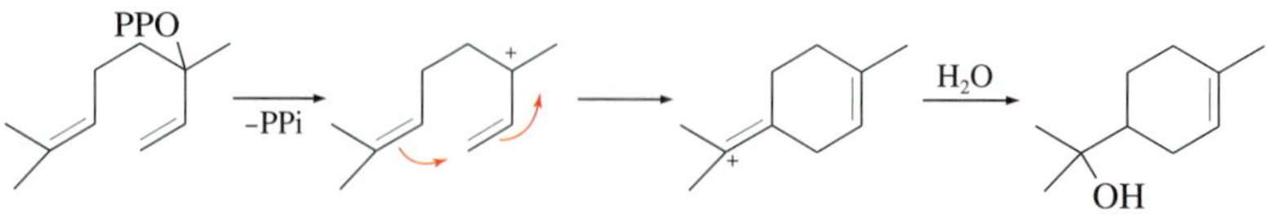

PPO

-PPi

H_2O

OH

9 (a) 포화 지방산 (b) 불포화 지방산 (c) 불포화 지방산 (d) 포화 지방산 (e) 포화 지방산

10 (c)의 PGC와 (d)의 PGA만 cyclopentenone 고리를 가지고 있다.

11 (c)의 PGG는 엔도퍼옥사이드로 다른 PG 유도체를 합성하는 데 중요한 중간 물질이다.

18장 실전 문제 풀이

6 (a) 1개 (b) 3개 (c) 2개 (d) 1개

7 (c)와 (e)이다.

8 (d)이다.

9 (a) 상보 관계 서열은 다음과 같다.
5′-C-C-T-G-T-T-A-G-T-A-C-G-3′
(b) 5′-말단 염기는 cytosine이고 3′-말단 염기는 guanine이다.

10 Thymine과 uracil은 adenine과 다 같이 두 개의 수소 결합을 이루어 가장 안정한 짝을 짓기 때문이다.

11 번역 과정에서 생성된 mRNA의 분절은 DNA 분절의 각 T가 U로 치환된 것이다. 즉 (5′)ACU-AGC-UCG-CCG(3′)이다. 따라서 코돈에 따르면 생성된 펩타이드는 Thr-Ser-Ser-Pro이다.

12 (a) Phe (b) His (c) Asp (d) Thr (e) Leu

13 상보 서열은 두 가지가 가능하다. 하나는 (3′)ATACGTA(5′)이고 다른 하나는 (5′)ATGCATA(3′)이다.

19장 실전 문제 풀이

6 ATP로부터 인산기 하나를 잃고 생성되는 ADP에 있는 이온은 특정 산소에 머물지 않고 전자가 비편재화되므로 안정하다. ADP는 약한 염기이어서 좋은 이탈기이다.

Ad = adenine

공명 안정화(전자 비편재화)

7 이 반응에서 물은 콘쥬게이션 첨가(1,4-첨가)로 첨가된다. 1,4-첨가가 일어나면 형성된 탄소 음이온이 엔올 음이온으로 공명 안정화하기 때문이다. 1,2-첨가로 일어나면 이런 공명 안정화를 가지지 못한다.

8 α-carbonyl 기가 환원된다.

9 Acetaldehyde

10 Pyruvate가 산화성 카보닐기 이탈 반응을 일으켜 한 분자의 CO_2를 상실하므로 생성된다.

11 아미노기의 이미노기 변환과 이민의 토토머화가 일어나므로 이민기가 가장 중요하다(메커니즘 19.11).

12 Glycerol이 ATP에 의해 인산화될 때 pro-R 자리에서만 입체 특이성 반응을 하기 때문이다.

13 FAD의 flavin 고리에 C=N 결합 두 개가 서로 콘쥬게이션되어 있어, H 두 개가 각각 N과 결합하며 환원된다(메커니즘 19.13 참고).

14 역-Claisen 축합 반응을 하면 C2-C3 결합이 분해되고, 생성물로 acetyl CoA와 지방산의 탄소 사슬이 짧아진 acyl CoA가 얻어진다.

15 탄소 사슬이 두 개 줄어든다.

16 Acetyl CoA에 의해 사슬이 연장되므로 탄소 두 개씩 늘어나기 때문이다.

20장 실전 문제 풀이

7 반응은 세 단계로 일어난다.

(1) 개시

(2) 전파

(3) 종결

8 $(BF_3)^{-}-(H_2O)^{+}$ Lewis 산-염기 복합체가 vinyl acetate와 반응하여 양이온 중간체를 형성하고 다시 다른 vinyl acetate와 반응하여 중합체를 형성한다.

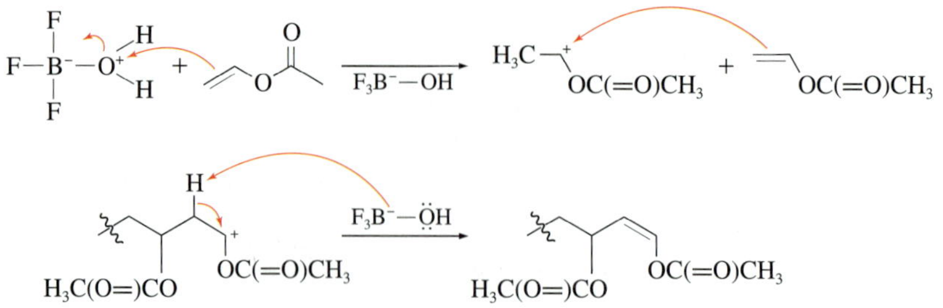

9 RLi이 먼저 acrylonitrile 한 분자와 반응하여 중간체 음이온을 형성한다. 이 중간체와 다른 acrylonitrile이 반응하여 중합체를 형성한다.

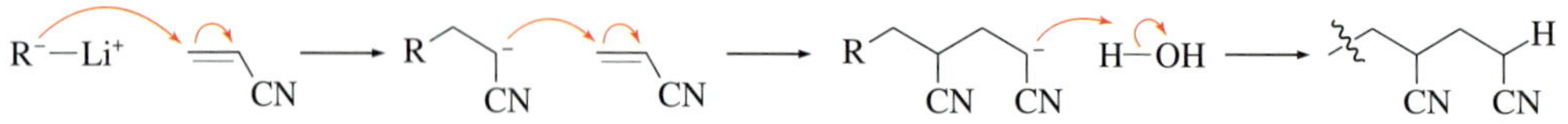

10 Ethylene oxide를 OH^-과 같은 염기로 처리하면 만들 수 있다.

11 사슬과 사슬이 —S—S— 이황화 결합으로 연결되므로 탄성을 가진다.

12 Nylon 6은 출발 물질인 ϵ-caprolactam이 단계 성장 중합하여 만들어지는 단계 성장 고분자이다.

13 약품 B가 적은 양으로도 더 높은 치사율을 보이기 때문이다.

14 두 가지 방법이 가능하다. 한 가지는 가수 분해 활성 효소를 저해하거나 생성되지 않게 하는 방법이다. 다른 하나는 가수 분해 효소인 β-lactamase에 의해 가수 분해가 잘 되지 않으나 펩타이드 교환 효소와 더 빨리 반응하는 약물 구조를 찾는 것이다.

15 약품 A의 치료 지수가 더 높으므로 약품 A가 더 안정하다.

찾아보기

숫자, 영문

ㄱ

ㄴ

ㄷ

ㄹ

■■■ ㅁ

■■■ ㅂ

■■■ ㅅ

ㅇ

ㅈ

ㅊ

ㅋ

ㅌ

ㅍ

■■■ ㅎ

| 저자 소개 |

윤 용 진

성균관대학교 이과대학 화학과를 졸업하고, 동 대학원에서 이학석사와 이학박사 학위(지도교수 (고)김인규 교수)를 취득하였다. 가톨릭대학교 의과대학 생화학교실을 거쳐 1980년 경상대학교로 부임하여 35년간 재직하였고, 현재는 경상대학교 자연과학대학 화학과 명예교수이다.

재직 중에는 의약품과 농약 개발 및 새로운 합성 방법을 연구하였고, 특히 pyridazine 유도체를 이용한 합성법 개발 분야 연구에 집중하여 2편의 종설과 170여 편이 넘는 관련 논문을 발표하였다.

저서로는 '유기화학', '뉴턴음양오행설을 만나다' 등 12권의 저서와 유기화학 및 일반화학 등의 35권에 이르는 역서 발간에도 참여하였다.

이공학도를 위한 Yoon's 핵심유기화학

|저　　자　윤 용 진
|발 행 인　주 정 희
|발 행 처　자유아카데미
|주　　소　경기도 파주시 회동길 37-42 파주출판도시
|전　　화　031-955-1321
|팩　　스　031-955-1322
|전자우편　main@freeaca.com(대표)
editor@freeaca.com(편집)
crm@freeaca.com(영업)
|홈페이지　www.freeaca.com
|등　　록　제406-2003-017호, 1980. 7. 12
|제1판1쇄　2015년 12월 15일 발행
|정　　가　39,000원

저자와의 협의하에 인지생략

ISBN 979-11-5808-039-6 93430

일반적인 작용기 구조와 이름

작용기	계열 이름 (우리말 용어)	IUPAC 끝 이름 (치환기 이름)
R—H	Alkane* (알케인)	-ane (alkyl-)
R—X	Alkyl halide (할로젠화 알킬)	없음 (halo-)
$R_2C{=}CR_2$	Alkene (알켄)	-ene (alkenyl-)
R—C≡C—R	Alkyne (알카인)	-yne (alkynyl-)
R—OH	Alcohol (알코올)	-ol (hydroxy-)
R—O—R	Ether (에터)	ether
R—SH	Thiol (싸이올)	-thiol (mercapto-)
R—S—R	Sulfide (설파이드)	sulfide
R—S—S—R	Disulfide (다이설파이드)	disulfide
R—S(=O)—R	Sulfoxide (설폭사이드)	sulfoxide
(benzene ring)	Aromatic (or arene) (방향족)	없음
$R{-}OPO_2^{-2}$	Phosphate	phosphate

작용기	계열 이름 (우리말 용어)	IUPAC 끝 이름 (치환기 이름)
R—C(=O)—H	Aldehyde (알데하이드)	-al
R—C(=O)—R	Ketone (케톤)	-one
R—C(=O)—OH	Carboxylic acid (카복실산)	-oic acid
R—C(=O)—X (X=halogen)	Acid halide (산 할로젠화물)	-oyl halide
R—C(=O)—O—C(=O)—R	Acid anhydride (산 무수물)	-oic anhydride
R—C(=O)—OR	Ester (에스터)	-ate
R—C(=O)—NR_2	Amide (아마이드)	-amide
R—C≡N	Nitrile (나이트릴)	-nitrile (cyano-)
$R{-}NH_2$	Amine (아민)	-amine (amino-)
$R_2C{=}NR$	Imine (이민)	없음
$R{-}OPO_2^{-1}{-}OPO_2^{-2}$	Diphosphate	diphosphate

* Alkane의 작용기를 포함하지 않는 계열이지만, 이해를 돕기 위해 삽입하였다.

화합물의 차수 및 형태 구분

	1° (일차, primary)	2° (이차, secondary)	3° (삼차, tertiary)	4° (사차, quarternary)
Alkane	RCH_3 (R—C(H)(H)—H)	R_2CH_2 (R—C(H)(R)—H)	R_3CH (R—C(R)(R)—H)	R_4C (R—C(R)(R)—R)
Alkyl halide	R—C(H)(H)—X	R—C(H)(R)—X	R—C(R)(R)—X	
Alcohol	R—C(H)(H)—OH	R—C(H)(R)—OH	R—C(R)(R)—OH	
Amine	R—NH_2	R—N(R)—H	R—N(R)—R	
알켄(Alkene)	$R_2C{=}CR_2$ 내부 알켄	$R_2C{=}CH_2$ 말단 알켄		
알카인(Alkyne)	RC≡CR 내부 알카인	RC≡CH 말단 알카인		